催化裂化工艺与工程

（第三版·上册）

陈俊武　许友好　主编

中国石化出版社

内 容 提 要

本书由多位炼油专家撰写而成。系统总结了世界范围内催化裂化技术的发展,也详细介绍了我国催化裂化技术的工业实践和我国学者的贡献。具体内容包括催化裂化发展历史、催化裂化过程反应化学、裂化催化剂和助剂、催化裂化原料和产品以及产品的精制与利用、气固流态化、装置操作变量与热平衡、裂化反应工程、催化剂再生工程和催化裂化生产过程的清洁化与能量合理使用等,同时还对催化裂化装置在炼油厂的作用,尤其是催化裂化技术与加氢处理技术的相互作用进行了论述。

本书内容新颖、系统,学术性和实用性强,是一本具有一定理论水平的专著。读者对象是从事炼油行业的广大科技工作者,包括教育、科研、设计、基建和生产等方面的专业人员以及高等院校学生。

图书在版编目(CIP)数据

催化裂化工艺与工程/陈俊武,许友好主编 . —3 版 .
—北京:中国石化出版社,2015.4(2022.5 重印)
ISBN 978-7-5114-3239-1

Ⅰ.①催... Ⅱ.①陈... ②许... Ⅲ.①石油炼制-催化裂化 Ⅳ.①TE624.4

中国版本图书馆 CIP 数据核字(2015)第 053550 号

中国石化出版社出版发行
地址:北京市东城区安定门外大街 58 号
邮编:100011 电话:(010)57512500
发行部电话:(010)57512575
http://www.sinopec-press.com
E-mail:press@sinopec.com
北京富泰印刷有限责任公司印刷
全国各地新华书店经销
*
787×1092 毫米 16 开本 102.25 印张 2516 千字
2022 年 5 月第 3 版第 3 次印刷
定价:480.00 元(上、下册)

《催化裂化工艺与工程》
（第三版）

主　编　陈俊武　许友好

副主编　刘　昱　吴　雷　孙国刚

作　者　陈俊武　刘　昱　乔立功　许友好　田辉平

　　　　　　鲁维民　吴　雷　余龙红　孙国刚　魏耀东

　　　　　　毛　羽　卢春喜

《催化裂化工艺与工程》
（第二版）

主　编　陈俊武

作　者　邓先樑　刘太极　沙颖逊　李再婷　陈祖庇

　　　　陈俊武　范仲碧

《催化裂化工艺与工程》
（第一版）

主　编　陈俊武　曹汉昌

作　者　陈俊武　曹汉昌　陈祖庇　沙颖逊　刘太极

　　　　李再婷　邓先樑　贾宽和　朱惟雄　林楚峤

《催化裂化工艺与工程》

（第三版）

主　　编　陈俊武　　许友好

副主编　刘　昱　　吴　雷　　孙国刚

作　　者　陈俊武　　刘　昱　　乔立功　　许友好　　田辉平

　　　　　鲁维民　　吴　雷　　余龙红　　孙国刚　　魏耀东

　　　　　毛　羽　　卢春喜

《催化裂化工艺与工程》
（第二版）

主　编　　陈俊武

作　者　　邓先樑　刘太极　沙颖逊　李再婷　陈祖庇

　　　　　陈俊武　范仲碧

《催化裂化工艺与工程》
（第一版）

主　编　　陈俊武　曹汉昌

作　者　　陈俊武　曹汉昌　陈祖庇　沙颖逊　刘太极

　　　　　李再婷　邓先樑　贾宽和　朱惟雄　林楚峤

第三版序

2015 年 5 月 5 日是我国自主开发的第一套催化裂化装置开工 50 年志庆的日子。1965 年 5 月 5 日，中国第一套自行设计、自行施工和安装的 60 万吨/年的流化催化裂化装置在抚顺石油二厂投料试车成功。正是这项在我国石油工业发展史上留下光辉一页的"五朵金花"技术之首的炼油新技术，使得中国炼油工业一步跨越了 20 年，标志着中国炼油技术达到当时的世界先进水平的行列，由此成为中国炼油工业史上一个划时代的日子。首套流化催化裂化装置的试车成功极大地加速了我国炼油工业的步伐。

50 年来，在各级石油石化企业的正确领导下，经过广大科技工作者和技术人员的不懈努力，我国催化裂化装置从无到有，技术水平由低到高，装置规模和加工能力从小到大，研究思路从跟踪模仿转变到自主创新，实现了跨越式发展。目前国内催化裂化工艺技术水平达到国际先进水平，已有 150 多套不同类型的催化裂化装置建成投产，处理量已接近 1.5 亿吨/年。催化裂化工艺提供 70%以上的车用汽油、40%的丙烯和 30%的柴油，为国民经济的发展做出了巨大的贡献。

为了系统总结我国催化裂化工艺与工程方面的技术成果，早在 20 世纪 90 年代初，在原石化总公司有关领导的关心与支持下，由陈俊武牵头组织有关专家撰写《催化裂化工艺与工程》一书，于 1995 年由中国石化出版社出版发行。该书出版后颇受广大炼油科技工作者的欢迎，荣获中国石化集团公司科技进步一等奖、第八届全国优秀科技图书二等奖，为广大科技人员的工作和学习提供了有益的帮助，并于 2005 年修订再版。

如今第二版出版已过十年，催化裂化技术又有了新的发展进步，原书内容已不能充分适应新形势的要求，有些内容需要充实和更新。恰逢今年中国催化裂化产业化 50 年之时，修订再版此书非常有纪念意义，在中国石化出版社的倡议下，决定在前两版的基础上进行修订完善，推出第三版，以为志庆。

由于参与前两版撰写的作者年岁已高，再由原作者完成修订工作颇感困难，同时为了更好地薪火传承，在中国石化出版社的组织协调下，推荐许友好、刘昱、吴雷和孙国刚等同志一起负责此书第三版修订编写工作，由陈俊武和许友好共同担任主编。此次修订原则是在尽可能保持第二版基本结构的前提下，力图全面、系统地总结国内外催化裂化技术发展水平。主要增补内容包括油品清洁化技术、催化裂化生产过程清洁化技术、加氢处理技术在催化裂化技术中的应用、过程反应化学等。

洛阳石化工程公司刘昱编写第一章，乔立功编写第八章，刘昱负责第一章和第八章的统稿及审核。石油化工科学研究院许友好编写第二章、第四章、第九章（第二节除外）、第一章第四节，还编写第一章第一节和第三节、第三章第一节第五小节、第七章第四节和第六节第八小节部分内容；田辉平编写第三章、第一章第一节催化剂部分内容；鲁维民编写第九章第二节，还编写第三章第六节部分内容，统稿和校核第五章，并校核第八章。中国石油大学孙国刚编写第五章第一节至第四节、第六节、第七节和第十一节，还编写第七章第六节第七小节部分内容，魏耀东编写第五章第八节和第九节，毛羽编写第五章第五节，卢春喜编写第五章第十节，王建军参与编写第五章第十一节，孙国刚负责第五章的统稿及审核。中国石化工程建设有限公司吴雷编写第六章，还编写第三章第八节部分内容，余龙红编写第七章，吴雷负责第六章和第七章的统稿及审核。许友好负责全书的统稿及审核。陈俊武对各章节的内容进行了原则性审定。

此外，周复昌同志提供了第三章催化剂颗粒显微观察图像研究资料，张广林同志提供了第二版的勘误表和有关喷嘴方面资料，邹滢同志对俄文文献进行了修改和校核；中国石化工程建设有限公司张迎恺和汤伟珍同志审核第九章第六节，江盛阳同志提供了第九章第三节一项脱硫脱硝一体化技术的资料；石油化工科学研究陈蓓艳同志对第三章进行修改和校核，丁晓亮同志提供了第九章第五节第八小节的部分资料，龚剑洪、袁起民、徐莉、杨超、成晓洁、唐津莲、魏晓丽和李泽坤等同志参与了校核工作，王新、程薇、崔维敏和蓝天同志对文献进行了修改和校核；中国石化出版社黄志华、张正威同志负责组织协调工作，对本次修订出版提出了很多好的建议，在此一并表示诚挚的感谢。

此次修订工作经过多次酝酿，于 2013 年 7 月正式启动，历经多次讨论，反复修改，终于在催化裂化 50 年大庆之时出版发行。在此要感谢石油化工科学研究院、洛阳石化工程公司、中国石化工程建设有限公司、中国石油大学及中国石化出版社等单位领导的大力支持，对各章负责人的尽职尽责以及各位参与者的辛勤奉献表达衷心的感谢！

谨以此书献给为我国催化裂化技术发展所作出贡献的广大科技工作者和技术人员！衷心祝愿我国催化裂化技术不断发展进步！

由于技术水平不断进步，又受到时间和编者水平所限，本书肯定存在不足和错误的地方，恳请读者批评指正。

陈俊武　许友好

2015 年 3 月

第二版序

自从本书第一版问世以来，转瞬经历了十个春秋。这期间，石油工业持续发展，炼油工艺和技术仍有长足进步。尤其在生产符合更严格环境保护标准的清洁燃料方面，涌现了一批新催化剂和新加工工艺。催化裂化汽油组分和柴油组分的质量面临着严峻考验。国内外科研工作者及时地研究开发了多种前加工、在线加工和产品后加工工艺，有的可降低催化裂化汽油的硫含量、烯烃含量，保持了辛烷值；有的可降低催化裂化柴油的芳烃含量，提高十六烷值。总之，在世纪之交，催化裂化技术已成功应对了挑战，保持住原先在石油加工工艺中的地位。此外一系列由催化裂化派生的旨在多产丙烯等低碳烯烃的技术相继开发，使炼油厂能提供更多的石油化工产品，从而使催化裂化成为"油化结合"的纽带，扮演了十分重要的角色。

由于催化裂化技术的进步，本书原有内容已不能满足新形势的要求，有些需要充实和更新。因此在保持原框架结构基本不变的前提下，根据十年来技术进步的具体情况，对各章节内容酌量增删。遗憾的是当本版开展工作的前期，原主编之一曹汉昌先生不幸去世。在原作者之一邓先樑先生的大力协助下，我努力完成主编的任务，使本版得以顺利脱稿付梓。

本版各章节的作者如下：第一章陈俊武，第二章李再婷，第三章第一、二节陈祖庇，第三、四节范仲碧，第五、六、八节陈俊武，第七节邓先樑，第四章 曹汉昌 、邓先樑，第五章第一至第十节刘太极，第十一节陈俊武，第六章邓先樑，第七章沙颖逊，第八章陈俊武。

由于作者的业务水平和工作质量尚有不足之处，本版仍会有遗漏和错误，敬请广大读者们审阅指正！

最后感谢中国石化出版社对本书再版工作的热心支持和帮助！

陈俊武

2004 年 12 月

第一版序

催化裂化是一项重要的炼油工艺，其总加工能力已列各种转化工艺的前茅，其技术复杂程度也位居各类炼油工艺首位，因而催化裂化装置在炼油工业中占有举足轻重的地位。

经历了50余年的发展，越过了若干个具有历史意义的里程碑，迄今催化裂化工艺和工程已积累了一套比较完整的技术和比较成熟的经验，并且仍在继续发展。近年来在相关的技术交流会上和公开出版刊物以及内部出版物上发表的有关催化裂化工艺、工程和催化剂方面的文章达数百篇，公布的专利文献也在百项以上，丰富和充实了人类的知识宝库并为社会创造了巨大财富。然而令人不无遗憾的是国内外公开出版的关于催化裂化工艺和工程的专著却寥若晨星，而且在论述的广度和深度上也存在这样或那样的不足之处，难以满足从事催化裂化专业的科技人员的需要。

我国开发催化裂化技术落后于先进国家20余年，但已有了30年的历史，在前石油工业部和现在的中国石油化工总公司的得力领导下，奋起直追，目前在装置总加工能力上已跃居世界第二位，在科研、生产、设备和催化剂制造的技术方面取得了长足的进步。为了和已有的地位相适应，出版一部专著是十分必要的，这就形成了编著本书的契机。

本书旨在为从事催化裂化科研开发、工程设计和工业生产的中、高级科技人员在加工工艺和化学工程方面提供有益的资料，给予正确的引导，帮助树立明确的概念和掌握系统的知识。本书的特点是：①系统性——对石油化学、炼制工艺、反应工程、流态化工程、催化剂研制和应用工程等方面，从历史发展到今后的展望进行了全面的阐述；②新颖性——尽可能从文献报道中提供最新信息并展示工艺、工程、催化剂、原料和产品的发展趋势；③学术性——对不同工艺的优缺点尽可能公正地对比，对不同学者的学术观点和成果尽可能做出客观的介绍、进行必要的评论和指出待解决的问题，与此同时启发读者的思路；④实用性——努力做到理论与实践并重，列举代表性的工业数据，展示适用的关联式，争取用已知理论解释工业实践中的问题，力求更好地体现技术与经济的结合，对重要课题做出技术经济评价。此外，本书一方面充分反映国外的技术发展，另一方面注意报道我国的工业实践和我国学者的贡献。

但是应该指出：按照编者的意图，本书既不是科学普及读物，又不是纯信息性的文献汇编，更不是纯应用型的工具书或手册。它略去了繁冗的计算公式、图表和计算机软件程序，也不包括与其他炼油工艺具有共性的化学工艺和化学工程的内容，因此就整个催化裂化装置而言，本书内容是不够完整的，但就催化裂化工艺的核心——反应-再生部分和催化剂而论，本书在选材上力求完善和翔实。

第一章对催化裂化的发展过程和催化裂化工业装置做了综合介绍。它既包括了装置内部的用能与节能、环境保护和技术经济等内容，也包括了在炼油厂中与催化裂化有关的上、下游工艺装置的介绍以及产品应用中的环境保护内容。

第二章从化学角度对催化裂化过程中涉及的纯烃、馏分油和渣油的化学反应机理、化学动力学、催化剂的表面酸性和晶胞结构与催化活性和选择性的关系作了系统的描述。

第三章全面论述了催化裂化催化剂的研究开发、配方设计和工业制造的基本知识，介绍了催化剂的性能评价、使用中的失活与活性平衡、粉碎和粒度平衡等应用工程学的内容，最后叙述了各种助剂以及催化剂和助剂的使用设施。

第四章从油品性质角度分别叙述了催化裂化的原料油和各种产品，并介绍了原料的性质参数对催化裂化反应性能、产品产率和产品性质的影响。

第五章属于流态化工程范畴。其特点是密切结合催化剂的性质以及反应-再生部分的操作条件，按照流态化工程的内容系统地展开，并着重讨论了实验室研究成果和工业实践的对比。本章对我国学者的工作给以足够的重视。在催化裂化中具有重要意义的气-固分离技术列为本章中的一节。

第六章分别阐述了装置内反应与再生间的热量平衡，各种操作参数（变量）对转化率、产品分布和产品质量的影响以及操作变量间的相互关系，最后列出了以我国为主的18套代表性工业数据。

第七章首先从裂化反应和生焦反应的宏观化学动力学出发，介绍了有关数学模型及其应用情况，继而从裂化反应工艺与工程角度论述了反应器的物料衡算、反应热及反应器各部分的设备结构对气-固接触效率、气-固分离效率和汽提效率等方面的影响。

第八章的前半部分从烧焦的反应工程学角度叙述了结焦催化剂的单一颗粒烧焦模型、烧焦反应动力学和流化床烧焦数学模型，后半部分则叙述了工业应用的各种再生工艺以及再生器的设备结构特点。本章对我国在再生技术上的贡献作了介绍。

各章末均有所引用的文献目录，有些章还附有符号表。书末附有与催化裂化有关的英语略语词汇和本书中的主题词索引。

由于作者的业务水平和工作质量尚有不足之处，本书在文字论述、文字风格和图表公式等方面会有遗漏、错误或不妥之处，敬请读者们审阅指正！

陈俊武　　曹汉昌

1993 年 8 月于洛阳

总 目 录

上 册

第一章 绪 论

第二章 催化裂化工艺过程反应化学

第四章　原料和产品

下　册

第五章　流态化与气固分离

第八章　结焦催化剂的再生

第九章　催化裂化装置节能与环境保护

第一章 绪 论

第一节 催化裂化的发展史

一、流化催化裂化的诞生

在热裂化技术开发之前，汽油的生产主要采用原油蒸馏的方法，当时汽油的产率还不到原油的20%，辛烷值也只有50左右（Barnard，1951）。随着1913年第一套热裂化工业装置的投产，1925年开始广泛使用四乙基铅，以及1930年石脑油热重整技术的使用，使汽油产率在1936年急剧上升，汽油 RON 也上升到 71～79（Burton，1921；Armistead，1946；McCuen，1951）。即使如此，仍然满足不了市场上对汽油数量和质量的需要，因而迫使人们另辟新径增产汽油。

催化裂化的研究可追溯到19世纪90年代，当时 Gulf 石油公司的炼油界先驱者 McAfee 在实验室发现采用三氯化铝作催化剂可以促进裂化反应，从而提高汽油产率，但一直到20多年后这一过程才被人们所认识，因而 Gulf 石油公司1915年建立了第一套工业化装置，并操作了14年。这一过程是在馏分油中掺5%～10%的无水三氯化铝，在常压、温度260～290℃的条件下进行间断蒸馏。可能由于催化剂昂贵以及回收困难等原因而没有在工业上广泛采用（McAfee，1915b）。

采用固体酸性催化剂的 Houdry 催化裂化工艺的开发是炼油技术中的一个空前的成就。E. Houdry 原是一位法国机械工程师，早在1920年就与法国药剂师 E. Prudhornme 共同研究用煤气制造合成燃料，但在法国未得到支持（与此同时，德国成功开发出 Fisher-Tropsch 过程），因而在1927年他们开始转向研究催化裂化。经过上百种催化剂筛选，Houdry 选定酸性白土作催化剂，并采用空气烧掉催化剂上积炭的方法，这一成果很快引起一些大的石油公司的注意。当时美国 Vacuum 石油公司（即后来的 Mobil 石油公司）将 Houdry 请到美国，组建了 HPC 公司（Houdry Process Co.），并于1931年在 Paulsboro 炼厂建成3500t/a的中型装置，同年就开始试验，并取得了工业化数据（Avidan，1990）。

1936年4月6日，第一套100kt/a的催化裂化工业装置在 Paulsboro 开始运转，这是具有历史意义的事件。这套由 Cross 热裂化装置改建的装置，由三个水冷式固定床反应器组成，轮换操作，所需要的阀门切换由人工操作。继第一套固定床催化裂化装置建成之后，很快又实现了许多技术革新。Socony-Vacuum 石油公司开发了熔盐冷却裂化装置，并与 HPC 公司一起完善了这一复杂的固定床过程。

当1938年公布这一工艺过程时，另外两套工业化装置已投入运转。一套是 Sun 石油公司在 Marcus 的 Hook 炼油厂，它是装有电动阀和自动切换定时器的600kt/a的装置。另一套150kt/a装置在 Socony-Vacuum 石油公司的 Naples（意大利）炼油厂运行。与此同时，Socony 石油公司另有8套正在建设中，投资4千万美元。还向其他公司转让专利。到1940年已有

14 套装置，合计生产能力 7.0Mt/a(Avidan，1990)。

　　固定床催化裂化装置所生产的汽油辛烷值较高，即使生产辛烷值为 100 的航空汽油，其所需的调合烷基化油和四乙基铅量也较少。第二次世界大战初期盟军能得到大批高质量的航空汽油，对取得战争的胜利具有相当大的贡献。

　　固定床催化裂化装置的原则流程见图 1-1(Faragher，1951；Houdry，1938；Avidan，

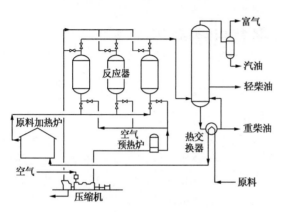

图 1-1　早期的 Houdry 装置原则流程图

1990)。小球状或片状催化剂预先放在反应器内，预热至 400℃ 左右的原料进入反应器内反应，通常只经过几分钟到十几分钟，催化剂的活性因表面积炭而下降，这时停止进料，用水蒸气吹扫后，通入空气进行再生。因此，单个反应器是间断操作，用电动阀自动控制。操作循环时间见表 1-1。为了反应时供热及在再生时取热，在 3.3m 的反应器内装有 700～800 根小管（包括套管，外管 50～60mm，内管 25～30mm），管内循环一种熔盐作热载体，熔盐的成分一般由 40%NaNO₂、7%NaNO₃ 及

53%KNO₃组成。反应器及反应器管束断面见图 1-2、图 1-3。

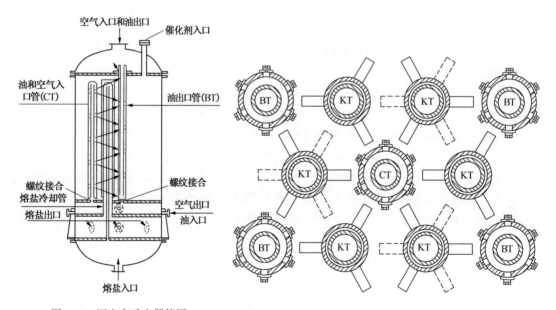

图 1-2　固定床反应器简图

图 1-3　固定床反应器管束断面图
CT—油入口管；BT—油出口管；KT—冷却管

　　即使从当今工艺和设备技术观点来看，Houdry 反应器也是技术上的奇迹。许多很有天才的人开发了近 10 年才取得这一工艺过程上的重大突破。Houdry 固定床催化裂化过程虽然是炼油工艺的重大发展，然而它存在一系列无法克服的缺点：设备结构复杂，操作繁琐，控制困难。要克服固定床的缺点，需要两项革新，即催化剂在反应和再生操作之间循环并减小

催化剂的粒径。第一项革新结果出现了移动床，两项革新的结合得到了流化床。使裂化催化剂在反应器与再生器间移动，而不是轮流切换进料和再生空气，这一重要设想产生于 1935 年，最后，这一想法在移动床催化裂化装置中实现。为此利用了 Thermofor 再生炉(曾用于烧除在润滑油渗滤时沉积在白土上的焦炭的再生炉)建立了连续裂化装置。第一套 25kt/a 的半工业化提升斗式催化裂化装置于 1941 年在 Paulsboro 炼油厂运转，取得了有用的工业数据。

表 1-1　固定床反应器典型操作循环时间

操　作	时间/s	操　作	时间/s
打开油进出口阀	12	再生	608
反应	608	关空气阀和吹扫	14
关油进出口阀和吹扫	20	开空气放空阀	12
开油放空阀	14	放空	84
放空	226	关空气放空阀和吹扫	14
关油放空阀和吹扫	20	开油升压阀	12
开空气升压阀	12	升压	48
升压	76	合计	1800
开空气阀	20		

最初的移动床催化裂化工业装置由 Socony Vacuum 石油公司建成，并定名为 Thermofor Catalytic Cracking(TCC)。1943 年 Magnolia 石油公司在 Texas 的 Beaumont 炼厂投产了一套 TCC 装置，处理量为 500kt/a，原则流程如图 1-4 所示。

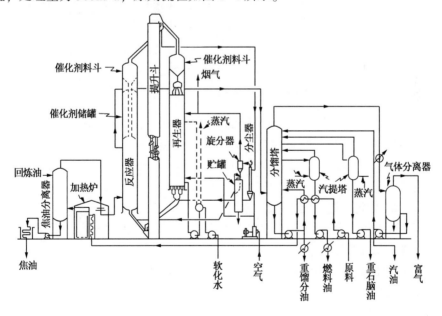

图 1-4　TCC 装置原则流程图

在 TCC 装置中，原料油进入反应器底部，与由反应器顶部进入的催化剂逆流接触，当催化剂移到反应器下部时，其表面上已沉积了一定量的焦炭，故由底部导出，用机械斗提升至再生器顶部，然后在再生器内向下移动进行再生。再生过的催化剂经另一组机械斗又提升至反应器顶部，反复循环。TCC 使用 ϕ3mm~6mm 的小球催化剂。TCC 靠催化剂循环起到热载体的作用，因而反应器内可不设加热管。但在再生器内由于烧焦时放热量大，为了维持再生温度，因此还要分段装设取热盘管产生高压蒸汽带走剩余热量。

1944 年小球合成硅铝催化剂的开发是催化裂化过程的重大改进，但还存在机械斗式提升的缺点，使剂油比只能保持在 1.5 左右，使 TCC 只能采用气相进料，难以与液相重质进料的流化催化裂化相竞争。

1948 年 HPC 公司开发了 Houdriflow 移动床催化裂化过程，并于 1950 年投产了第一套工业化装置，处理量 350kt/a，位于 Toledo 炼油厂，属 Sun 石油公司。其主要特点是反应器放在再生器顶部，只要一套提升系统而且采用空气提升，如图 1-5 所示(Hornaday，1949)。

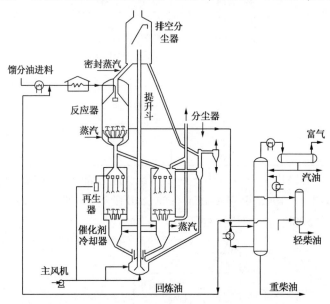

图 1-5　Houdriflow 移动床催化裂化装置原则流程图

在 Houdry Process 公司开发空气提升管的同时期，Socony Vacuum 石油公司也开发了空气提升式 Thermofor 移动床催化裂化工艺，第一套工业装置于 1950 年在 Beaumont 炼油厂投产，处理量 750kt/a。这两种工艺都能使剂油比达到 4(Avidan，1990)。20 世纪 50 年代中期，两种工艺的工业装置数目分别达到 21 套和 54 套。

TCC 与 Houdry 固定床相比有下列优点：

① 在移动床系统中由于裂化和再生反应分别在不同的设备内进行，因而不要求再生器和反应器都承受苛刻的操作条件。

② 再生时所放出的热量由装设在再生器内蒸汽盘管从循环催化剂中取走，而不需要复杂昂贵的熔盐系统和温度控制系统。

③ 催化剂置换简单。

④ 反应器和再生器的操作都是连续的，不需要像 Houdry 过程那样复杂的阀门、控制设备和安全系统。

⑤ 裂化产品的产率和质量不像固定床过程那样在每一循环中都发生变化，而是基本保持不变。

移动床反应器的内部结构见图 1-6。液体进料和再生催化剂(或称再生剂)均匀分配在上部床层，反应产物通过很多根集合管和催化剂分离，而后者又被分配在下面的汽提段。汽提可使待生催化剂（或称待生剂）碳含量低到 5%，明显好于固定床汽提效果。移动床反应器的再生器的工程设计具有很高水准，保证了良好的气、液和颗粒接触，并降低颗粒的磨损。然而较大的催化剂直径使反应速度和传热速度受到限制。特别是为了防止小球内外温差过大，再生器温度不允许超过 650℃，此条件下烧焦速度较慢，造成再生器体积庞大，制约了装置处理能力。

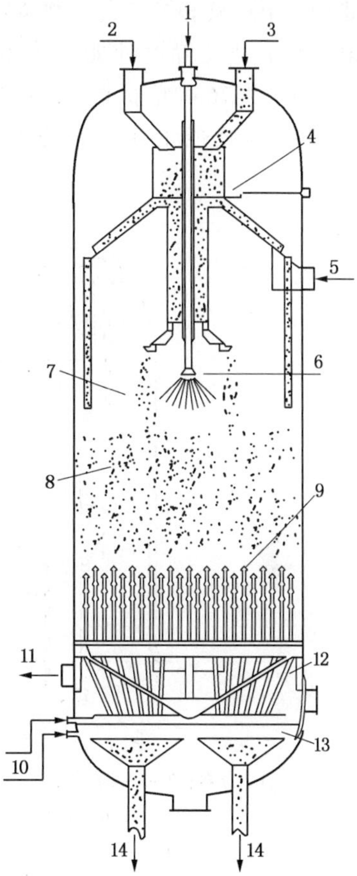

　　流化催化裂化（Fluid Catalytic Cracking, FCC）最早从应用细粉催化剂开始，1934 年 Imperial Oil 公司的 Stratford 发现使用生产润滑油的废白土有催化裂化作用，每立方米热裂化原料中加入 6~27kg 白土，单程通过加热炉，实现了悬浮床裂化（Suspensoid Cracking）。接着 Standard Oil of New Jersey 公司于 1938~1940 年探索了用油气输送粉状催化剂的另一路线，发现气力输送细粉远比小球容易，早先采用盘管反应器和稀相催化剂输送，不久改用上流式流化床反应器和带松动的立管与滑阀，操作十分平稳。这为流化催化裂化技术的诞生创造了条件。

　　1938 年 10 月，Standard Oil of New Jersey、Standard Oil of Indiana、M. W. Kellogg 和德国 I. G. Farben 等四家公司组织了催化研究协会（CRA），从事开发一项不会侵犯 Houdry 固定床催化裂化专利的工艺，Anglo‑Iranian、Royal Dutch‑Shell、Texas 和 UOP 等公司加入了这一协会，I. G. Farben 公司在 1940 年退出了这个协会。

　　第二次世界大战开始后，为加速催化裂化的发展，以生产战时所需要的大量航空汽油和车用汽油，CRA 实施了由美国航空汽油咨询委员会批准的"41 号推荐书"。Ⅰ型流化催化裂化装置是该协会的第一个产物。

图 1-6　TCC 反应器内部结构

1—液体进料；2—补充催化剂；3—再生催化剂；
4—滑阀；5—气体进料；6—液体进料锥；
7—催化剂颗粒；8—催化剂床层；
9—裂化产物和催化剂分离管束；
10—吹扫蒸汽，汽提蒸汽；11—产品出口；
12—催化剂出口；13—催化剂收集区；
14—待生催化剂至再生器

　　实际上早在这一协作开始之前，美国麻省理工学院的 W. K. Lewis 就提出"利用磨粉催化剂沉降分离的特性，采用一种密相流化床反应器"。根据这一意见，建立了一套磨粉催化剂的小型流化催化裂化实验装置和一套 5kt/a 的中型装置进行实验。实验的结果是：可用密相流化床从密相底部抽出催化剂；可将液态而不是气态的油喷入循环催化剂；装置热量可以自己平衡。Ⅱ型流化催化裂化装置就是按这一原则设计的，Ⅰ型装置和Ⅱ型装置的投产仅相差两年（Newton, 1945）。Ⅰ型是流化催化裂化最初的一种类型，是并列式，如图 1-7 所示。第一套是 Standard（N. J.）石油公司所建，位于 Baton Rouge 炼油厂。在第一套Ⅰ型装置设计的同时，在 Standard Oil of New Jersey 的 Bayway 炼油厂和 Humble 石油公司的 Baytown 炼油厂也在进行类似装置的设计。只有这三套装置是按Ⅰ型装置设计和建造的，而当时的其他装置均为Ⅱ型。第一套和第二套Ⅰ型装置在1942年投产，1943年投产了第三套。

第一套Ⅰ型装置设计能力为630kt/a，在当时是一个大型装置，耗费了6000t钢材，128km管线，2676m³混凝土，203套仪表和63台电动机，有19层楼高。汽油产率43.6v%，MON为79.2。其他主要参数见表1-2，原则流程见图1-7（Murphree，1951；Reichle，1992）。

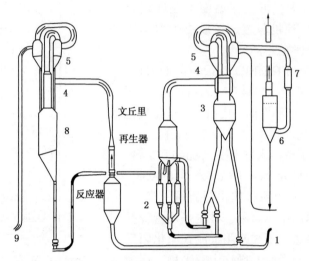

图1-7　Ⅰ型流化催化裂化反应再生部分原则流程图

1—原料；2—热交换器；3—再生催化剂斗；4——级旋风分离器；5—二级旋风分离器；
6—Cottrell沉降器；7—烟气冷却器；8—待生催化剂斗；9—油气

表1-2　第一套Ⅰ型装置的主要参数

主要参数	反应器	再生器	主要参数	反应器	再生器
直径/m	4.6	6.0	催化剂耗量/(kg/m³)		1.37
高度/m	8.5	11.3	待生催化剂碳含量/%		1.14
操作温度/℃	488	566	再生催化剂碳含量/%		0.5
气体流速/(m/s)	0.8		催化剂平均粒径/μm		58
床层密度/(kg/m³)	104	144	转化率/v%	53.5	
催化剂藏量/t	19	68	烧炭强度/[kg/(t·h)]		55

第二套Ⅰ型装置处理量620kt/a（Murphree，1951），属于上流式，分再生和反应两大部分。系统内所有循环催化剂都自下而上地通过反应器和再生器，催化剂和反应油气或烟气一起从反应器或再生器顶部出来。Ⅰ型装置有很多缺点，例如，催化剂的输送管线过长，压力降较大；催化剂磨损严重，损失较大；装置过高，达60m，比较笨重；操作弹性小，只能加工轻质原料等。

由于Ⅰ型装置有很多缺点，只建成3套后就推出了Ⅱ型装置，见图1-8。Ⅱ型的特点是反应器接近地面，再生器位置高于反应器，并用弯管与反应器相连。有一条粗的输送管线，将再生后的催化剂和原料油送入反应器密相床层，在系统内的几个点采用了滑阀。Ⅱ型属下流式，与Ⅰ型装置相比，其主要改进有：

① 催化剂由再生器和反应器下部引出，简化了催化剂输送系统；

② 反应器和再生器保持了密相床层；

③ 催化剂的输送由滑阀控制；

④ 装置的高度由Ⅰ型的60m降到50~55m，节省了钢材和投资。

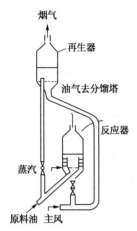

图1-8 Ⅱ型流化催化裂化
反应再生部分原则流程图

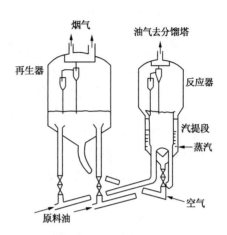

图1-9 Ⅲ型流化催化裂化
反应再生部分原则流程图

第一套Ⅱ型装置也由Standard石油公司建在Baton Rouge炼油厂，于1944年投产。Ⅱ型陆续建成了31套（Avidan，1990，Thornton，1951）。Standard（N.J）石油公司在总结Ⅱ型装置优缺点的基础上，率先成功地设计了Ⅲ型装置，见图1-9。Ⅲ型仍为并列式，第一套于1947年投产。其特点有（Murcis，1992）：

① 再生器的操作压力比Ⅰ型装置和Ⅱ型装置高。Ⅰ、Ⅱ型再生器的操作压力为0.015~0.03MPa（g），因此为了防止油气倒窜，再生器位置就要比反应器高得多，才能保证再生器立管有足够的压头（立管长23~45m）。在Ⅲ型装置设计中，自动控制和滑阀结构都有较大的改进，可提高再生器的操作压力，使其和反应器的操作压力相近。这样两器就可以并列地放置在高度差不多相同的位置上。因此，Ⅲ型的高度就由Ⅱ型的50~55m，降低到37~40m。这不仅可节约钢材，而且也给操作和检修带来方便。

② 两器内的旋风分离器，由Ⅱ型的一级改为二级。同时，由于采用了微球催化剂，旋风分离器的效率大大提高，取消了电除尘器。

Ⅲ型建成的套数较多，美国Baytown炼油厂建成的单套处理能力为6Mt/a的Ⅲ型装置，仍然是目前世界上最大的流化催化裂化装置之一。其反应器直径为13.7m，再生器直径为19.5m，分馏塔直径为10.4m。

二、流化催化裂化的发展

与以前的固定床催化裂化一样，移动床催化裂化也曾是一项设计奇迹。在反应器和汽提器及再生器内，固体和气体之间能充分接触。机械方面的精心设计，防止了小球催化剂在提升系统中过度磨损，反应器内装有精巧的内部构件，保证了最佳性能。

20世纪50年代初，移动床催化裂化完全可以和流化催化裂化竞争。当时的裂化深度和再生条件都比较缓和，因而这两类工艺对轻质原料油来说都能适用。到1956年，移动床催化裂化装置共建了78套(Avidan,1990)。但是,移动床虽然巧妙地解决了催化裂化的第一个问题,即催化剂在反应器和再生器间移动的问题,却忽视了催化剂颗粒过大带来的传质阻力(催化剂粒径为2~4mm),而流化床催化剂粒径为60μm,颗粒的传质阻力很小。又由于ESSO公司推出了Ⅳ型流化催化裂化装置,使装置高度进一步降到32~36m,并简化了机械结构,其造价比移动床装置便宜得多,因而流化催化裂化装置得到了突飞猛进的发展,逐渐取代了移动床催化裂化,这是因为第二次世界大战后,41号推荐书的参加成员以及其他一些石油公司,都纷纷开发了具有独特形式的流化催化裂化装置。而且1946年硅铝微球催化剂的问世,更促进了催化裂化技术的发展。

到1962年,以加工能力计,美国的催化裂化装置大约有99%是属于移动床和流化床型的。到1980年,全世界流化床型加工能力进一步提高,达到催化裂化总加工能力的92.3%,而移动床则下降到7.7%,固定床型则已完全废除(Cantrell,1981)。到2000年,全世界流化催化裂化装置的加工能力,已占催化裂化装置总能力的98%(以上数值不包括中国)。但在俄罗斯此比例仅为81%。

(一) 国外流化催化技术的发展

1. Kellogg Brown & Roots 公司(简称KBR公司,前身为Kellogg公司和BR公司)

1951年,Kellogg公司在流化催化裂化设计中提出了正流式构型,即设计一个低位再生器和一个带有内汽提段的高位反应器,催化剂流动是通过内部的立管和提升管,并采用该公司开发的塞阀控制,这种形式称为正流A型,如图1-10a所示。

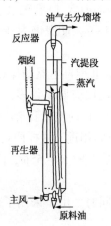

图1-10a　Kellogg公司正流A型
反应再生部分原则流程图

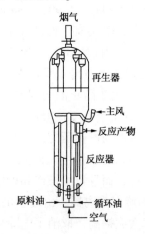

图1-10b　Kellogg公司正流B型
反应再生部分原则流程图

第一套正流A型装置于1951年6月在加拿大的Edmonton炼油厂投产,处理能力100kt/a。同年在美国Ponca City建成第二套,处理能力420kt/a。以后又陆续建成4套,使这种类型的装置总数达到6套(Murcis,1992)。正流A型装置的特点是:

① 反应器位于再生器顶部,催化剂输送管线全在两器之内,而且都是直线流动;

② 提升管和立管中的催化剂流量都是由塞阀控制;

③ 反应器的旋风分离器只有一级;

④ 反应器的操作压力为0.07~0.09MPa(g)。由于再生器压力比较高[0.1~0.14MPa(g)],当时又没有考虑烟气能量回收的问题,故主风机动力消耗比较大,这是A型装置的主要缺点

之一。

第一套正流 B 型装置于 1953 年末投产，以后又陆续兴建，使总数达到 15 套（Murcis，1992）。B 型装置与 A 型装置的主要差别是再生器装在反应器之上，操作压力较低（见图 1-10b）。采用这种结构降低了公用工程消耗指标，催化剂仍通过内部垂直的提升管和立管用塞阀调节循环量。

20 世纪 60 年代初由于催化剂工艺的改进，明确地肯定了提升管裂化，Kellogg 公司坚持的正流构型回到了原来两器排列方式，提出了正流 C 型装置。

第一套正流 C 型装置于 1960 年在美国 Texas 城炼油厂投产，属 American Oil 公司，处理量 2.5Mt/a（Murcis，1992），如图 1-11 所示。C 型装置共建成 10 套，它的主要特点是：

① 反应器装在再生器之上，增设了 CO 锅炉和烟气轮机，以回收烟气的余热和动能；

② 第一次采用两根提升管，将新鲜原料和回炼油分别在不同的提升管内进行有选择性的裂化。

Kellogg 公司在 20 世纪 60 年代早期，还用正流 C 型加工常压渣油，从而成为第一套重油催化裂化装置（HOC）。这套装置有适量安放在再生器密相床的取热盘管，它是由 Phillips 石油公司和 Kellogg 公司共同努力的结果，该装置建在美国的 Borger 炼油厂，见图 1-12。

20 世纪 70 年代前期裂化催化剂改为沸石型，这就推动了再生技术的改进，使再生催化剂碳含量减少到小于 0.1%。1976 年 Kellogg 公司开发了能适应新催化剂操作的构型，称为正流 F 型，如图 1-13 所示。在同一再生器内有两段再生，反应器是垂直的外提升管，以折叠方式进入沉降器的顶部。提升管有两个新的特征，即多喷嘴进料系统和沉降器内部的提升管出口为惯性分离。Kellogg 公司和 Amoco 公司于 1979 年正式公布了为适应 20 世纪 80 年代炼油厂技术而设计的超正流型流化催化裂化装置，如图 1-14 所示（Murcis，1992），其主要特点为：

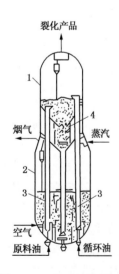

图 1-11 Kellogg 公司正流 C 型反应再生部分原则流程图
1—反应器；2—再生器；3—提升管；4—汽提段

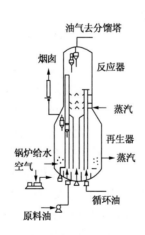

图 1-12 第一套 HOC 装置反应再生部分原则流程图

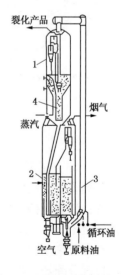

图 1-13 Kellogg 公司的正流 F 型反应再生部分原则流程图
1—沉降器；2—再生器；3—提升管反应器；4—汽提器

① 提升管出口设有粗旋风分离器；

② 多路进料喷射器；

③ CO 完全燃烧，再生催化剂含碳可下降到 0.02%～0.05%。

Kellogg 公司设计和建造的流化催化裂化装置有 120 多套，以后与 Mobil 公司合作，采用 Mobil 公司开发的闭路旋风分离系统，合作开发了 ATOMAX 原料雾化喷嘴，构成了新一代的 Orthoflow 工艺，如图 1-15 所示。

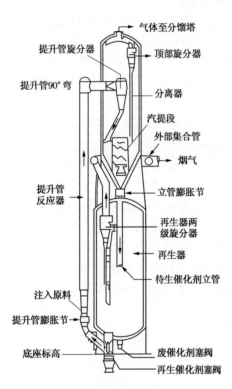

图 1-14　超正流型 FCC 反应再生部分原则流程图

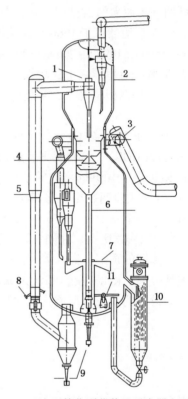

图 1-15　正流型催化裂化装置反应器和再生器
1—紧接式旋风分离系统；2—沉降器；3—外集气室；
4—两段汽提；5—分段进料点；6—再生器；7—待生
催化剂分配槽；8—进料雾化喷嘴；9—催化剂塞阀；
10—密相催化剂冷却器；11—主风分布器

Kellogg 公司介绍了其改进后的重油催化裂化装置(HOC)的构型(Ruch，1981)。这套装置的垂直外提升管，经横管与分离器相通，其出口有粗旋风分离器。再生器装有内取热盘管和外取热器，装置保持了正流式的布局，催化剂循环仍由塞阀控制。已经设计和投产的装置统计数据见表 1-17。并与 ExxonMobil 公司的 FCC 反应设计结合。提升管出口采用密闭式旋分系统、汽提段采用流体动力挡板(Dynaflux baffles)、再生器内催化剂和空气逆流形式(采用待生催化剂分配器、再生器密相床层采用专有挡板)在一个再生器内实现高效再生。

1998 年，Kellogg 公司和 ExxonMobil 公司联合开发的 Maxofin 工艺(Novel FCC process for Maximizing Light Olefins)在催化剂、工艺和设备三方面均采用了新的技术(Niccum，1998)。一方面，该工艺采用了高 ZSM-5 含量的催化剂，能够在较为缓和的操作条件下加工传统催化裂化原料，达到多产丙烯和乙烯的目的；另一方面，Maxofin 工艺技术方面比常规 FCC 有所改进，采用并列的双提升管催化裂化装置。
其主提升管与常规催化裂化工艺相同，以普通
FCC 原料为原料；副提升管以装置自产的轻石
脑油(<145℃的馏分)为原料，也可以处理主提
升管生产的部分或全部汽油。Maxofin FCC 工艺
反应再生系统原则流程见图 1-16。双提升管催
化裂化装置的优点是使整个操作更加灵活，有
多产丙烯、多产汽柴油以及二者兼备三种不同
的操作方案，可以按照市场的不同需求来灵活
选择合适的方案。此外，该工艺还配套使用了
其自行开发的 ATOMAX-2 型进料喷嘴和提升管
反应终止技术（出口密闭旋风分离器）。
ATOMAX-2 原料喷嘴提供了高效雾化和更大的
提升管覆盖面积。封闭的旋风分离器减少烃蒸
气和催化剂在分离器中的停留时间，消除提升
管末端的过度裂化，减少干气和焦炭产率。按
多产丙烯方案操作时，第一提升管和第二提升
管的温度分别为 538℃ 和 593℃，丙烯产率为
18.4%，乙烯产率为 4.3%。

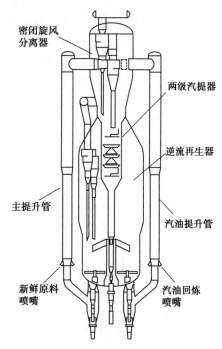

图 1-16 Maxofin 技术双提升管
反应再生系统原则流程

    KBR 公司还开发出 Superflex 技术，是以高烯烃含量的 $C_4 \sim C_8$ 的轻烃为原料，采用流化
床反应器，增产丙烯，并提高产品丙烯/乙烯比的技术，其反应再生系统原则流程见图 1-17
（Niccum，2001）。其产物典型的丙烯/乙烯比约为 2，作为副产物的富含芳烃的汽油馏分可
以作为高辛烷值汽油组分或直接作为化工原料。

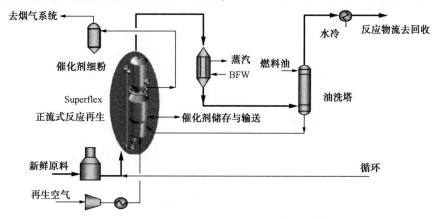

图 1-17 Superflex 反应再生系统原则流程

2. UOP 公司

    UOP 公司对Ⅱ型装置作了某些修改，并成功地设计了一套小型装置，于 1944 年在美国
Husky 石油公司的 Cheynne 炼油厂投产。不过与Ⅱ型装置有重大差别的第一套装置是 Aurora
石油公司 Detroit 炼油厂于 1947 年投产的流化催化裂化装置。这套装置是 UOP 公司设计的第

一套"叠置式"装置，如图 1-18 所示（Strother，1972）。据 1972 年统计，已建成的叠置式装置就有 72 套。

这种装置的特点是由一个压力较低的反应器，直接安装在压力较高的再生器上面，再生器接近地面。这种设计是向提升管裂化接近的一个重大步骤，并减少了反应器和再生器中的催化剂藏量。由于省掉了长的待生催化剂上升管和再生催化剂立管，而且只需要简化的支架结构，所以降低了投资。

早在 20 世纪 50 年代中期，UOP 公司就推广直提升管高低并列式装置设计，如图 1-19 所示，这种装置实际上已接近于现代化的提升管装置。它可采用密相操作，也可以在催化剂床层底到汽提段内的情况下（即零料位）操作，因此也基本上适用于沸石催化剂（Strother，1972）。此后即演变为全提升管的高低并列式装置。

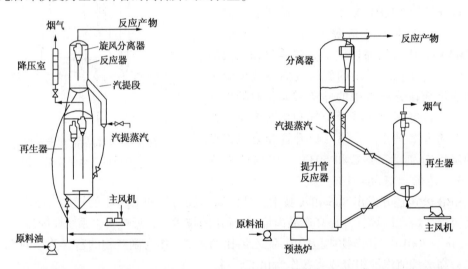

图 1-18　UOP 叠置式反应再生部分原则流程图　图 1-19　UOP 高低并列式反应再生部分原则流程图

为了最大限度地体现沸石催化剂的优越性，UOP 公司新设计的高效再生流化催化裂化装置于 1974 年投产，其原则流程如图 1-20 所示。其特点是：提升管出口装有催化剂和油气的快速分离设施，以减少其接触时间，并降低反应器内旋风分离器的催化剂负荷；形状独特的快速床再生器（烧焦罐）能使空气和催化剂接触良好，大幅度地提高了烧焦强度；这种装置减少了催化剂藏量，为维持催化剂活性所需加入的新鲜催化剂量可以减少（Avidan，1990）。

20 世纪 80 年代，UOP 公司与 Ashland 公司联合开发 RCC 技术，示范装置能力为 10kt/a，1978 年初开始运转，研究生焦与重金属污染等技术，探索工艺参数与产品产率的关系，取得了满意的效果。1981 年在 Catlettsburg 炼油厂建设第一套工业装置，处理能力 2Mt/a，1983 年投产，很快达到设计指标，以后又建成了一套。RCC 技术原则流程见图 1-21。其技术特点是（Dean，1983）：

① 认为原料中的残炭 70%~80% 转化为焦炭，因而设置了下流式外取热器；

② 再生器为两段逆流再生，一段为逆流烧焦不完全再生，焦炭中的全部氢和 80%~90% 的炭被烧掉。第二段采用高氧完全再生，使再生催化剂碳含量降到 0.05% 以下；

③ 催化剂上的重金属是通过高温烃类气流和水蒸气作用而达到钝化的；

④ 采用新的雾化喷嘴，较低的反应压力，注入稀释剂，尽量缩短反应时间，以减少生焦，提高液体产品收率；

⑤ 在提升管出口设有效果较好的弹射式快速分离器，以减少二次反应，提高产品收率。

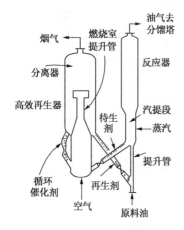
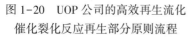

图 1-20 UOP 公司的高效再生流化
催化裂化反应再生部分原则流程

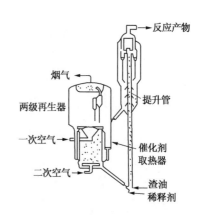

图 1-21 RCC 装置反应再生部分原则流程

在 20 世纪 90 年代初，UOP 公司又推出了 CCC 工艺（可控制的催化裂化）。可控制的催化裂化集工艺设计、催化剂配方和工艺操作条件之大成，以生产质量最好的产品和最优的产品产率。其特点是：

① 采用平推流提升管反应器和提升管出口与旋风分离器直接连接等措施，在促进所要求的一次反应和有关的二次反应的同时，控制不需要的二次反应、再裂化反应和热裂化反应；

② 采用新的多段挡板汽提段，提高了汽提效率；

③ 采用一段或二段再生器，可根据需要装设外取热器，一段再生器为烧焦罐，两段再生器与 RCC 工艺相同；

④ 可根据操作方案和操作条件提供获得最优产品产率的催化剂；

在催化裂化装置的设计中，除了注意装置运行的稳定性和可靠性外，还应使 FCC 装置具有足够的灵活性，以适应原料油质量或市场对产品需求的变化。UOP 公司提出了将部分经汽提的待生催化剂与热的再生催化剂在一种混合罐中混合，然后送往提升管反应器底部，称为 RxCat 技术（Couch，2004；Wolschlag，2010）。低的催化剂温度不仅可以提高剂油比，而且在不影响装置的热平衡情况下，显著提高其灵活性。因此，不增加焦炭产率，同时降低热裂化产物干气的生成。根据装置的不同生产模式（汽油、烯烃、液体馏分）通过不同的待生/再生催化剂比实现。这种技术可灵活地调整生产方案，可按市场需求将汽油生产方案变到烯烃或柴油生产方案。2005 年首套采用 RxCat 技术的 FCC 装置投产。在常规 FCC 装置中，工艺方案的变更是通过改变反应器的温度和改变催化剂的补充速率或活性来完成的，如果单纯通过增加剂油比来提高转化率，则同时会增加焦炭产率和催化剂的循环量。而采用 RxCat 技术时，提升管中催化剂活性的改变，仅仅是通过变更挂炭催化剂（相当于经初步汽提的待生剂）返回提升管底部的数量来实现的，图 1-22 为采用 RxCat 技术的 FCC 装置示意图。

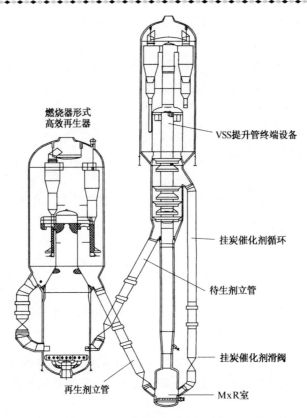

图 1-22　采用 RxCat 技术的 FCC 装置反应再生部分示意图

　　对于现代的催化剂体系来说，虽然待生剂上积累了可观数量的焦炭，但是其仍然能维持相当的活性。对于这种催化剂，UOP 公司定义为挂炭催化剂（Carbonized Catalyst），其活性不仅是可以利用的，而在某些情况下还是更好用的。由于焦炭的沉积能够优先稀释最强的活性中心，因此采用挂炭催化剂就能够提供更良好的裂化选择性。UOP 公司开发的 RxCat 技术就是为了充分发挥这种催化剂在选择性方面的优势，它是将部分挂炭催化剂返回到提升管底部，在一个混合室（即 MxR 室）内与热再生催化剂混合，其返回数量由一个滑阀控制。这种方法不仅增加了转化率而同时还提高了选择性。这样就可以将生产汽油方案迅速切换成生产烯烃方案，因此该技术能很容易地变更产品分布，同时也很容易适应原料油质量的变化。RxCat 技术的主要特点：

　　① 由于从汽提器上部返回提升管底部的挂炭催化剂的温度是与沉降器相同的，并没有给系统带入什么额外的热量，因此这种循环不会影响装置的热平衡，并且也不会受到流向再生器的待生催化剂循环速率的影响。

　　② 由于较高温度的再生催化剂是和较低温度的挂炭催化剂混合，因此原料油与混合催化剂的接触温度比常规工艺低，从而提高了产品的选择性，其干气和焦炭的产率下降；此外，由于提升管中的较高剂油比，而使转化率得到明显提高。

　　③ 某些炼油厂采用助催化剂（例如 ZSM-5 或超 ST-5 等）的办法来提高液化气或烯烃的产量，但通常必须经过数周的时间来增加这些催化剂的藏量，才能达到满意的经济效益。而 RxCat 技术对于这些炼油厂将发挥更好的效果，由于其在改变提升管中催化剂的活性时，仅

仅是变更挂炭催化剂的返回数量,因此工艺方案的切换是迅速的。

已有多套 RxCat 设计付诸实施,对于改造和新建的两类装置,RxCat 技术的主要效果表现为增加转化率、增加汽油产率、减少干气产率、增加丙烯产率(同时采用助催化剂)、减少焦炭产率(在相同的转化率时)、增加再生器密相床层温度(见图 1-23)、降低再生器停留时间、较低的再生剂和待生剂立管流通量和较低的再生器烟气排放量。

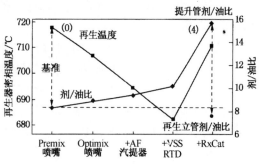

图 1-23　RxCat 技术对 FCC 装置性能的影响

在 UOP 公司 Optimix 喷嘴、AF 汽提器和 VSS 提升管终端设备等技术的基础上,又增加了 RxCat 技术,其效果综合情况见对比图 1-23 和表 1-3。

表 1-3　RxCat 技术对 FCC 装置性能的影响

项目	基准情况 (Premix 喷嘴),0 点	综合情况(增加了 RxCat 技术),4 点	
		提升管	再生立管
剂油比	8.27	15.6	7.8
再生温度/℃	718	711	
转化率/v%(90%点为 193℃)	基准	+3.8	
汽油/v%(90%点为 193℃)	基准	+4.9	
焦炭/%	5.6	5.4	
焦炭差	0.68	0.35[①]	0.70

①为待生剂与提升管底部混合剂的炭差。

从图 1-23 和表 1-3 可以看出:

(1)增加转化率

提升管中剂油比的显著增加会使转化率明显上升。当挂炭剂和再生剂为 1:1 混合时,提升管中的剂油比通常要增加 3~4 个单位,若固定反应温度和催化剂的活性,则转化率要增加 3~5 个体积百分点。另一方面,仍然维持或者超过原始的转化率水平,只要显著地增加剂油比,就可以降低反应器温度,其热裂化的程度也会随之下降。依据操作的苛刻度和催化剂的性能,转化率增量中的大部分将表现为汽油产率的增加。

(2)减少干气产率

在常规 FCC 装置的催化剂-原料油初始接触点上,由于炽热催化剂的温度作用,生成了热裂化反应的主要产物——干气。而 MxR 室中催化剂掺混所形成的混合区温度,通常要比常规 FCC 装置低 83℃左右。由于催化剂温度的显著降低,就会使 C_2^- 的产率大幅度下降,对于那些受干气产率限制的装置来说,这是非常有价值的。

(3)增加装置能力

除了增加产率和提高选择性外,该技术对于提高装置的处理能力,还能起到有效的脱瓶颈作用。对于 FCC 装置进行单纯的机械、设备改进,仅能提高装置的处理能力。而在 RxCat 技术中,由于其待生剂和再生剂立管中的催化剂循环量,实际上小于"基准情况",因此该技术在增加产品产率的同时,还能增加装置的生产能力。

此外，由于干气和焦炭产率的降低，还可以减少气压机和主风机的负荷，并降低烟气中CO_2的排放量。

基于 RxCat 技术平台，UOP 公司还开发出多产丙烯的 FCC 技术，称之为 PetroFCC 技术，其流程见图 1-22。PetroFCC 技术是以短接触时间反应区、高提升管出口温度和低烃分压为操作条件，采用了高择形分子筛含量的催化剂，以重质烃类(如瓦斯油和减压渣油)为原料，在较高的转化率下增产轻质烯烃，尤其是丙烯，同时提高芳烃产率(Houdek，2005)。其主要特点在于采用了 Rxcat 技术，通过积炭催化剂循环，实现缩短停留时间、增大剂油比、降低剂油接触温度的目的，能够促进催化裂化反应并避免烯烃齐聚反应，从而提高丙烯产率，同时减少干气的生成。当 Petro FCC 工艺采用多反应器系统时，如再加汽油回炼提升管反应器，其丙烯产率可达 22%，乙烯产率可达 6%，丁烯产率达 14%，BTX 产率也可达18%，此工艺称为 RxPro 技术(Knight，2011)。

3. ExxonMobil(Exxon 公司曾名 ESSO 和 Standard Oil of New Jersey) 公司

1952 年，ESSO 公司设计的第一套Ⅳ型装置投产，如图 1-24 所示(Avidan，1990)。其所需的钢材和投资，比Ⅲ型节约 20%，主要特点有：

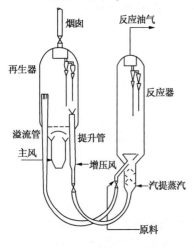

图 1-24　Ⅳ型流化催化裂化
反应再生部分原则流程图

① 催化剂用 U 形管密相输送；

② 反应器和再生器之间的催化剂循环主要靠改变 U 形管两端的催化剂密度来调节，不像Ⅱ型、Ⅲ型装置那样用滑阀调节；

③ 由反应器输送到再生器的催化剂，不是通过再生器的分布板，而是直接由密相提升管送入分布板上的流化床，因此可以减少分布板的磨蚀；

④ 装置高度降低到 32~36m。

早期的Ⅳ型装置，反应器线速只有 0.6~0.8m/s，空速只有 2~3h^{-1}。50 年代中期，ESSO 公司设计了所谓高速Ⅳ型，两器内线速均为 1.2m/s，反应器空速提高到 5~8h^{-1}，但并无显著的效果。1943 年至 1952 年的十年期间，催化裂化技术已取得突飞猛进的进步。图 1-25 展示了 1Mt/a 装置反应部分工程设计所反映的外形尺寸演变过程。但自 1985年出现了重油催化裂化工艺，装置的外形尺寸有所增高变大。

20 世纪 50 年代后期，ESSO 公司推出了Ⅴ型装置，其特点是在Ⅳ型的基础上增加了管式反应器。管式反应器内线速高达 4m/s，空速为 20~30h^{-1}，但Ⅴ型装置除了产炭因数比Ⅳ型低，反应器效率比Ⅳ型高以外，未见有其他显著的优点，因而成为流化催化裂化装置中昙花一现的一种型式。

20 世纪 70 年代初，Exxon 公司又发展了灵活催化裂化装置，如图 1-26 所示，这种装置有提升管-密相床混合反应器和全提升管反应器两种构型。提升管-密相床层反应器在正常操作时，没有密相床层，重时空速为 50h^{-1}。采用高空速是为了充分发挥沸石催化剂高活性的优点，提高液体产品收率。这种反应器有一个重要特点，就是在提升管顶部有一个可变的密相床层，可以用来调节空速，以便控制原料的转化率和裂化产品的分布。空速可在 5~50h^{-1} 的范围内调节。该装置的再生部分还可以调节 CO 的燃烧程度。全提升管裂化反应器的裂化反应, 完全是在提升管中进行的, 空速可以高达 $60h^{-1}$。如采用质量优良的原料油, 同时又希望在高活性沸石催化剂上取得中等程度的转化率, 或者希望采用高温操作时, 可用这种反应器。设计采用了改进的空气分布板和集气室设计、高效喷嘴、高耐磨衬里材料等整体可靠技术。

在 1979 年之前, Exxon 公司已发展了高低并列式构型的灵活催化裂化装置, 升高了沉降器-汽提段标高, 同时降低了再生器标高, 如图 1-27 所示。设计有 R/B 和 T/L 两种构型, 新设计有 R 型。

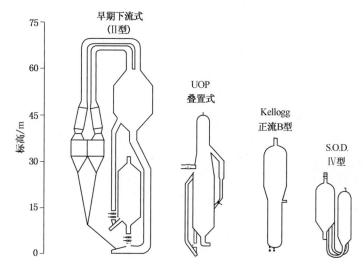

图 1-25 1943~1952 年间 1Mt/a 催化裂化反应再生设备尺寸演变

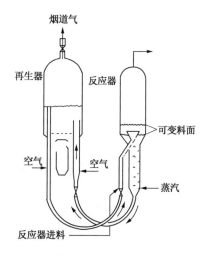

图 1-26 灵活催化裂化
反应再生部分原则流程

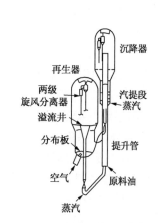

图 1-27 高低并列式的灵活催化裂
化装置反应再生部分原则流程

ExxonMobil 开发的提升管出口采用密闭式旋分系统、汽提段采用流体动力挡板(Dynaflux baffles), 并与 Kellogg 公司合作进行改进的正流型两器设计。在催化裂化装置的设计中, 除了应注意采用高效雾化喷嘴、新型的提升管终端分离、催化剂汽提等等的先进技术外, 还特别要注意提高装置运行的稳定性和可靠性。Exxon 公司的 FCC 装置已能连续运行 5 年，除了重视工艺技术、操作经验和防止结焦的各种措施外，特别在其 Flexicracking ⅢR 型设计中采用了许多提高装置可靠性的技术，如图 1-28 所示（Shaw，1996）。

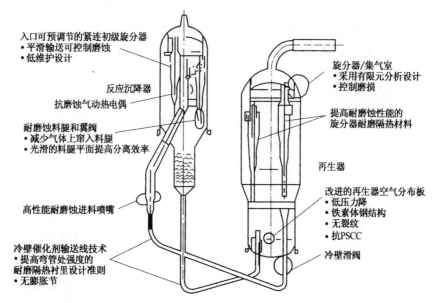

图 1-28　Flexicracking ⅢR 的可靠性设计技术点

Exxon 公司采用的高可靠性机械设计主要有以下几方面的特点：

① 合理布置两器及其相对高度，以避免整个再生和待生催化剂线路上设置膨胀节。在催化剂循环回路上完全取消膨胀节，将增加可靠性并减少装置的维修。

② 所有的容器、催化剂输送线、滑阀为内衬隔热耐磨材料的冷壁结构。可以使用易于加工、维修的碳钢材料，以避免使用不锈钢时，由于敏感、Sigma 相的形成和连多硫酸应力腐蚀而出现裂纹。

③ 仅有的一个节流滑阀是用在待生催化剂立管上，用两器间的压差以及立管与提升管间的密度来控制两器间催化剂的流动。由于该密相滑阀的低差压而使磨损大为减少，从而可以取消每个周期对滑阀的例行修复工作。

④ 进料喷嘴系统的设计不仅考虑了工艺性能，而且还最大限度地考虑了机械可靠性，目标是将造成工艺特性恶化的磨损降至最低程度。其坚固的喷嘴系统设计包括了低压差操作、硬质金属表面和耐磨衬里的应用。

⑤ 再生器分布器的设计完全避免了分布器组件暴露在高温易磨蚀的环境下。进气孔的设计要能够使分布器的磨损降低到最低的程度。在正常操作时分布器（板式）的温度低于 260℃，因此可用铁素体钢。

⑥ 提升管出口与初级旋分器非常接近，实际上能捕集所有的烃类蒸汽，最大限度地减少油气漏入沉降器而发生过度的裂化。并将一级旋分器入口的扰动减至最小，以充分发挥旋分器的效率。

⑦ 当在关键部位采用耐磨和硬质表面材料时，也要限制速度和压力差以控制磨损。催化剂输送线耐磨衬里应采用金属纤维增强和整体浇铸成型，取代原使用锚固龟甲网双层衬

里。但要注意它对滑阀、容器开口以及未采用衬里部位造成的影响。

⑧ 机械设计改进的重点部位归纳起来有以下几点：

● 再生空气分布板

该设计避免了变形、磨损和连多硫酸腐蚀开裂。最新的分布板设计采用了先进的应力分析工具，以使分布板能适应包括开工、正常运转和停工在内的各种工况变化。

● 冷壁设备

对于容器、滑阀和催化剂输送线更倾向于采用冷壁设计。已经开发了冷壁滑阀的设计规范；通过大型试验还开发了冷壁管线系统的设计技术，其中考虑了带隔热耐磨衬里的输送管线，对其他管路、串联的阀门、喷嘴中应力的影响，从而避免了由于管线的负荷使这些部件发生断裂的现象。

● 隔热耐磨衬里

采用整体浇铸的金属纤维增强的衬里并配备了严密的安装规范，从而明显减少了过度的磨蚀和热斑的影响范围。此外，还开发和应用了材料的鉴定试验(例如 ASTM C704)。

● 旋分器系统

对旋分器和集气室整个系统的设计采用了 FEA 工具，以对预期操作条件的全部范围(包括短时间的温度漂移)进行评价。

● 原料油喷射系统

在现有的设计中采用了隔热耐磨衬里和金属硬化表面的联合措施，以避免在长周期运行过程中工艺的特性发生恶化。此外，还采用流动模型试验来改善喷嘴的工艺特性和它的机械可靠性。

● SCT 终端设备

可靠的短接触时间机械设计能够保证长周期地维持工艺特性。同样是采用 FEA 应力分析方法和流动模型来加强设计工作。

● 设计参数

确立了影响部件可靠性的设计标准，例如旋风分离器线速的极限、输送管线的容许速度、滑阀的差压限制和气体分配系统等。

Exxon 公司在工艺方面采用了 SCT(Short Contact Time)成套技术(Ladwig, 1994)。在对BP 公司 Espana 炼油厂的原有 FCC 装置改造中，主要的改进内容有：

① 反应器出口区。采用 Exxon 公司专利技术的封闭式耦合旋风分离器，使得催化剂和裂化产物可以快速分离，操作稳定性好，投资及其他操作费用有所降低。

② 汽提器。采用了先进的分段汽提装置，可以更好地去除催化剂上携带的烃类，减少生焦。

③ 进料系统。改善喷嘴的雾化性能和工艺特征，使剂油的接触状况更为均匀，返混减少。提升管径向与轴向的温度测试结果表明，剂油接触良好。

综合以上改进措施的 Flexicracking ⅢR 装置，不仅操作性能良好，还具有优良的产品分布及质量。装置运转正常以后，所有产品的质量与收率均达到或超过了设定值，如相同转化率下焦炭和干气产率均下降 0.1 个百分点，轻质油收率提高了 9.7 个百分点，轻质烯烃收率有所提高，工业应用结果列于表 1-4。

表 1-4　改造前后产品分布对比

项　目	比改造前/百分点	项　目	比改造前/百分点
转化率	+5.4	239~361℃馏分	+3.8
干气	−0.1	重油	−9.1
C_3 和 C_4 不饱和烃	+1.4	焦炭	−0.1
C_5~239℃馏分	+5.9	汽油抗爆指数	+1.2

注：改造前后进料量、进料密度相同。

　　Mobil 公司开发了通过选择性二次转化的方式，将蒸汽裂解副产物（如 C_4 或轻汽油）转化成乙烯、丙烯，或将 FCC C_4 组分和轻石脑油中的烯烃转化为丙烯的烯烃转化工艺 MOI（Park，2010）。MOI 工艺采用密相流化床反应器和连续再生操作，工艺流程和操作条件与 FCC 装置相似，乙烯和丙烯产率分别可以达到 29% 和 55%。对于含大量二烯烃的进料可进行加氢处理。提高乙烯、丙烯收率的关键是使用 ZSM-5 催化剂，它能促使 C_4 ~ C_7 的烯烃齐聚、歧化并裂化为乙烯和丙烯，同时又能限制焦炭形成，并限制多环芳烃和干气的产生。

　　4. Shell 石油公司

　　由于裂化催化剂富有革命性的发展，使人们对反应-再生系统的匹配问题给予极大的关注。图 1-29 是 Shell 公司自 20 世纪 40 年代起设计的反应-再生系统按比例绘制出的几种布置形式，是该公司 30 多套运转装置所广泛使用的。在 20 世纪 40 年代至 60 年代，由于硅铝催化剂的活性很低，因而反应器藏量大，剂油比高（一般在 12 以上），反应温度仅 500℃ 左右。20 世纪 70 年代，由于推出了沸石催化剂，活性和选择性得到极大的改善，因而设计了提升管反应器，并采用高温再生操作，使 CO 完全燃烧。1988 年 Shell 公司在 Stanlow 炼油厂投产了第一套重油催化裂化装置，见图 1-29 中右侧，1990 年另一套装置投产。其特点为（Khouw，1990）：

　　① 采用高效进料催化剂混合系统以及短接触时间的提升管反应器，使之降低焦炭和气体生成量，同时使用了钝化剂；

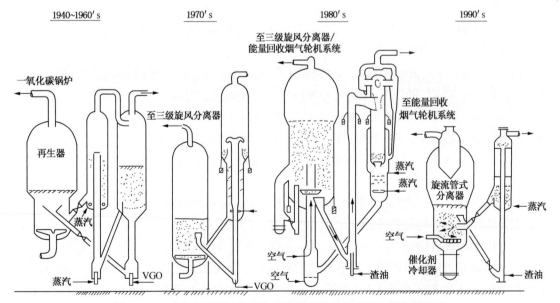

图 1-29　Shell 公司历年来流化催化裂化装置反应再生部分的演变

② 采用分段汽提，包括从分离出来的催化剂迅速汽提出烃类和第二段汽提器从催化剂中高效地解吸出剩余的烃类；

③ 采用高效再生器，限制焦炭的放热，允许热量以 CO 的形式传递给 CO 锅炉；

④ 采用性能可靠的取热器，调节装置的热平衡。

Shell 公司设计的两套渣油催化裂化装置分别在 1991 年和 1992 年投产，见图 1-29 右侧，其特点有：

① 减少沉降段尺寸，使提升管出口至分馏塔间油气停留时间仅 3s；

② 再生器只设一级旋风分离器，而且采用旋流管式分离器；

③ 再生器中 CO 完全燃烧；

④ 采用无外部配管的外取热器。

为了多产中间馏分油和低碳烯烃，Shell Global Solutions 开发出 MILOS（ MIddle distillate and Lower Olefins Selective）工艺，其技术关键就是增加一个单独的提升管用来增产丙烯。常规 FCC 装置改造后，丙烯产率增加 100%，LCO 产率增加 20% 以上，同时十六烷值增加 7 个单位（Nieskens，2008）。

5. Texaco 石油公司和 Lummus 公司

1967 年美国 Texaco 公司建成第 1 套装置，实际加工能力达到 3.6Mt/a，见图 1-30。这套装置由于采用倒梨形反应器、分隔的汽提段、旋转床烧焦以及分布管等，因此转化率高，操作灵活性大。以生产汽油、柴油或液化石油气为主时，主产品产率分别高达 60%、40% 和 32%（Jones，1969）。

据 1982 年统计，这种装置已投产 10 套，至 1992 年已建成 30 套。1996 年把 FCC 技术出让给 Lummus 公司，随后在高效喷嘴、高效汽提、直联旋分、湍流床再生和再生催化剂输送技术等方面有新发展。Lummus 公司催化裂化反应再生部分原则流程见图 1-31。2010 年末已建成 17 套装置。

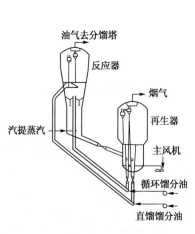

图 1-30 Texaco 公司催化裂化
反应再生部分原则流程

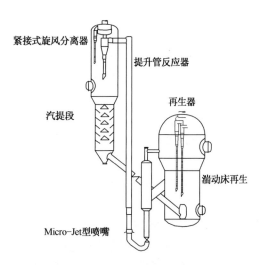

图 1-31 Lummus 公司催化裂化
反应再生部分原则流程

Lummus 公司还开发出选择性组分裂化（SCC）工艺，SCC 工艺结合高苛刻度操作、石脑油选择性组分循环、乙烯和丁烯的易位反应和以 ZSM-5 为活性组分的催化剂等多种技术，使丙烯产率能够达到 25%～30%（Chan，1999）。SCC 工艺反应系统采用了 Micro-Jet 进料喷嘴、短接触时间提升管和直连旋风分离器。采用直连旋风分离器后，基本上消除了非选择性过度裂化的不良影响，可以通过提高提升管温度来进一步提高反应苛刻度，同时大大缩短了油气在提升管内的停留时间，从而减少了热裂化、二次裂化和氢转移反应。

6. Stone & Webster 公司

Stone & Webster 公司 1981 年在 Arkansas 城炼油厂建成投产一套处理量为 0.9Mt/a 的 RFCC 装置，增设了第二再生器，掺炼渣油的比例提高到 30%～40%，曾试验过 5 种不同形式的进料喷嘴。1982 年该公司又将 Ardmore 炼油厂的同轴式催化裂化装置改成 RFCC 工艺，新设叠置式两段再生器及反应器，采用了最先进的进料喷嘴及其他技术成果，其原则流程如图 1-32 所示，其特点有（Dean，1983）：

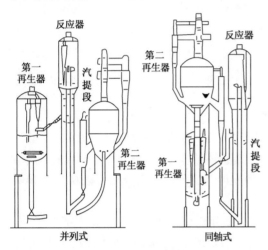

图 1-32　SWEC 的 RFCC 装置
反应再生部分原则流程

① 装置原料中的残炭与生焦率无关，当处理残炭 1%～5.5% 的原料时，生焦率为 6%～7%，装置不设取热设施；

② 采用两个再生器进行再生。催化剂从第一再生器到第二再生器，两个再生器的烟气自成系统。第二再生器的旋风分离器设在器外，再生器内无其他构件，可承受高温；

③ 使用金属钝化剂，效果较好；

④ 原料中氢含量在 12% 较好，最低为 11.8%；

⑤ 使用了高效雾化喷嘴；

⑥ 推荐采用超稳沸石（USY）催化剂。

该技术后来有所改进，因地制宜地采用两个或一个再生器，并根据需要采用取热设施。同类技术还有 IFR 公司的 R2R 技术，主要区别是后者采用提升管混合温度控制（MTC）技术。该类技术已经许可了 50 套 FCC 装置，200 多套装置在改造中采用该技术。

7. 其他公司的 FCC 专利技术

除上述介绍的 FCC 专利公司外，还有 Petrobras、Nest Oy、BAR-CO、Total 等公司都有各自的催化裂化技术。

（1）Isocat 工艺

Petrobras 公司根据处理催化裂化热平衡的原理开发了 Isocat 工艺（Fern，2002）。该工艺将经过外取热器冷却的再生催化剂部分返回再生器床层，另一部分与热的再生催化剂混合。控制混合后的温度在 650℃，低于常规的 700℃。同时提高进料预热温度，使再生剂和进料温差大幅度降低。由于高温区反应比率下降，减少了热裂化反应。另外，由于更多的热量来自原料的预热，减少了重烃汽化的时间，因此提高了转化率。和常规 RFCC 相比，在轻循环油和焦炭产率不变时，干气产率下降，汽油和液化气产率增加。可见 Isocat 工艺比 UOP 公司的 X 设计有了新的改进。Isocat 技术和 FCC 操作数据对比见表 1-5。据报道该工艺已在一套 2.2Mt/a 的工业装置应用，加工残炭 8%～10% 的常压渣油，经济效益显著。

表 1-5 Isocat 技术和 RFCC 操作数据对比

项 目	RFCC	ISOCAT	项 目	RFCC	ISOCAT
反应温度/℃	540	545	冷后再生剂循环/(t/min)	0	10
再生温度/℃	690	690	总再生剂循环/(t/min)	40	40
原料预热温度/℃	200	360	剂油比	8	8
催化剂混合温度/℃	690	645	相对干气产率/%	基数	-22
剂油温差/℃	490	285	相对汽油产率/%	基数	+2.6
相对外取热器负荷/%	基数	+37	相对液化气产率/%	基数	+2.9
热再生剂循环/(t/min)	40	30			

（2）NEXCC 技术

芬兰的 Nest Oy 公司于 20 世纪末开发了名为 NEXCC 的催化裂化技术。其特点是再生器和反应器按同心圆套装在一体，待生剂和再生剂也分别在同心圆构成的套筒间流动。多通道进口的再生器和反应器旋风分离器位于上方空间，整个反应-再生系统组成一个大圆筒体。采用大剂油比、高反应温度、短反应时间和短再生时间操作，用于从 VGO 原料生产低碳烯烃为主的产品（陈俊武，2005）。1999 年建成一套工业示范装置，随后就很少有报道。

（3）SCT-FCC 技术

20 世纪 90 年代，国外石油公司为了缩短油气在提升管内停留时间，开发出短接触时间（SCT-Short Contact Time）的催化裂化技术（简称 SCT-FCC），如美国 BAR-CO 公司开发了一种毫秒催化裂化工艺（Min-Second Catalytic Cracking，简称 MSCC），UOP 公司参与了该技术的开发，并获得在全世界推广的权利（Chang，1998；Kauff，1996；Schnaith，1998）。MSCC设计采用了新颖的进油雾化系统和毫秒级气-固接触系统，使热催化剂和雾化油气接触时间非常短，从而尽量减弱催化剂的滑落现象，可减少二次裂化和热裂化反应，同时提高剂油比、降低再生温度，并省掉催化剂取热器。MSCC 反应原理见图1-33，进料与向下流动的催化剂呈垂直方向喷入，催化剂呈帘幕式；反应产物和催化剂水平通过反应段，并在此进行催化剂和油气分离。快速的催化剂和油气分离和小容量反应段能减少非理想的二次反应，并得到选择性更好的产品分布。20 世纪 90 年代初期，Derby 炼油厂将其原规模约 0.5Mt/a 的 FCC 装置改造成 MSCC 工业试验装置，表 1-6 列出了一组产率分布数据，其原料油中掺有近 20% 的脱沥青油（DAO），由于要求汽油的（R+M）/2 不低于 87，提升管裂化操作是在过裂化模式下运行。Flying J 炼油厂 MSCC 装置试验结果表明：由于油剂接触时间缩

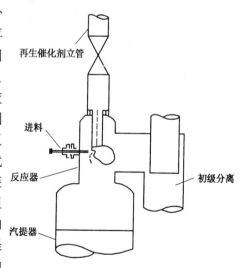

图 1-33 MSCC 反应原理图

短，使得干气的选择性大大改善，且催化剂上焦炭含量下降，从而降低了再生温度和增加了剂油比，造成转化率得到提高（从 60% ~ 80% 提高到 70% ~ 85%），特别是汽油选择性明显提高（汽油产率增加约 13%），液体产品（包括液化气、汽油和 LCO）收率增加；此外，其氢气产量和氢/甲烷比明显下降（约 25%），对镍的耐受性增强，并减少了补剂量（Memmott，2003）。而且汽油辛烷值和 LCO 十六烷值均有所提高。

表 1-6　Derby 的 MSCC 装置运行结果

项　　目	常规 FCC	MSCC	项　　目	常规 FCC	MSCC
原料			产品		
馏分油/v%	80.2	80.5	C_2 燃料油当量/v%	7.4	3.6
DAO/v%	19.8	19.5	C_3+C_4/v%	21.5	20.4
API	22.9	23.4	汽油/v%	50.4	57.0
硫/%	1.15	0.90	LCO/v%	21.6	20.6
康氏残炭/%	1.2	1.2	油浆/v%	9.1	9.0
			焦炭/%	5.8	5.5

与此同时，为了适应短接触时间催化裂化技术的需要，催化剂制造厂商正在不断推出相应的专用催化剂。除了提高反应温度和剂油比外，提高催化剂的活性也是增加 SCT-FCC 装置转化率的有效手段。适于 SCT-FCC 装置操作的催化剂性能应具有较高的催化剂活性、较高的基质活性（焦炭选择性好）、较高的单位表面积的活性、较高的水热稳定性（特别是在高金属含量时）。SCT-FCC 装置所需要的平衡催化剂活性比常规的要高 3~4 个单位（Kelly，1996）。BASF（原 Engelhard）公司推出适用于 SCT-FCC 装置的催化剂名称为 NaphthaMax。NaphthaMax 催化剂可使总液收提高 3v%~6v%，其中主要是汽油和 LPG 烯烃产率增加，相应的油浆产率下降 3v%~6v%，干气和焦炭产率基本不变（McLean，2001）。

（4）下行管式反应器

20 世纪 80 年代末，国外石油公司对下行管式反应器进行了研究和开发（Thomas，1987；Phillip，1985；Benjamin，1983）。下行管式反应器的优点为：催化剂在反应器内向下流动，不会发生提升管内偏离理想平推流的滑落和返混现象。原料油喷入反应器后立即与催化剂同方向朝下流动，催化剂和油气均匀接触、迅速混合，能够在高温短接触条件下生产高辛烷值汽油。同时下行管式反应器与提升管再生器结合，催化剂藏量可减少至 1/5（甚至仅 1/10），

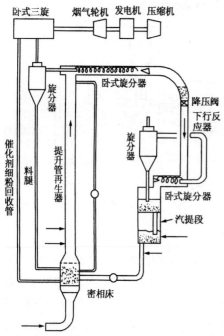

图 1-34　下行管式反应再生系统原则流程

催化剂的利用率较高。又由于不使用高速空气喷嘴，因此催化剂的磨损和对设备配件的磨损都可大为减少。下行管式反应器开发中的技术关键是反应上游的高温催化剂布料设备结构。按装置竖向布置条件，先进的提升管再生工艺只有与下行管式反应器结合，才符合工程设计的基本要求，长度较短的稀相输送管将会是最优形式。下行管式反应器原则流程见图 1-34（Thomas，1987）。

Shell 公司和法国 IFP 公司采用下行弹射式分离器的下行管式反应系统和卧式旋分器快速中止裂化反应，因油剂接触时间短，从而可以提高反应温度，有利于生成高辛烷值汽油和提高产品收率（Phillip，1985）。此外采用弹射式分离器，可使油气与催化剂快速分离，从而有利于减少二烯烃和焦炭的生成。S&W 公司开发了一种快速接触反应系统（简称 QC System），其结构见图 1 - 35（Gartside，1988；1989a；1989b；Robert，1987）。QC 系统可以产生一种下行平

推流的稀相反应区，其停留时间可缩短至 200ms 左右，而快速分离和急冷仅用 30ms。由混合、反应到分离、急冷的整个过程可在不到半秒内完成。而常规提升管反应器中，由于存在底部的混合区和出口的分离区，很难达到如此短的接触时间。由于停留时间的显著缩短，其反应温度就可根据不同工艺的要求而大幅度提高，在中试装置中反应温度可高达 650～1000℃，这样就可实现对高温-短接触有不同要求的某些工艺过程。

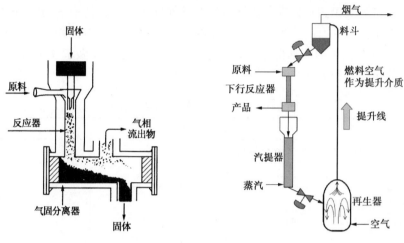

图 1-35　QC 反应系统示意图　　　图 1-36　150kt/a 的 HS-FCC 反应再生原则流程

　　JX 新日本石油和能源公司(JX_ NOE)开发的高苛刻度催化裂化(High Severity FCC，HS-FCC)技术，就是采用下行式反应器、高苛刻度反应条件加高烯烃选择性催化剂，实现最大量生产丙烯的目的(Maadhah，2008；Yuuichirou，2010)。该工艺采用下流式反应器，其优点是可显著抑制返混，已达到接近平推流的反应效果，并因此使进料和催化剂之间接触时间较短(0.5～0.6s)，这就允许有较高的剂油比，短接触时间也使该过程可在较高的温度(600℃)下操作。该公司自 2011 年 4 月起在水岛炼油厂 150kt/a 的 FCC 装置上进行半商业化工业试验，以加氢 VGO 和加氢 VGO 与 AR 的混合物为原料，HS-FCC 工艺的丙烯产率可达到 25%(质量分数)，比此前的预期高出 5%，丁烯产率也提高 6 个百分点，达到 20%，高辛烷值汽油产率达到 29%(质量分数)。150k t/a 的 HS-FCC 反应再生原则流程见图 1-36。

　　以上简单回顾了国外专利公司在开发催化裂化工业技术历程中出现的反应器/再生器主要构型，可以看出技术演变中从简到繁、再从繁到简的趋势。另外，为了生产某种产品，往往从主流构型中派生出新的构型。例如，为了多产丙烯类低碳烯烃，Kellogg 公司和 Mobil 公司联合开发了 Maxofin 技术，选用特制的催化剂，采用一根提升管进行常规催化裂化反应，另一根提升管在高温、大剂油比条件下进行汽油的二次裂化，提高丙烯和其他低碳烯烃的产率。

　　从催化裂化过程工业化一直到 1960 年，其原料大都是减压馏分或二次加工馏分油。只有在 1961 年，Phillips 公司采用 Kellogg 公司的专利，才在 Borger 炼油厂建设了世界上第一套真正的重油催化裂化装置(HOC)。

　　20 世纪 70 年代以来，由于能源危机改变了石油炼制产品需求的结构，对重质油料或称之为渣油的需要量稳步下降，而对汽、柴油这样的轻馏分则在增加。解决上述石油产品需求变化的一个办法是将更多的重质油料或渣油转化为轻馏分。因此，重油催化裂化得到迅速的发展，到 1994 年为止，渣油催化裂化(Residue Fluid Catalytic Cracking, RFCC)装置总加工能力约 170.0Mt/a，这还不包括掺炼少量渣油的催化裂化装置。

除 Kellogg 公司 20 世纪 60 年代开发的 HOC 技术外，从 20 世纪 70 年代后期开始 Asland 公司与 UOP 公司合作开发了渣油催化裂化技术(RCC)；Total(法国)石油公司也开发了渣油催化裂化(RFCC)，但将其专利权售予 Stone & Webster 公司，而其发明人之一又与法国 IFP 合作，将此技术定名为 R2R，可以在北美洲以外的其他地区销售；还有 Shell 公司也独自开发了其渣油催化裂化技术。因此，当今国外真正的渣油催化裂化只有四种：即 HOC、RCC，SWEC 的 RFCC 和 Shell 公司的渣油催化裂化。这 4 种技术均在前面做了介绍。关于国外催化裂化工艺发展的年表见表 1-7。

表 1-7　催化裂化重大技术进展年表(国外部分)

年　代	工　艺	催化剂	助　剂
1936~1940	固 定 床 (Houdry Proc. Co. /Socony Vac, 1936)	活性天然白土	
1941~1945	Ⅰ 型流化床(S. O. C. New Jersey 等, 1942) TCC 移动床(SV, 1943) Ⅱ 型流化床(S. O. C. N. J, 1944)	合成 Si-Al 片状(1940) 合成 Si-Al 粉状(1942) 合成 Si-Al 小球(1944)	
1946~1950	Ⅲ 型流化床(ESSO, 1947) 叠置式流化床(UOP, 1947) Houdriflow 移动床(HPC, 1947) Air lift 移动床(SV, 1950)	合成 Si-Al 微球(1948)	
1951~1955	正流 A 型流化床(Kellogg, 1951) Ⅳ型流化床(ESSO, 1952) 正流 B 型流化床(Kellogg, 1953)	合成 Si-Al 高铝微球(1955)	
1956~1960	提升管及床层两段反应(Shell 1956)	半合成 Si-Al(1959)	
1961~1970	HOC 工艺(Phillips, 1961) 正流 C 型(Kellogg, 1960) 高低并列式双提升管(Texaco, 1967)	REX 沸石催化剂 (小球, Mobil, 微球, Davison)(1964) REY 沸石催化剂 (Filtrol)(1966) USY 沸石专利 (Davison)(1974)	
1971~1980	高低并列全提升管(Gulf, 1971) 热完全再生(Amoco, 1972) 烧焦罐式高效再生(UOP, 1974) 正流 F 型(Kellogg, 1976) Ultra Cracking(Kellogg-Amoco, 1979)	REHY 剂(Davison)(1980) USY 剂(Davison)(1980)	CO 助 燃 剂, Pt (Mobil, 1974) Ni 钝 化 剂, Sb (Phillips, 1975) SO$_x$ 转 移 剂 (Davison, Amoco, ARCO, Chevron 等)
1981~1990	RFCC 型渣油催化裂化 (SWEC - Total, 1981), R2R 型(IFP) RCC 型渣油催化裂化 (UOP - Ashland, 1981)	ZSM 型沸石催化剂(Mobil) 捕钒催化剂(1981) 化 学 法 制 备 USY 剂 (Katalistiks, 1986)	ZSM 型沸石助剂(Mobil) 钝化剂(Chevron) 捕钒助剂(Davison, 1985)

续表

年　代	工　艺	催　化　剂	助　剂
1991~2000	毫秒级 FCC（MSCC） 下行式反应器 NEXCC 一体式反应-再生器	各种改性的沸石催化剂和组装催化剂（Akzo Nobel，Davison，Engelhard）	汽油降硫助剂（Davison）
2001~	RxCat 技术 Petro-FCC Maxofin HS-FCC	各种改良的超稳 Y 型沸石和大孔基质，提高重油转化能力和轻质油产率	降低烟气 NO_x 助剂

（二）中国催化裂化技术的发展

我国第一套移动床催化裂化装置是由前苏联设计并于 1958 年投产的。1964 年建成第二套以后，由于我国自己开发了流化催化裂化装置，故以后就不再建设这类装置，而且这两套装置在 80 年代都已改成流化催化裂化装置。

我国流化催化裂化的起步可追溯到 20 世纪 50 年代中期。当时中国科学院大连化学物理研究所、北京石油学院（现中国石油大学）和原石油工业部石油科学研究院（现中国石化石油化工科学研究院，RIPP）都先后开展了有关催化剂、催化裂化工艺和流态化技术的研究试验，取得了若干经验，据此编制了发展规划，也对国外几种工业应用技术进行了分析对比。由于当时国际条件的限制，只能从前苏联取得帮助。1958 年，我国向前苏联订购了一套该国最新设计的 1A 型装置，其技术水平大致相当于美国的 II 型装置。虽然部分设备已到货，但由于前苏联 1959 年单方毁约，因而给这套装置的建设带来很大的困难。此时，我国赴国外考察的人员了解到国外先进的流化催化裂化装置。为了加快炼油工业的技术发展，提高油品质量，降低能耗，提高轻油收率，石油工业部 1961 年决定停建 1A 型装置，并组织各方面技术力量，集中财力、物力，攻克以同高并列式流化催化裂化为核心的五项先进炼油技术（当时称为"五朵金花"）。这一战略决策，对促进我国炼油工业的迅速发展，起了不可磨灭的作用。

在卓有成效的组织下，石油工业部调动了内部各方面的力量，开展部内外的大协作，加速了科研、设计、设备试制及必要的国外订货、施工建设和生产准备等一系列工作的步伐，在三年中实现了从无到有的飞跃。

1965 年 5 月 5 日，我国第一套 0.6Mt/a 同高并列式流化催化裂化装置在抚顺石油二厂建成投产，标志着我国炼油工业进入一个新阶段，大大缩短了我国与西方发达国家在炼油领域的差距。

50 年来，我国流化催化裂化在炼油工业中一直处于重要地位，目前还在大力发展。预计在一个相当长的时期，流化催化裂化在炼油工业中的地位仍会是无法取代的。

我国催化裂化工艺技术的发展是非常快的，在两套 0.6Mt/a 同高并列式装置投产之后，立即开始了 1.2Mt/a 带有管式反应器的三器流化循环、具有创造性的催化裂化装置的设计。并于 1967 年在齐鲁石化公司炼油厂投产。

20 世纪 60 年代后期，发达国家为适应沸石催化剂而开发的提升管催化裂化，很快就引起我国炼油界的注意，并在 1974 年 8 月首先将玉门炼油厂 120kt/a 同高并列式装置改造成为高低并列式提升管装置。典型的高低并列式装置见图 1-37。1977 年 12 月在洛阳石油化工工程公司（LPEC）实验厂又建成投产了我国第一套 50kt/a 同轴式带两段再生的催化裂化装

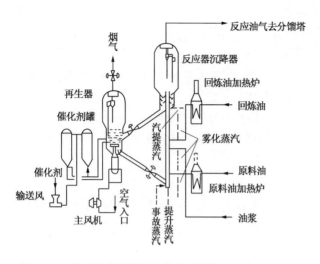

置, 如图 1-38 所示。武汉石油化工厂 (1978 年, 0.6Mt/a)、乌鲁木齐石油化工总厂 (1978 年, 0.6Mt/a) 和镇海石油化工总厂 (1978 年, 1.2Mt/a) 相继建成高低并列式提升管催化裂化装置。早期的几套装置的再生器各有特点。武汉石油化工厂提升管装置中催化剂进入再生器的方式是"下进上出", 独山子炼油厂的装置系"上进下出"。乌鲁木齐石油化工总厂的装置采用了快速床烧焦 (烧焦罐), 如图 1-39 所示。

图 1-37　典型的高低并列式催化裂化装置反应再生部分

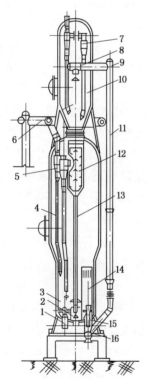

图 1-38　同轴式催化裂化装置反应再生部分
1—空气分布管；2—待生塞阀；3—一段密相床；
4—稀相段；5—旋风分离系统；6—外部烟气集合管；
7—旋风分离系统；8—快速分离设施；9—耐磨弯头；
10—沉降段；11—提升管；12—汽提段；13—待生立管；
14—二段密相床；15—再生立管；
16—再生塞阀

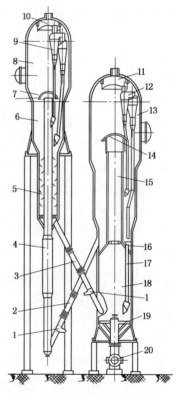

图 1-39　带烧焦罐再生的提升管催化裂化装置反应再生部分
1—单动滑阀；2—再生斜管；3—待生斜管；4—提升管；
5—汽提段；6—沉降器密相段；7—快速分离器；
8—沉降器稀相段；9—旋风分离系统；10—沉降器
集气室；11—再生器集气室；12—旋风分离系统；
13—再生器稀相段；14—快速分离器；15—稀相输送管；
16—再生器第二密相床；17—催化剂内循环管；
18—再生器第一密相床 (烧焦罐)；
19—空气分布管；20—辅助燃烧室

裂化催化剂快速床再生是国外 20 世纪 70 年代实现工业化的一项新技术。我国从 20 世纪 70 年代后期起，有关的科研、设计单位就开始快速床再生技术的研究，中国科学院化工冶金研究所进行了冷模试验，LPEC 的炼油实验厂进行了热模试验。在此基础上，LPEC 完成了乌鲁木齐石油化工总厂工业装置的设计。在该装置设计中，采用了具有内溢流管循环的快速床烧焦技术，见图 1-39，取得了很好的效果。

北京设计院（BDI）和荆门石油化工总厂合作，把该厂原有的催化裂化装置改造成提升管快速床再生催化裂化装置。在该装置设计中，采用了具有外循环管的烧焦罐，也取得了很好的效果。

为了进一步增加再生系统的处理能力，洛阳石油化工工程公司为高桥石油化工公司炼油厂和锦州炼油厂设计了后置烧焦罐式的两段再生。在装置改动工程量很小的情况下，提高了装置处理能力 20% 以上，见图 1-40。

在催化剂再生方面，20 世纪 80 年代我国已掌握了三种床型（鼓泡床、湍动床、快速床）、两种方式（完全和不完全燃烧）以及单段和两段（单个再生器和两个再生器）等各种组合形式。1989 年高桥石油化工公司炼油厂投产的第二套催化裂化装置，就包括有将上述多种床型和方式组合起来的新型再生器，见图 1-41。此后 BDI 开发了管式再生器技术，用于 DCC 等工艺流程，见图 1-42（侯祥麟，1998）。

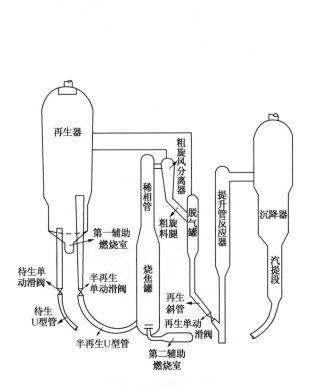

图 1-40 后置烧焦罐两段再生
催化裂化装置反应再生部分

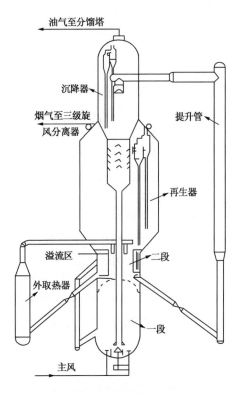

图 1-41 烟气串联的高速床
催化裂化装置反应再生部分

LPEC 自行开发的名为 ROCC-VA 型重油催化裂化技术在构型方面的特点是全同轴式布置，自上而下依次是沉降器、第一再生器和第二再生器，见图 1-43。布局紧凑，不仅两器占地面积小，而且沉降器顶切线标高只有58m，与国外典型的两段逆流再生装置相比，总高度降低约15m。第一再生器采用常规再生，第二再生器采用完全再生方式。

LPEC自行开发成功的快速床串联再生工艺，第一段采用快速床再生，第二段利用一段再生后的富氧烟气通过低压降大孔分布板形成湍流床。其再生效果好于常规快速床。再生温度高时烧炭强度比单器湍流床高一倍左右，温度低时和带逆流结构的同轴单器接近。成功应用于多套大中型催化裂化装置，简图参见图1-44。

另外，LPEC所开发的将回炼油抽提芳烃后再返回催化裂化的工艺，经工业试验验证，能提高装置处理量和汽油产率。该项工艺已在安庆石油化工总厂建成工业装置，并于1992年投产。

重油催化裂化是重油深度加工提高炼油厂经济效益的有效方法，它作为一项炼油新工艺，已为很多国家所重视，而且正在蓬勃发展。我国原油大多偏重，沸点>350℃的常压渣油占原油的70%～80%，沸点>500℃的减压渣油占原油的40%～50%，因此，重油催化裂化早就引起我国炼油界的重视。

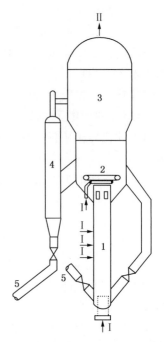

图1-42　管式再生器简化流程图
1—管式再生器；2—湍流床；3—再生器稀相；
4—脱气罐；5—催化剂循环线
Ⅰ—主风入口；Ⅱ—再生烟气

20世纪60年代中期我国就开始使用无定形硅铝催化剂，在中型流化床催化裂化装置上先后进行了大庆、大港和玉门常压渣油的催化裂化试验，并于1972年在玉门炼油厂以微球硅铝催化剂成功地进行了玉门拔头原油催化裂化工业试验。

沸石催化剂在我国推广使用后，1977年LPEC炼油实验厂开始掺炼任丘减压渣油，其数量为10%，取得了有用的数据。此后，牡丹江炼油厂、安庆石油化工总厂、燕山石油化工公司炼油厂、镇海石油化工总厂、九江石油化工总厂等10多个炼油厂进行了掺炼各种原油的渣油工业生产和试验，都取得了很好的效果，为我国全炼常压渣油和劣质催化裂化原料提供了宝贵经验。另外，LPEC应用该公司炼油实验厂多年的研究成果与运转经验，与兰州炼油化工总厂合作，将兰州炼油化工总厂原来加工能力为0.3Mt/a的移动床催化裂化装置改建成国内第一套同轴式提升管催化裂化装置，掺炼20%～25%的长庆减压渣油和轻脱沥青油，并采用单器两段再生、助燃剂完全再生及再生器水平式内取热盘管等技术。1982年10月该装置投产后，各项主要指标均达到设计要求。年处理能力达到0.5Mt/a，轻质油收率提高10%。

在吸收国外先进技术的基础上，为了加速我国炼油工业的发展，中国石油天然气总公司于1982年5月成立了炼油技术攻关领导小组(1984年改由中国石油化工总公司领导)，并在其领导下成立了催化裂化专业组，将国家科委重点攻关项目——大庆常压渣油催化裂化作为重要攻关内容。在BDI、RIPP、LPEC和石家庄炼油厂等单位共同努力下达到了预期的效果。

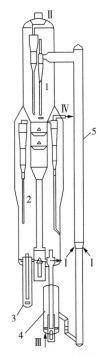

图 1-43　ROCC-VA 型逆流双再生器

催化裂化装置反应再生部分

1—沉降器；2——级再生器；

3—催化剂冷却器；4—二级再生器；

5—提升管反应器

Ⅰ—反应器进料；Ⅱ—反应油气；

Ⅲ—烧焦空气；Ⅳ—再生烟气

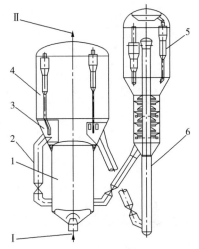

图 1-44　烟气串联的快速床再生器

催化裂化装置反应再生部分

1——段再生器；2—催化剂外循环管；

3—二段再生器；4—再生器稀相；

5—反应沉降器；6—提升管

Ⅰ—主风；Ⅱ—再生烟气

1983 年 5 月在 LPEC 炼油实验厂进行了全馏分大庆常压渣油半工业化试验，重点考察了产品的分布和质量以及剂油比对焦炭产率的影响。在试验中对渣油催化裂化的反应热、吸附热以及再生器内取热器的传热也进行了初步测定。同年 9 月，在石家庄炼油厂新投产的高低并列式渣油催化裂化装置上进行了全馏分大庆常压渣油的生产试验。在原料残炭 5.5%、反应温度 480℃和全回炼操作的情况下，焦炭产率为 9.3%，轻质油收率可达 76.8%。1987 年该装置改造成双器两段再生，见图 1-45，使生焦率下降 1.5 个百分点。

大庆常压渣油催化裂化技术攻关成功，推动了我国渣油催化裂化技术的发展，并且已扩展应用于其他原油的常压渣油和高残炭原料。例如：石家庄炼油厂以任丘常压渣油为原料，残炭高达 7.24%，外排部分油浆，焦炭产率 11%~12%，轻质收率也可接近 70%；洛阳石油化工总厂以中原常压渣油为原料，残炭为 6.5%，全回炼，焦炭产率 11.55%，轻质油收率仍可达 76.8%；九江石油化工总厂掺炼 32.4% 鲁宁管输原油的减压渣油，进料残炭为 6%~24%，全回炼，焦炭产率 10.21%，轻质油收率 75.3%。这些装置的操作成功，更加丰富了我国渣油催化裂化的技术经验。

1983 年 LPEC 与长岭炼油化工厂合作，进行两段催化裂化的试验研究。第一段采用惰性热载体脱除渣油中的残炭和重金属，效果较好，使胜利常压渣油的残炭脱出率达到 90%，重金属脱除率达到 90%~95%；第二段实行常规催化裂化，轻质油收率可达 70%。这一技术

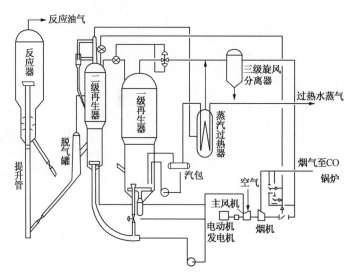

图 1-45　常压渣油催化裂化装置反应再生部分

已在 LPEC 炼油实验厂半工业化试验成功，它为催化裂化装置直接加工高残炭渣油提供了一种方案。

　　20 世纪 80 年代后期我国引进了美国 Stone and Webster 公司的渣油催化裂化技术，用于镇海、武汉、广州、长岭和南京等 5 个炼油厂现有催化裂化装置的改建和新建，已都陆续投产。经过对该技术的消化、吸收和改进，已对我国渣油催化裂化技术的发展起了一定的作用。

　　我国渣油催化裂化技术，经过多年的研究和生产实践，已经掌握了原料雾化、内外取热、提升管出口快速分离、重金属钝化、催化剂预提升等一整套渣油催化裂化的基本技术，同时系统地积累了许多成功的操作经验。例如 RIPP/BDI 开发的大庆减压渣油催化裂化技术（VRFCC）就集成了多项新技术（李志强，1999）。

　　20 世纪 80 年代中期以来，石油化工科学研究院一直致力于重油催化裂解制取低碳烯烃技术的研究，开发出了 DCC、CPP、MGG 等催化裂化家族技术，并实现了工业化，其中DCC 工艺技术至今仍然是在全球范围内最具有竞争力多产丙烯的催化裂化工艺技术（李再婷，1989；谢朝钢，2001；钟乐燊，1995；汪燮卿，2014）。

　　以重质油料（减压馏分油、焦化蜡油及渣油等）为原料生产低碳烯烃的催化裂解（Deep Catalytic Cracking，DCC）工艺，其流程类似于传统的 FCC，主要包括反应-再生、分馏和吸收稳定三个组成部分，典型流程见图 1-46（李再婷，1989；汪燮卿，2014）。原料油经水蒸气雾化后进入反应器与再生后的高温催化剂接触，反应在提升管加密相流化床反应器（DCC -Ⅰ，最大量生产丙烯操作模式）或仅在提升管反应器中进行（DCC-Ⅱ，大量生产丙烯并兼产优质高辛烷值汽油操作模式）。DCC-Ⅰ型选用较为苛刻的操作条件：采用较长的停留时间以保证裂解汽油进行二次裂解反应生成轻烯烃；高的催化剂循环速率和大的剂油比以提供反应所需要的热量；低油气分压有利于目的产物烯烃的生成，增加气体的烯烃度，减少焦炭的生成。DCC 催化剂含有高活性的基质和改性五元环中孔沸石，具有好的异构化性能以及低的氢转移反应活性。研究结果表明，对于大庆蜡油，丙烯产率超过 20%，乙烯、丙烯和丁烯之和超过 40%；对于非石蜡基原料，丙烯产率为 20.6%。催化裂解（DCC）工艺技术自

1990 年工业化以来，在国内外已有多套工业装置投产，先后出口到泰国、沙特、印度和俄罗斯等国家，最大单套催化裂解装置处理能力为 4.5Mt/a(Fu，1998；Chapin，1998；郑铁年，1996)。

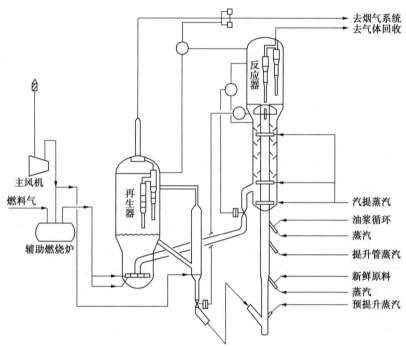

图 1-46 DCC 工艺反应再生系统原则流程

在 DCC 技术成功工业化以后，RIPP 在 DCC 基础上，通过对工艺参数、催化剂以及装置构型的改进，开发出了由重油直接制取乙烯和丙烯的催化热裂解(CPP，Catalytic Pyrolysis Process)工艺(谢朝钢，2001；张执刚，2001)。该工艺采用提升管反应器及催化剂流化输送的连续反应-再生循环操作方式，借助错流式短接触快速汽提技术脱除再生催化剂中携带的烟气，并以反应生成的焦炭作为反应-再生系统的主要热源，产品分离流程可以采用蒸汽裂解的深冷分离技术，但必须预先精制以脱除微量杂质，如硫化物、氮化物、碳氧化合物、砷和水等，可以得到聚合级的乙烯和丙烯产品。专门针对 CPP 工艺研制的新型改性择形沸石催化剂 CEP，具有正碳离子和自由基反应双重催化活性，在酸性条件下既可大量生产乙烯又能生产丙烯，并可根据需要灵活调整产品结构，实现最大量乙烯、最大量丙烯以及乙烯和丙烯兼产等多种操作模式。可以加工重质原料油，包括蜡油、蜡油掺渣油、焦化蜡油和脱沥青油以及全常压渣油等，扩宽了乙烯的原料来源，降低了乙烯原料成本。此外，该工艺的反应温度为 600~650℃，比蒸汽裂解缓和很多，大大降低了能耗，并节省了设备成本。2009 年 8 月，沈阳石蜡化工有限公司 500kt/a 催化热裂解制乙烯项目在沈阳投产，标志着 CPP 工艺已成功实现了工业化(汪燮卿，2014)。

HCC(Heavy-oil Contact Cracking)工艺是由 LPEC 开发的以生产乙烯为主要目的的工艺(沙颖逊，1995；2000)。该工艺借鉴了成熟的重油催化裂化工艺，采用流化床或活塞流反应器(特别是提升反应器或下行管式反应器)，使预热过的烃类原料直接与具有一定催化活性的固体颗粒接触剂(以下简称接触剂)进行快速接触，以促进自由基反应。HCC 工艺条件的特点为：高温(660~700℃)、大剂油比(18~20)、大水油比、短接触时间。该工艺专用的催化剂 LCM 由金属氧化物、经碱金属或碱土金属改性的硅酸铝以及金属离子交换的八面沸石中的一种或几种构成。

　　随着我国汽车工业的迅速发展，车用燃料的消耗量将与日俱增，由此必将导致汽车尾气中污染物释放到大气中的总量越来越大。因汽车尾气排放而造成的大气污染问题也会越来越严重。为此，我国汽油质量升级步伐不断加快，国 V 车用汽油要求烯烃体积分数不得大于 24%，且烯烃+芳烃体积分数不得大于 60%，硫含量不高于 10μg/g。而我国车用汽油大部分来自催化裂化汽油，催化裂化汽油含有较高的烯烃和硫。因此降低催化裂化汽油中的烯烃含量和硫含量是我国催化裂化工艺在进入 21 世纪后所面临的第一个挑战。国内催化裂化研究开发和工程设计单位基于自身积累和优势，相继开发出几种独特的降低催化裂化汽油的烯烃含量和硫含量的催化裂化技术，较为典型的有：

　　① 多产异构烷烃的催化裂化工艺(Maximizing Iso-Paraffins，简称 MIP)。MIP 工艺是基于裂化和转化(异构化和氢转移)两个反应区概念，设计出具有两个反应区的串联提升管新型反应器。串联提升管第一反应区以一次裂化反应为主，采用较高的反应强度，经较短的停留时间后，第一反应区出口的汽油组分中富含低碳($C_5 \sim C_7$)烯烃；反应油气经专用的分布板进入扩径的第二反应区下部，第二反应区通过扩径、补充待生催化剂等措施，降低油气和催化剂的流速，并同时降低反应温度，满足低重时空速要求，以增加氢转移和异构化反应，使汽油中的烯烃含量大幅度下降，而汽油的辛烷值保持不变或略有增加，其反应再生系统原则流程见图 1-47a。而常规 FCC 工艺反应再生系统原则流程见图 1-47b。

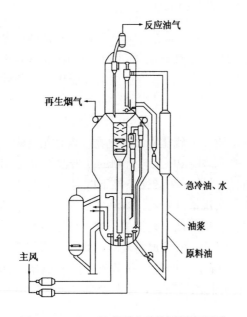 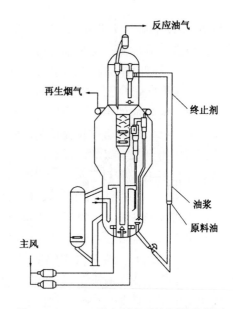

图 1-47a　MIP 反应再生系统原则流程图　　　图 1-47b　FCC 反应再生系统原则流程图

　　MIP 工艺第一反应区出口温度控制在 500~530℃，第二反应区温度控制在 490~520℃。第一反应区的油气停留时间一般为 1.2~1.4s，第二反应区的重时空速($WHSV$)一般为 15~30h^{-1}(油气停留时间 5~6s)。MIP 工艺汽油产率明显地高于常规的 FCC 工艺，且汽油烯烃含量明显地低于常规 FCC 工艺，同时其研究法辛烷值 RON 基本不变或略有提高，马达法辛烷值 MON 有所提高，符合汽油新标准和清洁燃料的发展方向，但轻循环油产率和性质均有所下降。通常由于 MIP 工艺单程反应深度较深，回炼比较小，约在 0.10 以下，油浆密度约在 1.1g/cm³，氢含量较低，不宜回炼。根据装置情况可采用自产的粗汽油馏分或酸性水作为第二反应区的备用冷却介质。在保证重油转化率的同时，可以单程，亦可以回炼操作，根据原料油性质及市场变化对产品结构的需要而定（许友好，2001；2003）。国内外一些催化剂公司研制开发了与 MIP 系列工艺配套的系列专用催化剂以满足市场不同的需求，并得到广泛应用（侯芙生，2011）。

基于串联提升管新型反应器技术平台，除开发出 MIP 工艺外，先后开发出 MIP-CGP、MIP-LTG 和 MIP-DCR 工艺，均实现了工业化并得到应用。MIP-CGP 工艺（Maximum Iso-Paraffins process for Cleaner Gasoline plus Propylene production）采用专用催化剂与相适宜的工艺参数，原料油在第一反应区发生更苛刻的裂化反应，以生成更多的富含烯烃的汽油和富含丙烯的液化气；第二反应区仍以氢转移反应和异构化反应为主，但适度地强化烯烃裂化反应。在烯烃裂化反应和氢转移反应双重作用下，汽油中的烯烃转化为丙烯和异构烷烃，从而在增产丙烯的同时，大幅度降低汽油烯烃。MIP-LTG（Maximum Iso-Paraffins process for LCO to Gasoline production）工艺是将轻循环油分为轻循环油轻馏分和重馏分，轻馏分直接回炼，而重馏分加氢再回炼，从而可以多产高辛烷值和低烯烃的汽油。MIP-DCR（Maximum Iso-Paraffins process for Dry gas and Coke Reduction）工艺是在提升管底部设置催化剂混合器，从外取热器引出一股冷再生催化剂和热再生催化剂在催化剂混合器中进行混合，或者热再生催化剂直接冷却，以减少热裂化反应，从而降低干气和焦炭产率，提高总液收。

② 灵活多效催化裂化工艺（Flexible Dual-riser Fluid Catalytic Cracking，简称 FDFCC）。FDFCC 工艺使用两根提升管，第一根提升管按常规 RFCC 操作，另一根是汽油提升管，可将部分汽油或全部汽油（全馏分或轻馏分）回炼，如果目标是降低汽油烯烃，可采用缓和操作条件；如果目标是多产丙烯，则采用较苛刻的条件（汤海涛，2003）。是否需要单独的汽油分馏塔，可根据具体情况确定，双分馏塔 FDFCC 工艺原则流程见图 1-48a（方案 A）；而单分馏塔 FDFCC 工艺原则流程见图 1-48b（方案 B）。

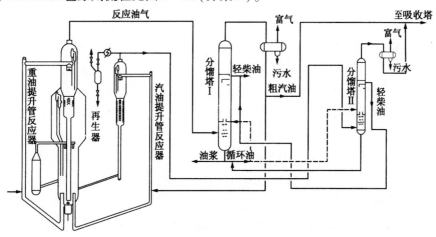

图 1-48a 双分馏塔 FDFCC 工艺流程图（方案 A）

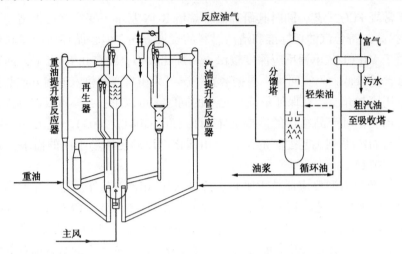

图 1-48b 单分馏塔 FDFCC 工艺流程图(方案 B)

在 FDFCC-I 基础上开发了 FDFCC-Ⅲ 工艺,其生产目标是改善产品分布,进一步提高丙烯产率,降低汽油的硫含量和烯烃含量,生产满足欧Ⅲ排放的汽油组分。FDFCC-Ⅲ 工艺采用双提升管并增设汽油沉降器和副分馏塔;采用"低温接触、大剂油比"的高效催化核心技术。将部分汽油提升管待生催化剂引入原料油提升管催化剂预提升混合器,与高温再生剂混合后进入原料油提升管,既降低了原料油提升管的油剂接触温度,又充分利用了汽油提升管待生催化剂的剩余活性,提高了原料油提升管催化裂化的剂油比和产品选择性,降低了干气和焦炭产率,提高了丙烯收率和丙烯选择性。

③两段提升管催化裂化工艺(Two Stage Riser Fluid Catalytic Cracking,简称 TSRFCC)。TSRFCC 工艺将常规提升管反应器分为两段,油气和热再生催化剂在第一段提升管内反应至一定程度后进行油剂分离,待生催化剂进入再生器再生,而反应油气则连续进入第二段提升管与热再生催化剂接触并继续发生裂化反应,实现了再生催化剂的接力,从而提高催化裂化反应性能。总的效果是提高了轻质油品收率,降低了汽油烯烃含量(张建芳,2001)。

其中 MIP 工艺系列技术自 2002 年 2 月实现工业化以来,已获大面积地推广应用,目前共有 50 套工业装置正常运转,8 套装置处于建设中,累计加工量约为 92.55Mt/a,再加上未授权 MIP 装置,其累计加工量达 105.05Mt/a。全国 MIP 和 FCC 装置数和加工量对比列于表 1-8。从表 1-8 可以看出,中国石化催化裂化汽油约有 70%来自 MIP 装置,中国石油催化裂化汽油约有 38.0%来自 MIP 装置,其他石油公司和地方炼油厂催化裂化汽油约有 53.8%来自 MIP 装置,全国 FCC 汽油约有 59.6%来自 MIP 装置(许友好,2014)。

为了提高石油资源利用效率,催化裂化工艺从追求高转化率向追求高选择性转变,国内研究开发和工程设计单位已开发出高选择性的催化裂化工艺(HSCC),并加氢处理工艺集成,形成催化裂化和加氢处理集成工艺技术(IHCC)(许友好,2011),IHCC 技术于 2014 年实现了工业化,液体收率大幅度增加,焦炭产率明显地降低。关于我国催化裂化工艺发展年表见表 1-9。

表1-8 中国催化裂化装置数量和加工能力统计

企 业	FCC			MIP			总 计	
	装置数	加工量/(Mt/a)	加工比例/%	装置数	加工量/(Mt/a)	加工比例/%	装置数	加工量/(Mt/a)
中国石化	27	23.30	30.0	31	54.25	70.0	58	77.55
中国石油	28	30.30	62.0	12	18.60	38.0	40	48.90
中国海油	4	3.70	31.6	4	8.00	68.4	8	11.70
陕西延长	1	1.00	13.5	5	6.40	86.5	6	7.40
中国中化	0	0	0.0	1	3.50	100.0	1	2.50
其他炼厂[①]	30	14.36	46.2	16[②]	16.70	53.8	46	29.26
总计	90	72.66	40.3	69	107.45	59.6	159	180.11

① 其他炼厂包括地方炼厂和中国化工,粗略统计,有误差。

② 其中有14套MIP装置未授权。

表1-9 我国催化裂化重大技术进展年表

年 代	工 艺	催化剂	助 剂
1956~1960	移动床工业装置(苏43-102型)(1958)		
1961~1965	同高并列式流化床工业装置(中国技术)(1965)	合成Si-Al小球,合成Si-Al微球(1965)	
1966~1970	同高并列式带管反1.2Mt/a装置(中国技术)(1967)	13X沸石剂	
1971~1975	高低并列式全提升管装置(中国技术)(1974)	RE-Y型沸石剂	
1976~1980	同轴式半工业装置(中国技术)(1977) 烧焦罐式高效再生装置(中国技术)(1978) 掺渣油工业试验(1977~1979) 能量回收机组投运(国产,1978)		CO助燃剂(Pt)(1979) Ni钝化剂(Sb)(1980)
1981~1985	同轴式掺渣油(带内取热)工业装置(1982) 高低并列式常渣(带内取热)工业装置(1983) 高低并列式掺渣油(带内外取热)工业装置(1985) 后置烧焦罐再生技术(1985)	大堆积密度半合成沸石剂(1981)	
1986~1990	掺渣油两段再生工业装置(SWEC技术)(1987) 同轴式烧焦罐及床层两段再生工业装置(中国技术)(1989)	原位晶化RE-Y沸石剂、USY沸石的ZCM-7和CHZ催化剂; CHP-1催化裂解催化剂	择形沸石助剂 改进CO助燃剂(Pt,Pd)
1991~1995	多产低碳烯烃的技术(DCC、ARGG)(中国技术)	H-Y沸石催化剂; 不同类型沸石(USY/REY-MFI)组合式的催化剂	多种复合型钝化剂

年　　代	工　　艺	催化剂	助　　剂
1996~2000	多产柴油和液化石油气的工艺(MGD)(中国技术)	各种改性的沸石催化剂和组装催化剂; 降低汽油烯烃含量催化剂	降低汽油烯烃含量助剂
2001~2010	降低汽油烯烃含量的工艺(MIP、FDFCC)(中国技术); 3.5Mt/a大型常压渣油装置(2002); 重油直接制取乙烯和丙烯的工艺技术(CPP和HCC); 生产丙烯兼顾汽油的技术:DCC-Ⅱ、MIP-CGP、FDFCC-Ⅲ以及TSRFCC	改性MFI沸石的催化剂; 降低汽油烯烃的催化剂; 气相超稳催化剂	降低汽油硫含量助剂; 非贵金属CO助燃剂
2010~2020	再生烟气处理技术(2013); HSCC/IHCC(2014)	重油裂化催化剂及增产汽油催化剂	

(三)流化催化裂化技术发展展望

催化裂化自开发至今,虽然经历了近80年,而且也进行了许多重大变革,但其工艺、设备等方面仍将继续发展。一系列的重油催化裂化技术,如原料雾化、床内外取热、重金属钝化和预提升等技术虽已大量采用,但仍将继续改进。快速分离一直是改进反应器设计的重要目标之一。多种将提升管出口油气和催化剂快速分离的技术已开发成功。国内外在汽提段的改进方面也进行了不少研究工作,两段或多段汽提和逆流及错流分段汽提已开始在工业上应用(Avidan,1990)。具有规整填料结构的汽提段已成功应用。

在石油资源从低价向高油价转变过程中,催化裂化工艺技术开发可以从原料油结构组成入手,即从原料结构和分子水平来利用石油资源,原料中的直链烷烃可以作为生产低碳烯烃原料,而环烷烃可以作为生产芳烃的原料或作为生产轻质油品的原料;从炼油工艺入手,进一步强化不同炼油工艺的集成,提高目的产品的选择性;从产品质量和数量入手,进一步提高催化裂化技术的灵活性,尽可能地提高高价值产品的数量。"未来炼油"更像一个特殊化学品供应厂,以催化裂化联合装置为核心,通过设备与催化剂的革新,催化裂化也可能配合热裂解而生产轻烯烃,特别以重油进料生产轻烯烃为主要路线。

催化裂化装置生产过程日益清洁化也是催化裂化工艺技术开发重要方向,在此研究开发方向上,可以开发降低焦炭产率的新型催化裂化技术,减少CO_2排放技术;可以开发再生烟气高效处理技术及CO_2高温捕获技术。在催化裂化技术外延和集成方面,也存在着许多领域处于待开发状态。

尽管催化裂化具有漫长而又多彩的历史,但它远非一个完善的技术。可以预料,催化裂化技术、催化剂、设备及工艺将在技术更新、安全可靠性以及经济效益等各方面仍将走在石油炼制技术的最前列(Avidan,1992;Maitra,2000)。

三、催化剂

催化裂化催化剂(简称裂化催化剂)开发与应用已近百年,已成为世界上用量最大的一种催化剂,其发展历程是从无水三氯化铝到白土,从白土到合成硅铝,再到沸石催化剂,其各占历史舞台的时间大约是无水三氯化铝20年,白土10年,合成硅铝20年,而沸石催化剂至今已 40 多年，仍方兴未艾。全球裂化催化剂发展历程见表 1-10（张春兰，2013），我国 20 世纪 50 年代初期就开始了裂化催化剂的研究工作，其发展历程见表 1-11。

表 1-10　全球裂化催化剂的发展历程

年代	催化剂类型及反应	主要特点	开发者
1915	无水三氯化铝，反应在液相下进行	汽油收率低	McAfee A. M.
1928	酸处理活性白土，在固定床反应器中进行	汽油的收率、质量远优于热裂化产品	Houdry E
1940	合成硅铝催化剂，用于移动床和流化床催化裂化	粉末状硅铝催化剂活性低、稳定性低、流化性能不好	Houdry socony Vacuum Oil Co.
1948	微球催化剂	高铝催化剂活性高，有助于提高汽油的辛烷值，并大大降低了催化剂的损失，减少了设备中的细粉量	Davison Chemical Co.
1963	沸石裂化催化剂，如 REX 和 REY 型，用于流化催化裂化装置	如 REX 沸石中的 XZ-40 催化剂活性高，且有抗金属污染能力；REY 中的 DZ-7 抗金属污染能力强，热稳定性好，强度和密度高	Mobil Oil Co.
1976	超稳 Y 型沸石（USY）	Octacat 系列催化剂提高汽油辛烷值 0.5~1.5，生焦率低，再生温度降低约 30℃；GXO 系列催化剂具有好的渣油裂化能力，成本低	Davison Chemical Co.
1989	提高汽油辛烷值催化剂 Super Resoc	该催化剂能加工钒、镍含量高的进料，并生产高辛烷值汽油	Davison Chemical Co.
1990	富硅骨架 Y 型沸石（FSE-Y）	该剂 SiO_2/Al_2O_3 为 5~30，如 LZ-210K 沸石，不仅能提高汽油辛烷值，且裂化性能好	Katalistik 公司
1986	引入 ZSM-5 助辛剂	汽油辛烷值有所提高，但汽油产率下降	Mobil Oil Co.
1987	以提高汽油辛烷值为目的，开发了 ADZ 沸石	含 ADZ 沸石的催化剂具有更好的稳定性、汽油产率高，且能提高汽油的辛烷值，焦炭产率较低	AKZO 公司
1990	新型渣油催化裂化催化剂	各种改良的 USY 沸石和大孔活性基质，提高重油转化能力和轻质油产率、降低焦炭产率，增强抗重金属能力，提高汽油辛烷值	各催化剂制造公司
2000	低碳烯烃，降硫和烯烃技术	活性组分主要是 MFI 类的择形沸石，将低辛烷值组分裂化成 C_5 以下的烯烃，并能提高烷烃和烯烃的异构/正构之比，浓缩芳烃组分，提高辛烷值	各催化剂制造公司
2000 至今	重油裂化催化剂	各种改良的超稳 Y 型沸石和大孔基质，提高重油转化能力和轻质油产率	各催化剂制造公司

表 1-11　中国催化裂化催化剂的发展简史

年　代	催化剂类型	开发者
20 世纪 50 年代	天然白土与合成硅铝催化剂	
1964	硅铝小球裂化催化剂	RIPP 与兰州石化公司
1973	13X 型沸石催化剂	RIPP 与兰州石化公司
1975	REY 微球裂化催化剂	RIPP 与兰州石化公司
1981	CRC-1 高密度裂化催化剂	RIPP 与齐鲁石化公司
1986	原位晶化催化剂	兰州石化公司
1987	USY 沸石的 ZCM-7 催化剂	RIPP 与齐鲁石化公司
1988	USY 沸石的 CHZ 催化剂	RIPP 与长岭炼化公司
1989	REHUSY 沸石的裂化催化剂	RIPP 与兰州石化公司
	CHP-1 催化裂解催化剂	RIPP 与齐鲁石化公司
1993	双铝黏结剂的引入	RIPP 与兰州石化公司
1994～2000	ZRP 沸石引入，CRP-1 催化剂 降汽油烯烃催化剂	RIPP 与长岭炼化公司、齐鲁石化公司；兰州石化公司
2000～2005	MIP 工艺专用催化剂	RIPP 与长岭炼化公司、齐鲁石化公司
2005～2010	气相超稳催化剂	RIPP 与催化剂齐鲁分公司
2010～至今	重油裂化催化剂及增产汽油催化剂	国内三大催化剂生产厂

（一）天然矿物黏土裂化催化剂

1869 年，德国化学家 Zincke(1843～1928)首次报道了在芳环上引入羟基的反应。当时是从苄氯和氯乙酸(以苯为溶剂)出发，在铜粉(或银粉)催化和封管加热下，通过类似 Wurtz 反应的方法制备苯丙酸，但是反应却放出了大量的氯化氢，所得产物中竟含二苯甲酸。金属氯化物对芳烃烷基化和酰基化反应的催化作用是由 Friedel 和 Crafts 于 1877 年揭示的。Friedel 和 Crafts 在进行 Gustavson 反应的实验过程中发现 Zincke 反应的催化剂并不是金属本身，而是金属卤化物(张殷全，2000)。1877 年 5 月 22 日，他们将以金属卤化物为催化剂所制备的烃类和酮类化合物的发现申请了法国专利，12 月 15 日又申请了英国专利(Friedel，1877)。McAfee 于 1912 年在 Texas Company 位于 Port Arthur 的装置上进行汽油生产研究。Friedel 和 Crafts 的专利激发了 McAfee 的研究兴趣，因为 Friedel 和 Crafts 提到在低质的原油掺入质量百分比 5%～20% 的无水氯化铝，加热后可以转化为轻质油品、气体以及重质的石蜡油。McAfee 认为这一反应非常重要，通过实验探索，发现只要对蒸馏系统气体的排出和进入冷凝器的过程进行合适的控制，同时具有足够的反应时间，三氯化铝可以将重质油品全部转化为轻质油品，并且不管原料油的饱和度如何，轻质油产物的气味好、颜色清且为饱和烃。几乎没有气体产物，有适量的焦炭生成。焦炭不仅是以硬质的炭物种存在，还有粒状和炭块，很容易从装置中移除。McAfee 还采用其他无水氯化物或溴化物，如氯化铁、氯化锌等实验，结果发现三氯化铝的效果最好。1913 年，McAfee 从 Texas Company 辞职加入到 Gulf Refining 公司，并以其实验结果申请了专利(McAfee，1915a)。三氯化铝在固态和液态下以 Al_2Cl_6 的形式存在，而在气态下则以 $AlCl_3$ 的形式存在；同时三氯化铝在固态或液态下易于与其他盐类分子生成双盐分子。据此 McAfee 给出了反应机理，认为沸腾温度之前三氯化铝

（Al_2Cl_6）熔化与高沸点的烃类分子结合生成双分子化合物，这一化合物不稳定，会分裂成低沸点的烃类分子，而 Al_2Cl_6 则变成 $AlCl_3$，控制温度将烃类分子分离，同时 Al_2Cl_6 也重新生成，反应继续。因此，若要得到目标产物，必须严格控制反应条件，尤其是温度（McAfee，1915b）。

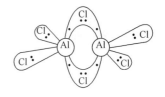

图 1-49　$AlCl_3$ 二聚分子结构示意图

无水三氯化铝作为一种固体 Lewis 酸，已应用于多种有机化学反应。在气相或非极性溶剂中，$AlCl_3$ 以二聚分子的形式存在（见图 1-49），在二聚分子中氯原子对铝呈四面体配置，是一种桥式结构，即在每个 $AlCl_3$ 分子结构中，铝原子的一个 3s 电子激发到一个空的 3p 轨道中，使 3s 轨道和两个 3p 轨道杂化组合成三个 sp^2 杂化轨道，这三个 sp^2 杂化轨道分别与三个氯原子的各一个 3p 轨道重叠形成 δ 键。因此，单个 $AlCl_3$ 分子为缺电子分子，铝原子有空轨道（3p），氯原子有孤电子对，因而在两个 $AlCl_3$ 分子间发生 Cl→Al 的电子对授予而配位，形成氯桥的配位化合物，这种二聚分子遇到电子对给予体分子时会离解成单分子，然后这个 $AlCl_3$ 单分子再同这个电子对给予体形成配离子或加合物。

当时由于无水三氯化铝的价格昂贵，Gulf 石油公司投资了 1000 万美元，McAfee 花费了三年时间开发出了大规模生产无水三氯化铝的技术（McAfee，1929）。到 20 世纪 20 年代中期，Gulf 石油公司在 Port Arthur 建立了处理量为 27000 桶的 McAfee 裂化装置，并在 Fort Worth 炼厂建立了三套同样处理能力的装置。为了满足对三氯化铝催化剂的需求，Gulf 石油公司于 1925 年在 Port Arthur 建立了当时美国最大的生产氯气和氢氧化钠的工厂。在 1924~1929 年期间，Port Arthur 炼厂生产了美国 90% 多的无水三氯化铝，生产能力高达 34000kg/d。McAfee 还发明了以氯化铝为重整催化剂用于将直链烃转化为高辛烷值的支链烃，并作为生产润滑油的工艺（称为 Alchlor，Aluminum Chloride），Gulf 石油公司于 1934 年 11 月以此工艺开始大规模生产"Gulfpride Oil"润滑油。虽然后来对 McAfee 裂化工艺进行了不少的改进，但由于催化剂昂贵以及回收困难等原因，于 1936 年被 Houdry 裂化工艺取代。

1927 年早期，Houdry 就认为应该将褐煤加工的催化剂应用到石油裂化上。第一次试验原料为委内瑞拉瓦斯油，催化剂为褐煤馏分油改质催化剂，主要是金属负载惰性材料（如海浮石和高岭土），当时采用的催化剂是镍负载高岭土催化剂。试验结果很糟糕，虽然有液体生成，但同时有大量的气体和焦炭生成，且焦炭生成使催化剂迅速失活。为此开发了一种新的再生方法，即在空气气氛下升温处理结焦催化剂。由于 Houdry 认为金属是催化剂必不可少的组分，因而尝试了多种金属以及不同的多孔载体，包括漂白土和其他白土，结果均生成了大量的焦炭和气体，催化剂活性下降迅速，液体产物易成胶状，催化剂再生困难。经过多次试验后，Houdry 对于"金属是催化剂必不可少的组分"产生了质疑，尝试不负载金属的载体，包括多种白土（如用于润滑油精制的酸性白土），尤其是产于 SanDiego，以 Pechelbronn Oil Refining 公司的酸活化后的白土为催化剂进行试验，结果令人振奋，液体收率高，气体和焦炭产率低，且催化剂再生容易。Houdry 针对白土的组成和结构进行了筛选，开发出裂化催化剂，考察了操作条件对反应的影响，并进行了工艺开发，得到了满意的汽油收率，汽油的质量远优于热裂化产品，从而诞生了 Houdry 裂化工艺，这是固体酸性催化剂首次在工业中大规模的应用，是炼油工业发展史上的一项重大进展（Oblad，1983；Avidan，1990）。

白土的主要成分以蒙脱土（Montmorillonite）为主体，它是一种含有少量碱和碱土金属的含水铝硅酸盐，属单斜晶系。天然白土活性低，当时工业用石油裂化催化剂是对其进行酸处理而使其成为具有一定活性的酸性白土。酸性白土催化剂的使用使汽油产率及其质量较热裂化都有很大的提高。为了弄清白土有助于馏分油裂化以及这种裂化与热裂化不同的原因，许多研究工作者做了大量工作。白土中含有氧原子，同时白土中相邻两个氧原子的间距为0.255nm，这与烃类分子中两个碳原子之间的距离（0.254nm）相近。因此，Davidson 等（1943）认为裂化催化剂的活性与白土中的氧原子以及白土中相邻氧原子间距与烃类分子中两个相邻碳原子间距相近有关。但这一观点无法解释至少以下两个事实：第一，其他很多具有相似结构的物质（如云母、滑石等），它们具有相同的 Si—O 结构和间距，但却不具有裂化催化剂一样的催化活性；第二，以上的观点不能解释白土经酸处理后裂化活性增大的原因。

（二）人工合成无定形硅铝裂化催化剂

20 世纪 30 年代初，UOP 公司开始了裂化催化剂研究，其出发点是要从商业天然白土或矿物开发一种催化剂，即向当时 Fitrol 公司生产的 Superfitrol 白土中添加少量的"promotors"以尝试提高其活性。Superfitrol 白土具有酸性，其酸性来源则被认为是由于硫酸处理过程中残留的微量硫酸。Tropsch 提出"开发"长石（一种碱性硅酸铝），以生产硅酸铝催化剂。长石可以通过与氧化钙和氯化钙加热后经酸洗而被"打开"，并发展为比 Superfitrol 白土活性更高的"取代长石"催化剂。"取代长石"是一种含有少量氧化铝的硅凝胶，它不含其他金属离子，因为在酸处理的过程除去了碱金属离子和钙离子。由于用水玻璃来制备硅溶胶会降低成本，因而先做出经过纯化的湿硅凝胶，然后在硅凝胶上面沉淀水合氧化铝，从而制备出高活性的裂化催化剂，称其为硅铝催化剂，1937 和 1938 年先后申请了有关合成硅铝催化剂的专利（Jacob，1942；Thomas，1942a；1942b；Thomas，1983）。Thomas（1983）在第二次世界大战前曾向"战争石油管理局"作过报告，阐述了硅铝催化剂是一种高温酸，提出了催化剂的化学结构以及正碳离子反应机理，但由于战争年代的保密需要，未能公开发表。1940 年第一批合成硅铝催化剂工业化生产成功，有力地支持了随之而产生的移动床和流化床催化裂化。

氧化硅本身不具有裂化活性或其活性很弱，氧化铝的裂化活性虽然较氧化硅高，但其也不是一种较好的裂化催化剂，而合适的硅铝组合所得产物的活性要远高于单个组分。硅铝催化剂由其溶胶或氢氧化物制得，将无水氧化物与另一种氢氧化物混合得不到活性催化剂。

早期催化裂化工艺和催化剂的发展主要依靠实践，大多是经验性的，理论上的解释工作要落后于实践相当长的时间。由于当时的研究手段，特别是分析工具还没有达到相应的水平，因此宏观上的理论解释基本清楚，微观上的认识（例如对催化剂的表面化学、正碳离子反应中间体生成及其过渡历程，特别是正构烷烃生成正碳离子的历程等）还是肤浅的（Hansford，1947）。Thomas（1949）对硅铝催化剂的酸性作了比较清楚的解释。他提出，当四价硅和三价铝与氧以四面体配位，其结构需要一个正电离子才能完整。在一定条件下，这一正电离子可以是氢离子，从而使此硅铝催化剂具有裂化活性。还发现活性最高时 Si/Al 之比在 1 左右。硅铝催化剂的酸性在 20 世纪 40 年代末 50 年代初定量化。Tamele 在 Johnson 等人合作下，以 NH_3 吸附的方法鉴定出硅铝催化剂的活性，并用正丁胺滴定的方法测出催化剂的酸值（Tamele，1950）。后来 Benesi（1956）用 Hammett 指示剂测量了硅铝催化剂的酸强度，发现其强度高于 90% 的硫酸。到 20 世纪 40 年代末，对于裂化催化剂的酸性本质和正碳离子反应机理的认识才基本成熟，详见本书第二章。

随着流化催化裂化技术的出现，由使用小球或者压制成型催化剂转化为使用粉末状催化剂。粉状催化剂由人工合成硅酸铝凝胶和活性白土（高岭土）共同合成，除了因为高度吸热和放热循环过程所造成催化剂活性降低外，催化剂活性因积炭很快地下降。催化剂通过流化循环，缩短与油气接触时间，从而维持其较高活性。由 Imperial 石油公司，在 Sarnia 采用悬浮床过程，进行了开拓性的研究，在管式反应器中使用粉末状催化剂试验加快液相裂化的可行性。因此 1937～1938 年间在 Bayway 和 Baton Rouge 的 4kg/h 粉末状催化剂中试装置投入运行。

1939 年末，5kt/a 的装置由固定床改造成粉末状催化剂操作。随后 1940 年在 Baton Rouge 的 100t/a 的循环式中试装置投入运行。1941 年一次通过的 0.7kg/h 的催化剂的试验装置开工确定了一些重要参数，为 1942 年 5 月工业化流化催化裂化装置的投产提供了大量开工用数据。

第一套流化催化裂化装置所使用的催化剂就是 Grace 公司 Davison 化学分部制造的粉末状硅铝催化剂。这类催化剂按现在的标准，终归是活性低、稳定性低、流化性能不好（Strother，1972）。微球催化剂早期开发是适时的。在 1943 年中期，Baton Rouge 在 11kg/d 的中试装置上的研究表明了生产颗粒大小合适的微球硅铝催化剂的可行性。1944 年初，Davison 化学分部的一套 450kg/d 的微球催化剂制造装置投产。微球催化剂大大降低了催化剂的损失，并减少了设备中的细粉量，这些优点弥补了催化剂制备困难和价格昂贵的不足。

在 1944 年末，Davison 化学分部在 5kt/d 的 FCC 中试装置上使用了凝胶法生产的微球硅铝催化剂，效果良好，因而进行批量生产（Reichle，1988）。随后，Davison 化学分部采用喷雾干燥方法的合成微球硅铝催化剂正式在工业上使用。当时普遍使用的是含氧化铝的 10%～13% 的硅铝催化剂。1954 年活性和选择性更高的含氧化铝约 25% 的高铝催化剂投入使用。

20 世纪 50 年代初期我国就开始了裂化催化剂的研究工作，主要研究内容为各地天然白土的评选及天然白土裂化催化剂的制备。50 年代中期又开始了合成硅铝裂化催化剂的研究工作，这些研究工作处于实验室研究和小规模制备阶段。第一套移动床催化裂化装置于 1958 年在兰州炼油化工总厂建成投产，当时所用小球催化剂均由国外进口。从 1960 年起，我国科技工作者经过三年多研究、设计与施工，硅铝小球催化剂装置于 1964 年顺利建成投产。与此同时，也开始了微球催化剂的实验室研究，从小型试制到中型放大，到建设生产装置，只用了 4 年时间，1965 年 12 月微球催化剂生产装置就顺利投产，从而结束了裂化催化剂依赖进口的局面，为以后的发展打下了基础。

（三）沸石催化剂的开发和发展

早在 1949 年，Thomas（1949）就认为：要得到最高的活性，硅铝催化剂必须采用独特的方法合成。具有最高活性的硅铝催化剂不能通过在硅凝胶上沉积氧化铝的方法合成出来。20 世纪 60 年代，随着晶体硅酸铝盐（沸石）催化剂的研究和工业应用，催化裂化技术进入了一个新的时代。而沸石裂化催化剂的发明被誉为"20 世纪 60 年代炼油工业的技术革命"，其中重要的发明人之一为 Charles. J. Plank。沸石裂化催化剂一般可以分为 X 型沸石催化剂、Y 型沸石催化剂、β型沸石催化剂等。

1. X 型沸石催化剂

X 型沸石是 Plank 等（1967）开始实验时所用的一种沸石。在最初的实验中，把 25% NaX 沸石混入硅铝凝胶基质中，并用氯化铵进行交换以得到低 Na^+ 含量的催化剂。新鲜催化剂样品具有非常高的活性和比硅铝催化剂好得多的选择性。但在水蒸气处理后，活性和选择性均下降。同时研究了正癸烷在 NaX 和 CaX 沸石催化剂上的裂化，发现两者均有活性，但选择性大不相同。CaX 沸石催化剂具有比硅铝催化剂更高的活性，产品分布与硅铝催化剂相似。而 NaX 沸石催化剂的活性与硅铝催化剂相同，但产品分布与热裂化相似。前者是按正碳离子机理进行催化裂化反应，而后者是通过自由基机理进行热裂化反应。在 CAT-C 评价装置上，Plank 和 Rosinski 分别采用 CaX 和 NaX 沸石催化剂来裂化瓦斯油，得到同样的结果，并推断要改进沸石催化剂的催化性能必须提高其酸性。采用 RE 离子交换钠离子得到 REHX，其活性（经过水蒸气处理后）比硅铝催化剂高 200 倍以上。以硅铝氧化物作为基质，加入 10% 的 REHX 可以大大改善催化裂化产物的选择性，其中汽油可以提高 14%，焦炭可以减少 40%。1964 年 Mobil 石油公司根据实验的结果，申请了多种专利（Gaso，1964；Plank，1964a；1964b）。

沸石催化剂的应用引起了炼油界的极大震动，据计算，以平均提高汽油产率 7% 计，按 1963 年油价，对美国来说年收益增加 1400 万美元以上，并可每年减少 $30 \times 10^6 m^3$ 原油的进口（Plank，1967）。沸石催化剂活性高，为了充分发挥其优点，需要缩短反应的剂油接触时间，于是不同的提升管催化裂化设计先后出现。

1964 年美国 Socony Mobil 公司出售耐磨小球（Durabead-5）沸石催化剂，1963 年微球沸石催化剂开始在流化催化裂化装置使用，先是风靡北美，接着推向全世界，迅速被各炼油厂采用。Grace 公司 Davison 化学分部首先生产出来的 XZ-15 催化剂就是属于 REX 沸石。经过 15 个炼油厂使用三年的实践证明，这种催化剂性能良好。为了降低催化剂制造费用并改善其性能，该公司 1965 年又研制并生产了 REX 型沸石催化剂 XZ-25。这种催化剂在 60 年代末期畅销全世界，大约有 115 套装置使用。XZ-25 与 XZ-15 相比，除了价格低廉外，其活性也较高。稍后该公司又相继制造出 XZ-36 和 XZ-40 稀土 X 型沸石催化剂。其中 XZ-40 还有抗金属污染能力，当时在美国和加拿大炼油厂广泛使用。随着对催化裂化过程认识的加深，X 型沸石的耐酸性和热稳定性等性质都比 Y 型沸石差，因此，1968 年后，逐渐被 Y 型沸石催化剂所取代（Magee，1973；1979）。

2. Y 型沸石催化剂

X 型和 Y 型沸石同属八面沸石类，其晶格结构相似，但 Si/Al 比不同，X 型沸石的 $SiO_2/Al_2O_3 < 3.0$，而 Y 型沸石的 $SiO_2/Al_2O_3 > 3.0$。因为 X 型沸石可以直接用水玻璃合成，大规模工业化生产比较容易和经济，而 Y 型沸石在当时用水玻璃难以直接合成，需要用硅溶胶等昂贵的原料。后来，Mobil 公司和 Grace 公司分别发明了导向剂法，用水玻璃也可以直接合成较高硅铝比的 Y 型沸石。1969 年 Grace 公司 Davison 化学分部生产一种价廉和高活性 REY 型沸石催化剂 CBZ-1，这种催化剂在当时是每一美元所获得活性最高的催化剂。CBZ-1 出现后不久，又推出了 AGZ 系列催化剂，具有耐磨性强、密度大、且活性高，20 世纪 70 年代中期，推出了高密度催化剂 Super-D 系列，在工业上获得了广泛的应用，当时全世界的催化裂化装置中，约有 1/4 的装置使用这种催化剂。20 世纪 80 年代后，又生产了 DA、GX、Titan-E 等系列的催化剂，其中 DA 催化剂使用效果很好，耐磨、水热稳定性高和汽油产率可增加 2%~3%。

除了 Grace 公司 Davison 化学分部以外，国外生产裂化催化剂的主要公司还有 Albemarle（2004 年收购了 AKZO Nobel 公司的催化剂业务）、Engelhard、Filtrol（1984 年被 AKZO 公司收购）、Katalistiks（1984 年被 UCC 公司兼并，1987 年与 UOP 公司合营）、Crossfield 和日本触媒化成公司（CCIC）都研究和开发成功了各自独特的催化剂系列。AKZO 公司 1970 年开始生产 REY 低铝基质催化剂，被普遍采用的主要有 MZ-3 和 DM-1 两种。此后不久，该公司还生产了一种叫做 MZ-7 系列的低表面、高密度和高耐磨的催化剂，其中 MZ-7X 适用于重油原料，其活性和稳定性好，在苛刻条件下操作的转化率可大于 75v%，且不需大量卸催化剂。Engelhard 公司在 20 世纪 80 年代初期研制出了高选择性催化剂 ULTRASIV、OCTISIV 和 MAGNASIV 等系列。这些催化剂普遍的特点是抗磨，液体产品选择性高，焦炭和油浆产率低，其中 OCTISIV 系列在不降低汽油产率的情况下，可提高汽油辛烷值 1~2 个单位。该公司还在 1983 年左右生产了一种可以增产汽油的新的 OCTISIV-PLUS 催化剂。

　　Katalistiks 公司 1980 年推出了第一批裂化催化剂产品—EKZ 系列。据称与 Super-D 相比，氢产率少 0.02 个百分点，汽油产率提高 1.2 个百分点，焦炭产率降低 0.5 个百分点，转化率提高 2 个百分点。沸石催化剂出现的初期，催化剂的研制集中于提高活性，但到 20 世纪 70 年代后期，开始转入研制耐金属污染、提高催化剂的选择性、控制排出物污染和提高汽油辛烷值的新时期（Strother，1972）。

　　3. 提高汽油辛烷值催化剂的开发

　　提高汽油辛烷值催化剂的活性组分是超稳 Y 型沸石（USY），而非 REY 型沸石。实际上，早在 1964 年 Davison 化学分部就开发了第一个含 USY 的催化剂，但由于该催化剂制造成本高以及当时对汽油辛烷值要求不高等原因而未被推广。

　　此后由于市场的需要，Davison 公司于 1976 年、1980 年相继研制出含 USY 的 Octacat 系列和 GXO 系列催化剂。Octacat 催化剂与一般含 REY 沸石的催化剂 CBZ-1 相比，汽油辛烷值（MON）高约 0.5~1.5，生焦率低，再生温度降低约 30℃。GXO 系列催化剂是以 GX 为基质制成，既具有 Octacat 催化剂的优点，还具有好的渣油裂化性能，成本较低。80 年代中期，这两个系列催化剂已在美国和加拿大的 35 座炼油厂中使用，RON 提高 1~4 个单位。以后 Davison 化学分部还生产了新型的 KP 系列催化剂，该催化剂是用特殊工艺处理的黏土为基质，内加 USY 沸石 Z-14，可裂化更多的渣油和改善汽油产率，提高辛烷值，同时减少焦炭产率。1989 年初，该公司还生产了提高汽油辛烷值催化剂 Super Resoc。该剂使用的是改进后新的铝溶胶为黏结剂，能加工更高钒、镍含量的进料，并生产高辛烷值汽油。另一类提高汽油辛烷值催化剂采用的是富硅骨架 Y 型沸石（FSE-Y），其 SiO_2/Al_2O_3 为 5~30，是 Katalistik 公司 1986 年开发的，又称 LZ-200。该公司采用 LZ-200 沸石制造的催化剂有 Alpha-500 和 Beta-700 等牌号，这些催化剂不仅能提高汽油收率，而且辛烷值也提高了。为了进一步改善重油裂化及提高汽油辛烷值，该公司在 LZ-210 的基础上对其进行改性，1990 年又研制出 LZ-210K 沸石，其裂化性能优于 LZ-210 沸石（Lawrence，1990）。另外值得一提的是 1986 年 Mobil 公司研究成功的 ZSM-5 沸石，这种沸石以少量添加剂的形式加入催化剂时，汽油辛烷值有所提高，但汽油产率下降。AKZO 公司 1985 年投入市场的 Octaboost-600 系列是一种含 USY 的催化剂，这种催化剂已广泛用于工业装置，它与高 REY 低硅铝催化剂相比，汽油选择性高 2v%，RON 提高 1.5。该公司开发的 Multi Crack 系列主要是为了提高汽油辛烷值和辛烷值桶，它也是一种含 USY 的催化剂。据称，该催化剂与 MZ-7X 相比，在汽油产率和转化率大体相同的情况下，RON 可提高 1.9 个单位（Herbst，1991）。AKZO 公司以提高汽油辛烷值为目的，于 1987 年开发了 ADZ 沸石（Gerritsen，1988）。含 ADZ 沸石的

Vision 催化剂与其他 USY 催化剂相比，具有更好的稳定性，有较高的汽油产率和 RON 与 MON，焦炭产率也较低。高温化学脱铝是 Engelhard 公司开发的一种脱铝过程（Leuenberger，1989），形成了 Precision TM 催化剂系列。由于采用高温化学脱铝，改善了二次孔结构并除去了碎片铝，汽油辛烷值和产率显著提高（Argiro，1991）。

4. 渣油裂化催化剂的开发

为了突破渣油催化裂化这一难关，20 世纪 70 年代末期，Davison 化学分部开发了 Residcat-25、Residcat-30 和 GRZ-1 等沸石含量高的渣油裂化催化剂。前两种催化剂属于小金属容量的渣油裂化催化剂，后者属于大金属容量的渣油裂化催化剂。在维持微反活性 60 时，GRZ-1 的镍和钒的含量可达 12000$\mu g/g$，而 Residcat-30 是 7000$\mu g/g$，但这两种催化剂的价格都较贵。进入 20 世纪 80 年代，该公司又研制出一种抗镍、钒的 GX-27 催化剂，其重金属沉积量可超过 6000$\mu g/g$。与此同时，还制造了一种 Titan-E 催化剂，它对渣油裂化同样有效，这点类似于 GX 系列，而其耐磨性又类似于 DA 系列，它的最大特点是价格低廉，仅为常规高活性沸石催化剂的 40%。20 世纪 80 年代中期，Davison 化学分部还生产了 GXO-25、GXO-40 等系列催化剂，这类催化剂既有提高辛烷值的功能，又有较好的焦炭选择性，适合于加工渣油。基质技术则历经 RAM 抗重金属污染、LCM 钝镍低生焦以及 TRM 裂解大分子的发展历程。1990 年 Davison 化学分部又开发了 MMP 催化剂基质。MMP 催化剂是一种耐金属催化剂，不仅具有良好的抗金属性，而且汽油、轻循环油收率较高，焦炭及氢气产率低。近期，Grace Davison 公司提出跑损指数的概念并指出重视装置内催化剂保持性的重要性。

总体说来，渣油裂化催化剂的孔分布和比表面积十分重要：①基质应提供一定的大孔（>100nm），具有低的比表面积（约 15m^2/cm^3）和低活性；②拟薄水铝石等提供介孔（10~100nm），具有适宜的比表面积（约 130m^2/cm^3）和活性；③高稳定沸石提供微孔（<10nm），具有大比表面积（约 600m^2/cm^3）和高活性。

具体研制思路上国外几家公司有所不同。Grace Davison 公司起初研制了高活性基质 MMP，以后对基质活性的看法有所保留，认为基质活性过高不利于焦炭的选择性，因此偏重于使用低活性基质，同时重点改进沸石的性能。为抑制氢转移活性，改善焦炭选择性，提高辛烷值，倾向于使用低稀土含量的沸石。研制了低焦基质（LCM）和 Z-17 沸石等组分。该公司提出渣油裂化过程的三种反应：①渣油大分子的预裂化和汽化，基质起重要作用，其孔径应比渣油分子（平均 5nm）大十倍，原料雾化程度、剂油比和混合区温度都很重要；②芳烃侧链的断裂反应与沸石关系大，受基质影响小；③环烷烃裂化反应、脱氢缩合成芳烃反应和沸石与基质的交互作用有关。Albemarle 公司 FCC 催化剂十分强调催化剂活性中心的可接近性，重视基质的孔结构设计，使其具有合理的大孔分布，研制了 ADM 基质系列。例如采用黏合剂交互作用工艺，可使常规白土的可接近性提高一倍以上。同时对沸石则强调铝原子在晶格内的优化分析，避免生成过多的团簇，有利于双分子反应和异构化反应，研制了 ADZ 改性沸石系列。将多种 ADZ 沸石和选择性基质材料（ADM）与催化剂黏结剂技术相结合，以控制孔径分布，并使活性中心均匀分布。"基质"设计的协同作用形成了一个独特的催化剂构架，它的开放孔结构有利于碳氢化合物迅速吸附和脱附。Albemarle 公司在 FCC 催化剂开发评价方面提出了可接近性概念（Morsado，2002），认为接近性指数（AAI）是 FCC 催化剂的重要性质，可表征反应物进入催化剂孔结构和产物从催化剂表面离开的传质能力（潘元青，2007）。

BASF 公司 FCC 催化剂的特点是采用独特的沸石原位晶化制备技术，以高岭土为原料同时制备出活性组分沸石和基质组分的原位结晶沸石。与半合成工艺相比，原位晶化催化剂具有特殊的抗重金属污染能力，活性指数高，水热稳定性及结构稳定性好，催化剂的抗磨和重油裂化能力强。作为 BASF 公司最具特色的专利技术，分散基质(DMS)技术优化了催化剂的内孔结构，增强了原料分子向位于高分散沸石晶体外表面预裂化活性中心的扩散，使沸石得到有效利用，而且选择性更好。因为原料预裂化发生在沸石上，而不是在无定形的活性基质上，因此有利于发挥沸石选择性裂化的优势，同时减弱了预裂化所得到的一次产物向沸石二次扩散的趋势，可以提高重油转化率，增加高附加值汽油和轻烯烃收率，减少干气和焦炭收率(潘元青，2007)。

Rive 技术是在现有的催化剂中增加孔道，Y 型沸石的纳米结构在碱性介质中用表面活性剂处理后可以重排。为了应用表面活性剂，孔道需要扩大，从而可以有效地利用表面活性剂来作为模板，当去除表面活性剂后，就会留下更大的孔，可以捕获更多的烃分子，这被称为 Molecular Highway（分子高速通道）催化剂技术，可以增加 FCC 反应深度（Speronello，2011；Krishnaiah，2013）。

除了基本沸石组分和基质组分外，为了赋予催化剂多种功能，还要根据需要添加如 ZSM、SAPO、β 沸石等"辅助沸石组分"以及抗重金属组分，控制硫、氮化合物排放组分等"功能添加组分"，几家公司在此方面各有千秋。

由于国外各催化剂制造商的努力，近几年推出的渣油裂化催化剂多达 30 多个系列，形成了市场繁荣的竞争局面。由上可知，国外催化剂制造公司十分重视新催化剂的开发，在竞争中争先推出新品种，更新换代周期短。图 1-50 是 AKZO 公司更新换代的情况，仅 10 年多时间，催化剂品种便变更了多种。

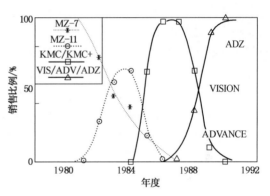

图 1-50 AKZO 公司催化剂更新换代图

（四）我国沸石催化剂的发展历程

20 世纪 70 年代初期，13X 沸石催化剂在兰州炼油化工总厂试生产成功，并于 1973 年在玉门炼油厂 0.12Mt/a 同高并列式装置上进行了工业试验，标志着我国裂化催化剂登上了一个新台阶。1975 年 Y 型沸石催化剂在兰州炼油化工总厂试生产成功，使沸石催化剂的生产技术又向前推进了一大步。值得一提的是：1981 年 9 月齐鲁石油化工公司周村催化剂厂按照 RIPP 开发的工艺，试生产了 Y-7 型半合成沸石大密度催化剂，以后又改进成 CRC-1 催化剂。1983 年 10 月玉门炼油厂对 CRC-1 催化剂进行了 9 个多月使用试验，也取得了较好的结果。这种催化剂当时已被各炼油厂选用作为掺炼渣油的裂化催化剂。1983 年，长岭炼油化工厂开发和生产了 KBZ 半合成大密度催化剂，1985 年在洛阳炼油厂渣油催化裂化装置上进行了使用试验。1984 年兰州炼油化工总厂开发和生产了全白土型大密度 LB-1 催化剂，工业试验表明，LB-1 催化剂是一种活性高、稳定性好、抗金属污染优良的催化剂。为了将我国裂化催化剂提高到一个新水平，同时也为了使引进的重油催化裂化装置所用的催化剂立足于国内，1985 年 RIPP 对 USY 型沸石开展了全面的研究开发工作，1986 年完成了中型放大试验，命名此沸石为 DASY，随后于 1987 年 1 月在齐鲁石油化工公司周村催化剂厂开始试生产 DASY 沸石裂化催化剂，并定名为 ZCM-7。该催化剂 1988 年在武汉石油化工厂渣油催化裂化装置试用，试验结果表明，ZCM-7 的反应性能及产品选择性与国外 Octacat-D 相当，马达法辛烷值（MON）在 80 以上，研究法辛烷值（RON）在 93 以上。1987 年初 RIPP 开发出一种高骨架硅铝比的 USY 沸石 SRNY，并与长岭炼油化工厂合作开发出了以 SRNY 沸石为活性组分、高岭土为基质、以硅铝胶为黏结剂的新型渣油裂化催化剂，商品名为 CHZ。1989 年起，先后在武汉石油化工厂、长岭炼油化工厂、广州石油化工总厂和镇海石油化工总厂使用，结果证明，CHZ 对渣油裂化能力强，是一种较好的渣油裂化催化剂。1989 年开始了新一代 USY 沸石的研制工作，1990 年制得中试放大样品催化剂 LCH。1991 年兰州炼油化工总厂进行 LCH 工业试生产，同年在武汉石油化工厂渣油催化裂化装置上试用。结果表明，该催化剂可以代替进口 USY 催化剂在渣油催化裂化装置上使用。USY 类型沸石催化剂的开发，标志我国裂化催化剂生产已跨入 80 年代国际先进水平。20 世纪 90 年代初我国研制成功了 REHY 型催化剂，牌号从 LCS-7 发展到 RHZ-200、RHZ-300，成功地填补了 REY 与 REUSY 两大类催化剂中间的空白，成为应用范围广的换代产品。渣油催化剂的开发是一项综合的系统工程：渣油裂化催化剂应有梯度孔分布和梯度酸性中心分布，以对付具有不同分子尺寸和裂化性能的复杂原料。渣油裂化过程中基质的作用十分重要，其孔结构、酸性中心性质和活性必须与沸石的活性匹配。沸石的裂化活性与氢转移活性也应有适当的平衡。在活性组分研究方面，除了已有的 USY 和 REHY 沸石外，还增加了 SRY（水热化学法抽铝补硅的 USY）、ZRP（具有 MFI 结构，稳定性和异构化性能优异的沸石）、ZSM-5 和其他改性 USY 等。在基质和黏接剂的选择上注意到孔分布和活性，在添加组分中采用捕集重金属的钒阱等。在催化剂组装方面，结合国内各炼油厂的具体需要，"量体裁衣"研制了诸如全大庆减渣裂化催化剂（DVR-1）、高掺渣比裂化催化剂（LVR-10、CHZ-4、CR005）、多产轻循环油催化剂（MLC-500、CC-20D）、高抗重金属性能催化剂（CHV-1、LV-23）、提高大庆类汽油辛烷值并兼顾汽油收率催化剂（DOCP、DOCR-1）、提高液化气产率催化剂（Comet-400）以及通用的渣油裂化催化剂（Comet 系列）等多种新品种。目前我国产品和国外相比，活性、选择性、稳定性等性质均处在同等水平，均采用超稳 Y 型沸石、高岭土和黏接剂制成。进入 21 世纪，为应对降低 FCC 汽油烯烃和硫含量，开发出 MOY 沸石和 GOR 系列降烯烃催化剂和原位晶化的 LB 系列催化剂；针对加工低价劣质油的要求，开发了结构优化的 SOY 沸石和 RICC 系列重油转化催化剂。与此同时，为了向石油化工方向延伸，在开发多产低碳烯烃的催化裂化技术过程中，研制出相应的专用催化剂，DCC 工艺专用催化剂先后有 CHP-1、CIP-1、CRP-1、MMC-2 和 DMMC-1 催化剂，ARGG 工艺专用催化剂有 RAG 系列，CPP 工艺专用催化剂有 CEP 系列，其中 DCC 专用催化剂不仅保证了国内 DCC 装置使用，同时还向泰国、沙特阿拉伯、印度出口。配方相似，但各有千秋。国产高抗重金属性能催化剂在相当的污染条件下，甚至表现出更高的稳定性和优良的轻质油选择性。与此同时，我国催化剂生产制造技术也初步实现了从小群体设备向大型化装备、从作坊式生产向现代化生产的转变，降低了生产成本，增加了竞争能力。我国催化剂的重要发展年表见表 1-11。

　　裂化催化剂已发展 70 多年了，可以看出其发展历程是从白土到合成硅铝，再到沸石催化剂。目前国外沸石催化剂产量每天超过 1500t。由于产量大于市场需求量，导致价格下降，竞争激烈，结果有几家公司合并。1964 年 Davison 化学分部首次以每吨 850 美元售出工业沸石催化剂，现在尽管一般消费物价指数已升高了 4 倍，而含有 4 倍沸石成分的优质催化剂价格大约只有 1964 年的两倍。催化剂的费用通常只占催化裂化成本的一小部分（通常小于 3%），炼油厂在选择最优催化剂或催化剂活性上通常不惜花高价。现在更有机会以最低价格广泛选用优质催化剂。裂化催化剂经历了许多渐进性与革命性的发展，当今已成为各种功能组分的复杂混合物，但主要组分仍是 Y 型沸石，它起着主要裂化作用。其他作为助剂的主要有：①助燃剂；②辛烷值添加剂（提高汽油辛烷值及烯烃产率）；③硫转移剂；④捕钒剂；⑤汽油降烯烃剂；⑥汽油降硫剂等。

　　自 20 世纪 80 年代中期起，USY 催化剂在美国的用量一直在稳定地增长，目前几乎一统天下。因此，未来裂化催化剂一大问题是：是否会有另一种沸石或任何其他的微孔结构材料优于 Y 型沸石？这个问题尚无结论。至今尚未发现一种孔口大于 Y 型沸石，并具有足够的裂化活性和好的水热稳定性的材料。由于较大的沸石孔口对重油裂化最为有效的假定至今尚未被证实。因此当前重油裂化催化剂的策略是：①采用最低晶胞常数的 USY 沸石；②采用高沸石含量；③采用低稀土加入量；④控制基质对沸石的活性比值；⑤控制基质孔径分布；⑥考虑金属容留量和使用金属捕集剂及钝化剂。催化剂的沸石含量看来要保持增加的趋势。目前优质催化剂约含 40% 的沸石，由于助剂的使用量要增加，因而稀释了催化剂系统藏量中 Y 型沸石的浓度，可能要把沸石含量提高到 50%。基质技术需要按照抗金属污染、更好的重油选择性裂化及更佳的物理性质等方向不断地改进，催化剂脱金属技术估计在工业应用中将得到推广。为了使裂化催化剂性能适应催化剂市场的需要，应当研究流化催化裂化不同操作方案的发展趋势，这些操作方案可归为表 1-12、表 1-13。

表 1-12　流化催化裂化的各种操作方案

方案名称	特　点	方案名称	特　点
辛烷值	辛烷值最大	转化率	转化率最大
辛烷值-桶	辛烷值与汽油产率最大	渣油改质	提高渣油掺炼量，使渣油裂化程度最大

表 1-13　1990 年催化裂化不同操作方案的百分数（以催化剂消耗百分数计）

操作方案	西欧	巴西	美国	操作方案	西欧	巴西	美国
辛烷值	32	40	34	转化率	8	—	9
辛烷值-桶	40	10	49	渣油改质	20	50	8

第二节　催化裂化装置的组成

　　催化裂化装置一般包括有反应-再生、产品分馏及原料预热、吸收稳定和汽油及液化气精制四部分。有的炼油厂从合理利用能量、减少系统管线和便于操作管理出发，把干气脱硫、含硫污水汽提和轻循环油的碱洗精制等过程也并入催化裂化装置，有关设备布置在同一界区。但这些过程与其他炼油装置的同类过程相比，并无明显的不同，故本书不予介绍。关于汽油及液化气精制，在第四章将有叙述，此处不再重复。

一、反应-再生部分

　　本章第一节已介绍了反应器、再生器的构型。反应-再生部分除反应器、再生器之外，还有催化剂贮藏、输送和加入等设施(参见本书第三章、第五章和第八章)以及主风机和烟气能量回收设施(参见本章第九章)。此处只介绍由于原料油不同(馏分油和渣油)给反应-再生部分带来的差别。有关这些差别在本书有关章节均有论述,下面只列出其要点。

1. 提升管下端增加预提升段

馏分油提升管催化裂化装置进料是在提升管最底部进入。在进料处,催化剂尚未达到均匀分布状态,致使原料和催化剂混合不均匀。渣油催化裂化装置一般把提升管进料位置提高5~6m,下部为催化剂预提升段,催化剂在预提升段提前加速,使其分布均匀,为原料与催化剂充分混合提供一个理想的反应环境。预提升介质一般采用蒸汽或干气。

用轻烃代替蒸汽作预提升介质,不但可使催化剂分布均匀,而且由于高温再生催化剂进入提升管后,首先与轻烃接触,使催化剂上所携带的重金属在高温下与轻烃发生作用,重金属损失了部分活性,得到了一定程度的钝化,从而抑制了它们的有害作用,轻质油收率提高,干气、焦炭产率下降,产品分布得到改善。

预提升段的结构也在不断改进,从简单的将喷嘴位置适当提高和适当缩径的结构,到将提升管底部预提升段变更改为一小型流化床。在流化床内分别设有流化分布环和内输送管,实现了流化气体和预提升气体独立进气,催化剂经再生斜管先进入底部扩大段,在此区间充分混合后经内输送管送入提升管反应区。对于特殊的工艺在预提升段还可采用催化剂混合器。催化剂混合器设有流化蒸汽分布环,流化蒸汽保持混合器中催化剂处于低速鼓泡床流化状态。这样,既可减少斜管下料的压力波动,又能消除其水平力的作用,彻底解决催化剂偏流及循环量操作平稳问题,同时可提高装置的操作弹性。催化剂混合器设有导流管,可以将混合后的催化剂导入提升管反应器的反应段中心,可有效改善提升管催化剂径向密度分布。

2. 进料雾化

催化裂化进料喷嘴结构不断改进,由单喷嘴进料改为多喷嘴进料,使原料雾化状况得到改善。渣油催化裂化进料喷嘴由馏分油催化裂化使用的莲蓬式或直管式单喷嘴改进为低压降喉管式,进一步改进为高压降喷雾式的多喷嘴。在进料喷嘴内蒸汽用作分散介质,使反应进料雾化成极细小的液滴,均匀地分散到催化剂上,可取得良好的反应效果。

3. 提升管反应器中保持适当浓度的水蒸气

提升管内水蒸气的作用是:降低油气分压,有利于重质原料油尤其是渣油组分的汽化,降低焦炭产率;通过动量传递提高进料喷嘴的油料线速,改善进料雾化,并对催化剂上的重金属起到钝化作用。对馏分油一般为0.5%~1.0%,而对含渣油原料则提高到3%~8%,后者对循环催化剂一般为0.3%~0.5%,两者合计对含渣油原料约占原料油的5%~10%,是馏分油的许多倍。

4. 提升管反应温度和短停留时间

石蜡基原料的温度低于中间基原料的温度,馏分油原料的温度低于含渣油原料的温度,多产轻循环油的生产方案的温度低于多产汽油方案,更低于多产低碳石油烃方案。馏分油催化裂化提升管出口温度一般为480~510℃,反应时间为3~4s,重油催化裂化提升管温度500~530℃,掺渣油反应时间一般要缩短到2~3s。

近年来,对汽油的烯烃含量加以限制,一些针对降低汽油烯烃含量的工艺则要求在提升管的不同区域实现不同的反应,反应时间相应增加。

5. 设置提升管分段进料

根据不同原料(新鲜原料、回炼原料或需要精制的汽油、轻循环油、污油等)的裂化性能和对裂化深度的要求,可分别经由设置在提升管不同位置的喷嘴进料。近年来催化裂化提升管的进料更加多样化,汽油或粗汽油进入提升管底部进行回炼以降低汽油中的烯烃含量。在一些多产烯烃的工艺中也在考虑进行液化气中的 C_4 组分回炼。在此基础上的各种双提升管工艺也在不断的改进和完善。

6. 提升管出口采用油剂快速分离设施

提升管出口油剂快速分离设施需要满足:①在提升管终端设置油气和催化剂快速分离设施,使油气进入沉降器稀相空间后,不再和催化剂接触;②不让绝大部分油气进入沉降器稀相,而直接从旋风分离器导出;③分离的催化剂所夹带的油气减少到最低限度。

7. 提升管注终止剂技术

利用终止剂的汽化降温作用,在保持提升管出口温度不变时,提高剂油比,反应区温度提高。多数装置用自产的粗汽油作终止剂,有的装置用外来的不合格轻质油作终止剂,还有个别的装置则采用自产的酸性水作终止剂。

8. 金属钝化技术

重油催化裂化的原料重金属含量多,因而要使用抗重金属催化剂,加入钝化剂或捕钒剂等助剂,以防止氢气产率上升和催化剂永久失活。

9. 反应器出口待生剂的高效汽提

国内常用的汽提段主要有三种形式:即人字型挡板、盘环挡板和无构件(空筒)三种。其中无构件汽提段目前已改用有挡板结构。最新的汽提技术的改进主要包括新型催化裂化汽提设备与工艺。该技术着眼于提高气固接触效率,改进内外环挡板结构,设置了催化剂导流结构,增加汽提段内固相催化剂的填充率,加大了气固接触面积;裙体及内外环挡板倾角 α 的改进,进一步提高了油气置换率,减轻了再生器负荷。

10. 再生器取热

馏分油催化裂化生焦量小,采用 CO 完全燃烧等措施后,能满足反应再生系统的热平衡需要。重油催化裂化生焦量大,即使采用 CO 不完全燃烧等措施,烧焦放出的热量也超过了反应再生系统热平衡的需要,因而在再生器内部或外部要装设取热器。

二、产品分馏及原料预热部分

本部分的任务主要是把反应器(沉降器)顶来的气态产物,按沸点范围分割成富气、粗汽油、轻循环油、重循环油、回炼油和油浆等馏分。富气经压缩后和粗汽油一起送入吸收稳定部分再分离为干气、液化气和稳定汽油,轻循环油和重循环油一般经精制后作为调合组分送出装置。回炼油和油浆的处理则根据操作方案和反应条件不同而变化。如果按循环裂化方案操作,则回炼油作为反应进料返回反应-再生部分,而油浆作为产品送出装置;但有的装置把油浆也作为反应进料。如果是单程裂化,则回炼油和油浆都作为产品。为充分回收反应产物的热量,原料油先与各产品热流换热,至反应所需的温度,送往反应-再生系统。

(一)工艺特点

催化裂化分馏塔和一般分馏塔相比有许多不同的特点:

① 催化裂化分馏塔的进料是温度在450℃以上,同时夹带有催化剂粉尘的过热油气,这

是和其他分馏塔显著不同之处。该塔下部设有油浆换热段，即油气脱过热段。从塔底抽出油浆，经换热和冷却后返回塔内和上升的油气逆流接触，一方面把油气迅速冷却下来，以避免结焦，另一方面也把所夹带的催化剂粉尘洗涤下来。为保持循环油浆中的固体含量低于一定数值，需要有一定的油浆回炼或作为产品排出装置。

油浆换热段由于温度较高，同时又有催化剂粉尘，因此一般常用挡板而不用塔盘。有的装置过去曾用工字形挡板，后来陆续都改为人字挡板。国外也有采用筛孔塔板的，筛孔直径50mm，采用筛孔塔板可以强化传热和洗涤效果，缩短油浆换热所需的高度。

② 产品的分馏要求较易满足。各油品分馏的难易程度，可以用相邻馏分的馏程试验50%馏出温度的差值来衡量，差值越大，馏分间的相对挥发度越大，就越易于分离。催化分馏塔除塔顶出粗汽油外，一般还出轻循环油、重循环油和回炼油三个侧线馏分，它们的馏程的50%馏出温度列于表1-14。与表1-15列出的原油蒸馏装置常压塔各侧线馏程的50%馏出温度相比较，可见催化裂化分馏塔各侧线的温度差值大得多，因此催化裂化分馏塔的产品分馏要求较易满足。

表1-14　催化裂化油品的馏程50%馏出温度

项　　目	粗汽油	轻循环油	重循环油	回炼油	油　浆
馏程50%馏出温度/℃	110~120	260~280	300~340	370~400	410~460
温　　差/℃		150~170	40~80	70~100	40~90

表1-15　原油常压蒸馏塔各油品馏程50%馏出温度

项　　目	常顶汽油	喷气燃料	直馏轻柴油	直馏重柴油	直馏馏分油
馏程50%点馏出温度/℃	90	180	270	340	390
温　　差/℃		90	90	70	50

③ 全塔过剩热量大。进入分馏塔的绝大部分热量是由反应油气在接近反应温度的过热状态下带入分馏塔的，除塔顶产品以气相状态离开分馏塔外，其他产品均以液相状态离开分馏塔。在分馏过程中需要取出大量显热和液相产品的冷凝潜热，这些热量就是分馏塔的过剩热量。过剩热量的数量与反应温度和回炼比有关。

反应温度愈高，反应油气带入分馏塔的热量愈多。按回炼比为0.5计，则反应温度每增加10℃，约使余热增加44MJ/t原料。

回炼油（包括回炼油浆）以液态在较低温度下从分馏塔抽出，经过反应后又以气体状态在接近反应温度下进入分馏塔。在此循环过程中，回炼油在反应时吸收热量升温、汽化，在分馏时降温、冷凝放出热量，这是构成分馏塔过剩热量的一个重要方面。回炼比愈大，过剩热的数量就愈多。以反应温度500℃和回炼油抽出温度350℃计算，回炼比每增加0.1，分馏塔的过剩热大约增加63MJ/t原料。

随着催化剂和生产方案的不同，催化裂化分馏塔回流热的数量和分配比例会有较大的变化。例如，由无定形催化剂改为沸石催化剂后，回炼比减少，带入分馏塔的热量减少；又如由柴油方案改为汽油方案，由于回炼比减少，会使总的入塔热量减少，同时反应油气入塔温度升高，汽油量增加，使油浆和顶部回流的取热比例上升。

一般来说，回炼比减少，催化裂化分馏塔的上、下负荷趋于均匀；回炼比越大，催化裂化分馏塔的上下负荷差别越大。由汽油方案变到轻循环油方案后，一方面会影响到催化裂化分馏塔负荷的变化，另一方面也会引起换热系统和装置其他部分如吸收脱吸塔底重沸器和稳定塔底重沸器热源热量的变化。

采用无定形催化剂时，回炼比大，一中段回流和二中段回流的取热比例大，分馏塔上下段的负荷差别较大。因此，一般将轻循环油抽出口以上塔直径缩小，否则为避免上部塔板漏液，必然要减少一中段和二中段的取热量，增加顶循环回流的取热量，这对热能利用是不利的。催化裂化分馏塔上、下段截面积之比大约为 1：(1.5~2.5)。随着沸石催化剂的出现及活性的不断提高，催化裂化装置的回炼比在不断地减少，因而催化裂化分馏塔上下段直径的差别也在逐渐减少。到 1976 年初，美国催化裂化装置的平均回炼比已下降到 0.16~0.19。1976 年投产的一些沸石催化剂提升管装置，如 Kellogg 公司的 F 型正流型装置，由于反应已接近单程操作，回炼比很小，催化裂化分馏塔上、下段已采用同一直径。

④ 减少分馏系统压降。提高气压机的入口压力，可以降低气压机的功率消耗，并提高气压机的处理能力。对出口压力为 1.6MPa(绝)的气压机，入口压力提高 0.02MPa，可节省功率 8%~9%。因此，应尽量减少分馏系统的压降，包括从沉降器到气压机入口各部分的压降。一般催化裂化分馏塔多采用塔板压降较小的舌型塔板，塔底油浆脱过热段一般采用人字挡板。国内有的催化裂化装置在中段回流段采用浮阀塔板，这应当只是在同一生产周期内，处理量有可能变化很大的情况下才推荐采用。实际上，在各中段回流段，液相负荷大，采用舌型塔板最适合。国外有一些常压塔特意在中段回流段采用舌型塔板，以适应高液体负荷要求。近来有的分馏塔采用筛孔塔板，轻柴油抽出口以上采用直径 13mm 的筛孔，以下采用直径 19mm 的筛孔。筛孔板具有压降小、造价低的优点。

国外常减压装置的常压塔有逐渐增加塔板以改善分馏精确度的趋势，一些新投产的常压塔，塔板数都在 60 层以上。但对于催化裂化装置，一方面产品的分馏要求比较容易满足，另一方面需要尽量减少分馏系统的压力降。因此，一般不宜过多增加塔板数，其层数一般在 30 左右。

为了减少塔顶油气管线和冷凝冷却系统的压降，催化裂化分馏塔最好采用顶部循环回流，不宜用冷回流，因为伴随再生催化剂带入反应系统的惰性气体会降低塔顶冷凝冷却效果。采用顶循环回流还可以使塔顶冷凝冷却面积和水、电等消耗降低。顶部循环回流的抽出温度较高，可考虑用于换热，即使不换热，用水或空气冷却时传热温差也较大。国内采用舌型塔板和顶部循环回流操作的分馏塔，从塔底到塔顶油气分离器的压力降一般为 0.04~0.05MPa；而采用浮阀塔板和塔顶冷回流的分馏塔，其压力降为 0.075~0.08MPa，而分馏效果并无明显提高。

自 1983 年 Lieberman 首次评估分馏塔采用规整填料的使用效果以来，国外不少装置已用规整填料代替原有塔板，并收到不同程度的效益。据报道，有的 FCCU 分馏塔改用规整填料后，比原有板式塔的压降减小 32.43kPa，使气压机入口压力提高，因而使塔顶处理量提高了 17.6%。有的分馏塔改用规整填料后，分馏塔压降减少 27.6kPa，从而使主风机能力提高 14%。有的由于气压机的电动机功率所限，一直不能提高装置能力，改用规整填料后，气压机功率下降 10%(Golden，1993)。现在 Glitsch 公司生产多种型号的规整填料，其中 Flexigrid 型适用于分馏塔脱过热段，Intalox 5TX 型适用于塔上部汽油/LCO 分馏段(Laird，2005)。实践证明，规整填料与原板式塔相比，具有处理能力大、操作弹性大、分离精度高、压力降小等优点。

有些催化裂化装置的分馏塔改用规整填料后所出现的问题，主要是液体分布器设计不良所造成的。例如，有的分馏塔对液体分布器只进行简单修改，规整填料的等板高度便从1320mm减至610mm，可见规整填料的高分馏效率是很明显的(Golden，1993)。

Mobil 公司提出了一种新的分馏塔——反转分馏塔，如图 1-51 所示(Owen，1991)。该塔的主要特点是将油浆脱过热段放在塔的顶部，这样可以缩短反应油气从反应器到分馏塔的管线，从而减少热裂化反应。典型的实验结果是：干气和重循环油产率分别降低 0.1 个百分点和 0.06 个百分点，轻油收率提高0.32 个体积百分点。

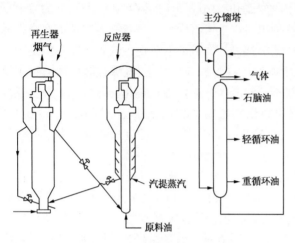

图 1-51　反转分馏塔原则流程图

（二）流程特点

图 1-52 是催化裂化原料为馏分油冷进料的流程，图 1-52 是热进料的流程，这些典型流程的特点有：

① 全塔除油浆循环脱过热段外，还有中段回流和塔顶循环回流以取出全塔过剩热；

② 用一中段回流量控制轻循环油抽出板下方的气相温度，以最大限度地回收高温位回流热；

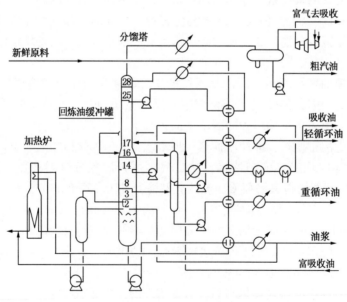

图 1-52　分馏部分工艺流程(冷进料)

③ 轻循环油抽出板下方设两个中段回流，二中段回流的取热量主要随回炼油量而变化；

④ 用循环油浆量和返塔温度控制塔底温度在 370～380℃，取热量随反应油气进塔温度和油浆回炼量而变化；

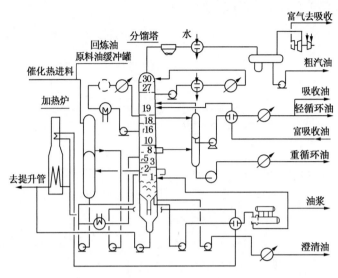

图 1-53 分馏部分工艺流程(热进料)

⑤ 用轻循环油作为吸收稳定部分再吸收塔的吸收剂,以回收在吸收塔顶被贫气带出的 C_3、C_4 和汽油组分,再吸收富油返回分馏塔。

1980 年以后,随着催化剂和催化裂化工艺的发展,不少炼油厂成功地往原料馏分油中掺入渣油,形成渣油催化裂化技术。渣油催化裂化与馏分油催化裂化不同,生成的油浆中饱和烃量减少约 40%,油浆回炼的生焦率约 40%,所以趋向于单程裂化和外甩油浆。美国近年来设计的渣油催化裂化装置就采用这种工艺,相应的分馏系统的流程见图 1-54。它有以下几个特点:

① 由于渣油催化裂化的原料油雾化蒸汽量比馏分油催化裂化约大 1 倍,反应产物中水蒸气的量大大增加,而且干气和液化气产率增加,汽油的产率减少,因此分馏塔顶流出物中汽油的分压降低,水蒸气的分压增加。塔顶温度是汽油在其分压下的露点温度,只有当此值高出与水蒸气分压对应的饱和温度一定值时,水蒸气才会以气体状态流出分馏塔,否则水蒸气将会凝结成水,留在塔顶部液相中,愈积愈多,最终造成冲塔事故。为此流程中塔顶采用两段冷凝。第一段冷却后温度控制在约 90℃。冷凝下来的汽油大部分送回塔顶形成热回流,把塔顶温度控制在一个较高值[143℃,相应的塔顶压力 0.27MPa(a)]。其余的冷凝汽油和未凝气体合并后经第二段冷凝冷却至 40℃,再分离为富气和粗汽油。由于第一冷凝段的起始和终了温度都较高,其热量可以利用。由此可知,这种流程以热回流取代了典型流程中的顶循环回流,而且由于塔顶温度较高,可确保水蒸气在塔内不冷凝,操作比较稳定。

② 在塔顶与轻循环油抽出板之间设立重石脑油循环回流,并用重石脑油代替轻循环油作为再吸收塔的吸收剂。由于重石脑油的密度与相对分子质量的比值比轻循环油大,而且芳烃含量较少,因而它的吸收能力和选择性都优于轻柴油。

③ 由于采用单程裂化操作方案,因而没有回炼油抽出口,油浆也不回炼,在轻循环油抽出板下只设一个中段回流,即重循环油回流。由于中段回流的取热量较少,只能满足稳定塔重沸器所需的热量,解吸塔重沸器需另辟热源(如水蒸气)。

④ 渣油催化裂化生焦率高,所需的原料预热温度低,完全可以用原料与油浆换热达到

预热温度，原料加热炉在正常生产时不使用。

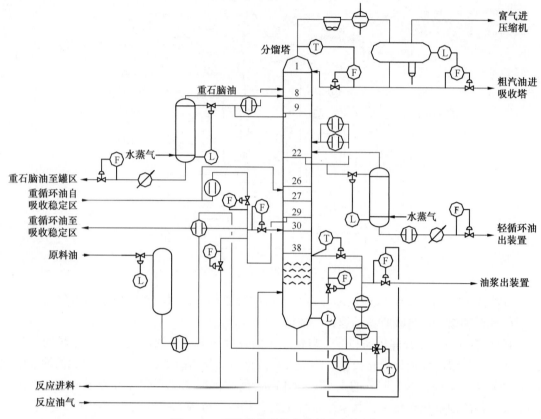

图 1-54　重油催化裂化分馏部分流程图

三、吸收稳定部分

（一）概述

催化裂化装置吸收稳定部分的任务是加工来自催化分馏塔顶油气分离器的粗汽油和富气，目的是分离出干气（C_2 及 C_2 以下），并回收汽油和液化气。催化裂化汽油辛烷值高，安定性好，是较好的车用汽油组分；催化富气中含有浓度较高的 C_3、C_4 轻质烃，是价值较高的气体资源。提高汽油和液化气产率的关键在于催化裂化反应–再生系统所采用的工艺类型、催化剂性质、裂化反应的深度和生产方案等等。然而多产能否多收的关键则取决于吸收稳定部分工艺设计水平及操作水平。

随着沸石催化剂提升管催化裂化工艺的发展以及石油化工综合利用的需要，对增产石油化工原料气及提高其质量要求日益迫切。我国早在 20 世纪 70 年代初期就对吸收稳定部分提出如下质量指标：

① 干气中 C_3、C_4 含量 $\not> 3v\%$；

② 液化气中 C_2 含量 $\not> 0.5v\%$；

③ 液化气中 C_5 含量 $\not> 5v\%$；

④ 稳定汽油中 C_3、C_4 含量 $\not> 1\%$；

⑤ 停出不凝气。

此后围绕着提高液化气回收率、降低能耗等方面开展了一系列的工作。1980 年后又制定了新的技术指标：

① 干气中 C_3 含量 $\not> 3v\%$；

② 液化气中 C_2 含量 $\not> 0.5v\%$；

③ 正常操作条件下停出不凝气，并使 C_3 回收率达到 92% 以上，C_4 回收率达到 97% 以上。

目前吸收稳定的指标要求：

① 液化石油气中 C_2 及 C_2 以下组分含量 $\not> 0.5v\%$；

② 液化石油气中 C_5 及 C_5 以上组分含量 $\not> 1.0v\%$；

③ 干气中 C_3 及 C_3 以上组分含量 $\not> 1.0v\%$。

吸收稳定系统包括气压机、吸收脱吸塔、再吸收塔和稳定塔及相应的冷换设备。吸收脱吸塔可以采用一个塔，也可以将吸收塔和脱吸塔分开。在吸收塔顶用粗汽油作为吸收剂，当粗汽油量不够时，可以补充一部分稳定汽油，吸收压力一般为 0.8~1.6MPa(a)。吸收脱吸塔的主要任务是使 C_3 尽可能地被吸收下来而不被干气带走，同时又要使 C_2 尽量从吸收塔顶分出，而不带入汽油中。由于脱吸塔或吸收脱吸塔的脱吸段的主要任务是把 C_2 脱除出去，因此脱吸塔又称为脱乙烷塔，脱吸塔底的汽油又称为脱乙烷汽油。衡量吸收脱吸塔分离情况的主要指标是丙烯的吸收率和乙烷的脱吸率。再吸收塔的任务是用催化裂化分馏塔的轻循环油或中段回流(也有使用重石脑油循环回流的)作为吸收剂，把被吸收塔顶干气带走的汽油回收下来，富吸收油再返回催化分馏塔。稳定塔的任务是把汽油中 C_4 以下的轻烃脱除掉，在塔顶得到液化气，塔底得到稳定汽油。

(二) 吸收脱吸的两种流程

常用的两种吸收脱吸的流程分别见图 1-55 和图 1-56。

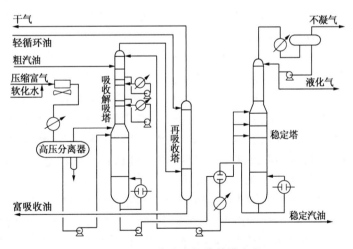

图 1-55　吸收稳定部分单塔流程

图 1-55 流程是过去国内外各厂通用的，吸收和脱吸合用一个塔，流程较简单，但受到一定的限制。由于塔内存在着内循环，即在吸收段除了 C_3 和 C_4 被吸收外，还有一部分 C_2 也被吸收下来，而在脱吸段除了 C_2 脱吸外，一部分 C_3 和 C_4 也会一齐被脱吸出来。吸收率和脱吸率越高，内循环的数量也越大。这种流程很难同时满足高吸收率和高脱吸率的要求。此

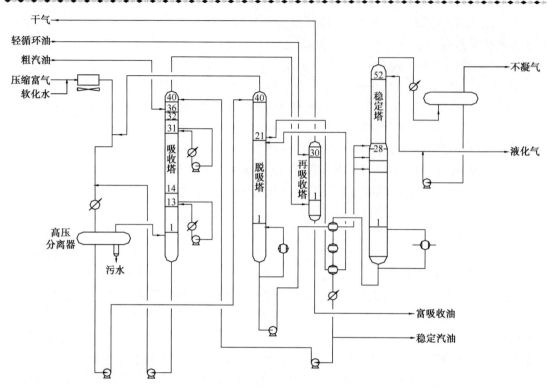

图 1-56　吸收稳定部分双塔流程

外，温度较低有利于吸收而温度较高有利于脱吸，采用这种流程，也不易于操作调节。为了满足吸收率的要求，脱吸塔底的温度不能控制得很高，因此常会有一部分 C_2 被带入稳定塔，使稳定塔顶压力升高，不得不放出不凝气。

图 1-56 所表示的流程将吸收塔和脱吸塔分开，可以将这两个塔仍重叠在一起，中间用隔板隔开，也可以将两个塔分别放置在地上。富吸收油、脱吸气和压缩富气一起冷却后进入中间罐，重新平衡后，气相进入吸收塔，液相进入脱吸塔，采用这种流程要增加一台富吸收油泵，但可以显著减少内循环数量。在较高的脱吸温度下，由于脱吸气经过冷却和重新平衡后，再进入吸收塔，因此脱吸出来的大部分 C_3、C_4 气体不会重新再进入吸收塔，可以同时满足高吸收率和高脱吸率的要求。有的催化裂化装置由单塔流程改用双塔流程后，C_3 的吸收率由 62.2% 提高到 82.7%，C_2 脱吸率由 42.9% 提高到 100%，操作上也比过去灵活方便得多。

无论是采用单塔流程或双塔流程，即使吸收温度保持在 40℃ 左右，吸收压力保持在 2.0MPa 左右，C_3 回收率也只有 92% 左右，因此，干气中携带有大量 C_3 和 C_4。为此，Air Products and Chemical 公司提出了采用低温回收工艺回收干气中的 C_3 和 C_4，如图 1-57 所示（Howard，1991）。在脱乙烷塔塔顶温度为 -20℃，绝对压力为 1.7MPa 的情况下可回收干气中 93% 的丙烯，使总的丙烯回收率达 99%，而投资回收仅 1.5~2.5 年。

（三）轻重汽油分割

为了优化全厂流程，达到节能降耗生产清洁汽油的目的，在催化裂化装置吸收稳定部分设置汽油分离塔进行轻重汽油分割。催化裂化装置生产的汽油切割为轻汽油馏分（LCN）、重汽油馏分（HCN），LCN 和 HCN 分别去脱硫醇和汽油选择性加氢单元。采用 65~70℃ 为切割点。

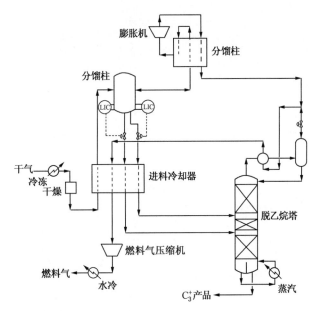

图 1-57 低温回收 C_3 工艺

四、催化裂化装置规模

催化裂化技术的开发是炼油工业中划时代的大事，一开始就受到人们的重视，处理量日益增加，在炼油工业中所占的比重逐年上升，而且还在继续发展。以美国为例，1940 年催化裂化装置的加工能力为 5.0Mt/a，1945 年为 45.0Mt/a，1951 年为 85.0Mt/a，1955 年为 132.5Mt/a，1960 年为 182.8Mt/a，其占原油加工能力的比重直线上升，分别为 4.8%、17.3%、24.6%、31.9% 和 36.8%。到 1965 年，全世界催化裂化装置的处理量（不包括前苏联、东欧各国及中国）达到了 293.4Mt/a，占原油加工能力的 18.1%，其中美国达到 199.4Mt/a。此后 30 年全世界催化裂化加工能力又增长一倍，如表 1-16a 所列。2005 ~2012 年间全世界催化裂化加工能力列于表 1-16b。

表 1-16a 全世界历年催化裂化加工能力（不包括前苏联、东欧各国和中国）[①]

年 度	国 家	炼厂数	有催化裂化的厂数/ 有 FCC 的厂数	催化裂化加工能力/ FCC 加工能力/ （Mt/a）	催化裂化加工能力占原油加工能力/%	单厂拥有催化裂化加工能力/（kt/a）		
						最大	最小	平均
1951	美国	341	98/54	85.0/53.5	24.6	5250	5.0	867
1955	美国	304	149/98	132.5/86.7	31.9	8600	20	889
1960	美国	291	161/112	182.8/143.6	36.8	8600	20	1129
	加拿大	45	30/24	16.0/14.4	34.0	170	85	538
1965	美国	275	164/120	199.4/163.6	38.5	8600	20	1216
	加拿大	43	31/28	17.63/16.2	34.4	1200	100	568
	法国	18	12/8	8.45/6.6	11.8	1000	300	704
	意大利	30	7/3	3.5/2.5	3.0	1000	120	500
	英国	18	6/5	7.08/6.5	9.2	3000	550	1180

续表

年　度	国　家	炼厂数	有催化裂化的厂数/有 FCC 的厂数	催化裂化加工能力/FCC 加工能力/（Mt/a）	催化裂化加工能力占原油加工能力/%	单厂拥有催化裂化加工能力/(kt/a)		
						最大	最小	平均
	联邦德国	31	8/5	4.43/2.9	5.3	800	250	554
	日本	36	6/6	3.08/3.1	3.1	750	350	513
	全世界	638	288/222	293.4/242.8	18.1	8600	20	1018
1970	美国	262	150/112	218.7/188.0	35.9	8600	20	1458
	加拿大	41	32/28	19.7/17.2	29.0	1200	100	616
	法国	24	11/8	7.6/6.1	6.4	1300	300	675
	意大利	36	11/7	10.7/8.5	6.5	1500	120	974
	英国	21	6/5	9.2/8.7	8.0	4500	500	1533
	联邦德国	35	11/8	5.3/3.2	4.1	800	250	481
	日本	42	11/11	8.3/8.3	4.8	1200	350	751
	全世界	692	282/223	325.0/283.1	14.7	8600	20	1152
1975	美国	259	147/129	233.9/209.3	31.5	8600	110	1590
	加拿大	41	31/28	23.9/22.0	23.6	2360	100	772
	法国	24	11/7	9.3/6.0	8.0	2370	300	841
	意大利	32	9/7	13.2/12.5	6.4	2850	120	1190
	英国	20	7/6	101.4/9.6	7.2	4500	500	1448
	联邦德国	33	10/7	5.3/5.2	3.4	800	250	532
	日本	47	19/19	15.6/15.6	5.7	1800	350	820
	全世界	739	288/245	339.9/305.90	13.1	8600	100	1250
1980	美国	297	143/127	248.1/236.6	29.8	8500	110	1734
	加拿大	33	29/26	25.4/23.2	23.4	2360	150	877
	法国	22	12/8	10.2/7.1	6.1	2500	620	848
	意大利	32	11/9	14.2/12.6	7.0	2850	600	1290
	英国	19	7/6	9.7/9.2	7.4	4500	480	1388
	联邦德国	31	11/8	9.6/8.0	6.5	2600	250	869
	日本	45	20/19	17.1/16.3	6.3	3900	350	853
	全世界	770	309/	424.9/392.2	12.7	8500	110	1375
1985	美国	189	123/114	267.0/251.2	34.3	8500	110	2170
	加拿大	28	21/18	18.8/15.9	20.3	2360	150	895
	法国	16	13/12	12.9/12.0	13.3	2500	620	992
	意大利	21	11/9	13.6/12.1	10.1	3150	680	1236
	英国	15	8/8	18.2/18.2	20.3	4500	300	2270
	联邦德国	32	9/8	9.2/8.7	9.5	3300	300	1017
	日本	44	20/20	24.0/24.0	10.2	8900	500	1200
	全世界	617	288/264	472.4/450.7	16.9	8500	110	1610
1990	美国	190	119/111	270.2/261.8	34.7	9400	110	2271
	加拿大	28	20/19	19.4/18.5	20.6	2700	150	969
	法国	14	12/12	17.5/17.5	19.2	3500	620	1455
	意大利	21	9/8	15.3/14.3	12.8	3150	700	1701

续表

年　度	国　家	炼厂数	有催化裂化的厂数/有 FCC 的厂数	催化裂化加工能力/FCC 加工能力/(Mt/a)	催化裂化加工能力占原油加工能力/%	单厂拥有催化裂化加工能力/(kt/a)		
						最大	最小	平均
	英国	15	9/9	22.2/22.2	23.8	4500	900	2460
	联邦德国	20	10/10	12.0/12.0	11.6	3300	450	1200
	日本	41	24/24	32.5/23.5	14.4	3900	500	1547
	全世界	622	307/286	523.4/504.0	17.9	9400	110	1704
1995	美国	173	127/119	266.2/258.1	34.8	9400		2096
	加拿大	25	17/17	20/20	20.9	2350		1229
	法国	14	12/12	17.6/17.6	20.0	3500		1667
	意大利	17	7/7	14.5/14.5	12.8	3750		2071
	英国	15	10/10	23.8/23.8	25.5	2649		1500
	德国	21	9/9	14.6/14.6	12.6	3300		1460
	日本	41	25/25	36.4/36.4	15	3900		1456
	全世界	627	310/292	616.3/600.1	18	9400	110	1988
2000	美国	152	105/97	279.4	33.8	10830	110	2660
	加拿大	21	15	20.8	21.8	2700	170	1390
	法国	13	12	18.6	19.6	2470	700	1550
	意大利	17	7	15.3	13.0	4000	1480	2190
	英国	11	8	22.2	25.1	4500	950	2780
	德国	17	9	17.2	15.2	4350	800	1910
	日本	35	24	40.0	16.1	2140	830	1670
	全世界	742	180/172	685.1	16.9			

① 根据 Oil & Gas J. 历年发表的统计数据整理。1995～2000 年包括前苏联、东欧和中国，但中国加工能力数据不确切(过低)。2004 年末全世界催化裂化加工能力达到 754.5Mt/a，其中美国 299.2 Mt/a，日本 45.5 Mt/a，俄罗斯 17.2 Mt/a，中国内地 42.2 Mt/a(统计不确切)。

表 1-16b　全世界 2005～2012 年催化裂化加工能力①

年度	2005			2010			2012		
国家	炼厂数	催化裂化加工能力/(Mt/a)	催化裂化加工能力占原油加工能力/%	炼厂数	催化裂化加工能力/(Mt/a)	催化裂化加工能力占原油加工能力/%	炼厂数	催化裂化加工能力/(Mt/a)	催化裂化加工能力占原油加工能力/%
美国	131	285.19	33.30	129	285.89	32.0	125	283.4	31.25
加拿大	21	24.77	24.56	17	23.92	25.15	30	24.0	25.16
法国	13	19.56	19.76	13	19.60	21.26	12	14.9	17.02
意大利	17	15.48	13.32	17	16.08	13.76	16	16.1	14.65
英国	11	21.80	23.23	10	22.24	25.18	10	22.2	26.47
德国	14	17.99	15.35	15	17.46	14.44	15	17.4	15.53
俄罗斯	41	16.54	6.19	40	16.54	6.09	40	16.54	6.02
日本	31	44.00	18.84	30	49.35	20.87	30	49.3	20.75
全世界	661	713.60	16.78	662	733.45	16.63	655	730	16.41

① 根据 Oil & Gas J. 历年发表的统计数据整理，但中国加工能力数据不确切(过低)。

　　20世纪初期开发的热裂化技术，到50年代中期为止，一直是炼油工业中生产汽油的主要装置，在美国它生产30%~40%的汽油，加工能力最高达到近144Mt/a，占原油加工能力的33.1%。50年代中期逐渐被催化裂化取代，有的热裂化装置停运，有的改造成减黏或其他热加工装置。

　　1965年以后，美国的催化裂化装置加工能力占原油加工能力的比重有所下降，这是由于60年代初推出了加氢裂化工艺。这种工艺的产品方案灵活，产品质量也较好，因而得到较快的发展。此间催化裂化的建设速度减慢，当时甚至有人预言加氢裂化工艺将取代催化裂化工艺。但是由于20世纪60年代后期沸石催化剂开始在催化裂化装置中普遍使用，使催化裂化重新获得了生命力。

　　使用沸石催化剂后，单位原料的汽油产率高，转化率上升，回炼比减小。催化裂化装置的加工能力虽然逐年上升，但与原油加工能力相比，上升幅度较小。2000年全世界催化裂化装置加工能力已达到685.1Mt/a。图1-58a为美国催化裂化（FCC）和加氢裂化（HDC）装置加工能力历年增长对比。在此期间加氢裂化也得到发展，2000年全世界加氢裂化装置加工能力已达201Mt/a（不包括中国），其中美国为71Mt/a（Avidan，1990）。但加氢裂化的投资回报率始终低于催化裂化，如图1-58b所示。

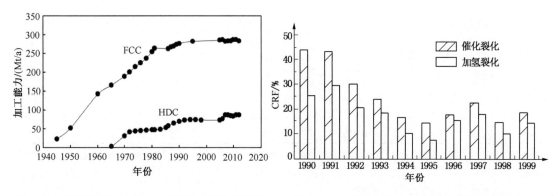

图1-58a　美国历年FCC和HDC装置加工能力的增长　　　图1-58b　催化裂化与加氢裂化投资回报变化

　　催化裂化装置加工能力增加如此迅速，主要是因为各国对油品，特别是对高辛烷值汽油需求的增长，而催化裂化技术几十年来深刻而广泛的演变，也提供了其发展的可能性。从表1-17中列举的各种类型催化裂化装置的演变以及表1-18中列举的流化催化裂化技术近年应用情况就可看出其概貌。当然，多年来包括原料、催化剂，甚至设备的每个部位也发生了巨大变化。此外，对流态化的深刻认识，也加速了催化裂化的变化。

表1-17　各类型流化催化裂化装置投产年份和套数

专利公司	类型	首套投产时间	累计套数（截至2002年）	2002年运行套数	总加工能力/（Mt/a）	文献
CRA	同高并列　Ⅰ型 Ⅱ型 Ⅲ型	1942 1944 1947	3 31			Murphree，1951 Avidan，1990； Thornton，1951 Murcis，1992

续表

专利公司	类型	首套投产时间	累计套数（截至2002年）	2002年运行套数	总加工能力/(Mt/a)	文献
Exxon Exxon/Mobil	同高并列 Ⅳ型 管式反应器型 灵活裂化型	1952 1958 1979	44 1 18	各型约70	125	Cantrell, 1981
Kellogg Kellogg/ Brown Root	正流 A 型 B 型 C 型 F 型 改进型 HOC 型	1951 1953 1960 1976 1979 1961	6 15 10 12 5	各型大于150	125 200(Shorey,1999)	Murcis, 1992 Avidan, 1990; Murcis, 1992 Murcis, 1992 Murcis, 1992 Avidan, 1992
UOP	叠置式 高低并列式 高效再生式 逆流两段再生式 改进型	1947 1952 1974 1980 1990 以后	72 28 39 3	总计大于210，目前运行中大于150		Strother, 1972 Strother, 1972
Shell	高低并列式 渣油 FCCU		30 3	新 30 改 30		Khouw, 1990 Avidan, 1992
Texaco Lummus	原型 改进型	1967 1990 以后	13	14		
Stone & Webster	RFCC 改进型	1982 1990 以后	新 12 改 40	新 26 改 100 以上		

表1-18　各种流化催化裂化技术近年应用情况[①]

专有技术 所属公司[③]	处于建设阶段的装置数目[②]							
	1994	1998	2003	2005	2007	2009	2011	2016 或更远
UOP	8/13	8/11	3/14	1/3	1/0	0/0	0/2	1/3
KBR	1/5	8/10	2/4	0/2	1/0	0/0	0/0	0/3
Shaw S&W	4/10	3/2	5/5	1/0	2/0	0/0	1/0	1/3
Exxon Mobil	—	2/3	1/0	0/0	0/0	0/0	0/0	0/1
Lummus	—	3/1	1/2	0/0	1/0	0/0	0/1	0/1
Shell	—	0/1	0/0	0/1	0/1	0/0	0/0	0/1
IFP Total	3/10	—	0/1	0/0	0/0	0/0	0/0	1/1
其他	6/14		4/2	5/6	3/2	4/0	2/2	—

① 不含我国专有技术，根据 *Hydrocarbon Processing* HPI Construction Boxscore 1990～2012 年有关统计资料整理。

② 新建装置/改建扩建装置。

③ UOP：Honeywell UOP；

Kellogg BR：凯洛格布朗路特公司（KELLOGG BROWN & ROOT，简称 KBR）；

SWEC：Stone & Webster Engineering Corporation，缩写为 SWEC，美国绍尔集团公司（简称 Shaw）麾下的石伟公司（S&W），改为 Shaw S&W；

Exxon Mobil：1999 年美孚石油和埃克森石油合并为埃克森美孚 Exxon Mobil，成为世界第一大石油公司；

Lummus：CB&I Lummus Technology，2007 年底，Lummus 公司成为 CB&I（Chicago Bridge & Iron）集团公司的一员；

Shell：Royal Dutch/Shell Group of Companies，荷兰皇家壳牌集团。

IFP Total：道达尔（TOTAL）是全球四大石油化工公司之一，在全球超过 110 个国家开展润滑油业务，旗下由道达尔（TOTAL）、菲纳（FINA）、埃尔夫（ELF）三个品牌组成。

我国催化裂化技术发展也是较快，2012 年催化裂化装置加工能力已达到 147.63Mt/a（见表 1-19）。

表 1-19 我国历年催化裂化加工能力

年份	催化裂化装置数/FCC 装置数	催化裂化加工能力/FCC 加工能力/（Mt/a）	备注
1965	4/2	1.7/1.2	
1970	6/4	4.7/4.2	统计范围只包括加工能力大于200kt/a 的装置。地方炼厂装置数 57，加工能力 33.0Mt/a，由于统计不精确，故数据不含地方炼厂
1980	30/28	18.9/18.4	
1990	55/55	39.7/39.7	
2004	101/101	93.0/93.0	
2012	124/124	147.63/147.63	

由于催化裂化技术和催化剂质量的不断改进，加工每吨原料的催化剂消耗量呈下降趋势，但由于加工能力急剧上升，因而催化剂消耗量仍逐步上升，图 1-59 是美国历年 FCC 催化剂消耗量统计图。国外主要催化剂生产厂及生产份额见表 1-20（Avidan，1991），总生产能力 650kt/a。我国裂化催化剂生产厂有 4 个，总生产能力 150kt/a。

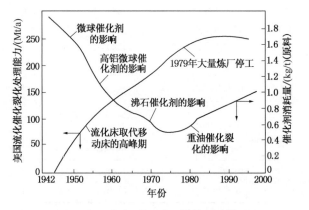

图 1-59 美国历年 FCC 催化剂消耗量

表 1-20 国外主要裂化催化剂生产厂的生产份额（不包括独联体及东欧各国）

公司	生产厂数	份额/% 1991 年	份额/% 2001 年
Grace	共 4 个生产厂，其中 2 个在美国，德国和加拿大各 1 个	38.4	~40
Albemarle	其 4 个生产厂，其中 2 个在美国，荷兰和巴西各 1 个	22.3	~28
Engelhard	共 2 个生产厂，美国和荷兰各 1 个	18.1	~25
Katalistiks	共 2 个生产厂，美国和荷兰各 1 个	12.2	0
其他（Crosfied，CCIC 等）		9.0	~7
合计		100.0	100.0

第三节 催化裂化在炼油工艺中的地位和作用

催化裂化在炼油工艺中的重要性，首先要涉及它的主要产品在炼油厂商品中所处的地位，其次要涉及如何从原油中取得催化裂化的原料，以上都要延伸到上游和下游的加工工艺和有关工艺装置的评述。本节和本书第四章在内容上各有侧重，本节拟从宏观和全局的角度论述原料的预处理和从渣油中获得 FCC 原料的各种途径以及产品规格的演变和进一步加工方法等，而第四章则从装置本身角度论述原料和产品的性质以及前者对后者的影响等。此外本节还要从炼厂总工艺流程的众多方案中比较各自的特点，从中着重分析催化裂化所处的地位和作用。

一、主要产品的地位

催化裂化提供的主要产品有催化裂化汽油（以下简称 FCC 汽油），轻循环油（以下简称 LCO）和液化石油气（以下简称液化气或 LPG），副产品有干气、重循环油（以下简称 HCO）、油浆和焦炭。在国外的大多数装置按多产汽油的方案生产，转化率在 75%~80%，只是根据季节变化略作调整，汽油产率 50% 左右。如果把液化气中的丁烯全部烷基化，不足的异丁烷外购或从加氢裂化装置提供，那么还可生产相当数量的烷基化汽油作为高辛烷值组分，两者合计可达催化裂化原料的 60%~65%，称为催化裂化的潜在汽油产率。

美国的商品车用汽油中各个组分的平均含量见表 1-21（Unzelman，1990）。可以看出催化裂化汽油约占 1/3，如包括烷基化汽油则达到 40%~45%，和催化重整汽油一起构成商品汽油的大宗组分。我国原油中轻馏分很少，催化重整能够提供的汽油数量有限，因而催化裂化汽油所占份额高达 70% 以上，但在高标号汽油中所占比例较低，这是由于催化裂化汽油辛烷值较低所致。车用汽油中各个组分辛烷值和芳烃含量列于表 1-22。我国汽油的组分构成从 1991 年到 2010 年变化趋势详见表 1-23。

表 1-21　美国汽油中各组分的平均值

项　　目	1989 年	2000 年	2005 年	2008 年	2012 年
组成/v%					
丁烷	7.0	5		3~5	4
直馏石脑油	3.3	3	8	5~10	
异构化汽油	5.0	5	7	5~10	17
加氢裂化汽油	2.0	2	13	0~4	
催化裂化汽油	35.5	36	23	35~40	
焦化汽油	0.6	1		0~2	35
重整汽油（包括调入的 BTX）	34.0	34	31	30	24
烷基化汽油	11.2	12	13	10~15	10
醚类	1.4	2			
其他			5（异辛烷/异辛烯）	0~5（异辛烷/异辛烯）	10（乙醇）
合计	100.0	100.0	100.0	100	100
抗爆指数(R+M)/2	88.4	90.0			
平均芳烃/v%	32.1	33.4			

表 1-22　各组分的辛烷值和芳烃含量

组分	(R+M)/2	Ar/v%	组分	(R+M)/2	Ar/v%
丁烷	91~93	0	焦化汽油	60~70	4~8
直馏石脑油	55~57	0~4	重整汽油（包括调入的 BTX）	86~96	50~80
异构化汽油	80~88	0	烷基化汽油	90~94	0
催化裂化汽油	84~89	20~29	醚类	106~110	0
加氢裂化汽油	85~87	2~6			

表 1-23　我国汽油的组分构成（1991~2010 年）

组分/%	全部汽油					90 号（RON）	95 号（RON）
	1991	1999	2006	2009	2010		
直馏石脑油	16.9	1.3	0.3	1.1		1.1	—
催化裂化汽油	71.1	86.8	74.8	73.8	37.9	89.2	66.7
催化重整汽油	4.4	6.0	15.2	16.4	20.2	7.1	9.8
烷基化汽油	1.0	0	0.4	0.4		1.0	13.9
加氢汽油	4.3	2.3				—	—
脱硫后的催化汽油			2.1		31.5		
热裂化汽油	0.6	0.1				—	—
芳烃	0.3	0.5	0.7			0.7	—
醚类	1.4	3.0	2.8	2.0	4.9	1.0	9.6
其他			3.7	6.4	5.6		
无铅汽油百分比	54.2	100.0	100	100	100	42.2[1]	78.8[1]

① 1991 年 90 号和 95 号无铅汽车比例。

由于在数量上占有重要地位，催化裂化汽油的质量对于商品汽油的影响也是不可忽视的。回顾车用汽油质量的发展历程，前期（60 年代以前）一直以提高辛烷值为改进质量的主要目标，汽车发动机效率的提高和经济用油促使发动机压缩比的增加，相应地对汽油抗爆性能提出越来越高的要求。20 世纪 40 年代初期和末期流化催化裂化和催化重整工艺的相继问世使汽油的辛烷值跃上新的台阶。

20 世纪 60 年代和 70 年代中期，催化裂化逐步采用沸石催化剂，催化重整由于再生条件限制不能按岛苛刻度操作，商品汽油的辛烷值和发动机的要求存在着一定差距，因而靠加入四乙基铅等抗爆添加剂来提高辛烷值。加铅汽油辛烷值和空白（不加铅）辛烷值的差值即铅敏感性成为一项衡量抗爆性能的指标。催化裂化汽油的铅敏感性，若加铅 0.1g/L，则 MON 上升 1.5~2，RON 上升 2~3；若加铅 0.4g/L，则 MON 上升 3~5，RON 上升 5~7。

辛烷值随测定方法的不同分为马达法（MON）和研究法（RON）两种。汽油的辛烷值标号早期用 MON，后来被 RON 所代替，而美国根据在公路上的行车试验结果提出了用抗爆指数即（RON+MON）/2 的数值表示汽油抗爆性能。为此 RON 和 MON 的差值也是一项衡量敏感性的指标。该差值如较大就意味着达到一定的 RON 值时的抗爆指数偏低，或者说在维持固定的抗爆指数时对 RON 要求更高。该差值和汽油的族组成有关，对于催化裂化汽油而言平均约 11.7，它随汽油中的烯烃和芳烃的含量增加而增大，随异构烷烃和多侧链芳烃的增加而减少，并间接受原料密度、催化剂类型和操作条件的影响（Deady，1989）。

20 世纪 70~80 年代，由于环境保护对汽油发动机排气质量的要求趋于严格，开始在汽车上装设排气净化器，所用的催化燃烧材料中的活性组分容易因排气中的铅沉积而中毒，为此对汽油的铅含量做了限制并提出了实现全部汽油无铅化的目标。这项重大决策对催化裂化和催化重整都产生了很大冲击。催化裂化发展了辛烷值助剂和超稳 Y 型沸石的催化剂，可使空白辛烷值提高 2~3 个单位。催化重整也出现了催化剂连续再生工艺（CCR），可使反应器在低压和高温下操作，重整汽油的 RON 达到 98~100，以上措施缓解了汽油无铅化的压力。但是 20 世纪 80 年代以来地球的整个环境面临着不断恶化的现实，又使人们注意到各种污染物排放的法规还不够完善。发达国家尽管对硫（SO_x）的排放做出严格规定并有各种措施付诸实施，但是对于烃类、氯氟烃和 NO_x 的污染防治还无得力措施。尤其是全世界数以 10

亿吨计的汽油在储存、运输、装卸和使用中挥发和燃烧产物中的大量有毒有害物质对人类生活环境和大气层仍然有很大影响，这就要求对汽油的各项规格指标重新进行审议，而不能只限于辛烷值。关于各项新指标的技术意义特别是环保意义将在第九章第五节阐述，这里着重介绍指标本身以及涉及到对催化裂化汽油应采取的措施。

（1）蒸气压——规定汽油蒸气压在 B 类地区不超过 48kPa（7.2RVP），在 C 类地区不超过 54kPa（8.2RVP）。前者要求在商品汽油中几乎不能含有 C_4 组分，除去了丁烷-丁烯意味着汽油中减少了一种高辛烷值组分，同时要在炼油厂中为 C_4 找到出路。好在 FCC 汽油中的 C_4 以异丁烷和丁烯为主，均可在下游的烷基化、叠合或 MTBE 装置得到利用。进一步降低蒸气压则要求脱除 C_5，即 FCC 汽油中的异戊烷和各种戊烯，有些戊烯可做制造甲基异戊基醚（TAME）的原料，剩下的可以做烷基化原料，把这些高辛烷值组分掺回汽油中又可进一步降低其蒸气压。

脱除 C_4 和 C_5 的方法靠深度稳定和高效分馏，可采用高效塔板和先进的换热技术。

（2）90% 馏出温度（T_{90}）——预计 90% 馏出温度将低于 166℃，149℃ 馏出量将大于 86v%，才能符合排放要求，这对催化裂化而言将损失部分汽油产率，更主要的难题是这部分重汽油馏分的用途。它的芳烃含量和硫、氮含量均高，作为燃料油的调合组分未免可惜，调入柴油中也非理想组分（十六烷值过低）。较好的方法是单独或与循环油一起加氢处理，使其质量改善，并可将部分生成油（柴油中的双环芳烃部分加氢饱和为单环芳烃）返回 FCC 装置裂化增产汽油。

（3）硫——FCC 汽油中硫对整个商品汽油中的贡献达 90% 以上，而其中半数左右来自 FCC 汽油中的重质馏分。可采用加氢脱硫或吸附除硫将 FCC 汽油中的硫含量降低到 50μg/g，或 10μg/g 以下，其方法详见本节之四和第四章。

（4）烯烃——预计汽油中烯烃将低于 20%，而 FCC 汽油是炼油厂汽油的主要烯烃来源，必须采取降低烯烃的措施。或是用精馏方法将 C_5 馏分分出，叔碳烯烃醚化生产 TAME，仲碳烯烃做烷基化原料，也可把汽油中 <100℃ 馏分（$C_5 \sim C_7$ 烯烃）醚化。至于从催化裂化汽油自身降低烯烃的方法：一是改变操作条件，但降低幅度较小；二是采用降烯烃催化剂或助剂，可降低 8~10 单位；三是采用新工艺，包括新的提升管工艺，也可根据情况走汽油加氢异构化的途径。降低 FCC 汽油烯烃含量的方法详见第三章和第七章相关部分。

（5）芳烃——FCC 汽油中芳烃低于 RFG 的限制值，而且商品汽油中芳烃的主要贡献者是重整汽油。芳烃中的苯含量另有单独规定（≯1.0v%），FCC 汽油正好在此范围附近（0.5v%~1.3v%），但是催化重整汽油贡献比例达到 50%~75%，更要采取措施使之减少。AKZO 公司对 FCC 汽油中苯的含量与原料油组成、操作条件和催化剂类型的关系做了研究（Keyworth，1993），得出如下的初步结果：①富芳烃的原料难以裂化，尤以稠环芳烃为甚，它们裂化产品中苯的选择性不高，环烷烃较多的原料通过氢转移生成较多的苯，石蜡基原料通过烯烃环化和脱氢也可生成与环烷烃原料同样多的苯。②短接触时间、低剂油比和低的反应温度均可降低苯产率，但苯随着转化率的增加而增加。③催化剂的类型有较大影响。氢转移能力高的催化剂苯产率高，因此在恒定的生焦率下苯含量按 USY、REUSY 和 REY 型催化剂的顺序递增。④如 FCC 原料经过加氢脱硫，则汽油中苯含量随催化剂（Co-Mo）的活性及加氢反应温度的增加而下降。

（6）增加高辛烷值汽油调合组分的数量。

随着汽油质量的升级，一是硫、烯烃、苯、芳烃等有害成分限制越来越严格，二是高标号汽油的比例越来越高。汽油辛烷值组分短缺问题越来越显著，只有增加异构化汽油、烷基化汽油和 MTBE 的产量才能解决这个问题。这是因为异构化汽油、烷基化汽油中几乎没有任何被限制的成分，且辛烷值高。虽然 MTBE 的 RON 达到 118，MON 达到 100，但其加入量受氧含量限制。

异构化汽油原料是轻石脑油，主要是碳五，最好是将异构烃分出后正构烃去异构化。如果作为乙烯的原料，可将轻石脑油进行轻、重切割，轻的部分异构的成分高，是高品质汽油调合组分，重的部分是很好的乙烯裂解料。如果不作为乙烯原料，也可全部作为异构化原料。国外不少炼油厂，异构化原料扩大到碳六，这样等于把重整的原料切除了苯的生成物，重整汽油就不用抽苯了。烷基化汽油的原料是异丁烷和 1-丁烯，这两个组分主要存在于催化裂化产品液化气中（MTBE 装置后的混合碳四），加氢裂化的液化气中异丁烷也可以用作烷基化的原料。烷基化的规模受限于异丁烷和 1-丁烯数量（主要来自催化液化气）。配有乙烯的炼油厂，烷基化的规模可做大。1-丁烯可从乙烯来，异丁烷可从加氢裂化装置来，必要时还可以把正丁烷异构。MTBE 原料主要来自催化裂化产品液化气中的异丁烯。随着汽油硫含量限制，必须除去液化气中的硫化氢和硫醇。在非乙醇汽油封闭地区，可将汽油中的轻烯烃进行醚化，一是可以降低汽油中烯烃含量，二是可以增加辛烷值，三是可以降低汽油的饱和蒸气压，同时具有较好的经济效益。这部分内容详细在第四章论述。

根据上面的资料，可以预见在采取相应措施后 FCC 汽油仍能满足作为车用汽油的质量要求，且仍是车用汽油主要成分。但对 FCC 汽油提出更严格的要求，应把硫含量和烯烃含量控制在一定范围，且辛烷值不能明显地降低，最好有所增加。

国外 FCC 装置按汽油方案生产的轻循环油（LCO），因十六烷值过低不适合做柴油组分，因而往往作为燃料油的调合组分或作为轻燃料油（美国的 2 号燃料油或日本的 A 重油），也有少量经加氢精制或加氢处理后作为柴油调合组分。而在我国则由于直馏柴油数量较缺，加氢裂化柴油过少，只能作为特种柴油（低凝点）使用，因而催化裂化 LCO 在商品柴油中占有约 1/3 的份额，促使大多数装置按最大轻质油产率的方案生产。2005 年后，LCO 在商品柴油中占有份额逐年降低，催化裂化装置也按最大汽油产率的方案生产。尽管原料油多属石蜡基，裂化操作条件比较缓和，但 LCO 的十六烷值仍然较低（国内低于 30），掺渣油的装置甚至低到 20。此外还有安定性的问题，给商品柴油质量带来不良影响。

催化裂化 LCO 的硫含量与原料硫含量有直接联系（见本书第四章和第七章），在目前原料油含硫水平为 0.2%~1.0% 时，LCO 的硫含量远高于 0.05%，必须用加氢处理的方法使其降低到规定水平。有关这方面的措施可参考有关文献（Eastwood，1990）。LCO 的十六烷值随原料和操作条件而异，并与 LCO 的化学组成有密切关系。从图 1-60 可以看出柴油中的单环芳烃的十六烷值高于双环芳烃，侧链碳数多的高于侧链碳数少的（Sachaek，1990）。要使柴油的十六烷值不低于 40，FIA 法（荧光指示剂吸附法）的芳烃应在 35v% 以下。因此当 FCC 的 LCO 与直馏柴油的调合比较大时，仍需采用加氢的方法使部分芳烃加氢饱和。加氢裂化固然是极有效的手段，但是投资过高。目标只要求达到中等芳烃饱和程度时，可以在中压下选用适当的加氢催化剂即能满足要求（Sachaek，1990）。如何处理 LCO 问题将在本章第四节和本书第四章做详细论述。

催化裂化的液化气是生产高辛烷值汽油组分的重要原料，在国外已经普遍地建立了与催化裂化装置配套的烷基化装置，今后为了生产 RFG 还要进一步扩大它的用途。初步估计把催化裂化产品中的异丁烯和叔碳戊烯完全用于醚化，可使商品汽油中氧化合物的氧含量达到 0.6%，对 FCC 汽油而言达到 1.8%，这个比例对于 RFG 要求 2% 氧含量还是很低的。FCC 增产 C_3、C_4 烯烃的工艺可以靠提高反应温度和转化率来实现，也可以使用 ZSM-5 类型的助剂，产率可提高 1/3 ~ 1/2。但要以牺牲轻油产率为代价。目前正在开发中的一类新型催化剂可以增产异丁烯，使其接近理论热力学平衡值（详见本书第三章）。以上增产烯烃的措施必须经过仔细的技术经济论证，在此基础上对于最大限度生产醚类方案（相应地减少了烷基化的原料）也要进行综合比较。

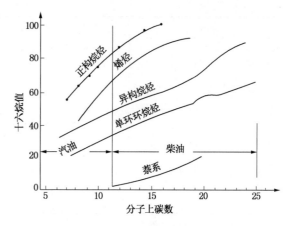

图 1-60 十六烷值与烃类类型的关系

丙烯水合生产的异丙醇也可提供汽油的氧化物含量，异丙醇调合辛烷值 (R+M)/2 为 108，与 MTBE 相当，氧含量比 MTBE 高近一半。但调合蒸气压也比 MTBE 高 75%（在同一氧含量时）。异丙醇与丙烯进一步反应生成二异丙基醚 (DIPE)，调合辛烷值为 105，氧含量与 TAME 相当，蒸气压为 MTBE 的 60%。如果把催化裂化生产的丙烯全部生产汽油组分异丙醇，又可使全厂商品汽油的氧含量增加 0.4% ~ 0.7%。

二、催化裂化的上游工艺

催化裂化装置是炼油厂中使重油转化为轻质油的核心装置。除了 20 世纪 70 年代以前建设了一批把全部重油作为商品燃料油的简易加工型炼油厂 [对于含硫原油通称为 HSK (Hydroskimming) 型炼油厂] 之外，绝大部分炼油厂都有将重油转化为轻油的各种工艺装置，以催化裂化装置为核心，又称为 FCC 型炼油厂；而以加氢裂化装置为核心的炼油厂又称全氢型炼油厂，主要生产高质量的中间馏分油（煤油、喷气燃料和柴油）。

早期的催化裂化以减压馏分油 (VGO) 为主要原料，也可掺入焦化馏分油 (CGO)。直馏 VGO 干点可以切割到 530℃ 以上，只要其他性质满足就可以直接作为 FCC 的原料。但是有些原油的 VGO 含硫高、含氢少或特性因数低，不适合直接做 FCC 原料。通常采用 VGO 加氢处理工艺来除去原料中的硫化物。当产品重油的硫含量降低到 0.3% 左右，其性质即可符合催化裂化原料需求。提高加氢处理深度还可增加催化裂化的可裂化度，在较高转化率时改善汽油和焦炭的选择性。以某中东原油的 VGO/CGO（其比例为 89：11）为例，其性质列于表 1-24，按脱硫率 90%、98% 和 99% 三种加氢处理深度进行试验，所得到的加氢重油再进行催化裂化试验，试验结果列于表 1-24。

表 1-24 中东原油的 VGO/CGO 加氢处理及其加氢重油催化裂化试验结果

脱硫率	0%	90%	98%	99%
化学氢耗/%		0.51	0.74	0.94
作为催化裂化原料的加氢重油/%	100	87.4	85.6	84.5
密度(20℃)/(g/cm³)	0.931	0.913	0.905	0.898

脱硫率	0%	90%	98%	99%
硫含量/%	2.6	0.25	0.06	0.02
氮含量/%	0.088	0.05	0.045	0.040
残炭/%	0.4	0.25	0.1	0.1
催化裂化产物分布/%				
汽油	48.3	51.5	52.5	53.6
轻循环油	16.7	15.7	15.0	14.0
油浆	9.0	6.6	5.9	5.2
焦炭	5.4	5.0	4.7	4.4
加氢和催化合计产物分布/%				
轻质油	59.3	69.6	70.7	71.3
液化气	16.3	15.2	15.8	16.6

基于表 1-24 所列数据，按原油 14 美元/桶计算，加氢处理年增加效益分别为 30.2、54.6 和 54.2 百万美元，而增加投资为 61.8、70.3 和 72.2 百万美元(PTU/FCCU 组合装置规模按配套催化裂化装置年加工 1.75Mt 计算)。以上数据充分表明高硫原料的加氢处理是十分有利的措施(Shorey，1999)。加氢压力一般 7~8MPa 即可，温度 380℃左右，催化剂除保证 95%左右的脱硫率外，还应具备 60%左右的脱氮率、20%左右的脱芳碳率以及 60%左右的脱除三环以上芳烃率(McLean，1998)。Topsoe 公司的 Aroshift 技术采用 Ni-Mo 催化剂，除了脱硫之外还降低氮含量和多环芳烃含量，更适合于含 CGO 的原料(Zeuthen，2002)。由于加氢后原料催化裂化的硫分布在汽油的比率明显减小，对催化裂化汽油的脱硫率一般高于对进料的脱硫率。例如硫含量 2.5%的 VGO 加氢处理后的催化裂化原料及其汽油硫含量分别为 2500μg/g 和 60μg/g。ART LLC 公司报道了采用 APART 加氢处理系统处理 VGO/CGO 原料时，不同方法加氢处理后的催化裂化原料及其汽油和 LCO 总硫含量与各类别硫化合物含量的关联曲线(Schiflett，2002)。

全部将 VGO/CGO 加氢裂化则要 15MPa 的高压条件，从而投资巨大。部分加氢裂化(PHC)作为催化裂化的预处理手段应运而生。在约 10MPa 的压力下，控制裂化率在 40%上下，尾油成为优良的催化裂化原料。总轻质油产率 78%，液化石油气 14%，化学氢耗 1.4%，炼油厂商品柴油十六烷值指数达到 50。与前述的 98%脱硫率加氢处理比较，在同等催化裂化装置处理能力的前提下，年效益进一步增加 56 百万美元，而投资只增加 57 百万美元。部分加氢裂化更适合于 CGO 比例高、很难直接催化裂化的原料。例如一种 VGO/CGO 比例为 50∶50，硫、氮含量分别为 2.6%和 0.18%，密度为 0.940g/cm^3，终馏点为 559℃的馏分油在 9.5MPa 压力下加氢裂化，当转化率为 63%，化学氢耗 2.21%时，所产密度为 0.867g/cm^3,硫和氮含量分别低于 0.02%和 0.001%的尾油无疑是优良的 FCC 原料，同时生产优质的石脑油、煤油和柴油(Hunter，1997)。由于原油价格的上升，炼油界开始重视重油中沸点高于 500~550℃渣油组分的转化。除了传统的热转化—焦化工艺之外又开发了多种转化工艺和分离工艺，用以脱除渣油中不能用作催化裂化原料的沥青质和重胶质(硫、氮和重金属含量过高，H/C 比低，残炭高)，得到较高收率的合格催化裂化原料油。采用上述工艺的各种装置都是 FCC 装置的上游装置，它们和 FCC 装置一起构成了炼油厂内重油加工的重要环节。对于炼制重质原油的炼油厂(例如我国的多数炼油厂)，这个生产环节是尤其重要的。下面从加氢和脱碳技术路线来论述重油加工技术。

除了个别的低硫、氮、重金属，高 H/C 比和低残炭的重油，例如我国大庆、长庆、吉林等油田和东南亚、非洲一些原油的常压渣油甚至减压渣油可以直接作为催化裂化原料外，世界上约 90% 原油的渣油都要采用各种转化和分离方法为催化裂化提供原料。其方法归纳如图 1-61 所示。

1. 溶剂脱沥青

早期采用丙烷为溶剂的脱沥青工艺是为润滑油提供原料，其中重脱沥青油可作 FCC 原料，但收率不高。根据重油催化裂化的原料要求，在 C_5 沥青质 <0.05% 的前提下可以增加脱沥青深度以取得更多的油品。20 世纪 70 年代中期以来 UOP 公司开发了 Demex 工艺，Kerr-McGee 公司开发了 ROSE 工艺，IFP 公司开发了 Solvahl 工艺，而我国 RIPP 和石油大学也开发了超临界抽提的溶剂脱沥青工艺。纵观上述各种工艺基本都采用 C_4 或 C_5 为溶剂，在超临界条件下进行抽提。

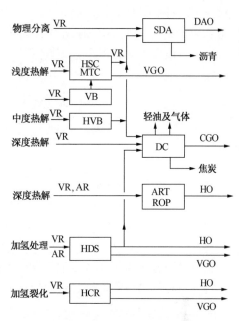

图 1-61　为催化裂化提供原料的渣油转化工艺

只是在具体操作条件(含溶剂回收条件)和设备结构上有所区别。以阿拉伯轻质原油(AL)的减压渣油为原料时，上述三种工艺采用 C_4 溶剂所得脱沥青油(DAO)性质如表 1-25 所示。

表 1-25　C_4 溶剂脱沥青油性质

项　　目	Demex		ROSE		Solvahl	
	VR	DAO	VR	DAO	VR	DAO
收率/%	100	68.5	100	69.5	100	
密度(20℃)/(g/cm³)	1.025	0.978	1.010	0.984	1.022	0.960
S/%	4.3	3.6	4.45	3.3	4.2	2.8
N/%	0.31	0.18	0.45	0.18	0.37	0.14
Ni/(μg/g)	91	14	25	2	29	<2
V/(μg/g)			66	8	75	2.4
残炭/%	21.1	8.6		8.8	22	5.6
K_{UOP}	11.4	11.6		11.7		
族组成/%					C_7 沥青质 7.0	S24.1
						A71.6
						R4.3

巴西石油公司 Bonfadini 等(1999)论述了在一个加工轻质阿拉伯原油的千万吨级无减渣加工的常规 FCC 型炼油厂改造中，如增加脱沥青装置，扩建 FCC 装置，并改用廉价的 Maya 原油时，则 SDA/FCC 的组合将带来很大效益，一年可望回收投资。

我国开发了催化裂化油浆与减压渣油混合脱沥青的工艺。油浆的加入使脱沥青油收率增加，DAO 和 DOA 的质量明显提高(前者镍含量下降，后者延度提高)。由此形成了独创的 SDA/FCC 组合工艺(Huang, 2000)。由于油浆独特的烃组成，通过溶解度参数计算证实了 DAO 产率增加的机理(史权, 2000)。

改用 C_5 为溶剂可使 DAO 收率达到 80%～85%(AL-VR)，但其重金属含量将超过

$10\mu g/g$，残炭值超过 10%。直接用 DAO 为原料时，FCC 产品分布不如 VGO，但加氢处理后则优于 VGO，见表 1-26(Bousquet,1986)。如将 VGO 与 DAO 按生产比例调合再经加氢处理，就成为很好的 FCC 原料，转化率可达 80%。AL 原油 C_5 DAO 与 VGO 共同加氢作 FCC 原料，炼油厂重质产品硬沥青的产率可降低到原油的 2.3v%。

表 1-26　DAO 与 VGO 的 FCC 产率(中试数据)

项　目	VGO	C_5 DAO	HT C_5 DAO	项　目	VGO	C_5 DAO	HT C_5 DAO
转化率/%	70.7	69.0	73	焦炭/%	5.5	7.5	4
H_2S+干气/%	3.5	4.6	1.9	原料油性质			
C_3+C_4/%	14.6	12.3	12.8	密度(20℃)/(g/cm³)	0.9330	0.9598	0.9053
C_5~220℃/%	47.3	45.0	54.6	S 含量/%	2.5	2.8	0.32
220~350℃/%	18.1	20.0	17	N 含量/%	0.12	0.14	0.078
350℃/%	11.2	11.0	10	加氢化学耗氢/%	0.50	0.80	

溶剂脱沥青法与焦化法重油轻质化的路线对比，前者在投资上明显占有优势(Vermillon,1983)，但是最终轻质油品收率稍低(考虑 CGO 也做 FCC 原料)。

2. 轻度和中度热解

减压渣油的轻度热裂化可以破坏沥青质和胶质的大分子结构。最先使用的减黏工艺(VB)主要是为了降低渣油的黏度，生产合格的商品燃料油。20 世纪 80 年代日本东洋工程公司(TEC)和三井物产化学公司(MKC)共同开发了称为 HSC 的工艺，是在高温反应器内与过热水蒸气接触进行的中度热分解过程。它在德国 Schwedt 厂首次工业应用，以减黏渣油为原料，经 HSC 后>500℃馏分转化率超过 50%，所得馏分范围 350~520℃ 的 HGO 与直馏的 VGO 按 1∶1 混合并经加氢脱硫后作为 FCC 原料(密度为 0.896g/cm³，硫含量为 0.011%)，汽油产率达 59%。有关数据见表 1-27 和表 1-28(Washinimi,1989;Ogata,1992)。表 1-27 中同时列出 VR 直接经 HSC 裂化的产品分布，可见 VB 与 HSC 组合使裂化深度稍增，最终渣油产率减少 2%。

表 1-27　VB 和 HSC 工艺的产品分布

产品分布	减黏(VB)	HSC	VB+HSC	VR-HSC
气体/%	1.2	1.3	2.5	2.7
C_5^+ 石脑油/%	4.6	2.5	7.1	5.1
LGO/%	9.2	8.0	17.2	11.4
HGO/%	85.0	26.9	26.9	32.5
渣油/%		46.3	46.3	48.3

表 1-28　HSC 的产品性质

项　目	HGO350~520℃	VR>520℃	项　目	HGO350~520℃	VR>520℃
密度(20℃)/(g/cm³)	0.950	1.090	Ni 含量/(μg/g)	<1	146
S 含量/%	2.36	3.20	V 含量/(μg/g)	<1	430
N 含量/%	0.39	0.93	运动黏度(250℃)/(mm²/s)	—	40
残炭/%	0.80	39.7	溴价/[gBr/(100g)]	10	—
C_7 不溶物/%	<0.05	21.3			

HSC 工艺生产的渣油经过 SDA 后还可增加 FCC 原料，HSC 的过程使 SDA 的脱金属选择

性大为提高。以伊朗重质原油的 VR 为原料，当 HSC 转化率为 50% 时，DAO 收率可达 47%～54%（控制>350℃的 HGO+DAO 中重金属含量在 10～20μg/g 时），直馏 VR 中剩余 25% 的沥青。如果用胜利原油 VR，则减渣中只剩余 8% 的沥青，轻质化程度很高。

直馏 VR 先经 SDA 所产沥青作为 HSC 原料的组合流程也在研究中，用以加工 Cold Lake 重质原油的 VR。

我国 RIPP 开发了缓和热裂化（MTC）与溶剂脱沥青联合工艺（MTC/SDA），针对胜利 VR 中重金属只有一半与 C₅ 沥青质结合、其余均存在于胶质中而影响 DAO 产率的问题，先用热转化将 95% 的 Ni 缩合到沥青质中，就可获得较高的 DAO 产率。有关实验室数据见表 1-29（Long，1992）。

表 1-29 胜利原油 VR 的 MTC/SDA 工艺有关数据

项目	MTC/SDA	单纯 SDA	项目	MTC/SDA	单纯 SDA
气体/%	1.4	0	>350℃/%	85.2	100
C₅~200℃/%	2.7	0	DAO/%	71.0	74.6
200~350℃/%	10.7	0	沥青/%	14.2	25.4

IFP 在它的减黏工艺 Tervahl I 的基础上开发了临氢减黏工艺 Tervahl H，可在保证产品安定性前提下提高转化率。以委内瑞拉某重质原油常渣（AR）为原料，单纯 SDA 的 DAO 收率为 71.9%，Tervahl H 的常渣产率为 81.6%，Tervahl H 常渣的 DAO 产率为 73%，Tervahl H/SDA 联合工艺可少产 6% 的沥青（对 AR）（Peries，1992）。

日本公司开发的 VisABC 工艺是把高压临氢减黏炉与装有裂化性能好的 ABC 催化剂的高压反应器串联以增加渣油转化率的一种工艺（Nakata，1987）。处理阿拉伯重质原油（AH）的 VR 时，转化率可达 63%，其中 343～538℃ 的 VGO 为 37.2%；AH-VR 的残炭值、沥青质、V 和 Ni 分别为 23.3%、13.1%、150μg/g 和 52μg/g，而 VisABS 的 >538℃ 馏分分别为 26.5%、0%、75μg/g 和 45μg/g。馏出油经加氢脱硫后可做 FCC 原料。

3. 深度热解

减压渣油的焦化是深度热解的一种工艺。焦化又分为延迟焦化、流化焦化和灵活焦化等几种方法，比较普及的是延迟焦化。后两种虽然焦产率低，CGO 产率高，因粉焦不易处置，只在特殊条件下采用。典型的 AL-VR 延迟焦化原料、产品性质见表 1-30。CGO 经加氢脱硫（可与 VGO 混合处理）可做 FCC 原料。

表 1-30 阿拉伯轻质原油减渣的延迟焦化

项目	原料 VR	焦化汽油 C₅~196℃	焦化柴油 196~343℃	焦化重馏出油（CGO）	焦炭
产率/%	100	15.0	28.5	12.5	33.6
密度(20℃)/(g/cm³)	1.020		0.885	0.975	
S 含量/%	4.3	<1	2.5	3.7	5.9
N 含量/%	0.31	0.004	0.1	0.22	0.75
溴价/[gBr/(100g)]	—	<65			—
重金属含量/(μg/g)	91	—	—	—	270

为了降低焦炭产率可以改变延迟焦化的操作条件，将通常循环比为 0.4 的条件改为单程通过，两种条件的产率对比和 CGO 性质见表 1-31。

表 1-31　鲁宁管输混合原油减渣的延迟焦化

方　案	0.4 循环比	单程通过	方　案	0.4 循环比	单程通过
焦化产率/%			CGO 性质		
气体	7.0	7.9	密度(20℃)/(g/cm³)	0.888	0.911
汽油组分	10.0	12.0	残炭值/%	0.33	0.94
柴油组分	27.0	16.2	S 含量/%	0.65	0.8
CGO	31.0	42.7	N 含量/%	0.41	0.51
甩油及损失	2.0	1.4	H 含量/%	12.37	11.80
焦炭	23.0	19.8			

　　轻度减黏的渣油作延迟焦化的原料可以改善焦化产品收率和质量。我国某炼油厂在加工鲁宁管输原油 VR 的实践中对比了预先轻度减黏和不减黏两种工业数据，初步得出前者总液体产品收率比后者高 4.6 个百分点，焦炭产率低 3.2 个百分点，焦炭硫含量下降，等级上升。

　　关于焦化蜡油与直馏减压馏分油经加氢处理或加氢裂化作为 FCC 原料，已如前述。即使含硫不高的原油，尤其是我国石蜡基原油，其 CGO 中碱氮和胶质均高于 VGO 几倍，对催化裂化催化剂活性中心产生毒害。针对这一情况，我国开发了催化裂化吸附转化法加工焦化蜡油工艺(DNCC 技术)(张瑞驰，1998)。这一工艺和常规催化裂化掺炼不同之处是两种蜡油分开进料。让相对优质的原料 VGO 注入提升管下部，首先与再生催化剂接触，而 CGO 注入提升管中上部，与已经裂化过的积炭催化剂接触。这样，清洁的再生催化剂免受 CGO 中碱氮等物的毒害，可充分发挥其活性，得到较好的产品分布。CGO 在积炭催化剂上吸附转化，部分裂化成低分子产品，部分脱除毒物，成为较好的重质油；它从提升管出来进入分馏塔，作为回炼油重新裂化。总的结果是提高转化率，改善产品选择性和产品性质。工业装置试验结果表明：加入 20% CGO(总氮 0.53%、碱氮 0.18%)的 VGO/VR 原料(残炭 4.3%、碱氮 0.25%)，与常规掺炼方式比较，转化率提高 3.0 个百分点，油浆收率下降 2.2 个百分点，汽油诱导期和辛烷值有所增加(刘晓欣，1998)。因此，不采用加氢手段的低硫原油延迟焦化/催化裂化组合工艺的特点是：焦化蜡油去催化裂化；焦化汽油也可去催化裂化提升管精制(产生液化石油气较多，汽油收率比加氢精制低)；油浆澄清用作焦化原料。除了少数原油的 CGO 外，多数均宜预加氢处理以改善 FCC 的产品分布。

　　渣油的深度热裂解工艺还有多种，有的利用微球形惰性热载体将渣油裂解，产焦率约为残炭值的 85%，比带循环的延迟焦化几乎减少一半。重金属绝大部分转移到热载体上，其吸收容量可达 2%。这一工艺由 Engelhard 公司开发，名为 ART 工艺(Bartholic，1981)。我国也开发了类似的 ROP 工艺。应指出这种热解的重馏分油质量较差，可根据具体情况考虑加氢处理，然后与直馏 VGO 混合做 FCC 原料。

　　20 世纪 90 年代初由 BAR-CO 公司宣布的差别性破坏蒸馏工艺(简称 3D 工艺)(Bartholic，1991)，也是用流化床细颗粒与不适合作为 FCC 原料的原油以及 AR 等重质油品在高度分散的状况下接触，在毫秒级的反应时间内把有害杂质吸附在颗粒上。重金属脱除率在 90% 以上，沥青质和硫、氮的脱除率分别为 90% 以上、40% ~ 70% 和 30% ~ 50%(均对 >353℃ 的重油)。所得改质原油或重油经下游加氢装置精制后其重油可作为 FCC 原料。

　　上述(一)至(三)项工艺在提供催化裂化原料同时还生产更重的产品，如硬沥青或石油焦。当加工高硫原油时，这些副产品含硫高达 4% 以上，除提供个别用户外，大部分只能在炼油厂内继续加工。有关这方面的内容不属本书范围。

4. 固定床加氢脱硫

20 世纪 60 年代末期，渣油固定床加氢脱硫工艺已经工业化，当时的目的是从含硫原油生产低硫燃料油(LSFO)，以满足燃料油使用中的环保要求。渣油直接脱硫的效果随着技术的进步从含硫 1.0%、0.5%、0.3% 降到 0.1%(Gulf HDS-Ⅰ型到Ⅳ型)，可根据要求确定。目前用于渣油处理的固定床加氢，采用高压(14~18MPa)和级配催化剂技术脱除渣油中的硫、重金属等杂质，其本身的转化率在 20% 以下，为下游催化裂化装置提供合格的原料。对于固定床加氢装置的原料的限制比较多(如重金属质量分数不能超过 200μg/g 等)，而处理后的加氢重油的硫含量难以大幅度降低，加上固定床加氢装置的催化剂用量大、空速低、投资高、运行成本也较高，从而限制了其广泛地应用。除海湾公司(已并入 Chevron 公司)外，UOP、Unocal(加氢业务已并入 UOP 公司)、Chevron、Exxon 和 IFP 公司的研究机构均开发成功了自己的专利技术。在脱硫过程中伴随着脱金属、脱氮、重馏分转化、沥青质和胶质的转化过程，其各自的脱除率或转化率与采用的催化剂(往往是多种牌号)的性质有关。国内则主要是抚顺石油化工研究院和石油化工科学研究院从事该工艺及催化剂的研发。

Chevron、UOP 和 Unocal 公司的 ARDS 工艺技术数据列于表 1-32 中，可以认为表中经过加氢脱硫的常压渣油完全符合重油催化裂化(RFCC)的原料油规格。

表 1-32 阿拉伯轻质原油 ARDS 的技术数据

公司名称	Chevron		UOP		Unocal	
专利技术	RDS		RCD Unibon		Unicracking	
油 品	原料油 >370℃	HDS 产品 >370℃	原料油 >350℃	HDS 产品 >350℃	原料油 >350℃	HDS 产品
收率/%	100	78.7	100		100	79.0
化学氢耗/%	1.04				1.13	
油品性质						
密度(20℃)/(g/cm³)	0.965	0.933	0.945	0.908	0.953	0.920
S/%	3.3	0.48	3.94	0.27	3.0	0.22
N/%	0.17	0.13			0.16	0.10
Ni/(μg/g)	51	7	6.8	2.0	34	5
V/(μg/g)			22.5	2.6		
残炭值/%	8.9	4.9	7.2	2.6	8.2	3.0
沥青质/%						2.0

按表 1-32 中列举原料(AR 和 HDS-AR)的 RFCC 的产率对比如表 1-33 所列，可以看出焦炭产率的下降和汽油产率的增加都是十分明显的。

表 1-33 有无加氢脱硫的催化裂化产率比较

原 料 油	AL-AR, >350℃	AL-ARHDS, >350℃	原 料 油	AL-AR, >350℃	AL-ARHDS, >350℃
RFCC 产率			轻循环油/%	15.1	10.9
H₂S-干气/%	4.8	3.4	油浆/%	10.2	7.2
C₃、C₄/v%	24.9	28.7	焦炭/%	9.1	6.3
汽油/v%	54.6	63.3			

在某种情况下，VGO 和 VR 分别加氢脱硫对总工艺流程的安排较为灵活。例如，VGO 可去加氢裂化生产优质中间馏分产品，其尾油也可与 VRDS 重油混合做 RFCC 原料。当然另

一种方案也可用 ARDS 工艺，将其重油切割为轻重两个馏分，轻 VGO 可做加氢裂化原料，重油则做 RFCC 原料。

Chevron 公司报道以 AL/AH 混合原油(80：20，体积比)的常压渣油和减压渣油为原料进行加氢处理后的产品产率和性质以及加氢重油经 RFCC 处理后的产物分布，分别列于表1-34和表1-35(Reynolds，1992)。

表1-34　ARDS 与 VRDS 产率和油品性质对比

工　艺	ARDS		VRDS	
油　品	原料>343℃	产品>343℃	原料>566℃	产品>343℃
油品性质				
密度(20℃)/(g/cm³)	0.963	0.924	1.02	0.971
S 含量/%	3.5	0.20	4.8	0.32
N 含量/%	0.2	0.11	0.36	0.19
Ni+V 含量/(μg/g)	55	2	124	15
残炭/%	10.0	4.2	22.0	6.5
HDS 产率				
C₅~177℃/v%		3.1		2.8
177~343℃/v%		14.5		9.9
343~566℃/v%		60.4		31.5
>566℃/v%		24.1		60.0
化学氢耗/%		1.3		2.5

表1-35　ARDS 和 VRDS 重油催化裂化技术数据

项　目	ARDS>343℃	VRDS>343℃	项　目	ARDS>343℃	VRDS>343℃
RFCC 产率			>360℃/v%	6.8	8.4
H₂S-干气/%	3.7	3.7	焦炭/%	7.3	9.2
C₃、C₄/v%	26.7	24.9	补充新鲜催化剂/(kg/t)	0.47	1.36
C₅~221℃/v%	59.4	55.1	取热器设置	不要	要
221~360℃/v%	16.2	18.6			

我国曾引进 Chevron 的 VRDS 技术建成孤岛减压渣油加氢脱硫装置，后来自己开发成功了 S-RHT 技术并建成2Mt/a 装置。该两套装置的操作数据见表1-36。

表1-36　国内两套渣油加氢脱硫装置操作数据

装　置　代　号	1		2	
反应压力/MPa	16.6		15.6	
反应温度/℃	378		356	
产品分布/%				
石脑油	1.4		1.8	
柴　油	10.2		5.1	
常压渣油	83.7		90.6	
化学氢耗/%	1.3		1.3	
原料和产品性质	原　料	加氢常压渣油	原　料	加氢常压渣油
密度(20℃)/(g/cm³)	0.9827	0.9233	0.9878	0.9322
S 含量/%	2.34	0.21	3.32	0.42
N 含量/%	0.38	0.21	0.28	0.13
CCR 含量/%	15.4	5.6	12.6	6.0
Ni 含量/(μg/g)	31.6	5.3	18.9	6.9
V 含量/(μg/g)	57.3	4.9	51.9	10.9

当渣油馏分转化率为35%左右时，脱硫率约90%，脱氮率约40%，脱残炭率约60%，脱重金属率约85%，这就使渣油性质大为改善，能符合重油催化裂化原料规格。如渣油原料残炭值不超过15%，重金属含量不大于100μg/g，加氢重油即可作为催化裂化全部进料。有的装置受取热条件限制，只能适量掺入加氢渣油，实践证明效果良好。从加氢前后渣油族组成的改变(见表1-37)可以看出沥青质和胶质明显减少，它们大部分转化成轻芳烃和饱和烃，相对分子质量和黏度大幅度下降。

表1-37 孤岛VR加氢前后性质对比

项 目	孤岛VR	孤岛HVR	项 目	孤岛VR	孤岛HVR
密度(20℃)/(g/cm³)	0.9998	0.9150	轻芳烃/%	5.0	16.1
运动黏度(100℃)/(mm²/s)	1710	93.5	中芳烃/%	5.1	8.0
平均相对分子质量	1160	670	重芳烃/%	24.5	12.2
S/N/%	2.52/0.80	0.22/0.26	轻胶质/%	15.6	4.6
Ni/V/(μg/g)	48/22	7.5/1.0	中胶质/%	7.9	1.3
Fe/Ca/(μg/g)	13.8/33.8	0.9/9.0	重胶质/%	23.9	9.2
残炭/%	15.6	5.2	沥青质/%	3.5	2.8
饱和烃/%	14.5	45.8			

ARDS的减压渣油用做焦化原料，不仅减少了焦炭产率，而且保证了焦炭质量(硫含量指标)。但从多产轻质油角度看，ARDS/DC不如ARDS/RFCC，但不排除个别含杂质很高的原油采用前一方案的可能性。

有些高重金属含量重质原油的ARDS生成油中重金属和残炭值仍然较高，不能用作RFCC原料。如果使用其中的VGO/DAO，则情况大为改善。IFP报道了一种委内瑞拉原油的AR经临氢减黏的>375℃重油，如进一步用HYVAHL/SOLVAHL(HDM+HDS)/SDA工艺，则VGO/DAO产率达到48.8%，沥青产率6.1%，(不经加氢脱硫时沥青产率达17.8%)，化学氢耗只有1.07%。FCC原料中重金属和残炭值分别为2μg/g和4%，质量稍好。

ARDS和VRDS均采用固定床高压加氢技术，由于脱金属催化剂反应器容积的限制，在保证开工周期一年的前提下，原料油的重金属含量不宜超过200μg/g。采用两个保护反应器切换操作的办法比较麻烦。Chevron公司开发的在线更换催化剂技术(OCR)采用一个生产中可装卸催化剂的前置脱金属反应器(脱除率75%)，催化剂与原料油逆向接触，每周期内用一天时间装卸一次，可以使原先按AL-ARDS设计的装置改用AL/AH(1∶1)的原料油，更换固定床催化剂的周期由一年延长为两年(Bechtel, 1991)。

5. 加氢裂化

为了解决高硫高金属渣油的加氢裂化问题，HRI公司在20世纪60年代率先开发了氢油法(H-Oil)的沸腾床加氢裂化工艺(Eccles, 1982)。沸腾床加氢裂化工艺采用催化剂可以连续补充和卸出，可以加工高硫、高残炭、高金属含量的劣质渣油，转化率可以达到52%~75%。Chevron Lummus公司开发的LC-fining工艺不仅使重质减压渣油原料裂化为轻质馏分油，其渣油转化率可达60%~80%，同时也实现对原料中的硫、氮、残炭和有害金属物的脱除(Van Driesen, 1979; Baldassari, 2012)。LC-fining工艺在沸腾床反应器结构和热油循环方式上和H-Oil工艺不同。

氢油法处理混合阿拉伯原油(AL/AH=50/50)减压渣油在中等转化率(65%)和深度转化率(90%)两种情况下的数据见表1-38。可以看出加氢后的VR性质与VGO差别很大，而且随着转化率的增加差别更为突出，甚至不如原料油。另外 HVR 中可能含微量引起 FCC 催化剂中毒的钼元素，因此 HVR 不宜做催化裂化原料。

表 1-38　氢油法的产品性质

项　目	原料 VR	转化率 65%		转化率 90%	
		HVGO	HVR	HVGO	HVR
密度(20℃)/(g/cm³)	1.039	0.930	0.975	0.851	1.050
残炭/%	24.6	1.7	18.0	1.8	40.5
S 含量/%	5.3	0.19	0.87	0.01	3.76
N 含量/%	0.44	0.10	0.27	0.11	0.67
Ni+V/(μg/g)	220	1.0	74	1.0	310
产率/%	100	31.9	30.2	26.8	10.0
化学氢耗/%		2.33		3.93	

　　沸腾床工艺由于其资金成本相对较高，且在高转化率下会形成固体残渣，同时还会受低操控性的困扰，从而难以获得大规模的推广，尤其在低油价时代。而悬浮床加氢裂化技术与固定床、沸腾床技术均有不同。浆态床(又称悬浮床)重油加氢裂化是指渣油馏分在临氢与充分分散的催化剂(和/或添加剂)共存条件下于高温、高压下发生热裂解与加氢反应的过程，原料可以是极其劣质的渣油甚至是煤和渣油的混合物，而处理所得产品是硫含量很低的石脑油、柴油、蜡油等，主要为柴油，且总液体收率大于100%，渣油转化率>90%，脱硫率60%~70%，脱氮率30%~40%，脱残炭率80%~95%，脱金属率>70%，未转化油<10%。悬浮床渣油加氢工艺技术按照催化剂的形态可分为均相和非均相两大类别。均相代表性技术为(HC)3 技术、Eni 集团的 EST 技术和 Chevron 公司 VRSH 技术等；而"非均相"是催化剂为细粉状，代表性的技术有 VCC 技术和 CANMET 技术等(王建明，2010)。国内正处于开发之中。

　　浆态床加氢裂化的工业化应用阶段，首先出现在 20 世纪 50 年代，应用在德国一个改良后的煤液化装置上。后来德国 Veba 公司开发的 VCC 工艺采用了高压、高空速和低成本的添加剂，同时联合加氢流程，可生产出高质量的产品并且下游对油品的处理简单。BP 公司于2000 年买断了 Veba 公司的 VCC 技术。而 ENI-EST 公司采用低压和成熟的金属钼催化剂，控制中等程度的转化率，保证浆态床在反应中期有较好的稳定性。溶剂脱沥青装置从浆态床反应器底部流出物中分离出未转化油，再循环至浆态床反应器。通过循环使这种工艺能达到很高的转化率。

　　渣油固定床加氢在催化剂、反应机理、工艺过程等方面与沸腾床和悬浮床加氢过程均有区别(吴青，2014)，几种渣油加氢工艺特点列于表 1-39。

表 1-39　几种渣油加氢工艺的特点

项　目	固定床	沸腾床	浆态床
原料油	常规渣油	较劣质的重渣油	劣质的重渣油
反应温度/℃	370~420	400~450	450~480
反应压力/MPa	>13	>15	<15
体积空速/h⁻¹	0.2~0.5	0.2~0.8	>1.0
渣油转化率/%	20~50	50~90	>90
杂质脱除率/%			

项 目	固定床	沸腾床	浆态床
脱硫率	>90	60~90	60~70
脱氮率	50~70	30~50	30~40
脱残炭率	70~90	70~95	80~95
脱金属率	50~70	60~80	70~90
产品质量	深加工原料	燃料油或后加工原料	需进一步精制
化学氢耗/（m³/m³）	~150	200~300	200~300
反应机理	催化反应	催化+热裂化	临氢热裂化
催化剂浓度	较大	中等	较小
技术难易程度	设备简单易操作	复杂	较复杂
技术成熟性	成熟	较成熟	开发中
装置投资	中等	较高	较高

6. 几种重油加工技术比较

Yokomizo 等（2010）对渣油固定床加氢处理、溶剂脱沥青、延迟焦化、溶剂脱沥青+延迟焦化、浆态床加氢裂化等几种重油加工技术进行比较，采用典型的中东原油的常压渣油，其性质列于1-40。该常压渣油经减压蒸馏后，所得到60%VGO 和 40%减压渣油，其性质也列于表1-40。

表1-40 典型的中东原油的常压渣油、减压馏分油和减压渣油性质

项 目	常压渣油	减压馏分油	减压渣油
相对于 AR/%	100.0	60.0	40.0
相对于 AR/v%	100.0	62.6	37.4
API 度	14.9	21.2	5.4
密度（20℃）/（g/cm³）	0.9667	0.9266	1.0338
硫含量/%	3.68	3.29	4.27
氮含量/（μg/g）	1600	670	3000
残炭/%	9.4	0.3	23.0
Ni+V/（μg/g）	48	—	118
C₇不溶物/%	2.8	—	6.9

对于给定的馏程，含硫分子的数量和类型对加氢处理的苛刻度有极大的影响。沥青质是一种高相对分子质量多环芳烃结构的物质，原油中大部分的有机金属污染物都在沥青质中，同时沥青质也含有大量的硫和氮成分，它不能蒸出，很难加工处理。正是由于这个原因，可蒸出的减压馏分油和经溶剂脱沥青得到的脱沥青油（DAO）中的硫化物容易被除去，而渣油中相对分子质量更高且不能蒸出的沥青质中的硫化物难以除去。将硫从难以加工处理的沥青质中脱除时，需要催化剂的量随脱硫程度的提高成指数增加。当以常压渣油为进料时，生产含硫0.1%的加氢产品需要的催化剂用量大概是生产含硫1.0%的产品的3倍以上。正是如此，采用溶剂脱沥青或延迟焦化技术在生产成本上存在着一定优势，特别是将溶剂脱沥青和延迟焦化联合可以将两者的优势结合起来，在溶剂脱沥青下游的焦化装置加工SDA的沥青可以使液态产品产率增加，焦炭产率减少。而焦化装置生产的馏分油产品同溶剂脱沥青装置生产的脱沥青油产品一起，可以进加氢处理。这样既实现了对劣质渣油加工，同时又得到更高的液体收率。表1-40所列的常压渣油或减压渣油经渣油固定床加氢处理、溶剂脱沥青、延迟焦化、溶剂脱沥青+延迟焦化、浆态床加氢裂化等几种重油加工技术处理后，其产物分

布及 360℃$^+$馏分油性质列于表 1-41。

表 1-41　不同重油加工工艺方案的对比

项　　目	固定床加氢	SDA（溶剂脱沥青）	DC（延迟焦化）	SDA+DC	浆态床加氢
装置处理量/%(对常压渣油)	100	40	40(100%DC)	40(SDA)/20(DC)	40
总产率[①]/%					
C$_5$~149℃	1.0	—	5.2(13.0)	2.6	7.6
149~360℃	6.6	—	11.4(28.5)	2.7	18.1
360℃$^+$	89.7	86.8	68.1	84.3	66.7
总液体收率/%	97.3	86.8	84.6	89.6	92.4
沥青或焦炭/%	—	13.2	11.9(29.7)	8.4	4.2
360℃$^+$馏分油性质					
API		18.1	21.0	19.5	20.7
密度(20℃)/(g/cm^3)	0.930	0.9459	0.9279	0.9371	0.9297
硫含量/%	0.5	3.38	3.26	3.25	3.24
CCR/%	5.0	3.8	0.3	2.68	0.3
Ni+V/(μg/g)	<10	6	<1	4	<0.5
终馏点/℃		>565	<565	>565	<565
多环芳烃含量		高	中	中-高	低
相对加氢苛刻度		高	中	中-高	中-低

①　直馏馏分油和其他馏分油总和(馏程在 360℃以上)。

从表 1-41 可以看出，采用溶剂脱沥青、延迟焦化以及两者联合工艺加工减压渣油时，两者联合工艺的>360℃$^+$产品的收率约提高 25%，焦炭产率约减少 30%。相对于延迟焦化工艺，浆态床加氢裂化工艺可以多生产出 10%的液体产品，此外，浆态床加氢裂化工艺对柴油产品选择性明显高于其他工艺，柴油产率相当于进料减压渣油的 45%，比延迟焦化工艺的柴油产率高出 60%。相对于其他重油加工工艺，常压渣油固定床加氢处理工艺液体收率最高，且 360℃$^+$产品中的硫含量最低，最适合与重油催化裂化技术组合多产汽油产品。

从全球重油加工技术的工业应用而言，2013 年统计数据表明，加氢过程约占全部转化能力的 22.20%，其余的 77.8%为延迟焦化、减黏裂化、热裂化和溶剂脱沥青等技术，如表 1-42 所列。延迟焦化工艺所占份额最多，且呈增加趋势。就规模而言，全球加氢总能力约为 154Mt/a，其中约 75%为固定床，25%为沸腾床。

表 1-42　不同重油加工技术市场份额及其变化

重油加工技术市场份额	1998 年	2013 年	重油加工技术市场份额	1998 年	2013 年
溶剂脱沥青	3.98	3.62	减黏裂化、热裂化	37.15	33.89
焦化	35.60	40.29	渣油加氢	23.27	22.20

重油轻质化是炼油厂加工流程优化的重点，也是炼油厂清洁化生产的关键和产生效益的最主要来源之一。劣质渣油的加工要依据原料性质、市场对产品的需求、经济效益以及环保要求等因素统筹考虑，其中市场对产品的需求尤为重要。当市场以汽油消费为主时，渣油固定床加氢处理与催化裂化组合工艺较优；当市场以柴油消费为主时，延迟焦化或悬浮床重油

加氢裂化与馏分油加氢裂化组合工艺较优。我国是以汽油消费为主,因此应该大力发展渣油固定床加氢处理与催化裂化组合工艺。

三、催化裂化装置为核心的渣油加工路线

渣油尤其是含硫渣油性质,与其馏分不同差异较大,而且与原油属性和产地有关。通常高硫劣质渣油的沸点高、馏分重、相对分子质量大、H/C 值小,除含有固体物质外,胶质、沥青质、重金属、硫、氮含量和黏度都很高。几种典型的常压渣油硫含量在 2.0% ~5.0% 范围内,科威特、沙特重油和伊拉克原油的常压渣油的硫含量均在 4.5% 以上。其金属含量等其他物化性质差异很大,其中伊朗、沙重和伊拉克原油的常压渣油的重金属(V+ Ni)含量高达 100μg/g 以上,而伊朗重油的常压渣油的重金属(V+Ni)含量高达 201.53μg/g,总氮含量达 4431μg/g。因此,对于加工劣质原油来说,即使是常压渣油的处理也必须要采用合理的组合工艺。几种典型的减压渣油硫含量一般大于 2.0%,其中伊拉克减渣的硫含量高达 6.29%,残炭为 14% ~20%,重金属(V+Ni)的含量为 42 ~464μg/g。较为典型的伊朗轻油和重油的重金属(V+Ni)含量分别高达 323.7μg/g、464.3μg/g,伊朗重油和沙特重油减渣的氮含量分别高达 5676μg/g、6904μg/g,科威特、伊拉克、伊朗重油和沙特重油减渣的残炭高达 18% 以上。伊朗重油和沙特重油减渣的黏度竟高达 5676 ~6904mm²/s。这些原料油性质在第四章将详细论述。由于原油中的硫主要集中在渣油部分,所以劣质原油的加工关键就是其渣油的清洁化加工问题,同时要生产高附加值的轻质油品。

高硫劣质原油的加工难点在于渣油加工,尤其是减压渣油的加工,选择适宜的高硫劣质原油的常压渣油和减压渣油的加工工艺是充分利用原油资源,减少环境污染,降低炼厂加工费用,提高其经济效益的有效手段。国内外对高硫劣质原油的加工进行了长期的研究,同时在实践中积累了大量的生产经验。对于处理劣质原油的重油来说,很难选择一种合适的加工工艺,当采用相关组合工艺时,应充分分析考虑各加工工艺的特点及相互之间的组合适用性。下面以催化裂化装置作为重油加工核心装置来探讨劣质渣油加工路线的选择(孙丽丽,2007;2009;侯芙生,2007;李胜山,2011)。

(1)延迟焦化-催化裂化组合工艺

延迟焦化-催化裂化组合工艺是将高硫渣油进焦化装置,高硫蜡油和焦化馏分油加氢脱硫、脱氮后又作为催化裂化原料,重油催化裂化装置所产生的油浆作为延迟焦化的进料,焦化石脑油进催化裂化加工或进加氢装置加氢后作为乙烯裂解原料。高硫焦可以作为 CFB 锅炉原料,为全厂提供蒸汽和电。对单一炼厂来说,该方案电力较富裕,多余的电可外供上网。该组合工艺通过脱碳工艺,脱除渣油中的绝大部分重金属、沥青质等,轻质油品收率相对较高,但产生的油品必须要经过后精制才能作为产品出厂,同时高硫石油焦的清洁化利用问题也很突出,后续的投资和清洁化生产问题要妥善解决。如产生的高硫焦或做锅炉燃料要增加烟气脱硫设施,或做 CFB 锅炉燃料,要用石灰石脱硫等。该组合工艺示意图见图1-62。

采用延迟焦化-催化裂化组合工艺时,一般用来处理高硫、高金属(>300μg/g)、高残炭等非常劣质的渣油,其工艺特点为操作压力低、温度高,其转化率随原料油中的残炭含量的增加而增加,一般情况下,其转化率仅为 50% ~70%;当炼厂加工伊朗重油、沙特重油、科威特原油和伊拉克原油时,由于其减压渣油性质决定通常需要选择这种组合工艺。中国石化青岛炼化公司、中国石油独山子石化公司和中国海油惠州石化公司采用的是以常减压—减压

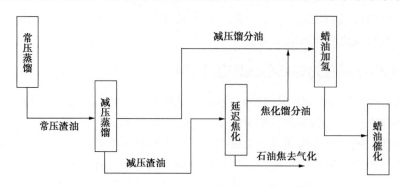

图 1-62　延迟焦化-催化裂化组合工艺示意图

渣油延迟焦化—蜡油加氢处理—蜡油催化裂化为主线的脱碳型重油加工组合工艺流程。

（2）渣油加氢-重油催化裂化组合工艺

渣油加氢-重油催化裂化组合工艺是将劣质渣油经过渣油加氢处理后，生产部分轻质油品，加氢后的常压渣油作为重油催化裂化的原料，重油催化裂化装置所产生的重循环油又可作为渣油加氢的进料，重循环油中的高含量芳烃可以有效地提高渣油中胶质和沥青质的溶解性，从而提高其渣油的转化率，减少催化剂的积炭，延长催化剂的寿命。典型的渣油加氢-重油催化裂化组合工艺见图 1-63a（牛传峰，2002）。

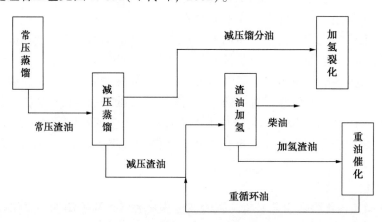

图 1-63a　渣油加氢-重油催化裂化组合工艺示意图

渣油加氢工艺可以处理高硫、相对中等金属含量和残炭的原料油，一般其原料适用范围为重金属（V+Ni）含量<200μg/g，残炭<20%。该工艺操作压力高、温度也高，渣油加氢的转化率通常为30% ~ 50%左右，根据全厂总加工流程的安排，其转化率可以更高，康氏残炭比较容易降到6%以下，有害金属含量也能降到催化裂化催化剂允许的水平。因此，渣油加氢工艺所生产的常压渣油或减压渣油可以直接作为催化裂化装置的原料。从另外一个角度看，该工艺是环境友好工艺，虽然其一次性投资较高，但是避免了其他工艺所带来的二次环境污染。同时该工艺的应用由于消耗催化剂等原因，其加工费用相对较高，但是因其轻油收率较焦化工艺高，全厂的经济效益也高。虽然渣油加氢工艺对原料中的杂质含量有一定限制，但随着催化剂在线置换和移动床反应器等技术相继投入使用，已经可以加工金属含量小于400μg/g 的原料，也就是说绝大部分中东油及其他劣质原油也可以采用渣油加氢工艺进行

加工。因此，渣油加氢处理工艺的工业应用得到了较快的发展，日本和中东一些国家大量采用了这种组合工艺。我国在固定床渣油加氢-催化裂化组合工艺的工业应用方面也进展较快，大连西太平洋、广西石化、齐鲁石化、茂名石化和海南炼化等公司采用的是以常减压—渣油加氢脱硫—重油催化裂化为主的加氢型重油加工组合工艺流程。

在同样操作条件下，改善加氢装置的原料可以相应改善催化裂化装置的进料性质。对一些炼油厂来说，在原油来源复杂的情况下，可以将部分常压渣油不经减压分馏而直接送渣油加氢装置，即可以设置"大常压和小减压"方案，以灵活调整渣油加氢原料性质，如图1-63b所示。

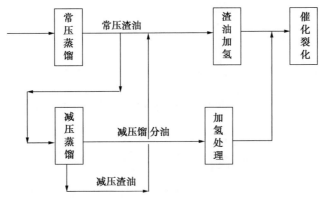

图1-63b　"大常压和小减压"渣油加氢-重油催化裂化组合工艺示意图

为便于讨论，仅以70%沙轻与30%沙重的混合原油为例，混合原油性质及其渣油性质见表1-43。从表1-43可以看出，这种混合原油的540℃以上馏分的渣油性质很差，尤其是Ni+V含量上升到141.61μg/g，这对通常设计重金属含量为100μg/g左右的渣油加氢装置的操作周期会影响很大。若将部分常压渣油不经减压蒸馏直接作为渣油加氢的调合组分，进料性质会得到很好的改善，如表1-43所列，40%常压渣油与60%的减压渣油混合后，其Ni+V含量为113μg/g，残炭含量也下降到17.3%。因此，在生产操作过程中，可以根据原油的劣质化程度灵活调整渣油加氢装置的进料，可以根据生产需要调整渣油加氢的操作周期，也可以根据市场需求和全厂公用工程平衡的要求调整渣油加氢的操作条件来调整催化裂化的进料性质。由于避免了全减压流程中减压渣油和部分减压蜡油分离后又混合而造成投资和能耗的浪费，通常装置能耗可以减低1个单位左右。"小减压"蒸馏设置还为炼厂在开工初期适当生产一部分减压蜡油和渣油，一方面缓解后续装置的开工压力，又可为渣油加氢装置提供开工用蜡油，并提供部分开工用燃料，减少开工时对外部资源的依靠。

表1-43　70%沙轻与30%沙重原油及其渣油性质

项　　目	混合原油	350℃常渣	540℃减渣	40%常渣+60%减渣
API度	30.1	13.42	5.31	8.56
硫/%	2.22	3.735	4.754	4.35
总氮/(μg/g)	1232	2336	3886	3266
残炭/%	4.099	11.77	20.94	17.30
V +Ni/(μg/g)	47.97	70.09	141.61	113.00
沥青质/%		5.1	10.4	8.3

　　充分利用催化原料预处理与重油催化裂化组合工艺的优势，将催化裂化的重循环油循环到渣油加氢装置，由于重循环油中含有大量芳烃组分，可以很好地溶解渣油中的胶质和沥青质，以改善渣油加氢的进料性质，从而改善渣油加氢反应，减少催化剂的积炭，延长催化剂的使用寿命，减少气体产率。同时重循环油中的芳烃部分饱和，又改善催化裂化的进料性质，从而改善催化裂化装置的产品分布。典型的渣油加氢处理与催化裂化双向组合工艺流程如图1-63c所示。与传统渣油加氢处理和催化裂化流程相比，组合工艺的催化裂化装置的轻油收率和液体收率均高1.5~2个百分点。

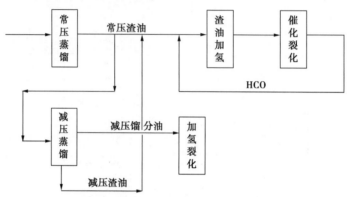

图1-63c　渣油加氢处理与催化裂化双向组合工艺流程示意图

　　（3）渣油溶剂脱沥青-沥青气化-脱沥青油加氢处理-催化裂化组合工艺

　　渣油溶剂脱沥青-沥青气化 脱沥青油加氢处理-催化裂化组合工艺是利用溶剂脱沥青工艺"浓缩"劣质渣油中的金属、硫和残炭等，然后脱油沥青去气化装置生产电、水蒸气和合成气，脱沥青油至加氢裂化或经加氢处理后进催化裂化进一步转化。这种组合工艺可以处理高硫、高金属和高残炭渣油。但是，由于其沥青的收率较焦化工艺所产生的焦炭高，故其轻油收率相对较低，其沥青的发电量也高，通常用于炼化一体化的项目中，通过减少外供电量来进一步提高全厂的经济效益。福建炼化一体化项目便是采用这种渣油加工组合工艺。典型的组合工艺示意图见图1-64a。

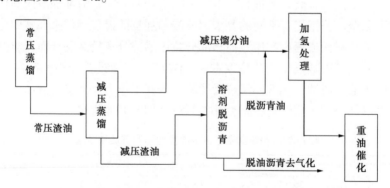

图1-64a　渣油溶剂脱沥青-沥青气化-脱沥青油加氢处理-催化裂化组合工艺示意图

　　该组合工艺的另外一个应用是在流程中增加延迟焦化装置，将脱油沥青至延迟焦化装置，进一步"浓缩"原料油的硫、金属、残炭等。脱沥青油和焦化蜡油经加氢处理后可以满足催化裂化的催化剂和工艺操作要求，以便生产所需要的轻质产品。由于采用了更进一步的

"浓缩"工艺，故产生的石油焦的产量低，因此，这种组合工艺较前者具有更高的渣油转化率和轻油收率，但是其一次性投资和操作费用也高。据切步核算，炼厂采用该组合工艺其轻油收率可以提高2%。典型的组合工艺示意图见图1-64b。

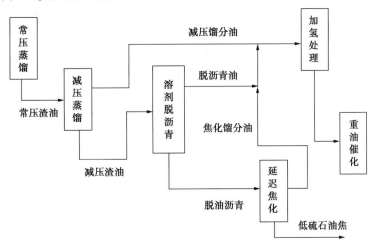

图1-64b 渣油加氢-重油催化裂化-延迟焦化组合工艺示意图

（4）延迟焦化（小）-渣油加氢（大）-重油催化裂化组合工艺

若原油性质进一步劣质化，通常在渣油加氢进料中Ni+V的总含量高于150 μg/g时，为了改善其进料性质，又要保证资源利用最大化和轻质油收率，在渣油加工流程中安排一套小规模的延迟焦化装置以改善渣油加氢装置进料性质。减压蒸馏装置采用减压深拔技术以浓缩减压渣油，其中大部分渣油和焦化蜡油进渣油加氢装置，然后去催化裂化装置。减压馏分油去加氢裂化装置。少部分浓缩的减压渣油进延迟焦化进行加工，焦化装置所产的石油焦作为气化装置的原料用来生产氢气，为加氢装置提供氢气。如图1-65所示。

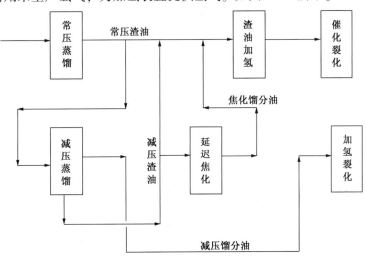

图1-65 延迟焦化（小）-渣油加氢（大）-重油催化裂化组合工艺示意

渣油的切割点变化对渣油性质的影响见表1-44。表1-44数据表明，渣油的切割点变化对渣油性质影响很大，其中350℃以上馏分与540℃以上馏分的渣油性质相比，切割点相差

190℃，但其杂质含量变化的幅度要远远低于540℃以上馏分与565℃以上馏分的变化幅度，后者的硫含量相差0.2个百分点，Ni+V含量由190.9μg/g上升到264.11μg/g，上升幅度达39%左右，残炭含量由20.82%上升到23.57%，上升幅度高达13.2%以上。通过上述数据分析可以看出，对加工劣质渣油来说，可以采用重油加工集成技术，一方面浓缩部分渣油选择焦化装置处理，从而改善大部分渣油性质，另一方面改善后的渣油性质可以满足渣油加氢的进料要求从而达到提高全厂轻质油收率的目的。初步估算，规模为12.0Mt/a的炼油厂，加工上述劣质原油，如在渣油加工流程中增设1.2Mt/a的劣质渣油焦化装置，相当于允许原油中的杂质含量更加劣质化，其中硫含量在原来的基础上可以提高8.8%，Ni+V含量提高18.1%，残炭含量提高17.3%。按60美元/桶的价格体系初步预测，由于原油成本的降低并考虑其综合因素的影响，其内部收益率可以提高0.75%左右。

表1-44　渣油切割点变化对渣油性质的影响

项　　　目	中东混合原油	350℃常渣	540℃减渣	565℃减渣
API度	31.1	13.67	4.61	3.42
硫/%	2.20	3.72	4.82	5.02
总氮/(μg/g)	1657	3130	5126	5445
残炭/%	4.99	11.29	20.82	23.57
V+Ni/(μg/g)	47.97	90.00	190.9	264.11
沥青质/%		3.9	8.2	9.3
运动黏度/(mm²/s)	2.7	44.4	2002.4	4743

（5）渣油加氢-延迟焦化-催化裂化组合工艺

渣油加氢-延迟焦化-催化裂化组合工艺是将劣质渣油经过渣油加氢浅度加氢处理，将其硫含量降低后，硫含量较低的渣油进延迟焦化装置，通过焦化这种脱碳工艺生产轻质油品，但是产生的轻质油品需要经浅度加氢精制后作为催化裂化装置原料，同时生产低硫石油焦。当低硫石油焦销路好且用途广泛时，可选用该组合工艺，该组合工艺也属于环境友好工艺，虽然其一次性投资相对较高，但是避免了劣质渣油直接焦化生产的高硫石油焦所带来的二次环境污染。据估算，采用该组合工艺其轻质油收率较渣油加氢-催化裂化组合工艺要低约5个百分点，但其氢耗量也较其降低一半以上。与较高硫石油焦作为CFB原料或IGGC气化组合工艺相比，该组合工艺的轻油收率略有增加，但其投资也要有所降低。而两者之间的效益差异关键在于外购电的电价。故当低硫石油焦有较好销路，外购电的价格没有明显差异时，为进一步保护环境，可以选用该组合工艺。典型的组合工艺示意图见图1-66。

（6）渣油加氢-催化裂化高度集成工艺

前面已论述，渣油加氢处理装置适合加工性质较好的渣油，即使如此，渣油加氢处理装置运转周期约12月左右，并为催化裂化装置提供较难裂化的加氢重油，造成催化裂化装置目的产品选择变差，两套装置均未充分发挥各自的长处。渣油加氢-催化裂化高度集成工艺（简称IHCC）就是以催化裂化装置目的产品高选择性为前提，在合理的转化率下可提供足够的催化蜡油（FGO），从而可以大幅度增加轻质油收率，同时解决渣油加氢处理装置所面临的问题（许友好，2011）。由此，IHCC工艺分为三个方案：一是足够的FGO量与劣质渣油混合，作为渣油加氢处理装置的原料油，从而扩展了渣油加氢处理装置的适应性，其原则流程如图1-67a所示；二是降低渣油加氢处理装置初始的苛刻度，提供给催化裂化装置更劣质的原料，催化裂化装置产生更多的难以转化的FGO进入后续的FGO加氢处理装置来改善其

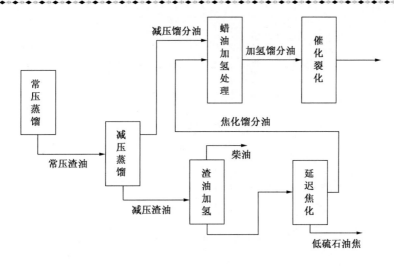

图 1-66　渣油加氢-延迟焦化-催化裂化组合工艺示意图

性质，从而可以延长渣油加氢处理装置运转周期，其原则流程如图 1-67b 所示；三是采用渣油加氢处理装置、加氢重油催化裂化装置、FGO 加氢处理装置和加氢 FGO 催化裂化装置组合，以大幅度提高液体产品收率并充分利用两套催化裂化装置汽油和柴油性质的差异，其原则流程如图 1-67c 所示。

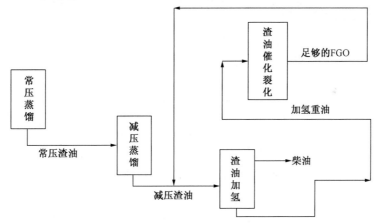

图 1-67a　改善渣油加氢处理装置原料适应性的 IHCC 工艺

　　综上所述，虽然劣质渣油加工和催化裂化组合工艺流程较多，且不同组合工艺的特点差异较大，但从总体上可分为加氢型流程、脱碳型流程和两者组合流程。每种流程各有所长，亦各有所短。加氢型流程对原油变轻有较好的适应性，对原油变重适应性较差。这是因为，渣油加氢脱硫装置对原料中的残炭、重金属和氮含量等指标要求比较严格。一旦原油变重，渣油加氢脱硫装置原料中的残炭、重金属和氮含量就可能超标，就会影响渣油加氢脱硫装置操作周期。为了保证渣油加氢脱硫装置的原料性质不超标，就要势必将更多的减压蜡油，调整到渣油加氢脱硫装置的原料中去，达到极限时就变成了名副其实的常压渣油加氢脱硫了。因此，加氢型流程考虑原油适应性的重点，应放在减压部分的设计上。一是减压炉的负荷要有一定的余量，当原油变重时，不至于因为加热炉的负荷不够，而影响全厂的原油加工量。

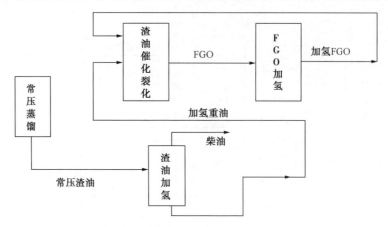

图 1-67b　延长渣油加氢处理装置运转周期的 IHCC 工艺

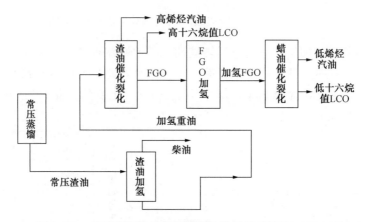

图 1-67c　合理利用汽油和轻循环油性质的差异的 IHCC 工艺

二是当超过了加热炉所留的余量时，可考虑通过调整流程来解决问题，即安排部分常压渣油，不经过减压直接进渣油加氢脱硫。三是考虑预留延迟焦化或溶剂脱沥青的装置的位置，当原油变得非常重的时候，将部分减压渣油进延迟焦化或溶剂脱沥青的装置进行处理。四是将催化裂化重循环油作为渣油加氢脱硫装置的原料，形成渣油加氢脱硫-重油催化裂化双向组合流程。而脱碳型总流程对原油变重的适应性较好，对于原油变轻适应性较差。这是因为焦化装置对原料的要求不高，无论原油变得多重，焦化装置基本都能适应。相反当原油变轻时，由于直馏石脑油、直馏柴油量相对增加，常压部分的设计就成为制约原油处理量的主要因素，因此应把重点放在常压部分的设计上。一是常压炉的负荷要留有一定的余量或留有通过改造增加负荷的余地。二是塔顶冷凝冷却的负荷要有一定的余量或预留一定空间，以便通过改造增加冷凝冷却器。三是留有将闪蒸塔改造为初馏塔的余地。如果一个炼厂有两条生产线，最好一条线采用加氢型流程，一条采用脱碳型流程。组合型流程是适应原油变化最强的流程，无论原油如何变化，都有较好的适应性。换句话说，由于炼厂各异，有很多特殊性，所以更为严谨的表述是：无论是采用什么流程，只要对原油适应性做了充分考虑，就是最合适流程，有可能成为最有竞争力的流程(李胜山，2011)。

四、不同重油加工方案分析与比较

1983 年 Fluor 公司以阿拉伯重质原油(Safaniya 原油)为典型的 5Mt/a 炼油厂提出了 6 种重油加工方案:

Ⅰ. 延迟焦化+催化裂化;

Ⅱ. 延迟焦化+加氢裂化;

Ⅲ. 减压渣油加氢裂化(氢油法+催化裂化);

Ⅳ. 常压渣油加氢脱硫-延迟焦化-催化裂化;

Ⅴ. 灵活焦化-催化裂化;

Ⅵ. 常压渣油加氢脱硫-催化裂化。

上述方案中除Ⅱ之外均是催化裂化型炼油厂,它们的主要技术经济指标差别见表 1-45。

表 1-45　Fluor 公司的 6 种方案

技术经济指标	Ⅰ	Ⅱ	Ⅲ	Ⅳ	Ⅴ	Ⅵ
轻质油品收率/v%	76	82	79	73	86	87
工厂投资/百万美元	414	438	510	574	619	532
日加工费/千美元	124	174	184	185	130	186

注:外购异丁烷及制氢用天然气。

可以看出Ⅵ、Ⅴ两种方案轻油收率最高,而Ⅵ方案投资较低。Ⅵ和Ⅳ方案均有 ARDS,但Ⅳ方案不如Ⅵ有利。

1985 年 Bechtel 公司以假设的"现有"5Mt/a 加工 AL 原油的无渣油加工的催化裂化型炼油厂为基础,考虑了仍用 AL 原油、增设延迟焦化的 1A 方案和改用 AH 原油的 6 种方案(Stewart,1985)(2A~2F),其渣油加工路线如下:

2A——延迟焦化;　　　　　　　　2B——流化焦化(灵活焦化);

2C——ART/FCC;　　　　　　　　2D——H-Oil;

2E——ARDS/RFCC;　　　　　　　2F——ARDS/DC。

上述方案是以生产同量的轻质油品(发动机燃料)为基础,计算了相应的技术经济指标,见表 1-46(1A,2A~2D 产品均经加氢精制)。

表 1-46　Bechtel 公司的 7 种方案

技术经济指标	1A	2A	2B	2C	2D	2E	2F
原油加工量/(Mt/a)	1.39	4.47	4.43	4.20	4.15	4.15	4.09
轻质油收率/v%	90.1	88.5	89.4	94.1	95.4	95.4	96.7
增加投资/百万美元	227	404	536	467	467	459	483
年加工成本/百万美元	1048	1053	1033	1034	1034	996	1006

注:除方案 2B 外均外购天然气。

从表 1-46 可以看出,轻质油收率高的 2D,2E,2F 方案中 2D 年加工成本偏高,2E 比 2F 略好。

1990 年 Kellogg 公司和 HRI 公司推出了 90 年代 5Mt/a 催化裂化型炼油厂加工 AH/ANS (阿拉斯加北坡)/AL=3/5/2 的混合原油时可供选择的 9 个方案(Ragsdale,1990)。主体重渣油加工路线是:

1——VRDS/VB; 　　　2——VRDS/SDA; 　　　3——VRDS/DC;

4——FLXC; 　　　　5——H-Oil; 　　　　6——H-Oil/SDA;

7——SDA/H-Oil; 　　8——ARDS/RFCC; 　　9——H-Oil/RFCC。

按照假定的基础条件计算的技术经济指标见表1-47。

表1-47 Kellogg/HRI公司的9种方案

技术经济指标	1	2	3	4	5	6	7	8	9
轻质油收率/v%	82.5	87.2	93.5	96.8	88.5	104.7	100.2	97.4	97.4
工厂投资/百万美元	747	777	794	732	761	807	795	803	772
内部收益率/%	14.3	15.2	12.6	17.5	17.4	20.0	18.8	16.8	16.8

注：外购异丁烷。

方案6的轻油收率最高，投资也最高，但内部收益率(IRR)也最高。方案5、7、8、9也均有一定特点，但因H-Oil法尚未普遍应用，方案8(ARDS/RFCC)从现实角度相对可行，当然要根据具体情况再做出结论。

1992年Comprimo公司按照欧洲炼厂和环保标准提出加工1.5Mt/a阿拉伯轻质原油VR(>550℃)的4种单独加工方案(Menon，1992)(前2种为沸腾床加氢)：

1——RHC(85%转化率); 　　　2——RHC(65%转化率);

3——DC(75%转化率); 　　　　4——SDA(75%DAO)/FCC。

产品中汽油、柴油均为低硫(0.05%)油品，方案1~3生产的石脑油和FCC原料油需进一步加工。

4个方案的技术经济指标见表1-48。可以看出VR加氢转化65%~85%均属可行，尾油可用于制氢或发电。第4方案的汽油收率最高(方案1~3的重整原料和FCC原料转化为汽油后也只有23%~27%)。方案1的轻质油收率最高，方案1和2的柴油质量最好，表中投资回收年限随原料VR价格和电价而有较大浮动。

表1-48 Comprimo公司的4种方案

技术经济指标	1	2	3	4
产品产率/%				
C_3、C_4	1.4	0.7	4.0	10.5
石脑油	15.1	9.9	12.2	9
汽油	—	—	—	34.5
柴油	34.9	25.3	24.9	4.8
FCC原料工业馏分油	26.1	25.5	24.1	8.5
投资/10^6f(荷兰盾)	1210	1570	1330	1610
回收期/a	5.3	8.4	6.4	8.1

注：渣油、DAO或石油焦气化制氢。

UOP公司对AL原油采用SDA/FCC，对AH原油采用ARDS-VGO/FCC的重油加工技术路线，并以5Mt/a的炼油厂规模进行了技术经济指标计算(Thompson，1987)。主要数据见表1-49。

表 1-49 UOP 公司的炼油厂方案

技术经济指标	AL 原油	AH 原油	技术经济指标	AL 原油	AH 原油
轻质油品收率/v%	91.7	71.2	投资/百万美元	720	715
6 号燃料油收率/v%	5.3	24.4	年加工费/百万美元	258	267

RIPP 的郑世耀等比较了加工伊朗重质原油(IH)的 11 种加工方案。因国内价格变动较大，只列产品收率以资对比，见表 1-50。

表 1-50 伊朗重质原油的加工方案

加 工 方 案	汽油/%	柴油/%	喷气燃料/%	液化气/%	石油焦/%	燃料油/%	FCCU 规模/%(占原油)
1. ARDS/RFCC	38.5	44.6	—	3.3	—	—	40
2. ARDS/DC/FCC	34.5	46.1	—	6.3	3.5	—	25
3. ARHC/RFCC	36.2	45.1	—	7.2	—	1.1	34
4. ARHC/HC	23.9	46.9	7.5	6.5	—	4.5	0
5. VRDS/RFCC	39.6	43.2	—	6.6	—	0.7	42
6. VRDS/DC/FCC	35.3	45.1	—	6.5	3.1	—	26
7. VRHC/RFCC	33.8	41.1	—	6.7	—	8.7	28
8. VRHC/VGOMHC/RFCC	32.3	43.2	—	6.4	—	8.1	24
9. VRHC/HC	24.2	43.5	9.1	5.9	—	7.1	0
10. VB/FCC	29.8	37.0	—	5.7	—	15.8	19
11. SDA/RFCC	34.9	40.3	—	6.6	—	10.3(沥青类)	30

注：自用燃料及制氢原料均从产品中扣除，需外购甲醇。

表中除方案 4、9 外均为催化裂化型炼油厂。催化裂化装置能力为原油加工能力的 19%~42%。方案 1、5 的 FCCU 规模较大，轻质油收率也较高；但柴油质量较差，不如方案 4、9。

BDI 的陈国光提出了加工我国胜利原油的 6 种加工方案，有关产品收率和催化裂化装置规模见表 1-51。作者认为方案 6 为最佳方案，但气体烃必须充分利用；方案 1 的投资最高，回收期最短，当前不失为现实可行的较佳方案。在渣油加氢方案中投资一般较高，其中方案 5 较方案 3 和 4 的投资回收期短。

表 1-51 胜利原油加工方案

方案及重油加工路线	汽油/%	柴油/%	液化气/%	丙烯/%	石油焦/%	燃料油/%	FCCU 规模/%(占原油)
1. DC	32.5	40.7	1.8	1.3	9.4	5.0	38
2. SDA	34.9	34.5	1.8	1.6	13.9(沥青类)	2.4	51
3. VRDS/DC	35.5	42.5	1.8	1.5	4.1	0.8	48
4. VRDS/RFCC	38.7	40.4	1.8	1.9	—	—	60
5. VRHC(LC-fining)	39.8	42.5	3.1	1.4	—	6.6	43
6. ART/RFCC	41.7	35.8	2.5	2.5	—	4.9	27

注：自用燃料及制氢原料均从产品中扣除，需外购甲醇。

FRIPP 的陶宗乾等提出了加工我国辽河稠油 AR 的 4 个典型加工方案，有关技术数据见表 1-52；同时比较了在不同的加氢(处理、裂化)与延迟焦化的投资比率下的投资利税率。作者认为低硫重油的深度加工皆以先热加工的方案为好。

表 1-52　辽河稠油常压渣油的加工方案

方案及重油加工路线	汽油/%	石脑油/%	柴油/%	液化气/%	石油焦/%	燃料油气/%	FCCU 规模/%（占原油）
1. DC	22.8	9.3	33.0	6.0	16.6	8.1	56
2. VRDS-DC	29.5	6.2	40.0	7.7	5.6	4.8	68
3. VRHC	28.3	11.0	41.1	8.7	—	4.6	65
4. ARDS-DC	27.3	8.5	42.9	7.0	6.1	2.4	57

注：制氢原料已从产品中扣除，自用燃料未扣除。

　　综上所述，国内外研究开发和工程设计单位对于重油深度加工的炼油厂的总工艺流程提出了多种对比方案，做了初步的技术经济比较，提出了一些有价值的建议，本书只摘录了一小部分，进一步了解可查阅有关文献。应该指出各方案的基础条件不同，原料和产品价格、建设投资与加工费用的地区性差别很大，因此很难得出一致的结论，只能提供概念性的参考意见。还应强调一点，由于年代的不同，对于产品质量和环保要求的标准也不相同，加工工艺和流程将会不断发展。技术的进步和通货膨胀也会对建设投资产生正或负的效应。

　　以加工 AL 原油的多产汽油的催化裂化型炼油厂为例，按重油转化深度的顺序列出 6 种方案的主要产品收率，见表 1-53。其中 C 方案属 20 世纪 80 年代美国典型汽油型炼油厂的工艺，流程图见图 1-68。F 方案则属 20 世纪 90 年代美国典型汽油型炼厂的工艺，流程图见图 1-69。两图的说明见表 1-54。

表 1-53　几种催化裂化型炼油厂的产品产率

产品收率	A	B	C	D	E	F
液化石油气/v%	2.2	2.2	2.3	2.6	2.6	2.8
石脑油/v%	4.6	4.8	4.8	4.1	3.5	3.6
汽油/v%	48.9	49.6	52.7	56.7	58.9	65.1
喷汽燃料/v%	6.3	6.2	6.2	6.2	6.3	6.3
柴油/v%	20.4	21.6	27.4	20.6	24.1	25.1
燃料油 N6/%	23.2	20.9	5.2	15.2	8.7	3.9
石油焦/%			5.3			—

　　说明：A—减压渣油不加工，VGO 催化裂化；B—减压渣油减黏，VGO 催化裂化；C—减压渣油焦化，VGO、CGO 催化裂化；D—减压渣油溶剂脱沥青，VGO、DAO 催化裂化；E—常压渣油催化裂化；F—常压渣油加氢处理后催化裂化。

表 1-54　总工艺流程图的说明

　　1. 符号说明

CDU	常压蒸馏装置	FCCU	催化裂化装置	GRU	气体回收装置
VDU	减压蒸馏装置	HTU	加氢精制装置	MRU	脱硫醇装置
DCU	延迟焦化装置	ALU	烷基化装置	ERU	乙烯回收装置
RHU	渣油加氢装置	CCU	催化叠合装置	GBU	汽油调合装置
CRU	催化重整装置	ISU	异构化装置		

　　2. 线条说明：实线表示油（气）流，虚线表示氢气流。

　　3. 副产物和自用的燃料气均未在图上表示。

　　4. 如渣油加氢装置脱硫率增大，或原油较重，则需在总流程中增加制氢装置。

　　孙丽丽（2007）以国内某炼化公司选择不同的重油加工组合工艺为典型实例说明重油加工组合工艺对全厂经济效益的影响。该炼化公司原油加工能力为 8Mt/a，原油为阿曼类原

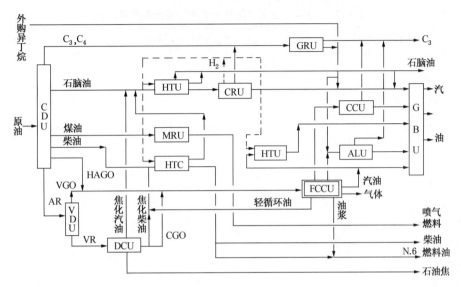

图 1-68　20 世纪 80 年代美国典型汽油型炼油厂总工艺流程

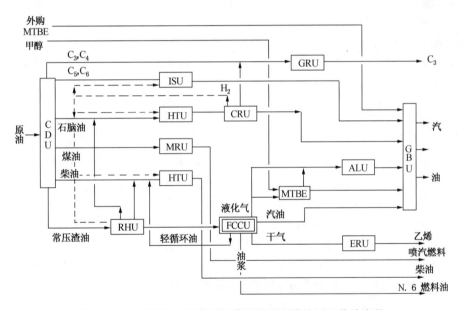

图 1-69　20 世纪 90 年代美国典型汽油型炼油厂工艺总流程

油：文昌原油＝4：1，硫含量分别为 1.04% 和 0.183%，其中混合原油>350℃。常压渣油硫含量为 1.447%，残炭为 8.19%，金属镍、钒含量分别为 9.154μg/g 和 9.624μg/g；>530℃ 减压渣油硫含量为 1.97%，残炭为 15.01%，金属镍、钒含量分别为 19.25μg/g 和 18.31μg/g，汽油和柴油产品要求达到欧洲Ⅲ排放标准，部分产品达到欧洲Ⅳ排放标准。从原油资源的利用、高价值产品收率、投资收益率、当地丰富廉价的天然气资源和严格的环保要求等多方面综合考虑，选择渣油加氢-催化裂化和延迟焦化-催化裂化两个方案进行了研究。两个方案的主要工艺装置及其规模和产品产量列于表 1-55，而主要技术经济指标列于表 1-56，投资估算均按 2004 年价格水平确定。

表 1-55　主要工艺装置及其规模和主要产品产量对比

重油加工方案	渣油加氢-催化裂化	延迟焦化-催化裂化
装置名称		
常压/减压蒸馏装置/(Mt/a)	8.0/2.5	8.0/4.5
催化原料预处理装置/(Mt/a)	3.1(渣油)	2.8（蜡油）
催化裂化装置/(Mt/a)	2.8（重油）	2.6(蜡油)
连续重整装置(含苯抽提)/(Mt/a)	1.2	1.2
制氢装置/(Nm³/h)	60000	20000
柴油加氢装置/(Mt/a)	2.0	2.9
加氢裂化装置/(Mt/a)	1.2	
延迟焦化装置/(Mt/a)		1.8
聚丙烯装置/(Mt/a)	0.2	0.2
主要产品产量		
汽油/(Mt/a)	2.475	2.3204
其中：93#欧Ⅲ	1.475	1.3204
95#欧Ⅲ	0.8	0.8
97#欧Ⅲ	0.2	0.2
3#煤油/(Mt/a)	0.2	0.2
欧Ⅲ柴油/(Mt/a)	3.88	3.6199
聚丙烯/(Mt/a)	0.2087	0.1937
石油焦/(Mt/a)		0.5034
汽煤柴油收率/%	81.39	77.36
柴汽比	1.52	1.50
综合商品率/%	93.56	93.47(含石油焦)
		87.18(不含石油焦)

　　从表 1-55 可以看出，两个对比方案的装置，除焦化装置外，其余的装置名称基本相同。但是，两种加工方案的重油加工装置所加工的原料差异很大，渣油加氢方案(实施方案)比焦化方案多了一套加氢裂化装置，而且前者的催化原料预处理装置所处理的原料为渣油，后者为蜡油；前者的催化装置为重油催化装置，后者为蜡油催化装置。渣油加氢方案较焦化方案的汽油和柴油分别多生产 0.1546Mt/a 和 0.2601Mt/a，而渣油加氢方案的汽油、煤油和柴油收率为 81.39%，高出焦化方案的 4.03 个百分点。尽管两个方案的综合商品率基本相当，但焦化方案中有约 0.5Mt/a 的低价值的石油焦，若不计石油焦，其综合商品率差值为6.38 个百分点。

　　从表 1-56 可以看出，高油价时，尽管其操作费用高，但是大部分经济指标要好于低油价的情况，尤其是内部收益率明显增高，渣油加氢方案的内部收益率在高油价时将提高6.74%，焦化方案也要提高 3.06%。在高油价时，渣油加氢方案的技术经济指标要明显好于焦化方案。对于加工中东含硫原油，从原油资源的利用、高价值产品收率、投资收益率和环保要求等方面考虑，重油加工路线选择渣油加氢—催化裂化组合工艺无论是在高油价还是正常油价的情况下都是合理的。

表1-56 两个重油加工方案主要技术经济指标汇总

原油价格/(美元/桶)	23		50	
项 目 名 称	渣油加氢-催化裂化方案	延迟焦化-催化裂化方案	渣油加氢-催化裂化方案	延迟焦化-催化裂化方案
总投资/万元	1160709	1112604	1201005	1152490
销售收入/万元	1834125	1707870	3529372	3309122
总成本/万元	1576443	1496551	3041364	2936638
利润总额/万元	116200	85884	226808	137948
炼油部分完全操作费用/(元/t 原油)	179.93	116.68	199.42	119.98
全厂现金操作费用/(元/t 原油)	111.63	51.12	128.31	50.92
炼油部分现金操作费用/(元/t 原油)	93.78	33.27	110.46	33.07
全厂吨油利润/(元/t)	129.90	94.80	258.93	155.55
炼油部分吨油利润/(元/t)	101.40	66.30	230.43	127.05
内部收益率(税后)/%	12.14	10.01	18.88	13.07
净现值(税后)/万元	8407	-111870	472855	66886
投资回收期/a	8.45	9.36	6.65	8.22

国内已经工业化的渣油加工技术及工艺主要有渣油延迟焦化-蜡油催化裂化等"脱碳"工艺和渣油加氢-重油催化裂化-加氢裂化等"加氢"工艺。采用脱碳工艺，脱除渣油中的绝大部分重金属、沥青质等，轻质油品收率相对较低，生产的油品必须要经过加氢精制后才能作为产品出厂，同时高硫石油焦的清洁化利用问题也很突出，后续的投资和清洁化生产问题要妥善解决。其优点是采用这种工艺时，可以用来处理高硫、高金属、高残炭等非常劣质的渣油。而"加氢"工艺可以处理高硫、相对中等金属含量和残炭的原料油，渣油经过加氢处理后，康氏残炭比较容易降到6%以下，有害金属含量也能降到催化裂化催化剂允许的水平，可以直接作为催化裂化装置的原料。该工艺是资源利用和环境友好型工艺，虽然其一次性投资稍高，但是渣油加工深度高，避免了其他工艺所带来的二次环境污染。但是，渣油加氢方案对原料的适应性不足，尤其是难以实现炼厂原油供应多元性变化。工艺与工程研究和工业实践中发现，任何一种单项的先进加工技术或者这些先进加工技术的常规组合方案都不能很好地解决原油劣质化的问题，必须进一步优化重油加工工艺技术的集成化应用，以改善催化裂化装置的进料性质来提高其液体收率。

展望未来的炼油厂，催化裂化过程在其中仍然起着不可替代的作用。图1-70是专家对未来炼油厂生产汽油的流程预测。从中可以看出已有过程变得更加精细，向分子炼油方向发展。要达到清洁汽油新的标准要求，汽油产品要由更多的组分调合获得。催化裂化过程除了直接提供主要的汽油组分，同时也是丙烯的主要来源，因此起着重要作用。

催化裂化多产气体方案已向多产丙烯方案发展。催化裂化提供的丙烯仅次于蒸汽裂解工艺，可以调整市场的丙烯/乙烯供需比例。SW公司多次著文称DCC装置是炼油厂和石油化工厂中间不可缺少的结合部位(Purvis, 1997; Chapin, 1998; Fu, 1998)。不仅DCC装置生产的丙烯是重要的聚合原料，而且所产乙烷和乙烯可供化工厂的乙烯装置，扩大其生产能力。这样的组合方式能够节省很大投资。Lummus公司开发的SCC工艺和OCT烷基转移技术，可将丙烯综合产率高达25%~30%，成为油化结合的又一途径(Chan, 1999)。HCC和CPP等派生于催化裂化的工艺可加工石蜡基原油的常压渣油，生产乙烯和丙烯。这些工艺可能成为炼油与石油化工结合的核心。

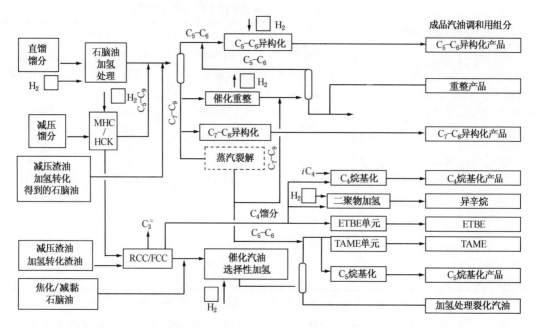

图 1-70　　未来炼油厂生产汽油流程预测

五、催化裂化的下游工艺

催化裂化的产品经过必要的精制(干气的脱硫、液化气和汽油的脱硫醇、汽油和轻循环油组分的(电)化学精制或加氢精制)后大部分可以作为商品油的调合组分出厂。但是也有一些产品在炼油厂内进一步加工以回收其中有用的组分，用以生产高辛烷值汽油组分或进行石油化工综合利用，也可将加工的部分产品返回催化裂化装置。

(一) 干气分离工艺

催化裂化的干气产率约占原料的 2%~5%，其组成分布及杂质含量将在第四章中介绍。过去干气脱硫后主要作为炼油厂的自用气体燃料，近年来注意到它的合理利用问题。首先是 ≥C_3 的烃类的回收利用，它们在干气中含量一般为 $4v\%$~$6v\%$。通常吸收稳定部分(VRU)的丙烯组分回收率在 92% 以内，所以 ≥C_3 的烃类中的丙烯含量最多。过去的低温分离回收装置(LTRU)是将这些烃组分降温后部分冷凝下来与干气分离，要采用冷箱、原料干燥器、压缩-膨胀机组、冷冻系统和脱乙烷塔等设备，可以使尾气中 ≥C_3 的烃类降到 $2v\%$ 左右，这就是所谓的部分冷凝法。20 世纪 80 年代后期，Air Products and Chemical 公司(APCI)开发了分凝器法的低温分离技术(Howard，1991)，又称 ARS 技术(Advanced Recovery System)，就是用上述冷箱将干燥后(含水<$1\mu L/L$)压力为 2MPa 的干气(H_2S、CO_2、NH_3 和 NO 等杂质也降低到痕量)预冷到一定低温，大部分 ≥C_3 的组分冷凝下来并在分离器内分出，未凝气体进入特殊设计的铜锌焊接铝质材料制作的板翅式分凝器，气体自下而上经过很多平行通道，通道的另一侧用冷冻剂移去冷凝热量，使气体中的液体冷凝于通道壁并向下流动，气体与液体反向流动，相互接触的结果产生了精馏作用。这种分凝器代替了传统的分馏塔、塔顶冷凝器、分液罐和回流系统，而且传质效率更高，消耗冷量和压缩动力少，操作也十分简便。最后被冷却到 -62℃ 的尾气中 ≥C_3 的烃类含量不到 7%，丙烯回收率达到 93%(通常部分冷凝回收率

为 60%），连同 VRU 部分综合回收率达到 99% 以上。所回收的 ≥C_3 的烃类经脱乙烷塔把 C_2 降低到 0.5v% 以下，可送回 VRU 的稳定塔。Howard 等以一个 2Mt/a 的 FCC 装置的干气 ARS 分凝器设施为例，年回收 7kt 丙烯，投资需 357 万美元，比按高回收率设计的部分冷凝法节省投资约 1/3（Howard，1991）。据报道这种分离方法也可用于回收乙烯，其回收率达到 90% ~98%，乙烷则回收 99% 以上（Lucadamo，1987）。回收的乙烯和乙烷混合物可送往蒸汽裂解装置的乙烯分馏塔将乙烯分出，乙烷则用作裂解原料。

Lummus 公司曾将他们开发的低压法回收工艺和传统的高压法对比（Shreehan，1998）。高压法首先将干气从 1.3MPa 压缩到 3.5MPa，然后相继进行乙炔选择性加氢与酸性气脱除，接着用循环丙烯冷却并与内部物流换冷后进入脱乙烷塔，从塔釜液体回收重组分。塔顶气体再经换冷并用循环乙烯冷却，进入脱甲烷塔回收乙烯和乙烷，塔顶气体经膨胀机/再压缩机产生冷量后，液体作为塔顶回流，气体经冷箱回收冷量后用作燃料气。低压法省掉前面的压缩与后面的膨胀/压缩过程，脱乙烷塔和脱甲烷塔都在低压操作。脱甲烷塔顶回流是靠乙烯分馏塔底的乙烷液体经两个循环冷媒冷却后提供。液体乙烷将脱甲烷塔顶乙烯充分洗涤下来，自身部分蒸发成为燃料气。按干气流量 32t/h 计算，两方案的乙烯回收率均为 95%，回收量 58kt/a，高压法和低压法投资分别为 41.5 和 31.5 百万美元，回收年限分别为 2.1 年和 1.6 年。

从 FCC 干气中回收乙烯的方法还有 Advances Extraction Technologies 公司的（AET）的 Mehra 法和 Tennaco 公司（1978）的 ESEP 法，均采用溶剂吸收的工艺，后者采用溶解于芳烃基液的 $CuAlCl_4$ 络合物，对乙烯的选择性很高。

如果炼油厂近邻有乙烯装置，可考虑用变压吸附法将干气中乙烷−乙烯馏分分离，送到乙烯装置的深冷分离部分，将 C_2 分别利用。干气中乙烯直接利用的途径主要是与苯烷基化生产乙苯。代表性的有 Lummus/Unocal 公司的液相法、UOP 公司的 Alkar 法以及 Mobil Badger 公司的气相法。我国于 20 世纪 90 年代中期开发成功的干气直接烃化制乙苯工艺（侯祥麟，1998），具有催化剂稳定性好、原料不需预处理（脱除酸性气、氧气和水分）的特色。反应压力和干气排出压力相当，不必进行压缩。采用两个绝热反应器，其中一个用于副反应生成的二乙苯和异丙苯的"反烃化"。乙烯转化率 95%（初期 99.6%，末期 92.5%），乙苯选择性大于 99%。催化剂使用 7~9 个月后积炭约 15%，再生到 0.1% ~0.2% 可完全恢复初始活性。

Mobil 公司还推出了 MBR 汽油脱苯工艺（Goelzer，1993），采用密相流化床反应器和特制的 ZSM−5 流化催化剂，使 FCC 干气中的"稀乙烯"与富含苯的轻催化重整生成油或含苯及轻烯烃的 FCC 轻汽油发生苯烃化反应、轻烯烃齐聚和 C_5^+ 烯烃裂解反应以及 C_6^+ 正构烷烃裂解反应，将苯减少一半以上，适应新配方汽油要求。干气中乙烯转化为乙苯，增加了轻汽油的辛烷值。

干气中的氢−甲烷组分（混有 N_2 等）过去一般用作气体燃料。当 FCCU 炼制掺渣油的原料后，干气中 H_2 高达 25v% ~60v%，于是回收氢这一宝贵资源已经被提到日程上来。采用 UOP 公司开发的变压吸附分离法（Polybed PSA）可达到 70% ~90% 的氢回收（视原料气中 H_2 含量而定），氢纯度为 90% ~98%，是一种经济的方法。

氢回收的一种方法是变温−变压吸附法（PSA），吸附温度 25℃、压力 1.4MPa、解吸温度 150℃、压力 0.01MPa。如催化裂化干气为唯一原料，则适合于那些无大型制氢装置而需氢量也不大的炼油厂。由于原料流量的波动和杂质的影响，为满足产品氢纯度和尾气利用的要求，要设置氢气脱氧（钯催化剂）和尾气压缩设施。氢纯度按99%考虑，氢回收率随原料氢含量而异，氢含量为57%~63%时回收率84%~90%。以生产能力1500m³/h的装置为例，投资约2000万元，氢气成本0.73元/m³（蔡耀日，2000），略高于于蒸汽转化法。另一种是膜分离法，它利用不同气体对膜穿透性能的差异（氢比甲烷或氮气大30~40倍），将其分离为渗透气和非渗透气。膜结构是中空纤维管束，材料是聚砜制造的非对称纤维膜和硅橡胶的复合表面涂层。干气经压缩机增压至4.6MPa后，进行水洗除雾，然后加热至80℃进入膜分离器。当膜分离器压差为3MPa时，渗透气氢纯度达到75%，回收率80%以上，但仍需利用PSA法提高氢纯度（谢承志，1999）。

干气通过两段加氢精制成为合格的蒸气转化制氢原料的工艺采用两段反应器，第一段为列管式反应器，将大部分烯烃加氢饱和，同时移去反应热；第二段为绝热反应器，使出口烯烃含量小于1%，有机硫彻底转化为无机硫，被随后的氧化锌脱硫反应器吸收（王青川，2001）。采用低温加氢活性好的钛基加氢催化剂，操作压力1.7MPa，温度195~364℃。

（二）液化气的分离和利用

FCC装置的液化石油气中烯烃占60%以上，是一种宝贵的石油化工原料，其组成分布及杂质含量见第四章。20世纪60年代以前石油化学工业尚未大发展，液化气往往直接用作非选择性叠合装置的原料，以生产辛烷值较高的叠合汽油（Ciapetta，1948）。此后约20年的时间，随着Stratco的硫酸法烷基化和Phillips的氢氟酸法烷基化技术的开发与推广，液化气首先进入不饱和气体分馏装置（UGFU）把C_3与C_4分离，C_4馏分中的轻沸点馏分（含异丁烷、异丁烯和1-丁烯等组分）被用为烷基化原料，以生产高辛烷值的烷基化汽油。由于催化裂化液化气中的异丁烷与总丁烯的比值小于1，当异丁烷用完后丁烯仍有剩余；当然丁烯还可做叠合原料或石油化工原料（生产仲丁醇、甲基乙基酮等），但是为了增产高辛烷值汽油组分，还可以考虑外购异丁烷的办法以平衡全部丁烯。这个做法在美国炼油厂使用比较普遍。炼油厂内加氢裂化装置也可提供异丁烷。

两个分子异丁烯双聚生成异辛烯，再加氢成为异辛烷，就是很好的清洁汽油组分。世界上第一套利用丁烷异构化-脱氢-双聚-加氢的工业装置在改造原MTBE装置的基础上已经顺利投产。

20世纪80年代后期在汽油无铅化的呼声中，醚类化合物作为高辛烷值汽油组分开始出现良好的前景。首先是用异丁烯和甲醇生产MTBE，于是异丁烯要用来满足MTBE的大量市场需求，余下的丁烯才做烷基化原料。20世纪90年代则进一步要把FCC汽油中的异戊烯用来生产TAME。不能醚化的戊烯则去烷基化生产C_9烷基化油。

这样的综合利用方式对保证新配方汽油的生产是必要的。这样的综合利用方法既解决新配方汽油的氧含量，又有利于降低烯烃含量和提高辛烷值。一时间炼油厂内外纷纷建设MTBE或TAME装置，专利公司陆续推出生产醚类的新工艺。但好景不长，20世纪90年代后期美国在使用新配方汽油的地区的地下水中检测到MTBE，而它的致癌作用已引起广泛关注和争议，因而美国加州首先规定自2003年起禁用MTBE为汽油调合组分，其他醚类的前景也不乐观。于是醚类不被考虑为汽油组分，LPG中的烯烃重新被用为烷基化的原料。

各种单体C_4、C_5烯烃的烷基化油的辛烷值见表1-57。

表 1-57 C₄、C₅烯烃烷基化产品的辛烷值

表 1-57 C_4、C_5烯烃烷基化产品的辛烷值

C₄ 烯烃	烷基化产物 $\frac{(R+M)}{2}$	C₅ 烯烃	烷基化产物 $\frac{(R+M)}{2}$
1-丁烯	93.0	3-甲基-1-丁烯	90.7
反-2-丁烯	96.2	1-戊烯	87.9
顺-2-丁烯	96.0	2-甲基-1-丁烯	90.0
异丁烯	94.7	2-戊烯	89.0
		2-甲基-2-丁烯	90.3

从表 1-57 可注意到，1-丁烯和 2-丁烯的烷基化产物(HF 法)辛烷值相差 3 个单位。Phillips 公司 20 世纪 70 年代开发的临氢异构化工艺(Lew，1991)(Hydroisom)可以实现 1-丁烯向 2-丁烯的转化。同时把 C_4 馏分的丁二烯含量降低到 0.01% 左右，明显减少 HF 烷基化过程中的副产物酸溶解油(ASO)。C_5 馏分油的烷基化原料也可用选择性加氢精制方法将硫化物含量(加工含硫 FCC 原料时比 C_4 馏分高很多)和丁二烯含量降低。这种方法与 Hydroisom法类似，只是使用一种非贵金属催化剂代替贵金属催化剂。

液化气中的丙烷和正丁烷比例较小，如果考虑进一步加工，最好与其他资源合并利用，达到经济规模。已经有几种烷烃异构化工艺，如 Lummus 公司的丁烷异构化。UOP 公司的全循环 C_5/C_6 异构化(TIP)工艺。还有几种烷烃脱氢生成烯烃的工艺，如 UOP 公司的脱氢转化为烯烃(Oleflex)(Cusher，1990)，Phillips 公司的水蒸气活化转化(STAR)(Lew，1991；Meyers，1986)以及 Houdry 公司的 Catofin 工艺(Meyers，1986)等，有关详细内容可查阅有关文献。

(三) 汽油的进一步加工

FCC 汽油是炼油厂的主要产品，是商品汽油的重要组分，其性质和组成在第四章做详细论述。过去 FCC 汽油经过必要的精制后一般不继续加工。有的炼油厂在 FCC 装置内将汽油切割为轻、重两种组分，便于调合不同牌号的商品汽油。但是随着各国清洁燃料对商品汽油的质量要求日趋严格，FCC 汽油在炼油厂内的进一步加工在所难免。正如本节第一大段在汽油规格中谈过的那样，因为我国 FCC 汽油在商品汽油中比例过大，它的非理想组分(烯烃、硫化合物)的影响就十分突出。FCC 汽油中的烯烃可采用 MIP 工艺或轻汽油醚化工艺加以解决，但硫含量降低到 $50\mu g/g$，甚至 $10\mu g/g$ 以下，必须采用 FCC 汽油后处理脱硫技术。这是因为降低 FCC 汽油硫含量可采用 FCC 原料预处理脱硫、FCC 加工过程脱硫以及 FCC 汽油后处理脱硫，但 FCC 原料预处理脱硫和加工过程脱硫以目前技术水平尚无法满足生产超低硫汽油产品的要求，而 FCC 汽油后处理脱硫技术是唯一选择。FCC 汽油后处理脱硫技术主要分为选择性加氢脱硫、非选择性加氢脱硫以及以吸附脱硫为代表的非加氢脱硫(Avidan，2001；李铁森，2014)。

1. 选择性加氢脱硫技术

国外选择性加氢脱硫的典型技术有法国石油研究院(IFP)下属 Axens 公司的 Prime-G⁺(Brunet，2005；Nocca，2000)、埃克森美孚(Exxon Mobil)公司的 SCANfining(Mayo，2011；Greeley，1999)及 CDTech 公司的 CDHydro/CDHDS(Judzis，2001)。Prime-G⁺工艺已在中国石油多家炼油企业得到工业应用，CDHydro/CDHDS 工艺已在中国石油 GEM、GX 等炼油厂应用。而 SCANfining 技术由于对处理高烯烃含量的 FCC 汽油没有明显优势，且装置投资较高，国内尚无应用实例。

Prime G 采用单一催化剂系统，用于中等程度脱硫。Prime G$^+$采用两种催化剂与反应器，第一段是选择性加氢，把硫醇转化为硫醚，二烯烃转化为烯烃，C_2、C_3硫醚转化为大分子硫醚，把轻汽油中硫化物基本脱除。第二段是重汽油加氢脱硫，所用催化剂的烯烃饱和程度低，因此脱硫率 93% 和 99% 时的抗爆指数损失 1.2 和 2.5 单位，化学氢耗 $18 \sim 25 Nm^3/m^3$（Nocca，2002）。Prime G$^+$工程设计方面特点有均匀分布内件、急冷氢系统、催化剂分级装填和先进控制等，并得到较广泛的应用（Key，2003）。作为国外选择性加氢脱硫代表，Prime G$^+$工艺流程及其应用效果在第四章作详细论述。

CDHydro 采用的催化蒸馏塔上部有催化剂层并通入氢气，利用硫醇与二烯烃的加合反应达到深度脱硫醇的目标，脱硫醇轻汽油从塔顶蒸出，反应生成的大分子硫醚进入塔底的重汽油中，进一步通过 CDHDS 加氢脱硫。该过程也用催化蒸馏塔，催化剂以脱硫为主，脱硫率 85%~90%，抗爆指数损失约 1 单位。已有多套采用该工艺的工业装置在运行中。

SCANfining 立足于 EREC 与 Akzo 公司联合开发的高选择性、廉价的 RT-225 催化剂，对含硫 $1500\mu g/g$ 和 $2700\mu g/g$，含烯烃 18% 和 26% 的两种汽油，当脱硫效率为 92% 和 95% 时，抗爆指数损失 1.1 和 1.8。

我国 FCC 汽油加氢脱硫技术的开发取得了长足的进步，代表性的选择性加氢脱硫技术有中国石化抚顺石油化工研究院（FRIPP）开发的 OCT-M、中国石化石油化工科学研究院开发的 RSDS、中国石油大学（北京）和中国石油石油化工研究院兰州化工研究中心联合研发的 GARDES 以及中国石油石油化工研究院开发的 DSO（李明丰，2003；2010；习远兵，2013；赵乐平，2012；许长辉，2015）。OCT-M 技术已在国内多套工业装置上得以应用，基于该技术改进的 OCT-ME 已应用于 ZJ 石化 0.80Mt/a 汽油加氢装置，可生产满足欧 V 标准的汽油。RSDS 已经发展到第三代技术（RSDS-Ⅲ），该工艺已在 CL、SH、JJ 等 FCC 汽油加氢脱硫装置上成功应用。GARDES 工艺采用高活性的异构/芳构催化剂，因此烯烃在发生加氢饱和的同时，部分生成比相应烯烃具有更高辛烷值的芳烃和比相应饱和直链烷烃辛烷值高的双支链/多支链异构烷烃，最大限度地减少烯烃饱和为直链烷烃，从而有利于高烯烃 FCC 汽油的加氢脱硫。中国石油多家炼油企业已采用 GARDES 技术生产清洁汽油。DSO 技术具有原料适应性强、反应条件缓和、脱硫率高、辛烷值损失小、液收高、运转时间长、催化剂稳定性好、抗毒能力强的特点，能够满足装置长周期运行的要求，现已经成功应用于中国石油多套汽油加氢装置。作为国内选择性加氢脱硫代表，RSDS 工艺流程及其应用效果在第四章作详细论述。

由于 FCC 汽油中轻质烯烃主要分布在低沸点馏分中，对全馏分汽油进行加氢脱硫则轻质烯烃被饱和，辛烷值被损失，且氢耗大。选择性加氢脱硫技术的特点主要是将油品分割成重汽油馏分（HCN）和轻汽油馏分（LCN）分别加工，只对 HCN 进行加氢脱硫，从而控制烯烃饱和以减少汽油辛烷值损失。虽然 CDHydro/CDHDS 工艺并未将油品进行切割，但在加氢脱硫塔中硫含量高、烯烃含量低的重组分处于温度高、氢气浓度高的塔下段脱硫，而硫含量低、烯烃含量高的轻组分则位于温度低、氢气浓度低的塔上段脱硫，从而选择性地促进了脱硫反应而抑制了烯烃饱和反应，其本质亦是对轻重馏分分开处理。

2. 非选择性加氢脱硫技术

非选择性加氢脱硫是先将原料在第一段反应器加氢脱硫（烯烃全部或部分饱和），然后在第二段反应器通过异构化、芳构化、烷基化、裂化等手段恢复辛烷值。非选择性加氢脱硫的典型技术有 ExxonMobil 的 OCTGAIN(Krishnaiah, 2005; Shih, 1999)和 UOP 的 IS-AL(Chitnis, 2003; Houde, 2000)。OCTGAIN 的催化剂已开发出高活性的第二代 OCT-125 和高辛烷值-桶的第三代 OCT-220,后者处理硫、氮含量分别为 0.14% 和 190μg/g 的 HCN 原料,在脱硫率99.93%的高苛刻度条件下,辛烷值-桶保持不变。ISAL 以常规沸石催化剂为基础,在尺寸、比表面积和酸度方面作了调整,除具有脱硫、脱氮、烯烃饱和的功能外,还使直链烃类选择性加氢转化,并在催化剂表面进行分子重排以提高辛烷值。尽管非选择性加氢脱硫技术从催化剂制备、反应器设计等方面进行了较大的改进,基本解决了脱硫同时烯烃饱和,但辛烷值下降较多、耗氢量大、操作成本高的问题仍是非选择性加氢脱硫技术的缺陷。

3. 非加氢脱硫技术

非加氢脱硫技术主要包括吸附脱硫、膜法脱硫和萃取脱硫。所谓吸附脱硫是以氧化物、分子筛、活性炭等为吸附剂,通过络合、范德华力或者化学吸附脱除汽柴油中的含硫化合物。吸附脱硫技术中以康菲公司(ConocoPhillips)开发的 S Zorb 技术最为成熟(该技术已被中国石油化工股份有限公司整体购买),并在国内外多套工业装置上获得了应用(李鹏,2014)。吸附脱硫技术是继加氢脱硫之后新发展的一个领域。它利用某些吸附剂能选择性地吸附硫醇、噻吩等含硫有机化合物的原理,筛选出吸附容量大、寿命长、容易再生的吸附剂,比加氢脱硫显示更大的优越性(节约投资和加工费用、少消耗氢气)。因为吸附脱硫有金属氧化物的参与,反应产物为金属硫化物和水,从热力学研究证明,在较低的氢/噻吩比值时,吸附脱除噻吩的程度远高于加氢脱硫(Babich, 2003)。关于相对反应速度:以噻吩为1,则吸附脱硫脱除 $C_1 \sim C_2$ 噻吩、C_3^+ 噻吩、烷基苯并噻吩、苯并噻吩以及硫醇和硫化物分别是 2.1、3.7、4、7、10,而加氢脱除以上类型化合物分别是 1.0、0.3、2.0、5.5、5.5 (Hatanaka, 1997)。S Zorb 脱硫技术利用流化床吸附器,将汽油与少量氢气在 0.7~2MPa 混合加热到340~410℃与吸附剂接触,重时空速 4~10h^{-1},可达到97%以上的脱硫率(从 300~1500μg/g 降低到 10μg/g),而辛烷值损失不到一个单位(Covert, 2001; Meier, 2004; 朱云霞,2009)。作为吸附剂的金属氧化物与汽油中有机硫化合物反应生成金属硫化物,过程中没有烃的损失。用过的吸附剂经氧化再生后即可循环使用,再生烟气送硫回收部分处理。S Zorb 脱硫技术特点及其工业应用效果将在第四章作更加详细论述。

膜法脱硫主要利用聚合物膜对 FCC 汽油组分溶解扩散性能的差异选择性脱除硫化物,其中以 Grace Davison 公司开发的 S-Brane 脱硫工艺较为成熟(Zhao, 2004; Balko, 2002)。Davison 和 Sulzer Chemtech 公司采用特制的膜,一侧流过 90~120℃的轻汽油,另一侧施加真空,硫醇硫醚汽化后穿过膜层,冷凝后成为渗析油。当使用带循环两段流程时,可从含硫250μg/g 的原料得到含硫 30μg/g 的低硫产品,收率70%;而含硫高的渗析油并入重汽油送入常规加氢脱硫单元中处理,所得产物可以直接用作汽油调合组分。和常规轻汽油脱硫醇、中间汽油加氢脱硫相比,大约节约投资 380 美元/桶。

具有代表性的萃取脱硫工艺是 GTC 公司的 GT-DeSulf,该工艺可脱除汽油中轻组分中的含硫化合物,萃取出的高硫组分和芳烃则进入常规的加氢脱硫单元进一步脱硫。近年来关于膜法脱硫、萃取脱硫、生物脱硫等新技术取得了许多基础性和技术性的成果,为超低硫汽油的生产开辟了全新的技术途径,但整体而言这些脱硫技术仍然是发展中的技术,尚不够成熟。

　　OATS(噻吩硫的烯烃烷基化)技术不使用氢，而利用催化裂化汽油中足够的烯烃作为烷基化原料组分，可将汽油硫含量降低到 10μg/g(Debuisschert，2003)。OATS 工艺流程包括原料预处理(酸洗和废酸回收)、烷基化反应(根据原料性质、产品硫含量、催化剂类型确定反应条件)和分馏(将高沸点含硫的烷基化产品和低硫汽油分离，前者可调入柴油组分)(常振勇，2002；胡永康，2004)。

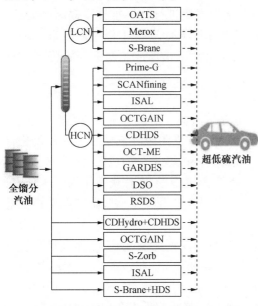

图 1-71　FCC 汽油后处理脱硫技术的选择

　　众多加氢脱硫后处理技术使超低硫汽油生产工艺的选择具有了很大的灵活性，全馏分汽油可以切割为轻、重组分分别加工，也可以不经切割直接加工，如图 1-71 所示。这些生产工艺各有特点，炼油厂需要了解不同工艺对原料油的要求，权衡投资、操作费用以及产品质量。

　　前面介绍过液化石油气和轻汽油中 C_4 和 C_5 可用来生产醚类(MTBE，TAME)高辛烷值组分，因前一种在有些地区已禁止使用，于是人们瞩目于利用催化裂化沸点 75℃ 以下轻汽油中含量较高的 C_5 和 C_6 叔碳烯烃生产 C_6 和 C_7 醚类。我国已开发成功该项技术(含相应的催化剂)，使汽油烯烃含量下降 5%~9%，抗爆指数提高 1 个单位以上(王天普，2001；吕兰涛，2003；王海彦，2001)。典型的轻汽油醚化工艺流程和工业应用效果将在第四章做详细论述。

　　由于我国车用汽油池中 FCC 汽油约占 70%，在探讨车用汽油生产途径时一定要以催化裂化装置为基础，由此车用汽油生产可分成两条途径，一是 MIP、汽油后处理脱硫(GDS)、烷基化(ALy)和醚化(MTBE)工艺组合；二是 FCC、汽油后处理脱硫、烷基化和醚化工艺组合。现以 ZH-MIP 装置改造前后生产数据来探讨这两条汽油生产途径优劣，为炼油企业选择汽油生产技术提供有益的参考(许友好，2014)。以 MIP 和 FCC 汽油为原料，进行汽油脱硫处理，以产品汽油硫含量为 9.0μg/g 来预测产品汽油辛烷值及烯烃含量，预测结果列于表 1-58。

表 1-58　MIP 和 FCC 汽油脱硫后辛烷值及烯烃含量预测

工艺类型	MIP			FCC		
主要性质	原料	产品	差值	原料	产品	差值
硫含量/(μg/g)	230	9	-221	490	9	-481
烯烃/%	34.8	29.4	-5.4	42.3	32.0	-10.3
RON	93.3	92.5	-0.8	92.5	90.3	-2.2

　　MIP 和 FCC 工艺的气体可以作为烷基化装置、MTBE 醚化装置和叠合装置的原料，生产更多高辛烷值和更低烯烃的汽油，以满足对更高品质汽油的需求。MIP 和 FCC 工艺液化气组成和产率、烷基化汽油产率和 MTBE 产率列于表 1-59。

表 1-59 MIP-CGP 和 FCC 液化气组成和产率、烷基化汽油产率和 MTBE 产率

工艺类型	FCC		MIP	
液化气产率/%	17.04		20.31	
	组成/%	产率/%	组成/%	产率/%
丙烷	7.93	1.35	7.83	1.59
丙烯	30.55	5.21	34.51	7.01
异丁烷	18.26	3.11	19.07	3.87
正丁烷	7.51	1.28	6.06	1.23
异丁烯	11.47	1.95	10.36	2.10
正丁烯	7.19	1.22	7.00	1.42
反丁烯	9.42	1.61	8.34	1.69
顺丁烯	7.36	1.25	6.24	1.27
烷基化汽油(以异丁烷量为基准)/%	6.11		7.61	
MTBE(以异丁烯量为基准)/%	5.01		5.40	

将不同工艺所生产的汽油量进行累加,同时对其烯烃和辛烷值进行简单的加和计算,可以推导出途径一和二的调合汽油产率和性质,具体的数据列于表 1-60。从表 1-60 可以看出,途径一可以直接生产 95 号国 V 车用汽油,且汽油产率高;而途径二只能生产 92 号国 V 车用汽油,且汽油产率低。同时要开发更先进的烷基化技术,满足未来车用汽油质量升级的需求。

表 1-60 生产途径一和二所生成调合汽油产率和性质

生产途径	途径一(MIP+ GDS +ALy+MTBE)				途径二(FCC+ GDS +ALy+MTBE)			
	产率/%	RON	烯烃/v%	硫/(μg/g)	产率/%	RON	烯烃/v%	硫/(μg/g)
烷基化油	7.61	94.5			6.11	94.5		
汽油	40.76	92.5	29.4	9.0	38.21	90.3	32.0	9.0
调合汽油	48.37	~92.8	<25	<10	44.32	~90.8	~27.5	<10
MTBE	5.40	121			5.01	121		
调合汽油	53.77	95.6	<25	<10	49.33	93.8	~24.7	<10

以加工能力为 2.0Mt/a 的催化裂化装置为例,严格计算汽油加氢、柴油加氢、气分、MTBE、烷基化、硫黄等装置成本,依托自产干气制氢,并按产品调合组分性质严格计算汽油池性质,采用 2013 年上半年市场均价三套价格体系进行计算,计算结果列于表 1-61。从表 1-61 可以看出,采用途径一生产国 V 车用汽油均具有显著的经济效益。

表 1-61 5 种车用汽油生产方案经济效益比较

方案名称	FCC	FCC-GDS-烷基化	FCC-GDS-烷基化-MTBE	MIP-GDS-烷基化	MIP-GDS-烷基化-MTBE
价格体系	2013 年上半年均价	2013 年上半年均价	2013 年上半年均价	2013 年上半年均价	2013 年上半年均价
产品/(10⁴t/a)					
92#国 V 汽油	76.02	88.19	91.93	96.25	99.69
国 V 普通柴油	54.06	54.06	54.06	46.29	46.29

方案名称	FCC	FCC-GDS-烷基化	FCC-GDS-烷基化-MTBE	MIP-GDS-烷基化	MIP-GDS-烷基化-MTBE
石脑油	0.55	0.55	0.55	0.47	0.47
LPG	23.45	11.15	9.35	10.98	9.64
丙烯	10.41	10.41	10.41	14.02	14.02
油浆	10.42	10.42	10.42	8.26	8.26
硫黄	0.62	0.62	0.62	0.62	0.62
燃料气	5.36	4.30	4.53	2.85	3.09
烧焦	15.80	15.80	15.80	15.76	15.76
损失	1.93	1.96	1.99	1.91	1.94
汇总	198.63	197.47	199.66	197.40	199.77
外购甲醇	0.00	0.00	1.94	0.00	2.10
利润/万元	60486.42	64731.44	90145.81	103819.09	130313.58
吨原料利润/(元/t)	302.43	323.66	450.73	519.10	651.57
吨原料利润差值/(元/t)	基准	21.23	148.30	216.66	349.14

MIP 工艺不仅具有较高的汽油产率和较高的液体收率,而且汽油烯烃含量和硫含量低,辛烷值高,为汽油脱硫工艺提供理想的原料。MIP 和汽油后处理脱硫技术(RSDS 或 OCT-M/S Zorb 工艺)组合是我国车用汽油质量升级主要技术途径,且具有较好的经济效益,同时为后续车用汽油升级提供了可靠的基础。

(四) 轻循环油的进一步加工

轻循环油性质和组成在第四章再作论述。关于轻循环油如何满足商品柴油质量要求问题已在本节第一大段阐述过了,从发展趋势来看,LCO 在商品柴油中的份额将越来越低。要使 LCO 成为商品柴油组分,首先要降低 LCO 中的硫含量和多环芳烃含量,使之调合入商品柴油后能够符合清洁柴油燃料规定的指标(Lieder,1993)。主要加工手段之一是加氢精制(HDS),二是加氢改质(HUG)。LCO 含噻吩类硫化合物较多,其中 4-甲基和 4,6-二甲基衍生物加氢脱硫难度最大。因此产品硫含量的高低决定了精制的苛刻度;影响苛刻度的因素除了催化剂的活性外,温度、氢分压、硫化氢分压和空速都很重要。

它们之间相互的影响大致如下:Topsoe 公司发表的数据是当产品硫含量从 500μg/g 降低到 200μg/g 和 50μg/g 时,温度应提高 19℃ 和 46℃(空速不变)或空速应减少至 1/2 和 1/5.3(温度不变)。总压力增加 10%,相当于降低起始温度 1.1℃;而循环氢浓度增加 10% 相当于降低温度 2.8℃;循环氢中 H_2S 分压从 0 到 0.15MPa 相当于提高温度 17℃;从 0 到 0.3MPa 相当于提高温度 22℃。起始反应温度对催化剂再生周期影响很大(Nocca,2000)。IFP 公司发表的资料是当产品硫含量从 350μg/g 降低到 10μg/g,多环芳烃含量从 11% 降低到 2%~3% 时,压力应提高到 1.7 倍,空速降低到 40%,投资增加 65%(Tripett,1999)。

Topsoe 公司还做了掺入催化裂化轻循环油的原料(AGO:LCO=75:25、硫含量 1.5%、密度 870kg/m³、总芳烃 30%、多环芳烃 14%。计算十六烷指数 45.1)于不同氢分压与催化剂种类以及达到不同脱硫深度时的若干技术指标,详见表 1-62(表中 SOR 指周期初,EOR 指周期末)。

表1-62 达到不同脱硫深度的有关技术指标

项 目	1	2	3	4	5	6
氢分压/MPa	3.2	3.2	3.2	5.4	5.4	5.4
催化剂牌号	TK-574	TK-574	TK-574	TK-574	TK-573	TK-574
成品硫/(μg/g)	500	50	10	500	50	10
化学氢耗(SOR)相对值(对情况1)	0.91	0.94	1.0	1.15	1.5	1.8
多环芳烃(SOR)/%	6.3	5.6	4.2	2.1	1.8	1.4
多环芳烃(EOR)/%	9.1	8.5	8.3	6.3	5.9	5.3
密度(SOR)(20℃)/(kg/m³)	855	856	853	853	848	843
十六烷指数(SOR)	48.7	48.9	49.2	49.7	51.6	52.5
反应器体积相对值(对情况1)	1.0	1.9	3.4	0.65	1.1	1.6

Watkind(2010)研究了 LCO 的掺入量、LCO 终馏点以及 ULSD 装置中所使用的催化剂对加氢处理效果影响。LCO 掺入量增加不仅降低柴油产品的十六烷值,并且催化剂运转末期(EOR)很难满足柴油的色度要求。这时向柴油中掺炼 LCO 增加了原料的苛刻度,需要提高反应温度才能满足产品硫含量的要求。对于直馏柴油,掺炼 15% 的 LCO 需要提高 25℃,掺炼 30% 的 LCO 需要提高 36.1℃,才能达到高苛刻度(硫含量<50μg/g),掺炼 50% 的 LCO 需要提高近 59.5℃。除了 LCO 的掺入量外,LCO 的终馏点也对原料的反应活性有显著的影响,当 LCO 的终馏点提高 16.7℃,需要将反应温度提高接近 16.7℃,才能达到高苛刻度(硫含量<50μg/g)。增加 LCO 的掺入量将影响产物中的总芳烃和多环芳烃(PNA)的含量,采用开环催化剂可以更多地降低总芳烃,特别是对掺入 50% 和 75%LCO 的原料油效果更加显著。操作参数也影响掺炼 LCO 原料油的十六烷值。当 LHSV 达到 $1h^{-1}$ 或者更低时,在足够高的氢分压下,掺炼 LCO 原料油的十六烷值可提高 10 个单位;在更高的 LHSV 下(大于 $1.7h^{-1}$),其十六烷值提高幅度将降低到 4 个单位或更低。当压力小于 6.9MPa,十六烷值提高幅度不超过 6 个单位;当压力大于 6.9MPa,十六烷值提高幅度将达到 8~10 个单位(Watkind,2010)。

柴油加氢后处理技术已经非常成熟,许多大公司开发的技术各有特点和优势。国内外清洁柴油生产从使用催化剂类型划分为:一是使用常规催化剂的中压单段加氢(MHUG),二是使用贵金属催化剂的低压两段加氢(LPHUG)。贵金属改质催化剂的芳烃饱和活性远高于常规催化剂,因而可在较低的温度和压力下进行反应,达到很高的饱和程度。而后者必须在较高的温度和压力下才能反应,但从化学热力学角度看,高温却不利于芳烃饱和。这就能解释常规催化剂只能做到产品芳烃含量不低于 30% 的水平。但贵金属催化剂要求进料具有超低的硫含量以防中毒,这方面不如常规催化剂。国外清洁柴油生产技术主要专利商有 Axens、Haldor Topsoe、Albemarle 等公司组成的全球技术联盟、Criterion 和 Dupont 公司。国内清洁柴油生产技术主要专利商有中国石化石油化工科学研究院、抚顺石油化工研究院和中国石油石油化工研究院等单位。

Axens 公司 Prime-D 技术是柴油深度、超深度加氢处理技术,具有双催化剂系统和多催化剂系统,采用缓和的氢分压和较高的空速,对各种原料都有良好的适应性。Prime-D 单段工艺可以达到降硫目的,而 Prime-D 两段工艺则可降低柴油的多环芳烃含量及提高十六烷值(Nocca,2003)。按不同的处理要求和产品要求,Prime-D 技术均可以满足,其应用效果列于表1-63。

表 1-63　不同配置的 Prime-D 技术应用效果

项　目	加氢脱硫装置	超深度加氢脱硫装置	单段加氢脱硫/加氢脱芳	两段加氢脱硫/加氢脱芳
硫含量/($\mu g/g$)	350	<10	<10	<5
密度(20℃)/(g/cm^3)	<0.845	<0.840	<0.834	<0.825
多环芳烃/%	11	<2~3	<2	<1~2
十六烷值	51	55	58	58
压力(相对)	1	1.7	2.5	1.7
LHSV(相对)	1	0.4	0.25	>0.4 贵金属
ISBL(相对)	1	1.65	2.1	2.7

Haldor Topsoe 公司深度脱硫脱芳(HDS/HDA)两段联合工艺可用于生产超低硫柴油产品。HDS/HDA 工艺采用较低的压力,第一段为脱硫段,采用 NiMo 催化剂;第二段采用耐硫贵金属催化剂,最终产品几乎无硫,芳烃质量分数可降低到 5%以下。NiMo 型催化剂有 TK-573、TK-575,其中 TK-575 用于二苯并噻吩等位阻化合物的加氢脱硫,在 4.5MPa 以上高压下生产硫含量小于 $10\mu g/g$ 的欧 V 柴油;CoMo 型催化剂有 TK-574、TK-576、TK-578。3 种耐硫贵金属催化剂分别是 TK-907、TK-911 和 TK-915,其中 TK-911 活性高于 TK-907,而 TK-915 活性比 TK-907 高出 4 倍,可用于深度加氢脱芳烃,并提高柴油的十六烷值(Tripett,1999;Patel,2003;Skyum,2009)。

Albemarle(原 Akzo Nobel)、ExxonMobil、KBR 和 Fina 公司组成的全球加氢技术联盟 MAKFining 开发出超深度加氢脱硫(UDHDS)、加氢脱芳(HDAr)等工艺。UDHDS 工艺是单段、单反应器工艺过程,对于较易加工的原料油,采用一种简单流程,当原料含硫低、使用高效率的入口分配器时,单段催化剂床就可达到深度脱硫目的(Desai,1999)。对于含硫较高的原料及最苛刻的操作(产品硫含量<$10\mu g/g$),在反应器设计中采用多个催化剂床层会有明显的经济好处。HDAr 是一种使多环芳烃饱和以提高柴油质量的低成本工艺,根据进料中芳烃含量和对产品规格的要求,使用贵金属催化剂的两段芳烃饱和系统。该工艺可有效减小油品密度和提高十六烷值。

Criterion 公司开发出 Centinel 技术,其催化剂活性大大高于传统催化剂。Centinel Gold 是 Centinel 技术的升级,大幅度提高了加氢活性,更易脱除柴油原料中的多芳环含硫化合物(Salvatore,2010)。与 Centinel Gold 不同,ASCENT 技术通过调整载体的物理结构以提高活性组分的分散度,提高了低压下的加氢脱硫活性,具有非常高的机械强度,可用常规方法再生。为降低柴油芳烃含量开发并应用的强化单段芳烃饱和(EAS)技术,采用新型催化剂,可以处理多环芳烃含量在 80%~95%的柴油,可使其芳烃转化率达到 50%以上。由 Syn Alliance(Lummus、Criterion 和 Shell 三家联合组建)公司开发的逆流深度加氢脱硫(CCDeep HDS)工艺是早期推出的 SynShift、SynSat 等工艺的延伸(Virdi,2004)。它利用反应器出口处较高的氢分压提高反应深度;降低该处的 H_2S 和 NH_3 分压,改善催化剂的稳定性和利用率。这种结构可不用激冷氢系统,因此减少能耗。一般可降低投资 40%以上,降低操作费用 20%以上。用于直馏柴油和催化裂化 LCO 混合油(70:30)的加氢脱硫时,硫含量分别为:原料油 1.1%、第一段并流反应器出口 $550\mu g/g$、第二段逆流反应器出口 $5\mu g/g$;若第二段为并流反应器,其出口产品硫含量则高达 $14\mu g/g$。

柴油超深度脱硫的加氢精制工艺是依据反应动力学和热力学的差异性,设置了两个反应器，在两个特定的反应区完成不同的反应过程。前者为高温、高空速反应区，在反应压力 6.4MPa、反应平均温度为 360~390℃，体积空速为 3.0h⁻¹ 的条件下，进行脱硫和脱氮反应，脱除大部分硫化物和几乎全部氮化物。后者为低温、高空速反应区，在反应压力 6.3MPa，反应平均温度为 280℃、体积空速为 6.0h⁻¹ 的条件下，进行芳烃的加氢饱和并完成剩余硫化物的彻底脱除。柴油产品为水白色，其硫含量小于 10μg/g，多环芳烃含量小于 11%。

由过程动力学公司开发、DuPont 公司授权的连续液相柴油加氢技术（IsoTherming）则是氢气在原料油进入反应器前溶解在原料油中，因此在气相中无需大量氢气，当氢气呈液相以溶解氢形式进入反应器时，整个反应受到内在反应速率的控制（Ackerson，2004）。加氢时发生的绝大多数反应为高放热反应，适量的循环液相物流不仅可向反应器释放更多氢气，稀释影响反应深度的杂质浓度，而且也作为热阱有助于吸收反应热量，使反应器在更为等温的模式中运行。而较为恒定的反应温度有利于加氢脱硫与芳烃饱和的顺利进行。IsoTherming 工艺采用常规催化剂，在常规加氢条件下可以将 AGO、VGO、CGO、DAO 和 LCO 等原料转化为低硫、低氮的产品。与常规超深度加氢精制工艺相比，IsoTherming 特点是利用氢气在油中"秒级"溶解的特性，在化学耗氢小于反应系统的溶解氢气的情况下，取消循环氢系统。从而装置投资约少 30%~40%，比常规加氢裂化装置约少 50%；同时操作费用节省 20%~25%，主要是循环压缩机的能耗减少以及催化剂消耗有所降低；催化剂总用量仅为 15%~30%。IsoTherming 工艺由于溶解氢的限制，较为适宜化学氢耗小于 1% 的加氢精制工艺。化学氢耗越小，其循环液相量越小，从而经济优势也就更加明显。第一套装置建在美国 Giant 炼制公司 Yorktown 炼厂，2006 年投产。

UOP 公司的 Uniofining 和 MQD Uniofining 工艺加工十六烷值指数（$CI=21$）的 LCO，其产品 CI 依次为 42 和 46，而单纯 HDS 仅为 30（Odette，2000）。UOP 公司推荐单纯深度脱硫用 N-40、N-108、N-200 牌号 Co-Mo 催化剂，两段加氢第一段用 HC-K、HC-P、HC-R 与 HC-T 类 Ni-Mo 型、第二段用 AS-250 型催化剂。以上催化剂可使炼油厂商品柴油硫含量控制在 30μg/g、$CI=50$ 的质量标准（Heckel，1998）。

深度脱硫的工程设计问题和催化剂问题同等重要。滴流床反应器的内部构件应保证气液的良好分布。分配盘的设计应考虑低压降、灵活的气/液比、大的负荷弹性、对水平度敏感性低、不易结垢等条件。现举 Phillips 公司在装置改造中采用 Topsoe 公司的高效内件的实例（Tripett，1999）：原料/产品硫含量从改造前的 0.7/0.05（%）变为 0.9/0.035（%），平均温度从 346℃ 降到 326℃，说明高效的气液分布等于把催化剂活性提高到 2.5 倍之多！再举一个工程设计大大降低投资的例子：UOP 和 Lurgi 公司合作，将 LPHUG 的两段巧妙地集成在一起，中间设置压力汽提塔，从一段产品中除掉（H_2S+NH_3）进入第二段，两段间充分换热，用一个加热炉、一个循环氢系统和一个原料升压泵代替两段各自的设备，节约投资 40%，对于 0.4Mt/a 的装置，两段只比单段增加投资 170 万美元，并且能在更短时间内回收。但无论如何，生产超低硫柴油是要付出代价的。估计每加仑增加的费用是 4.2~8.5 美分。

国内清洁柴油生产技术主要有中国石化石油化工科学研究院开发的柴油超深度加氢脱硫 RTS 工艺，已经应用到多套工业装置上，生产"国 V"柴油。同时还开发了柴油连续液相加氢与 RTS 技术相结合的加氢技术，可稳定生产"国 V"车用柴油（丁石，2011）。抚顺石油化工研究院开发的 FHUDS-8 催化剂是新一代柴油加氢精制催化剂,与 FHUDS-5 和 FHUDS-6 相比,催化活性有了较大幅度的提高。并针对不同原料油性质及其反应途径不同,开发了分别适用于直馏柴油、二次加工柴油及直柴与二次加工柴油混合油超深度脱硫的 FHUDS 系列催化剂,采用不同体系催化剂选择及级配的 S-RASSG 柴油超深度脱硫技术及 SRH 柴油液相循环加氢工艺技术,可生产满足"国Ⅴ"车用柴油的要求(王震,2008)。

国内外石油公司都在大力开发用于 LCO 加氢改质技术,如 FRIPP 的 MCI 和 RIPP 的 RICH 技术等(Yulin,1993;白宏德,2001;韩崇仁,1999)。United Catalysts Inc. 则采用具有脱硫、脱氮、脱芳烃三功能 ASAT 型贵金属催化剂(用于第二段反应器),在 315℃ 和 6.2MPa、空速 1h^{-1} 的实验室条件下,经加氢脱硫处理技术可将原料 LCO(其总芳烃含量为 42.5%,多环芳烃含量为 15.1%,硫氮含量分别为 400μg/g、127μg/g)生产 CI 达到 51 的优质柴油产品(其总芳烃含量为 5%,多环芳烃含量为 0%,硫氮含量分别为 9μg/g、0μg/g)(Tungate,1999)。国内两项技术均能在脱硫脱氮的同时将芳烃开环,保证柴油收率高于 95% 的前提下,提高十六烷值 10 个单位以上。MCI 技术在 6.3MPa、体积空速 10h^{-1}、反应温度 360℃ 条件下,柴油收率 96.6%,密度降低 0.042g/cm^3,硫含量从 7000μg/g 降至 5.8μg/g,十六烷值提高 10.9 单位。RICH 技术工业应用结果列于表 1-64。RIPP 采用 RN-10 型催化剂对 LCO 进行不同深度加氢改质来生产优质柴油,试验结果列于表 1-65(陈若雷,2002)。但随着 LCO 质量劣质化,单纯依靠加氢脱硫处理技术来提高 LCO 十六烷值,其提高幅度也难以满足商品柴油质量要求,具体试验数据见第四章。

表 1-64　RICH 工业装置操作条件、产物分布和产品性质

项　目	数值	项　目	数值	
操作条件		产品性质	原料油	精制柴油
处理量/(t/h)	49.7	密度(20℃)/(g/cm^3)	0.8912	0.8549
反应器入口压力/MPa	7.4	凝点/℃	2	-2
平均反应温度/℃	368	实际胶质/[mg/(100mL)]	238	42
氢油比	836	硫含量/(μg/g)	7600	2.7
化学氢耗量/%	1.60	氮含量/(μg/g)	580	1.0
产品分布/%		碱性氮/(μg/g)		
H$_2$S+NH$_3$	0.9	十六烷值	32.2	42.4
C$_1$~C$_4$	0.8	脱硫率/%		99.9
石脑油	4.1	初馏点/℃	194	190
柴油	95.5	50%/℃	271	242

表 1-65　催化裂化轻循环油深度加氢改质的试验数据

项　目	原料	产　品								
反应压力/MPa		6.73	6.73	6.73	6.73	7.70	10.0	6.73	6.73	6.73
反应温度/℃		353	373	384	363	363	363	363	363	363
体积空速/h^{-1}		0.8	0.8	0.8	0.8	0.8	0.8	1.0	0.8	0.5
密度(20℃)/(g/cm^3)	0.8761	0.8390	0.8377	0.8366	0.8419	0.8395	0.8342	0.8450	0.8460	0.8347
硫含量/(μg/g)	1518	26	18	18	20	18	16	40	20	17
氮含量/(μg/g)	959	0.7	0.8	0.4	0.8	0.7	0.5	2.2	1.2	0.6
总芳烃/%	53.4	23.1	22.7	25.8	29.4	24.6	13.3	31.9	27.1	20.1
多环芳烃/%	35.3	4.2	4.3	4.7	3.8	3.1	1.8	4.6	3.6	2.7
十六烷值	34.2	50.3	49.7	49.7	49.3	50.0	53.2			

LCO 的加氢脱硫可以和 FCC 原料预处理合并进行，某炼油厂的 HDS 原料含 VGO30%、DAO28%、AGO24%、LCO18%，平均硫含量 1.2%，产品柴油含硫 0.05%，操作压力 8MPa，反应器内几种催化剂分级装填（Podratz，1999）。另一方案是和 FCC 原料一同进行部分加氢裂化（PHC），取得更多的优质（硫含量 = 30μg/g、CI = 50）柴油，与 FCC 原料单独进行 HDS 比较，经济效益十分可观（Shorey，1999）。UOP 公司提出的 J-Cracking 工艺是把催化裂化装置的 LCO 在 5MPa 压力下加氢饱和后返回 FCCU 做裂化原料，可使转化的柴油馏分中一半以上变成汽油。具体对比数据见表 1-66。但由于未转化的 LCO 仍需高压加氢饱和，故投资较高，也要进行经济对比。

表 1-66 J-Cracking 与单纯 FCC 产率对比

产率	FCC	FCC+J-Cracking	产率	FCC	FCC+J-Cracking
<C_2/v%	3.2	3.5	轻循环油/v%	14.5	6.0
C_3/C_4/v%	15.9	18.0	油浆/v%	10.5	11.4
汽油/v%	49.9	54.6	焦炭/%	5.0	5.5

除常用的加氢脱硫法，美国 Energy Biosystems 公司开发成功生物脱硫技术（BDS）。BDS 技术主要利用严格筛选的特殊菌种对石油中含硫化合物有极高消化能力这一特点，使其氧化变成水溶性化合物；或只选择性地剪断 C—S 键，将硫原子氧化成硫酸盐或亚硫酸盐而转入水相。目前生物催化剂的比活性（脱硫量与耗用催化剂量的比值）已达 30，催化剂发酵产率达 60g/L。BDS 和 HDS 有互补性。由于化学结构的立体障碍，HDS 很难脱除 4,6-二苯并噻吩，但 BDS 对其脱除速度却高 20 倍。BDS 的脱硫效率为 50% ~ 90%，这一点不如 HDS；HDS 耗氢，操作费用高，而 BDS 不用氢，但副产品亚硫酸盐要开辟市场。总之 HDS 和 BDS 可形成优化组合；BDS 的投资大约是 HDS 的一半，操作费用则低 10% ~ 25%（钱伯章，1999；Pacheco，1999）。此外，Phillips 公司的 S Zorb 吸附脱硫技术也从汽油原料延伸到柴油原料（McRae，2004）。

硫化合物的选择性氧化可以将加氢处理很难脱除的 4,6-二苯并噻吩进一步氧化成砜。UniPure 公司开发的 ASR-2 技术是将含硫柴油与作为催化剂的甲酸和作为氧化剂的过氧化氢的水相接触，在常压、低于 120℃ 的缓和条件下快速反应。在重力分离器内油水分离后水相含有废酸和氧化产生的砜类化合物的一半左右，进而脱除多余水分，并分别回收甲酸和砜，酸液循环使用，而油相经水洗、干燥后通过固体氧化铝吸附剂，另一半的砜类化合物被吸附，可用甲醇抽提回收。吸附精制后的柴油含硫只有 0.5μg/g，含氮低于 0.1μg/g（Levy，2001）。另一种氧化技术由 Lyondell 公司开发，采用叔丁基过氧化物 TBHP 为氧化剂，砜类产物靠溶剂抽提或吸附剂分离（Frank，2003）。UOP 和 Eni 公司合作开发了又一种柴油氧化脱硫工艺，第一道工序可采用某种烃就地空气氧化制取氧化剂；第二道工序噻吩硫的氧化反应在低压、低温进行，使用固定床反应器和专用催化剂，可达到 98% 以上的转化率；第三道工序采用吸附法将砜化合物与超低硫柴油分离（Gosling，2004）。USC 和 Sulphco 开发的 Sulphco 技术是利用超声波生成小泡泡的迅速破裂，产生剧烈混合和极高的温度和压力，促使氧化反应进行，脱硫率高，产品质量改善，预计投资不到加氢脱硫的一半（Amos，2001）。尽管生物脱硫技术和氧化脱硫可除去 LCO 中的硫化物，但 LCO 中的芳烃含量仍然较高，也不能作为商品柴油。因此这些类型的技术应用受到限制。

国内外石油公司为满足加工劣质原油和车用柴油质量升级的需要，柴油加氢精制的能力逐步增加，同时持续开发并应用深度和超深度加氢脱硫技术，使硫含量较高的直馏柴油经加氢脱硫处理后就可以满足柴油质量要求，这为柴油质量升级奠定了良好的基础。但深度和超深度加氢脱硫技术与传统加氢处理技术相比，新技术主要是利用以直馏柴油为主，掺炼二次加工柴油量一般低于10%，方可生产国Ⅳ或国Ⅴ柴油产品。新旧加氢处理技术对比列于表1-67。

表 1-67　柴油加氢新技术与传统技术的对比

项　目		常规加氢精制	连续液相加氢精制	超低硫加氢精制
适用范围	直馏柴油	无限制	≤90%	≤90%
	焦化或催化柴油	无限制	≥10%	≥10%
技术特点	流动特性	向下流动 常规滴流床技术	向上流动 连续液相床技术	两个反应区 常规滴流床技术
	反应区	1	1	2
	循环氢或循环油	循环氢	循环油	循环氢
反应条件	氢分压/MPa(g)	6.4	6.4	6.4
	氢油体积比	(300~500)∶1	1.5~2.0(液相循环)	300∶1
	反应温度/℃	360~390	360~390	360~390/280
	体积空速/h⁻¹	1.5~2.0	1.5~2.0	3.0/6.0
产品指标	硫含量/(μg/g)	≥350/50	≥50	≥10
	排放标准	国Ⅲ/Ⅳ柴油	国Ⅳ	国Ⅴ
投资及能耗	投资/%	基准	节省10~15	相当
	能耗/%	基准	降低15~20	降低10

LCO性质虽然经加氢精制有所改善，但其性质改善程度与柴油质量规格的要求相差甚远。由于FCC装置为增产汽油，其操作苛刻度不断提高，造成LCO性质不断劣质化，如美国FCC装置从1967年到1982年间，LCO性质的变化为：API度从25~30降低到20以下，十六烷值从32~45降低到17~24，芳烃含量从30%~60%上升到80%以上，烯烃含量从7%~10%降低到3%以下(Niccum，2012)。LCO性质详见第四章。由于国内炼油企业的装置结构决定了大多数炼厂的柴油调合组分仍以LCO为主。随着催化裂化原料劣质化和催化裂化反应深度的增加，LCO性质更差，多环芳烃含量更高，如MIP工艺所生产的LCO。单纯依靠上述加氢精制(HDS)技术难以生产出更多的LCO来满足商品柴油质量规范要求，即使采用加氢改质(HUG)技术，也不能完全将LCO转化为商品柴油组分，并且生产成本将大幅度增加。至于催化裂化轻循环油是否有必要全部加工为低芳烃柴油问题更要慎重对待，宜在经济合理的前提下考虑其商品出路。对于劣质LCO如何加工处理和利用已成为热点研究问题，这方面的论述详见第四章。

（五）重循环油加工利用

催化裂化重循环油（又称回炼油）中芳烃含量高，裂化能力差，产品选择性不好，其性质和组成在第四章再作论述。采用沸石催化剂后，回炼比一般低于0.5，但当FCC装置按最大轻质油产率方案操作时，仍然有一定数量的回炼油。如我国2000年前，大多数FCC装置就是按最大轻质油产率方案操作。为此，我国LPEC开发出回炼油的双溶剂抽提重芳烃工艺

（AREX），可以脱除其中大部分的芳烃，重芳烃纯度达95%以上；而抽余的回炼油返回FC-CU，改善了原料的裂化性能，减少了焦炭产率。这种FCC/AREX联合工艺可增加FCC装置处理能力15%~20%，汽油产率增加，轻循环油产率下降。如能解决重芳烃的出路（化工利用或针状焦生产原料），这个联合工艺就有经济意义。据报道原苏联有些炼油厂将270~420℃的重柴油抽提出的芳烃用做生产炭黑的原料（Deady，1989）。2000年以后，随着汽油车数量的增加和MIP工艺技术的广泛应用，大多数FCC装置处于单程操作，即使有回炼比，一般也低于0.1。

（六）澄清油的加工利用

催化裂化分馏系统排出的油浆中固体物（焦粉和催化剂）含量一般为2~6g/L，其性质和组成将在第四章论述。催化剂粒度组成，国外资料参见表1-68（Dries，2000），国内资料参见表1-69。

表1-68 油浆中催化剂粒度组成 %

d_p/μm	0.12	0.24	0.49	0.98	2	3.9	7.8	15.6	20	25	31	37	44	53
正常	3	6	9	15	23	24	15	4						
失修	2	4	5	8	13	19	22	6	5	6	4	3	2	<1

表1-69 油浆中催化剂的粒度组成

粒径/μm	<3	3~5	5~10	10~20	20~40	40~80	80~110	>110
粒度分布/v%	6.1	6.5	15.4	40.4	25.7	5.6	0.1	0.2

如在装置内回炼，可不需处理。如作为澄清油送出装置，多数先在中间罐内沉降，但也有在装置内设置分离设施的。最简单的是立式的高温重力沉降容器，分离效率一般低于90%。较先进的分离设备有以下四种，见表1-70。这四种分离设备的特点和流程将在第四章再作详细论述。

表1-70 油浆中固体物分离设备对比

分离手段	机械过滤	静电分离	真空过滤	离心分离
专利商	Pall Regimesh	Gulftronic	Dorr Oliver	Alpha Laval
特点	用助滤剂，压降大	用小球吸附，压降小	有真空系统，压降大	生产能力小
工作温度/℃	200~350	150~200	200~350	<200
自动反冲洗			有	有
产品固体物含量/(μg/g)	20~50	5~20	300~500	300

脱除固体颗粒后的油浆既可以作为商品燃料油的调合组分，也可以作为石油产品的原料，如针状焦的原料，这方面内容在第四章再做详细论述。

第四节 催化裂化生产过程清洁化

催化裂化装置的环保对全炼油厂来说处于举足轻重的地位。在表1-71中，以胜利原油为原料的某一深度加工炼油厂在20世纪80年代操作为例，列出了催化裂化装置污染状况。从表1-71可以看出，催化裂化装置污染物量总和约占全厂污染物量总和的46%。

表 1-71　催化裂化装置污染负荷占全厂污染负荷比

污染源	污染物名称	占全厂同类污染物/%	污染源	污染物名称	占全厂同类污染物/%
大气污染源	SO_x	16.7	水污染源	油	3.7
	NO_x	20.0		硫化物	24.2
	CO	99.0		挥发酚	61.9
	粉尘	68.0		氰化物	68.4
	CO_2	20~50		COD	13.0

重油催化裂化与馏分油催化裂化相比,原料中有害物质增加,排放的污染物也剧增,对环境污染的治理难度远远超过馏分油催化裂化,这一点应引起人们足够的注意。此外,催化裂化装置的 CO_2 排放量约占全厂的 20%~50%。

2010 年 11 月国家环保部发出了《石油炼制工业污染物排放标准》(征求意见稿),按照这个标准,现有企业从 2014 年 7 月 1 日,新建企业从 2011 年 7 月 1 日起,催化裂化烟气中二氧化硫和氮氧化物的排放浓度分别为 400mg/m³、200mg/m³;对于国土开发密度已经较高,环境承载能力开始减弱,或者环境容量较小、生态环境脆弱,容易发生严重大气环境污染问题而需要特别保护措施的地区,催化裂化烟气中二氧化硫和氮氧化物的排放浓度为 200mg/m³、100mg/m³。针对 FCC 工艺再生烟气的特点,再生烟气脱硫脱氮一体化技术得到广泛应用,其特点为不引入二次污染物,操作简便,操作温度接近烟气排放温度。近几年,我国催化裂化装置都安置再生烟气处理设施,再生烟气中 SO_x、NO_x 回收利用以及除尘已成为催化裂化生产过程不可缺失的环节。具体的 FCC 再生烟气处理技术将在第九章作详细论述。

炼油厂污水的排放,一是要控制污染物排放浓度,二是要控制污水的排放量。按照《石油炼制工业污染物排放标准》,现有企业从 2014 年 7 月 1 日,新建企业从 2011 年 7 月 1 日起,污水的排放量限值为 0.4m³/t(原油);对于国土开发密度已经较高,环境承载能力开始减弱,或者水环境容量较小、生态环境脆弱,容易发生严重水环境污染问题而需要特别保护措施的地区,污水的排放量限值为 0.1m³/t。催化裂化装置污水处理技术在第九章作详细论述。

节能降耗不仅可以降低加工成本,提高经济效益,同时可以减少排放,满足清洁生产的需要。一般炼厂能耗费用占现金操作费用的 50%~60%,随着原油价格提高,燃料油价格也随着增加,能耗费用在现金操作费用中的比例会更高。我国催化裂化加工能力占一次加工能力比例大,而催化裂化烧焦在炼油厂能耗中的比例也较大,从而导致我国催化裂化装置能耗约占全炼油厂能耗的 30%,而国外催化裂化装置一般约占 16%。因此催化裂化装置能量回收的好坏直接影响我国炼油行业的能量效率。催化裂化装置能量消耗、利用及其节能技术将在第九章做详细论述。

由于石油是不可再生的资源,特别是我国石油资源相对匮乏,最大限度地生产其他能源难以替代的运输燃料和化工原料,充分合理地利用有限的石油资源,提高轻质油收率,是实现资源有效利用和资源可持续发展的重要保证。现代炼油企业一方面是处理的原油越来越重,质量越来越差;另一方面要求生产更多更好的清洁燃料,产生更少的污染排放,使用更少的能量,同时对 CO_2 减排量提出了更高要求。在过去 20 年中,中国 CO_2 排放量占全球的比重由 5.7% 上升到 21%。虽然目前中国 85% 的 CO_2 排放是由燃煤造成的,但交通运输等部门以石油消费为主的能源消耗的持续增加,很可能带来 CO_2 排放的持续增加,未来中国炼化行业的 CO_2 减排压力相当大。在低碳发展的大环境下,国内外石油公司积极投身于节能、降耗、温室气体减排的项目中,其发展战略分为短期重点提高自身能源利用效率,中期推动可行的减排技术应用,而长期开发具有突破性的、能够改变行业格局的技术。

炼化行业的温室气体 CO_2 主要来源于燃烧排放、过程排放和泄漏排放等。以炼油厂为例，温室气体排放主要来源于两个方面，一是在工艺装置中，催化裂化、制氢等是炼油厂主要的高排放装置，其中催化裂化装置排放的 CO_2 占排放总量的 20%~50%，制氢过程也是 CO_2 的主要排放来源，生产 1t H_2 约排放 11.19t CO_2，如表 1-72 所列；二是炼油厂需要消耗大量的热能、蒸汽和电力，而提供热能、蒸汽和电力的过程会大量排放 CO_2。加热炉是 CO_2 最大的排放源，约有半数以上温室气体排放来自油品燃料燃烧，如燃料气和石油焦。

表 1-72 炼油厂各生产单元装置 CO_2 排放强度

单元装置	排放/(kgCO₂/t 原料)	单元装置	排放/(kgCO₂/t 原料)
煤油加氢处理	8.5	常减压蒸馏	52.9
柴油加氢处理	14.0	VGO 加氢裂化	102.9
石脑油加氢处理	26.3	催化重整	152.8
延迟焦化	31.2	催化裂化	211.7
VGO 加氢处理	40.9	制氢装置	11.19t CO₂/t(氢气)

从 20 世纪 40 年代开始，催化裂化技术一直是石油工业中的重要技术。纵观 FCC 技术开发历程，研究主要目标就是生产更多更优的高附加值产品。但在 CO_2 排放问题变得日益重要的情况下，FCC 技术开发重心将扩展到提高其装置能量效率和 CO_2 减排问题上来。表 1-72 表明，催化裂化装置 CO_2 的排放量是炼油厂的高排放生产装置，且烟气中 CO_2 的体积分数只有 10%~20%。要从催化裂化烟气中直接捕集 CO_2，成本较高。因此采用适当的技术手段，降低催化裂化装置的 CO_2 排放，对整个炼油工业的 CO_2 减排意义重大。2007 年 UOP 公司已启动了降低 FCC 装置能耗和减少 CO_2 排放的开发项目。其开发方案是从 FCC 装置区界内(ISBL)扩展到涵盖全炼油厂的 FCC 装置区界外(OSBL)，包括 FCC 装置以外的全部流程，确定了分离流程的改进和设计、先进工艺的整合以及最大化回收利用热能与电能，目标是将 FCC 装置能耗降低 20%，大幅度降低 CO_2 排放(Wolschlag，2009)。

在 FCC 再生过程中产生的大多数 CO_2 是为了满足 FCC 装置热平衡的需要(Upson，1982)。在稳态操作中，反应器将产生足够的焦炭量，该焦炭量在再生器内燃烧产生的热能满足反应器的能量需求，装置热量平衡可以被概括为：

（输入的能量+产生的能量）=（输出的能量+消耗的能量）

① 输入的能量=进入再生器的主风热能+原料油、水蒸气和提升气的热能
② 产生的能量=焦炭燃烧热
③ 输出的能量=烟气热+反应器油气热+催化剂取热器的蒸汽热+对流热损失
④ 消耗的能量=反应热+原料显热+原料汽化潜热

在稳态下，焦炭的净燃烧热量一定等于反应器消耗的热量，以数学式表述如下：
净燃烧热(MJ/kg 焦炭)

$$\Delta H_{燃烧} - \Delta H_{主风} - \Delta H_{损失}$$

一定等于反应器的总热负荷(MJ/kg 原料)

$$\Delta H_{原料} + \Delta H_{蒸汽} + \Delta H_{循环} + \Delta H_{反应热}$$

装置中的焦炭产率(占原料，%)可以表述为：

$$100(\Delta H_{原料} + \Delta H_{蒸汽} + \Delta H_{循环} + \Delta H_{反应热})/(\Delta H_{燃烧} - \Delta H_{主风} - \Delta H_{损失})$$

注意式中焦炭产率依赖装置的热平衡，反应热是唯一一个取决于原料性质的变量。因此，当原料性质发生改变，裂化反应热变化时，这将体现在焦炭产率的变化上。另外，操作人员可以通过改变装置的操作条件调整焦炭产率。以一套 CO 完全燃烧操作模式的装置为

例，以重瓦斯油为原料进行单程裂化操作(不循环)。当蒸汽熔变化和设备正常热损失被忽略不计时，焦炭产率等式可简化为：

$$焦炭(\%) = 100(\Delta H_{原料} + \Delta H_{反应})/\Delta H_{净燃烧}$$

装置操作变量为原料温度和反应器温度。原料温度变化范围一般是 177~271℃，反应器温度变化范围一般是 521~532℃，相应的原料熔值变化为 951.33~1232.78kJ/kg 原料，从而导致焦炭产率变化的最大范围是 4.8%~5.8%(占原料)。

非独立变量如反应热、再生器温度、原料熔或由焦炭中氢含量示出的汽提性能，这些变量中任何一个发生变化，对焦炭收率潜在的变化影响非常有限。表 1-73 列出各种操作变量变化时焦炭收率范围改变的情况。在原料性质和转化率变化较大的情况下，多数装置对应的焦炭产率一般是 5.5%，上下波动 10%，即最低值为 5.0%，而最高值为 6.05%。

表 1-73　在操作变量下焦炭的产率

非独立变量	范　围	熔　值	焦炭产率/%
反应热	低/高转化率	约 233~465 kJ/kg 原料	4.60~5.50
再生器温度	677~760℃	约合 7.9~9.3 MJ/kg 焦炭	5.14~5.39
焦炭中氢含量	6.0%~7.0%	约合 38.5~39.5 MJ/kg 焦炭	5.50~5.30

当加工残炭含量更高的原料时，焦炭产率大幅度增加，造成再生催化剂和待生催化剂之间焦炭含量之间的差值增大，即焦炭差增加。焦炭差与再生温度密切相关，其表达方式为：

$$T_{再生} = T_{反应} + (\Delta H_{燃烧} - \Delta H_{主风} - \Delta H_{损失})\Delta C/C_P$$

式中，C_P 为催化剂比热容；ΔC 为焦炭差。

重新整理该方程，已知再生温度和反应温度就可以计算出剂油比，根据热平衡计算得到焦炭收率。

$$剂油比=焦炭产率\times\Delta H_{净燃烧}/[100C_P\times(T_{再生}-T_{反应})] \tag{1-1}$$

在恒定的操作条件下，如果焦炭差发生变化，再生温度和剂油比将会改变，其变化关系列于 1-74。

表 1-74　焦炭差变化对再生温度和剂油比的影响

项　目	炭　差		
	0.58	0.78	0.93
再生温度/℃	677	721	754
剂油比	9.86	7.6	6.5
焦炭产率/%	5.7	5.91	6.03

注：反应温度约 527℃，原料温度约 177℃，$\Delta H_{反应热}$约 441.94 kJ/kg 原料，CO 完全燃烧，总进料比(CFR)为 1。

随着再生温度和焦炭差增加，降低催化剂循环率以保持恒定的反应温度，从而导致剂油比下降。焦炭差对再生温度和相应的剂油比影响较大，而对焦炭产率影响较小。然而，当高温催化剂循环回到提升管反应器时，由于提高了热裂化反应水平，非理想的干气收率增加。实际上，再生温度对转化率和目的产品收率影响很大，尤其对干气产率的影响，呈指数式的增加。

对于重质原料来说，即便采用部分燃烧再生，也必须设置催化剂冷却器，作为取热装置的控制变量，给装置热平衡提供额外的自由度，在原料和(或)装置操作发生变化时，能快速、平稳地给予补偿。此外，催化剂冷却器还提供了一种能量利用极端高效的高压蒸汽生产方法。

由于再生器设计温度上限规定在 750℃，这对 VGO 中掺入常压渣油(AR)量要有所限制，通常要求混合原料的残炭值不能超过 1.82%。随着 VGO 中的 AR 数量增加及康氏残炭值从 1.82% 提高到 4.05%，在产品性质相近的情况下体积转化率减少了约 3 个百分点。只有设置催化剂冷却器以获得更高的转化率和更为理想的产物分布。在这种情况下，催化剂冷却器取热估计为 19100 kW/h，同时产生 25t/h 的高压蒸汽，相当于 690 万美元/a，也相当于降低了燃料消耗，减少了 CO_2 排放量为 3854kg/h。如果 CO_2 排放权信用交易价格为 30 美元/t，这可以额外增加 100 万美元/a 的效益。

降低 FCC 装置的焦炭产率和能耗均可以减少其 CO_2 排放量。降低焦炭产率可以通过改善原料油性质、开发新的工艺和优化操作参数入手。对催化裂化原料进行加氢处理是改善原料油性质的主要技术之一，目前已广泛地应用。国内开发的选择性催化裂化工艺(HSCC)可以大幅度地降低焦炭产率，约为 20%~30%，详细结果见本书第七章(许友好，2011)。通过提高反应温度、降低再生温度、降低催化剂活性、增加水蒸气量以及采用焦炭选择性更好的催化剂均可以降低焦炭产率，但需要合理组合这些操作参数。降低 FCC 装置的能耗应包括能量与工艺设计相结合、工艺装置内部和跨工艺装置的热能与电力的回收、燃料气系统中高价值组分的回收、设备维护的优化、能源合同的管理，以及蒸汽与电力系统的优化。这部分内容在本书第九章作详细论述。在此只论述通过能量优化方法减少 FCC 装置 CO_2 的排放量。能量优化方法可以用于新建的 FCC 装置以及炼油厂设计、带有投资成本的现有 FCC 装置改造和改变操作方式。

对于新建的 FCC 装置以及炼油厂设计，按照能量优化方法，在确定的总加工路线基础上，工艺装置之间、工艺装置与系统之间进行工艺与工程技术全面优化，是使全厂总平面布置高度集成并紧凑合理的重要保证。为了满足资源合理利用和节能降耗的需求，联合装置的理念要从传统的个别装置的联合转变为整个炼厂作为一个"大联合装置"考虑，实现同开同停。设计中将所有装置和公用工程及系统单元作为一个整体进行集成优化，装置之间的物料从传统的直接热物料互供改变为物料交叉往返互供，使热量的综合利用最优化，同时也大幅度减少了机械能和占地。优化公用工程和装置用能是比较可行的节能减排办法。仅以某 10.00Mt/a 炼油厂含有 15 套主要工艺装置为例加以说明。将主要工艺装置分为重油加工、馏分油加工、气体加工、环境保护等四个装置功能区，实行紧密联合设计，相对集中布置，以利于大物料输送，减少管道输送距离，从而减少机械能和散热的损失，中间原料储存天数平均设置 2 天。在功能区得到合理划分后，则要充分研究装置之间的热量互供，又可将其组合为 7 套联合装置，能量的综合优化利用要从联合装置或者区域优化，装置之间实现物料交叉往返互供。如催化裂化装置与气体分馏装置实现热量利用紧密联合，利用催化裂化装置内的余热加热热水，提供给气体分馏装置作为热源；渣油加氢处理与加氢裂化两套装置联合布置，实现部分压缩机、高压泵及公用工程单元公用；连续重整装置与异构化装置共用稳定塔系统，实现加工过程的紧密联合；全厂轻烃经回收集中处理，酸性水、溶剂集中再生以及硫黄回收系统的集中优化，实现物料处之间的联合。设置轻烃集中回收设施是在消耗较少的能量基础上将有效组分回收回来，把常规炼厂的燃料气加工为高附加值产品，实现了资源有效利用。对于全炼油厂的氢气，根据不同装置对氢气条件要求的差异，合理规划炼厂氢气系统的使用，从而避免氢气系统的降压、升压而造成的能量浪费，提高氢气的利用率，降低用氢成本。在蒸汽利用方面，充分利用装置内油品及烟气的余热来发生蒸汽或加热给水。在各装置的余热回收设计中，产汽设备根据热源温位，尽量发生高参数蒸汽；用汽设备在工艺条件允许的前提下，尽量采用较低参数的蒸汽。在各等级的蒸汽管网之间尽可能选用背压式汽轮机驱动较大功率的机械设备，透平背压或抽汽排出的蒸汽供下一级管网使用，实现蒸汽能量的逐级利用。充分回收和利用全厂的蒸汽凝结水，减少补充水量，降低装置和全厂能耗。在某些生产操作联系较为紧密的装置实现热联合，既降低了上游装置的冷却水用量，同时减少了下游装置的蒸汽用量，从而减少锅炉供汽量，减少燃料消耗。在燃料利用方面，由于加热炉用燃料所占的比例较大，在加热炉设计中采用高效燃烧器并设置空气预热器等措施，使燃料的热效率不低于92%，从而大大节省燃料的消耗(孙丽丽，2009)。为了减少 CO_2 的排放，可考虑采用热电联产(CHP)和气化联合循环发电(IGCC)技术。CHP 能效可达到 80%，比单独建设发电装置能效提高 27%。尽管炼油厂用电量有限，采用 CHP 不如外购电力合算，但可减排 CO_2 和利用废弃物。在现有炼油厂中建 IGCC 装置能减少 40% 的 CO_2 和 80% 的 SO_x、NO_x、CO 及颗粒物排放。此外，IGCC 气化产物中的高浓度二氧化碳有利于实施 CCS。UOP 公司对一个加工能力为 10.0Mt/a 的新建炼油厂按能量优化方法设计，可降低能耗超过 11700 kW，折合价值超过 2000 万美元/a，CO_2 的减排量相当提高能源效率约为 11700 kW，等于每天减少 CO_2 排放量 569 t，如果按照 CO_2 的排放权信用交易价格为 30 美元/t 计算，相当于每年节省了 620 万美元(Wolschlag，2009)。

　　对于现有的 FCC 装置进行能效改造，要考虑到炼油厂布局、操作灵活性和安全性的限制，以最小的改动实现最大的节能、最少的 CO_2 排放，基于此，用网络夹点分析法能对每一种选择进行筛选和评价。对于较为经济的能量优化来说，FCC 装置电力回收系统存在较大的改善空间。加工能力为 3.5Mt/a 的 FCC 装置，将其再生烟气仅仅通过废热蒸汽发生器用于发生蒸汽改为同时用于产生蒸汽和发电，在这种情况下，发电量增加约为 1.67×10^5 MJ/kg，蒸汽量减少约为 0.59×10^5 MJ/kg，从而带有电力回收系统的节能净效益相当于 1.08×10^5 MJ/kg，净效益约 4000 kW，每年潜在的节能量价值为 710 万美元(Wolschlag，2009)。FCC 装置能效改造主要有工艺蒸汽与低压汽轮机整合系统、原料直接输送、分馏与吸收系统换热网络优化、用隔板精馏塔分离 FCC 汽油、在烟气余热锅炉(FGC)中预热原料油和主风机驱动选择。

　　(1) 工艺蒸汽与低压汽轮机整合系统——FCC 烟气能量回收

　　从 FCC 装置烟气回收能量是影响回收效益的重要部分，特别是因为这种能量是"清洁"的，它没有产生或排放额外的二氧化碳。FCC 装置设计的最常见电力回收系统，历来是五位一体系统(five-body train)，由热气膨胀机、主风机、启动用蒸汽轮机、发电机和齿轮箱五个必要部分组成。该配置中烟机与主风机连接，直接将能量传递给轴承，使主风机能量转换损失最小，如图 1-72 所示。

　　在传统的系统设计中，为了补充电力回收机组(PRT)的启动负荷需求，配备了蒸汽轮

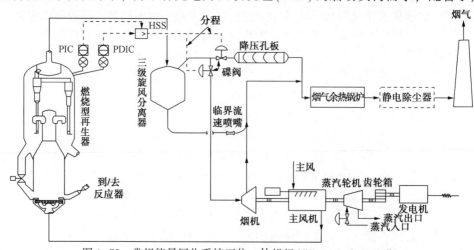

图 1-72　常规能量回收系统五位一体机组("Five-Body Train")

机。机组一旦启动，使流进膨胀机中的烟气流量达到最大，同时流向汽轮机的蒸汽流量降低到维持汽轮机运转所需的最小值。考虑到最大化利用现有装置，PRT 蒸汽轮机明显属于未被充分利用的装置。通过调整蒸汽轮机和发电机以及所需要的工艺蒸汽量，给炼油厂提供了利用 PRT 补充发电的手段。增加相应规模的减压蒸汽轮机和发电机增加的成本与能量回收的潜力相比，电力回收系统的安装成本只占能量回收的一小部分，显著地提升了投资回报率。使用多级减压蒸汽轮机，能量回收机组可以和锅炉房蒸汽减压系统需求整合，获取数量可观的能量，如图 1-73 所示。

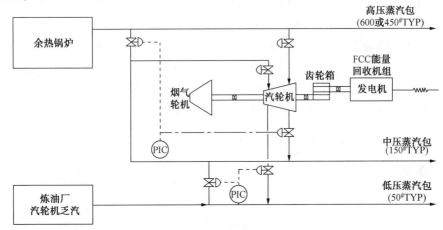

图 1-73 蒸汽减压系统配置

在该集成配置里，高压或中压蒸汽能够通过汽轮机有效地降压后进入低压蒸汽包，同时副产电能，使炼油厂在运作装置领域的蒸汽和电力系统时，能更好地对经济性进行优化。在FCC 装置界区内，有几股流向反应器的中压蒸汽，包括提升管提升蒸汽、原料分配器分散蒸汽、待生催化剂汽提蒸汽和反应器流化蒸汽。由于整合了烟气电力回收系统，如图 1-74所示，正常的 FCC 工艺蒸汽引入 PRT 中的减压汽轮机。按此方式，过剩的中压蒸汽过热能

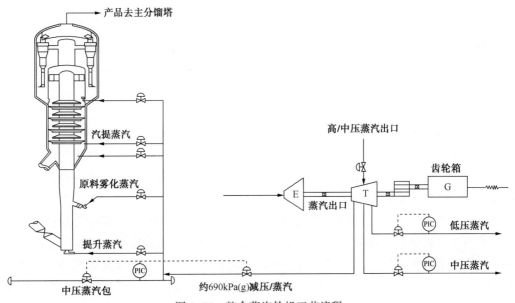

图 1-74 整合蒸汽轮机工艺流程

和压力能转换为 PRT 传动轴动力，要么补充风机动力需求，或者用于发电机发电。

在应用时，供给汽轮机的蒸汽压力越高，整合发电系统的经济回报就越大。汽轮机乏汽压力是操作人员控制蒸汽房中过热蒸汽剩余数量的一个变量。

在一套规模为 2.5Mt/a 的 FCC 装置上，增加减压蒸汽轮机电力回收系统，总建造成本从 2710 万美元到 2840 万美元，如表 1-75 所列。在使用的蒸汽情况下，仅仅与反应器、提升管以及汽提塔的减压蒸汽进行整合，增加的成本囊括了整合汽轮机和蒸汽。整合后的中压汽轮机增加的电能从 13.78 MW 到 14.14 MW。如果蒸汽源由中压变为高压蒸汽，产生的电能将进一步提高到 15.6 MW(Couch，2006)。

由于整合了蒸汽透平，可同时考虑多级减压并入系统。为给出整合减压蒸汽透平所带来的经济影响数据，表 1-76 显示了每 10000 磅蒸汽经减压为三个不同级别压力的蒸汽，所增加的电能和经济上的改善。例如，如果将 30000lb/h 的蒸汽从 $600^{\#}$ 高压减压到 $90^{\#}$ 的中压蒸汽包，后续回收的电能将是 15.6+(3×0.39)= 16.77MW。

表 1-75　公用工程分析-整合减压轮机的工艺

项　　目	建设成本/美元	高压蒸汽/(lb/h)	电能/MW	CO_2排放有效减少量/(t/a)
增加传统电力回收五位一体 PRT	27100000	31661	13.78	24400
反应器提升管中压蒸汽与汽轮机整合	28400000	31661	14.14	25100
反应器提升管高压蒸汽与减压蒸汽轮机整合	28400000	31661	15.60	27700

表 1-76　公用工程分析——10000 lb/h 减压蒸汽轮机

减压蒸汽轮机	发热量/(kg/kWh)	蒸汽速率/(kg/h)	发电/MW
$600^{\#}$减压至 $90^{\#}$蒸汽压包	11.73	4535.92	+0.39
$600^{\#}$减压至 $150^{\#}$蒸汽压包	15.01	4535.92	+0.30
$150^{\#}$减压至 $50^{\#}$蒸汽压包	52.62	4535.92	+0.09

如上描述的来自减压蒸汽轮机产生的电力，能够减少来自电网或来自当地中心发电站输入的电力。新方案与基础方案之间发电量之差为 2.99MW，这将使炼油厂界区内的 CO_2 排放量每小时减少 1.6t。以 CO_2 的排放权信用交易价格为 30 美元/t 计算，这将每年带来附加效益 42 万美元。

(2) 原料直接输送

FCC 装置与上游加工装置之间设置中间储罐。中间储罐可以提供操作的灵活性，以备 FCC 装置停工或考虑原料调合。这种操作模式伴随能量浪费，有时相当严重。例如，冷原料在 70℃下从储罐进入 FCC 装置，依次经顶循环油换热器和分馏塔底部产品换热器，将原料加热到 187℃，如图 1-75 所示。

通过这两个换热器加热该物流所需要的总能量约 4480kW/h。如果将热原料直接送入 FCC 装置而不经储罐，可以更加高效的方式获取这种热量形式的能量。例如，这部分能量可用来预热进烟气余热锅炉(蒸汽发生器)的锅炉给水，会产生约 8.4t/h 高压蒸汽，相当于 230 万美元/a。锅炉房蒸汽减少量将使 CO_2 排放量减少 1295kg/h，基于 CO_2 排放权信用交易价格为 30 美元/t，将额外增加效益 34 万美元/a。

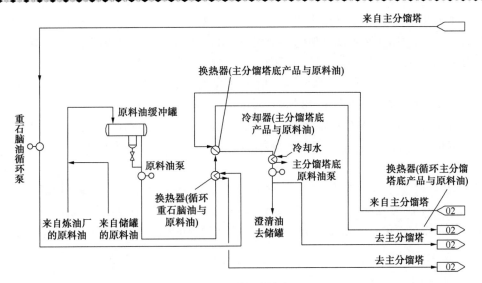

图 1-75　原料间接传热配置

或者，如果不需热的顶循环油物流来预热原料油，那么可在整个主分馏塔区重新分配热量，并有可能通过塔底回流从主分馏塔底部取走更多的热量，产生更多的高压蒸汽。这只是一个简单例子，由于还有其他可能更好地利用这种用于预热原料油的配置不当能量的方案，中间原料储罐应只是"按需"使用。

（3）分馏与吸收系统换热网络优化

采用夹点方法，可以对分馏与吸收系统的换热网络进行优化，同时仍保持高的产品回收率。当评估确定脱丁烷塔为热量供应不足的区域，必须充分供热给重沸器，加热脱丁烷塔以获得理想的产品分馏。脱丁烷塔通常有重沸器，以重循环油（HCO）提供热量。强制性地增加供给重沸器热量一种选择，就是减少主分馏塔底部的蒸汽发生量，让更多的热量沿塔上升至 HCO 段，并最终到脱丁烷塔重沸器。然而，这将以牺牲塔底回流蒸汽发生量为代价。在常规塔底重沸器配置中增加一个中段重沸器，以轻循环油（LCO）给这个中段重沸器提供热量，如图 1-76 所示。利用 LCO 回流，通过中段重沸器对脱丁烷塔物料进行部分再沸，这需要改变从主分馏塔塔底回流取热方式，使 HCO 回流最小。这不仅最大限度地发生高压蒸汽和节能，而且还考虑到更有效地利用中间热源（Couch，2007）。

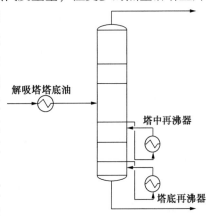

图 1-76　推荐的脱丁烷塔再沸器配置

特别是通过在脱丁烷塔上安装塔中段重沸器，可更好地控制塔的中间热源，通过主分馏塔底产品换热可发生更多的高价值高压蒸汽，从而节省公用工程费用。由于重新配置了换热网络以适应增加的中段重沸器，在低压蒸汽消耗量增加的同时，高压蒸汽发生量也大幅度增加。最终，公用工程费用的节省量大幅度提高，约 150~580 万美元/a。此外，中段重沸器这一方案可节省约 4800 kW 的能量，相当于减少 972 kg/h 的二氧化碳，或节省 26 万美元/a。

（4）用隔板精馏塔分离 FCC 汽油

随着 FCC 汽油加氢脱硫及其他的后处理技术的应用，需要对 FCC 汽油按不同馏程切割成不同馏分的汽油。在常规精馏塔中，使用两个塔依次将一种或多种原料分离为两种或两种以上的产品，如图 1-77 所示。当要分离成三种或更多的产品时，通过采用隔板式精馏塔（DWC）以提高能量效率，如图 1-78 所示（Schultz，2002）。

对常规精馏技术和 DWC 技术将 FCC 汽油分割成四个不同馏分的方案进行了比较。对于具有相同流量和组成的产品来说，与常规精馏技术相比，DWC 技术提供了相近的投资解决方案，再沸器负荷减少 22%。由于 FCC 装置热集成特性以及 DWC 需要的所有再沸器负荷都在最高温度下这一事实，操作成本实际减少比这要低，约 10%。从绝对数字来看，以 2.5Mt/a 的 FCC 装置为基础，DWC 技术可减少约 24.9t/h 的中压蒸汽消耗，同时增加约 16.8 t/h 的高压蒸汽消耗，结果一次能源净节省约 2345 kW，价值 50 万美元/a。

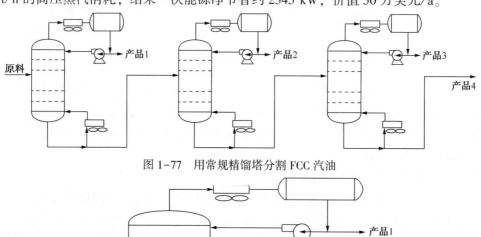

图 1-77　用常规精馏塔分割 FCC 汽油

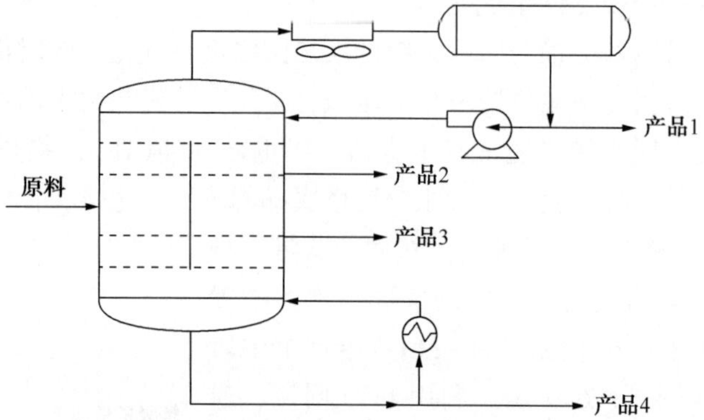

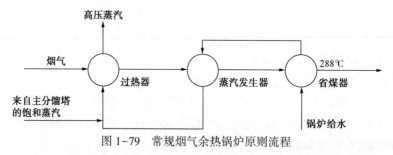

图 1-78　用带两条侧线的 DWC 分割 FCC 汽油

（5）在烟气余热锅炉（FGC）中预热原料油

FCC 烟气余热锅炉是一种热回收设备，通常只用于发生蒸汽。烟气余热锅炉包含三个盘管，即省煤器、蒸汽发生器和过热器。常规烟气余热锅炉换热流程如图 1-79 所示。

图 1-79　常规烟气余热锅炉原则流程

　　常规烟气余热锅炉的出口温度通常约为288℃，在发生蒸汽时该出口温度受夹点温度限制，而不是普遍认为的酸性气体露点。为了解释这一点，可以绘制常规烟气余热锅炉的焓-温图(T-H图)。在图1-80所示的T-H图中，实线代表烟气，而虚线是指在烟气余热锅炉中水预热、生成蒸汽和过热。夹点出现在烟气和产生的蒸汽之间最低限度分离处。

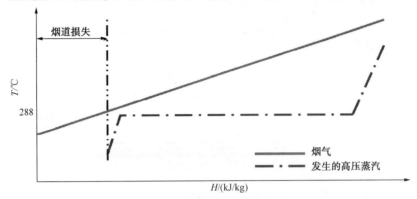

图1-80　常规FGC(烟气余热锅炉)设计的T-H图

　　一种新型设计如图1-81所示，在常规设计中的三个蒸汽盘管之后增加原料油预热盘管。采用这种设计，原料油主要用烟气预热，通常用于预热原料油的烃类物流(如重循环油和油浆)，现在可用于发生更多的高压蒸汽。对于常规设计，锅炉给水(BFW)的预热由蒸汽包饱和水加热把温度提高到177℃，该温度是必要的以防止烟气余热锅炉腐蚀。在新的设计中，BFW部分预热现由重石脑油和主分馏塔底产品馏出油提供，从而使新的设计更节能。

　　由于在烟气余热锅炉中集成了原料油预热，图1-80所示的最初夹点消失了，在T-H图中低温区的温度曲线得到改善，效果如图1-82所示。这使得烟气排放温度可降低到最低约232℃，有足够高温度保持在酸性气体露点之上。基于通常的蒸汽价格，这一新的烟气余热锅炉可以减少能耗，相当于9670 BTU的燃料/桶FCC原料。这相当于每桶FCC原料减少0.58kg的CO_2排放量；或者，如果CO_2排放权信用交易价格为30美元/t，每桶FCC原料可挣0.10美元。对于一套处理量为2.5Mt/a的FCC装置，这相当于减少10150t/a的CO_2排放量。

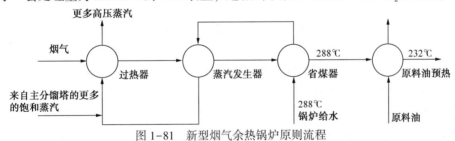

图1-81　新型烟气余热锅炉原则流程

（6）主风机驱动选择

　　主风机(MAB)是FCC装置中单个耗能最大的设备，通常消耗约45%的总轴功率。对这种旋转设备的驱动器选择，可以对能量效率产生重大影响。对于在典型的汽包条件下用高压蒸汽驱动的冷凝式汽轮机来说，发电效率约为30%。大约70%的热能损失在了表面冷凝。对于相同轴功率的MAB来说，使用高压-低压抽汽式汽轮机驱动MAB需要的蒸汽量更多一些，但能量损失却小得多。这种配置的热效率约为92%，只有8%的热能在发电过程中损失了。一般来说，对于蜡油FCC装置而言，根据蒸汽压力条件，可以通过使用高压-低压背压

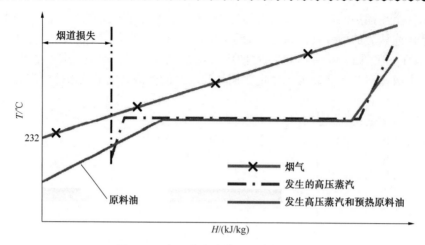

图 1-82　新型烟气余热锅炉的 $T\text{-}H$ 图

汽轮机而不是冷凝式汽轮机，可节约 224~325 MJ/kg 的能量。

在日常操作与维护方面，采用能量优化方法对关键工艺(能量)指标进行定义和建模。通过只监测工艺装置中 10~15 个关键指标，就能够找出并量化 80% 到 90% 能量优化项目。每个指标都同许多参数相关联，一些与工艺相关联，另一些则与能量相关联。这样，能量优化就同工艺条件和限制关联在一起。对于每个关键指标，建立四项目标作为与当前性能比较的基础。目标与当前性能的差距确定了性能的差距，不同程度的性能差距水平用来指出需要能量优化的严重度和紧迫性。性能差距分析用于找出最根本的原因，包括低效率的维修，低效率的能源系统设计，低效率的工艺操作、操作规程和控制，以及落后的工艺技术。差距分析转换为具体的矫正行为即采用手动调节或通过自动化控制系统达到目标。最后，对矫正后的结果进行跟踪，监测改进的效果和取得的节能效益(Zhu，2007)。

当然，在 CO_2 排放问题成为制约 FCC 技术发展和生存时，可以通过改变现有的再生方式，采用纯氧再生，生成高浓度的 CO_2，再开展 CO_2 捕集和利用技术，这样可以实现 FCC 装置 CO_2 零排放。或者通过常规溶剂吸收再生烟气中的 CO_2 以降低其排放量。

第五节　技术经济

催化裂化在炼油技术中能够占有重要位置，经历近 80 多年长盛不衰的主要原因是其技术先进和经济合理的技术经济综合优势。它在发展过程中通过了许多具有历史意义的里程碑，因而在和其他工艺技术的竞争中始终处于有利地位。本节将从宏观的角度对催化裂化工业装置的技术经济进行较全面的介绍与分析，以期读者能了解国内外的基本情况，并为评价炼油工艺技术提供有关基础资料。

一、工业装置的建设费用

一个工业装置的建设费用在确定的装置结构和投资内涵的前提下，一般随所在地区的设备和材料价格、建筑安装的劳务费用以及装置的规模(加工能力)而异，而前者又随技术的发展水平和价格指数的变动而改变，大体与年代有关。笼统地说，一个加工能力 W_1 的装置投资为 C_1，另一个加工能力为 W_2 的装置投资为 C_2，则 C 可表达为地区 L 和年代 t 的函数：

$$C = f(L, \ t) \tag{1-2}$$

而 C_1 和 C_2 的关系可用 W_1、W_2 和装置规模系数 a 表达如下：

$$C_2 = C_1(W_2/W_1)^a \tag{1-3}$$

对于包括催化裂化装置在内的炼油工艺装置或炼油厂，国外通常以美国墨西哥湾沿岸地区为基准。年代的基数则随采用的费用指数类别而不同。炼油行业常用的 Nelson(Nelson-Farrar)炼油厂建设费用指数(NRCCI)(Nelson，1965)，即是以 1946 年度为基数(=100)，用指数反映各年的基本建设费用的变化趋势。该项费用是按设备和材料费占 40%(钢材 20，非金属建材 8，设备 12)，劳务费占 60%(熟练工人 39，普通工人 21)的基础统计的。化工行业常用《化学工程》工厂费用指数(CEPI)(Arnold，1963)，以 1957～1959 年度为基数。设备制造行业则多采用 Marshall and Stevens 设备费用指数(Stevens，1947)，以 1926 年度为基数。现将历年来 NRCCI 和 CEPI 数值选录列入表 1-77 和表 1-78。

表 1-77　Nelson(Nelson-Farrar)炼油厂建设费用指数[①]

年　度	1946	1950	1955	1960	1965	1970	1975	1980
指　数	100	147	188	226	261	365	576	823
年　度	1984	1990	1995	2000	2005	2010	2014	
指　数	1063	1226	1408	1544	1918	2338	2536	

①选自各年度 Oil & Gas J. 发表的资料。

表 1-78　CEPI 指数

年　度	1960	1965	1970	1975	1980	1985
指　数	102	104	126	182	261	325
年　度	1990	1995	2000	2005	2010	2015(预测)
指　数	358	381	394	468	551	713

然而，由于技术进步和劳动生产率等的提高，实际的建设投资要比按上述指数计算的降低很多。于是从 1967 年起 NRCCI 被易名为膨胀型指数 I，它只考虑了通货膨胀对建设费用的影响。另外提出了一个年度生产系数 P 以代表各类装置或炼油厂的技术进步(含装置规模大型化等因素)引起的变化，它的数值也以 1946 年度为基准(=1)。于是某一年度的建设费用 C 可表示为：

$$C = C_b \cdot I/P \tag{1-4}$$

式中，C_b 为 1946 年度的建设费用，而 C、I、P 为同一计算年度的数值。

催化裂化装置的 P 系数和相应的 I/P 值见表 1-79，可以看出，在 50 年代和 60 年代，由于装置构型以及操作参数的改进和沸石催化剂的出现，以及提升管反应器等的采用，P 值大幅度上升。1973 年和 1946 年同等规模 FCC 装置的建设费用相比，前者只相当于后者的一半。从这组数字也可反映出催化裂化的技术竞争力不断加强，远远超过了其他炼油装置的水平。由于对产品质量的要求不断提高(如汽油辛烷值)和节能环保的要求日益苛刻，生产力系数有下降的趋势。

表 1-79　Nelson 炼油厂建设修正指数

年　度	1946	1968	1973	1981
指数 P	1	6.08	8.8	7.32
指数 I/P	100	50	53	124

催化裂化装置的规模系数 a(从设备费用的 Lang(1947)和 Williams(1947)的放大系数引申而来)根据有关资料大致在 0.60~0.70 之间,且随规模的加大而增加。其中反应-再生器的 a 值约为 0.80,分馏和吸收稳定部分为 0.70,主风机和气压机大于 0.80,脱硫醇部分小于 0.50。

更方便地表示建设费用的方法是折算为单位加工能力的费用,即美元/BCD(桶/日历日)、美元/BPSD(桶/开工日)或美元/(t/a),现将文献公布的数值列入表 1-80。

表 1-80　单位加工能力的建设费用

年　代	1973	1982	1992	1994	1998
单位建设费用/ ［美元/(t/a)］	9~11(VGO)	31~39(VGO)	32~40(VGO)	39~43(VGO)	42~56(VGO)
	17~20(HOC)	40(RCC)	50~60(RFCC)		

表 1-80 中的数据由于来源不同且经过若干换算,精确度较差,只供相互对比参考。装置的规模不同,加工原料不同,设计构型和流程不同,组成内容不同(有的未包括电除尘器,多数不包括烟气轮机),在建设费用上定会有较大差别,必须结合具体内容进行工程估算。

Gary(1994)在其著作中举出的 1992 年美国墨西哥湾地区催化裂化装置加工能力和建设费用关系见图 1-83。从图上可看出同一规模的渣油装置投资比馏分油装置高 50%。

根据国外资料,从表 1-81 可以大致看出一套加工阿拉伯轻质原油常压渣油 2.0Mt/a 的重油催化裂化装置投资构成(20 世纪 90 年代初界区内总投资,不包括不可预见费)。而国内一套加工加氢尾油 2.0Mt/a 的催化裂化装置投资构成(2008 年以后的界区内总投资,不包括不可预见费)也列于表 1-81。需要说明的是,由于国内建设投资归类计算方法与国外有差别,两者的分类投资定义不尽相同,无法对应进行比较。

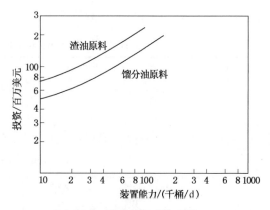

图 1-83　催化裂化装置投资
(1992 年美国墨西哥湾)

表 1-81　重油催化裂化装置投资构成

项　　目	国　　外			国　　内
	投资/千美元	a 值(+)	a 值(-)	投资/万元人民币
主体设备部分	45279	0.79	0.76	32113
其中:反再设备	30896	0.80	0.80	7465
塔	8480	0.67	0.62	2221
换热器	2837	0.85	0.82	2344
压缩机	2557	0.95	0.76	11540
泵	402	0.58	0.48	1075
容器	107	0.67	0.63	2955
炉类				2698
其他				1815
主体部分安装	39607	0.77	0.74	10380
液化石油气脱臭部分	2213	0.45	0.45	
汽油脱臭部分	1391	0.45	0.45	
干气脱硫部分	5821	0.70	0.70	
间接费用	18862	0.76	0.73	27779
合　计	113173	0.76	0.73	70272

前面列举的数据都是美国的情况，在其他国家和地区就互有差别。利用资料公布的换算系数(Nelson，1973；1974)，可以大体判断不同国家和地区在建设费用上的差别，见表1-82。我国由于工资比值很低，FCC装置的主要设备国产化程度又高，技术多属自己开发的，因而投资较其他国家和地区明显偏低。例如最初的一套装置为人民币20元/(t/a)(1965年)，后来带有余热锅炉和烟气轮机的RFCC装置约为90元/(t/a)(1988年)、300元/(t/a)(1994年)，如按当时外汇牌价折算，均比国外低20%~40%。

前面列举的都是装置界区内(ISBL)的建设费用，它由直接费用和间接费用两大部分构成，前者在国外一般占总额的65%~70%，在国内则占75%~80%。直接费用中包括设备费(含出厂费、运费、检验费和装卸费等)，在国外约为总额的28%~33%，在国内则占40%~50%，其中反应-再生设备约占7%~9%，机泵占7%~12%(视有无烟机而异)，仪表在国外占3%~4%，而在国内占10%~15%，材料费一般占12%~16%，人工费国外占15%~20%，而在国内仅占8%~10%。

表1-82　一些国家和地区的建设费用换算系数(1992/1993)

美国不同地区	系 数	国 家	系 数	国 家	系 数
墨西哥湾	1.0	澳大利亚	1.60	意大利	2.15
洛杉矶	1.4	比利时	1.26	日本	0.95
西雅图	1.2	加拿大	1.32	荷兰	1.04
芝加哥	1.3	丹麦	1.46	西班牙	2.32
纽约	1.7	法国	1.64	瑞典	1.79
阿拉斯加(南部)	2.0	德国	1.19	英国	1.76

但是在建设装置时必须同时配套建设如原料罐和产品罐、污水预处理、催化剂和化学药剂设施等项目，这类项目的建设费用不能直接产生效益，因此在计算生产成本时要考虑进去。还有新鲜水、循环冷却水、锅炉给水和压缩空气等设施也要建设，但它们可以摊入公用设施的成本中。以上的装置界区外(OSBL)工程也应列入投资估算中，催化裂化的界区外投资约占界区内投资的30%~35%。

如果把装置内按反应-再生部分、分馏部分、气体压缩-吸收稳定部分和产品精制部分(脱硫和脱硫醇)分别估算建设费用，则其百分比大约是(50~60)：(18~22)：(15~20)：(6~9)。当原料含渣油时第一部分所占比例趋于最高值，其他部分趋向低值。

二、加工费用和经济效益

催化裂化的加工费用和其他典型的炼油化工装置一样由以下各部分构成。

① 公用项目(燃料、蒸汽、冷却水、锅炉用水、电力、压缩空气等)中外来部分的购入费用。

② 化学药剂(催化剂、助剂、碱液等)的费用。

③ 操作人员和管理人员的工资等支出。

④ 维修费用。

⑤ 折旧费、保险费、税金和利息。

⑥ 分担的工厂管理费用。

⑦ 实验室费用。

⑧ 专利使用费。

1~4 项合并成为直接加工费用 DOC，5~8 项合并成为间接加工费用 IOC。1，2 两项一般随装置的处理量而变动，故又称可变费用 VOC。3~7 项一般不随处理量而变，故又称固定费用 FOC。第 8 项视技术转让合同情况而异。下面结合催化裂化装置情况逐项讨论。

公用项目中的各种物料或能源基本来自炼油厂，其消耗定额由装置的设计条件、装置负荷率和生产方案等决定，典型的单耗(对新鲜原料)可参见第九章。应该指出，早期的 FCC 装置用于加热炉的燃料较多，自从采用沸石催化剂和低回炼比操作方式后，加热炉已经停用或取消，只有个别配有 CO 锅炉的装置还使用一些辅助燃料。蒸汽和电力两项消耗随主风机和气压机的动力来源以及蒸汽逐级能量利用方式而有较大出入。后来多数装置(尤其是重油催化裂化装置)已做到蒸汽自给甚至外输，耗电量也显著下降。在计算加工费中不考虑提供主要能源的自产焦炭的费用，其他项目的单价以美国为例，见表 1-83。

表 1-83　美国典型的公用项目单价

年　代	燃料/(美分/MJ)	蒸汽(中压)/(美分/t)	冷却水/(美分/m³)	电力/[美分/(kW·h)]
1956	42~66	99~133	0.45	0.85
1973	85	150	0.69	1.2
1990	285	880	2.65	6.0

按照各个时期 VGO-FCC 装置的典型能耗数据计算得出的公用项目费用约为：83~134(1960 年)，330(1982 年)，270~320(1991 年)。以上单位均为美分/t(新鲜原料)。如果把物价上涨因素考虑进去，则可发现这部分费用是不断下降的。它在总加工费中所占比例也由早期的 30%~40% 逐步降低到 15%~25%。化学药剂项目中以催化剂为主，对于 VGO 原料，由于催化剂单耗的降低和价格的下跌(扣除物价上涨因素)，在加工费中由早期的 20~30 美分/t 变为近期的 70~100 美分/t，所占比例则由 7%~9% 下降为 5%~7%。但是对于 VGO/VR 原料则由于重金属含量高，催化剂和助剂单耗大，因而当前费用可达 3.5~4.5 美元/t，在总加工费中比例升至 20% 或更高。

操作人员每班 4~5 人(5Mt/a 大型装置需 7~8 人)，多年来变化不大，只是由于装置规模的不同和工资的变动而有一定幅度的变化，在总加工费中比例约为 5%~10%。

年维修费约占装置投资额的 2.5%~3.5%，在总加工费中比例为 7%~10%。

间接费用需逐项计算，由于情况的不同而有较大变化，一般占总加工费的 1/3 至 1/2。

根据有关资料得出的美国在不同时期的总加工费大致如下：

VGO 为原料时 3.0~3.5 美元/t(1960 年)，4.8~5.5 美元/t(1973 年)，12~14 美元/t(1982 年)，13~16 美元/t(1991 年)。

VGO/VR 为原料时 5.5~7.5 美元/t(1973 年)，18~22 美元/t(1991 年)。

为了便于不同年度的对比，现将 Nelson 历年发表的炼油装置加工费指数(1956 年为 100)摘录，如表 1-84 所示。

表1-84　炼油装置加工费指数(1956年为100)[①]

年　度	燃料价格指数	化学药剂费指数	折旧维修费指数	人工指数	综合加工费指数
1962	101	97	122	94	104
1973	170	117	193	103	168
1980	811	229	325	201	458
1990	558	234	513	271	456
2000	780	224	589	249	554
2002	667	221	620	211	514

① 系工资指数与劳动生产率指数的比值×100；例如1980年/2000年工资指数为440/1094，劳动生产率指数为219/441。

装置的长周期运行能增加年实际加工能力，减少大修费用，经济效益很大。Nelson发表的美国从FCC装置诞生的30年来的装置平均开工周期和运转率的几组曲线(Nelson，1974)(见图1-84)是值得参考的。他同时列举了1969年的统计数据(不代表美国全国水平)：开工周期840天，周期内因事故停产时间累计15.2天，大修停工时间22.8天，运转率95.7%(如不计事故短时停产则为97.4%)，检修工时(每50kt/a加工能力)共1778美元(其中大修1270美元)，检验费用(每50kt/a加工能力)共4374美元(其中材料费1954美元)。国外FCC装置开工周期一般为3~4年，而我国最好开工周期为3年。

催化裂化的原料是炼油厂的中间产品，没有正式的地区市场价格，而只有厂际协议确定的供货价格。如果不购进FCC原料，一般要依据炼油厂的经济核算确定其内部价格。例如通过原油常压蒸馏装置的成本核算，从购进原油费用和装置加工费的总和中扣除可按市场价格计算的石脑油、煤油、喷气燃料和柴油的售价(有些产品要考虑加

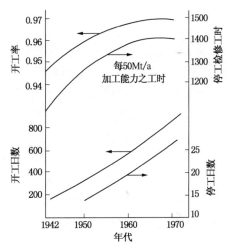

图1-84　美国FCC装置开工周期有关曲线

氢处理的费用)即得出常压渣油(AR)的成本价。这是简易加氢处理型炼油厂的情况，但是随着原油价格和重油加工深度的提高，上述类型的炼油厂就无利可图，例如西北欧的该类型炼油厂在1980年前每加工1t原油尚有约10美分的利润，在1981~1984年间则亏损20~30美分(Bernasconi，1985)。因为常压渣油可作为燃料油出售，商品燃料油(分为低硫低黏度180mm²/s和高硫高黏度380mm²/s等几类)有其地区市场价格，用美国墨西哥湾的标准原油(相对密度0.8550)和高硫燃料油价格之差额，即经济术语中称为重油贴现(HOD)，价格的数值可以反映不同时期重油价格浮动情况，例如1980年HOD曾高达62美元/m³，1984年跌至7美元/m³的低谷，1985年至1986年3月又低至零以下(出现倒挂)(Dosher，1986)，1986年至1988年初原油价格逐步上升，但原油与燃料油的差价仍在40美元/t以内，且汽油和柴油与燃料油的差价缩小了(Van Keulean，1988)。这种变化与当时煤炭和石油市场供应形势息息相关，经常的波动对已有重油深度加工装置的利用率有很大影响，并关系到新建重油加工装置的决策。

VGO价格的确定是在AR价格的基础上，结合炼油厂内部对减压蒸馏装置的成本核算得

出的。但 VGO 和 VR 是联产品，两者间如何分配，一方面取决于两者性质上的差别，另一方面又和燃料油的市场价格有联系。多数 VR 经减黏并与低黏度调合油（如 FCC 的油浆）调合后可符合商品燃料油规格，所以 VR 的价格与燃料油价格之差额可从计算得出。此外 VGO 一般均符合美国 6 号燃料油规格，但是它一般作为裂化原料油，因而其价格应在原油与燃料油之间。含硫 VGO 与低硫 VGO 的差价可参照含硫原油与低硫原油（相同密度时）的差价计算，例如每 1% 硫为 5~10 美元/t。VanKeulen 曾提出 1986~1988 年间 Brent 原油的 LSVGO 价格为 120 美元/t，它与 FCC 汽油、LCO、干气和油浆的价差分别为-40，-15，+15 和+30 美元/t。

一般 VGO 与 VR 价格比视 VR 性质的优劣在 1.2~1.4 之间。

催化裂化的产品汽油组分可按照商品汽油的价格扣除辛烷值差价。柴油组分（轻循环油）则应按商品柴油的价格扣除加氢精制和脱硫的费用（1990 年美国需 12~15 美元/t），如进一步考虑十六烷值过低的不利因素而采用加氢饱和的方法降低芳烃含量时，此项费用可达 25~30 美元/t。在美国炼油厂 LCO 的内部价格大致为汽油的 78%~80%（以质量计）或 91%~93%（以体积计）。

油浆或澄清油的价格一般低于高硫商品燃料油的价格，有的资料表明美国澄清油价格约为高硫燃料油的 90%（以质量计）。

液化石油气的价格视其组分分离程度分别按市场价格计算，丙烷价格一般浮动在汽油价格的 60%~70% 之间，而丙烯（非聚合级）与丙烷比价在 1.6~1.8 之间。总 C_4 馏分可作烷基化原料，烷基化汽油价格约为 FCC 汽油的 1.1~1.2 倍。

干气一般按相当于低硫燃料油的燃料作价。

从干气中脱出的 H_2S 可按能回收的硫作价，但在产值中比例很小，也可忽略不计。利用上述原料和产品价格不难得出催化裂化装置的总产值和总成本，两者之差即是利税总额。在此基础上可进行经济效益的计算。

用 VGO 为原料主要生产汽油时，FCC 装置的产品总值中 FCC 汽油产值约占 60%，按此比例可以粗略地估算 FCC 装置的单位经济效益 T+P（美元/t）：

$$T + P = 0.0167[\text{FCC 汽油收率}\% \times \text{汽油价格}(\text{美元}/t)] -$$
$$\text{原料油价格}(\text{美元}/t) - \text{FCC 加工费}(\text{美元}/t) \qquad (1-5)$$

上述经济效益的公开资料很少。Bernasconi 举出的西北欧地区 FCC 装置的效益在 1980~1987 年间曾达 60~100 美元/t，1983~1984 年间降低到 15~60 美元/t（Bernasconi，1985）。VanKeulen 按所提出的原料和产品价格计算的经济效益随 VGO 的转化率（62%~70%）而在 11~17 美元/t 之间变动（Van Keulen，1988）。随 VGO/VR 的比价的不同，掺渣油裂化的效益增值可以是正值或是负值，而对单位原料的效益则在 11~23 美元/t 间变动。

就企业而言，从上述计算的效益中要扣去上交国家或地方政府的所得税（美国为 50%~55%）才是企业的税后利润。将利润额、投资额（含装置内外的建设费用以及流动资金等项）和折旧费等数据代入既定的各种静态或动态的技术经济评价指标的公式中，即可求出投资回收期、投资回收率和内部收益率等。

新建炼油厂一般只做总体的技术经济评价，只有当新建、扩建或改建 FCC 装置时才做装置的经济评估。在选定不同专利技术时还要做一定深度的技术经济分析，以定取舍。

三、掺炼渣油的技术经济

从 20 世纪 70 年代能源危机发生之后，为了减少石油消费，国外开始在催化裂化原料中掺入一定比例的渣油（AR 或 VR），在充分利用已有装置的潜力下，提高轻质油品收率，经济效益也较大。据 Grace 公司 1982 年对美、加两国 123 套 FCC 装置的调查，其中有 47 套掺炼渣油，按>538℃计算的渣油掺炼比在 5%~50%之间（陈俊武，2005）。至于专门以渣油（AR、DAO 等）为原料的装置，由于某些特殊要求，必须是专门设计的（如 Kellogg 公司的 HOC 工艺、UOP 公司的 RCC 工艺、S&W 公司的 RFCC 工艺等），这样的装置在国外为数不多，我国至 1993 年底也只有 10 套（引进 S&W 公司技术的 5 套原料已由 AR 改为掺入 30%~40% VR）。对于这种类型的工艺应该做出详细的技术经济分析，以确认其可行性。

技术经济分析的焦点是针对所含 VR 的那一部分的裂化性能和经济效益。一般地说 VGO 裂化在技术经济上均是可行的，所以要把原料油中 AR 分解为两部分分别对待。并假定在反应器内各自裂化互不干扰（实际上有一些相互作用）。这就可以从 AR 和单独 VGO 原料的产品产率中计算出 VR 对产率的贡献（本书第四章中有初步介绍）。Strother 等（1983）曾经用加工含 36.5v% VR 的 AR 原料和 VGO 原料的两套数据计算出 VR 的贡献，如表 1-85 所示。该 AR 原料和 VGO 原料的残炭值分别为 4.0 和 0.2，Ni+V 含量分别为 6.3μg/g 和 0.1μg/g。应指出炼制 AR 时其平衡剂上 Ni+V 含量已达 4400μg/g，必然对 VGO 裂化产生作用，但也可把这一影响算入 VR 的账内（视为"间接贡献"）。

表 1-85 已有工业数据分析 VR 的贡献

产品收率	AR（实际）	VGO（实际）	VR（计算）	产品收率	AR（实际）	VGO（实际）	VR（计算）
干气/%	4.6	4.4	5.2	油浆/v%	11.9	6.9	25.8
总 C$_3$/v%	10.4	13.9	0.7	焦炭/%	7.5	5.6	12.6
总 C$_4$/v%	13.2	18.6	-1.7	转化率/%	76.5	86.2	49.3
C$_5^+$汽油/v%	57.4	62.6	42.0	汽油选择性/%	75.0		
LCO/v%	11.6	6.8	24.9	H$_2$/CH$_4$体积比	0.8	0.3	0.2

对于阿拉伯轻质原油也可用类似的方法，分别采用 Reynolds 等（1992）报道的 AR-RFCC 数据和 Bousquet 等（1986）报道的 VGO 数据进行计算，结果如表 1-86 所示。

表 1-86 L 原油 VR 的裂化产率估算

产品收率	AR[①]	VGO	VR（计算）	产品收率	AR[①]	VGO	VR（计算）
干气(含 H$_2$S)/%	5.7	3.3	9.3	油浆/%	10.0	11.2	8.2
C$_3$+C$_4$/%	13.5	14.6	11.9	焦炭/%	10.3	5.5	17.5
C$_5^+$汽油/%	39.5	47.3	27.8	转化率/%	69.0	70.7	66.5
LCO/%	21.0	18.1	25.3	汽油选择性/%	56.8	68.3	41.7

① 已将原数据中的体积分数换算为质量分数。

可以看出这种原油的 VR 裂化的汽油选择性很差，产品分布不好。如原油、减渣、汽油、LCO、油浆、液化气和干气+H$_2$S 分别按 130、65、180、140、85、160 和 80 美元/t 的价格计算产值，那么产品对原料的增值为 54 美元/t。

投资如按 AR-RFCC 对 VGO-FCC 的差值为 12 美元/(t/a) 计算，则对于 VR-RFCC 部分可估计为 65 美元/(t/a)。加上 OSBL(界区外工程) 则约为 90 美元/(t/a)(VR)。操作费中直接费用以催化剂费用为主，约占 22 美元/t(VR)，间接费用以折旧为主，估计总加工费达 35 美元/t(VR)，但是还应考虑烟气脱硫装置的操作费，故净效益约为 16.5 美元/t(VR)。按上述数据计算的简单投资回收期为 5.5 年，尚属可行。

四、原料油预处理的技术经济

含硫较高的 VGO，含氮较高的 CGO 直接作为 FCC 原料，前者的产品和再生烟气均需脱硫，后者对催化剂有毒害，因此一般要经过预加氢处理(HDS 或 HT)。重馏分油的加氢处理压力一般低于 6MPa，耗氢不多，装置投资也不大，经过早年的经济论证认为合理可行，因而已经普遍推广应用(Ginzel，1985)。

20 世纪 80 年代重馏分油的缓和加氢裂化工艺(MHC)开发以后，已经越过了原料预处理的范畴而形成 MHC-FCC 联合工艺。它不仅能完成 VGO 脱硫的任务，而且能生产优质的中间馏分(柴油、煤油和喷气燃料)，MHC 尾油(收率一般为 60%~70%)作为优良的 FCC 原料，其技术经济优越性十分突出。

含渣油的原料预处理也同样会给 FCC 带来好处，各种类型的渣油转化为 FCC 原料油的工艺技术已在本章第三节中详细介绍。主要原因是技术复杂、投资巨大，存在一定的风险性。现在就其中现实可行的 ARDS-RFCC 工艺进行论证。

目标是将此联合工艺与单纯的(AR)RFCC 工艺进行对比，因为它同时涉及了产品的脱硫精制、烟气的脱硫净化和制氢、烷基化等上、下游装置和配套设施的变化，因此要从系统工程角度统一考虑。

物料衡算包括 ARDS 部分、RFCC 部分、烷基化部分、汽油加氢部分和 LCO 加氢部分。现以阿拉伯轻质原油常压渣油(>370℃)为原料，按 Reynolds 等人发表的数据列于表 1-87、表 1-88 和表 1-89。

表 1-87　ARDS 的产品性质和产率

性　　　质	原料(AR)	产品(>370℃)
残炭/%	8.9	4.9
S/%	3.3	0.48
N/%	0.17	0.13
Ni+V/(μg/g)	51	7
产品产率/v%		
C$_5$~170℃		2.0
170~370℃		18.2
370~560℃		54.1
>560℃		27.3
化学氢耗/(Nm³/m³)		116

表 1-88　RFCC 产率

原　　　料	AR	ARDS(>370℃)
H$_2$S/%	1.7	0.2
C$_2$/%	4.0	4.0
C$_3$/v%	8.4	10.1
C$_4$/v%	12.4	15.2
C$_5$~221℃/v%	50.6	58.0
221~360℃/v%	21.4	18.2
>360℃/v%	9.7	7.2
焦炭/%	10.3	7.0

如原油、常渣、汽油、柴油、燃料油、燃料气和异丁烷分别按 110、97、145、135、90、100 和 80 美元/m³，硫按 50 美元/t 计价，那么产品对原料的增值 ARDS/RFCC 方案为 56 美元/m³(AR)，AR-RFCC 方案为 48 美元/m³(AR)。(因本书按前后一致的价格比率计

价，与原作者发表的数值有所出入）。

关于投资额，按原作者发表的估计值列入表 1-90。该估计是以处理 AR 1.55Mt/a 为基准的。从表中可看出两种方案的差额只有 4300 万美元。而据另一美国专利公司估计，对于处理 AR 2.2Mt/a 的两种方案的投资差额估计为 1.07 亿美元。从以上得出每立方米 AR 的投资差额为 27~44 美元。

表 1-89　综合物料收支

方　案	ARDS/RFCC	RFCC	方　案	ARDS/RFCC	RFCC
入方			柴油	35.3	24
AR	100	100	燃料油	5.9	9.7
外购 i-C_4	14	14	燃料气（EFO）	3.3	4.7
出方			硫	3.0	2.3
汽油	73.5	76.2			

注：① 表中单位除硫为 t 外，其余均为 m^3；

② 制氢原料已从气体烃产品中扣除。

表 1-90　两种方案投资额对比　　　　　　　　　　　　百万美元

方　案	ARDS/RFCC	RFCC	方　案	ARDS/RFCC	RFCC
ARDS 装置	66	–	烷基化装置	49	51
RFCC 装置	60	82	含硫污水汽提及硫回收装置	33	28
再生烟气脱硫设施	—	20	工艺装置小计	270	232
汽油加氢处理装置	—	7	装置界区外工程	108	93
柴油加氢处理装置	26	21	总投资	378	335
制氢装置	36	23			

不包括折旧费用的两种方案操作费用对每立方米 AR 的差额，按原作者估计约为 6 美元（另一公司估计为 3 美元）。主要是 AR-HDS/RFCC 方案节省了大量 FCC 催化剂的消耗和烟气脱硫的化学药剂消耗。

由于估计数值互有出入，有待进一步做深入的工作，但仅从以上资料计算的简单投资回收期（两方案对比）为 3~8 年，表明该种渣油加氢脱硫方案是更合理的途径。关于加氢脱硫的深度可以有多种选择，过去生产硫含量 ≥1% 的燃料油是最起码的深度，进一步可以把产品重油的硫含量降低到 0.5%、0.3% 或 0.1%。作为 FCC 原料，随着脱硫深度的增加，FCC 原料的质量变好（残炭值和重金属含量都下降），产品分布也改善。但是 HDS 的化学氢耗随之上升，RFCC 的汽油选择性达到最高值后又趋于下降，因此存在一个技术经济论证问题。前述的例子是保持 FCC 原料含硫 0.5% 的情况。下面举出采用 Gulf 公司 HDS 技术对科威特 AR（>343℃）进行不同深度脱硫的技术数据以供参考（Halder，1973），见表 1-91 和表 1-92。

表 1-91　科威特常压渣油的加氢脱硫

重油产品硫含量/%	0.5	0.3	0.1	重油产品硫含量/%	0.5	0.3	0.1
产品产率				>190℃/v%	98.8	98.6	98.6
H_2S/%	3.5	3.8	3.9	化学氢耗/（Nm^3/m^3）			
NH_3/%	0.04	0.06	0.10	开工初期	126	144	176
C_1~C_4/v%	0.8	1.2	1.6	开工末期	140	166	211
C_5~190℃/v%	2.4	2.8	3.6				

表 1-92　常压渣油加氢脱硫重油的催化裂化

原料性质				C_1、C_2、H_2S/%	3.6	3.6	3.5
S 含量/%	0.5	0.3	0.1	C_3/v%	12.2	12.7	13.1
N 含量/%	0.14	0.13	0.11	C_4/v%	17.8	20.6	21.5
残炭/%	4.0	3.3	2.2	$C_5 \sim 205℃$/v%	58.7	59.7	58.4
Ni 含量/($\mu g/g$)	2.5	1.1	0.2	LCO/v%	17.2	16.1	16.9
V 含量/($\mu g/g$)	3.5	0.8	0.1	油浆/v%	2.8	2.6	1.9
产品产率				焦炭/%	7.5	6.7	5.8
H_2/%	0.05	0.05	0.05	转化率/%	80.0	81.3	81.2

渣油预处理的溶剂脱沥青法被认为是一种经济可行的方法。对于阿拉伯轻质原油减压渣油(S 4.0%;残炭 20.8%;Ni/V = 23/75$\mu g/g$)采用 ROSE 工艺,使用 n-C_4 为溶剂时,可取得 67%的脱沥青油(S 3.3%;残炭 10%;Ni/V = 2/8$\mu g/g$),可与 VGO 混合直接作为 FCC 原料;使用 n-C_5 为溶剂时,可取得 80%的 DAO(S 3.6%;残炭 13%;Ni/V = 7/22$\mu g/g$),因质量较差,可与 VGO 混合经加氢处理后作为 FCC 原料(单独处理的加氢压力较高)。按 80%转化率操作,C_4 制成烷基化油,计算得出的主要产品收率见表 1-93(Vermillon,1983)。

表 1-93　溶剂脱沥青方案的催化裂化产率

溶剂方案	n-C_4		n-C_5	
产品产率/v%	对 AR	其中来自 DAO	对 AR	其中来自 DAO
FCC 汽油	51.0	8.2	57.0	14.2
烷基化油	15.2	2.4	18.8	6.0
LCO	11.5	0.8	14.1	3.4
油浆	5.5	1.9	4.7	1.1

ROSE 工艺的能耗对每立方米 VR 约需电力 17.6kW·h、蒸汽 34kg、燃料 640MJ,按 1983 年电费 0.05 美元/(kW·h)、蒸汽 18 美元/t、燃料 6 美元/MJ 计算的费用为 5.3 美元,只及常规 C_3 脱沥青的 30%。按 1983 年美国数据,装置投资对 0.68Mt/a 的装置为 1710 万美元(n-C_4 溶剂)或 3210 万美元(n-C_5 溶剂及 VGO+DAO HDS)。

原作者计算的简单投资回收期均为 3 年以内,其中使用 n-C_4 溶剂为 15 年。但根据当前环保要求,n-C_4 方案也应增加原料油的加氢处理,回收期可能与 n-C_5 溶剂接近。

Bosquet 等(1986)也著文探讨了不同脱沥青方案的经济效益,经核算使用 n-C_4 时每 t 减渣的收益为 32 美元,使用 n-C_5 时为 75 美元(均有 HDS,1980 年价格),效果是可观的。

孙丽丽(2007)就国内某公司原油加工能力为 10.0Mt/a,选用 50%沙特轻油和 50%沙特重油为原料的两种组合工艺(渣油加氢-催化裂化、延迟焦化-CFB 锅炉-催化裂化)及其适应性进行了研究。三种重油加工方案的工艺装置及其规模见表 1-94,主要技术经济指标列于表 1-95。

表 1-94　主要工艺装置及其规模和主要产品产量

装置名称	渣油加氢-催化裂化	延迟焦化-催化裂化-CFB 锅炉	延迟焦化-催化裂化-CFB 锅炉(重油适应性)
常压蒸馏装置/(Mt/a)	10.0	10.0	10.0
重整抽提装置(以重整计)/(Mt/a)	1.2	1.2	1.1
加氢裂化装置/(Mt/a)	2.6	—	—

续表

装置名称	渣油加氢-催化裂化	延迟焦化-催化裂化-CFB锅炉	延迟焦化-催化裂化-CFB锅炉(重油适应性)
蜡油加氢处理装置/(Mt/a)	—	3.4	3.4
催化裂化装置/(Mt/a)	2.0(重油催化)	3.0	3.0
延迟焦化装置/(Mt/a)	—	2.1	2.5
渣油加氢/(Mt/a)	2.6	—	—
制氢装置(以产品计)/(Mt/a)	0.105	0.03	0.0375
聚丙烯装置/(Mt/a)	0.14	0.20	0.20

表1-95　两个重油加工方案主要技术经济指标汇总

原油价格/(美元/桶)	23			50		
项目名称	渣油加氢-催化裂化	延迟焦化-催化裂化-CFB锅炉	延迟焦化-催化裂化-CFB锅炉(重油适应性)	渣油加氢-催化裂化	延迟焦化-催化裂化-CFB锅炉	延迟焦化-催化裂化-CFB锅炉(重油适应性)
总投资/万元	1386033	1210982	1238175	1416805	1240628	1267028
全厂完全操作费用/(元/t 原油)	203.07	164.74	168.18	200.89	166.29	169.23
炼油部分完全操作费用/(元/t 原油)	188.07	149.74	153.18	185.89	151.29	154.23
全厂现金操作费用/(元/t 原油)	102.68	74.17	76.30	101.68	74.00	76.13
内部收益率(税后)/%	13.66	13.23	13.53	18.86	17.63	18.04

从表1-95可以看出，高油价时的各项经济指标均好于低油价，尤其是内部收益率明显增高，渣油加氢方案的内部收益率在高油价时将提高5.2%，焦化方案也要分别提高4.4%和4.51%。由于渣油加氢方案拥有较高的轻油收率，其经济效益较好，但受限于氢气原料的来源，且投资较高，操作费用也较高。而延迟焦化方案在重油加工的灵活性和原油适应性方面要明显好于渣油加氢方案，且具有投资低和操作费用较低的优点，而其经济效益一方面可以通过原油加工的灵活性来加工更加劣质重质的原油，从而提升其经济效益，另一方面生产的低值高硫焦可以通过采用CFB锅炉发电，从而减少外购电量来改善全厂的经济效益。综合来看，对于加工中东高硫原油，选择延迟焦化工艺-CFB锅炉发电-催化裂化组合工艺是经济合理的。

五、清洁燃料的技术经济

在原料基本固定的情况下，要降低FCC产品的硫含量，可选用多种方法，如FCC原料的预处理、在FCC装置中使用合适的催化剂和添加剂、FCC产品后处理等，这些方法既可单独使用，也可组合使用。表1-96为采用各种脱硫方法相关费用估算结果(陈俊武，2005)。

费用是人们选择一项技术时优先考虑的主要因素之一。众多机构和公司的研究都得出了相近的结论。如美国环保局(EPA)研究，预计将汽油含硫降低到$30\mu g/g$，若用后处理工艺其费用约6.1美元/t，费用包括操作费和投资(投资回收率以7%计)，折合成FCC汽油的费用约15美元/t。

表 1-96　汽油脱硫相关费用估算

项　目	脱硫前后硫含量/(μg/g)	投资相关费用/(美元/bbl)	操作费用/(美元/bbl)	总费用(原料)/(美元/bbl)	总费用(汽油)/(美元/bbl)
原料预处理					
新建	1000→300	1.30	0.70	2.00	4.00
旧有	1000→300	2.20	0.80	3.00	6.00
使用降硫助剂	800→500	0	0.06	0.06	0.12
汽油加氢脱硫(新建)	500→30	0.80	0.50	1.30	1.30

　　Grace Davison 公司认为，根据所采用脱硫技术的不同，其费用会有很大的差别。对于本身硫含量较低的 FCC 汽油，采用降硫助剂或者降硫催化剂，并适当切低汽油终馏点，有可能将调合汽油硫含量降低，而费用不超过 7 美元/t。有关对比见表 1-97(Leseman，2003)。

表 1-97　几种汽油脱硫方案费用比较

方　案	处理汽油馏分	脱硫效率/%	投资/[美元/(m³·d)]	成本[①]/(美元/m³)
使用降硫助剂	全馏分 切割馏分	10~15 20~30	无	0.80
使用降硫催化剂	全馏分 切割馏分	20~25 25~3%	无	0.65
使用特制降硫催化剂	全馏分 切割馏分	40~50 50	无	3.2
膜分离技术	全馏分 中间馏分	>90	600~3000	5.0
使用特制降硫催化剂		>90		7.5

　　① 按 2Mt/a 装置，原料硫含量 400μg/g 估算。

　　当降硫目标要求不高时，使用降硫催化剂或助剂费用最低。从全厂综合计算，有时还产生经济效益。例如，原先为了降低硫含量将汽油干点降低，使用降硫剂后就可以适当提高干点，增加汽油产率，降低 LCO 产率，从而获得相当于两者差价的效益。使用特制降硫催化剂，在某些场合可以节省增加新建汽油加氢脱硫装置的大量投资。例如表 1-98 的第 2、3 方案除了使用特制降硫催化剂外，还采取降低汽油终馏点和降低催化裂化原料油硫含量(通过提高预加氢反应苛刻度)的综合措施，达到催化裂化汽油硫含量低于 75μg/g 的组分调合要求，满足今后商品汽油硫含量在 30μg/g 以下的指标。

表 1-98　使用特制降硫催化剂的技术经济指标

方　案	汽油终馏点/℃	FCC 原料硫含量/(μg/g)	汽油硫含量/(μg/g)	投资/百万美元	年操作费/百万美元
1	205	4000	150	0	3.4
2	188	4000	75	0	4.8
3	194	3200	60	0	6.4
汽油加氢脱硫	205	4000	15	20~30	7.0

　　注：按 1Mt/a 装置，汽油原料硫含量 300μg/g 估算，均计算了汽油终馏点降低和增加 FCC 原料预加氢脱硫苛刻度引起的催化剂费用和产品数量的变化。

表 1-99 为采用不同技术将 FCC 轻循环油硫含量降到不同程度时的脱硫费用（Levy，2001），可以看出不同的技术和不同脱硫深度带来很大差别。

表 1-99 不同技术的轻循环油脱硫费用比较 美元/桶

项　目	加氢脱硫	加氢脱硫	ARS-2	项　目	加氢脱硫	加氢脱硫	ARS-2
产品硫含量/(μg/g)	30	15	5	燃油税	1.56	1.56	1.56
操作费用	6.56	7.50	4.69~6.25	总费用	18.12	25.94	12.71~15.93
投资相关费用	10.0	16.88	6.56				

很明显，不同的方法各有优点，但也有不足。进料预处理的投资和操作费用都很高，但其优点也是明显的：在降低产品硫含量的同时，降低了烟气硫含量，更重要的是改进了 FCC 产品分布和操作，如提高轻质油收率，降低焦炭产率，降低 FCC 催化剂消耗等。如把这些优点带来的效益计入，则汽油脱硫实际费用将比表 1-98 中所列数据有明显降低。因此，从长远的观点看，进料预处理是非常有吸引力的选择。

优化 FCC 操作和催化剂（包括添加剂）虽然简便易行，费用低，但降低硫含量的效果有限，可作为临时性的措施和用于进料硫含量低、产品硫含量要求较宽的装置。

一定要根据具体对象，结合具体情况，对各种深度脱硫方案进行严格论证。Akzo Nobel 公司 Humphries（2004）为此著文加以介绍。如果炼油厂内已有 FCC 进料预处理装置，只是原脱硫深度不高（例如达到 0.3%），那么可通过增加反应器催化剂体积、降低空速实现 0.1% 硫含量水平，从而保证商品汽油硫含量符合 30μg/g 的标准。仅考虑改造所增加的费用，FCC 进料预处理增加的加工费（对每百万 Δμg/g 硫·加仑汽油）只有 50 美元。但若新建 FCC 进料预处理装置，其投资高达 60~120 美元/(t/a)，很多炼厂难以承担。至于汽油后处理装置的投资一般只有预处理的 1/5，但加工费较高，根据 Lamb（2000）提供的平均值约为 500 美元（对每百万 Δμg/g 硫·加仑汽油）。关于催化裂化重汽油加氢脱硫装置，当原料硫 1000μg/g、产品硫 10μg/g 时，投资约为 15 美元/(t/a)，综合加工费（对每百万 Δμg/g 硫·加仑汽油）折合 52 美元。小幅度脱硫的另一方案是压低汽油终馏点，这在柴油销售旺季是合算的。使用降硫助剂（例如 Akzo 公司的 Resolve 牌号），也可达到使商品汽油硫含量为 30μg/g 的目标，加工费（对每百万 Δμg/g 硫·加仑汽油）折合 300~1000 美元（因 Δμg/g 硫基数低，该值较高并不意味着加工费用高）。（注：如把每百万 Δμg/g 硫·加仑汽油换算为每吨脱除硫可乘以 0.007 的近似系数）。

FCC 油品后处理技术是目前最活跃的领域之一。由于后处理工艺多种多样，要取得可靠资料进行比较。要把辛烷值损失、十六烷值增加和加工收率等因素计入。

以上介绍的只是炼油厂内部生产清洁燃料的技术经济比较原则。但是从宏观角度，即从全社会的角度来看，之所以制定严格的清洁燃料标准，应该是从人类发展中社会的环境条件出发，结合具体国情考虑的。因此也应有一个衡量尺度，尽可能做出量化的全社会赢亏的分析。Latour（2002）结合美国情况估算了商品汽油硫含量的优化值。他以 2002 年美国 330μg/g 的汽油硫含量指标为基准，以不同的硫含量为清洁汽油质量指标，分别估算为达到此目标需要投入的生产成本。取汽油降硫费用 0.76 亿美元/d（从 330μg/g 降到 100μg/g）和 0.38 亿美元/d（从100μg/g降到30μg/g）两组数据，绘制成本-硫含量曲线，见图 1-85(a)。另外，由于汽车排气污染引起的哮喘病患者按 200 万人计，每人每年的医疗费用和误工损失按 1 万美元计，则硫含量从 330μg/g 降到 100μg/g 可减少此项损失 0.55 亿美元/d，硫含量从100μg/g

降到 $30\mu g/g$ 可进一步降低此项损失 0.05 亿美元/d，由此绘制收益-硫含量曲线，见图 1-85 (b)（注意此图中将此项损失估计加大一倍）。成本和效益两曲线之和即为全社会净收益曲线。建议政府制定环保政策时应从上面举例的全社会净收益曲线的最优值确定清洁燃料的硫含量指标。

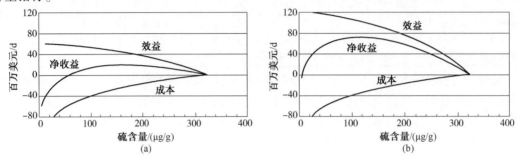

图 1-85　低硫汽油的生产成本与社会效益曲线

六、装置内部的技术经济

装置内部的技术经济问题一般在装置建设前期就经过详细论证。但是在装置建成投产以后，往往由于原料油、产品方案的变化，还要经常在编制生产方案时做出经济分析，在日常生产中也要不断加以研究。近年来催化裂化的技术发展十分迅速，已有的装置要根据新情况，采取新的技术措施，包括从小改革到大的改造扩建措施，以不断提高装置的经济效益。涉及这方面的技术经济问题很多，有些经过简单的对比计算即可得出结论。现在仅就其中较复杂和较重大的问题分几个方面加以叙述。

（一）工艺条件的技术经济

这方面可举出几类问题，例如：

① 催化剂或助剂的牌号选择往往和适应不同原料油或改进产品质量等联系在一起，涉及到操作条件的变动和设备能力的适应性。一般在中试数据或其他装置实践的基础上，购进一个批量的催化剂进行至少半个月的生产试用，从中取得有关技术经济数据，做出总结后决定是否长期采用。

使用金属钝化剂减轻重金属对催化剂的毒害是十分成功的。McCarthy 等（1982）曾计算了在减少干气和焦炭产率的选择性改善方面对每吨新鲜原料可增加约 2 美元的产值，扣去助剂的费用和专有技术使用费后直接经济效益约为 0.8 美元。由于减少焦产率和氢产率使主风机和气压机的负荷下降，允许进一步增加渣油的掺炼率，这一间接效益根据 VGO 和 VR 的价格差、装置和炼油厂的具体情况，可以高达上述直接效益的 20 倍以上。而 Ginzel（1985）则估计锑剂的效益，在提高选择性方面可增加 3.6%，而在提高转化率、处理量或渣油掺炼比例方面可增加 6.6%～8.4%。

② 采用新的生产方案也经过类似于上面的程序。例如是否采用单程通过或带回炼操作，油浆是否回炼（过去加工大庆原油 VGO 时油浆回炼的经济效益较大，但原料芳烃多或渣油多时油浆中芳烃过多，回炼油浆就不如多掺渣油合算），是否抽出重柴油，是否把催化裂化汽油分成轻重两个组分以及是否要提高温度或加入助剂以增产气体烯烃等，均需要技术经济分析。有些操作条件是在工程设计时确定的，投入生产后很难变动，例如再生器和吸收塔的

最大操作压力等。

③ 新的设备结构如提升管出口的油气分离设施，对于干气、液化气和汽油的产率有直接影响，改造工程有一定工作量，生产操作还有一定风险，因而技术经济研究是不可少的。

④ 采用先进控制系统或优化控制系统需要在计算机和仪表上投入一定资金，且要充分掌握装置的数学模型才能收效。虽然这方面在国外已有不少经验(参见本书第七章)，但是在线优化控制还未达到普遍应用的程度，为此一定要认真进行技术经济分析，并在基础工作上积极创造条件。

(二) 节能的技术经济

本书第九章对催化裂化的节能措施作了详尽的介绍，不少重大的节能措施都在经济上体现出很大的效益。这里着重讨论两个问题：

① CO 燃烧程度的技术经济。过去以 VGO 为原料，采用一个再生器已经证明了 CO 完全燃烧的经济合理性，但是当原料中渣油较多，生焦率很高时就存在两种方案：一是仍用一个再生器实行 CO 完全燃烧，二是改用两个再生器，其中一个实行 CO 的不完全燃烧(详见本书第八章)。方案一的再生器较简，主风机能力较大，但是不需增压机，余热回收不需 CO 锅炉，只要余热锅炉，因而投资省，烟气能量可充分回收，但再生器取热设施要耗用较大投资。方案二的流程较复杂，可是在保护催化剂的活性方面，从理论上分析是较好的(再生器的水热环境以及重金属在低价态时的低毒性均比单个再生器为优)，但在工业实践中还要细致比较，才能做出恰当的技术经济分析(可能装置规模和产焦率也是影响因素)。

② 烟气轮机应用的技术经济。自从 70 年代中期能源价格暴涨以来，国外新建大型 FCC 装置采用烟气轮机者已占一定比例，但已有装置安装烟气轮机者尚不多见，截至 1992 年末国外共有运行中的烟气轮机 80 多台，占装置总数的 14% 左右。而在我国已达到 30 多台，占 >100kt/a 装置总数 50%。分析上述情况主要是国情不同，国外主要用天然气或核能发电，电费很低，但烟气动力回收机组和三级旋风分离器等的造价却比我国自己生产的高得多，因此相对回收期较长，且对装置规模和再生器压力十分敏感。据不完全统计，国外带有烟气轮机的 FCC 装置平均规模约为 1.8Mt/a(烟气流量在 160t/h 以上)。从表 1-100 可以看出在一个装置内[烟气 166t/h，再生器压力 0.25MPa(g)]有无动力回收机组的经济性比较。

表 1-100 装置动力回收机组的经济性

方　案	无烟机	单级烟机	双级烟机	方　案	无烟机	单级烟机	双级烟机
相对投资值/百万美元	0	+4.63	+4.75	维修费	0.55	0.83	0.84
年运行费/百万美元				其他	0.84	1.10	1.09
电力，按 4.5 美分/(kW·h)计	3.55	0.19	-0.23	总运行费	4.94	2.87	2.56
蒸汽，按 8.8 美元/t 计	0	0.75[①]	0.86[①]	总运行费相对值	0	-2.07	-2.38

① 余热少产的蒸汽计入成本。

以投资差值和运行费差值计算的简单投资回收期最好在 3 年以内，如大于 6 年则很差。当扣除所得税后，上述期限可以加倍(Nelson，1976)。

(3) 低温热利用的技术经济更需结合用户的情况具体分析。我国近年设计的多用于气体分馏装置，有关内容见第九章。

（三）环境保护的技术经济

装置内部引起环境污染的主要问题是烟气中 SO_x 带来的危害。处理方法之一是对烟气进行脱除 SO_x 处理，二是使用硫转移助剂，三是对原料进行加氢处理。Magnasboro 等（1983）曾指出三种方法操作费分别是 4.2、0.7~1.1 和 3.5~10.5 美元/t，彼此相差悬殊。但进一步分析则可得出下述看法，原料的加氢脱硫虽然是最贵的，但对于含硫>1.6%的原料往往是最合理的方法，它的经济效益可在产品产值的增加和质量的提高上得到充分体现。但烟气洗涤脱硫的脱除效率高，其他两种处理方法难以达到。在要求排放的烟气中 SO_x 和 NO_x 含量较低时，也只能选用烟气洗涤脱硫、除尘和脱硝一体化技术。

抛弃法（如 EDV 或 WGS）和可再生循环法（如 RASOC）等技术均可用于 FCC 再生烟气脱硫除尘。当烟气中 SO_2 浓度较低时，采用抛弃法，烟气脱硫成本更低；当烟气中 SO_2 浓度较高时，采用可再生循环法，烟气脱硫成本更低。汤红年（2012）对国内 FCC 再生烟气脱硫领域得到广泛应用的 EDV 技术进行了技术经济分析。在不考虑设备折旧和产品 SO_2 价值的情况下，以 1.40Mt/a FCC 装置为例，烟气量 $2.34\times10^5m^3/h$，烟气温度 200℃，烟气中 SO_2 浓度从 $2000mg/m^3$ 降低到 $100mg/m^3$ 时，其运行费用约为 1415.40 元/t SO_2。当烟气中 SO_2 浓度为临界点为 $6278mg/m^3$ 以上时，采用可再生循环法在经济上更合理。朱大亮等（2014）采用硫转移剂与湿法脱硫相结合的方案，通过改变硫转移剂用量确定最佳效益点。设定烟气中 SO_x 浓度为 $1500mg/m^3$，烟气排放设计值为 SO_x 浓度不大于 $100mg/m^3$。在使用硫转移剂时的硫转移率分别为 80%、70%、60%、50%，剩余 SO_x 由湿法脱硫脱除达到排放标准的条件下，计算不同硫转移率下的硫转移剂、碱液用量及回收硫黄量。计算结果表明，采用硫转移剂与湿法脱硫组合方案时，不同硫转移率对应的费用基本一致。与单纯采用湿法脱硫方案相比，组合方案的费用略有降低，降低约 2.2%。当催化裂化再生烟气中 SO_x 浓度低于 $1000mg/m^3$ 时，单独采用硫转移剂方案即可使烟气排放达到标准，比采用湿法脱硫反而更加经济。

王刻文等（2013）等对 FCC 装置再生烟气臭氧法和 SCR 法两种脱硝工艺的运行成本进行分析。臭氧法脱硝的运行成本主要是臭氧的发生成本，包括发生臭氧的公用工程消耗和臭氧发生器的设备折旧费。采用臭氧法脱硝时，每 1kgNO 消耗 $2.4kgO_3$；每 1kgNO$_2$ 消耗 $0.52kgO_3$，若定义 P 为催化烟气中 NO 占 NO_x 的质量百分比，当以氧气、氮气等为原料不考虑其他成本时，臭氧法烟气脱硝的运行成本表示如下：

$$W_1 = 7.644 + 27.636P \quad （元/kgNO_x） \qquad (1-6)$$

从式（1-6）可以看出，NO_x 中 NO 和 NO_2 的组成比例对臭氧法烟气脱硝的运行成本影响重大。

SCR 法脱硝的运行成本同样主要由公用工程消耗和折旧费用构成。SCR 法脱硝会产生约 0.5kPa 的压降，导致烟机做功减少，需要在计算 SCR 法脱硝运行成本时予以考虑。压降增加 0.5kPa 将导致催化烟气做功减少约 60kW，按电费 0.68 元/（kW·h），由此导致的经济损失约 40.8 元/h 折合到每 $kgNO_x$。SCR 脱硝的公用工程消耗主要包括氨、蒸汽、电和催化剂的消耗。脱除 1kg 的 NO 需要 0.38kg 的 NH_3，脱除 1kg 的 NO_2 脱硝需要 0.49kg 的 NH_3。SCR 法烟气脱硝运行成本表示如下：

$$W_2 = 980/(C-S) + 7.827 + 0.411P \qquad (1-7)$$

其中　P——氮氧化物中 NO 的质量分数，对应 NO_2 的质量分数为（1-P）；

　　　W_1——臭氧法脱硝的运行成本，元/kgNO$_x$；

C——脱硝前 FCC 再生烟气中的 NO_x 含量，mg/Nm^3；

S——净化烟气 NO_x 的排放要求，mg/Nm^3；

W_2——SCR 法脱硝的运行成本，元/$kgNO_x$；

SCR 法与臭氧法的技术经济对比为

$$W_1 - W_2 = 27.225P - 0.183 - 980/(C - S) \tag{1-8}$$

若 $W_1-W_2>0$，则意味着采用 SCR 法烟气脱硝运行成本更低；反之，若 $W_1-W_2<0$，则意味着采用臭氧法烟气脱硝运行成本更低。烟气中 NO_x 浓度越高时，NO_x 中 NO 比例越大时，采用 SCR 法将越有利于降低运行成本。

参 考 文 献

白宏德,薛稳曹,蒋东红,等．2001．提高柴油十六烷值 RICH 工艺技术的工业应用[J]．石油炼制与化工, 32
  (9)：28-30.

蔡耀日．2000．催化裂化干气的加工与综合利用[J]．炼油设计, 30(6)：35-38.

常振勇．2002．汽油噻吩硫的烷基化脱除技术[J]．炼油设计, 32(5)：44-46.

陈俊武．2005．催化裂化工艺与工程[M]．2 版．北京：中国石化出版社．

陈若雷,高晓东,石玉林．2002．催化裂化柴油加氢深度脱芳烃工艺研究[J]．石油炼制与化工, 33
  (10)：6-10.

丁石,高晓冬,聂红,等．2011．柴油超深度加氢脱硫(RTS)技术开发．石油炼制与化工,42(6)：23~28.

韩崇仁,方向晨．1999．催化裂化柴油一段加氢改质的新技术——MCI[J]．石油炼制与化工, 30(9)：1-5.

侯芙生．2007．加工劣质原油对策讨论[J]．当代石油石化,15(2)：1-6.

侯芙生．2011．中国炼油技术[M].3 版.北京：中国石化出版社．

侯祥麟．1998．中国炼化技术新进展[M]．北京：中国石化出版社．

胡永康,赵乐平,李扬,等．2004．全馏分催化裂化汽油芳构化烷基化降烯烃技术的开发[J]．炼油技术与工
  程, 34(1)：1-4.

李明丰,夏国富,褚阳,等．2003．催化裂化汽油选择性加氢脱硫催化剂 RSDS-1 的开发[J]．石油炼制与化
  工, 34(7)：1~4.

李明丰,习远兵,潘光成,等．2010．催化裂化汽油选择性加氢脱硫工艺流程选择[J]．石油炼制与化工, 41
  (5)：1~6.

李鹏,田健辉．2014．汽油吸附脱硫 S Zorb 技术进展综述[J]．炼油技术与工程,44(1)：1~6.

李胜山．2011．千万吨级炼油厂的设计探讨[C]//中国石油化工信息学会石油炼制分会．中国石油炼制技术
  大会论文集．北京：中国石化出版社．

李铁森,刘瑞萍,王佩瑜,等．2014．生产超低硫清洁汽油的挑战及对策[J]．炼油技术与工程,44(6)：8-12.

李再婷,蒋福康,闵恩泽,等．1989．催化裂解制取气体烯烃[J]．石油炼制, 20(7)：31-33.

李志强．1999．我国渣油深加工技术的新进展：减压渣油催化裂化工艺技术的应用[J]．石油炼制与化工, 30
  (1)：7-11.

刘晓欣．1998．催化裂化—延迟焦化组合工艺[J]．石油炼制与化工, 29(11)：28-33.

吕兰涛,袁彦国,朱立宾,等．2003．催化裂化汽油醚化工艺的应用开发[J]．炼油技术与工程, 33(4)：
  19-21.

牛传峰,张瑞弛,戴立顺,等．2002．渣油加氢-催化裂化双向组合技术 RICP[J]．石油炼制与化工, 33(1)：
  27-29.

潘元青．2007．国外催化裂化催化剂技术进展[J]．石化技术,14(3)：57.

钱伯章,吴虹．1999．石油生物脱硫技术及其应用前景[J]．炼油设计, 29(8)：26-31.

沙颖逊,崔中强,王龙延,等.1995.重油直接裂解制乙烯的 HCC 工艺[J].石油炼制与化工,26(6):9-14.

沙颖逊,崔中强,王明党,等.2000.重油直接裂解制乙烯技术的开发[J].炼油设计,30(1):16-18.

史权,许志明,梁咏梅,等.2000.催化裂化油浆及其窄馏分芳烃组成分析[J].石油学报(石油加工),16(2):90-91.

孙丽丽.2007.劣质重油加工路线的选择对炼厂经济效益的影响[C]//中国石油化工信息学会石油炼制分会.中国石油炼制技术大会论文集.北京:中国石化出版社.

孙丽丽.2009.现代化炼油厂技术集成应用的设计思路[C]//中国石油化工信息学会石油炼制分会.中国石油炼制技术大会论文集.北京:中国石化出版社.

汤海涛,王龙延,王国良,等.2003.灵活多效催化裂化工艺技术的工业试验[J].炼油技术与工程,33(3):15-18.

汤红年.2012.几种催化裂化装置湿法烟气脱硫技术浅析[J].炼油技术与工程,42(3):1~5.

汪燮卿,舒兴田.2014.重质烃制取低碳烯烃[M].北京:中国石化出版社.

王海彦,陈文艺,马骏,等.2001.催化裂化 C_5 轻汽油组分醚化新型催化剂的性能研究[J].炼油设计,31(2):26-29.

王建明,江林.2010.减压渣油悬浮床加氢裂化技术——当代炼油工业的前沿技术[J].中外能源,15(6):63 -76.

王刻文,胡敏,郭宏昶,等.2013.催化烟气脱硝工艺选择探讨[J].山东化工,42(10):213-217.

王青川,方怡中,张华,等.2002.催化裂化干气作为制氢原料的研究及工业应用[J].石油炼制与化工,33(9):18-21.

王天普,王迎春,王伟,等.2001.轻汽油醚化技术在 FCC 汽油改质中的作用[J].石油炼制与化工,32(8):64-66.

王震.2008.FRIPP 柴油超深度加氢脱硫技术开发及工业应用[J].当代石油石化,16(2):24-27.

吴青.2014.悬浮床加氢裂化技术——劣质重油直接深度高效转化技术[J].炼油技术与工程,44(2):1~9.

习远兵,屈建新,等.2013.长周期稳定运转的催化裂化汽油选择性加氢脱硫技术[J].石油炼制与化工,44(8):29-32

谢朝钢,汪燮卿,郭志雄,等.2001.催化热裂解(CPP)制取烯烃技术的开发及其工业试验[J].石油炼制与化工,32(12):7-10.

谢承志.1999.用膜分离工艺提取催化裂化干气中的氢气[J].炼油设计,29(6):26-28.

许长辉.2015.GARDES 技术在汽油加氢脱硫装置的工业应用[J].石油炼制与化工,46(1):62-67.

许友好,张久顺,龙军.2001.生产清洁汽油组分的催化裂化新工艺 MIP[J].石油炼制与化工,32(8):1-5.

许友好,张久顺,徐惠,等.2003.多产异构烷烃的催化裂化工艺的工业应用[J].石油炼制与化工,34(11):1 -6.

许友好,戴立顺,龙军,等.2011.多产轻质油的 FGO 选择性加氢工艺和选择性催化裂化工艺集成技术(IHCC)的研究[J].石油炼制与化工,42(3):7-12.

许友好,李明丰,高晓冬.2014.我国车用汽油质量升级关键技术的开发和应用[C]//中国工程院化工、冶金与材料工程第十届学术会议论文集.北京:化学工业出版社.

张春兰,陈淑芬,张远欣.2013.催化裂化催化剂的发展历程及研究进展[J].石油化工应用,32(2):5-9.

张建芳,山红红,杨朝合.2001.两段提升管催化裂化新技术:中国,00134054.9[P].

张瑞驰,施文元.1998.催化裂化吸附转化加工焦化蜡油工艺的研究与开发[J].石油炼制与化工,29(11):22-27.

张殿全.2000.Friedel-Crafts 反应的发现史[J].化学通报(7):59-62.

张执刚,谢朝钢,施至诚,等.2001.催化热裂解制取乙烯和丙烯的工艺研究[J].石油炼制与化工,32(5):21 -24.

赵乐平,关明华,刘继华,等. 2012. OCT-ME 催化裂化汽油超深度加氢脱硫技术的开发[J]. 石油炼制与化工,43(8):13-15.

郑铁年.1996.催化裂解技术及其应用前景[J].石油炼制与化工,27(6):37-41.

钟乐燊, 霍永清, 王均华,等. 1995. 常压渣油多产液化气和汽油(ARGG)工艺技术[J]. 石油炼制与化工, 26(6): 15-19.

朱大亮,郑志伟,谢格谦,等. 2014. 催化裂化装置烟气脱硫方案的技术经济性研究[J]. 石油炼制与化工,45(4):60~62.

朱云霞,徐惠. 2009. S Zorb 技术的完善及发展[J]. 炼油技术与工程,39(8):7-12.

Ackerson M,et al. 2004. Revamping diesel hydrotreating for ultra-low sulfur using Iso-Therming technology[C]// NPRA Annual Meeting, AM-04-40. San Antonio, Texas.

Amos A, Mark C. 2001. SulphCo-desulfurization via selective oxidation-pilot plant results and commercialization plans[C]//NPRA Annual Meeting, AM-01-55. New Orleans.

Argiro R J M. 1991. FCC catalysts: from market needs to product lines[C]//Akzo Catalyst Symposium:159-168.

Armistead G Jr. 1946. Catalytic cracking for production of motor gasoline[J]. Oil & Gas Journal,44(43):60-63.

Arnold T H, Chilton C H. 1963. New index shows plant cost trends[J]. Chemical Engineering, 70(4): 143-152.

Avidan A A, Edwards M, Owen H. 1990. Innovative improvements highlight FCC's past and future [J]. Oil & Gas Journal, 88(2):33-37.

Avidan A A. 1991. Recent and future developments in FCC[C]//Akzo Catalysts Symposium on Fluid Catalytic Cracking: 43-64.

Avidan A A. 1992. FCC is far from being a mature technology[J]. Oil & Gas Journal, 90(20): 59-67.

Avidan A, Klein B, Ragsdale R. 2001. Improved planning can optimize solutions to produce clean fuels [J]. Hydrocarbon Processing, 53:47-50.

Babich I V, Moulijn J A. 2003. Science and technology of novel processes for deep desulfurization of oil refinery streams: a review [J]. Fuel, 82(6): 607-631.

Baldassari M. 2012. LC-Max and other LC-fining process enhancements to extend conversion and on-stream factor [C]//AFPM annual meeting, AM-12-73. San Diego, CA.

Balko J, Glaser R, Wormsbecher R, et al. 2002. Reduce your tier 2 gasoline sulfur compliance costs with grace Davison S-Brane technology[C]//NPRA Annual Meeting, AM-02-21. San Antonio.

Bechtel R W, Kramer D C, Scheuerman G L, et al. 1991. OCR(onstream catalyst replacement): a breakthrough advance in residuum processing technology[C]//Proceedings of International Conference Petroleum Refinery. Petrochemical Process,208-216.

Barnard D P. 1951. Role of Gasoline in Engine Development[R]. SAE Technical Paper 1.

Bartholic D B, Haseltine R P. 1981. New crude/resid treating process offers savings[J]. Oil & Gas Journal, 79 (45): 242-252.

Bartholic D B, Soudek M, Keim M R. 1991. The simplified approach to residual oil upgrading[C]//NPRA Annual Meeting, AM-91-44. San Antonio, Texas.

Bernasconi F. 1985. Oil refining outlook and the role of fluid cat cracking in Western Europe[C]//Katalistiks 6th Annual FCC Symposium. Munich, Germany, 128.

Benesi H A. 1956. Acidity of catalyst surfaces. I. Acid strength from colors of adsorbed indicators[J]. Journal of the American Chemical Society, 78(21): 5490-5494.

Benjamin. 1983. Heat balance in FCC process and apparatus with downflow reactor riser:US,4411773[P].

Bonfadini P, Waintraub S, Fonseca C, et al. 1999. The integration of solvent and FCC process: a highly competitive choice for residue conversion[C]//NPRA Annual Meeting, AM-99-11. San Francisco CA.

Bousquet J, Labourel T, Billon A, et al. 1986. Deasphalting for residue conversion and FCC optimisation[J]. Pétrole Informations: 83-92.

Brunet S, Mey D, Perot G, et al. 2005. On the hydrodesulfurization of FCC gasoline: A review[J]. Applied Catalysis A:General, 278(2): 143-172.

Burton W M. 1921. Address of Acceptance[J]. Industrial & Engineering Chemistry, 14(2): 162-163.

Cantrell A. 1981. Annual refining survey [J]. Oil & Gas Journal, 79(13): 110-&. 14.

Chan T Y, Sundaram K M. 1999. SCC:Advanced FCCU technology for maximum propylene production[C]//2nd International Conference in Refining Processing, AIChE Spring Meeting. Houston: 14-18.

Chang T. 1998. Louisiana Refinery Revamp Takes Advantage of Heavy Sour Margins[J]. Oil & Gas Journal, 96(45): 68-72.

Chapin L, Letzsch W S, Swaty T E. 1998. Petrochemical options from deep catalytic cracking and the FCCU[C]// NPRA Annual Meeting, AM-98-44. San Francisco.

Chitnis G K, Richter J A, Hilbert T L, et al. 2003. Commercial octgainsm unit provises 'zero' sulfur gasoline with higher octane from a heavy cracked naphtha feed[C]//NPRA Annual Meeting, AM-03-125, San Antonio, TX.

Ciapetta F G, Macuga S J, Leum L N. 1948. Depolymerization ofbutylene polymers[J]. Industrial & Engineering Chemistry, 40(11): 2091-2099.

Couch K A, Seibert K D, Opdorp P V. 2004. Controlling FCCyields and emissions – UOP Technology for a Changing Environment[C]//NPRA Annual Meeting, AM-04-45. San Antonio, Texas.

Couch K A,Bell L. 2006. Concepts for an overall refinery energy solution through novel integration of FCC flue gas power recovery[C]//NPRA Annual Meeting, Paper AM-06-10. Salt Lake City,UT.

Couch KA, Glavin J P, Wegerer D A, et al. 2007. FCC propylene production – closing the market gap by leveraging existing assets[C]//NPRA Annual Meeting, AM-07-63. San Antonio,TX.

Covert C, Daniel F, Land S, et al. 2001. How Phillips S Zorb sulfur removal technology quickly came to life[J]. World Refining Congress, 11(2): 56-61.

Cusher N A, Zarchy A S, Sager T C, et al. 1990. Isomerization for future gasoline requirements[C]//NPRA Annual Meeting, AM-90-35. San Antonio, Texas.

Davidson R C, Ewing F J, Shute R S. 1943. Crystals of the activated montmorillonite type[J]. National Petroleum News. 35(27): 318.

Deady J, Young G W, Wear C W. 1989. Strategies for reducing FCC gasoline sensitivity[C]//NPRA Annual Meeting, AM-89-13. Washington, DC.

Dean R R, Mauleon J L, Letzsch W S. 1983. Advances in residual cracking[C]//NPRA Annual Meeting, AM-83-42. Washington, DC.

Debuisschert Q, Nocca J L. 2003. Prime-G^{+TM} commercial performance of FCC naphtha desulfurization technology [C]//NPRA Annual Meeting, AM-03-26. San Antonio, Texas.

Desai P H, Gerritsen L A, Inoue Y. 1999. Low cost production of clean fuels with STARS catalyst technology[C]// NPRA Annual Meeting, AM-99-40. San Francisco, CA.

Dosher J R. 1986. Heavy oil conversion in turbulent times[C]//NPRA Annual Meeting, AM-86-34. Atlantic City.

Dries H, Patel M, van Dijk N. 2000. New advances in third-stage separators[J]. World Refining,10(8): 30-34.

Eastwood D, Van de Venne H. 1990. Strategies for revamping distillate desulfurizers to meet lower sulfur specifications[C]//NPRA Annual Meeting, AM-90-20. San Antonio, Texas.

Eccles R M, Gray A M, Livingston W B. 1982. New resid conversion scheme set for Louisiana refinery[J]. Oil & Gas Journal, 80(15): 121-125.

Faragher W F, Noll H D, Bland R E. 1951. Contribution of the Houdry. Catalytic cracking processes to petroleum refining[C]//3rd World Petroleum Congress: 6.

Fern L, Fusco J M, Medeiros J, et al. 2002. Novel fluid catalytic cracking technology excellence in heavy feedstock processing[C]//17th World Petroleum Congress: 217.

Frank J L, Yuan H. 2003. Production of ultra low sulfur fuels by selective hydroperoxide oxidation[C]//NPRA Annual Meeting, AM-03-23. San Antonio, Texas.

Friedel C, Crafts J M. 1877. Treatment of Hydrocarbons. British Patent: 4769

Fu A, Hunt D, Bonilla J A, et al. 1998. Deep catalytic cracking plant produces propylene in Thailand[J]. Oil & Gas Journal, 96(2): 49-53.

Gartside R J. 1988. The QC Reaction System. Presented at the AICHE Spring Meeting. New Orleans LA.

Gartside R J. 1989a. QC-A New Reaction System. Presented at the Int Fluidization Conference. Banff, Canada.

Gartside R J. 1989b. QC-A New ReactionSystem[J]. Fluidization VI, Ed by Grace J R, et al. New York: Engineering Foundation: 25-32.

Gaso R V P. 1964. Catalytic cracking of hydrocarbons with a crystalline: US,3140249[P].

Gary J H, Handwerk G E. 1994. Petroleum refining: technology and economics[M]. New York: Marcel Dekker Inc:215.

Gerritsen L A. 1988. Recent development in catalytic reforming [C]//Proceedings of the Akzo Catalysts Symposium: 35.

Ginzel W. 1985. How feed quality effects FCC performance[C]//Katalistiks 6th Annual FCC Symposium. Munich, Germany,133.

Goelzer A R, Ram S, Hernandez A, et al. 1993. Mobil-Badger technologies for benzene reduction in gasoline [C]//NPRA Annual Meeting, AM-93-19. San Antonio, Texas.

Golden S W, Martin G R, Sloley A W. 1993. FCC main fractionator revamps[J]. Hydrocarbon Processing, 72(3): 77-81.

Gosling C. 2004. The role of oxidative desulfurization in an effective ultra-low sulfur diesel strategy[C]//NPRA Annual Meeting, AM-04-48. San Antonio, Texas.

Greeley J P. 1999. Selective cat naphtha hydrofining with minimal octane loss[C]//NPRA Annual Meeting, AM-99-31. San Francisco, CA.

Halder R E, Huling G P, Ondish G F. 1973. HDC plus FCC ups Premium product mix [J]. Oil & Gas Journal, 71 (50): 112-117.

Hansford R C. 1947. Mechanism of catalytic cracking[J]. Industrial & Engineering Chemistry, 39(7): 849-852.

Hatanaka S, Yamada M, Sadakane O. 1997. Hydrodesulfurization of catalytic cracked gasoline. 1. Inhibiting effects of olefins on HDS of alkyl (benzo) thiophenes contained in catalytic cracked gasoline [J]. Industrial & Engineering Chemistry Research, 36(5): 1519-1523.

Heckel T. 1998. Developments in distillate fuels specifications and strategies for meeting them[C]//NPRA Annual Meeting, AM-98-24. San Francisco CA.

Herbst J A, Owen H, Schipper P H. 1991. Multi component catalyst and a process for catalytic cracking of heavy hydrocarbon feed to lighter products: US, 5006497[P].

Hornaday G F, Noll H D, Peavy C C, et al. 1949. Various refinery applications of Houdriflow catalytic cracking [J]. Oil & Gas Journal,47(49):90-94.

Houde E J. 2000. FCC light cycle oil——liability or opportunity? [C]//NPRA Annual Meeting, AM-00-28. San Antonio,TX.

Houdek J M, Andersen J. 2005. On-purpose propylene technology developments[C]//The ARTC 8th Annual Meeting. Illinois, USA.

Houdry E, Burt W F, Pew Jr A E, et al. 1938. Catalytic processing of petroleum hydrocarbons by the Houdry process
　　[C]// American Petroleum Institute, Nineteenth Annual Meeting: 133-141.

Howard L J, Rowles H H, Campbell K. 1991. Alternative C_3^+ recovery system to FCCU oil scrubbing process[C]//
　　NPRA Annual Meeting, AM-91-19. San Antonio, Texas.

Huang W M, Zu D G, Shi Y H, et al. 2000. Factors influencing color stability of hydrotreated lube base oil[J].
　　ACTA PETROLEI SINICA Petroleum processing section, 16(4): 31-37.

Humphries A, Imhof P, Kuehler C, et al. 2004. The Hitchhiker's guide to low-sulfur gasoline: a practical and eco-
　　nomic comparison of pre-treating, post-treating, FCC additives and sulfur credits[C]//NPRA Annual Meeting,
　　AM-04-54. San Antonio, Texas.

Hunter M G, Gentry A R, Miller R B, et al. 1997. Combine MAK hydrocracking and FCC to upgrade heavy oils
　　[C]//NPRA Annual Meeting, AM-97-64. San Antonio, Texas.

Jacob E A, Thomas C L. 1942. Conversion of hydrocarbons: US, 2282922[P].

Jones H B. 1969. Modern catalytic cracking for smaller refineries[J]. Oil & Gas Journal, 67(51): 50-53.

Judzis A. 2001. Start-up of first CDHDS© unit at Motiva's Port Arthur, Texas refinery[C]//NPRA Annual Meet-
　　ing, AM-01-11. New Orleans.

Kauff D A, Bartholic D B, Steves C A, et al. 1996. Successful application of the MSCC process[C]//NPRA Annu-
　　al meeting, AM-96-27. Washington, DC.

Kelly W A, Hunt L, Zhao X, et al. 1996. FCC Unit Short Contact Time Observations[C]//NPRA Annual Meeting,
　　AM-96-26. San Antonio, Texas.

Key R D, Ackerson M D, Laurent J, et al. 2003. Iso-Therming——A new technology for ultra low sulfur fuels
　　[C]// NPRA Annual Meeting, AM-03-11. San Antonio, Texas.

Keyworth D A, Reid T A, Kreider K R, et al. 1993. Controlling Benzene Yield[C]//NPRA Annual Meeting, AM-
　　93-49. San Antonio, Texas.

Khouw F H H, Nieskens M, Borley M J H, et al. 1990. The Shell residue fluid catalytic cracking process commer-
　　cial experience and future developments[C]//NPRA Annual Meeting, AM-90-42. San Antonio, Texas.

Knight J, Mehlberg R. 2011. Creating opportunities from challenges: Maximizing propylene yields from your FCC
　　[C]//NPRA Annual Meeting, AM-11-06. San Antonio,TX.

Krishnaiah G, Zhao X, Novak K R. 2005. What will gasoline sulfur compliance really cost you S-Brane membrane
　　technology economic analysis[C]//NPRA Annual Meeting, AM 05-06. San Francisco, CA.

Krishnaiah G, et al. 2013. Molecular highway™ technology for FCC catalysts at Alon's Big Spring, Texas Refinery
　　[C]//AFPM Annual Meeting, AM-13-03. San Antonio, Texas.

Ladwig P K, Bienstock M G, Citarella V A, et al. 1994. Recent operating experience with Flexicracking commercial
　　developments in short contact time catalytic cracking[C]//NPRA Annual Meeting, AM-94-42.

Laird D G. 2005. Benefit of revamping a main fractionator[J]. Petroleum Technology Quarterly, 10(1): 29-35.

Lamb G D, Davis E, Johnson J. 2000. Impact on future refinery of producing low Sulfur, gasoline[C]//NPRA An-
　　nual Meeting, AM-00-13. San Antonio, Texas.

Lang H J. 1947. Cost relationships in preliminary cost estimation[J]. Chemical Engineering, 54(10): 117-12l.

Latour P R. 2002. What is the optimum US mogas sulfur content? [J]. Hydrocarbon Processing, 81(11): 45-50.

Lawrence L U. 1990. The New UOP: How It Affects Katalistiks' FCC Technology[C]//NPRA Annual Meeting,
　　AM-90-11. San Antonio, Texas.

Leseman M, Schult C. 2003. Noncapital intensive technologies reduce FCC sulfur content Part 1: Clean fuels[J].
　　Hydrocarbon Processing, 82(2): 69-76.

Leuenberger E L, Bradway R A, Leskowicz M A, et al. 1989. Catalytic means to maximize FCC octane barrels

［C］//NPRA Annual Meeting, AM-89-50. Washington, DC.

Levy R E, Rappas A S, Nero V P. 2001. UniPure′s ASR-2 diesel desulfurization process: a novel, cost-effective process for ultra-low sulfur diesel［C］//NPRA Annual Meeting, AM-01-10. New Orleans.

Lew L E, Makovec D J. 1991. Integrated olefin processing［C］//NPRA Annual Meeting, AM-91-16. San Antonio, Texas.

Lieder C A, et al. 1993. Aromatics reduction and cetane improvement of diesel fuels［C］//NPRA Annual Meeting, AM-93-57. San Antonio, Texas.

Long J, Zu D. 1992. MTC-SDA combination process［C］// Proc Int Symp on Heavy Oil and Residue Upgrading and Utilization. Fushun, China: 87-90.

Lucadamo G A, Bernhard D P, Rowles H C. 1987. Improved ethylene and LPG recovery through dephlegmator technology［J］. Gas Separation & Purification, 1(2): 94-102.

Maadhah A G, Yuuichirou F, Redhwi H, et al. 2008. A new catalytic cracking process to maximize refinery propylene ［J］. The Arabian Journal for Science and Engineering, 33(1B): 17-28.

Magee J S, Blazek J J, Ritter R E. 1973. Catalyst developments in catalytic cracking［J］. Oil & Gas Journal, 71 (30):48-52.

Magee J S, Ritter R E, Rheaume L. 1979. A look at FCC catalyst advances［J］. Hydrocarbon Processing, 58(9): 123-127.

Magnasboro L M, Powell J B. 1983. Katalistiks 4th Annual FCC Symposium. Amsterdam, the Netherlands, 139.

Maitra P, Folkers J, Coles P. 2000. Integrating a refinery and petrochemical complex［J］. Petroleum Technology Quarterly, 21-30.

Mayo S. 2011. RT-235: Commercial performance of next generation SCANfining[TM] catalyst［C］//NPRA Annual Meeting, AM-11-58. San Antonio, TX.

McAfee A M. 1915a. Process of Improving Oils: US, 1127465［P］.

McAfee A M. 1915b. Improvement of high boiling petroleum oils and the manufacture of gasoline as a by-product therefrom by the action of aluminum chloride. Journal of Industrial and Engineering Chemistry, 7(9): 737-741.

McAfee A M. 1929. The Manufacture of Commercial Anhydrous Aluminum Chloride［J］. Industrial and Engineering Chemistry, 21(7): 670-673.

McCarthy W C, Hutson Jr L, Man W. 1982. Katalistiks 3th Annual FCC Symposium: 136.

McCuen C L. 1951. Economic relationship of engine-fuel research［J］. Division of Refining, American Petroleum Institute, 31M(Ⅲ):197-204.

McLean J B, Periés J P, Vance P W. 1998. Maximizing profitability through combined optimization of feed hyrdotreating and FCC unit operation［C］//NPRA Annual Meeting, AM-98-21. San Francisco, CA.

McLean J B, Stockwell D M. 2001. NaphthaMax[TM] breakthrough FCC catalyst technology for short contact time applications［C］//NPRA Annual Meeting, AM-01-58. New Orleans, Louisiana.

McRae E. 2004. Selective catalytic reduction: a proven technology for FCC NO_x removal［C］//NPRA Annual Meeting, AM-04-12. San Antonio, TX.

Meier P F, Ewert W M, Turaga U T. 2004. S Zorb gasoline sulfur removal technology optimized design［C］//NPRA Annual Meeting, AM-04-14. San Antonio, Texas.

Memmott V J. 2003. Innovative Technology Meets Processing and Environmental Goals: Flying J Commissions New MSCC and TSS. NPRA Annual Meeting, AM-03-13. San Antonio, Texas.

Menon K R, Mink B H. 1992. Residue conversion options for European refineries［J］. Hydrocarbon Processing, 71 (5): I100-&. 84.

Meyers R A. 1986. Handbook of chemicals production processes［M］. McGraw-Hill Book Company:99.

Morsado E, Almeida M, Pimenta R. 2002. Catalyst Accessibility: A new factor on the performance Of FCC units[R]. 17th World Petroleum Congress, 1-5. Brazil.

Murcis A A. 1992. Numerous changes mark FCC technology advance[J]. Oil & Gas Journal, 90(20): 68-71.

Murphree E V. 1951. Fluid hydroforming[C]//3rd World Petroleum Congress: 12.

Nakata S, Shimizu S, Asaoka S, et al. 1987. Chemical structural changes in advanced resid upgrading process (Vis-ABC)[J]. American Chemical Society, Division of Petroleum Chemistry, 32(2):477-483.

Nelson W L. 1965. Effect ofplant size on cost[J]. Oil & Gas Journal, 63(14): 185-192.

Nelson W L. 1973. Isthere a practical Pour-Point correlation[J]. Oil & Gas Journal, 71(50): 63-71.

Nelson W L. 1974. What are coking yields? [J]. Oil & Gas Journal, 72(29): 60-70.

Nelson W L. 1976. Chemical costs shows 4-years jump[J]. Oil & Gas Journal, 74(40): 110-110.

Newton R H, Dunham G S, Simpson T P. 1945. The TCC catalytic cracking process for motor gasoline production [J]. Transactions of American Institute of Chemical Engineers, 41: 215-232.

Niccum P K, Miller R B, Claude A M, et al. 1998. Maxofin TM: a novel FCC process for maximizing light olefins using a new generation of ZSM-5 additive[C]//NPRA Annual Meeting, AM-98-18. San Francisco, CA.

Niccum P K, Gilbert M F, Tallman M J, et al. 2001. Future refinery—FCC's role in refinery/petrochemical inregration[C]//NPRA annual meeting, AM-01-61. Houston, TX.

Niccum P K. 2012. Maximizing diesel production in the FCC centered refinery[C]//AFPM annual meeting, AM-12-43. San Diego, CA.

Nieskens M. 2008. MILOS-Shell's ultimate flexible FCC technology in delivering diesel/propylene[C]//NPRA annual meeting, AM-08-54. Houston, TX.

Nocca J L, Cosyns J, Debuisschert Q, et al. 2000. The domino interaction of refinery processes for gasoline quality attainment[C]//NPRA Annual Meeting, AM-00-61. San Antonio TX.

Nocca J L. Debuisschert Q, 2002. Prime-G^{+TM}: from pilot to start-up of world's first commercial 10 ppm FCC gasoline desulfurization process[C]//NPRA Annual Meeting, AM-02-12. San Antonio TX.

Nocca J L, Dorbon-Axens M, Energy R P H. 2003. Ultra-low sulfur diesel with the Prime-D technology package [C]// NPRA Annual Meeting, AM-03-25. San Antonio, Texas.

Oblad A G. 1983. The Contribution of Eugene J. Houdry to the Development of Catalytic Cracking. Heterogeneous Catalysis Selected American Histories, ACS Symposium Series 222:61-75.

Ogata Y, Fukuyama H. 1992. Well-Refined HSC process proves reliability[C]//Pro Int Symp on Heavy Oil andResidue Upgrading and Utilization. Fushun, China: 275-280.

Owen H. 1991. Inverted fractionation apparatus and use in a heavy oil catalytic cracking process: US, 5019239[P].

Pacheco M A, Lange E A, Pienkos P T, et al. 1999. Recent advances in biodesulfurization of diesel fuel[C]// NPRA Annual Meeting, AM-99-27. San Francisco, CA.

Park Y K, Lee C W, Kang N Y, et al. 2010. Catalytic cracking of low-valued hydrocarbons for producing light olefins[J].Catal Surv Asia, 14:75-84.

Patel R H, Low G D, Knudsen K G. 2003. How are refiners meeting the ultra low sulfur diesel challenge[C]// NPRA 2003 Annual Meeting, AM-03-21. San Antonio, Texas.

Peries J P, Hennico A, Des Couriers T, et al. 1992. ASVAHL refining schemes for extra heavy oil upgrading. Proc Int Symp on Heavy Oil and Residue Upgrading and Utilization. Fushun, China: 219-235.

Phillip K, Bune Jr, Dorrance P. 1985. Catalytic cracking system: US, 4514285[P].

Plank C J, Rosinski E J. 1964a. Process for cracking hydrocarbons with a crystalline zeolite: US, 3140251[P].

Plank C J, Rosinski E J. 1964b. Catalytic hydrocarbon conversion with a crystalline zeolite composite catalyst: US, 3140253[P].

Plank C J, Rosinski E J. 1967. Metal-acid zeolite catalysts: a breakthrough in catalytic cracking technology[C]// Chemical Engineering Progress, Symposium Series, 63: 26-30.

Podratz D J, Kleemeier K, Turner W J, et al. 1999. Maximizing flexibility in distillate hydroprocessing unit (combined FCC feed pretreatment with deep diesel desulfurization)[C]//NPRA Annual Meeting, AM-99-10. San Francisco, CA.

Purvis D H, Al-Shaikh R H, Monro H A B. 1997. Vertical integration for refineries and petrochemical units[J]. Petroleum Technology Quarterly: 15-22.

Ragsdale R,Ewy G L. 1990. Economics of resid conversion processes[C]//NPRA Annual Meeting, AM-90-25. San Antonio, TX.

Reichle A D. 1988. Fifly years of cat cracking at Exxon[C]//Akzo Catalyst Symposium. Scheveningen, The Netherlands:34.

Reichle A D. 1992. Fluid catalytic cracking hits 50 year mark on the run[J]. Oil & Gas Journal, 90(20): 41-48.

Reynolds B E, Brown E C, Silverman M A. 1992. Clean gasoline via VRDS/RFCC[J]. Hydrocarbon Processing, 71(4): 43-52.

Robert J, Axel R, Joseph L, et al. 1987. Olefin production from heavy hydrocarbon feed: US, 4663019[P].

Ruch J B. 1981. Processing heavy crudes: twenty years of heavy oil cracking[J]. Chemical Engineering Progress, 77(12): 29-31.

Sachaek A J. 1990. Reduction of aromatics in diesel fuel[C]//NPRA Annual Meeting, AM-90-30. San Antonio, Texas.

Salvatore P T. 2010. Unlocking the Potential of the ULSD Unit:CENTERA is the Key[C]//NPRA Annual Meeting, AM-10-169. Phoenix, AZ.

Schiflett W K, Olsen C W, Watkins B R, et al. 2002. FCC feed pretreatment to control sulfur in FCC naphtha [C]//NPRA Annual Meeting, AM-02-39. San Antonio,TX.

Schnaith M W, Sexson P A, True D R, et al. 1998. Operability and reliability of MSCC and RCC units[C]//NPRA Annual meeting, AM-98-40. San Francisco, CA.

Schultz M. A, Stewart D. G, J. M. Harris, et al. 2002. Reduce costs with dividing-wall columns[J]. Chemical Engineering Progress; 98(5):64-71.

Shaw D F, Walter R E, Zaczepinski S. 1996. FCC Refliability/Mechanical Integrity[C]//NPRA Annual Meeting, AM-96-24.

Shih S S. 1999. Mobil's OCTGAINTM process: FCC gasoline desulfurization reaches a new performance level[C]// NPRA Annual Meeting, AM-99-30. San Francisco CA.

Shorey S W, Keesom W H, Lomas D A. 1999. Exploiting synergy between FCC and feed pretreating units to improve refinery margins and produce low-sulfur fuels[C]//NPRA Annual Meeting, AM-99-55. San Francisco, CA.

Shreehan M M. 1998. Recovery of olefins from refinery offgases[J]. Petroleum Technology Quarterly: 45-52.

Skyum L,Cooper B,Zeuthen P,et al. 2009. Next generation BRIM™ catalyst technology[C]//NPRA Annual Meeting, AM-09-15. San Antonio,TX.

Speronello B, Martinez J G, Hansen A, et al. 2011. Jointly developed FCC catalysts with novel zeolite mesopores deliver higher yields[C]//NPRA Annual Meeting, AM-11-02. San Antonio,TX.

Stevens R W. 1947. Equipment cost indexes for process industries[J]. Chemical Engineering, 54(11): 124-126.

Stewart H R,Koenig A M, Ring T A. 1985. Optimize design for heavy crude[J]. Hydrocarbon Process, 64 (3): 61-66.

Strother C W, Vermillion W L, Conner A J. 1972. FCC getting boost from all-riser cracking[J]. Oil & Gas Journal, 70(20): 102-103.

Strother D W, Lomas D A. 1983. Katalistiks 4th Annual FCC Symposium. Amsterdam, the Netherlands,132.

Tamele M W. 1950. Chemistry of the surface and the activity of alumina-silica cracking catalyst[J]. Discussions of the Faraday Society, 8: 270-279.

Tennaco Chemicals. 1978. Tenneco develops economic process to recover ethylene from waste streams[J]. Oil & Gas Journal, 76(52): 199-200.

Thomas C L, Jacob E A. 1942a. Catalysts suitable for use in oil cracking: US, 2285314[P].

Thomas C L. 1942b. Conversion of hydrocarbons: US, 2282922[P].

Thomas C L. 1949. Chemistry of cracking catalysts[J]. Industrial & Engineering Chemistry, 41(11): 2564-2573.

Thomas C L. 1983. A history of early catalytic cracking research at universal oil products company. Heterogeneous Catalysis: Selected American Histories, ACS Symposium Series 222: 241-245.

Thomas S. 1987. Downflow fluidized catalytic cranking reactor process and apparatus with quick catalyst separation means in the bottom thereof: US,4693808[P].

Thompson G J, Jensen R H, Cabrera C N, et al. 1987. Processing requirements and economic analysis of heavy oils and syncrude refining[C]//12th World Petroleum Congress: 85.

Thornton D P. 1951. First "air-lift" TCC unit Processing[J]. Petroleum Processing (6): 146-149.

Tripett T, Knudsen K P, Cooper B H. 1999. Ultra low sulfur diesel: catalyst and processing option[C]//NPRA Annual Meeting, AM-99-06. San Francisco, CA.

Tungate F L, Hopkins D, Huang D C. 1999. Advanced distillate hydroprocessing ASAT: a trifunctional HDAr/HDS/HDN catalyst[C]//NPRA Annual Meeting, AM-99-38. San Francisco, CA.

Upson L L, Dalin I, Wichers R. 1982. Heat Balance – The Key to Cat Cracking. 3rd Katalistiks Fluid Catalytic Cracking Symposium, May 26-27, Amsterdam, the Netherlands.

Unzelman G H. 1990. Maintaining product quality in a regulatory environment[C]//NPRA Annual Meeting, AM-90-31. San Antonio, Texas.

Van Driesen R, Caspers J, Campbell A R, et al. 1979. LC-Fining upgrades heavy crudes[J]. Hydrocarbon Process, 58(5): 107-120.

Van Keulen B. 1998. Monitoring and optimization of resid FCC[C]//Akzo Nobel Catalyst Symposium. Noordwijk, the Netherlands.

Vermillon W L, Gearhart J A. 1983. Ultimate utilization of FCC capacity with the residual process[C]//The Katalistiks′ 4th Annual Fluid Catalytic Cracking Symposium: 66.

Virdi H. 2004. Revamp for ultra-low sulfur diesel with countercurrent reactor[C]//NPRA Annual Meeting, AM-04-22. San Antonio, Texas.

Washinimi K, Limmer H. 1989. New unit to thermal crack resid[J]. Hydrocarbon Processing, 68(9): 69-71.

Watkind B. 2010. Maximizing the distillate pool by processing more LCO. NPRA Annual Meeting, AM-10-166. Phoenix,AZ.

Williams R. 1947. Six-tenths factor aids in approximating costs[J]. Chemical Engineering, 54(12): 124-125.

Wolschlag L M. 2009. FCC design advancements to reduce energy consumption and CO_2 emissions[C]//NPRA Annual Meeting, AM-09-35. San Antonio,TX.

Wolschlag L M. 2010. UOP FCC innovation developed using sophisticated engineering tools[C]//NPRA Annual Meeting, AM-10-109. Phoenix, AZ.

Yokomizo G. 2010. Residue conversion solutions to meet North American emissions control area and marpol annex VI marine fuel regulations[C]//NPRA annual meeting, AM-10-165. Phoenix,AZ.

Yulin S, Jianwen S, Xinwei Z. 1993. MHUG process for production of low sulfur and low aromatic diesel fuel[C]//NPRA Annual Meeting, AM-93-56. San Antonio, Texas.

Yuuichirou F, Mohammad H A, Christopher F D, et al. 2010. Development of high severity FCC process for maximizing propylene production—catalyst development and optimization of reaction conditions[J]. Journal of the Japan Petroleum Institute, 53(6): 336-341.

Zhao X, Krishnaiah G, Cartwright T. 2004. S-Brane technology brings flexibility to refines' clean fuel solutions[C] //NPRA Annual Meeting, AM-04-17. San Antonin, TX.

Zeuthen P, Schaldemose M, Patel R. 2002. Advanced FCC feed pretreatment technology and catalysts improves FCC profitability[C]//NPRA Annual Meeting, AM-02-58. San Antonio, TX.

Zhu F, Martindale D. 2007. Energy Optimization to Enhance Both new Projects and Return on Existing Assets. NPRA Annual Meeting, AM-07-24. San Antonio, TX.

第二章　催化裂化工艺过程反应化学

第一节　正碳离子化学

研究和理解催化裂化工艺过程反应化学需要涉及最基本的化学理论，即正碳离子化学理论。正碳离子化学的研究已历经百年，作为一种合理地揭示碳氢化合物反应科学的完整方法已被广泛地接受，是正确理解催化裂化过程反应化学的基础知识。

正碳离子（Carbocations）化学提供了一种合理地揭示碳氢化合物反应科学的完整方法，从而成为整个 20 世纪日益发展起来的深奥的碳氢化合物反应科学知识的基础。正碳离子化学围绕着两种正碳离子：一种是经典的正碳离子 R_3C^+，早已被广泛接受的一种形式；另一种是 20 世纪 70 年代所发现的非经典的 R_5C^+ 型正碳离子。尽管 R_3C^+ 型正碳离子的概念通常归结于 Baeyer 和 Villiger（1902），实际上，Stieglitz（1899）可能在 19 世纪末就提出了此概念。不过由于大多数烃类的非离子态特性，而且电化学活化烃非常困难，因此此概念长期以来一直未被科学家所接受，直到 20 世纪 20 年代初正碳离子反应中间体的概念才被 Meerwein（1922）在解释莰烯在液相中进行 Wagner 重排的工作中重新提出。随后 30 年代几个从事有机反应的科学家在支持此概念的过程中起到了主要作用，尤其 Whitmore（1932）对正碳离子概念的推广做出了巨大的贡献：1932 年在烯烃聚合和芳烃与烯烃烷基化反应过程中提出了正碳离子作为反应的中间体参与反应；随后，又提出正碳离子作为反应的中间体可能参与催化裂化反应（Whitmore，1948），还提出 1 和 2 位转移来解释重排反应。1934 年，他还断言酸性位是正碳离子产生的活性中心，尽管当时并不接受此观点（Whitmore，1934）。到 20 世纪 40 年代末，一些研究者基于 Whitmore 的研究，开始以正碳离子为理论基础来解释催化裂化过程中涉及的一些反应。Hansford（1947；1952b）在 1947 年首先基于正碳离子提出裂化反应机理。1950 年前后，Hansford（1952a）、Greensfelder（1949）和 Thomas（1949）解释了固体催化剂上的负氢离子转移和氢转移反应。Thomas 认为硅铝化合物的酸性来源于其内部铝氧四面体中三价铝的存在。20 世纪五六十年代，Olah（1968；1971）在超强酸介质中制备了比较持久的正碳离子。在超强酸介质中正碳离子寿命长、可直接观察，甚至可以直接滴定，从而使正碳离子的概念由假说变成现实。1972 年，Olah（1972）建议至少含有一个碳三配位（经典结构）的离子应该称为 Carbenium 离子，而至少含有一个碳五配位（非经典结构）的离子应该称为 Carbonium 离子。国际化学和应用化学联合会（IUPAC）在 1987 年认可了该定义。1984 年，Haag 和 Dessau（1984）提出了以五配位正碳离子反应机理来解释烷烃的催化裂化反应。经典正碳离子（Carbenium）在不饱和烃 π 电子给予体的亲电反应中扮演着重要角色，而非经典正碳离子（Carbonium）则是饱和烃 σ 电子给予体亲电反应优选的中间体。

一、正碳离子的类型及形成

(一) 正碳离子类型

研究正碳离子最好的工具是采用核磁共振的方法,很多科学家特别是 Olah 都是采用核磁共振的方法来研究在超强酸溶液中的各种有机化合物。从超强酸体系中所得到的正碳离子(即 $(CH_3)_3C^+SbF^-$)质子共振谱图表明质子发生显著的迁移,而在较弱酸中所得到的正碳离子(即叔丁基氟氧化物)质子不存在着显著的迁移。^{13}C 的核磁共振谱证实 Carbenium 是稳定的正碳离子,并不是给予–接受复合体。在研究了这些质子波谱以及饱和烃在超强酸介质中发生的变化后,Olah 确定了经典正碳离子和非经典正碳离子两种类型,如图 2-1 和图 2-2 所示。

图 2-1　经典正碳离子(R_3C^+)

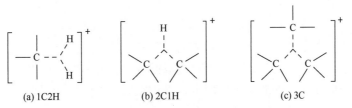

(a) 1C2H　　　　　　(b) 2C1H　　　　　　(c) 3C

图 2-2　非经典正碳离子的三种形式

三配位正碳离子(经典正碳离子)是一个中心缺电子的碳原子结构,如图 2-1 所示。其结构是一个平面结构,中心碳原子和周围三个原子的键是通过 SP^2 杂化键结合在一起,不存在着特殊的空间结构限制。

五配位正碳离子(非经典正碳离子)是由正电荷中心(质子和正碳离子)亲电攻击 σ 键所形成的,碳与 8 电子以价环的方式形成的五配位结构,价环是由 3 个单一的 σ 键和一个包含 3 个原子中心和 2 个电子的"特殊键"所构成的,以 1C2H、2C1H 和 3C 三种形式存在,如图 2-2 所示。非经典正碳离子通常是不稳定的,经 α 断裂生成经典的正碳离子。

(二) 正碳离子的形成

1. 经典正碳离子的形成

(1) Brönsted 酸质子 H^+(Proton)从饱和烃中抽取一个负氢离子 H^-(Hydride Ion),形成 H_2

对于烷烃,其正碳离子生成的反应式如下:

$$C_nH_{2n+2}+H^+S^-\longrightarrow(C_nH_{2n+1})^+S^-+H_2$$

这里 S 是酸的共轭碱。

此反应机理是 C—H 键的质子化反应,涉及到先形成一个 3 个原子中心和 2 个电子的特殊键(非经典正碳离子),然后断裂形成一个经典正碳离子和氢分子。C—C 键也可以经历质子化反应生成一个较小的正碳离子和烷烃,反应方程式如下:

$$C_nH_{2n+2}+H^+\longrightarrow(C_nH_{2n+3})^+\longrightarrow(C_iH_{2i+1})^++C_{n-i}H_{2(n-i)+2}$$

在烷烃催化裂化过程中,首先可以检测到低碳烷烃的生成,至少部分可以通过此机理来解释。

（2）Lewis 酸 L 或另一个正碳离子 R⁺ 从饱和烃中抽取一个负氢离子 H⁻

由 Lewis 酸性位 L 抽取一个负氢离子 H⁻ 作为一种可能性很早就被提出，其正碳离子生成的反应式如下（Greensfelder，1945a；1945b；1945c）：

$$R{-}CH_2{-}CH_2{-}CH_3 + L \longrightarrow R{-}CH^+{-}CH_2{-}CH_3 + L{-}H^-$$

不幸的是，上述假设缺乏实验证据或者说只是基于一些难以完全信服的实验论证，从而难以接受此方式形成的正碳离子（Venuto，1979）。例如，Lewis 固体酸如 AlCl₃ 在烷烃异构化反应过程中只有在少量水存在时即产生质子酸，或是烯烃、氯化烷烃存在时才具有活性。相反，由一个正碳离子（相当于一个 Lewis 酸）抽取一个负氢离子的反应是熟知的，并被广泛接受，其反应如下：

$$R{-}CH_2{-}CH_2{-}CH_3 + R^+ \longrightarrow R{-}CH^+{-}CH_2{-}CH_3 + R{-}H$$

（3）从烯烃中抽取一个负氢离子

从烯烃中抽取一个负氢离子与一个质子反应生成氢分子，或者与一个正碳离子反应，造成此正碳离子解吸生成烷烃。两者的正碳离子生成的反应式如下：

$$R{-}CH_2{-}CH{=}CH_2 + H^+ \longrightarrow R{-}CH^+{-}CH{=}CH_2 + H_2$$

$$R{-}CH_2{-}CH{=}CH_2 + R{-}CH^+{-}R \longrightarrow R{-}CH^+{-}CH{=}CH_2 + R{-}CH_2{-}R$$

形成的烯丙基经典正碳离子要比相对应的饱和烃基经典正碳离子稳定得多。

（4）引入一个质子或一个正碳离子到具有双键或三键的不饱和烃分子

对于烯烃，在催化剂上的酸质子作用下，其正碳离子生成的反应式如下：

$$R_1CH{=}CHR_2 + HX \Longrightarrow R_1CH^+CH_2R_2 + X^-$$

对于芳烃，在催化剂上的酸质子作用下，其正碳离子生成的反应式如下：

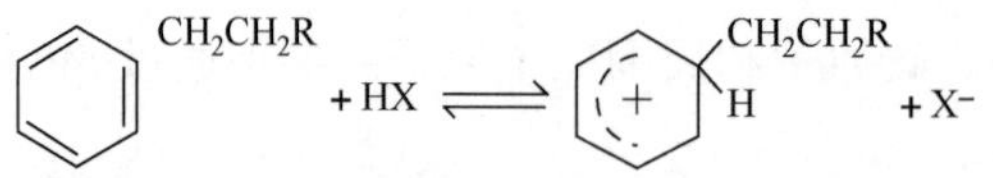

当一个正碳离子引入到烯烃分子时，优先生成新的正碳离子部位是质子电荷位于取代基最多的碳上，从而所生成的新正碳离子要比原正碳离子稳定得多，其正碳离子生成的反应式如下：

$$R{-}CH{=}CH_2 + R'^+ \longrightarrow R{-}CH^+{-}CH_2{-}R'$$

芳烃的芳香环和正碳离子也可以发生类似的反应。在烃类的多数反应过程中都涉及到此类型反应，因此，该类型反应被广泛地接受。炔烃在酸性催化剂上生成的正碳离子途径与烯烃和芳烃相似。

（5）经典正碳离子的断裂、烷基化和非经典正碳离子的断裂

正碳离子的 β 断裂会生成较小的正碳离子和烯烃分子，其反应式如下：

$$(C_nH_{2n+1})^+ \longrightarrow (C_mH_{2m+1})^+ + C_{n-m}H_{2(n-m)}$$

此反应是正碳离子与烯烃发生烷基化的可逆反应。

非经典正碳离子的断裂可以形成一个较小的经典正碳离子和一个烷烃分子或氢气分子。

2. 非经典正碳离子的产生

通常情况下，由于 σC—H 键和 σC—C 键的弱碱性，在环境温度或低于环境温度下，超强的酸或是亲电试剂进攻 σC—H 键和 σC—C 键，生成非经典正碳离子。非经典正碳离子是由不同类型的亲核电子（Electrophilic）攻击而产生的，其生成方式如下。

①质子 H^+ 对烷烃分子的 $\sigma C—H$ 键和 $\sigma C—C$ 键攻击，生成一个3中心2电子键的5配位正碳离子，其正碳离子生成的反应式如下：

$$R_nH_{2n+2}+HX \Longrightarrow R_nH_{2n+3}^+ + X^-$$

由质子进攻 $\sigma C—H$ 键生成一个3个原子中心和含2个电子的特殊键1C2H，如图2-2(a)所示；由质子进攻 $\sigma C—C$ 键形成一个3个原子中心和含2个电子的特殊键2C1H，如图2-2(b)所示。

②经典正碳离子对烷烃分子 $\sigma C—C$ 键攻击，生成一个3中心2电子3C型特殊键或者经典正碳离子对氢分子的攻击，生成一个3个原子中心和含2个电子的特殊键1C2H。3C型键结构如图2-2(c)所示，其中3个原子中心是3个C原子，而1C2H键如图2-2(a)所示。目前只有实例认可质子或是经典正碳离子激活 C—H 键，经典正碳离子激活 H—H 键，或质子激活 C—C 键。

五配位正碳离子是一种高能量正碳离子，很容易发生裂化反应生成烷烃或氢分子和与之补偿的三配位正碳离子，其反应式如下：

$$C_nH_{2n+3}^+ \Longrightarrow C_nH_{2n+1}^+ + H_2$$
$$C_nH_{2n+3}^+ \Longrightarrow C_{n-m}H_{2(n-m)+1}^+ + C_mH_{2m+2}$$

五配位正碳离子有可能存在另一种断裂方式，即发生裂化反应生成烯烃和一个较小的五配位正碳离子，其反应式如下：

$$C_nH_{2n+3}^+ \longrightarrow C_{n-m}H_{2(n-m)+3}^+ + C_mH_{2m}$$

二、正碳离子稳定性

对于饱和经典正碳离子，叔正碳离子要比仲正碳离子稳定得多，而仲正碳离子要比伯正碳离子稳定得多，最不稳定的正碳离子为 CH_3^+。在气相或溶剂状态下，甲基和乙基正碳离子、仲丙基仲正碳离子 $s\text{-}C_3H_7^+$ 和叔丁基叔正碳离子 $t\text{-}C_4H_9^+$ 之间能量的差异列于表2-1（Marcilly，2006）。

表2-1　伯、仲、叔正碳离子稳定性之间的差异

能量差别/(kcal/mol)	Franklin		Franlin-Lumpkin	Oosterhoff		Franklin
	气相	液相	气相	气相	液相	气相
$C_2H_5^+/CH_3^+$	38	31	36	34	30	33
$s\text{-}C_3H_7^+/C_2H_5^+$	36	28	30	32	28	31
$t\text{-}C_4H_9^+/s\text{-}C_3H_7^+$	22	16	18	13	8	20

尽管不同作者所得到的数据有所差异，但这些离子稳定性的相对大小数量级为：

$$叔碳(CR_3^+)>仲碳(CR_2H^+)\gg伯碳(CRH_2^+)\gg甲基碳(CH_3^+)$$

正碳离子随着携带电荷的碳原子的取代基数目的增加而稳定性增强，对于骨架相同烃类的正碳离子，叔基和仲基之间稳定性差异为54kJ/mol，而仲基和伯基之间的差异则为71kJ/mol。在烷基正碳离子 $C_4H_9^+$ 中，叔丁基叔碳离子稳定性分别大于仲丁基仲正碳离子、异丁基伯正碳离子和正丁基伯正碳离子，其稳定性差异分别为67kJ/mol、130kJ/mol 和138kJ/mol。由此可以看出，正碳离子稳定性取决于正碳离子中带电荷碳原子的取代度；正碳离子

中碳数目的多少及烷基取代基的类型，尤其是位于正碳离子 β 位的取代基中 C—C 键数目，如乙基取代基要比甲基取代基对正碳离子稳定性贡献大。

正碳离子的本征反应活性显然是与其稳定性相反的，如夺取负氢离子，伯正碳离子反应活性要比仲正碳离子大得多，相应地大于叔正碳离子。

非经典正碳离子的稳定性规则大体与经典正碳离子相类似。烷基非经典正碳离子的稳定性随着分子中碳数的增加和带电荷碳上取代基数目的增加而增加。例如，甲烷、乙烷、丙烷和丁烷在气相中质子化的亲和力分别是 532kJ/mol、552～588kJ/mol、619～640kJ/mol 和 687～698kJ/mol。非经典正碳离子本质上是不稳定的，大部分非经典正碳离子处于极其短寿命的激发态，除了极少数外，对非经典正碳离子稳定性与经典正碳离子稳定性进行比较是非常困难的。

三、正碳离子反应机理

分子内的单分子机理和分子间的双分子机理是经典正碳离子的两种主要类型的反应机理，单分子反应机理涉及到异构化、β 断裂、自烷基化的环化，而双分子反应机理涉及到质子迁移、负氢离子转移、烷基化（聚合作用）。

（一）异构化反应

正碳离子异构化反应分为无环结构和有环结构，无环结构的正碳离子又分为饱和与不饱和烷基正碳离子，而有环结构的正碳离子分为饱和、烯基、二烯基和烷基苯正碳离子。

正碳离子的异构化反应可划分为以下三种类型：I_1—正电荷中心位置因负氢离子转移而产生改变，而含离子骨架碳未发生改变；I_2—异构反应是由烷基 R^- 转移而发生的，造成含离子骨架碳发生改变，但支链度没有改变；I_3—异构反应主要是正碳离子骨架发生重排反应，伴随着支链度的改变。从 I_1 到 I_3，异构化反应速率快速降低。这三种异构化反应通常情况也可以分成 A 和 B 两大类（Poutsma，1976；Martens，1990a）：类型 A 的异构化反应没有改变含骨架碳的支链度（I_1 和 I_2）；类型 B 的异构化反应改变了含骨架碳的支链度（I_3）。

（1）异构化反应 I_1——负氢离子迁移

随着一个中间过渡状态的生成开始，类型 A 的重排反应就随之发生，其中负氢离子在两个相邻碳之间形成桥键，以负氢离子转移到原带正电荷碳上而结束。

图 2-3（a）末端位置上的两种典型正碳离子形态在转化过程中是最稳定的，这两种正碳离子称为"σ 配合物"。而桥形的中间体（即 π 配合物）的稳定性略差一些，但也位于能量位势的低位。1,2 迁移发生很快，其速率取决于开始和最终碳的类型，递减顺序如下：T—T＞T—S＞S—S（其中 S 表示仲碳离子，而 T 表示叔碳）。

1,3 迁移将涉及到一个过渡状态，其中氢在 1 和 3 碳之间形成了一个简单的桥键，即为质子化环丙烷结构，因为这样具有较低的势能。1,3 迁移肯定要比 1,2 迁移慢，因而其存在的可能性小。从一般情况来看，1,2 和 1,3 迁移都属于 1，n 迁移的范围。对于在石油炼制和石油反应过程中大部分的分子结构，1,2 迁移反应是最主要的转移反应，负氢离子转移的速度要比烷基基团快得多。

（2）异构化反应 I_2——烷基迁移

和前面的例子一样，烷基 R^- 迁移属于 1，n 迁移范围。1,2 迁移是最普遍的，而 1,3 迁移也要考虑。发生 1,2 迁移的 R^- 基团涉及到一系列基本步骤，如图 2-3（b）所示，由一种 σ

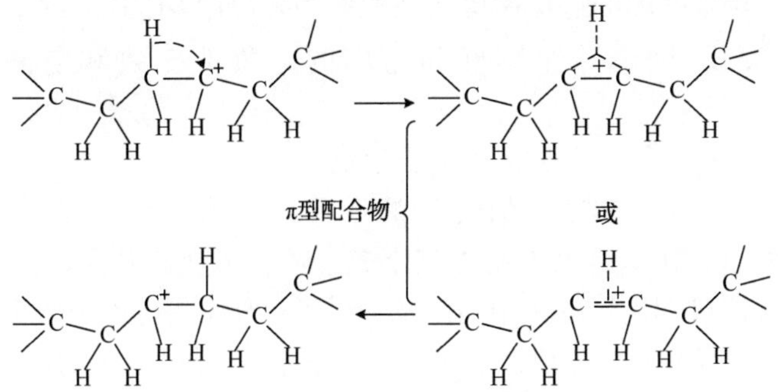

(a) 由π配合物中间体进行的H转移

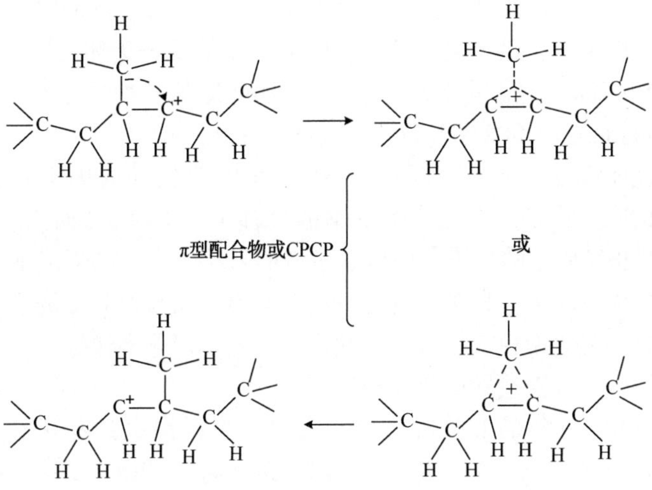

(b) 由π配合物(或CPCP离子)中间体进行的甲基转移

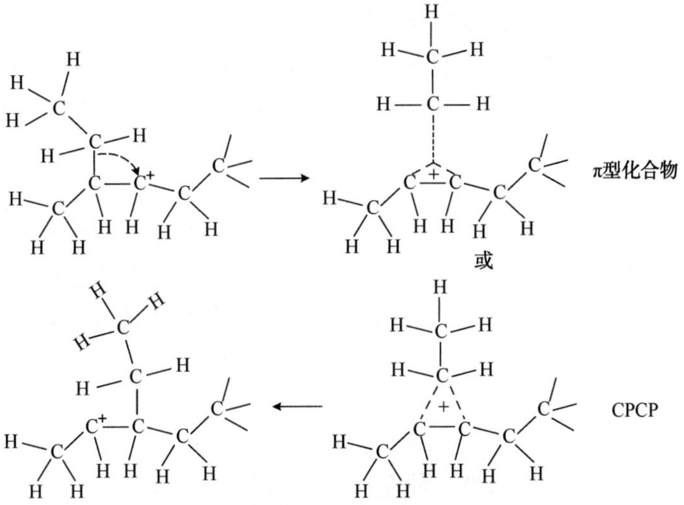

(c) 乙基的迁移伴随着主链上碳原子数目的改变

图 2-3　A 型同分异构反应

型离子配合物经一种 π 型配合物转变成另一种 σ 型离子配合物，同时伴随着正电荷迁移方向与烷基迁移相反。

甲基的迁移相对比较容易，因为它所对应的能垒只有 5kJ/mol，但仍然要比负氢离子转移慢得多并且难得多。烷基基团的迁移速率递减顺序为：$CH_3^- > C_2H_5^- > C_3H_7^- > i\text{-}C_3H_7^- > t\text{-}C_4H_9^-$ （Weitkamp，1982），这个顺序刚好和它们的电负性一致和空间位阻方向相反（Weitkamp，1984）。

（3）异构化反应 I_3——主链上正碳离子的骨架重排

在一些情况下，一个属于主链上的烷基的迁移会造成主链碳数的改变（Giannetto，1986），如图 2-3（c）所示。在直链上甲基支链生成，随后出现乙基支链。在直链中乙基的出现是按 B 型异构化反应机理进行的，中间涉及到质子化环丁烷非经典正碳离子生成。

直链正碳离子的骨架异构化反应生成含支链的正碳离子通过末端的烷基 R—（这里 R—为 CH_3^-、$C_2H_5^-$、$C_3H_7^-$ 等）迁移会涉及到一个极不可能形成的不稳定的伯正碳离子。而更广为接受的是另外一条能量需求低的途径，这个途径涉及到由内部的碳原子形成环状正碳离子。在这些环状正碳离子中，最著名的环状正碳离子就是质子化环丙烷正碳离子（简称为 PCP-Protonated CycloPropane），而其他环状离子也是可能的，如质子化环丁烷正碳离子（PCB – Protonated CycloButane）和质子化环戊烷正碳离子。

烷基正碳离子通过环状非经典正碳离子（一般是 PCP）直接异构化几乎是大多数烷基正碳离子 B 型重排反应的唯一途径。但是当主烷基链只有 4 个碳原子（如正丁烷或 2-甲基丁烷）时，中间体 PCP 型非经典正碳离子必定包含主链的末端碳，自动形成伯正碳离子参与 B 型重排反应过程。在这种情况下，直接异构化反应非常慢，而涉及到支链度改变的重排反应采用另一种不同的加成—裂化途径来进行的，此途径步骤多但非常快。

（4）质子化环丙烷（PCP）直接异构化反应途径

经质子化环丙烷（PCP）途经的 B 型异构化反应比 A 型异构化要慢得多。两者速率之间相差数量级至少 10^3（Brouwer，1972）。质子化环丙烷正碳离子（PCP）是由 Dewar 和 Walsh 首先提出的（Marcilly，2006）。Brouwer（1964）等重新提出了质子化环丙烷正碳离子概念，为了解释在液体超强酸体系中脂肪族烃类因碳骨架重排造成的支链度的改变。研究表明在固体酸催化剂上也存在着脂肪族烃类骨架重排按 PCP 途径进行。通过 PCP 中间体的途径是唯一与所有的试验结果相一致的反应途径，其中 PCP 中间体要比伯正碳离子稳定得多（Martens，1990b；Sie，1993）。

（5）其他途径

其他途径分为形成一个多于 3 个碳的环状中间体的直接途径和双聚-裂化的间接途径。对于链长超过 6 个碳的较长的烃类，比 PCP 大的环状非经典正碳离子就有可能形成（Daage，1983），如质子化环丁烷正碳离子（PCB）。随着在质子化环上的碳数增加，质子化环自身形成可能性以及随后形成长支链的可能性将快速降低。Weitkamp（1982）提出在一个较长烷基链上各种支链生成速率如下：

甲基≫乙基>丙基>丁基

正碳离子骨架异构化反应的第二种途径是通过二聚-裂化或加成-裂化。反应步骤为烯烃分子和另一个正碳离子发生双分子二聚反应，然后由二聚体再进行 A 和 B 型异构化反应，最后发生 β 断裂，如图 2-4 所示。

烷基正碳离子异构化反应规则同样适用于饱和环上的烷基正碳离子（Saunders，1969；Souverijns，1996）。环状正碳离子也分为 A 型和 B 型两种类型的异构化反应。未改变环上的取代基数目的 A 型异构化反应分为环状结构中碳数不改变（A1 型）和环状结构中碳数改变

（A2 型）。烷基苯型正碳离子的异构化反应也主要分成两种类型：A 型异构化反应和 B 型异构化反应。

（二）β 断裂反应

在正碳离子的 C—H 或是 C—C 断裂所有的机理中，β 断裂反应机理到目前为止是最为熟悉的。正如其名所指，β 断裂机理是指在带正电荷的碳 β 位的 C—H 或 C—C 键处发生断裂，如图 2-5 所示。

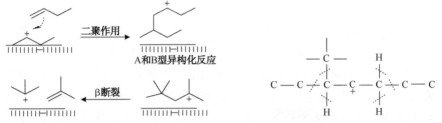

图 2-4　正丁烯通过二聚-裂化　　　　　　图 2-5　位于带正电荷的碳 β 位的 C—H
方式异构成异丁烯　　　　　　　　　或是 C—C 键和可能断裂的位置

第一种情况是一个质子的 β 消除，由正电荷中心亲电攻击 β 位的 σC—H 键引起，并导致该键断裂形成一个烯烃（与正碳离子中的碳数一样并具有相同骨架结构）；同时释放一个质子。这过程与烯烃的质子化反应相反，这两种反应都会涉及到一个离子 π 型配合物中间体的生成。第二种情况由正电荷中心亲电攻击 β 位的 σC—C 键引起的，并导致该键断裂，因而定义为 β 断裂，通常所对应的过程表示如图 2-6 中的途径 B。

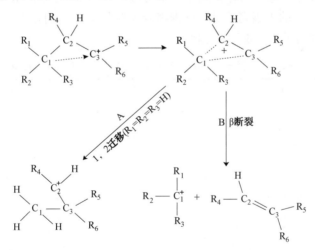

图 2-6　环状反应中间体可能的反应路径（π 配合物）决定于烷基基团 R_1、R_2 和 R_3 的类
途径 A—甲基基团的 1, 2 迁移；途径 B—β 断裂形成一个小的正碳离子和烯烃

典型的叔正碳离子结构发生 β 断裂反应是相当有利的，因为导致生成另一个较小的叔正碳离子和烯烃。这种结构称为 ααγ，如图 2-7 所示。

碳四和大于碳四的两类正碳离子具有不同的反应活性。$n\text{-}C_4H_9^+$ 正碳离子通过质子化环丙烷反应中间体的单分子反应机理来进行的直接异构化反应非常困难，因中间体必须要形成伯正碳离子，通常更有利的反应途径是加成—裂化反应路径。相反，正戊烯或更长链的正碳离子的骨架重排反应进行起来就比较容易，因为形成质子化环丙烷反应中间体的过程不涉及

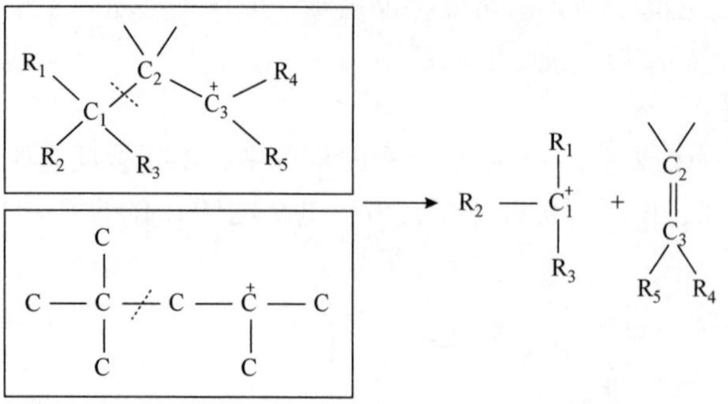

图 2-7　正碳离子 ααγ 结构：β 断裂反应最有利的结构

伯正碳离子的生成。正碳离子$(C_mH_{2m+1})^+$ $(m \geq 4)$的一些 β 断裂反应模式可以确定，初始和最终的正碳离子的伯、仲、叔属性决定了它们各自发生反应的相对难易，如表 2-2 所列。表 2-2 中的类型 A 表示 β 断裂前后的正碳离子都是叔正碳离子，即表示为 T→T；类型 B 表示 β 断裂前后的正碳离子一个是仲正碳离子，另一个是叔正碳离子，又细分为类型 B1，即表示为 S→T；类型 B2，即表示为 T→S；类型 C 表示 β 断裂前后的正碳离子是两个仲正碳离子，即表示为 S→S；类型 D 表示 β 断裂前后的正碳离子一个是伯正碳离子，另一个是仲正碳离子。如果正碳离子是必须含有至少 8 个碳原子且对应的甲基基团的位置在链的 ααγ 位，那么 A 型 β 断裂反应模式是最快地发生裂化反应；如果正碳离子分子只含有 7 个碳原子时，那么最快的 β 断裂反应模式变为 B 型(B1 或 B2)；如果只有 6 个碳原子，那么 C 型 β 断裂反应模式是最快的；如果只有 4 或 5 个碳原子，那么 D 型 β 断裂反应模式是最快的。由于含有 2~5 个碳原子的正碳离子反应过程涉及至少生成一个伯正碳离子而不利于 β 断裂反应，因而形成一种离子类，难以发生断裂。

表 2-2　正碳离子$(C_mH_{2m+1})^+$的各种 β 断裂反应模式$(m \geq 4)$

模　式	$m \geq$	成　　分	β 断裂产物		所涉及的离子	反应活性[①]
A	8	（C-C-C-C-C 带甲基支链及正电荷）	（C-C-C 带甲基正电荷）	（C=C-C 带甲基）	T→T	VH
B1	7	（C-C-C-C-C 带甲基支链及正电荷）	（C-C-C 带甲基正电荷）	C=C-C	S→T	M 至 H
B2	7	（C-C-C-C-C 带两甲基支链及正电荷）	C-C-C 带正电荷	（C=C-C 带甲基）	T→S	M
C	6	（C-C-C-C-C 带甲基支链及正电荷）	C-C-C 带正电荷	C=C-C	S→S	L
D	4	C-C-C-C-C 带正电荷	C-C 带正电荷	C=C-C	S→P	VL

①VH—很高，H—高，M—中等，L—低，VL—很低。

　　随着正碳离子中碳原子数目的增加，其反应活性也相应地增加。这种增加当然不是持续的，因为整体活性不仅和各正碳离子异构体本身活性有关，而且和它们各自在催化剂表面存在的比率有关。在所有的叔碳结构中，计算结果显示 ααγ 型结构（对 β 断裂反应非常有利）比例在 9 个碳时达到最大值（Fenq，1993）。一些实验研究结果支持了这种观点，但有些实验结果认为在碳数多于或等于 10 时出现最大值（Martens，1986），或等于 16 时出现最大值（Nace，1969）。

从表 2-2 还可以看出，如果不考虑 D 型 β 断裂反应模式（唯一反应中涉及到伯正碳离子），β 断裂反应所形成的最小物种应含有 3 个碳原子，而不利于 C_1 和 C_2 产物生成。相反，这些 C_1 和 C_2 分子通常情况下是非经典正碳离子的 α 断裂所产生的或者是来源于热裂化过程自由基的 β 断裂。

只含有甲基基团侧链的正碳离子各种 β 断裂反应模式 A、B 和 C 及异构化反应模式 A 和 B 的相对反应速率列于表 2-3。这些相对值只是非常粗略地表明各种正碳离子的 β 断裂和异构化可能反应模式之间的相对速率差异，尤其随着温度和不同类型的催化剂的改变，这些值会有明显的变化。表 2-3 包含并比较了这些速率值，以 β 断裂反应中模式 B2 为基准（其值为 1）。

表 2-3　各种正碳离子异构化和裂化反应模式的相对反应速率

反　　应	模　　式[1]	所涉及的离子	相对反应速率
β 断裂	A	T→T	170
异构化	A	π 型配合物或（CPCP）[2]	56
β 断裂	B1	S→T	2.8
β 断裂	B2	T→S	1（基态）
异构化	B	EPCP[2]	0.8
β 断裂	C	S→S	0.4
β 断裂	D	S→P	≈0

① 模式：β 断裂或异构化反应模式。

② CPCP：角质子化环丙烷；EPCP：边质子化环丙烷。

从表 2-3 可以看出，两类型反应中最快的反应是 β 断裂中的 A 模式（对应的甲基侧链基团在直链的 ααγ 位）和异构化反应中的 A 模式，但前者要比后者至少快 3 倍。关于双侧链的同分异构体的 β 断裂反应，B1 模式的相对速率平均要比 B2 模式快。这两个 β 断裂反应速率要比异构化 B（EPCP 反应中间体）模式稍微快点。在所用于评价的操作条件下，β 断裂反应 D 模式的反应速率可被忽略。此外，长链烷烃的 β 断裂反应 B1 模式要比 B2 模式更为主要；对于异构化反应模式 B（EPCP 路径）的反应速率，单侧链变为双侧链正碳离子和双侧链变为三侧链正碳离子的反应速率接近。当单、双和三甲基侧链被乙基或者甚至是丙基取代后，β 断裂反应的 A、B、C 和 D 模式的相对反应速率一定是渐进地增加。

当正碳离子中碳原子数目至少等于 8 时，它将会发生一系列复杂的比较快的异构化反应（负氢离子转移、甲基转移和骨架重排反应）和裂化反应。直链烷烃正碳离子异构化和裂化反应路径如图 2-8 所示。

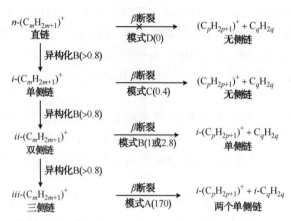

图 2-8 直链烷烃正碳离子 $n-(C_mH_{2m+1})^+$ 的异构化-裂化两种反应途径

从图 2-8 中各种异构化和裂化反应路径反应速率的比较，可以得到如下重要的结论：

① 正碳离子的 A 型异构化反应(烷基转移)比 β 断裂反应的 B、C 特别是 D 模式快得多。只有正碳离子具有 ααγ 结构型的三侧链异构体时，A 型 β 断裂反应才显著比 A 型异构化反应快，但这种 ααγ 结构只有在碳数 $m \geq 8$ 时才可能出现。因此，三侧链异构体在裂化过程中和较少侧链的异构体的行为就不一样。

② 三侧链正碳离子结构一形成，就会紧接着发生 β 断裂反应(除了 2，2，3-TMB)。通常情况下，经过一次或连续几次 A 型异构化(相对速率 56)后，三侧链正碳离子形成了有利断裂的 ααγ 结构，从而促进了其裂化反应，因此正碳离子发生裂化反应与发生 B 型异构化反应的比率将接近于 100。

③ B 型异构化(经 PCP 改变了支链度)要比 C 型 β 断裂反应稍微快一点，但比 B 型 β 断裂反应稍微慢一点点。因此，由于最容易断裂的异构体能通过 A 型异构化很快能达到平衡，一旦第一个具有双侧链的正碳离子出现，裂化反应就开始缓慢进行。能发生裂化反应的双侧链异构体只有在 $m \geq 7$ 时才会形成(在戊烷和己烷中不存在这种结构)。这就清楚地解释了 $m = 6$ 和 $m = 7$ 时裂化反应速率的差异，如表 2-2 所示。

④ 为了选择性地只发生异构化反应而不进行裂化反应，避免生成三侧链型异构体和过多双链异构体是必要的，即当出现大量的单侧链的异构体时反应就必须停止。

（三）环化反应

尽管链烷烃或不饱和直链烃的环化反应为大家熟知，但涉及到初始环的形成步骤机理仍然不够清晰。在酸性催化剂上，链烷烃的环化反应或环烷烃的氢化开环反应可以用几种机理来解释。

1. 烷基正碳离子直接环化反应

Callender 等(Brandenberger，1976)提出了正庚烯在新鲜酸性催化剂(未积炭)上环化的两种不同反应机理。第一种机理涉及到 5 个碳的环状非经典正碳离子(质子化环戊烷类型)的中间体生成。其过程涉及到一个质子固定在正庚烯双键上，同时在另一个碳上抽取一个质子以实现环的封闭。如图 2-9(a)所示，途径(a)表示烷基正碳离子生成环状正碳离子，其环化步骤首先是庚基正碳离子正电荷中心攻击较远的 C—H 键形成了一个 2C1H 型 3 原子中心 2 电子结构的键，形成一个环状非经典正碳离子(EPCP)；其次，质子跳到相邻的 C—H

键上形成一个新的 1C2H 型 3 原子中心 2 电子结构键；最后，1C2H 型 3 原子中心 2 电子结构键的分解，同时形成一个新的 C—C 键封闭这个环并释放一氢分子。

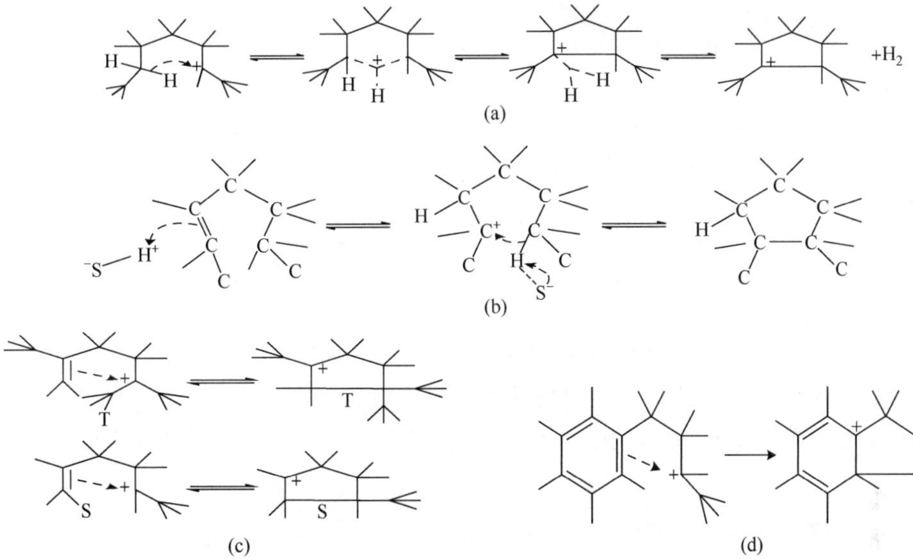

图 2-9　烯烃和芳烃侧链环化可能涉及到的机理

第二种机理涉及到催化剂上的一个酸活性位和一个碱活性位的协调作用，从而避免了需要一个环状正碳离子中间体，因此第二种机理更有可能发生。如图 2-9(b)所示，途径(b)表示烯烃生成环烷烃是通过酸碱协调机理。首先烯烃质子化形成一个烷基正碳离子，然后环的封闭，这是由于碱活性位从正碳离子上吸取一个质子，从而释放形成带正电荷的 σ 键所需的电子。

2. 烯烃正碳离子的环化反应

烯烃正碳离子生成环状正碳离子反应机理描述如图 2-9(c)所示(Guisnet，1992)，并导致一个环状的正碳离子生成。该反应机理符合烷基正碳离子裂化所论述的规则，即初始或最终正碳离子上取代基数目越大，就越有利于此反应机理进行。其反应速率递增顺序为：T—T>T—S>S—S>S—P。

3. 芳烃环上的环化反应

反应机理类似前面所论述的机理，芳烃环上烷基侧链通过自烷基化而闭合，如图 2-9(d)所示(Sullivan，1964；Corma，1994b)。途径(d)表示芳香环上的烷基自环化反应。

（四）π 键或 σC—H/σC—C 键的亲电攻击反应

正碳离子正电荷中心所攻击的电子对，是属于烯烃或芳香烃的 π 键，或者属于 σC—H 或 σC—C 键。

1. π 键的亲电攻击

属于 π 键的亲电攻击反应包括：烯烃的聚合反应，烯烃和芳香烃的烷基化反应，以及一些芳香烃的歧化-烷基转移反应。在烯烃中加入一个正碳离子并形成一个更大的正碳离子所采用的反应途径类似一个质子快速固定到一个烯烃中的反应途径(Schmerling，1953)。在所有情形中，和带正电荷碳共用 π 电子对将导致一个 π 型配合物的反应中间体的生成，如图 2-10(a)所示。随后的反应步骤是初始 π 型配合物的 2 电子在 C_1 和 C_2 或 C_1 和 C_3 之间的重排，产生一个更大的正碳离子，即为 σ 型配合物，如图 2-10(b) 所示。

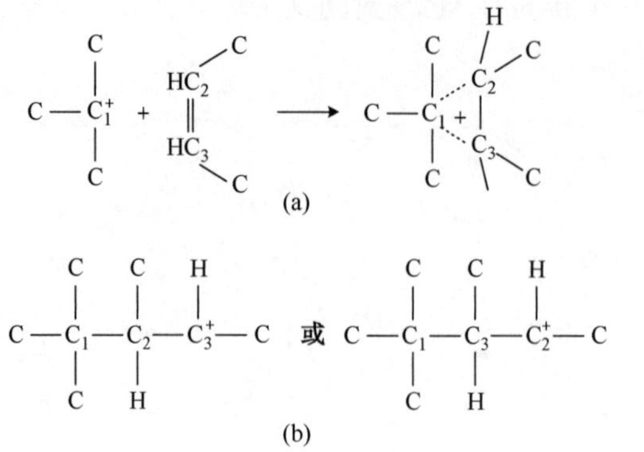

(a)

(b)

图 2-10　烷基正碳离子与烯烃的烷基化反应

正碳离子对芳香核 π 键的攻击导致烷基芳香烃生成，如图 2-11 所示。图 2-11 列出两个例子，一是丙烯在苯环上的烷基化反应生成异丙基苯，二是苯和苯甲基反应形成二苯甲烷的反应。

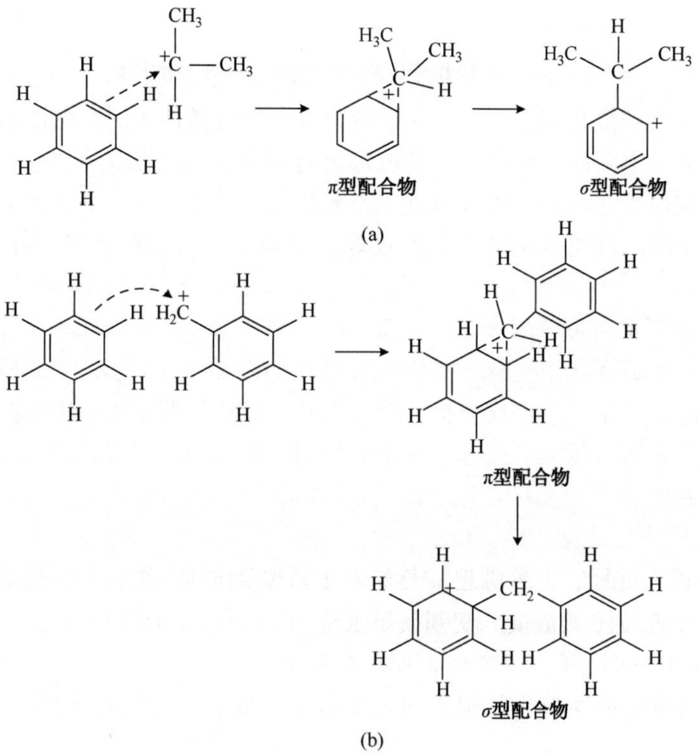

(a)

(b)

图 2-11　正碳离子与芳香环的烷基化反应

2. σ 键的亲电攻击

正碳离子的正电荷酸性中心对烷烃或烯烃 σH—H 键或 σC—C 键的亲电攻击将导致 3 原子中心 2 电子结构型键形成。

(1) 氢分子中的 H—H 键

氢气和正碳离子 R^+ 之间的反应许多年以前就提出了，其理论真实性已经得到证实

（Corma，1983）。这个反应正好与烃化合物的质子化反应相反，其反应途径如下：

$$R^+ + H_2 \longrightarrow RH + H^+$$

Oelderick 是第一个确认该反应存在的，发现在室温下 HF 溶液中的 $t\text{-}C_4H_9^+SbF_6^-$ 和氢分子发生反应生成异丁烷。基于理论计算，这个反应在气相和液相中都能进行（Bickel，1967），但只有在超强酸液相中得到了实验论证。然而基于计算结果，有充分的理由可以预测在所有固体酸上也会发生这种反应。

（2）链烷烃分子中的 σC—H 键

对于链烷烃，由于正碳离子对链烷烃 C—H 键的亲电攻击而形成 3 原子中心 2 电子的 2C1H 型的反应中间体，然后这个键断裂形成新的 C_1—H 键，负氢离子转移机理如图 2-12 所示。

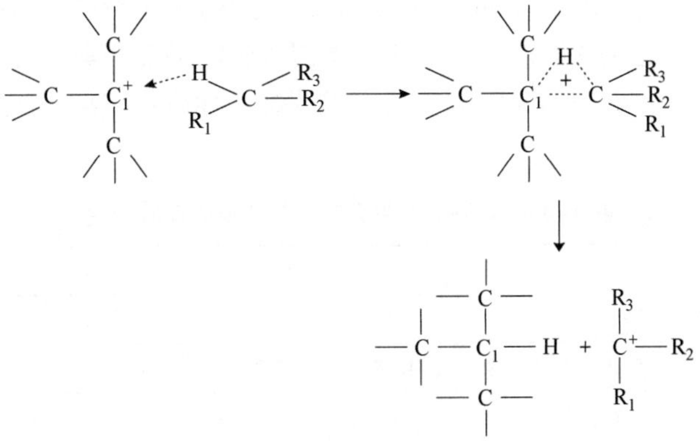

图 2-12　链烷烃和正碳离子之间负氢离子转移

这个中间态的非经典正碳离子是高度不稳定的，因而难以被检测出，其 3 原子中心 2 电子键断裂以两种方式展开。第一种方式是最简单但同时也是最可能的一种方式，即从烷烃中释放一个负氢离子转移到初始的正碳离子上，其断裂将导致氢和 2 个电子转移到初始的正碳离子 C_1 上，生成一个新的烷烃分子和一个新的正碳离子，如图 2-14 所示。两种氢离子体（电子给予体和接受体）支链度越大，负氢离子转移反应越容易。通常情况下，各种负氢离子转移的难易程度取决于给予体和接受体的伯、仲、叔的属性，其顺序如下：

$$T—T > T—S > S—S >> T—P > S—P > P—P$$

对于所有的正构烷烃，其仲碳上的负氢离子转移到叔碳正碳离子的速率是相同的。第二种非经典正碳离子断键方式演变到烷基裂解反应。

（3）烯烃分子中的 σC—H 键

对于烯烃，正电荷中心优先亲电攻击处于双键的 β 位的 σC—H 键。该反应导致一个非常稳定的烯丙基正碳离子生成，如图 2-13 所示。

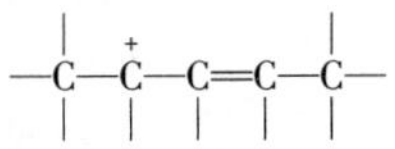

图 2-13　烯丙基正碳离子

（五）负氢离子转移反应

负氢离子转移反应的提出是基于经典正碳离子双分子反应机理，认为三配位正碳离子（$R_2^+Z^-$）一旦形成，三配位正碳离子 R_2^+ 就是负氢离子受体，而烷烃分子（R_1H）是负氢离子供体。在固体酸催化剂作用下，三配位正碳离子 R_2^+ 会从烷烃分子中抽取负氢离子发生负氢离子转移反应，自身转化成产物烷烃（R_2H）的同时，使烷烃分子形成一个新的 R_1^+，从而使大分子烷烃裂化反应不断进行，反应方程式如下：

$$R_1H + R_2^+Z^- \longrightarrow R_1^+Z^- + R_2H$$

也就是说，三配位正碳离子与烷烃分子之间的负氢离子转移反应对双分子裂化反应的传递至关重要，通过进行负氢离子转移反应使反应物中大分子烃类不断消耗，从而使反应深度不断增加。同时，降低了烷烃生成 Carbonium ions 的几率。在 $R_1H + R_2^+Z^- \longrightarrow R_1^+Z^- + R_2H$ 反应中，反应方向取决于 R_1^+ 和 R_2^+ 的稳定性，反应向正碳离子较稳定的一方进行，R_1^+ 和 R_2^+ 的生成热之差是负氢离子转移反应的推动力（陶龙骧，2008）。Rochettes 等（1990）和 Guisnet 等（1996）研究认为，负氢离子转移反应的活化能很低，一般只有 C—H 键键能的十分之一左右，低于质子化裂化的活化能。Corma 等（Boronat，2008）采用量子化学计算表明，在沸石催化剂上，负氢离子转移反应的活性中间体非常类似于吸附的非经典五配位正碳离子，它同催化剂之间的作用力是库仑力。不同碳数正碳离子从烷烃抽取负氢离子所需能量的分子模拟计算结果列于表 2-4。

表 2-4　不同碳数烷烃负氢离子转移反应特性

烷烃	C_6			C_{16}			C_{32}		
正碳离子	C_4	C_6	C_{12}	C_4	C_6	C_{12}	C_4	C_6	C_{12}
能垒/（kJ/mol）	78.7	103.3	112.8	42.2	67.2	76.4	24.9	49.9	59.1

从表 2-4 可以看出，不管正碳离子碳数如何变化，同碳数正碳离子从 C_6、C_{16} 和 C_{32} 烷烃中抽取负氢离子所需要的能量均依次降低，如 C_4 正碳离子从三种烷烃抽取负氢离子所需要的能量依次为 78.7kJ/mol、42.4kJ/mol 和 24.9kJ/mol。这说明当反应体系中已存在相同的三配位正碳离子时，原料中烷烃相对分子质量越大，将越容易被抽取负氢离子发生双分子裂化反应。从表 2-4 还可以看出，碳数越大的正碳离子抽取负氢离子所需要的能量也越高，这表明碳数越大的正碳离子易于发生 β 键断裂反应，难于发生负氢离子转移反应。

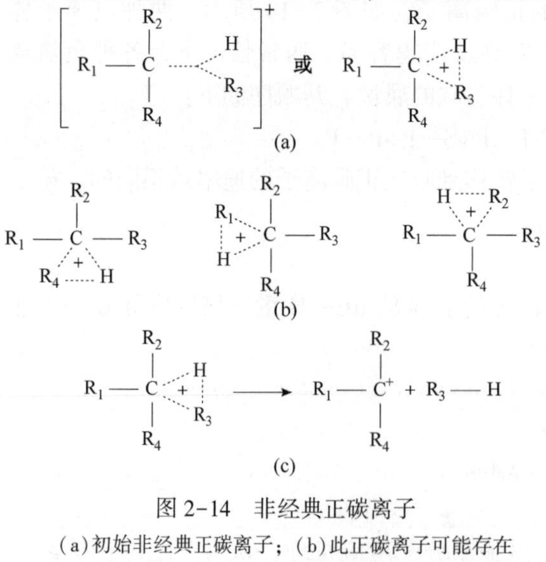

图 2-14　非经典正碳离子

（a）初始非经典正碳离子；（b）此正碳离子可能存在的一些异构体；（c）此正碳离子可能发生 α 断裂反应

（六）非经典正碳离子裂化反应

经典正碳离子转化过程中通常会涉及到非经典正碳离子作为反应的中间体。对非经典正碳离子转化规律的研究将涉及到一个主要反应，即为断裂反应。一个典型非经典正碳离子见图 2-14（a），其几种异构体见图 2-14（b）。由于 3 原子中心 2 电子结构的键非常不稳定，此类型的非经典正碳离子通常会导致断裂反应发生，如图 2-14（c）所示。不同于经典正碳离子，非经典正碳离子在断裂反应发生之前，重排反应发生的可能性可以忽略。当涉及到链烷烃和环烷烃的骨架异构化反应时，通过质子化环丙烷正碳离子类型的重排反应确实可以发生。

非经典正碳离子发生断裂不是发生在碳的 β 位置，而是直接发生断裂在 3 原子中心 2 电子非常不稳定的键的 α 位置上，因此定义为"非经典正碳离子的 α 断裂"。这种断裂反应在超强酸溶液中发生已被广泛地接受，但在固体酸催化剂上，直到 1984 年，才用此断裂机理来解释链烷烃在固体酸(沸石)催化裂化条件下所生成的不寻常的裂化产物现象。

经典正碳离子的 β 断裂会导致一个小的经典正碳离子和一个烯烃分子生成，而非经典正碳离子的 α 断裂会导致一个经典正碳离子和一个氢分子或烷烃分子生成。在烷烃的 C—H 或 C—C 键上质子化并在 α 位发生断裂称为质子化裂化反应。α 断裂随后的反应途径取决于烃化合物的结构和形状大小，还有断裂键的位置。短链烷烃端基的 C—C 键比伯碳的 C—H 键更容易断裂：如丙烷质子化裂化反应主要产生甲烷和乙烯以及少量的丙烯。当链烷烃碳数增加时，中间 C—C 键断裂要比端部 C—C 键和仲碳上的 C—H 键更容易，而仲碳上的 C—H 键断裂要比伯碳上的 C—H 键更容易。对于带支链的烷烃，叔碳上 C—H 键质子化裂化反应更有利，因为导致一个稳定的叔碳正碳离子生成。实际上，异丁烷质子化裂化反应会产生大量的氢气和异丁烯以及少量的甲烷和丙烯。因此各种 C—C 键和 C—H 键质子化裂化反应活性按以下顺序分类为(近似的)：

这个顺序可能会改变，取决于所生成的正碳离子稳定性程度(Kissin，1990)。此外，链烷烃随着碳链数目的增加，质子化裂化反应活性也是增加的，原因在于所对应反应的活化能是降低的(Olah，1971)。

第二节　催化裂化反应机理

尽管油气在固体酸(如沸石)催化剂上进行许多交错反应，形成一个相当复杂的反应体系，但催化裂化工艺主要涉及到的反应为 α 断裂反应、异构化、β 断裂反应、氢转移、脱氢反应、烷基化反应和各种缩合反应，这些化学反应都是以正碳离子为过渡态或中间体而进行的。即使以正碳离子为过渡态或中间体来解释催化裂化反应机理，仍然难以完整地描述催化裂化过程化学反应。到目前为止，已形成以下几种典型的催化裂化反应机理。

一、双分子裂化反应机理

Greensfelder 和 Thomas 提出以经典的正碳离子为中间体的裂化反应机理尽管过于简单，但仍是相当精确的，最早揭示了烷烃催化裂化的正碳离子反应特性，解释了反应产物中既含有大量烯烃也含有大量烷烃的原因，也能较准确地预测烷烃催化裂化反应的产物分布，典型的案例就是成功地预测了正十六烷在硅铝催化剂上的裂化反应产物分布。经典的正碳离子可由烷烃分子去除一个负氢离子或者烯烃分子质子化得到，其中烯烃分子是催化裂化进料中的杂质或可能是热裂化的产物。所形成的经典的正碳离子，除进行骨架重排反应外，还可以从另一个烷烃分子上抽取一个负氢离子，从而生成一个新烷烃分子和一个新的正碳离子。这些正碳离子同时也可进行 β 断裂反应生成一个烯烃分子和一个更小的正碳离子，后者可以发生脱附反应生成一个烯烃分子，同时再生一个表面活性位。由此可以看出，经典的正碳离子作为一个链载体(Chain carrier)，将 β 断裂反应和负氢离子转移反应联系起来，此过程涉及到两个分子，因而称为双分子裂化反应机理，或简称为双分子反应机理。而作为链载体的正碳离子一般认为是可能形成的最稳定的正碳离子，例如叔正碳离子。从以上的叙述中可以看出，正碳离子是存在于整个裂化反应过程中的基本中间体，如图 2-15 所示。

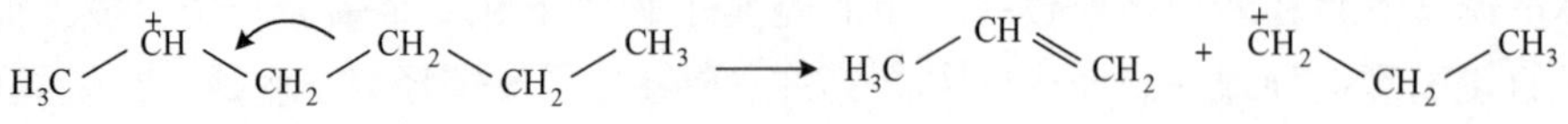

$$R^+ + HR' \longrightarrow RH + R'^+$$

图 2-15　双分子反应机理(β 断裂反应和负氢离子转移反应)

　　一直到 20 世纪 80 年代初，由 Greensfelder 和 Thomas 提出的双分子反应机理在催化裂化的研究中仍然占着统治的地位。1983 年，Hansford(1983)甚至宣布"*It seems unlikely that a better theory as applied to catalytic cracking will ever replace it*(即双分子反应机理)"。然而，大量的实验事实表明双分子裂化反应机理对催化裂化过程的简单描述的正确性是令人怀疑的(Weisz, 2000)。首先是烷烃催化裂化反应中最关键的引发反应问题，即催化裂化中第一个 Carbenium ion 是如何形成的？20 世纪 80 年代中期以前，一般认为第一个 Carbenium ion 形成可能存在以下几种途径：

　　① Brönsted 酸和不饱和烃反应；

　　② Lewis 酸从烷烃分子抽取负氢离子；

　　③ Brönsted 酸的质子直接攻击烷烃分子的 H—C 键，其随后分解生成 Carbenium ion 和 H_2。

　　双分子裂化反应机理认为从烷烃分子上抽取一个负氢离子的 Lewis 酸中心是烷烃裂化反应必需的初始位。尽管事实证明，裂化催化剂表面是存在 Lewis 酸中心的，但需要解释的问题是：在 Lewis 酸中心上形成的 Carbenium ions 是如何迁移到可以进行 β 断裂反应的 Brönsted 酸中心上的？由于缺乏对烷烃裂化反应的质量和电荷平衡的细节考察，这一问题在早期的裂化机理研究中并没有引起足够重视。

　　另一个问题是按照双分子反应机理的预测，裂化反应产物中烷烃和烯烃的比例(Paraffin/Olefin)应该是 1 或更小。实际上，在大多数情况下，该比例是大于 1 的。这些实验事实导致了有关氢转移反应的多种假设的提出。反应期间沉积在催化剂上的焦炭曾被认为是生成过量烷烃的氢转移反应的氢源，然而有关反应质量平衡的详细论证排除了这种假设。同时，对裂化反应产物分布更细致的研究表明，根据双分子反应机理，在烷烃裂化时，每一种烷烃分子的摩尔产率与相应 β 断裂生成的烯烃分子的摩尔产率的比值必须是 1。然而，这种情况非常少见。以上的分析表明，双分子反应机理并不能全面、准确地解释烷烃的裂化反应过程。直到 1984 年，Haag 和 Dessau(1984)将石油烃类在固体酸催化剂上的反应化学和 Olah(1968)提出烃类在超强酸中的反应化学联系起来，认为在固体酸催化剂上，烷烃裂化反应的引发是由于催化剂上的 Brönsted 酸活性点直接攻击烷烃的 C—C 键和 C—H 键，从而成功地提出了 Hagg-Dessau 单分子反应机理。

二、单分子裂化反应机理

　　Haag 和 Dessau 在 HZSM-5、HY 沸石和无定形硅铝催化剂上，在 623~823K 温度范围内对正己烷和三甲基戊烷进行了不同转化率的裂化反应实验，发现即使外推到接近零转化率的情况下，产品分布中除了包含烯烃和较重烷烃外，还包含大量的氢气、甲烷和乙烷。而这些产物不可能通过双分子反应机理得到解释，因为β断裂的最小烷烃产物是丙烷，若要生成甲烷和乙烷，则必须要通过β断裂来生成高能量的三配位伯正碳离子，而这将是极其缓慢的。基于 Olah 的烃化学，溶液中超强酸能质子化烷烃生成五配位的正碳离子，Haag 和 Dessau 假设烷烃在固体酸催化剂上也可以质子化生成非经典的正碳离子。以 3-甲基戊烷为例，3-甲基戊烷在 HZSM-5 催化剂上形成非经典的正碳离子，以该正碳离子为过渡态进行断裂，断裂方式分为 3 种途径，如图 2-16 所示。

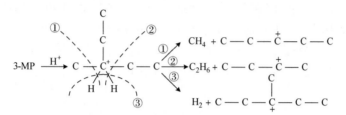

图 2-16　3-甲基戊烷在固体酸性催化剂上以非经典正碳离子为过渡态的反应途径

从图 2-16 可以看出，途径 1 是非经典的正碳离子断裂为甲烷和一个经典的正碳离子；途径 2 是非经典的正碳离子断裂为乙烷和一个经典的正碳离子；途径 3 是非经典的正碳离子断裂为氢气和一个经典的正碳离子。从而 Haag 和 Dessau 提出了烷烃在固体酸催化剂上存在如下所述的两种反应机理，即不仅存在双分子反应机理，如图 2-17 所示，还存在质子化裂化反应机理，即单分子裂化反应机理，如图 2-18 所示。

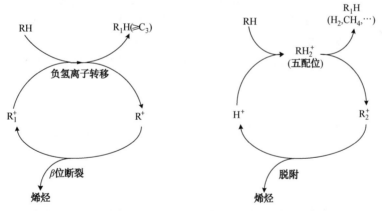

图 2-17　双分子裂化反应机理　　　图 2-18　单分子的质子化裂化反应机理

（1）双分子反应机理（Classical bimolecular mechanism）

气相中的烷烃分子和催化剂表面吸附的三配位正碳离子发生负氢离子转移反应，新生成的三配位正碳离子随后发生 β 断裂反应。双分子反应机理通常也被称为双分子裂化反应。

（2）质子化裂化反应机理（Protolytic cracking mechanism）

作为催化裂化反应的引发，烷烃 C—C 键和 C—H 键可以在固体酸上质子化生成五配位正碳离子 Carbonium ion，Carbonium ion 是一种过渡态（Lercher，1994），很容易分解为一个烷烃和与之对应的三配位正碳离子 Carbenium ion，而 Carbenium ion 从催化剂上脱附后，产生对应烯烃。质子化裂化反应机理通常也被称为质子化裂化反应或单分子裂化反应，或简称为单分子反应机理。

　　Haag-Dessau 还发现，高温、低烃分压和低转化率条件下对单分子裂化反应有利；而低温、高烃分压和较高转化率下对双分子裂化反应有利。此外，沸石结构影响两种反应机理的相对贡献，如 HZSM-5 由于其孔径小将抑制双分子裂化反应，从而有利于单分子裂化反应的进行。Haag-Dessau 裂化机理成功地解释了烷烃裂化反应的自催化特征：反应初期，烷烃分子先通过质子化裂化反应产生烯烃，由于烯烃比烷烃更易接受质子，则随着转化率的增加，烯烃将逐渐赢得对质子的竞争，结果一旦烯烃达到一定浓度，双分子裂化反应将多于单分子裂化反应而占主导地位。

　　Krannila 等（1992）采用 HZSM-5 沸石考察了正丁烷在 770K 条件下的转化反应，当将转化率外推到零转化率时，发现产物分布完全符合单分子的质子化裂化反应途径：甲烷、乙烷和氢气的生成速率几乎相等，而且几乎等于对应丙烯、乙烯和丁烯的生成速率，氢气的选择性略低于甲烷和丙烯、乙烷和乙烯。图 2-19 给出了正丁烷质子化后的 Carbonium ion 分解过程的简单描述。

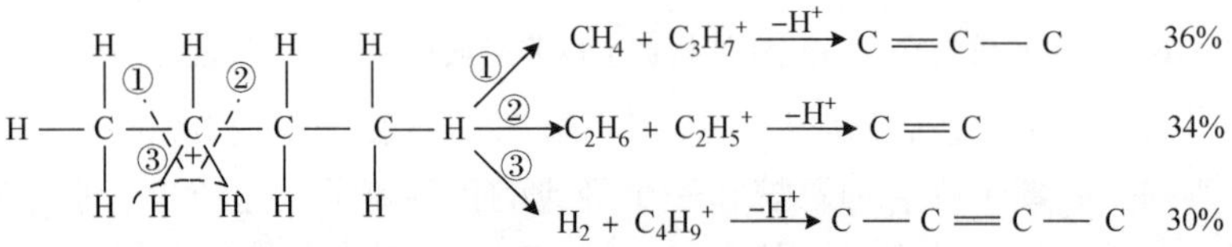

图 2-19　正丁烷的质子化裂化过程

　　Krannila 的数据不仅定量地提供了零转化率条件下裂化和脱氢反应的速率，更重要的是证实了 Haag-Dassau 的裂化机理在极限条件——零转化率下的预测。实验结果证明 Carbonium 离子中的 C—C 键的断裂要比 C—H 的裂化容易得多。尽管单分子质子化裂化机理可以较好地解释低转化率下的某些 $C_3 \sim C_6$ 烷烃在 HZSM-5 型沸石上的裂化反应产物分布数据，但是在较高转化率、更大的烷烃分子和类似 Y 型等大孔沸石的情况下，双分子氢转移反应的作用就愈加明显了。Babitz 等（1999）研究了正己烷在 Y、ZSM-5 和 MOR 沸石上质子化裂化的活化能，约 150~190 kJ/mol。Lukyanov（1994）研究表明，两种裂化反应机理的反应产物在种类和产率上有明显的差别，二者在催化过程中发生的比例对反应的选择性有重要影响。

三、链反应机理

　　Aldridge 等（1973）考察正己烷在 LaX 沸石上的裂化行为时，就发现裂化反应存在诱导期（Induction period），即烷烃形成表面正碳离子达到稳态浓度时所需要的时间，反应过了诱导期后会迅速加快，由此提出了正碳离子链反应机理。只将催化裂化反应机理区分为单分子和双分子反应机理，可能忽视了两种反应机理的内在联系，且容易造成误解（Zhao，1993a；1993b）。由于三配位正碳离子贯穿于整个催化裂化反应过程，其在两种反应机理中均存在，而且两种反应机理存在着某种联系，因此就需要用统一的观点来看待整个裂化反应过程，因而早期提出的催化裂化链反应机理又重新引起了人们的兴趣。1992 年，Shertukde 等（1992）尝试用链反应机理的概念对异丁烷和正戊烷在 HY 沸石上的裂化反应进行描述。以异丁烷为例：

① 链引发：链反应由 C—H 键和 C—C 键在 Brönsted 酸中心上引发，所形成的五配位的 Carbonium ions 分解为 Carbenium ions 和引发反应的产物甲烷和氢分子。

② 链传递：链载体即 Carbenium ions 通过异构化和负氢离子转移反应传递链反应。

③ 链终止：Carbenium ions 脱附生成相应的烯烃后，链反应过程即告终止，Brönsted 酸中心恢复活性，稳态下达到脱附平衡。

整个链反应过程见图 2-20。

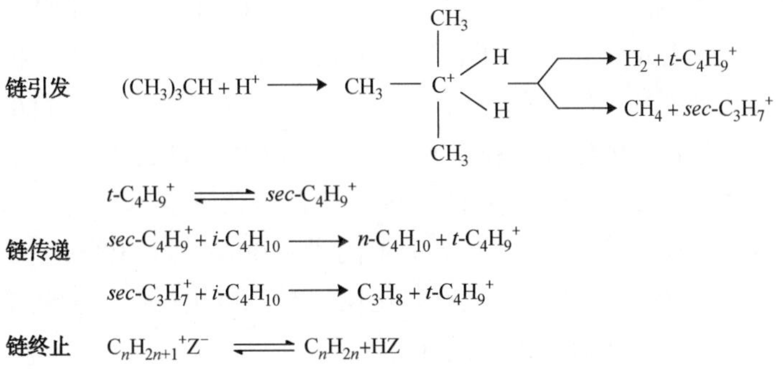

链引发　$(CH_3)_3CH + H^+ \longrightarrow CH_3 - \overset{\overset{\displaystyle CH_3}{|}}{\underset{\underset{\displaystyle CH_3}{|}}{C^+}} \underset{H}{\overset{H}{<}} \begin{matrix} \longrightarrow H_2 + t\text{-}C_4H_9^+ \\ \longrightarrow CH_4 + sec\text{-}C_3H_7^+ \end{matrix}$

$t\text{-}C_4H_9^+ \rightleftharpoons sec\text{-}C_4H_9^+$

链传递　$sec\text{-}C_4H_9^+ + i\text{-}C_4H_{10} \longrightarrow n\text{-}C_4H_{10} + t\text{-}C_4H_9^+$

$sec\text{-}C_3H_7^+ + i\text{-}C_4H_{10} \longrightarrow C_3H_8 + t\text{-}C_4H_9^+$

链终止　$C_nH_{2n+1}^+Z^- \rightleftharpoons C_nH_{2n} + HZ$

图 2-20　异丁烷裂化反应的链过程

Shertukde 等认为裂化反应产物分布主要决定于稳态条件下的正碳离子浓度，链反应机理可以满意地解释异丁烷和正戊烷的产物分布。由链反应的引发，传递和终止三个阶段导出的物料平衡和异丁烷及正戊烷的裂化产物分布数据一致。此外，当裂化温度为 673K 时，对于低碳烷烃来说，β 断裂反应对裂化产物分布的影响可以忽略。Shertukde 还提出了"链长"的概念，链长是链反应中最重要的参数。"链长"定义为通过负氢离子转移反应消耗的反应物分子和通过质子化裂化反应消耗的反应物分子之比，即传递过程中的双分子反应速率和引发过程中的单分子反应速率之比，称为链长 A；传递过程中的双分子反应速率和终止过程中的反应速率的比值，称为链长 B。"链长"反映了三配位正碳离子的平均寿命。

Zhao 等（1993a；1993b）在研究己烷异构体（2MP、3MP）在 HY 上的裂化行为时，明确地阐述了烷烃催化裂化的链反应机理，并认为单分子裂化反应和双分子裂化反应是统一在催化裂化链反应中的两种过程，它们之间存在相互作用，构成一个链反应系统，即链反应机理（Chain mechanism）。链反应机理包括链引发（Initiation）、链传递（Propagation）和链终止（Termination）三个部分。

四、质子化环丙烷裂化反应机理

长链正构烷烃在催化剂上裂化所生成的产物中含有大量的异构烷烃，同时 C_6 以上的正构烷烃裂化速度随碳数增加而几乎呈指数上升，经典正碳离子机理难以解释这一实验现象。Sie（1992；1993）认为原有正碳离子机理对于正构烷烃裂化速度随链长迅速增长没有提供充分的解释。基于以上几点原因，Sie 对经典正碳离子理论进行了修正，其主要区别在于提出了与经典正碳离子不同的非经典正碳离子中间体假设，即质子化环丙烷中间体（PCP）。正构烷烃在酸性催化剂上异构化机理见图 2-21，图 2-21 中包括了质子化环丙烷结构。这一反应机理可以很好地解释 Brouwer（1964）的发现，即正丁烷在 HF-SbF$_5$ 中异构化程度较少，而正戊烷和正己烷很容易得到相应异构体。Sie 同时提出了酸性催化剂上质子化环丙烷中间体裂化反应机理，见图 2-22。借助图 2-22 中反应机理，Sie 解释了质子化环丙烷发生 β 键断裂反应分别产生叔正碳离子和 α 位烯烃，其中叔正碳离子可以经负氢离子转移反应而生成异构烷烃。因此，正构烷烃通过质子化环丙烷中间体裂化后主要产物为异构烷烃和直链烯烃，这也解释了为什么正构烷烃产生的轻烷烃中异构/正构比高于热力学平衡值的问题，解释了为什么裂化反应中 C_1 和 C_2 难以生成，而 C_3 是最小的反应产物这一问题，解释了为什么反应速度随着烃类链长的增加而显著增加这一问题，尤其 C_6 和 C_7 反应速度发生突变的现象。PCP 的断裂不仅避免产生 α 位正碳离子，而且可以解释正构烷烃裂化产物中异构烷烃含量高，产物分布主要集中在 $C_3 \sim C_7$ 之间等现象，这些现象也与正十二烷和正十六烷在催化剂上发生裂化反应所产生的产物分布比较一致。此外，PCP 机理也可以比较好地解释了 $i\text{-}C_4$ 烯烃和烷烃较多(与丙烯相当甚至更多)的原因。烯烃裂化反应也如此，比如辛烯可以产生叔正碳离子中间体，而戊烯不可能产生叔正碳离子。Buchanan(1996b)对此进行了实验验证，当 $C_5^= \sim C_8^=$ 烯烃在 ZSM-5 沸石上进行裂化反应时，裂化反应速度随碳数增加而迅速增加，辛烯的裂化反应速度是己烯的 20 倍左右。

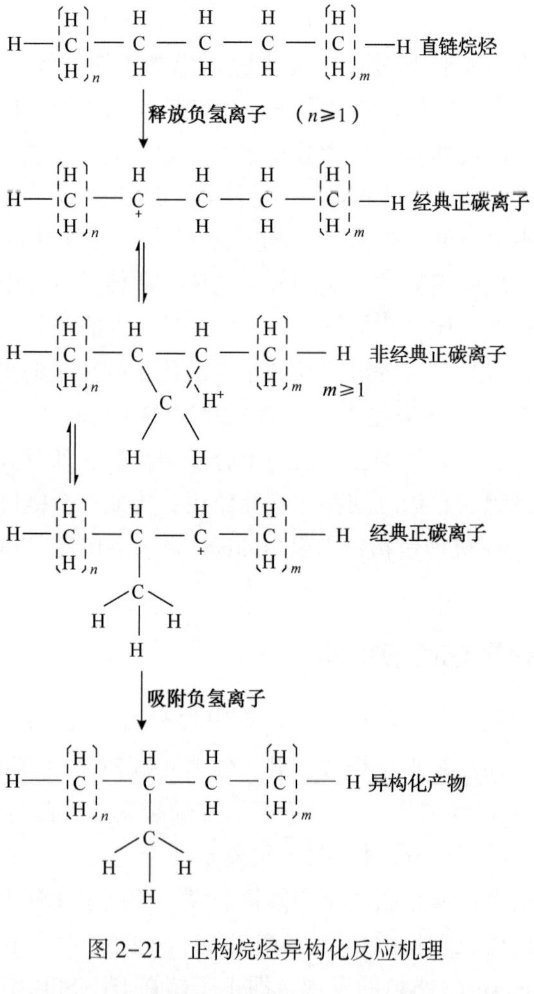

图 2-21　正构烷烃异构化反应机理

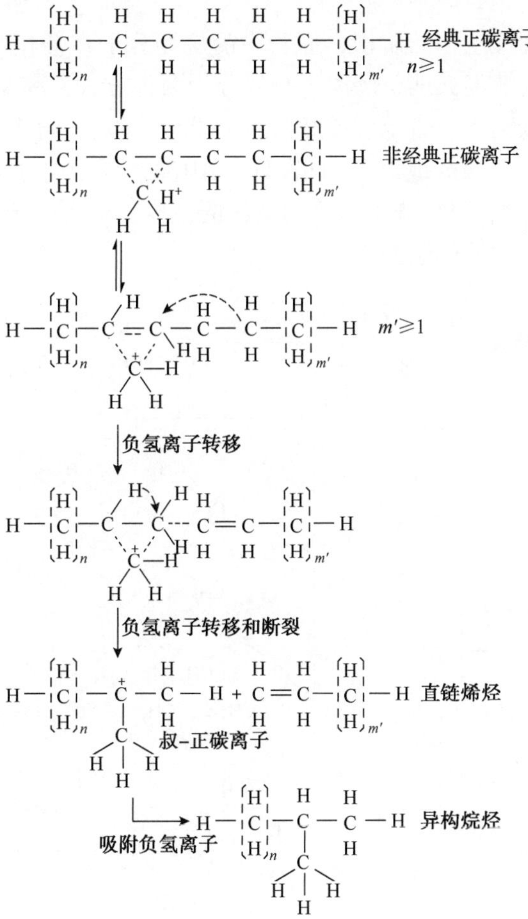

图 2-22　直链烷烃质子化环丙烷裂化反应机理

　　从上述几种典型的催化裂化反应机理可以看出，虽然这些机理都能解释催化裂化过程反应中所呈现的规律和现象，但用其中一种反应机理来解释均不够完善，在催化裂化工艺过程反应中，始终涉及到单、双分子反应机理、链反应机理和 PCP 机理。质子化裂化反应和负氢离子转移反应贯穿于其中，是催化裂化过程中反应引发和反应传递的重要使者。

第三节　催化裂化工艺过程反应化学类型

　　催化裂化工艺过程反应化学主要涉及到裂化反应(α 和 β 断裂)、异构化反应、氢转移反应、烷基化反应、环化反应、脱氢反应和缩合及其生焦反应。这些反应类型发生的程度影响着催化裂化的产物分布和产品性质。

一、裂化反应

　　裂化反应是催化裂化工艺过程反应的最重要反应之一。前面已论述，裂化反应涉及到双分子反应机理和单分子反应机理，裂化反应可以用链反应机理来表示，通常分成三个阶段，一是链引发初始阶段，二是链传递阶段，三是链终止阶段。

1. 反应引发阶段

在催化裂化工艺过程反应初始阶段，原料中的烷烃分子在催化剂 B 酸性位上质子化生成非经典的正碳离子，此非经典的正碳离子断裂分为两种方式，一是断裂生成小分子烯烃，自身仍然是非经典的正碳离子，直至生成经典的正碳离子和小分子烷烃或氢气；二是直接生成经典的正碳离子和小分子烷烃或氢气(许友好，2013)。烷烃分子在催化剂上两种裂化反应引发方式如图 2-23 所示，其中虚框内不同结构的经典正碳离子统称为经典正碳离子，代号为 C^+，以便于描述 C^+ 反应传递过程。

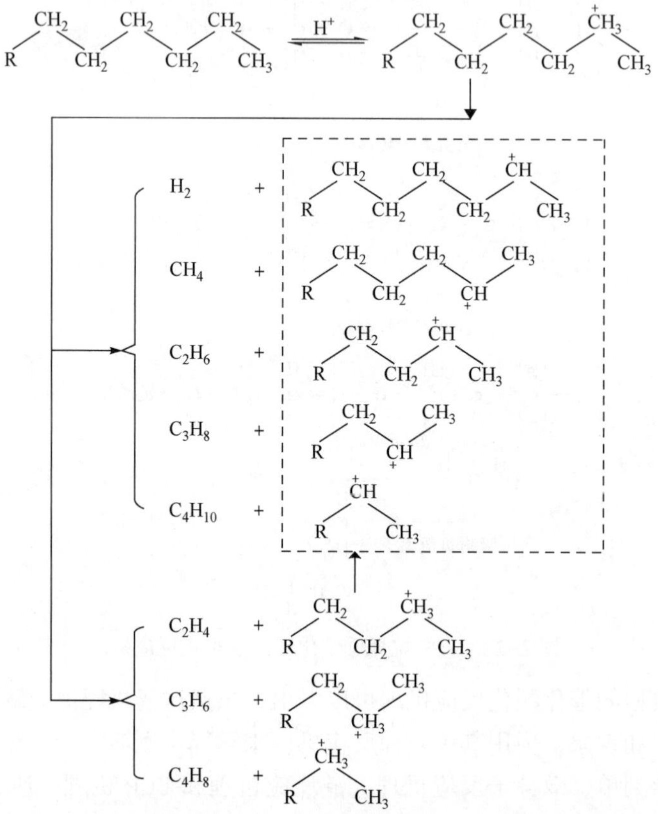

图 2-23　烷烃分子在催化剂上两种裂化反应引发方式示意图

2. 反应传递阶段

随着裂化反应的进行，反应过渡态以经典的正碳离子为主，裂化反应进入到反应传递阶段。此时发生的反应包括：β 键断裂反应，生成丙烯；异构化反应，生成支链度高的异构烷烃和烯烃；与大分子烷烃分子进行负氢离子转移反应，生成新的经典的正碳离子；与烯烃分子进行叠合反应，生成更大的正碳离子等。其中正碳离子和烷烃分子之间发生了负氢离子转移、传递了裂化反应，负氢离子转移起到了双分子裂化反应的二传手作用。降低负氢离子转移反应速度，也就是降低了双分子裂化反应速度，因此，负氢离子转移反应成为裂化反应的控制步骤，此时可按双分子反应机理进行裂化反应。双分子重排-传递步骤如图 2-24 所示。

3. 链终止阶段

当经典的正碳离子从催化剂上解析而自身失去一个质子转化为烯烃分子，催化剂上的酸

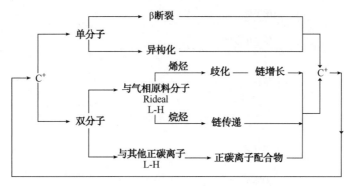

图 2-24　裂化反应经典正碳离子传递示意图

性中心恢复；或者经典的正碳离子从供氢体（如焦炭）捕获到一个负氢离子而自身转化为烷

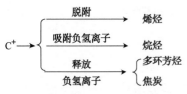

图 2-25　裂化反应经典
正碳离子终止示意图

烃分子时，链反应终止；或者正碳离子自身不断释放负氢离子，而自身变成多环芳烃，甚至焦炭前身物。链终止三种方式如图 2-25 所示。

由于烷基通过诱导效应和超共轭效应使得正碳离子总是向最稳定状态进行反应，因此所形成的正碳离子还会进一步进行异构化和 β 断裂，导致催化裂化气体中的 C_3、C_4 含量很高。相对于烷烃，烯烃裂化反应更容易进行，因为烯烃分子在催化剂 B 酸中心上易生成经典的正碳离子，随后发生 β 键断裂。即

$$R_1—CH=CH—R_2+HZ \underset{}{\overset{质子化}{\rightleftharpoons}} R_1—CH_2—CH^+—R_2+Z^-$$

烯烃　　　B 酸位　　　　　　　　正碳离子

4. 裂化反应可控性

由于烃类分子链的长短不同，裂化反应所需的活化能也不同。随着烃类分子链的长度缩短，活化能增加，裂化反应难度也相应地增加。因此，可以有目的地设计工艺条件和选择催化剂活性组元，调控裂化反应深度，为此，提出了对烃类裂化反应进行选择性地控制概念，即裂化反应的可控性（许友好，2004a）。氢转移反应在裂化反应深度和方向上起着重要作用，氢转移反应作用是一方面饱和产品中烯烃，产品质量得到改善；另一方面终止裂化反应，从而保留较多的大相对分子质量的产物，即增加汽油和柴油的产率，降低气体产率，因此，利用氢转移反应终止裂化反应特性来实现控制烃类裂化反应深度。在催化裂化工艺中，通常将烃类裂化反应深度控制在三个层次，即轻质油馏分、汽油馏分或汽油和液化气馏分，如图 2-26 所示，从而使催化裂化工艺技术具有生产方案的多样性。

5. 裂化反应表征参数

在烷烃催化裂化反应过程中，单分子裂化反应机理和双分子裂化反应机理同时存在，最终产物分布将取决于二者发生的相对比例。1991 年，Wielers（1991）提出了"裂化机理比例"（Cracking Mechanism Ratio，CMR）的概念，用于定量描述正己烷裂化时双分子反应机理和质子化裂化反应机理发生的比例。Wielers 认为如果质子化裂化反应机理反应占主导，产物中将主要是甲烷、乙烷和乙烯；而如果是双分子反应机理占主导，产物将主要是异丁烷和丙烯等。因此 CMR 定义如下：

$$ZH + C_j \xrightarrow{\text{质子化}} C_jH^+ .. Z^-$$

$$C_jH^+ .. Z^- \xrightarrow{\text{质子化裂化}} C_k + C_l^+ .. Z^- \ (j = k + l)$$

$$\vdots$$

$$\left.\begin{aligned} C_l^+ .. Z^- + C_m &\xrightarrow{\text{氢转移}} C_l + C_m^+ .. Z^- \ (l \leqslant m \leqslant j) \\ C_m^+ .. Z^- &\xrightarrow{\beta\text{断裂}} C_n^= + C_p^+ .. Z^- \ (m = n + p) \end{aligned}\right\} \text{轻循环油}$$

$$\vdots$$

$$\left.\begin{aligned} C_p^+ .. Z^- + C_q &\xrightarrow{\text{氢转移}} C_p + C_q^+ .. Z^- \ (5 \leqslant p \leqslant 12) \\ C_q^+ .. Z^- &\xrightarrow{\beta\text{断裂}} C_r^= + C_s^+ .. Z^- \ (q = r + s,\ r \geqslant 5) \end{aligned}\right\} \text{汽油}$$

$$\vdots$$

$$\left.\begin{aligned} C_s^+ .. Z^- + C_p &\xrightarrow{\text{氢转移}} C_s + C_p^+ .. Z^- \ (5 \leqslant s \leqslant 12) \\ C_p^+ .. Z^- &\xrightarrow{\beta\text{断裂}} C_{3\sim4}^= + C_u^+ .. Z^- \ (3 \leqslant u < p) \end{aligned}\right\} \text{液化气和汽油}$$

图 2-26　烷烃裂化反应途径示意图

ZH 表示催化剂，C_j、C_m、C_q、C_p表示烷烃，所有 $C^=$ 表示烯烃，

所有 C^+表示正碳离子，所有下标表示碳原子数目，其中 $j>m>q>p$

$$CMR = \frac{C_1 + \sum C_2}{i\text{-}C_4^0} \tag{2-1}$$

式中，C_1是甲烷的摩尔选择性，$\sum C_2$是乙烷和乙烯的摩尔选择性，$i\text{-}C_4^0$是异丁烷的摩尔选择性。

CMR 高（*CMR*>1）表示正己烷裂化中质子化裂化反应显著；*CMR* 低（1>*CMR*>0）则意味双分子反应机理占主要地位。Wielers 还发现，在所研究的各种沸石中，随着反应温度的升高、沸石中铝含量的降低、沸石孔径的减少，质子化裂化反应比双分子反应相对突出；随着转化率的增加，双分子反应的贡献将更大。但 Wielers 自己也认为 *CMR* 本身并不具有确定的意义。在催化裂化工艺过程反应中，通过改变操作参数和催化剂性质可以调节单、双分子裂化反应机理发生的比例，实现在裂化反应方向上可控。

二、异构化反应

异构化反应是催化裂化工艺过程反应的最重要反应之一。烃类分子异构化反应机理在本章第一节已经详细论述。对于催化裂化工艺，研究多支链异构烷烃或烯烃的生成对提高汽油辛烷值具有重大意义。一般认为，经典正碳离子单分子机理主要用于解释催化裂化反应过程中单支链甲基的形成，实际上，从单分子机理途径来看，多支链甲基的形成也可在单支链甲基的基础上进一步通过质子化环丙烷（PCP）中间体形成。在催化裂化工艺过程中，最容易发生双键异构化反应，当正电荷沿着碳链（除链端外）自由移动，结果产生烯烃双键异构化，例如正己烯烃双键异构化反应模式，如图 2-27 所示（Brouwer，1962）。

在催化裂化工艺过程中，还会发生甲基转移异构化反应（骨架异构化反应），骨架异构化反应途径如图 2-28 所示。甲基转移异构化与碳原子从仲碳转化成叔碳的反应相比较则要容易得多，前者在不太强的酸中心上即可发生，后者则需在强酸中心及较高的反应温度下才能完成。

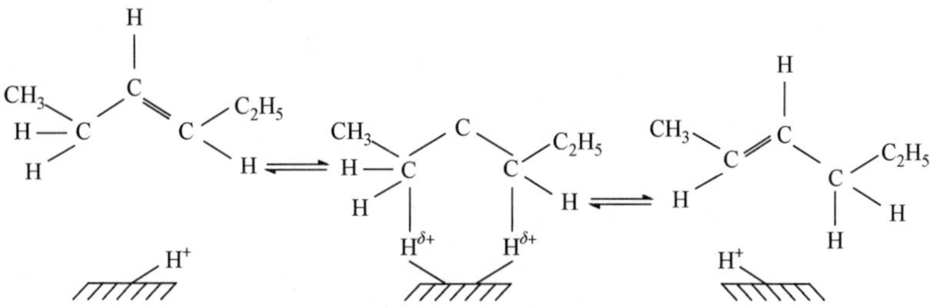

图 2-27　烯烃双键异构化反应途径

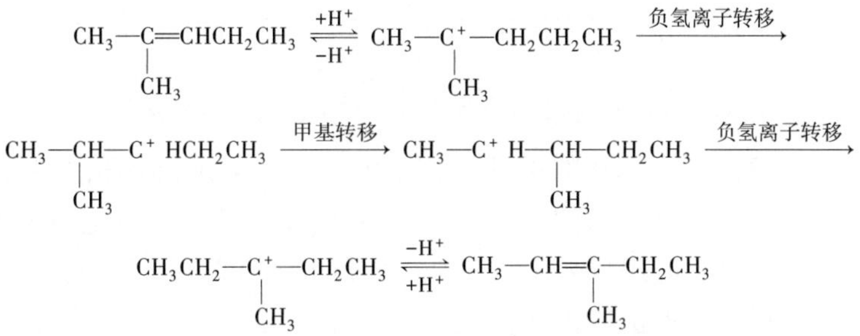

图 2-28　2-甲基戊烯骨架异构化反应途径

在催化裂化工艺过程下，趋于平衡的真正异构化反应是在烯烃和芳烃存在时发生的，通常在裂化反应生成烯烃后再发生异构化反应。虽然烷烃或环烷烃可能有时发生一些异构化反应，但在催化裂化反应条件下，没有迹象表明它是一种重要反应。而烯烃的双键异构化在催化裂化催化剂上是很迅速的，当反应温度 500℃ 时，双键转移和顺-反异构化可望达到平衡，通常测得正丁烯平衡时 30% 为 1-丁烯、70% 为 2-丁烯，其反/顺比为 1.30。C_5 和 C_6 烯烃的双键位置也显示了平衡分布。烯烃的支链异构化反应也很快，在催化裂化反应条件下可达到平衡，例如在反应温度 500℃ 时，正丁烯转化为异丁烯或其逆反应的速率几乎相等。烯烃异构化在催化裂化条件下属于平衡时不完全的反应，故异丁烯与总丁烯的比值受平衡限制，各种丁烯异构体的平衡值见表 2-5（Alberty，1985；Buchanan，1991）。戊烯的支链化比丁烯还快，在 520℃ 各种戊烯异构物的平衡值见表 2-6（Alberty，1985）。

表 2-5　各种碳四烯烃异构体对总碳四烯的热力学平衡值

化合物	平衡值	化合物	平衡值
1-丁烯	0.138	反-2-丁烯	0.245
顺-2-丁烯	0.166	异丁烯	0.451

表 2-6　各种碳五烯烃异构体对总碳五烯的热力学平衡值

化合物	平衡值	化合物	平衡值
1-戊烯	0.048	2-甲基-1-丁烯	0.236
顺-2-戊烯	0.155	2-甲基-2-丁烯	0.430
反-2-戊烯	0.119	3-甲基-1-丁烯	0.052

在不同温度下计算的异丁烯与总丁烯之比的平衡值示于图 2-29，从图 2-29 可以看出，平衡值随温度的升高而下降，在 510~538℃ 时，此值为 0.45。在常规的催化裂化工艺条件

下，该值尚未达到平衡，一般在 0.2~0.35 之间。

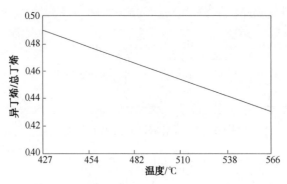

图 2-29　不同温度下异丁烯与总丁烯之比的平衡值

在催化裂化反应条件下，苯环的甲基转移也能发生，但进行得相当慢。在反应温度为 550℃，对二甲苯在硅锆铝催化剂上进行反应时，异构化与裂化、歧化和生焦同时发生，产物二甲苯占进料的 47.1%，其组成列于表 2-7。从表 2-7 可以看出，三种二甲苯异构体的比例与基于自由能计算所得的平衡值相近。

表 2-7　对二甲苯异构化产品组成

项　　目	试验平衡值(550℃)	计算平衡值(550℃)
对二甲苯/%	27.4	23
间二甲苯/%	47.3	51
邻二甲苯/%	25.3	26

Connor(1986；1988)引用了烯烃度(烯烃/烷烃)及异构化指数(BI，即异构烷烃/正构烷烃)两个参数来关联催化裂化汽油辛烷值，发现随着烯烃度的增加，催化裂化汽油研究法辛烷值提高，而马达法辛烷值没有明显提高；支链化程度的增加则对马达法辛烷值有重要贡献。表 2-8 列出了典型催化裂化汽油中 $C_5 \sim C_9$ 烷烃的异构产物分布及 BI 值。虽然异构化反应主要是烯烃进行的反应，但裂化汽油中烯烃支链化程度比烷烃支链化程度要低，这是由于异构烯烃易生成叔正碳离子而通过氢转移反应生成异构烷烃之故。此外，汽油中的异构烯烃也易于再裂化而生成气体。

表 2-8　催化裂化汽油中 $C_5 \sim C_9$ 饱和烃的异构物分布

组　　成/%	C_5	C_6	C_7	C_8	C_9
正构烷烃	10~20	8~16	12~22	17~28	7~14
单支链烷烃	80~90	68~78	58~66	50~66	53~61
双支链烷烃	0	13~16	16~25	16~22	25~39
三支链烷烃	0	0	0.9~2.5	≤1	0~2.5
BI	4~7.5	5~11	3~6	2.5~5	5~12

张剑秋(2001)以正十二烷为原料在 Y、Beta 和 ZSM-5 三种类型沸石上进行了异构烷烃生成反应的研究，研究结果表明：随着沸石孔径按 Y、Beta、ZSM-5 的顺序减小，异构化指

数 BI 随之下降，液相产物中的 C_5、C_6 异构和正构烷烃的含量也同时都在下降，但异构烷烃下降更快，这说明沸石异构化性能随沸石孔径的扩大而增强，Y 型沸石的异构化性能最强。在 Y 型沸石催化剂中加入 ZSM-5，此时 ZSM-5 对 FCC 汽油异构化程度 BI 的影响列于表 2-9。从表 2-9 可以看出，ZSM-5 加入，FCC 汽油异构化指数 BI 增加，这是因为 ZSM-5 对正构烷烃裂化活性高于异构烷烃活性所致。

表 2-9　ZSM-5 对 FCC 汽油异构化程度 BI 的影响

BI	未加 ZSM-5	加入 ZSM-5	BI	未加 ZSM-5	加入 ZSM-5
$i\text{-}C_5/n\text{-}C_5$	6.07	6.72	$i\text{-}C_8/n\text{-}C_8$	6.80	7.13
$i\text{-}C_6/n\text{-}C_6$	6.56	8.36	$i\text{-}C_9/n\text{-}C_9$	8.11	8.57
$i\text{-}C_7/n\text{-}C_7$	5.18	6.15			

三、氢转移反应

如果催化裂化反应仅按照单、双分子反应机理进行，很难解释反应产物中烷烃和烯烃之比大于 1 的事实。正是这些实验结果导致了对氢转移反应的研究，氢转移反应在催化裂化反应过程中起着关键的作用，对反应产物的分布及产品性质有着重要影响，过量饱和产物正是氢转移反应的结果。氢转移反应（Hydrogen transfer）和负氢离子转移反应（Hydride transfer）经常被误认为是同一个概念，在对氢转移反应进行研究时，常将负氢离子转移反应的方程式作为氢转移反应方程式的替代，或者将负氢离子转移反应的产物作为氢转移反应的产物进行考察，从而导致对氢转移反应研究的一些结论相左。实际上，负氢离子转移反应既是双分子裂化反应的基元反应，又是双分子氢转移反应的基元反应。也就是说，裂化反应和氢转移反应都是基于负氢离子转移反应而得以进行的。正因为如此，在催化裂化工艺过程中，通过调节裂化反应和氢转移反应，可以实现控制裂化反应深度和方向。当负氢离子转移反应作为双分子裂化反应的基元反应时，其特征是产物中的烷烃与烯烃之比小于 1，且烯烃含量随反应深度增加而增加；负氢离子转移反应作为双分子氢转移反应的基元反应时，其特征是产物中的烷烃与烯烃之比大于 1，且烷烃与烯烃之比随反应深度增加而迅速增大。一个氢分子杂化转移实际上涉及到连续的两个步骤，先发生负氢离子转移，然后再发生质子转移，即去质子化过程，如 Poutsma（1976）早期就提出烯烃环化生成芳烃需要通过连续三次负氢离子转移和失质子反应。氢转移反应包括分子内的氢转移反应和分子间的氢转移反应，分子内的氢转移反应包括双键异构化反应、骨架异构化反应、环化反应、芳构化反应和缩合反应等。

实际上氢转移反应的概念可以追溯到 20 世纪 40 年代，Thomas（1944）用富含烯烃汽油在催化剂上进行反应，发现汽油中烯烃含量明显减少而异构烷烃和芳烃含量增加，这表明存在着氢转移反应，并用正辛烯进行验证。1968 年 Thomas（1968）发现沸石催化剂比无定形硅铝催化剂更有利于氢转移反应，并给出了烯烃之间、烯烃和环烷烃之间氢转移反应的化学方程式。1973 年 Weisz（1973）在考察无定形硅铝和沸石的反应特性时，发现汽油组成中 $C_5 \sim C_{10}$ 烃的摩尔组成存在着精确对应关系（如图 2-30 所示），从而进一步量化了氢转移反应关系式：

$$\text{烯烃} + \text{环烷烃} \longrightarrow \text{烷烃} + \text{芳烃}$$

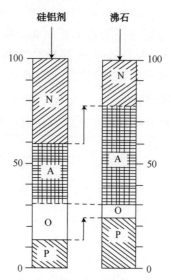

图 2-30 沸石催化剂和无定形硅铝催化剂所产生的汽油组成的差异

Venuto 和 Thomas(Scherzer，1989)认为氢转移反应是裂化反应的终止，对汽油的稳定起重要作用。实际上，芳烃可能被催化剂吸附，继续释放负氢离子，从而形成两种类型的氢转移反应：

氢转移反应类型 I

$$3C_nH_{2n}+C_mH_{2m}\longrightarrow 3C_nH_{2n+2}+C_mH_{2m-6}$$
烯烃 环烷烃(烯烃)   烷烃   芳烃

氢转移反应类型 II

$$C_nH_{2n-2} + C_mH_{2m-6} \xrightarrow[\text{缩合反应}]{\text{氢转移}}$$
环烯   芳烃

R R R R R R R R R, R R R R R R R R R …… 多环化合物

焦炭前身物 →

$$C_nH_{2n} \xrightarrow{\text{吸收负氢}} C_nH_{2n+2}$$

烯烃转化需要生成烷烃和芳烃，最好进行氢转移反应类型 I，抑制氢转移反应类型 II；反之，烯烃转化需要生成更多的烷烃，最好进行氢转移反应类型 II，抑制氢转移反应类型 I。氢转移反应的氢来源主要从三方面得到：环烷及环烯转化成芳烃；烯烃脱氢环化生成环烯；芳烃缩合生成焦炭。由此可以看出，氢转移反应对催化裂化的产物分布，尤其是产品组成的影响起着重要的作用(许友好，2002)，而影响催化裂化过程中氢转移反应的因素在后面的章节中再作详细的讨论。

随着沸石催化剂的广泛使用，氢转移反应在催化裂化过程中所起的作用更加显著，从而造成汽油产率大幅度地提高，但汽油辛烷值有所降低。在 20 世纪 80 年代，研究方向是如何减少氢转移的发生，其目的是为了得到更多的烯烃，提高汽油的辛烷值。Corma 等(1989)研究了在不同操作条件下烃类在 Y 型沸石上的反应，发现产物中烯烃的选择性随着 Y 型沸石脱铝程度的增大、反应温度的升高而增大。沸石脱铝降低了酸中心的密度，使得作为双分子

反应的氢转移反应的活性降低，同时由于脱铝提高了酸中心的强度，有利于裂化反应的进行，因此使得裂化反应与氢转移反应的相对比值增大，从而提高了产物中烯烃的选择性。以上结果说明，较低的硅铝比和较低的反应温度有利于氢转移反应。

氢转移反应的主要作用是减少产物中的烯烃含量，强烈影响产物的相对分子质量分布和焦炭产率。Jong 以减压馏分油为原料，用裂化产物中的丁烷与丁烯之比，即氢转移系数（HTC）来表示氢转移反应程度

$$HTC = \frac{i\text{-}C_4 + n\text{-}C_4}{i\text{-}C_4^= + n\text{-}C_4^=} = \frac{i\text{-}C_4 + n\text{-}C_4}{\text{总 } C_4^=} \tag{2-2}$$

氢转移（HT）速率常数按虚拟二级反应考虑，故有

$$k_{HT} = \frac{WHSV \times (i\text{-}C_4 + n\text{-}C_4)}{100 - i\text{-}C_4 - n\text{-}C_4}$$

式中，$i\text{-}C_4$ 和 $n\text{-}C_4$ 为质量分数，且值甚小，故上式可简化为

$$k'_{HT} = WHSV \times (i\text{-}C_4 + n\text{-}C_4)$$

至于氢转移（k'_{HT}）与裂化（k_{MAT}）的相对速率可通过比氢转移速率（$HT_{比}$）计算：

$$HT_{比} = \frac{k'_{HT}}{k_{MAT}} = (i\text{-}C_4 + n\text{-}C_4) \times \left(\frac{100 - \text{转化率}}{\text{转化率}} \right) \tag{2-3}$$

De Jong（1986）用 MZ-7 催化剂（750℃、水蒸气老化 17h）分别在不同原料、空速和温度下测定了 $HT_{比}$。不同空速下的 $HT_{比}$ 见表 2-10。由该表可知，空速增加时，k_{MAT} 和 k'_{HT} 都上升，因而 $HT_{比}$ 基本不变。

表 2-10 不同空速下氢转移活性的测定

$WHSV/\text{h}^{-1}$	12	14	18	24	36
转化率/%	77.1	74.6	71.7	67.7	57.3
$i\text{-}C_4$/%	5.83	5.32	4.48	3.78	2.54
$n\text{-}C_4$/%	1.73	1.44	1.08	0.79	0.46
$C_4^=$/%	3.17	3.44	3.54	3.59	3.18
HTC	2.38	1.97	1.57	1.27	0.94
k_{MAT}	40.4	41.1	45.6	50.3	48.3
k'_{HT}	90.7	94.6	100.1	109.7	108.0
$HT_{比}$	2.25	2.30	2.19	2.18	2.24

四、缩合反应

缩合反应是新的 C—C 键生成及相对分子质量增加的反应。催化裂化过程反应不仅存在着缩合反应，并且缩合反应起到了重要的作用。焦炭生成与缩合反应密切相关。叠合反应也是一种缩合反应，属于特殊的缩合反应。典型的缩合反应可能是小分子单烯烃经过正碳离子中间体发生叠合、负氢离子转移、环化反应，直到最后生成焦炭。在烯烃双键的 α 位置上的碳原子上的氢，特别易于被正碳离子抽取负氢离子而生成共振稳定的烯丙基正碳离子：

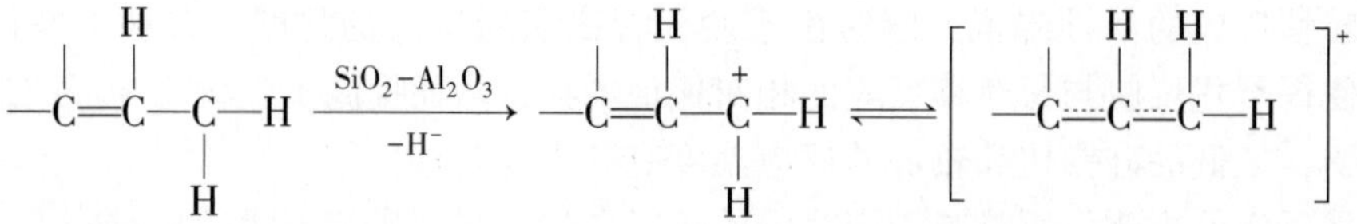

$$-C=C-C-H \xrightarrow[-H^-]{SiO_2-Al_2O_3} -C=C-\overset{+}{C}-H \rightleftharpoons \left[-C\text{---}C\text{---}C-H \right]^+$$

当正碳离子失去一个质子生成共轭双烯时，烯丙基正碳离子的反应使烃类更加不饱和：

$$(R_1CH\text{===}CH\text{---}CH\text{---}CH_2R_2)^+ + X^- \rightleftharpoons R_1CH\text{===}CHCH\text{===}CHR_2 + HX$$

总包反应的结果是一个烃分子饱和，而增加了另一个烃分子的不饱和度。由于位于双烯双键 α 位置的负氢离子易被抽取，故发生了不饱和度增加的反应，由此生成的三烯迅速环化。烯烃生成芳烃所涉及的反应步骤如图 2-31 所示。

$$R_1^+ + R_2\text{---}CH\text{===}CH\text{---}CH\text{===}CH\text{---}CH_2\text{---}CH_2CH_3 \rightleftharpoons$$

$$R_1H + (R_2\text{---}CH\text{===}CH\text{===}CH\text{---}CH\text{---}CH_2CH_3)^+$$

$$X^- + (R_2\text{---}CH\text{===}CH\text{===}CH\text{---}CH\text{---}CH_2CH_3)^+ \rightleftharpoons$$

$$R_2\text{---}CH\text{===}CH\text{---}CH\text{===}CH\text{---}CH\text{===}CHCH_3 + HX$$

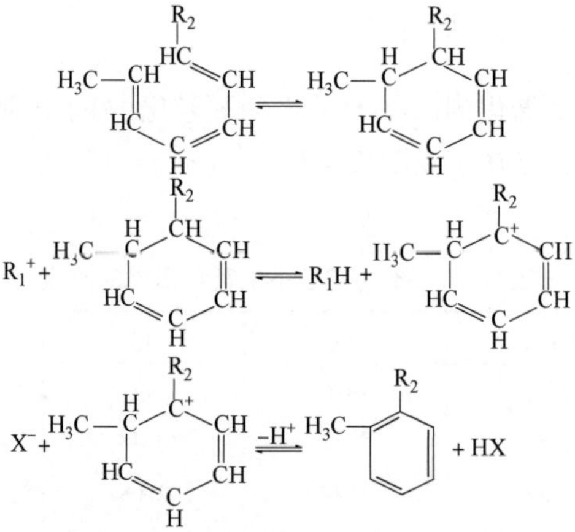

图 2-31　烯烃生成芳烃反应顺序示意图

综上所述，烯烃是由分子内的低聚和负氢离子转移反应或直接由负氢离子转移反应生成芳烃，主要反应步骤（Abbot，1987b；Mihindou-Koumba，2008）为烯烃形成环状类正碳离子经释放一个质子而生成环烯；由烯烃形成的正碳离子和环烯之间发生负氢离子转移反应生成吸附态的质子化环状烯烃；质子化环状烯烃分子释放一个质子生成环二烯并促进 B 酸位的再生；环二烯与另一个正碳离子发生负氢离子转移反应生成吸附态的质子化环二烯；质子化的环二烯释放一个质子，促进 B 酸位的再生，同时也产生一个芳烃分子，如图 2-32 所示。

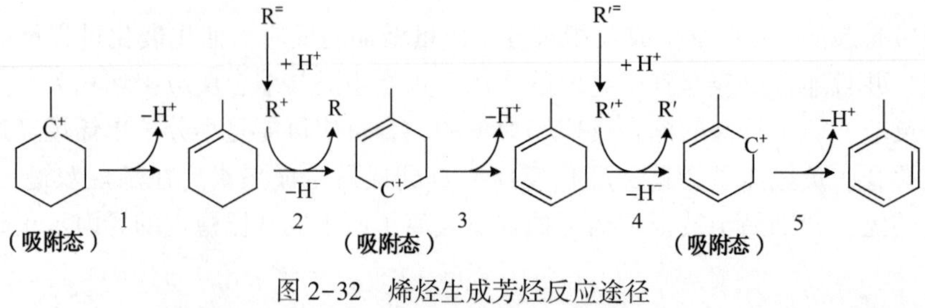

图 2-32　烯烃生成芳烃反应途径

　　一旦芳烃生成，就可与其他芳烃缩合生成高相对分子质量的烃类和焦炭。例如苯缩合生焦的反应步骤分为引发、传递和终止三个阶段，如图2-33所示。

引发：

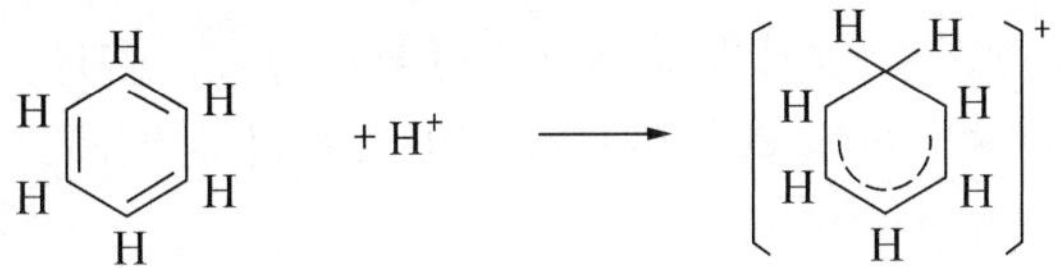

传递：

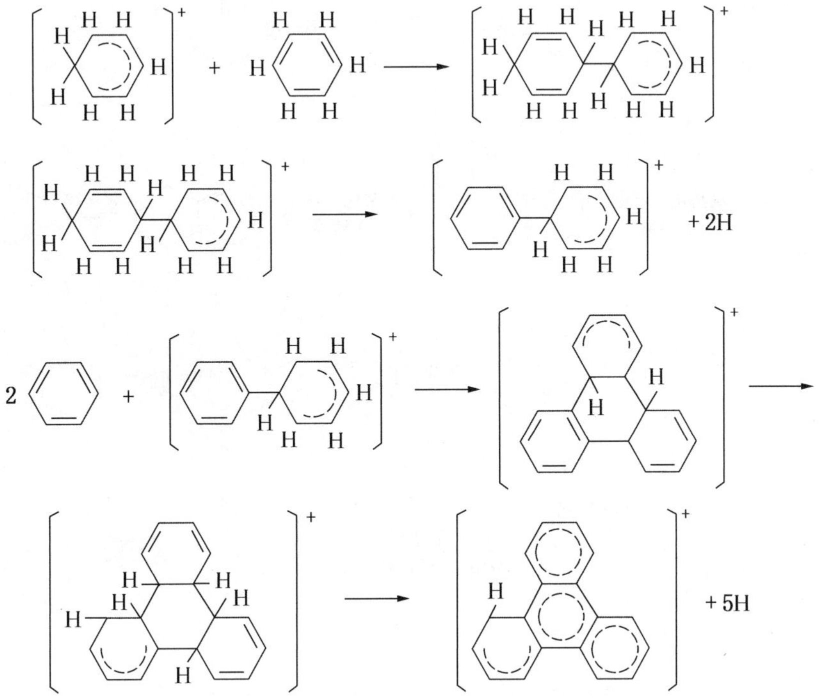

终止：

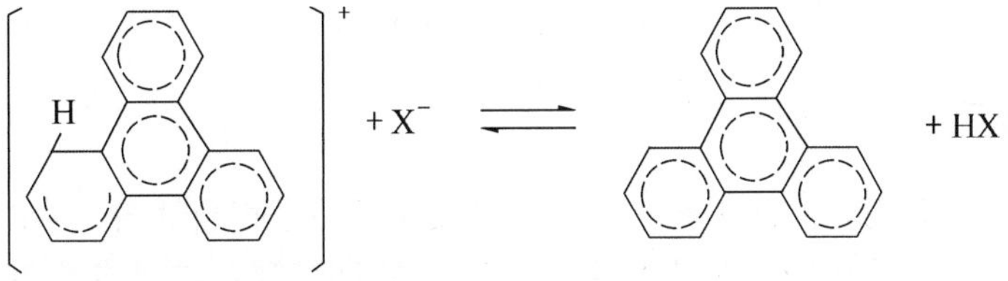

图2-33　苯缩合生焦反应包含引发、传递和终止三个阶段

　　由于多环芳烃正碳离子很稳定，在终止反应前会在催化剂表面上继续增大。芳烃原料的生焦能力随着芳烃环数的增加而相应增强。杂环芳烃化合物与芳烃一样缩合生焦。

　　从缩合反应在焦炭生成过程中的作用可以看出，在生焦反应中，第一个芳环的形成显得尤其重要。一旦第一个芳环形成，其形成焦炭存在着两种途径，一是由单环芳烃与烯烃在B酸位上进行烷基化或芳烃缩合生成烷基芳烃，使分子增大，进一步发生负氢离子转移、环化、异构化生成环烷基芳烃，继而脱氢形成萘类化合物，萘的衍生物通过相同的反应产生蒽、芘等化合物，如图2-34(a)所示；二是两个芳香环间的反应，在烷基化反应后进而发生脱氢耦合反应生成非芳香性的环戊环，在异构化和负氢离子转移反应后，产生的蒽能够继续发生前面的反应生成芘甚至更为复杂的组分，如图2-34(b)所示。由单环缩聚为 $C_{12} \sim C_{35}$ 的贫氢沥青质化合物，直至生成碳和氢比例在 $CH_{0.4} \sim CH_{0.9}$ 之间的焦炭（Magnoux，1993）。Cerqueira 等（2008）对 FCC 催化剂失活原因进行了系统总结，指出含芳烃的原料易于缩合生焦，其生焦能力随芳环数的增加而相应增强。从氢平衡角度看，芳烃发生缩合反应生焦"供氢"的同时，必然伴随着原料或产物中其他烃类分子得氢的过程。多环芳香烃组分由于缩合生焦能力强，同等反应条件下发生负氢离子转移反应的几率相对较高，裂解产物中烯烃含量也降低。

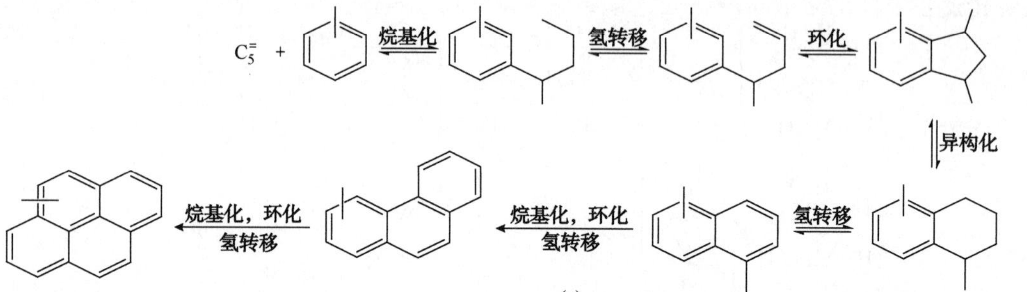

图 2-34　单环芳烃催化裂化生焦反应途径
(a) 烯烃+芳烃；(b) 芳烃+芳烃

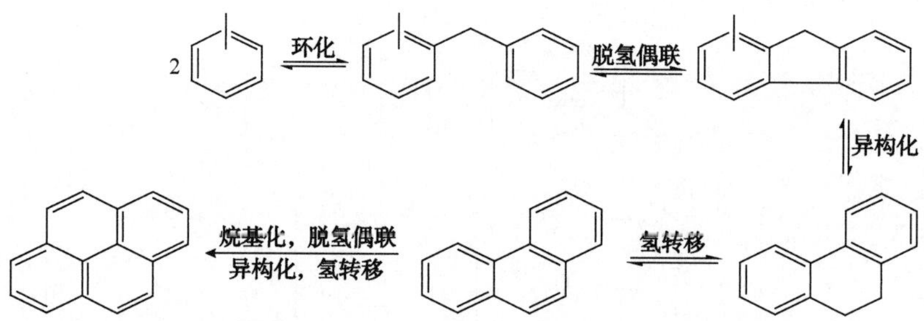

五、脱氢反应

原料中的烃类在催化裂化催化剂上发生脱氢反应活性是相当低的，可以忽略不计，但在两种情况下会发生脱氢反应，一是原料中含有较多的环烷烃；二是催化剂表面上沉积金属 Ni 和 V。实验结果表明，环己烷在催化裂化工艺条件下发生催化反应，约有 25% 转化为苯，气体产物中的氢含量显著地高于烷烃（梁文杰，2008）。环烷烃由于其中 C—H 键的断裂会逐步脱氢生成芳烃，其反应式如下：

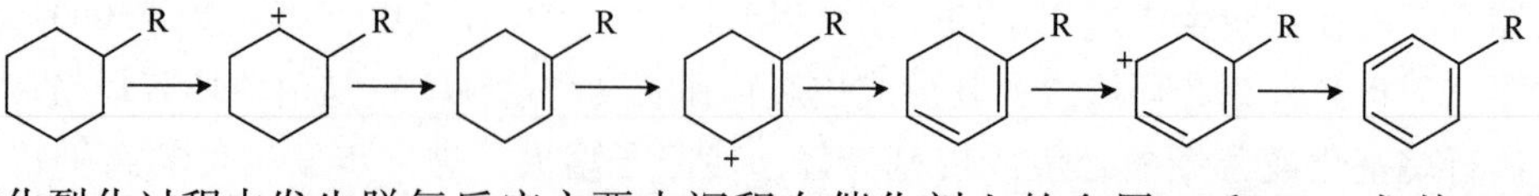

催化裂化过程中发生脱氢反应主要由沉积在催化剂上的金属 V 和 Ni，尤其 Ni 所引起的。一般来说 V 的脱氢活性约为 Ni 脱氢活性的 1/5~1/4。高永灿等（2000）以乙烷为探针分子，采用量子化学的从头计算法对不同价态镍在脱氢反应速控步骤中的表观活化能进行计算，探讨镍价态变化对脱氢反应活性的影响规律。以乙烷分子作为烃类反应物的代表，用单

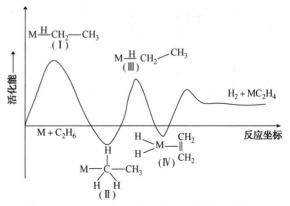

个镍原子或镍离子代替镍活性基团来参与脱氢反应，其反应过程见图2-35。图2-35中 M 代表镍原子或镍离子。

从 M 与乙烷的反应模型可以看出，反应过程主要经历了三大步骤：

① 镍与烃分子碰撞吸附后，发生镍插入烃分子 C—H 键的反应，形成过渡态 I，随后过渡态 I 转化为中间产物 II，这是整个脱氢反应的速控步骤；

② 中间产物 II 中的 β-H 向镍中心发生转移并进行结构重排，形成过渡态 III，随后过渡态 III 转化为中间产物 IV；

③ 中间产物 IV 失去氢分子，完成脱氢反应，同时在金属活性中心表面生成不饱和烃。

图 2-35　乙烷在不同价态镍上脱氢反应历程

通过计算得出 Ni^0、Ni^+、Ni^{2+} 在脱氢反应速控步骤的活化能分别为 215.085kJ/mol、320.005kJ/mol 和 650.502kJ/mol，显示出低价镍脱氢活性强的特点。

六、歧化反应/烷基转移

相同分子在一定条件下由于相互之间的基团转移而生成两种不同分子的反应过程。一般来说，歧化反应涉及的范围相对较广，涉及有机化合物的歧化反应如烷基芳烃、烯烃和烷烃等烃类。烷基芳烃间的歧化反应最清晰例子是由 Best 等（Best，1977）提出的，即异丙苯在催化剂上反应生成苯和二异丙苯，其反应过程如下：

上述歧化反应进行的过程首先是异丙苯分子加上一个质子形成正碳离子，在脱烷基反应发生之前，由另一分子的苯环攻击异丙基上的 α 碳生成另一个正碳离子，然后再断裂成二异丙基苯正碳离子及苯，正碳离子失去质子后形成苯及二异丙基苯，其中间、对二异丙苯的比例为 2∶1，邻二异丙苯量很少。甲苯在催化剂上生成苯和二甲苯也是典型的烷基芳烃间的歧化反应例子。

烷烃歧化反应得到了广泛的研究，Miale 等（1966）研究 $n\text{-}C_6H_{14}$、$n\text{-}C_5H_{12}$ 和 $n\text{-}C_4H_{10}$ 时发现，在沸石催化剂上，在 232℃ 反应温度条件下，$n\text{-}C_6H_{14}$ 的主要裂化产物是 C_3 和 C_4 烃类，以及少量 C_5 烃类；$n\text{-}C_5H_{12}$ 的主要裂化产物是 C_3 和 C_4 烃类；尤其值得注意的是，

n-C_4H_{10}的主要裂化产物是C_3和C_5烃类，正碳离子反应机理难以解释这些实验现象。三种烃类在该反应条件下均没有C_1和C_2烃类产物生成。1971年，Bolton等（1970；1971）在研究n-C_6H_{14}在沸石催化剂上的反应时发现，在低于350℃的反应温度下，主要产物为C_3和C_4，和少量C_5烃类，其试验结果与Miale的试验结果相同。以n-C_6H_{14}为例，如果按照简单的C—C键裂化生成C_4和C_5的同时应生成相应的C_1和C_2烃类，但在产物中却几乎没有C_1和C_2烃类。因此基于正碳离子反应机理简单的C—C键断裂无法解释这一试验现象，而歧化反应理论恰好可以解释这一试验现象，即：

$$2nC_4 \longrightarrow [C_8] \longrightarrow C_3 + C_5$$
$$2nC_5 \longrightarrow [C_{10}] \longrightarrow C_4 + 2C_3$$
$$2nC_6 \longrightarrow [C_{12}] \longrightarrow 3C_4$$
$$2nC_6 \longrightarrow [C_{12}] \longrightarrow 4C_3$$
$$2nC_6 \longrightarrow [C_{12}] \longrightarrow C_3 + C_4 + C_5$$

烷烃低温裂化中碳链增长，可能是在沸石孔道内的特有现象。在沸石孔道内反应物与正碳离子中间物高度密集，易于进行双分子聚合及随后的异构和裂化等反应，从而造成具有歧化性质的催化裂化反应。Lopez等（1981）在CrHNaY沸石上研究了正庚烷歧化反应，证实了存在着烷基转移在歧化反应所起的作用。烯烃歧化反应更容易发生，先发生加成叠合反应，然后发生断裂反应，生成两个不同分子的烯烃，例如：

$$2H_2C=CHCH_2CH_3 \longrightarrow H_2C=CHCH_3 + H_2C=CHCH_2CH_3$$

七、环化反应

烯烃生成正碳离子后可环化生成环烷及芳烃，如正十六烯生成正碳离子后，能自身烷基化形成环状结构。生成的环正碳离子异构化后能吸取一个负氢离子生成环烷烃，或失去质子生成环烯烃。环烯烃再进一步反应，直到生成芳烃。

八、烷基化

C—C 键的形成在叠合与烷基化时发生。异构烷烃与烯烃烷基化时需要较强的酸。此反应涉及负氢离子转移和链反应：

$$CH_2=CHCH_3 + HX \rightleftharpoons CH_3\overset{+}{C}HCH_3 + X^-$$

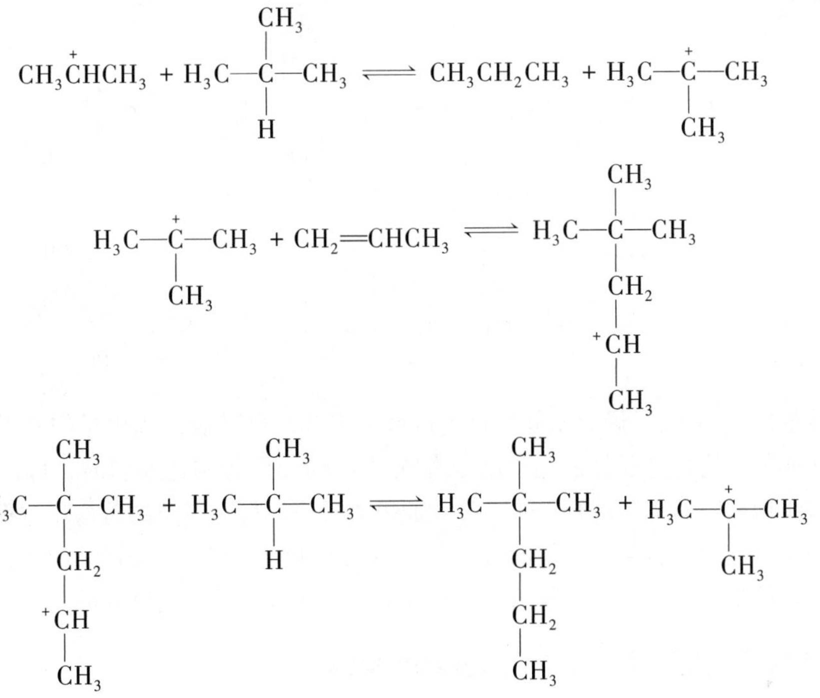

$$CH_3\overset{+}{C}HCH_3 + H_3C-\underset{\underset{H}{|}}{\overset{\overset{CH_3}{|}}{C}}-CH_3 \rightleftharpoons CH_3CH_2CH_3 + H_3C-\underset{\underset{CH_3}{|}}{\overset{\overset{CH_3}{|}}{\overset{+}{C}}}-CH_3$$

$$H_3C-\underset{\underset{CH_3}{|}}{\overset{+}{C}}-CH_3 + CH_2=CHCH_3 \rightleftharpoons H_3C-\underset{\underset{\underset{\underset{CH_3}{|}}{\overset{+}{CH}}}{\overset{|}{CH_2}}}{\overset{\overset{CH_3}{|}}{C}}-CH_3$$

$$H_3C-\underset{\underset{\underset{\underset{CH_3}{|}}{\overset{+}{CH}}}{\overset{|}{CH_2}}}{\overset{\overset{CH_3}{|}}{C}}-CH_3 + H_3C-\underset{\underset{H}{|}}{\overset{\overset{CH_3}{|}}{C}}-CH_3 \rightleftharpoons H_3C-\underset{\underset{\underset{\underset{CH_3}{|}}{|}}{\overset{|}{CH_2}}}{\overset{\overset{CH_3}{|}}{C}}-CH_3 + H_3C-\underset{\underset{CH_3}{|}}{\overset{+}{C}}-CH_3$$

正碳离子对芳烃的 π 电子攻击发生芳烃的烷基化：

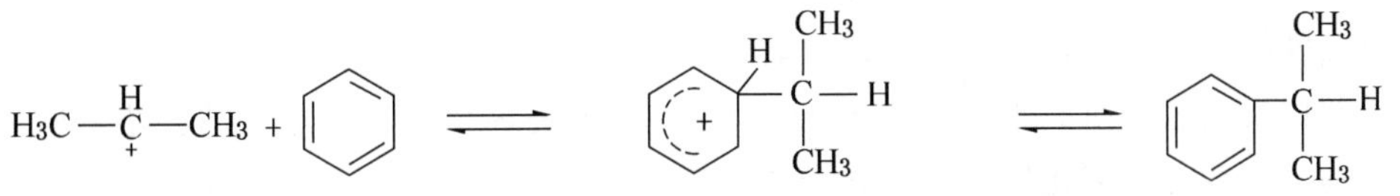

九、芳构化反应

烃类芳构化过程是一个极为复杂的多种化学反应的宏观综合，涉及烃类裂化、脱氢、环化、异构化、氢转移、低聚等反应类型组合，同时也有少量的烷基化、歧化等反应发生。芳构化过程的狭义定义是指环烷(烯)烃的异构脱氢生成芳烃；广义定义是指烃类在工艺过程中各种化学反应类型参与下生成芳烃。在催化裂化工艺过程中，随着烃类裂化反应的进行，大分子不断地裂解生成小分子烯烃，而小分子的烯烃经环化脱氢生成芳烃或小分子烯烃在特定的条件下转化为芳烃。催化裂化工艺过程中的芳构化反应是指碳原子数较少的烃类在非临氢条件下通过非贵金属催化剂转化为芳烃的过程，芳构化原料的多样化以及原料组分的复杂性使芳构化反应的机理和历程更为复杂，哪个组分、哪个步骤、哪个过程占主导地位难以确定。以戊烷为例，戊烷通过裂化、脱氢转变为烯烃，然后烯烃低聚、环化、脱氢、脱烷基生成芳烃，其过程（高滋，1999）表述如下：

脱氢裂化 $H_3C—CH_2—CH_2—CH_2—CH_3 \longrightarrow H_3C—CH=CH_2+CH_2=CH_2+H_2$

烯烃低聚 $2H_3C—CH=CH_2 \longrightarrow H_3C—CH_2—CH_2—CH_2—CH=CH_2$

$3CH_2=CH_2 \longrightarrow CH_2=CH—CH_2—CH_2—CH_2—CH_3$

$H_3C—CH=CH_2+2CH_2=CH_2 \longrightarrow H_3C—CH_2—CH_2—CH_2—CH_2—CH=CH_2$

环化脱氢

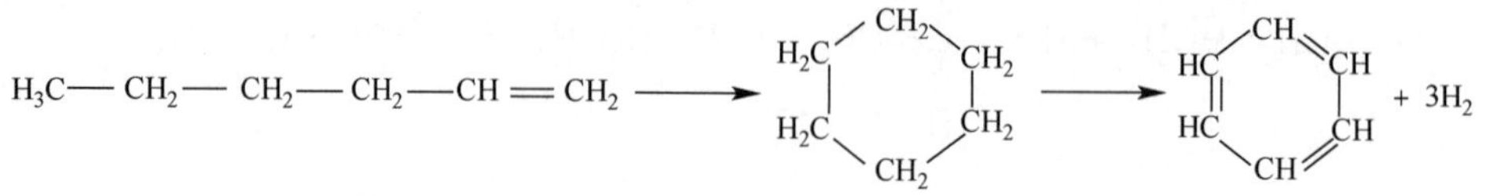

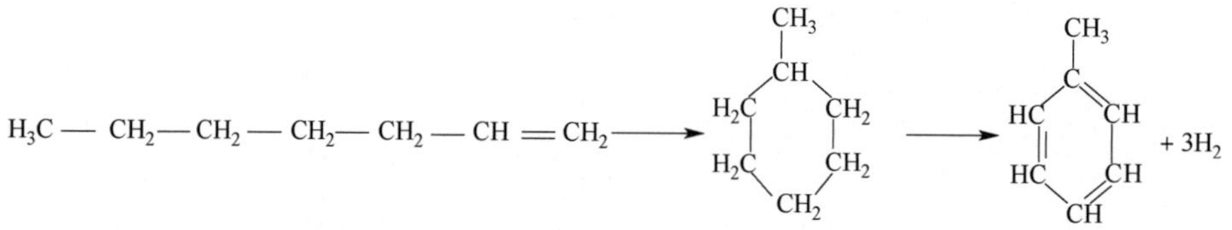

不同数量的 C_2 和 C_3 烯烃分子间均可进行低聚组合，也可能生成少量的二甲苯、三甲苯等组分，从而使芳构化过程复杂化。以 C_5 馏分中的烯烃作芳构化原料时，可以不发生脱氢裂化的第一步历程，而直接进行低聚、环化脱氢等反应。可见烃类的芳构化过程是从宏观上体现出来的非芳烃组分转化为芳烃的过程，但因机理非常复杂，至今详细的历程仍不十分清楚。但可肯定的是，烃类的环化脱氢等过程在芳构化过程中是确定存在的。

十、热裂化反应及其与质子化裂化的差异

烃类热解反应历程分为自由基链反应历程、自由基非链反应历程和分子反应历程（梁文杰，2008）。烃类热裂化反应特征产物为 H_2、C_1 和 C_2 等小分子。热裂化反应取决于反应温度，反应温度越高，热裂化反应效应越显著。

催化裂化反应过程所产生的 H_2、C_1 和 C_2 等小分子是热裂化反应造成的，还是催化裂化反应造成的，或者是热裂化反应和催化裂化反应共同造成的？如果是热裂化反应和催化裂化反应共同造成的，那么是否能区分热裂化反应和催化裂化反应各自的影响程度，从而有利于控制干气或干气某种组分的产生。叶宗君等（2006）以 FCC 汽油重馏分为原料，分别采用惰性石英砂及酸性催化剂，在反应温度为 300~700℃范围内进行热裂化和催化裂化实验，得到热裂化和催化裂化的干气收率随反应温度的变化，曲线如图 2-36 所示。

从图 2-36 可以看出，当反应温度为 350℃时，FCC 的干气收率为 0.04%，随着反应温度升高干气收率逐渐增加，450℃和 500℃时分别为 0.19%和 0.50%，说明低温下 FCC 汽油重馏分也可以进行催化裂化反应，到 500℃时催化裂化反应已十分明显。当反应温度低于500℃时，热裂化的干气收率不大于 0.001%，由此可以推测，当反应温度为 300~500℃时，FCC 汽油重馏分催化裂化所得的干气 100%由单分子裂化反应所产生；525℃时 93%的干气由单分子反应产生；550℃时单分子裂化反应干气占 63%；反应温度大于 600℃时，干气几乎 100%由热裂化反应所产生。由此可以看出，FCC 汽油重馏分的热裂化起始反应温度为

525℃左右。

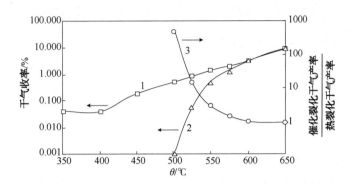

图 2-36 FCC 汽油重馏分 FCC 和热裂化反应中干气收率随反应温度的变化
1—催化剂；2—石英砂；3—催化裂化和热裂化干气产率之比

第四节 反应热力学

在有些反应系统中，热力学数据对预测反应可能进行的程度及选择最佳操作条件有很大价值。催化裂化不属于这类反应系统，因为主要的裂化反应是不可逆反应。但从热力学数据可以了解在催化裂化条件下可能进行的化学反应，并可预测几个二次反应的平衡数据。

热力学的另一个用途是从热焓数据计算反应热。表 2-11 列出了催化裂化的一些重要反应的一些热力学数据，包括不同温度下的平衡常数(Venuto，1979)。在催化裂化反应条件下，大部分可能进行的化学反应都没有达到平衡。实际上，裂化反应达到平衡时几乎全部转化为石墨及氢。除了甲烷以外，所有烃类在温度高于 200℃时的裂化反应，自由能容易改变。烯烃异构化及芳烃脱烷基反应在催化裂化条件下是可以达到平衡的。

从热力学角度分析来看，在常压、反应温度为 400~500℃时，将烃类在固体酸性催化剂上发生的化学反应分为三类。第一类是平衡时基本上进行完全的反应(超过 95%)，如长链的烷烃或烯烃的裂化及环烷与烯烃间的氢转移。第二类是平衡时进行不完全的反应，如异构化及烷基转移等反应，对这类反应从平衡值观察其差异可能具有动力学意义。第三类是第一类反应的逆反应，在催化裂化条件下很少发生。

一、平衡时基本上进行完全的反应

$$C_nH_m \longrightarrow nC(石墨) + (m/2)H_2$$
$$C_nH_m \longrightarrow (m/4)CH_4 + (n-m/4)C(石墨)$$
$$C_nH_m \longrightarrow CH_4 + C_{n-1}H_{m-4}$$

(以上三种裂化反应除甲烷外所有烃类均能进行)

$$大分子烷烃 \longrightarrow 小分子烷烃 + 小分子烯烃$$
$$大分子烷烃 \longrightarrow 2 个小分子烯烃$$
$$氢化芳烃 \longrightarrow 芳烃 + 3H_2(脱氢生成芳烃)$$
$$烷烃 \longrightarrow 芳烃 + 4H_2(脱氢环化反应)$$

$$烷烃 + H_2 \longrightarrow 2 \text{ 个小分子烷烃（加氢裂化反应）}$$
$$氢化芳烃 + 烯烃 \longrightarrow 芳烃 + 烷烃（氢转移反应）$$

二、平衡时进行不完全的反应

烯烃异构化，包括双键转移及骨架重排

烷烃异构化

环烯异构化

环烷异构化

芳烃异构化（芳烃自身上的烷基重排）

烷基转移（两个芳烃间的烷基重排）

烷烃脱氢生成烯烃

环烷烃开环生成烯烃

烯烃环化生成环烷烃

烷烃脱氢环化生成环烷烃

烷基芳烃脱烷基

某些芳烃的缩合反应

某些氢转移反应

三、不能有效发生的反应

$$烯烃 + 烷烃 \longrightarrow 大分了烷烃$$
$$甲烷 + 烃类 \longrightarrow 甲基烃类 + H_2（甲基化反应）$$

芳烃加氢

烯烃叠合

表 2-11 所列的裂化反应及氢转移反应为第一类反应示例，其平衡常数 K_E 值较大，在 510℃时两种反应的 $\lg K_E$ 分别为 2.10 及 10.35。特别是长链的烷烃及烯烃裂化反应可超过 95%。

表 2-11　催化裂化过程中烃类化学反应的热力学数据

反应类别	化 学 反 应	$\lg K_E$（平衡常数）			
		427℃	454℃	510℃	527℃
裂化					
烷烃裂化	$n\text{-}C_{10}H_{22} \longrightarrow n\text{-}C_7H_{16} + C_3H_6$	—	2.04	2.46	—
烯烃裂化	$1\text{-}C_8H_{16} \longrightarrow 2 \quad 1\text{-}C_4H_8$	1.47	1.68	2.10	2.23
	$1\text{-}C_8H_{16} \longrightarrow 1\text{-}C_6H_{12} + C_2H_4$	0.380	—	—	1.52
氢转移	$4C_6H_{12} \longrightarrow 3C_6H_{14} + C_6H_6$	—	12.44	11.09	—
	⬡ $+3 \quad 1\text{-}C_5H_{10} \longrightarrow 3n\text{-}C_5H_{12} + C_6H_6$	—	11.22	10.35	—
异构化					
烯烃异构化	$1\text{-}C_4H_8 \longrightarrow 反\text{-}2\text{-}C_4H_8$	0.212	0.32	0.25	0.09

反应类别	化 学 反 应	lgK_E(平衡常数)			
		427℃	454℃	510℃	527℃
烯烃异构化	$1-C_4H_8 \longrightarrow i-C_4H_8$	0.387	—	—	0.236
烷烃异构化	$n-C_4H_{10} \longrightarrow i-C_4H_{10}$	−0.297	−0.20	−0.23	−0.36
芳烃异构化	$o-C_6H_4(CH_3)_2 \longrightarrow m-C_6H_4(CH_3)_2$	0.328	0.33	0.30	0.303
环烷异构化	⬡ $\longrightarrow$ （甲基环戊烷 CH_3）	0.955	1.00	1.09	1.10
烷基转移	$C_6H_6+m-C_6H_4(CH_3)_2 \longrightarrow 2C_6H_5CH_3$	—	0.65	0.65	0.65
环化					
烯烃环化	$1-C_7H_{14} \longrightarrow$ （甲苯 CH_3）	—	2.11	1.54	—
	$1-C_6H_{12} \longrightarrow$ ⬡	1.18	—	—	0.375
烷烃脱氢环化	$n-C_6H_{14} \longrightarrow$ ⬡ $+H_2$	−1.16	—	—	−0.750
烷基芳烃脱烷基	$i-C_3H_7-C_6H_5 \longrightarrow C_6H_6+C_3H_6$	0.164	0.41	0.88	1.05
脱氢					
环烷脱氢	⬠ $\longrightarrow$ ⬠ $+H_2$	−1.34	—	—	−0.264
烷烃脱氢	$n-C_6H_{14} \longrightarrow 1-C_6H_{12}+H_2$	—	−2.21	−1.52	—
	$C_3H_8 \longrightarrow C_3H_6+H_2$	−2.39	—	—	−1.19
	$n-C_4H_{10} \longrightarrow$ 反$-2-C_4H_8+H_2$	−2.26	—	—	−1.15
叠合	$3C_2H_4 \longrightarrow 1-C_6H_{12}$	—	—	—	−1.20
烷基化	$1-C_4H_8+i-C_4H_{10} \longrightarrow i-C_8H_{18}$				−3.3

　　表 2-11 所列的第二类反应有异构化、环化、脱烷基及脱氢等反应，这类典型反应的平衡常数是有意义的。一个 A→B+C 的反应，平衡常数 $K_E=(B)(C)/(A)$，其中(A)、(B)及(C)为平衡时的分压。根据这些平衡常数可以判断反应可能进行的程度，但精确计算时仍然比较复杂。平衡时产物的生成量决定于温度、压力、稀释剂的量及性质。此外，其他同时进行的平衡反应中可能有一些相同的分子也会对其有影响。表中最后列出的叠合及烷基化属第三类反应，其平衡常数值较小，如烷基化反应在527℃时的 lgK_E值仅−3.3。这些反应由于热力学的原因在高的裂化反应温度下是不利的(Poustsma，1976)。

第五节　不同烃类化合物的反应化学

　　催化裂化原料烃类组成主要有烷烃、环烷烃及带取代基的芳烃。带取代基的芳烃包括烷基芳烃及环烷取代基的芳烃，二次加工的原料(如 CGO 和 DAO)中则还有烯烃。催化裂化回炼油以及渣油中芳烃主要是三环、四环等多环芳烃。因此，一般来说，研究催化裂化过程反应化学应从原料油烃类组成入手，即从烷烃、烯烃、环烷烃、芳烃和带侧链的芳烃分子入手。对各种纯烃化合物的反应化学的研究，早在20世纪40年代就已开始，直到现在仍在研究中（Marcilly，2006）。为了更好地理解催化裂化过程反应化学，对烷烃、烯烃、环烷烃和芳烃的反应活性及其可能的反应途径的基础知识的掌握是十分必要的。

一、烷烃

烷烃只是含有弱碱性的 σC—H 和 σC—C 键，对酸的亲和力非常小，在酸催化剂上具有很低的反应活性，尤其对于直链烷烃，最初吸附在催化剂表面上只形成仲碳离子。当反应物中含有吸附能力强的不饱和烃，如芳烃，会导致烷烃的吸附能力下降，从而进一步降低了烷烃的反应活性。烷烃涉及到的主要反应是异构化反应和裂化反应。从热力学来看，烷烃异构化反应中侧链程度的增加不取决于反应的压力，而是随着反应温度的降低而变得更有利（有效范围<300℃）。而裂化反应在高温下更有利，在大约250~300℃之上可以认为处于完全的平衡状态，裂化反应会产生更多的分子，并且在低压（<0.5MPa）下，更为有利。

1. 直链烷烃的异构化-裂化反应

直链烷烃在酸性催化剂上以正碳离子为反应中间体的异构化-裂化反应活性的研究（Narbeshuber，1995；Haag，1991）表明：烷烃的异构化-裂化反应活性随着碳数的增加而增加（分子中碳数从4到24个）。直链烷烃在酸性催化剂上反应途径包含吸附和解吸步骤、烯烃产物和正碳离子的加成、正碳离子的异构化、裂化产物的连续 β 断裂反应和焦炭前身物缩合反应等步骤，如图2-37所示。

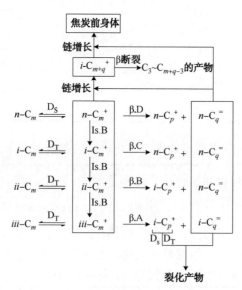

图2-37　烷烃 n-C_mH_{2m+2} 在酸性催化剂上发生异构化和裂化反应简单示意图

图2-37中 β 代表 β 断裂反应（β.D，β.C，β.B 或 β.A 取决于裂化模式）；Is.B 代表 B型异构化反应（PCP）；D_S 或 D_T 代表的解吸，取决于正碳离子是仲型还是叔型（不考虑解吸类型：去质子化后紧接着烯烃加氢或通过与氢分子或者反应物发生负氢离子转移）。

图2-37中正碳离子的解吸和异构化，β 断裂和加成反应均是竞争关系。烷烃结构的正

碳离子发生 β 键断裂反应的主要特征为 β 键断裂反应所生成的最小的烷烃和烯烃至少含有三个碳，叔正碳离子有利于异丁烷和异丁烯生成，而仲正碳离子有利于丙烷和丙烯，但生成速度低于异丁烯和异丁烷；对于相同的烃类结构，正碳离子的稳定性随着带正电荷的碳原子与链烷烃端位的距离增加而增加。因此，最可能发生 β 键断裂反应出现在链烷烃中部附近，随着正电荷向链烷烃端位移动，发生 β 键断裂反应的可能性随之降低；FCC 工艺碳五以上的产品(主要是汽油和柴油)中的烷烃和烯烃是以单支链结构为主，但仍含有少量的直链结构。尽管双分子反应机理有利于异构化产物的生成，但异构化产物含有较多的单支链结构，而含有较少的多支链结构。异构化的正碳离子可以通过去质子化生成烯烃或者和另一种烷烃通过负氢离子氢转移反应而解吸。去质子化生成的烯烃要么以产物的形式离开，要么被 Brönsted 酸位重新吸附(质子化)，对于整个反应来说，去质子化反应途径可以忽略。负氢离子转移反应在酸催化剂表面是优先的反应途径，不同于去质子化反应途径，其通过持续地向酸性位提供活泼的正碳离子而延长了整个反应链。由负氢离子转移(D_S 对应于仲型正碳离子，D_T 对应于叔型正碳离子)而进行的解吸反应速率通常情况下要比 B 型异构化反应慢(最多相等)。因此各种步骤的反应速率近似地按升序排列如下：

$$\beta . D \ll \beta . C < D_T < D_S \approx Is. B \approx \beta . B \ll Is. A < \beta . A$$

其中，β. D 对应于 D 型 β 断裂反应。

因此初始烷烃的深度异构化反应(采用 A 和 B 模式)要优于异构烷烃的脱附。发生于吸附相的异构化反应可以迅速地生成三侧链正碳离子，然后依次进行快速的 A 型断裂。反应特征如下：

① 异构化和裂化产物是最主要的产物，对于长链烷烃($m \geq 7$)I/C 比率很低：这个值的大小取决于反应物碳数和催化剂的酸性。

② 异构化产物。从低转化率开始，单侧链异构化产物 M 几乎处于动力学平衡。双侧链的异构化产物 B 也同时出现在产物中，但是它的分布却偏离动力学平衡。三侧链异构体 T 不能处于动力学平衡状态，因为它们被 A 模式 β 断裂反应快速消耗掉，一形成就被除去。

③ 裂化产物中富含烯烃，但 P/O 值通常情况下大于 1，至少有两方面原因：一是裂化反应一开始，链烷烃的质子化(非经典正碳离子的 α 断裂)裂化反应增加了烷烃在裂化产物中的分布，至少部分地生成甲烷和乙烷，导致在初始的短暂时间内烷烃的过量生成，随后形成经典的正碳离子；二是烯烃要比烷烃活泼得多，烯烃可以很快地发生一些连续的反应，首先加成-裂化，然后加成-环化和氢转移，特别是加成-环化-氢转移反应消耗烯烃，生成稳定的焦炭前身体，这直接导致 P/O 值的增加。由于二次裂化反应产生的烯烃只能部分地补偿这种消耗，因此总体上 P/O 随转化率的升高而增加。

④ 对于烷烃 $n\text{-}C_mH_{2m+2}$，加成-裂化反应和质子化裂化反应会生成具有 $m-1$ 和 $m-2$ 碳原子的裂化产物。加成-裂化反应在生成这些烃类的同时不会伴随产生 C_1 和 C_2 产物。

⑤ 当反应物分子碳原子数大于 10 或 11 时，仍然具有活性的裂化产物($m>6$)会发生连续(或二次)裂化反应，即使转化率较低(<10%)，裂化产物的分布也是非对称性的，最大值出现在低碳数的碳氢化合物上，更确切地说是碳原子数 m 在 3~6 之间的产物。

⑥ C_4 和 C_5 这些低碳裂化产物主要以单支链结构形式存在，它们大多是通过三侧链的正碳离子的 A 模式 β 断裂反应产生的。

⑦ 如果氢分压不足以有效地阻止加成-环化-氢转移反应，这个反应就快速地生成焦炭，

从而使催化剂失活。催化裂化工艺过程中的裂化催化剂积炭失活正是如此。

2. 不同类型的烷烃反应活性

对不同类型的烷烃进行催化裂化试验研究可以追溯到 20 世纪 40 年代。Greensfelder 等（1945a）研究表明正构烷烃的裂化反应随碳原子数的增大而快速增加，以致很难归结为 C—C 键（或仲 C—H 键）数目的增加，这是因为更多的吸附将有利于提高碳原子的活化速度。Nace（1969）对大于 8 碳的烷烃在 REH-X 沸石催化剂上进行了裂化反应研究，反应温度为 482℃，测定是在 2min 后进行的，测定结果列于表 2-12。

表 2-12　各种烷烃在 REH-X 型沸石催化剂上裂化反应

参　　数	烃化合物							
	n-C_8	n-C_{12}	n-C_{14}	n-C_{16}	n-C_{17}	n-C_{18}	i-C_{19}[①]	i-C_{16}[②]
速率常数（k）	36	660	984	1000	738	680	3300	164
催化剂上焦炭/%	0.25	0.7	1.0	1.4	1.7	2.2	2.8	0.5
产物/裂化（摩尔）	2.0	2.5	2.75	3.0	3.1	3.2	3.1	3.5

① i-C_{19} 为四甲基正十五烷。

② i-C_{16} 为七甲基正壬烷。

从表 2-12 可以看出，各种直链烷烃裂化速率常数随碳数 m 的增大而增加，直到 m 为 16 时达到最大值，此后速率常数将下降。这是由于随着直链的碳数增加，催化剂孔道内长链烷烃表面浓度升高且直链的 C—C 键能降低。然而，当直链的碳数超过 16 个，直链烷烃在催化剂表面上被吸附而生成焦炭的几率也逐渐增大，因而导致长链烷烃的裂化速率反而下降。Nace 同时还认为由于焦炭（长链烷烃要比短链烷烃产生更多的焦炭）的存在，这个最大值是不真实的，如果速率常数对应于相同的焦炭百分率，那么活性将会随着 m 的增加持续增大。但这和 Froment 等（Fenq，1993）所观察到的 $m=9$ 时存在最大值的情况是矛盾的。Kissin（1996）对正构烷烃和 2-甲基异构烷烃裂化反应进行了研究，研究结果也表明，烃类分子链长短不同，裂化反应所需的活化能也不同；烃类分子越大，裂化活化能越低，裂化反应也越容易发生，而分子越小，裂化活化能越高，裂化反应越难以发生；对于相同的碳数，异构烷烃裂化反应速度高于正构烷烃，且碳数越大，其差异也随之增大，如图 2-38 所示。

通过对同族短链烷烃的研究，得到了链长对裂化反应活化能的影响，列于表 2-13。随着链长的增加，活化能降低，从而表明大分子烃类更易于裂化。

表 2-13　烷烃链长对裂化反应活化能的影响

烃类分子	活化能/（kJ/mol）	烃类分子	活化能/（kJ/mol）
n-C_6H_{14}	153.0	n-C_8H_{18}	104.1
n-C_7H_{16}	122.9		

n-C_8、n-C_{12} 和 n-C_{16} 烷烃裂化产品碳数分布绘于图 2-39。从图 2-39 可以看出，三种烷烃的产品分别为 C_2~C_6、C_2~C_8 和 C_2~C_{12}。每摩尔原料裂化生成产物的摩尔数随原料分子中碳原子数的增加而增多；n-C_8 裂化产物主要为 C_3~C_5 烃类，n-C_{12} 和 n-C_{16} 等长链烷烃的裂化产物主要为 C_3~C_6 烃类，其中 C_4 产率最高；随着反应物分子碳数的增加，C_3、C_4 产率

逐渐降低，而 C_6^+ 产率有所增加，同时裂化产物分布也越接近。

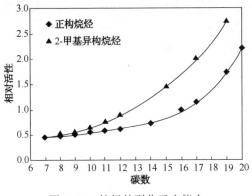

图 2-38　烷烃的裂化反应能力
与碳数大小的关系

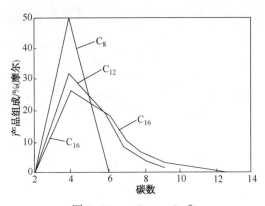

图 2-39　n-C_8、n-C_{12} 和
n-C_{16} 烷烃裂化产品碳数分布

四甲基正十五烷裂化时，虽然催化剂上焦炭生成量很大，但其反应活性仍接近 n-C_{18} 的 5 倍，这是因为其有支链易形成的叔碳正碳离子，前面已述，叔正碳离子反应速度最快，是伯正碳离子的 22 倍，是仲正碳离子的 10 倍（Hansford，1983）。但也存在特例，七甲基壬烷具有最大的支链数，但由于大部分支链为季碳而不含活性氢，因而四甲基正十五烷的反应活性要比七甲基正壬烷大 20 倍。由于七甲基正壬烷裂化反应速率相对较低，裂化反应活性仅为正十六烷的 1/6，其在催化剂上焦炭量却只有正十六烷的 1/3。两种试验结果的差异也可能是由两种分子的空间立体结构位阻造成的。

从经验上说反应速率存在最大值点是比较符合逻辑的。烷烃裂化反应的反应活性事实上由多种因素决定：一是分子扩散速率，其随着相对分子质量相反的方向变化；二是吸附特性（固定温度下），达到吸收饱和状态时低链烷烃要比长链烷烃需要更大的分压（Froment，1987）；三是正碳离子中适合 β 断裂的有利构型的比例，当分子中碳数高于某个值后会降低（Fenq，1993）。在反应过程不受扩散限制的情况下，当 $m>8$ 时，随着 m 的增加，正碳离子中有利于裂化反应的 ααγ 型结构和分子中各种可能存在的构型结构的比率是增加的，达到最大值后会下降。因此应该由 m 值来确定裂化反应最大的反应活性，而 m 值由反应物在催化剂酸性位上吸附的速率决定。催化剂表面越未被饱和，m 的值就应该越大。最后一个因素（β 断裂的有利构型的比例）的重要性好像得到了由 Nace（1969）采用多侧链大分子烷烃的实验结果的支持：四甲基正十五烷，在所有可能存在的正碳离子中最有利于 β 断裂构型比例最高的碳氢化合物。

低转化率下裂解长链烷烃形成碳数目非对称型产物的分布，这个过程是由于初始的裂化产物（$n>7$~8）仍具有较高反应活性。例如，482℃ 下，在 REH-X 型沸石或 SiO_2-Al_2O_3 催化剂上裂化正十六烷就是这种形式的分布：在 10% 的转化率下，在所形成的产物中 3~6 个碳的碳氢化合物明显是主要的。长链烷烃的裂化也同样遵循 β 断裂规则，然后再发生双分子氢转移和异构化反应。由其结构决定直链烷烃反应速度低于带甲基的同碳数烷烃，更低于带复杂支链的同碳数烷烃，因此，可认为超长链（C_{20} 以上）正构烷烃裂化反应速率下降可能导致超长链正构烷烃部分未能在现有催化裂化条件下裂化。

烷烃碳原子数相同，但异构程度不同对反应转化率的影响也不同，如表 2-14 所示。表中列出了五种己烷异构体。带有季碳原子的转化率最低，其次是正己烷，2-甲基戊烷与3-甲基戊烷都是一个叔碳原子，其转化率相近，2，3-二甲基丁烷有两个叔碳原子，其转化率最高。

表 2-14　不同己烷异构体反应性能的比较

己烷异构体	转化率/%	己烷异构体	转化率/%
C—C—C—C—C—C	13.8	C—C—C—C 　　|　| 　　C　C	31.7
C—C—C—C 　　　| 　　　C	24.9	C 　　| C—C—C—C 　　| 　　C	9.9
C—C—C—C—C 　　| 　　C	25.4		

在 ZSM-5 沸石上，烷烃碳原子数相同时，异构程度越高，其反应相对活性越低，如表2-15 所示。

表 2-15　己烷和庚烷异构体的相对裂化活性

己烷异构体	相对活性	庚烷异构体	相对活性
C—C—C—C—C—C	0.71	C—C—C—C—C—C—C	1.0
C—C—C—C 　　　| 　　　C	0.38	C—C—C—C—C—C 　　　　　| 　　　　　C	0.52
C—C—C—C 　|　| 　C　C	0.09	C—C—C—C—C 　　|　| 　　C　C	0.09

Corma 等（1985）在 LaUSY 和 HUSY 沸石催化剂上用正庚烷进行了催化裂化试验研究。得到了两种沸石催化剂的裂化反应活化能，列于表 2-16。

表 2-16　正庚烷在不同催化剂上裂化反应的活化能

烃类分子	活化能/（kJ/mol）		烃类分子	活化能/（kJ/mol）	
	HUSY	LaUSY		HUSY	LaUSY
裂化为 C_2+C_5	132.80	148.64	歧化	38.37	37.83
裂化为 C_3+C_4	87.50	99.48	异构化	31.35	31.22
总裂化反应	89.16	101.03			

从表 2-16 可以看出，正庚烷在 LaUSY 及 HUSY 等沸石催化剂上裂化反应试验结果表明，异构化和歧化反应活化能最低，裂化为 C_2+C_5 的活化能最高，且总活化能与裂化为 C_2+C_5 的活化能接近。因此推测，正构烷烃的裂化主要以裂化反应为主，碳链继续增长时，裂化反应活化能更低，裂化产物发生异构化、歧化反应的比例增大，其反应速率加快，但随着碳链增长，其裂化反应生焦的概率加大，导致催化剂活性下降，以致总反应速率下降。

对于异构烷烃，由于叔碳原子的存在，负氢离子转移很容易形成稳定的叔碳离子，因而裂化反应速度很快。总之，大分子的长链烷烃因容易被吸附而形成较高的表面浓度，其正碳离子的生成较容易；而异构烷烃因叔碳原子存在，更容易形成正碳离子。

在众多研究烷烃反应化学的各种模型分子中，正庚烷和正十六烷分子通常作为指针化合物。正庚烷是一种简单的模型分子，它的产物可以很容易地分析出来，但主要不足在于该分子所提供的反应信息有限，而正十六烷通常作为更大的烷烃分子指针化合物。

二、烯烃

烯烃具有双键结构，其在固体酸催化剂上形成正碳离子反应中间体速率要比烷烃容易得多。与烷烃相比，烯烃反应速度较快并涉及到不同类型的反应选择。烯烃的反应选择性不仅取决于烯烃所占据酸中心的速率，还和其他一些因素有关，如正碳离子在酸中心上的平均停留时间，以及反应物的分压、反应温度和有无氢气存在。例如，随着反应物分压增加，更有利于双分子反应进行。在非临氢状态下，小分子烯烃(碳数小于7)进行双分子的氢转移，叠合/烷基化等这些导致生成较重组分如焦炭的反应占据优势，而大分子烯烃(碳数大于7)直接进行裂化反应和氢转移反应较为显著。烯烃在固体酸性催化剂上可能发生的反应类型见图2-40。从图2-40可以看出，烯烃的异构化、裂化反应、氢转移和聚合反应是烯烃转化的主要反应类型，下面主要论述烯烃的异构化、裂化反应、氢转移和聚合反应。

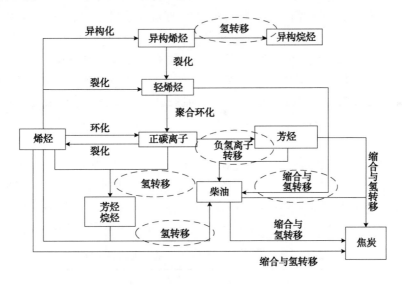

图2-40　烯烃在固体酸性催化剂上可能发生的反应类型

1. 异构化反应

从反应动力学来看，在烯烃所有可能的各种异构化反应中，顺-反异构化比其他的异构化反应快很多 (Haag，1960；Butler，1993)。双键位置改变的异构化反应只涉及到负氢离子转移单一步骤，因而也进行得比较快。例如在100℃下，在酸性 Y 沸石上 1-己烯异构化成为混合的 1-、2-和3-己烯，在反应时间为 0.02s 时就可以达到很好的热力学平衡。烯烃的裂化反应通常情况下在这么短的反应时间内是观察不到的，除非原始的烯烃是带高度侧链结构的。1 和 2 位之间的异构化反应要比内部双键的异构化反应快得多（Butler，1993）。与烷烃一样，烯烃的骨架异构化反应可被分成两类：快速的 A 型异构化反应，过程不涉及到主链上侧链程度的改变；较慢的 B 型异构化反应，过程涉及到主链上侧链程度的改变。各类型异构化反应快慢按降序排列如下：顺-反异构化>双键位置异构化>不改变侧链程度的骨架异构化>改变侧链程度的异构化。

从反应热力学来看，对于直链烯烃，各种异构化产物平衡分布的情况由它们的热力学稳定性决定。在 200℃的反应温度下，按经验的规则近似估计如下：

① 1-烯烃/内烯烃比率大约为 0.14。

② 对于双键内部位置，顺式和反式异构体的总和大致与此双键在直链中双键可能存在的位置数目相关。

③ 平衡状态下反式异构体相对内烯烃异构体大约占 68%。然而由于动力学因素的影响，试验得到的结果会和这个值有很大的出入，这可能是对于一种催化剂，在吸附状态下，迫使顺式或反式异构体的其中一个在空间几何结构上比较有利进行去质子化脱附。

对于直链烯烃来说，温度升高更有利于生成 A 型异构体，而对生成 B 型异构体（带侧链烯烃，特别是随着侧链数目的增加）是不利的。

2. 裂化反应

烯烃形成的正碳离子不能发生 α 断裂，因为烯烃的质子化只产生经典正碳离子，烯烃的裂化反应只按照 β 断裂进行。在图 2-37 的裂化反应图中，烯烃和烷烃的最大不同是在吸附和解吸的步骤上。烯烃可以比烷烃在更低的温度下发生异构化和裂化反应，烯烃吸附和解吸的步骤包括涉及自由 Brönsted 酸性位或者表面正碳离子和气相烯烃之间质子转移的质子化或去质子化步骤，而这些步骤反应速度要快于正碳离子裂化反应，因此烯烃裂化反应在动力学限制上与烷烃存在着本质的不同。对于烯烃限制步骤通常为正碳离子的重排反应，而烷烃则是负氢离子转移步骤。烯烃 β 断裂反应特征（活性和选择性）主要由两方面因素决定：一是烯烃质子化产生的伯、仲或叔正碳离子类型；二是烯烃分子中碳原子的数目。

各种 1-烯烃在 510℃下的裂化速率 k_o 和对应的直链烷烃在 510~540℃下的裂化速率 k_p 列于表 2-17。从表 2-17 可以看出，1-烯烃的反应活性随分子中碳原子数由 5 到 8 增加时很快地增加。与之相对应的烷烃同样适用。烯烃的反应活性总是比烷烃高很多。与烷烃不同，对于给定碳数的烯烃不能确定其最大的反应活性（Buchanan，1998）。

表 2-17　烯烃和烷烃在 HZSM-5 沸石上的裂化反应

碳　　　数	速率常数(k)/s^{-1}		速率常数比(k_o/k_p)
	烷烃(k_p)	烯烃(k_o)	
4	0.08	—	—
5	0.30	9.5	32
6	0.84	231.0	275
7	1.49	1823.0	1220
8	2.25	5732.0	2550

在反应温度 510℃、压力 0.113MPa 条件下，烯烃在催化剂 HZSM-5 上裂化生成低碳烯

烃的选择性列于表 2-18。从表 2-18 可以看出，$2\text{-}C_5^=$ 裂化有利于生成乙烯和丙烯，$C_6^=$ 裂化有利于生成丙烯，$C_7^=$ 裂化有利于生成丙烯和丁烯，$C_8^=$ 裂化时丁烯选择性最高，丙烯和戊烯基本相当。

表 2-18　烯烃在催化剂 HZSM-5 上裂化生成低碳烯烃的选择性

原　料	转化率/%	选择性/%（摩尔）				$(i\text{-}C_4^=/C_4^=)/\%$
		$C_2^=$	$C_3^=$	$C_4^=$	$C_5^=$	
$2\text{-}C_5^=$	7.7	31.7	38.3	11.9	—	35.4
$1\text{-}C_6^=$	20.1	7.0	83.6	7.9	0.6	26.0
$1\text{-}C_6^=$	34.0	7.4	83.3	8.0	0.7	28.3
$1\text{-}C_6^=$	65.5	7.5	83.4	7.9	0.7	34.2
$1\text{-}C_7^=$	94.1	0.9	47.3	47.7	0.7	74.2
$1\text{-}C_8^=$	85.0	痕量	27.5	44.4	28.0	44.0

Buchanan 等（1996b）提出戊烯、己烯、庚烯和辛烯裂化反应模式。当戊烯在催化剂上裂化时，C_5 正碳离子均涉及伯碳离子，因而戊烯的单分子裂化反应速率较慢。慢反应的单分子裂化允许戊烯原料进行二聚—裂化等反应，两个戊烯分子可以经氢转移反应生成戊烷和与之对应的环戊烯。当己烯在催化剂上裂化时，己基正碳离子涉及到一种仲正碳离子裂化模式，因而己烯比戊烯裂化速率显著提高。当庚烯在催化剂上裂化时，庚烯涉及到叔、仲正碳离子两种裂化模式。因此，庚基正碳离子裂化的速率约比己基正碳离子裂化反应的速率快 8 倍，这恰好与庚烯/己烯裂化速率比为 7.9（见表 2-17）试验数据相符。当辛烯在催化剂上裂化时，1-辛烯通过异构化反应可以生成大量异构体，包括直链辛烯、3 种甲基庚烯、5 种二甲基己烯、四种三甲基戊烯和两种乙基侧链异构体，而不同支化程度的辛烯更容易发生 β 位裂化反应。Abbot 等（1985）认为从戊烯到辛烯，随着碳数的增加，烯烃的裂化速率急剧增加，但骨架异构速率变化很小，这是因为高支化度的 2，4，4-三甲基戊基离子有可能在 ZSM-5 孔道内受到严重限制。

3. 聚合反应

烯烃的齐聚/聚合反应活性取决于由质子化产生的正碳离子的稳定性，从这方面来说叔碳离子的活性要比仲碳离子高很多。由于烯烃生成仲正碳离子具有较低的反应活性，可以解释烯烃齐聚反应通常伴随着平行或者顺序的双键位置异构和骨架异构甚至氢转移反应，结果形成各种反应产物（Kissin，2001）。相比之下，当烯烃直接形成叔碳离子时，齐聚反应速率要比异构化反应快。例如，异丁烯很容易在 100℃ 在酸性 Y 沸石上低聚，形成产物特别是二聚体如 2，4，4-三甲基-1-戊烯（占总二聚体的 22%）和 2，4，4-三甲基-2-戊烯（占总二聚体的 78%）。这些产物的 A 和 B 型骨架异构化在更高的温度下可以观察到。当齐聚/聚合反应和氢转移反应结合时，焦炭生成速度明显地增加。例如，烯烃在酸性催化剂上裂化时会产生非常多的焦炭（Greensfelder，1945b）。

4. 氢转移反应

由于烯烃是不饱和的，发生氢转移反应很容易。氢转移反应是一种双分子反应，其过程涉及供氢体和受氢体，取决于反应情况，烯烃可以是它们中的任一个。氢转移反应链涉及正碳离子，存在着两个连续的反应步骤：负氢离子转移和质子转移。例如，1-丁烯的氢转移反应途径如下：

(1) 引发阶段

$$1\text{-}C_4H_8+H^+ \longrightarrow C_4H_9^+$$

(2) 传递阶段

$$C_4H_9^+ + 1\text{-}C_4H_8 \longrightarrow C_4H_{10} + C_4H_7^+ \qquad (氢\ H^-\ 转移)$$

$$C_4H_7^+ + 1\text{-}C_4H_8 \longrightarrow C_4H_6 + C_4H_9^+ \qquad (氢\ H^+\ 转移)$$

这里 $C_4H_9^+$ 是仲型丁基正碳离子，$C_4H_7^+$ 是 π 型烯丙基正碳离子，C_4H_6 是丁二烯。最终的反应为两分子的 1-丁烯产生一分子的丁烷和一分子的丁二烯。

反应链最简单的终止阶段为仲型丁基正碳离子脱附形成 1-丁烯（或 2-丁烯），使 Brönsted 酸性位得到再生：

$$C_4H_9^+ \longrightarrow C_4H_8 + H^+$$

在催化裂化过程中，烯烃分子和 5 或 6 个碳的环烷烃（例如，属于多环环烷烃或环烷-芳烃）之间会发生氢转移反应，在这种情况下，受氢分子为烯烃，烯烃饱和生成烷烃，而环烷烃如果含有 6 个碳原子则变成芳香烃；如果含有 5 个碳原子，则生成环戊二烯，极易发生聚合反应。在烯烃中，含有亚乙烯基双键 $CH_2=CR_1R_2$ 的烯烃能够形成叔正碳离子，具有最高的氢转移活性。这解释了为什么重质原料催化裂化过程中有大量的异丁烯产物，同时异丁烯通过和不饱和的多环分子（如焦炭前身体）发生氢转移转反应转变为异丁烷。烯烃所涉及的氢转移是许多石油炼制和石油化工工艺中焦炭生成的关键反应之一。

5. 不同类型的烯烃反应活性

对不同类型的烯烃进行催化裂化试验研究也可以追溯到 20 世纪 40 年代（Greensfelder，1945b）。Voge 等（1983）在无定形催化剂和沸石催化剂上的试验结果表明，烯烃的裂化反应速度远快于烷烃，并易于迅速地异构化。在相同的反应条件下，$1\text{-}C_{16}H_{32}$ 和 $C_{16}H_{34}$ 的转化率分别为 90% 和 42%。这是因为烯烃比烷烃在反应初始阶段更容易接受质子（碱性较强），也就更易于转化为正碳离子。一旦正碳离子形成，随后发生 β 断裂反应。正十六烯和正十六烷在沸石及硅铝催化剂上的裂化反应活性列于表 2-19。

表 2-19　正十六烯与正十六烷裂化反应活性的差异

烃　　类	正十六烷		正十六烯		
催化剂类型	Si-Al	REHX	Si-Al	REHX	REHX
裂化反应温度/℃	482	482	482	482	482
进油时间/s	120	120	120	120	10
$LHSV/\text{h}^{-1}$	100	650	1400	1300	2600
裂化反应转化率/%	8.9	18.4	26.4	22.1	34.5
异构化反应转化率/%	0.0	0.0	26.6	16.0	16.7
裂化反应速率常数/s^{-1}	58	1000	3115	2590	10250
催化剂上积炭/%	0.11	1.4	1.2	6.2	3.1

从表 2-19 可以看出，正十六烯在硅铝催化剂上的裂化反应速率常数为正十六烷的 50

倍；在 REHX 催化剂上则随催化剂上的积炭量而有所差别，当正十六烯裂化所造成催化剂上积炭量比正十六烷裂化所造成催化剂上积炭量高一倍时，前者反应速率常数为后者的 10 倍。由于催化剂上的积炭会影响催化剂的活性中心，假定在相同催化剂积炭量时，两者反应速率常数之比将会大得多。从表 2-19 还可以看出，正十六烷裂化时无异构化反应，而正十六烯的异构化反应则相当迅速。这也表明了烷烃不能直接发生异构化反应，异构烷烃的生成是由烯烃先发生异构化反应，然后再经氢转移反应而生成的。正十六烯在 REHX 催化剂上裂化产品分布见图 2-41，并与正十六烷进行了比较。从图 2-41 可以看出，正十六烯的产物分布图形要比正十六烷的产物分布更平宽些。

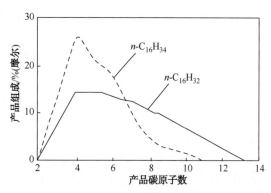

图 2-41　正十六烯裂化产物分布

不同碳数正构烯烃的裂化反应速率常数列于表 2-20，与烷烃相同，其反应速率常数仍随链长的增加而增大。正十六烯及正十二烯在两种催化剂上的裂化反应速率分别约为正辛烯的 3 倍及 2 倍。沸石与硅铝催化剂由于积炭不同，两者间的差别不好直接相比。

表 2-20　不同碳数正构烯烃的裂化反应速率常数

烃　　类	$n-C_8H_{16}$		$n-C_{12}H_{24}$		$n-C_{16}H_{32}$	
催化剂类型	Si-Al	REHX	Si-Al	REHX	Si-Al	REHX
裂化反应速率常数/s^{-1}	868	792	1958	1931	2833	2502
催化剂上积炭/%	0.8	7.8	1.7	7.9	0.9	6.5

在较低反应温度和常压下，甲烷、乙烷、丙烷等小分子低碳烷烃在沸石催化剂上发生催化裂化反应几乎是不可能的，而乙烯、丙烯和丁烯等小分子低碳烯烃却很容易在沸石催化剂上发生异构化反应、齐聚反应、裂化反应、氢转移反应以及环化或芳构化反应。例如，在反应温度为 390℃，质量空速为 0.5h^{-1} 及常压条件下，丙烯在 HZSM-5 催化剂上反应几乎全部转化为烷烃和芳烃，丙烯在 HZSM-5 催化剂上反应途径如下（陈遒沅，1992）：

$$C_3^= \rightleftharpoons C_2 \sim C_{10} 烯烃 \xrightarrow{氢转移} BTX + C_2H_6 + CH_4 + H_2$$

同样，在常压和反应温度 213℃ 反应条件下，乙烯在 REX 型沸石催化剂上首先发生双聚和多聚反应，然后再发生裂化反应、环化脱氢反应，最后生成大分子烷烃、芳烃以及焦炭（Venuto，1979）。因此，在开发多产低碳烯烃的催化裂化工艺时，通常注入较多的水蒸气，以降低低碳烯烃分压，减轻其相互聚合反应。

三、环烷烃(烷基单环烷烃和烷基多环烷烃)

环烷烃是含有介于 3 个和 8 个以上碳之间的饱和环状结构,可能含有一个或多个烷基侧链(烷基环烷烃),它们可以含有一个环(单环环烷烃)或是多个相邻的环(多环环烷烃)。但是除了 C_5 和 C_6 环外,其他环的形成几乎在石油炼制和石油化学反应研究中被忽略了(Marcilly, 2006)。在催化裂化反应环境下,环烷烃(通常和其他烃类混合)在催化剂上所经历的主要反应是环和侧链烷基的异构化和裂化反应,通过氢转移的环脱氢反应,侧链烷基的脱氢环化反应和缩合反应生成重组分产物。对于环烷烃的异构化和裂化反应,特别是涉及到环烷烃上环的反应,热力学因素起到决定性的作用,环收缩和扩张(例如由环己烷变为环戊烷)的异构化反应不受反应压力的影响,因为反应过程中未发生摩尔数的改变,而与反应温度有关,温度增加有利于从 6 元环变成 5 元环;高温(>350 ~400℃)有利于开环(或裂化)反应。

1. 烷基环烷烃和烷烃反应活性比较

对于一定的碳原子总数,单分子中叔碳可能分布在环上或者是在烷基侧链上,而环外叔碳可以分布在几个短链上或者在一个长链上。因此只能从下面试验结果粗略地比较环烷烃和烷烃的反应活性差异。环上带有 5 个和 6 个碳的环烷和烷基环烷烃及直链烷烃在相同操作条件(500℃,常压,酸性催化剂 $SiO_2-Al_2O_3-ZrO_2$)的反应活性如图 2-42 所示。

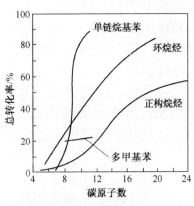

图 2-42　不同烃类反应活性
随碳数变化的比较

从图 2-42 可以看出,当碳数大于 5~7 时,随着碳数的增加,反应速度迅速增加。环烷烃的总体活性高于相对应的线性烷烃。环烷烃的产物是由异构化、裂化和氢转移反应所产生的,而烷烃的产物主要是由裂化反应所产生的。环烷烃的反应活性高的原因:一是对于单环烷烃,环上的每一个单侧链的增加都会产生一个叔碳原子,这就增加了其反应活性,而对于直链烷烃,每增加一个侧链,只能增加一个仲碳原子;二是烷基环烷烃涉及到快速且有效的反应途径包括环的异构化反应和由氢转移引起的脱氢反应(导致生成芳香烃)。从图 2-42 还可以形成以下两点结论:

① 与直链烷烃相比,烷基环烷烃更不容易发生裂化反应,而有利于发生另外一些反应,特别是异构化和氢转移。

② 对于这两种烃化合物,分子中碳原子数大于一定值后,裂化反应速度急剧增加:直链烷烃为 8,烷基环烷烃为 10。烷基环烷烃在当碳原子数大于 10 时,具有较高的反应活性,这是因为存在着所谓的"消去反应"或称"剥皮反应"。

为了对烷基环烷烃的反应活性更好理解,必须对烷基环烷烃的环和烷基反应的可能性分别加以考虑,然后再研究烷基环烷烃的环对侧链烷基反应的影响。

2. 环状正碳离子环的反应

环烷烃的环可进行四种类型的反应:环的异构化,β 断裂开环,氢转移和歧化。在研究这些反应前,首先探索为何在石油的烃化合物中几乎只有 5 元环和 6 元环结构存在。

(1)碳原子数对环烷烃环的稳定性影响

由于环张力的存在，3元环和4元环很容易开环(Abbot，1987a)，随后主要发生聚合反应。4元环可异构化成5元环或开环和聚合，可能发生的途径主要由烷基侧链类型决定的。7元环特别是8和9元环相对较不稳定，更容易发生异构化反应生成5或6元环而不是开环(Von Schleyer，1970)。5或6元环具有最小的环张力，因此5或6元环是最为稳定的，这就解释了为什么石油馏分中几乎所有的环烷烃环都是以这种形式存在的。5元环和6元环之间的稳定性差异非常小但随温度变化很大。表2-21给出了环己烷-甲基环戊烷(CyC_6-MCyC_5)之间受温度影响的平衡浓度，在低于130~140℃时CyC_6更稳定，温度升高对5元环有利。

表2-21 CyC_6-MCyC_5之间平衡受温度的影响

温度/℃	液体产品/%(摩尔)		温度/℃	液体产品/%(摩尔)	
	$MCyC_5$	CyC_6		$MCyC_5$	CyC_6
27	11.4	88.6	100	33.5	66.5
59	20	80	120	40	60
80	25	75	150	63	37

（2）异构化反应

环状正碳离子各种可能的异构化反应速率可以分类如下：顺-反异构和负氢离子迁移≥甲基取代基迁移≥环的收缩-扩张(通过B型异构化)。在烷基迁移或环的收缩-扩张的异构化反应的条件下，其他类型异构化反应(顺-反异构和负氢离子迁移)进行得非常快，可以视为处于热力学平衡。烷基环烷烃的两类A和B重排反应在第一节已经讨论过。A类型异构化反应是最快的，分为A1和A2两种类型。A1型外环式异构化反应，不改变环和烷基侧链中各自的碳原子个数：这种机理用于烷基的1，2环外式迁移(围着环)。A2型内环式异构化反应，同时改变环中各个碳和烷基侧链中碳原子个数，但没有改变环上取代基的个数(Weitkamp，1985)。B型异构化反应正如链烷烃B型骨架异构化反应机理一样，当5和6(或6和7)元环发生互变时伴随着环取代基数目的改变，环的收缩-扩张型机理涉及到边质子化环丙烷(EPCP)型反应中间体，因此B型(内环式)迁移要比前两种迁移A1、A2慢得多。例如，乙基环戊烷($ECyC_5$)异构化成甲基环己烷($MCyC_6$)的速率要比甲基环戊烷($MCyC_5$)转变成环己烷(CyC_6)的速率快得多，这是因为第一个异构化反应是A2型异构化反应，而第二个是涉及到EPCP反应中间体的B型异构化反应。

5或6元环的A和B型重排异构反应重要特征：一是5或6元环要比烷基链对应的A和B型重排反应快得多；二是环的出现有利于烷基侧链的骨架异构化反应；三是$2-MCyC_5$异构化转变成$3-MCyC_5$、CyC_6异构化转变成$MCyC_5$和$MCyC_5$异构化转变成CyC_6的相对速率可归类成以下次序：$2-MCyC_5/CyC_6/MCyC_5 = 9/3/1$。

（3）环的开环

正如链烷烃，环烷烃在酸性催化剂上的裂化反应可由环状非经典正碳离子的α断裂或环状经典正碳离子的β断裂进行。环状非经典正碳离子反应机理发生条件为高温且足够的强酸，在此只讨论环状经典正碳离子的β断裂的开环机理。

环烷烃开环反应的活性是由环上的叔碳数、它们的相对位置和可能存在的异构体数目所决定。开环速率随环烷烃分子中碳原子数的增加而增加，与环中叔碳原子数密切相关，但其速率增加还是相对缓慢的。当烃类分子中碳原子数增加时，烷烃的裂化速率增加的幅度要明显地高于环烷烃的开环速率。尽管在碳数等于 6 时，环烷烃开环速率要比烷烃裂化速率快，但随着碳数的增加，开环反应速率增加并不是很快，从二甲基环己烷开始，环烷烃与对应碳数的烷烃裂化反应相比，其开环反应速率就慢得多。对这两类烃来说，相同碳数时，最有利的裂化反应方式是相同的：对于烷烃和甲基环己烷（C_8）来说，最佳裂化反应是 A 型；对于 C_7 来说，对应的是 B 型；对于 C_6 来说，对应的是 C 型。与对应链烷烃 β 断裂相比，开环反应速率随着碳原子数的增加而缓慢地增加，环阻碍着 β 断裂。环的阻力极大地消除了 A、B 和 C 型 β 断裂方式之间存在的差异。表 2-22 列出了在最有利于 β 断裂的各种结构中，异构烷烃和烷基环烷烃相对裂化速率的顺序随碳数的变化（从碳原子数 5 到 8）。

表 2-22　各种甲基环烷烃开环速率 V_0 和对应异构烷烃 β 断裂速率 V_c 的近似相对分类

模式	$M\geqslant$	反应物（甲基环烷烃）	开环产物	涉及离子	速率分类
A	8	（结构图）	C=C—C—C—Ç—C（含两个 C 支链）	T→T	$V_0 < V_c$
B1	7	（结构图）	C=C—C—C—Ç—C（含 C 支链）	S→T	$V_0 \approx V_c$
B2	7	（结构图）	C=C—C—C—Ç—C（含 C 支链）	T→S	$V_0 \approx V_c$
C	6	（结构图）	C=C—C—C—Ç—C	S→S	$V_0 > V_c$ (109, 116)
D	5	（结构图）	C=C—C—C—Ç	S→P	（没有数据）

注：模式，β 断裂模式；T—叔正碳离子；S—仲正碳离子；P—伯正碳离子；V_0—开环速率，V_c—开环产物对应异构烷烃 β 断裂速率。

从表 2-22 可以看出，当碳原子数为 6 时，开环速率还是大于烷烃裂化速率；当碳原子数接近 7 时，两者基本相当；但从碳原子数为 8 开始，这种情况明显地出现了反转，开环速率小于对应异物烷烃裂化速率。因此，含有 8 和 9 个碳原子数的单烷基环烷烃（如乙基环己烷）与对应的直链烷烃各自反应得到的支链异构体分布存在着明显的不同。与直链烷烃的结果相比，单烷基环烷烃得到的混合异构体中含有大量的三侧链异构体（如三甲基环戊烷）（Weitkamp，1984）。

双环烷烃中 2 个叔碳原子的存在，如萘烷和异构烷烃 2，7-二甲基辛烷，解释了为什么这 2 个分子裂化反应速率是相近的。双环中 2 个叔碳原子的存在也可以解释萘烷相对于环己烷高的裂化速率。因此可以推测双环环烷烃如萘烷第一个环的开环要比第二个更容易并得到实验证实，环烷烃相对开环速率表示如下：

$$\text{多环} \xrightarrow{k_m = 1} \text{双环} \xrightarrow{k_2 = 1.4} \text{单环} \xrightarrow{k_1 = 0.2} \text{烷烃}$$

由此可以看出，环烷烃开环的阻力在于单环烷基环烷烃的开环。

（4）氢转移反应（HT）

在热力学有利的条件下，环烷烃具有较强的氢转移反应趋势，因为这样可以生成稳定的芳香烃（Corma，1991）。和饱和环相比，在部分未饱和环上的氢转移反应速率更快，选择性更好，原因有二：一是最初负氢离子在环烯烃上的提取速率要比在饱和环上的容易，这是因为在环烯烃上可以形成一个 π-烯丙基型的稳定不饱和正碳离子；二是只需较少基元反应的步骤就可使它们转变成对应的芳香环。这一点可以从表 2-23 看出。表 2-23 列举了这些单环烃化合物氢转移反应的最初速率常数，反应条件为反应温度 500℃，采用 USY 型催化剂。

表 2-23 甲基环己烷($MCyC_6$)和甲基环己烯($MCyC_6^=$)最初速率常数

速率常数/s^{-1}	$MCyC_6$	$MCyC_6^=$	速率常数/s^{-1}	$MCyC_6$	$MCyC_6^=$
裂化	0.104	0.049	氢转移	0.045	0.107
异构化①	0.006	nd	开环	0.032	0.032

① 甲基环戊烷的形成；nd—没确定。

3. 烷基侧链的反应

(1) 烷基侧链的异构化反应

烷基侧链的异构化反应就是与环相连接的烷基碳数发生改变，包括侧链上碳原子数或是侧链程度的改变。由 5 元环变成 6 元环(反之依然)对烷基侧链反应活性的影响较大。扩环-缩环导致消除或增添外环碳原子，或者是一个单独的甲基(B 型异构化)或者是包含在已存在的烷基侧链中(A2 型异构化)。环上侧链烷基重排分为带有几个短烷基侧链的环和带有一个长烷基侧链的环。

带有几个短烷基侧链的环重排反应如图 2-43 所示。例如 DMCyC$_6$ 可以转变成 ECyC$_6$，是经过两种异构化反应步骤即 A2 型(快)和 B 型(慢)来实现的。

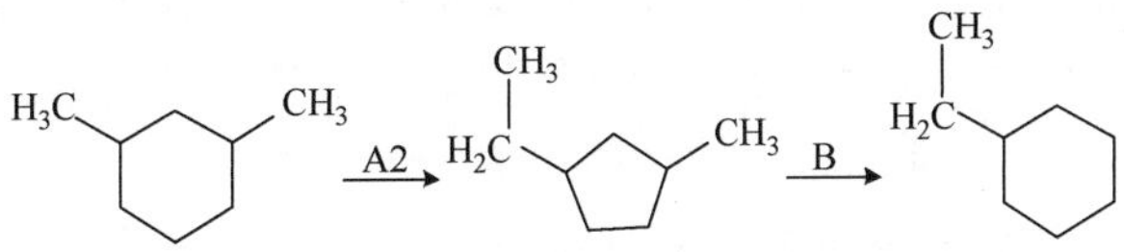

图 2-43 DMCyC$_6$ 转变成 ECyC$_6$ 的异构化步骤

对于带有长链的环状烃类，原则上可以通过前面所提到的异构化反应的相反顺序步骤将长侧链断裂成多个短侧链的取代基分布在环的周围，但由于 Y 型沸石催化剂具有择形性能，限制着长侧链断裂成两个左右的取代基。

(2) 侧链的断裂

裂化反应是位于烷基侧链上或环和侧链之间 C—C 键的 β 断裂。尽管 β 断裂对环或是环上的烷基侧链都是可能的，但在侧链上 β 断裂速率会更快。如果环上只有甲基基团，那么一系列的 A 型异构化反应，包含特别是甲基从环上迁移到烷基侧链上和缩-扩环的机理，将有足够的时间将甲基连接成一个单烷基侧链(Sullivan，1983)。

4. 不同类型的环烷烃反应活性

环烷烃含有较多的仲碳原子，在十氢萘及带取代基的环烷烃含有较多的叔碳原子，环烷烃比相应的直链烷烃裂化反应速度快得多。环烷烃裂化时，由于氢转移反应而生成大量的异构化和芳构化产物。同样，环烯烃比相应的环烷烃具有更快的 β 位断裂速度，并具有更强的异构化和氢转移反应趋势。此外，环烷烃如果带有较长的烷基侧链，含有叔碳原子，断侧链反应要比开环裂化快，生成低碳环烷烃和芳烃。

双环环烷烃和多环环烷烃是生产汽油馏分的最好原料，这是因为双环中的第一个环或多环中的除最后一个环外都容易开环断裂，留下一个不饱和链在最后一个环上，而最后一个环又难以开环断裂，但可以通过一系列氢转移反应脱去环上的负氢离子而生成芳烃，从而留在汽油馏分中。对于汽油生产方案，环烷烃比烷烃更容易转化为芳烃。下面对不同类型的环烷烃在催化裂化工艺条件下的试验结果进行综述和分析。

（1）单环环烷烃

在反应温度为 500℃ 时，环己烷仅有少量分解，但产物中含有较高浓度的氢气，说明在此反应温度下，脱氢反应速率要大于裂化反应速率。Slagtern 等（2010）在反应温度 400~650℃ 范围内对环己烷在高硅 HZSM-5 催化剂上反应生成烯烃进行了试验研究，当反应温度为 550℃ 时，环己烷在不同硅铝比的 HZSM-5 催化剂上转化率及低碳烯烃的产率列于表 2-24。

表 2-24　环己烷在不同硅铝比的 HZSM-5 催化剂上转化率及低碳烯烃产率

HZSM-5	转化率/%	乙烯和丙烯产率/%	丙烯/丙烷
Si/Al = 28	100	13	0.4
Si/Al = 85	89	32	1.6
Si/Al = 200	55	27	3.7

从表 2-24 可以看出，在 Si/Al 为 28 时，转化率可达到 100%，在 Si/Al 为 200 时，转化率为 55%，但乙烯和丙烯产率及丙烯/丙烷大幅度增加。同时考察了反应温度对转化率以及乙烯和丙烯产率的影响，随着反应温度的升高，转化率以及乙烯和丙烯产率均增加，当反应温度达到 600℃ 时，气体中丙烯含量才开始降低。基于试验结果，可以推导出烯烃产物是中间产品，烷基苯是二次反应产物，而苯是一次反应产物，过低的转化率和过高的转化率均不利于烯烃产物的生成。因此，采用高硅 HZSM-5 催化剂有利于非经典的正碳离子的生成，从而可以多产低碳烯烃。

异丙基环己烷及戊基环己烷裂化时生成较少的氢气，说明高沸点环烷烃的裂化反应速率大于脱氢反应速率，但环烷烃裂化产物中的氢气产率高于相应的烷烃裂化产物中的氢气产率。甲基环己烷裂化产物中的裂化气（$H_2 + C_1 \sim C_4$）产率为 25%，而相应的正庚烷裂化产物中的裂化气产率仅为 6.5%。由此可以看出，带取代基的环烷烃裂化反应较快，裂化产物也与链烷烃有很大的不同。环烷烃裂化产物中含有较多的异构烃和芳烃。

甲基环己烷在硅铝催化剂上发生裂化反应所生成的产物列于表 2-25。从表 2-25 中裂化产物分布数据可以看出环烷烃裂化反应具有以下特点（Plank，1957）：

① 有利于 β 键断裂的裂化反应生成 C_3、C_4 馏分。

② 异构化反应显著，这点从 $C_5 \sim C_8$ 环戊烷及环戊烯和 $C_4 \sim C_8$ 异构烷烃及异构烯烃的大量生成可以看出。

③ 生成一定量的芳烃，其中甲苯产率最高。

④ 生成一定量的焦炭，说明在发生裂化反应同时，也发生氢转移反应和缩合反应。

⑤ 产物中含有较高的异构烷烃，这是由烯烃先发生异构化反应，然后再经氢转移反应而生成的。

表 2-25 甲基环己烷在硅铝催化剂上的裂化产物分布

反应温度/℃	495	495	495	495	反应温度/℃	495	495	495	495
$LHSV/h^{-1}$	6.2	2.4	0.52	0.21	$C_5^=$	0.061	0.25	0.25	0.44
进油时间/s	0.57	1.4	6.1	12.7	C_6烃	0.561	1.284	3.72	3.81
转化率/%	17.3	27.1	47.0	68.2	甲基环戊烷	0	0.6	0.95	1.46
产物分布/%					苯	0.37	0.071	0.22	0.24
干气	0.033	0.331	1.64	4.16	C_7烃	12.90	14.37	18.61	28.02
H_2	0.008	0.057	0.20	0.66	C_7环烷	2.63	2.74	4.08	10.71
$C_1 \sim C_2$	0.025	0.274	1.44	3.50	C_7环烯	8.77	9.76	8.72	4.8
丙烷	0.09	0.74	2.95	5.08	甲苯	0.67	1.18	4.27	11.07
丙烯	0.41	1.26	1.84	2.87	C_8及以上	1.518	4.61	5.99	5.96
正丁烷	0.52	0.89	1.13	2.00	非芳烃	1.23	3.59	2.79	1.56
异丁烷	0.52	1.93	5.96	8.44	芳烃	0.288	1.02	3.20	4.40
丁烯	0.25	0.38	1.13	2.71	焦炭	0.099	0.11	0.70	2.45
C_5烃	0.391	1.437	2.68	5.37	总芳烃	1.328	2.271	7.69	15.71
i-C_5烷烃	0.20	1.04	2.13	4.21					

甲基环己烷一般作为单环环烷烃的模型化合物进行研究，其缺点就是脱氢反应速度较快，从而造成裂化产物中的氢气含量较高，如表 2-25 所示。带有较长烷基侧链的环烷烃的裂化反应速率通常大于脱氢反应速度，例如，三乙基环己烷裂化时氢气产率明显地低于甲基环己烷（Corma，1991）。

（2）双环环烷烃

通常选择十氢萘（Decahydronaphthalene/Decalin）作为探针分子，用来研究双环环烷烃的反应规律。双环环烷烃在催化裂化过程中主要发生裂化反应与氢转移反应。双环环烷烃的裂化反应主要生成 C_4 烃和单环环烷烃等，而氢转移反应主要生成芳烃，例如，十氢萘在硅铝锆催化剂上的裂化产物分布列于表 2-26（Greensfelder，1945c；Corma，2001a）。

表 2-26 十氢萘和四氢萘的裂化产物分布

项 目	十氢萘	四氢萘	项 目	十氢萘	四氢萘
催化剂	硅铝锆	硅铝锆	催化剂	USY	USY
反应温度/℃	500	500	反应温度/℃	482	482
进油时间/s	0.5	0.5	产物分布/%		
$LHSV/h^{-1}$	3.8	3.8	裂化气	18.0	5.0
产物分布/%			其中 H_2	0.1	0.1
裂化气	13.8	5.0	C_2	0.5	0.1
其中 H_2	0.09	0.06	C_3	2.2	1.0
C_1	0.13	0.07	C_3烯烃	1.9	0.8
C_2	0.52	0.16	C_4烯烃	1.2	0.5
C_3	3.64	2.50	i-C_4烷烃	10.3	1.4
C_4烯烃	1.58	0.53	n-C_4烷烃	1.8	1.1
i-C_4烷烃	5.42	1.68	液体产物		
n-C_4烷烃	2.42		n-$C_4 \sim C_{10}$	0.8	0.5
液体产物	86.45	95.3	i-$C_4 \sim C_{10}$	13.1	1.9
其中烯烃	4.8	0.1	环戊烷	0.0	0.2
烷烃	7.1	1.0	甲基环戊烷	17.6	2.3
总环烷烃	52.9	7.0	其他环戊烷	7.7	0.7
其中单环环烷烃	10.2	—	环己烷	1.8	0.0
反十氢萘	8.7	—	甲基环己烷	2.9	0.4
顺十氢萘	34.0	—	$C_4 \sim C_7$烯烃	0.6	0.0
总芳烃	21.6	87.2	$C_8 \sim C_{10}$环烷烃	14.0	0.0
其中苯	0.08	6.8	反十氢萘	11.0	0.2

项　目	十氢萘	四氢萘	项　目	十氢萘	四氢萘
甲苯	1.36	2.4	顺十氢萘	0.2	0.0
C_8芳烃	1.93	2.6	苯	0.8	8.7
C_9芳烃	2.73	1.2	甲苯	3.2	3.5
C_{10}芳烃		6.7	乙苯	0.6	2.0
四氢萘及异构体	10.5	32	二甲苯	3.4	0.6
萘	5.0	28	$C_9 \sim C_{11}$芳烃	6.1	9.6
高沸点芳烃		7.5	萘	2.5	31.3
焦炭和损失	-0.2	-0.3	萘系	13.7	38.1

从表 2-26 可以看出，十氢萘裂化时，其环断裂生成较多的异丁烷及较少的正丁烷，液体产品中含有甲基环戊烷及单环烷烃。由此可以推导十氢萘直接裂化生成 C_4 及环状 C_6 碎片。这些碎片可以形成相应的烯烃，或通过与十氢萘分子之间发生氢转移反应而生成饱和产物。气体产物中含有一定比例的丙烷及丙烯，可能是由十氢萘或其异构物或其裂化产物裂化生成的。烷基苯的生成可以认为是部分十氢萘发生氢转移反应生成四氢萘，四氢萘的饱和环再发生断裂反应生成烷基苯，因此十氢萘裂化生成的烷基苯与四氢萘裂化生成的烷基苯是相似的。产品中的萘可以认为是经两次氢转移反应而生成的，首先生成四氢萘，然后再经负氢离子转移生成萘。十氢萘在较高的转化率（>80%）下，两个主要产物是 $MCyC_5$（≈15%，质量分数）和异丁烷（≈10%）；还有各种单环环烷烃（≈25%）、单环芳香烃（≈10%）和 C_9-链烷烃（≈10%）；萘的量很少（≈2%）。相比较下，四氢萘在高转化率（≈80%）下，90%的产物是芳香烃；最主要的一个是萘（≈25%，质量分数），还有各种简单的单环芳香烃（苯、甲苯和各种多甲基苯）（≈28%），少量的单环环烷烃，最主要的是 $MCyC_5$（≈2%）和少量的 C_9-链烷烃（≈6%）。产物中分子氢及 C_1 和 C_2 型碳氢化合物很少，说明质子化裂化反应是次要反应。

在反应温度为 482℃时，以饱和结构的十氢萘和不饱和结构的四氢萘两种双环的环烷烃为原料，在 USY 型沸石催化剂上进行裂化反应，以考察环烷烃不饱和程度对反应选择性的影响。试验结果列于表 2-26。从表 2-26 可以看出，十氢萘与四氢萘和单环环烷烃发生了相同的反应（环的异构化，通过质子化和/或 β 断裂的开环反应，生成轻烃的开环产物的连续裂化反应，脱氢生成芳香烃的氢转移反应，扩-缩环反应）。然而在十氢萘和四氢萘反应选择性之间却有明显不同。对于十氢萘来说，开环反应比氢转移反应更主要；而对于四氢萘来说，两种反应以相当的速率进行。

Mostad 等（1990a；1990b）以顺式十氢萘、反式十氢萘及其混合物（其中顺式为 60%，而反式为 40%）为原料，在 USY 沸石催化剂上进行试验，试验结果列于表 2-27，其中四氢萘作为对比模型化合物。

表 2-27　十氢萘在 USY 沸石催化剂上的裂化产物分布

原　料	转化率/%	气体产率/%	<216℃产率/%	>216℃产率/%	焦炭产率/%
顺式十氢萘	97	18	74	7	1
反式十氢萘	87	17	76	6	1
十氢萘混合物	89	16	77	6	1
四氢萘	79	5	82	11	2

从表 2-27 可以看出，顺式十氢萘的转化率明显地高于反式十氢萘，但两者产物分布基本相当。相对于四氢萘，十氢萘的气体产率大幅度增加，而汽油和柴油产率较低，这表明十氢萘更容易发生裂化反应，而四氢萘倾向于异构化反应和脱氢反应。顺式十氢萘和反式十氢萘及其混合物所产生的液相产物中的组成基本相当，只是顺式十氢萘的液体产品中的环烷烃略高于反式十氢萘，但略低于两种十氢萘的混合物，而顺式十氢萘的液体产品中的芳烃略低于反式十氢萘，但略高于两种十氢萘的混合物，且明显地不同于四氢萘所产生的液体组成，四氢萘所产生的液体组成中的芳烃含量高于 90%，如图 2-44 和表 2-26 所示。

宋海涛(2011)考察了十氢萘在不同类型 Y 型沸石催化剂上的裂化反应，研究发现不同催化剂上的裂化产物选择性相当一致，其中产物中 C_4、C_6 烃类摩尔选择性最高且两者基本相当，表明在十氢萘($C_{10}H_{18}$)裂化过程中从两个环烷环连接处断开是主要反应；C_3、C_7 的摩尔数也相当，表明还有相当一部分原料分子是在两环连接处断开一处，而后发生侧链 β 断裂；C_{10} 产物的摩尔选择性较高，主要是未发生开环的氢转移或异构化产物，以及开环而未发生裂化的产物；此外，产物中还有少量的 C_5、C_8、C_9 和 C_{14} 烃类，推断是二次反应的产物。基于十氢萘的分子结构特点和产物分布，可以推断十氢萘在 Y 型沸石催化剂上反应途径，如图 2-45 所示。

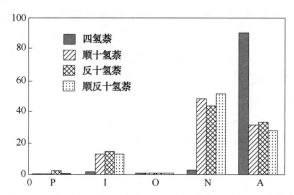

图 2-44　十氢萘及其混合物和四氢萘所产生液体组成分布

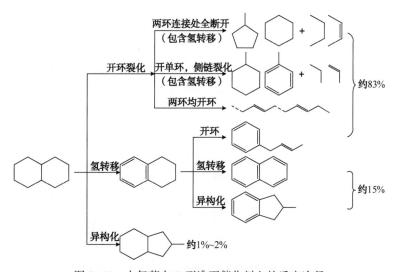

图 2-45　十氢萘在 Y 型沸石催化剂上的反应途径

十氢萘转化的反应机理分为两种类型，一是首先形成的正碳离子是由负氢离子抽取产生的，然后通过或者是 C 型 β 断裂(S→S)或者是更可能发生 B 型异构化反应后再通过 B 型 β 断裂(T→S 或是 S→T)导致开环。由 β 断裂反应产生的不饱和正碳离子然后快速转变成很高吸附性能的烯丙基正碳离子，通过前面提及的各种可能途径发生转化(环或者烷基侧链的异构化反应，连续的裂化反应，加成−裂化反应和氢转移)，生成的产物范围较广。最主要的三个反应为氢转移、异构化和 β 断裂。二是十氢萘的碳碳键上首先受到 B 酸位的攻击形成一个非经典正碳离子，接着裂化形成烷基环烷正碳离子，烷基环烷正碳离子的异构化和键断裂生成 C_4 等气体分子及环状 C_6 碎片和比进料更轻的环烷烃；如果烷基环烷正碳离子发生双分子反应氢转移和氢质子转移产生 C_{10} 烷基，烯基或环烷芳香烃；中间产物还会发生双分子歧化反应、烷基转移和裂化反应，生成更多碳原子的芳香烃(许友好，2013)。

(3)多环环烷烃

前面已论述，环烷烃由于具有仲碳和叔碳原子，在催化剂作用下容易形成仲正碳离子和叔正碳离子，因此环烷烃的裂化速率比烷烃快很多；若碳数相同且叔碳数也相同则烷烃和环烷烃的裂化反应速率基本相同。然而随着环烷环数的增加，其分子直径明显增大，三环以上环烷烃只能在沸石载体上吸附而很难进入孔道内，容易发生氢转移脱氢芳构化而进入重循环油或澄清油馏分。相对于单环环烷烃，多环环烷烃在催化剂上反应的研究很少。Nace 等(1970)研究了多环环烷烃在沸石催化剂上的裂化反应，并与单环环烷烃及双环环烷烃的裂化反应产物分布进行了比较。三环环烷烃(全氢化菲、全氢化芴)及四环环烷烃(全氢化芘)在 REHX 催化剂上的裂化反应速率常数及产物分布列于表 2-28，表中同时列出了三乙基环己烷及三甲基十氢萘的裂化反应的结果。

表 2-28　多环环烷烃的裂化反应结果

项　　　目	1，3，5-三乙基环己烷	三甲基十氢萘	全氢化菲	全氢化芴	全氢化芘
裂化反应温度/℃	482	482	482	482	482
$LHSV$/h^{-1}	1300	1300	650	1300	650
裂化反应转化率/%	17.7	18.3	14.6	12.3	9.2
裂化反应速率常数/s^{-1}	2370	2420	953	1615	513
催化剂上积炭/%	2.0	0.7	1.0	1.1	1.6
裂化产物分布/%					
C_7、C_8芳烃	5.8	10.6	5.8	4.5	5.0
C_5、C_7五元环	9.8	12.1	23.5	30.4	18.8
C_6、C_8六元环	9.8	13.4	22.7	24.0	18.3
非环状烃类					
其中　C_3	9.7	4.7	4.1	5.5	5.8
C_4	21.7	15.4	8.9	9.5	6.1
C_5	16.9	14.6	5.2	4.4	2.9
C_6	9.4	8.6	2.0	3.2	2.5
C_7	2.4	1.3	0.6	0.5	1.1
非环+$C_8 \sim C_{11}$环(包括茚满)	14.5	19.5	22.0	13.8	30.1
非环+$C_{12} \sim C_{15}$环(包括十氢萘、四氢萘和萘类)	0.0	0.0	5.1	4.3	8.2

从表 2-28 可以看出，三乙基环己烷及三甲基十氢萘裂化产物中非环状产物多于环状产物，这是由于这些烃类的环自身发生断裂反应所造成的。而三环环烷烃裂化产物中含有较多的单环环烷烃，这是由于这些多环环烷烃中间环发生开环断裂反应所致。在多环环烷烃的裂化反应产物中尚有较多的环戊烷，说明多环环烷烃作为原料裂化时，所发生反应类型与单环环烷烃发生的反应相同，即环自身断裂反应和重新环化反应。多环环烷烃的裂化反应速率要高于相同相对分子质量的烷烃。多环环烷烃的转化率随环数增大逐渐降低。

从表 2-28 还可以得到以下一些重要的观点：

① 多环环烷烃第一个环裂化的速率与对应相同相对分子质量的单环烷基环烷烃以及具有相同相对分子质量且相同数目叔碳的链烷烃几乎相近，例如十氢萘和 2，7 二甲基辛烷就是这种情况。单环烷基环烷烃通过消去反应的裂化反应速率较快，从而证实了第一个环开环的阻力要比第二个环小很多。

② 裂化所得到的最主要产物是轻链烷烃，其中异构烷烃/正构烷烃(i/n)之比较高，同时还有以五元环为主的单环环烷烃。

③ 环烷烃不饱和程度对反应选择性有重要影响。

（4）环烯

环烯烃比相应的环烷烃要容易裂化。环己烯在硅铝钍催化剂上很容易发生裂化反应、异构化反应、叠合反应以及氢转移反应，其中异构化反应、叠合反应以及氢转移反应更加显著。产物分布列于表 2-29。

表 2-29　环己烯在硅铝钍催化剂上反应的产物分布

催 化 剂	硅 铝 钍	催 化 剂	硅 铝 钍
反应温度/℃	400	脂族 C_5 及 C_6	3.5
进油时间/h	1	甲基环戊烷	26.3
$LHSV$/h^{-1}	4	甲基环戊烯	23.5
产物分布/%		环己烯	1.5
裂化气	2.4	高沸点液烃	42.2

四、芳烃（烷基芳烃和多环芳烃）

出现在石油馏分中的芳烃化合物，包含有一个或多个 6 元芳环，通常芳环上含有烷基侧链或/和饱和环。芳环由于其高度的共轭效应而非常稳定。最稳定的是苯环，是石油馏分中最常见的一种碳氢化合物。由于苯环具有高稳定性，几乎不可能仅仅通过纯粹的酸性路径就破坏它的苯核结构（Wojciechowski，1986）。对于固体酸催化剂，芳环化合物可以在环和烷基侧链上进行如下反应：

① 烷基芳烃的异构化反应，包括芳环或者仅仅是烷基侧链的异构化反应；

② 芳环联结处或烷基侧链内的裂化反应；

③ 改变环上烷基侧链数目的歧化-烷基迁移反应；

④ 烯烃与芳环生成烷基芳烃的烷基化反应；

⑤ 环上烷基侧链的环化反应（自-烷基化）；

⑥ 芳环缩合反应。

（一）烷基芳烃反应

1. 初始正碳离子

烷基芳烃所发生的反应会涉及到三种不同的正碳离子，烷基苯型正碳离子、苯基烷烃型正碳离子和苯基烷烃非经典型正碳离子，如图 2-46 所示。

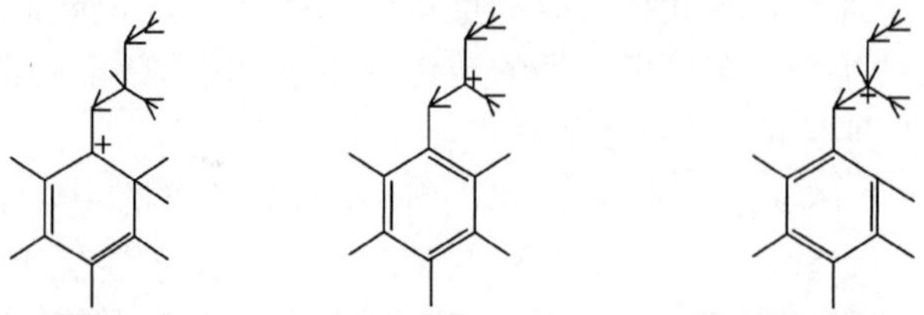

(a) 烷基苯型正碳离子　　(b) 苯基烷烃型正碳离子　(c) 苯基烷烃型非经典正碳离子
$C_6H_6^+-C_nH_{2n+1}$　　　　$C_6H_5-C_nH_{2n}^+$　　　　　$C_6H_5-C_nH_{2n+2}^+$

图 2-46　烷基芳烃转变过程涉及到的三种正碳离子

烷基苯型正碳离子，化学式为 $(C_{n+6}H_{2n+7})^+$，由质子化芳环得到：

$$C_6H_5-C_nH_{2n+1}+H^+ \longrightarrow C_6H_6^+-C_nH_{2n+1}$$

苯基烷烃型正碳离子，化学式为 $(C_{n+6}H_{2n+5})^+$，由烷基侧链移去一个负氢离子得到：

$$C_6H_5-C_nH_{2n+1}+R^+ \longrightarrow C_6H_5-C_nH_{2n}^++RH$$

在这类正碳离子中，存在着一个特例，即苯基烷烃型正碳离子所带的正电荷处于连接芳环的侧链碳上。这样的离子属于取代环上处于 α 位的 C_α 的苯基型离子 $C_6H_5-CH^+-C_{n-1}H_{2n-1}$。

苯基烷烃非经典型正碳离子，化学式为 $(C_{n+6}H_{2n+7})^+$，由烷基侧链在超强酸上质子化得到：

$$C_6H_5-C_nH_{2n+1}+H^+ \longrightarrow C_6H_5-C_nH_{2n+2}^+$$

和烷基苯型正碳离子相同，但是它们的结构和稳定性却不一样，因为这种正碳离子很不稳定，趋向于通过 α 断裂快速发生裂化反应。在这两种类型正碳离子形态之间很可能存在着一个平衡，迁移方向高度趋于较稳定的烷基苯型正碳离子。大多数的反应涉及到烷基苯型正碳离子和苯基烷烃型正碳离子。

2. 烷基芳烃主要反应

（1）异构化反应

烷基芳烃的异构化反应分为芳环上的异构化反应和烷基侧链的异构化。芳环上的异构化反应与环烷烃相类似，涉及到 A 型和 B 型异构化反应。与环烷烃的 A1 型异构化反应相类似，烷基取代基由外环 1，2 位迁移所发生的异构化反应，既没有改变环中碳数也没有改变取代基数目。例如二甲苯，甲基基团 CH_3—从烷基苯型正碳离子环上一个碳迁移到另一个碳。随着环上甲基基团的增多，迁移的速率将会增加（Morin，1996）。与环烷烃的 A2 型异构化反应相类似，烷基芳烃 A2 型异构化反应是由 Sullivan 等（1961）所提出的，但不容易理解，其过程涉及到二烯环状正碳离子(环内异构化反应)的收缩或/和扩张反应。在 B 型异构化中，由二己烯正碳离子环的收缩-扩张(内环式异构化)的 B 型异构化反应将会改变芳环上取代基数目(即改变支链化程度)，以解释六甲基苯消去反应。在苯基庚烷长侧链的裂化反应过程中观察到烷基侧链的异构化，庚烷基链裂化生成的碎片要比庚烷裂化所生成的产物含有更多的异构体（Corma，1992）。这可能是苯基的存在有利于庚烷基链在裂化之前先发生重排反应。

（2）裂化反应

裂化反应主要包含芳环连接处的 β 断裂反应，烷基芳香烃侧链内的裂化反应以及烷基侧链碳数对裂化方式的影响。芳环连接处的 β 断裂反应存在着两种烷基苯型正碳离子的 β 断裂方式：一是烷基苯型正碳离子直接脱烷基；二是消去(剥皮)反应。

① 烷基苯型正碳离子直接脱烷基包含两个步骤：质子化苯环成为烷基苯型正碳离子，然后紧接着脱烷基生成苯和烷基正碳离子，如图 2-47 途径(a)所示。烷基正碳离子可以脱附成为烯烃或者继续发生化学反应(重排、裂化、烷基化)；质子化烷基侧链是一个单分子反应过程：它包含质子化侧链成为苯基烷烃型非经典正碳离子，然后快速发生 α 断裂产生一个短烷烃和苯基烷烃型正碳离子或者一个短侧链的烷基苯和一个烷基正碳离子，如图 2-47 途径(b)所示；通过 β 断裂的裂化反应，其中涉及到在一个正碳离子和烷基苯之间通过负氢离子转移形成烷基苯型正碳离子，重排，然后苯基烷烃型正碳离子发生 β 断裂，如图 2-47 途径(c)所示。

烷基侧链断裂的方式取决于侧链上的碳数，甲苯的脱烷基反应是非常困难的；对于含有 2 到 3 个碳的烷基侧链，芳环连接处的脱烷基或者断裂事实上是裂化反应仅有的可能；当烷基侧链大于 4 个碳原子时，后两类反应就有可能发生。

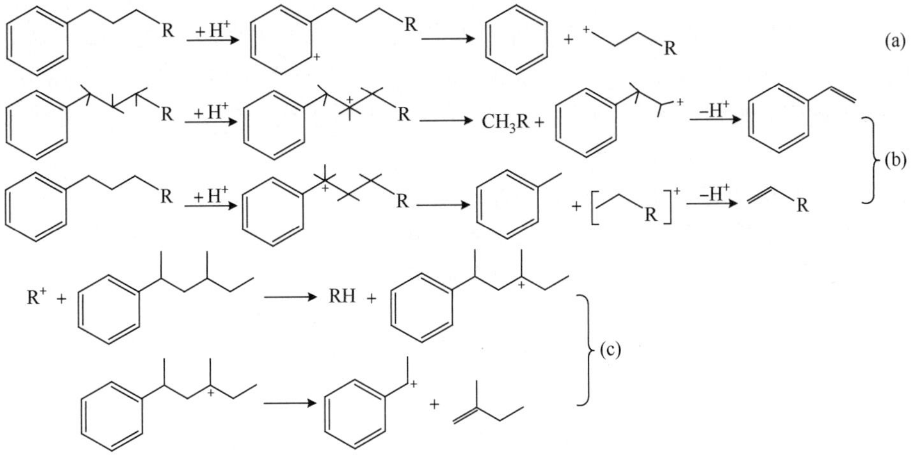

图 2-47　烷基苯环外的可能断裂反应机理

② 消去反应：环烷烃的转化反应所涉及消去反应是一种非常特殊的反应，基本上包含从环上通过脱烷基剥离由几个甲基取代基组合成的叔丁基取代基。与环烷烃相类似，当烷基芳烃碳数目超过 10 时，其消去反应总速率将急剧增加，这是因为此碳数目可以形成叔丁基侧链，从而非常有利于 β 断裂。

烷基侧链断裂的方式取决于侧链上碳数。甲苯的脱烷基反应是非常困难的，这是因为此反应只存在着两种不利的反应途径，一是在甲苯的甲基上质子化形成苯基甲基型非经典型正碳离子，然后通过 α 断裂形成一个甲烷和高度不稳定的苯基正碳离子 $C_6H_5^+$；或者在甲苯的芳香环上质子化形成烷基苯型正碳离子，通过 β 断裂形成高度不稳定的甲基正碳离子和苯。对于含有 2~3 个碳的烷基侧链，芳环连接处的脱烷基或者断裂是裂化反应仅有的可能。当烷基侧链大于 4 个碳原子时，可能发生两类反应，一是侧链内部的 β 断裂：导致苯基离子生成的位于环 β 位的 C—C 键断裂反应优于离环较远的 C—C 键的 β

断裂反应。对于正丁基苯，仲苯基丁基正碳离子侧链内部的 β 断裂解释了丙烯和甲苯的生成。对于至少含有 6~7 个碳的长烷基侧链，除了环的 α 位置或环的 β 位置的 C—C 键的 β 断裂和相对应的烷烃 β 断裂基本相当，优先按裂化反应模式 B，特别是按裂化反应模式 A 进行，通常首先涉及到苯基烷烃型正碳离子的重排反应；二是芳环上短的烷基侧链(特别是甲基和乙基)组合的消去反应：组合这些短侧链形成叔丁基取代基，能快速地发生脱烷基反应剥离此取代基。

（3）歧化反应或烷基转移

歧化反应/烷基转移反应根据侧链的长度可以采用不同的机理。例如，一个甲基基团，通过双分子反应从一个环转移到另外一个环上面去，甲基基团总是至少连接在这两个环中的一个上。更长侧链(乙基或更长)也可以按照前面机理从一个环迁移到另外一个环上面去，但也可以通过脱烷基离开第一个环，再通过烷基化反应连到第二个环上面去。短烷基侧链如甲基基团，最简单和最典型例子就是二甲苯双分子反应机理（Poutsma，1976；Pukanic，1973）。长侧链歧化反应/烷基转移反应的例子如乙基苯，包含引发阶段、传递阶段(链机理)和链反应终止等一系列基元步骤。在侧链碳数大于 2 时，烷基化/脱烷基的歧化反应机理很可能成为主要的反应机理，随着链长度的增加，将会更加重要。

（4）烯烃与芳烃的烷基化反应

烯烃与芳烃的烷基化的基元反应步骤开始是由烯烃质子化生成的正碳离子对芳香环 π 键的进攻，该步骤生成烷基苯型正碳离子，其初始是一个 π 型配体，然后转变成 σ 型配体，在接下来的步骤中，通过向烯烃(传递阶段)提供一个质子或者失去一个质子使 Brönsted 酸再生(终止阶段)而脱附形成烷基苯。

（5）芳烃环数增加的烷基芳烃的自烷基化反应

由烷基侧链上抽取一个负氢离子所形成的苯基烷烃型正碳离子能攻击芳核，如果侧链足够长(至少 4 个碳，如图 2-48 所示)则可以形成闭合环。

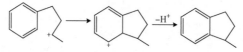

图 2-48　烷基芳香烃的自烷基化的环化反应

所形成的新环至少含有 5 个碳，2 个碳由两个环共同拥有。对于丙基苯，这个反应可以忽略，因为反应中间需要高度不利的伯正碳离子的形成，如 3-苯基丙烯-1-正碳离子。如果烷基侧链含有 4 个碳原子，由自烷基化形成的新环，通过氢转移的脱氢和异构化组合可以形成第二个芳环而不涉及伯正碳离子的形成。自烷基化反应会产生焦炭前躯体的多环芳烃。

（二）不同类型芳烃反应活性

芳香环很难发生开环裂化反应。苯环几乎不裂化，萘环只发生轻微的裂化，三环以上的芳环虽然发生少量的裂化反应，但主要是通过缩合反应而生成焦炭。烷基苯是芳烃化合物中最具有反应活性的，适合于生产高辛烷值汽油。裂化反应速度随着断裂的正碳离子的稳定性而变化，其顺序为：

叔丁基>异丙基>乙基>甲基

对同一种芳香环而言，裂化反应速度随烷基的增大而增加，而烷基断裂的位置主要发生在与芳香环连接的键上，这与芳香环的高质子亲合势有关。下面详细论述不同类型的烷基芳烃的反应化学。

（1）苯基单烷基侧链

苯环非常稳定，而烷基芳烃的烷基则易于断裂。烷基芳烃侧链断裂反应活性随取代基碳数的增多而增加，异构烷烃的取代基则比相应的直链取代基更易裂化。表 2-30 列出了乙苯、异丙苯、丁苯及戊苯的裂化反应产物分布。

表 2-30　几种烷基苯的裂化反应产物分布

项　　　目	乙　苯	异丙苯	丁　苯	戊　苯
催化剂	硅铝	硅铝	硅铝	硅铝锆
反应温度/℃	500	500	500	500
进油时间/h	0.5	1.1	0.5	1.1
$LHSV/h^{-1}$	5	5	5	4
产物分布/%				
苯	3.0	39.8	17.3	34.4
己烯	—	1.3	—	—
戊烯	—	—	—	28.7
未转化原料	95.4	35.0	68.2	27.0
高沸点物质	0.4	3.6	5.5	4.2
裂化气	1.2	20.3	7.1	5.4
其中　丙烯	—	19.0	0.76	—
丙烷	—	1.0	0.31	—
丁烯	—	0.3	2.69	—
丁烷	—	—	3.32	—
苯/转化原料（摩尔比）	0.885	0.945	0.934	0.895

从表 2-30 可以看出，当烷基苯的取代基在 3 个碳以上时，生成苯的摩尔数占转化原料 90%以上，充分表明了烷基苯的主要反应为烷基从苯环连接处断裂。产物中没有发现甲苯及苯乙烯，焦炭生成也很少。异丙苯裂化产物中含有己烯，推测为裂化产物丙烯叠合而生成的。丁基苯裂化产物中的丁烷显然是丁烯经氢转移反应而生成的。从表 2-30 可以看出，乙基苯最难发生裂化反应，其次为丁基苯，异丙苯最易发生裂化反应，戊基苯与异丙苯相近。

由于甲基正碳离子很难生成，因此甲苯难以发生裂化分解。魏晓丽（2010）考察了甲苯在择形沸石催化剂上的裂化反应，其转化率及苯与二甲苯的产率和选择性列于表 2-31，裂化气的组成列于表 2-32。

表 2-31　甲苯转化率和生成的苯和二甲苯的产率和选择性

反应温度/℃	转化率/%	产率/%		选择性/%	
		C_6H_6	$C_6H_4(CH_3)_2$	C_6H_6	$C_6H_4(CH_3)_2$
450	1.95	0.45	0.12	23.08	6.21
500	3.89	1.27	0.61	32.65	15.77
550	5.88	1.90	0.96	32.31	16.33
600	7.72	2.86	1.71	37.05	22.13

从表 2-31 可以看出，反应温度从 450℃提高到 600℃时，甲苯裂化反应转化率提高，这是因为提高反应温度，反应速度增加，从而提高了甲苯反应转化率。甲苯在反应温度 450℃时转化率为 1.95%，当反应温度提高到 600℃时，反应转化率只有 7.72%，试验结果证实了甲苯确实难以发生裂化反应。从表 2-31 还可以看出，不同反应温度下甲苯裂化生成苯的选

择性均在 23% 以上，尤其 600℃ 时，苯的选择性可达 37.05%，即在甲苯裂化反应过程中有约 1/4 以上的甲苯会转化为苯。随着反应温度升高，苯产率和苯选择性增加，说明提高反应温度有利于苯的生成。另外，当反应温度从 450℃ 提高到 600℃ 时，甲苯裂化产物中二甲苯产率从 0.12% 提高到 1.71%，二甲苯选择性从 6.21% 提高到 22.13%，二甲苯的生成可能是来自于甲苯的歧化反应，即两个甲苯分子通过歧化反应生成苯和二甲苯。另外，随着反应温度提高，二甲苯选择性增加，表明高温有利于提高甲苯歧化反应选择性。

表 2-32　甲苯裂化生成的裂化气的组成 (体积分数)

反应温度/℃	氢气/%	丙烯/%	反应温度/℃	氢气/%	丙烯/%
450	99.76	0.24	550	99.25	0.75
500	99.35	0.65	600	99.14	0.86

从表 2-32 可以看出，在甲苯裂化产生的裂化气中只有丙烯与氢气，这说明甲苯裂化反应中，不仅发生了 C—C 键断裂反应生成了小于 C_6 烃类，如丙烯，还发生了 C—H 键断裂反应生成了 H_2。尽管随着反应温度提高，氢气和丙烯的比例发生了变化，但总体来讲，甲苯裂化生成的气体中氢气含量占有绝对优势，这说明甲苯裂化反应过程中 C—H 键比 C—C 更易发生断裂。气体组成中一个比较显著的特点是未发现甲烷的生成，这表明甲苯的苯环与甲基之间的 C—C 键很难发生断裂反应，即甲苯很难发生脱烷基反应生成苯。

当苯和二甲苯同时存在时，两者在反应温度 538℃ 下可以相当完全地转化为甲苯。类似的反应是二甲苯生成甲苯和三甲苯。多甲基苯可以同时发生甲基重排和甲基递减反应，如邻二甲苯在反应温度 550℃ 下反应，几乎可以得到二甲苯的平衡混合物，并伴有 24% 甲苯及 16% 三甲苯；1, 3, 5-三甲苯反应生成少量甲苯、约 20% 二甲苯及 6% 凝缩产物。由此可以看出，这些短侧链的苯难以发生裂化反应，而可以发生异构化和歧化-甲基转移反应。

对于乙基苯来说，断裂反应并不是很有利，这是因为反应中涉及到形成不稳定的伯乙基正碳离子，这个正碳离子一经形成就会立刻脱附成为乙烯。在沸石上，如果反应温度高于 200℃，这种脱烷基反应及生成苯和二乙基苯的歧化反应同时进行。低于 200℃，只有歧化反应被观察到。异丙苯在催化剂上发生裂化反应相对容易得多，表 2-33 所列出的异丙苯在择形沸石催化剂上的反应转化率、生成苯与丙烯的产率和选择性数据就证实了这一点，表 2-33 的试验操作条件与甲苯在择形沸石催化剂上的操作条件相同。

表 2-33　异丙苯转化率及生成的丙烯和苯的产率和选择性

反应温度/℃	转化率/%	产率/%		选择性/%	
		$C_3^=$	C_6H_6	$C_3^=$	C_6H_6
450	31.62	8.41	12.87	26.60	40.70
500	60.33	17.85	32.39	29.59	53.69
550	77.99	23.95	43.21	30.71	55.40
600	85.57	28.23	46.94	32.99	54.86

从表 2-33 可以看出，与甲苯裂化反应相比 (见表 2-31)，相同反应条件下异丙苯裂化反应的转化程度要高得多，如反应温度 450℃ 时，异丙苯反应转化率为 31.62%，异丙苯裂化生成丙烯和苯的产率分别为 8.41% 和 12.87%，二者选择性之和为 67.30%；当反应温度提高至 600℃ 时，异丙苯反应转化率高达 85.57%，丙烯和苯的产率分别达到 28.23% 和 46.94%，二者选择

性之和高达 87.85%，这表明异丙苯极易发生脱烷基反应，并且随着反应温度提高，丙烯和苯的产率和选择性增加。Best 等(1977)研究表明，在 360~500℃范围内，异丙苯脱烷基生成丙烯和苯的选择性为 78%~95%，而发生侧链裂化反应生成甲烷、苯乙烯和乙苯的选择性仅为 1%~2%左右。一般来说，脱烷基反应是基于经典的正碳离子反应机理，来自催化剂上的质子进攻异丙苯的苯环，然后在苯环与烷基连接处的 C—C 键断裂，生成苯及相应的丙烯；侧链裂化反应是基于非经典的正碳离子反应机理，来自催化剂上的质子进攻异丙苯上的异丙基的伯碳原子，生成五配位正碳离子过渡态，生成甲烷、苯乙烯和乙苯等。

苯基环己烷在择形沸石催化剂上进行裂化反应，其反应转化率、生成苯与己烯的产率和选择性列于表 2-34。

表 2-34　苯基环己烷转化率及生成的己烯和苯的产率和选择性

反应温度/℃	转化率/%	产率/%		选择性/%	
		$C_6^=$	C_6H_6	$C_6^=$	C_6H_6
450	36.48	10.22	17.70	28.01	48.52
500	51.95	15.88	26.26	30.56	50.55
550	63.65	19.07	32.91	29.96	51.70
600	71.29	13.69	38.52	19.20	54.03

从表 2-34 可以看出，反应温度 450℃时，苯基环己烷反应转化率为 36.48%，C_6 烯烃和苯的产率分别为 10.22%和 17.70%，二者选择性之和为 76.53%；当反应温度提高到 550℃时，产物中 C_6 烯烃和苯的产率分别为 19.07%和 32.91%，二者选择性之和高达 81.66%；当反应温度提高到 600℃时，苯基环己烷反应转化率可达 71.29%，苯的产率为 38.52%，C_6 烯烃产率则降至 13.69%。由此可以看出，对于苯基环己烷的催化裂化反应来说，脱烷基反应仍是主要反应途径，即发生在苯环与环烷环的连接处。同时也可以在环烷环上发生裂化反应，即环烷环发生开环、裂化生成小分子烃类和小分子烷基芳烃。当反应温度达 600℃时，C_6 烯烃的裂化反应速率提高较快，致使 C_6 烯烃的生成速率小于裂化反应速率，使 C_6 烯烃的产率和选择性下降。

随着侧链长度和苯环 α 位上 C_α 上侧链取代基的增加，脱烷基反应越容易发生，如表 2-35 所示(Marcilly，2006)。当侧链长度增长，其他两类反应就会出现：侧链内部的裂化反应和自烷基化的环化反应，并且这两类反应将会越来越显著，尽管脱烷基反应从整体上来说仍然是主要的反应。

表 2-35　烷基侧链长度对脱烷基表观活化能的影响

烃化合物	活化能/(kJ/mol)	烃化合物	活化能/(kJ/mol)
乙基苯	209	仲丁基苯	79.5
正丁基苯	142	异丙基苯	73.2

异丙基苯和 1-苯基-庚烷在 H-Y 型沸石上试验结果表明：随着温度的升高，异丙基苯脱烷基反应比歧化反应更为重要；随着烷基侧链长度增加，烷基侧链内部的裂化反应和自烷基化的环化反应比脱烷基反应更重要。Watson 等(1997a)比较了己烷基苯、辛烷基苯和癸烷

基苯在 RE-Y 型沸石上的裂化反应产物分布，其结果表明脱烷基和侧链内部裂化反应是最主要的反应。实验结果还表明，随着链长度增加，烷基苯总的反应活性增加，侧链内部裂化反应与脱烷基反应相比变得越来越重要。反应物为烷基苯时，尽管环化反应很重要，但相反只得到了少量的环状产物，这或许归结于 RE-Y 型沸石具有较强的氢转移能力。该沸石能够快速使最初的双环化合物转变成为多环芳烃化合物，然后在吸附相中再经连续的氢转移、烷基化和环化反应转变成焦炭。芳环或环烷环上长链烷基侧链的裂化主要发生烷基侧链的断裂反应，且烷基侧链裂化反应比例随着烷基侧链长度的增加而增加，烷基单环芳烃反应途径和反应速率见图 2-49，随着反应进行，侧链烷基的碳数越来越少，反应速率也越来越低。

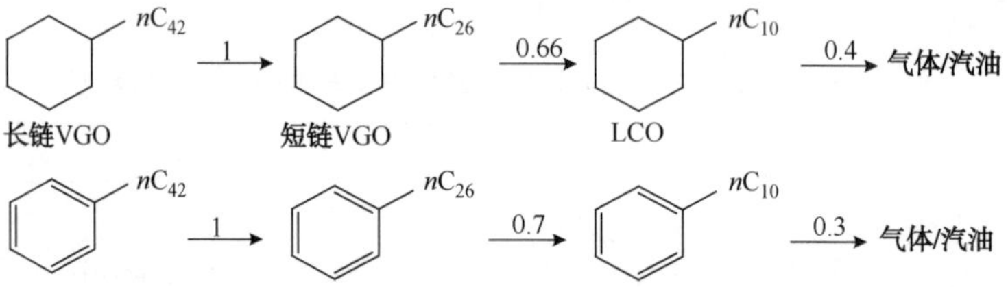

图 2-49 长链单环芳烃裂化反应途径及其反应速率

Corma 等（1992）通过 1-苯基庚烷在 Y、β、ZSM-5、毛沸石和硅酸铝等不同催化剂材料上的裂化反应研究考察了催化剂对烷基芳烃裂化的影响。1-苯基庚烷反应途径主要包括脱烷基、侧链裂化和自烷基化；其中大孔沸石产生了一定量的双环产物，而中孔沸石 ZSM-5 并不生成双环产物；影响催化剂性能的因素除了沸石孔径，还有 Si/Al 比、吸附特征和几何构型；通过测定相对脱烷基反应速率，结果表明裂化长链烷基芳烃时，沸石比载体更有效，具体见表 2-36。侧链的断裂反应能提供一个正碳离子，正碳离子会导致烷基链的异构化和自烷基化并生成双环芳烃，成为焦炭前驱体。由于芳环有利于异构化，来自于其侧链断裂反应生成的烷烃和烯烃的异构化程度比同类烷烃裂化更高。当沸石晶胞尺寸由 2.424 ~ 2.460nm 变化时，1-苯基庚烷侧链裂化反应的选择性随着晶胞尺寸增大而增大。

表 2-36 1-苯基庚烷在不同类型催化剂上的裂化速率

催化剂	Si/Al	相对反应速率	集总选择性		
			脱烷基/侧链断裂	烯烃/烷烃	选择性/环化
USY	3.9	61	0.97	0.73	0.178
MFI-20	20	40	2.15	2.99	0.074
MFI-50	50	20	2.53	4.82	0.020
β	13	18	13.72	9.93	0.001
MOR	14	4	4.94	6.09	0.001
$SiO_2-Al_2O_3$	5.7	1	2.76	2.21	0.130

（2）苯基多烷基侧链

六甲基苯（HMB）在酸性催化剂（$SiO_2-Al_2O_3$）上反应，其反应产物中含有大量丙烷、异戊烷，尤其是异丁烷，气相产物中几乎没有烯烃存在，这些产物主要是由消去反应和歧化反应-烷基迁移反应得到的。由消去反应所产生的烷基芳烃再进行歧化反应-烷基迁移反应，从而导致烷基芳烃富含多甲基苯，并集中于某个甲基/环的比值，该比值取决于整个反应进展的速率(Marcilly，2006)。

（3）萘基烷基侧链

带取代基的萘在硅铝催化剂上发生的反应与带取代基的苯所发生的反应相似。几种双环芳烃在硅铝锆催化剂上的裂化反应产物分布列于表2-37。

表2-37　双环芳烃在硅铝锆催化剂上的裂化反应产物分布

项　目	甲基萘	叔丁基萘	戊基萘	联　苯
反应温度/℃	500	500	500	550
进油时间/min	60	15	60	60
$LHSV$/h^{-1}	1.94	2.6	2.7	1.07
气体产物/(mol/mol)	0.104	0.51	0.212	0.026
H$_2$/%(体积分数)	58.9	15.0	26.5	
总烯烃/%(体积分数)	10.3	48.6	33.1	
总烷烃/%(体积分数)	30.8	36.4	40.4	
烷烃的碳数	1.5	4.2	2.0	
物料平衡/%				
气体	0.9	13	3.0	
低于原料沸点液体	4.2	71(固体)	18.8(C$_5$)	
其余液体	87.4		72.6(固体)	
焦炭	4.6	9.2	1.2	0.4
损失	2.9	6.8	4.4	

从表2-37可以看出，甲基萘在反应温度为500℃时约有10%发生反应，主要生成低沸点产品和焦炭。叔丁基萘在反应温度为500℃时很容易发生裂化反应，其产品为气体和固体萘，其中气体含有大量的异丁烯和丁烷。戊基萘在反应温度为500℃时也很容易发生裂化反应，其产品为少量的气体、含有91.5%烯烃的C$_5$组分和固体萘；双环芳烃裂化产品含有大量固体萘，充分说明了芳环本身是稳定的；联苯在反应温度为550℃时几乎没有发生反应。

（4）环烷芳烃或氢化芳烃

茚满在反应温度为500℃时发生较少量的分解反应，裂化气中氢气含量较高，约占50%；约有7%的低沸点液体产物，主要是芳烃，其中含有少量苯、较多的甲苯和C$_9$芳烃；剩下83%的液体主要为未转化的茚满，其中约含有占原料26%的缩合产品；焦炭产率较高，占原料的4.8%。

宋海涛(2011)考察了四氢萘在不同类型Y型沸石催化剂上裂化反应。一次裂化反应主要是环烷环开环、氢转移和很少量的异构化反应，二次反应主要是开环产物的二次裂化反应和氢转移反应。从四氢萘的分子结构及主要裂化产物来看，四氢萘的总体裂化反应步骤如图2-50所示。

Corma等(2001a)和Mostad等(1990a)认为四氢萘芳环处最容易质子化形成正碳离子，然而这种正碳离子发生开环裂化时将产生伯碳离子，此时必须出现去质子化或释放负氢离子；另一种反应途径是在四氢萘环烷环上释放负氢离子而生成仲碳离子，然后再开环断裂生成丁基苯，这与试验数据相一致。

唐津莲(2010)以八氢菲混合物为原料，分别在Y型沸石催化剂(代号为CAT-L)和

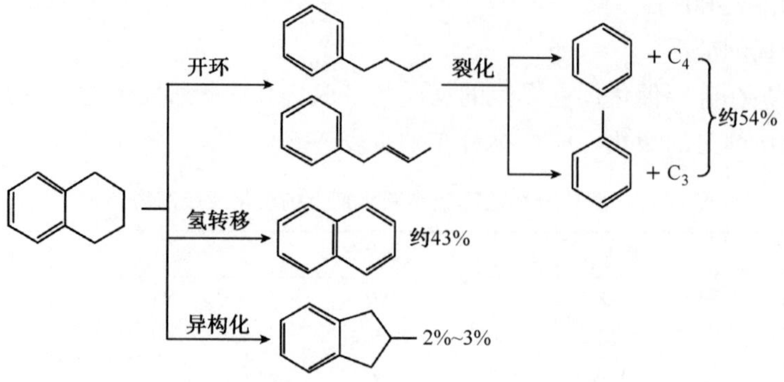

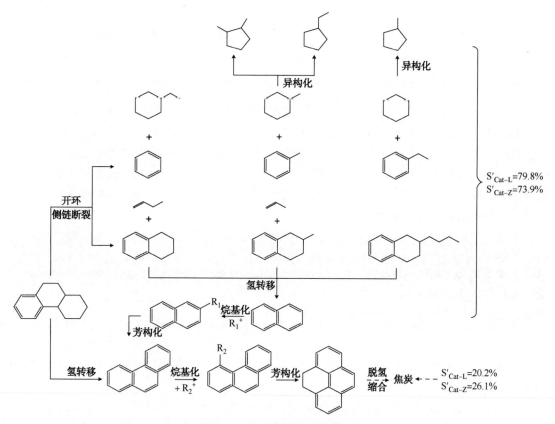

图 2-50 四氢萘在催化剂上的主要裂化反应途径

ZSM-5沸石催化剂(代号为 CAT-Z)上进行试验。试验结果表明：八氢菲进料在 Y 型沸石催化剂上的转化率略高于 ZSM-5 沸石，主要转化为丙烷、丙烯、丁烷、丁烯、甲基戊烷和环戊烷、环己烷类环烷烃、苯、$C_1 \sim C_4$烷基取代苯、四氢萘、萘、烷基萘、联苯、菲、芘等，焦炭产率较低。八氢菲裂化过程中裂化开环反应与氢转移、缩合生焦反应途径及其所生成产物的选择性如图 2-51 所示。

图 2-51 八氢菲裂化反应途径

　　萘及其氢化萘的裂化机理及催化剂影响也适用于长侧链双环芳烃或双环环烷芳烃。与四氢萘的氢转移和十氢萘的裂化开环为主不同的是，长侧链双环环烷烃、双环环烷芳烃和双环芳烃首先发生的是烷基侧链的断裂、脱烷基反应生成甲基、二甲基或三甲基萘或氢化萘，其侧链的断裂伴随着氢转移反应生成芳烃碎片，其反应途径及反应速率如图 2-52 所示（Her-nandez，1984）。

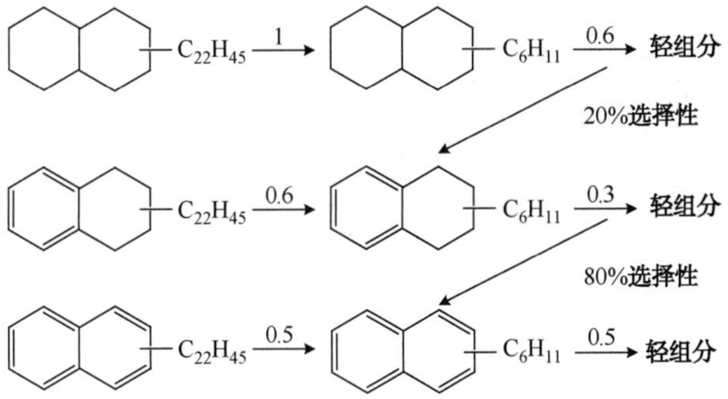

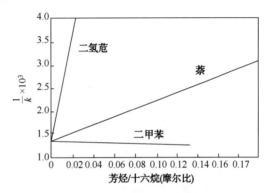

（位于文字顶部的反应途径图）

图 2-52　长链双环烃催化裂化反应途径

（三）多环芳烃对裂化反应的阻碍作用

如果芳烃和烯烃同时存在，会对焦炭的生成起协同作用（Moscou，1973），这种影响是由于芳烃在活性中心上的强烈吸附所致。像多环芳烃这类分子的吸附，很难使其从催化剂表面上脱附，很可能与烯烃产物竞相生成焦炭前身物。其次，烯烃极易与芳烃发生烷基化反应，在贫氢氛围内，足够长的烷基芳烃自芳构化、脱氢、最后生成焦炭（Dewachtere，1999）。因此，多环芳烃在常规催化裂化条件下，尤其是烯烃含量较高时，不仅难于裂化，还会阻碍其他烃类的裂化。

多环芳烃与烷烃、环烷烃并存会对烷烃、环烷烃的裂化反应具有阻碍作用，降低烷烃、环烷烃的裂化反应速率。芳烃与烷烃模型化合物的共裂化研究主要集中在短支链单环或双环芳烃如甲苯、甲基萘与小分子烷烃的共裂化，认为芳烃的存在抑制了烷烃的转化，加剧了烷烃的结焦；而烷烃对短支链芳烃的裂化影响不大（Martin，1989；Al-Baghli，2005；Watson，1997b）。

芳烃的含量及组成对大分子烷烃的催化裂化反应速率有着不同程度的影响。采用沸石催化剂，考察在正十六烷原料中掺入 10%的二甲苯时对正十六烷的裂化的影响；并考察掺入相同含量的萘、掺入 2%二氢苊 $[C_{10}H_6(CH_2)_2]$ 对正十六烷裂化反应速度的影响。试验结果如图 2-53 所示。从图 2-53 可以看出，摩尔比为 10%的单环芳烃对正十六烷的裂化速度基本没有大的影响；掺入摩尔比为 10%~16%的萘时正十六烷的裂化速率常数下降了 28%；当只掺入摩尔比为 2%的二氢苊时，正十六烷的裂化反应速率下降显著。这种现象说明贫氢芳烃随芳环数的增加对正构烷烃裂化速率的影响逐渐变大，三环芳烃的比例很小就可导致烷烃裂化速度的明显下降。这主要是由于多环芳烃极性强，吸附在催化剂中心活性位难以从催化剂表面上脱附，并很可能与烯烃产物反应生成焦炭前身物，从而阻碍烷烃在活性位上吸附、裂化，且芳烃自身发生氢转移缩合生焦（刘银东，2008），降低催化剂活性，抑制烷烃裂化。因此，多环芳烃在常规催化裂化条件下，不仅难于裂化，还会阻碍其他烃类的裂化。

图 2-53　芳烃对正十六烷裂化反应速率的影响

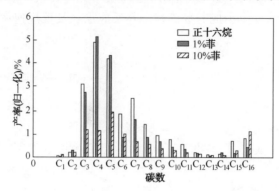

图 2-54　不同菲添加量对正十六烷裂化产品分布的影响

Guerzoni 等(1993)研究纯正十六烷、1-甲基萘与正十六烷混合体系(质量分数分别为 59.11% 和 40.47%，其他为各组分的异构体)和单独 1-甲基萘在 HY 沸石催化剂上的反应。反应结果表明，掺入 1-甲基萘后，正十六烷的转化率明显降低，1-甲基萘自身发生歧化反应转化为萘和二甲基萘；1-甲基萘单独作为原料，其转化率与十六烷掺入 1-甲基萘时的总转化率非常接近，这说明正十六烷和 1-甲基萘的混合体系中正十六烷裂化对总转化率影响较小，因此 1-甲基萘能明显抑制正十六烷的裂化。

Hughes 等(1996)在 USY 型沸石催化剂上研究了喹啉和菲对正十六烷裂化的影响，以考察多环芳烃对大分子烷烃催化裂化的影响。不同菲添加量对正十六烷裂化产品分布的影响见图 2-54。从图 2-54 可以看出，当菲的添加量为 1% 时，与纯正十六烷裂化相比，C_4、C_5、C_{14} 产率略有增加(分别增加了 0.2%、0.1%、0.05%)，其他产物包括 C_{15} 以上烃和焦炭的产率均有所降低，其中焦炭由 0.8% 降为 0.4%；随着菲的添加量升高，C_{15} 以上烃和焦炭的产率增加，其他产物产率降低。这主要是因为当正十六烷中菲的含量较低时，对正十六烷的质子化裂化和氢转移反应比例影响不大，当菲的含量增高到一定程度，菲参与了焦炭形成，促进了生焦的氢转移反应。另外，通过固态核磁和质谱的分析，发现喹啉使催化剂中毒，而菲强烈参与了焦炭形成；当催化剂沸石含量从 0、20%、30% 到 100% 变化，随着沸石含量增加，正十六烷转化率增加，且结焦程度并不增加。

五、不同烃类裂化反应的比较

烃类分子在催化裂化过程中发生平行串联反应，形成极其复杂的反应网络。在催化裂化工艺条件下，不同烃类分子在催化剂上的反应活性和反应途径取决于烃类的自身结构。图 2-55 和图 2-56 表明了不同类型烃类生成汽油和焦炭的趋势(Marcilly，2006)。典型的各种烃类催化裂化反应活性列于表 2-38。

表 2-38　各种烃类的催化裂化反应活性

化合物	碳原子数	转化率/%	化合物	碳原子数	转化率/%
正庚烷	7	3	1，3，5-三甲苯	9	20
正十二烷	12	18	异丙苯	9	84
正十六烷	16	42	环己烯	6	62
2，7-二甲基辛烷	10	46	正十六烯	16	90
十氢萘	10	44			

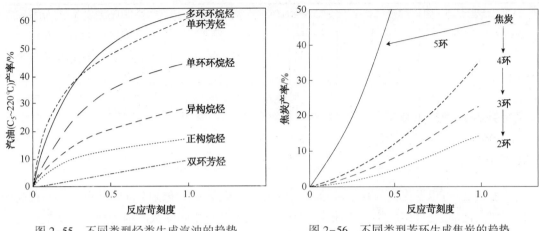

图 2-55　不同类型烃类生成汽油的趋势　　　　图 2-56　不同类型芳环生成焦炭的趋势

$$反应苛刻度 = \frac{S(\mathrm{m^2/g})}{100(\mathrm{lb/h})}$$

$$反应苛刻度 = \frac{S(\mathrm{m^2/g})}{100(\mathrm{lb/h})}$$

在碳原子数相同时，反应活性按大到小的顺序排列如下：烯烃 > 带 C_3 或 C_3^+ 烷基链的芳烃 > 异构烷烃和环烷烃 > 多甲基芳烃 > 正构烷烃 > 芳香环。

烯烃最易裂化，而芳烃是很难裂化的。各种烃类的催化裂化反应速率随相对分子质量的增加而增加。例如，以相对分子质量为 500 的烷烃裂化反应速度为 1，而相对分子质量为 300 时裂化反应速度就降为 0.63 左右，这是在无定形催化剂上的试验结果，而在沸石催化剂上，裂化反应速度和相对分子质量大小的关系并不如此明显。带有叔碳原子的烃类，可直接被抽取负氢离子而生成稳定的叔正碳离子，然后很快裂化。芳烃环上的侧链在 3 个碳原子以上时，裂化也进行得相当快。早期的研究估算叔碳的反应活性为仲碳的 10 倍、为伯碳的 20 倍。带侧链的烷烃，如 2，7-二甲基辛烷比正十二烷的裂化要快得多；十氢萘和 2，7-二甲基辛烷都有叔碳原子，两者的裂化速率相当。在沸石催化剂上也观察到类似的反应结果。

采用 REHX 催化剂、反应温度为 482℃ 时，对正十二烷烃、正十二烯烃、环十二烷烃、十二烷基环己烷和十二烷基苯进行催化裂化试验，目的是考察烷烃、烯烃、环烷烃和芳烃的裂化反应活性。试验结果列于表 2-39。

表 2-39　不同烃类裂化反应的产物分布 (2min 瞬时样品)

烃　　　类	正十二烷烃	正十二烯烃	环十二烷烃	十二烷基环己烷	十二烷基苯
裂化反应温度/℃	482	482	482	482	482
$LHSV/\mathrm{h^{-1}}$	650	1300	1300	1300	650
裂化反应转化率/%	9.0	14.8	8.71	19.9	16.0
异构化转化率/%	—	25.3	3.05(异和正)	2.3(异和正)	0.0
裂化反应速率常数/$\mathrm{s^{-1}}$	500	1750	1020	1890	763
催化剂上积炭/%	1.3	7.9	0.8	1.2	1.0
产物分布/%(摩尔)					
C_3	16.9	9.2	8.3	6.9	12.6
C_4	31.0	17.7	20.7	16.4	26.4
C_5	22.6	19.6	17.5	15.1	24.1
C_6	17.6	18.2	16.5	15.9	18.6
C_7	7.7	16.2	15.1	14.7	9.1

烃类	正十二烷烃	正十二烯烃	环十二烷烃	十二烷基环己烷	十二烷基苯
C_8	3.4	12.3	13.9	13.4	4.7
C_9	1.0	5.4	6.7	10.5	2.2
C_{10}		1.4	1.0	7.1	2.3
C_{11} 或 i-C_{12}			0.5	4.4	5.9
C_{13}				1.0	1.7
C_{14}				0.4	2.5
苯				2.7	21.8
甲苯					6.0
C_8芳烃					3.8

从表 2-39 可以看出，与相同碳数的烷烃相比，烯烃具有较快的裂化反应速率、较高的转化率和催化剂上积炭较多，特别是异构化反应显著；与相同碳数的烯烃相比，环烷烃的产物分布与烯烃的产物分布十分类似，只是催化剂上积炭较少。这是由于环烷烃和烯烃都易于生成经典的正碳离子，然后发生 β 键断裂。环十二烷烃形成环状正碳离子及裂化的反应途径如下：

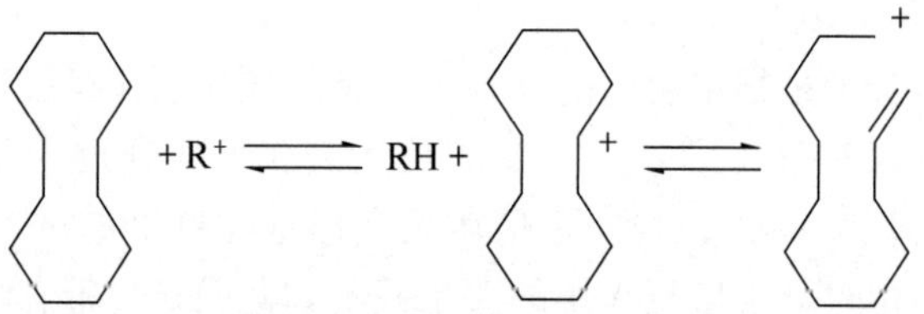

环十二烷烃、十二烷基环己烷与正十二烷烃在催化剂上积炭都较少，这表明了焦炭前身物不是由环状正碳离子而是由烯烃缩合反应而生成的。从产物分布来看，十二烷基环己烷的裂化不仅是侧链从环上断裂和侧链本身裂化，还有饱和环也发生断裂。

十二烷基苯的裂化与正十二烷烃的裂化很类似，但不是生成烯烃正碳离子而是生成环状异构物。除了苯环保留链的尾端生成一些甲苯和乙苯外，侧链的断裂类似正十二烷烃，侧链从根部断裂时生成苯。在十二烷基苯的裂化中，侧链本身的裂化反应占有明显的优势。

六、非烃化合物的反应化学

原料中非烃化合物的反应化学主要是指硫化合物、氮化合物和氧化合物在催化裂化工艺过程的反应化学，为硫化合物、氮化合物和氧化合物对催化裂化产物分布和产品质量的不良影响提供理论分析基础。

（一）氮化物反应化学

油品中的氮化物有两种，即碱性氮化物和非碱性氮化物。碱性氮化物的基本化合物是吡啶和喹啉等，当相对分子质量增加时，则为苯并吡啶（喹啉）、二苯并吡啶（10-氮杂蒽）等多环氮化物；非碱性氮化物的基本单元是吡咯，当相对分子质量增加时，则为苯并吡咯（吲哚）、二苯并吡咯（咔唑）等。氮化物对催化裂化催化剂的毒性不仅取决于它的碱性，而且还取决于其分子的大小与结构，以及吸附脱附性能和稳定性等。碱性氮化合物的毒害能力与其质子亲和力（PA）有关，即 PA 值越大，其毒性也越大。不同氮化物的质子亲和力列于表 2-40。

表 2-40　不同氮化合物的质子亲和力

化合物	PA/(kJ/mol)	化合物	PA/(kJ/mol)
吡咯	880.9	吩嗪	941.2
吡嗪	882.6	喹啉	952.9
苯胺	902.3	2,6-二叔丁基吡啶	971.3
吡啶	929.5	吖啶	975.5

在催化裂化原料中的非烃化合物中，含氮化合物对催化裂化反应的影响最为显著。含氮化合物使催化裂化催化剂中毒的原因是它牢固地吸附于由配位不饱和的铝原子形成的非质子酸中心上或/和质子酸中心作用，使质子酸中心减少。碱性氮化合物的影响大于非碱性氮，碱性氮化合物对非碱性氮的裂化反应具有明显的抑制作用，使得非碱性氮化合物的氨氮转化率明显地降低。因此，通常将原料中的氮化合物按其酸碱性通常可分为碱性和非碱性化合物两类，碱性的氮化合物主要是胺类和吡啶氮杂环化合物，非碱性的氮化合物主要是吡咯氮杂环化合物。这两类氮化合物在固体酸性催化剂上催化转化规律得到了较深入的研究（于道永，2004a；2004b）。

1. 非碱性氮化物催化裂化转化途径

以吲哚作为非碱性氮化合物进行催化裂化反应。试验结果表明，在吲哚甲苯溶液催化裂化产物氮分布中，吲哚类氮一般占 40%~60%，苯胺类氮一般占 13%~19%；而吲哚四氢萘溶液催化裂化产物氮分布中，吲哚类氮一般只有 0~26%，苯胺类氮高达 36%~66%。这说明烃类溶剂的供氢能力增强，有利于吲哚裂化转化为苯胺类。基于试验结果，提出了吲哚催化裂化可能的转化途径，吲哚首先通过物理或化学作用吸附于催化剂表面，在催化剂上脱氢缩合生焦，或发生吲哚烷基化反应，或吲哚加氢生成二氢吲哚，二氢吲哚 C(sp^2)—N 键断裂生成氨，二氢吲哚 C(sp^3)—N 键断裂生成苯胺，苯胺进一步裂化转化为氨，如图 2-57 所示。二氢吲哚饱和氮杂环的 C—N 键断裂可能涉及经典的 Hoffman 降解反应，C—N 键断裂前 N 被季铵化，C—N 键断裂反应可以通过 β 消除或亲核取代反应来实现（阙国和，2008）。

2. 碱性氮化物催化裂化转化途径

以喹啉作为碱性氮化物的模型化合物，以甲苯、十六烷、四氢萘为溶剂，在微反活性实验装置上进行反应。试验结果表明，喹啉氮杂环的加氢饱和可能是喹啉裂化开环的前提条件。此外，喹啉四氢萘在酸性不同的新鲜催化剂+水蒸气老化催化剂上催化裂化时，液体产物中检测到 1,2,3,4-四氢喹啉；1,2,3,4-四氢喹啉四氢萘溶液催化裂化的氨氮产率达 5%，是相同条件下喹啉氨氮产率的 4 倍多；液体产物氮分布中四氢喹啉类只占 6%，而喹啉类约占 70%，说明四氢喹啉易脱氢转化为喹啉。在 FCC 汽油碱性氮中，吡啶类氮约占 10%，它们可能是喹啉加氢为 5,6,7,8-四氢喹啉然后裂化的产物。苯胺可能是 1,2,3,4-四氢喹啉裂化转化为氨的中间产物。基于试验结果，提出了喹啉催化裂化转化途径，喹啉首先通过物理作用或化学作用吸附于催化剂表面，吸附后脱氢缩合生焦，或喹啉加氢生成 5,6,7,8-四氢喹啉，5,6,7,8-四氢喹啉进一步裂化转化为吡啶类；或喹啉发生烷基化反应，喹啉加氢生成 1,2,3,4-四氢喹啉，1,2,3,4-四氢喹啉 C(sp^2)—N 键断裂生成氨，C(sp^3)—N 键断裂生成苯胺，苯胺进一步裂化转化为氨，如图 2-58 所示。

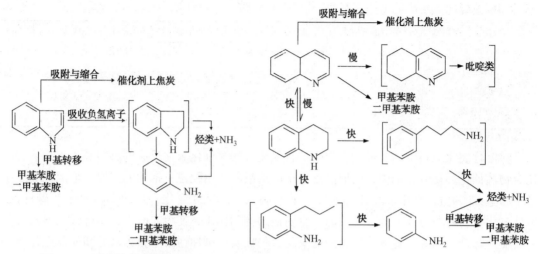

图 2-57　吲哚催化裂化反应途径　　图 2-58　喹啉催化裂化反应途径(括号中化合物未检测到)

氮化物按反应难易程度可以分为三类：Ⅰ类为吡啶氮杂环，如吡啶、喹啉、吖啶；Ⅱ类为吡咯氮杂环，如吲哚、咔唑；Ⅲ类为苯胺、二氢吲哚、四氢喹啉等。Ⅰ类氮化物难以发生直接裂化开环反应，但在 Brönsted 酸中心上吸附负氢离子，发生氢转移反应，随后就会发生裂化开环反应并生成氨；Ⅱ类氮化合物较易发生裂化开环反应，生成氨和苯胺等含氮中间产物；Ⅲ类氮化合物在 Brönsted 酸中心上可以裂化转化为氨。各类氮化物对催化裂化催化剂毒性大小的顺序如下：

吡啶>喹啉>吡咯>异喹啉≈六氢吡啶>苯胺

（二）硫化物反应化学

硫化物分为非噻吩类和噻吩类。由于非噻吩类和噻吩类具有不同的结构，因此，非噻吩类和噻吩类的硫化物裂化机理存在着差异。

1. 非噻吩类硫化物催化转化反应途径

Wollaston 等(1971)发现，原料中非噻吩硫所占比例越大，裂化气中的 H_2S 含量越高，说明非噻吩类硫化物较易裂化，其裂化产物之一为 H_2S。非噻吩类硫化物主要为烷基硫醚和烷基硫醇。对烷基硫醚和烷基硫醇在 $SiO_2-Al_2O_3$ 上的催化裂化反应机理进行了探讨，发现烷基硫醚或硫醇反应生成的烷基正碳离子的稳定性越高，则相应的裂化活性也越高。因此，烷基硫醚和硫醇在 $SiO_2-Al_2O_3$ 上的裂化遵循正碳离子机理。Ziolek(1997)和 Mashkina(1991)研究表明，简单硫醇如乙硫醇、丙硫醇在 Si-Al 催化剂上主要裂化为 H_2S 和烯烃，且 Ziolek 通过分析催化剂组成对硫醇转化产物分布的影响，提出硫醇裂化反应以质子酸中心为活性中心的正碳离子机理。不同结构硫醇裂化能力由低到高的顺序为乙基硫醇(EtSH)<丙基硫醇(PrSH)<丁基硫醇(BuSH)<异丙基硫醇(Me_2CHSH)<2-丁基硫醇(Sec-BuSH)。非噻吩硫(如硫醚)裂化机理如下：

第一步：$H^+A^- \Longleftrightarrow H^+ + A^-$

第二步：$RSR + H^+ \Longleftrightarrow R-\overset{+}{\underset{|}{S}}-R$
$$\underset{H}{}$$

第三步：　$R—S^+—R \rightleftharpoons R^+ + RSH$

$\qquad\qquad\qquad\ \ |$

$\qquad\qquad\qquad\ \ H$

第四步：　$R^+A^- \rightleftharpoons R + H^+A^-$

第五步：　$RSH + H^+ \rightleftharpoons R—S^+H_2$

第六步：　$R—S^+H_2 \rightleftharpoons R^+ + H_2S$

第七步：　$R^+A^- \rightleftharpoons R + H^+A^-$

2. 噻吩类硫化物催化转化反应途径

朱根权等(阙国和，2008)研究了噻吩在催化裂化过程中的转化途径，如图2-59所示。从图2-59可以看出，当催化剂中强酸性中心和弱酸性中心并存时，噻吩可开环直接生成硫化氢，为反应途径①；与此同时发生噻吩聚合反应，为反应途径④；当裂化过程中有供氢体存在时，噻吩可通过氢转移反应饱和为四氢噻吩，为反应途径②，并进一步裂化为硫化氢；由于噻吩具有芳香性，会有一定程度的亲电取代反应途径③。研究还发现当催化剂上载有微量金属时有利于噻吩的饱和。

Garcia(1992)等认为噻吩首先吸附在沸石催化剂的 Brönsted 酸中心上，Brönsted 酸中心与噻吩之间发生缓慢的氢转移，生成的物种有二：一是 C—S 键断裂，生成类似硫醇类的物种(thiol-like intermediate)，如图2-60所示；二是 H^+ 加到噻吩环的 S 位上，形成 S 位正碳离子物种，如图2-61所示。这两种中间体在沸石上继续反应，其途径各异。

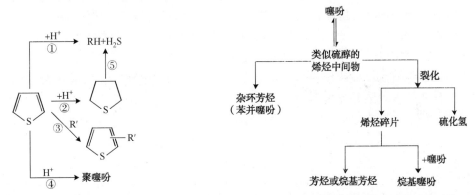

图2-59　噻吩在催化裂化过程中转化途径　　　　　图2-60　噻吩在沸石催化剂上裂化反应途径

① C—S 键的断裂生成硫醇类物种的反应途径，其中以烯烃硫醇的裂化生成 H_2S 为主。

② 形成 β 位正碳离子的反应途径，β 位正碳离子产生的 3 种共振结构——A、B、C 中，只有 A、B 能继续反应。该途径最后生成的物质(3)的一个噻吩环的共轭体系被彻底打破，这个环上的硫和与之相连的两个碳原子形成的—C—S—C—具有硫醚的性质，在较高的反应温度下这种物质可被分解(包括热分解和酸催化分解)生成 H_2S 和其他硫化物。

在催化裂化过程中，存在着噻吩类含硫化合物与烯烃发生烷基化反应，在低氢转移的 FCC 催化剂上，噻吩与正碳离子更容易反应生成烷基噻吩。Harding 等(1993)在催化裂化微反装置上进行的反应动力学研究表明，噻吩的主反应为噻吩与烃类之间的烷基化反应。

硫化物脱除的难度由高到低的顺序为：噻吩、苯并噻吩>烷基噻吩>四氢噻吩>硫醇；其中沸点在218℃以上的硫化物(主要包括苯并噻吩和烷基苯并噻吩)比较稳定。影响催化裂化过程中硫分布的主要因素：一是原料油的硫含量和硫化物类型；二是催化剂的类型和基质活

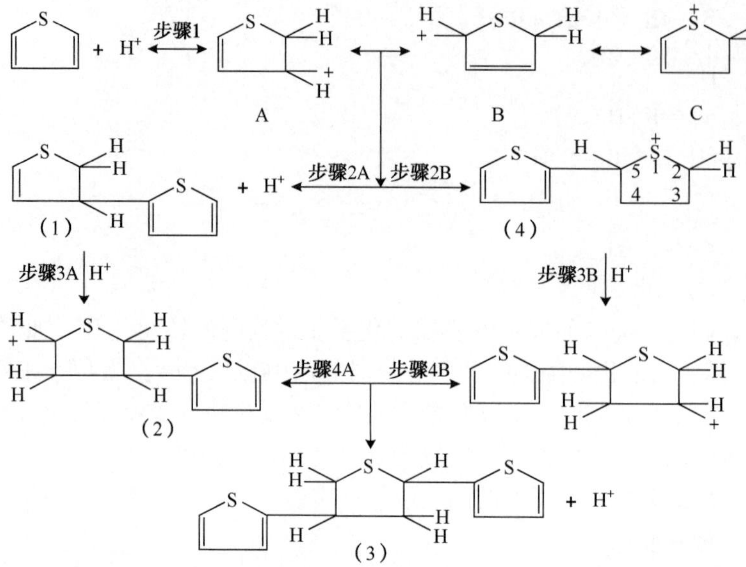

图 2-61　噻吩在酸性位上形成 β 位正碳离子物种的反应途径

性。氢转移反应在硫化物转化中起相当重要的作用。

3. 硫化氢和烯烃催化转化反应途径

硫化氢与烯烃在 FCCU 中发生二次反应产生硫醇和噻吩。这个二次反应的存在对催化裂化过程脱硫以及其他将有机硫转化为无机硫再脱除的深度脱硫技术如加氢脱硫而言，都是难以逾越的障碍。Leflaive 等（2002）在考察 FCC 汽油硫来源及硫转化机理时，分别采用 1-己烯和 1,5-己二烯为模型化合物与 H_2S 在催化裂化工艺条件下进行试验研究，证实了在催化裂化过程中烯烃与 H_2S 会发生反应，主要生成烷基噻吩及痕量硫醇。Leflaive 提出反应机理为：在催化裂化条件下，烯烃或二烯烃与 H_2S 加成首先生成硫醇中间体，硫醇中间体接着环化生成四氢噻吩衍生物，四氢噻吩衍生物很容易生成噻吩类化合物。如图 2-62 所示。

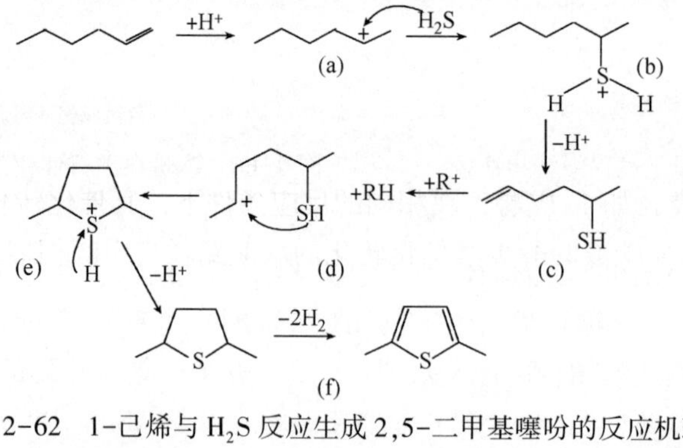

图 2-62　1-己烯与 H_2S 反应生成 2,5-二甲基噻吩的反应机理

1,5-己二烯与 H_2S 的反应机理与 1-己烯的相似，只是 1,5-己二烯的 H_2S 加成中间体不经脱氢直接环化生成烷基噻吩。其环化过程如图 2-63 所示。

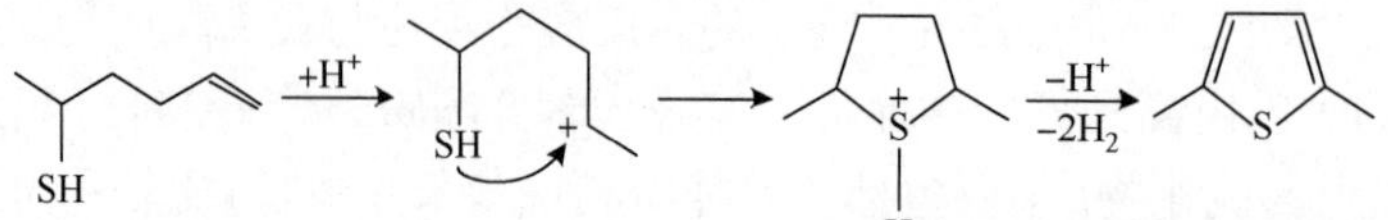

图 2-63　1,5-己二烯与 H_2S 环化反应生成 2,5-二甲基噻吩过程

　　Petro-Canada 公司在工业 FCCU 装置上的实验也验证了此二次反应的存在及其对全馏分汽油的影响(Chris Kuehle，2005)。即在提升管中注入相当于加工原料油时生成的 H_2S 的量，结果硫醇和噻吩类的总量增加了约 30%；其中硫醇类增加了 12%，噻吩增加了 83%，烷基噻吩类增加了 20%。这一结果与提升管温度高时汽油硫含量也高的现象相符合。根据这个结果，Petro-Canada 公司采取措施控制与催化剂接触的 H_2S 和烯烃的量，使 FCCU 成为更有效地降低总硫的脱硫装置。唐津莲(2008a；2008b)等以庚烯和 H_2S 为原料，在不同类型催化剂上进行反应，提出庚烯与 H_2S 反应生成硫醇、硫醚和噻吩的反应途径。

　　(三) 氧化物

　　随着催化裂化加工原料的不断拓展，原料中杂质的种类也呈现多元化，例如催化裂化加工费托合成油，合成油中含有少量的醇、醛、酯等含氧化合物。

　　1. 甲醇

　　甲醇制烯烃反应路径大致可分为五个部分，分别包括二甲醚平衡物的生成、反应诱导期、反应稳定期、二次反应和积炭失活(虞贤波，2009)。根据实验结果，推测甲醇催化转化的具体反应途径如图 2-64 所示(Chang，1977)。

$$2CH_3OH \xrightleftharpoons[+H_2O]{-H_2O} CH_3OCH_3 \xrightarrow[烯烃]{-H_2O \quad C_2 \sim C_5} \begin{array}{l} 烷烃 \\ 芳香烃 \\ 环烷烃 \\ C_6^+ \text{烯烃} \end{array}$$

$$CH_3OH \longrightarrow CO + 2H_2$$

$$CO + H_2O \longrightarrow CO_2 + H_2$$

图 2-64　甲醇在酸性固体催化剂上的反应途径

　　其中甲醇脱水反应生成二甲基醚平衡物为可逆反应且较快达到平衡，甲醇-二甲醚平衡物经 α-消去脱水生成高活性的正碳离子中间体，然后再加成反应形成更高碳数的醇和醚，醇和醚经脱水生成高碳数烯烃，烯烃经低聚、环化、异构化反应等二次反应生成烷烃、芳烃等烃类化合物(Chang，1980)。

　　由于 C—O 键键能低于 C—C 和 C—H 键，故其反应活性相对较高。研究表明，在沸石催化剂上，甲醇脱水反应在 $340 \sim 375℃$ 范围内即接近发生完全；而当反应温度超过 500℃ 时，甲醇分解成 CO 和 H_2 反应加剧(Chang，1977)。

　　2. 高碳数正构醇

　　对高碳数正构醇类，如 1-戊醇，在相同的反应条件下，其催化转化的产物与甲醇类似，如表 2-41 所列，说明高碳数的醇类其催化转化的反应路径与甲醇相似。

表 2-41　不同醇类含氧化合物的产物分布

反应物	甲醇	叔丁醇	1-戊醇	反应物	甲醇	叔丁醇	1-戊醇
反应条件				丁烯	1.3	0.7	<0.1
温度/℃	371	371	371	异戊烷	7.8	6.2	8.7
液时空速/h^{-1}	1.0	1.0	0.7	正戊烷	1.3	1.4	1.5
转化率/%	100.0	100.0	99.9	戊烯类	0.5	0.2	0.1
烃类分布/%				C_6^+脂肪族类	4.3	7.6	3.0
甲烷	1.0	0.1	0.0	苯	1.7	3.3	3.4
乙烷	0.6	0.7	0.3	甲苯	10.5	11.6	14.3
乙烯	0.5	0.5	<0.1	乙苯	0.8	1.3	1.2

反应物	甲醇	叔丁醇	1-戊醇	反应物	甲醇	叔丁醇	1-戊醇
丙烷	16.2	18.8	16.4	二甲苯	17.2	12.4	11.6
丙烯	1.0	1.1	0.2	C_9芳烃类	7.5	6.1	5.3
异丁烷	18.7	18.4	19.3	C_{10}芳烃类	3.3	0.4	2.9
正丁烷	5.6	8.6	11.0	C_{11}^+芳烃类	0.2	0.6	0.6

由于高碳数醇类化合物反应产物与甲醇基本相同，其反应途径也是主要在酸性固体催化剂上发生脱水反应，由两个分子醇生产醚，醚进一步脱水生成烯烃，接着发生裂化、异构化、氢转移等反应，同时还有少量的醇类化合物经热裂解反应转化为 CO 和 CO_2，其反应途径如图 2-65 所示。

$$2ROH \underset{+H_2O}{\overset{-H_2O}{\rightleftharpoons}} ROR \xrightarrow{-H_2O} 烯烃 \begin{cases} 烷烃 \\ 芳香烃 \\ 环烷烃 \\ 高碳烯烃 \end{cases}$$

$$ROH \longrightarrow R'+CO+H_2$$

$$ROH+R'OH \longrightarrow R''+CO_2+H_2$$

$$CO+H_2O \longrightarrow CO_2+H_2$$

图 2-65　高碳醇类化合物在酸性固体催化剂上的反应途径

第六节　馏分油催化裂化过程反应化学

馏分油组成为烷烃、环烷烃、芳烃和烯烃，馏分油在裂化催化剂上发生的化学反应与纯烃化合物的反应化学基本相同，只是由于馏分油原料的复杂性，目前还没有见到比较完整、系统、定量地直接研究馏分油原料的催化裂化过程反应化学的文献。从研究历程来看，大致分为两个阶段，早期以双分子裂化反应来阐述催化裂化反应产物的特征。随着单分子裂化反应在烷烃裂化反应引发阶段所起到的作用确定，以单分子裂化反应和双分子裂化反应作为链反应两个步骤来阐述催化裂化反应产物的特征。

一、不同烃类组成的馏分油的裂化产物及反应物碳数分布

馏分油中含有各种烃类，组成很复杂。早期 Nace 采用 East Texas 原油的 $260 \sim 316℃$ 馏分作原料进行了研究(Gates, 1979)。用液体冲洗色谱将该馏分油分成非芳烃和芳烃两部分。非芳烃部分再用 5A 沸石分出正构烷烃部分和异构烷烃与环烷烃两部分。加氢馏分油则是将馏分油在 17.0MPa 下加氢而得。将所得到的六种原料进行催化裂化反应，反应温度为 $482℃$，采用 REHX 型沸石催化剂。裂化产物和反应物的碳原子数分布见图 2-66。

从图 2-66 可以看出，当转化率在 $15\% \sim 40\%$ 范围内，不同原料的产物碳数分布都显示了各自的特性。非芳部分及加氢馏分油裂化产物中有较高含量的 $C_4 \sim C_7$ 组分，与正十六烷烃的产物分布相似。正构烷烃部分的裂化产物碳数分布则几乎与正十六烷烃一致。异构烷烃及环烷烃部分裂化产物中 $C_3 \sim C_4$ 要低得多，而 $C_7 \sim C_{10}$ 明显高于正十六烷烃，其产品分布与正十六烯裂化很相似。这是由于正十六烯裂化时有异构及环化中间物产生。六种原料中 $C_{16} \sim C_{18}$ 沸程的裂化要快于 $C_{12} \sim C_{14}$ 沸程。

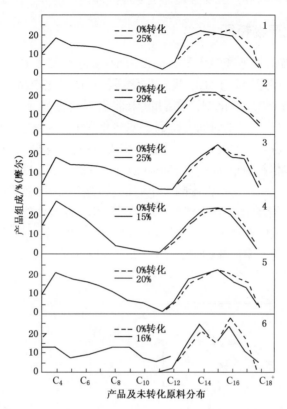

图 2-66 不同组成馏分油的裂化产物和反应物的碳原子数分布
1—馏分油；2—加氢馏分油；3—异构烷烃及环烷烃部分；
4—正构烷烃部分；5—非芳烃部分；6—芳烃部分

芳烃部分裂化产品表现出 $C_3 \sim C_{12}$ 较均衡的分布。苯、甲苯及二甲苯相应于 $C_7 \sim C_9$ 正构烷烃；萘则相当于 C_{12} 烷烃的沸程。在相同裂化条件时，芳烃部分裂化生成的焦炭约为非芳部分的 3 倍。除芳烃部分外，其他五种原料的裂化速度都随原料相对分子质量的加大而增快，$C_{18} \sim C_{19}$ 组分全部转化。唯有芳烃部分为原料时，反应产物中 $C_{18} \sim C_{19}$ 组分反而增加了 1.5% ~ 7.9%。这也表明了缩合反应的存在，因此也引起较多焦炭的生成。表 2-42 为六种原料的裂化性能及催化剂上的焦炭沉积量。

表 2-42 不同组成馏分油的裂化性能及焦炭沉积量

原　料	转化率/%	催化剂上炭沉积/%
260 ~ 316℃	18.4	1.2
芳烃部分	15.5	2.3
非芳烃部分	20.3	0.74
正构烷烃部分	15.2	0.76
异构烷烃及环烷烃部分	24.6	1.1
加氢馏分油	28.9	1.4

从表 2-42 可以看出，非芳烃部分的反应速率要比原料馏分油及芳烃部分快，而催化剂活性衰减要低于后两种原料。异构烷烃及环烷烃部分反应能力强于正构烷烃部分。加氢馏分

油的反应性能优于非芳烃部分，表明芳烃加氢变成的环烷烃组分是极易裂化的。

二、馏分油裂化产物特征

John 等(Gates，1979)用饱和烃含量高的馏分油(其中烷烃及环烷烃含量约为92%，不含烯烃，带取代基的单环芳烃低于8%)进行催化裂化，从裂化产品的分布来研究一次反应及二次反应。采用 LaY 沸石催化剂，在固定床催化裂化装置上进行试验。反应温度为503℃，改变剂油比、空速和进油时间，得到不同转化率下的产物分布。从转化率与产物产率的曲线来判断一次反应与二次反应，及其相应生成的一次产物及二次产物，这些产物产率曲线均位于最佳特性包络线(Optimum Performance Envelope，简称 OPE)内。此 OPE 表示进油时间很短，即催化剂上积炭对活性影响较小时的瞬时产率，代表了催化剂的最佳选择性。实际上 OPE 接近连续催化裂化装置中产品产率随转化率变化的曲线。

最初的裂化反应生成的产物为烯烃和烷烃，以汽油、正丁烷、丁烯和丙烯为例，说明这四种产物在不同转化率的产率曲线如图 2-67 至图 2-70 所示。图中实线为 OPE，从原点作 OPE 曲线的切线，此切线即为初始裂化产物的生成线，其斜率大于零。

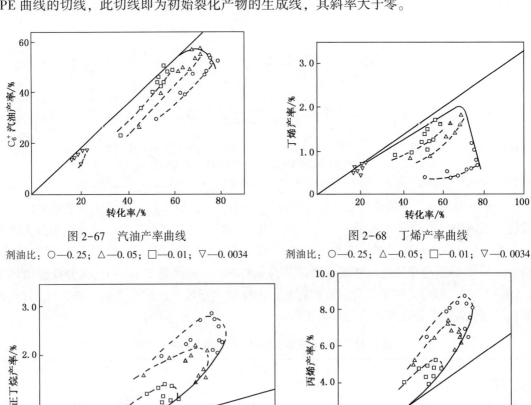

图 2-67　汽油产率曲线　　　　　　　　图 2-68　丁烯产率曲线

剂油比：○—0.25；△—0.05；□—0.01；▽—0.0034

图 2-69　正丁烷产率曲线　　　　　　　图 2-70　丙烯产率曲线

剂油比：○—0.25；△—0.05；□—0.01；▽—0.0034　剂油比：○—0.25；△—0.05；□—0.01；▽—0.0034

从图 2-67 可以看出，在低转化率时，切线与曲线重合，说明开始裂化就有汽油生成，汽油为初始裂化产品。汽油产率随转化率的增加沿直线上升，在转化率为 68% 时，汽油产率达到最大，随后随着转化率增加，汽油产率下降，说明到一定转化深度时汽油会进行再裂化，属于不稳定产物。从图 2-68 可以看出，丁烯与汽油类似，也为初始裂化不稳定的产物。

从图 2-69 和图 2-70 可以看出，正丁烷及丙烯也是初始裂化产物，但与汽油和丁烯有所差别，其产率曲线在切线之上。说明正丁烷及丙烯除了初始裂化生成外，还有在过程反应中继续生成，属稳定产物，在高转化率时基本上不再转化。

图 2-71 至图 2-74 分别为异丁烷、丙烷、乙烯及焦炭在不同转化率时的产率曲线。这些产物的共同点是 OPE 曲线不从零开始，且产率随转化率的增加而迅速增加。说明反应开始时没有生成这些产物，而是经过一段反应时间，即由初始裂化产物在反应过程中又参与反应而生成的产物，因此称为二次产物。甲烷及乙烷也属于二次产物。图 2-75 为馏分油在 Y 型沸石催化剂上裂化反应网络图。

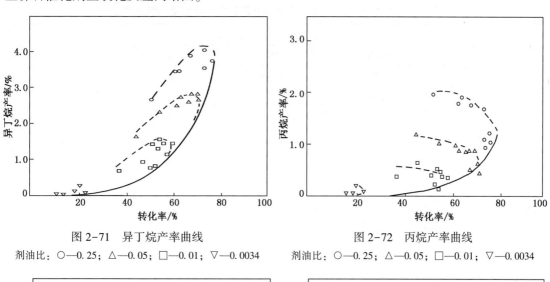

图 2-71　异丁烷产率曲线　　　　　　　　图 2-72　丙烷产率曲线
剂油比：○—0.25；△—0.05；□—0.01；▽—0.0034　　剂油比：○—0.25；△—0.05；□—0.01；▽—0.0034

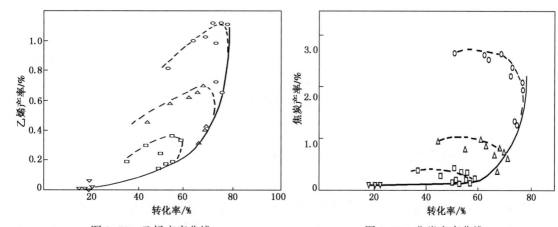

图 2-73　乙烯产率曲线　　　　　　　　图 2-74　焦炭产率曲线
剂油比：○—0.25；△—0.05；□—0.01；▽—0.0034　　剂油比：○—0.25；△—0.05；□—0.01；▽—0.0034

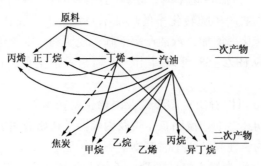

图 2-75　馏分油在催化剂上裂化反应网络示意图

除了 LaY 催化剂之外，还研究了在其他类型沸石催化剂上馏分油裂化的初始裂化及二次反应。上述馏分油在 HY 及 LaY 催化剂上反应结果列于表 2-43，试验所采用的反应温度为 503℃。

表 2-43　在 LaY 及 HY 催化剂上裂化产物的初重量选择性及类型

产　品	初重量选择性		产品类型	
	LaY	HY	LaY	HY
甲　烷	0.000	0.000	2S	2S
乙　烯	0.000	0.000	2S	2S
乙　烷	0.000	0.000	2S	2U
丙　烷	0.000	0.000	2S	2S
丙　烯	0.048	0.071	1S	1U
丁　烷	0.010	0.010	1S	1S→1U
丁　烯	0.063	0.063	1U	(1+2)U
异丁烷	0.000	0.000	2S	2S→2U
汽　油	0.870	0.830	1U	1U
焦　炭	0.000	0.000	2S	2S

表 2-43 中列出了各催化裂化产物的初选择性及稳定性。初选择性的定义是转化率为零时 OPE 曲线的切线斜率。初选择性大于零，表示反应一开始即有产物生成，为初始裂化产物；初选择性等于零，说明反应开始时并未生成，到一定转化率时才有出现，为二次产物。根据产物是否再反应，尚可判断为稳定或不稳定产物。表中用 1 及 2 区别一次及二次产物，用 S 及 U 分别表示稳定及不稳定产物。

三、馏分油初始裂化反应及过程反应化学

随着 Haag 和 Dessau(1984)所提出的非经典正碳离子反应机理广泛地用来解释烷烃的催化裂化反应，仅基于双分子反应机理来解释馏分油催化裂化过程反应化学就不够完整和准确。因此，馏分油催化裂化过程反应化学，尤其初始阶段的反应化学需要重新研究。基于单分子反应机理，原料的烷烃分子裂化首先由质子化裂化反应引发，生成初始反应产物和对应的经典的三配位正碳离子。而经典的三配位正碳离子会和烷烃分子发生负氢离子转移反应，

生成新的三配位正碳离子，从而进行链传递反应。正是这两条单、双分子反应途径使反应物烷烃分子不断消耗，从而使反应深度不断增加。

1. 质子化裂化反应与反应深度

第二节已论述，干气中的 H_2、CH_4 和 C_2H_6 是单分子裂化反应的特征产物。因此，可以采用干气的选择性随馏分油反应深度的变化关系来对馏分油的质子化裂化反应与反应深度的关系进行研究（龚剑洪，2006；Corma，2000）。在不同反应温度下，大庆馏分油在催化剂 MLC-500 上裂化所生成的干气选择性随反应深度的变化如图 2-76 所示。

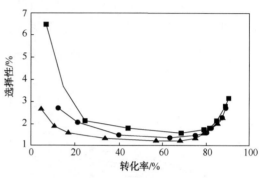

图 2-76 干气选择性随反应深度的变化
■—500℃；●—480℃；▲—460℃

从图 2-76 可以看出，反应引发后（低转化率），干气的选择性较高，随着反应深度的增加，干气选择性的变化趋势为由高到低，这与低碳烷烃单分子裂化反应所出现的现象是一致的。图 2-76 还出现了一个需要值得注意的现象，即在较高反应深度下，随反应深度的进一步增加，干气的选择性不但没有降低，反而出现了增加的趋势。即对于重质原料在酸性催化剂上的催化裂化过程，反应初期质子化裂化反应比较突出；随着反应深度的增加，质子化裂化反应会逐渐减弱至最低值；但随着反应深度进一步增加，质子化裂化反应又会出现明显增强的趋势。此外，从图 2-76 还可以看出，在中、低反应深度下，高反应温度下干气选择性也高，这表明高反应温度有利于质子化裂化反应，这一点和基于纯烃的结论一致。但与纯烃有所不同的是，在较高反应深度下，反应温度对干气的选择性的影响并不明显，或者说高反应深度下发生的质子化裂化反应对反应温度不敏感。

在反应温度为 500℃时，馏分油质子化裂化反应的特征产物摩尔产率随反应深度的变化见图 2-77。从图 2-77 可以看出，高反应深度下，甲烷的摩尔产率明显超出氢气的摩尔产率。也就是说，在高反应深度下，汽油中分子发生质子化裂化反应时，其 C—C 键断裂速率明显大于 C—H 键断裂速率。而这一结论与低碳烷烃的质子化裂化反应的结论相同。也就是说，高反应深度下干气选择性的增加可能是汽油中烷烃分子（碳数相对较低）发生质子化裂化反应的结果，如图 2-78 所示。从图 2-78 可以看出，高反应深度下，干气摩尔产率的突增与汽油中正构烷烃摩尔产率明显减少有很好的对应关系。

2. 负氢离子转移反应

在反应温度为 500℃时，大庆馏分油在催化剂上反应所生成的 $C_4 \sim C_{12}$ 的烷烃和烯烃随反应深度的变化见图 2-79。从图 2-79 可以看到，在一定的反应深度范围内（10%~70%），烷烃和烯烃随反应深度的变化趋势一致，并且烯烃和烷烃摩尔比大于 1.0，这表明双分子裂化反应起主导作用。此时负氢离子转移作为双分子裂化反应的基元反应参与其中，符合负氢离子转移反应作为双分子裂化反应的基元反应特征。从图 2-79 还可以发现，当反应深度进一步增加，烷烃则明显增加，而烯烃则明显减少，烷烃明显高于烯烃，烯烃和烷烃摩尔比小于 1.0，这表明反应后期出现的烷烃明显增加的同时对应着烯烃明显减少的试验结果是由于氢转移反应起主导作用所致。此时负氢离子转移作为氢转移反应的基元反应参与其中，符合负氢离子转移反应作为氢转移反应的基元反应特征。因此，对于馏分油而言，从反应前期（约

10%）至反应中后期（70%），主要发生双分子裂化反应，此时负氢离子转移反应主要作为裂化反应的基元反应参与其中；而反应深度进一步增加（>70%），则主要发生氢转移反应，而此时负氢离子转移反应主要作为氢转移反应的基元反应参与其中。

在反应温度为480℃时，馏分油在催化剂上反应所生成的 $C_4 \sim C_{12}$ 的烷烃和烯烃随反应深度的变化见图 2-80。从图 2-80 可以看出，在反应温度为480℃时反应过程中同样存在着负氢离子转移作为双分子裂化反应和氢转移反应的基元反应，而且同样是在反应前期（约10%）至反应中后期（65%），主要发生双分子裂化反应，此时负氢离子转移反应主要作为双分子裂化反应的基元反应参与其中；而反应深度进一步增加（>65%），则主要发生氢转反应，此时负氢离子转移反应主要作为氢转移反应的基元反应参与其中。

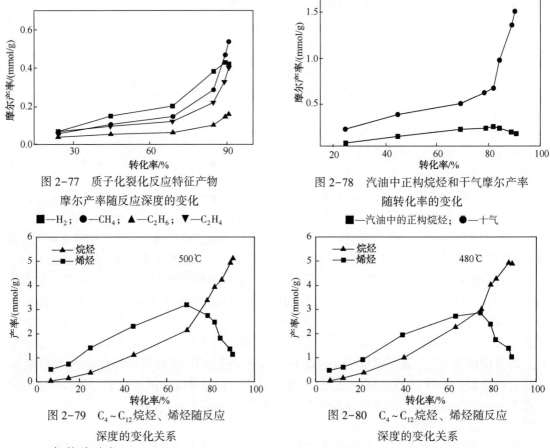

图 2-77　质子化裂化反应特征产物
摩尔产率随反应深度的变化
■—H_2；●—CH_4；▲—C_2H_6；▼—C_2H_4

图 2-78　汽油中正构烷烃和干气摩尔产率
随转化率的变化
■—汽油中的正构烷烃；●—干气

图 2-79　$C_4 \sim C_{12}$ 烷烃、烯烃随反应
深度的变化关系

图 2-80　$C_4 \sim C_{12}$ 烷烃、烯烃随反应
深度的变化关系

3. 氢转移反应

烃类的裂化反应从理论上应得到高产率的烯烃。按经典的正碳离子反应机理，每一次裂化会得到一个烯烃。在馏分油催化裂化过程中，典型的是一个分子原料生成约三个分子的产物，以此推理产物中的烯烃与烷烃之比应为 2 : 1。实际上，在硅铝催化剂上裂化时，烯烃的比例要低于此数，而在沸石催化剂上，产物中可能含有更少的烯烃，这主要是由于氢转移反应起着一定的作用。氢转移反应的主要影响是：减少了产物烯烃含量；强烈影响了产物的相对分子质量分布；影响了焦炭的生成。

烯烃双分子氢转移反应作为催化裂化工艺过程中的主要二次反应，主要包括烯烃和环烷烃、烯烃和烯烃、烯烃和焦炭前身物之间进行的两种类型的反应过程。氢转移反应的氢来源主要从三个方面得到：环烷烃及环烯烃转化成芳烃；烯烃脱氢环化生成环烯；芳烃脱氢并与烯烃缩合生成焦炭。通过氢转移反应，烯烃得以饱和生成富氢烷烃，同时得到缺氢的芳烃。虽然芳烃的增加可适当弥补辛烷值损失，但氢转移反应导致的烯烃大幅度降低使 FCC 汽油的辛烷值总体下降(Ritter，1986)。此外，氢转移反应通过终止三配位正碳离子的反应而使汽油收率得到提高(Sedran，1994)。随着环保法规对汽油组成越来越严格的规范要求，催化裂化过程中的氢转移反应越来越受到人们的重视(许友好，2002；Eijk，1990)。在催化裂化操作条件下，氢转移反应速度要慢于馏分油裂化反应速度。氢转移反应为放热反应，低温时有利于氢转移反应。因此，降低反应温度倾向于生成高相对分子质量的产物。增加接触时间也增加了氢转移反应时间，从而可以得到低烯烃产物。

氢转移反应在催化裂化工艺过程反应中起到了巨大作用，下面以异丁烷与异丁烯的摩尔产率比为参数对重质油在酸性催化剂上发生的负氢离子转移反应进行分析。在反应温度500℃下，馏分油在催化剂上反应时所生成的异丁烷和异丁烯的摩尔比随反应深度的变化见图 2-81。从图 2-81 可以看出，在整个反应深度范围内，异丁烷/异丁烯随反应深度变化的关系既不是线性关系，也不是很好的指数关系，尤其是较低反应深度下试验结果与指数关系偏离很大。以转化率70%为界，将图 2-81 分为图 2-82 和图 2-83，转化率在 10%~70% 之间对应的异丁烷/异丁烯随反应深度的变化见图 2-82，转化率大于 70% 对应的异丁烷/异丁烯随反应深度的变化见图 2-83。

从图 2-82 可以看出，负氢离子转移反应作为双分子裂化的基元反应几率随着反应深度的增加而明显地减少，同时，作为氢转移反应的基元反应几率却在不断地增大。从图 2-83 可以看出，当转化率大于 70% 时，异丁烷/异丁烯摩尔比与转化率符合很好的指数拟合关系，这表明负氢离子转移反应主要成为氢转移反应的基元反应，起到了反应链终止作用，同时将烯烃转化为烷烃。

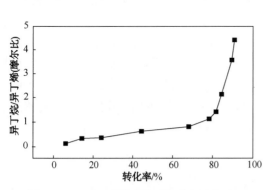

图 2-81 500℃下异丁烷/异丁烯(摩尔比) 随反应深度的变化

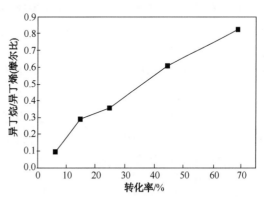

图 2-82 反应前期至中后期的异丁烷/ 异丁烯(摩尔比)随反应深度的变化

在不同反应温度下，馏分油在催化剂上反应时所生成的焦炭产率随反应深度的变化关系见图 2-84。从图 2-84 可以看出，从反应前期(5%~10%)至反应中后期(60%~70%)，焦炭产率随反应深度增加而略有增加，或者说焦炭产率在该反应深度范围内变化不明显；但当反应深度进一步增加(>60%~70%)，则可以发现焦炭产率随反应深度出现大幅度明显增加趋势。

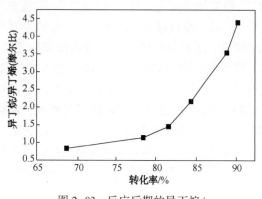

图 2-83　反应后期的异丁烷/
异丁烯(摩尔比)随反应深度的变化

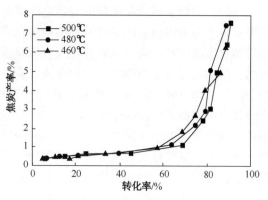

图 2-84　不同反应温度下焦炭产率
随反应深度的变化

4. 氢转移反应调控裂化反应深度和方向

裂化反应和氢转移反应都涉及到负氢离子转移反应作为其基元反应。从馏分油催化裂化反应深度从低至高进行整体分析，可以发现负氢离子转移将裂化反应和氢转移反应紧密地联系在一起，从而有利于控制裂化反应深度和方向。

在反应前期至反应中后期的反应深度区间，尽管不同的反应温度对反应区间的范围略有一定影响，但很明显汽油中异构烷烃和烯烃随反应深度的变化趋势几乎完全一致。汽油产物中各组分浓度(PONA 分析数据)随反应深度的变化见图 2-85。在图 2-85 中，将反应深度的变化划分为三个区，即图中的(1)、(2)、(3)，分别定义为反应初期、反应前中期和反应后期，各自对应的转化率范围为<30%、30%~70%、>70%。在反应初期，即引发阶段，由于原料中烷烃等发生质子化裂化反应，从而产生干气、低碳烷烃和吸附在催化剂活性点上三配位正碳离子；而原料中的烷基芳烃也会发生质子化裂化反应，会生成汽油中芳烃和对应的三配位正碳离子。而由于反应初期气相中烯烃很少，从而会导致三配位正碳离子极易脱附生成烯烃，从而导致反应初期汽油中烯烃浓度相对较高。反应中期，主要发生负氢离子转移和 β 断裂等反应。由于催化剂上空的活性点仍较多，反应初期生成的汽油烯烃会重新吸附在活性点上生成三配位正碳离子，随后进行负氢离子转移和 β 断裂反应，从而导致汽油中烯烃缓慢降低，异构烷烃缓慢增加。而汽油中的芳烃和饱和环烷烃浓度基本保持不变。反应后期，由于大量相邻的活性点被三配位正碳离子和其他授氢分子所占据，导致大量氢转移反应的发生，从而导致汽油中烯烃含量大幅度减少，相对应异构烷烃含量大幅度增加，汽油中烷烃和芳烃含量均高于烯烃含量。

5. 异构化反应

在反应温度为 500℃时，馏分油在 Y 型沸石催化剂上反应所产生的汽油中单甲基烷烃、二甲基烷烃、三甲基烷烃和未知类型异构烷烃的摩尔选择性随反应深度的变化见图 2-86。从图 2-86 可以看出，汽油中烷烃主要以单甲基烷烃为主，约占汽油异构烷烃的 67%~90%。随反应深度的增加，单甲基烷烃选择性增加；二甲基烷烃约占汽油异构烷烃的 10%~15%，其选择性随反应深度的增加而有所降低；三甲基烷烃占汽油异构烷烃的比例极低，甚至低于1%；未知类型异构烷烃，主要指长支链烷烃如乙基烷烃、丙基烷烃等，在较低反应深度时约占 18%，其选择性随反应深度增加而明显降低，在较高反应深度时仅占 1%左右。

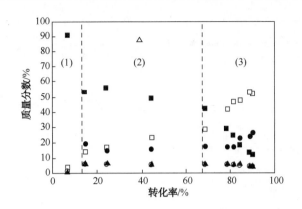

图 2-85　汽油中各组分浓度随反应深度的变化

□—异构烷烃；■—烯烃；●—芳烃；○—正构烷烃；▲—环烷烃

在反应温度为 500℃下，馏分油在 ZSM-5 型沸石催化剂和 Y 型沸石催化剂上反应时汽油异构烷烃摩尔产率随反应深度的变化见图 2-87。从图 2-87 可以看出，随着反应深度的增加，产物汽油馏分中各异构烷烃的摩尔产率均有所增加。其中单甲基烷烃的摩尔产率随反应深度增加明显，其次为多甲基烷烃。从图 2-87 还可以看出，Y 型沸石催化剂上产生的单甲基烷烃和多甲基烷烃比 ZSM-5 型沸石催化剂上产生的甲基烷烃均明显要多，表明催化剂的沸石孔结构对异构有重要影响，大孔更有利于异构。即使对于大孔的 Y 型沸石催化剂，产物汽油馏分中烷烃异构体也主要是甲基异构体，而多甲基异构体相对较少。这表明对于馏分油而言，异构化反应主要是通过质子化环丙烷(PCP)中间体进行。

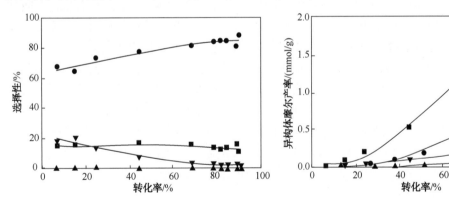

图 2-86　烷烃异构体选择性随反应深度的变化

●—单甲基烷烃；■—双甲基烷烃；

▲—三甲基烷烃；▼—未确定甲基烷烃

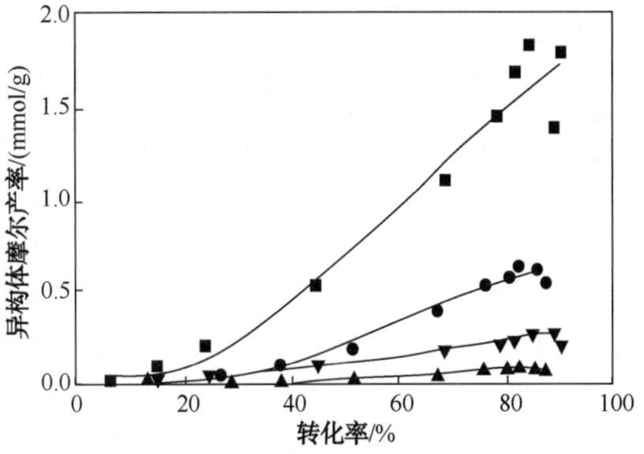

图 2-87　汽油烷烃单、多甲基异构体的

摩尔产率随转化率的变化

单甲基烷烃：■—Y，●—ZSM-5；

多甲基烷烃：▼—Y，▲—ZSM-5

以 C_6 和 C_8 烷烃为对象来考察单甲基和多甲基异构体摩尔选择性随反应深度的变化来分析甲基烷烃的产生历程。在反应温度 500℃下，馏分油在 Y 型沸石催化剂上反应时所生成汽油中单甲基 C_6 烷烃和二甲基 C_6 烷烃摩尔选择性随反应深度的变化见图 2-88；汽油中 C_8 烷烃的单甲基异构体、二甲基异构体、三甲基异构体的摩尔选择性随反应深度的变化见图 2-89。

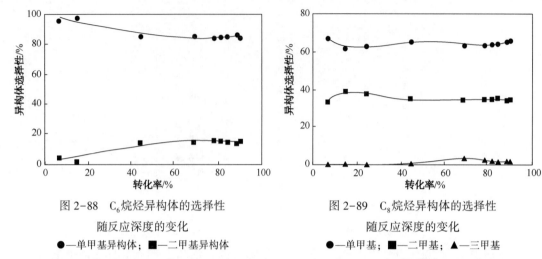

图 2-88　C_6 烷烃异构体的选择性
随反应深度的变化
　　●—单甲基异构体；■—二甲基异构体

图 2-89　C_8 烷烃异构体的选择性
随反应深度的变化
　　●—单甲基；■—二甲基；▲—三甲基

　　从图 2-88 可以看到，随反应深度的增加，C_6 烷烃的单甲基异构体的摩尔选择性下降，而其二甲基异构体的摩尔选择性增加，二者呈明显的对应关系。由此推断，二甲基烷烃是由单甲基烷烃进一步通过质子化环丙烷中间体（PCP）生成的。从图 2-89 可以看出，在反应初期，C_8 烷烃的单甲基异构体的摩尔选择性随反应深度增加而缓慢下降，同时其二甲基异构体的摩尔选择性随反应深度增加而相应增加，而此时没有三甲基异构体产生。但随着反应深度的进一步增加，C_8 烷烃的二甲基异构体的摩尔选择性下降，与此相对应，此时三甲基异构体的摩尔选择性增加。由 C_8 烷烃的单甲基、二甲基和三甲基异构体的摩尔选择性随反应深度的对应变化可以进一步推断，二甲基烷烃是由单甲基烷烃通过质子化环丙烷中间体（PCP）生成，而三甲基烷烃是由二甲基烷烃进一步通过质子化环丙烷中间体（PCP）生成。反应后期，三甲基烷烃的选择性下降可能是由于其本身会进一步裂化反应所造成。

　　综上所述，馏分油在沸石催化剂上反应时，汽油馏分中烷烃支链异构体的摩尔产率随反应深度增加而增加。产物汽油馏分中的异构烷烃主要是甲基异构体，而且主要是单甲基异构体，表明骨架异构反应主要是通过质子化环丙烷（PCP）中间体进行。Y 沸石催化剂上产生的单甲基烷烃及多甲基烷烃均高于 ZSM-5 沸石催化剂。多甲基烷烃是由单甲基烷烃进一步通过质子化环丙烷中间体（PCP）生成。长支链烷烃主要是通过较大的质子化环烷烃中间体如 PCB、PCP、PCH 等形成。汽油中支链烷烃的生成途径见图 2-90，图中粗线条表示较易生成，细线条表示较难生成。

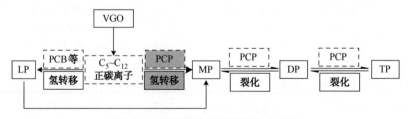

图 2-90　汽油馏分支链烷烃生成途径
LP—长支链异构体；MP—单甲基支链烷烃；DP—双甲基支链烷烃；TP—三甲基支链烷烃

6. 缩合反应及焦炭的生成
（1）焦炭的化学组成与结构

Coughlin 等(1984)的研究表明,裂化反应中生成的焦炭是由含芳环的物种组成的。从焦炭的生成可认为焦炭是一种高分子缩合物的混合体,其结构和相对分子质量并不唯一。对硅铝裂化催化剂上沉积的焦炭组成进行了大量的研究,确定了有两种主要的碳结构以高度分散存在于催化剂的孔隙内。主要是石墨状或层叶状结构,层与层之间的晶格是紊乱的,少部分是由组织很乱的多环芳烃所构成的。基于裂化催化剂上的焦炭具有类石墨结构,提出了多层结构的物理化学模型,如 2-91 所示(陈俊武,2005)。

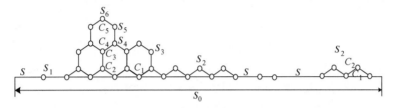

图 2-91 裂化催化剂上的焦炭形成的物理化学模型

S_0—催化剂总表面;S—未被焦炭覆盖的自由表面;S_1,$S_2 \cdots S_n$—被一层、二层……n 层焦炭覆盖的表面;

C_1,$C_2 \cdots C_n$—第一、第二……第 n 覆盖层的焦炭总量

从图 2-91 可以看出,裂化催化剂上的焦炭是逐层堆积而成的,首先在催化剂的新鲜表面上进行裂化原料的吸附、裂化、芳构化和氢转移反应,形成第一层的焦炭,此时焦炭的碳氢比较低,相对分子质量也较小,随后在第一层的焦炭分子上,继续发生氢转移反应、缩合反应,焦炭沿催化剂表面向上增长,形成一个三维网络结构,相对分子质量不断增加,碳氢比不断增大,类石墨的多层结构也逐渐形成。因此,裂化催化剂上的结焦过程分为单层结焦、多层结焦及微孔填塞三个阶段,在微孔全部堵塞后将出现结焦最大值,即极限含焦量。

Turlier 等(1994)发现当提升管出口温度为 530℃时,待生催化剂上的炭约为 50% 是预石墨化的碳,但经水蒸气汽提 15min 后,约为 90% 是预石墨化的碳。当馏分油在沸石催化剂上裂化反应时,沉积在沸石催化剂上的焦炭,有较大部分组成是带烷基侧链的 3~7 个环的多环芳烃,其结构如图 2-92 所示。

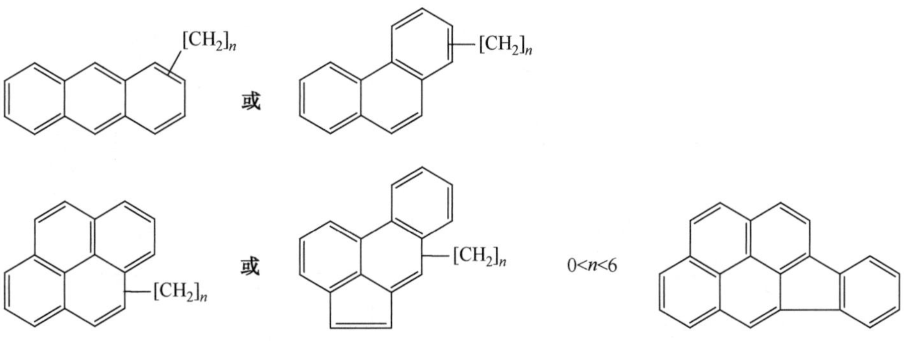

图 2-92 未汽提待生催化剂上的焦炭结构组成

从图 2-92 可以看出,焦炭中的多环芳烃带有烷基侧链,其中烷基侧链在汽提器发生裂化反应转化为气态产物,造成待生催化剂上的焦炭含量不断下降,同时其氢含量也不断降低,焦炭趋向石墨化的碳,这表明焦炭本身具有反应性能。

(2)缩合反应与催化焦的生成

工业 FCC 装置中待生催化剂上的焦炭可划分为四类,即催化焦(C_{CAT})、附加焦(C_{ADD})、污染焦(C_{CT})和可汽提焦或剂油比焦(C_{ST})。催化焦是指烃类在酸性中心上发生催化裂化反应而生成的副产品，是一种高沸点缩合物，其氢含量约在3%~5%。Voorhies(1945)提出催化焦与催化剂停留时间密切相关，即

$$C_{CAT} = k\tau_c^n \qquad (2-4)$$

式中，C_{CAT}——催化焦，%；k——常数；τ_c——催化剂停留时间；对于沸石催化剂，n通常取0.1~0.3。

在馏分油催化裂化工艺中，催化焦与原料油中多环芳烃密切相关，由于二次加工的馏分油如焦化馏分油、回炼油及澄清油中含有大量多环芳烃，回炼油及澄清油回炼会导致焦炭产率明显增加，并且随着回炼比增加，焦炭产率也相应地增加；含有较多多环芳烃的馏分油原料，其多环芳烃在反应时会附着在FCC催化剂表面而易于缩合生焦，因此降低了催化剂裂化性能，导致转化率和汽油收率下降，焦炭产率上升，增加再生负荷，影响加工量的提高。研究结果表明，不同烃类焦炭生成速率递减顺序如下：

多环芳烃>双环芳烃>单环芳烃>烯烃>环烷烃>烷烃

催化焦的形成复杂程度主要由反应物分子所决定的，若反应物分子是烷烃，则首先发生裂化反应生成烯烃，烯烃低聚生成C_6^+烯烃，C_6^+烯烃再通过氢转移反应生成二烯烃，二烯烃低聚形成环烷烃，再通过三次负氢离子转移反应生成芳香烃，最后转变成可溶焦；若反应物分子是环烷烃，则反应历程只有后面两步；若反应物分子是芳香烃，则反应历程只有最后一步，这就是反应物为芳香类化合物时，其催化焦产率更高的主要原因。多环芳烃容易吸附而难以脱附，可以直接形成焦炭，同时，多环芳烃可以快速与烯烃反应生成焦炭。在催化焦前身物的形成过程之中，始终伴随着负氢离子转移反应，且芳香烃分了的不饱和程度逐渐增加。由此可知，催化焦前身物形成的一个重要条件就是苯环含长侧链，能够通过烷基化和氢转移反应生成多环芳香烃。在此过程中，烯烃也发挥着重要的作用，催化焦前身物通过烷基化反应生成相对分子质量更大的物种，并迅速经缩合反应生成催化焦。从焦炭产率和转化率之间关系(如图2-93所示)与汽油组成和转化率之间关系(如图2-94所示)对比就证明了这一点(刘四威，2012)。

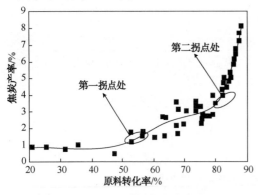 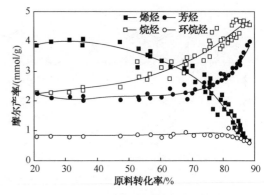

图2-93　焦炭产率随转化率的变化　　　图2-94　汽油组成随转化率的变化

从图2-93可以看出：焦炭产率随转化率变化呈现两个拐点，从而将焦炭产率随转化率变化分为三个不同阶段，第一阶段内焦炭产率基本维持恒定，第二阶段焦炭产率明显增加，第三阶段焦炭产率迅速增加。对比图2-93和图2-94可以推导，在较低的转化率区间，汽油芳烃主要由长侧链芳烃侧链断裂、脱烷基以及环烷芳烃开环断侧链等反应产生，焦炭则主要是重馏分

油中多环芳烃以及胶质等成分吸附在催化剂活性位生成；在介于两个拐点之间的转化率区间，吸附在催化剂活性位上的芳烃特别是多环芳烃与烯烃的反应是导致焦炭产率升高的原因；在高转化率区间，催化剂表面已吸附大量的芳烃及焦炭分子不断吸附其他生焦分子(如烯烃)，从而使焦炭产率迅速升高，而汽油中的烯烃含量也相应地迅速降低，芳烃含量明显增加。

四、氮、硫化物在催化裂化过程中的反应

1. 氮化物

与直馏馏分油(VGO)相比，焦化馏分油(CGO)中的碱性含氮化合物不仅难转化，而且还存在碱性氮化合物对催化剂的中毒作用问题。因此，随着FCC装置加工CGO量的增加，含氮化合物对催化裂化的影响相应变得更加突出(袁起民，2008)。FCC原料中含氮化合物主要有非碱性的吲哚和咔唑类及碱性的烷基喹啉和烷基吡啶类，而喹啉类等碱性氮化物对催化裂化反应影响显著。含氮化合物的裂化反应是一个很复杂的反应过程，包括环侧链的断裂、杂环的转化、杂环随多环芳烃的缩合等。Fu等(1985)对含氮化合物催化裂化原料裂化后的液体产物分析结果表明，碱性氮化物在裂化温度下是相当稳定的，不发生裂化开环反应，只能裂化碳链长度大于3个碳原子的烷基侧链。而对饱和含氮化合物，脱氢是重要的反应，一个最好的例子是原料中约有20%的哌啶转化为吡啶。

早在无定形硅酸铝催化剂时代，Mills等(1950)就对原料中碱性氮化物会严重影响酸性催化剂的裂化活性进行了报道。20世纪60年代，具有更高活性和酸性位的沸石催化剂出现使这一问题得到暂时性缓解。催化裂化催化剂的活性中心是Lewis酸(L酸)和Brönsted酸(B酸)中心，前者能从碱中接受一个未成对的电子，而后者则有能力向碱贡献出一个质子。碱氮化合物由于含有孤对电子，具有很强的吸附和络合性能，因此很容易与催化剂上的酸性中心发生相互作用，造成催化剂活性下降。含氮化合物直接与催化剂表面活性中心的作用形式可能存在两种情况，一种是五元氮杂芳环，氮上的孤对电子参与环上的π电子云，相对苯环而言吡咯环π电子相对丰富，由此可以推测，高电子密度的吡咯环优先与催化剂表面的活性中心作用，而不是氮杂原子；另一种是六元氮杂芳环，氮上的未成对电子不参与环上的π电子云，由于吡啶环上氮原子的吸电子效应，六元氮杂环上π电子云密度低于相应苯环上π电子云密度。由此可以推测，这类化合物的氮杂原子优先与催化剂表面作用(假设没有立体阻碍)。饱和氮杂环的C—N键断裂可能涉及经典的Hoffman降解反应，C—N键断裂前N被季铵化，C—N键断裂反应可以通过β-消除或亲核取代反应来实现。关于催化剂的碱氮中毒机理，一般认为是含氮化合物被化学吸附在催化剂配位不饱和的Al或Si(L酸中心)上，即碱氮与L酸中心发生电子配对吸附在L酸中心上；或者含氮化合物与催化剂B酸中心提供的氢质子结合，使B酸中心数目减少，从而引起催化剂失活，这两种过程分别见图2-95、图2-96和图2-97。Corma等(1987)还认为碱氮对活性中心的中毒是通过诱导效应进行的，以吡啶为例，如图2-98所示，吡啶分子吸附在酸中心后，与其直接"锚定"的质子电荷密度大大降低，同时碱氮分子上剩余电荷通过诱导效应向近邻酸中心(质子酸)转移，改变了其原有的电荷密度(δ^+)，使其不足以催化正碳离子反应。在高氮原料催化裂化过程中，由含氮化合物引起的催化剂失活有两种情况，一种是含氮化合物直接与催化剂表面的活性中心作用引起失活(酸中心被中和)，另一种则是含氮化合物在催化剂酸中心表面发生强化学竞争吸附而引起的催化剂结焦失活(活性中心表面被覆盖)。

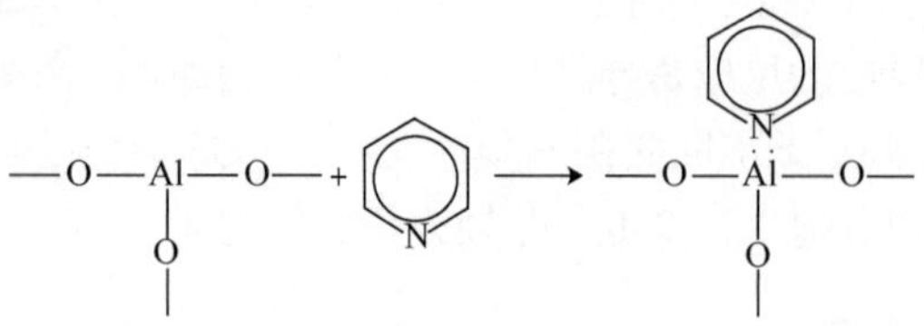

图 2-95　不饱和 Al 的 L 酸性位碱氮中毒示意图 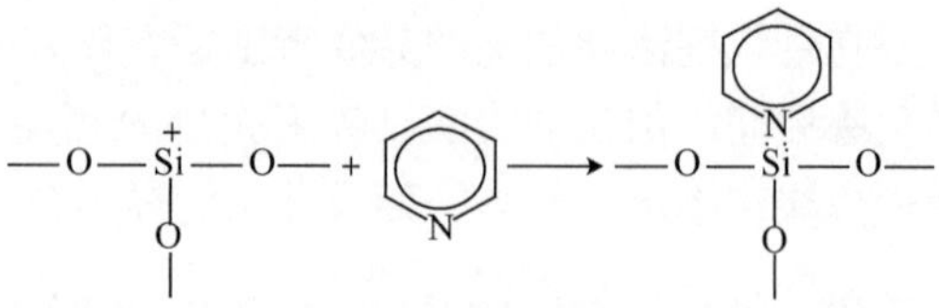　　　图 2-96　不饱和 Si 的 L 酸性位碱氮中毒示意图

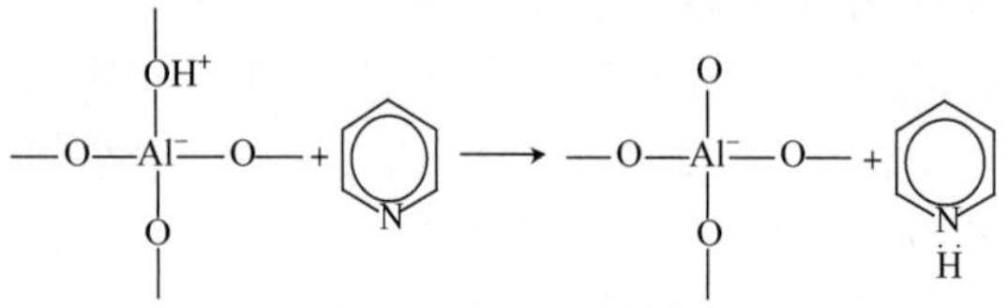

图 2-97　催化剂 B 酸性位碱氮中毒示意图 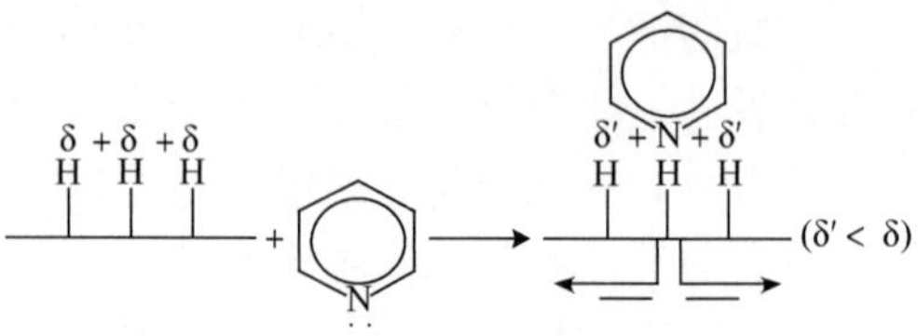　　　　图 2-98　诱导效应引起催化剂中毒示意图

从化学反应角度分析，硫化合物并不影响烃类的反应，但对产品性质有较大的影响；氧化物对催化裂化反应的影响很小；氮化物特别是碱性氮化物吸附在催化剂上中和其酸性中心，对反应起了阻碍作用并促使焦炭生产。氮化物对催化裂化反应的阻碍效应见表 2-44，其中 pK_a 为碱式共轭酸的离子化常数的负对数值，碱性强度随 pK_a 增加而增强。表 2-44 中所列数据尚看不到碱性强度与阻碍效应的关系，但可以看到喹啉及吖啶等强碱性氮化合物对裂化反应的阻碍效应很大，阻碍率达到 80%（阻碍率为添加氮化物前后转化率差值除以加氮化物之前的转化率）。

表 2-44　氮化物对催化裂化反应的阻碍效应

加入的有机氮化物	转化率/%	阻碍率/%	pK_a
未　加	41.9	—	—
甲　胺	42.0	0	—
二戊胺	42.3	0	—
二环己胺	28.0	33	—
吡　啶	26.8	36	5.23
吲　哚	25.1	40	—
萘　胺	21.8	48	—
喹　啉	8.5	80	4.94
吖　啶	8.2	81	5.60

2. 硫化物

Corma 等（2001b）以不同的硫化物作为模型化合物，研究催化裂化汽油中硫化物生成的反应途径，试验是在微反装置上进行的，采用平衡催化剂，试验条件与催化裂化工艺条件相同。在催化裂化工艺过程中，烷基噻吩硫中，短链烷基噻吩易于发生脱烷基和烷基异构化反应；如侧链长，则容易脱氢环化，生成较重的组分，从而从催化裂化汽油中脱除出去，硫化物转移反应网络如图 2-99 所示。此反应网络中，H_2S 是二次不稳定产物，可与反应介质中的其他产品如烯烃反应而转化；硫醇是一次不稳定产物，容易裂化；噻吩是一次稳定产物，而烷基噻吩是一次不稳定产物，此两种产物除非先加氢否则难于裂化。加氢可通过氢转移发生，此时烷基噻吩由于形成叔碳离子中间物而比噻吩反应更快。四氢噻吩是二次不稳定产物，易裂化成 H_2S。苯并噻吩和烷基苯并噻吩是一次不稳定和二次稳定产物。Corma 认为，汽油中硫化物的形成首先是来源于 FCC 装置进料中硫化物种通过裂化或分子的重排，生成硫醇、噻吩、烷基噻吩、苯并噻吩和烷基苯并噻吩，而烷基噻吩经氢转移反应生成烷基四氢噻吩，烷基四氢噻吩与硫醇进一步深度裂化为 H_2S。其次是由于催化裂化汽油中存在的大量烯烃而引起的二次反应，其中包括噻吩与烯烃反应生成烷基噻吩，以及 H_2S 与烯烃反应生成硫醇和噻吩。

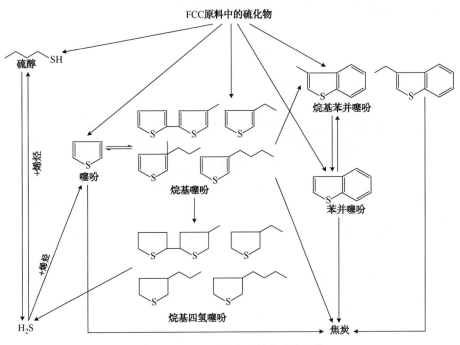

图 2-99　FCC 过程中硫转移反应网络

从图 2-99 可以看出，催化裂化汽油中的硫化物，除了少量的硫醇、硫醚、二硫化物外，主要是沸点较高的而反应活性又较低的噻吩类化合物，其中大部分是不同取代的烷基噻吩等。这些汽油硫化物除了来自于催化裂化原料中硫化物种的裂解，还有烯烃与硫化物二次反应所产生的新的硫化物。因而影响催化裂化汽油中硫含量的反应主要有以下三类：

①富含氢的硫化物的裂化反应如四氢噻吩裂化生成 H_2S；

②烷基化或环化反应形成循环油馏程内的硫化物，最终进入焦炭中；

③H_2S 与汽油中的烯烃反应形成硫醇和噻吩。

其中氢授予体的数量将影响第一类反应中可裂化硫化合物的形成，以及第二类反应中贫氢硫化物的形成。第二、三类反应受烯烃浓度影响。因此，硫化物在 FCC 过程中脱除途径主要有三种：途径一促进 FCC 进料中含硫物种尽可能多地生成 H_2S 进入气相而被脱除；途径二促进噻吩和苯并噻吩类的生焦反应使硫尽量多地进入焦炭或重质油；途径三尽可能地抑制 H_2S 与烯烃的再次结合。在催化裂化过程中，硫醚类化合物绝大部分裂化生成 H_2S，而噻吩类化合物中除有一部分也裂化开环生成 H_2S 外，另一部分经侧链断裂反应进入轻质产物，与芳香环合并的噻吩类化合物则易于缩合进入焦炭。硫化物反应脱硫的难度次序为：噻吩、苯并噻吩>烷基噻吩>四氢噻吩>硫醇；其中沸点在218℃以上的硫(主要包括苯并噻吩和烷基苯并噻吩)是很稳定的。

唐津莲(2009)发现了在催化裂化反应条件下轻汽油烯烃与 H_2S 反应主要生成噻吩及烷基噻吩。H_2S 浓度 2500μg/g 与含烯烃 50% 的汽油混合进料在稀土 Y 型沸石催化剂和择形沸石催化剂上分别生成汽油硫化物 200μg/g、140μg/g。稀土 Y 型催化剂尤其是酸密度较高的有利于汽油硫化物的脱除，但同时也是硫化物生成的有利场所。对于不同催化剂，硫化物生成量均随反应体系 H_2S 浓度以及烯烃浓度的增加而线性增长，随温度增高而略有下降，受质量空速与剂油比影响不大。由此推导出汽油烯烃和 H_2S 反应途径，如图 2-100 所示。

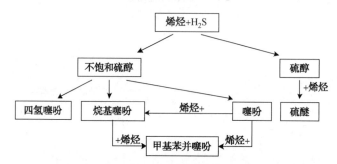

图 2-100　催化裂化汽油硫化物生成反应途径

第七节　渣油催化裂化过程反应化学

渣油催化裂化所加工的原料是由烷烃、环烷烃、芳烃、胶质、沥青质以及含硫、氮、氧的非烃化合物所组成的。渣油原料中饱和烃含量较低，主要是以烷基侧链形式存在。尽管饱和烃和带烷基侧链的芳烃相对分子质量远大于馏分油，但在渣油催化裂化工艺操作条件下，均能以气化状态与沸石催化剂接触反应，其过程反应化学与馏分油催化裂化过程反应化学大同小异，只是受到多环芳烃的阻碍，裂化反应速度将有所降低，反应的选择性将有所变差。而原料中的减压渣油是一个比较稳定的胶体分散体系，其中的分散相是由沥青质及重胶质构成的超分子结构，分散介质则为由轻胶质、芳香分及饱和分组成的混合物。如果难以有效地分解停留在催化剂外表面上的高沸点胶体的减压渣油，那么就会造成重胶质、轻胶质，甚至芳香分转化为沥青质，从而造成焦炭前身物产生。由于多环芳烃、胶质和沥青质之间存在着相互转化，因此，对多环芳烃、胶质和沥青质在提升管反应器内发生裂化反应和缩合反应的研究，并将其反应规律如何正确地应用到催化裂化工艺和催化剂设计上是解决渣油催化裂化工艺开发所面临问题的关键。

提升管反应器底部区域典型的油剂混合温度约为 550~600℃，即使热再生催化剂自身温度也是低于 700℃，而原料油中的重馏分沸点较高，如减压渣油的沸点一般高于 500℃。即使这些沸点较高的重馏分经喷嘴充分雾化后，再与提升管反应器底部的热再生催化剂接触时，催化剂上仍将吸附着较多的未气化的氢含量低的大分子，以液相形态停留在催化剂外表面，随着反应的进行，这些大分子不断发生裂化，生成小分子烃类，而自身缩合为氢含量更低的焦炭。这也就是说，原料油与提升管反应器底部的热再生催化剂接触时，存在着相当部分的重馏分难以气化，会以液相形态停留在催化剂外表面，只有这些重馏分在催化剂表面上发生裂化反应，才有可能气化。因此，渣油催化裂化反应体系中有气-液-固三相，其中既有气相反应又有液相反应，既有在酸性催化剂上以正碳离子反应机理进行的催化裂化反应，又有以自由基链反应机理进行的热裂化反应。

一、渣油催化裂化工艺过程中原料组成的变化

在渣油催化裂化工艺中，原料一旦进入提升管反应器内，其组成随着催化裂化反应的进行时刻都发生着变化。当催化裂化反应达到稳态后，其反应物的组成变化如表 2-45 所示。

表 2-45 新鲜原料、减压馏分油、回炼油和油浆的性质和组成的比较

油品名称	新鲜原料(掺渣 31.5%)	减压馏分油	回炼油	油 浆
沸点范围/℃	538(80%点)	350~520	300~500	300~530 及少量>530
密度(20℃)/(g/cm³)	0.9009	~0.87	0.89~0.90	>0.91
残炭/%	4.97	0.07	0.2~0.5	2~5
H/C(原子比)	—	1.84	~1.65	1.49~1.63
族组成/%				
饱和烃	54.8	74.5	63~68	52~62
芳香烃	27.0	22.9	30~35	35~42
胶质	13.9	2.6	1.3~2.3	2.0~3.4
沥青质	4.3	0	0~0.2	1.1~2.4
烃组成				
饱和烃/芳香烃	—	3.3	1.8~2.3	1.2~1.8
三环以上环烷/%		22	7~12	13~14.5
多环芳烃+噻吩/%	—	11.8	27~29	29~35

从表 2-45 可以看出，回炼油的族组成中几乎没有正戊烷沥青质，胶质含量也仅为 2% 左右，其干点不大于 500℃。油浆的族组成中正戊烷沥青质含量，胶质含量也仅为 3% 左右，其干点不大于 530℃，因此可认为原料油中大于 530℃ 组分几乎全部转化，沥青质和胶质较容易转化为焦炭。回炼油中的饱和烃含量大致在 63%~68% 之间，油浆中的饱和烃含量大致在 52%~62% 之间，比掺 31.5% 渣油的原料油中的饱和烃(54.8%)还高，两者的饱和烃/芳香烃比值基本相同(约 2%)。此外，相对于新鲜原料，回炼油和油浆的金属含量和氮含量，尤其是碱性氮/总氮比值大幅度下降，绝大部分 Ni 沉积在催化剂上，大部分碱性氮化合物消失。

从原料组成的变化可以发现渣油催化裂化工艺过程反应化学的途径，为此，在中型提升管催化裂化装置上，通过工艺参数调变来控制转化深度，取出不同转化深度下的回炼油和油浆，对其组成进行详细分析。试验所用的原料为管输 VGO+31.5% 减压渣油。在不同转化率下所得到的回炼油和油浆样品性质分析结果列于表 2-46。

表 2-46　不同转化率下的回炼油和油浆样品性质

转化率	0	59.0%	72.5%	
原料类型	新鲜原料	油浆（单程操作）	回炼油	油　浆
密度(20℃)/(g/cm³)	0.9009	0.8803	0.9033	0.9329
残炭/%	5.0	0.40	0.48	4.0
馏程/℃				
初馏点		285	292	244
50%		426	421	470
95%		498	489	530
相对分子质量	503	351	364	389
元素分析/%				
C		86.28	87.06	87.65
H		12.66	11.77	11.21
S	0.66	0.35	0.51	0.63
N	0.32	0.1439	0.1389	0.15
金属含量/(μg/g)				
Ni	16.0	0.2	0.6	0.7
V	1.4	0.05	0.16	0.01
四组成/%				
饱和烃	54.8	64.8	63.1	51.8
烷烃	28.8	43.6	44.9	30.9
环烷烃	26.0	21.2	18.2	20.9
单环烷烃		5.2	4.5	4.3
双环烷烃		4.0	3.3	3.4
多环烷烃		12.0	10.4	13.2
相对分子质量	390		383	422
芳烃	27.0	31.8	34.8	42.4
单环芳烃	13.3	8.3	6.4	7.7
双环芳烃	7.9	7.8	4.9	6.9
多环芳烃	5.2	15.3	21.6	25.5
噻吩类	0.6	1.4	1.9	2.3
相对分子质量	429		282	410
S	1.33		1.32	1.25
N	0.32		0.11	0.20
O	0.91		1.33	0.76
H/C(原子比)	1.51		0.99	0.97
f_A	0.33		0.71	0.72
胶质	13.9	2.2	2.0	3.4
相对分子质量	1070		299	414
S	1.09		0.80	0.87
N	0.94		3.57	2.37
O	0.94		2.58	1.83
H/C(原子比)	1.55		0.94	0.97
沥青质(正戊烷)	4.3	0.2	0.1	2.4
相对分子质量	2105			522
S	1.6		0.83	1.15
N	0.82		3.53	0.64
O	1.32			1.11
H/C(原子比)	1.29		0.97	0.78

从表2-46可以看出，随着转化率的增加，反应物的密度先下降，然后再上升；而氢含量是先增加，然后再下降；硫含量是先下降，然后再增加。氮含量与硫含量变化趋势相同，只是没有硫含量变化明显；反应物中的饱和烃含量也是先增加，然后再下降，其中环烷烃含量是一直降低的，而链烷烃含量与饱和烃含量变化趋势相同。这说明在裂化反应初始阶段，主要发生的反应是多环环烷烃裂化反应，同时，原料中的低氢和高硫组分，即胶质和沥青质被吸附到催化剂的表面上。由于胶质和沥青质首先参与反应，造成反应物中的氢含量和饱和烃含量增加，即使部分饱和烃发生裂化反应生成柴油、汽油和气体等富氢产品，但在一定转化率范围内，留下的重油（即转化率为59.5%的回炼油）仍含有较多的氢和较高的饱和烃。从表2-46还可以看出，随着转化率增加，芳烃相对分子质量降低，芳烃含量明显地增加，尤其是三环及以上的芳烃含量明显地增加，平均分子中 H/C（原子比）明显地降低，f_A值增大。这说明了裂化反应后虽然芳烃含量增加，但芳烃分子变小，并具有多环、少而短的侧链的结构特点，其反应特点符合芳烃的一般反应规律，即裂化反应难以发生，而缩合反应容易发生。由此可以看出，原料中芳烃平均分子中具有较多的环烷环，并且具有较多且较长的烷基侧链，在催化裂化反应过程中有可能裂化为较小的分子烃类及相对分子质量较低的多环芳烃或杂原子化合物。而裂化后的回炼油和油浆中的芳烃绝大部分已不可能进一步裂化，如继续在催化裂化装置中循环回炼，势必转化为焦炭，造成焦炭产率增加（许友好，2013）。

在工业提升管原料油入口上面，反应时间约1s处进行取样，对样品进行分离，分离出重油样品进行性质和组成分析，其结果列于表2-47（许友好等，2004b）。

表2-47　提升管1s后的重油（反应物）组成和新鲜原料组成比较

反应物状态	新鲜原料	提升管1s后的重油	提升管出口的重油
转化率/%	0	52.72	74.28
焦炭产率/%	0	12.69	8.94
反应物性质			
密度/（g/cm³）	0.8966	0.8850	1.065
氢含量/%	13.08	13.13	8.24
反应物质谱组成/%			
烷烃	19.5	30.3	6.5
环烷烃	36.6	41.1	7.2
单环芳烃	10.4	11.6	8.4
双环及多环芳烃	9.9	12.2	72.4
胶质	23.6	4.8	5.5

从表2-47可以看出，提升管1s后的重油（反应物）氢含量高于新鲜原料，密度低于新鲜原料，胶质含量大幅度降低，而饱和烃含量大幅度增加，其结果与中型提升管催化裂化装置的低转化率下的试验结果相一致。这也表明原料中的低氢和高硫组分，即胶质和沥青质首先被吸附到催化剂的表面上，也就是说，原料中胶质和沥青首先参与反应。从表2-47还可

以看出，转化率从 52.72% 增加到 74.28% 时，焦炭产率是明显地下降的，这表明吸附在催化剂表面上的胶质和沥青质仍然发生裂化反应，生成小分子烃类脱附到产品中。中型试验研究结果和工业催化裂化装置取样分析结果均表明如何高效地转化原料中胶质和沥青质是渣油催化裂化工艺研究与开发的关键和难点。

二、多环芳烃、胶质和沥青质预裂化反应

1. 多环芳烃和胶质裂化

渣油与馏分油催化裂化的基本差别在于两者原料组成不同，馏分油只含很少量的沥青质、金属等杂原子化合物，在催化裂化工艺条件下，馏分油与高温热再生催化剂接触后可以全部气化。而渣油在催化裂化工艺条件下不能全部气化，除了沸点较高、氢碳比较低外，还含有较多的沥青质与胶质，而且含有碱金属、重金属、硫化物及氮化合物等杂质。下面论述胶质和多环芳烃在催化剂上所发生的化学反应。

对大庆、胜利和管输三种常压渣油及其相应的芳香分、胶质+沥青质进行试验研究，考察这三种常压渣油及其组分对焦炭产率的影响。以大庆、胜利和管输三种常压渣油为原料，焦炭产率随剂油比增加而增加的趋势如图 2-101 所示；以大庆、胜利和管输三种常压渣油中的芳烃组分为原料，焦炭产率随剂油比增加而增加的趋势如图 2-102 所示；以大庆、胜利和管输三种常压渣油中的胶质和沥青质组分为原料，焦炭产率随剂油比增加而增加趋势如图 2-103 所示。

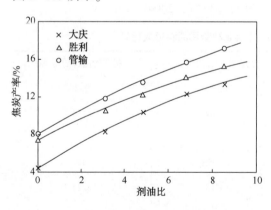

图 2-101 剂油比对焦炭产率的影响（常压渣油）

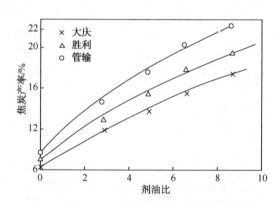

图 2-102 剂油比对焦炭产率的影响（常压渣油中的芳香分）

从图 2-101、图 2-102 可以看出，大庆常压渣油以及大庆常压渣油中芳香分的焦炭产率最低，其次为胜利常压渣油及其常压渣油中的芳香分，最高的焦炭产率为管输常压渣油及其常压渣油中的芳香分。从图 2-103 可以看出，大庆常压渣油中胶质和沥青质的焦炭产率最高，而胜利常压渣油和管输常压渣油的胶质和沥青质的焦炭产率基本相当。

将常压渣油的芳香分和胶质+沥青质组分分别进行不同裂化反应深度的试验，使反应后的待生催化剂上碳含量不同。将不同碳含量的待生催化剂进行微反活性评价和比表面测定，其结果如图 2-104、图 2-105 所示。

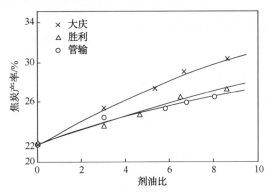

图 2-103 剂油比对焦炭产率的影响(常压渣油中的胶质和沥青质)

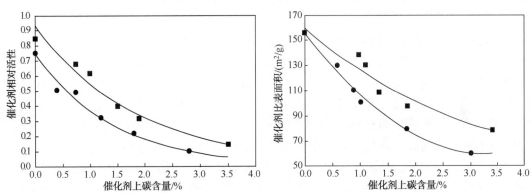

图 2-104 催化剂上碳含量对催化剂活性的影响 图 2-105 催化剂上碳含量对催化剂比表面积的影响
●—芳香分; ■—胶质+沥青质 ●—芳香分; ■—胶质+沥青质

从图 2-104 可以看出,对于碳含量相同的催化剂,芳香分使催化剂活性下降速度比胶质+沥青质更明显,这是由于芳香分与胶质和沥青质分子结构差异所造成的。通常认为附加焦与吸附作用是紧密相关的,芳烃中的大分子部分在催化剂表面吸附沉积,经缩合而形成附加焦,而较小的芳烃分子或芳烃侧链分子向沸石内部扩散,在酸性中心上反应生成催化焦;而胶质与沥青质部分为大分子稠环芳烃结构,为极性化合物,具有较强的碱性,而沸石和催化剂载体具有酸性,一旦两者接触,前者就被快速优先吸附,主要在载体上形成附加焦,大分子稠环芳烃一般难以进入沸石微孔,与晶格上的酸性中心接触,因此,胶质和沥青质对催化剂活性的影响小于芳香分。图 2-105 也表明,催化剂的比表面随催化剂上碳含量的增加呈下降趋势,对于相同的碳含量催化剂,芳香分使催化剂比表面下降比胶质和沥青质更快,与图中相对活性变化的趋势是一致的。

对胜利减压渣油及其组分进行催化裂化试验,采用稀土 Y 型沸石催化剂,反应温度500℃。该试验所得到的产物分布列于表 2-48(梁文杰,2008)。

表 2-48 胜利减压渣油及其组分的催化裂化产物分布

原料	芳香碳率 (f_A)	产物分布/%					
		裂化气	汽油	轻循环油	重油	焦炭	焦炭+重油
戊烷可溶质	0.21	21.4	41.7	10.4	2.1	24.4	26.5
饱和分	0.0	21.9	61.4	10.0	0.8	5.9	6.7

原料	芳香碳率 (f_A)	产物分布/%					
		裂化气	汽油	轻循环油	重油	焦炭	焦炭+重油
芳香分	0.23	20.7	43.4	14.6	4.7	16.6	21.3
胶质	0.32	21.3	33.4	10.3	1.3	33.7	35.0
轻胶质	0.28	21.4	37.6	10.3	2.6	28.1	30.7
中胶质	0.32	20.8	34.2	10.6	3.0	31.4	34.4
重胶质	0.37	22.5	30.1	7.7	1.9	37.8	39.7
胶质+饱和分	0.16	24.0	48.1	9.2	1.7	17.0	18.7
胶质+芳香分	0.262	21.4	40.8	13.0	1.8	23.0	24.8

从表 2-48 可以看出，饱和分的可裂解性最高，汽油及轻循环油收率高达 71.4% 之多，焦炭产率仅为 5.9%；其次为芳香分，汽油及轻循环油收率也达 58.0% 之多，但焦炭产率则比饱和分高得多，达到 16.6%。最值得注意的是胶质的转化，这是因为在减压渣油中胶质的含量较高，且胶质的芳香度较高，一般为 0.3 左右，其生焦率高达 30% 是意料之中的。但同时还应当看到，胶质中仍有 60%~70% 的碳处于烷烃及环烷烃结构中，有可能裂解为轻质产物。胜利减压渣油胶质催化裂化产物中的汽油和轻循环油收率为 43.7%，尤其是轻胶质裂解产物中的汽油和轻循环油收率更高，合计可达 47.9%，这表明渣油中的胶质仍具有相当高的可裂解性。从表 2-48 还可以看出，除饱和分和芳香分外，胜利减压渣油各胶质组分的催化裂化生焦率均几乎与原料的芳香碳率相等，这表明原料油中的芳香结构是焦炭的前身物。

2. 沥青质裂化

沥青质与部分较重的胶质组分以胶束状态分散于渣油之中，其尺寸较大，为数十至数百纳米，这样就难以扩散到催化剂的孔中与催化剂的活性中心相遇，主要吸附在催化剂的外表面。虽然沥青质在高温下也可能气化，但在真正气化之前极大部分已经历了催化裂化和热裂化反应，尤其在沥青质与高温再生催化剂接触初期，主要发生热裂化反应，热解的一次反应产品可进一步进行催化裂化反应。

Savage 等（1985）研究了不同温度时石油沥青质的热解反应及其产物的构成，沥青质原料用正庚烷从加州原油中沉淀出来。沥青质在 400~565℃ 热解产品中有气体、Maltene（溶于正庚烷的液体产物）、沥青质及焦炭。图 2-106 及图 2-107 分别为沥青质在 400℃ 及 450℃ 热解时，不同反应时间的产物分布。在 400℃ 时沥青质尚有部分没有转化，轻质油（Maltene）的产率比气体产率显然要高，焦炭产率随沥青质转化程度的增加而增加，可达 60%；在 450℃、反应时间为 30min 时沥青质全部转化，轻质油及焦炭有一个最高值，分别接近 12% 及 80%，随着反应时间的增加它们又渐趋下降，而气体则呈上升趋势，说明沥青质一次反应生产的可溶质（Maltene）和焦炭还可进行二次反应生产气体；在 565℃ 时沥青质反应 5min 即全部转化。

不同反应温度时轻质油的色谱分析见图 2-108 及图 2-109。在 400℃ 时可测得 300 个色谱峰，其显著的特征是一系列正构烷烃一直到 C_{26} 烷的峰较突出，环戊烷、甲基环戊烷、环己烷和甲基环己烷含量最高；565℃ 时轻质油中芳烃化合物占优势，鉴别了 35 个化合物，其中主要为二甲苯、甲苯、苯和萘，也分析出了一些多环芳烃，如菲、芘和硫芴，但未检测到烷烃峰。在450℃时，轻质油中含环戊烷、甲基环戊烷、甲基环己烷、甲苯、环己烷、二甲苯、萘及 $C_5 \sim C_{26}$ 正构烷烃。

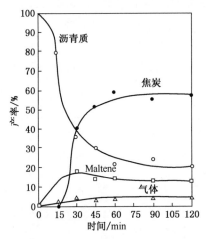

图 2-106　沥青质400℃时的热解产物

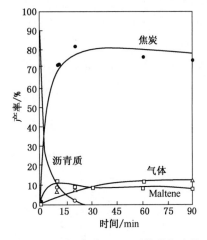

图 2-107　沥青质450℃时的热解产物

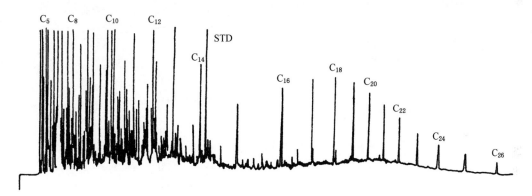

图 2-108　在400℃热解90min时典型的可溶质产物的色谱图

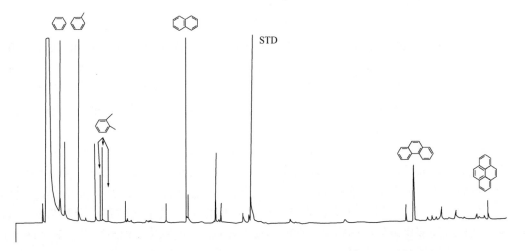

图 2-109　在565℃热解45min时典型的可溶质产物的色谱图

图 2-110 及图 2-111 分别为沥青质在 450℃热解时的气体组成及轻质油中几种正构烷烃的产率。从图 2-110 可以看出，气体中 H_2S、甲烷及乙烷产率相当，H_2S 接近 17mg/g 沥青质，相当于沥青质原料中硫含量的 23%。CO_2 产率在不同反应温度时均约为 1mg/g 沥青质，相当于沥青质原料中氧含量的 5%。从图 2-111 可以看出，轻质油中的辛烷、十二烷、二十烷及二十四烷都随反应时间的增长有一个最高值，碳原子数越高，其最高值出现得越早，说明反应时间继续增加时伴有二次反应发生，裂化生成低碳烃类，碳原子数越高的分子越易裂化。

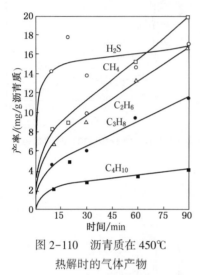

图 2-110　沥青质在 450℃
热解时的气体产物

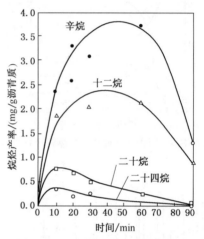

图 2-111　沥青质在 450℃热解时
可溶质产物中的几种烷烃产率

根据上述试验结果，推导沥青质热反应途径如下：

沥青质 ——一次反应——> 沥青质芯 + 可溶质 + 气体

↓ 二次反应

轻质油 + 气体

沥青质群体在催化裂化过程中，通过沸石催化剂上的 Al_2O_3 和沥青质群体中的钒起作用，将沥青质群体分裂为沥青质大片层，再通过催化剂脱硫氮的作用，将沥青质大片层中的硫化合物除去，而使其分解为芳香族片，再经过合理地利用催化剂的温度将芳香族片热裂解断开为单环、双环或三环芳香族化合物，生成中间馏分，从而抑制焦炭的生成。即使在反应温度高达 565℃，沥青质经热裂化反应完全转化为焦炭仍需 5min（瞿国华，2008），这为在催化裂化反应条件下来分解减压渣油胶体留下充分的时间，这是因为催化裂化反应时间一般在数秒内完成，油剂接触时间一般小于 2s。

3. 渣油预裂化反应

综合前面的研究结果，假定渣油原料中难以气化的大分子结构就是图 2-112 中的 A 分子结构。难以气化的大分子 A 在高温热再生催化剂上迅速分解，生成沥青质芯的前身物 B 和其他气化的小分子，随后沥青质芯的前身物 B 在催化剂上发生氢转移反应和裂化反应，使之侧链和环烷经催化裂化反应脱除，生成沥青质芯 C，也就是焦炭前身物以及其他多环芳烃分子。由此可以推导出，由裂化反应和氢转移反应所主导的大分子 A 分解方式可以减少干气和焦炭的生成，使沥青质芯 C 尽可能地含有较低的氢，尽可能地抑制热裂化缩合反应，这种分解方式就是有效的预裂化反应，也就是说有效的预裂化反应是以催化裂化反应和氢转移反应为主，不同于常规的渣油催化裂化采用高温热击裂化技术，降低了热裂化反应的影响，从而减少了干气和焦炭的生成。预裂化反应理想途径如图 2-112 所示，其中图 2-112 中 B 是沥青质芯的前身物，等同于焦炭的前身物；C 是沥青质芯，等同于焦炭。

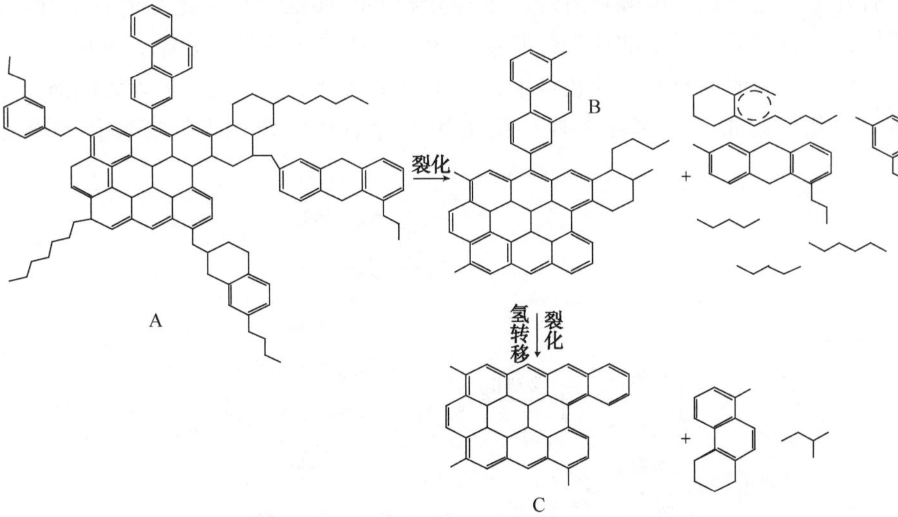

图 2-112　渣油预裂化反应理想途径示意图

　　因此对于渣油催化裂化工艺的开发，原料油中的重组分与热高温再生催化剂接触时，在原料油良好的雾化前提下，尽可能地降低高温再生催化剂的温度，最好低于 700℃。降低再生催化剂温度，就是降低了油气和催化剂的接触温度，延长油气中的芳香烃等组分因热裂化反应所导致的生焦诱导期。早期渣油催化裂化提出了高温热击裂化技术概念，采用高热强度的再生催化剂为沥青质胶团内部的桥键或侧链发生断裂而迅速分解成较小的胶质片和沥青质片提供能量，从而需要再生催化剂温度超过 700℃，甚至 750℃。实际工业渣油催化裂化装置运行结果表明，采用如此高的再生温度，反而造成干气和焦炭产率的增加，尤其是干气产率。原因就在于再生催化剂温度越高，芳香烃等组分生焦诱导期越短，只是促进了热裂化反应，降低了催化裂化反应。同时，尽可能地增加再生催化剂与原料油的质量比，造成有利于催化剂和雾化油滴碰撞传热，从而实现以氢转移反应和催化裂化反应为主的预裂化反应迅速发生。当然，催化剂自身的物理和化学性质也会起到重要作用。

三、多环芳烃脱烷基反应

　　渣油催化裂化工艺的竞争优势是在多大程度上有效地将油浆中的可裂化组分转化为轻质产品，就是说尽可能地降低油浆产率。常规的渣油催化裂化工艺降低油浆产率存在两种途径，一是提高渣油的转化能力，即增加渣油的转化率；二是在保持转化率不变时，增加轻循环油（LCO）的产率，从而减少油浆的产率，这只要采用分离技术就可以实现。而途径一必须优化渣油催化裂化工艺参数的选择和催化剂设计以提高重油的转化率，在较高的转化率情况下，同时要保持合理的液化气、汽油和柴油的选择性。

　　从胶质和沥青质的预裂化过程反应化学分析可以看出，胶质和沥青质发生预裂化反应除生成轻质小分子外，还有一定数量的含有烷基侧链的多环芳烃，也就是说，这部分多环芳烃带有着一定数量的可裂化组分。能否实现这部分多环芳烃选择性地转化是渣油催化裂化工艺和催化剂开发的关键之一，因为这部分多环芳烃选择性地转化既可以降低油浆产率，焦炭产率又不会明显地增加，并且目的产品收率增加，这正是渣油催化裂化追求的目标。含有烷基侧链的多环芳烃分子在催化剂上较容易地发生脱烷基反应，生成含有 2～4 个碳的侧链，最可能的是含有几个甲基取代基的多环芳烃，多环芳烃上的环烷烃在催化剂上发生开环反应，生成多环芳烃，或者多环芳烃上的环烷烃脱氢反应，生成更多的环状芳烃，也就是胶质的前身物，而所生成的胶质的前身物在催化剂上进一步发生缩合反应，生成沥青质的前身物，直至生成焦炭。由此可以推导，多环芳烃、胶质和沥青质在催化剂上反应途径如图 2-113 所示。

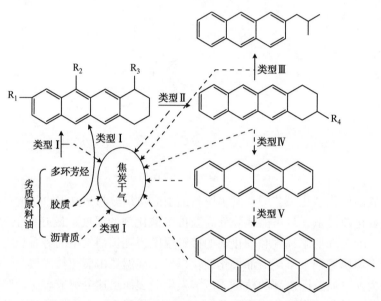

图 2-113　多环芳烃、胶质和沥青质在催化剂上反应途径

从图 2-113 可以更加直观看出，多环芳烃、胶质和沥青质在催化剂上反应途径形成五个反应类型：反应类型 I 是多环芳烃、胶质和沥青质与高温热再生催化剂接触，发生预裂化反应并随之气化，同时伴随着生成焦炭和干气的副反应，前面已论述；反应类型 II 是含有烷基侧链的多环芳烃分子在催化剂上发生脱烷基反应，同时伴随着生成焦炭和干气的副反应；反应类型 III 是多环芳烃上的环烷烃在催化剂上发生开环反应，同时伴随着生成焦炭和干气的副反应；反应类型 IV 是多环芳烃上的环烷烃在催化剂上发生脱氢反应，生成更多的环状芳烃，同时伴随着生成焦炭和干气的副反应；反应类型 V 是环状芳烃在催化剂上发生缩合反应。将图 2-113 中的多环芳烃、胶质和沥青质在催化剂上转化为短烷基侧链的多环芳烃分子的反应途径为实线，多环芳烃、胶质和沥青质在催化剂上转化为干气和焦炭的反应途径为虚线。从渣油催化裂化工艺开发来看，前者的反应途径是理想的反应途径，希望尽可能地发生，后者的反应途径应该是被抑制或尽可能少地发生的反应途径。反应类型 I、II、III 和 IV 的反应物都是多环芳烃，其分子的直径较大，而理想的反应途径是这些多环芳烃分子的侧链参与反应，多环芳烃的本身尽可能地不参与反应，从而可以避免多环芳烃因缩合反应而生成焦炭和干气。按照构形扩散理论，尽可能地消除时空约束效应以增加多环芳烃分子的侧链参

与反应，减少多环芳烃本身参与反应。因此，从渣油催化裂化工艺和催化剂设计上进行优化，减少空间约束效应以有利于多环芳烃分子侧链断裂反应的发生。下面就详细地分析工艺和催化剂设计对每个不同反应类型的影响。

由于渣油催化裂化所加工的原料油含有少量的烷烃，大部分是烷基侧链的多环芳烃，大部分汽油和液化气主要来自带烷基侧链多环芳烃的脱烷基反应以及烷基再裂化反应，如图2-113中反应类型Ⅱ所示。反应类型Ⅱ从菲族分子脱烷基反应的中型试验结果可以看出。菲族分子脱烷基反应的中型试验结果见图2-114。

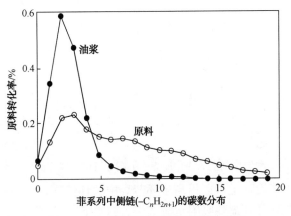

图 2-114　菲族分子脱烷基反应示意图

从图2-114可以看出，原料含有1~20个碳原子的侧链，发生裂化反应后，未反应物（即油浆）主要含有2~4个碳的短侧链，最可能的是菲分子上的几个甲基取代基。即使如此，油浆中的菲族分子仍然含有少量的5~10个碳的侧链。渣油催化裂化过程反应化学不希望多环芳烃自身参与缩合反应而成为焦炭的前身物，但最好多环芳烃含有较少的侧链，以降低油浆产率。因此，提高烷基侧链的多环芳烃脱烷基反应的选择性以及烷基如何选择性地发生裂化反应是渣油催化裂化过程反应化学的研究方向。

烷基侧链的多环芳烃的脱烷基反应已进行了广泛的研究，尤其对不同催化材料的研究。研究结果表明，烷基侧链的多环芳烃在沸石上裂化的选择性要高于在载体上的裂化选择性。例如，Corma等（1994a）对庚烷基苯脱烷基反应的研究表明，庚烷基苯在USY沸石上脱烷基反应速率高出在无定形SiO_2/Al_2O_3载体上脱烷基反应速率两个数量级，如表2-36所示。从表2-36可以看出，不同类型的催化材料对烷基侧链的多环芳烃脱烷基反应存在明显差异，从而显著地改变产品的选择性。由于不同类型的沸石对产品选择性的影响存在着明显的差异，因此，采用专用的沸石作为渣油催化裂化专用催化剂的组成，再设计与专用催化剂相适应的工艺技术，就可以使渣油催化裂化工艺技术具有生产方案的多样性，如多产汽油、多产丙烯、多产丙烯和汽油以及多产柴油的生产方案。

由此可以看出，在开发渣油催化裂化专用催化剂上，尽可能采用沸石作为活性组元，尤其是USY沸石，降低载体活性，从而提高烷基侧链的多环芳烃脱烷基反应的选择性，在工艺参数设计上，由于烷基侧链断裂是吸热的裂化反应，因此，提高反应温度和增加剂油比有利于烷基侧链的多环芳烃和胶质脱烷基反应。

多环芳烃上连有环烷环的分子尺寸一般较大，难以进入沸石的孔道，这些分子中的环烷环开环反应将在载体或沸石的外表面发生，因此，设计适当的载体活性以及载体与沸石的相互作用可以提高多环芳烃中的环烷环开环的选择性。对分别具有活性载体和惰性载体的催化剂的裂化产物进行比较，虽然这两种催化剂均几乎不能转化不带饱和环的多环芳烃，但在转化环烷芳烃时却有不错的效果，如图 2-115 所示。当原料中含有较多的环烷多环芳烃时，较高的剂油比和较高的载体的活性均有利于提高此类型原料的转化率，如图 2-116 所示。

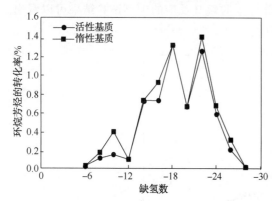 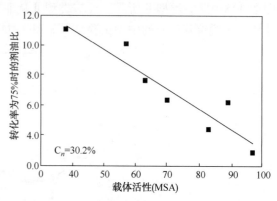

图 2-115　环烷芳烃在不同类型催化剂上的转化能力　　图 2-116　载体活性与剂油比对转化率的影响

尽管从催化剂和工艺设计上可以提高多环芳烃中的环烷环开环的选择性，但值得注意的是，多环芳烃中的环烷环开环需要吸附负氢离子，这些负氢离子可能来自其他的多环芳烃，从而造成这些提供负氢离子的多环芳烃进一步缩合，生成焦炭的前身物。从这角度来看，多环芳烃中的环烷环开环可能导致其他多环芳烃的消失，这与渣油催化裂化工艺的开发目标相违背的，因此，多环芳烃中的环烷环是否开环需要进一步研究和优化。

在多环芳烃中的环烷环开环时，可能存在着多环芳烃中的环烷环在催化剂上进行氢转移反应而脱氢生成更多的环状芳烃，如图 2-113 中反应类型 IV 所示，这些反应是渣油催化裂化工艺所不希望发生的反应。因此，从工艺和催化剂设计上，抑制这类反应的发生是渣油催化裂化工艺开发的关键。

更多的环状芳烃在催化剂上发生缩合反应，生成焦炭或焦炭的前身物，同时生成干气，导致更多的环状芳烃的消失，如图 2-113 中反应类型 V 所示，从而造成宝贵的石油资源浪费，这是渣油催化裂化工艺最不希望发生的反应，因此，从工艺和催化剂设计上，抑制这类反应的发生是渣油催化裂化工艺开发的关键。

四、多环芳烃含量对渣油催化裂化反应的影响

第五节已论述，多环芳烃在常规催化裂化条件下，不仅难于裂化，还会对烷烃、环烷烃的裂化反应具有阻碍作用，降低了烷烃、环烷烃的裂化反应速率。采用 MLC-500 沸石的催化剂，大庆馏分油在小型固定流化床装置上的试验研究表明（许友好等，2011），当反应转化率低于 70% 时，焦炭产率随转化率增大而缓慢地增加，一旦转化率高于 70%，则焦炭产率随转化率的升高而显著增加，这是因为转化率高于 70% 后，反应物中的多环芳烃含量明显升高，从而抑制其他烃类参与裂化，同时多环芳烃自身发生缩合反应，从而造成干气、焦炭产率的升高。馏分油掺减压渣油在中型提升管催化裂化装置上试验结果表明，减压馏分油中掺入 30% 左右的减压渣油后的混合原料，裂化产物中干气、焦炭产率分别增大 0.5 个百分

点和3个百分点。通过外甩部分油浆可以显著降低焦炭和干气产率。以上研究说明油浆中的多环芳烃加剧了焦炭和干气的生成，产品分布变化也体现了多环芳烃抑制其他烃类的裂化反应。

对于渣油催化裂化工艺，首要问题是解决装置过剩的热量，实现反应和再生系统热平衡操作，主要技术措施为设置取热设备或增加油浆外甩量，但这两种技术措施都有优势和不足。特别是增加油浆外甩量，虽然可以降低进料中的多环芳烃含量，从而降低焦炭产率，但总液体收率也明显地降低，而追求最大量的液体收率也是渣油催化裂化工艺最重要的目标之一。为了能够化解反应再生系统热平衡操作与最佳液体收率之间的矛盾，就要保持适宜的油浆外甩量以控制油浆组成。也就是说，油浆中的多环芳烃控制在什么水平下，油浆的产率下降，而焦炭产率只是缓慢地增加。试验结果表明，当原料中双环以上的芳烃含量超过30%时，其转化率快速地降低。

将油浆进行溶剂抽提分离出抽余油，然后对油浆和抽余油进行试验评价。油浆代号为油浆-P，其抽余油代号为抽余油-P，两者的组成和性质列于表2-49。在相同的操作条件下，油浆-P和抽余油-P在小型固定流化床装置上评价结果列于表2-49。

表2-49　油浆和抽余油在小型固定流化床装置装置上评价结果

原料油来源	油浆-P	抽余油-P
原料性质		
密度(20℃)/(g/cm³)	0.9217	0.8638
残炭/%	1.18	
碳含量/%	86.86	86.02
氢含量/%	11.92	13.40
饱和烃/%	54.8	77.9
链烷烃	17.6	22.3
总环烷烃	37.2	55.6
总芳烃/%	41.5	22.1
总单环芳烃	12.6	15.8
胶质/%	3.7	0.0
产物分布/%		
干气	1.4	1.25
液化气	10.79	18.73
C₅⁺汽油	35.73	58.36
柴油	31.90	13.91
重油	15.15	4.88
焦炭	5.03	2.87
总计	100.00	100.00
转化率/%	52.95	81.21
轻油产率/%	67.63	72.27
总液体产率/%	78.42	91.00
产物分布(对饱和烃)/%		
干气	2.55	1.60
液化气	19.69	24.04
汽油	65.20	74.92
焦炭	9.67	3.68

从表2-49可以看出，油浆-P的产物分布明显劣于抽余油-P，原因在于抽余油-P性质

和组成好于油浆-P，表现在氢含量高，二环芳烃以及二环以上的芳烃含量较少。现假设油浆-P和抽余油-P中的芳烃不参与反应，干气、液化气和汽油均由饱和烃在催化剂上发生催化裂化反应所产生的。按照这一假设，对干气、液化气和汽油对饱和烃的产率进行计算，计算结果列于表2-49。从两者的干气、液化气和汽油对饱和烃的产率来看，抽余油-P的液化气和汽油的产率明显地高于油浆-P，而干气的产率低于油浆-P。如果不存在油浆中的多环芳烃的阻碍，那么两者的饱和烃的裂化产物产率应该是相同的。从这个试验也证明了多环芳烃的阻碍作用确实是存在的(许友好，2013)。

由于多环芳烃的阻碍作用和多环芳烃易发生缩合反应，因此富含多环芳烃的油浆裂化反应性能明显地差于相对应的原料油。催化裂化原料与对应的油浆裂化反应性能差异列于表2-50。从表2-50可以看出，催化裂化原料轻质油产率与焦炭产率之比(R_1)明显地高于相对应的油浆，新鲜催化裂化原料R_1值与对应油浆R_1值之比约为6.0~7.0。

表2-50　催化裂化原料与对应的油浆性质及其单程试验结果

性　　质	油浆 A	原料 A	油浆 B	原料 B
密度(20℃)/(g/cm³)	0.9426	0.8760	1.0164	0.8922
残炭/%	3.8	0.1	5.5	4.0
镍/(μg/g)	0.4	0.6	1.0	5.4
H/%	10.97	13.33	9.81	13.76
S/%	0.25	0.26	0.31	0.15
N/%	0.31	0.11	0.18	0.25
饱和烃/%	50.3	75.2	32.1	53.9
芳烃/%	47.7	21.7	64.8	27.7
胶质/%	2.0	3.1	4.1	18.3
碱氮/(μg/g)	129	442	271	956
单程试验				
R_1[①]	2.5	15.3	0.9	6.2
R_2[②]	6.1		6.9	

① R_1代表催化裂化轻质油产率与焦炭产率之比。
② R_2代表某新鲜的催化裂化原料R_1值与对应油浆R_1值之比。

对于外甩油浆，其多环芳烃含量应控制在30%以上，再考虑到单环芳烃含量，外甩油浆中的芳烃含量应控制在50%以上，只有这样才能实现渣油FCC工艺液体收率处于较好的水平。考虑到渣油FCC装置都设置了取热设备，外甩油浆的芳烃含量应控制在70%~89%之间，这样既可以实现反应和再生系统热平衡操作所付出的代价较小，同时可保证液体收率处于最高的水平。

五、渣油中杂质对反应的影响

渣油原料中的硫和氮有机化合物在催化裂化过程中的反应化学在前面已论述，在此论述原料中的金属对催化裂化反应的影响。原料中的金属一部分以金属卟啉的化合物的形式存在，另一部分以非卟啉的形式存在，其分子结构见第四章图4-11和图4-12。对于渣油催化裂化工艺，原料油含有较多的重金属，如铁、镍、钒等，在原料油与催化剂接触反应过程中，这些重金属析出沉积到催化剂表面上，引起催化剂的中毒失活。铁含量尽管较多，但毒性很小，而铜含量一般较少，不构成主要危害。钠和钙等碱金属和碱土金属一般在原油脱盐过程中除去，而金属镍和钒则以大分子有机化合物形式留在重质馏分中。因此，在渣油催化裂化工艺过程中，沉积在催化剂表面上的主要是重金属镍与钒。这些镍和钒对催化裂化反应的影响一直是渣油催化裂化工艺技术研究重点。

原料中的镍和钒化合物由于难以气化，与焦炭前身物一起沉积在催化剂表面上，在催化裂化反应过程中，镍和钒的价态与原料中的镍和钒的价态基本相同。镍的价态为 0 价或+2价，钒的价态为+3 或+4 价。当镍和钒化合物与催化剂一起进入再生器后，在高温及氧化条件下，催化剂上焦炭中的 C 和 H 元素被燃烧除去，镍和钒化合物将逐渐转化为氧化物。金属镍在催化剂上沉积主要以两种形态存在：一种是氧化镍状的颗粒，主要存在于富硅的载体上（氧化硅或脱铝沸石）；另一种是类似于磷酸镍或硅铝酸镍相的形式高度分散于载体中，例如高岭土的表面积虽小，但镍的分散却很均匀。氧化镍在催化裂化工艺条件下易被还原为金属镍，而磷酸镍或硅铝酸镍在更高的温度下才有可能被还原。不论氧化镍或铝酸镍均有很明显的脱氢催化作用，而还原态的镍毒性明显地降低。还原态的镍较容易聚集，聚集后的镍毒性比均匀分散时要小，并且聚集的还原态镍易与锑形成合金，被钝化的比例增大。在沸石催化剂上，与氧化铝结合的镍比氧化镍或与氧化硅结合的镍具有更大的毒性。钒−氧体系十分复杂，有多种组成不同的氧化物，除 VO、V_2O_3、V_2O_4、V_2O_5外，还有 V_3O_7、V_4O_9、V_6O_{13}等通式为 V_nO_{2n+1} 的多聚钒氧化物。大多认为钒主要以+3、+4、+5 这三种价态的形式（分别对应 V_2O_3、V_2O_4、V_2O_5）存在，并在特定的条件下相互转化。当再生温度在 700℃ 左右，且为氧化气氛时，钒主要以+4 价和+5 价的形式存在。因此钒在反应器和再生器之间经历+3 价和+4 价到+4 价和+5 价的循环变化过程，钒一般不会以+3 价以下的价态存在。镍在反应器和再生器之间也经历氧化态和还原态循环变化过程。重金属氧化物与还原性介质反应如下：

$$2H_2+V_2O_5 \longrightarrow V_2O_3+2H_2O$$
$$H_2+NiO \longrightarrow Ni+H_2O$$
$$3H_2+Ni_2O_5 \longrightarrow 2NiO+3H_2O$$

与其他金属对催化剂性能影响不同，沉积在催化剂外表面的钒会迁移到催化剂的孔道中，均匀地分布在催化剂颗粒上。XPS 表明虽然钒的来源不同，但同一环境中，不同相态的催化剂上吸附的钒的氧化态和几何尺寸相同。钒在催化剂上的迁移既包括钒在颗粒间的迁移（Interparticle Mobility），也包括在颗粒内部的迁移（Intraparticle Mobility）。钒的迁移性与钒对催化剂的毒害作用关系密切，其迁移性越低，对催化剂沸石结构破坏能力越弱。

长期以来，钒对裂化催化剂性能的影响得到广泛的研究。20 世纪 80 年代初，人们认为钒在催化剂颗粒间的迁移是由于 V_2O_5 的熔点较低（V_2O_5熔点为 690℃），在 FCC 再生器中融化为液态，可以扩散到催化剂颗粒表面上。但是低价氧化物 V_2O_3 熔点和 V_2O_4 熔点却高得多（V_2O_3熔点和 V_2O_4 熔点均为 970℃），因此，钒处于低价态就可能抑制钒对沸石结构的破坏。Nielsen 等（1993）对钒破坏沸石结构的作用机理进行了综述，并指出钒使催化裂化催化剂失活的主要因素是钒的氧化态、水蒸气的存在和高温。Wormsbecher 等（1986）认为催化剂上少量的 V_2O_5 不可能通过润湿和非均相反应使钒均匀分布在催化剂颗粒上，只有气态的钒化合物存在才会产生这种情况。为证明这一观点，Wormsbecher 等采用管式反应器进行了传质试验。反应器中含沸石的催化剂与 V_2O_5 粉末是分隔开的，空气及水蒸气从 V_2O_5 上方流过，然后流经催化剂。尽管 V_2O_5 与催化剂未接触，但几小时后沸石结构完全被破坏。该结果表明，使沸石中毒的前驱物一定与水蒸气和 V_2O_5 有关，且在高温下是气态的。事实上，V_2O_5 与水蒸气反应确实可以生成气态钒化合物。早在 1963 年 Glemser 等（1963）就发现 500~650℃ 下，V_2O_5 与富氧水蒸气发生如下反应：

$$V_2O_5(s) + 2H_2O(g) \underset{}{\overset{O_2}{\rightleftharpoons}} V_2O_3(OH)_4(g)$$

Yannopoulos 等（1968）研究了 V_2O_5 与水蒸气在 639~899℃ 范围内的反应热力学，指出 Glemser 的试验过程不够严密。Yannopoulos 认为反应存在多相平衡，且气相产物应为钒酸，反应式如下：

$$V_2O_5(s 或 l) + 3H_2O(g) \underset{}{\overset{O_2}{\rightleftharpoons}} 2VO(OH)_3(g)$$

两种不同的研究结果对气相钒化合物到底是 $VO(OH)_3$ 还是 $V_2O_3(OH)_4$ 存在分歧，但是它们的共同点是，反应达到平衡时气相钒化合物的分压很低。Yannopoulos 得到的不同温度和不同水蒸气压力下 $VO(OH)_3$ 的分压如图 2-117 所示。

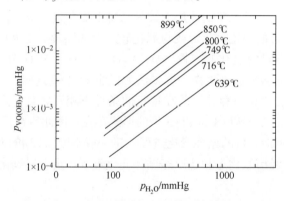

图 2-117　V_2O_5（固或液）-H_2O（气）系统实验等温线

虽然气相传质的速度比固相和液相传质快很多，但由于气相钒化合物的分压很小，还不足以认定是气相传质导致了钒在催化剂颗粒上的迁移。为此，Wormsbecher 等（1996）分别研究了气相扩散和颗粒碰撞对钒化合物从催化剂颗粒向捕钒剂颗粒迁移速率的影响。通过改变催化剂及捕钒剂颗粒的大小改变颗粒间的碰撞频率，结果表明钒的迁移速率没有发生变化，而根据 Yannopoulos 得到的 $VO(OH)_3$ 平衡分压计算的迁移速率与试验结果表现出很好的一致性。由此可见，催化裂化催化剂上钒的迁移过程是这样的：在催化裂化再生器的温度和氧化气氛下，固态或液态的 V_2O_5 与水蒸气反应生成气态的钒化合物 $VO(OH)_3$ 或 $V_2O_3(OH)_4$，正是由于气态钒化合物的扩散使钒均匀分布在催化剂颗粒的表面及孔道中。迁移到催化剂颗粒表面及孔道中的钒会破坏催化剂的晶体结构，随着催化剂上钒含量的增加，催化剂微反活性急剧下降，如图 2-118 所示。关于钒破坏催化裂化催化剂尤其是沸石的作用机理主要存在着三种理论，即钒酸腐蚀沸石、沸石骨架原子与 V_2O_5 形成化合物、钒引起晶相转变。

Wormsbecher 等（1986）提出钒对沸石的破坏是由钒酸引起。因为在催化裂化再生器条件下，V_2O_5 与水蒸气反应会生成钒酸。钒酸的酸性与磷酸相当，属中强酸，若进攻沸石骨架结构中的 SiO_2/Al_2O_3 也是可能的，这种观点在 20 世纪 80 年代得到普遍认同。90 年代以后，Trujillo 等(1997)首先对这种观点表示质疑，因为一般原油中的硫含量为 1% 左右，在再生器条件下形成硫酸的浓度远高于钒酸，而硫酸的酸性也比钒酸强。若钒酸会腐蚀沸石结构，则浓度更高酸性更强的硫酸也一定会腐蚀沸石，这显然与事实不符。除此之外，钒酸腐蚀沸石的观点也不能解释为什么当沸石中含钠较多时，钒的破坏作用会加剧。因为钠具有碱性，对钒酸有中和作用，若真是钒酸腐蚀沸石，钠的存在应该减缓钒酸对沸石的破坏作用，这与实际情况正相反。

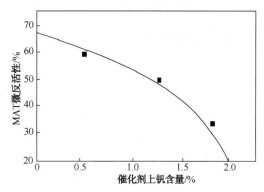

图 2-118 钒对催化剂活性的影响

Anderson 等(1990)的研究表明 REY 沸石骨架中的原子与 V_2O_5 形成了化合物，认为沸石骨架原子与 V_2O_5 形成化合物是导致沸石结构破坏的原因。Anderson 等将 ReY 沸石与 V_2O_5 的混合物在高温下煅烧，鉴定出了稀土的钒酸盐，并采用 LPS、XPS、XRD 分析，观察到 V_2O_5 破坏沸石结构时的一系列变化。但是 Anderson 没有解释 V_2O_5 破坏不含稀土的沸石的原因。Pine(1990)为了解钒进攻沸石的位置，分别测定了硅胶、CREY、USY 催化剂在有钒和无钒条件下的反应速率常数。结果表明硅胶对钒的耐受力很低，而 CREY 和 USY 对钒的耐受能力相当，虽然 CREY 晶胞中骨架铝原子数是 USY 中铝原子数的 5 倍。据此，Pine 认为钒进攻的部位很可能是 Si—OH 键。

Occelli(1991)的研究结果表明 V_2O_5 可以使 Al_2O_3-SiO_2 二元体系发生晶相转变，不论是无定形硅酸铝还是沸石，V_2O_5 的存在使其易于形成莫来石相，导致原有结构的破坏。Occelli 采用 XRD 研究载钒 HY 沸石在不同条件下的晶相变化，结果表明载钒 3%～4% 的 HY 在 760℃ 下空气中煅烧保持晶相不变，而在 760℃ 下水蒸气中煅烧则生成莫来石和鳞石英；载钒 5% 时，在 760℃ 下无论在空气中还是水蒸气中煅烧 5h，HY 均发生八面沸石结构崩塌，形成莫来石相，载钒 5% 的无定形硅酸铝在 760℃ 下煅烧也会生成莫来石相。而没有钒时 HY 和无定性硅酸铝在 1200℃ 下空气中煅烧 2h 才会形成莫来石相，可见钒的存在使莫来石相的生成温度降低了 400 多度。

对重金属毒害催化剂的过程和机理研究结果表明，含有钒和镍的卟啉化合物在还原环境中是比较稳定的，而在氧化环境中，吸附在催化剂上的卟啉化合物分解较快，分解的钒可易于转化成熔点为 690℃ 的 V_2O_5，再与催化剂的钠在 600℃ 以上反应生成 $Na_xV_2O_5$($x = 0～0.44$)，由于钒钠的氧化物是有正方底面的锥体，其表面活性迁移到沸石晶粒处富集，从而在高温下造成沸石晶格破坏。稀土沸石 REY 可与 V_2O_5 反应生成 $REVO_4$(此化合物熔点为 540～640℃)，该反应是从沸石中夺去氧原子，也破坏沸石晶格，Na_2O 的存在可以加快此反应。虽然 V_2O_5 及其钒酸的钠盐熔点低，而低价氧化物 V_2O_3 和 V_2O_4 的熔点都高得多，三价的钒还可以与催化剂其他组分化合物生成无毒害的低价钒酸盐，因此，使钒处于低价态就可能抑制它对沸石结构的破坏。

第八节　扩散限制与择形催化

一、扩散限制

(一) 扩散方式

Weisz 将气相分子在多孔固体介质中的扩散归纳为常规扩散(Regular Regime)、努森扩散(Knudsen Regime)及构形扩散(Configurational Regime)(Weisz，1973)。这三种扩散方式可由图 2-119 来表示。

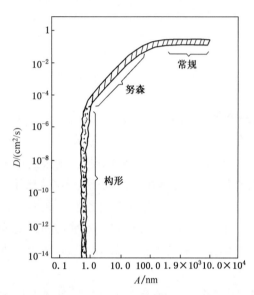

图 2-119　孔尺寸与扩散系数的关系

常规扩散是指孔尺寸大于分子平均自由行程时在大孔中的扩散，此时扩散系数相当于以孔隙度(空间分数)减少计的普通气体扩散系数。努森扩散是指孔尺寸小于分子平均自由行程时的扩散，例如在硅铝催化剂中的扩散。沸石由于其结晶构造具有严格的、有规则的和精确的孔结构，孔尺寸和扩散分子的尺寸均可以选择，故属于构形扩散。例如，顺、反丁烯在一定的测量时间内均可扩散通过 CaA 沸石结构。但由于两种丁烯在结构上略有不同，其扩散系数间的差别可达两个数量级。

(二) 分子尺寸对扩散的影响

分子在沸石结构内的逆扩散速率与硅铝催化剂不同，一个方向的扩散速率受其逆方向的扩散影响很大。逆扩散速率受沸石结构内部阳离子性质、离子交换程度、预处理状态、逆扩散分子的极性及尺寸和杂质等的显著影响(Satterfield，1971)。在 Y 型沸石上测得有效扩散系数与临界分子尺寸有很好的关联。有效扩散系数 $D_{eff} = D_0 e^{-\frac{E_p}{RT}}$，其中 D_0 为常数，E_p 为扩散活化能。临界分子直径是分子能自由通过的最小孔的直径。表 2-51 列出了一些芳烃的临界分子直径(Moore，1972)。

表 2-51　芳烃的纯度及临界分子直径

芳　烃	纯度/%(摩尔)	临界分子直径/nm	芳　烃	纯度/%(摩尔)	临界分子直径/nm
苯	99.98	0.675	1,3,5-三甲基苯	~100.00	0.84
甲苯	99.89	0.675	1,3,5-三乙基苯	99.96	0.92
苯酚	~100.0	0.675	萘	~100.00	0.74
1,4-二甲基苯	99.97	0.675	1-甲基萘	99.38	0.79
1,3-二甲基苯	99.99	0.74	1-乙基萘	99.94	0.79
异丙基苯	99.95	0.675	2-乙基萘	99.99	0.74
1,3-二乙基苯	99.80	0.74	环己烷	99.74	0.69
1,3-二异丙基苯	99.96	0.74			

　　表中所列芳烃的临界分子直径范围为 0.675~0.92nm。Y 型沸石的自由孔径为 0.74nm。0.92nm 分子能在此沸石孔结构中自由逆扩散，是因沸石内部具有由孔相互连接的三度空间的超笼。

　　逆扩散速率与分子临界直径的关系见图 2-120（Moore，1972）。当临界分子直径从 0.675nm 增加到 0.92nm 时，扩散系数和速率可下降四个数量级以上。扩散系数为临界分子直径的指数函数。图中所示的扩散系数是 M_t/M_∞ 为 0 及 0.60 时测得，其中 M_t 为时间 t 时扩散物质的量，M_∞ 为平衡时扩散物质的量。扩散限制最严重的状态是将大分子完全排除在沸石结构之外，导致仅有那些进入沸石孔径内的分子才能进行转化。

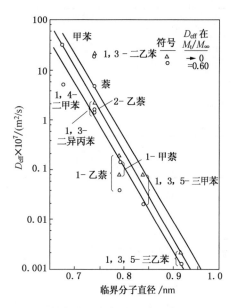

图 2-120　有效扩散系数与临界分子直径的关系
（NaY，自由孔径为 0.74nm）

二、择形催化

　　50 年代末期，Weisz 和 Frilette 首先使用"择形催化"的概念来描述合成结晶沸石的奇特的本征催化活性。他们最早发现孔径为 0.4~0.5nm 的 A 型沸石能选择性裂化直链产物。此后 30 多年许多新的合成沸石被发现了，其中最重要的是孔径为 0.5~0.6nm 的中孔沸石，如 ZSM-5、ZSM-11、ZSM-23、ZSM-35、ZSM-48、NU-6 和 Theta-1 等。新的合成沸石扩大了择形的范围，可以选择催化临界直径小于 0.6nm 的支链分子、单环芳烃、环烷烃及非烃化合物，使择形催化对炼油、石油化工及化学工业领域产生了很大的影响（陈远沅，1992）。

　　（一）筛分效应

　　不同形态及不同大小分子的分离，可通过沸石特有的选择性来实现。在沸石催化反应过程中，由筛分效应产生的择形性可通过反应物选择性或产物选择性来实现。当原料含有两种分子，而其中一种分子由于太大而不能进入沸石的孔道时，反应物选择性发生。在反应所能生成的各种产物中，只有那些具有特定形状和大小的分子才能作为产物穿过孔道，产物选择性发生。

　　表 2-52 中正己烷与 3-甲基戊烷在不同催化剂上的转化率说明了反应物选择性（Weisz，1962）。5A 沸石能裂化直链烷烃，但异构烷烃由于不能进入孔道而不发生反应。4A 沸石由于孔径更小，直链烷烃也难以进入。在硅铝催化剂上则无择形反应，根据叔正碳离子更易生成的机理，异构烷烃的转化率大于正构烷烃。

　　另一个反应物选择性的实例是不同分子大小的环状反应物在 REHX 及硅铝催化剂上的裂化结果，见表 2-53（Nace，1970）。在硅铝催化剂上，反应速率随反应物分子的增大而增加。但在 REHX 沸石催化剂上，反应速率先随反应物分子的增大而增加，但当反应物分子增加到三环及四环时，反应速率随分子的加大而减小。这表明了反应物在沸石内部结构的扩散限制。

表 2-52　500℃时烷烃在 A 型沸石上的催化活性

催化剂	3-甲基戊烷裂化	正己烷裂化		
	转化率/%	转化率/%	i-C_4/n-C_4	i-C_5/n-C_5
石英砂	<1.0	1.1	—	—
硅铝	28.0	12.2	1.4	10
5A 沸石	<1.0	9.2	<0.005	<0.005
4A 沸石	<1.0	1.4	—	—

表 2-53　不同分子大小的反应物在 REHX 及硅铝催化剂上的裂化速率

反应物	硅　铝		REHX		比例
	速率常数	催化剂积炭/%	速率常数	催化剂积炭/%	k_{REHX}/$k_{硅铝}$
n-$C_{16}H_{34}$	60	0.1	1000	1.4	17
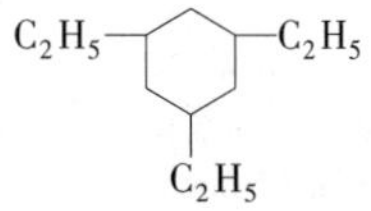 (C₂H₅ 取代环己烷结构)	140	0.4	2370	2.0	17
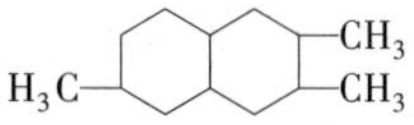 (H₃C 取代的双环结构，CH₃ CH₃)	190	0.2	2420	0.7	13
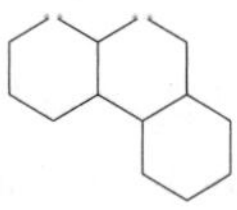 (三环结构)	205	0.2	953	1.0	4.7
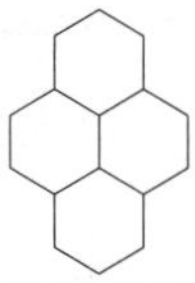 (四环结构)	210	0.4	513	1.6	2.4

产物选择性可由表 2-52 正己烷裂化产品中异构物与正构物之比来证实。正己烷在硅铝催化剂上裂化时异构产品含量显著高于正构产品，而在 A 型沸石上几乎无异构产品。

（二）窗口效应

Gorring（1973）测定了 $C_3 \sim C_{14}$ 正构烷烃在毛沸石（erionite）、KT 沸石中的扩散系数，结果如图 2-121 所示。n-C_2 扩散系数较高，到 n-C_3 时下降很快，到 n-C_4 时略升，到 n-C_8 时降到最低值，然后迅速上升，到 n-C_{12} 时最高，碳数继续增加时则再度下降。在 300℃ 时，n-C_{12} 在沸石内移动的速度为 n-C_8 的 140 倍，比 n-C_3 快 6 倍。n-C_{11}、n-C_{12} 与 n-C_8 及 n-C_{14} 相比，具有高的扩散系数，表明沸石对一定临界长度的分子，提供了一种"高传送的窗口"，但对更短及更长的分子则不行。这种现象称为"窗口效应"。

从 KT 沸石的结构考虑，它是笼尺寸约为 1.3nm×0.63nm 的圆柱体。表 2-54 为正构烷烃的链长。n-C_8 的分子大小为 1.282nm×0.46nm，恰好充满 KT 沸石的笼，而且只能容纳单个 n-C_8。n-$C_9 \sim n$-C_{12} 分子则不能全部进入笼中而需延伸出去，因而比 n-C_8 容易扩散出去。

比 $n\text{-}C_{12}$ 更大分子的扩散则由于相对分子质量和立体干扰效应而降低。

表 2-54　正构烷烃的长度

正构烷烃	长度/nm	正构烷烃	长度/nm	正构烷烃	长度/nm
C_1	0.400	C_6	1.030	C_{11}	1.660
C_2	0.526	C_7	1.156	C_{12}	1.786
C_3	0.652	C_8	1.282	C_{13}	1.912
C_4	0.778	C_9	1.408	C_{14}	2.038
C_5	0.904	C_{10}	1.534		

以 $n\text{-}C_{23}$ 为原料，当反应温度为 340℃时，在 H-毛沸石上催化裂化的产物分布如图 2-122(a)所示；图 2-122(b)为正构烷烃在 340℃时，在 KT 沸石上的扩散系数。从两张图中可看到一致的现象，裂化产物分布以 $C_3 \sim C_4$ 及 $C_{11} \sim C_{12}$ 最多，而扩散系数也以 $C_3 \sim C_4$ 及 $C_{11} \sim C_{12}$ 最高。$C_7 \sim C_9$ 裂化产物最低，相应地扩散系数最低。在毛沸石上的裂化并未以经典裂化机理为基础。

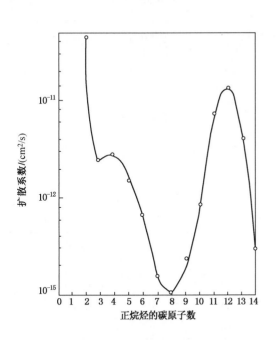

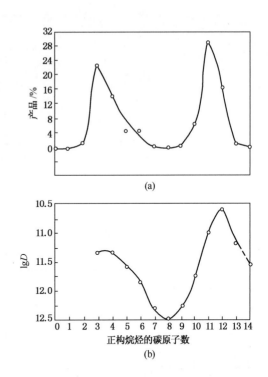

图 2-121　正构烷烃 300℃时
在 KT 沸石上的扩散系数

图 2-122　(a)$n\text{-}C_{23}$ 在 H-毛沸石上裂化产品分布；
(b)正构烷烃在 KT 沸石中的扩散系数

这种产物分布是由窗口效应所造成的。长链烷烃最初裂化得到碳数很宽的一次产物。由于 $C_7 \sim C_9$ 扩散系数很低，陷于沸石中直至裂化为 $C_3 \sim C_4$。$C_3 \sim C_4$ 有较高的扩散系数，生成后即扩散出来。$C_{11} \sim C_{12}$ 较多是由于它一旦生成，这种尺寸的分子在进一步裂化前已很快扩散出来。

（三）空间阻抑与过渡态选择性

当反应物分子和产物分子都小到足以在沸石孔道内扩散，但反应中间物比反应物或产物大，并由于反应中间物的大小或取向产生空间阻抑时，称作过渡态选择性。过渡态选择性与沸石晶体的大小及活性无关，而取决于沸石的孔径和结构。这种选择性由 Csicsery（1971）首先提出，他观察到在氢型丝光沸石的二烷基苯歧化反应产物中无对称三烷基苯。这是由于歧化反应为双分子反应，二苯甲烷类中间产物所需要的空间比丝光沸石所提供的空间大得多。烷烃裂化反应名义上是单分子反应，但反应进展过程中包括反应分子与正碳离子间的氢转移，这种中间物代表了过渡态。图 2-123 为烯烃及烷烃裂化时的反应机理及过渡态的形成。表 2-55 概括了三种己烷异构物的临界尺寸、裂化过渡态及 ZSM-5 晶体的孔道尺寸（Haag，1981）。

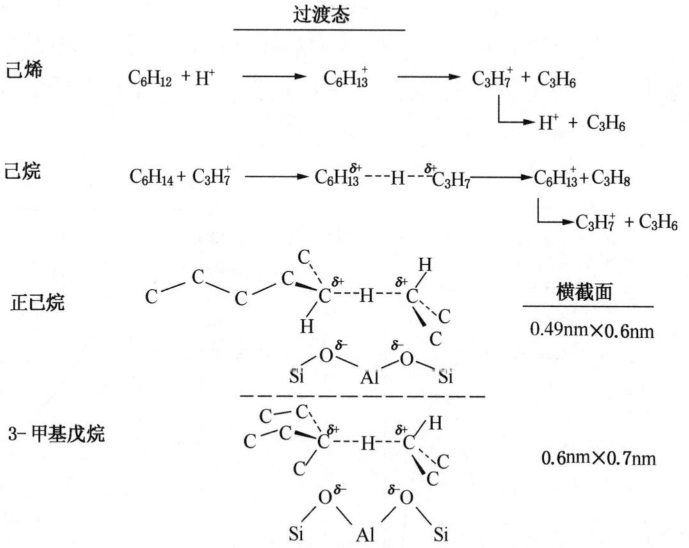

图 2-123　烯烃及烷烃裂化机理及过渡态的形成

表 2-55　有效尺寸　　　　　　　　　　　　　　　　　　　　　　　　　　　nm

项　　目	反应物		裂化过渡态
	最小动力学直径	尺　　寸	平均最小横截面尺寸
正己烷	0.43	0.39×0.43	0.49×0.60
3-甲基戊烷	0.50	0.44×0.58	0.60×0.70
2,2-二甲基丁烷	0.62	0.60×0.60	—
ZSM-5 孔	0.54×0.56		

从图 2-123 及表 2-55 可看出，当正己烷裂化时，生成的过渡态复合物的最小横截面尺寸比反应物要大，但尚未接近 ZSM-5 沸石的自由空间。当 3-甲基戊烷裂化时，由于从叔碳原子上抽取氢，其过渡态复合物的尺寸要比反应物大得多。考虑到 ZSM-5 的孔尺寸，可以预期 3-甲基戊烷的过渡态复合物会产生空间阻抑，从而使它比正己烷的反应速率要低。几种己烷与己烯异构体在 ZSM-5 上的相对裂化速率列于表 2-56。

表 2-56 本征选择性的比较

烃类	相对本征速率常数(n-C$_6$=1.0)		
	ZSM-5	SiO$_2$-Al$_2$O$_3$	HY
正己烷	1.0	1.0	1.0
3-甲基戊烷	0.66	2.1	2.0
2,2-二甲基丁烷	0.41	2.5	—
正己烯	1.0	1.0	—
3-甲基-2 戊烯	0.99	—	—
3,3-二甲基-1-丁烯	0.72	0.9	—

烯烃裂化时与催化剂活性中心上的氢质子生成正碳离子，而不生成大的过渡态复合物，因此烯烃裂化时很少或无空间阻抑。正己烯与 3-甲基戊烯在 ZSM-5 上的裂化速率基本相等；3,3-二甲基-1-丁烯在 ZSM-5 上的反应略慢，但在硅铝上也较慢，这可能是由于在反应之前化学吸附较困难的缘故。

（四）择形催化的应用

择形催化在实际应用中有十分宽广的前途，利用择形催化的特性，可通过不同类型的沸石，加工不同原料，以得到所希望的目的产品。沸石按孔的大小，一般可分为大孔、中孔及小孔等三类，见表 2-57。大孔沸石有八面沸石、X 型沸石、Y 型沸石及丝光沸石等；中孔沸石则以 HZSM-5 为代表；小孔沸石有毛沸石等。

表 2-57 沸石的类型

孔尺寸	四面体数目	最大自由孔径/nm	孔尺寸	四面体数目	最大自由孔径/nm
小 孔	6.8	0.43	大 孔	12	0.75
中 孔	10	0.63			

不少文献报道了烷烃在各种沸石上裂化的择形选择性(陈逎沅，1992；Csicsery，1976)。Chen(1988)总结了烃类在三类沸石上的反应途径，如图 2-124 所示。从反应途径可看到，在小孔沸石上主要是烷烃生成烯烃及烯烃齐聚反应；苯及甲苯能进入中孔沸石，可以有环化及芳构化反应；缩合生焦反应则主要在大孔中才能进行，故焦炭沉积主要在大孔沸石中。

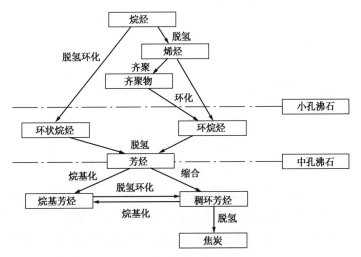

图 2-124 烃类在不同孔径沸石上的反应途径

工业催化裂化催化剂的活性组分主要为大孔沸石。HZSM-5 沸石的结构以椭圆形直通道和近圆形"Z"字形通道垂直相交构成。HZSM-5 的择形性很强,作为裂化催化剂组分,可提高汽油的辛烷值及低分子烯烃的选择性。由于 HZSM-5 在催化裂化中具有广泛的应用前景,不少学者在催化裂化条件下,对烃类在 HZSM-5 上的化学反应进行了研究。

1. 烷烃裂化

用 n-C_5~n-C_7 及 C_6 与 C_7 的异构烷烃在 HZSM-5 上的裂化反应表明其相对反应速率如下(Chen,1978):

n-C_7>n-C_6>n-C_5

n-C_7>2-甲基己烷>3-甲基己烷>二甲基戊烷及乙基戊烷

n-C_6>2-甲基戊烷>3-甲基戊烷>二甲基丁烷

上述结果表明,叔正碳离子易于反应的机理在此并不适用。

表 2-58 为正十六烷及正庚烷在 HZSM-5 上、420℃ 时的裂化产物分布(Bezouhanova,1985)。从产物分布可看到 C_3~C_4 产率很高,并有较多的芳烃生成,表明芳构化反应显著。

表 2-58　正十六烷及正庚烷在 HZSM-5 上的产物分布

产物/%	原　料		产物/%	原　料	
	正十六烷	正庚烷		正十六烷	正庚烷
C_1	—	0.8	>C_5非芳烃	2.9	3.2
C_2	1.5	4.5	芳烃	20.1	12.6
C_3	43.2	46.9	焦炭	4.5	1.0
C_4	27.8	31.0			

2. 烯烃裂化

从 n-C_5~n-C_9 烯烃在 HZSM-5 沸石上、405℃ 时的反应产品分布,推测烯烃的裂化机理有单分子裂化及双分子裂化(双聚裂化)发生,计算得出 n-C_5~n-C_9 烯烃各类裂化反应速率常数列于表 2-59(Abbot,1985)。从表 2-59 可以看出,单分子裂化及总裂化反应速率随烯烃链长的增加而增加;骨架重排反应与裂化反应速率之比则随链长的增加而下降。低分子烯烃的骨架重排反应速率显著高于裂化反应速率。

表 2-59　正烯烃裂化反应速率常数

烯烃原料	反应速率常数/[10^3mol/(g·s)]				
	总反应	骨架重排	总裂化	单分子裂化	双分子裂化
n-C_5烯	2.94	2.86	0.079	—	0.079
n-C_6烯	7.05	6.67	0.382	0~0.068	0.314~0.382
n-C_7烯	7.17	6.40	0.766	0.668	0.098
n-C_8烯	8.58	5.34	3.24	3.17	0.07
n-C_9烯	7.64	3.20	4.44	4.44	—

3. HZSM-5 催化剂水热处理对其结构、酸性及裂化性能的影响(施至诚,1991)

前述反应所用 HZSM-5 催化剂均未经过水蒸气处理。工业催化裂化过程中催化剂再生时会在高温下与水蒸气接触,故模拟工业条件,研究水蒸气老化后的 HZSM-5 的化学反应是很有意义的。

用 SiO_2/Al_2O_3 比为 60 的 HZSM-5 分子筛以天然白土为基质制备成微球催化剂。催化剂在 750℃、100%水蒸气下处理 4h。水热处理后的催化剂再在催化裂化连续反应再生的中型装置上运转 152h。对新鲜剂、水蒸气处理剂及运转过的平衡剂进行差热分析，3 种样品的晶格破坏温度分别为 991℃、989℃和 988℃，说明水热处理及试验运转后 HZSM-5 的晶格结构是稳定的。

HZSM-5 催化剂经不同温度水热处理后的 L 酸和 B 酸量的变化及酸强度的变化分别绘于图 2-125 及图 2-126。由图 2-125 可见随水热处理温度升高 B 酸量下降；L 酸在 500℃前酸量下降，500℃以后开始上升，在 600℃左右达到峰顶，600℃后又开始下降，这可以解释为 600℃时生成较多的八配位结构的 $\gamma-Al_2O_3$ 有关。随水热处理温度继续升高，$\gamma-Al_2O_3$ 进一步转化为无活性的其他晶型氧化铝，故 L 酸量又下降。从图 2-126 可看到 L 酸中心强度有一个低谷，这与图 2-126 中 600℃时的高峰相对应，说明水热处理脱铝生成的骨架外铝所提供的 L 酸具有较弱的酸强度。温度继续增加时，催化剂基质上原有的 L 酸开始占优势，故 L 酸强度又开始上升。

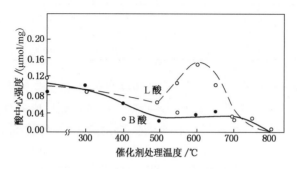

图 2-125 水热处理温度与 HZSM-5 催化剂 L 酸和 B 酸中心强度的关系

图 2-127 为正己烷在不同温度水热处理后 HZSM-5 催化剂上裂化产品中的烯烃度。图中两曲线分别为丙烯与总碳三及丁烯与总碳四的比值与催化剂水热处理温度的关系。催化剂未处理前，产品中丙烯和丁烯的烯烃度仅 30%左右；当水热处理温度为 800℃时，产品中丙烯和丁烯的烯烃度可达 80%。

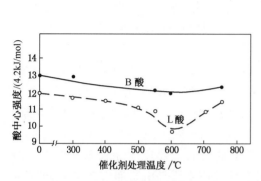

图 2-126 HZSM-5 催化剂水热处理后 B 酸和 L 酸中心强度的变化

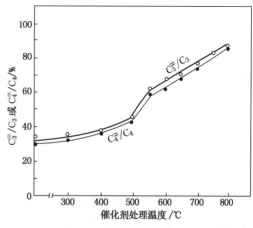

图 2-127 水热处理温度与 $C_3^=$、$C_4^=$ 烯烃选择性的关系

催化剂水热处理后，由于分子筛骨架脱铝使分子筛的活性中心减少。烯烃度的增加首先是因为催化剂酸中心密度降低而使双分子的氢转移反应受到抑制。其次，由于氢转移反应为二次反应，随水热处理温度提高，分子筛的酸强度降低，对一次反应生成的烯烃吸附能力降低，加速了烯烃从分子筛催化剂表面的脱附，因此也抑制了相对反应速率较慢的氢转移反应。$C_6 \sim C_{10}$烷烃及烯烃在蒸汽老化处理后的 ZSM-5 催化剂上的转化率列于表 2-60（Buchanan，1991），采用的反应强度接近工业催化裂化。转化率定义为原料裂化为低碳烃类的质量百分率，原料分子的异构化未计在内。烷烃的转化率很低，在标准流速（名义停留时间 0.038s）时的转化率均低于 1%。此结果表明在 FCC 装置中，小于 C_{10} 烷烃在平衡 ZSM-5 上的裂化可以忽略，而烯烃裂化转化率则相当高。

表 2-60　烷烃及烯烃在平衡 ZSM-5 催化剂上的转化率

原料	转化率/%		原料	转化率/%	
	名义停留时间 0.038s	名义停留时间 0.074s		名义停留时间 0.038s	名义停留时间 0.074s
己烷	0.3	0.5	己烯	26.0	41.0
辛烷	0.4	0.8	辛烯	77.0	90.0
庚烷	0.6	1.4	庚烯	83.0	94.0

烯烃的异构化反应进行得很快，其中双键转移快于骨架重排。烯烃为原料时，$C_6 \sim C_8$ 芳烃产率低于 0.1%，$C_1 \sim C_6$ 烷烃产率为 1% ~ 2%，说明在此反应条件下氢转移反应很小。根据上述试验结果，$C_6 \sim C_{10}$ 烷烃与烯烃在水蒸气老化 ZSM-5 催化剂上的相对反应速率可归纳如下：

烯烃异构化>烯烃裂化>烷烃裂化>芳构化

4. 裂化催化剂中加入 ZSM-5 后对反应的影响

含 ZSM-5 分子筛的助剂从 1983 年开始用于催化裂化以增加汽油的辛烷值。现今则主要用于增加 $C_3 \sim C_5$ 的烯烃产率。ZSM-5 与 REUSY 基础催化剂联用后的反应途径在众多文献中已有叙述（Buchanan，1996b；1998；Adewuyi，1995；1997；Zhao，1999；Wallenstein，2001；Miller，1991；Madon，1990；Haag，1981；Triantafillidis，1999）。共同的观点是经水热处理的 ZSM-5 占优势的反应是：①在 REUSY 催化剂上生成的汽油中的烯烃在 ZSM-5 上进行单分子裂化；②在 ZSM-5 上通过正碳离子进行异构化，其中低碳的正碳离子主要为骨架异构化，而高碳的正碳离子则主要为裂化反应。烷烃在水热处理的 ZSM-5 上的断裂是次要的。基础催化剂的氢转移活性和裂化活性对 ZSM-5 的反应性能是有影响的。

表 2-61 列出了在基础催化剂中加入占催化剂总量 25% 的 ZSM-5 助剂后，VGO 裂化时对轻质产品产率的影响（Buchanan，1996a）。加入 ZSM-5 助剂后 RON 由 91.3 提高到 93.4，对重燃料油等重组分产率影响很小。汽油产率降低，而 $C_3 \sim C_4$，特别是 $C_3 \sim C_4$ 烯烃增加，C_5^+ 减少的主要是烷烃和烯烃而非芳烃，$C_7 \sim C_8$ 烷烃和烯烃产率约下降一半。$C_4 \sim C_5$ 中的异构体均有明显增加。基础裂化催化剂加入 ZSM-5 助剂后的主要反应途径示于图 2-128（Buchanan，2000）。图中实线箭头表示的异构化及裂化反应主要是由于加入 ZSM-5 起了促进作用。

表 2-61 裂化催化剂加 25%ZSM-5 助剂后轻质产品产率的变化
（反应温度 538℃，转化率 67%）

产品	产率/%		产品	产率/%	
	基础催化剂	加 ZSM-5		基础催化剂	加 ZSM-5
甲烷	1.16	-0.20	异戊烷	1.84	+0.33
乙烷	0.97	-0.21	正戊烯	2.38	-0.68
乙烯	0.87	+0.84	异戊烯	2.41	+0.67
丙烷	0.81	+0.56	己烷	1.78	-0.59
丙烯	3.49	+5.77	己烯	3.88	-1.18
正丁烷	0.41	+0.24	庚烷	1.35	-0.74
异丁烷	1.60	+1.04	庚烯	2.38	-1.86
正丁烯	3.48	+1.46	辛烷	1.00	-0.53
异丁烯	1.70	+1.64	辛烯	1.47	-1.14
正戊烷	0.29	+0.04	C_5^+汽油	47.85	-11.62

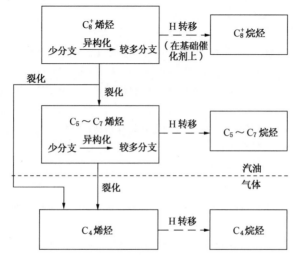

图 2-128 FCC 催化剂加 ZSM-5 助剂后的反应

参 考 文 献

陈俊武.2005.催化裂化工艺与工程[M].2 版.北京：中国石化出版社.

陈遒沅.1992.择形催化在工业中的应用[M].谢朝钢,译.北京：中国石化出版社.

高永灿,叶天旭,李丽,等.2000.镍对催化裂化催化剂的污染特性[J].石油大学学报：自然科学版,24(3):41-45.

高滋.1999.沸石催化与分离技术[M].北京：中国石化出版社.

龚剑洪.2006.重油催化裂化中质子化裂化和负氢离子转移反应的研究[D].北京：石油化工科学研究院.

梁文杰.2008.石油化学[M].2 版.山东：中国石油大学出版社.

刘四威.2012.加氢蜡油裂化过程中单双分子裂化反应特征产物及其生成途径的研究[D].北京：石油化工科学研究院.

刘银东,李泽坤,王刚,等.2008.竞争吸附对催化裂化反应过程的影响[J].化工学报,59(11):2794-2799.

阙国和.2008.石油组成与转化化学[M].青岛：中国石油大学出版社.

瞿国华.2008.延迟焦化工艺与工程[M].北京：中国石化出版社.

宋海涛.2011.不同类型 VGO 的烃类结构组成及其催化裂化转化规律研究[D].北京：石油化工科学研究院.

施至诚,叶忆芳,葛星品,等.1991.HZSM-5 催化剂水热处理后结构、酸性及裂解性能的研究[J].石油炼制与化工(3):37-8.

唐津莲,许友好,徐莉,等.2008a.庚烯与 H_2S 在酸性催化剂上反应机理研究 I—硫醇等生成机理[J].石油学报:石油加工,24(2):121-127.

唐津莲,许友好,徐莉,等.2008b.庚烯与 H_2S 在酸性催化剂上反应机理研究 II—噻吩/烷基噻吩生成机理[J].石油学报:石油加工,24(3):237-244.

唐津莲,许友好,程从礼,等.2009.H_2S 对 FCC 汽油硫化物生成的影响[J].石油炼制与化工,40(1):34-38.

唐津莲.2010.多环芳烃在催化裂化反应过程中的空间约束研究[D].北京:石油化工科学研究院.

陶龙骧.2008.催化裂化过程中的负氢离子转移反应[J].石油学报:石油加工,24(4):365-369.

魏晓丽.2010.烷基芳烃裂化反应性能及生成苯的反应路径[J].石油炼制与化工,41(2):1-6.

许友好.2002.氢转移反应在烯烃转化中的作用探讨[J].石油炼制与化工,33(1):38-41.

许友好,张久顺,马建国,等.2004a.MIP 工艺反应过程中裂化反应的可控性[J].石油学报:石油加工,20(3):1-6.

许友好,龚剑洪,张久顺,等.2004b.多产异构烷烃的催化裂化工艺两个反应区概念实验研究[J].石油学报:石油加工,20(4):1-5.

许友好,戴立顺,龙军,等.2011.多产轻质油的 FGO 选择性加氢工艺和选择性催化裂化工艺集成技术(IHCC)的研究[J].石油炼制与化工,42(3):7-12.

许友好.2013.催化裂化化学与工艺[M].北京:科学出版社.

叶宗君,许友好.汪燮卿.2006.FCC 汽油重馏分的催化裂化和热裂化产物组成的研究[J].石油学报:石油加工,22(3):46-53.

于道永,徐海,阙国和,等.2004a.非碱氮化合物吲哚催化裂化转化规律的研究[J].石油学报:石油加工,20(1):22-27.

于道永,徐海,阙国和,等.2004b.碱氮化合物喹啉催化裂化转化规律的研究[J].燃料化学学报,32(1):43-47.

虞贤波,刘烨,阳永荣,等.2009.甲醇制烯烃反应机理[J].化学进展,21(9):1757-1761.

袁起民,龙军,谢朝钢,等.2008.高氮原料的催化裂化研究进展[J].化工进展,27(12):1932 1939.

张剑秋.2001.降低汽油烯烃含量的催化裂化新材料探索[D].北京:石油化工科学研究院.

Abbot J, Wojciechowski B W. 1985. Catalytic cracking and skeletal isomerization of *n*-hexene on ZSM-5 zeolite[J]. Can J Chem Eng,63(3):451-461.

Abbot J, Wojciechowski B W. 1987a. Catalytic reactions of cyclooctane and ethylcyclohexane on HY zeolite[J]. J Catal, 107(2):571-578.

Abbot J, Wojciechowski B W. 1987b. Kinetics of reactions of C_8 olefins on HY zeolite[J]. J Catal, 108(2): 346-355.

Adewuyi Y G, Klocke D J, Buchanan J S. 1995. Effects of high-level additions of ZSM-5 to a fluid catalytic cracking (FCC) RE-USY catalyst[J]. Applied Catalysis A: General, 131(1): 121-133.

Adewuyi Y G. 1997. Compositional changes in FCC gasoline products resulting from high-level additions of ZSM-5 zeolite to RE-USY catalyst[J]. Applied Catalysis A: General, 163(1): 15-29.

Al-Baghli N, Al-Khattaf S. 2005. Catalytic cracking of a mixture of dodecane and 1,3,5 triisopropyl-benzene over USY and ZSM-5 zeolites based catalysts[G]. Studies in Surface Science and Catalysis, 158(2): 1661-1668.

Alberty R A, Gehrig C A. 1985. Standard chemical thermodynamic properties of alkene isomer groups[J]. J Phys Chem Ref Data, 14(3): 803-820.

Aldridge L P, McLaughlin J R, Pope C G. 1973. Cracking of *n*-hexane over LaX catalysts[J]. J Catal, 30(3): 409-416.

Anderson M W, Occelli M L, Suib S L. 1990. Tin passivation of vanadium in metal-contaminated fluid-cracking catalysts: Electron paramagnetic resonance studies[J]. Journal of Catalysis, 122(2): 374-383.

Babitz S M, Willams B A, et al.1999. Monomolecular cracking of *n*-hexane on Y, MOR, and ZSM-5 zeolites[J]. Applied Catalysis A: General,179:71-86.

Baeyer A, Villiger V. 1902. Dibenzalaceton und Triphenylmethan. Ein Beitrag zur Farbtheorie. Berichte der Deutschen Chemischen Gesellschaft[J], 35(1): 1189-1201.

Best D, Wojciechowski B W. 1977. On identifying the primary and secondary products of the catalytic cracking of cumene[J]. J Catal, 47(1): 11-27.

Bezouhanova C P, Dimitrov C, Nenova V, et al. 1985. Cracking of paraffins on pentasils with different Si/Al ratios [J]. Applied Catalysis, 19(1):101-108.

Bickel A F, Gaasbeek C J, Hogeveen H, et al. 1967. Chemistry and spectroscopy in strongly acidic solutions: reversible reaction between aliphatic carbonium ions and hydrogen[J]. Chem Comm, 13: 634-635.

Bolton A P, Lanewala M A. 1970. A mechanism for the isomerization of the hexanes using zeolite catalysts[J]. J Catal, 18(1): 1-11.

Bolton A P, Bujalski R L. 1971. The role of the proton in the catalytic cracking of hexane using a zeolite catalyst[J]. J Catal, 23(3):331-339.

Boronat M, Corma A.2008. Are carbenium and carbonium ions reaction intermediates in zeolite-catalyzed reactions [J]. Applied Catalysis A: General, 336(1&2): 2-10.

Brandenberger S G, Callender W L, Meerbott W K. 1976. Mechanisms of methylcyclopentane ring opening over platinum-alumina catalysts[J]. J Catal 42: 282-287.

Brouwer D M. 1962. The mechanism of double-bond isomerization of olefins on solid acids[J]. J Catal, 1(1): 22-31.

Brouwer D M, Mackor E L. 1964. Proton magnetic resonance spectra of tertiary alkyl cations[J]. Proc Chem Soc, 5: 147-148

Brouwer D M, Hogeveen H. 1972. Electrophilic substitutions at alkanes and in alkylcarbonium ions[J]. Progr Phys Org Chem, 9:179-240.

Buchanan J S. 1991. Reactions of model compounds over steamed ZSM-5 at simulated FCC reaction conditions[J]. Applied Catalysis, 74(1): 83-94.

Buchanan J S, Adewuyi Y G. 1996a. Effects of high-temperature and high ZSM-5 additive level on FCC olefins yields and gasoline composition[J]. Applied Catalysis A: General, 134(2): 247-262.

Buchanan J S, Santiesteban J G, et al.1996b. Mechanistic considerations in acid-catalyzed cracking of olefins[J]. J Catal, 158(1): 279-287.

Buchanan J S. 1998. Gasoline selective ZSM-5 FCC additives: Model reactions of $C_6 \sim C_{10}$ olefins over steamed 55:1 and 450:1 ZSM-5[J]. Applied Catalysis A: General, 171(1): 57-64.

Buchanan J S. 2000. The chemistry of olefins production by ZSM-5 addition to catalytic cracking units[J]. Catalysis Today, 55(3): 207-212.

Butler A C, Nicolaides C P. 1993. Catalytic skeletal isomerization of linear butenes to isobutene[J]. Catal Today, 18 (4):443-471.

Cerqueira H S, Caeiro G, et al. 2008. Deactivation of FCC catalysts [J]. Journal of Molecular Catalysis A: Chemical, 292(1-2), 1-13.

Chang C D, Silvestri A J. 1977. The conversion of methanol and other O-compounds to hydrocarbons over zeolite catalysts[J]. Journal of Catalysis, 47(2): 249-259.

Chang, C. D. 1980. A kinetic model for methanol conversion to hydrocarbons[J]. Chemical engineering science, 35 (3): 619-622.

Chen N Y, Garwood W E. 1978. Some catalytic properties of ZSM-5, a new shape selective zeolite[J]. J Catal, 52 (3): 453-458.

Chen N Y, Degnan T F. 1988. Industrial catalytic applications of zeolites[J]. Chem Eng Prog, 84(2): 32-41.

Chris Kuehle, Kelly Benham. 2005. Integrating Albemarle RESOLVE desulfurization technology with novel petro-Canada process concepts in commercial FCCU operations [C]//NPRA Annual Meeting, AM - 05 - 26. San Francisco, CA.

Connor P O, Houter E. 1986. New zeolites in FCC[G]//Ketjen Catalysts Symposium, Scheveningen, the Netherlands, Paper F-8.

Connor P O. 1988. Advances in catalysis for FCC octanes[G]//Ketjen Catalysts Symposium.Scheveningen,the Netherlands, Paper F-1,1-9.

Corma A, Sanchez J, Tomas F. 1983. A study on the deactivation of carbocations by molecular hydrogen[J]. Journal of Molecular Catalysis, 19(1), 9-15.

Corma A, Planelles J, Tomas F. 1985. The influence of branching isomerization on the product distribution obtained during cracking of n-heptane on acidic zeolites[J]. J Catal, 94(2): 445-454.

Corma A, Fornés V, Montón J B, et al. 1987. Catalytic cracking of alkanes on large pore, high SiO_2/Al_2O_3 zeolites in the presence of basic nitrogen compounds. Influence of catalyst structure and composition in the activity and selectivity[J]. Ind Eng Chem Res, 26(5): 882-886.

Corma A, Orchilles A V. 1989. Formation of products responsible for motor and research octane of gasolines produced by cracking: the implication of framework silicon/aluminum ratio and operation variables[J]. J Catal, 115(2): 551-566.

Corma A, Mocholi F, Orchilles A V, et al. 1991. Methylcyclohexane and methylcyclohexene cracking over zeolite Y catalysts[J]. Appl Catal, 67(2):307-324.

Corma A, Miguel P J, Orchilles A V, et al. 1992. Cracking of long chain alkyl aromatics on USY zeolite catalysts [J]. Journal of Catalysis, 135(1): 45-59.

Corma A, Miguel P J, Orchilles A V, et al. 1994a. Zeolite effects on the cracking of long chain alkyl aromatics[J]. J Catal, 145(1): 181-186.

Corma A, Miguel P J, Orchilles A V. 1994b. Influence of hydrocarbon chain length and zeolite structure on the catalyst activity and deactivation for n-alkanes cracking[J]. Applied Catalysis, A: General, 117(1), 29-40.

Corma A, Orchilles A V. 2000. Current views on the mechanism of catalytic cracking [J]. Microporous and Mesoporous Materials, 35-36:21-30.

Corma A, González-Alfaro V, and Orchilles A V. 2001a. Decalin and tetralin as probe molecules for cracking and hydrotreating the light cycle oil[J]. Journal of Catalysis, 200:34-44.

Corma A, Ketley G, Blair G. 2001b. On the mechanism of sulfur removal during catalytic cracking[J]. Applied Catal A, 208(1,2):135-152.

Coughlin R W, Hassan A, Kawakami K. 1984. Activity, yield patterns, and coking behavior of platinum and platinum-rhenium catalysts during dehydrogenation of methylcyclohexane. II. Influence of sulfur[J]. J Catal, 88(1): 163-76.

Csicsery S M. 1971. The cause of shape selectivity of transalkylation in mordenite[J]. Journal of Catalysis, 23(1): 124-130.

Csicsery S M. 1976. Shape selective catalysis[M]//Zeolite chemistry and catalysis(ACS Monograph, 171), Ed by Rabo J A. Washington D C. 680-713.

Daage M, Fajula F. 1983. Isomerization and cracking of carbon-13-labeled hexanes over H-mordenite. II. Intramolecular rearrangements of the hexyl cations[J]. J Catal, 81(2): 405-417.

De Jong J I. 1986. Hydrogen transfer in catalytic cracking[G]//Ketjen Catalysts Symposium. Scheveningen, the Netherlands, Paper F-2.

Dewachtere N V, Santaella F, Froment G F. 1999. Application of a single-event kinetic model in the simulation of an industrial riser reactor for the catalytic cracking of vacuum gas oil[J]. Chemical Engineering Science, 54(15-16): 3653-3660.

Eijk V D H, Otter D G J, Blauwhoff P M M, et al. 1990. The application of advanced process models in oil refining

R & D[J].Chem Eng Sci, 45(8): 2117-2124.

Fenq W, Vynckier E, Froment G F. 1993. Single event kinetics of catalytic cracking[J]. Ind Eng Chem Res, 32 (12): 2997-3005.

Froment G F. 1987. Kinetics of the hydroisomerization and hydrocracking of paraffins on a platinum containing bifunctional Y-zeolite[J]. Catal Today, 1(4):455-473.

Fu Chia-Min, Schaffer A M. 1985. Effect of nitrogen compounds on cracking catalysts[J]. Ind Eng Chem Prod Res Dev, 24 (1):68-75

Garcia G L, Lercher J A. 1992. Adsorption and surface reactions of thiophene on ZSM-5 zeolites[J]. J Phs Chem, 96(6):2669-2675.

Gates B C; Katzer J R. 1979, Chemistry ofcatalytic process[M]. New York: McGraw-Hill Book Company.

Giannetto G E, Perot G R, Guisnet M. 1986. Hydroisomerization and hydrocracking of n-alkanes. 1. Ideal hydroisomerization PtHY[J]. Ind Eng Chem Pro Res Dev, 25(3): 481-90.

Glemser O, A Müller. 1963. Gasförmige Hydroxide. V. Über ein gasförmiges Hydroxid des Vanadins[J]. Zeitschrift für anorganische und allgemeine Chemie, 325(3-4): 220-224.

Gorring R L. 1973. Diffusion of normal paraffins in zeolite T: occurrence of window effect[J]. Journal of Catalysis, 31(1): 13-26.

Greensfelder B S, Voge H H. 1945a. Catalytic cracking of pure hydrocarbons. Cracking of paraffins[J]. Ind Eng Chem, 37 (6):514-520.

Greensfelder B S, Voge H H. 1945b. Catalytic cracking of pure hydrocarbons; cracking of olefins[J]. Ind Eng Chem, 37(10): 983-988.

Greensfelder B S, Voge H H. 1945c. Catalytic cracking of pure hydrocarbons. Cracking of naphthenes[J]. Ind Eng Chem, 37 (11):1038-1043.

Greensfelder B S, Voge H H, Good G M. 1949. Catalytic and thermal cracking of pure hydrocarbons. Mechanisms of reaction[J]. Ind Eng Chem, 41(11): 2573-2584.

Guerzoni F N, Abbot J. 1993. Catalytic cracking of a binary mixture on zeolite catalysts[J]. Applied Catalysis A: General, 103(2): 243-258.

Guisnet M, Gnep N S, Alario F. 1992. Aromatization of short chain alkanes on zeolite catalysts[J]. Appl Catal A: General, 89(1): 1-30.

Guisnet M, Gnep N S. 1996. Mechanism of short-chain alkane transformation over protonic zeolites. alkylation, disproportionation and aromatization[J]. Applied Catalysis A: General, 146(1): 33-64.

Haag W O, Pines H. 1960. Alumina: Catalyst and support. III. The kinetics and mechanisms of olefin isomerization [J]. J Am Chem Soc, 82:2488-2494.

Haag W O, Lago R M, Weisz P B. 1981.Transport and reactivity of hydrocarbon molecules in a shape-selective zeolite[J]. Faraday Discussions of the Chemical Society, 72: 317-330.

Haag W O, Dessau R M. 1984. Duality of mechanism for acid-catalyzed cracking[C]//Proceedings of the 8th International Congress on Catalysis Vol 2. Frankfurt am Main, Berlin: DECHEMAechema:305-316.

Haag W O, Dessau R M, Lago R M. 1991. Kinetics and mechanism of paraffin cracking with zeolite catalysts[J]. Stud Surf Sci Catal, 60(Chem. Microporous Cryst): 255-265.

Harding R H, Gatte R R, Whitecavage J A, et al. 1993. Reaction kinetic of gasoline sulfur compounds[C]//205th ACS National Meeting.Denver, the USA:286.

Hansford R C. 1947. A mechanism of catalytic cracking[J]. Ind Eng Chem, 39: 849-852.

Hansford R C. 1952a. Chemical concepts of catalytic cracking[J]. Advances in Catalysis, 4: 1-30.

Hansford R C, Waldo P G, Drake L C,et al. 1952b. Hydrogen exchange between deuterium oxide and hydrocarbons on silica-alumina catalyst[J]. Ind Eng Chem, 44:1108-1113.

Hansford R C. 1983. Development of the theory of Catalytic Cracking[G]//ACS Symposium Series No 222. Washington, DC: American Chemical Society:252.

Hernandez F, Moudafi L, Fajula F, et al. 1984. New development in zeolite science and technology[R], 8th Proc Int Congr Catal, Berlin, 2, 447-454.

Hughes R G, Hutchings C L, Koon, et al. 1996. The influence of feedstocks and catalyst formulation on the deactivation of FCC catalysts[G]//Catalysts in petroleum refining and petrochemical industries 1995. Studies in Surface Science and Catalysis, 100:313-322.

Kissin Y V. 1990. Relative reactivities of alkanes in catalytic cracking reactions[J]. J Catal, 126(2): 600-609.

Kissin Y V. 1996. Chemical mechanism of hydrocarbon cracking over solid acidic catalysts[J]. Journal of catalysis, 163(1): 50-62.

Kissin Y V. 2001. Chemical mechanisms of catalytic cracking over solid acidic catalysts: alkanes and alkenes[J]. catalysis reviews, 43(1,2): 85-146.

Krannila H, Haag W O, Gates B C. 1992. Monomolecular and bimolecular mechanisms of paraffin cracking: $n-$butane cracking catalyzed by HZSM-5[J].Journal of catalysis, 135(1): 115-124.

Leflaive P, Lemberton J L, et al. 2002. On the origin of sulfur impurities in fluid catalytic cracking gasoline-reactivity of thiophene derivatives and of their possible precursors under FCC conditions[J]. Applied Catalysis A:General, 227(1,2):201-215.

Lercher J A, Van Santen R A, Vinek H. 1994. Carbonium ion formation in zeolite catalysis[J].Catalysis Letters, 27(1): 91-96.

Lopez Agudo A, Asensio A, Corma A. 1981. Cracking of $n-$heptane on a CrHNaY zeolite catalyst. The network of the reaction[J]. J Catal, 69(2): 274-282.

Lukyanov D B, Shtral V I, Khadzhiev S N. 1994. A kinetic model for the hexane cracking reaction over H-ZSM-5[J].J Catal, 146(1): 87-92.

Madon R J. 1991. Role of ZSM-5 and ultrastable Y zeolites for increasing gasoline octane number[J]. J Catal, 129(1): 275-287.

Magnoux P, Machado F, Guisnet M. 1993. Mechanism of coke formation during the transformation of propene, toluene, and propene-toluene mixture on HZSM 5[G]//New forntiers in catalysis. Studies in Surface Science and Catalysis, 75(Part A):435-447.

Marcilly C. 2006. Acido-Basic catalysis—Application to refining and petrochemistry. Paris, Editions Technip.

Martens J A, Jacobs P A, Weitkamp J. 1986. Attempts to rationalize the distribution of hydrocracked products. II. Relative rates of primary hydrocracking modes of long chain paraffins in open zeolites[J]. Appl Catal, 20:283-303.

Martens J A, Jacobs P A. 1990a. Conceptual background for the conversion of hydrocarbons on heterogeneous acid catalysts[G]//Moffat J B.Theoretical aspects of heterogeneous catalysis. New York: Van Nostrand-Reinhold, 52-109.

Martens J A, Jacobs P A. 1990b. Evidence for branching of long-chain alkanes via protonated cycloalkanes larger than cyclopropane[J]. J Catal,124(2): 357-366.

Martin A M, Chen J K, John V T, et al. 1989. Coreactant-induced modifications of catalytic behavior in zeolitic systems[J]. Ind Eng Chem Res, 28(11): 1613-18.

MashkinaA V, Koshelev S N, Yakovleva V N. 1991. Conversion of alkylmercaptans in the presence of $\gamma-Al_2O_3$[J]. React Kinet Catal Lett, 43: 381-386.

Meerwein H, Emster K V. 1922. The equilibrium isomerism between bornyl chloride, isobornyl chloride and camphene hydrochloride[J]. Chem Ber, 55: 2500-2528.

Miale J N, Chen N Y, Weisz P B. 1966. Catalysis by crystalline aluminosilicates IV. Attainable catalytic cracking rate constants, and superactivity[J]. J Catal, 6(2):278-287.

Mihindou-Koumba P C.2008. Methylcyclohexane transformation over H-EU-1 zeolite: Selectivity and catalytic role of the acid sites located at the pore mouths[J]. J Catal, 255(2): 324-334.

Miller S J, Hsieh C R. 1991. Octane Enhancement in Catalytic Cracking by Using High-Silica Zeolites[G]//ACS Symposium Series. Washington, DC: American Chemical Society, 452:96-108.

Mills G A, Boedeker E R, Oblad A G. 1950. Chemical characterization of catalysts. I. Poisoning of cracking catalysts by nitrogen compounds and potassium ion[J]. J Am Chem Soc, 72(4): 1554-1560.

Moore R M, Katzer J R. 1972. Counterdiffusion of liquid hydrocarbons in type Y zeolite: effect of molecular size, molecular type, and direction of diffusion[J]. AIChE Journal, 18(4): 816-824.

Morin S, Gnep N S, Guisnet M. 1996. A simple method for determining the relative significance of the unimolecular and bimolecular pathways of xylene isomerization over HY zeolites[J]. J Catal, 159: 296-304.

Moscou L, Mone R. 1973. Structure and catalytic properties of thermally and hydrothermally treated zeolites. Acid strength distribution of REX and REY[J]. J Catal, 30(3): 417-422.

Mostad H B, Riis T U, et al. 1990a. Catalytic cracking of naphthenes and naphtheno-aromatics in fixed bed micro reactors[J]. Applied Catalysis, 63: 345-364.

Mostad H B, Riis T U, Ellestad O H. 1990b. Use of principal component analysis in catalyst characterization: Catalytic cracking of decalin over Y-zeolites[J]. Applied Catalysis, 64:119-141.

Nace D M. 1969. Catalytic cracking over crystalline aluminosilicates. I & II [J]. Ind Eng Chem Prod Res Dev, 8 (1): 24-31; 31-38.

Nace D M. 1970. Catalytic cracking over crystalline aluminosilicates-microreactor study of gas oil cracking[J]. Ind Eng Chem Prod Res Dev, 9(2): 203-209.

Narbeshuber T F, Vinek H, Lercher J A. 1995. Monomolecular conversion of light alkanes over H-ZSM-5[J]. J Catal, 157(2): 388-395.

Nielsen R A, Doolin P K. 1993. Metal passivation [G]//Fluid Catalytic Cracking: Science and Technology. Studies in Surface Science and Catalysis. Elsevier Science Ltd,76:339-384.

Olah G A, Schlosberg R H. 1968. Chemistry in super acids. I. Hydrogen exchange and polycondensation of methane and alkanes in FSO_3H-SbF_5 ("magic acid") solution. Protonation of alkanes and the intermediacy of CH_5^+ and related hydrocarbon ions. The high chemical reactivity of "paraffins" in ionic solution reactions[J].J Am Chem Soc, 90(10): 2726-2727.

Olah G A, Halpern Y, Shen J, et al. 1971. Electrophilic reactions at single bonds. III. H-D exchange and protolysis (deuterolysis) of alkanes with superacids. The mechanism of acid-catalyzed hydrocarbon transformation reactions involving the σ electron pair donor ability of single bonds via three-center bond formation[J]. J Am Chem Soc, 93 (5): 1251-1256.

Olah G A. 1972. Stable carbocations. CXVIII. General concept and structure of carbocations based on differentiation of trivalent (classical) carbenium ions from three-center bound penta- of tetracoordinated (nonclassical) carbonium ions. Role of carbocations in electrophilic reactions[J]. J Am Chem Soc, 94(3): 808-820.

Occelli M L. 1991. Vanadium-zeolite interactions in fluidized cracking catalysts[J]. Catalysis Reviews: Science and Engineering, 33(3): 241-280.

Pine L A. 1990. Vanadium-catalyzed destruction of USY zeolites[J]. Journal of Catalysis, 125(2): 514-524.

Plank C J, Sibbett D J, Smith R B. 1957. Comparison of catalysts in cracking pure methylcyclohexane and n-decane [J]. Ind Eng Chem,49:742-749.

Poutsma M L. 1976. Mechanistic considerations of hydrocarbon transformations catalyzed by zeolites[G]//Zeolite chemistry and catalysis, ACS monograph 171: 437-551.

Pukanic G W, Massoth F E. 1973. Kinetics of mesitylene isomerization and disproportionation over silica - alumina catalyst[J]. J Catal, 28(2):304-315.

Ritter R E, Crelghton J E, Roberie T G, et al. 1986. Catalytic octane from the FCC[C]//NPRA Annual Meeting, AM-86-45.Los Angeles, CA, March 23-25.

Rochettes D B M, Marcilly C, Gueguen C, et al. 1990. Kinetic study of hydrogen transfer of olefins under catalytic cracking conditions[J].Appl Catal, 58(1): 35-52.

Satterfield, Charles N, James R Katzer. 1971. Counterdiffusion of liquid hydrocarbons in type Y zeolites[J].Adv Chem Ser(102):193-208.

Saunders M, Rosenfeld J. 1969. New rearrangement process in methylcyclopentyl and tertamyl cations[J]. J Am Chem Soc, 91(27): 7756-7758.

Savage P E, Klein M T, Kukes S G. 1985. Asphaltene reaction pathways. 1. Thermolysis[J]. Ind Eng Chem Process Des Dev, 24(4): 1169-1174.

Sedran U.1994. Laboratory testing of FCC catalysts and hydrogen transfer properties evaluation[J].Catal Rev Sci Eng, 36(3): 405-431.

Scherzer J.1989. Ocatne-enhancing,zeolitic FCC catalysts:scientific and technical aspects[J].Catal Rev Sci Eng,31 (3): 215-354.

Schmerling L. 1953. Reactions of hydrocarbons[J]. Ind Eng Chem, 45 (7): 1447-1455.

Shertukde P V, Marcelin G, Gustave A S, et al. 1992. Study of the mechanism of the cracking of small alkane molecule on HY zeolites[J].Journal of Catalysis, 136(2): 446-462.

Slagtern A, Dahl I M, Jens K J, et al. 2010. Cracking of cyclohexane by high Si HZSM-5[J]. Applied Catalysis A: General, 375(2): 213-221.

Sie S T. 1992. Acid - catalyzed cracking of paraffinic hydrocarbons. 1. Discussion of existing mechanisms and proposal of a new mechanism[J].Industrial & Engineering Chemistry Research, 31: 1881-1889.

Sie S T. 1993. Acid-catalyzed cracking of paraffinic hydrocarbons. 2. Evidence for the protonated cyclopropane mechanism from catalytic cracking experiments[J]. Ind Eng Chem Res, 32(3): 397-402.

Souverijns W, Patron R, Martens J A, et al. 1996. Mechanism of the paring reaction of naphthenes[J]. Catal Lett, 37(3,4): 207-212.

Stieglitz J. 1899. On the constitution of the salts of Imidoether and other Carbimide [machine translation][J]. Am Chem J, 21:101-111.

Sullivan R F. 1961. A new reaction that occurs in the hydrocracking of certain aromatic hydrocarbons[J]. J Am Chem Soc, 83: 1156-1160.

Sullivan R F, Egan C J, Langlois G E.1964. Hydrocracking of alkylbenzenes and polycyclic aromatic hydrocarbons on acidic catalysts. Evidence for cyclization of the side chains[J]. J Catal, 3(2): 183-195.

Sullivan R F, Scott J W. 1983.The development of hydrocracking[J]. ACS Symposium Series, 222(Heterogeneous Catalysis):293-313.

Thomas C L. 1944. Hydrocarbon reactions in the presence of cracking catalysts II .Hydrogen transfer[J].J Am Chem Soc,66:1586-1589.

Thomas C L. 1949. Chemistry of cracking catalysts[J]. Ind Eng Chem, 41(11): 2564-2573.

Thomas C L, Barmby D V. 1968. The chemistry of catalytic cracking with molecular sieve catalysts[J]. J Catal, 12 (2): 341-346.

Trujillo C A,Uribe U N, Jacobs P A, et al. 1997. The Mechanism of Zeolite Y Destruction by Steam in the Presence of Vanadium[J]. J Catal, 168(1): 1-15.

Triantafillidis C S, Evmiridis N P, Nalbandian L, et al. 1999. Performance of ZSM-5 as a fluid catalytic cracking catalyst additive: Effect of the total number of acid sites and particle size[J]. Industrial & Engineering Chemistry Research, 38(3): 916-927.

Turlier P, Forissier M, Rivault P, et al. 1994. Fluid Catalytic Cracking Ⅲ Materials and Processes[G]//ACS Symposium Series 571. Washington DC: American Chemical Society:98-109.

Venuto P B, Habib E T. 1979. Fluidcatalytic cracking with zeolite catalysts[M]. New York:Marcel Dekker:103.

Voge H H. 1983. Heterogeneous Catalysis, Selected American Stories[G]//ACS Symposium Series 222, chap 19: 235-240.

Von Schleyer P, Williams J E, Blanchard K R. 1970. Evaluation of strain in hydrocarbons. The strain in adamantane and its origin[J]. J Am Chem Soc, 92(8): 2377-2386.

Voorhies A Jr.1945. Formation in catalytic cracking[J]. Ind. Eng. Chem, 37(4): 318-22.

Wallenstein D, Harding R H.2001. The dependence of ZSM-5 additive performance on the hydrogen-transfer activity of the REUSY base catalyst in fluid catalytic cracking[J]. Appl Catal A:General, 214(1): 11-29.

Watson B A, Klein M T, Harding R H. 1997a. Catalytic cracking of alkylbenzenes: Modeling the reaction pathways and mechanisms[J]. Appl Catal A: General, 160(1):13-39.

Watson B A, Klein M T, Harding R H.1997b. Mechanistic modeling of a 1-phenyloctane/n-hexadecane mixture on rear earth Y zeolite[J].Ind Eng Chem Res, 36: 2954-2963.

Weisz P B, Frilette V J, Maatman R W, et al.1962.Catalysis by crystalline aluminosilicates II. Molecular-shape selective reactions[J]. Journal of Catalysis, 1(4): 307-312.

Weisz P B. 1973. Zeolites-New horizons in catalysis[J]. Chem Tech, 3(8): 498-505.

Weisz P B. 2000. Some classical problems of catalytic science:resolution and implications[J]. Microporous and Mesoporous Materials,35 & 36: 1-9.

Weitkamp J. 1982. Isomerization of long-chain n-alkanes on a Pt/CaY zeolite catalyst[J]. Ind Eng Chem Prod Res Dev, 21:550-558.

Weitkamp J, Jacobs PA, Ernst S. 1984. Shape selective isomerization and hydrocracking of naphthenes over platinum/HZSM-5 zeolite[G]//Struct React Modif Zeolites. Studies in Surface Science and Catalysis, 18: 279-290.

Weitkamp J, Ernst S. 1985. Comparison of the reactions of ethylcyclohexane and 2-methylheptane on Pd/LaY zeolite [G]//Catalysis by Acids and Bases.Studies in Surface Science and Catalysis. Elsevier Science Ltd, 20:419-426.

Whitmore F C. et al. 1932. Isomers in "diisobutylene." III. Determination of their structure[J]. J Am Chem Soc, 54 (9):3710-3714.

Whitmore F C. 1934. Mechanism of the polymerization of olefins by acid catalysts[J]. Ind Eng Chem, 26: 94-95.

Whitmore F C. 1948. Alkylation and related processes of modern petroleum practice[J]. Chem Eng News, 26: 668-674.

Wielers A F H, Vaarkamp M, Post F M. 1991. Relation between properties and performance of zeolites in paraffin cracking[J].Journal of Catalysis, 127(1): 51-66.

Wollaston E G, Forsythe W L,Vasalos I A. 1971. Sulfur distribution in FCCU products[J]. Oil & Gas J, 69(31): 64-9.

Wormsbecher R F, Peters A W, Maselli J M. 1986. Vanadium poisoning of cracking catalysts: Mechanism of poisoning and design of vanadium tolerant catalyst system[J]. Journal of Catalysis, 100(1): 130-137.

Wormsbecher R F, Cheng W C, Kim G,et al., 1996. Vanadium mobility in fluid catalytic cracking[J].ACS Symposium Series,634(Deactivation and Testing of Hydrocarbon-Processing Catalysts): 283-295.

Zhao Y X, Bamwenda G R, Groten W A,et al. 1993a. The chain mechanism in catalytic cracking: the kinetics of 2-methylpentane cracking[J]. J Catal. 140(1): 243-261.

Zhao Y X, Bamwenda G R, Wojciechowski B W. 1993b. Cracking selectivity patterns in the presence of chain mechanisms. The cracking of 2-pethylpentane[J].J Catal, 142(2): 465-489.

Zhao X, Harding R H. 1999. ZSM-5 additive in fluid catalytic cracking.2. Effect of hydrogen transfer characteristics of the base cracking catalysts and feedstocks[J]. Industrial & Engineering Chemistry Research, 38(10): 3854-3859.

Yannopoulos L N. 1968. Thermodynamics of the vanadium pentoxide (solid or liquid)-water vapor system[J]. The Journal of Physical Chemistry, 72(9): 3293-3296.

Ziolek M, Decyk P, Czyniewska J. 1997. Desulfurization of gasoline over HZSM-5 zeolites[G]. Studies in Surface Science and Catalysis, 105: 1625-1632.

第三章 催化剂与助剂

第一节 催化剂的研究及开发

一、沸石

沸石的传统概念是一种多孔的晶体硅铝酸盐，具有一定均匀的空腔和孔道，在脱水之后，可以使不同分子大小的物质通过或不通过，起到筛选不同分子物质的作用，故又称"分子筛"。沸石孔道的大小主要取决于沸石的类型。1756 年，瑞典矿物学家克隆斯特在选矿时发现一种低密度、软性的矿石，这种矿石有一种特殊性质，即在水中煮沸时会冒泡，因此把它叫做沸石。20 世纪 50 年代后期，Mobil 公司实验室首先发现在沸石结构内部能进行催化反应，这一发现标志着沸石催化研究的真正开始。随后，Weisz 和 Frilette 发现合成沸石具有优良的催化作用，从而沸石在催化领域的用途迅速扩大。20 世纪 70 年代，Mobil 公司开发出以 ZSM-5 为代表的高硅三维沸石，称之为第二代沸石。这些高硅沸石具有较高的水热稳定性，且亲油疏水，绝大多数孔径在 0.6nm 左右，在甲醇及烃类转化反应中具有良好的活性及选择性。20 世纪 80 年代，不同组成的沸石出现，如 UCC 公司合成出磷铝酸盐的沸石(APO)、硅铝磷沸石(SAPO)等，从而使沸石不限于硅铝酸盐而扩充到含有其他元素，包括 Li、Be、B、Mg、Co、Mn、Zn、P、Ti 等不同取代的晶体硅盐或铝盐(徐如人，2004)。

已知天然沸石的种类有 30 多种，各类矿物结构的合成沸石则已达 100 多种。通过硅铝氧四面体$(TO_4)^{4-}$所构成的单元体的组合，理论上可以排列出新结构，有待化学家去扩展，不久的将来将会有更多的沸石结构出现。

在 30 多种天然沸石中，能商业开采的大约只有 8 种，即为方沸石(Analcite)、菱沸石(Chabazite)、斜发沸石(Clinoptilolite)、毛沸石(Erionite)、镁碱沸石(Ferrierite)、浊沸石(Laumonite)、丝光沸石(Mordenite)和钙十字沸石(Phillipsite)。

天然沸石中并无 A 型，而沸石(Faujasite)也很稀有，至今只有在德国的 Sasbach 和夏威夷的 Oahu 地区发现，其量极稀少(Rabo，1976)。化学和石油工业中用于催化、分离、净化和离子交换等的沸石很大一部分是人工合成的。表 3-1 为商业性的主要沸石种类及其主要性质，其中包括天然和合成沸石。有关对沸石的综述可参阅相关专著(Rabo，1976；Breck，1964；徐如人，2004)，本章将主要概述与裂化催化剂有密切关系的沸石及其基本性质。

表 3-1　商业上可供的主要沸石

沸　石	孔大小/nm	组　成		吸附容量/%		
		Si/Al 比	阳离子	H_2O	$n\text{-}C_6H_{14}$	C_6H_{12}
沸石						
X	0.74	1~1.5	Na	28	14.5	16.6
Y	0.74	1.5~3	Na	26	18.1	19.5
USY	0.74	>3	H	11	15.8	18.3
A	0.3	1.0	K, Na	22	0	0
A	0.4	1.0	Na	23	0	0
A	0.45	1.0	Ca, Na	23	12.5	0
菱沸石	0.4	4	N[①]	15	6.7	1.0
斜发沸石	0.4×0.5	5.5	N[①]	10	1.8	0
毛沸石	0.38	4	N[①]	9	2.4	0
镁碱沸石	0.55×0.48	5~10	H	10	2.1	1.3
L	0.6	3~35	K, Na	12	8.0	7.4
斜沸石	0.58	3.4	Na, H	11	4.3	4.1
丝光沸石	0.6×0.7	5.5	N[①]	6	2.1	2.1
丝光沸石	0.6×0.7	5~6	Na	14	4.0	4.5
丝光沸石	0.6×0.7	5~10	H	12	4.2	7.5
钾沸石	0.58	4	K, H	13	5.1	2.2
钙十字沸石	0.3	2	N[①]	15	1.3	0
硅沸石	0.55		H	1	10.1	0
ZSM-5	0.55	10~500	H	4	12.4	5.9

① N—天然沸石，无一定阳离子，一般是 Na、K、Ca、Mg。

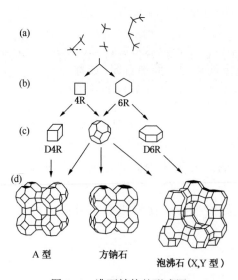

图 3-1　沸石结构的形成图

（一）沸石的基本结构

沸石的基本单元是 SiO_4、AlO_4 四面体，硅或铝处于四面体的中心，而氧处于四面体的四个顶点，如图 3-1(a) 和图 3-2(a) 所示。各四面体之间耦氧桥相连，[AlO_4] 四面体间不能直接相连，而间隔以 [SiO_4] 四面体，这一规则称为 Loewenstein 规则，即 Si 原子和 Al 原子在晶格中进行排列时，Al—O—Al 连接是禁止的。常以 TO_4 代表硅氧四面体和铝氧四面体。这些四面体单元以氧原子连接构成二级单元，如图 3-1(b) 所示；由二级单元的互相连接构成三级单元或多面体，如图 3-1(c) 所示；最后由多面体单元组成各种特定的沸石晶体结构，如图 3-1(d) 所示。这些单元结构是一种无机的低相对分子质量单体，在一定的合成条件下，聚合成晶体沸石结构。所以沸石也可视为一种无机聚合物。

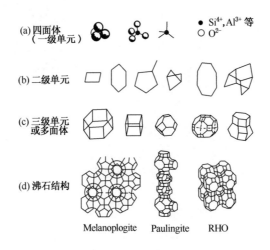

图 3-2　同类立方八面体结构所形成的三种沸石

　　图 3-2 以三种有同类多面体结构（立体八面结构）的沸石为例，说明单体以不同几何配位所构成的晶体结构。这三种沸石都是由四元氧环和六元氧环组成的八面体单元（方钠石单元）聚合而成的。截角八面体单元（图 3-3）共有 24 个 Si 和 Al 阳离子连接的 34 个氧阴离子，形成 8 个六元环和 4 个平方面。六元环的自由直径为 0.26nm，其环形空腔自由直径为 0.66nm。由这种八面体单元所构成的最简单的结构是钠沸石，如图 3-2 所示。钠沸石实际上并非是一种沸石，其空腔大小只能吸附小分子，如水、NH_3 和一些离子。

　　1. FAU 结构（X、Y）

　　"X"型沸石和"Y"型沸石结构相同，都为八面沸石（FAU 型），其差别主要是硅铝比不同，前者 Si/Al 为 1.1～1.5，后者 ≥1.5。

　　X 与 Y 型沸石的结构单元是截角八面体形的 β 笼，如图 3-3。相邻两 β 笼之间通过六元环用 6 个氧桥相互连接（每个 β 笼通过 8 个六元环中的 4 个按照四面体的方向与其他 β 笼相连接）。在 β 笼的这种连接方式中还有 2 种笼形结构：一种是六角棱柱笼（或称方钠石笼），其体积比 β 笼小；另一种是 β 笼和六角棱柱笼包围而成的八面沸石笼（或称为超笼），是 X 和 Y 型沸石的主孔穴，其直径在 1.2nm 左右。每个空腔以 12 元氧环的孔道（直径 0.74nm）与另外 4 个相同的空腔相通，形成一种立方网络空间骨架，这种骨架结构是沸石中最开放的，其每个晶胞的总孔隙体积（包括方钠石笼）为 51%（占总体积），超笼本身的孔体积就占总体积的 45%。X、Y 型沸石的孔结构见图 3-4，Y 型沸石的结构见图 3-5。

　　2. β（Beta）结构

　　β 沸石是由 Mobil 公司于 1967 年采用水热晶化法合成的（Wadlinger，1967），属于立方晶系，晶胞常数为 1.204±0.014nm，与 X、Y 型等大孔沸石对正己烷、环己烷和水的吸附能力相当，但比 Y 型沸石有更高的硅铝比，为具有三维 12 元孔道结构的大孔高硅沸石，且具有结构稳定和耐酸等特点，β 型沸石的结构如图 3-6 所示。

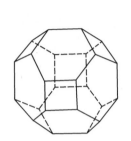

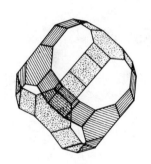

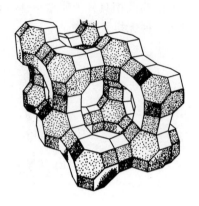

图 3-3　截角八面体单元　　图 3-4　X、Y 型沸石的孔结构　　　图 3-5　Y 型沸石的结构

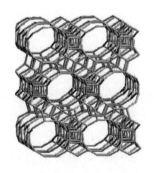

图 3-6　β 型沸石的结构

Higgins 等(1988；1989)通过模型法、原子间距最小二乘法修正、骨架模型的 XRD 拟合以及 β 沸石的物理和化学性能的测定，给出了 β 沸石是由有序的 A 型、B 型和 C 型结构沿[001]方向堆积成堆垛层错结构，层错结构中 A、B 和 C 型 3 种原型结构的出现几率分别是 0.31、0.36 和 0.33，十分相近。如此的层错结构在[100]和[010]方向保持了与 A、B、C 型一样的垂直相交的 12 元环直通道，线性通道孔径约 0.57nm×0.75nm，而[001]方向仍为非线性通道，孔径约 0.56nm×0.65nm。由于 A、B、C 型同时以一定几率出现，从而加大了[001]方向通道的曲折度。由四个五元环和两个四元环围成的船式双六元环构成 β 沸石的主要结构单元 I，如图 3-7a 所示；另一种结构单元 II 由四个五元环和三个四元环构成，如图 3-7b 所示。

结构单元 I 之间通过共用五元环的两个棱，沿[001]方向连成链，在两个沿[001]方向平行的链中，结构单元 I 以四元环和六元环交替地相对应。当两个结构单元 II 以倒反的关系共用一个四元环联结成双结构单元 II，图 3-7b 的双结构单元 II 中两个平行的四元环分别与两个平行于[001]方向链中的结构单元 I 的四元环共用，其五元环与链中相继的结构单元 I 的五元环共用两个棱，两个链即连成 bc 片。此 bc 片中存在由两个四元环、两个六元环和四个五元环围成的 12 元环，如图 3-8 所示。两个平行的 bc 片再通过双结构单元 II 连成三维结构。此时双结构单元 II 与两个 bc 片上对应的结构单元 I 按上述方式连接之外，同时还与连成 bc 片的双结构单元 II 中的五元环的两个棱共用。片间相连形成的 ac 片中也存在由两个四元环、两个六元环和四个五元环围成的 12 元环。由图 3-8 可见，三维结构中存在相互垂直的开口为 12 元环的 [100]和[010]直通道。由于双结构单元 II 沿[100]和[010]方向与[001]方向链中相继的结构单元 I 相连形成 bc 片和 ac 片，因此[100]方向的上下 12 元环直通道各有一部分与[010]方向同一 12 元环直通道相交。反之，[010]方向的上下 12 元环直通道也有一部分与[100]方向同一直通道相交，这样在[001]方向构成了孔口为 12 元环的非线性通道(孟宪平，1996)。

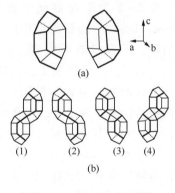

图 3-7a　在 β 沸石中结构
单元 I 及其连接方式

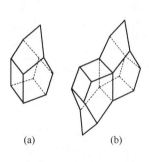

图 3-7b　在 β 沸石中结构
单元 II 及其连接方式

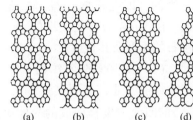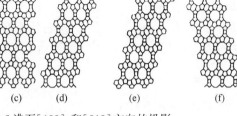

图 3-8　β 沸石 [100] 和 [010] 方向的投影

3. MFI 结构(ZSM-5)

硅(铝)氧四面体通过公用顶点氧桥形成五元硅(铝)环, 8 个这样的五元环组成 ZSM-5 沸石的基本结构单元。这些单元依次联结形成五硅链, 五硅链依次通过镜像联结形成具有十元环孔的网层, 网层依次联结形成三维沸石骨架结构(Chen, 1988)。ZSM-5 的结构模型如图 3-9 所示。从图 3-9 可见, ZSM-5 也是三维结构, 包含两种孔道互相交叉。沿 b 轴向的孔道是椭圆形的, 其直径为 0.51nm×0.56nm; 沿 a 轴向的孔道是 Z 字形的, 近似圆形, 其直径为 0.54nm×0.56nm。ZSM-5 的孔是由 10 元氧环所构成, 但是它没有空腔, 而只在两种孔交叉点有 0.9nm 左右的空间。

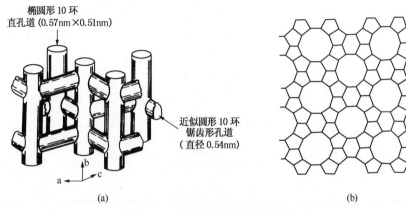

图 3-9　ZSM-5 沸石的结构模型

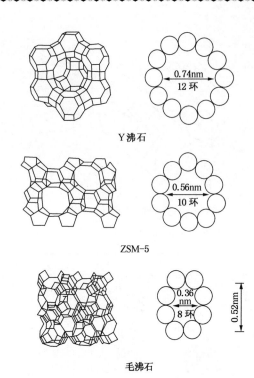

Y沸石

ZSM-5

毛沸石

图3-10 三种不同孔大小沸石的结构

表3-2为工业催化中较为主要的沸石（Chen, 1988）。沸石的孔道由 n 个 T 原子所围成的环，即窗口有所限定，有四元环、六元环、八元环、十元环及十二元环等。一个元代表一个四面体。通常，根据孔道环数的大小，可以将沸石描述为小孔、中孔或大孔。小孔沸石，如 CHA，其孔道窗口由 8 个 TO_4 四面体围成，直径大约为 0.38nm；中孔沸石，如 MFI，其孔道窗口由 10 个 TO_4 四面体围成，直径大约为 0.55nm，大孔沸石，如 FAU、BETA，它们的孔道窗口由 12 个 TO_4 四面体围成，直径大约为 0.75nm。孔道的体系可以是一维、二维或三维的，即孔道向一维、二维或三维方向延展。图 3-10 为有代表性的大、中和小孔三种沸石的模型及其孔道尺寸。

（二）沸石的化学组成

如前所述，沸石是以 SiO_4、AlO_4（或杂原子）的四面体聚合而成的晶体聚合物，其基本的化学组成是 Si、Al、O 和阳离子（一般为 Na）。每个基本单元体为 4 个氧原子以四面体和 Si 或 Al 原子相连。氧为-2 价，硅为+4 价，硅和 4 个氧四面体在单元体中电势平衡，而铝为+3 价，和氧形成四面体还需+1 价阳离子来平衡，如下式所示：

$$SiO_4 \qquad [AlO_4]^{-1}$$

表3-2　工业催化应用的主要沸石

沸　　　石	孔　结　构①	空腔直径/nm
大孔沸石		
沸石 X、Y	(12)0.74, 3D	0.66, 1.14
丝光沸石	(8)0.29×0.57, 1D	
	(12)0.67×0.70, 1D	
L沸石	(12)0.71, 1D	
β沸石	(12)0.57×0.75, 2D	
中孔沸石		
ZSM-5	(10)0.54×0.56, 2D	
	(10)0.51×0.56, 2D	
合成镁碱沸石	(8)0.34×0.48, 1D	
	(10)0.43×0.55, 1D	
小孔沸石		
毛沸石	(8)0.36×0.52, 2D	0.63×1.3

① 括号中数字为组成孔道的氧元环数，决定孔的大小。孔直径单位为 nm，D 前数字代表孔道空间维数。

由基本单元体所构成的沸石，其晶胞的化学通式为：

$$M_{x/n}[(AlO_2)_x(SiO_2)_y] \cdot zH_2O$$

式中　M——可交换的阳离子；

　　　x, y——结构中各元素的原子数；

　　　z——水的分子数；

　　　n——阳离子的价数。

表 3-3 为 X 和 Y 型沸石的化学组成。

表 3-3　X 和 Y 型合成沸石的典型化学组成

沸　石	组成(原子数/分子数)				
	Na	Al	Si	O	H_2O
X	86	86	106	384	264
Y	56	56	136	384	250

从表 3-3 中可见，Na 离子的含量决定于 Al 的含量，因为 Na 离子主要是为了平衡骨架中的电势。此外，还应该指出，随着沸石合成条件的不同，表中各组成的比例会有所变化，例如 Y 型沸石，其 Si/A1 范围可以是 1.5~3.0，X 型沸石 Si/Al 范围可是 1.1~1.5。ZSM-5 的 Si/A1 可变的幅度更大，可以是 20~100 以上。其通式为：

$$Na_n[(AlO_2)_n(SiO_2)_{192-n}] \cdot 16H_2O$$

n 一般为 3~27。

Si/Al 还可以通过对合成后的沸石进行脱 Al、补 Si 或者补 Al 来加以改变。

（三）沸石中的阳离子位置

Smith(1971)和 Barry 等(1965)研究了阳离子在沸石结构中的分布，发现阳离子位置不同程度地被沸石中的阳离子所占，即使在沸石脱水的情况下，所占的阳离子仍然是无屏蔽地显露在沸石孔内的表面，根据其化学价、电子结构和周围环境的不同，产生特有的化学性能。对 X、Y 型沸石来说，有 4 种阳离子位置已经被确定，如图 3-11 和图 3-12 所示。

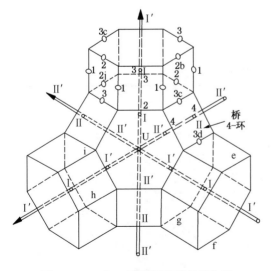

图 3-11　X 和 Y 型沸石中阳离子位置

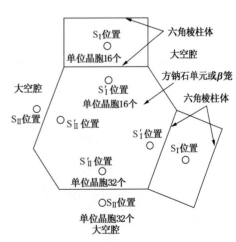

图 3-12　方钠石笼和相连的两个六角
棱柱体的二维视图

NaY 每单位晶胞中有 56 个 Na^+，与 56 个 AlO_4 四面体保持着电荷平衡。水合状态的 NaY 中，Na^+ 在晶胞中占据三种位置：S_I 位置是在六角棱柱体的中心，每个晶胞有 16 个 S_I 位置。S'_I 位置是在方钠石单元正对着 S_I 六角棱柱面的一边，每个晶胞也有 16 个 S'_I 位置。S_{II} 位置在方钠石单元的空腔中，稍离无连接的六角棱柱体的面，每个晶胞有 32 个 S_{II} 位置。在钠型沸石中，这位置都被 Na 离子所占。S'_{II} 位置是在方钠石空腔内。S_{III} 位置是在孔口四氧元环的中心，共有 48 个。当 NaY 在水溶液中呈水合状态时，S_{III} 位置的 Na^+ 首先被交换，然后是 S_{II}，最后才是 S_I。S_{IV} 位置是 NaY 经过阳离子交换仍处于水合状态时，交换上去的阳离子随机地处于超笼中的位置。在未脱水的沸石中，所有不在 S_I、S'_I、S_{II} 和 S'_{II} 位置上的阳离子都在主孔腔中溶解于水。沸石中阳离子位置分布列于表 3-4。

表 3-4　NaY 阳离子位置分布

位置名称	晶胞中位置数目	在结构中的位置
S_I	16	六角棱柱笼中心
S'_I	32	β 笼中，距六角棱柱笼的六元环中心约 0.1nm
S_{II}	32	β 笼中，距超笼的六元环中心约 0.1nm
S'_{II}	32	超笼中，距 S_{II} 所指的六元环中心约 0.1nm
S_{III}	48	超笼的壁上，在孔口四氧元环的中心
S_{IV}	16	超笼的中心（只有处于水合状态下，金属阳离子才可能占据）
U	8	β 笼中心

沸石脱水之后，阳离子会有迁移，同时沸石的结构参数也有变化。Y 型沸石在 350℃ 脱水，在 S_I 的 16 个位置上只有 7.5 个 Na 离子（Eulenberger，1967），其分布参数为 7.5/16 = 0.468，在 S_{II} 位置上是 0.947，S'_I 位置上是 0.612。因此可以看出，在脱水的情况下，方钠石笼无氧桥的六角棱柱面上的 Na^+ 迁入主孔腔中。

Smith 等（1967）和 Olson 等（1969）对 RE 交换的 X、Y 型沸石脱水，发现所有的阳离子中心都迁移到方钠石笼和六角棱柱体上，分布在 S_I、S'_I 和 S'_{II} 位置上。这些离子与存在的水分子、羟基或者氧的阳离子互为屏蔽，所以沸石的金属离子不存在于主孔腔中。图 3-13 为 REX 沸石中 RE 在方钠石笼中的分布。图中示出在 S'_I 位置上的 4 个 RE 原子和 S_{II} 位置上的 4 个水分子。

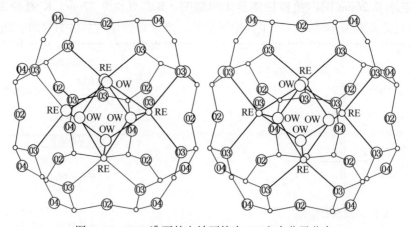

图 3-13　REX 沸石的方钠石笼中 RE 和水分子分布

（四）沸石的离子交换性能

沸石中的阳离子(如下式所示)，由于不在沸石的骨架上，而是在骨架外，中和$[AlO_4]^-$阴离子，故其可动性较大，可以被其他离子所交换。由于沸石具有离子交换的特性，所以也被用来作为离子交换剂，如处理放射性废水以及污水脱NH_3等。

$$
\begin{array}{ccccccc}
 & Na^+ & & & & Na^+ & \\
O\ \ O & & O & O & O & & O\ \ O \\
Si & Al^- & Si & & Si & Al^- & Si \\
O\ \ O & & O & O & O & & O\ \ O
\end{array}
$$

沸石的离子交换性决定于交换离子的种类、尺寸、价态以及交换条件(如温度、浓度、溶液性质)等。从 Barrier(1968) 和 Sherry(1966) 对沸石交换的研究工作中可以看到，在 S_I 位置上的阳离子较难于交换，因为进入 S_I 位置必须通过六角棱柱体的孔道，其直径为 0.26nm。以 La^{3+} 交换 X、Y 型沸石中的 Na^+，由于 La^{3+} 的水合物直径为 0.792nm，只能进入 S_{II} 等位置，而难于和 S_I 位置上的 Na^+ 交换。此外，通过对稀土交换 X、Y 沸石的研究，Sherry (1968) 还发现 X、Y 沸石具有离子筛的作用，还有电势选择性，即沸石在低离子浓度下，优先选择高价离子，在高离子浓度下，优先选择低价离子。并且试验结果证明，在常温下，S_I 中的 16 个 Na^+ 无法被 La^{3+} 交换；当温度提高至 82℃，能够交换出一部分，但速度很慢；当温度在 100℃下，$LaCl_3$ 溶液(浓度为 1mol/L)与 NaX 交换，需 13 天才能全部交换掉，而 NaY 则要 47 天才能达到 92% 的交换度。温度在 100℃下，虽然交换速度很慢，但能够达到交换目的，说明与温度关系很大。La^{3+}(无水)的直径为 0.23nm，而其水合 La^{3+} 直径为 0.792nm，因此脱掉水合水将可使 La^{3+} 易于进入 S_I 位置。水合 La^{3+} 的热焓为 $3500\sim4180kJ/mol$，必须给予足够的能量方可使水合水脱掉。实验证明，交换后的 Na-La-X、Na-La-Y，经过焙烧，已进入 S_{II} 以及在 S_{III} 的 La 水溶液以 La^{3+} 的形态再进入 S_I，与其中 Na^+ 交换，此时可达到接近 100% 的交换度，并大大缩短交换时间。

1 价和 2 价的碱土金属与 X、Y 沸石的交换，也同样存在着 S_I 位置上的 16 个 Na^+ 难于交换的问题。1 价的 Cs^+ 和 2 价的 Ba^{2+} 难于交换，但 Ag^+ 和 K^+ 则可以在常温下，与 NaX 中的 Na^+ 完全交换。Ca^{2+} 则有两个交换速度，在 25℃下，$82\%\sim85\%$ 的 Na^+ 被 Ca^{2+} 所交换，其余的 $15\%\sim18\%$ 则需 4 天。Ba^{2+} 则交换到 82% 时就达到平衡(Sherry，1971)。Ca^{2+} 的直径为 0.192nm，进入 0.26nm 的六角棱柱体是无问题的。Ba^{2+} 直径 0.27nm，K^+ 直径为 0.266nm，Ba^{2+} 与 K^+ 直径之差为 0.004nm，除了其他因素外，离子筛的作用是很明显的。Sherry 为了验证水合水的作用，进行了不同温度的交换试验，发现当温度在 50℃下，Ba^{2+} 也可以将 Na^+ 全部交换出来。

离子交换有可逆的和不可逆的，一般在常温下易于交换的离子是可逆的。可逆离子交换是沸石的一项重要性能，由此而被广泛用作交换剂。对于那些难于交换、需加入能量剥掉水合水的离子，则一旦交换进入 S_I 的位置后，就基本固定其中，难于再进行反交换。沸石的这种不可逆离子交换，则是催化应用的重要性能。

（五）沸石的酸性

沸石具有开放性的结构，其骨架上的所有原子都分布在孔腔和孔道上，绝大部分(特别是孔径大于 $0.5\sim0.6nm$)的骨架原子，都能够直接和反应物分子接触。沸石中的 B 酸(质子酸)、L 酸(非质子酸)以及质子的移动性都使得沸石具有一定酸性。多价阳离子水合解离而产生质子酸和非质子酸，对正碳离子反应起到催化作用。1 价阳离子沸石没有酸性，在红外光谱测定分析时，没有检测到酸性羟基的存在，当沸石 1 价阳离子被多价阳离子取代后，显示极强的酸性和优越的催化活性。

由于表面氧离子的扩散运动，沸石表面上一定位置的酸性和静电场强度随时间而变化，当活性中心处于强酸状态时，则有利于反应分子的化学吸附和正碳离子的形成；当活性中心处于弱酸性或中性状态时，则有利于正碳离子的分解和脱附，也就是说，沸石具有优异的正碳离子反应活性是由于静电场和酸性相互作用的结果。

对于酸性，就溶液来说，其化学通式为：$XO_n(OH)_m$，其酸强度随 n 值的增加而增加，与 m 的关系不大。例如氯酸系列的酸强度顺序如下：$Cl(OH) < ClO(OH) < ClO_2(OH) < ClO_3(OH)$，其 pK 值分别为 7.2，2，-1，-10。沸石中的质子数理论上等于 Al 原子数。对于沸石，也可以通过 $TO_n(OH)_m$ 的通式表示，T = Al+ Si。$TO_n(OH)_m$ 式中 m 值也相当于 Al 的原子数，n 是决定酸强度的主要因素。对于沸石的 TO_4 四面体，$n+m=2$，n 从 1.55 增至 1.87，则 m 从 0.45 降至 0.17。表 3-5 为各种沸石随 Al/(Al+Si) 递减的酸强度变化。表中的 X 型沸石，由于其稳定性不好，未能获得高交换度的样品；而 Y 型则随 Al/(Al+Si) 的递减或 n 值的增加而提高了吡啶的脱附温度，说明其酸强度随 n 增加而增加，这与所知 Si/Al 高，酸强度大是吻合的。

表 3-5 不同沸石随 Al/(Al+ Si) 递减的酸强度变化

沸石类型	Al/(Al+Si)	理论酸分子式[1]		实验结果	
		普通分子式	$TO_n(OH)_m$ 式[2]	交换度/%	吡啶脱附温度/℃
X	0.45	$H_{86}(AlO_2)_{86}(SiO_2)_{106}$	$TO_{1.55}(OH)_{0.45}$	—	—
Y	0.29	$H_{56}(AlO_2)_{56}(SiO_2)_{136}$	$TO_{1.71}(OH)_{0.29}$	90~95	350
L	0.24	$H_{8.4}(AlO_2)_{8.4}(SiO_2)_{27}$	$TO_{1.76}(OH)_{0.24}$	75	350~400
钾沸石	0.20	$H_{3.6}(AlO_2)_{3.6}(SiO_2)_{14.4}$	$TO_{1.80}(OH)_{0.20}$	85	~400
脱 AlY[3]$_1$	0.19	$H_{37.5}(AlO_2)_{37.5}(SiO_2)_{154.5}$	$TO_{1.81}(OH)_{0.19}$	95	400
斜发沸石	0.17	$H_6(AlO_2)_6(SiO_2)_{30}$	$TO_{1.83}(OH)_{0.17}$	70	400
丝光沸石	0.17	$H_8(AlO_2)_8(SiO_2)_{40}$	$TO_{1.83}(OH)_{0.17}$	~100	450~500
脱 AlY[4]$_2$	0.13	$H_{26}(AlO_2)_{26}(SiO_2)_{166}$	$TO_{1.87}(OH)_{0.13}$	95	450

① 有些沸石不存在纯的无阳离子形态；②T = $n_{Al}+n_{Si}$；③余留阳离子为单价离子 Na、K 等；④缺 Al 的 Y 沸石。

对于酸性溶液，Bell(1973) 提出 $n=0$ 时，其酸性非常弱；$n=1$ 时，酸性也较弱；$n=2$ 时为强酸，其 pK 一般小于 0，如 $NO_2(OH) = -1.4$，$Cl_2(OH) = -1$，$TO_2(OH) = 0.8$，$SO_2(OH)_2 < 0$，沸石在 n 接近 2 时也属强酸，其强度相当于 H_2SO_4。如果能合成 $n>2$ 的沸石，则其酸性将属于超强酸[$ClO_3(OH)$，$n=3$]。但实际上是硅酸铝晶体结构的 O/T 之比只能达到 2。

Y 型沸石晶体内所有 TO_4 四面体的 T 位置是等同的，从晶体学角度来看，沸石骨架上所有 Al 位性质相同，而实际上沸石上每个晶胞中有一定数目的 T 原子，构成一种三维的缩多酸，因而就存在着骨架上的正电和负电离子互相排斥。实验中发现沸石骨架上 Al 位的酸性质却有所不同。Barthomeuf 等(Beaumont，1972)等最早发现 Y 型沸石晶胞中有 20 个 Al 原子比其他 35-36 个 Al 原子更易脱除，而且这 20 个 Al 原子酸性较弱。Dempsey(1974)与 Mikovsky(1976)等提出了 Y 型沸石酸强度与 Al 原子所处的微观环境有关，沸石中四元环上无相邻 Al 原子的 Al 位酸性较强。沸石骨架上的 Al 位产生了不同酸强度分布，这与缩多酸溶液的现象类似。对酸强度分布与 Al 在骨架上的位置及其相互作用的认识，为研究脱铝 Y 沸石指出了方向，可以有选择性地脱掉最近邻的 Al，以便消除弱酸，而使沸石的酸性增强。

(六) 沸石的化学和热稳定性

沸石的化学稳定性是指沸石在酸碱介质存在下结构的稳定性。由于沸石骨架中的 Al 容易被水解，在酸性或者碱性(主要是酸性)溶液里进行脱 Al，因而使沸石结构不稳定，破坏沸石结构。

水合 Al_2O_3 一般在 pH 值为 4 的酸性介质中容易被水解，但在有水合 SiO_2 的存在下，其溶解性被抑制，使溶解 pH 值略有降低(pH 值在 3 以下)。

沸石中的 Al 之所以容易被酸溶解，是因为沸石的骨架结构开放，Al 可直接和酸性接触。有些天然白土中，Al 夹在 SiO_2 片中，故和沸石不同，需高温酸介质才能把 Al 析出。

沸石的耐酸性在实际应用中受到很大重视，例如水处理、离子交换、吸附剂的应用等，都不同程度地需要和酸性介质接触，因此对其性能的了解，并想办法对它进行改进，就成为一项重要的工作。在催化反应领域的应用中，除了对其耐酸性的了解外，还由于催化反应中所需的是酸性沸石，必须把从碱性介质中合成出来的沸石转化为酸性。对这种转换，希望沸石的结构不受破坏，而且还能增强其稳定性，因此，对其研究也就成为催化应用领域中的一项重要工作。

沸石转化为酸性的分类见表 3-6(McDaniel，1976)，沸石的耐酸性大致分为三类：

① 结构易被酸破坏，不能转化为酸性。

② 可在一定酸介质中进行离子交换，转化为酸性而结构不被破坏。

③ 可转为酸性，但必须通过间接方式，即先用 NH_4^+ 交换，然后脱 NH_3，成为 H^+ 型酸性沸石。

表 3-6 几种沸石转化为酸性的分类

第 一 类	第 二 类	第 三 类
在酸性下不稳定	可用酸溶液离子交换	可用间接法转化
A 型	丝光沸石	
X 型	毛沸石	Y 型
L 型	斜发沸石	菱沸石

表 3-6 分类表明各种沸石的耐酸性，在酸溶液下，沸石可交换成为 H^+ 型沸石。在裂化催化剂的制备中，曾用 $RECl_3$ 溶液或其他 RE 盐溶液，在 pH 值等于 4 的酸性条件下，与 NaX、NaY 进行交换，制成酸性的 REHX、REHY 沸石。在交换条件控制适当的情况下，沸石的结晶度保持良好。但在制成 HX 或 HY 型沸石时，用酸溶液直接交换，则沸石极不稳定，或结构受到破坏。一般来说硅铝比高的沸石，耐酸性较好。

沸石的硅铝比不但影响其耐酸性，与热稳定性关系也很大。图 3-14 为不同硅铝比的八面沸石的差热曲线(McDaniel，1976)。SiO_2/Al_2O_3(摩尔比)3.0 以下为 X 型，3.0 以上为 Y 型沸石。从图 3-14 可见，SiO_2/Al_2O_3(摩尔比)越高，差热的放热峰温越高。放热峰出现的温度就是沸石晶相破坏的温度。其他高硅沸石如丝光沸石、菱沸石和毛沸石的热稳定性也较好。

典型的沸石差热曲线如图 3-15 所示，图中的 a 峰是脱水时的吸热峰；b 峰是沸石结构崩塌转化成无定型时的放热峰；c 峰是在某些情况下，沸石重结晶成为其他晶相时的放热峰。d 峰也是沸石结构崩塌转化成无定型时的放热峰。当沸石晶胞常数不均匀时，能行成两个或多个放热峰。

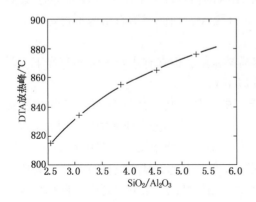

图 3-14　Na 型 X、Y 沸石 SiO₂/Al₂O₃ 与热稳定性的关系

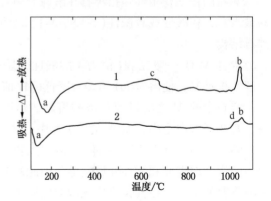

图 3-15　稳定和不稳定沸石的差热峰谱

差热法作为热稳定性的衡量方法，属半定量，具体测定值在不同实验室之间往往差别较大，但目前尚无更精确的方法。其他方法如 X 光衍射测定热处理前后的相对峰高，在不同温度下热处理，然后用 X 光衍射测定晶相消失时样品的热处理温度，测定比表面积、孔体积、导电性能和用红外光谱等方法，也都可以衡量沸石的热稳定性。不过差热法还是有一定的代表性，同时也比较方便，故大多采用这种方法来表示相对的热稳定性。

在催化领域中，沸石的热稳定性是一项重要的性能，特别是催化裂化工艺，催化剂在反应-再生系统中要经历在高温下反复循环使用的考验，催化剂的热稳定性不好，活性丧失，就失去其使用价值。

不同离子交换可以改变沸石的热稳定性。图 3-16 为不同离子对 X、Y 型沸石交换的热稳定性曲线。从图 3-16 可见：①沸石的硅铝比高，热稳定性好[图 3-16(a) 中括号内的 x 为硅铝比]；②不同离子交换，热稳定性差别较大，有些离子使热稳定性降低，如铜；③交换度对热稳定性有影响，大多数离子交换，其热稳定性随交换度增加而改善。

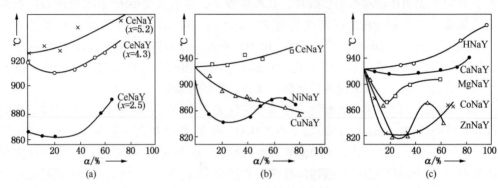

图 3-16　不同离子对 X、Y 型沸石交换的热稳定性

x—SiO₂/Al₂O₃；α—交换度

催化剂在催化裂化再生过程中，不但承受高温，而且还与水蒸气接触，在高温和水蒸气环境下，沸石骨架上的 Al 发生水解，引起沸石结构的破坏，这就要求沸石具有良好的水热稳定性。表 3-7 为不同离子交换的 Y 型沸石经高温水热处理后的活性变化（McDaniel，1976）。

表 3-7 高温水热处理的活性变化

沸石类型	裂化活性/%[①]		沸石类型	裂化活性/%[①]	
	新鲜催化剂	老化催化剂		新鲜催化剂	老化催化剂
HY	93	50	MgY	83	40
CaY	78	40	REY	84	70

① 10%沸石，90% SiO_2/Al_2O_3 载体，反应温度482℃，剂/油比6/1，732℃，100%水蒸气，8h 老化预处理。

从表 3-7 中可见，不同离子交换的沸石具有不同的水热稳定性，同时，虽然沸石结构并未全部破坏，但部分破坏是存在的，引起结晶度下降，造成老化催化剂（以下简称老化剂）活性降低。该表例子说明，不同离子表现出不同的抑制脱 Al 的能力，进而表现出不同的稳定结构的能力。因此，选择合适的离子及适当的交换条件，改善沸石的水热稳定性是可能的。

二、NaY 型沸石的改性

为了改善催化裂化催化剂的活性、选择性和稳定性，开发出多种 NaY 型沸石的改性方法，其中主要改性方法如图 3-17 所示。

（一）HY 型沸石

目前普遍认为催化酸性主要来自质子酸中心，而质子酸中心则主要是由 H^+ 和骨架上的桥氧原子结合所产生的羟基而成的。因此，在沸石上形成质子酸就成为改性工作的一个主要内容。

HY 型沸石是用 H^+ 通过交换代替 NaY 沸石中的 Na^+。交换可有两种方法：一是用稀酸处理；另一种是先用 NH_4^+ 交换，然后热分解去掉 NH_3，留下 H^+。用红外光谱测定羟基谱带，证明两种方法都能得出同样的结果（Ward，1969a），但是用酸处理需要非常小心，以避免晶体结构受到破坏。对 Y 型沸石，交换液的 pH 不能低于

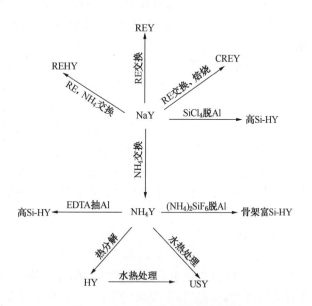

图 3-17　NaY 型沸石的改性方法

3.0。正是由于酸对沸石晶体结构有破坏作用，通常采用先交换 NH_4^+ 再脱 NH_3 的办法。

NH_4^+ 的交换一般用 NH_4Cl、$(NH_4)_2SO_4$ 和 NH_4NO_3 等稀溶液，在连续式交换柱或固定床

交换罐上进行。为加快交换速度，可提高交换温度，但一般不高于100℃，并用新鲜溶液多次交换。由于在S_I位置上的16个Na^+难以交换，为了达到一定的交换度，并减少交换次数，可采取中间焙烧的办法。所制NH_4Y沸石可在真空下或在干燥的惰性气体下焙烧，在温度不高于500℃下脱去NH_3，留下H^+与骨架上的O原子结合成OH基，如下式：

$$\left[\begin{array}{c} O \quad O \quad NH_4^+ \quad O \\ Si \quad Al^- \\ O \quad O \quad O \end{array}\right] \xrightarrow[\substack{300\sim500℃ \\ 干燥气氛}]{-NH_3} \left[\begin{array}{c} O \quad OH \quad O \\ Si \qquad Al \\ O \quad O \quad O \end{array}\right]$$

质子酸中心

在焙烧温度高于500℃时，沸石脱水转化成非质子酸，如下式：

$$2\left[\begin{array}{c} O \quad OH \quad O \\ Si \qquad Al \\ O \quad O \quad O \end{array}\right] \xrightarrow[>500℃]{-H_2O} \left[\begin{array}{c} O \quad O \quad O \\ Si \quad Al^- \\ O \quad O \quad O \end{array}\right] + \left[\begin{array}{c} O \quad O \quad O \\ Si \qquad Al \\ O \quad O \quad O \end{array}\right]$$

质子酸　　　　　　　　　　　　　　　　　　非质子酸中心

从上式可见，2个B酸(质子酸)转化成1个L酸(非质子酸)。处理温度对HY沸石酸中心的形态有很大的关系。有关研究结果表明：最高B酸浓度的温度点往往并不对应活性最高点(Hickson，1968)，这表明质子酸对某些反应不起作用。

采用盐酸、草酸和酒石酸等一系列酸性化合物进行化学脱铝改性，可以调节HY沸石的酸强度、酸量和强酸与弱酸中心的比例。干奎等(2002)采用金属盐沉积方式处理HY型沸石，酸性的盐溶液和氧化物对HY型沸石晶胞收缩具有强化作用，碱性对晶胞收缩具有抑制作用。硝酸铝的存在强化HY型沸石晶胞收缩作用，这种作用随金属盐引入量的增加而增强，并与水热处理温度的影响效果产生加合性。张忠和等(2003)发现，HY型沸石负载适量的氟，可增强HY型沸石的酸性，从而提高邻二甲苯的转化活性。载氟量适当，会提高老化后HY型沸石的结晶度、比表面积和孔体积；而载氟量过大，会破坏HY型沸石的晶体结构。分析了用氟改性的HY型沸石产生强酸中心的机理，认为由于F—Al—OH基团的强极化作用，使OH基解离成H^+，形成B酸中心，使B酸酸性增强。同时由于含氟基团AlF_3和氟原子的强诱导效应，形成L酸中心。

纯HY虽然有高的正碳离子反应活性，但在高温下极不稳定，加热到600℃以上，晶体结构基本破坏，转化成无定形硅铝。在焙烧过程中加以适当条件控制，可以使结构稳定化。这将在下节叙述。

(二) REY 沸石

NaY沸石可以用不同金属离子进行交换，总的说来，含多价离子的沸石比含单价离子的沸石有更高的活性(Rabo，1967)。在裂化催化剂的生产过程中，多用RE离子对NaY沸石进行改性处理。用于交换的RE^{3+}一般都是混合的氯化稀土，含有镧、铈、钕、镨等，以镧、铈为主，其典型组成见表3-8。实验证明，交换时各种稀土离子并无选择性交换的现象。

表 3-8　不同矿土中稀土氧化物的分布

稀 土 矿 源	独居石/%	氟碳铈镧矿/%	稀 土 矿 源	独居石/%	氟碳铈镧矿/%
铈	46	50	钐	3	1
镧	24	24	钇	2	0.5
钕	17	10	其他	2	0.5
镨	6	4			

交换到 Y 型沸石的 RE^{3+} 平衡沸石骨架上 3 个配位 Al 电子,如下式:

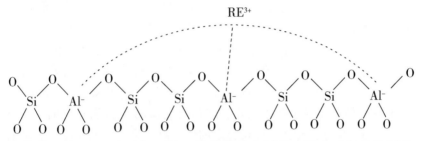

因此,围绕着 3 价 RE 的电子场要比 2 价的其他金属强;除电子场的作用外,羟基酸中心也是其催化活性高的原因。Venuto 等(1966)提出 RE 沸石酸中心形成的模型:

$$RE^{3+} \cdot H_2O + 3 \begin{bmatrix} \text{Si} & \text{Al}^- \end{bmatrix} \rightleftharpoons$$

$$RE(OH)^{2+} + 2 \begin{bmatrix} \text{Si} & \text{Al}^- \end{bmatrix} + \begin{bmatrix} \text{Si} & \text{Al} \end{bmatrix}$$

Ward(1969b)提出 RE 离子将进一步水解成为:

$$RE(OH)^{2+} \cdot H_2O + 2 \begin{bmatrix} \text{Si} & \text{Al}^- \end{bmatrix} + \begin{bmatrix} \text{Si} & \text{Al} \end{bmatrix} \rightleftharpoons$$

$$RE(OH)_2^+ + \begin{bmatrix} \text{Si} & \text{Al}^- \end{bmatrix} + 2 \begin{bmatrix} \text{Si} & \text{Al} \end{bmatrix}$$

由于反应机理比较复杂,牵涉的外界因素较多,如处理温度、气氛等,因此提出不同的结构模型和不同的认识在所难免。如 Smith(1967)等提出 2 个 RE 离子水解 1 个水分子,只能有 1 个 OH 基,等等。

RE^{3+} 的交换和 NH_4^+ 交换的过程基本相同,即沸石在 RE 盐溶液中,在<100℃温度下,搅动一定的时间,然后过滤,再用新鲜溶液多次交换,以达到所需的交换度。在几次交换之中,进行焙烧,将 RE 的水合水剥离,同时补以能量,使骨架上的 Na^+ 迁移。因为在 S_I 位置上的 16 个 Na^+ 是不容易被交换的,X 光衍射的结果说明,经过热处理的交换,RE 离子进入了方钠石笼,占据了 S_I' 的位置和部分 S_{II}' 位置,但在高温(725℃)下焙烧,也有一些在 S_I 和 S_{II} 的位置上。

在工业制备 REY 沸石过程中，要求以较少的离子交换步骤得到高交换度产物，且尽可能除去沸石中的 Na^+，以保证 REY 沸石的催化活性和稳定性。但在常用的水热交换体系中，水合稀土离子直径达 0.39nm，大于六元环直径，因此稀土离子很难通过六元环窗口进入沸石小笼，而是主要取代八面沸石超笼中的阳离子（Sherry，1971）。徐如人等（1980）测定了 100℃、180℃下沸石的 La^{3+} 交换等温线，发现 180℃时水热体系中 La^{3+} 交换度接近 100%。由于加压水热交换设备复杂，工业生产上常用高温焙烧方法脱除稀土离子中水合水分子。稀土交换的 Y 沸石经焙烧脱除配位水后，稀土离子如 La^{3+}、Ce^{3+} 等，一般优先占据方钠石笼（β笼）中的 S_1 和 S_2 位置，同时，方钠石笼中的 Na^+ 将迁移到大笼中，已进入小笼中的稀土离子遇水后又形成水合离子，由于半径增大，不易再从小笼中迁出。迁到超笼（α笼）中的 Na^+ 约占总量的 30%，严重影响沸石的酸性和催化活性，这部分 Na^+ 一般采用稀土或铵离子二次交换除去，最终使沸石中 Na_2O 含量小于 1%。为了达到稀土高交换度和尽可能除去 Na^+，采用稀土两次交换及两次高温焙烧方法，即稀土"两交两焙"工艺（申建华，1996）。

在研究 NaY 沸石稀土交换工艺中发现，在稀土交换的 Y 沸石焙烧时引入水或水蒸气，与流动空气气氛下的焙烧样品相比，能使更多的稀土离子进入沸石小笼，制备的催化剂 Na_2O 含量较低，而且有较高的结构稳定性。同时采用提高焙烧温度可以强化 REY 沸石焙烧效果，减少焙烧次数，可采用稀土"两交一焙"工艺。

RE 交换度与酸性有很大的关系。交换度越高，沸石上残留的 Na^+ 越少。Na^+ 在沸石上的保留量对沸石的酸性有影响，同时还影响沸石的热稳定性。在工业催化剂的制备中，都尽量实现充分交换，使沸石中的 Na_2O 残留量最低。REY 型沸石具有很高的反应活性和稳定性，但选择性较差，特别是焦炭产率相对较高（隋述会，2005）。

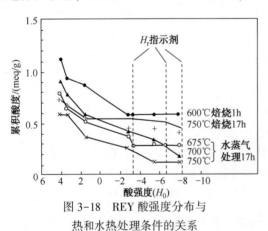

图 3-18　REY 酸强度分布与
热和水热处理条件的关系

REY 沸石的酸强度分布较 HY 宽，特别是在高交换度时，出现了一些高强度酸，其 $H_0 \leqslant -12.8$。但是经过高温焙烧和水蒸气高温处理，可以去掉高强酸。Moscou 等（1973）对 REY 进行焙烧和水热处理，用混合指示剂 Hr 测定了不同酸度下的酸分布，结果如图 3-18 所示。从该图可见，随着焙烧温度的提高和时间的延长，酸量下降；而水蒸气的作用，对酸量的降低更为明显。从该图还可以看出，REY 的酸强度分布较宽，$H_0 \leqslant -4 \sim -8$ 或更小。这可能是不同阳离子位置上的羟基分布的结果。RE 离子可能通过吸引 O—H 键的电子而增强羟基的酸性（Richardson，1967）。

随着 RE 含量的增加，REY 沸石的强酸中心增加。同时，RE 离子对沸石骨架 Al 原子的脱出行为有抑制作用（刘璞生，2010）。强酸中心较多的沸石具有较强的重油裂解能力，但同时会使烃类分子过度裂解，产生了较多的焦炭和干气。总之，炼油企业可以根据原料油性质和操作工艺合理选择含有不同 RE 含量的 Y 型沸石催化剂。

稀土的另一个重要作用是提高裂化催化剂抗重金属（尤其是钒）污染的能力。在 FCC 反应过程中，原料油中的有机钒沉积在催化剂表面上，生成含钒氧化物（主要为 VO^{2+}），其进入沸石孔道生成 Si—O—Al—O—V 络合物，中和了部分沸石酸中心，使催化反应活性下降，而在再生过程中，催化剂上的 VO^{2+} 与氧生成的 V_2O_5 存在于催化剂表面，在 H_2O 的作用下生成钒酸，进一步与沸石骨架铝反应生成钒酸铝，破坏沸石的结构。刘秀梅等（1999）研究发现，沉积在催化剂上的稀土氧化物可以优先与钒反应生成钒酸稀土，在再生温度下能保持稳定，阻止钒对沸石骨架结构的破坏，从而提高催化剂的抗重金属污染能力。

（三）REHY 型沸石

H 型沸石含有较多的质子酸，但不稳定。金属型沸石稳定性好，但质子酸较少。每 6 个可交换的中心，对 HY 来说最多可有 6 个质子酸中心生成，而对 REY 最多只有 4 个（Venuto，1966；Ward，1969b）。为了在催化剂中引入较多的质子酸，以增加催化活性（Plank，1964；1965），可在金属离子交换时引入适量的 NH_4^+。引入方式可以是金属盐溶液和 NH_4^+ 盐溶液按一定比例混合，然后和沸石进行交换；也可以是分别交换，交换温度一般在 80℃ 左右。研究结果表明，金属-NH_4^+ 交换的沸石比金属型沸石有更好的活性，且当 La^+/NH_4^+ 为 3.6 时达到最高点，然后随 La^+/NH_4^+ 降低时，其活性下降（Hansford，1971；Plank，1965）。RE-HY 对邻二甲苯异构活性为 122，而 HY 仅为 49。Na 含量对 REHY 的影响也是很大的，一般工业催化剂，沸石中 Na_2O 含量最好在 1.0% 以下。

采用液相离子交换法对 Y 型沸石进行稀土离子改性后，一方面，进入沸石 β 笼中的稀土离子与沸石骨架 O 原子相互作用，增加 Al 和相邻 O 原子之间的作用力，提高了沸石的结构稳定性；另一方面，稀土离子的引入能调变沸石的酸性，使沸石强酸中心数量减少，中等强度酸中心数量增多，且沸石 B 酸中心数量介于 USY 和 HY 沸石之间。

从 20 世纪 60 年代初开始，工业裂化催化剂就以稀土 Y 型沸石为主，通常都以 REY 为代表。但实际上纯 REY 是基本不存在的，确切地说都是 REHY，只是 RE/H 有所不同。RE 比例高，沸石的稳定性较好，但活性、选择性稍差，特别是焦炭的产率相对较高。因此，在沸石的交换中，调节和控制 RE/H 的合适值是改善其活性和选择性的重要手段。经过十多年的实践，至 20 世纪 70 年代，裂化催化剂的性能有很大的改进，以汽油产率增加、焦炭产率降低为标志。图 3-19 为从 20 世纪 60 年代初开始的十多年中（至 70 年代后期）裂化催化剂水平的变化情况（Plank，1983）。图中黑点是焦

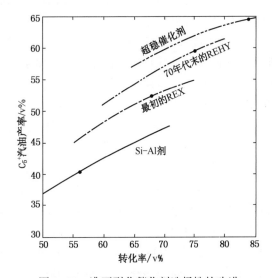

图 3-19　沸石裂化催化剂选择性的改进

炭产率（对原料）在 4% 时各年代催化剂的转化率和汽油产率。由此可见，催化剂的焦炭选择性不断改善，即达到同样的焦炭产率，转化深度可大大提高，从而汽油的产率大幅度增加。但轻循环油产率降低，同时轻循环油质量变差（许友好，2013）。

（四）非稀土型金属改性 Y 沸石

NaY 沸石可以用不同金属离子进行交换，其中有碱土金属、过渡态金属、稀土金属等。

在沸石裂化催化剂的发展过程中，研究工作者对各种金属元素的交换及其性能的比较都做了大量的工作(Haynes，1978)。

为了应对稀土价格的大幅度上涨，全球各炼油催化剂公司致力于开发不含稀土或低稀土含量的裂化催化剂，从最初降低催化剂中稀土含量到无稀土含量催化剂的推出，最终还会采用其他金属进行替代进行沸石改性。20 世纪 90 年代末，Grace Davison 公司开发了一种无稀土 Y 型沸石 Z-21，在此基础上开发了 Nexus 家族催化剂，用于低金属含量原料油的加工，并于 1997 年实现工业化。针对稀土金属价格猛涨等问题，Grace Davison 公司开发出无稀土和低稀土含量的 REpLaCeR 系列 FCC 催化剂。Albemarle 公司开发出低稀土含量 LRT 催化剂，该催化剂结合了专有的 ADZT-200 沸石和高活性、选择性氧化铝载体和非稀土金属捕集技术。BASF 公司采用降低稀土含量同时增加沸石含量技术方案，在催化剂补充量恒定的情况下保持转化率不变。开发不含稀土或低稀土含量的裂化催化剂技术措施如下：

① 提高稀土在裂化催化剂中的利用率。稀土元素可分为轻稀土元素和重稀土元素，裂化催化剂中使用的稀土多为轻稀土元素，主要以铈和镧为主，镧比铈更能提高催化剂的稳定性。从稀土资源的合理利用来看，可以将稀土进行提取分离，将价格较便宜的轻稀土元素用于裂化催化剂，而价格较贵的重稀土元素用于生产高价值的产品(于善青，2010)。

② 优化稀土在裂化催化剂中的分布。研究表明：进入 Y 型沸石 β 笼的稀土才能有效稳定沸石结构，进而提高催化剂的活性，而存在于沸石超笼中的稀土离子起不到稳定沸石结构的作用，同时会中和沸石超笼中的部分酸性，不利于催化剂性能的改善(刘秀梅，1999；孙书红，2001；李斌，2005；于善青，2010；2011a)。从已有的稀土改性 Y 型沸石使用情况来看，沸石中的部分稀土不能发挥有效作用。因此，优化催化剂中的稀土分布，可以充分发挥稀土的作用，降低稀土含量。

③ 对稀土进行回收利用。在稀土型沸石的制备过程中，有多余量的稀土排放到废水中而损失，实际稀土消耗量比理论量偏高。将沸石稀土交换后的交换液以及催化剂洗涤过程中的滤液回用，可以减少稀土流失，同时提高稀土利用率。此外，从废裂化催化剂中回收稀土也可以减少稀土流失。

④ 开发稀土替代材料和新工艺。采用先进的制备技术和新材料替代稀土元素，使改性 Y 型沸石具有与稀土沸石相当甚至更好的性能，是开发无稀土 FCC 催化剂的关键。

除稀土离子(La、Ce)以外，其他金属改性 Y 型沸石的研究也有报道。早期采用直接水热合成方法很难将杂原子引入 Y 沸石骨架(Barrier，1982；Gao，1988)，Breck 等(1985)首先采用 $(NH_4)_2SiF_6$ 液固相类质同晶取代方法，成功地合成了高结晶度的富硅 Y 沸石，随后尝试用其他氟盐溶液合成含 Fe、Ti、Zr、Cr、Sn 等杂原子的 Y 沸石。沈志虹等(2006a；2006b)、鞠雅娜等(2006a)和陈然等(2008)采用水热合成法直接将杂原子(B、Ti、Fe)引入到 Y 沸石骨架。Jeong(2006)、Chen(2007)和 Lim(2010)采用离子交换法制备了含有 Cr、K、Ca、Tl 等离子的 Y 型沸石，并对金属离子的分布位置进行了分析。朱华元等(2001)通过离子交换法将碱土金属离子(Mg、Ca、Sr、Ba)引入到 Y 型沸石中，考察了含碱土金属沸石中不同碱土金属离子和沸石类型对 FCC 催化剂性能的影响。于善青等(2011b)研究了金属离子(Y、Ga、Cr、Zn、Cu)对 Y 型沸石水热稳定性的影响，发现液相离子交换法和水热超稳法能较好地将金属离子(Y、Ga、Cr、Zn、Cu)引入到 Y 型沸石中，并不影响沸石的晶型结构。

研究了 Ti、Fe 和 Zr 等杂原子对 Y 沸石的液固相类质同晶取代规律，发现不同杂原子的类质同晶取代能力有明显的差别，Ti、Fe 和 Zr 主要取代 Y 沸石中的 Al，其取代程度取决于溶液中的 M/Al，最高允许 M/Al 与杂原子的半径和配合物的稳定常数有关。Ti、Fe 和 Zr 等杂原子进入 Y 沸石后，沸石的晶胞常数增大，热稳定性下降，红外反对称伸缩振动预率红移，且变化的程度与取代原子的半径有明显的对应关系，说明杂原子以四面体形式进入 Y 沸石骨架(唐颐，1990a)。Y、Zn、Cu 金属离子能较好地稳定沸石的骨架结构，其中 Y 改性沸石的水热稳定性最好，Zn、Cu 在一定程度上也能增加沸石的水热稳定性，但其耐高温水热性能差；而 Ga、Cr 金属离子对沸石水热稳定性起到一定程度的破坏作用。

（五）Y 型沸石的超稳改性

高硅超稳 Y 型沸石出现于 1964 年，略晚于 REY 型沸石。有关制备超稳 Y 型沸石的文章和专利公开发表在 1966~1969 年之间(McDaniel，1968；1969；William，1966；Maher，1968)。由于所制沸石具有极高的热稳定性，因而称之为超稳沸石。Y 型沸石超稳改性方法大致分为水热法、EDTA 络合法、$SiCl_4$ 脱 Al 补 Si 法、$(NH_4)_2SiF_6$ 抽铝补硅法、水热酸处理法。脱铝 Y 沸石超稳化的制备方法如图 3-20 所示。

脱铝法
　水热法——将 NaY 先交换成 NH_4Y 后再于水蒸气氛中焙烧
　化学法
　　络合剂脱铝——EDTA，ACAC
　　$CrCl_3$ 溶液脱铝
　　$SiCl_4$ 气相同晶置换脱铝
　　$(NH_4)_2SiF_6$ 液相同晶置换脱铝
　　F_2 脱铝
　水热与化学法结合
　　酸——HCl，HNO_3
　　碱——NaOH
　　盐——KF
　　络合剂——EDTA，ACAC

图 3-20　脱铝 Y 沸石的制备方法

由于骨架脱铝超稳化处理方法的不同，高硅 Y 型沸石表面和体相铝分布可能不均匀，从而影响其酸性以及反应活性和选择性。

1. 水热法

将 NaY 型沸石先与 NH_4^+ 盐溶液交换，然后在水蒸气气氛下焙烧，沸石晶胞可收缩约 1%（0.02~0.03nm）。还可以进一步将剩余 Na^+ 再用 NH_4^+ 盐溶液交换，然后再一次在高温水蒸气下焙烧，晶胞进一步收缩，结构超稳化，此过程称为水热法超稳化。这一过程的反应机理如下：

（1）首先是 NH_4Y 脱氨

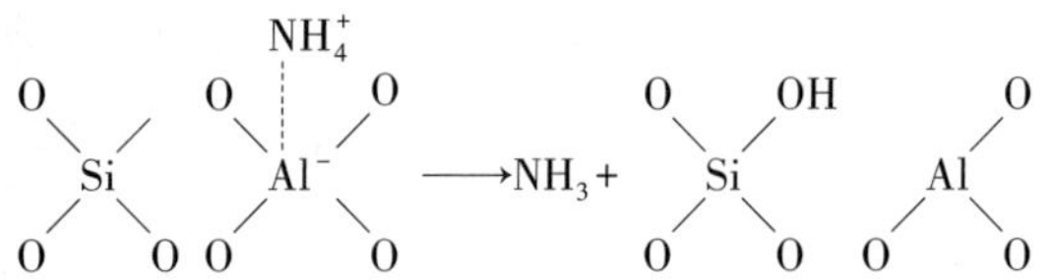

（2）所得 HY 水解脱 Al

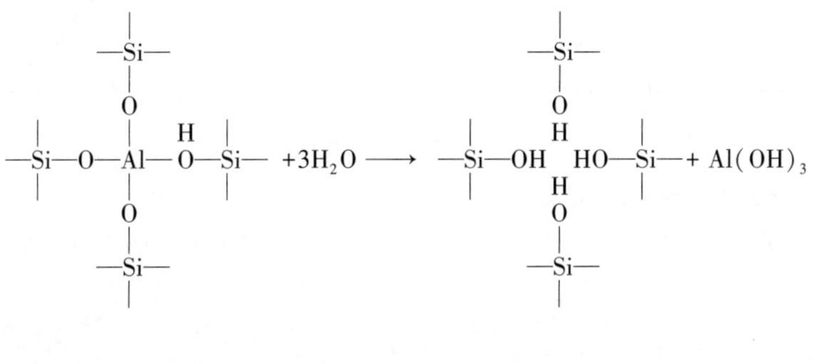

脱下的 Al(OH)₃可与另外的 HY 反应生成 $Al(OH)_2^+$，$Al(OH)^{2+}$、Al^{3+}等。在水热处理过程中，几种价态的 Al 都可能存在。对样品的分析表明，阳离子的价数从 1 到 3 都有。

（3）脱羟基，硅迁移

$$\begin{array}{ccc} -Si- & & -Si- \\ | & & | \\ O\;H & & O \\ | & & | \\ -Si-OH\;\;HO-Si- + SiO_2 \longrightarrow -Si-O-Si-O-Si- + 2H_2O \\ | & & | \\ O\;H & & O \\ | & & | \\ -Si- & & -Si- \end{array}$$

在这一过程中，水解脱 Al 和 Si 迁移是两大关键的步骤，脱 Al 的速度过快，而 Si 迁移跟不上，将造成结构崩塌。Kerr（1969a）做过"薄层"和"厚层"焙烧试验，发现"薄层"（0.3cm 厚）焙烧，所得产品为 HY，不稳定；而"厚层"焙烧（2.9cm 厚）即可得到超稳 Y，其结论是焙烧过程中要有水分和 NH₃ 的环境，才可以使结构稳定。从以上的反应式可见，脱Al 和 Si 迁移，使骨架上的 Si—O—Al 被 Si—O—Si 所代替，由于 Si 原子（直径 0.082nm）比 Al 原子（直径 0.1nm）小，键长变短（Si—O 键长 0.161nm，Al—O 键长 0.174nm），于是晶胞缩小，其幅度在 1.0%~1.5%（对原始 NaY）。晶胞缩小是超稳化的首要特征。图 3-21 为不同 Na 含量下超稳化时晶胞收缩的幅度。从图 3-21 可见：Na 含量高，晶胞收缩少；交换度高，Na 含量低，晶胞收缩的幅度大。图 3-22 为不同 SiO₂/Al₂O₃（摩尔比）沸石超稳化晶胞收缩的范围，其收缩程度与 Na 含量、脱 Al 程度、处理温度等条件有关，但在曲线所包范围内皆可视之为超稳。

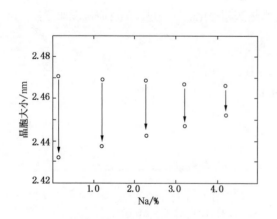

图 3-21　NH₄⁺交换的 NaY 沸石的 Na 含量与
稳定化时晶胞收缩的关系

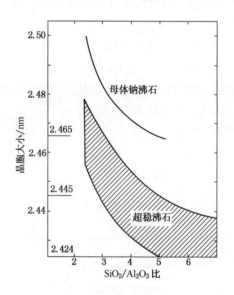

图 3-22　超稳 Y 沸石的
SiO₂/Al₂O₃ 和晶胞收缩的关系

Na_2O 含量对沸石的热稳定性有很大的影响，如上节所述。在超稳化过程中，Na_2O 含量影响脱 Al 程度，影响晶胞的收缩，也同时影响超稳化。不过 Na_2O 含量低并不等于超稳化，HY 的 Na 可以交换至低于 0.2%，但非超稳结构。图 3-23 为 NH_4^+ 交换的 Y 沸石中 Na_2O 含量与热稳定性的关系。从图 3-23 可见，热稳定性随 Na_2O 降低而提高。Na_2O 含量在低于3% 时将有两种可能：一是热稳定性骤然下降（箭头所示）；另一种是热稳定性陡然上升（虚线所示）。前者为一般的 HY 型；后者可成为超稳型。图 3-24 为超稳 Y 与其母体 NaY 混合体的 X 光衍射谱图。

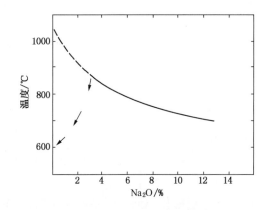

图 3-23　NH_4^+ 交换的 Y 沸石热稳定性与
Na_2O 含量的关系

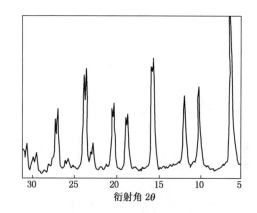

图 3-24　USY 与母体 NaY
混合体的 X 光衍射谱图

用水热法脱 Al 超稳化处理所得超稳 Y(USY)，在较好地保留微孔时，能形成分布很宽的大量的二次孔，但同时在骨架外存在有离子态的铝氧化物[$Al(OH)_2^+$ 等]。用 0.1 mol/L NaOH 对"厚层"焙烧的样品进行交换，发现每个晶胞有 9~15 个铝氧化物离子(Heisch，1986)。有人认为，这种铝氧化合物的存在对超稳化结构起着作用，正如 RE^{3+} 交换对热稳定性起作用一样(Jacobs，1971)。但有人认为对超稳化起决定作用的是晶胞的收缩，因为离子Al 是可以除去，而且在高温下又可继续生成的。不过这种铝氧化物(后来被称为"氧化铝碎片")受到应用研究工作者的重视。Rabo 等(1986)提出氧化铝碎片(非骨架铝)向外层迁移使晶体铝分布不均匀，无定形铝表面富集对裂化反应的选择性产生不利的影响，降低汽油产率，增加焦炭产率。吕玉康(王中华，1994)等探索了氟化铵法制备高硅铝比超稳 Y 型沸石的可能性，高温水热法制得的超稳 Y 型沸石经氟化铵处理，随样品骨架硅铝比的提高，其晶体结构的热稳定性增加，同时沸石具有较高的烯烃选择性，但其正己烷裂解活性有所下降。

2. EDTA 络合法

Kerr(1968；1969b；1969c)采用 EDTA(乙二胺四乙酸络合剂)的酸溶液(H_4EDTA)慢慢加入 NaY 浆液中，脱了 Al 的沸石在惰性气体气氛下焙烧，晶胞收缩(可收缩约 1%)。其反应式如下：

$$xH_4EDTA + NaAlO_2(SiO_2)_y \rightarrow xNaAlEDTA \cdot H_2O + (NaAlO_2)_{1-x}(SiO_2)_y + xH_2O$$

式中 $x \leqslant 1$，$y \geqslant 2.5$。

反应控制在 25%~50% 的脱 Al 程度，在此范围内沸石热稳定性最好，高于 50% 则结晶度下降。设想的反应过程如下：

第一步，H⁺交换 Na⁺：

$$2\begin{bmatrix} O & O & Na^+ \\ & Si & Al^- \\ O & O & O \end{bmatrix} + H_4EDTA \longrightarrow 2\begin{bmatrix} O & O & H \\ & Si & Al \\ O & O & O \end{bmatrix} + Na_2H_2EDTA$$

第二步，和水热法相同，即 Al 的水解：

$$6\begin{bmatrix} O & O & H \\ & Si & Al \\ O & O & O \end{bmatrix} + 3H_2O \longrightarrow \begin{bmatrix} O & O & OH & HO-Si- \\ & Si & H & \\ O & O & O-Si- \end{bmatrix} + 3\begin{bmatrix} O & Al(OH)_2^+ \\ & Si & Al^- \\ O & O & O \end{bmatrix}$$

最后是所生成的 Al(OH)₂⁺ 再和 Na⁺ 交换：

$$\begin{bmatrix} O & Al(OH)_2^+ \\ & Si & Al^- \\ O & O & O \end{bmatrix} + Na_2H_2EDTA \longrightarrow \begin{bmatrix} O & O & Na^+ & O \\ & Si & Al^- & \\ O & O & O \end{bmatrix} + NaAlEDTA + 2H_2O$$

用这一过程制备的缺铝 Y 沸石，其热稳定性和水热法超稳化相同，但结晶度稍高，同时造成 Y 型沸石晶体骨架的进一步缺损，产生更多的二次孔。

3. SiCl₄ 脱 Al 补 Si 法

这是一种以 SiCl₄ 蒸气对 NaY 进行脱 Al 和脱 Na 的方法（气相法），其反应式如下：

$$Na_2(AlO_2)_x(SiO_2)_y + SiCl_4$$
$$\downarrow$$
$$NaCl + AlCl_3 + Na_{x-1}(AlO_2)_{x-1}(SiO_2)_{y-1}$$

从式中可知，脱 Al 和脱 Na 是同时进行的。脱 Al 程度，主要由反应时间来控制，在温度 500~560℃ 下反应 2h，产品的 SiO₂/Al₂O₃（摩尔比）可达到 40~100。生成的 AlCl₃ 蒸气有一部分挥发掉，有一部分在高温下与 NaCl 接触，生成 Na(AlCl₄)。这种复合盐为非挥发性的，它与沸石一起保留在反应器内，故在反应完毕后，需用热水对沸石进行洗涤，除去复合盐。此外，NaY 在反应之前，必须干燥脱水，以避免 HCl 的生成。

与其他方法比较，这一方法的特点是流程简单，产品的硅铝比可以很高，结晶度可在 90% 以上，Al₂O₃ 碎片少（Beyer，1980）。但是此方法也存在一定困难，SiCl₄ 易于与水蒸气反应生成盐酸和硅胶，盐酸对反应装置会造成严重腐蚀，产生的硅胶容易堵塞反应管线，影响产品质量。因此，气相超稳方法制备超稳 Y 沸石一般采用间歇式。釜式气相超稳工艺所需的接触时间一般都比较长，加上反应前的装料和反应完毕后的卸料，因而至多只能进行一次上述脱铝补硅反应，且由于反应釜中需要搅拌，反应釜也不可能无限大，产量相对较小。同时，为了保证获得的沸石的高硅含量，一般都使 SiCl₄ 远远过量。非常繁杂的人工操作不但带来人工劳动强度大、生产效率很低的问题，而且装料和卸料时的沸石粉尘以及过量的 SiCl₄ 还造成严重的环境污染和严重危害操作人员的健康。

中国石化石油化工科学研究院(以下简称 RIPP)于 20 世纪 90 年代初开展了气相化学法制备高硅铝比 Y 型沸石(简称 GHSY)的技术研究(杜军,1995),制备出了不同高硅铝比、高结晶度的样品,晶胞常数变化范围宽(2.450~2.430nm),结晶保留度高(≥80%),差热崩塌温度大于 1000℃,Na_2O 质量分数不大于 1%。特别是能制备出小晶胞、高结晶度的高硅 Y 型沸石。GHSY 制备工艺的主要特点是 $SiCl_4$ 与 NaY 在超稳化中,脱铝补硅和脱钠一次完成,解决了水热法生产周期长、产品结晶保留度低的问题。

4. $(NH_4)_2SiF_6$ 抽铝补硅法

Union Carbide 公司于 1983 年宣布其成功地开发了一种"骨架富硅"超稳 Y 沸石 LZ-210(Donald,1985),随后开发其相应的 ALPHA、BETA 系列催化剂。同期 RIPP 也研发出超稳 Y 沸石 SRY 及催化剂,具有结晶完整性好、羟基空穴少、基本上不含非骨架铝、硅铝比可调等特点,因而表现出很高的裂化活性稳定性及很好的产品选择性(Rabo,1986;胡颖,1992)。这是一种用化学法对 Y 沸石进行抽铝同时补硅的过程,所用化学剂为氟硅酸铵。

首先将 NaY 用 NH_4^+ 交换,然后将 $NaNH_4Y$ 加到 $(NH_4)_2SiF_6$ 溶液中进行反应。其反应式为:

$$
\begin{array}{ccc}
\underset{\text{固体}}{\overset{\displaystyle O \quad Na^+ \; O}{\underset{\displaystyle O \qquad O}{Al^-}}} & +\underset{\text{溶液}}{(SiF_6)^{2-}} \longrightarrow & \underset{\text{固体}}{\overset{\displaystyle O \qquad O}{\underset{\displaystyle O \qquad O}{Si}}} & +\underset{\text{溶液}}{(AlF_5)^{2-}+NaF}
\end{array}
$$

这一方法的特点是可以制备 SiO_2/Al_2O_3(摩尔比)为 20~60 或更高的超稳沸石,不存在非骨架 Al 或 Al_2O_3 碎片,结晶度在 90% 以上。由于扩散的关系,脱 Al 不均匀而形成表面缺 Al,故称"骨架富硅",同时产生更多的二次孔。但是此方法在脱铝过程中所形成的难溶物 AlF_3 和残留的氟硅酸盐会影响沸石的水热稳定性,还会污染环境。

在用液相氟硅酸铵法制备高硅 Y 型沸石的过程中,会有一些杂晶产生,这些杂晶对沸石的热及水热稳定性有着不良的影响。通过对杂晶的类型、性质及其产生条件的研究,认为杂晶的产生条件与沸石的 Na^+ 及 NH_4^+ 含量有关。不同的 Na^+ 及 NH_4^+ 含量会产生两种在晶相、晶型及化学组成上均不相同的杂晶(罗一斌,1995)。唐颐等(1990b)研究以 NH_4Y 沸石为原料,采用 $(NH_4)_2SiF_6$ 脱铝补硅制备超稳沸石,通过调节 $(NH_4)_2SiF_6$ 和 NH_4Y 投料比,可以制备结晶度大于 90%,硅铝摩尔比在 2.6~9.8 之间任意变化的 Y 沸石,且随着硅铝比的上升,所制得富硅 Y 沸石亲水性减弱,热稳定性提高,超笼和小笼羟基振动频率呈现有规律的变化,反映了沸石的微观环境对表面羟基的特殊影响。

采用 $(NH_4)_2SiF_6$ 或 H_2SiF_6 液相脱铝补硅方法制备的 FSEY 沸石,H_2SiF_6 在溶液中水解使骨架发生络合脱铝和补硅反应,所得 FSEY 沸石骨架完整,无定形硅铝"碎屑"少,热及水热稳定性高。但由于液相脱铝补硅反应扩散控制的影响,FSEY 的表面硅铝比高于晶内,即表面脱铝深度高于晶内,从而重油裂解活性低于水热法 USY 沸石。采用水热与化学法结合的制备工艺可以克服上述缺点,制备体相铝分布均匀的高硅 Y 型沸石。

5. 水热、酸处理法

在水热处理的基础上用酸进行再处理,除去部分可溶的 AlO_2^+,以改善沸石的反应选择性。Albemarle 公司报道了一种 ADZ 沸石(de Kroes, 1986),其特点是表面铝均匀分布,介于水热法的富铝表面和"骨架富硅"法的缺铝表面之间。BASF 公司也报道了一种叫 Pyrochem 的方法(Leuenberger, 1989)。

Dwyer 等(1983)认为,水热处理的超稳 Y 沸石,其非骨架 Al 有一部分要迁移到沸石的外表面,以 Al(OH)$^{2+}$、Al(OH)$_2^+$、AlO$^+$、(Al$_2$O$_2$OH)$^+$、(Al$_2$O)$^{4+}$ 等形态存在(Shannon, 1985)。这些铝氧化物用酸和络合剂处理可以除掉。Corma 等(1987a)用草酸处理,发现只有 35% 的非骨架铝被抽掉。他们认为非骨架铝有两种:一种可用弱酸抽掉,另一种不能。可抽掉的铝是有活性的,对重油转化有作用,但生焦较高,汽油产率也较高。两种非骨架铝的比例与沸石处理方法和条件有关。由于在工业制备超稳沸石 DASY 2.0 的过程中,形成了一定的非骨架铝碎片堵塞了沸石的孔道,影响了沸石的活性及稳定性。采用一定强度的酸处理可以提高 DASY 2.0 沸石的活性和稳定性,同时酸浓度变化对沸石性质影响较大(宋武, 2007)。

(六)含稀土的超稳 Y 型沸石

稀土含量变化对超稳 Y 沸石骨架脱铝程度、表面酸性、催化活性、选择性和稳定性等产生一系列的影响。含稀土的超稳 Y 型沸石制备方法是以 NaY 沸石为原料,进行 NH$_4^+$、稀土离子交换;或单独使用稀土离子交换,控制一定的交换度,同时调节稀土(RE$_2$O$_3$)在沸石中的相对百分含量,然后使用不同的超稳化方法(包括水热法、EDTA 络合法、SiCl$_4$ 脱 Al 补 Si 法、(NH$_4$)$_2$SiF$_6$ 抽铝补硅法、水热和酸处理法)进行脱铝补硅,最后再进行选择性的 NH$_4^+$ 离子交换。所制备含稀土超稳 Y 型沸石分为高、中、低稀土含量。随着超稳 Y 沸石中稀土含量的增加,沸石的强酸中心和弱酸中心增加,其裂化活性增高,同时,氢转移反应活性增加,从而使焦炭产率增加。

三、超稳 Y 型沸石的基本性质

(一)水热稳定性

超稳化后由于脱掉了一些 Al,使原来 Si—O—Al 中的 Al 被 Si 所替代,成为 Si—O—Si。O—Al 的键能为 511 kJ/mol,而 O—Si 则为 800kJ/mol。因此,Si 替代 Al 后,Y 型沸石热稳定性增强。用差热分析的方法测定,超稳 Y 型沸石结构崩塌的放热峰出现在 1000℃以上。图 3-25 为 USY 和 REY 在不同水热条件下处理后表面积的变化情况。从图 3-25 中可见,USY 比 REY 更稳定,其表面积的保留率较高,说明在水热条件下结构受损的程度较小。

REHY、REUSY 和 RE-LZ-210 三种沸石在不同老化温度下经 100% 水蒸气处理 20h,然后在微反装置上评价其活性,得到了三种沸石的活性与老化温度之间的关系如图 3-26 所示。从图 3-26 可以看出,RE-LZ-210 具有最好的高温稳定性(Letzsch, 1987)。

用前面介绍过的四种方法制备的高硅铝比超稳 Y 型沸石的水热稳定性对比数据列于表 3-9(Pellet, 1986)。从表 3-9 可以看出,抽 Al 补 Si 法的产品 LZ-210 沸石具有最高的水热稳定性。

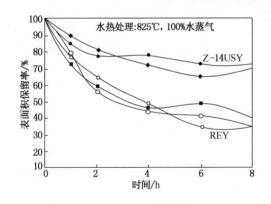

图 3-25　REY 和 USY 水热稳定性比较

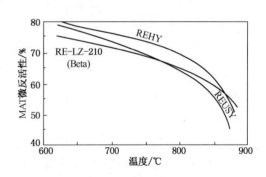

图 3-26　REHY、REUSY 和 RE-LZ-210 的水热稳定性
水热处理：100%H$_2$O，20h

表 3-9　不同方法制备的超稳沸石的水热稳定性

制备方法	水蒸气处理前							水蒸气处理后[①]	
	SiO$_2$/Al$_2$O$_3$	Na$_2$O/%	(NH$_4$)$_2$O/%	比表面积[②]/(m^2/g)	X光结晶度[③]/%	晶胞大小/nm	DTA崩塌温度/℃	表面积保留率[③]/%	X光结晶度保留率[①]/%
水热法USY	5.8	0.17	4.0	734	73	2.455	1010	59.1	—
EDTA络合法	8.1	0.42	7.2	812	67	2.462	980	56.1	49.0
水热及酸处理法	9.1	0.33	1.8	527	50	2.430	1085	30.3	28.0
抽Al补Si法									
（1）	6.4	0.38	8.6	949	—	2.469	940	59.0	—
（2）	7.6	0.26	7.7	927	99	2.456	998	72.4	64.3
（3）	8.4	0.05	7.6	923	—	2.458	1031	77.2	75.7
（4）	11.7	0.05	5.4	863	103	2.442	1105	77.2	109.4
（5）	19.7	0.18	3.7	767	93	2.441	1175	73.4	99.2

① 870℃，23% H$_2$O/空气，5h。

② N$_2$吸附(BET)。

③ 未经水蒸气处理的 NH$_4$Y=100 为基准的相对值。

　　Pine 等(1984)对 USY 和 REY 催化剂在不同的水热条件下处理，评定其相对活性，结果列于表 3-10。表中所用 USY 剂为实验室制备含 25% 的 USY 和 75% 的 SiO$_2$/Al$_2$O$_3$ 载体，REY 为工业催化剂。从表 3-10 中数据可见，在缓和条件下处理，REY 的活性高于 USY；但在苛刻条件下处理，结果相反。说明 USY 在水热下结构稳定性较好，其活性保留度较高。这一性能的改善，其意义是不言而喻的。

表 3-10　USY 和 REY 催化剂不同苛刻度处理的相对活性

水蒸气处理		相对活性 （REY 活性/USY 活性）	水蒸气处理		相对活性 （REY 活性/USY 活性）
温度/℃	时间/h		温度/℃	时间/h	
704	64	1.65	760	16	0.90
732	4	1.05	760	30	0.74
732	30	1.31	760	64	0.66
760	1	1.00			
760	4	0.99	816	1	0.75

　　气相化学法制备的超稳沸石具有更好更完整的沸石结构，$SiCl_4$需要和脱过水的沸石进行反应，在这种同晶取代过程中，Y 型沸石具有更高的硅铝比。相比于其他方法，气相化学法中气态分子具有更好的扩散性能，能够很容易得进入 Y 型沸石的孔道中，这就意味着沸石脱铝和补硅的过程是同时进行。分析了采用此方法制备沸石的孔结构，发现沸石具有更少的晶格缺陷及更高的结晶度保留度。研究结果显示采用气相法制备超稳 Y 型沸石的水热及结构稳定性较好，其活性保留度也应高；对不同条件处理的气相超稳沸石，采用较高 $SiCl_4$ 处理量的沸石具有更高的脱铝效果，对孔结构有较小的影响且能够保留全部酸量。

（二）酸性性质

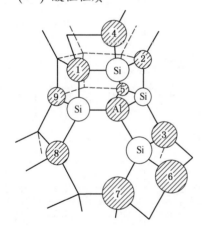

图 3-27　Y 沸石的 NNN Al 中心

　　理论上沸石中的每一个 AlO_4^- 四面体就有一个酸中心。原始 NaY 中每个晶胞一般含有 55 个 Al 原子、138 个 Si 原子，其 Si/Al 在 2.5 左右。由于每 4 个配位 Al 存在一个潜在的酸中心 $[(AlO_4)^-]$，脱 Al 之后，酸中心减少。根据 Lowenstein 规则，沸石晶胞中每个骨架上的 Al 有 4 个 Si 原子为其最近邻（Nearest Neighbor），而其次最近邻（Next Nearest Neighbor，缩写为 NNN）有 9 个 Si 或 Al 原子，如图 3-27 所示（Gerritsen，1988）。脱去一些铝之后，次最近邻就失去了一些 Al，如果 9 个次最近邻都没有 Al，那么 NNN=0；如果还有 1 个，那么 NNN=1……。NNN=0 的中心隔离度最大，中心之间互相排斥最小，因而酸强度最大，NNN=1 次之……。因此，脱 Al 补 Si 之后，沸石的酸中心密度减少，但酸强度增大，AlO_4^- 的 9 个 NNN 位置如图 3-28 所示。

　　超稳 Y 由于处理方法和条件不同，脱 Al 程度不同，近邻 Al 的分布有差异。因此，在超稳 Y 结构中存在着不同酸中心的不规则分布。Pine 等（1984）提出了一种简化模型，计算出不同中心的酸量及其分布，与晶胞常数进行关联，如图 3-28 所示。从图 3-28 可见，晶胞常数在 2.43nm 以下时，0-NNN 和 1-NNN 的中心占绝对多数，说明此晶胞常数范围内，USY 具有的酸中心酸度最强。图 3-29 是不同 Si/Al 下各种质子酸中心的分布（Corma，1987a）。

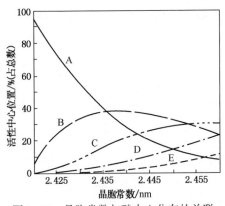

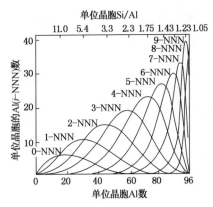

图 3-28 晶胞常数与酸中心分布的关联
(A)0-NNN；(B)1-NNN；(C)2-NNN；(D)3-NNN；(E)4-NNN

图 3-29 不同 Si/Al 下的各种质子酸中心分布

(三) 裂化反应选择性

超稳 Y 沸石可以改变裂化反应的选择性，减少氢转移反应，提高汽油中烯烃含量，进而提高汽油辛烷值(RON)。这是因为随着沸石骨架的 Si/Al 改变，在孔腔内的反应物和产物的浓度也发生改变，因而改变了单分子和双分子的反应选择性，这与稀土沸石氢转移反应能力强于无定形硅铝的概念一致。超稳 Y 由于酸中心少，反应物在孔腔内的浓度低，双分子反应(氢转移)的几率与单分子反应(裂化)的几率就会相对按比例下降或下降更多。此外，沸石脱 Al 后，对烯烃和烷烃吸附的相对容量也发生变化，这也会影响相对反应速度的变化。

试验研究表明，催化剂活性、选择性、汽油辛烷值与沸石的晶胞常数相关，而晶胞常数与骨架 Si/Al 有关。以实测的方法得到晶胞中的 AlO₄ 数及 AlO₄ 中心的隔离度，并与选择性、汽油性质等相关联，其关联结果如图 3-30~图 3-38 所示(Ritter，1986)，这些关联数据曾被广为引用。从图 3-30 至图 3-38 可以看出，超稳 Y 催化剂随着脱 Al 程度的增加，晶胞收缩的程度增加，活性下降，<C₃气体增加，辛烷值上升。随着晶胞的收缩，焦炭产率下降，汽油收率变化不大，而轻循环油增加，重油产率下降，反应选择性变化较大。

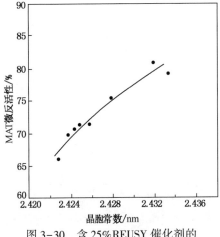

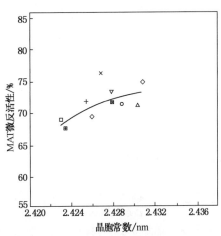

图 3-30 含 25%REUSY 催化剂的
活性与晶胞常数的关系

图 3-31 含 20%USY 催化剂的活性与
晶胞常数的关系

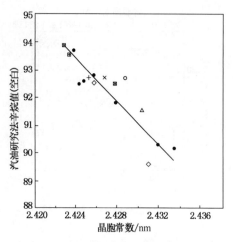

图 3-32　研究法辛烷值与晶胞常数的关系
汽油馏分 18~221℃，不加铅

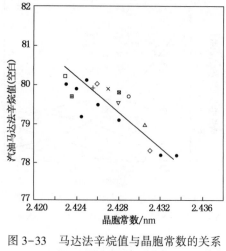

图 3-33　马达法辛烷值与晶胞常数的关系
汽油馏分 18~221℃，不加铅

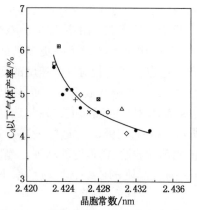

图 3-34　晶胞常数和<C_3气体产率的关系

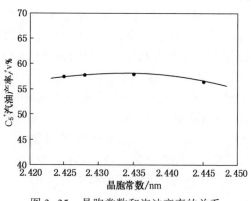

图 3-35　晶胞常数和汽油产率的关系

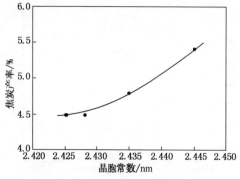

图 3-36　晶胞常数和焦炭产率的关系

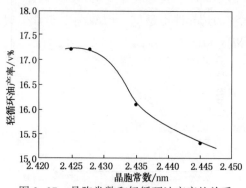

图 3-37　晶胞常数和轻循环油产率的关系
实验方法和条件：人工老化催化剂，510℃，
剂油比 4，$WHSV=30h^{-1}$，转化率固定为 65v%

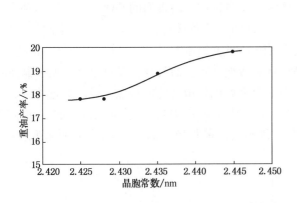

图 3-38　晶胞常数和重油产率的关系
实验方法和条件同图 3-37

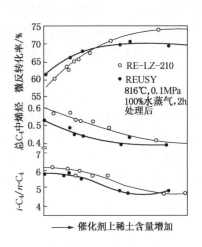

图 3-39　含 RE 的 USY 和 LZ-210
沸石的活性和选择性

用抽铝补硅法得到的富硅沸石在增大气体中烯烃比例和异构烷烃比例方面具有良好的选择性。尽管其活性比 USY 沸石低，但是加入稀土金属氧化物后可改善这一状况。图 3-39 是两种不同 RE 含量的沸石反应性能的对比（Pellet，1986）。在图示的区间内，在同一活性下，RE-LZ-210 的烯烃产率高，因而汽油的 MON 和 RON 均高于 USY 的最高水平。

（四）几种脱铝超稳 Y 型沸石性质

1. 非骨架铝分布

Corma 等（1987a）分别以水热法脱铝和（NH_4）$_2SiF_6$ 法脱 Al 的超稳 Y 催化剂对馏分油进行裂化，比较其活性和选择性。两种超稳 Y 的 Si/Al 都在 8 左右，但前者有骨架外铝，后者则没有。试验结果表明：水热法超稳催化剂的汽油、$C_4^=/C_4$、焦炭产率都较高；而（NH_4）$_2$ SiF_6 法的气体（特别是 C_1+C_2）较高。将水热法超稳 Y 样品用草酸处理除去骨架外铝，其结果就和（NH_4）$_2SiF_6$ 法较接近。因此，两种超稳 Y 的选择性差别可能是由于骨架外铝有裂化活性的缘故。Addison 等（1988）将水热法 USY 在不同条件下脱铝超稳化，并用稀 HCl 处理，考察不同非骨架铝含量对活性选择性的影响，发现含非骨架铝最多的 USY，其活性最高，汽油的选择性也最好，用酸洗去非骨架铝，重馏分油的裂化活性下降。Pellet 等（1988）用（NH_4）$_2SiF_6$ 所制备的 LZ-210，以每个晶胞含 Al 原子从 45 至 17 的样品做成系列催化剂，然后蒸汽处理，使进一步脱铝而生成骨架外铝，在微反装置上评价其活性和选择性，发现有非骨架 Al，其一次裂化反应的活性相同，但非骨架铝增加，汽油选择性下降，非骨架铝能使汽油二次裂化生成气体。由此可以看出，非骨架铝存在对汽油产率和焦炭产率及其选择性影响的研究结果似乎有点相矛盾。

庞新梅等（2002）采用化学-水热交替脱铝制成 RE-NHSY 沸石，其中 RE_2O_3 的质量分数可调变范围为 0.1%～17.0%，具有铝分布均匀、二次孔较多、焦炭选择性和水热稳定性好等特点，这些特点主要取决于其中稀土的分布及其存在的形态。由 RE-NHSY 沸石制备的催化剂具有良好的抗钒、抗镍性能，同时裂化产物中汽油、干气和焦炭选择性较好，可作为活性组分应用于裂化催化剂。杜军等（1995）用 $SiCl_4$ 蒸气与干燥的 NaY 接触，进行同晶取代反应制成高硅铝比 Y 型沸石(代号 GZ)，其 Na_2O 质量含量<1%，晶胞常数为 2.450~2.430nm，差热法检测崩塌温度>1000℃。分别用能谱仪 EDS 测定的一个晶粒边缘中心区的 SiO_2/Al_2O_3，用光电子能谱 ESCA 测定一个几平方毫米微区、众多颗粒平均表面的 SiO_2/Al_2O_3，两种方法测定值列于表 3-11。从表 3-11 可以看出，两种测定值较接近，这说明 $SiCl_4$ 法脱铝均匀，无论是同一颗粒的壳层和内部，还是不同颗粒之间脱铝都是比较均匀。从图 3-40 的 ^{27}Al MASNMR 谱图中看到，高硅沸石 GZ 样品存在着骨架外铝，而且其含量可以通过调节制备条件而改变。气相化学法能充分发挥气态物质具有良好的扩散性能的特点，较容易地将动力学半径为 0.687nm 的 $SiCl_4$ 引入沸石的孔道内，加速补硅反应的进行，从而实现在脱 Al 度较深的前提下脱 Al 仍较均匀，而且因为补硅及时沸石的结晶保留度高。此外还可以调节骨架外 Al 的数量。

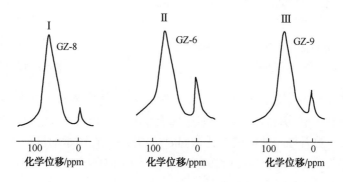

图 3-40　^{27}Al MASNMR 谱图

表 3-11　高硅铝比 Y 型沸石 SiO_2/Al_2O_3 测定值

沸石样品	SiO_2/Al_2O_3(摩尔比)	
	EDS 测定	ESCA 测定
GZ-6	晶粒边缘区 12.04 晶粒中心区 13.20	12.26
GZ-9	晶粒边缘区 20.10 晶粒中心区 20.70	21.74

2. 二次孔分布

结构完整的沸石，其孔道大小是一定的，这与无定形硅铝不同，后者有一定的孔分布。图 3-41 为 A 型沸石和硅胶、活性炭孔分布曲线。由图 3-41 可见，A 型沸石只有一种孔，没有孔分布，Y 型沸石也如此。但是，经过水热或化学处理，Y 型沸石的骨架结构发生一定的变化，出现缺陷，产生二次孔。不同脱 Al 方法所产生的二次孔程度不同。Corma 等(1988；1989)对水热法、$(NH_4)_2SiF_6$ 法和 $SiCl_4$ 法所制超稳 Y 的二次孔进行了比较，其结果如图 3-42 所示。从图 3-42 可见，尽管水热法的 Si/Al 只有 5.9，较另外两种低，而二次孔的量却较多。图 3-43 为水热法和化学法 USY 的结构差异模型图。表 3-12 为水热法 USY 的二次孔含量(Lynch，1987)。

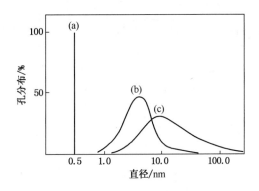

图 3-41 不同多孔物质的孔分布

(a) A 型沸石;(b) 硅胶;(c) 活性炭

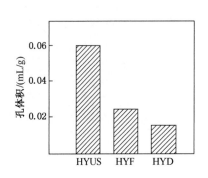

图 3-42 水热法(HYUS)、(NH₄)₂SiF₆法（HYF）和
SiC₄法(HYD) 的二次孔体积(2.0~6.0nm)

Si/Al 分别为 5.9，8.1 和 9.9

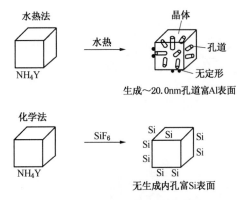

生成～20.0nm孔道富Al表面

无生成内孔富Si表面

图 3-43 水热法和化学脱铝法模型

表 3-12 水热法 USY 的二次孔

沸石 Si/Al	二级孔[①]	
	比表面积/(m²/g)	孔体积/(mL/g)
2.9	9.4	0.049
3.6	14.0	0.085
5.7	27.1	0.131

① 二次孔指孔径大小约 10nm。

Pellet 等(1988)将水热法所制 USY 和(NH₄)₂SiF₆法所制的 LZ-210 在高温水蒸气下处理，发现两者都进一步脱 Al，但 LZ-210 的结构完整性保留较好；USY 骨架不但脱 Al 还脱 Si，破坏了结构，并生成了 SiO₂、Al₂O₃碎片。用 TEM 分析，两种沸石都有二次孔生成，空间直径在 5~10nm。用压汞法测定孔分布，USY 的孔在 3~150nm，其体积占晶体总体积约 12%。这些二次孔是由骨架脱 Al 和 Si 后所生成的。LZ-210 也有二次孔，但占的体积较少。

Corma(1988)用有不同二次孔、不同 Si/Al 的沸石分别对正庚烷和馏分油作裂化试验，结果见图 3-44。从图 3-44(a)可见，对小分子的反应物，SiCl₄法制备的稳定 Y 活性最高；从图 3-44(b)可见，对大分子的反应物，则水热法活性最高。由此可见，二次孔可以使大分子反应物进入孔内反应，这对于催化裂化反应有实际意义。当然两种沸石非骨架铝的差异对活性也会产生不同的影响。

杜军等(1995)研究了气相化学法制备的沸石 GZ 氮吸附-脱附等温线，如图 3-45 所示。从图 3-45 可以看到，沸石 GZ-8、GZ-6 仍保留 NaY 沸石吸附等温线的特点，基本不出现滞后环，而 GZ-9 吸附等温线在保留 NaY 吸附等温线特点的基础上，出现小的滞后环，说明 GZ-9 中形成了新的孔。透视电镜照片给出了类似的信息。图 3-46(a)表明 GZ-6 没有出现 2nm 以上的二次孔，但通过改变制备条件，提高脱 Al 深度得到的 GZ-9，就能观察到有 2nm 以上的二次孔，见图 3-46(b)。此外，深度脱铝的 GZ-9 相对结晶保留度仍在 85% 以上，见表 3-13。

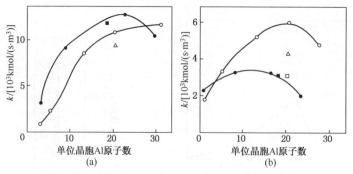

图 3-44　水热法 USY(○) 和 SiCl₄ 法(●)沸石催化剂

对正庚烷(a)和馏分油(b)的裂化活性

■—USY 经草酸处理;　□—USY 经稀 HCl 处理;

△—(NH₄)₂SiF₆ 法脱铝沸石

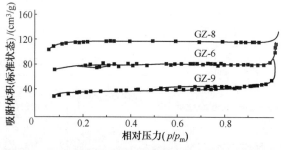

图 3-45　吸附等温线

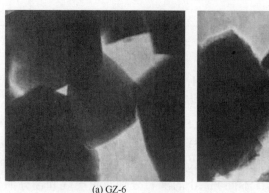

$$(a) GZ-6 \qquad (b) GZ-9$$

图 3-46　高硅铝比 Y 型沸石透射电子显微镜图

表 3-13　高硅铝比 Y 型沸石物化性能

类　　型	沸石编号	晶胞常数/nm	DTA/℃	相对结晶度/%	比表面积/(m²/g)	二级孔径大小/nm
I	GZ-8	2.449	1031	94	825	无
	GZ-51	2.446	1058	89	807	无
II	GZ-6	2.444	1076	90	854	无
	GZ-50	2.441	1074	90	803	无
III	GZ-9	2.436	1004	85	829	>2
	GZ-76	2.431	1025	85	805	>2

3. 酸性的差别

不同方法得到的脱 Al 超稳化的沸石酸性不同，这主要是由于骨架上和骨架外铝的分布不同所致。水热法脱 Al 过程诸条件不同（如温度、水蒸气分压、时间等）而使脱 Al 程度不同，骨架上 Al 的含量、化学环境以及骨架外 Al 的量和形态等出现较大差别。酸中心与 AlO_4^- 直接相关，其强度也与 AlO_4^- 的隔离程度有关，同时，骨架外铝的价态分布也较复杂，不同价态铝有不同的酸性。因此，即便同一方法脱 Al，沸石酸性也存在着差别；不同方法脱 A1，沸石酸性的差别也就不言而喻了。

$(NH_4)_2SiF_6$ 法脱铝，其脱铝过程是从晶体骨架外向里的进行的（Macedo，1988），因此表面缺 Al 富 Si，Al 分布里外是不均匀的。虽然它与水热法不好绝对比较，但在相同 Si/Al 下，用 TPD 氨吸附法测定其酸性，$(NH_4)_2SiF_6$ 法所制沸石比水热法具有更多的酸中心数量。这种差别主要是由于水热法结晶度较低，并有非骨架铝阳离子中和了部分酸中心。红外光谱测定显示出 $(NH_4)_2SiF_6$ 法沸石的非质子酸含量较少，而水热法由于形成非骨架铝，非质子酸含量较多。

Corma 等（1987a）对 $(NH_4)_2SiF_6$ 法和水热法制备的超稳 Y 沸石用红外光谱比较其酸性，在骨架 Si/Al 约为 8 时，$(NH_4)_2SiF_6$ 样品只有 3557 cm^{-1} 和 3636cm^{-1} 谱带，而 3750cm^{-1} 谱带（Si—OH）很少。用吡啶吸附，表明其酸性主要是质子酸，非质子酸很少。水热法的样品则除了 3555 cm^{-1} 和 3635cm^{-1} 谱带外，还有 3675 cm^{-1} 和 3690cm^{-1} 谱带，吡啶吸附后，3555cm^{-1} 和 3635cm^{-1} 谱带消失，其余两个谱带保留，还出现另一谱带 3615cm^{-1}。这些谱带表明主要是由非骨架铝而来。超稳沸石中的非质子酸主要来自非骨架铝。

将 $(NH_4)_2SiF_6$ 法所制 LZ-210 经 550℃ 焙烧，红外谱带发生变化，出现了其他的谱带，Si—OH 谱带也增多。用吡啶吸附，有些 OH 消失，但 3615 cm^{-1} 和 3690cm^{-1} 保留，同时非质子酸的酸度增强。这说明处理之后，进一步脱 Al，同时也生成了非骨架铝。

高硅铝比沸石随着硅铝比的提高，酸总量减少，而酸强度增加，沸石 GZ 充分体现了这一特点（杜军，1995）。图 3-47 是沸石 GZ 吡啶吸附红外谱图。随着吡啶脱附温度的升高，L 酸酸量增加，而 B 酸酸量减少。除此之外，高硅沸石 GZ 存在着不同类型的非骨架 Al 碎片，有可能与 B 酸协合，起到酸性补偿作用，形成一定的强酸效应。所以，以沸石 GZ 为活性组元的催化剂，呈现出较高的微反活性水平，尤其在沸石晶胞收缩较小、沸石含量减少的情况下，催化剂仍具有较好的活性水平。

总之，不同方法和同一种方法不同条件所制脱铝超稳 Y 沸石，性质上存在着一些差别，孰优孰劣，难以一言蔽之，也可以说各有千秋。

（五）Y 沸石上的超强酸

除了有合适的骨架 Al 数及其分布外，还有其他因素能产生强的 B 酸。这一现象首先是 Beyerlein 等（1988）发现的。Beyerlein 等用异丁烷的转化来测定沸石的强酸性，发现用氟硅酸铵处理的沸石在骨架 Al（简称为 FA）数与较温和的水蒸气处理的沸石一样时，活性要低得多，从而推论出由于水蒸气处理的沸石有骨架外 Al（简称为 NFA），而氟硅酸铵处理的没有。强 B 酸的产生是 B 酸和骨架外的 L 酸共同作用的结果。随后从多方面进行试验（Corma，1992），进一步肯定了这一论点，并取名为"超强酸"。

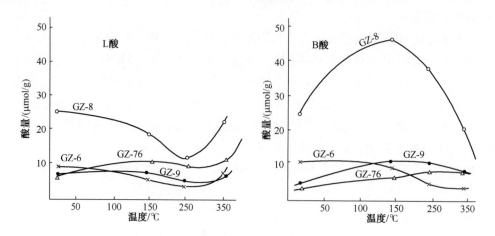

图 3-47　L 酸、B 酸酸量及强度分布

1. 非骨架金属的作用

Corma 等(1992)在 650℃下对 Y 型沸石进行水蒸气超稳化，然后用氟硅酸铵处理以抽提所产生的骨架外 Al，比较了氟硅酸铵处理前后的裂化反应活性。处理前后的物化性质列于表 3-14。活性测定用了两种原料，正庚烷和 VGO，结果如图 3-48。

表 3-14　超稳 Y 沸石氟硅酸铵处理前后性质

样　品	结晶度/%	a_o/nm	FA/UC	骨架 Si/Al	NFA	XPS 表面 Si/Al
不处理	80	2.447	27	6	18	0.72
处　理	85	2.445	24	7	2	4.8

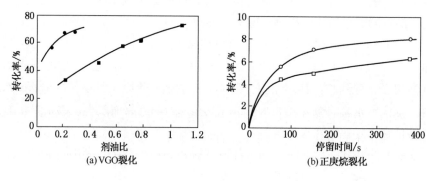

图 3-48　水热法 USY 用氟硅酸铵再处理前后的活性比较

●—USY 未处理；■—USY 再处理；○—USY 未处理；□—USY 再处理

从表 3-14 可见，处理前后总骨架 Al(FA/UC)和晶胞常数 (UCS)差别不大，差别较大的是骨架外 Al 和外表面 Si/Al。氟硅酸铵处理主要是抽提掉骨架外 Al 及沸石外表面的 Al。因总骨架 Al 和晶胞常数基本不变，所以沸石内表面的 Si/Al 应该相同。然而正庚烷的裂化活性处理前后要差 30%左右，VGO 的转化率则差 30%以上。这种差异主要是因为去掉了骨架外 Al，因而不能和骨架上的 B 酸结合而产生超强酸。

除了裂化活性相差很大之外，选择性也有较大的差别。图 3-49 为处理前后对 VGO 裂化的选择性。从图 3-49 可见，当去掉了 NFA 之后，干气和焦炭产率增加，汽油和轻循环油产率降低，选择性变坏。所以，沸石保留合适的 NFA 含量对催化剂的活性和选择性都有好处。

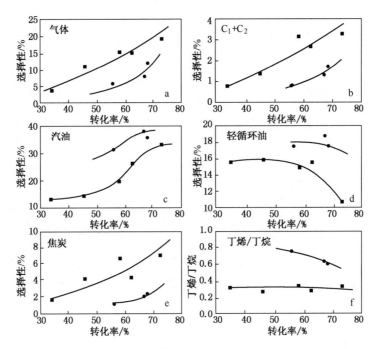

图 3-49　水热法 USY 用氟硅酸铵再处理前后的选择性变化

●—USY 未处理；■—USY 再处理；VGO—裂化

Y 型沸石强 B 酸的产生需要有隔离的骨架 Al(0-NNN) 和骨架外 Al，两者缺一不可。骨架外 Al 可有不同形态，但以阳离子态的 Al 最有可能，即为 Al(OH)$^{2+}$、AlO^{+}等，而这种阳离子态的骨架外 Al 应是在 β 笼上和氧原子相连。如果在 β 笼上能至少有 3 个骨架 Al 和 1 个骨架外 Al(OH)$^{2+}$，那就会有超强酸的存在。

非骨架铝，或称"铝碎片"曾被认为是影响干气和焦炭选择性的因素，于是曾被考虑尽量将其脱除，然而，发现它的作用后，人们开始重视其存在。从上节介绍的 Y 型沸石超稳化的过程，可以看出不同方法产生不同数量的非骨架铝。水热法产生了较多的非骨架铝，化学抽铝补硅法则基本没有非骨架铝，水热法然后用化学法处理，可以除掉一部分非骨架铝等。此外，沸石上具有一定比例的二次孔，改善其内孔表面活性中心可接触性，是发挥其活性中心作用所必需的，外孔表面的铝中心对裂化大分子烃类有较大的作用。综合而言，超稳 Y 沸石不但要考虑其硅铝比，还要考虑骨架上和骨架外的铝分布，同时还要在一定程度上改变其孔道。Humphries(1991) 认为沸石骨架铝和非骨架铝的均匀分布是很重要的因素，水热法的表面富铝和化学抽铝补硅法的表面缺铝都有缺陷，于是开发出一种能使铝的分布均匀工艺(称为 ADZ)。用 ADZ 作为活性组分，制备的催化剂与用常规 USY 的催化剂比较，活性大大提高，选择性也大有改善，更重要的是汽油中含的支链烷烃增加，意味着异构化性能较强，从而能够提高汽油的辛烷值，如图 3-50 至图 3-53 所示。

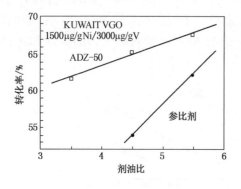

图 3-50　ADZ 沸石催化剂的活性

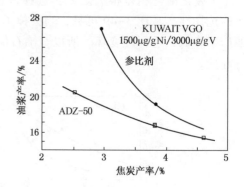

图 3-51　ADZ 沸石催化剂的重油裂化能力

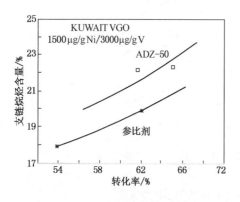

图 3-52　ADZ 催化剂的异构化能力

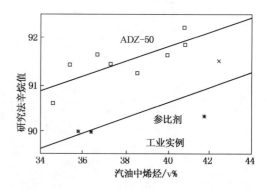

图 3-53　ADZ 催化剂的辛烷值和烯烃含量

　　Schuette 等(2001)用乙酰丙酮铝蒸气负载的办法增加沸石的非骨架铝，发现沸石的骨架外 Al_2O_3 比载体中 Al_2O_3 倍增的幅度更大，如图 3-54 所示。从该图可见，添加骨架外 Al_2O_3 使催化剂的活性提高了 20%~30%，并保持很好的焦炭选择性(Fowler，2003)。早期曾经将焦炭选择性与沸石的晶胞常数关联，发现晶胞常数在 2.428~2.430nm 时焦炭选择性最好，如图 3-55 所示。沸石脱铝达到一定晶胞常数，必然存在一定的骨架外铝(NFA)和骨架铝(FA)的比例，所以图中晶胞常数就可以用 NFA/FA 来代替。保持 NFA/FA 比例不变，焦炭选择性不变，可提高 NFA 同时也提高 FA，从而提高催化剂整体活性水平。NFA 可人工加入，制得的催化剂还有好的抗金属污染能力。例如，ExxonMobil 和 Grace Davison 公司合作生产牌号为 AdVanta 催化剂，并应用到 6 套 FCC 装置。应用结果表现出高活性、良好选择性、抗金属、低碳烯烃度高等优点。由于沸石的晶胞较大(高 0.004nm)，其活性较高，在工业试用时，与原装置所用催化剂相比，在补充率相当下，达到平衡活性 67 时，平衡催化剂的比表面积从 $180m^2/g$ 降到 $120m^2/g$，表明其单位表面积的活性较高。由于比表面积小，在反-再循环中，携带的油气少，有利于降低焦炭产率；同时由于比表面积小，污染金属的分散度缩小，其影响也较小。比表面积小可能与沸石含量低有关，从而可降低催化剂成本。

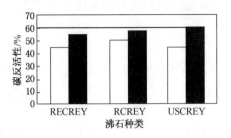

图 3-54　添加骨架外铝对活性的影响
□—不加铝；■—加铝

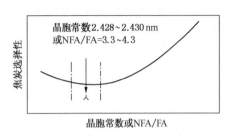

图 3-55　沸石晶胞常数与焦炭选择性

经碱土金属(Mg、Ca、Sr、Ba)改性的沸石与相应的氢型或铵型沸石相比，酸量和酸强度均发生了显著变化(朱华元，2001)。REUSY 沸石分别进行 Cu、V 及 Zn 等元素改性后，L 酸量均增加(庞新梅，2002)。稀土离子通过表面修饰进入到沸石晶体内部，由超笼向方钠石笼中迁移并聚合，与骨架上的氧原子发生相互作用，形成配合物，抑制了沸石水热条件下的骨架脱铝作用，增强了沸石骨架结构的热稳定性和水热稳定性，并保持了沸石的酸性。同时稀土离子在沸石笼内通过极化和诱导作用增加了骨架硅羟基和铝羟基上电子向笼内的迁移概率，增大了沸石笼内的电子云密度使羟基表现出更强的酸性，B 酸强度增加，相应地提高催化剂的裂化活性。潘惠芳等(1994)研究发现 La^{3+} 交换 USY 沸石时，La^{3+} 与 H_2O 反应而生成镧的氢氧化物，La^{3+} 在 β 笼定位通过极化作用从骨架羟基中夺取电子而产生强的 B 酸；同时，La^{3+} 具有抑制沸石经水热处理时引起骨架脱铝和结构崩塌的作用，故 LaHUSY 沸石的活性与水热稳定性优于无稀土的 USY 沸石。稀土交换量对 LaHUSY 沸石的酸性和裂化活性有影响，过多的 La^{3+} 增强了正电场，使晶胞中酸位数目减少。于善青等(2011a)研究发现以水合离子形式进入 Y 沸石 β 笼 S'_1 位的金属离子与沸石骨架 O_2 和 O_3 原子相互作用，使 O_1 原子的负电荷减弱，$Al—O_1$ 键长变短，$O_1—H$ 振动频率减小，易于氢质子的释放，使 Y 沸石的 B 酸强度增大。一般来说，金属离子的价态越高，金属离子的半径越小，金属元素电负性越大，由其改性的 Y 沸石的 B 酸强度越强。鞠雅娜等(2006b)研究发现，随铁(Fe)含量的增加，FeY 沸石的晶化时间延长，结晶度降低，晶胞常数增大，说明 Fe 已进入 Y 沸石骨架，这是因为 Fe—O 键长(0.186nm)大于 Al—O 键长(0.175nm)，当 Fe 取代 Al 进入 Y 沸石骨架时，沸石的晶胞长大，导致 FeY 沸石的晶胞常数大于 Y 沸石的晶胞常数，而且 Fe 含量越高，取代沸石中 Al 原子的数量越多，沸石的晶胞常数越大。Fe 原子进入 Y 沸石骨架后，沸石的 B 酸量和弱 L 酸量均增加，强 L 酸量减少，总酸量增加，这说明在骨架中引入 Fe 对调变沸石的酸性有明显的效果。沈志虹等(2006a)使用吡啶红外吸附仪对钛(Ti)原子进入 Y 沸石骨架后的酸量进行测定，测定结果表明，沸石的弱 B 酸中心数量减少，强 B 酸中心的数目增加，同时增加了一些 L 酸中心，这说明杂原子 Ti 进入沸石骨架能明显调变沸石的表面酸性。虽然 Ti 和 Si 元素一样，都是以正四价进入沸石骨架的，其钛氧四面体是电中性的，并未增加沸石骨架的负电荷，但由于 Ti 的电负性明显比硅的电负性低，Ti—O 键的电子向附近的 Si—O 键转移，使原来中性的硅羟基 Si—OH 转化为潜在的 B 酸中心，而缺电子的 Ti 就成为沸石的 L 酸中心。这些新增的 L 酸中心又加强了对附近铝羟基的极化作用，导致沸石原有较弱的 B 酸中心强度增强，转化为强 B 酸中心。因此，Ti 进入沸石骨架会使 L 酸中心增加，而原有 B 酸中心的酸强度也随之增加。适量的钛进入 Y 型沸石骨架并不影响沸石的晶型，但能增加沸石结构的稳定。TiY 沸石的裂化活性、抗积炭均明显优于 Y 沸石，适合用于催化裂化催化剂。

2. 非金属元素的作用

采用适宜的非金属元素对沸石进行表面修饰，改变了沸石酸性、硅铝比、孔结构等物理性质，从而改善了裂化催化剂的活性、稳定性和选择性，实践证明是一种行之有效的方法，已在裂化催化剂的制备和改性中得到广泛应用。

常用于沸石改性的非金属元素就是磷元素（P），将 P 引入 Y 型沸石可以改善 Y 沸石的强酸性。P—O 的键长（0.156 nm）比 Al—O 的键长（0.169 nm）短，P 进入骨架取代了部分铝，使得骨架振动频率向高频方向位移。通过磷羟基与沸石氧桥羟基发生反应，使沸石的酸性减弱，同时改善骨架铝的配位环境，使沸石保留更多的反应活性中心及维持骨架平衡，进而影响其氢转移反应性能。沸石的 B 酸活性位主要来自骨架铝羟基，P 与骨架上铝氧四面体之间的氧桥羟基相互作用生成磷羟基的 B 酸，其酸强度小于铝羟基的 B 酸酸强度，导致 B 酸强度下降（赵尹，2004；张剑秋，2002）。P 也能与沸石中的稀土离子相互作用形成超细的 RE-P-O 复合氧化物，覆盖在沸石表面，占据部分酸性活性中心，降低了沸石表面的总酸密度（Takita，1998；刘从华，2004）。

将非金属元素硼（B）通过浸渍法表面修饰取代部分 Y 型沸石骨架中的铝原子，由于 B 比 Al 的电负性大，对水或羟基等分子或离子的极化能力强，在 B 的诱导效应下可使沸石表面羟基 O—H 键的键能减弱（沈志虹，2006b），增强了羟基的易动性，使羟基表现出更强的酸性，相应地提高 B 酸/L 酸酸量之比。草酸的酸性较弱而络合能力较强，在 Y 型沸石的超稳化过程中能够通过络合作用脱除沸石中起到 L 酸中心作用的非骨架铝 AlO_2^+，提高 B 酸/L 酸值。由于沸石内部的非骨架硅数目有限，在非骨架铝脱除的同时，硅不能完全填补由脱铝所造成的空穴，导致沸石骨架的局部坍塌，使得早先形成的二次孔又互相贯通，增加了二次孔体积，表现为草酸具有一定的扩孔作用，有利于提高对重油和渣油的裂化能力。利用草酸较强的络合作用脱除沸石孔道中的非骨架铝，使沸石骨架上的 B 酸活性中心更多地暴露出来，不但增强了 B 酸活性中心的空间可接近性，而且也增大了沸石孔道中的反应空间。但若草酸浓度过高，在络合作用下非骨架铝脱除过多，沸石的酸性活性中心数目减少，也会造成沸石骨架铝被酸溶出，沸石骨架部分坍塌，结晶度下降，导致裂化催化剂的活性明显地下降（沈志虹，2004）。

Keggin 结构的杂多酸具有强而均一的 B 酸特性和独特的准液相行为在酸催化领域中正日益受到重视，但杂多酸比表面积小于 $10m^2/g$，热稳定性较低，且溶于极性溶剂，回收困难。以杂多酸为改性剂、采用表面修饰的改性方法对沸石进行改性处理，可以提高杂多酸的比表面积、热稳定性、催化活性及重复使用性能，同时还可以保持沸石孔结构的完整性，并调变沸石的酸性（薛建伟，2005）。黄凤林等（2006）将杂多酸对沸石进行表面修饰后酸强度和酸密度进行分析研究，发现由于杂多酸阴离子体积较大，对称性较高，而电荷密度相对较低，故其分子中的质子较易解离，可产生比相应中心原子或配位原子组成的无机酸更强的酸性。另外，杂多酸中配位原子的空轨道通过极化和诱导作用使沸石骨架铝羟基 O—H 键极化增强，质子易动性增加，有利于沸石上 B 酸位的形成，提高 B 酸密度和 B 酸/L 酸值，表现出质子酸的反应特性。所以，采用杂多酸对沸石进行表面修饰，不仅保持了 USY 规整孔结构的优势，而且酸密度得到较大幅度的提高，具有沸石（孔）和杂多酸（酸性）的双重优势，对重油与渣油的裂化十分有利。

四、催化剂的载体

在沸石作为裂化催化剂组分之前，酸性白土和合成硅铝就是裂化催化剂，不需要有什么载体。沸石作为裂化催化剂组分之后，由于其活性很高，全部用它作为催化剂，反应时迅速积炭，工艺上几乎难以应用，而且沸石颗粒太细，一般为 0.5~2μm，又是晶体，黏性太差，也难以制成筛分合适的微球催化剂(要求平均粒径65μm 左右)。为了将高活性的沸石制成可用的催化剂，采用了将沸石分散于载体的办法制成催化剂，于是便和其他固体催化剂一样，既有催化组元又有载体，载体又称基质。

（一）天然矿物黏土载体

由于无定形硅铝凝胶作为载体存在着很多问题：①黏结性不好，强度低；②堆积密度小，不易分离；③水热稳定性差，新鲜时比表面积大，细孔多，而运行平衡后比表面积大大降低，细孔封闭，造成部分沸石被封闭，使活性降低；④无定形硅铝凝胶本身具有活性，造成目的产物选择性差。针对以上问题，寻求一种无活性或少活性载体来代替高活性载体，用高岭土加硅铝溶胶作黏结剂制成的载体就是其中最重要的一种。

高岭土是一种天然黏土，主要成分为高岭石（$Al_2O_3 \cdot 2SiO_2 \cdot 2H_2O$），其结构式为 Al_4 $[Si_4O_{10}] \cdot (OH)_8$。由于高岭土具有良好的晶体结构和天然介孔，被广泛用于制备多孔材料。为获得更加适合的孔分布，通常对焙烧过的高岭土进行酸处理或碱处理，使之在结构和性质上得以改善。高岭土主要由 2μm 左右的微小片状高岭石族矿物晶体组成，由一层硅氧四面体和一层铝氧八面体通过共同的氧原子互相连接形成的一个晶层单元，硅氧四面体和铝氧八面体组成的单元层中，四面体的边缘是氧原子，八面体的边缘是氢氧基团，单元层之间是通过氢键相互连接的，属于1:1型的二八面体层状硅酸盐矿物，其结构见图 3-56。

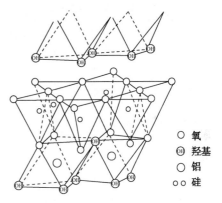

○ 氧
◉ 羟基
◎ 铝
○○ 硅

图 3-56　高岭土结构示意图

用高岭土加硅铝溶胶作黏结剂制成的载体，催化活性就几乎全由沸石提供，因而反应的选择性得到改善。同时由于高岭土的骨架密度大，从而堆积密度也大为提高；比表面积和孔体积降低，从而结构稳定性更好；细孔的封闭减少，从而改善了汽提性能，降低了剂油比焦。此外，由于溶胶的黏结性比凝胶好，从而催化剂的磨损指数也大大改善。

当今世界年产 40 余万吨裂化催化剂中，几乎全是加入以高岭土为主要组分的"半合成"催化剂。半合成催化剂与全合成催化剂相比，具有比表面积小、孔体积较大、抗磨性能好、抗碱和抗重金属污染能力强等优点，更适宜制备掺炼重油或渣油的催化剂(蒋文斌，1994；张信，1996；张永明，1997)。

除高岭土外，还有一些黏土也可以用于裂化催化剂中，如硅藻土、层柱黏土等。硅藻土是海洋或湖泊中生长的硅藻类的残骸在水底沉积，经自然环境作用而逐渐形成的一种非金属矿物。硅藻土的化学式为 $SiO_2 \cdot nH_2O$，其衍射特征和化学成分均与蛋白石-AG 类似，在0.4nm 左右存在一很宽的不对称衍射峰，是典型的非晶态物质。硅藻土价格低廉，并且具有独特的孔结构特性，适宜作为裂化催化剂载体。因此，以硅藻土为原料原位晶化制备 Y 型沸石具有潜在的竞争价值。

层柱黏土或称撑柱黏土(PILC)是一种黏土，矿物层间可交换离子全部或部分被特定离子或离子团(柱子)替代并固定在其层间域的一种矿物材料。由柱子撑开后的层具有二维通道，层间距可达 0.9～3.2nm，结焦后不易引起孔道堵塞，抗硫氮和抗重金属污染能力强。有众多的黏土矿物和柱化剂可供选择与配伍，可制备出所需的酸度、孔结构、机械强度和水热稳定性等性能的层柱黏土，其性能不同于常规的沸石催化剂。层柱黏土的制备可采用多种黏土矿物，但常用的是蒙脱石(关景杰，1987；Sterte，1990；Booij，1996)。

(二) 人工合成无定形硅铝载体

在沸石催化剂问世初期，载体基本上是采用了无定形硅铝，也就是沿用原来生产合成硅铝催化剂的工艺。将 10%～20% 的沸石加入其中，混合均匀和喷雾干燥，制成微球，即成沸石催化剂。研究结果表明，人工合成无定形硅铝载体具有较大的表面和一定范围的孔分布，可使沸石分散负载其中；具有一定黏结性能，可喷雾干燥，制成合适的筛分分布，并提供较好的磨损强度；具有对沸石的活性起相辅相成的作用，增加催化剂的总体活性，如表 3-15 所示(Eastwood，1971)；具有改善催化剂的热稳定性和水热稳定性的作用，如表 3-16 所示(Eastwood，1971)；具有容纳从沸石迁移出的钠离子的作用，以降低沸石上的钠含量，提高沸石的稳定性(陈祖庇，1990)。

表 3-15 载体对 REHY 活性的影响

(反应温度 482℃；进料 66.7mL±0.3mL 馏分油；时间 10min)

催化剂	REHY[1]		REHY 于 SiO_2/Al_2O_3[2][3]	
转化率/v%	43.3	64.3	46.9	65.9
反应器中 REHY 量/g	7.5	17.0	2.9	6.7
$\dfrac{\Delta \text{转化率}}{\Delta \text{REHY 量}}$	$\dfrac{21.0}{9.5}=2.21$		$\dfrac{19.0}{3.8}=5.0$	

[1] 催化剂用石英稀释至 200mL。

[2] 100mL 球状催化剂(REHY 含量分别为 4% 和 10%，用石英稀释至 200mL)。

[3] REHY 分散于 SiO_2/Al_2O_3 水凝胶，以 $(NH_4)_2SO_4$ 与 $RECl_3$ 交换。

表 3-16 载体对 REHY 稳定性的影响

催化剂	REHY[2]		10%REHY[3] 于 SiO_2/Al_2O_3		SiO_2/Al_2O_3[3]	
转化率[1]/v%	67.8[4]	6.3[5]	67.5[4]	58.2[5]	34.4[4]	35.2[5]
汽油收率/v%	58.3	5.8	56.7	49.7	28.8	30.6

[1] 对应标准为中州馏分油的转化率。

[2] 反应条件：483℃，$LHSV=16$，10min。

[3] 反应条件：483℃，$LHSV=4$，10min。

[4] 空气中焙烧 10h，再在 649℃，100% 水蒸气，0.1MPa(表)条件下，处理 24h。

[5] 在[4]处理后再在 857℃，含 5% 水蒸气的空气中处理 48h。

随着工业实践和研究工作的深入，特别是客观条件对技术提出更高的要求，发现以下问题：

① 合成无定形硅铝虽然有很大的比表面积和较宽的孔分布，但是在工业催化裂化装置

中，经过多次反应-再生循环，其比表面积大大下降，如表 3-17 所列。从表 3-17 可以看出，其新鲜催化剂(简称新鲜剂)的比表面积为 500m²/g，此时<3nm 孔的比表面积为 110m²/g；而平衡催化剂(简称平衡剂)的比表面积只有 120m²/g，<3nm 的孔全部消失。由此可见，分散其中的沸石，由于细孔消失，必有一部分沸石被封闭在消失的孔内，因而一部分沸石未能发挥作用；而且所剩的孔偏大，对反应选择性也带来影响。

表 3-17　SiO₂/Al₂O₃ 比表面积和孔分布变化

SiO_2/Al_2O_3	比表面积/(m²/g)	表面积分布/(m²/g)		
		<3.0nm	3.0~6.0nm	>6.0nm
新鲜剂	500	110	380	10
平衡剂	120	0	60	60

②合成硅铝本身就是裂化催化剂，但其活性特别是选择性与沸石相比相差甚远，所以被沸石所取代。然而，实际上沸石在催化剂中只占 10%~20%，而合成硅铝却高达 80%~90%。虽然起主导作用的是沸石，但实际上两种活性组元并存。虽然两者有相辅相成的作用，但也同时带来硅铝本身的短处，从而弱化了沸石的长处。为了充分发挥沸石具有良好选择性的长处，应限制硅铝载体的活性，甚至可把它作为惰性物质，只利用其物理的和机械的性质，作为单纯的载体而不参与催化反应(对此后来又有新的认识，将在下面叙述)。

③由于对环境污染的控制要求日益严格，要求催化裂化装置再生烟气中的催化剂粉尘含量降低，这就需要提高催化剂的强度，同时改善旋风分离器的回收效率。旋风分离器的回收效率与催化剂的密度有关。硅铝凝胶的磨损强度较差，且堆积密度较小，因此必须对它进行改造。

（三）半合成硅铝载体

针对人工合成无定形硅铝载体存在的问题，20 世纪 70 年代中期出现了用天然白土代替合成硅铝胶体，以纯沸石裂化代替沸石和硅铝双重裂化，同时采用黏结剂将白土和沸石黏结在一起，以提高催化剂的磨损强度和堆积密度。

出现这些变化后，催化剂性质也相应地发生了较大的变化，表 3-18 列出各种催化剂物化性质上的变化。从表 3-18 可以看出，催化剂的比表面积从 300~500m²/g 降至 150~200m²/g，孔体积从 0.5~0.7mL/g 降至 0.2~0.3mL/g，堆积密度从 0.5g/mL 提高至 0.7~0.8g/mL，磨损指数(AI)从 4%降至 1%左右。表 3-19 为两种典型催化剂的反应性能比较(Connor，1986)，表中两种催化剂所含沸石都是 REY，同属一种类型，含量也基本相同，差别在于载体：一种是含高岭土和凝胶；另一种是以高岭土为主，用硅溶胶做黏结剂。两种载体本身的活性列于表 3-20。从表 3-20 可见，含高岭土和溶胶的载体有较低的裂化活性，而硅凝胶白土的载体裂化活性很高。表 3-19 的数据表明：有活性载体所制备的催化剂活性并不比无活性载体所制备者高，这可能是由于前者将一部分沸石封闭于细孔之中而不起作用，后者则起作用的沸石相对量较多。不过差别较大的还是选择性：两者汽油产率相差约3%，体现了纯沸石裂化选择性较好的优越性。这两种催化剂在工业催化裂化装置上运转结果与在中型催化裂化装置上试验结果相吻合。工业试验还证明了除选择性较好外，催化剂的补充率也下降，即跑损量减少，这是由于溶胶黏结剂所制催化剂的磨损强度较好和堆积密度较大所带来的好处。

表 3-18　各公司催化剂物化性质的变化

公　司	日本触媒化成				Ketjen			Davison					Katalistiks		中国
催化剂牌号	SZ-H	USZ 203	MRZ 204	MRZ 220	MZ-3	MZ-7	MZ-11	XZ-25	CBZ	SUPER D	DA	Octacat Ⅱ B	EKZ	BMZ	CRC-1
年份	1973	1978	1982	1983	1970	1978	1980	1966	1972	1976	1981	1978	1983	1983	1981
比表面积/(m²/g)	510	345	180	120	530	125	145	335	290	135	140	220	120	120	135
孔体积/(mL/g)	—	—	—	—	0.73	0.25	0.25	0.60	0.47	0.18	0.28	0.26	0.31	0.26	0.25
堆积密度/(g/mL)	0.42	0.60	0.75	0.78	0.47	0.80	0.85	0.52	0.52	0.78	0.78	0.67	0.76	0.79	0.78
磨损指数	≈4	≈3	≈1	≈1.5	4	1.5	1.0	4	3.4	1.0	0.4	1.3	1.3	1.1	1.5~2.0

表 3-19　不同载体制备的催化剂反应性能

催　化　剂	CBZ-1	SUPER-D
载体	高岭土+凝胶	高岭土+溶胶
转化率/v%	73.0	74.0
干气/%	1.53	1.12
LPG/v%	18.5	17.8
C_5^+汽油/v%	61.0	64.5
LCO/%	8.6	8.5
HCO/%	18.4	17.5
焦炭/%	5.2	4.9

表 3-20　不同载体的活性

活性和产物分布	SiO_2/Al_2O_3 凝胶载体	高岭土-SiO_2 溶胶载体
转化率/v%	32.16	4.32
干气/%	0.69	0.30
LPG/v%	8.71	1.13
汽油/v%	27.01	7.46
LCO/v%	67.84	95.68
焦炭/%	1.10	0.35

（四）其他类型的载体

沸点为 540℃以上、碳数为 35 以上的减压渣油，其相对分子质量为 $10^3 \sim 10^5$，分子直径为 2.5~15nm。Y 型沸石的自由孔道直径为 0.75nm，其窗口为 0.8~0.9nm。400℃以下的馏分油，其碳数为 20 以下，进入沸石内孔是可能的；>400℃的馏分要进入内孔就有困难了。这部分的裂化，如只靠沸石的外表面，其转化率就很有限，因为沸石的外表面积只占其总表面积的 2%以下，如表 3-21 所列。因此，为提高>400℃馏分油的转化，就需要有其他的活性中心，这就要求载体也能够提供活性中心，于是有活性的载体又受到重视。但是，除沸石以外的其他活性中心，选择性都没有沸石好。为了避免焦炭生成过多，载体的活性需加以控制，理想的是希望它只将大分子切成中分子，然后迅速使其进入沸石孔内再裂化，不希望它有太强的裂化活性将反应进行到底。能裂化的大分子烃类一般更容易裂化，故不需要太强的酸性中心。为了对其活性进行较有效的控制，采取了在"惰性"载体的基础上，添加活性载体的办法，即在已有的白土-溶胶体系中加了添加物。这种添加物大多是活性氧化铝，如 γ-Al_2O_3 之类。

表 3-21　沸石催化剂的外表面积

催　化　剂	平均粒径/μm	外比表面积	
		m²/g	占 BET 总面积/%
REX	2.3	2.35	0.49
REY	1.2	6.98	1.23
NH_4Y-HY	2.6	3.50	0.52

除活性之外，对载体的另一个重要要求是要有合适的孔大小和分布，使大分子烃类能够通过载体的孔与沸石接触。图 3-57 为孔分布模型（Ruchkenstein，1981），其中有 A、B 和 C 三种大小的孔，还有沸石的小孔。在三种孔中，A 孔太小，大分子烃类进不去；C 孔太大，虽大分子烃类可自由进出，但表面积小。因此，最合适的孔大小是 B 孔，它既有足够大的孔，又能够有较大的总体表面积。合适的孔大小应是大分子反应物直径的 2～6 倍（Humphries，1988）。

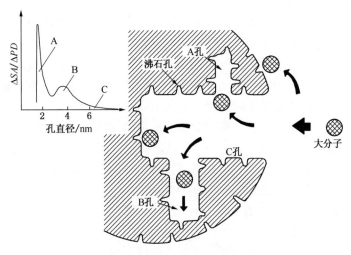

图 3-57　催化剂上的几种孔大小模型

改性拟薄水铝石（ASP）是在特殊工艺条件下形成的一种氧化铝水合物，由于其结构的特殊性，从而具有较好的胶溶性能。试验研究表明，胶溶后的氧化铝固体孔分布非常集中，可几孔径为 4.0nm 左右。图 3-58 为 ASP 和普通氧化铝载体 PB 孔分布的比较，从图 3-58 可以看出，ASP 除了氧化铝具有的 4.0nm 的孔外，还有 6.0～7.0nm 的孔，形成了双可几孔分布，这样既能实现大分子反应物预裂化，同时具有优良的扩散性能。因此，ASP 可以作为渣油裂化催化剂载体（许明德，2006a）。

Corma 等（2007）合成了无序介孔 SiO_2-ZrO_2、无定形 SiO_2-Al_2O_3-MgO、无定形硅铝磷酸盐（ASAPO）以及铝取代海泡石（硅酸镁，SEPAL）等活性载体材料，以性能较好的 ASAPO-1 和 SEPAL 为载体合成两种裂化催化剂，并以掺磷 SiO_2-Al_2O_3 为载体合成的催化剂作参照剂，在微反活性装置上考察了这三种催化剂的裂化性能。试验结果表明，相对参照剂，ASAPO-1 基催化剂活性更高，对 LCO 和汽油的选择性更好，气体选择性较差，生焦量也没有明显增大；同时，产物中的烯烃/烷烃比值更高，

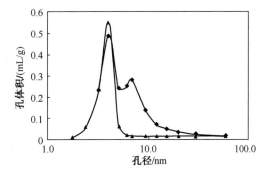

图 3-58　载体孔分布比较
◆-ASP；▲-PB

烃比值更高，LCO 中的芳烃含量更低，且汽油中的芳烃含量下降，异构烷烃含量有所增大。而 SEPAL 基催化剂相对参照剂则提高了汽油的质量。因此，将 ASAPO 和 SEPAL 的优势相

结合，能最大化生产低芳烃含量的 LCO，同时不会使汽油产率或质量有所下降。

　　Albemarle 公司提出了催化剂可接近性概念（Morsado，2002），并以可接近性指数（AAI，Albemarle Accesibilty Index）来表征，AAI 是裂化催化剂的重要性质，可表征反应物进入催化剂孔结构和产物从催化剂表面离开的传质能力。AAI 与原料有关，含有较大分子的原料向催化剂孔内渗透的速率慢，待生催化剂中的积炭量随催化剂 AAI 的增加而减小。水蒸气和金属沉积对 AAI 影响最大，特别是铁离子的沉积会大幅度降低 AAI。

　　大分子在催化剂孔道中的传质问题以及较高金属（如 Ni，V 和 Fe）污染问题都是加工重质原料固有的问题。因此，市场需求适合加工这些重质原料的专用渣油裂化催化剂，这也就使得人们有必要开发新的表征技术。这些材料的孔结构对传质过程起到很重要的作用。"可接近性"概念的提出为表征反应物分子如何接近催化剂活性位给出了新的方向。AAI 测试可测定烃类分子在工业催化剂中的扩散，并能给出相应的解释，尽管其测试条件与工业过程相差很远。AAI 测试方法是针对复合催化裂化催化剂开发的，使用紫外光谱仪测定催化剂中有机大分子的液相扩散，跟踪某一特定吸附波长有机分子的浓度随时间的变化情况。其浓度变化越快，催化剂的 AAI 指数越高，可接近性越好。尽管催化剂在不同装置上的临界 AAI 不同，而可接近性指数更高的催化裂化催化剂则具有更好的催化裂化性能，这可由其更高的汽油产率、更高的转化率和更低的油浆收率证明。

　　Sedran 等（Falco，2006）以具有不同孔径尺寸和可接近性的氧化铝作为渣油催化裂化催化剂的标准载体组分，考察了在反应温度为 500℃时，1,3,5-三异丙基苯（TIPB）在这些氧化铝上的催化裂化反应，并将其裂化性能与工业平衡催化剂的裂化性能进行对比。研究结果表明：以氧化铝为催化剂，其产物种类较少，即为丙烯、苯、异丙苯以及少量的四氢化萘结构烃类，并且生焦较少。即使以工业平衡剂或沸石为催化剂的反应条件更加温和，以氧化铝为催化剂时反应动力学常数仍要比以工业平衡剂或沸石为催化剂时小 1~2 个数量级。以 TIPB 为探针分子的试验证明了 AAI 测试方法是一种确定催化剂活性中心可接近性的简单而可靠的方法，并对渣油催化裂化催化剂载体性质的表征有很大帮助。Albemarble 公司基于可接近性概念开发出 ADM（Albemarble Developed Matrix）载体技术，并以此为平台开发了一系列裂化催化剂。

　　一般认为催化剂载体的一个重要作用就是对重油分子进行预裂化生成较小分子，以使其能扩散到晶体沸石进而转化为汽油和更轻的产物。而一般的无定形氧化铝或硅铝载体在预裂化大分子原料时也生成焦炭和气体副产物。2000 年，BASF 公司提出了分散载体结构（Distributed Matrix Structures，简称 DMS）平台技术，并同时推出基于此技术平台的商业 NaphthaMax® 裂化催化剂，已得到广泛地应用。基于 DMS 载体的催化剂结构使原料分子更容易扩散到高度分散的沸石晶体的外表面进行预裂化，就是说原料首先在沸石晶体的表面发生预裂化，而不是像其他催化剂那样在无定形的活性载体表面发生预裂化，从而降低了焦炭的生成，同时减少了预裂化产物扩散至沸石晶体内表面的二级扩散，从而降低了过裂化反应，相应地提高沸石裂化的选择性。正是这种独特的孔结构使重油原料大分子的扩散和沸石裂化的选择性达到最优化，从而在改善了重油转化能力同时，焦炭产率较低。

　　扫描电子显微镜（SEM）分析结果显示样品有非常好的孔结构，尤其是整个孔的裸露面都被沸石及晶体覆盖，这样烃类原料分子容易接触这些沸石晶体的外表面，而这些烃类原料分子则容易扩散到这些孔结构中。尽管其他催化剂也具有相似的结构特性，甚至具有更大的孔体积，但其表观形貌以及内在的沸石裂化种类与 DMS 结构不同。基于 DMS 平台，BASF 公司开发了四种催化剂技术：NaphthaMax，Flex-Tec，Endurance 以及 Converter。其中 NaphthaMax 催化剂技术是以蜡油为原料最大化生产汽油的技术；Flex-Tec 催化剂技术是为适应最苛刻的渣油加工条件开发的；Endurance 催化剂技术是适应较缓和的渣油加工条件开发；而 Converter 催化剂技术是为配合其他载体的催化剂而生产的助剂，Converte 助剂具有独特的孔结构，可以使进出 Converter 的传质限制最小化，而非 DMS 材料的结构是随机的，会使传质受到阻碍(见图 3-59)。Converter 助剂的独特结构使得其可以将重循环油和油浆更多地转化为汽油；可以在给定的转化率下增加处理量；可以在不变的主风速率下增加渣油处理量。在催化剂循环量中，Converter 助剂的加入量为 5%~30%。

图 3-59 采用 DMS 技术的 Converter 助剂的孔结构

2004 年，Grace Davison 公司首次引入了可调控活性载体技术(Tunable Reactive Matrix，简称 TRM)。这种性能可调的载体和铝溶胶组合形成的系列催化剂，其孔分布和表面化学状态可以调整，可以更好地适应原料性质和油气与催化剂之间的相互作用。以这种载体技术为平台并引入铝溶胶开发了四种系列的裂化催化剂，其商品名称为 IMPACT™、LIBRA™、POLARIS™ 以及 PINNACLE™，其特点见表 3-22。采用新的可调载体，突出的特点是重油裂化性能和催化剂活性稳定性得到改善。此外还有基于铝溶胶的 AURORA 和 ADVANTA 催化剂，适用于催化剂处于中高污染金属水平下，仍能提高汽油产率。

表 3-22 TRM™ 载体系列催化剂特点

催化剂	IMPACT™	LIBRA™	POLARIS™	PINNACLE™
沸石类型	Z-28	Z-30	Z-32	Z-28 或 Z-32
载体类型	TRM-100	TRM-200	TRM-300	TRM-400
金属钝化技术	有	无	有	有
适用原料油	渣油	轻油/加氢处理	VGO/重油/渣油	VGO /渣油
金属水平	高	低	高	高镍
沸石表面积	中-高	中-高	中-高	中-高
载体表面积	低-中	低-中	低-中	低-中
特点	焦炭、气体选择好，重油裂化性能强	焦炭、气体选择好，重油裂化性能强	抗金属性能好和活性稳定性高	抗镍能力强，活性稳定性高，重油裂化性能强

（五）载体的化学反应性能

一般认为，催化剂的活性组分对催化剂的活性、选择性和产品性质起主要作用。载体提供催化剂的孔结构、粒度、密度和耐磨性等，对催化剂的输送、流化和汽提性能起主要作用。事实上催化剂载体的作用远非如此，特别在原油重质化、目标产品多样化、环保要求严格化的形势下，改进载体和赋予载体新的功能特别重要，它可能成为一个催化剂成败的关键。

1. 载体对重油裂化的作用

裂化催化剂由沸石和载体组成，在馏分油催化裂化反应中，由于强调发挥沸石的作用而大量使用低活性或惰性载体（Lim，1982）。随着渣油掺炼量的增加，活性载体显得越来越重要，然而活性载体也带来非选择性裂化（即干气、焦炭）的增加。因此，对于特定的工业催化裂化装置，其催化剂性能的设计不但要考虑载体的活性，而且要选择适当的沸石与载体的活性比，以达到最优的效果，在改善大分子烃类裂解性能的同时，又能改善或至少不影响催化剂的焦炭、干气选择性（Pine，1986）。

Anderson 等（1989）研究了 L 酸和 B 酸对催化剂性能的影响，认为催化剂的 L 酸主要来自载体中的氧化铝，而 L 酸是通过自由基机理产生焦炭和气体的主要原因。BASF 公司采用原位晶化工艺开发的 Dimension 载体很好地控制了载体中 L 酸与 B 酸的比例，尤其是在经过水热老化后，L 酸与 B 酸的比例也保持稳定，从而减少了载体上发生自由基反应的可能性，较好地协调了重油裂解与焦炭选择性的矛盾关系（Dight，1991）。

载体与沸石的合理匹配可以使其产生相互作用。Corma 等（1990）发现以硅溶胶为黏结剂的 USY 沸石催化剂在水热处理过程中，载体中的 SiO_2 可以与 USY 沸石中的非骨架铝形成具有催化活性的 $SiO_2-Al_2O_3$ 相，使 SiO_2 载体产生了一定的活性，有助于大分子反应物裂化。载体中的 SiO_2 还可以在高温水蒸气作用下发生固相迁移，嵌入沸石骨架上的空位（Gelin，1991），从而提高了沸石的稳定性。Kubicek 等（1998）利用无定形载体中的游离铝原子迁移到沸石骨架上，发生重铝化和重结晶过程，使沸石的活性稳定性得以提高。

为证明活性载体对渣油转化提高轻质油收率的能力，Leuenberger 等（1988）做了载体和沸石分层反应的试验，结果列于表 3-23（第一组实验）。实验表明：馏分油先经过有活性的载体，然后进入沸石反应，比先经过沸石再进入载体，转化率增加 18%。Grace Davison 公司也做了类似的试验，结果也列于表 3-23（第二组实验）。试验结论与前述一致。反应物先经过有活性的无定形载体的转化率要高 8v%，而大于 482℃馏分的转化率则基本相同。这是因为重馏分不管先或后通过有活性的载体都是要转化的。

表 3-23　载体和沸石分层转化实验

分层顺序：上层/下层	Z/M	M/Z
第一组实验：转化率/%	51	69
第二组实验：转化率/%	64.5	72.5
其中>482℃馏分转化率/%	99.3	99.8

2. 载体对产品选择性的作用

载体的酸中心及其强度的重要性还表现在：如果酸性太强，裂化活性太高，大分子裂化迅速生成焦炭，堵塞孔道，尽管有大小合适的孔，但大分子仍受阻于孔外，无法进入沸石孔内反应，如图 3-60 所示。如果载体无活性，虽有足够大小的孔可使大分子进入，但未反应的大分子仍然无法进入沸石孔内反应，而且由于经过再生后的催化剂颗粒温度很高，成为热载体，大分子进入孔内在高温下可能热裂化、缩合，生成焦炭和干气，使反应选择性变坏，所生成的焦炭还能堵塞沸石的孔口。因此，对大分子的裂化，载体的性质是要精心设计制造的，必须控制好酸性、孔大小和比表面积这些重要参数，同时针对原料油性质和产品分布的要求调整与沸石的搭配比例，总的原则是载体的活性适可而止。因为尽管活性载体是精心选择的，但其选择性终归不如沸石，伴随其活性而来的将是选择性变坏，焦炭产率增加，其差别只是增加量而已。表3-24为不同活性的载体对催化剂的活性和选择性的影响（Wear，1988）。

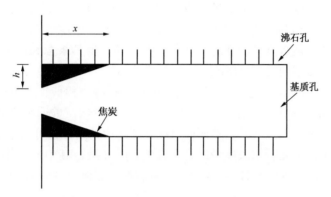

图 3-60　催化剂在反应后孔外生焦模型

表 3-24　不同活性载体的催化剂性能比较

（渣油裂化，含 Ni 3000μg/g，V 3000μg/g）

载体活性	高	中	低
转化率/v%	72.2	64.8	54.8
生气因数	1.3	1.7	1.6
C_3产率/v%	7.0	7.3	4.2
C_4产率/v%	12.6	9.5	6.7
汽油/v%	55.3	50.4	45.7
LCO/DO	2.91	2.26	1.84
焦炭选择性因数	3.98	4.39	5.20
C_3^+液体产物收率/v%	102.7	102.4	101.8
汽油/转化率(质量比)	0.63	0.66	0.69

表 3-25　水蒸气处理对载体酸性的作用

催化剂	L酸/%（B酸/%）		催化剂	L酸/%（B酸/%）	
	新鲜样	870℃水蒸气处理		新鲜样	870℃水蒸气处理
载体 A	100(0)	64(36)	催化剂 N		54(46)
催化剂 A	—	72(28)	载体 U	74(26)	63(37)
载体 P	72(28)	53(47)	催化剂 U		47(53)
催化剂 P	—	61(39)	载体 H	52(48)	0(0)
载体 N	76(24)	63(37)	催化剂 H	—	0(0)

载体的酸性中心形态对重油裂化及选择性也有很大的影响。Alerasool 等（1998）为了研

究载体中不同酸的类型与重油裂化的关系，选用了 5 个催化剂，分别测定新鲜载体和经 870℃水蒸气处理的载体和催化剂的酸性，表 3-25 是酸性测定的结果。从表 3-25 中可见，催化剂 A 的原载体所含酸 100%是 L 酸，该剂在工业渣油催化裂化应用中具有极好的重油裂化能力，所以曾认为载体的 L 酸对重油裂化有大的作用。但经过进一步对含不同 L 酸的催化剂作评价试验后，发现 L 酸量与重油裂化并无规律性的关系，相反，B 酸量则较有规律。这种现象主要源于测定载体的酸性时未经水蒸气处理，而实际工业运转时，催化剂是在水热条件下发挥作用的。为适当地模拟工业情况，采取了将新鲜载体和催化剂都分别在 870℃下水蒸气老化处理，处理后再测定其酸性。870℃下水蒸气处理是很苛刻的，催化剂中的沸石将完全被破坏，只留下载体，所测定的酸性就是载体的酸性。表 3-25 中经过 870℃水蒸气处理后载体 A 产生了 36%的 B 酸，而催化剂 A 则有 28%。其他载体和催化剂也都有类似的结果。于是得到的结论是水蒸气处理的载体可产生 B 酸，但其来源和产生机理则尚不清楚，有一种可能是载体中黏结剂的 Si 和活性 Al_2O_3 作用的结果。

Van de Gender 等(1996)通过对不同活性载体，在孔分布相似、比表面积相近、总酸量相等下，改变 B 酸与 L 酸含量之比，发现 B/L 大，生焦量低，重油裂化能力接近。一般认为载体的活性高，焦炭选择性变差，然而通过调整载体中的酸性，可以达到既提高重油裂化能力又不增加生焦量。由此看来载体最好是含有较多的 B 酸，其中最好是含较多的弱 B 酸。具有合适孔分布，用磷改性的活性 Al_2O_3 也是一种较好的载体组分(侯祥麟，1998)。

（六）载体的可汽提性

吸附着油气的待生催化剂(简称待生剂)在进入再生器之前，必须先用水蒸气进行汽提，除去油气，避免油气被带入再生器烧掉。油气被汽提的难易程度与催化剂载体的孔结构关系很大。较大的孔且没有缩口的孔，一般可汽提性较好。可汽提性好的催化剂，其夹带较少量的油气到再生器，相应地焦炭产率减少，汽提出的油气和裂化产物一起回收，增加油品的产率，提高了经济效益。因此，可汽提性也是载体的重要性能之一。

待生剂上的焦炭分为硬焦和软焦两种，硬焦包括反应焦和附加焦，而软焦则为吸附的碳氢化合物+孔隙内滞留的碳氢化合物+颗粒外和颗粒间黏附的碳氢化合物。硬焦是汽提不掉的，软焦则可以汽提。其汽提的效果和速率与汽提段的设计和条件有关，与催化剂的性质和结构也有很大关系。一般汽提好的待生剂，焦炭中的氢含量在 6%以下。路勇等(2000)研究表明，当载体比表面积相近时，重油产率和可汽提焦产率随大孔载体的增加而降低。

（七）载体的稳定性

载体的另一重要性能是结构的稳定性。催化剂要经历多次反应-汽提-再生循环，尤其在再生过程中，待生剂用空气烧焦，必须承受 680~730℃温度，有时颗粒的局部更高温度，并伴有水蒸气存在。因此，载体必须具备较好的水热稳定性。

（八）载体的组成和类型

裂化催化剂的载体一直是由氧化铝和氧化硅所构成，其差别只是其构成的形态、组成和结构不同。初始阶段的氧化硅-氧化铝大多是合成硅酸铝，所用原料和制备工艺路线可有不同，但都属无定形硅酸铝类型。后来演变为采用天然白土加黏结剂，称为半合成类型，但其化学组成仍属氧化硅-氧化铝范畴。全合成硅酸铝的基本原料是硅酸钠(水玻璃)提供硅源，硫酸铝或铝酸钠提供铝源，制备工艺则有连续成胶、分步成胶和共胶等。半合成硅酸铝则是以天然白土提供氧化硅-氧化铝，然后以氧化硅或氧化铝溶胶做黏结剂将沸石和白土黏结在一起，喷雾干燥成微球，这类载体包含天然白土和黏结剂两种组成。有些载体除了白土、黏结剂之外，又增加一种活性添加物组分，这种活性组分一般是氧化铝、无定形或用 X 光鉴定有晶相的氧化铝以及无定形硅酸铝等。

氧化铝是氢氧化铝加热脱水后的产物，随着起始氢氧化铝形态、脱水温度及条件的不同，可以得到各种形态的氧化铝，已确定的有 8 种，即 χ-Al_2O_3、δ-Al_2O_3、η-Al_2O_3、κ-Al_2O_3、θ-Al_2O_3、ρ-Al_2O_3、α-Al_2O_3 和 γ-Al_2O_3，其中 κ-Al_2O_3、δ-Al_2O_3、θ-Al_2O_3 和 α-Al_2O_3 是脱水温度在 900~1000℃ 制备的，为高温氧化铝，一般没有活性，常用于冶炼金属铝；χ-Al_2O_3、η-Al_2O_3、γ-Al_2O_3、ρ-Al_2O_3 是在脱水温度小于 600℃ 制备的，其比表面积和孔容一般都较大，同时具有"活性"，称为活性氧化铝，常用的为 γ-Al_2O_3，和 η-Al_2O_3。活性氧化铝是一种重要的载体材料，作为固体酸添加到裂化催化剂载体中，不仅可以改善载体活性，而且可以充分利用其对高岭土和沸石的黏结作用，制备出具有载体活性且较好抗磨性的催化剂。

通用的黏结剂主要有氧化硅溶胶和氧化铝溶胶，溶胶是黏结剂的关键，制备过程中要避免溶胶转化为凝胶。氧化硅溶胶在条件控制适当时，可以延长凝胶的时间。若条件控制不当，将很快形成凝胶。在诸因素中，温度和 pH 值最重要，一般低温(10℃以下)可延长凝胶时间。氧化铝溶胶较稳定，可保持较长时间不转化为凝胶。硅溶胶所用原料一般为硅酸钠(水玻璃)和硫酸，来源较广且便宜。也有用水玻璃加酸性硫酸铝，名为硅溶胶，实际含有铝。氧化铝则可选用拟薄水铝石、金属铝或其他来源的氧化铝。铝的相对价格较贵，所以采用硅溶胶的居多。在工业催化剂品种中，这两种黏结剂都有应用。

硅溶胶和铝溶胶的差别，从催化剂的性能上看，主要有铝溶胶的磨损强度比硅溶胶的稍好；硅溶胶的焦炭选择性比铝溶胶稍好；铝溶胶的水热稳定性稍好。但是在用铝溶胶为黏结剂时，在最后成品催化剂的后处理上要避免洗涤时铝的水解。因此，一般采用焙烧，将铝溶胶制备时的氯根脱除，从而增加催化剂的强度。

五、催化剂表面酸性与催化活性的关系

裂化催化剂的活性及选择性与催化剂的酸性类型、酸中心密度及酸性分布有关。裂化催化剂的酸性可分为质子酸(Brönsted acidity，简称 B 酸)及非质子酸(Lewis acidity，简称 L 酸)两类。

(一) 质子酸与非质子酸

酸碱的概念随着人们的实践而深化，最早把在水中能解离出 H^+ 的物质叫酸，如盐酸、硫酸等；在水中能解离出 OH^- 的物质叫碱，如氢氧化钠，这就是阿累尼乌斯(Arrhenius)酸碱定义。Brönsted 保留了 Arrhenius 的酸定义，进一步提出了共轭酸、碱的概念，凡能给出质子的物质称质子酸，凡能接受质子的物质称质子碱(B 碱)。到 20 世纪 30 年代，Lewis 在配价键理论基础上提出了酸、碱的电子理论，能接受电子对的物质都是 Lewis 酸，如 H^+、Cu^{2+}、$AlCl_3$；能给出电子对的物质都是 Lewis 碱，如 NH_3、HO^-。此外，Mulliken 引入了电荷转移的概念，根据电子转移方向定义了电子供体和受体，它不仅包含了 Lewis 学说，也概括了金属配位反应。Pearson 等又引入了软、硬酸碱概念，可用于解释很多配位反应和有机反应，使酸碱定义更加广泛(甄开吉，1980)。

催化剂的酸性质有三层含义：首先是它的归属种类，属于 B 酸还是 L 酸；其次是酸的强度；最后是酸的密度(简称酸度)。关于酸的种类可以采用化学、光谱、色谱等方法从实

验上进行测定。关于酸的强度，对于 B 酸而言，是指给出质子的能力；对 L 酸而言，是指接受电子对的能力。关于酸的密度，对于固体酸，是指单位表面积（单位质量）的酸量，常以 mmol/g（mmol/m²）表示。对于沸石还可以表示为酸点数/单胞。

1. 裂化催化剂的 B 酸中心

B 酸中心作为催化裂化反应的活性中心，主要存在于裂化催化剂的活性组元中，即 Y 型沸石晶体内。一般认为，沸石骨架上铝氧四面体所带的酸性羟基，即桥式羟基，对应一个 B 酸中心。B 酸主要存在于沸石晶体内，以硅铝桥羟基的形式存在（Sillar，2004），如图 3-61 所示。B 酸的强弱是指它给出质子的能力，由硅铝桥羟基中 O—H 键的振动决定，若 O—H 键极化弱，质子所带正电荷降低，质子的易动性小，则酸性较弱，反之则较强。

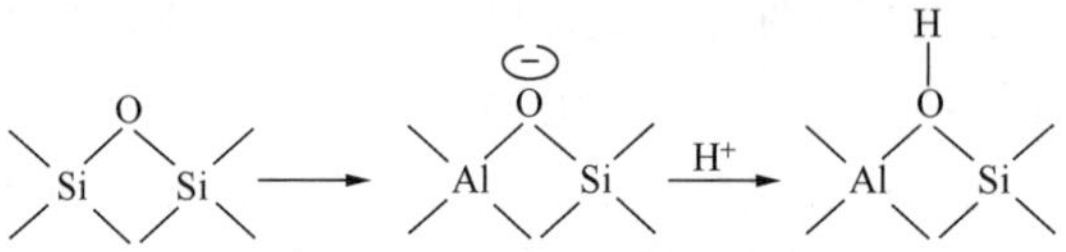

图 3-61　沸石 B 酸形成机制

对于 HY 沸石，B 酸中心的总量即是超笼桥式羟基和方钠石笼桥式羟基的加和。通过 FT-IR 光谱分析，可以对沸石复杂的羟基谱进行归属：第一类为硅羟基群（3745～3710cm⁻¹），在骨架末端，处于沸石外表面，不显酸性或者酸性较弱；第二类为高频羟基群（3697～3600cm⁻¹），其中 3650cm⁻¹ 处的吸收带归属于超笼中骨架结构羟基，具有强酸性；第三类是低频羟基群（3572～3522cm⁻¹），其中 3550cm⁻¹ 处的吸收带归属于方钠石笼或六角棱柱笼的骨架结构羟基，具有弱酸性，一般不与反应物分子接近。

B 酸性来自沸石的结构羟基，结构羟基产生是来自铵型沸石分解或多价阳离子的水合解离两种途径。HY 型沸石是用 H⁺ 通过交换代替 NaY 沸石中的 Na⁺ 得到的，通常先用 NH₄⁺ 交换，然后热分解去掉 NH₃，留下 H⁺ 与骨架上的 O 原子结合成 OH 基，即形成 B 酸中心。而 REY 型沸石 B 酸中心的产生途径详见本节第二部分。潘惠芳等（1994）研究了镧离子对水热处理后的超稳 Y 沸石酸性的影响，认为 LaHUSY 沸石加热到300℃以上，La³⁺ 去水化后可迁移到沸石 β 笼中，与骨架氧原子较好地配位成键，La³⁺ 通过极化作用从骨架羟基中夺取电子产生 B 酸中心。当水热处理4h 后，一些水分子与 La³⁺ 经过充分反应，形成带正电荷的双镧氢氧化物，La₂(OH)₂⁴⁺ 或 LaOH²⁺，其与铝的氢氧化物类似，有利于强酸的产生。李斌等（2005）也认为处于 β 笼中 RE³⁺ 可使水分子极化，有效吸引着 OH⁻，使 H⁺ 呈一定程度的游离状态，而游离在超笼中的 RE³⁺ 不能与水形成配位，无法极化水，从而只能减弱沸石的总酸量，只有使稀土离子有效进入沸石的 β 笼，才能提高 Y 型沸石的酸性和稳定性。

2. 裂化催化剂的 L 酸中心

裂化催化剂 L 酸中心主要存在于非沸石载体（如氧化铝）、沸石间缺陷及非骨架铝中，其酸性强弱是由配位不饱和的阳离子及四面体中的阳离子吸引孤对电子的能力所决定的。

氧化铝是裂化催化剂载体的主要组分，是氢氧化铝（如拟薄水铝石）脱水的产物。IR 分析发现，拟薄水铝石提供的酸性中心为 L 酸，经400℃、700℃和1000℃处理后，样品所提供的仍为 L 酸，未见 B 酸（吴越，1994）。由此可见，氧化铝在催化剂载体中仅提供 L 酸中心。拟薄水铝石的表面为羟基所覆盖，当温度升高时，表面羟基与相邻的氢生成水分子而被除去，随着表面羟基或水分子的除去，出现了配位不饱和的阴离子（Al³⁺ 或阴离子空位），氧化铝脱水形成不饱和配位的铝离子是 L 酸位，其产生途径如图 3-62 所示。吸附了水的 L 酸位则成为弱 B 酸，其酸性很弱，可以忽略其存在。IR 测定结果表明氧化铝的表面不存在 B 酸中心，仅有 L 酸中心。

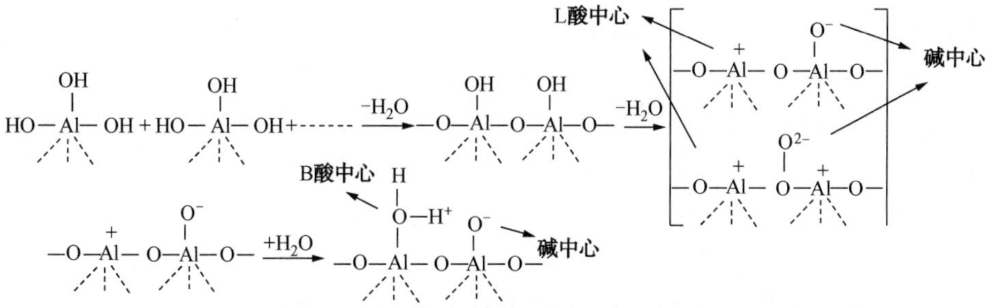

图 3-62　氧化铝表面 L 中心的产生途径

　　虽然原高岭土基本上不具有酸性，但经过酸或碱改性后的高岭土具有一定的酸性中心，制成的催化裂化催化剂具有很好的重油转化能力和良好的裂化产物选择性。酸改性高岭土中铝有四、五、六配位结构，Al—OH 主要以 B 酸存在，酸性较弱，经过焙烧后，出现弱 L 酸中心，酸改性高岭土酸性中心的产生如图 3-63 所示(刘从华，1999)。L 酸中心有利于大分子的预裂化，但是强 L 酸中心有利于焦炭反应，因而最好利用弱 L 酸中心。

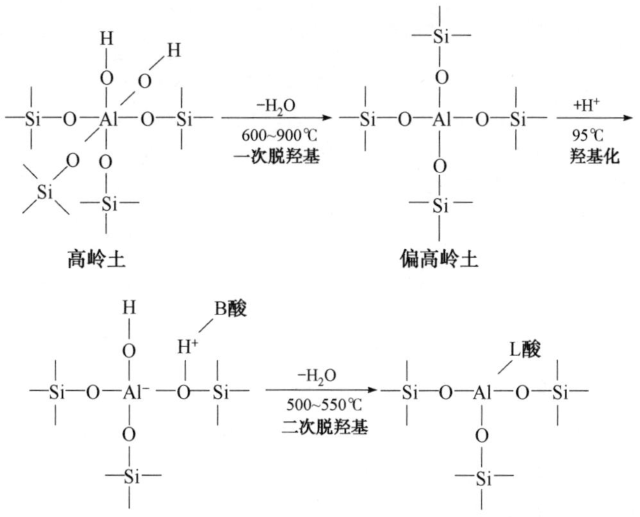

图 3-63　酸改性高岭土 L 酸性中心的产生途径

　　关于沸石中 L 酸中心的产生，早期 Uytterhoeven 等(1965)提出结构羟基脱除导致 L 酸中心的形成，其模型如下：

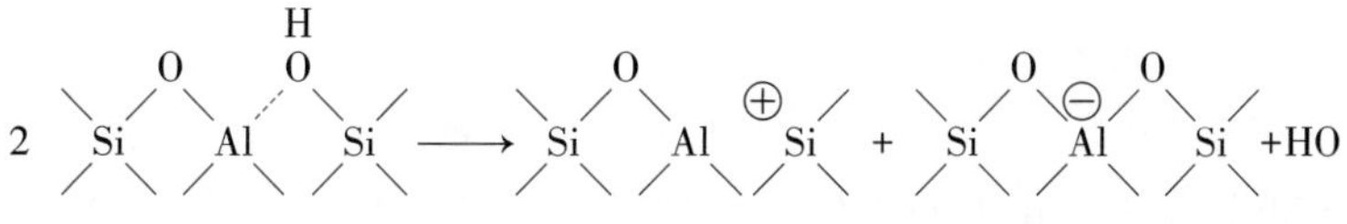

　　Y 型沸石在脱羟基过程中 B 酸中心数量减少，L 酸中心数量增加，所形成的具有 L 酸中心特征的三配位铝位处于沸石骨架上。后来，Kuhl 等(1977)提出三配位铝不稳定，被挤出晶格而形成 L 酸中心，其脱羟基模型如下：

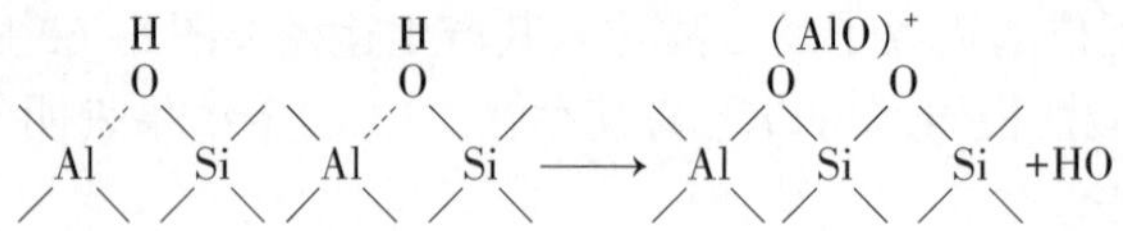

此模型否定 Y 型沸石骨架三配位铝的存在，认为 L 酸中心是由从沸石骨架上解脱下来的铝以[Al—O]⁺形式构成的，三配位铝不稳定而被挤出晶格形成六配位的铝化合物（Jacobs，1979）。Freude 等（1983）从核磁共振研究角度否定 Uytterhoeven 脱羟基模型，NMR 实验证实脱羟基 Y 沸石中结构羟基在数量上总保持与四配位铝相等，脱羟基过程中未出现骨架三配位铝，在骨架铝邻近脱羟基总伴随着铝原子自骨架上解脱。黄曜等（1993）认为超稳 Y 沸石的 B 酸和 L 酸量均与骨架铝有关，而与非骨架铝无关，沸石中虽有非骨架铝存在，它们可能提供一部分 L 酸，但仍以骨架铝提供的 B 酸和 L 酸占主导地位。综上分析可知，沸石中 L 酸中心的来源可能有两个途径，一是结构羟基脱除形成的骨架三配位铝，二是沸石中非骨架铝物种。

硅铝催化剂及沸石催化剂都具有质子酸及非质子酸，两种酸可以相互转化。图 3-64 为硅铝催化剂上质子酸与非质子酸的转化。在高温下质子酸脱水，暴露了铝离子的接受电子对性质形成非质子酸。在硅铝催化剂上一个质子酸可以生成一个非质子酸。

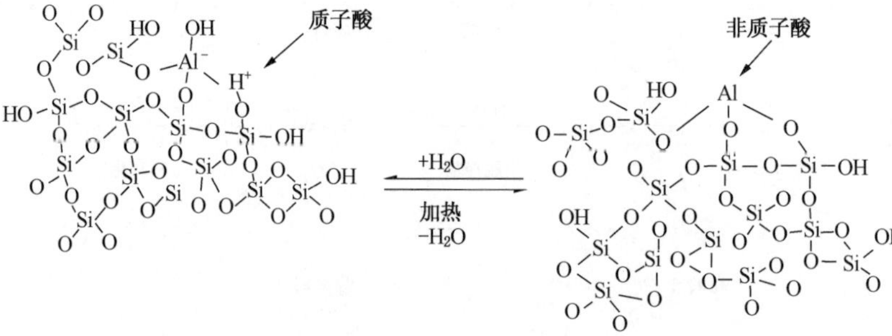

图 3-64　硅铝催化剂上质子酸与非质子酸的转化

沸石催化剂上质子酸与非质子酸之间的转化，加热温度超过 450℃时，质子酸脱水形成非质子酸。沸石上每生成一个非质子酸需要两个质子酸。这种转换可以逆向进行，非质子酸加水也可形成质子酸，见本节第二部分。在一定条件下，沸石内同时存在着 B 酸与 L 酸。

（二）催化剂酸性与活性的关系

氧化硅既无质子酸也无非质子酸，对催化裂化而言是没有活性的。氧化铝则仅有非质子酸，裂化活性虽很强但很易减活（Hall，1964）。很多纯烃裂化的模型反应表明了催化活性与酸性的关系。异丁烷在硅铝催化剂上的裂化结果表明，异丁烷的裂化活性与非质子酸的浓度成直线关系，如图 3-65 所示。早期认为烷烃开始裂化时需从非质子酸中心上抽取负氢离子以生成正碳离子，实际上有可能是非质子酸促进邻近的质子酸的酸性。邻二甲苯在硅铝催化剂上的异构化表明了催化活性与质子酸浓度的关系，如图 3-66 所示。此结果证明了芳烃生成正碳离子的机理，即芳环质子化生成正碳离子，随后进行异构化反应。

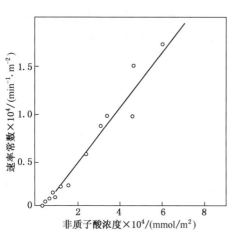

图 3-65　异丁烷在硅铝催化剂上裂化
活性与非质子酸浓度的关系

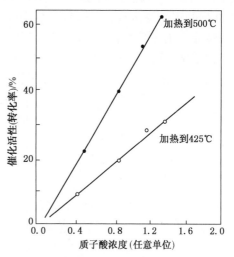

图 3-66　邻二甲苯在硅铝催化剂上异构化
活性与质子酸浓度的关系

　　在沸石催化剂上观察到催化活性与酸性更为定量的关系。图 3-67 表示了异丙苯在 Y 型沸石上裂化活性与质子酸中心浓度的关系（Barthomeuf，1977；1979）。当 Ca²⁺ 与 Na⁺ 交换到一定程度后，质子酸增加，异丙苯的裂化活性则随质子酸的增加而增加。

　　预处理温度对质子酸与非质子酸的相对浓度有很大关系，见图 3-68。从图 3-68(b)可以看到，对于 MgHY 沸石，当预处理温度高于 400℃时，质子酸加两倍的非质子酸的总酸性中心浓度为常数，进一步证明了在沸石催化剂上两个质子酸转化为一个非质子酸的论点（Ward，1968）。

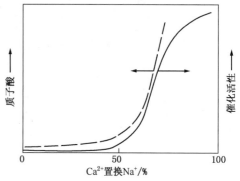

图 3-67　异丙苯在 Y 型沸石上裂化活性
与质子酸的关系

　　邻二甲苯在稀土 Y 型沸石上异构化活性与质子酸的关系示于图 3-69。邻二甲苯转化率为 25% 时所需反应温度与质子酸的酸性呈直线关系。温度越低表示催化活性越高。此结果与硅铝催化剂是一致的，即异构化活性随质子酸中心的浓度增加而增加。预处理温度对 2,3-二甲苯丁烷裂化活性的影响示于图 3-70(Turkevich，1969)。与异丙苯不同的是当 10% 质子酸转化为非质子酸时裂化活性最高。说明 2,3-二甲基丁烷裂化时两种类型的酸都是需要的。当预处理温度进一步升高时活性又显著下降，说明高温时失去了质子酸。看来非质子酸还不足以使烷烃生成正碳离子，尚需有质子酸的存在。这两个例子是用纯烃反应说明催化活性与两种酸性的关系，但将酸性与活性作简单的关联仍然是不恰当的，因为催化活性还与酸中心的强弱有关。

　　阎立军(1999)考察了 FAU 沸石上的 B 酸和 L 酸与正己烷初始反应速率的关系，如图 3-71 所示。从图 3-71 可以看出，在 FAU 系列沸石上，B 酸与正己烷初始反应速率在整体上仍然存在着良好的一致性，而 L 酸在这一方面的表现却让人相信它在烷烃裂化的引发过程中可能并没有直接的作用。Ward 等(1969c)在考察邻二甲苯在硅铝催化剂和 REY 沸石上的异构化活性时，也观察到了异构化活性和 B 酸的线性关系。同时也应该看到在 FAU 系列沸石的 B 酸和正己烷初始反应速率关系曲线的末段，初始反应速率的增长速度明显放缓，可能的解释是，L 酸的存在有可能促进了邻近 B 酸的酸强度，因此，由于 L 酸量的减少导致 B 酸酸强度的降低，从而影响了初始反应速率的变化。大量纯烃裂化反应（Ward，1968；1969b）的结果也证明了 B 酸在生成正碳离子和保持裂化活性方面的作用。

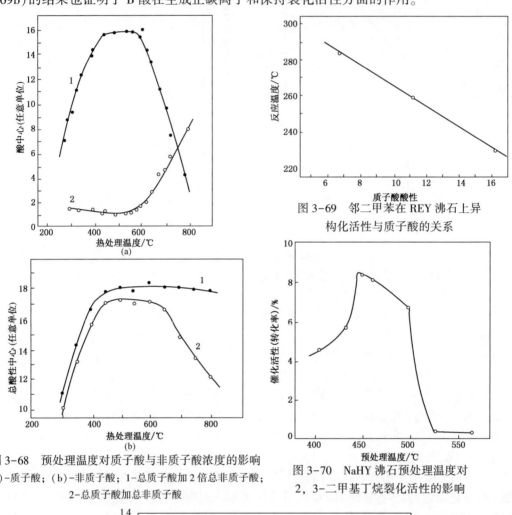

图 3-68　预处理温度对质子酸与非质子酸浓度的影响
（a）-质子酸；（b）-非质子酸；1-总质子酸加 2 倍总非质子酸；
2-总质子酸加总非质子酸

图 3-69　邻二甲苯在 REY 沸石上异构化活性与质子酸的关系

图 3-70　NaHY 沸石预处理温度对 2，3-二甲基丁烷裂化活性的影响

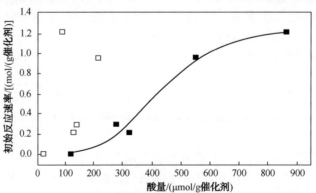

图 3-71　FAU 系列沸石的 B 酸和 L 酸与初始反应速率的关系
■—B 酸；□—L 酸

将酸量和沸石催化活性作简单的关联是不恰当的，因为沸石的本征催化活性还与酸中心的强弱有关（Gnep，1987；Wojciechowski，1986）。经典的方法是用 H_0 的值来表示酸性强弱的，Moscou 等（1973）就认为只有酸强度 H_0 低于+3.3 的酸中心才具有催化活性。阎立军对酸量和酸强度对催化活性的影响作了研究，采用 FAU、BETA 和 MFI 三种类型的沸石，其酸量（NH_3-TPD 法）和正己烷初始反应速率的关系见图 3-72。

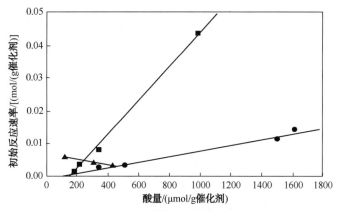

图 3-72　沸石酸量和正己烷初始反应速率的关系

●—FAU；　—BETA；▲—MFI

从图 3-72 可以看出，FAU 和 BETA 系列沸石的酸量和初始反应速率之间均存在着良好的线性关系，这和大多数研究者的实验结果是一致的。但是 MFI 系列的沸石却恰好相反，随着沸石酸量的增加，正己烷的初始反应速率逐渐减小。沸石酸性质的数据显示，酸量和酸强度基本上都是成反比关系，这一规律性也正常地体现在 MFI 类沸石上。在 MFI 类沸石上，不是沸石的酸量，而是酸强度和正己烷的初始反应速率成正比关系。以上分析表明，沸石的酸量和酸强度是影响催化活性，且存在相互作用的两种因素。酸量对催化活性有着决定性的影响，但在某些情况下，例如非硅铝元素的引入或脱铝，沸石的酸强度也能明显地表现出它的作用。总的来说，决定沸石本征催化活性的只有沸石的酸性质，而影响沸石的表观催化活性的因素却是多种多样的。

（三）USY、β 和 ZSM-5 沸石酸性对催化反应的影响

将 USY、β 和 ZSM-5 三种沸石样品分别在固定床老化装置上经 800℃、100%水蒸气老化处理 4h，然后进行 NH_3-TPD 酸性质表征。表征结果表明：USY 有两个 NH_3 脱附峰，其中峰温<200℃脱附峰对应于弱酸中心的吸附，峰温介于 200～300℃ 之间的脱附峰对应于中强酸中心的吸附。β 和 ZSM-5 沸石除了对应于弱酸和中强酸的脱附峰以外，还存在峰温>300℃的强酸中心的脱附峰。三种沸石各种酸中心的酸量列于表 3-26。

表 3-26　三种沸石的表面酸性质

沸石	第一脱附峰		第二脱附峰		第三脱附峰	
	峰温/℃	酸量/（μmol/g）	峰温/℃	酸量/（μmol/g）	峰温/℃	酸量/（μmol/g）
USY	175	114.72	263	331.25	—	—
β	153	87.76	206	194.85	304	109.19
ZSM-5	165	81.95	218	109.58	334	128.67

从表 3-26 可以看出，ZSM-5 沸石虽然总酸量最少，但是酸强度最强，且酸性中心主要

集中在强酸中心；USY 沸石的弱酸和中强酸无论是在酸强度还是酸量上都高于其他两种沸石，但是它缺乏脱附峰温>300℃的强酸中心；β 沸石则介于两者之间，既有较多的弱酸和中强酸中心，又有一定数量的强酸中心。

采用水热老化处理后的 USY、β 和 ZSM-5 三种沸石，分别以正己烷、正癸烷和轻柴油为原料，在实验装置上进行了裂化性能评价试验，试验结果列于表 3-27(汪燮卿，2014)。

表 3-27　正己烷、正癸烷轻柴油在三种沸石上的裂化反应结果

原　　料	正己烷			正癸烷			轻柴油		
沸石	USY	β	ZSM-5	USY	β	ZSM-5	USY	β	ZSM-5
转化率/%	18.03	53.02	65.64	51.06	83.72	74.29	76.41	71.71	39.02
产物分布/%									
H_2				0.03	0.11	0.12	0.03	0.11	0.05
C_1	0.70	0.48	1.53	0.26	0.17	0.27	0.61	0.36	0.23
C_2	0.97	1.13	4.85	0.37	0.32	1.03	0.56	0.40	0.40
$C_2^=$	1.80	2.77	7.77	0.85	1.32	4.56	1.00	1.00	2.93
C_3	1.11	13.81	12.77	4.11	7.28	11.44	1.39	1.81	3.08
$C_3^=$	4.31	11.38	15.54	7.43	14.23	13.60	7.44	11.64	9.85
总 C_4^o	1.19	7.56	6.62	8.88	14.27	10.61	6.04	7.83	2.48
总 $C_4^=$	2.02	4.98	9.95	6.65	12.34	11.37	6.31	11.03	6.86
>C_4	87.90	57.89	40.97	71.42	49.96	47.00			
汽油							52.49	36.58	13.00
柴油							23.59	28.29	60.98
焦炭							0.54	0.95	0.14
$C_3^=$ 选择性/%	6.16	21.46	23.82	14.55	17.00	18.31	9.74	16.23	25.24

从表 3-27 可以看出，USY 沸石的正己烷转化率最低，ZSM-5 沸石的转化率最高，而 β 沸石介于 USY 和 ZSM-5 沸石之间；产品中丙烯的产率也呈同样趋势；相应丙烯选择性 β 沸石远高于 USY 沸石而仅次于 ZSM-5 沸石。由于正己烷分子尺寸较小，这三种沸石对正己烷分子均没有扩散的阻碍，但是正己烷的反应活化能较高，需要沸石比较强的酸性中心裂解。由三种沸石的酸性分析可知，ZSM-5 沸石具有最强的酸性中心，因而最容易将正己烷裂化，β 沸石次之，USY 虽然酸量最大，但大多为弱酸和中强酸中心，强酸中心基本没有，因此对于具有较高反应活化能的己烷的裂化最难。

对于正癸烷裂化反应，β 沸石有最高的转化率，同时丙烯产率也最高；ZSM-5 沸石的转化率和丙烯产率次之，最低的是 USY 沸石；三者的丙烯选择性 ZSM-5 最高；β 居中，USY 最低。正癸烷与正己烷相比较反应分子更大、活化能较低，比较容易发生裂化反应，试验结果也表明，在相同条件下，正癸烷在三种沸石上的转化率均高于正己烷裂化，但 β 沸石似乎更容易将正癸烷裂化，丙烯产率也更多，但由于沸石的孔道择形作用，β 沸石的丙烯选择性稍差于 ZSM-5 沸石。

对于轻柴油裂化反应，USY 沸石有最高的转化率，达到 76% 左右，β 次之，也有 71.71%，但 ZSM-5 沸石仅有 39.02%，这一顺序与三种沸石的孔径大小顺序相一致，也与三者的酸量大小的排序一致。轻柴油是由 $C_{15} \sim C_{24}$ 的各族烃类化合物组成，在孔径最小的 ZSM-5 沸石上有明显的空间扩散位阻，故其轻柴油转化率较其他两种沸石低很多。β 沸石的孔径略小于 USY，在空间位阻和酸性影响下，其轻柴油裂化活性也略低于 USY 沸石。虽然 β 沸石的转化率仅比 USY 低了近 5 个单位，但两者在产品分布上有很大差异，其中汽油的收率 USY 为 52.49%，而 β 仅为 36.58%，说明 USY 更多地将柴油转化成汽油，β 则更多地把汽油进一步裂化成低碳烃类，特别是 $C_3 \sim C_4$，同时，也表现出比其他两种沸石略高的焦炭产率和焦炭选择性，这似乎与沸石所具有的直孔道结构有关，这样的孔道结构不利于分子的扩散而易结焦。β 沸石的丙烯产率最高，对丙烯选择性也明显高于 USY 沸石，这说明 β 沸石在裂化轻柴油时，具有高转化率下的高丙烯产率和高丙烯选择性的特点。

以轻柴油为原料，在 USY、β 沸石上进行裂化反应，得到了汽油产物，并对汽油产物进行 PONA 分析，分析结果见图 3-73。从图 3-73 可以看出，β 沸石的汽油烯烃含量远高于 USY 沸石，尤其是低碳数烯烃如 $C_5^= \sim C_8^=$ 更为明显，说明 β 沸石的烯烃选择性远高于 USY 沸石。β 沸石突出的 $C_5^= \sim C_8^=$ 烯烃选择性将有利于丙烯的生成。

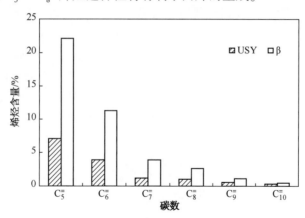

图 3-73 两种沸石上轻油微反汽油产物中的烯烃分布

第二节 催化剂的配方设计

催化裂化工艺面临着原料油重质化，生产过程清洁化，产品需求多样化，且对产品质量要求越来越严格，催化剂的配方设计在满足对催化裂化工艺不同要求方面起着重要的作用。随着基础研究工作的深入和经验的积累，对催化剂内在的理论认识越来越深入，催化剂的配方设计一方面可根据已有的认识进行科学设计，另一方面利用开发出的催化材料和载体进一步改善催化剂的性能。

一、重油裂化催化剂

重油中含有较多的重馏分(>500℃)，分子直径大，并且在正常催化裂化条件下难以汽化，同时还含有较多的重金属和碱土金属元素，包括 Fe、Ni、Cu、V、Na、Ca、Mg 等。这些杂质会污染催化剂，使其活性下降或影响反应选择性。此外，重油还含有杂环化合物、胶质和沥青质，硫和氮含量高，残炭高，H/C 低。针对这些特点，重油裂化催化剂设计要点可归纳为以下几方面。

（一）重油裂化能力

用渣油作为催化裂化的原料，当然希望渣油大分子能够充分转化从而获得更多的轻质产品，这就要求催化剂应具有对重油裂化的能力。渣油中>500℃的重组分含有饱和烃、芳烃、胶质、沥青质，这些组分除了芳环无法在催化裂化条件下开环裂化外，其余大都可以转化，只是转化的产物随催化剂性能、反应条件和工程设计的不同会有差别，其差异之处在于焦炭、干气和轻质产品产率有高低。一个好的重油裂化催化剂，除了要有能力将重油转化外，还要看其产物分布，亦即选择性。催化裂化的产物宏观地看共有 6 种，即液化气、汽油、柴油、干气、油浆和焦炭，前 3 种为较高价值的产品，后 3 种为低价值产物。重油转化能力好的催化剂应能尽可能获得前 3 种较高价值产品的产率，减少后 3 种低价值产物的产率。这是选择性的基本含义所在。

重油，特别是减压渣油，有一部分沸点在 600℃以上，在提升管底部剂油混合温度一般低于 600℃，很难将其汽化，它将以液相与催化剂颗粒的外表面接触，液相的扩散速率在孔大小与分子大小差不多时，比气相扩散速率要低 2~3 个数量级（Zhao，2002）。因此，为避免其沉积在催化剂表面生成焦炭，催化剂必须有足够大的孔以吸收这些大分子，使其易于进入，并进行反应。此外，渣油含有金属污染物，这些污染物分子也都较大，并会引起生焦，

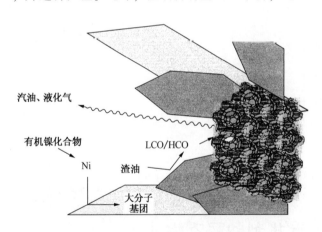

也需要有较大的孔来吸收它们。前面所提到的催化剂活性中心可接近性指数（Connor，1993），其模型见图 3-74。图 3-74 表示：开放性的孔口可以让大分子进入孔内发生预裂化，然后反应产物扩散进入催化剂内孔，与孔内的活性中心接触，进行反应。由于孔口不被结焦所堵塞，裂化后的高价值产物能够很快、很畅通地从催化剂孔道扩散出来，减少在孔内的停留时间，减少在孔内发生氢转移、缩合生焦等二次反应。

图 3-74　活性中心可接近性模型示意

Zhao 等（2002）认为重油裂化的体现是减少塔底油（油浆）产率（bottoms reduction），即关注的是 371~538℃馏分的转化。在此馏分中烷烃的平均碳数为 25~30，芳烃和杂原子化合物的平均碳数在 12~25。直链烷烃的动力学分子直径在 1.2~2.0nm，而芳烃也在此范围内，为 1.2~1.5nm。对芳烃来说，碳数到 60 时，直径还小于 3.0nm。含镍、钒的卟啉分子在 1.0~2.5nm 范围内，详细见第四章第五节。按照构形扩散限制模型要求，催化剂孔径的相对大小应是碳氢化合物分子孔直径的 10~20 倍（Spry，1975），即对 1.0~3.0nm 的分子来说，催化剂中孔大小应在 10.0~60.0nm 范围内，如图 3-75 所示。有足够的大孔，并有合适的酸性，将会有好的重油裂化性能，就可减少塔底油的产率。在中型提升管装置上，对催化

剂中 10.0~60.0nm 的孔体积与塔底油动力学转化率的关系进行试验研究，试验结果如图 3-76 所示。从该图中可见 10.0~60.0nm 的孔体积大，塔底油动力学转化率高（只考虑重油转化，未考虑生焦率）。在此范围以外的孔，例如>100.0nm 的孔对催化反应没有实际意义，而<10.0nm 的孔会增加焦炭和氢气产率（Purnell，2003）。

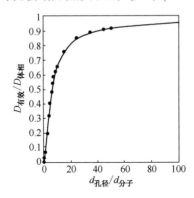

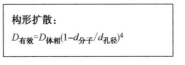

- $d_{孔径}/d_{分子}$ 的范围需在10~20，即处于构形扩散范围之外。换句话说，尺寸大小在1.0~3.0nm的分子自由扩散所需的孔径范围大约是10.0~60.0nm。

构形扩散：

$$D_{有效} = D_{体相}(1 - d_{分子}/d_{孔径})^4$$

图 3-75　碳氢化合物分子大小与有效扩散速率的关系

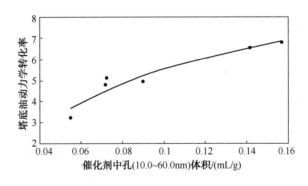

图 3-76　塔底油裂化与催化剂中孔体积的关系

原油的组成因产地不同，差别很大，例如石蜡基、环烷基、芳香基等，所对应的渣油性质和组成也相差很大。此外，不同催化裂化装置有不同的限制因素，例如再生能力、气压机能力等等，要实现重油的转化，催化剂的具体配方需要"量体裁衣"。例如，对于烷基芳烃的脱烷基，沸石活性比载体活性更有效（Zhao，2002；Connor，1993；Spry，1975；Purnell，2003）；而对于杂环芳烃，由于其相对分子质量较大，难以进入沸石内孔，所以其饱和分中多环环烷烃的裂化主要靠载体的活性。

对于渣油催化裂化原料，陈祖庇等（侯祥麟，1998）提出了催化剂的设计要考虑具有两个"梯度"，即"梯度孔分布"和"梯度酸性分布"的设想，来应对碳氢化合物分子大小和裂化性不同的需要。这两个"梯度"需要很好地结合，综合考虑，设计出更好的催化剂，同时还要有调节手段，以便做到"量体裁衣"。

（二）焦炭选择性

对重油的催化裂化，焦炭产率是深受关注的参数，这直接关系到渣油加工的经济性。本书第四章将讨论催化裂化反应生成的四种焦，因这四种焦的生成都与催化剂性能有关，本节将就催化剂方面作简要讨论。

1. 催化焦

渣油裂化催化剂的开发重点之一就是改进催化剂的焦炭选择性。其中焦炭中的催化焦是由催化反应引起的生焦，焦与氢转移、烷基转移、质子迁移以及缩合反应等关系密切，这些反应与沸石和载体的酸性质都有关系。Deady 等(1989)研究表明，转化率函数 X[或称二级转化率，即 $X=$ 转化率/(100-转化率)]与焦炭产率基本成直线关系，如图 3-77 所示。因此把该直线的斜率定为动态活性。图中的线不通过原点，其差值是原料中的残炭转化生成的焦炭。图中 USY 型催化剂尽管微反活性比 REY 型催化剂低，但在相同焦炭产率时动态活性却高得多，因而在使用中更能充分发挥其活性。所以评选催化剂时应把动态活性作为一项重要指标。

2. 剂油比焦

这种焦也称可汽提焦，是汽提不干净而留在催化剂孔内的稠状物，被带到再生器烧掉，是一种"软焦"(Yanik, 1995)。再生不干净不仅与再生条件有关，而且与催化剂性质也有关。"软焦"与催化剂的孔结构和酸性质有关，大比表面积、小孔对汽提不利，开放型、畅通的孔有利于汽提，如图 3-77 所示(Connor, 1998)。图 3-78 表示反应物进入孔内，又很容易从孔内出来，孔口没有阻碍，就能减少反应物在孔内滞留，减少生焦。如果孔口被焦炭堵塞，反应物就难以从孔内出来，也就难以汽提干净，这对短接触反应尤为重要。由酸性而产生的强吸附，也有碍汽提。从焦炭中的氢含量可以判断汽提的效果好坏。一般汽提得好，焦炭含氢在 6% 以下。催化剂活性低，剂油比大，会带来剂油比焦增加。

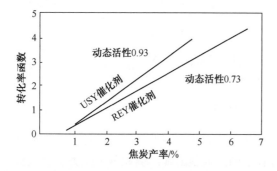

图 3-77　转化率函数与焦炭产率的关系

图 3-78　催化剂孔的通道模型

3. 污染焦

这是催化剂受到污染而引起的生焦，例如金属 Ni、V、Fe、Cu 等沉积在催化剂表面引起脱氢、缩合等反应，或是催化剂孔口被炭堵塞，物流不畅导致过裂化而生焦。催化剂抗污染性能的改进以及具有开放性孔结构，都将减少污染焦，如图 3-74 和图 3-78 所示。

4. 附加焦

也称原料焦，这是原料中含的胶质、沥青质等高沸点、稠环化合物等吸附在催化剂表面经缩合反应生成的焦。对这种焦，在渣油催化裂化初期，曾被等同于康氏残炭(Mauleon, 1984)，也就是认为康氏残炭基本要转化成焦炭，后来认识到当时因为小型实验装置条件的限制，实际上原料中含的康氏残炭是生焦的前身物，在合适的条件下，可以部分转化为非焦。康氏残炭有多少可以转化为非焦与原料性质、工艺条件(如剂油比、反应时间)、装置设计(雾化喷嘴等)和催化剂性质都有关系。Verlaan 等(1997)认为新开发的渣油催化剂有能力减少康氏残炭转化成焦炭，其幅度甚至可达 50%~75%转化为非焦。有开放性的孔口、有足够多的中孔(10.0~60.0nm)、有好的抗污染能力，以及有合适酸性分布的催化剂有助于康氏残炭转化为非焦。

影响一个催化剂的反应生焦率的因素是很多的，除以上四种焦的影响以外，与重油转化深度关系也很大，如果回炼操作，那么回炼油也会增加生焦率。所以，催化剂的焦炭选择性是一项综合性的性能，一直是重油裂化催化剂研究的重点。

对于沸石上交换的稀土量与生焦率的关系问题，通常的概念是稀土含量高，焦炭选择性不好。然而，由于稀土能抑制沸石在水蒸气环境下脱铝，起着增强水热稳定性的作用，并有抗钒污染的能力。所以，对渣油裂化来说，需要综合考虑这些因素。例如，当污染不厉害，或水热老化不严重时，高稀土含量的催化剂会有较高的生焦率；而如果稀土含量低，在高污染或苛刻老化时，则沸石结构被破坏，活性下降，载体活性起主导作用，催化剂焦炭和干气选择性变坏，所以需要权衡，找到合适的平衡点。

(三) 抗重金属污染性能

重金属中毒害作用最大的是 Ni 和 V。它们存在于杂环化合物、胶质、沥青质中，第四章将详细论述。Ni 本身有很好的催化脱氢活性，钒主要的害处是对沸石的破坏作用，中毒机理在第二章已阐述。由于 Ni 和 V 附着在催化剂表面上，从催化剂的配方上减少重金属的不良影响将更加有效。

1. 抗镍催化剂

Ni 是一种加氢、脱氢很好的催化组元，在临氢和高压下，它是加氢催化剂；在常压下它成为脱氢催化剂。催化裂化是在常压下操作，故 Ni 主要是起脱氢作用。还原态的金属 Ni 分散良好时脱氢活性最高。沉积在载体表面的 Ni 在再生器中是氧化态，循环至反应器后，被还原成为金属 Ni。如果载体的比表面积大，则 Ni 分散好，活性高。基于这一概念，为了减少 Ni 的催化作用，措施之一是减少可供 Ni 分散的比表面积，也就是催化剂载体的比表面积小、孔径大。在此情况下，Ni 原子堆积，可降低其活性。在 Ni 堆积的情况下，加入钝化剂，可以减少钝化剂的用量；若 Ni 分散，则钝化剂的用量也就多。钝化剂多，附着在催化剂表面上，也会对催化剂带来不良影响。另一措施是与上述大孔小比表面积相反，而是小孔大比表面积，使 Ni 分散于小孔中，然后在高温水汽下小孔崩塌，将 Ni 埋入其中。不过小孔崩塌也将封闭一部分沸石，使催化活性降低。基于还原态 Ni 活性好的概念，可以用化学的办法使 Ni 和其他化合物结合，成为稳定的化合物，使它失去催化活性。在催化剂制备中使载体含有一定量的自由态 SiO_2 或 Al_2O_3，使这种自由态的 SiO_2 或 Al_2O_3 与 Ni 发生化学反应，生成 Ni-硅酸盐或 Ni-铝酸盐(尖晶石)。

以上设计在实际的工业催化剂中都有应用。Grace Davison 公司的 XP 载体就是封闭 Ni；Albemarle 公司的抗 Ni 催化剂通过化学反应生成稳定 Ni 化合物；RIPP 的 CRC-1 也通过化学反应生成稳定态 Ni，ZCM-7 则主要是采用大孔小表面结构使 Ni 聚集。

2. 抗钒催化剂

V 和 Ni 有所不同，其氧化态会移动，并具有强酸性。基于此认识，可采用较大比表面积并含有自由 SiO_2、Al_2O_3、RE_2O_3 等的载体，使 V 分散于其中，并与 Al_2O_3、或 RE_2O_3 反应，生成 V 的铝酸盐或 V 和 RE 的化合物，避免其氧化为 V_2O_5，或在载体中添加碱性化合物，如 Mg、Ca、Sr、Ba、BaTiO₃等。使用分散好的细晶粒且稳定性好的沸石、并提高沸石含量也可以抵抗钒的毒害。或者类似于抵抗 Ni 影响的措施，采用小孔大比表面积，使 V 分散其中，细孔崩塌将 V 埋藏其内。

由于大比表面积或含有碱性化合物将影响催化剂的选择性，故采用单独的添加剂较好。这样可以在运转中根据平衡催化剂 V 含量的多少而较为灵活地添加，但 V 在颗粒之间的迁移不如颗粒中的迁移有效。

3. 抗镍+钒的催化剂

有些原油既含 Ni、又含 V，为了适应加工这类原料油，开发了既抗 Ni 又抗 V 的重油裂化催化剂。这种催化剂应用了"两个梯度"的设计概念，精心组合催化剂配方，并添加适量的钝化金属组分，工业使用结果良好。表 3-28 列出工业应用的例子，同时列出进口催化剂（简称进口剂）在同一套装置上的对比数据。从表 3-28 可见，国产催化剂 LV-23 和 Orbit-3600 在高金属污染下，干气和焦炭产率比进口催化剂低，总轻油收率高。当平衡剂上的 Ni+V 含量已达 11000~12000μg/g 时，仍然保持着高活性和良好的选择性。

表 3-28　国产重油裂化催化剂的性能

工业 RFCC 装置	M		D	
催化剂	LV-23	进口剂 R	Orbit-3600	进口剂 O
平衡剂/(μg/g)				
Ni	6578	7233	6000	4200
V	4395	3881	6400	4700
产率/%				
干气	3.34	4.51	4.26	4.84
油浆	4.13	4.53	3.94	3.89
焦炭	7.31	8.38	7.19	7.48
总轻油收率/%	83.92	81.3	84.33	83.35

4. 抗铁催化剂

从工业催化裂化装置生产过程中反映出的情况看，催化剂受铁污染后，引起的不良反应大致有以下一些（Yaluris，2001；Foskett，2001）：

① 油浆产率增加，油浆的密度降低，严重时比新鲜料还轻，随之而来的是汽油和/或 LCO 产率降低，同时汽油 RON 降低，而干气和氢气产率增加。

② 平衡剂活性下降，堆积密度下降，流化循环不畅，催化剂的"可接近性"降低。

以上情况不是所有受污染的催化裂化装置都会有，而是有的现象明显，有的现象较轻，但比较普遍的现象是油浆量增加、催化剂堆积密度下降。影响之不同决定于许多因素，包括所用催化剂性质、原料油性质、操作条件等；铁的来源和形态也很重要。

原料油带来的铁进入装置与催化剂接触首先是沉积在催化剂表面上。Yaluris 等（2001）用电子探针微量分析（EPMA）对铁污染的平衡催化剂进行了分析，证明铁主要沉积于催化剂的表面，在颗粒上形成一个圈，铁的含量增加，沉积在催化剂表面的浓度增加，而侵入颗粒内部的深度最多是 1~3μm，如图 3-79 所示。对于平均粒径在 70μm 的催化剂而言，1~3μm 的铁所占总颗粒体积只有 4%~12%，因此大多数的内表面是不受影响的。问题是在表面的这层铁其形态如何，起什么作用，如何应对。

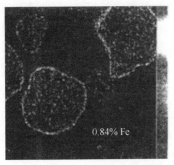
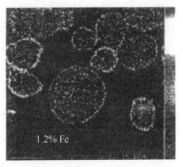

图 3-79　铁污染后平衡剂的电子探针微量分析(EPMA)图

Yaluris(2001)和 Foskett(2001)的研究表明：①被 Fe 污染的催化剂大多在其表面形成小结节、凹凸不平、很松散，从而使堆积密度降低，扫描电镜显示了污染与未污染平衡催化剂的差别，如图 3-80。图 3-80(a)为正常的平衡催化剂；图 3-80(b)为污染催化剂(简称污染剂)，从中可见污染后形貌的变化。②催化剂制备所用黏结剂类型与抗 Fe 污染有很大关系，用硅溶胶做黏结剂，SiO_2 会与 Na、Fe 形成低熔点(<500℃)化合物，当催化剂在装置内老化，平衡剂表面上形成一层玻璃状的皮，如图 3-81 所示。铝溶胶也会有"皮"产生，但因为 Al_2O_3 和 Na、Fe 合金的熔点要高几百度，所以不会有玻璃状的"皮"产生。用铝凝胶做黏结剂最好，没有"皮"，如图 3-82 所示(Kuehler,2001)。有了"皮"就会影响"可接近性"。③抗 Fe 污染的催化剂主要是要有高的 AAI(Foskett,2001)，一般硅溶胶和铝溶胶的新鲜剂 AAI 在 4~10，用铝"凝胶"技术生产的催化剂，其 AAI 可做到 20~30，是最好的抗 Fe 污染催化剂。

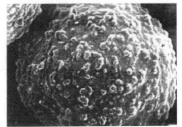

(a) 正常的平衡剂形态SEM, 500X　　　(a) 铁污染后的平衡剂SEM

图 3-80　铁污染对平衡催化剂形态的影响

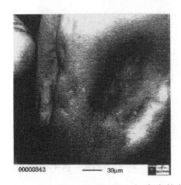
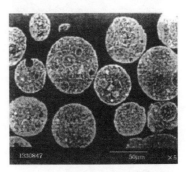

图 3-81　铁污染硅溶胶剂形成玻璃状的皮　　　图 3-82　铝凝胶黏结剂不形成皮

　　我国的催化裂化装置至今尚没有因 Fe 污染而产生不良后果的案例，尽管有些装置 Fe 污染很严重，如 JN 炼油厂 FCC 装置所加工的原料油中 Fe 含量为 20~40μg/g，平衡催化剂中 Fe 高达 20000μg/g 以上，并且同时还有约 12000μg/g 左右的 Ni。在如此严重污染情况下，采用 MLC-500 催化剂，装置始终运转正常，产品分布良好。当平衡剂的总金属量已达到 27829~41740μg/g，其中 Fe 高达 25000μg/g 时，其比表面积仍然可维持 101 m²/g、孔体积可维持 0.25 mL/g，这表明催化剂 MLC-500 能够承受大量污染金属，而且稳定性相当良好。这是因为 MLC-500 是铝基黏结剂的催化剂，具有开放性的大、中孔结构，新鲜剂孔体积在 0.35mL/g 左右，从而具有较好的轻循环油选择性。

　　5. 抗钙催化剂

　　钙属碱土金属，因其碱性性质，所以对催化剂的毒害类似于碱金属。但由于其碱度低，与 Na 相比，毒害作用要小得多。一般来说催化剂能够承受钙含量约至 1.5%，高于 1.5% 后，催化剂的比表面积和活性下降幅度大，这一方面是催化剂的酸中心被中和，另一方面是堵塞孔道，覆盖催化剂表面。钙和铁类似，主要沉积于催化剂的表面上，形成一圈薄层，它不扩散侵入催化剂内孔，覆盖的表面深度在 1~3μm，如图 3-83 所示（Yaluris，2001）。催化剂表面堆积太多的钙之后，会沉积到反应系统中。某 FCC 装置就发现钙含量高的催化剂结块堵塞反应系统，造成停产。对反应系统的提升管、沉降器和汽提段内的结块催化剂进行取样分析，发现不同部位的结块催化剂钙含量高达 3.6%~4.9%。平衡剂、结块催化剂中都发现了硫酸钙，平衡剂上钙与硫的比接近于 1，而结块催化剂上钙与硫之比大于 1，说明平衡剂上的钙以硫酸钙存在，而结块催化剂则除硫酸钙外还有相当一部分以其他形态存在（侯典国，1999）。硫酸钙来自于原料油中的钙沉积在催化剂上，其中的有机钙在高温再生环境中分解为碳酸钙，碳酸钙或有机钙与烟气中的 SO_x 反应生成硫酸钙。沉积有硫酸钙的催化剂进入反应系统，在水蒸气作用下结成了块，从而影响催化剂流化，甚至堵塞反应再生系统。离子态的 Ca^{2+} 对催化剂的活性中心会起毒害作用，而少量的 CaO 沉积在催化剂表面，则可作为捕钒剂减轻 V 对催化剂结构的破坏。由此可见，钙的不同形态对催化剂所起的作用不同。抗钙催化剂与抗铁催化剂属同一种类型，即最好是具有开放性的大孔载体，以减少其堵塞效应；催化剂表面则最好不含或少含 Si 而多含 Al，以避免生成低熔点的化合物。

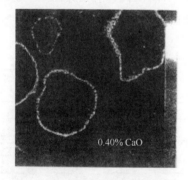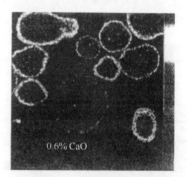

图 3-83　钙污染的平衡剂电子探针微量分析图（EPMA）

　　6. 抗金属中毒的催化剂

　　催化剂的载体选择与制备和其抗重金属性能有直接关系。在载体中加入 Al_2O_3 或 MgO，可以与重金属氧化物结合并将其固定在载体中，这样就起到金属阱的作用。20世纪80年代后半期，多数催化剂生产厂商相继研制成功了不同类型的抗金属的载体，在工业装置的应用中发挥有效的作用。例如，Katalistiks公司（现BASF公司）生产的SM型载体具有优异的抗镍中毒性能，在平衡剂含镍3000μg/g时，其动态活性与不含镍的平衡剂相差无几，从而可免除外加锑或锡等钝化剂（路守彦，1991）。开发的ZETA型载体在工业应用中表现了优异的

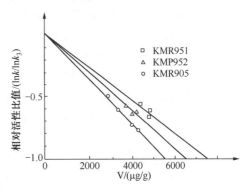

图3-84　几种抗钒催化剂的相对活性

抗钒中毒和镍中毒性能，在钒含量达6000μg/g时，催化剂的失活速度仍较低，（Ni+V/4）值在4000μg/g以上时，生焦及产气因数也较低（Greenwood，1999）。Katalistiks公司还公布了一种抗钠的载体（钠阱），它与钠反应生成一种稳定的不会转移到沸石晶体上的化合物，可明显减轻钠中毒，工业试验表明含有这种载体的催化剂在钠含量高达1.6%时仍具有很高的活性。Grace Davison公司开发的MMP型和XP型载体也具有很好的抗毒性，它可使沉积的重金属被包覆在载体表层3nm厚度之下，使它们不能自由参加氧化、还原反应，从而抑制了它们的作用（Mott，1991）。BASF公司采用原位晶化技术制成的DIMENTION系列催化剂含有新型氧化铝载体（Dight，1991），在水热环境中仍可成为稳定重金属的载体。Albemarle公司也开发了高选择性的载体，如VISION系列和KMR系列均有很好的抗Ni、V和Na的性能（Gevers，1987），其中KMR系列的平衡剂相对活性比值与钒含量的关联曲线见图3-84；抗钒中毒催化剂各组分中钒的分布见表3-29，从表3-29可以看出，钒在捕钒剂（金属阱）中的富集程度。

表3-29　钒在催化剂各组分中的分布

催　化　剂		新鲜剂	工业平衡剂
总钒/（μg/g）		3000	5084
钒分布（相对值）	载体	1.0	1.0
	沸石	1.3	1.7
	金属阱	25.1	18.3
	黏合剂	2.6	3.2

（四）抗碱氮性能

渣油和二次加工油，特别是焦化馏分油（CGO）中，含碱性氮化物较多。碱性氮化物不仅对催化剂的酸性起中和作用，而且在催化剂上生焦，堵塞孔道，降低其裂化活性。当原料中碱氮含量增加到1000μg/g时，其转化率降低约15个单位。许明德等（1992）认为催化剂的总酸量对抗氮起主要作用，USY、REY、REHY沸石在抗氮性能上无大差别；大比表面积的活性载体对抗氮有好处；含RE的沸石与大比表面积的活性载体搭配，可提高抗氮能力。大比表面积活性载体虽然对抗氮有好处，却和催化剂良好的焦炭选择性相对立。将大比表面积的活性载体单独制成捕氮剂，以助剂的形式添加到装置中，可根据原料油中氮含量的多少，进行灵活地调节添加量，同时平衡催化剂活性和选择性。

碱性氮化物存在于杂环化合物中，杂环化合物裂化析出碱性氮化物，被催化剂酸中心吸附，产生焦炭前身物，继续反应生成焦炭，覆盖催化剂的活性中心，造成催化剂活性降低。渣油裂化催化剂大多含有超稳 Y 型沸石，铝中心数少，酸密度低，因而对碱氮更为敏感。为此，可采用的方法：一是加大催化剂中的沸石含量，增加其总酸中心数；二是采用酸性载体，以载体的酸性来保护沸石酸中心；三是添加抗氮助剂。Corma 等（1987b）用不同 Si/Al 的 LaHY（稀土超稳 Y）和 HDY（SiCl$_4$ 脱铝补硅的高硅 Y 沸石）进行碱氮毒害试验。试验是在微反装置上进行的，反应原料是正庚烷含有 300μg/g 的碱氮（砒啶），其相对裂化活性损失如图 3-85 所示。从图 3-85 可以看出，单位晶胞含 Al 原子数 20～30 时，相对活性损失最少，这相当于 Y 沸石骨架 SiO$_2$/Al$_2$O$_3$ 在 14 左右，其 0-NNN 是最大值。从图 3-85 还可以看出，两种超稳化方法的沸石表现基本相同，说明高度脱铝的 Y 沸石对碱氮是十分敏感的。因此，对加工碱氮含量高的原料油，用超稳 Y 沸石时，最好在载体中添加有抗氮组分以保护沸石活性组分。

RIPP 开发的 ABY 沸石，优化了引入稀土组元的种类和方法，具有更高的总酸量和外表面酸量，同时开发出 JSA 活性介孔材料，平均孔径达 8～10nm，具有丰富的弱酸中心，有利于吸附碱氮大分子，减少对沸石活性组分的毒害。基于这些催化材料，开发出 ABC 抗碱氮重油裂化催化剂。该剂工业应用结果表明：与对比催化剂相比，原料油碱氮含量由 1140μg/g 增加到 1420μg/g 的情况下，汽油产率增加 1.77 百分点，总液体收率增加 1.25 百分点；在催化裂化原料油性质相当、处理量由 118t/h 增加到 140t/h 的情况下，汽油产率增加 0.99 百分点，总液体收率增加 1.02 百分点，液体产品性质没有明显变化。

ZSM-5 是硅铝比很高的沸石，因此对碱性氮化物更是敏感。然而，由于 ZSM-5 沸石孔径较小，择形性很强，所以，添加吡啶来提高原料中碱氮含量时，ZSM-5 和 β 沸石活性损失很大，而添加喹啉则影响较小；添加 2,4,6-三甲基砒啶基本不影响 ZSM-5 活性，如图 3-86 所示。

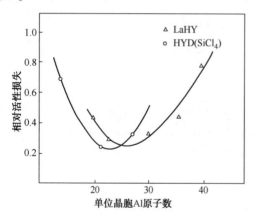

图 3-85　LaHY、HYD 单位晶胞 Al 原子数与
相对活性损失的关系

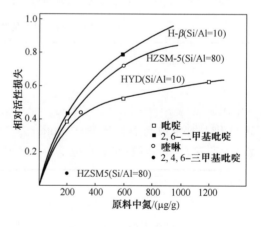

图 3-86　USY、ZSM-5、
β 沸石的抗氮性能

二、生产高辛烷值汽油的催化剂

自 20 世纪 60 年代中期沸石催化剂问世以后，催化汽油产率较无定形硅铝催化剂约增加 6 个百分点。当时使用的氢转移活性高的沸石催化剂，造成催化汽油烷烃含量大幅度增加，烯烃含量明显地降低，从而辛烷值损失较大。20 世纪 70 年代末至 80 年代初，由

于限制汽油中的加铅量，于是提高催化汽油辛烷值成为当时的热点。汽油的辛烷值与汽油中的单体烃组成有密切的关系，第四章第六节将详细论述。提高催化汽油辛烷值，一是强化低辛烷值组分的裂化，使直链烷烃裂化成烯烃，使环烷烃裂化成烯烃；二是促进环烷烃脱氢芳构化、烯烃异构化和芳构化等反应以增加高辛烷值的烃类。氢转移活性低的超稳 Y 型沸石催化剂所产的催化汽油富含烯烃，因而辛烷值高，特别是 RON 高。在中型催化裂化装置上，控制转化率为 70%，REY 和 USY 型沸石催化剂的产物分布与汽油辛烷值差异列于表 3-30。

表 3-30　REY 和 USY 的汽油产率和辛烷值

项　　目	REY	USY	项　　目	REY	USY
<C_2/%	1.09	1.34	重油/%	10.8	11.2
LPG/%	8.9	11.8	焦炭/%	2.76	2.69
汽油/%	57.3	54.2	RON	89.2	91.7
LCO/%	19.3	18.8	MON	78.4	79.4

不含 RE 的 USY 催化剂能较大幅度地提高 RON，但 MON 提高较少，敏感度增大。而且这种不含 RE 的 USY 剂虽然酸中心很强，但酸密度较小，操作中需要高的剂油比和高的反应温度，反应中生成较多烯烃，而烯烃较活泼易裂化，故汽油中的一部分烯烃进一步转化为轻烯烃，降低了汽油产率，增加了气体产率。20 世纪 80 年代中期以后，针对 USY 存在的缺点，出现了许多改性的超稳 Y 催化剂。改性目标就是增加催化汽油中的异构烷烃，在提高辛烷值的同时，提高汽油产率，即所谓"辛烷值-桶"。为此，出现了一些改性的 USY 沸石，以此 USY 沸石为活性组元的催化剂具有以下特点：

（1）提高沸石的活性稳定性，使平衡催化剂的晶胞常数保持最佳值

新鲜的超稳 Y 沸石催化剂晶胞常数一般在 2.45nm 左右，但在工业装置上使用几天后，晶胞常数进一步缩小，这是在再生器高温水蒸气环境下继续脱 Al 的结果。第一代不含 RE 的 USY 剂如 Octacat 之类，平衡剂的晶胞在 2.425nm 以下，甚至降至 2.422nm。在再生器中脱 Al，因环境条件不好控制，影响催化剂的活性、稳定性。Pine 等（1984）研究表明，沸石晶胞常数与辛烷值成直线关系，如图 3-32 和图 3-33 所示。但从图 3-35 可见，晶胞常数在 2.43nm 以下，汽油产率下降，也就是说，辛烷值-桶提高的幅度并不太大或甚至降低。而从图 3-36 中晶胞常数与焦炭选择性（Ritter，1986）的关系看，2.43nm 以下曲线的斜率变小。因此，控制沸石晶胞常数在适宜范围内，使既有高的辛烷值-桶，又有好的焦炭选择性。

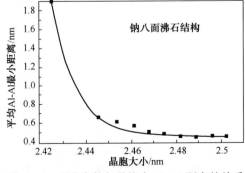

图 3-87　晶胞常数与晶格内 Al-Al 距离的关系

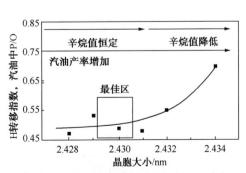

图 3-88　晶胞常数与氢转移指数的关系

晶胞常数与酸中心之间的距离有直接关系(Leuenberger, 1989)。从图 3-87 可见，晶胞常数在 2.445nm 以下，Al 中心之间的距离快速增大。晶胞常数在 2.43nm 时，Al-Al 的距离约为 1.6nm，这个距离大于一般的馏分油分子，因此已足够距离避免氢转移反应。图 3-88 为氢转移指数与晶胞常数的关系，从图 3-88 可以看出，晶胞常数在 2.43nm 以下时，氢转移指数变化不大；大于 2.43nm，氢转移指数增大，说明晶胞常数在 2.43nm 较合宜。

控制晶胞常数，最简单易行的办法是用 RE 含量来调节，也就是在超稳 Y 阳离子位置上交换进去少量 RE，其量由平衡剂合适的晶胞常数来决定。RE 量多，平衡催化剂保留的晶胞较大，因为 RE 可以抑制脱 Al。

(2) 改变催化剂的 Z/M 和晶胞常数，以改变汽油中异构烷烃和烯烃之比

汽油中异构烷烃含量高，RON 和 MON 都较高，敏感度小。Deady(1989)通过调节催化剂中的沸石比表面积(沸石含量)和载体比表面积之比(Z/M)，及改变沸石的晶胞常数，二者相配合可以调节汽油中异构烷烃和烯烃的含量。从图 3-89 可以看出，沸石含量高、晶胞常数大时，汽油中的异构烷烃含量较多，主要是 $C_5 \sim C_8$，以 C_6 最多。

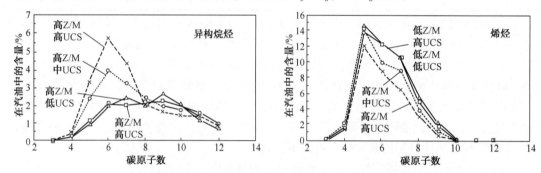

图 3-89　催化剂 Z/M 比值及沸石晶胞大小对汽油组成的影响

恒定转化率61v%；催化剂在816℃，100%水蒸气处理；

在 DCR 上试验，反应温度为 521℃，原料为 LA Basin 油

表 3-31　Z-14G 与 Z-14、RE-Z-14 的汽油产率和辛烷值比较

项　　目	Z-14G	Z-14	RE-Z-14
转化率/%	71	71	71
汽油产率/%	47.6	46.4	47.6
汽油组成/%			
异构烷烃	42.5	40.5	41.8
正构烷烃	5.2	6.5	6.3
芳烃	31.7	31.2	32.2
烯烃	12.8	14.6	11.7
环烷烃	7.8	7.2	8.0
RON	87.9	89.1	87.6
MON	80.7	80.2	79.9
敏感度	7.2	8.9	7.7
辛烷值-桶	+2.20%	基准	+1.50%

Deady 等(1989)对改进的 USY 沸石 Z-14G 与原 Z-14 及 RE-Z-14 试验结果进行比较，如表 3-31 所列。从表 3-31 可以看出，在同样转化率下，前者汽油中的异构烷烃含量较高，

汽油收率也较高，而 RON 有所下降，MON 提高，敏感度降低。由于汽油产率增加，故总的辛烷值-桶增加；而 RE 交换的 Z-14 也有同样效果，但增值稍低。

（3）改变沸石的晶粒大小，提高对汽油的选择性

Rajagopalan 等（1986）研究了沸石晶粒大小对汽油产率的影响，比较了晶粒为 0.3μm 和 0.9μm 的沸石。在其他条件相同的情况下，小晶粒沸石的汽油体积产率可增加 1~10 个百分点，如图 3-90 所示。

（4）改变沸石晶体内表面的可接近性

汽油馏分的碳数在 12 以下，从择形反应的概念出发，具有较好的汽油选择性的催化剂应含有足够酸性，其孔道大小在 0.75nm 左右的沸石。沸石孔太大，对汽油选择性并不好；有足够的合适孔道但不畅通，未能充

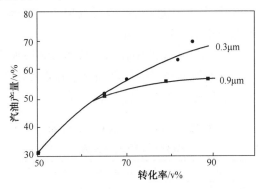

图 3-90 沸石晶粒大小对汽油产率的影响

分发挥内表面活性中心的作用，也会影响汽油产率。因此，保留有足够的孔道为 0.75nm 左右、可接近性良好的沸石是决定汽油选择性的要素。催化剂中含有二次孔（>2nm）是重要的，但这些二次孔是用来裂化较大的分子，并提供通道使分子进入沸石小孔再裂化。如果催化剂中以二次孔为主，那么汽油选择性将下降，柴油选择性将增加。沸石本身具有一定的二次孔是必要的，但其 Y 型沸石的原型孔的保留度也不能削弱。因此，在超稳化的过程中要注意控制沸石的结晶度，一般结晶度要大于 70%，同时应尽量清除掉"铝碎片"以免堵塞沸石的孔腔。

载体对汽油产率有影响。载体要有合适的孔分布和酸性，以保证有足够的一次裂化产物供沸石再裂化。此外，载体还要有好的焦炭选择性，以减少在其表面生焦堵塞沸石孔道。载体对也辛烷值有影响，但不起主导作用。

提高汽油辛烷值还可以加助辛烷值剂。助辛烷值剂主要含有择形沸石（ZSM-5），其性能和作用将在本章第七节阐述。

三、生产清洁催化裂化汽油的催化剂

（一）降低汽油中烯烃的催化剂

催化裂化装置使用催化剂直接生产低烯烃、低硫汽油是一种比较经济和方便的办法。Grace Davison（Mott，1998）和 Albemarle（Shizaka，1999）公司都报道了降烯烃催化剂的工业应用结果。RIPP 从 1995 年开始在实验室开展探索工作，于 2000 年前后取得了工业应用结果，汽油烯烃降低的幅度在 8~12 个体积百分点（齐旭东，2001；马伯文，2001），与 Grace Davison 公司和 BASF 公司的同类型的催化剂应用效果相当。从第二章氢转移反应类型可以看出，烯烃转化异构烷烃和芳烃是一条较为理想的途径，这样汽油辛烷值损失较少，且汽油的氢自身处于平衡。基于此认识，RIPP 开发降烯烃催化剂时考虑了以下方案：

① 对 Y 型沸石进行改性，引入适量的碱性离子，合成了 MOY 沸石，获得适当的酸强度和酸分布，以保证具有较强氢转移活性，同时又避免因深度氢转移而引起多生焦，以达到有控制地实现"选择性氢转移"反应。

② 添加适量的改性 ZRP 沸石作为辅助活性组元，以裂化 C_{12} 以下的烷烃和烯烃并提供环化、芳构化、异构化能力，同时起一定的平衡双分子和单分子反应比例的作用，以调整汽油组成。

③ 复合一定比例的、经过处理的、富含二次孔的 REUSY 型沸石，以提高裂化和氢转移活性和对重油的裂化能力。

④ 复合一定量的中孔活性载体，并添加适量的抗金属污染组分。

由此开发的降烯烃催化剂化学和物理性质列于表 3-32，工业应用结果列于表 3-33、表 3-34（徐志成，2002；齐旭东，2001）。

表 3-32　降烯烃催化剂 GOR-Q 和 RFG-FS 的主要性质

项　　目	GOR-DQ	RFG-FS[150]
Al_2O_3/%	≥52.5	44.9
Fe_2O_3/%	≤0.8	—
Na_2O/%	≤0.3	0.10
Re_2O_3/%	≤2.5	3.6
灼减/%	≤13	11.9
孔体积/(cm³/g)	0.30~0.4	0.32
比表面积/(m²/g)	≥230	281
表观松密度/(g/cm³)	0.65~0.70	0.77
微反活性(800℃, 4h)/%	≥75	—
磨损指数/(%/h)	≤2.5	—

表 3-33　炼厂 D 应用 GOR-DQ 和 RFG-YS 的产品分布

催化剂	LV-23	GOR-DQ	RFG-YS
产率/%			
干气	3.37	3.16	3.64
LPG	16.15	21.37	19.17
汽油	41.40	38.70	36.85
柴油	27.17	24.26	26.96
油浆	3.67	3.54	5.26
焦炭	8.24	8.97	7.97
转化率	69.16	72.2	67.78
总轻烃收率	84.72	84.33	82.98

表 3-34　炼厂 D 应用 GOR-DQ 和 RFG-YS 的汽油性质

催化剂	LV-23	GOR-DQ	RFG-YS
密度(20℃)/(g/cm³)	0.7136	0.7148	0.7169
馏程/℃	40~180	40~180	40~180
RON	90.2	90.5	90.2
MON	79.4	79.8	79.1
荧光法组成/v%			
饱和烃	34.96	44.83	41.20
烯烃	54.30	42.43	44.92
芳烃	10.74	12.74	13.88
色谱法组成/%			
正构烷烃	5.07	4.39	37.12
异构烷烃	27.06	32.89	
环烷烃	5.60	5.64	8.11
烯烃	47.28	36.92	35.70
芳烃	14.99	20.15	18.81

从汽油的组成和辛烷值看，GOR-DQ 和 RFG-YS 的汽油烯烃含量比一般渣油催化剂 LV-23 分别低 11.87 个体积百分点和 9.38 个体积百分点。GOR-DQ 的汽油异构烷烃和芳烃含量增加，从而 RON 和 MON 分别提高了 0.3 和 0.4，而 RFG-YS 的 RON 不变，MON 则降低

0.3 个单位。从产率分布看，GOR-DQ 的特点是液化气产率高，汽油、柴油产率低；焦炭产率高，干气产率低，总轻烃产率基本不变。RFG-YS 的总轻烃产率约低 2 个质量百分点，焦炭低约 1 个质量百分点，汽油中芳烃含量也较低，这说明其裂化和氢转移活性都较低。

为了更适合于某些炼厂对轻质油的需求，RIPP 在 GOR 型催化剂的基础上进一步改进，在保持相当的降烯烃幅度下，提高对重油的裂化能力，降低焦炭产率，以提高轻质油的收率，特别是轻循环油的收率。通过对载体中的活性氧化铝用双金属改性剂处理，增大了孔体积和平均孔径，同时减少强 L 酸而增加弱 L 酸和 B 酸的量。此外，还进一步调整了复合沸石的配方，使其更有利于轻循环油的选择性。

（二）降低汽油中硫含量的催化剂

Worsmbercher 等（1992；1993）考察了不同氢转移活性的催化剂，包括 REY、REUSY、USY-G（超稳沸石 Z-14G）以及重油裂化催化剂 USY/Matrix。在相同的反应温度、转化率和原料时，高氢转移活性的 REY 催化剂比低氢转移活性的 USY-G，汽油中硫减少了 227μg/g，相对降低幅度为 9.3%；但 REY 比 USY-G 催化剂的焦炭产率增加了 1.3 个质量百分点，相当于 26%，不过它可同时降低烯烃 8.8 个百分点。因此，简单地用 REY 类高氢转移活性的催化剂降低汽油中的硫是不会太理想的，需要开发降低催化汽油硫含量的催化剂和助剂。

Grace Davison 公司于 1995 年就开发出直接减少催化汽油中硫含量的助剂（Gasoline Sulfur Reduction，称为 GSR）（Worsmbercher，1996），详见本章第七节。助剂试验研究结果表明，在不同的转化率下，添加 TiO_2/Al_2O_3 后，汽油的脱硫率均会明显高于添加 ZnO/Al_2O_3 的脱硫率；将 TiO_2/Al_2O_3 和 ZnO/Al_2O_3 混合起来添加到不同类型的商用催化裂化催化剂中，与只添加脱硫效果较好的 TiO_2/Al_2O_3 相比，脱硫率有较大提高，与不添加任何添加剂的平衡剂相比，可使切割汽油的脱硫率达到 46.5%。对硫含量不同的原料，TiO_2/Al_2O_3 和 ZnO/Al_2O_3 混合起来添加，无论对切割汽油还是对全馏分汽油，均表现出良好的脱硫效果。在上述基础上，又开发了 GSR-4，是一种具有降硫功能的裂化催化剂，其基础沸石是 Z-17。催化剂 GSR-4 在北美的几套 FCC 装置上应用，其降硫效果在 20%~30%（Balko，2000；2002）。

GFS 是 Grace Davison 公司开发的第三代 FCC 汽油脱硫催化剂，是在催化剂中引入改性的沸石组元，使沸石组元具有比常规 USY 沸石更高的 L 酸中心比例，通过 L 酸中心与沸石上的高密度 B 酸中心协调作用来实现降低汽油中的硫含量。研究表明，沸石中 L 酸与 B 酸的协同作用对降低汽油硫含量起着重要作用。应用结果表明，GFS 能够选择性地裂化汽油中的含硫化合物，可使汽油中硫含量降低 40%。裂化催化剂 GFS-2000 主要是在沸石组分中加入一种含专用氧化铝溶胶载体，使裂化活性中心和降硫活性中心非常贴近，具有优化产品产率的灵活性，已工业应用于加工含硫 2.5% 的减压瓦斯油（VGO），当只使用 GSR-1 助剂，汽油硫含量减少 20%，再引入 GFS-2000 后，又使汽油硫含量减少了 15%。

Albemarle 公司开发的 RESOLVE 降硫添加剂，利用高活性、在特殊的载体上分散强酸位的高稀土沸石以及易于接近的催化剂结构等技术（Humphries，2003）。在高可接近性的 ADM-20 载体（采用 Filtrol 技术制备）中加入一种具有较高氢转移活性的物质，结合具有独特活性和选择性的载体材料，能够促进载体对苯并噻吩类硫化物的吸附，使难以进入沸石孔道的大分子含硫有机物发生转化。

通常研究者认为，镍、钒和铁等重金属对沸石裂化催化剂有破坏作用。但 Roberie

（2003）研究表明，将钒的氧化物固定到大孔沸石的孔内壁上制备的脱硫添加剂，一方面能够阻止其形成对沸石有害的钒酸，提高催化剂的脱硫效果，另一方面当脱硫活性金属被浸渍到沸石上之后，它的氢转移活性就会相应地降低，这样在裂化过程中生成的焦炭和干气的收率就会维持在适当的水平。Mobil 公司和 Grace Davison 公司共同申请了一种 FCC 过程汽油脱硫的催化剂专利，其沸石包含氧化态金属组分（优选钒）和提高催化剂裂化活性的稀土组分（优选铈）（切斯特，2001）。

RIPP 对催化剂的降硫组元、活性组元及载体改性进行了研究，成功开发了具有降硫及降烯烃功能的双效重油裂化催化剂（命名为 DOS）。DOS 催化剂于 2005 年 8 月在某工业 FCC 装置上进行了工业应用试验。工业试验结果表明，汽油烯烃降低了 7 个体积百分点，汽油硫含量下降 10.4%。随着环保要求更为苛刻，当车用汽油中硫普遍要求降至 30μg/g 或更低时，现有的助剂、催化剂均难以满足要求，需要采用汽油后处理技术。

四、提高轻循环油收率的催化剂

轻循环油是催化裂化反应的中间产物，在不太苛刻的反应条件下，轻循环油组分仍能继续裂解成为汽油、气体和焦炭。所以，提高轻循环油的收率关键在于控制催化裂化的反应深度。从影响催化裂化反应深度可知，提高轻循环油产率主要包括催化原料、催化剂和操作条件三大因素，其中采用多产轻循环油的裂化催化剂及相应的工艺条件是最有效的措施。

从裂化反应特点来看，催化剂载体提供的主要是大分子裂化活性表面。对载体的改进，主要是调整载体的比表面积、孔径和酸度分布，控制适当的酸性和活性，提高裂解大分子的能力，使催化裂化原料中的大分子部分先裂解成分子大小适中的产物，从而实现载体和沸石的活性与酸性的最优组合，达到多产催化轻循环油的目的。重油大分子在载体表面上进行热裂化和催化裂化，可生成相对分子质量较大的轻循环油组分。从化学因素看，载体大孔表面应具有足够的酸性活性中心，且其酸性应主要集中在中低酸强度范围内，这样可在保证催化剂具有较高的大分子裂化活性的同时，还能抑制中间馏分的裂化，维持良好的焦炭选择性。因此，载体应具有尽可能大的活性表面、丰富的大孔和中孔、较多的中低酸强度活性中心。刘环昌等（1999）等研究表明：随着载体中孔、大孔增加，活性表面加大，酸性增加，重油转化能力明显增强，轻质油产率显著提高。

为抑制轻循环油馏分的进一步裂化，必须对超稳 Y 型沸石进行改性处理，降低其酸性。陆友宝等（2001）以水热法改性的超稳 Y 型沸石为活性组分，并对其强酸位分布进行改性，采用将金属组元负载于超稳 Y 型沸石上来调节沸石的酸性。试验结果表明：镁可使沸石的强酸量降低，弱酸量略有降低；而稀土可使沸石的强酸量增加，弱酸量略有增加。这表明稀土不但有利于沸石上强酸位的形成，同时也能提高 Y 型沸石的总酸量，从而促进汽油馏分转化为液化气，并降低汽油的烯烃含量以改善汽油质量，但不利于多产催化轻循环油。因此，适量镁改性的超稳 Y 型沸石可作为多产轻循环油的活性组分。田辉平等（2000）考察了催化剂载体材料的 Al_2O_3 质量分数和活性组分酸性调配对重油转化能力及 LCO 与汽油比的影响规律，制备出多产轻循环油的 MLC-500 催化剂。随着催化剂中 Al_2O_3 质量分数的增加，LCO 与汽油比、LCO 与重油比和 LCO 与焦炭比均出现一个极点。Al_2O_3 质量分数为 35% 的催化剂，LCO 与焦炭比略大于 Al_2O_3 质量分数为 50% 的催化剂，但 LCO 与重油比前者低于后者。这表明在略高的焦炭产率下，后者可以将较多的重油转化为轻循环油。因此，高 Al_2O_3 质量分数的载体材料是较优的多产轻循环油催化剂组分。由此，RIPP 开发了轻循环油选择性较好的催化剂，如 DMC-2、MLC-500、CC-20D 等（刘可非，2000；杨健，1999）。DMC-2 催化剂是一种高效复合沸石重油催化裂化催化剂，以改进的高活性稀土 Y 型沸石（SRY）来保证重油的转化能力，以高硅铝比、非骨架铝含量少的超稳 Y 型沸石（SRY）来抑制氢转移反应，能提高轻循环油收率 1~3 个百分点。MLC-500 催化剂对沸石的中孔进行适当的扩孔，从而提高吸附和脱附速度，并加入适当的氧化物，以削弱其酸性强度，可提高轻循环油收率 1~3 个百分点。CC-20D 催化剂与 DMC-2 催化剂同属 CC-20 系列，具有更强的渣油裂化能力，一般能增产轻循环油 2~4 个百分点。

五、增产低碳烯烃的催化剂

催化剂对催化裂化的产率分布影响很大，例如沸石催化剂问世初期，除了发现沸石裂化活性大大高于无定形硅酸铝外，沸石的产品选择性也大有变化，干气、液化气、焦炭等产率降低，汽油的产率提高，如表 3-35 所示（Niccum，2001）。

从表 3-35 可见，对低碳烯烃产率来说，无定形硅铝催化剂比 REHY 催化剂高得多，这主要是 REHY 催化剂的裂化活性和氢转移活性都很高所致，而氢转移活性高还降低了汽油的辛烷值。20 世纪 70 年代，超稳 Y 型沸石催化剂出现，在提高汽油辛烷值的同时，低碳烯烃产率也提高，催化剂对增产低碳烯烃起着很大的作用。尽管提高反应温度也可增产低碳烯烃，例如反应温度从 538℃ 提高到 579℃，$C_3^=$ 产率从 3.49% 提高到 4.14%，$C_3^= + C_4^=$ 从 8.67% 提高到 9.59%，但伴随着干气产率也大幅度增加（Smith，1998）。20 世纪 80 年代中，Mobil 公司用其发明的 ZSM-5 作辛烷值助剂，汽油辛烷值明显增加，且低碳烯烃也明显上升，从而获得了增产低碳烯烃的启示。由此开始利用 ZSM-5 择形反应的特性，研究开发增产低碳烯烃的助剂和催化剂以及工艺技术。

表 3-35　沸石催化剂与无定形硅酸铝产率分布比较

（固定流化床，同样转化率）

产　率	无定形硅酸铝	沸石催化剂 REHY	产　率	无定形硅酸铝	沸石催化剂 REHY
H_2/%	0.08	0.04	丁烯/v%	12.2	7.8
干气/%	3.8	2.1	C_5^+ 汽油/v%	55.5	62
丙烯/v%	16.1	11.8	LCO/v%	4.2	6.1
丙烷/v%	1.5	1.3	油浆/v%	15.8	12.9
异丁烷/v%	7.9	7.2	焦炭/%	5.6	4.1
正丁烷/v%	0.7	0.4	辛烷值 RON	94	89.8

增产低碳烯烃的活性组分主要是 MFI 类的择形沸石，以 ZSM-5 为代表。以 ZSM-5 单独应用时，一般负载于载体上，制成微球状的颗粒，添加到 FCC 装置中与基础催化剂一起应用，按传统称它为助剂。采用助剂的形式是增产低碳烯烃的一种选择，它的优点是方便、快捷、灵活，而且可以在现成的装置上直接应用，不需要对装置进行改造。20 世纪 90 年代以来，对 MFI 类的择形沸石研究作了大量的工作（Smith，1998；Zhao，1999；Young，1991；Dwyer，1993；Haag，1982；Brand，1992），取得以下认识：

1. 择形沸石 ZSM-5 的低碳烯烃选择性

ZSM-5 沸石在 20 世纪 80 年代中期被用作提高汽油辛烷值的助剂，助剂是添加到主催化剂中而起作用的。在辛烷值助剂中，ZSM-5 沸石能将由主催化剂转化而来的汽油馏分择形反应，将其中的低辛烷值组分（C_6 以上烷烃和直链烯烃）裂化成 C_5 以下烯烃，并提高烷烃和烯烃的异构/正构之比，浓缩芳烃组分，提高辛烷值。由此可以看出，提高汽油辛烷值，同时提高液化气产率，而损失了汽油产率。液化气中的低碳烯烃主要是 $C_3^=$、$C_4^=$，轻汽油中则有 $C_5^=$，干气中也有少量的 $C_2^=$，各个组分的分布和产率与 ZSM-5 的具体性质和反应条件关系很大，例如 ZSM-5 的硅铝比（本节所谈的 ZSM-5 均为 HZSM-5）、反应温度以及与其搭配的主催化剂的性能等。

2. ZSM-5 的硅铝比

同样，ZSM-5 活性和选择性与硅铝比关系也很大。硅铝比高，铝中心数少，裂化活性低，LPG 产率低，从而降低低碳烯烃产率；相反，硅铝比低，则 LPG 产率高。图 3-91 表示三种含不同硅铝比 ZSM-5 的助剂与 LPG 产率增量的关系（Smith，1998），其中 Pentacat 中的 ZSM-5 硅铝比为约 50 : 1，Isocat 中的 ZSM-5 硅铝比为约 400 : 1，而 Octamax 中的 ZSM-5 硅铝比则为约 800 : 1。从图 3-91 可以看出，硅铝比约 50 : 1 的 LPG 产率比硅铝比约 400 : 1 的要高约一倍；比硅铝比约 800 : 1 的要高约两倍。由于 LPG 产率高，低碳烯烃的产率也就高。然而低碳烯烃中的丁烯与丙烯之比则有所不同，高硅铝比有利于丁烯的选择性。图 3-92 表示 ZSM-5 的硅铝比与 $C_3^=/C_4^=$ 比之差的关系。此外硅铝比高，氢转移活性低，产物中的烯烃度较高，LPG 中的烯烃度也较高。但由于裂化活性较低，LPG 产率较低，$C_3^=$、$C_4^=$ 的总产率也就较低。

3. ZSM-5 在系统里的含量

工业 ZSM-5 助剂一般含 ZSM-5 沸石的量在 10% ~ 25%，其余为载体，而载体主要是由高岭土和铝基黏结剂所组成。ZSM-5 含量不能太高，因为太高会降低磨损强度，但也不能太低，因为助剂的有效成分少了，就需要增加添加量，这就会带进较多的低活性载体，就会稀释装置中催化剂的活性。从提高辛烷值的应用看，一般装置中平衡催化剂的 ZSM-5 含量在 1% 左右。对于典型的 ZSM-5+载体的助剂，其添加量和相对活性的关系如图 3-93 所示，由此可见添加量与 LPG 产率的增加并非是直线关系。Intercat 公司的 Pentacat 助剂在工业试用中，助剂量从 0 到 16% 时，LPG 产率的增长基本达到直线关系，如图 3-94 所示。

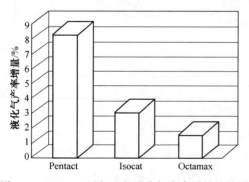

图 3-91　ZSM-5 硅铝比与液化气产率增量的关系

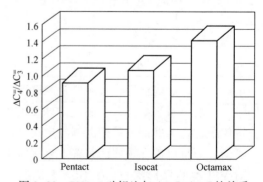

图 3-92　ZSM-5 硅铝比与 $\Delta C_4^=/\Delta C_3^=$ 的关系

注：Pentacat, Isocat, Octamax 的硅铝比分别为 ~50 : 1, ~400 : 1, ~800 : 1

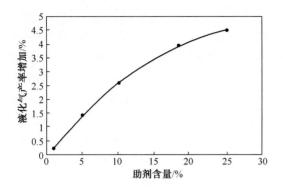

图 3-93　助剂添加量与相对活性的关系　　　　图 3-94　Pentacat 助剂用量与 LPG 产率增长的关系

　　Zhao(1999)曾在其绝热式中型提升管装置上进行了比较全面的考察，用含 25%ZSM-5，并用磷稳定化处理过的助剂。实验前助剂先在 816℃水蒸气下老化 4h，然后按要求比例与主催化剂混合进行反应。主催化剂是 Grace Davison 生产的 REUSY 型、铝基黏结剂的工业平衡剂，其晶胞常数为 2.425nm，Re_2O_3 含量 0.75%。图 3-95 至图 3-99 是其中的一些结果。

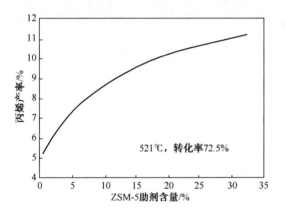

图 3-95　ZSM-5 助剂含量与丙烯产率的关系

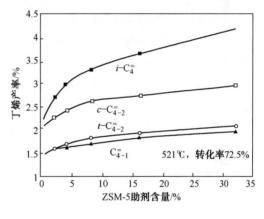

图 3-96　ZSM-5 助剂含量与丁烯产率的关系

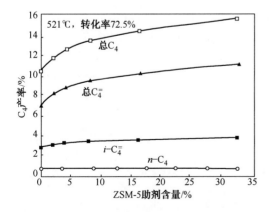

图 3-97　ZSM-5 助剂含量与 C_4 产率的关系

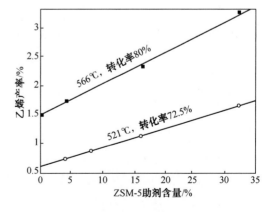

图 3-98　ZSM-5 助剂含量与乙烯产率的关系

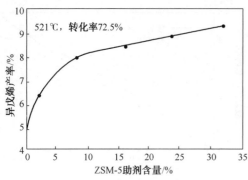

图 3-99 ZSM-5 助剂含量与异戊烯产率的关系

图 3-95 是在固定反应温度和转化率下，助剂含量与丙烯产率的关系。从图 3-95 可见，添加 2% 的助剂便可提高约 30% 的丙烯产率，当助剂加入量增至 32% 时，丙烯产率提高至 11.1%，比基础产率(4.6%)增长了 150%，助剂量再增加，丙烯产率还可提高，但提高的幅度下降。从图 3-95 的曲线看，助剂加入量从 10% 增至 32%，丙烯产率的提高，只相当于助剂量从 0 到 4% 所增长的量。由于助剂中含有 25% 的 ZSM-5 沸石，助剂量为 4% 时，ZSM-5 沸石的量为 1%，而助剂 32% 时，ZSM-5 沸石量为 8%。ZSM-5 的作用主要是将基础催化剂裂化后的 $C_6 \sim C_{12}$ 烯烃选择性裂化成 C_5 以下烯烃，因此，其 $C_3^=$ 产率将决定于基础催化剂能提供给它多少 $C_6 \sim C_{12}$ 烯烃原料。催化裂化的汽油馏分产率是有一定范围的，其中的烯烃又与主催化剂的性质和反应条件有关，这也就决定了 $C_3^=$ 产率只能有一定的增长幅度。

从图 3-96 和图 3-97 可见，在固定反应温度和转化率下，总 C_4 和 $C_4^=$ 的产率随 ZSM-5 量增加而增加，与 $C_3^=$ 的情况一样，并未达到最高点，但其增幅降低，最初的 4% 助剂(ZSM-5 沸石 1%)，丁烯就增加了约 25%，助剂到了 10%(2.5% ZSM-5)，增幅就很少了。由于 ZSM-5 的氢转移活性低，所增加的 $C_4^=$ 大部分是 i-$C_4^=$，这说明增加 ZSM-5 量对提高 i-$C_4^=$ 产率有利。由于氢转移和异构化都会影响 $C_4^=$ 分布，在高转化率时，$C_4^=$ 将被饱和成 C_4^0，而在较高的反应温度下，裂化反应速率的增加较氢转移的速率快，从而生成较少的 i-C_4^0。

i-$C_5^=$ 是 TAME 的重要原料，是汽油中含氧化合物的重要组分。Young 等(1991)研究发现，ZSM-5 能降低重汽油中的烯烃，但可提高轻汽油的烯烃($C_5^=$)。Zhao 等(1999)研究发现，重汽油中的烯烃转化为 $C_5^=$ 的情况与原料油性质、操作条件关系很大。例如，提高 ZSM-5 含量，在较低反应温度下，$C_5^=$ 产率增加，在较高温度下，$C_5^=$ 产率则降低，图 3-99 是在 521℃、转化率 72.5% 时 ZSM-5 含量与 i-$C_5^=$ 产率的关系。$C_5^=$ 占催化汽油烯烃的 30%~50%，添加 ZSM-5，增加 i-$C_5^=$ 产率。将 i-$C_5^=$ 醚化，既可生产 TAME 又可降低汽油馏分中的烯烃，一举两得。

图 3-98 是 ZSM-5 含量和反应温度与 $C_2^=$ 产率的关系，从该图中可以看出，ZSM-5 含量和反应温度与 $C_2^=$ 产率成直线关系，在助剂含量 32%(8% ZSM-5)和反应温度 566℃时，$C_2^=$ 产率在 3% 左右。低浓度的 $C_2^=$ 要分离出来是不经济的，所以一般都不希望增加 $C_2^=$ 产率。

4. ZSM-5 的水热稳定性

ZSM-5 由于硅铝比远高于一般的 Y 沸石，其骨架稳定性也就较好，但 ZSM-5 助剂在实际应用中，在再生器内的水蒸气气氛下发生脱铝作用，随着在反应系统内停留时间增长，不断老化脱铝，酸性中心逐步减少，其催化作用特性逐步发生变化。在它的寿命期内，其作用大致可分为三个阶段(Dwyer，1993)，如图 3-100 所表示。

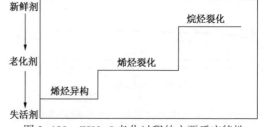

图 3-100 ZSM-5 老化过程的主要反应特性

从该图中所表示的历程可以看出：（1）新鲜的 ZSM-5 硅铝比低，酸中心多，裂化活性强，能够裂化 C_7 以上的烷烃，异构和裂化 C_6 以上的烯烃，并有一定的氢转移活性，生成异构烷烃和异构烯烃，液化气产率高，$C_3^=$、$C_4^=$ 产率高；（2）多次循环后 ZSM-5 逐步老化，酸性逐步减少，裂化烷烃的能力下降，但有足够的酸性可裂化烯烃，因为烯烃的裂化速率在催化裂化条件下比烷烃要快 2~3 个数量级（Haag，1982；Buchanan，1991），同时使烯烃发生异构化反应；（3）经过几百上千个循环以后，硅铝比大大提高，酸性大大降低，其特性就相当于 Octamax（高硅铝比 ZSM-5 的助剂，$SiO_2/Al_2O_3>800$）（Miller，1994），此时 C_3、C_4 产率降低，但烯烃异构化反应仍然很强，因为烯烃异构化反应的速率又是几个数量级大于烯烃裂化的速率（Haag，1982；Buchanan，1991）。

高硅铝比的 ZSM-5 对以提高汽油辛烷值为目的是好的，因为可以减少汽油的再裂化，减少汽油产率的损失，而对于要增产低碳烯烃来说就不合适了。为了增产低碳烯烃，有些研究者探索了各种稳定化处理技术，磷处理或沉积稀土氧化物等是其中的一些措施，目的是尽可能稳定骨架铝。ZSM-5 的合成方法、条件和模板剂的不同与骨架铝的稳定性关系很大，直接法合成（或称无机胺法合成）的 ZSM-5 较用有机胺模板剂合成的要稳定（张惀，1996）。傅维等（1995）发明了"异晶导向法"合成了晶体内含稀土和磷、骨架由硅铝组成的、具有五元环结构（Pentasil）的 ZRP 沸石，大大改善了结构稳定性。表 3-36 为 ZRP-1 和常规 ZSM-5 经不同温度下的水蒸气处理，对正十四烷的裂化转化率比较。从表 3-36 可以看出，ZRP-1 的裂化活性稳定性比常规 ZSM-5 好得多，这是因为 ZRP 沸石由于具有较好的水热稳定性，缓解了脱铝速率，从而有较好的活性保留率。对于助剂来说，除了沸石本身稳定性的改进外，助剂的生产技术和配方改进也可提高助剂的稳定性（Buchanan，1991）。

表 3-36　ZRP-1 和常规 ZSM-5 的水热稳定性比较

（对正十四烷的裂化转化率/%）

沸　石	ZRP-1	常规 ZSM-5
800℃，100%水蒸气/h		
1	98	94
4	98	55
8	96	48
12	94	45

催化剂中择形沸石的含量只能有一定的范围，因为它的作用只在于选择性地转化 C_{12} 以下的烯烃和部分烷烃，对大分子的裂化，它基本是无能为力（它的外表面可起一点作用，但外表面很少）。此外，供给它转化的 C_{12} 以下反应物有一定的量，而 C_{12} 以下反应物含量与大孔沸石的氢转移活性密切相关，氢转移活性高，能供 ZSM-5 裂化的烯烃量就少，从而低碳烯烃的产率低。因此，在催化剂配方中，择形沸石需要有合适的比例，含量太多，无用武之地，还削弱了重油裂化，复合型催化剂活性组分需要精心设计。例如，对于重质原料，如常压渣油，其目的产品是最大量的液化气+汽油，其催化剂配方就需要包含以下组分：载体中含有重油裂化组分；八面沸石是两种改性 Y 型的复合，一种结晶度较高，另一种含有一定量的二次孔；HZSM-5 或 ZRP 沸石硅铝比较低，裂化活性较高；此外，还添有抗镍组分。由于沸石的总含量较高，使用了两种黏结剂，以保证有高的磨损强度。实践证明，采用这种配方，在多产液化气的同时，汽油的收率可以较高。

六、其他类型的 FCC 工艺的专用催化剂

（一）多产低碳烯烃的工艺专用催化剂

1. DCC 工艺专用催化剂

催化裂解（Deep Catalytic Cracking Process，简称 DCC）工艺是在 FCC 的基础上发展起来的，主要差别在反应部分，采用提升管加密相流化床，操作参数为反应温度 538~582℃、10%~30% 水蒸气和大剂油比（反应热较高），采用专用催化剂以生产丙烯、丁烯和富芳烃汽油，其流程与常规催化裂化工艺类似，可加工不同的重质原料，如不同原油的减压蜡油掺兑沥青或减渣等（李再婷，1989）。

对于以最大量生产丙烯，兼产丁烯、乙烯为生产方案，采用 CHP-1 和 CRP-1 催化剂，催化剂的活性组分为 MFI 五元环高硅沸石（谢朝钢，1997）。CHP-1 催化剂的活性组分为 HZSM-5 沸石，已在催化裂解装置上成功地应用。CRP-1 催化剂是在 CHP-1 的基础上对活性组分、载体和黏结剂进行改进而开发出的一种催化剂，该催化剂充分利用不同沸石的孔分布梯度和酸性分布梯度来完成原料的选择性裂化反应。CRP-1 采用 ZRP 沸石（含稀土和磷元素的五元环族沸石）和少量 Y 型沸石作活性组分（施至诚，1996），其活性比 CHP-1 高 20 个单位，同时具有烯烃选择性好、重油转化能力强、活性稳定性高、氢转移活性低、单耗低、水热稳定性好、耐磨性能强等特点（张志民，2001）。

对于以多产丙烯及低碳异构烯烃，同时生产高辛烷值汽油为生产方案，采用 CS-1、CZ-1 和 CIP-1 多组元沸石催化剂。设计 CIP-1 催化剂时采用了含稀土和磷元素的高硅 ZRP 复合沸石做活性组分，并对载体（采用活性载体）和黏结剂（双黏结剂）进行了改进（谢朝钢，1995）。

2. CPP 工艺专用催化剂

催化热裂解工艺（Catalytic Pyrolysis Process，简称 CPP）是以重质油为原料，采用专用催化剂，主要多产乙烯产品的低碳烯烃生产技术，其专用催化剂 CEP 是以用镁离子改性的、不含稀土且硅铝比高的中孔五元环沸石 ZRP-3 为活性组分，并加入小孔沸石和氧化镁以提高催化剂的烯烃选择性，同时，采用沸石预水热化处理以提高裂化活性和水热稳定性，载体活化处理以增加催化剂的重油转化能力，双黏结制备工艺以增加催化剂的耐磨性能。催化剂 CEP 的活性组分具有较高的 L 酸/B 酸中心的比值，从而具有正碳离子反应和自由基反应双重催化活性（谢朝钢，1994；张执刚，2001）。

（二）MIP 工艺专用催化剂

为了最大限度地发挥多产异构烷烃的催化裂化（Maxmizing Iso-Paraffin，简称 MIP）工艺的特点，开发了与之相匹配的 CR-022 专用裂化催化剂。针对 MIP 工艺第一反应区强调大分子裂化反应，专用催化剂一方面选择了性能优化的 Y 型沸石组合物，并在催化剂制备过程中引入有效的金属氧化物功能组元加以改性，控制生焦反应；另一方面，采用活性中心利用率高的改性载体提高活性组分酸中心的可接近性，从空间效应上进一步对重油裂化性能进行优化。针对第二反应区强调二次反应的作用，开发出具有良好烯烃芳构化和异构化性能的催化材料。通过催化芳构化催化材料的作用，将反应物中的烯烃化合物转化成高辛烷值的芳烃组分，从而在大幅度地降低汽油烯烃含量的同时，还能使汽油辛烷值保持不变或略有增加。因此，专用催化剂在配方设计上强化和细分了两个反应区的反应功能。工业试验结果表明，与原使用的 MLC-50 催化剂相比，当 CR-022 催化剂占系统藏量 64% 时，催化汽油烯烃体

积分数下降 5.7 个百分点，芳烃体积分数增加 5.1 个百分点。在降低汽油烯烃含量的同时，汽油的研究法辛烷值和马达法辛烷值略有增加(龚剑洪，2004)。

在多产异构烷烃的催化裂化工艺基础上，RIPP 开发了生产汽油组成满足欧 III 排放标准并增产丙烯的催化裂化技术——MIP-CGP（A MIP Process for Clean Gasoline and Propylene），与 MIP-CGP 工艺相配套开发出专用催化剂 CGP-1。专用催化剂 CGP-1 特点：改善了载体孔分布和酸性，使载体具有良好的容炭性能，减少了第一反应区生成的积炭对活性组元的污染，使其特点在第二反应区得以充分发挥，同时，进一步增强了 Y 型沸石的氢转移活性和一次裂化活性，加入的第二活性组元可选择性地裂化汽油中的烯烃，达到进一步降低汽油烯烃含量、多产丙烯的目的(邱中红，2006)。表 3-37 为常规载体与 CGP-1 催化剂载体的孔分布和酸性的变化。由表 3-37 可以看出，CGP-1 催化剂载体的孔分布、酸量（NH₃-TPD 法)得到了有效调变。常规载体的小孔较多，酸量以及活性较低；而 CGP-1 催化剂载体的小孔明显减少，中孔、大孔增多，酸量以及活性增加。

表 3-37　载体的孔结构和酸性

项　　目	常　　规	CGP-1	
		CM-1	CM-2
孔分布/%			
<5nm	24.0	6.2	7.9
5~20nm	52.0	64.3	43.6
>20nm	24.0	29.6	48.7
酸量/(mmol/g)	0.74	0.77	0.94
微反活性/%	33	36	38

表 3-38 至表 3-41 列出了 Y 型沸石的元素改性结果，其中反应性能的测试以正十二烷为模型化合物，反应温度 480℃。由表 3-38 可见，随着金属元素 R 质量分数的增加，Y 型沸石表面的总酸量(尤其是强酸量)及酸密度明显增加。由表 3-39 可见，在相近转化率下，随着 R 质量分数的增加，汽油产率增加，说明裂化反应发生的几率增大了，与表 3-38 总酸量的增加，尤其是强酸量增加是对应的；汽油烯烃含量的减少，说明氢转移反应几率增大，与表 3-38 酸密度增加是对应的，即 R 质量分数增加有利于提高 Y 型沸石裂化和氢转移活性。裂化和氢转移活性的提高有可能会使部分氢转移产物因不能及时脱附而发生缩合反应，导致焦炭产率增加，表 3-40 结果印证了这一点。对于金属元素 R 改性带来的副作用，需要进一步对 Y 型沸石进行非金属元素 P 改性，在提高总酸量和酸密度的同时，限制强酸量，减少生焦，降低汽油烯烃含量。由表 3-39 和表 3-41 结果可知，适中的 P 含量可以很好地满足上述要求。

表 3-38　金属元素 R 改性后 Y 型沸石的酸性变化

项　　目	沸石		
	RY-1	RY-2	RY-3
R 质量分数/%	3.1	6.5	10.2
总酸量/(mmol/g)	2.25	2.43	2.64
强酸量/(mmol/g)	1.62	1.93	2.34
酸密度/(μmol/m²)	3.56	3.80	4.15

表 3-39　非金属元素 P 改性后 Y 型沸石的酸性变化

项　　目	沸石		
	PY-1	PY-2	PY-3
P 质量分数/%	1.0	3.0	7.0
总酸量/(mmol/g)	2.58	2.77	2.07
强酸量/(mmol/g)	1.79	1.54	1.27
酸密度/($\mu mol/m^2$)	4.03	4.34	3.69

表 3-40　金属元素 R 改性对 Y 型沸石反应性能的影响

项　　目	沸石		
	RY-1	RY-2	RY-3
R 质量分数/%	3.1	6.5	10.2
汽油产率/%	59.04	60.77	61.72
汽油烯烃质量分数/%	13.40	12.35	11.63
焦炭产率/%	6.95	7.89	11.19

表 3-41　非金属元素 P 改性对 Y 型沸石反应性能的影响

项　　目	沸石		
	PY-1	PY-2	PY-3
P 质量分数/%	1.0	3.0	7.0
汽油产率/%	62.63	64.78	64.00
汽油烯烃质量分数/%	12.5	12.1	14.2
焦炭产率/%	7.41	6.17	5.24

　　工业试验结果表明，与常规 FCC 工艺相比，采用 CGP-1 催化剂的 MIP-CGP 技术在生产烯烃体积分数小于 18%的汽油组分的同时，丙烯产率达到 8%以上。此外，汽油诱导期大幅度提高，抗爆指数增加，总液收收有所提高，干气产率下降，焦炭选择性良好。

七、催化剂的组装

　　重油裂化催化剂已发展为较复杂的多功能组分的复合物，如上所说，它含有各种经过不同改性的沸石、不同改性的载体、不同功能的添加物以及不同的黏结剂。这些组分各有各的功能特性，而今复合在一起，构成了一种"集成功能"，共同发挥作为一个催化剂所应起到的活性、选择性和必备的物理性能。这样一种复合不是仅仅简单的混合，也不是制备均相的化合物，而应被看成是"组装"，就像组装钟表一样，将各个部件组装在一起，各个部件运转起来互相牵动、互相配合，使其达到正点运行、正点报时等等。或者看成像一块集成电路板一样，把各个元件插在一起，按照所设计的流程线路，达到集成电路板必要的功能。从这样一个视点出发，就容易想象出每个元件必须有个合适的位置，才能起到应有的作用。裂化催化剂的各种组分，要发挥最大的作用，每个颗粒中的各个组分也应该是组装良好的。所以，这就不是混合成均相的化合物，而是非均相的"组装"体。图 3-101 所示为沸石与硅铝胶非均匀的混合体，图 3-102 为裂化催化剂的组装示意图(Connor,1999)。

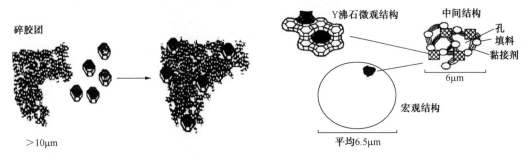

图 3-101 沸石与硅铝胶非均匀的混合体   图 3-102 裂化催化剂的组装示意图

"组装"这个概念首先是 de Jong(1998)提出来的，主要是对制备三维的颗粒催化剂控制其组成、结构、活性组元的位置，并考虑到它们之间在制备过程中的互相作用等，制成达到所要求的化学和物理性质的催化剂。从图 3-102 可以看出，沸石、载体、大孔物质等各有其位，说明它们之间不是一般的均相混合物。然而，它们之间又不是互不相干地各自存在，例如某些铝基物质与沸石、硅或铝黏结剂之间互相作用，产生多功能组分，既有黏结作用，增加强度，又有重油裂化能力，还能抗污染金属的毒害等，可见这种非均相混合物的特殊性。

Albemarle 公司在这种概念的指导下开发了称为 JADE 的催化剂。JADE 是一种新"组装技术"，它提供了一种灵活性。第一个试制产品已在工业试用，获得了预期效果，提高了转化率，降低了补充率。表 3-42 为用 JADE 技术所制催化剂在固定流化床评价的结果(Connor, 2001)。

表 3-42 JADE 技术与一般技术催化剂的性能比较

(固定 C/O=4.0)

催 化 剂	硅溶胶催化剂	JADE-A	JADE-B
沸石类型	ADZ-55	ADZ-55	ADZ-55
载体类型	ADM-40	ADM4060	ADM4060
转化率/%	75.67	77.99	78.69
汽油/%	45.36	45.91	45.78
LCO/%	14.10	13.52	13.06
重油/%	10.23	8.50	8.25
焦炭/%	4.58	5.26	5.25

Albemarle 公司在 JADE 之后又做了第二种"组装技术"催化剂，称为"OPAL"，将一种新的功能组元引入已有的 LA 类高"可接近性"催化剂体系中，进一步改善其性能(Connor, 2001)。表 3-43 是对重油裂化能力的改进；表 3-44 是对降低汽油中硫含量的改进。

表 3-43　OPAL 技术改进了重油裂化能力

(催化剂污染 Ni~4000μg/g，V~2000μg/g；

>530℃ 20%的常渣在固定床短接触反应装置试验，C/O=5.5)

催　化　剂	硅溶胶制剂	LA	OPAL-A
沸石类型	ADZ-55	ADZ-70	ADZ-70
载体类型	ADM-40	ADM-20	ADM-2060
转化率/%	64.27	70.26	73.44
产率/%			
汽油	43.56	46.88	47.98
LCO	13.66	14.64	14.58
重油	22.07	15.10	11.98
焦炭	4.58	5.26	5.25

表 3-44　OPAL 技术降低汽油中硫含量

(催化剂经过污染，MAT 试验，固定焦炭产率)

催　化　剂	硅溶胶制剂	LA	OPAL-A
载体类型	ADM-40	ADM-20	ADM-2080
相对降硫率/%	基准	10~30	25~50

"LA"是原 Filtrol 公司(后与 Akzo Nobel 合并，现被 Albemarle 公司收购)有良好重油裂化能力的载体。从表 3-43 可见，在该载体基础上采用 OPAL 技术，重油裂化能力进一步提高。从表 3-44 的数据看，降低汽油中硫含量效果也很好。

用组装的概念来考虑催化剂的制备，为催化剂制备技术的进一步完善指出一个方向。掌握和应用好组装技术，对于制备"可接近性"和磨损强度好的催化剂具有重要作用。

第三节　工业裂化催化剂

工业裂化催化剂自 1936 年问世以来，已经历了几十年的发展，在实践上和认识上都已达到相当高的水平，生产的裂化催化剂多种多样，催化剂的牌号多达几百个。配合催化剂的使用，还开发了多种裂化催化剂的助剂。下面将从几种有代表性的工业裂化催化剂、几种典型的催化剂生产流程及工艺、工业平衡催化剂的性质等方面予以介绍。

一、几种代表性的工业裂化催化剂

随着催化裂化工艺的发展和催化材料的开发，裂化催化剂也在不断地改进与发展。催化裂化技术的发展史，可以说就是催化裂化过程与裂化催化剂相互促进的历史。从这个角度来观察裂化催化剂的变迁，将有助于加深对催化裂化技术的了解；对催化裂化工艺与催化剂密切的相互关联，能有更具体的认识。现将工业上曾经使用过的有代表性的裂化催化剂介绍如下。

(一) 天然矿物黏土裂化催化剂

矿物黏土是一种含水的硅酸盐和铝酸盐矿物，其化学成分中，除水、SiO_2 和 Al_2O_3 外，有些还含有一定量的 Fe_2O_3、MgO 及少量的 K_2O、Na_2O 和 CaO。早期催化裂化工艺就直接采用了粉状天然矿物黏土作催化剂。天然矿物黏土裂化催化剂中性能最好的是酸处理膨润土催化剂，其主要成分是蒙脱土（$4SiO_2 \cdot 4Al_2O_3-H_2O$）。蒙脱土为层状结构，层间距离 $0.4 \sim 1.4nm$。未经酸处理的天然矿物黏土活性很低。冷酸处理虽能除去黏土中的大部分 Ca、Na 和 K 以及部分的 Mg，其作用只是使黏土层间吸附的离子进行交换，而不影响白土的结构。所以，冷酸处理后，裂化活性改进不多。热酸处理不仅除去冷酸处理时所能除去的阳离子，还可除去骨架中的 Al、Fe 离子，因而形成强酸性的 H^+，表现出较高的裂化活性。工业上曾使用过经热酸处理具有抗硫性能，且活性较高的天然黏土催化剂。

（二）人工合成硅铝裂化催化剂

人工合成的硅酸铝裂化催化剂，其主要化学成分与天然白土相同，主要是用硅酸钠（即水玻璃）、硫酸铝等化工原料制成的 $SiO_2 \cdot Al_2O_3$，无晶体结构，称为无定形硅酸铝催化剂（简称无定形催化剂）。人工合成的硅酸铝催化剂的内孔表面积高出天然白土催化剂 10 倍以上，具有更高的裂化活性，一经出现，即在工业上获得广泛的应用。其形状有片状、条状、粉状等，用于不同类型的催化裂化装置中。

人工合成硅酸铝催化剂其比表面积为 $600m^2/g$，孔径约 5nm，有助于馏分油分子进入催化剂孔隙中进行反应，生成所需的较小分子产物。用合成方法制成的硅酸铝催化剂，具有强酸性中心，从而具有较强的催化裂化反应能力。

人工合成硅酸镁催化剂比表面积为 $300 \sim 500m^2/g$，孔径 $3 \sim 7nm$，有类似于天然黏土催化剂的热稳定性，温度超过 760℃ 即转变为无活性、无孔隙的硅酸镁。但合成硅酸镁催化剂比合成硅酸铝和天然黏土催化剂能多得 25% 的汽油，C_4 或相对分子质量更低的气体产率也低。人工合成硅酸镁催化剂比硅酸铝和天然黏土催化剂对水热敏感，其再生性能也差，只及天然黏土催化剂的 25%。以 Al_2O_3 为基础的人工合成裂化催化剂在早期使用不广泛；含 B_2O_3 8% ~ 12% 的硼铝催化剂，也因使用中有硼酸挥发和热稳定性不好而未被工业装置采用。

在沸石裂化催化剂尚未大量使用之前，工业上所用的裂化催化剂几乎全都是人工合成硅酸铝催化剂。最早期用的催化剂含 Al_2O_3 10% ~ 13%，称作低铝硅铝裂化催化剂，后来，由于市场上对汽油的辛烷值要求日益提高，又发展了含 Al_2O_3 24% ~ 26% 的高铝硅铝裂化催化剂。采用高铝催化剂因跑损减少，从而有助于降低催化剂的补充量。

片状的裂化催化剂用于固定床装置，小球形人工合成裂化催化剂用于移动床裂化。流化床装置早期用的是磨碎的粉状人工合成裂化催化剂，后来改进为微球人工合成催化剂。采用微球催化剂是流化催化裂化的一项较大的技术改进，人工合成微球硅酸铝流化裂化催化剂不仅裂化活性高于天然黏土催化剂，而且有适合于流化催化裂化装置的粒度分布、球形度、耐磨强度等物性，它不仅改善了装置的流化质量，而且大大降低了催化剂的损失。它是为流化催化裂化工艺量身打造的催化剂。

（三）半人工合成硅铝裂化催化剂

半人工合成硅铝裂化催化剂是结合了人工合成硅铝催化剂和天然黏土催化剂两者的优点而开发成功的一类裂化催化剂。这类催化剂含有合成硅铝组分，因而改进了天然组分所不足的活性和选择性。由于混入了天然黏土，因而改进了催化剂在高温和水蒸气条件下产生的孔隙收缩、比表面积下降等结构不稳定性，即提高了催化剂的抗烧结、老化或失活的能力。半合成催化剂混有大量的天然原料，成本可大大降低。对一些加工重金属含量高的原料油的催化裂化装置，催化剂受重金属的污染比较严重，需经常卸出部分平衡剂，并不断补充新鲜催化剂，这时采用价格低廉的半合成裂化催化剂，就更为合适。

（四）沸石裂化催化剂

沸石裂化催化剂与无定形硅铝裂化催化剂相比，具有更高的活性和选择性。因而，沸石裂化催化剂问世之后，很快就获得广泛应用，取代了无定形硅铝裂化催化剂。按照沸石裂化催化剂中采用的沸石类型、载体组成、使用性能等的不同，也形成了不同品种的沸石裂化催化剂。沸石催化剂分别采用三种载体，即全合成硅-铝载体、半合成硅-铝载体（或硅基、或铝基）和全黏土载体。采用的沸石类型则主要是两大类，其一为 X 型沸石，另一类为 Y 型沸石。早期工业应用的是 REX 型沸石催化剂，Y 型沸石催化剂开发稍后。Y 型沸石催化剂又可细分为 REY、HY、REHY、REMgY、USY 及 REUSY 型沸石催化剂。

催化剂中 REX 沸石与 REY 沸石不同的加入量，对产品收率及选择性的影响见图 3-103（Ward，1984）。图中沸石的加入量是以沸石 X 光衍射图的 2θ 为 23.9 的特征峰高来表示。从图 3-103 可以看出，对于 REX 或 REY 沸石裂化催化剂，随着沸石加入量的增加，转化率、汽油产率和 $C_3^=+C_4^=$ 收率均提高，而与沸石类型无关。

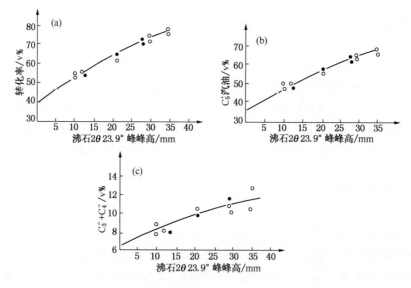

图 3-103　不同沸石加入量对产品收率的影响
○—REX；●—REY

早期的沸石裂化催化剂是用于原来的流化床催化裂化装置，活性太高易产生过裂化，一般沸石含量为 5%～10%。为充分发挥沸石催化剂的优势，开发了提升管催化裂化工艺，相应地催化剂沸石含量提高到 14%～16%。在 20 世纪 60 年代，高活性和选择性的沸石催化剂，与提升管催化裂化工艺过程相结合，促成了催化裂化工艺技术一次大的飞跃。20 世纪 50～60 年代，工业催化剂主要是 X 型沸石催化剂和无定形催化剂，且前者逐渐代替后者，以 Grace Davison 公司生产的品种为例，有关沸石催化剂和无定形催化剂性质列于表 3-45。

表 3-45　早期工业使用的裂化催化剂性质

催化剂	无定型				沸石	
	低　铝	高　铝	半合成	Si-Mg	XZ-15	XZ-25
化学组成/%						
Al_2O_3	13	28	32	27.5(MgO)	14	31
SiO_2	86.8	71.6	66.4	68.8	—	—
Na_2O	0.02	0.04	0.04	0.05	0.06	0.05
Fe	0.03	0.03	0.10	0.06	0.04	0.07
SO_4	0.3	0.7	0.6	0.4	0.4	0.4
灼烧减量/%	13	13	13	12(3%F)[1]	11	11
物理性质						
表观密度(ABD)/(g/cm³)	0.43	0.46　0.43　0.39	0.51　0.47	0.46	0.40	0.52
孔体积/(mL/g)	0.77	0.70　0.78　0.88	0.58　0.70	0.89	0.88	0.60
活性 D+L(水热老化)/v%						
843℃，3h	52	52	43	26[2]	66[2]	56[2]
565℃，24h，414kPa	31	31	31	43[3]	43	43

① Si-Mg 催化剂含 F3%；② 为 899℃，3h 老化后活性；③ 为 677℃，24h，44kPa 蒸汽老化后活性。

沸石裂化催化剂发展初期采用过 REX 沸石，不久即改用 REY 沸石。其主要原因是由于 X 型和 Y 型沸石本身固有的热稳定性有差别。其差别如图 3-104（Wojciechowski，1986）所示。20 世纪 70 年代，在国外即完成了由 X 型向 Y 型沸石裂化催化剂升级换代的进程。我国沸石裂化催化剂的大规模工业化生产始于 20 世纪 70 年代中期，就是以 Y 型沸石为活性组元。

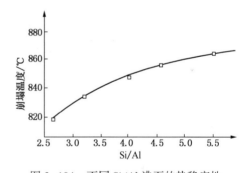

图 3-104　不同 Si/Al 沸石的热稳定性

随着催化裂化技术的发展，对催化剂使用性能的要求亦不断发展。20 世纪 70 年代末 80 年代初，欧美发达国家相继推出了汽油无铅化计划，从而要求催化裂化装置生产高辛烷值汽油。20 世纪 80 年代，随着我国国民经济的快速发展，汽车保有量迅速增加，相应的环境保护要求的日益强化，使汽油的加铅量也受到了限制，促使裂化催化剂的活性组分由 REY 向超稳 Y 型(USY)沸石方面转变，并迅速普及应用，以提高催化汽油辛烷值，缓解车用汽油辛烷值不足的压力。进入 21 世纪，随着环护要求日益严格，要求开发在不降低催化汽油辛烷值的前提下，还能降低汽油的烯烃和硫含量的环境友好的裂化催化剂品种。此外，不仅要求催化剂具有良好的裂化性能，还希望具有促进 CO 氧化成 CO_2 的性能，以及能从再生器中吸附 SO_x（相应地在反应器和汽提段中还原并释放出 H_2S），减少烟气中 SO_x 排放的功能等，因而成功地发展了具有复合功能的裂化催化剂及能单独添加的各种助剂。

20 世纪 70 年代以后，沸石催化剂每隔几年即更新换代，生产的催化剂品种和牌号不断增多，国外几家催化剂公司生产的牌号达到万种以上，国产催化剂也过千种。同时，催化剂质量也不断改善，能够以"量体裁衣"或"对症下药"的方式满足不同具体情况的需求。综观其技术发展，首先是开发了不同的沸石制备方法及改质方法(水热脱铝、化学脱铝补硅、二次孔道清理、元素改质等)，研制出了各具特色的沸石；其二是不同性能沸石(HY、USY、REUSY、β、MFI 等)有针对性的组合，然后与不同类型及改质方法的载体、不同黏合剂甚至某种助剂组合，形成各组分比例恰当的裂化催化剂。

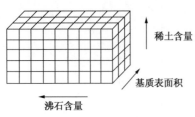

图 3-105　Ketjen 催化剂箱

各制造公司对其生产的催化剂品种和牌号的命名原则互有出入，有的按图 3-105 的"催化剂箱"分为若干不同系列和牌号(Gevers，1987)。例如，Albemarle(原 AKZO)公司的 KMC 及 KMC plus 系列(前者为高汽油产率型，后者为高辛烷值-桶型)各按载体的比表面积分为中、高两类，每类又按活性高低各有三个牌号，这就构成了 12 个牌号。有的公司则仅将活性高低不同的催化剂归属同一系列，其他方面的变化则分属不同系列；有的公司把几个系列归属于一个"家族"。随着稀土价格的提高和原料油的重质化，Grace Davison公司又按照催化剂中沸石含量和加工重油能力对催化剂进行分类。油品越重，催化剂越需要更强的抗金属污染能力(Ron Colwell，2012)。

现将国外 20 世纪 70 年代以来生产的主要工业裂化催化剂系列、名称代号按时间先后列于表 3-46。

表 3-46　20 世纪 70 年代以来国外生产的主要催化剂系列表

公司名称	催化剂代号	活性组分/载体	适用原料油	主要特点
Grace Davison	DZ	REY/合成 SiO_2—Al_2O_3	VGO	沸石含量低
	CBZ	REY/合成 SiO_2—Al_2O_3	VGO	沸石活性高
	Super D	REY/白土	VGO	高活性，高密度，高稳定性，耐磨
	GRZ	REY/载体	VGO/VR	沸石含量较高
	Octacat	REHUSY/白土	VGO	沸石含量高，抗重金属污染能力强
	DA	REY/低活性载体	VGO/VR/高氮	提高汽油辛烷值，增产烯烃，生焦低
	Octacat B	(Z14)USY/高活性载体	VGO	高度耐磨，热稳定性好，液体产率高
	Octacat D	LREUSY/中活性载体	VGO/VR	提高汽油辛烷值，生焦低
	Octacat RN	(Z14G)USY/高活性载体	VGO	提高汽油产率和(或)辛烷值
	XP	(Z14 或 Z14G)USY/活性载体	VGO/VR	渣油改质能力强，提高汽油辛烷值
	GXO	(Z14G)USY 或 REHY/活性载体	VGO/VR	高活性，汽油辛烷值-桶高，渣油改质能力强
	Nova	Z14 或(Z14G)USY/白土	VGO/VR	高活性，汽油辛烷值-桶高，渣油改质能力强
	Astra	(Z14G)USY 和 REHY/改进载体	VGO/VR	高活性，汽油辛烷值-桶高
	Orion	(Z14 或 Z14G)USY/MMP 载体	VGO/高氮	原料油辛烷值-桶高，焦炭和气体产率低
	Orion	(Z14, Z17)/SiO_2-Al_2O_3	HVGO/VR	活性稳定性好，转化率高，塔底油低
	Atlas	Z14/Z17/SiO_2-Al_2O_3	高度适应性	高活性，高稳定性
	Aurora	(Z14, Z17)/SiO_2-Al_2O_3	高度适应性	高转化率
	Butimax	ZSM-5	高度适应性	高 LPG，高 $C_{3-4}^=$
	GDS	(Z14, Z17)/SiO_2-Al_2O_3	高度适应性	高转化率，低塔底油

续表

公司名称	催化剂代号	活性组分/载体	适用原料油	主要特点
Grace Davison	OlefinsPlus	ZSM-5, (Z14, Z17)/SiO_2-Al_2O_3	高度适应性	高 LPG, 高 $C^=$, 高汽油辛烷值
	OlefinsExtra	ZSM-5, (Z14, Z17)/SiO_2-Al_2O_3	高度适应性	低塔底油, 高 LPG, 高 $C^=$, 高汽油辛烷值
	OlefinsUltra	ZSM-5, (Z14, Z17)/SiO_2-Al_2O_3	高度适应性	高转化率, 高 LPG, 高 $C^=$, 高汽油辛烷值
	GSR-1, 2	ZSM-5, (Z14, Z17)/Al_2O_3	VGO/VR/高硫	高转化率, 降低汽油硫含量
	Polaris	(Z14, Z17)/SiO_2-Al_2O_3	VGO/VR/高硫	高转化率, 焦产和干气率低
	Spectra	(Z14, Z17)/SiO_2-Al_2O_3	高度适应性	高活性选择性, 塔底油转化率高
	Isoplus	(Z14, Z17)/SiO_2-Al_2O_3	VR	高活性, 高汽油辛烷值, 焦产和干气率低
	XPD	(Z14, Z17)/SiO_2-Al_2O_3	VGO	高活性, 高 $C^=$, 高汽油辛烷值
	Ramcat	(Z14, Z17)/Al_2O_3	VR/高钒	高活性选择性, 低塔底油
	Vanguard	(Z14, Z17)/(SiO_2-Al_2O_3)-P	HVGO/VR	高转化率, 焦产和干气率低
	Aurora	ZSM-5, Z17 和 REHY/SiO_2-Al_2O	VR	高转化率, 高 $C^=$, 焦产和干气率低, 汽油辛烷值-桶高
	RFC	ZSM-5, Z17 和 REHY/SiO_2-Al_2O	VGO/VR	高转化率, 降 $C^=$
	AP_{PMC}	ZSM-5	高度适应性	丙烯产率超过 15%, 生焦少, 低塔底油, 抗金属污染
	IMPACT	Z-28, TRM^{TM}-100 载体, 金属捕集成分	渣油, 高 Ni, V	优良的抗重金属污染性, 重油转化能力强, 焦炭和干气选择性好
	$PINNACLE^{TM}$	TRM-400, Z-28 或者 Z-32	高 Ni 油	重油转化能力强, 生焦低, 干气产率少
	AURORA ®	Z-14 或者 Z-17	高适应性	生焦低, 多产汽油
	ADVANTA ®			多产汽油
	POLARIS ®		高 Ni 油	降低塔底油
	LIBRA		加氢处理原料	降低塔底油
	$Midas^{TM}$		渣油	最大化塔底油转化, 优良的抗金属污染能力
	RFG ®			焦炭选择性、LPG 烯烃选择、汽油辛烷值相当的情况下, 汽油烯烃含量低
	$D-PriSM^{TM}$			汽油降硫助剂
	$SuRCA^{TM}$	Al_2O_3-载体		降低汽油硫(轻和中间馏分汽油硫)
	GSR-5			降低汽油硫助剂(全馏分汽油)
	GSR-6.1			降低汽油硫
	GSR-7	Al_2O_3-载体	适应性强	降低汽油硫
日挥触媒化成 (JGCC&C)	MRZ	LREUSY/SiO_2-Al_2O_3	VGO/VR	汽油辛烷值高, 渣油改质能力强, 抗重金属污染能力强
	Hycon	USY/SiO_2-Al_2O_3	VGO/VR	汽油收率高, 辛烷值高, 抗重金属(Ni)性能好
	Hylic	LREUSY/SiO_2-Al_2O_3	VGO/VR	液体收率高, LCO/HCO 比值高
	Varee	LREUSY/SiO_2-Al_2O_3	VGO/VR	抗重金属(V), 汽油辛烷值高
	RCZ	LREUSY/SiO_2-Al_2O_3	VGO/VR	汽油辛烷值-桶高, 辛烷值(MON)高, 焦和气体产率低
	SLS	USY/SiO_2-Al_2O_3	VGO/VR	汽油辛烷值-桶高, 液体收率高

公司名称	催化剂代号	活性组分/载体	适用原料油	主要特点
	ELZ	LREUSY/捕 V 载体	VGO/VR	汽油辛烷值-桶高，热稳定性好，抗 V 能力强
	Harmorex	LREUSY/载体及重金属捕集剂	VGO/VR	汽油产率高，焦和气体产率低，捕 V 和 Ni 能力强
	HMR −2050 −2060 −2070	} REUSY/SiO$_2$−Al$_2$O$_3$	VGO/VR	汽油辛烷值-桶高，高液收，LCO 高，焦和干气产率低
	BLC −2050 −2060 −2070	} REUSY/SiO$_2$−Al$_2$O$_3$	VGO/VR	汽油辛烷值-桶高，高液收，LCO 高，抗重金属污染能力强
	STW	REUSY/SiO$_2$−Al$_2$O$_3$	VR	汽油辛烷值-桶高，高液收，焦和气体低，抗重金属污染
	DCT	REUSY/SiO$_2$−Al$_2$O$_3$	VGO/VR	汽油辛烷值-桶高，高液收，低干气，抗重金属污染
	ACZ	REUSY/Zeolite/Si−Al	VR	辛烷值-桶高，LCO 高，低塔底油，抗重金属污染能力强
	MZ	REY/合成 SiO$_2$−Al$_2$O$_3$ 或白土	VGO	高活性稳定性，通用型提升管裂化
	KMR	LREY/载体及重金属捕集剂	VGO/VR	抗重金属，渣油改质能力强，焦产率低
	KOB	LREUSY/	VGO/VR	汽油辛烷值高，焦和气体产率低
	KVC	(ADZ)USY/新型载体	VGO/VR	汽油辛烷值(MON)高，辛烷值-桶高
	Advance	(ADZ)USY/新型载体	VGO/VR	汽油产率高，转化率高，焦和气体产率低
	Access	(ADZ)USY/新型载体	VGO/VR	} 高转化率及渣油转化能力强，抗重金属、
	Octaboost	(ADZ)USY/新型载体	VGO/VR	抗氮，干气产率低
Albemarle	Access	高活性 USY/SiO$_2$−Al$_2$O$_3$ 载体	VR/高氮	高转化率，高液收，低塔底油，抗重金属，干气低
	Advanca	高活性 USY/SiO$_2$−Al$_2$O$_3$ 载体	VGO/VR	汽油产率高，焦和气体产率低，抗重金属
	Aztac	高活性 USY/SiO$_2$−Al$_2$O$_3$ 载体	普遍适应	高转化率，低塔底油
	Conturion	高活性 USY/SiO$_2$−Al$_2$O$_3$ 载体	普遍适应	抗重金属能力强，H$_2$-焦碳产率低
	Conturion Max	高活性 USY/SiO$_2$−Al$_2$O$_3$ 载体	VR/高 Ni	抗 Ni 能力强，H$_2$-焦碳产率低
	Cobra	高活性 USY/SiO$_2$−Al$_2$O$_3$ 载体	普遍适应	汽油辛烷值高，高 LCO/HCO，干气低
	Conquest	高活性 USY/SiO$_2$−Al$_2$O$_3$ 载体	普适/高氮	汽油产率高，高 LCO，干气低，抗重金属
	Conquest HD	高活性 USY/SiO$_2$/高堆比载体	普适/高氮	汽油产率高，高 LCO/HCO，干气低，抗重金属
	Eclipse	高活性 USY/SiO$_2$ 载体	普适/高氮	高 i-C$_4^=$/C$_4^=$，汽油辛烷值高，低塔底油，干气低
	FCC	高活性 USY/SiO$_2$ 载体	VR	汽油辛烷值-桶高，抗重金属
	Horizon	高活性 USY/SiO$_2$ 载体	VR/高 Ni	辛烷值-桶高，低塔底油，抗重金属，干气低
	Vision	高活性 USY/SiO$_2$ 载体	VR	汽油辛烷值-桶高，MCN 高，抗重金属污染能力强
	TOM OPAL 878	高活性复合 Y/Al$_2$O$_3$ 载体	VR/高 Me	降低汽油烯烃，抗重金属污染能力强
	L	REDY/活性晶态 Al$_2$O$_3$	VGO/VR	汽油选择性好，渣油改质能力强，低成本
	FGO	REDY/活性晶态 Al$_2$O$_3$(低 Na)	VGO/VR/CGO	稳定性好，汽油选择性好，渣油改质能力强
	FSS	REDY/活性晶态 Al$_2$O$_3$	VGO/VR	辛烷值-桶高，十六烷值高，渣油改质能力强
	ROC	LREDY/活性晶态 Al$_2$O$_3$	VGO/VR	稳定性好，生焦少，渣油改质能力强，辛烷值-桶高
	SOC	LREDY/活性晶态 Al$_2$O$_3$	VGO/VR	渣油改质能力强，催化轻循环油产率高，十六烷值高

续表

公司名称	催化剂代号	活性组分/载体	适用原料油	主要特点
Albemarle	Coral Ruby Sapphire		VGO+CGO	低塔底油，抗 Ni，高反应温度，高液化气
	Emerald		高金属	催化轻循环油产率高，活性保持好，抗 Na
	Opal		高残炭，高金属	低塔底油，高液收，抗 Na
	Amber		高金属	低塔底油，二次反应少，高液化气和汽油
	AFX™		适应性强	丙烯产量高
	UPGRADER™, UPGRADER R+ AMBER™ MD		渣油	油浆产率低，高活性，优良的焦炭选择性
	CORAL™ MD UPGRADER™ MD	高载体/沸石，优良的扩散性能	蜡油 渣油 渣油	好的可接近性，最大中间馏分油（LCO），塔底油转化率高，抗重金属，焦炭选择性好
	GO™ LRT	低稀土	VGO	活性高
	AMBER™ LRT	低稀土	VGO	最大化轻质油收率
	UPGRADER™ LRT	低稀土	渣油	最大化塔底油转化
	CORAL™ LRT	低稀土	渣油	最小化 δ 焦炭
	CORAL™ CORAL™ SMR		渣油	优异的可接近性，优异的抗金属污染能力
	GO-ULTRA™ LRT			低生焦，优异的汽油选择性
Engelhard （EMC）	HFZ	（原位晶化）$HY/SiO_2-Al_2O_3$	VGO/VR	通用型
	HEZ LRE	（原位晶化）$Y/SiO_2-Al_2O_3$	VGO/VR	汽油选择性好，稳定性好，油浆低，渣油改质能力强
	Octasiv plus	$SY/SiO_2-Al_2O_3$ 低或中 SA	VGO	汽油辛烷值-桶高，水热稳定性好，抗重金属
	Octasiv plus	$LREUSY/SiO_2-Al_2O_3$，中 SA	VGO	活性高，渣油改质能力强，抗重金属
	Ultradyne plus	$LREUSY/SiO_2-Al_2O_3$：低 SA	VGO/VR	汽油选择性高，溴值低，生焦低
	Dynasiv plus	$LREUSY/SiO_2-Al_2O_3$	VGO/VR	水热稳定性好，焦和气体产率低，汽油辛烷值高
	Precision	热化学法 $USY/SiO_2-Al_2O_3$	VGO/VR	—
	Dimension	原位晶化 $USY/SiO_2-Al_2O_3$	VGO/VR	汽油辛烷值高(焦和汽油产率低时)
	Dimension	热化学法 $USY/SiO_2-Al_2O_3$	VGO/VR	汽油辛烷值高，抗重金属
	Reduxion	热化学法 $USY/SiO_2-Al_2O_{33}$	VGO/VR	焦产率比其他系列低 10%~20%
	Maxol	新 $Zeolite/SiO_2-Al_2O_{33}$	高度适应性	高 $C_4^=$，辛烷值-桶高，抗重金属
	Millenium	高活性 $Zeolite/SiO_2-Al_2O_{33}$	VGO/VR	抗 S，汽油选择性好，油浆低，焦炭和干气少
	NaphthaMax	高活性 $Zeolite/SiO_2-Al_2O_{33}$	VGO，HGO，VR	汽油选择性好，油浆低，抗 S
	NaphthaMax-LSG	新 $Zeolite/SiO_2-Al_2O_{33}$	VGO，HGO	抗 S，汽油选择性高，油浆低
	Petromax	新 Zeolite/高 Z/M	VGO/VR	转化率最高，汽油辛烷值-桶高，油浆低
	Precision	高 Si/Al 高活 $USY/SiO_2-Al_2O_{33}$	高度适应性	汽油辛烷值-桶高

公司名称	催化剂代号	活性组分/载体	适用原料油	主要特点
Engelhard（EMC）	Reduxion	新 Zeolite/SiO$_2$-Al$_2$O$_{33}$	高度适应性	汽油辛烷值高，油浆少，焦炭低
	Syndec	USY/REUSY/高 Z/M	VGO	汽油辛烷值-桶高
	Ultrium	新 Zeolite/SiO$_2$-Al$_2$O$_{33}$	高度适应性	最高汽油辛烷值-桶
	Vaktor	Y/新 Zeolite/SiO$_2$-Al$_2$O$_{33}$	/VR	汽油辛烷值-桶高，油浆低
BASF	NaphthaMax® Ⅱ	ZSM-5	VGO	
	NaphthaMax® Ⅲ			多产汽油
	Naphtha-Clean™			降低汽油硫，同时提高蜡转化为汽油
	Endurance		渣油	
	Flex-Tec		渣油	高活性、低生焦和低干气
	Defender™		重渣油	良好的抗钒性能和焦炭选择性
	MPS			高丙烯产率
	HDXtra™		减压蜡油	
	Stamina™		重渣油	
	Fortress™			强的抗金属污染能力，增加汽油和 LCO 产量

　　我国沸石裂化催化剂的工业化生产始于 20 世纪 70 年代中期，与国外同类的催化剂相比晚了十多年，是在原有无定形硅酸铝催化剂的基础上，跳过了 X 型沸石催化剂（仅有过半工业试生产）阶段，使用活性更高和选择性更好的沸石。从催化剂产品质量的角度来看，由于是在国产高质量 Y 型沸石的基础上，稀土 Y 型沸石（REY）催化剂的起点是不低的，与当时的国际水平相当。自 20 世纪 70 年代末，重油裂化催化剂的开发一直备受重视。由表 3-47 可以看出，20 世纪 80 年代初第一代重油裂化催化剂，是以大孔道、低比表面积、低活性的半合成（或全黏土）载体替代高比表面积、有活性的无定形硅酸铝为载体的新型半合成稀土 Y 型沸石催化剂。由于新型沸石催化剂更加突出了沸石优良的反应性能，同时半合成（也包括全黏土）载体更适合于重油大分子裂化及抗镍污染。因此，与国内外 20 世纪 80 年代初的工业稀土 Y 型沸石催化剂相比，虽然主活性组元相同，新型半合成稀土 Y 型沸石催化剂的重油裂化性能更高。20 世纪 80 年代初、中期开始，重油裂化催化剂更多的是着力于新型 Y 型沸石的开发，包括选择性优良的超稳 Y 型沸石（USY、DASY、PSRY）催化剂，能兼顾活性和选择性的改性稀土氢 Y 型沸石（REHY）催化剂。20 世纪 90 年代中期开始，新一代复合型超稳 Y 型沸石重油裂化催化剂已朝着重油裂化活性高、干气和焦炭选择性好、水热稳定性强、原料适应能力广泛、抗重金属能力高、目的产品多样化、汽油辛烷值高、耐磨性好等方向全方位发展。20 世纪 90 年代，国产催化剂的载体和沸石具有多种专有技术，是国产催化剂品种与质量的第一个快速增长期。进入 21 世纪以来，我国车用汽油质量标准日趋严格，降低催化汽油烯烃和硫含量，且提高汽油辛烷值的重油裂化催化剂的开发，受到了特别的重视，新的能生产环境友好的产品的重油裂化催化剂发展迅速。同时用于重质油加工，抗重金属污染、优良干气和焦炭选择性的催化剂也得到快速发展。国产催化剂的概貌见表 3-47。

表 3-47　国产沸石类催化剂

年代		牌　　号	活性组分/载体		特　　点
20世纪	70年代	Y-9 LWC-23	REY/SiO$_2$-Al$_2$O$_3$		用于床层裂化，沸石含量低，中活性
		偏 Y-15 LWC-33 CGY(共 Y-15)	REY/SiO$_2$-Al$_2$O$_3$		常用于提升管裂化，沸石含量中
	80年代	Y-7 CRC-1 KBZ	REY/Al$_2$O$_3$-白土		用于掺渣油的重油裂化，半合成，高密度，抗重金属能力较强
		LB-1	REY/白土		高密度，原位晶化
		LC-7	REY/SiO$_2$-Al$_2$O$_3$-白土		半合成，中密度，活性高
		ZCM-7 CHZ-7	REUSY(DASY) REUSY(SRNY)	Al$_2$O$_3$-白土	用于重油裂化，焦炭选择性优，轻油产率高
	90年代	LCS-7	LREHY/SiO$_2$-Al$_2$O$_3$-白土		中堆积密度，焦炭产率低，轻油产率高
		LCH-7	REUSY(RSDAY)/Al$_2$O$_3$-白土		高活性 USY，用于重油裂化，焦炭选择性优，汽油辛烷值-桶高
		RHZ-200 CC-14 CC-15	LREHY/SiO$_2$-Al$_2$O$_3$-白土		用于掺渣油原料，中堆积密度，焦炭产率低，轻油产率高
		RHZ-300	LREHY/Al$_2$O$_3$-白土		用于掺渣油原料，活性选择性均优，轻油产率高，抗氮性好
		Orbit-3000 Orbit-3600	复合 REUSY/Al$_2$O$_3$-白土	用于重油裂化	活性高，择性好，渣油改质能力强
					活性选择性均优，抗钒污染，渣油改质能力强
		Orbit-3300	USY、REHY、ZSM-5		油浆产率低，焦炭选择性好，总液体收率高，有良好的抗重金属污染能力
		Comet-400	USY，ZSM-5，REHY-高岭土		重油裂化能力强，C$_3^=$、液化气产率高，汽油产率高
		LAN-35 CC-16，17，18，19	复合 REUSY/Al$_2$O$_3$-高岭土		活性高，选择性好，渣油改质能力强，抗重金属污染能力强 活性高，选择性好
		CC-20	REUSY，ZRP/Al$_2$O$_3$-白土		活性高，择性好，汽油辛烷值高
		MIC-500 系列	DM-2，4/Al$_2$O$_3$-白土		多产催化轻循环油，轻油产率高，干气和焦产率低，活性稳定性高，塔底油产率低，抗镍/钒污染
		LAV-23	复合 REUSY/Al$_2$O$_3$-白土		活性高，抗钒污染能力强
		ZC-7000 ZC-7300 LK-98	复合 DR/Al$_2$O$_3$-白土		沸石活性高，活性稳定性高，择性好
		CC-22	REUSY/Al$_2$O$_3$-白土		
		RAG-7	ZRP-复合 Y-Al$_2$O$_3$-白土		ARGG 工艺用催化剂
		RGD-1			MGD 工艺用催化剂
		CMOD-200			可满足 MGD 工艺要求
		LBO-12			降低 FCC 汽油烯烃，辛烷值持平
21世纪	初期	DVR-1 LVR-60	REHY/DM/REUSY/Al$_2$O$_3$-白土		重油转化能力强，干气和焦炭产率低
		CR005	REHY/DM/REUSY/PTI 载体		活性高，重油转化能力强，焦炭选择性优
		CHZ-3,4	PSRY		重油转化能力强，轻质油收率高，热和水热稳定性好
		GOR 系列 LGO DOCO	ZRP/DM/REHY/REUSY/Al$_2$O$_3$		活性高，重油转化能力强，汽油烯烃低 降低 FCC 汽油烯烃能力强

续表

年　代		牌　号	活性组分/载体	特　点
21世纪	初期	CR022	MOY	MIP 专用催化剂，降低汽油烯烃含量
		CGP	MOY/SOY/ZRP	MIP-CGP 专用催化剂，总液收高，多产丙烯，干气和焦炭选择性好
		HGY	SOY	汽油选择性好，抗重金属能力强，特别是 V，总液收高
		CDOS	DOSY	
		VRCC	SOY	重油裂化能力强，汽油选择性好，总液收高
		COKC		
		RICC-1	SOY	塔底油裂化能力卓著，水热稳定性突出，抗金属性能优良，同时优化了产品分布和产品质量
		CDC	CDY	重油裂化能力强，抗钒污染能力强
		ABC	ABY	重油裂化能力强，抗碱氮能力强，降低汽油烯烃含量，总液收高
		CTZ	NSY	活性稳定性好，深度的重油转化能力，汽油产率高，烯烃含量低，优异的焦炭选择性和氢转移活性
		RSC	MOY/SOY	重油转化能力强，总液收高，油浆和焦炭产率低，抗金属污染能力强
		DMMC	ZSP	DCC 专用催化剂，轻烯烃选择性好，多产丙烯、液化气

从 20 世纪 50 年代至今，催化裂化装置采用不同类型的催化剂，其转化率与焦炭产率的变化如图 3-106 所示(Naber，1988)，而产品分布的变化趋势如图 3-107 所示(以 VGO 为原

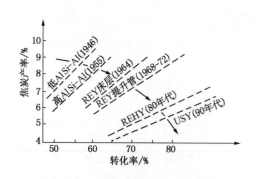

图 3-106　不同催化剂类型的焦炭产率

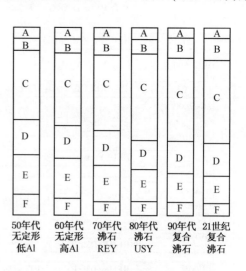

图 3-107　不同年代催化剂对产率的影响
A—干气；B—液化气；C—汽油；D—轻循环油；
E—重循环油；F—焦炭

料）。从图 3-106 和图 3-107 可以看出，20 世纪 90 年代以前，汽油产率明显增加，焦炭和重组分产率下降；90 年代以后，在继续保持焦炭和重组分下降趋势的情况下，基于对低碳烯烃的需求增加，以及提高汽油辛烷值，液化气有明显增加，或者说催化裂化装置在总液收增加的同时，对液化气、汽油以及轻循环油有更大的调节空间。这些变化与催化剂性能不断改善密切相关。

　　不同类别的沸石和不同的载体活性对产品产率、选择性和质量的影响程度见表 3-48，催化剂中的化学成分对上述若干指标的影响见表 3-49（Biswas，1990）。

表 3-48　沸石和载体的作用

项　　目	沸石			载　　体
	USY	REUSY REHY	REY	
干气	——低——			高
液化气	高——中——→低			高
C₃/C₄ 烯烃	高——中——→低			高
焦炭选择性	很低——低——			很高
汽油选择性	中←——高——			低
辛烷值	高——中——→低			—
裂化活性	中←——中高——高			低
343~482℃ 馏分	——高——			中
>482℃ 馏分	中——低——			高
Na 水热稳定性	低←——中高——高			高
V 水热稳定性	高——中高——			高
Ni 脱氢活性	——低——			高

表 3-49　沸石中化学组成的作用

项　　目	Si/Al 增加	Na 增加	RE 增加
RON	+	−	−
MON	−	−	+
汽油产率	+	−	+
氢转移活性	−	−	+
水热稳定性	+	+	+
活性		−	+

　　从实验室中小型催化裂化装置评价结果可以清楚地看到，不同的沸石类型对催化剂性质的影响。评价使用了两种原料油（A 油：K_{UOP} = 12.0，兰氏残炭 0.59，$C_A/C_N/C_P$ = 14.4/26.5 / 59.1；B 油：K_{UOP} = 11.7，兰氏残炭 2.17，$C_A/C_N/C_P$ = 20.3/26.9/52.8），在相同反应条件下，得到的产品分布见表 3-50（Griffinths，1986）。

表 3-50　不同催化剂的反应性能对比

原料油	A					B		
沸石催化剂	REY	REHY	USY	REUSY	LREUSY	REHY	REUSY	LREUSY
干气/%	1.4	1.3	1.4	1.3	1.3	2.9	1.9	2.0
液化气/v%	20.5	21.0	22.1	20.8	23.9	22.1	22.3	22.5
汽油/v%	61.4	61.5	61.8	62.2	61.0	58.0	58.2	58.1
轻循环油/v%	16.0	17.5	17.7	17.7	18.0	18.2	18.6	18.7
重循环油/v%	12.0	10.5	10.3	10.3	10.0	9.8	9.4	9.3
焦炭/%	4.2	3.8	2.9	3.4	2.4	7.1	6.5	6.5

综上所述，裂化催化剂经历了 70 多年的发展，已实现了高效化（活性和稳定性）和多样化（选择性、品种和牌号）。目前国内外市场供应的各类催化剂品种繁多，如何根据不同原料油、不同的产品分布和产品性质以及不同的装置条件选择催化剂就成为一个十分重要的问题，一般要进行实验室评价和工业试用才能决定。这里只叙述指导原则：一是随着原料油特性因数的减小或是掺炼渣油比例的增大，操作苛刻度要增加，剂油比要加大，相应地要选用 REHY 乃至 USY（或 REUSY）型催化剂。如原料油中重金属含量高，宜选用小比表面积的载体或加捕集组分的 USY（或 REUSY）型催化剂。二是应从产品方案及产品质量考虑催化剂的选择。当产品方案从最大轻质油收率向最大汽油辛烷值-桶以至最大辛烷值方向变化时，选择催化剂也要从 REY 向 REHY 以至 USY（或 REUSY）型的方向变化；而当要求提高产品的柴汽比，或降低催化汽油烯烃含量时，需选择复合型改性沸石催化剂。三是要根据装置的制约条件来确定催化剂，例如：当主风机满负荷时，应考虑使用焦炭选择性低的 REHY 乃至 USY（或 REUSY）；催化剂循环量即剂油比受制约时，宜选用 REHY 乃至 REY 或同类剂中高活性者，再生剂含碳高时也如此；汽提段效率低时宜选用大孔体积、低载体表面汽提效果好的催化剂。

二、几种典型的生产流程及工艺

流化裂化催化剂由于其化学组成、物理性状的不同而采用不同的制备工艺，同时随着生产技术的进步，其生产流程和设备也互有差别。通常流化裂化催化剂的生产流程由活性组分和载体两部分的生产组成。现将几种典型的生产流程及工艺介绍如下。

（一）沸石活性组分的制备流程

1. X 和 Y 型沸石的制备流程

（1）NaX 和 NaY 型沸石的制备流程

X 型沸石和 Y 型沸石都是八面沸石结构。X 型沸石 $SiO_2/Al_2O_3 \leqslant 2.5:1$，而 Y 型沸石 SiO_2/Al_2O_3 为 $2.5\sim5.5:1$，有较高的硅铝比。X 型沸石的合成是将 SiO_2、Al_2O_3 和碱混合成胶后，在近乎沸点的条件下进行数小时晶化，直至生成晶体，其合成过程如图 3-108（Breck，1974）所示。

Y 型沸石是裂化催化剂的主要活性组元，其制备方法为先制备 NaY 沸石，然后在经过脱 Na、稀土改性、水热处理、化学处理等方法制备各种改性 Y 型沸石。

NaY 沸石的合成原料不同，制备方法也有多种，较为成熟的就是导向剂法合成 NaY，如图 3-109 所示。导向剂法是由 Mobil 和 Grace Davison 公司分别发明的，是在合成过程中加入一种含有 Y 型沸石晶胞过渡状态的物质，在合成过程中起晶种作用。导向剂是采用水热法合成，石英砂与碳酸钠熔融，制成硅酸钠（水玻璃），进一步稀释成硅酸钠溶液；氧化铝与烧碱反应成铝酸钠，稀释成铝酸钠溶液。按照 $16Na_2O:Al_2O_3:12SiO_2:320H_2O$ 组成进行投料，在 <40℃ 的温度下搅拌，老化，直至导向剂可供使用。当导向剂达到可以使用后，在一定的温度下将铝源、硅源按照 $3.4Na_2O:Al_2O_3:10SiO_2:204H_2O$ 的比例投料，和导向剂一起搅拌至凝胶状态，再转移到晶化罐中进行晶化，直到沸石结晶度达到要求，停止晶化，过滤得到 NaY 沸石。这种制备工艺过程中形成的凝胶由于黏度较大，不易搅拌均匀，而且不易转移和输送。20 世纪 90 年代，开发的 NaY 高效合成法有效地解决了这一问题。该方法在制备过程中硅源、铝源和导向剂在搅拌过程中形成一种接近液体性质的胶体，这种胶体易

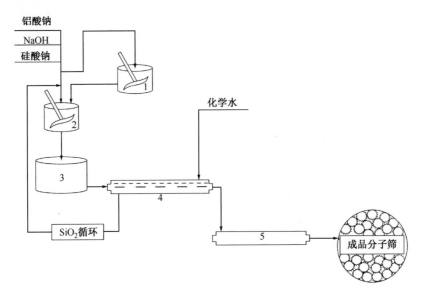

图 3-108　八面沸石制备流程示意图

1—导向剂罐；2—成胶罐；3—晶化罐；4—洗涤及过滤；5—焙烧炉

于输送和转移，从而大大提高了单釜产量，单釜产量可高达 120m³。

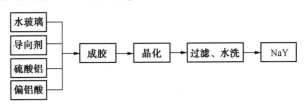

图 3-109　NaY 沸石的合成流程图

（2）原位晶化沸石的制备流程

硅氧四面体和铝氧四面体是 Y 型沸石的结构单元，采用天然矿物为原料，并利用其所含的硅和铝作为反应物，并将其作为载体合成 Y 型沸石的方法叫做原位合成 Y 型沸石。可以作为合成前体的天然矿物主要包括三类：富铝的黏土类矿物、火山玻璃类矿物和高硅类矿物，以富铝类黏土矿物研究最为广泛，如高岭土、偏高岭土、多水高岭土、水铝英石和蒙脱土等（徐如人，1987）。目前，工业上主要采用高岭土为原料合成 Y 型沸石。

高岭土是裂化催化剂中使用最为普遍的一种黏土矿物，高岭土中 SiO_2 与 Al_2O_3 的摩尔比为 2，而 NaY 沸石的 SiO_2 与 Al_2O_3 的摩尔比为 3～6。因此，高岭土不能直接用来合成 NaY 沸石，且其不具备沸石合成的化学活性，要经过活化处理才能成为 Y 型沸石合成的原料。

利用高岭土合成 Y 型沸石，首先要对高岭土进行焙烧处理，焙烧的目的是改变高岭土的结构，使其产生一些活泼的氧化硅，并钝化部分氧化铝。在不同的焙烧温度下，高岭土发生不同的晶型和物质转变。反应如下：

$$2\left[Al_2O_3 \cdot 2SiO_2 \cdot 2H_2O\right] \longrightarrow 2\left[Al_2O_3 \cdot 2SiO_2\right] + 4H_2O$$

高岭土偏高岭土

$$2[Al_2O_3 \cdot 2SiO_2] \longrightarrow 2Al_2O_3 \cdot 3SiO_2 + SiO_2$$

偏高岭土尖晶石活性氧化硅

$$3[2Al_2O_3 \cdot 3SiO_2] \longrightarrow 2[3Al_2O_3 \cdot 2SiO_2] + 5SiO_2$$

尖晶石莫来石方英石

高岭土在 $550 \sim 650^\circ C$ 焙烧可以转化为偏高岭土，偏高岭土中的硅和铝在水热条件下具有化学活性，可以作为 Y 型沸石合成的硅源和铝源。在合成过程中，不足的硅源可以用水玻璃或者硅溶胶来补充。为了提高晶化速度，合成过程中会加入导向剂，导向剂的含量占 Al_2O_3 的 2%。

和水玻璃导向剂法合成 NaY 型沸石相比，原位合成的 Y 型沸石单釜产率高、废渣排放少，并且沸石活性和水热稳定性均较好。

2. Y 型沸石的改性

合成的八面沸石(X 型或 Y 型)是硅氧四面体和铝氧四面体按一定规律排列而成的晶体结构，此外，还带有与 Al 离子同等数量的可交换的 Na 离子(不是简单可去除的游离钠离子)。NaY 沸石是没有酸性的，并且孔道较小，不利于石油烃分子的扩散。因此，NaY 沸石必须经过 Na 交换、稀土交换、水热处理或者化学处理等一系列工艺才能真正具备裂化反应所需的酸中心和孔道结构，成为裂化催化剂的活性组分。

(1) 离子改性

Y 型沸石的离子交换一般在水溶液中进行，也可以在非水溶液中进行，工业上采用在水溶液中进行离子交换。有些阳离子容易交换到沸石上去，而有些则比较困难，有些阳离子在交换上去后，也很容易被其他的阳离子顶替下来。对于一价离子，当沸石离子交换度小于 60% 时，离子交换选择性为 $Ti^+ > Ag^+ > Cs^+ > Rb^+ > NH_4^+ > K^+ > Na^+ > Li^+$，其中 Rb^+、Cs^+、NH_4^+ 的最大交换度为 68%，约相当于 NaY 型沸石晶胞中 56 个 Na^+ 有 40 个被交换下来，而分布在六角棱柱笼内的 16 个 Na^+ 不能被交换；当交换度大于 68% 时，其他几种可以继续交换 Na^+，其选择性为 $Ag^+ > Na^+ > K^+ > Li^+$。Ca^{2+}、Sr^{2+}、Ba^{2+}、Mg^{2+} 等二价离子也可以用来交换 NaY 沸石中的 Na^+，并且也不易完全交换，常常出现一个快扩散和一个慢扩散过程。虽然 Ca^{2+} 和 Na^+ 离子半径大小相当，但由于 Ca^{2+} 形成水合离子后难扩散进入六元环，所以交换过程出现慢扩散过程。

早期多用稀土离子来交换钠离子，稀土交换的 Y 型沸石是裂化催化剂的重要活性组分。经稀土交换的 Y 型沸石不但酸中心数目增加，酸强度提高，热稳定性和水热稳定性也得到很大提高。稀土通常是包括镧、铈、镨、钕和钐等元素的混合物。以稀土溶液将 NaY 沸石交换成 REY 型沸石并制成裂化催化剂的流程见图 3-110，稀土改性的 REY 型沸石性质列于表 3-51。

表 3-51　稀土改性沸石 REY 型沸石的性质

化学组成/%				比表面积[①]/(m²/g)	差热放热峰温度/℃	微反活性[②]/%
Na_2O	RE_2O_3	Al_2O_3	Fe_2O_3			
1.20	18.80	19.70	0.11	580	1005	80

① 比表面积采用 BET 方法计算，P/P_0 取值范围是 $0.05 \sim 0.20$。

② $800^\circ C$ 水蒸气老化 4h，大港直馏柴油，反应温度 $460^\circ C$，空速 $16h^{-1}$。

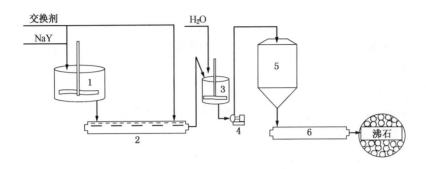

图 3-110　REY 型沸石制备流程
1—交换罐；2—逆流交换及过滤；3—浆化罐；4—高压泵；5—喷雾预干燥；6—焙烧炉

NaY 与 $RECl_3$ 交换后，在 300℃以上焙烧，使水合的镧离子脱除水，进入到 Y 型沸石的六角棱柱笼中，当再次用镧离子交换时，则可把沸石中的钠含量交换至更低的水平，称为稀土 Y 型沸石(REY)。用含镧或钕等的混合稀土交换后制成的沸石，比含铈多的混合稀土制得的沸石的稳定性更高。采用交换、焙烧、交换工艺制成的沸石，具有更高的活性与稳定性。用稀土交换 NaY 型沸石的一次交换度仅为 70%，工业上通过两交两焙或者两交一焙来使交换度接近 100%，如图 3-111 所示。

离子交换度=(交换下来的 Na 量/沸石中 Na 含量)×100%

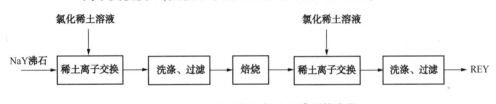

图 3-111　两交一焙生成 REY 沸石的流程

（2）水热处理

Y 型沸石的催化性能取决于其骨架硅铝比和孔道结构，前者又决定了沸石的水热稳定性、酸性、吸附能力等。水热处理是一种改变 Y 型沸石骨架硅铝比的重要方法，是在高温下，利用水蒸气将沸石骨架的铝从骨架中脱除。经过水热处理后，沸石的骨架硅铝比得到显著提高，甚至可以提高 7 倍以上，同时晶胞发生收缩，晶胞常数从 2.47nm 下降到 2.43nm 左右，热稳定性和水热稳定性显著提高。

Y 型沸石在进行水热处理前，先采用铵盐交换，得到 NH_4Y 型沸石，然后在焙烧炉中在水蒸气参与下进行超稳化处理，得到 USY。Scherzer 总结认为，USY 中铝主要以三种形式存在：未被水蒸气脱除的骨架铝，被水蒸气脱除的非骨架六配位八面体铝，不同配位数存于

USY 表面的铝。在高温水蒸气作用下，沸石骨架中的 $O-\overset{\overset{O}{|}}{\underset{\underset{O}{|}}{Si}}-O-\overset{\overset{O}{|}}{\underset{\underset{O}{|}}{Al}}-O$ 发生高温水解，铝从骨

架中脱除，产生羟基空穴，同时少量骨架崩塌，解离出的 SiO_2 和 $Si(OH)_4$，部分重新填充到羟基空穴。因为硅氧键的长度小于铝氧键，因此，超稳后沸石晶胞收缩，结构得到进一步稳定，并产生一些介孔。在工业制备中上，对 Y 型沸石进行两次水热处理，称为"二交二焙"

制备工艺。

（3）化学处理

除水热法制备超稳 Y 型沸石外，还可以采用化学溶剂氟硅酸铵（$(NH_4)_2SiF_6$）对 Y 型沸石进行超稳化脱铝补硅。即 Y 型沸石骨架中的铝原子与氟硅酸铵反应，从骨架中脱除，同时氟硅酸铵中的 Si 原子又重新补充到因脱铝产生的空穴，从而形成比较完整的高硅铝比的 Y 型沸石。相比水热法，这种方法制备的 USY 沸石，具有骨架空穴少，沸石晶体结构完整，非骨架铝少的特点。具体反应如下所示：

$$(NH_4)_2SiF_6 \longrightarrow 2NH_4^+ + SiF_6^{2-}$$

$$SiF_6^{2-} + H_2O \longrightarrow SiF_5(OH)^{2-} + F^- + H^+$$

$$SiF_5(OH)^{2-} + H_2O \longrightarrow SiF_4(OH)_2^{2-} + F^- + H^+$$

$$SiF_4(OH)_2^{2-} + H_2O \longrightarrow SiF_3(OH)_3^{2-} + F^- + H^+$$

$$SiF_3(OH)_3^{2-} + H_2O \longrightarrow Si(OH)_4 + 3F^- + H^+$$

$$SiF_6^{2-} + 4H_2O \longrightarrow Si(OH)_4 + 6F^- + 4H^+$$

$$6F^- + \underset{(沸石)}{\overset{O}{\underset{|}{\overset{|}{-O-Al^--O-}}}} + 4H^+ \longrightarrow \underset{(骨架空位)}{\overset{O}{\underset{H}{\overset{H}{-OH \quad HO-}}}} + AlF_6^{3-}$$

$$Si(OH)_4 + \underset{}{\overset{O}{\underset{H}{\overset{H}{-OH \quad HO-}}}} \longrightarrow \underset{(骨架富硅沸石)}{\overset{O}{\underset{O}{\overset{|}{-O-Si-O-}}}} + 4H_2O$$

由于脱铝比补硅快得多，所以在脱铝补硅过程中需要控制条件，使两者的速度趋于接近，从而保证不因铝的脱除导致晶格崩塌。当氟硅酸铵与沸石进行反应时，pH 在 3~7 范围内，脱铝速度随着 pH 的增加而降低；增加反应温度可以提高硅取代速度，氟硅酸铵浓度与反应过程中使用的温度和 pH 值相关（Donald，1985）。

（4）水热-化学处理

水热处理制备的 USY 孔道里存在不同聚合度的铝物种，如：单核铝 $Al(OH)_2^+$，$Al(OH)^{2+}$，AlO^+，双核铝 $[Al-O-Al]^{4+}$，三核铝 $\left[\begin{smallmatrix}Al-O-Al\\O-Al-O\end{smallmatrix}\right]^{3+}$ $\left[\begin{smallmatrix}&O&\\Al-O-Al-O-Al\end{smallmatrix}\right]^{3+}$，六核铝 $[Al_6(OH)_{15}]^{3+}$，十三聚铝 $[Al_{13}O_4(OH)_{24}(H_2O)_{12}]^{7+}$，这些铝物种会堵塞沸石孔道，并且贡献了大部分非选择性催化裂化活性中心。采用化学溶剂处理水热超稳后的沸石，可以有效地脱除非骨架铝，清理了沸石孔道，产生了更多的二次孔，同时与稀土改性相结合，从而提高了沸石晶内有效稀土含量，优化了酸中心分布，进而改善了沸石的裂化选择性。采用清理孔道方法制备的 Y 型沸石已经广泛用于重油裂化催化剂的制备，其制备过程如图 3-112 所示，并取得了良好的应用效果。

由 Albemarle 公司研制的 ADZ 沸石采用水热—化学方法处理，首先在适中的条件下对 NH_4Y 进行水热处理，晶胞收缩不太强烈，得到表面富 Al 沸石，然后再用化学试剂对 Y 沸

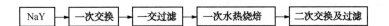

图 3-112　水热-化学处理制备流程

石进一步处理，脱除外层的非骨架铝，形成一个贫铝的外层。ADZ 沸石由于外层非骨架铝少，较好地阻止了汽油过度裂化，降低了焦炭产率(何农跃，1991)。

（5）气相法制备超稳 Y 型沸石

Beyer(1985)报道了 SiCl$_4$ 与 NaY 作用进行脱铝补硅制备高硅 Y 型沸石，甚至纯硅 Y 型沸石，在脱铝的过程中，部分骨架铝空缺由硅来补充，所制备的 Y 型沸石结构保持完整，热稳定性好，抗无机酸能力强。

在脱铝补硅的过程中，脱除的铝部分以气态 AlCl$_3$ 逸出，部分则以 NaAlCl$_4$ 沉积于沸石孔道内，此部分沉积物还需进一步用酸处理。此工艺由于存在生成过程控制困难、气固反应不充分、物料输送等问题一直难以工业化。自 1988 年，RIPP 一直致力于气相法制备 Y 型超稳沸石的研究，先后解决了人工劳动强度大、过量 SiCl$_4$ 环境污染、产品质量波动大、生产不连续等一系列问题，并开发了连续化反应器、配套的沸石回收设备和废气回收装置(田辉平，2010)。在特定的反应容器中，特定的反应温度下，使 SiCl$_4$ 气体与沸石进行接触，反应后用脱阳离子水洗涤，脱除沸石孔道中存留的 Na$^+$、Cl$^-$、Al^{3+} 等可溶性副产物，再经过干燥即得到所需超稳沸石。气相超稳沸石产生过程不产生氨氮排放，实现了沸石生产全程无铵化。气相超稳沸石由于硅铝比高、水热稳定性好，因而广泛用于重油裂化催化剂活性组分。几种典型制备方法的 Y 型沸石性质对比列于表 3-52。

表 3-52　几种典型制备方法的 Y 型沸石性质对比

项目	REY	水热超稳 USY	化学法 PSRY	水热-化学 SOY	气相超稳 USY
晶胞常数/nm	2.471	2.455~2.460	2.450~2.455	2.450~2.460	2.445~2.460
硅铝比[①]	5~6	8~9	10~11	10~12	8~13
比表面积[②]/(m²/g)	580	550	670	630	650
孔体积[③]/(cm³/g)	0.29	0.33	0.37	0.37	0.38

① 指 SiO$_2$/Al$_2$O$_3$ 的摩尔比。

② 采用低温 N$_2$ 吸附测定，P/P_0 的取值范围为 0.5~0.20。

③ 采用低温 N$_2$ 吸附，在 P/P_0 = 0.985 时测定。

3. ZSM-5 沸石的制备流程

高硅沸石 ZSM-5 是除了 Y 型八面沸石之外，在裂化催化剂中应用最多的人工合成晶体。ZSM-5 多用于提高催化汽油辛烷值，增产液化气和气体烯烃的裂化催化剂中。

ZSM-5 的合成方法很多，总的来说分为水热合成与非水热合成、有胺和无胺合成、碱性与非碱性合成、有晶种和无晶种合成。现工业普遍采用有胺或无胺，有晶种或无晶种的水热法来合成 ZSM-5 沸石。常规 ZSM-5 水热稳定性差，异构化性能差，通常采用磷和过渡金属改性来抑制 ZSM-5 的骨架脱铝，提高其水热稳定性，同时调整其酸性，进而提高催化裂化反应的选择性。ZSM-5 及其改性沸石合成流程见图 3-113。

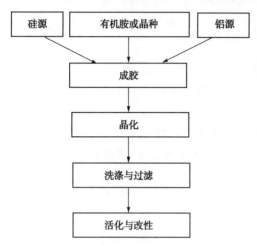

图 3-113　ZSM-5 及其改性沸石合成流程

陈蓓艳等（2009）采用过渡金属 Fe、Co、Ni 和 Zn、Mn、Ga、Sn 等中的一种或多种对 ZSM-5 进行改性，制备了 ZSP 系列沸石，该沸石具有优异的增产低碳烯烃及提高汽油中芳烃含量的性能。RIPP 采用 Y 型沸石异晶导向技术将稀土引入到 ZSM-5 沸石中，合成了 ZRP 系列沸石，其是一种含磷、硅铝比可调、有二次孔、活性和稳定较好的沸石，可以与多种 Y 型沸石匹配制成重油裂化催化剂，也是多产低碳烯烃技术专用催化剂的关键组分。

4. β 沸石的制备流程

β 沸石的合成主要包括水热晶化法、表面润湿法和导向剂法。水热晶化法是 β 沸石合成最常用的方法，是将硅源、铝源、钠源和模板剂按照一定的加料顺序制成工作溶液，在一定的条件下成胶、晶化来制备 β 沸石，其制备流程见图 3-114。水热晶化法是 Mobil 公司于 1967 年开发出的制备方法，首次利用四乙基氢氧化铵为模板剂，Al_2O_3 为铝源，SiO_2 为硅源，Na_2O 为钠源合成 β 沸石（Wadlinger，1967），但是该合成方法存在晶化时间长，模板剂用量大，反应容器体积大，成本高等问题。为了解决上述问题，Mobil 公司又先后开发了"单溶剂合成技术"（Van Der Vleugel，1986），并通过改变硅源、模板剂用量和模板剂种类来降低生产成本和合成高硅铝比的 β 沸石（Chu，1987；Calvert，1985；Caullet，1992）。

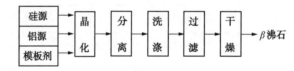

图 3-114　β 沸石合成流程

导向剂法也是常使用的方法，导向剂法一般分为两个步骤，首先是导向剂的合成，即将铝酸钠、四乙基氢氧化铵（TEAOH）、白炭黑等原料混合均匀后，在一定温度下陈化即得导向剂；然后再按照 β 沸石合成的投料比加入硅源、铝源、钠源和模板剂，并按照 1%~5% 的比例加入导向剂，再在一定的温度下晶化得到 β 沸石。但是导向剂法合成 β 沸石需要大量昂贵的四乙基氢氧化铵有机模板剂，其合成成本的 70% 都源于模板剂，而且残留在沸石中的有机胺对人体有害，污染环境，后处理困难（周群，1993）。因此，需要开发适合的复合模板剂，减少有机胺用量，减少污染，降低沸石合成成本，或者开展无模板剂法合成 β 沸石研究，以解决制约 β 沸石工业化生产的瓶颈问题（曹凤霞，2013）。

为了进一步解决生产成本，解决工业化晶化时间长等问题，刘冠华等（1994；1996）开发了"润湿晶化法"，该方法采用固体硅胶作为硅源，合成过程中将硅源加入到由铝源、钠源、模板剂和水溶液组成的工作溶液中，在 140~170℃ 下晶化 10~60h，即得到 β 沸石。该方法大大降低了模板剂的用量，降低了生产成本，同时提高了单釜效率。

　　陈铁红等(1999)采用水玻璃为硅源气固相法合成了 β 沸石。Matsuta-ma 等用干凝胶法 (Dry Gel Conversion，DGC)成功地晶化成具有不同 SiO_2/Al_2O_3 物质的量之比(30~730)的 β 沸石(Rao，1996)。Camblor 等(1996)在氟介质中也能合成 β 沸石，但得到的 β 沸石与碱性条件下所得沸石有较大的不同。

　　与 ZSM-5 沸石相似，β 沸石也可以采用磷、过渡金属进行改性，来提高其水热稳定性和裂化选择性。金属原子引入沸石骨架中部分取代硅或铝是改性沸石的一种有效手段。由于骨架含杂原子，尤其含过渡元素的沸石，常表现出特殊的催化特性。Ti-β 沸石在以过氧化氢或叔丁基过氧化氢为氧化剂氧化烯烃和烷烃的氧化反应中有高的催化活性。含 V 的 β 沸石具有酸性和氧化-还原性能以及特殊的催化活性。β 沸石作为沸石催化材料，可用于石脑油催化裂解、低压加氢裂化、加氢导构化、脱蜡、芳构化、烯烃或芳烃异构化、烃类转化(如甲醇转换为烃类)等(王克冰，2001)。改性后的 β 沸石可以作为裂化催化剂活性组元的一种，促进低碳烯烃前驱体的生成，进而提高 $C_2 \sim C_4$ 烯烃产率和选择性(罗一斌，2005；Kubicek，1998)。

　　(二)合成硅铝催化剂制备流程

　　合成硅铝既是早期使用的裂化催化剂，也是早期沸石裂化催化剂的载体，因此，制备合成硅铝的流程，就成为早期制备流化裂化催化剂的基本制备流程，其流程如图 3-115 所示。

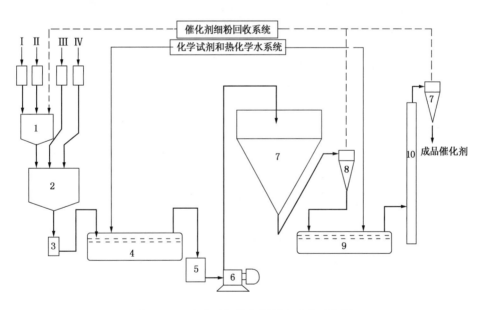

图 3-115　合成硅铝催化剂制备流程示意图
1—成胶罐；2—加铝罐；3—浆液储存罐；4—过滤机；5—浆液罐；6—高压泵；7—喷雾干燥器；
8—旋风分离器；9—二次过滤；10—气流干燥
Ⅰ—硫酸；Ⅱ—硅酸钠；Ⅲ—硫酸铝；Ⅳ—铝酸钠(或氨水)

　　首先由水玻璃溶液与硫酸反应得到硅凝胶，然后再在硅凝胶中加入 Al(OH)$_3$ 胶体。Al(OH)$_3$ 可由硫酸铝与氨水反应得到，也可以由硫酸铝与铝酸钠反应获得。得到的硅凝胶和铝凝胶混合胶体经过滤，滤饼再浆化制成浆液，经高压泵、雾化喷嘴，在喷雾干燥器中干燥，制成微球状，成为催化剂中间产品。再经洗涤、第二次过滤和气流干燥后即得到成品催化剂。

（三）合成硅铝载体沸石催化剂制备流程

沸石裂化催化剂采用的载体不同，制备流程也不同。以合成硅铝为载体的沸石催化剂的制备流程如图 3-116（Venuto，1979）所示。从该图中可以看出，先分别制备沸石和硅铝胶体，然后将两者混合，经喷雾干燥制成微球，再经洗涤和干燥制得成品催化剂。

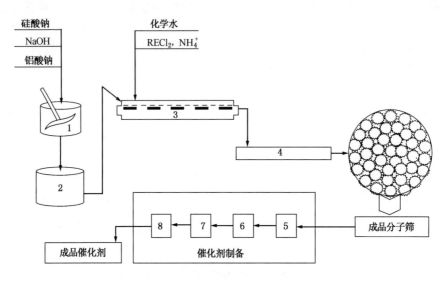

图 3-116　合成硅铝载体沸石催化剂制备流程示意图
1—成胶罐；2—晶化罐；3—交换及过滤；4—焙烧炉及改性；
5—浆液罐；6—喷雾干燥器；7—二次过滤；8—气流干燥

这种催化剂制备流程采用的沸石（X 型或 Y 型）可以是 Na 型的，也可以将 Na 型沸石预先用稀土离子和铵离子进行交换，再经干燥和焙烧，得到 RE 型或 REH 型 X 或 Y 沸石，加入到硅铝胶体中，经喷雾干燥制成微球催化剂；而加入 Na 型 X 或 Y 沸石，喷雾干燥后，再交换和二次干燥亦可制成沸石微球催化剂。通常，用预先交换的沸石制成的催化剂，性能更稳定。

（四）半合成硅铝载体沸石催化剂制备流程

半合成硅铝载体沸石裂化催化剂的制备流程是国内外较普遍采用的生产流程，代表性的流程工艺包括以下几种：

1. 生产高孔隙率催化剂的流程

高岭土先与硅胶混合，硅胶则由水玻璃与硫酸反应生成。混有高岭土的硅胶浆液，再加入 Al_2O_3 胶体（因为只含有活性 SiO_2 和高岭土的载体裂化活性和选择性都太低，故而还需加入 Al_2O_3）。加入的 $Al(OH)_3$ 胶体是由 $Al_2(SO_4)_3$ 和 $NaAlO_2$ 反应而得。在制备载体的同时，还采用类似的化学原料来合成沸石。

载体与 NaY 型沸石混合而得的浆液，经喷雾干燥制成微球催化剂。干燥后催化剂颗粒的粒度分布主要取决于喷雾干燥器的设计和喷雾干燥的操作条件。其他主要物理性质如密度、抗磨损性能等也与这一步骤的操作条件密切相关。

　　喷雾干燥后的催化剂再次浆化，然后用水洗涤除去反应时形成的 Na_2SO_4，再用可溶性的稀土溶液进行交换。用稀土离子进行交换的目的是使沸石的结构稳定，具有较好的水热稳定性。交换后的催化剂再经洗涤除去未反应的稀土交换剂及可溶性盐类，二次干燥后即制成高孔隙率半合成硅铝载体沸石催化剂。

　　半合成硅铝载体沸石裂化催化剂生产的十多年中，此类生产方法与已有生产流程有延续性，其产品在市场中占有主导地位。如图 3-117（Ward，1984）所示。

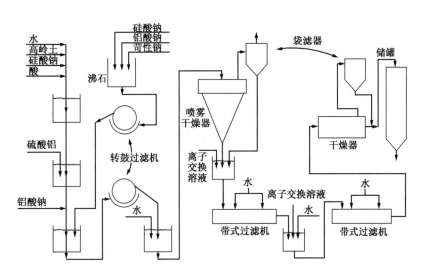

图 3-117　高孔隙率催化剂制备流程

2. Albemarle 公司的催化剂制备流程

　　Filtrol 公司被 Akzo 收购，后 Akzo 又被美国 Albemarle 公司收购。Filtrol 公司开发的催化剂制备流程是很有特点的，尤其是对资源充分利用，具有合理的生产经济技术指标。该制备工艺采用多水铝石（halloysite），它是一种属于膨润土类的天然黏土矿物，其流程如图 3-118（Ward，1984）所示。从图 3-118 可以看出，将多水铝石用硫酸处理，处理后的物料分为三股：一股用 H_2SO_4 抽出白土结构中的含铝物质，加氨水沉淀得 Al_2O_3；另一股物料酸处理后与 NaOH 和水玻璃反应，去合成沸石；第三股用来制备载体。合成的沸石在与其他二股物料混合之前，用含稀土离子的溶液进行离子交换，稳定其结构使之能承受高温热失活作用。三股浆液混合后的物料，进行喷雾干燥，干燥后得到的产物即为最终的成品催化剂。

3. BASF 公司的催化剂制备流程

　　2006 年 BASF 公司收购 Engelhard 公司的催化剂业务，所以在此介绍的"原位"晶化催化剂生产流程实为原 Engelhard 公司研究开发的。"原位"沸石晶化流程与前述两个制备流程的主要差别是高岭土在经化学处理之前，就经过喷雾干燥制成微球。喷雾干燥成微球的高岭土，先经高温焙烧形成所需的结构，并转变成偏高岭土。将 NaOH 加到焙烧过的微球高岭土浆液中，配成所需沸石的组成，进行晶化。晶化产物经洗涤除去盐分，用交换溶液进行离子交换，稳定沸石的结构。最后经洗涤和干燥，得到成品催化剂。

　　原位晶化沸石生产的催化剂密度大，强度高，自然跑损少，反应性能好。但制备流程难

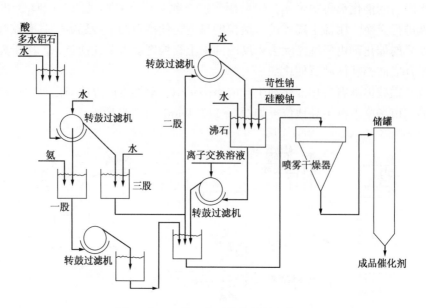

图 3-118　Filtrol 公司催化剂制备流程

度大，催化剂调节余地小，难以满足复杂的市场多样化的需求。如图 3-119 所示。En-gelhard(现 BASF)公司在 20 世纪 90 年代中期收购了 UOP 公司的裂化催化剂生产厂(名称为 Katalistiks 公司)后，在半合成催化剂生产技术的基础上，原位晶化沸石催化剂生产有了大的调节空间，催化剂产品有了更加灵活的调节余地。

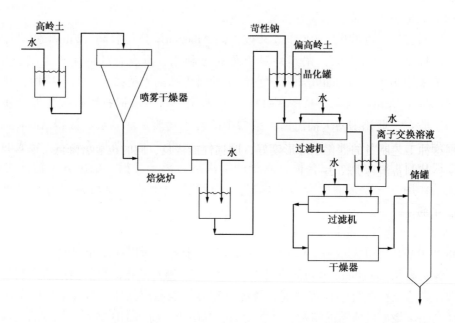

图 3-119　BASF(Engelhard)公司催化剂制备流程

　　BASF 公司开发的 MSRC(Mutil-Stage reaction catalyst platform)平台技术是将现有的一个或者多个催化剂制备技术综合起来生产一种新的催化剂，如 Distributed Matrix Structure

（DMS）和 Proximal Stable Matrix and Zeolite（Pro-SMZ）。该技术是在"原位晶化"技术的基础上，并结合一系列的催化剂生产工艺开发的，关键就是黏结过程，即利用"原位晶化"技术，使沸石在催化剂的两层中生长，并穿过两层界面，沸石在催化剂中既起到裂化活性组分的作用，又起到黏结剂的作用。Fortress™是首次采用该技术生产的催化剂，专为加工渣油，其内核采用 DMS 结构，这种结构有利于油品大分子的扩散和暴露的沸石表面对大分子进行选择性的预裂化，从而实现最大化汽油产率；而外层采用 DMS 技术将铝包覆在内核上，这样有利于提高催化剂在捕镍时的利用率和效率。MSRC 生产工艺流程见图 3-120。

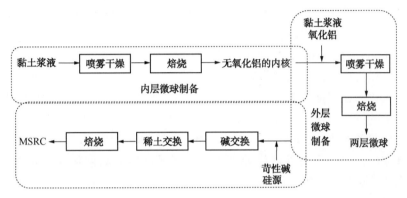

图 3-120　MSRC 生产催化剂的工艺流程

DMS 载体结构有利于提高石油烃分子的扩散，使预裂化发生在沸石晶体的外表面，而不是发生在无定形的活性载体上，从而可以提高裂化选择性，降低焦炭生成。Prox-SMZ 技术结合了先进的催化剂载体技术和沸石生成技术来生产多产轻循环油催化剂。该催化剂水热稳定性好，油浆转化能力强，干气和焦炭产率低，原料适应性强，甚至可以转化高金属污染的渣油。

4. 高固含量催化剂制备流程

RIPP 开发的高固含量催化剂制备技术是根据胶体的相互作用原理，通过优化各组元的混合成胶次序，使得催化剂胶体在尽可能少的分散介质下进行酸化、交换、洗涤和干燥成型。应用这种工艺制备的催化剂球形度好，磨损性能优良，同时也显著降低了能耗，提高了生产效率，其制备流程见图 3-121。

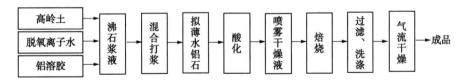

图 3-121　高固含量催化剂制备流程

5. 降低氨氮排放的催化剂制备流程

降低氨氮排放的催化剂制备技术包括生产过程中减低氨氮使用、氨氮回用和氨氮回收技术。在催化剂的制备过程中，采用非氨氮代替氨氮作为交换介质来交换和洗涤沸石和催化剂，使沸石和催化剂上氧化钠含量降低到合格水平。使用这种工艺生产的沸石和催化剂结晶度、晶胞常数等参数与传统工艺相当，并可在从源头上减少铵盐的使用。氨氮回用是减少新鲜铵盐使用的另一种方法，并最后通过氨氮回收装置的汽提、吸收等工艺将污水中的铵根离子转化为硫酸铵回用到沸石交换工艺。超稳沸石的生产过程是一个氧化钠含量逐渐减低的过程，一交只能将沸石上氧化钠含量降低到 4.5% 左右，焙烧后，再交换才能把氧化钠降低到较低水平（张吉华，2007）。由交换平衡原理可知，二交废液中氧化钠含量远低于一次交换后的废液氧化钠含量，因此可以将二交废液回用，作为一交溶液。氨氮回收技术就是在污水中加入碱将铵根离子转化为氨水，然后再利用空气汽提分离氨气，最后用硫酸吸收氨水转化为硫酸铵。氨氮回收装置主要包括污水调配罐、污水加热器、汽提塔以及吸收塔等主要设备，经氨氮装置处理后，催化剂厂高氨氮污水的氨氮含量可以降低到 100mg/L 以下，如果再采用生物法进一步去除氨氮，可以将氨氮降低到 15mg/L。

6. 其他催化剂与催化剂载体制备流程

（1）抗重金属污染的催化剂制备流程

由于多孔氧化铝在催化裂化再生过程中可以与重金属以及氧化硫（SO_x）作用，因此以氧化铝为载体组分的抗重金属污染催化剂制备流程在国内被广泛采用，而国外在 20 世纪 80 年代中期也有类似制备方法。高岭土先与胶态氧化铝（羟基氯化铝、$\beta-Al_2O_3$ 等）混合，加入沸石后喷雾干燥成型，再经后交换洗涤处理，二次干燥即得成品催化剂，如图 3-122 所示。该制备方法主要特点是生产流程简单，产品质量好，然而成本稍高。

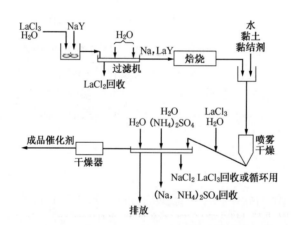

图 3-122 抗污染半合成铝基沸石催化剂制备流程

（2）单铝黏结剂和双铝黏结剂制备流程

不同的载体，有不同的制备工艺，需要不同的生产流程；不同的生产流程，制备的催化剂性能也不一样。不同的载体、黏结剂与沸石相配合，催化剂的裂化性能和耐磨损指数也不同。

半合成催化剂最早广泛使用的是单罐次序加入的制备技术，该技术又按照黏结剂的种类分为单铝黏结剂制备流程（见图 3-123a）和双铝黏结剂制备流程（见图 3-123b），后者是两次加入黏结剂。

（五）原位晶化 Y 型沸石催化剂制备及其性质

高岭土用于裂化催化剂一方面是作为黏结剂型催化剂载体使用，主要为裂化催化剂提供

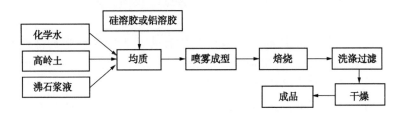

图 3-123a　单铝黏结剂合成沸石催化剂的流程

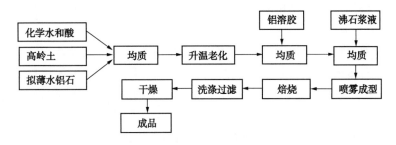

图 3-123b　双铝黏结剂合成沸石催化剂的流程

较好的抗磨性能、适中的堆积密度等物理性能或作为活性组分的促进剂；另一方面是制备全白土型催化剂，全白土催化剂是指催化剂中的沸石和载体全部由白土制成，即在高岭土微球上直接水热晶化生长出 Y 型等沸石催化剂。特殊的制备工艺使得这类催化剂的活性、稳定性、抗重金属性能、渣油裂化性能、汽油选择性能以及抗磨性能、再生性能等都很好，是很有发展前途的裂化催化剂（王陆军，2009）。

　　全白土催化剂制备工艺要点是：天然高岭土浆液先喷雾干燥成微球，经过高温焙烧（850℃以上）成坚硬的微球颗粒，然后加入一定配比的碱等化学溶液，在合适的反应条件，经过一定时间一部分白土转化为 NaY 型沸石，前面已论述。此时在微球白土中可有相当于15%～25%的沸石，其含量多少可以通过晶化条件来控制或调节。将所含 NaY 进行离子交换，以 RE³⁺交换成 REY，以 RE³⁺、NH₄⁺交换成 REHY，再以 NH₄⁺交换，然后水热处理转变成超稳 Y 型沸石等。由于沸石和载体成为一体，所以经交换、洗涤和干燥后即成催化剂。这种工艺虽与其他工艺不同，但同类产品的性质基本是相似的，唯有堆积密度较大，ABD 达 1 左右，磨损强度也较好。这种独特制备工艺，赋予催化剂独特的使用性能，构成一个独立的裂化催化剂系列。BASF 公司的多种系列催化剂和我国兰州石化公司的 LB 系列催化剂就是这类催化剂。全白土型裂化催化剂制备工艺流程见图 3-124。

图 3-124　全白土型裂化催化剂制备工艺流程

　　在制备高岭土浆液时加入一定量的碱性物质作为分散剂，调节浆液的固含量到35%左右。通过脱石英装置，使浆液中高岭土的石英含量降至1%以下，再加入一定量的增固剂，然后进行喷雾干燥。高岭土微球的筛分可通过浆液固含量、喷雾压力和喷嘴孔径进行调整。

高温焙烧的目的，其一是使高岭土发生化学转化，生成足够量的活性氧化硅作为原位晶化的硅源，并使其中部分氧化铝钝化，以保证原位晶化时生成硅铝比较高的 Y 型沸石；其二是使喷雾的微球达到理想的耐磨强度。由于焙烧高岭土球是原位晶化的主要原料，其性质对晶化结果带来直接的影响，所以高温焙烧是催化剂制备过程中的技术关键之一。

张永明等（1998）将高岭土加水制成浓度为 20% 左右的浆液，加入分散剂和黏结剂，经过喷雾干燥机成型粒度为 20~110μm 的微球，此微球在马弗炉中高温焙烧后可以得到偏高岭土或者高土。然后是关键的晶化阶段，将焙烧微球、硅酸钠、导向剂、氢氧化钠溶液和化学水一起加入到反应釜中，加温到 90~95℃ 晶化 16~36h 不等，过滤、洗涤、干燥后得到一种含有 NaY 沸石的晶化产物。最后是晶化产物的改性处理阶段，通常的方法是反复与硫酸铵和磷酸铵进行离子交换以及焙烧，然后是与氯化稀土的离子交换反应，最终将晶化产物中的 Na 离子降下来，增加具有抗重金属能力的稀土元素，最终使得催化剂的活性、可水热稳定性、可汽提性、抗重金属污染能力和磨损指数大大改善。

LB 型催化剂的原位晶化是将焙烧高岭土球置于碱性介质中，在晶化助剂作用下进行晶化。晶化温度、晶化时间、投料的 Na_2O/SiO_2 比值和 H_2O/Na_2O 比值均要控制在一定范围，晶化罐的结构应该合理，否则会产生大量 P 型杂晶和钠菱沸石等孔体积大、强度差的杂质。晶化产物的质量应达到：结晶度≮18%，硅铝比≮4.8，磨损指数≯2.0%/h。铵和稀土交换的 pH 值及温度是重要条件，交换后的焙烧温度为 600℃，焙烧时间为 1.0~1.5h。

这一制备流程是将高岭土首先成型为 20~150μm 的微球，在高岭土微球上原位晶化出足量的 NaY 沸石，这种 NaY 沸石的微球经过一系列改性，可以得到不同使用性能的 FCC 催化剂，此类含 NaY 沸石的微球被称作裂化催化剂的原位晶化"微球型前驱体"。晶化产物再经过高温焙烧和洗涤除去盐分，用交换溶液进行离子交换，稳定沸石的结构。载体与 NaY 改性沸石混合而得的浆液，经喷雾干燥制成微球催化剂，最后经洗涤和干燥，得到成品催化剂。

原位晶化法制备的催化复合材料一般具有分散性高、晶粒小的特点，以此材料作为催化裂化催化剂往往具有较好的操作稳定性和重油选择性，可以减少二次裂解反应和降低催化剂上的积炭速度等优势，从而减少反应扩散限制，在催化裂化催化剂中起着重要的作用。以高岭土为载体原位晶化合成 NaY 沸石在很多方面具有独特的优势，尤其是有利于稠环芳烃类分子的扩散，以其作为加氢裂化催化剂往往具有较高的操作稳定性和较好的中间馏分油选择性（郑昆鹏，2010）。由于减少了反应扩散限制，高岭土原位晶化合成 NaY 沸石作为加氢裂化催化剂具有可以减少二次裂解反应和降低催化剂上的积炭速度等优势。

从工业应用的总体趋势看，原位晶化产物的沸石含量正逐渐提高，例如 BASF 公司声称生产的原位晶化催化剂中沸石含量能达到 70% 以上，但其公开信息显示都小于 45%。兰州石化公司生产的全白土催化剂（型号 LB-1）的沸石含量为 18% 左右，LB-2 催化剂的沸石含量也就只有 28% 左右，但活性和焦炭选择性有了很大程度上的提高。国内外生产的两种全白土型（原位晶化）催化剂的性质列于表 3-53。

表3-53　全白土型催化剂的物化性质

物化性质	LB-1		Dimension-50 新鲜剂
	新鲜剂	平衡剂	
化学组成/%			
Al_2O_3	46.6~51.5	41.5	31.7
Na_2O	0.34~0.35	1.70	0.27
Fe_2O_3	1.10~1.30	1.20	
SO_4^{2-}		0.93	
RE_2O_3	2.4~4.5	3.60	1.1
物理性质			
比表面积/(m^2/g)	296~344	167	246
孔体积/(mL/g)	0.228~0.336	0.192	0.33
堆密度/(g/mL)	0.85~0.9	0.97	0.83
筛分组成/%			
<45.8μm	19.9~23.0	19.4	14.5
45.8~110μm	62.1~68.4	65.5	76.6
>110μm		15.1	8.9
平均粒度/μm			69.3
磨损指数/%	2.2~3.9		3.3
微反活性(MA)/%		66	
800℃，100%H_2O，4h			64
800℃，100%H_2O，17h	65~68		
金属含量/(μg/g)			
Ni		1955	
V		207	

　　原位晶化的催化剂在原位晶化过程中由于晶核多，造成沸石的晶粒小(0.25~0.50μm)、数量多，而且分布于催化剂的孔道表面。因此，原料油分子更容易接近其沸石活性中心。而掺和法制备的催化剂，沸石晶粒大小在0.7μm以上，并杂乱分布于载体内部。虽然原位晶化的催化剂总的比表面积(载体比表面积加上沸石比表面积)不低，但载体比表面积很低，因而沸石比表面积较高。Dimension催化剂与催化剂A(掺和法制备)的载体比表面积比较见图3-125。尽管原位晶化的催化剂具有较高的氧化铝含量，但非质子酸度很低，其非质子酸的绝大部分是由沸石缺陷或由铝从沸石骨架结构的移位形成。催化剂经水热老化，全白土型催化剂的非质子酸和质子酸的比值(L/B)几乎不变；而由掺和法制备的催化剂(如催化剂A)，载体比表面积大，其上的非质子酸水热稳定性好，但沸石上的质子酸却随着沸石的破坏而减少，结果是随着水热老化的深化，非质子酸和质子酸的比值(L/B)增加。质子酸有利于催化裂化化学反应，而非质子酸能引发自由基反应，使反应物生成焦炭和气体。因此全白土型催化剂具有较好的选择性。图3-126示出两类催化剂的L/B值随水热老化程度增大的变化趋势。

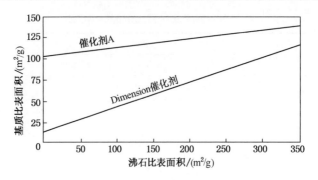

图 3-125　两类催化剂的载体比表面积

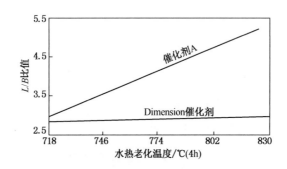

图 3-126　两类催化剂的 L/B 比值与水热老化的关系

原位晶化的催化剂具有较好的干气和焦炭选择性，并且水热老化条件越苛刻，其优点越明显。表 3-54 的数据说明了这一点。

表 3-54　两类催化剂的选择性比较

催化剂 ＼ 产率/%	氢 气	干 气	液化气	汽 油	轻柴油	重 油	焦 炭
Dimension	0.03	1.40	14.4	50.8	17.8	12.2	3.4
催化剂 A	0.07	1.73	13.0	51.4	19.0	11.0	3.9

注：微反活性试验，催化剂经 843℃，85% 水蒸气老化。

采用相同的原料油，掺合型和全白土型两种催化剂在同一工业装置应用结果表明：全白土型催化剂汽油产率高出 2.1 个百分点，油浆降低 1.1 个百分点，因而适用于重油催化。全白土型催化剂的沸石沿孔道分布，减少了扩散阻力，因而烯烃能更快从催化剂孔道扩散出来，减少了发生氢转移反应使之饱和的可能性，烯烃更多地保留了下来，汽油的研究法辛烷值也较高。

原位晶化的催化剂的沸石的晶粒比凝胶法合成 Y 型沸石的晶粒小，可提高沸石的活性比表面积，载体具有丰富的内表面，且孔径分布集中在 5~10nm，更适用于渣油预裂化及重油催化裂化反应，因而>343℃ 馏分产率低。表 3-55 的数据证明了这一点，其中催化剂 D 是用掺合法制备的重油裂化催化剂，它裂化重油的能力高，但干气和焦炭产率也高得多。

表 3-55　两类催化剂裂化重油的能力和选择性差异

产率/% 催化剂	氢 气	干 气	液化气	汽 油	轻柴油	重 油	焦 炭
Dimension	0.77	2.55	11.01	44.07	14.31	15.69	11.6
催化剂 D	1.83	3.08	8.38	37.39	14.26	15.74	19.32

注：微反活性试验，催化剂含 Ni2000μg/g+V4000μg/g。

原位晶化的催化剂在原位晶化过程中，同时生成沸石和载体，并以化学键的形式相连，使沸石具有很好稳定性。由于沸石的晶体结构更加稳定，可防止催化剂在高温下结构崩塌，延长催化剂的寿命。表 3-56 是 LB-1 催化剂与国内对比催化剂（掺和法制备）在不同水热老化条件下的微反活性试验数据，LB-1 剂经过 26h，800℃，100%水蒸气老化，转化率仍有68.6%。

表 3-56　LB-1 剂在不同水热老化条件下的微活试验数据

（老化条件及试验结果,%）

催 化 剂	800℃/4h		800℃/10h		800℃/17h		800℃/26h	
	转化率	汽油产率	转化率	汽油产率	转化率	汽油产率	转化率	汽油产率
LB-1	82.6	61.3	77.9	60.8	71.5	55.9	68.6	55.6
国内对比剂	77.2	57.0	72.0	56.3	66.5	55.0	64.9	54.1

注：100%水蒸气进行水热老化。

原位晶化的催化剂具有尖晶石结构的富铝载体，且催化剂载体比表面积低，使沉积的重金属积聚较好，使污染金属失活，因而具有捕集钒、镍的作用，抗重金属污染的能力强。同时，由于沸石沿孔道表面分布，在沸石含量相同的情况下，与掺和法制备的催化剂相比，沸石活性中心数应该更多，这也增加抗重金属污染的能力，两者转化率对比见图 3-127。图 3-127 是在实验室不同污染水平下，采用 LB-1 催化剂与国内对比催化剂，在微反装置上评价试验结果。

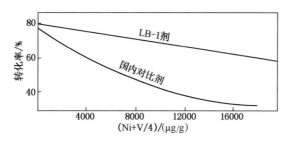

图 3-127　不同污染水平的微活性试验数据

原位晶化的催化剂由于先制成的高岭土微球在 950~1000℃下焙烧 1.5~2h，其结构已非常牢固；原位晶化生成的众多微小沸石结晶，更增加了微球的强度，这种微小结晶起着黏合剂的作用。因此，这类催化剂的磨损指数低。

BASF 公司对原位晶化法逐步进行了改进，特别是把原位晶化与掺和法融为一体，开发了一系列新技术、新工艺，包括 Pyrochem、DMS 平台等。兰州石化公司针对国内原油组分重、重金属镍钒含量高等现状，研制生产出多种类型的高岭土型系列催化剂，如 REY、RE-HY 和 REUSY 型高岭土催化剂及高岭土抗钒助剂，其中 REY 牌号 LB-1 型和 REHY 牌号 LB-2型高岭土已实现工业化生产。

三、工业平衡催化剂的性质

催化裂化装置中使用的催化剂，经过反复反应-再生循环使用，老化、降活、损耗、补充，处于一种稳定的动态平衡之中，故称之为"平衡催化剂"。由于使用催化剂的种类不同，裂化原料的性质不同，装置的操作条件也不一样，因此各装置的平衡催化剂的性质也互有差别。对催化裂化装置来说，平衡催化剂所表现的性质是具有代表意义的，它不仅反映出了催化剂本身所具有的特性，还能反映出装置操作因素对催化剂性质所产生的影响。装置的操作人员通过平衡催化剂的测定结果，可以得到有关操作情况的许多信息，进而对装置实现优化操作，使之处于最佳运行状态。而催化剂生产和开发人员，通过催化剂使用信息的反馈，可以改进其催化剂。所以无论是催化剂的使用者或是生产者，都十分重视工业平衡催化剂性质的剖析。通常从三个方面描述平衡催化剂的性质，即催化活性、物理性质和化学组成。

（一）催化活性

裂化催化剂的活性，通常用转化率表示。随着对催化裂化过程认识的不断发展，评定催化剂的方法也在不断改进。早期测定无定形硅铝裂化催化剂的活性，采用 D+L 法或 CAT-A 法；随着沸石裂化催化剂的应用，评定的方法也改进为微反活性法（MAT）。

工业平衡催化剂的活性，目前均用微反活性表示。由于平衡催化剂上的碳含量对它的活性有影响，所以无论催化剂带炭或不带炭的活性，测定的都称为再生催化剂（带炭或不带炭）的活性；带炭活性代表了催化裂化装置中催化剂运转着的状况，不带炭的活性表达了催化剂自身的特性。测定时测定条件和原料油都是固定的，定为标准测定方法，因而催化剂活性测定结果相互可以直接对比。

微反活性测定除表示催化活性外，还用生炭因数（CF 或 CPF）和生气因数（GF 或 GPF）表示平衡催化剂的选择性。生炭因数和生气因数是在标准的原料油和标准的操作条件下，对原料油进行裂化，测得平衡剂的产物分布。生炭因数是指焦炭产率与二级转化率之比（二级转化率为转化率与未转化的百分率相比，即为转化率/(100-转化率)）。生炭因数与催化剂的种类有关，与装置的运转方式有关，也与平衡剂上沉积的重金属量有关。平衡催化剂活性与装置的操作条件和原料油中重金属及碱金属含量有直接关系，也和补充新鲜催化剂的置换速度有关。有关失活的叙述详见本章第五节。早期的研究结果表明，REY 沸石平衡剂含（Ni+V）500μg/g 时，生炭因数数值将高于新鲜剂数值的 10%～30%；平衡剂含（Ni+V）2000μg/g 时（催化剂补充量为藏量的 1%），生炭因数将增加一倍。Ni 与 V 对催化剂的有害影响很复杂，因催化剂及应用情况而异，用微反活性评定平衡催化剂的选择性，仍是简单而有效的。平衡剂的生炭因数与平衡剂在装置中的运转情况相关，如再生温度，而再生温度又与原料预热温度、反应工艺条件、原料中残炭和平衡剂的生焦性能有关。

工业实践表明，催化剂的催化活性与焦炭选择性对转化率和产品分布有极为重要的影响。以焦炭产率为横坐标，二级转化率为纵坐标，每个平衡剂在相当宽的一个转化率范围内成直线关系；不同催化剂的这条特征线在横坐标上汇于一点（即转化率为 0 时的焦炭产率，可以理解为单纯是原料油残炭转化而成）；各个催化剂对应的直线斜率即是它的动态活性。

动态活性很好地关联了催化剂的裂化反应性能，可作为评价催化剂性能的方法。

生气因数指裂化产物中氢气与甲烷的摩尔比。生气因数也与催化剂的种类有关，与装置的运转方式有关，与平衡剂上沉积的重金属量有关。虽然生气因子不如生炭因数对金属量那样敏感，但是更能反映催化剂的脱氢能力。

（二）物理性质

1. 粒度分布

催化裂化装置中运转着的是平衡催化剂，不断补充加入的是新鲜催化剂，二者的粒度分布关系密切。通常，平衡催化剂的粒度范围较新鲜催化剂要窄些，基本上在 $20 \sim 150\mu m$ 的范围，主要集中在 $30 \sim 130\mu m$ 的范围。

从保持良好的循环流化质量的角度，不同装置对催化剂粒度的要求不尽相同：有的装置 $<40\mu m$ 部分只需 $3\% \sim 5\%$；而有的则需 $10\% \sim 15\%$ 才能维持良好的循环。对一些特定的长提升管装置，粗粒太多，流化循环会产生问题。而有些装置 $>100\mu m$ 的粒子含量达 30% 也能运转正常；而有的装置 $>100\mu m$ 的粒子仅 15%，催化剂循环就发生困难。为符合催化裂化装置流化操作的需要，通常平衡催化剂的颗粒既有一部分 $20 \sim 40\mu m$ 的粒子，又需一部分 $>100\mu m$ 的粒子。这两部分粒子的多少，因装置和催化剂而异。

新鲜催化剂的粒度是按预定规格控制的，而装置中运转着的平衡剂的粒度分布是由多种因素形成的。相对于新鲜催化剂，平衡剂的粒度分布偏向粗粒，细粒减少，可能是旋风分离器效率较低；细粒含量增多，导致平衡催化剂的跑损加大。有关平衡催化剂的粒度分布见本章第六节。影响平衡剂的粒度分布的因素复杂。从平衡剂的粒度分布变化，可得到有关装置中催化剂循环情况、旋风分离器的操作情况、系统中催化剂的磨损情况等信息。粒度分布改变也可能是新鲜催化剂的粒度分布的改变而引起，故应参考生产厂提供的新鲜剂粒度，方能全面掌握平衡催化剂的粒度变化的线索。

2. 比表面积、孔体积和密度

平衡剂的比表面积、孔体积和密度与采用的催化剂种类有关，也与装置的操作条件有关。催化剂的比表面积包括沸石和载体两部分。通常新鲜沸石的比表面积为 $600 \sim 800 m^2/g$。载体又有高比表面积载体和低比表面积载体之分：高比表面积载体的比表面积为 $200 \sim 300m^2/g$，低的比表面积载体为 $30 \sim 60m^2/g$。因此，目前工业上裂化催化剂也有两类：一类为低比表面积、低孔体积、高密度的催化剂；另一类为高比表面积、高孔体积、低密度的催化剂。这两类催化剂在新鲜剂时物理性质差别较大，但当成为平稳剂后，两者差别则变小。有关对比见本章第五节。半合成催化剂中沸石的含量对新鲜剂表面积影响较大，沸石量增加，比表面积加大，而对孔体积和密度则影响较小。

同一种类的沸石裂化催化剂，比表面积与活性有很好的对应关系，比表面积大，活性高。但不同载体的催化剂，这种对应关系就不存在。

载体的比表面积对裂化反应的选择性有影响，用无定形硅铝作载体，裂化的选择性不好，生焦多。因而很长一段时期以来，沸石裂化催化剂的载体是向低比表面积的方向发展，目的是降低载体部分产生的焦炭，改进催化剂的选择性。另外低比表面积载体更耐重金属的污染。针对重油裂化，催化剂向着优化载体裂化性能的方向发展，有提高载体比表面积的趋势。

催化剂的孔体积包括载体和沸石两部分的孔体积。不同的载体，其孔体积在催化剂中所占份额也不同；对同一种类催化剂，它也像比表面积一样，沸石量加多，孔体积增大。孔体积与比表面积有一定的关系，通过孔体积和比表面积可求出平均孔直径 d，其关系式为：

$$平均孔直径\ d(\text{nm}) = 4PV/SA \times 10^3 \qquad\qquad (3-1)$$

式中　　PV——孔体积，cm^3/g；

　　　　SA——比表面积，m^2/g。

为适应渣油中大分子烃类的裂化，催化剂的合成载体也向大孔体积、小比表面积、大平均孔直径的方向发展，较大的平均孔直径，有利于大分子烃类在孔道中反应；半合成载体则在其平均孔直径较大的情况下，向提高比表面积、增加大、中孔的活性表面的方向发展。另外，当催化剂进入再生器前，大孔载体也更易汽提，减少可汽提焦炭量。大孔催化剂对加工重金属含量较高的原料也很适合。由于催化剂的微孔结构对发挥其表面催化作用的重要性，平均孔直径还不足以充分反映它的孔结构特征，往往还需要直接测定催化剂的孔分布。

催化剂的密度与载体关系密切，但催化剂中沸石含量增加，也会略微降低催化剂的密度。催化剂的密度与它的化学成分、孔体积以及筛分分布有关。密度增加，有利于催化剂从旋风分离器中回收。

通过对平衡剂的比表面积、孔体积和密度的测定，有助于判断裂化装置催化剂老化失活，或流化操作不正常时的原因。

催化剂因水热老化失活时，沸石组分受到破坏，因而比表面积下降。载体耐水热老化性能较好，因而孔体积和密度改变不大。

装置在流化操作不正常时，催化剂可能处于极高温度（>950℃）下，载体和沸石组分均遭到破坏，这种失活称为"热老化"（或称"热失活"）。它不仅使沸石和载体比表面积下降，还使载体的部分结构破坏，使催化剂的孔体积收缩，密度升高，流化操作进一步失常。

（三）化学分析

平衡剂的化学分析包括：重金属含量、碱性元素含量、锑和碳含量以及特定元素的含量。

1. 重金属含量

Ni、Cu、V 来自原料中高相对分子质量的有机金属化合物。这些金属反应后几乎全沉积到催化剂上。原料中若含 $0.2\mu\text{g/g}$ Ni，催化剂按 0.5kg/t 新鲜进料补充，则平衡剂上 Ni 量为 $400\mu\text{g/g}$。

Ni 的脱氢活性比 V 更强，但 V 能损坏沸石结构，对催化剂反应性能的损害比 Ni 还大；Cu 的脱氢活性与 Ni 相当。只有少部分的 Fe 来自原料中高相对分子质量的有机铁化合物，这部分 Fe 有催化活性；但大部分的 Fe 来自设备中的铁锈或催化剂本身，这种 Fe 无催化活性。

2. 碱性元素含量

沉积在催化剂上的碱性元素指钠和钙，一部分来自催化剂，另一部分来自原料中的盐分。对催化剂活性稳定性产生影响的主要是后一部分盐分。

原料盐分中的钠部分因原油脱盐和减压操作不好而带入，进入装置中的钠只有少部分（<20%）沉积在催化剂中。通常，当原料中含 $1\sim2\mu\text{g/g}$ 钠时，对催化剂活性不产生影响（不同的催化剂影响也不同，USY 催化剂受影响较大），钠含量属正常或基本正常范围。当原料中钠含量过高时，平衡催化剂上钠含量也会高，催化剂酸性活性中心被中和，活性下降，稳

定性下降，是钠中毒。催化剂钠中毒时，影响到催化剂的汽油选择性，对汽油的辛烷值也有影响。

由于原料的重质化，原料中的钙含量增加，成为影响催化剂活性稳定性的又一因素。钙对催化剂的影响与钠相似，然而绝大多数钙化物很难通过现有电脱盐工艺脱除，在极端情况下，钙对催化剂的影响大大超过了钠。

3. 碳含量

了解再生剂碳含量对装置的操作至关重要，各装置每天要测定这一项目。

装置再生剂的碳含量通常为 0.05%~0.15%。催化剂上的焦炭通常沉积在沸石的活性中心上。焦炭愈多，装置中催化剂的活性愈低。REY 再生催化剂上的碳含量每增加 0.10%，装置的转化率将下降 3%。不同种类的催化剂对碳含量的敏感性不同，USY 催化剂的转化率将下降最大。因此，将平衡剂烧白后测得的微反活性较直接从装置再生器中取得的再生剂活性高。

4. 锑及其他元素

锑作为金属镍的钝化剂，以有机或无机化合物的形式人为加入催化裂化系统，可有效降低 Ni 对催化剂的有害作用。然而，过量的锑本身也会降低催化剂的活性，所以锑的加入速度与原料中的 Ni 和催化剂的剂耗要保持合理的比例，是平衡催化剂需要控制的元素之一。其他元素中分析最多的是稀土，由于不同的沸石催化剂的反应性能、抗污染能力、应用技术都不同，当装置进行催化剂置换或催化剂混用时，不同稀土含量的催化剂，可以通过混合稀土元素总量分析来掌控。

第四节　裂化催化剂的分析评价

裂化催化剂是炼油工业中用量极大的一种催化剂，其性能好坏与催化裂化装置的操作关系密切，影响到装置以至于炼油厂的经济效益。由于流化催化裂化特有的运转方式，装置中的平衡剂时时都在以新代旧中。从使用角度考虑，希望经常通过平衡剂的分析评价，了解运转着的催化剂的质量。当装置中发生故障时，也希望通过分析评价，帮助判断原因。

催化剂生产厂对其所生产的产品，必须定时测定，以保证其质量稳定。同时还定期地从用户中收集装置里的平衡催化剂进行评定，以了解自己产品的使用情况，并将结果告知用户，为用户作好售后的技术服务工作。

需测定的裂化催化剂包括两类：一类是新鲜的催化剂，另一类是装置中循环使用的平衡催化剂。对两类催化剂测定的项目也不一样，但主要是化学及物理性能分析和催化剂的性能评价。

一、化学及物理性质分析

（一）化学组成分析

新鲜催化剂的化学组成分析包括：灼烧减量、Al_2O_3、Na_2O、Fe_2O_3、Cl^-、SO_4^{2-} 和 RE_2O_3 等的含量。

平衡催化剂的化学分析包括：Ni、Ca、Cu、V、Fe、Sb、Na_2O 和碳的含量。

1. 新鲜催化剂的化学组成分析

（1）灼烧减量，%

裂化催化剂的灼烧减量，表示催化剂经高温灼烧后跑损的水分以及挥发性盐分的量。

准确称量 1~3g 试样，在 800~850℃下焙烧 1~4h。由灼烧前后的质量，计算灼烧减量（杨翠定，1990）。

（2）Al_2O_3 含量，%

Al_2O_3 是裂化催化剂中的主要成分。催化剂的 Al_2O_3 含量既包括载体中 Al_2O_3 的量，也包括沸石中的 Al_2O_3 量，测定出的 Al_2O_3 含量为各组分 Al_2O_3 含量的总和。

测定新鲜催化剂 Al_2O_3 含量的方法有很多，主要有滴定法、原子吸收法和等离子体发射光谱法等（杨翠定，1990）。滴定法具有简单快速、结果准确等优点，通常是采用 EDTA 络合滴定法，采用滴定法时对含有稀土的催化剂，应分离稀土，以免干扰测定。随着分析手段的进步，目前多采用 X 射线荧光法或等离子光谱法来测定 Al_2O_3 含量。用 X 射线荧光法可以免除催化剂样品湿处理，能快速进行测定。同时，X 射线荧光法还可以同时测定稀土等其他元素的含量。

采用 EDTA 络合滴定法测定前需将样品用酸（常用盐酸或硝酸等）进行前期消解制成溶液（杨翠定，1990；花瑞香，1997），消解可分为湿法消解和微波消解。如样品中含有高岭土，还需用 HF 分解样品，使硅生成四氟化硅挥发出去，残渣可用盐酸进一步消解制成溶液。取一定量的样品萃取溶液，加入过量的 EDTA 溶液，用二甲酚橙为指示剂，在相应 pH 值下煮沸 1~2min，使络合反应基本完全，再用氯化锌回滴过量的 EDTA，以测定 Al_2O_3 含量。因 Al^{3+} 与 EDTA 在 pH 值为 5~6 时，才能按 1∶1 的比例生成稳定的络合物，滴定时需用盐酸及氢氧化铵调节溶液的 pH 值。对于含有稀土的裂化催化剂，为免除稀土元素的干扰，需要先用 20% 的氢氧化钠溶液将铝和稀土进行分离。

采用电感耦合等离子光谱法（ICP）测定也需要将样品进行前消解处理制成溶液。

（3）Na_2O 含量，%

新鲜催化剂中的 Na_2O，来自催化剂制备时所用的各种原料。

催化剂样品的消融分解方法同 Al_2O_3 含量的测定，测定时取含 Na_2O 的萃取溶液。同样若样品中含有高岭土（如半合成裂化催化剂），也需先用 HF 使硅生成四氟化硅挥发出去，残渣用盐酸等强酸进一步消解制成溶液。得到的含 Na_2O 的萃取溶液用火焰光度计、原子吸收分光计或等离子体发射光谱法测定。同样也可以采用固体粉末直接采用 X 射线荧光法来测定。

（4）Fe_2O_3 含量，%

新鲜催化剂中的 Fe_2O_3，也来自催化剂制备时所用的原料。

过去新鲜催化剂中的 Fe_2O_3 含量多采用光电比色计或分光光度计来测定（杨翠定，1990），样品的消解方法同 Al_2O_3 含量的测定，测定时取消解后的清液。含铁离子的溶液以盐酸羟胺为还原剂，使 Fe^{3+} 还原为 Fe^{2+}。再在 pH 值为 4~9 时用邻菲咯啉与 Fe^{2+} 形成橙红色的络合物，采用分光光度法进行比色测定，测出 Fe_2O_3 的含量。也可用原子吸收分光光度计，由已知浓度的含铁标准曲线，求出测定试样的 Fe_2O_3 含量。目前主要采用 X 射线荧光法或等离子光谱法测 Fe 含量。

（5）SO_4^{2-} 含量，%

新鲜催化剂中的 SO_4^{2-}，也来自催化剂制备用的原料，如制备全合成催化剂时需用水玻璃与硫酸反应得到的硅溶胶、硫酸铝与氨水或铝酸钠反应得到的 $Al(OH)_3$（原料），所以制得的产品含有较多的 SO_4^{2-}；制备半合成催化剂时，对于硅基黏结剂制备的催化剂，黏结剂制备工艺与全合成催化剂相近，产品中也含有一定量的 SO_4^{2-}。直接用 $Al(OH)_3$ 胶体或拟薄水铝石为铝基黏结剂制备催化剂时，不用 SO_4^{2-}，故催化剂中的 SO_4^{2-} 仅来自高岭土，测定这一项目的意义就不大。但是当采用硫铵来洗涤或交换处理硅基和硅铝基为黏结剂的半合成催化剂时，SO_4^{2-} 的测定还是不可或缺的。

SO_4^{2-} 含量较高时，其测定是将样品用酸消解处理（同 Al_2O_3 消解方法）制得溶液，然后用氢氧化铵调节 pH 值至 2 左右，加氯化钡形成硫酸钡沉淀，在 850℃ 下将沉淀灼烧至恒重，测得 SO_4^{2-} 含量（杨翠定，1990）。对酸处理后的提取液，也可以采用液相色谱仪来测定 SO_4^{2-} 的含量。当 SO_4^{2-} 含量不高时，采用沉淀法往往误差较大，因此主要采用液相离子色谱法测定。

（6）Cl^- 含量，%

新鲜催化剂 Cl^- 含量，主要来自催化剂制备的过程及原料。

其测定可以采用液相离子色谱法，但是配置催化剂样品的消解溶液时，不可采用盐酸，即操作过程不能引入 Cl^- 离子。另外也可以采用离子选择电极法（杨翠定，1990）：用氢氧化钠抽取试样中的 Cl^-，加热煮沸制成一定量的试样溶液，然后将参比电极内套管充饱和氯化钾溶液，外套管充满硝酸钾溶液，将指示电极在一定浓度的氯化钾溶液中活化，最后根据电极在空白样、试样、标准溶液中的电位值 E，计算得到催化剂中 Cl^- 含量。以上方法均比较复杂，目前主要采用 X 射线荧光法测定。

（7）RE_2O_3 含量，%

新鲜催化剂中的 RE_2O_3，以往仅来自催化剂中的沸石，也有采用 RE_2O_3 作为辅助组分的催化剂。过去多采用滴定法测定（杨翠定，1990），用盐酸处理样品使稀土溶解制成溶液，并用 NaOH 沉淀 Al^{3+}，以除去干扰元素。用抗坏血酸将四价稀土离子还原成三价，加磺基水杨酸掩蔽微量的铁和铝，以六亚甲基四胺为缓冲剂，二甲酚橙为指示剂，直接以 EDTA 滴定，计算 RE_2O_3 含量。

目前多采用 X 射线荧光法或等离子光谱法测定 RE_2O_3 总含量，这两种方法还可测出单一稀土元素的含量（即镧、铈、镨、钕和钐等的含量）。采用等离子光谱法测定，同样需要先对试样消解制成溶液。而用 X 射线荧光法可省去样品的湿处理步骤，方法快，不过需要首先配置含有不同含量的各种稀土氧化物的标准样品并绘制标准曲线，因此标准样品及标准曲线是能否准确测量的关键。

2. 平衡催化剂的化学组成分析

（1）Ni、Cu、V、Fe 和 Sb 含量，$\mu g/g$

催化剂在使用中由于原料油中的微量金属沉积于其上，所以需测定平衡催化剂中这些金属的含量。平衡催化剂上微量 Ni、Cu、V、Fe 和 Sb 含量的分析可采用发射光谱法进行测定。这一方法适合金属含量大于 $10\mu g/g$ 的试样。发射光谱法测定时是将样品在 500℃ 下焙烧 1h，称取一定试样，磨细后同氯化钠和石墨粉混匀，装入电炉中烘干。在选择好的测定条件下，摄取各标样光谱和试样光谱，用测微光度计测量各元素分析线对的相对黑度 ΔS，从工作曲线查出试样中待测元素的含量。

也可以采用原子吸收光谱法和等离子光谱法测定 V、Ni、Cu、Fe 和 Sb 的含量，首先平衡剂需要烧去残炭，并用 HF 处理除去硅后，进一步用强酸消解制成溶液进行测定；另外也可用比色法测定 Fe、Ni 和 V 的含量。目前 Ni、Cu、V、Fe 和 Sb 含量多采用 X 射线荧光法或等离子光谱法测定。

(2) Na_2O 含量，$\mu g/g$

平衡催化剂的 Na_2O 含量的分析与新鲜催化剂的方法相同，只是制备消解溶液时首先需用 HF 分解样品去除硅，残渣用酸进一步消解制成溶液。相对于新鲜剂，平衡催化剂的 Na_2O 含量高了，工作曲线的钠含量也相应地提高。

(3) RE_2O_3 含量，%

平衡催化剂的 RE_2O_3 含量的分析与新鲜催化剂相同，只是催化剂经过高温运转，采用湿法测定时，配置消解溶液需先去除硅。因此，平衡剂用湿法测定需要更为苛刻的样品处理条件。

(4) 碳、硫含量，%

经过长时间的工业运转，平衡催化剂的活性位及孔道中沉积了很多焦炭及沉积硫。平衡催化剂上的碳、硫含量一般采用燃烧法测定。

目前主要采用红外吸收法（杨翠定，1990）：试样在富氧高温炉中燃烧，生成 CO_2、SO_2 气体，气体经过滤干燥器后进入相应的吸收池，对相应的红外辐射进行吸收，可读出碳、硫的百分含量；此方法具有准确、快速、灵敏度高的特点，高低碳、硫含量均适用。

另外碳、硫含量的测定还可以用质量法（田英炎，2010）：采用碱石棉吸收试样在高温下燃烧生成的二氧化碳，由质量变化计算出碳含量；硫的测定为首先将试样用酸消解氧化，使硫转变为硫酸盐，然后在盐酸介质中加入氯化钡，生成硫酸钡，经沉淀、过滤、洗涤、灼烧，称量最后计算得出硫的含量；本方法缺点是分析速度慢，不可能用于在线分析，优点是具有较高的准确度。

以上元素分析中，很多方法如等离子光谱法、原子吸收法及滴定法等，均需要先对裂化催化剂先消解配置成溶液。消解主要为湿法消解和微波消解两种，其中因为微波消解有密闭容器反应和微波加热这两个特点，具有完全、快速、低空白的优点。一般不同公司所采用的消解方法及消解所用的酸不同，消解不同类别的裂化催化剂采用苛刻程度也不同，如全合成的新鲜裂化催化剂等采用盐酸、硝酸等单种强酸即可，而消解含有高岭土的半合成裂化催化剂、平衡剂等，还需要用 HF，HF 首先将二氧化硅以四氟化硅蒸气形式除去，再进一步用强酸消解制成溶液。ASTM D4772—08a 列出三种新鲜剂和平衡剂进行等离子光谱法的前处理方法。该方法步骤：①用 $HClO_4$-HF 热消解试样至有明显蒸气冒出，并进一步加入 H_3BO_3 加热以除去残余 HF；若得到澄清溶液则消解结束，若仍有未溶物，则需加入盐酸溶液进一步消解；②用 HNO_3-H_2SO_4-HF 热消解试样并蒸干，然后加入 HCl-H_2O_2 稀溶液加热沸腾至澄清溶液；③用硼酸锂与试样按照一定比例混合，并充分搅拌均匀，放置马弗炉中 950℃ 加热 20min，然后冷却至室温后倒入浓硝酸与去离子水的热溶液中，继续加热至形成澄清溶液。

(二) 物理性质分析

新鲜催化剂的物理性质分析主要包括：粒度、比表面积、孔体积、表观松密度、磨损指数和球形度等。平衡催化剂的物理性质分析包括：粒度、比表面积、孔体积和表观松密度。

从上述分析项目上可以看出，两种催化剂物理性质分析除磨损指数和球形度外均相同。

而与化学分析方法不同的是，这几种物理性质的分析方法，既适用于新鲜催化剂，也完全适用于平衡催化剂。

1. 粒度分析

微球裂化催化剂的粒度测定方法早期多采用筛分法、沉降法和扬析粒度测定法。筛分法设备简单，但对小于 44μm 的粒子，会因静电效应影响测定结果。沉降法和扬析粒度测定法是应用单个固体粒子的沉降原理，因而需要同时测定催化剂的多个物理参数，所以比较费时、费事。扬析粒度测定法由于其装置简单可靠，曾经是我国裂化催化剂行业通用的方法。随着激光技术及计算机技术的发展，激光粒度仪取代其他测定方法，广泛地用于催化剂的粒度测定。

扬析粒度测定法(杨翠定，1990)是基于单个固体粒子的沉降原理，粒子在空气中的沉降速度与粒子的粒径成函数关系，计算出粒级分布。扬析粒度测定法采用气动筛分仪，其示意图见图 3-128。

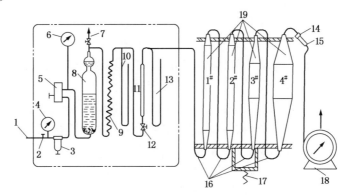

图 3-128　气动筛分仪器及流程

1—气源；2—气阀；3—过滤器；4—进风压力表；5—定值器；6—出气压力表；7—放空阀；

8—增湿器；9—盘管；10—压差计；11—浮子流量计；12—出风阀；13—水柱压差计；

14—橡皮塞；15—抽提滤纸；16—收集器；17—振荡机；18—湿式流量计；19—1#，2#，3#，4#为沉降室

激光粒度测定仪是采用带微处理机的激光粒度检测池进行粒度测定，测定范围为直径 2~176μm 的粒子(郭瑶庆，2005)。该方法基于激光束穿过含催化剂粒子的悬浮液时，固体颗粒产生光散射的原理，采用计算机处理散射后的激光图像，能获得催化剂的粒度范围和粒度分布。本方法最突出的优点是能在 1min 内快速测得结果，并打印或绘制成所需的图表。

2. 比表面积测定

微球裂化催化剂的比表面积、孔体积测定是利用催化剂对简单的非极性分子(如稀有气体或氮)进行物理吸附，按照吸附理论方程式，由吸附的量求出被测样品的比表面积和孔体积。目前微球裂化催化剂的比表面积测定主要是利用催化剂低温单层物理吸附，由吸附的吸附质的量，按照 BET 吸附理论，由 BET 等温吸附方程式计算得出：

$$\frac{p}{V(p_0-p)}=\frac{1}{V_mC}+\frac{C-1}{V_mC}\cdot\frac{p}{p_0} \tag{3-1}$$

式中　V——吸附量，cm^3STP/g；

　　　V_m——吸附单分子层气体时的气体体积，cm^3STP/g；

　　　p——吸附式的平衡压力，kPa；

p_0——吸附气体在给定温度下的饱和蒸气压，kPa；

C——与吸附热有关的常数。

以 $\dfrac{p}{V(p_0-p)}$ 为纵轴，$\dfrac{p}{p_0}$ 为横轴作图，可得一直线，其斜率等于 $\dfrac{C-1}{V_mC}$，直线在纵轴上的截距等于 $\dfrac{1}{V_mC}$。由斜率与截距求出 C 和 V_m。再由 V_m 换算成比表面积 S。因此 $\dfrac{p}{p_0}$ 的取点范围及取点多少的不同，也是影响 C、V_m 和 S 数据的关键。

如果知道每个吸附分子的横截面积 σ，就可以根据下式求催化剂的比表面积：

$$S = V_mN_0\sigma/22400$$

式中　N_0——阿伏伽德罗常数，6.023×10^{23}；

σ——一个吸附分子所占面积，m^2。

吸附气体为氮时，单位质量表面积 $S=4.35\times V_m\ m^2/g$；

吸附气体为甲醇蒸气时，单位质量表面积 $S=6.72\times V_m\ m^2/g$；

BET 公式中的吸附体积可以用容量法和质量法来测量（廖克俭，2000）。

容量法是根据吸附前后系统中气体体积的改变来计算吸附量，常用的就是采用静态低温氮吸附法，此方法精确度高，但装置较复杂，测定时间长。静态氮吸附容量法测定比表面积的自动化仪器设备也处于不断发展中，如意大利 Carlo-Erba 公司生产的 1800 系列自动吸附仪和美国 Micromeritics 公司生产的 2500 型自动吸附仪。吸附过程全由微处理机自动操作，吸附量由压力传感器测定并指示。样品测定结果全由计算机计算，并打印出结果和绘制成等温吸附曲线，从而加快了测定过程。这种方法也成为我国裂化催化剂比表面积测定的通用标准方法，此方法适合测定 1~35nm 的内孔表面。

质量法中催化剂吸附量的计算是在改变压力条件下，通过石英弹簧（或其他材质弹簧）长度的改变直接表示出来，然后按上述方法用 BET 公式进行计算，如我国早期裂化催化剂比表面积测定就采用的甲醇蒸气吸附法。甲醇蒸气吸附测定表面积装置示意图见图 3-129（陈俊武，2005）。

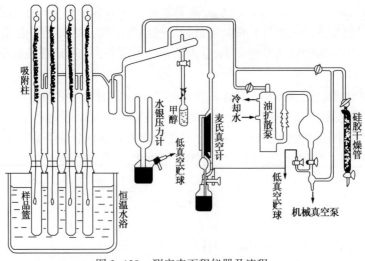

图 3-129　测定表面积仪器及流程

3. 孔体积测定

催化剂的孔结构直接影响烃类分子在催化剂内部的扩散性能及比表面积利用率，从而影响转化性能和反应速率。孔结构相关的参数包括：孔体积、孔隙率、孔径分布等，本节主要讨论孔结构的测定方法。

经典的催化剂孔体积的测定方法是低温多层氮吸附法。催化剂颗粒在液氮温度下被略低于氮的饱和蒸气压的氮气充满，氮气在催化剂的微孔中凝聚为液氮。由充填的液氮量，可测出催化剂的总孔体积和相对于不同孔径的孔体积分布——即孔分布。目前这已成为我国裂化催化剂孔体积测定的常用方法。

除采用氮作吸附质外，也可采用四氯化碳作吸附质。后一方法不必采用低温，设备较简单，我国裂化催化剂孔体积测定曾经采用过，这种方法适合测定 $1\sim100nm$ 的内孔体积及相应的比表面积。

汞-氦法也是一种测定孔体积的方法，在体积 V 的容器中装满质量 W 的样品，抽真空后，加入氦。室温下氦的吸附是微不足道的，而氦的有效原子半径为 $0.2nm$，容易进入试样的孔道中(包括十分细小的孔道)，根据充入的氦的体积，即可以计算容器内除样品骨架所占体积外的空间体积 V_{He}。将氦抽出，在常压下加入汞，由于汞不浸湿，不容易进入试样的孔道中，所以由加入的汞的体积可以得知容器中未被颗粒所占的体积 V_{Hg}。以 V_{He} 减去 V_{Hg} 即得试样的孔体积 $V_{孔}$。此方法测得的孔体积包括孔径小于 $7500nm$ 所有孔的体积。

对微球裂化催化剂，还可用更为简便的水滴定法来测定孔体积(杨翠定，1990)。由于微球裂化催化剂是一种强水吸附剂，且流动性好，可采用往催化剂中直接滴定水的方式，直到催化剂颗粒中的微孔逐渐被水充满。同时，因微球裂化催化剂的粒度较细，在 $20\sim150\mu m$ 之间，当它的微孔中充满水之后，其颗粒外表面可被水润湿，在水的表面张力的影响下，催化剂颗粒间产生了黏附力。当采用滴定方式将水滴入微球催化剂，达到催化剂颗粒失去自由流动性时，即为滴定终点。这种方法测出的是总的内孔体积，所以水滴法测得的孔体积较其他方法为大。本方法无需专门设备，快速准确，但对操作员有一定要求。

国外裂化催化剂孔体积测定同时采用低温氮吸附法和水滴定法。我国裂化催化剂孔体积测定早期则采用四氯化碳吸附法和水滴定法，目前亦采用低温氮吸附法和水滴定法。低温氮吸附法测定孔体积仪器及流程示意图见图3-130。

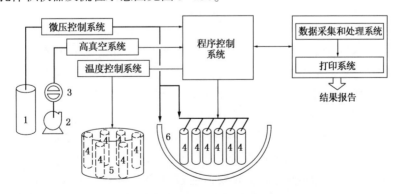

图3-130　测定孔体积仪器及流程

1—高纯氮；2—真空泵；3—扩散泵；4—样品池；5—样品处理炉；6—低温夹套

4. 表观松密度和骨架密度测定

由于催化剂所处条件的不同，因而又有骨架密度、颗粒密度、充气密度、表观松密度、表观实(堆)密度等的区别。经历了几十年的工业实践，对催化剂的各种密度的相关关系已有了充分的认识。目前裂化催化剂只测定表观松密度，骨架密度只在特殊要求时才测定。

表观松密度是指单位堆积体积下处于自然堆积状态未经振实的固体催化剂颗粒的质量，其中所测催化剂的堆积体积包括固体颗粒中的固体所占体积、催化剂内部孔隙所占体积及催化剂颗粒间松散空隙体积。催化剂的表观松密度测定方法(杨翠定，1990)，是将经过一定条件处理的裂化催化剂，在一定时间内通过一固定位置的漏斗，自然流入具有一定体积的专用量筒中，直至装满容器，注意不要碰撞量筒，则单位体积内催化裂化催化剂的质量即为样品的表观松密度。

催化剂的骨架密度也称真密度，当所测得体积仅为催化剂骨架体积，不包括催化剂内部孔隙体积及催化剂颗粒间松散空隙体积，计算得到的密度即为真密度。其测定方法可以为将经焙烧后的一定量的催化剂放入已知质量的比重瓶中，再向比重瓶中注入蒸馏水(或异丙苯)，由加入催化剂前后注满液体的比重瓶质量差，便得知催化剂骨架所占的体积，从而计算出催化剂的骨架密度(杨翠定，1990)；或者抽真空后加入氦，根据充入的氦的体积，可以计算容器内除样品骨架所占体积外的空间体积，从而进一步计算得到试样的骨架体积和骨架密度。用测骨架密度的比重瓶法和测催化剂孔体积的水滴定法，测出一定量的催化剂的骨架所占体积和孔隙所占体积，即可求得催化剂的颗粒密度。

5. 磨损指数测定

磨损指数是反映新鲜流化裂化催化剂质量的一个重要指标。根据对微球裂化催化剂流化状态模型的研究，催化剂的正常的机械损耗是由于微球颗粒在高速气流中，颗粒与气流、颗粒与颗粒、颗粒与管线器壁间的强烈碰撞-摩擦、表面磨损所造成的。基于催化剂颗粒耐表面磨损而测定的催化剂强度，称为催化剂的耐磨强度，由磨损指数来表示。目前各催化剂生产厂家并无统一的方法测定催化剂产品的磨损指数，而是各自建立自己的方法进行相对测定。

磨损指数测定方法大多是模拟催化剂在装置中使用的状态，即催化剂粒子在高速气流下相互产生摩擦，并与器壁撞击，使粒子磨细或破裂为更细粒子，由一定时间产生的细粒子($15\mu m$ 以下或 $20\mu m$ 以下粒子)的量计算磨损指数。

Jesie 方法采用的设备是玻璃制的鹅颈管(一种内径 25.4mm 的弧形管)，将催化剂放入管中，用增湿后的空气，高速吹扫管内催化剂，使之流化，催化剂相互摩擦产生磨损。按规定时间吹磨，沉降分离，细粉随气流进入滤纸筒，空气通过滤纸筒排入大气。这种装置对鹅颈管的制作要求较严，而且玻璃鹅颈管也会磨蚀，设备寿命有限。我国裂化催化剂生产和使用单位早期主要采用带鹅颈管的磨损指数测定装置(杨翠定，1990)。目前磨损指数的测定方法主要有空气喷射法(Air-Jet)和喷射杯法(Jet-Cup)两种(Zhao，2000)。其中 Air-Jet 法是将催化剂样品经过高速湿气喷嘴在直管内进行加湿，磨损一定时间，样品连续从磨损区域转移到沉降室后，微细粉通过收集器收集，通过细粉产率计算得到磨损指数。如 ASTM D5757—00 采用的就是 Air-Jet 法，样品经过三个高速喷嘴(0.38mm)在直筒内进行磨损 5 个小时，收集第 1 小时及后 4 小时磨损量，以 5 个小时的磨损量计算磨损指数。Jet-cup 法与 Air-Jet 法不同的是，沉降室下部为一个钢制的喷射杯，具有一定孔径的高速空气管道与喷射杯下缘内壁相切，高速空气使得催化剂干粉与喷射杯内壁进行碰撞-摩擦，形成一定量的细粉；由于催化剂与器壁之间的摩擦较催化剂之间的摩擦更为剧烈，因此 Jet-cup 法较 Air-Jet 法更为快速，较短时间(1h)即可完成实验得到磨损指数。尽管两种方法采用的机理不完全相同，前者主要是颗粒与颗粒、颗粒与气流之间的摩擦，而后者主要是催化剂颗粒与杯壁之间的摩擦，但两者均可以反映催化剂的耐磨强度，测定的结果平行，可相互转换。

目前普遍使用的直管法也是 Air-Jet 法的一种，该方法与 ASTM D5757 主要区别是，其直管下端为一个 1mm 的湿气喷嘴，该方法同样使催化剂样品在直筒内进行磨损 5 个小时，收集第 1 小时及后 4 小时磨损量，不同的是仅根据后 4 个小时的磨损量计算磨损指数(AI)，该计算方法在一定程度上可减少催化剂中本体细粉量的影响。

以上都是在高速空气流中测定的催化剂耐磨损性能。还有一种测定磨损指数的方法，是在机械力作用下测定催化剂的耐磨损性能，称为研磨法。取 200~270 筛目的催化剂样品，加入 14~20 筛目的砂粒，用 Wig-L-Bug 磨(牙医用小粉碎磨)进行研磨，从磨得的小于 325 筛目(小于 44μm)粒子的量，计算磨损率(%/s)。该方法揭示的仍然是催化剂粒子表面层的耐磨性，测定的结果与上述方法也是可比的。

为了更好地模拟工业生产过程中催化剂的磨损强度，Albemarle 公司设计了热磨损测试(Hot Attrition Test)，其与常规的 Air-jet 的主要区别就是对磨损管进行高温加热，保证催化剂在高温(700℃)下随气流进行磨损。美国 PSRI 固体颗粒研究中心采用的 Jet-Cup 磨损设备也可以加热至 815℃。由于催化剂在高温下的磨损机理与低温下并不完全相同，如高温下可能产生的热崩裂等，因此所得到的热磨损数据往往与常规的冷磨损数据并不能很好地关联，但可能更能接近实际应用中的磨损强度。

6. 球形度分析

球形度是指与物体相同体积的球体的表面积和物体的表面积的比。球形度是表征催化剂颗粒形貌的基本参数之一，其大小直接影响微球裂化催化剂的流动性及堆积密度，另外对流化过程中催化剂的磨损影响也比较大，因此有必要对微球催化裂化催化剂进行球形度分析。

一般单个颗粒的球形度计算公式为颗粒表面积的等效直径与颗粒体积的等效直径之比：

$$Q = ds/dv \qquad (3-2)$$

其中
$$ds = \sqrt{S/\pi};$$
$$dv = \sqrt[3]{6V/\pi}$$

而对于群体颗粒球形度的评估，目前还主要建立在颗粒二维图像的基础上：以颗粒图像为基础的长短径比、扁平度、Wadell 圆形度；以图像轮廓周长为基础的圆形度(轮廓比)、表面指数等。这些形状指数虽实用但不能充分表征颗粒图像的形状特性。

目前主要采用的静态光学或显微镜技术，即通过图像比较计算不同催化剂颗粒的球形度，此方法的主要缺点是建立在二维图像上对圆形度的检测方法，较难区别圆片状颗粒与球体在三维上的区别；另外一个缺点就是费时费力，统计样本量较小，较难代表颗粒的群体特征。而图像分析系统方法虽然具有统计速度快、统计量大的优势，但所测粉体必须分散良好，且扁平状颗粒方位的取向性对测定结果所造成的误差同样难以估计(Bouwman，2004)。随着分析方法的进步，采用对上万个颗粒的自然沉降或在介质中运动时的图像成像技术的自动化设备，结合微型计算机处理图像中的大量颗粒球形度的技术，进行累积平均就能得到不同粒度范围的球形度分布情况。该方法采用的动态成像技术，对大量圆片状的颗粒与球体在数据上就有了比较好的差异(如德国 Retsch 公司粒径及形态分析仪 Camsizer XT)，目前该方法还需要进一步提高成像技术和改善计算方法。

由于裂化催化剂制备方法不同，其组成和性能也各有差异，加之制备的厂家不同，产品的品种牌号的差异，更增加它的多样性。所以，尽管都是微球裂化催化剂，不同生产厂家对其所生产的产品也并不是采用同一方法进行分析，而是各自选用各自的方法。即使同一生产厂家，随着测试方法的不断改进，采用的方法先后也不相同。例如过去多采用湿式的化学分离的方法测定 Al、Fe、Na 等组成，而现今则多采用 X 射线荧光法或原子吸收法进行测定。又如，以往测定粒度分布，多用扬析粒度法和微筛法，而现今则多采用激光粒度法。随着分析测试手段的不断进步，裂化催化剂的分析测试，也将会朝着精准快速的方向不断完善和发展。

二、反应性能评价

裂化催化剂的反应性能评价，即测定催化剂的裂化活性、选择性及稳定性等性能。裂化催化剂虽然经历了 70 多年的发展，并相应建立和形成了一系列的反应性能评价方法。由于催化裂化工艺和催化剂还在继续改进与发展，因此催化剂性能评定方法，也仍在改进与发展之中。

由于评价的对象和目的不同，裂化催化剂需要采用不同的性能评价方法。例如新鲜催化剂的性能评价，为了使评价结果能预测工业应用情况，首先要进行催化剂的水热老化处理，以便在接近工业平衡催化剂的活性水平下进行反应性能的评价；而工业平衡剂则无须老化，直接进行反应性能的评价即可。对应用于重金属污染较严重的工业装置的催化剂，要进行新鲜催化剂的评价，则需要进行重金属污染的模拟试验。此外，所谓催化剂的反应性能评价，基于不同的评价目的，可以有不同反应器，可以有转化率高低、产品产率分布，甚至于产品的性能分析测定。总之，评价方法多，各生产厂家不同，即使同一厂家也有多种评价方法。下面将对使用较多的催化剂反应性能测定方法作一介绍。

(一) 模拟平衡催化剂的方法

1. 催化剂水热老化方法

裂化催化剂是在催化裂化装置中循环使用，始终处于高温和有水蒸气的环境中，造成催化剂原始粒子结构和排列发生改变，以致比表面积变小，孔分布变宽，催化剂的活性和选择性也逐渐下降。为使装置中催化剂活性维持在所需的水平，需定期补充新鲜催化剂，这时装置中的催化剂的活性、选择性处于一种稳定状态，即称为动态平衡。严格地说，各装置的平衡催化剂的性能，也并非是固定的，而是随各装置使用原料油的性质、采用的操作条件、选用的催化料的种类、催化剂的补充量等各种因素的不同而改变。从宏观上看，一个装置的平衡催化剂在相对稳定的操作条件下，其性能大致稳定在一个固定的水平。因此，测定裂化催化剂的反应性能，最重要的是测定其达到稳定时的性能。这样就产生了如何模拟催化剂达到平衡状态的问题。

此前在模拟裂化催化剂平衡状态的条件方面做了大量的工作，主要是采用不同的温度、不同的时间和不同的水蒸气气氛将新鲜催化剂(简称新鲜剂)进行水热老化处理，使之达到类似平衡催化剂(简称平衡剂)的活性水平。

各催化剂生产厂家和科研单位，采用的水热老化条件并不统一。原因是在工业催化裂化实际过程中，导致催化剂降活的因素很多，如水分压、温度、重金属和碱性物质、催化剂的置换率等等。不同品种的催化剂，对各个降活因素的敏感性也是不同的。因此可以认为，同一个装置对不同的催化剂，其降活苛刻度是不同的；当然，同一个催化剂在不同的催化裂化装置中，其平衡活性也不一样。一个新鲜催化剂为了预测它工业平衡时的性能而选用的模拟老化条件，必然也应当不一样。选用的老化条件，主要是依据催化剂在典型的催化裂化装置上（或某个特定的催化裂化装置上）达到类似平衡催化剂的比表面积、孔体积和活性等性能指标来决定的。

国外各裂化催化剂生产厂家，评价新鲜催化剂活性稳定性时通常选用的老化条件见表3-57。从表3-57可以看出，各生产厂家均采用100%水蒸气老化的方法，将催化剂水热处理降活，然后测定其微反活性。选用的水热处理条件大体上在一定的范围内有两种选择：缓和老化和苛刻老化，缓和老化温度大多在750~800℃，苛刻老化温度在795~815℃。老化时间变动较大，老化温度高时，时间较短；温度低，则选用较长时间。催化剂经过水热老化后再测定其微反活性，就能判定它的稳定性了。在催化剂水热稳定性认知的基础上，可以根据具体情况，选择模拟平衡老化条件。

表3-57　各催化剂生产厂评价活性时选用的催化剂老化条件

ASTM	Grace Davison	BASF	Albemarle		日挥触媒化成株式会社 JGCC&C（原 CCIC）	Sinopec
标准老化或缓和老化						
760℃，100%水蒸气，5h，常压	760℃，100%水蒸气，6h，34.5kPa（表）	787℃，100%水蒸气，4h，常压	750℃，100%水蒸气，17h，常压	787℃，100%水蒸气，2h，常压	750℃，100%水蒸气，17h，常压	800℃，100%水蒸气，4h，常压
苛刻老化						
800℃，100%水蒸气，5h，常压	815℃，100%水蒸气，5h，常压	815℃，100%水蒸气，4h，常压	795℃，100%水蒸气，17h	843℃，100%水蒸气，2h		800℃，100%水蒸气，17h，常压

2. 催化剂抗重金属污染模拟试验

选择适宜的老化条件可以获得类似典型工业装置平衡剂活性的催化剂，但是不能得到类似于工业装置中被重金属污染了的平衡剂。催化剂抗重金属污染性能对重油裂化催化剂是一项十分重要的使用性能，为此需要开发实验室催化剂重金属污染试验评价方法。催化剂抗重金属污染模拟试验则是一套十分复杂的评价方法，多用于催化剂的开发研究中。

一种较为简便的方法，在实验室内用重金属化合物溶液浸渍新鲜催化剂，然后再经焙烧和水蒸气老化。这种方法往往导致金属均匀地沉积在整个催化剂颗粒上，而在实际的工业装置中，有些重金属却是随着裂化反应的进行逐渐地富集在催化剂颗粒的外表面上。因此这种方法不能较好地反映工业过程中催化剂的金属污染问题。另一种催化剂抗重金属污染试验方法，就是建立一个专门用于模拟重金属污染的"裂化、汽提和再生"的循环装置。国外各裂化催化剂生产厂家，都研究设计了各自的循环污染装置及评价试验方法。

Albemarle 公司设计了一种循环减活装置（Cylic Deactivation unit，简称 CD）来模拟重金属污染对催化剂活性的影响（Gerritsen，1991）。它由一个固定床反应器组成，一次装入催化剂（500℃焙烧后）0.1~0.2kg，经反复地裂化、汽提和再生的循环而被减活。在裂化反应阶段，使用特制的高重金属含量的 VGO/VR 原料（掺混了环烷酸镍或钒），反应后在 788℃用氮气或水蒸气汽提，最后用水蒸气/N_2/O_2 和其他（如 SO_x）气体组成的混合气体在 788℃再生 30min。新鲜催化剂的加入或平衡剂的取出可以在运行中进行，以模拟平衡剂的年龄分布。CD 装置可以昼夜自动操作，这样就很方便地取得模拟平衡剂的样品，评价其抗重金属污染的性能。这种装置对于开发新的抗重金属催化剂或比较不同的工业催化剂是一个十分有效的工具。

Grace Davison 公司介绍的循环浸渍重金属法（CMI 法）和上述的方法相似，CMI 法采用一定重金属含量的 VGO 为原料，进行裂化-再生共 50 个反应循环，所得的老化催化剂性能与工业平衡剂接近。但这种方法耗时过长，控制较费力，为此该公司又开发了一种名为丙烯水气循环处理法（CPS 法）。该法先把重金属的环烷酸盐沉积到催化剂上，然后交替用 60%空气和 40%氮气的混合气体进行氧化，95%氮气和 5%丙烯的混合气体进行还原，共计 30 个循环，历时 20h。这种方法虽然重金属的浓度分布和年龄分布均一，与工业平衡剂有所差别，但由于周期性的氧化-还原反应，使得重金属的状态以及由重金属污染引起的脱氢和氢转移性能反应评价结果与工业平衡剂相近。因此采用 CPS 法制备模拟平衡剂（在活性和选择性方面）比 CMI 法方便得多。

国内亦开展了催化剂抗重金属污染评价试验，与国外催化剂公司类似，有实验室人工污染法、多周期裂化-再生循环污染法和提升管反应-再生重金属污染法。国内常用的催化剂人工污染法是一种较简便的方法，新鲜催化剂与掺混了环烷酸镍或钒的轻循环油在实验室装置中反应，同时将金属浸渍到催化剂上，然后再经 500℃焙烧和标准条件下的水蒸气老化后，再测定催化剂的孔结构、结晶度、微活指数和产品选择性的变化，以评价其抗重金属污染特性。这种方法虽然与工业平衡催化剂的重金属污染形态不同，但在对比不同的催化剂时，还是非常有效的。国内实验室循环污染法是在小型固定流化床"反应/汽提/再生"装置上，一次装入催化剂（500℃焙烧后）100~200g，用高重金属含量的柴油（掺混了环烷酸镍或钒）为原料，反应后在 700℃用水蒸气汽提，然后用 N_2/O_2 和其他（钒污染试验时还加入 SO_2）组成的混合气体在 700℃再生 30min，再用水蒸气/N_2 吹扫，这样一个过程为一个"反应/汽提/再生"污染试验循环，共 50 次循环。重金属污染后的催化剂取出后，再经标准条件下的水蒸气老化，测定催化剂的孔结构、结晶度及微活指数和产品选择性的变化，以评价其抗重金属污染特性。以不同重金属含量的柴油为原料，来实现重金属污染量不同的试验要求。

由于实验室人工污染和循环污染法有一定的局限性，国内在需要与工业过程进行强对比性的催化剂抗重金属污染试验时，是在中型提升管装置上，催化剂先进行水蒸气老化，再用高重金属含量的原料与装置内催化剂接触反应，进行多次"反应/汽提/再生"循环，渐进污染催化剂。当达到设定的重金属污染量时，取出少量样品进行催化剂孔结构、结晶度、微活指数、重金属含量等测量，同时更换反应原料油后，在中型提升管装置上直接进行催化剂抗重金属污染反应评价。

（二）反应性能评价方法

裂化催化剂的反应性能包括：活性、产物的选择性等。活性是指在固定的反应温度、反应压力和空速条件下将原料转化成各种产品的能力。反应性能的测定方法不仅研究工作者需要，而且裂化催化剂的生产者和使用者也都同样需要，所以在研究、开发裂化催化剂的同时，也相应建立了各种裂化催化剂的反应性能测定装置，形成了一整套的评定裂化催化剂活性、选择性、稳定性以及其他性能的测定方法。有关裂化催化剂的反应性能评定方法大致有下列数种：

① 固定床活性评价方法；

② 微反活性评价方法；

③ 固定流化床评价方法；

④ 循环流化床评价方法。

现将这些测定方法及装置分别予以介绍如下：

1. 固定床或流化床活性评价方法

早期在发展无定形硅铝裂化催化剂阶段，使用了许多种方法来测定裂化催化剂的活性。这些方法采用的反应器型式、反应操作条件、进行方式、测定项目及活性表示方式见表3-58。

表 3-58　早期催化剂活性测定方法

方　　法	Houdry CATA	Texaco	Atlantic	Jersey D+L	Standard（Indiaria）IRA	UOP	Kellogg	Cyanamid AGC
催化剂量	200mL	400g	200g	200mL	80mL	25mL	800~1200mL	50mL
催化剂形态	片状	粉状	片状	3/16×3/16片	片状	粉状	粉状	粉状
反应器形式	固定床	流化床	固定床	固定床	固定床	固定床	流化床	固定床
反应温度/℃	430	493	482	454	499	500	454	530
反应时间	10min	30min	12min	2h	1h	2h	2h	1h
进油量	50mL			240mL	214mL	100mL	500mL/h	70mL
空速/h^{-1}	1.5VHSV	2WHSV	0.5WHSV	0.6VHSV	2.67VHSV	4VHSV	0.6WHSV	1.4VHSV
进料方式	下流式			下流式	下流式	下流式		下流式
测定项目及活性表示方式	汽油，v% 积炭，% 气体，% 气体密度 <210℃液体产率，v%	终馏点204℃ 汽油，% 积炭，% 气体，% D+L液体产品，v%	>204℃馏分，v% 积炭，% 气体，% 转化率，v% D+L液体产品，v%	汽油，% 积炭，% 气体密度 D+L液体产品，v%	与对比催化剂在相同转化率下的相对活性	终馏点204℃ 汽油，% 气体，% 气体密度 相对活性	D+L液体产品，v%	与对比催化剂在相同转化率下的相对活性

这些针对早期无定形硅铝催化剂的方法大多采用固定床反应系统。原料由上部进入反应器，经预热汽化后与催化剂接触进行反应。裂化反应产物冷却（或冷凝）后收集在液体产物收集器中。气体经计量后放空，或取样后放空。液体产品用蒸馏瓶进行蒸馏，切取汽油馏分，以汽油馏分（包括蒸馏损失）的体积百分收率与气体收率之和作为催化剂的活性，这种活性称为D+L活性，有的方法采用相对活性表示催化剂的活性，即测定的活性与对比催化剂在相同转化率下的D+L活性比值。由于早期的无定形硅铝催化剂活性均远低于沸石催化剂活性，以上的固定床反应系统的反应时间均普遍较长（10min～2h）。固定床活性评价装置有不同的结构和组合形式，但都包括进料部分、反应部分、产物收集及计量部分。我国采用的固定床活性评价装置示意图见图3-131（陈俊武，2005），由裂化产物中汽油馏分（终馏点204℃）、气体和焦炭的产率来评价催化剂的活性。

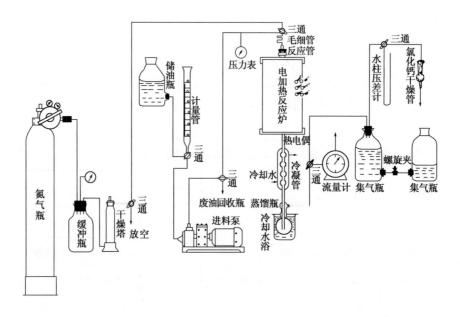

图3-131　我国的固定床活性测定装置

2. 微反活性评价方法

沸石裂化催化剂发展之后，催化剂的活性有极大的提高。对催化剂活性评价而言，一方面催化裂化工业过程有了本质的改变，另一方面催化剂的活性对积炭比无定形硅铝催化剂更为敏感。早期的固定床活性评价方法，已不适用于评价沸石催化剂，因而发展了微型反应活性（简称微反活性）评价方法。微反活性评价方法，不仅在采用的操作条件上比固定床活性评价方法有重大的改动，而且更为重要的还在于对裂化产品的分析采用了色谱分析技术，只需要0.01mL的液体产品就可从色谱图上测出204℃的汽油分割点，从而计算出原料转化成汽油等产物的百分转化率（Ciapetta，1967）。由于裂化产品分析的微量化，评价反应器相应地也微型化，因而与以往采用的固定床活性评价反应器相比，微反评价装置减少了传质传热的位差，大大提高了评价方法的精度和速度。正因为评价装置的微型化，微反活性测定法的反应时间才有条件控制在5min之内，适应了高活性沸石催化剂的要求，反应时间的长短大体上与工业操作情况可类比，评价结果与工业上有较好的对应关系。Grace Davison 公司的微反活性测定方法和以往的固定床 D+L 活性测定法的主要差别列于表 3-59。

表 3-59　Grace Davison 公司微反活性和 D+L 活性测定方法对比

项　　目	D+L 法	微反活性(1966 年)
反应时间/min	120	4.7
催化剂用量/g	150	5
反应温度/℃	454	482
原料沸程/℃	260~371	260~426
	东 Texas 油	西 Texas 油
进油量/(mL/min)	2.0	0.21
剂油比	0.70	5.8
WHSV/h^{-1}	0.70	2.15
活性含义	-40~204℃馏分收率	≥204℃馏分转化率

Grace Davison 公司在 1971 年又将微反活性测定的条件作了一些改进，提高了进料的空速和剂油比，因而提高了测定的灵敏度。此后，微反活性测定方法逐步推广为大家所采用，并成为裂化催化剂的标准测定方法。美国材料测定协会(ASTM)1980 年将此法定为标准方法，编号为 ASTM D3907—80(最新为 ASTM D3907—03)。其他公司用的原料油和选作对比的催化剂不尽相同，采用的条件也有些差别，例如温度从 482℃到 530℃，剂油比从 3 到 6，空速从 11h^{-1}到 40h^{-1}(Moorhead，1990)。现将各公司采用的微反活性测定条件列于表 3-60。为了对比不同实验室所测得的微反活性结果，美国材料试验协会可为各实验室供应测定微反活性用的标准原料油和标准的对比催化剂。

表 3-60　几种微反活性测定条件比较

测定方法 试验条件	ASTM D3907—80	Davison (现被 Grace 并购) MA	Katalistiks (1993 被 Engelhard 收购) MA	AKZO(现被 Albemarle 并购) MA	CCIC MA	Engelhard (现被 BASF 并购) MA	BP MAT	Total MAT	RIPP MA
反应温度/℃	482	482	482	482	482	487	510	500~550	460
反应时间/s	75	75	75	15~50	75	48	18	5~15	70
剂油比	3	2.9	3	6	3	5	4		3.2
进料量/g	1.33	2(mL)	1.3	1	1.3	1.2			1.56
催化剂量/g	4.0(>325 目粒子)	5.0(粉)	4.0	6	4.0	6.0			5.0(20~40 目粒子)
空速(WHSV) /h^{-1}	16 (198~572℃)	16 (260~427℃)	15 (198~572℃)	12~40 (340~520℃)	16 (299~513℃)	15	(377~545℃)	40~100	16 (235~337℃)
原料油馏分	W-Texas VGO	W-Texas VGO	ASTM 标准 VGO	M East VGO	DS VGO		北海 VGO		大港直馏轻柴油

我国 RIPP 选用的微反活性测定方法的装置流程示意图及条件见图 3-132 和表 3-61，称为轻油微反装置。设备与 ASTM D3907—80 是相似的，也尽可能考虑了测定结果与世界上其他公司测定结果的可比性，但评定所用原料油和测定条件则有差别。该方法在国内已普遍采用。

表 3-61　RIPP 微反活性测定方法

原　料　油		大港直馏柴油
相对密度(d_4^{20})		0.8419
元素组成/(μg/g)		
	N	71
	S	508
馏程/℃		
	初馏点	235
	干点	337
评定条件	剂型	微球
	进油量/g	1.56
	反应温度/℃	460
	剂油比	3.2
	$WHSV/h^{-1}$	16
	进料时间/s	70

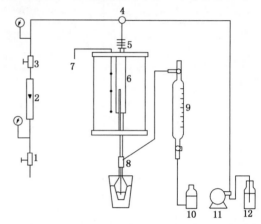

图 3-132　RIPP 轻油微反活性测定装置图

1—压力控制器；2—流量计；3—流量控制器；4—进料三通；
5—反应器；6—反应炉；7—控温点；8—接受器；9—取气瓶；
10—水位瓶；11—泵；12—进料瓶

为了适应原料油变重的情况，RIPP 开发了以 VGO 为原料的 MAT 自动程序控制微反活性测定方法，装置流程示意图及条件见图 3-133 和表 3-62。微反活性测定装置增加了原料预热，以适应重质原料，不仅如此，还采取了在线气体分析，在催化剂选择性评定时，与原有的轻油 MAT 微反活性测定方法相比，该方法能给出较详细的产品分布、气体组成，可以较深入地考察催化剂的反应选择性、抗污染能力和重油裂化性能，是一种较简便、快速而有效的催化剂活性评价方法。

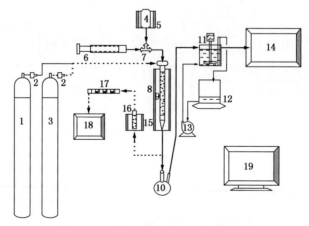

图 3-133　RIPP 重油微反活性测定装置

1—氮气；2—减压阀；3—压缩空气；4—预热器；5，8，15—电加热炉；6—进料器；7—三通阀；9—反应管；
10—收油器；11—收气系统；12—气体计量系统；13—水循环泵；14—气体产物分析色谱；
16—CO 转化器；17—干燥器；18—红外 CO_2 分析仪；19—PC 操作系统

表 3-62　RIPP-MAT 重油活性评价方法

原料油名称	镇海 VGO	原料油名称		镇海 VGO
密度(20℃)/(g/cm³)	0.9154	馏程/℃		
黏度(50℃)/(mm²/s)	34.14	IBP		329
凝点/℃	35	10%		378
苯胺点/℃	82.0	30%		410
残炭质量分数/%	0.18	50%		436
元素质量组成/%		70%		462
C	85.38	90%		501
H	12.03	95%		518
S	2.0		剂型	微球
N	0.16		进油量/g	1.33~0.56
四组分/%			剂油比	3~7
饱和烃	64.0	评定条件	WHSV/h⁻¹	16
芳烃	32.0		进料时间/s	75~32
胶质	4.0		反应温度/℃	482~500
沥青质	0.0			

ACE 是美国 Kayser 公司开发的一种微型固定流化床反应装置, RIPP 于 20 世纪 90 年代后期引进, 装置流程如图 3-134 所示。与 RIPP 的以上两种 MAT 微反活性测定方法相比, 该装置不仅自动化程度更高, 而且速度也更快。ACE 评价装置将微型固定床反应器改为微型固定流化床反应器, 当进油反应时, 反应器内催化剂在总体上保持了均匀性, 随着反应时间的延续, 积炭量增加, 活性下降, 可以说 ACE 测定的是一个时间段的平均反应活性; 而采用固定床 MAT 评价装置测定时, 催化剂的活性在时间、空间上都在不断改变着, 测定的是一个更复杂的反应过程的平均结果。同时 ACE 评价装置反应器稍大, 装剂量较多(为 9g), 能适应从汽油馏分到重油馏分较宽范围的原料油, 还可掺入渣油(达 25%)。因此 ACE 装置评价条件可调节范围大, 更加灵活, 评价更深入, 重复性更优。与固定床微反评价结果相比, ACE 评价结果与工业实际应用更接近。

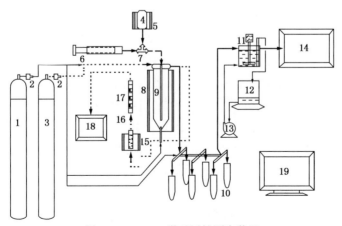

图 3-134　ACE 微反活性测定装置

1—氮气; 2—减压阀; 3—压缩空气; 4—预热器; 5, 8, 15—电加热炉; 6—进料器; 7—三通阀; 9—反应管;
10—6 组收油器; 11—收气系统; 12—气体计量系统; 13—水循环泵; 14—气体产物分析色谱;
16—CO 转化器; 17—干燥器; 18—红外 CO₂ 分析仪; 19—PC 操作系统

　　然而实验室测定微反活性的条件与工业装置仍然有所区别。例如催化剂反应时间前者为15~75s(ASTM 为 75s)，而后者仅 2~10s；空速(WHSV)前者为 12~100h^{-1}(ASTM 为 16h^{-1})，而后者为 60~200h^{-1}；油气反应时间前者为 2.4~14s(ASTM 为 14s)，而后者为 2~3s。总的看来，尽管微反评价方法做了许多改进，但由于技术条件所限，实验室测定仍存在油剂接触时间偏长的问题。时间过长使氢转移程度加大，造成裂化反应与伴随着的其他反应之间此消彼涨，影响到裂化反应的活性及产品选择性，导致微反装置的数据与工业装置数据有一定出入(Mauleon，1985)。因此评价结果既有代表性，又有局限性。三种类型装置的汽油组成差异见表 3-63。这是因为固定床微型反应器在非稳态过程操作，与工业提升管的稳态过程截然不同。工业提升管虽然(由下而上地)在空间上也是不断在改变着，但在时间上是一个稳态过程，而固定床微型反应器在反应的全过程中，在时间和空间上都是不断在改变着，开始和终了时的催化剂活性相差很大，产品分布是由无数样品的微分分布构成的时间平均值，随着反应时间的推移，催化剂(由上而下)积炭增加，转化率下降，选择性变差。此外，在固定床微反装置中，过长的接触时间使重金属脱氢反应加剧，增大了干气和焦炭产率，从而提高了焦炭和气体的选择性。因而二者的差异是明显的，固定床微型反应器模拟工业提升管反应过程只能是相对的。

表 3-63　　微反、中试和工业装置的汽油组成差异

项　　　目	微反 MAT 装置	中试装置	工业装置	项　　　目	微反 MAT 装置	中试装置	工业装置
烷烃/v%	43.3	31.0	34.0	芳香烃/v%	39.1	29.9	28.2
烯烃/v%	7.9	29.0	29.8	异构烷烃/正构烷烃	14.5	4.8	4.2
环烷烃/v%	9.6	0.1	7.2				

　　固定床微反装置测定微反活性(MAT)是恒温反应，工业装置则是一个绝热反应，由于不同类型的催化剂反应热不同，其平均反应温度亦不相同。针对反应热较高的超稳沸石催化剂，Valeri(1987)提出了如下的校正系数：

$$\text{有效 } MAT - \text{测出 } MAT = -35(UCS - 24.42) \tag{3-3}$$

　　适用范围：24.25<UCS<24.42，晶胞常数 UCS，单位为 10^{-1}nm。

　　在处理含有渣油的进料时，除了 Kellogg 和 Total 公司的 MAT 考虑了原料的雾化、混合以及模拟热冲击波外，其他形式的 MAT 均不具备这种条件。

　　鉴于现有 MAT 装置不能充分模拟工业装置，国内外专业评价工作人员都在设法改进，以便能模拟一个"平均"的或有代表性的催化裂化装置，使其试验数据在下列指标上与工业数据有可比性：①选定剂油比下的转化率；②渣油转化率；③液化气的烯烃度；④汽油组成及辛烷值(MON，RON)；⑤总液收及柴/汽比值；⑥干气产率及 i-C_4/$C_4^=$ 比值；⑦焦炭产率和焦炭差。这样才便于评选催化剂，并预测其反应性能。Albemarle 公司也报道了一种称为 FST 的模拟微反装置(Connor，1988)，把反应条件进一步改为：催化剂反应时间 15s，油气反应时间 1~4s，催化剂起始温度 560℃，混合温度 550~560℃。经与工业装置的数据对比，二者的产品分布非常接近。ACE 微型固定流化床反应装置则是另一种成功的改进。

3. 固定流化床评价方法

早期评价裂化催化剂活性时曾采用流化床式的反应器，如 Texaco 和 Kellogg 公司的反应装置的流程如图 3-135 所示，活性测定方法见表 3-82。Grace Davison 公司针对微球催化剂，开发出小型固定流化床活性评价装置，其原则流程如图 3-136 所示（Shankland，1947）。

小型固定流化床装置是为进一步评定催化剂的性能而设计的，装置能自动进行反应和再生操作。催化剂停留在反应器中，每经历一次反应和再生为一个周期循环操作。一次完整的催化剂评价需 25~35 个周期，每周期 2~4h，有时进行长周期操作，可达 1200 次循环，相当于工业运转

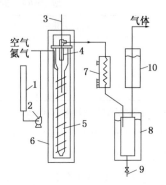

图 3-135　Kellogg 流化床活性评定装置
1—原料管；2—进油泵；3—热电偶；4—过滤器；
5—反应器；6—加热炉；7—冷却器；8—收油罐；
9—阀门；10—冷却器

600h。装置包括：预热、反应和裂化产物回收等部分。经数次反应后收集反应产物，连续蒸馏蒸出轻馏分，收集轻馏分和再生烟气并进行分析。液体产物蒸出<221℃的汽油以及燃料油，以计算物料平衡。这类装置的优点是能对产品分布和产物进行较详细的测定，缺点是较耗时。

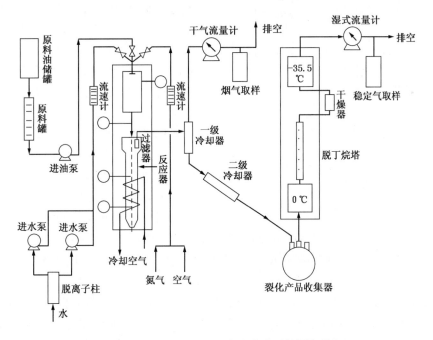

图 3-136　Grace Davison 固定流化床活性评定装置

微型固定流化床评价装置 ACE，在高度自动化控制，高精细在线分析系统的基础上，降低了催化剂装量，提高了评价速度。表 3-64 是小型固定流化床评价装置与微型 ACE 装置主要评价条件的对比。

表 3-64　固定流化床与 ACE 主要评价条件对比

项　目	固定流化床	ACE	项　目	固定流化床	ACE
催化剂加入量/g	150	9	剂油比	4~6	4~8
反应温度/℃	493~510	460~530	空速(WHSV)/h⁻¹	5~40	10~20
预热温度/℃	482	400~460	再生温度/℃	621	500~700

这类小型固定流化床评价装置的优点是能对产品进行全面的分析评定，同时还能长期将催化剂进行反应、汽提、再生、再反应的循环操作，能较好地模拟催化剂在工业过程中的实际操作情况，使取得的结果更有代表性。但这类装置的局限性也是显而易见的，例如固定流化床反应空速(WHSV)为 5~10h⁻¹，工业提升管的为 60~200h⁻¹；更为不可克服的困难在于固定流化床中的催化剂实际上是一种喷泉床，在一种非均匀返混状态下反应，而工业提升管中催化剂近似活塞流，它们的传质传热的差别最终也会反映在测定结果中。

4. 催化剂循环的流化床活性评价方法

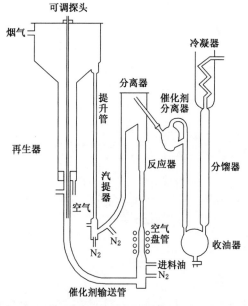

图 3-137　ARCO 催化剂循环的流化床活性评定装置

微型、小型评价装置不可避免地受到设备的限制，使催化剂的评价结果只有相对代表性。为了让实验室的评价结果更有代表性，在开发小型提升管反应评价装置方面做了一系列工作。小型催化剂循环的流化床催化裂化评价装置是美国 Atlantic Richfild 公司开发成功的一种催化裂化装置，也简称 ARCO 活性评定装置(Valeri，1987)。它是在实验室内采用催化剂连续循环进行催化裂化反应，并实现催化剂连续再生的一种试验装置。整个操作模拟工业操作过程，自动进行操作，它是评定催化剂反应性能较理想的一种装置。ARCO 装置如图 3-137 所示。

该装置有较好的物料平衡，通常试验的物料平衡为 98%~99%。装置的测定重复性也较好，转化率和汽油收率的重复性在±1v% 之内。Connor 等(1988)修正了 ARCO 公司的基准试验条件，再生温度提高到 700℃，催化剂与油的混合温度提高到 545℃，催化剂接触时间减少到 10s，所得到的产品分布和汽油组成与工业装置符合很好。

继 ARCO 公司之后，Grace Davison 公司也于 1977 年推出一种带有催化剂循环的连续操作的活性评价装置(Creighton，1983)，1987 年对该评价装置进行改进，并称为 DCR 装置(Young，1988)。DCR 装置可以精确地模拟工业装置的操作，其产品在性质和产率上与工业装置十分接近。它采用五段调温的反应器可以模拟绝热的工业条件，采用待生催化剂与空气换热的办法以精确计算催化剂循环量。装置的进料量最大为 1kg/h，反应压力通常为0.1MPa(g)，也可提高到 0.18MPa(g)，反应区温度最高可超过 593℃，全装置由计算机控制监测。

（三）活性中心"可接近性"的测定

随着原料油的重质化，催化裂化反应过程中存在一些较重物质（如大分子烃类、常渣、减渣、胶质和沥青质等），这些较重的物质能否扩散到催化剂的活性中心是影响其裂化的关键；同时所生成的气体能否快速离开催化剂孔道，也是影响裂化反应选择性的重要因素之一，这些扩散性能均与催化剂可接近性相关联。

为了衡量催化剂"可接近性"，建立了一种 AAI（Akzo Accessibilty Index）测定方法，这是一种快速测定方法（Yong，2002），它用了一种大分子有机化合物，以液相吸附于催化剂孔来测定其扩散性能，有机化合物与催化剂不发生化学反应。应用无因次参数，如相对浓度和无因次时间（傅立叶数）将所得的液相结果与不同温度和不同相下的扩散性能相关联。大分子化合物的相对浓度是该化合物在一定时间的浓度除以试验开始的浓度，而浓度用紫外可视光谱测定。具体对裂化催化剂测定所用的有机物是科威特 VGO 与甲苯的混合物，其浓度是 1L 甲苯有 15g VGO。溶液里的大分子化合物百分浓度与时间的平方根绘制曲线，取开始一段曲线的斜率定义为 AAI，如图 3-138 所示。AAI 自动化测定仪器的流程如图 3-139 所示。

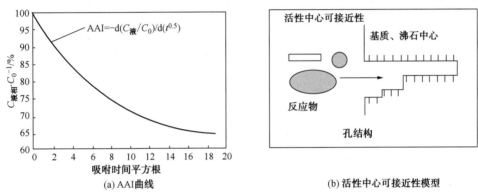

(a) AAI曲线　　　　　　　　　　　　　　　　　(b) 活性中心可接近性模型

图 3-138　AAI 曲线及活性中心可接近性模型

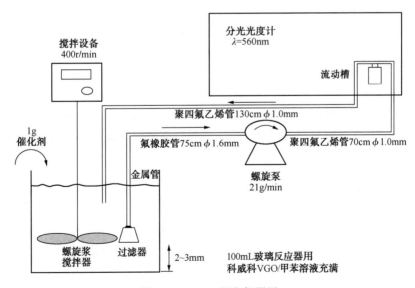

图 3-139　AAI 测定仪器图

巴西 Petrobras 对 Albemarle 公司提出的 AAI 方法进行了验证试验(Morsado, 2002), 发现新鲜催化剂与平衡剂的 AAI 很难关联。平衡剂在装置运转中水热老化、金属污染, 不但对活性中心有很大的影响, 孔结构也要发生变化, 必然影响"可接近性", 其影响是动态的, 是随装置情况而异的, 它与实验室做分析的条件差别较大, 因此 Petrobras 认为催化剂进入装置后的实际"可接近性"情况是不清楚的。Albemarle 公司曾对平衡剂的 AAI 进行过考查, 认为平衡剂的 AAI 大多数情况下比新鲜剂要小, 其可接近性要差。然而 Petrobras 公司对巴西 13 套 FCC 装置的平衡剂作了 AAI 分析, 与其对应的新鲜剂比较, 发现所有平衡剂, 尽管金属污染量已达 7000～13000μg/g, 其 AAI 都比新鲜剂大。他们考查了实验室老化对 AAI 的影响, 发现老化后 AAI 增大, 这与 Albemarle 公司的实验室测定结果一致。怀疑平衡剂 AAI 增大的一个原因, 可能是催化剂在运转时表皮磨蚀或有裂纹, 从而使 AAI 增大, 但扫描电镜观察又难于对此下结论。他们又考察了装置操作条件等的影响, 也难找到关联。铁对催化剂的污染较大地影响了 AAI。Petrobras 报道了他们的考察结果, 对巴西 FCCU 情况的解释是: 由金属污染所引起的 AAI 下降值小于因水热老化所带来的 AAI 增大值, 所以综合结果是 AAI 绝对值增大。

催化剂活性中心"可接近性"的提法是可以理解的, 如图 3-138 所表示的理论模型, 但在实际应用中尚需进一步解读和掌握。

(四) 稳定性测定方法

裂化催化剂的稳定性, 即催化剂使用时保持其裂化活性的能力。裂化催化剂的失活, 一般是由于催化剂在多次的反应及再生循环中, 处于高温及水蒸气气氛下, 催化剂的结构发生改变而引起。另外, 催化剂在使用中也会由于原料油中的碱性金属、重金属沉积而引起催化剂永久性失活。裂化催化剂在工业使用中, 对单个催化剂而言, 活性的下降是一个缓慢的渐进的过程; 对平衡剂总体而言, 是一个稳定的动平衡态。在实验室条件下测定裂化催化剂的稳定性, 模拟催化剂的工业失活, 就是对新鲜催化剂采用催促老化的方法, 在有限的时间内, 达到与平衡剂的结构状态和活性可比拟的水平。所谓催化剂稳定性的测定, 即为测定该种催化剂抗高温水蒸气老化及抗污染失活的能力。

测定裂化催化剂的稳定性, 一种方法是将催化剂进行高温处理, 然后测定催化剂的活性, 测得的结果, 称作该种催化剂的热稳定性。另一方法是将催化剂进行高温及水蒸气处理, 然后测定催化剂的活性, 测得的结果, 称作该种催化剂的水热稳定性。早期使用无定形硅铝催化剂阶段, 曾采用热稳定性表示催化剂的抗高温老化失活能力。自从沸石催化剂问世之后, 因催化剂有良好的抗热老化能力, 故催化剂的这一性能已不再测定, 而对催化剂的抗水热老化能力仍予以重视。故目前所谓的稳定性, 均表示裂化催化剂抗水热老化的能力。裂化催化剂的水热老化装置比较简单。催促老化的方法是将催化剂在高温及水蒸气气氛下进行水热处理, 然后再测定活性, 需要时还要测定老化后催化剂的孔结构、结晶度和晶胞常数, 即为催化剂的稳定性。显然测定催化剂的稳定性只适用于新鲜催化剂, 对工业装置使用后的平衡催化剂, 无需进行水热处理, 其活性可直接测定。

由于各催化剂生产厂家生产的催化剂品种不同, 制备工艺不同, 催化剂对各种失活因素的敏感性也不同, 即相同的使用条件对不同的催化剂影响是不一样的。因此, 不同的催化剂采用的水热老化处理条件互有差别，因而确定裂化催化剂的水热老化方法就很不简单。各催化剂生产厂家采用的催化剂水热老化条件见前面表3-57。

裂化催化剂的催促老化，根据老化方式的不同而采用不同的老化装置。有固定床的老化装置，也有固定流化床的老化装置。老化管有单管的，也有多管的，或可装多个样品的多层老化管。老化时的压力通常为常压，或略高于0.1MPa(g)。通常采用的固定床水热老化装置的流程见图3-140(陈俊武，2005)。

至于因原料油中的碱性金属、重金属污染而引起的催化剂永久性失活，是催化剂开发中重要的一环，是对新鲜催化剂进行一定污染水平的标准条件下的水热老化降活性能对比。这项评价未列入常规稳定性控制指标中，然而对重油裂化催化剂而言，这个性能是一项必不可少的重要考察内容。

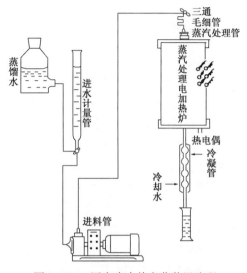

图3-140　固定床水热老化装置流程

（五）选择性测定

工业上常用汽油产率与转化率之比表示催化剂生产汽油的选择性，这是以转化率为基准来表达的方式，如汽油/转化率，用焦炭/转化率的比值表示焦炭选择性；另一种常用的方式是以焦炭产率为基准来表达的方式，如用汽油产率与焦炭产率之比表示催化剂生产汽油的选择性，也很直观。在新催化剂的研发阶段，选择性测定是十分重要的环节，而在新鲜催化剂生产质量管理中，因为固定工艺、固定配方的催化剂的选择性，与它的物化性质密切相关，通常只作常规物化性质监控，而不测定选择性；只是在全面考察催化剂的性能时，才测定催化剂的选择性。作为帮助用户掌握使用情况的服务项目，则经常测定平衡催化剂的选择性。不同的评价装置，适合于不同深度的催化剂反应选择性评价。

利用常规微反活性装置来评价催化剂的选择性，是用生气因数和生炭因数表示，即所测催化剂的生氢量与生炭量，与参比催化剂在相同反应条件下的生氢量和生炭量之比。对于不同的催化剂生产厂家，选用的参比催化剂也不相同。测定生氢因数是将反应后的气体进行分析，求得氢气含量，与参比催化剂在相同反应条件下的产氢量对比，即为生氢因数。测定生炭因数是将反应后的催化剂进行积炭量的测定，与参比催化剂在相同反应条件下的积炭量对比，即为生炭因数。对催化裂化的日常生产管理来说，生氢因数和生炭因数不失为一个方便而有效的控制平衡催化剂质量的方法。

利用重油微反装置、ACE反应装置、固定流化床活性评价装置、循环流化活性评价装置来评价催化剂的选择性，同样也可以用生氢因数和生炭因数来表示。由于它们可以直接测定可比条件下的产品分布、产品性质，所以能进行更细致的选择性评价。

第五节　催化剂的失活和活性平衡

一、催化剂的失活

（一）概述

理想的催化剂在工业装置的应用中应该能保持恒定的活性，但不幸的是在非均相催化过程使用的大多数工业催化剂经历了一段时间以后初活性都会降低，这种活性衰退是一种不良的伴生现象。催化剂活性下降到工业生产上能够接受的下限（可以用转化率或产品分布衡量）所经过的时间与原料性质、操作条件的苛刻度以及环境状况等因素有关，当然也和催化剂本身的活性稳定性有关。就反应动力学而言，在稳态下，即活性处于相对稳定的状态，其反应速度仅取决于操作条件；但对于活性衰退的过程，即非稳态下的动力学，反应速度则随着活性的衰退而下降。失活本身又与多种因素有关，是个复杂的物理化学过程。在研究这类反应动力学时，必须建立描述失活的动力学方程，得到活性、反应速度和时间之间的定量关系，才能合理地选用催化剂和确定操作条件，提高装置的经济效益。

多种因素能使催化剂失活，总的来说可分为三类：①催化剂的烧结或水热失活；②吸附毒物失活；③结焦失活。

催化剂的载体或活性组分由于温度增加而出现半熔、烧结、晶粒长大、晶体结构破坏以及活性组分的丧失等情况造成活性逐步衰退，称为固态变换。固态变换为不可逆过程。烧结和晶体结构破坏（再结晶和其他形式的结构重排）是固态变换的两个主要问题。它们导致催化剂的比表面积减少，孔隙度减少以及活性中心的数目减少。通常用载体和晶体结构所能承受的温度上限来表示催化剂抗固态变换的稳定指标。早在 1923 年，Tammin 和Masouri就已说明了烧结作用在固体熔点的 1/2 附近开始发生。Huttig 经实验指出温度达熔点1/3时，表面扩散变得显著，因此可以认为烧结起始于熔点的 1/3～1/2。当然还应指出某些气体对烧结起始温度有重要影响（Presland，1972）。在许多系统中，水蒸气尤其具有不良影响，如加速了Al_2O_3的烧结（Bond，1962），有助于 SiO_2 以氢氧化物形式升华。无定形硅铝裂化催化剂水蒸气作用下的热失活——通称水热失活，比单纯的热失活更为严重，因而限制了再生温度不能超过 630℃。沸石裂化催化剂的活性组分——Y 型沸石晶体抗高温性能较好（可达 850℃），但在水蒸气存在下也同样降低了抗热能力。

吸附毒物的失活来源于原料中的某些杂质在反应条件下能强烈地吸附在催化剂表面或与活性中心发生化学反应而使活性下降，这种现象称为中毒，这样的杂质称为毒物。中毒可分暂时中毒和永久中毒。前者结合较松弛，一般是直接以电子和化学作用占据活性中心，使之不能吸附反应物种，引起活性下降，对催化剂常见的例子为碱性氮化合物在催化剂酸性中心上的作用。这类物质易于清除，在与油气脱离接触后即恢复原有活性。后者强烈结合，通常以重金属的 Ni、Cu、V 和 Fe 为代表，它们以有机金属化合物（多数为大分子卟啉的络合物）形态存在于渣油的胶质和沥青质中。在催化裂化过程中，这些化合物吸附在载体上然后分解，留下重金属原子在催化剂表面和内部，有的起脱氢催化作用，改变了催化裂化产品的选择性，有的则生成低熔点氧化物，破坏沸石的晶体结构。此类毒物可以不断积累到相当大的比例，对生产操作影响很大。除了重金属外，还有原料油中携带的无机盐中的 Na、Ca 等碱金属或碱土金属也可沉积在催化剂表面，当累积到浓度较高时也会起破坏作用。

结焦失活是在催化反应过程中，由于反应物的某些高分子稠环芳烃的强吸附作用，加上有些组分经过脱氢聚合也生成高聚物，这些物质进一步环化脱氢就形成焦类物质沉积到催化剂表面或孔隙中，或者把孔口堵塞，降低了颗粒内外表面积的利用率而引起活性衰退。结焦失活主要发生在提升管反应器内，提升管出口处含焦催化剂的活性只及入口处的 1/3~1/5，为此需要通过再生过程烧去积炭以恢复活性。

上面叙述了三类失活，其中结焦失活和氮化合物引起的中毒失活将在本书第七章中专门介绍，本节将重点讨论第一类和第二类的失活。

使用在固定床中的催化剂由于失活造成活性随运行时间而变化，相应的操作条件和产物分布也随运行周期而变，故有周期起始状态(SOR)和周期终了状态(EOR)之分。除了吸附过多的重金属的渣油加氢催化剂为一次性使用外，其余的炼油催化剂大多在每个周期终了时利用烧焦再生办法恢复其大部分活性，催化剂累计使用寿命长者达十多年，短者也有二、三年。催化裂化工艺采用流化床反应器，催化剂可以不断补充和卸出，因此在一定的补充率时就能维持一个比较稳定的活性水平，称之为"平衡活性"。它和催化剂本身的失活速率以及在反应系统中的置换速率有关，和装置的运行周期无关。催化裂化装置对催化剂的置换速率一般为系统总藏量的 1%~3%，即其平均寿命为 33~100 天，远较固定床催化剂短。

（二）平衡活性

根据对平衡催化剂的分析检验，结合其耗用情况，可以判断该催化剂的失活速率，这是催化剂管理的一项重要内容。对国内外工业催化裂化装置的平衡催化剂进行比较，可从宏观上看出不同催化剂的性能和水平以及变化趋势。表 3-65 列举出 20 世纪 50 年代末~2006 年美国和加拿大的流化催化裂化装置的平衡催化剂性质的统计数据。表 3-66 则详细列举了1991 年第二季度美、加两国平衡催化剂的分类统计结果(陈俊武，2005)。

表 3-65 催化裂化装置平衡催化剂的变化(美国和加拿大调查资料)

时 间	1958 年	1963 年	1968 年	1972 年	1977 年	1982 年	1991 年	1997~2006[3]
活性	30.5[1]	31.6[1]	77.3[2]	56.7[2]	70.8	68.8	66.5	70.71
表面积/(m²/g)	124	116	107	110	114	94	132	147.9
孔体积/(mL/g)		0.38	0.43	0.44	0.35	0.3	0.34	
堆积密度/(g/cm³)		0.72	0.71	0.73	0.83	0.9	0.86	
Fe/(μg/g)	3400	3400		3500	4400	5700	5305	
V/(μg/g)	260	236	362	427	415	1001	1158	1881
Ni/(μg/g)	83	89	220	250	309	504	749	1756
Cu/(μg/g)	3	19	20	18	25	29		
Na/(μg/g)	482	435	1183	1697	4700	5100	3800	3003

① D+L 活性指数。

② MAT 活性指数。

③ 全球炼厂数据。

表 3-66 1991 年二季度美、加两国的工业平衡催化剂性质

项　目	活性指数		表　面　积		晶胞常数/nm	
单　位	MA		m²/g		2.4+x	
数据	范　围	装置数	范　围	装置数	x 的范围	装置数
分布值	<56	2	60~80	1	0.022~0.024	18
	56~58	2				
	58~60	1	80~100	9	0.024~0.026	42
	60~62	4	100~120	32	0.026~0.028	34
	62~64	17	120~140	47	0.028~0.030	19
	64~66	38	140~160	28	0.030~0.032	10
	66~68	30	160~180	18	0.032~0.034	7
	68~70	19	180~200	2	0.034~0.036	3
	70~72	17			0.036~0.038	1
	72~74	5			0.038~0.040	2
	74~76	2			>0.040	1
平均值	66.5		116		$\bar{x}=0.027$	

项　目	钒		镍		钠	
单　位	μg/g		μg/g		%	
数　值	范　围	装置数	范　围	装置数	范　围	装置数
分布值	0~300	7	0~300	30	—	
	300~600	29	300~600	37	0.2~0.3	39
	600~900	27	600~900	30	0.3~0.4	52
	900~1200	19	900~1200	18	0.4~0.5	25
	1200~1500	15	1200~1500	10	0.5~0.6	14
	1500~1800	13	1500~1800	5	0.6~0.7	4
	1800~2100	14	1800~2100	2	0.7~0.8	2
	2100~2400	5	2100~2400	1	—	
	2400~2700	5	2400~2700	2	—	
	2700~3000	1	>2700	2		
	>3000	2			>1.0	1
平均值	1158		749		0.38	

项　目	孔体积		堆积密度		再生剂碳含量	
单　位	mL/g		mL/g		%	
数　值	范　围	装置数	范　围	装置数	范　围	装置数
分布值	0.24~0.26	3	0.70~0.75	5	0.00~0.05	35
	0.26~0.28	5			0.05~0.10	52
	0.28~0.30	22	0.75~0.80	16	0.10~0.15	23
	0.30~0.32	22			0.15~0.20	8
	0.32~0.34	18	0.80~0.85	46	0.20~0.25	13
	0.34~0.36	17			0.25~0.30	1
	0.36~0.38	25	0.85~0.90	41	0.30~0.35	2
	0.38~0.40	11			0.35~0.40	1
	>0.40	14	0.90~0.95	19	0.40~0.45	1
			0.95~1.00	10	>0.45	1
平均值	0.34		0.84		0.10	

Grace Davion 公司详细统计了 2000 年-2010 年催化裂化装置所使用的平衡催化剂性质，如图 3-141 所示。

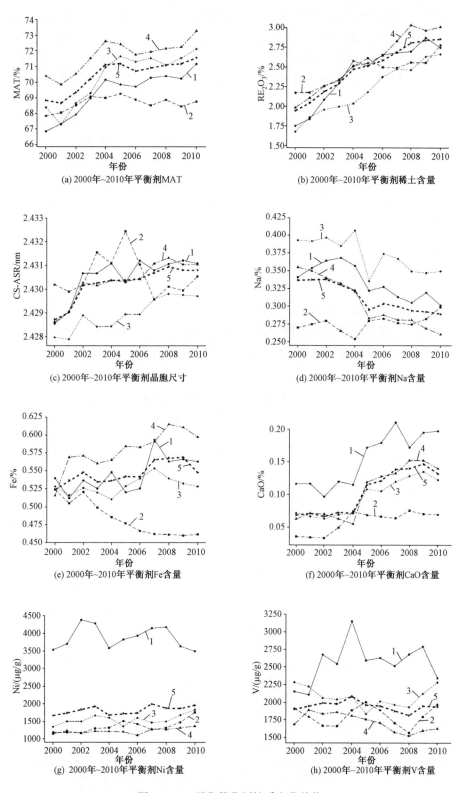

图 3-141　平衡催化剂性质变化趋势

1—亚太；2—欧洲；3—拉丁美洲；4—北美洲；5—全球

　　进行催化剂失活速度的定量研究之前，首先要在反应动力学方程式上对催化剂的活性给出定量的数值。目前通用的各种活性指数是在积分反应器内，在一定的操作条件下，及催化剂因不断结焦失活而活性在不断改变的情况下，测出的一定时间内的平均转化率，它的数值并不与该催化剂的瞬时反应速度常数成正比，因而不能直接代表动力学常数中的活性数值。只有用微分反应器，采用精确的手段才能严格地测出瞬间反应速度常数，但是由于催化剂迅速结焦，测试的误差很大，所以用下式定义的催化剂相对活性的理论值很难用实验直接得出。

$$相对活性 = \frac{反应物在被测催化剂上的反应速度常数}{反应物在新鲜催化剂上的反应速度常数} \quad (3-4)$$

　　如果两种同类但由于失活而活性不同的催化剂得到同一转化率，那么活性与空速成正比，即不改变其他操作条件，只改变空速。如以新鲜催化剂为基准，则被测催化剂的相对活性可用下式表示：

$$(RCA)_i = \frac{A_i}{A_{st}} = \frac{(SV)_i}{(SV)_{st}} \quad (3-5)$$

式中　$(RCA)_i$——某催化剂的相对活性；

　　　　A_i，A_{st}——某催化剂或标准催化剂的活性；

$(SV)_i$，$(SV)_{st}$——某催化剂或标准催化剂的试验空速。

　　利用上述方法，得出的无定形 3A 催化剂的相对活性与 $D+L$ 活性指数关系，如表 3-67 所列。

表 3-67　无定形催化剂的相对活性

$D+L$	10	20	25	30	35	40	45	50	55	56
RCA[①]	0.064	0.138	0.185	0.243	0.309	0.399	0.522	0.693	0.929	1

① 以 D+L(Jersey)=56 为标准。

　　对于沸石催化剂，则有表 3-68 的对比关系。

表 3-68　沸石催化剂的相对活性

MA	20	30	40	50	60	70	75	80
RCA	0.002	0.006	0.018	0.05	0.18	0.6	1	1.8

注：以 MA=75 为标准。

　　根据拟二级反应动力学的概念(见本书第七章)，可以提出沸石催化剂相对动力学活性的计算式：

$$(RCA)_i = \left[\frac{(MA)_i}{100-(MA)_i}\right] \bigg/ \left[\frac{(MA)_{st}}{100-(MA)_{st}}\right] \quad (3-6)$$

式中　$(MA)_i$，$(MA)_{st}$——被测催化剂或标准催化剂的微反活性指数。

　　用式(3-6)计算出的相对活性值见表 3-69。

表 3-69　相对动力学活性与微反活性指数关系

MA	20	30	40	50	60	70	75	80
RCA[①]	0.0833	0.143	0.222	0.333	0.500	0.777	1	1.333

① 注：以 MA=75 为标准。

二、水热稳定性

(一) 催化剂的水热失活

稳定性是在模拟的操作条件下反映催化剂失活程度的一项指标。裂化催化剂不仅需要具备良好的抗高温的稳定性，而且还需要具备在该温度下抗水蒸气减活的能力，即有较好的水热稳定性。鉴于反应器和再生器内水蒸气浓度在 5%~20%，因而水热稳定性是裂化催化剂在工业应用时赖以保持足够平衡活性的一个极为重要的性质。

早期的无定形硅铝催化剂的水热稳定性很差，高铝(Al_2O_3 25%)催化剂比低铝(Al_2O_3 13%)的略好。650℃以上失活加快，750℃则迅速失活。有关低铝催化剂的水热失活数据见表 3-70，可以看出在失活前后有关物性的变化情况。

表 3-70 13% Si-Al 催化剂的水热失活

项 目	水蒸气处理前	750℃水蒸气处理后		
		2h	5h	24h
活性指数 D+L	31.3		19.2	16.3
比表面积/(m²/g)	380	246	206	172
平均孔直径/nm	5.5	7.1	7.8	9.2

沸石催化剂的水热稳定性优于无定形剂，这是因为 NaY 的稳定性已经较高，再经稀土交换后，在方钠石笼内形成 $\begin{bmatrix} RE\!-\!O\!-\!RE \\ | \\ H \end{bmatrix}^{5+}$ 的阳离子，增加了 REY 的稳定性。用差热分析法测出的 NaY 及 REY 的晶体崩塌温度分别为 850~860℃ 及 870~880℃。而超稳沸石的稳定性更高，达 950~980℃。Du 等(2013)分别利用 La^{3+}、Ce^{3+}、Pr^{3+} 和 Nd^{3+} 等稀土阳离子对 NaY 进行离子交换，实验结果表明，稀土阳离子的离子半径越小，沸石的水热稳定性越高。

Karreman 等(2012)利用 iLEM 技术对裂化催化剂颗粒的水热失活进行了研究。iLEM 技术是将激光和电子显微镜整合到一起的成像技术，能够快速地辨别荧光区域，并紧接着用 TEM 对这些区域进行观察。试验发现，水热老化后的裂化催化剂颗粒的荧光强度大大降低如图 3-142(a)、(b)所示。由于荧光强度与质子酸量有关，从而表明质子酸量大大减少。从图 3-142(c)和(d)可以看出，水热老化还会影响沸石晶体的结构，大部分的晶体看起来被破坏了，并产生了更多的孔。图 3-142(e)的电子散射图上出现了新的衍射环，表明 γ-Al_2O_3 小晶体的存在，这些小晶体由沸石脱铝产生。iLEM 表征还表明，水热老化后，新鲜裂化催化剂颗粒上大片的黏土消失了。

Kim 等(2012)对不同晶粒形状和尺寸(2~300nm)的 MFI 纳米沸石的水热稳定性进行了考察，并利用吡啶吸附和 2,6-二叔丁基吡啶吸附的 FT-IR 光谱考察了水热处理对催化剂酸性的影响。研究结果表明，水热处理之后，外表面酸位的脱铝程度大大低于内表面，即外表面酸位的水热稳定性远高于催化剂内部。不过，苛刻的水热处理条件(如 700℃，100%水蒸气处理 2h)会使内外表面都产生严重脱铝。此外，随着沸石晶粒尺寸的增加，水热稳定性降

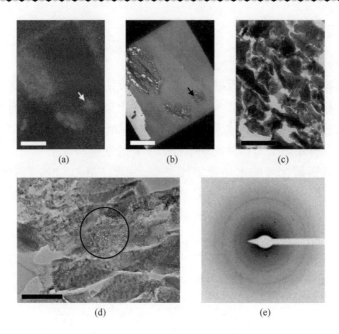

图 3-142　水热老化后裂化催化剂颗粒的分析

(a)水热老化后的催化剂颗粒的 FM 图像；(b)相同区域的 TEM 图像；

(c)为(a)、(b)图上箭头指示区域的高分辨图像；(d)水热老化后的

催化剂颗粒的高分辨 TEM 图像(注意沸石上的孔和周围的无定型材料)；

(e)为(d)图圆圈内区域的衍射图；标尺；(a)、(b)中代表 10 μm，

(c)中代表 500nm，(d)中代表 200nm

低，而且水热处理会导致更多的强酸位减少。

　　热失活和水热失活对沸石催化剂的物性影响有所差异。水热失活首先对沸石晶体产生破坏作用，表面积下降程度约为微活指数的两倍，而孔体积和堆积密度基本不变。随着温度增加，孔直径逐渐加大，当温度达 1000℃ 以上时，不只沸石晶体进一步损坏，而且载体也发生收缩，孔体积和表面积都减少，堆积密度加大，显示出热减活的作用。两种失活的定性对比见表 3-71。沸石的水热减活试验数据举例(Upson，1958)见表 3-72。

<table>
<tr><td colspan="3">表 3-71　水热失活和热失活的物性对比</td></tr>
<tr><td>项　　目</td><td>水热失活</td><td>热失活</td></tr>
<tr><td>表面积</td><td>下降</td><td>下降</td></tr>
<tr><td>孔体积</td><td>稍降</td><td>下降</td></tr>
<tr><td>堆积密度</td><td>稍增</td><td>增加</td></tr>
</table>

<table>
<tr><td colspan="3">表 3-72　水热失活前后对比</td></tr>
<tr><td>项　　目</td><td>前</td><td>后</td></tr>
<tr><td>活性指数(MAT)</td><td>66</td><td>60</td></tr>
<tr><td>表面积/(m^2/g)</td><td>72</td><td>56</td></tr>
<tr><td>孔体积/(mL/g)</td><td>0.30</td><td>0.29</td></tr>
<tr><td>堆积密度/(g/mL)</td><td>0.79</td><td>0.79</td></tr>
</table>

　　含 Al_2O_3 13%的 Si-Al 催化剂的热失活和水热失活的比表面积分布举例见图3-143(陈俊武，2005)。

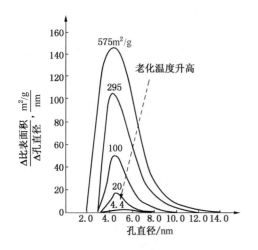

图 3-143a　低铝 Si-Al 催化剂在空气中
加热后的比表面积分布

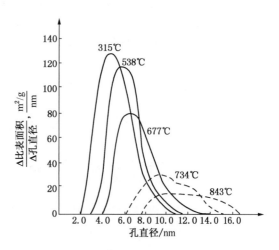

图 3-143b　低铝 Si-Al 催化剂在水蒸气中加
热后的比表面积分布

　　商品催化剂一般用 100% 水蒸气在高温和常压或加压下测定活性变化以作为稳定性的指标，各个催化剂生产厂采用的具体条件详见本章第五节。对于无定形催化剂在 843℃、3h 进行热处理，在 566℃、24h、0.4MPa 进行水热处理(我国采用 750℃，6h，0.4MPa 的条件)，典型数据见表 3-73。

表 3-73　无定形催化剂的热处理和水热处理后的活性指数

催化剂	热处理	水热处理	催化剂	热处理	水热处理
低铝催化剂	48.8	20.2	高铝催化剂	50.0	33.0

　　对于沸石催化剂通常采用 800℃，100% 水蒸气常压处理 4h 和 17h，比较其活性变化。Ketjen 公司采用 17h，但对不同的沸石选用不同温度，一般沸石为 750℃ 和 795℃，高活性或高沸石含量时用 795℃ 和 810℃，超稳沸石则用 810℃ 和 830℃。几种不同牌号的比较见表 3-74。

表 3-74　几种催化剂的水热失活-活性指数

处理条件	催化剂			
	KMC-25	KMC-27	KMR-905	KMR-907
750℃，17h	80	82	77	81
795℃，17h	70	74	74	78

　　各催化剂生产厂每当推出一种新产品都要公布其水热失活的数据，有的画成以温度或时间为坐标的曲线，并和过去的牌号进行对比。现列举几例(Otterstedt，1982；Upson，1984)(图 3-144a、图 3-144b)以资比较。

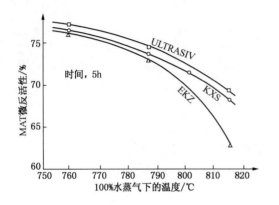

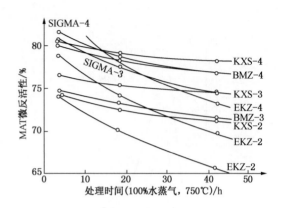

图 3-144a　几种工业催化剂的水热稳定性　　　　　图 3-144b　几种工业催化剂的水热稳定性

—温度影响(Katalistiks 公司)　　　　　　　　　—时间影响(Katalistiks 公司)

　　实验室评定水热稳定性一般采用 100%水蒸气,目的是为了缩短老化时间,这样得出的稳定性能指标能否代表工业应用的实际情况是有疑问的。加速老化不能模拟工业装置的真实老化过程,因而不能据此预测工业失活速度,甚至会导致错误结论。在实验室里采用不同温度和不同水蒸气分压的多种组合条件,力求能够比较准确地模拟实际的失活(Upson,1984)。表 3-75 的数据(Upson,1982)说明采用不同载体的沸石催化剂,即使用 100%水蒸气高温处理,需要截然不同的操作条件(见虚线框)才能得到与工业平衡催化剂相近的性质(见实线框)。如果选择了合适的加速老化条件,老化后催化剂的物化性质和工业平衡剂十分接近。图 3-145 是无定形催化剂加速老化后与工业平衡剂的表面积分布对比。

表 3-75　老化后催化剂与平衡催化剂性能对比

项　目　　　　　　催化剂种类	白土基质含 REY 沸石	半合成基质含焙烧后 REY 沸石	白土基质含焙烧后铵交换 Y 沸石
催化剂化学组成/%			
RE$_2$O$_3$	2.3	2.3	0
Al$_2$O$_3$	41.5	29.8	56.5
Na$_2$O	0.74	0.48	0.92
SO$_4^{2-}$	1.6	0.40	0.02
热老化(537℃,3h)后测定			
比表面积/(m^2/g)	215	265	334
孔体积/(mL/g)	0.23	0.34	0.38
X 光峰高/mm	85	65	87
水热老化(732℃,100%蒸汽,8h)后测定			
比表面积/(m^2/g)	121	123	215
孔体积/(mL/g)	0.20	0.24	0.33
X 光峰高/mm	42	37	38
微反活性/v%	68.0	73.0	65.0
(826℃,20%蒸汽,12h)			

续表

项目　　催化剂种类	白土基质含 REY 沸石	半合成基质含 焙烧后 REY 沸石	白土基质含焙烧 后铵交换 Y 沸石
比表面积/（m²/g）	56	121	197
孔体积/（mL/g）	0.41	0.27	0.33
X 光峰高/mm	15	33	34
微反活性/v%	20.0	67.5	64.0
（649℃热老化，再 721℃，100%蒸气老化 8h）			
比表面积/（m²/g）	—	—	242
孔体积/（mL/g）	—	—	0.33
X 光峰高/mm	—	—	42
微反活性/v%	—	—	68.0
平衡剂测定			
比表面积/（m²/g）	127	124	245
孔体积/（mL/g）	0.21	0.25	0.31
X 光峰高/mm	40	31	45
微反活性/v%	66.5	67.0	68.5

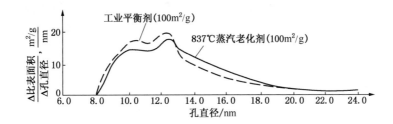

图 3-145　低铝 Si-Al 工业平衡剂与实验室蒸汽老化剂对比

当前工业新鲜催化剂和水热减活的平衡催化剂的几项物性指标对比如表 3-76。

表 3-76　新鲜剂与平衡剂物性比较

项　目	新 鲜 剂	平 衡 剂	项　目	新 鲜 剂	平 衡 剂
比表面积/（m²/g）	200~640	60~130	大密度催化剂	0.79~0.88	0.90~1.03
孔体积/（mL/g）	0.17~0.71	0.16~0.45	小密度催化剂	0.48~0.53	0.70~0.82
堆积密度/（g/mL）			微反活性/%	70~83	56~70

（二）工业装置中的水热失活

工业装置的催化剂失活主要在操作条件最苛刻的再生器内发生，在正常再生条件下，催化剂暴露在 21.3~26.7kPa 水蒸气分压的环境中，再生温度约为 650~700℃，新鲜的催化剂经过几个循环，约有 25%的沸石和 40%~60%的载体遭到损坏，其余部分较为稳定。此后沸石以大约每天下降 0.5%的速率缓慢失活，载体部分活性不变（Chen，1977）。在上述的温度区间，水热失活速率基本和温度无关。当温度从700℃上升到725℃，沸石的水热失活加剧，典型的沸石催化剂活性可降低4~6个单位。如果再生器温度失控，例如一度超温到900℃，几分钟后降到800℃，维持1h后逐渐恢复到700℃，系统内催化剂活性会下降6个单位（Upson，1979）。这意味着不到3h内沸石的活性已损失了约25%。此外，在700℃时，当水蒸气分压从24kPa增加到40kPa，微活指数也会下降2~3个单位（Chen，1977）。

根据工业实践，再生温度在704~717℃之间一般不导致严重的水热失活，只有温度超过730℃时，水热失活问题就变为突出了。有的装置再生温度从730℃提到到760℃，平衡活性下降6个单位；有的装置超温到815℃以上则产生严重的失活。水蒸气分压的影响在高温下十分显著，实践经验表明，向再生器稀、密相床层喷水、喷汽（包括雾化和冷却水蒸气）都是有害的，喷燃烧油也将促进失活。带油的催化剂燃烧与结焦催化剂燃烧相比，失活的程度差别很大。当温度低于650℃，即使是100%水蒸气分压，失活也很缓慢，所以可忽略汽提段内的失活。

催化剂在设备内骤冷或骤热，或者碳含量高的催化剂在氧含量高的气流中燃烧都可能产生热冲击，它对催化剂失活的作用是值得重视的。

大多数观点认为水热失活是不可逆的，而Chem. Cat公司在开发脱除重金属工艺中采用了两次活化或称为复活（Rejuvenation）的方法，可以把失活的平衡催化剂活性恢复到新鲜催化剂的水平，因而提出了工业装置内水热失活是可逆的见解；并认为工业再生器内除了温度过高，或启用燃烧油，或开工时通水蒸气时间过长外，一般条件下沸石的损坏都不属晶体崩塌，可以用化学处理方法修复（Elvin，1987a）。工业装置采用这类复活催化剂时，还需慎重。

三、中毒失活

从原料油带来的重金属如铁、镍、钒等，碱金属和碱土金属如钠、钙、镁等，以及碱性氮化物，在反应过程中会析出或吸附到催化剂上，引起催化剂的中毒失活（Wallensteina，2013）。中毒失活的程度随金属的种类而异，也随金属积累的数量而增大，一般属于永久性的和不可逆的，但是可以采用重金属抑制剂（或称钝化剂），例如锑、铋、锡等化合物与重金属结合生成无毒性的合金，以达到减轻中毒的目的。沉积在催化剂上的重金属可以用化学方法将其与催化剂分离，使催化剂活性恢复到无金属污染的水平。从这个角度看，重金属引起的失活又是可逆的。沉积的重金属在新鲜状态时毒性较大，经过长期在反应-再生的环境中循环，毒性会逐渐减弱（Javier，2013）。

（一）重金属对催化剂的影响

一般以镍、钒、铁、铜作为代表性的重金属。铜含量很少，不构成主要危害。通常把镍和钒列为重点对象，这两种金属均以络合物形式与吡咯的氮原子络合构成卟啉类化合物，存在于高沸点的减压渣油的胶质和沥青质组分中。国内的多数原油为陆相沉积生成，镍含量高于钒含量几倍；而国外的多数原油属海相沉积生成，钒含量高于镍含量2~3倍（以上均按质量计）。钒和镍对催化剂和裂化反应的影响有所不同，见表3-77。

表 3-77　镍和钒的作用比较

项　目	Ni	V	项　目	Ni	V
对沸石的损害	无	有	生炭因数	大	较大
对催化剂选择性的影响	较大	较小	生氢因数	大	小

从表 3-77 中看出，镍对反应的选择性影响比钒为大，但钒对活性的影响远比镍大，平衡剂上沉积 $5000\mu g/g$ 的钒足以对沸石造成严重损害。含有钒和镍的卟啉化合物在还原环境中是比较稳定的，在 500℃ 时经过半小时才完全分解（Pompe，1984），其中钒的稳定度比镍稍差。因为在汽提段内停留时间不长，吸附在催化剂上的卟啉化合物到达再生器的氧化环境中才较快地分解，这时钒卟啉和镍卟啉的分解温度分别为 360~450℃ 和 435~470℃。分解了的钒转化成熔点为 690℃ 的 V_2O_5，再与催化剂的钠在 600℃ 以上反应生成 $Na_xV_2O_5$（x 为 0~0.44），这个化合物中的 V 在催化剂表面以 V^{4+} 或 V^{5+} 的价态存在，但在再生终了时均转化为 V^{5+}。再生后由于钒钠的氧化物是有正方底面的锥体，其表面活性、挥发性和极性均很强，因而从催化剂表面迁移到沸石晶粒处富集起来，但镍的氧化物的几何形状是平面形不易迁移富集（Larson，1966；Yen，1975；Larocca，1990）。

稀土沸石 REY 可与 V_2O_5 反应生成 $REVO_4$（熔点 540~640℃）。

$$2Z(O)_{1.5}RE(晶体相)+V_2O_5 \rightarrow 2REVO_4+(无定形相)$$

上述反应要从沸石夺去氧原子，可以破坏沸石晶格。Na_2O 的存在可以加快反应。

催化剂循环到反应器，V_2O_5 立即被还原为 V_2O_4 和/或 V_2O_3，再到再生器又氧化为 V_2O_5，如此周而复始。

Worsmbercher 等（1986）提出了另外一个反应机理，即认为在水蒸气存在下 V_2O_5 先生成钒酸 $VO(OH)_3$，其结构类似正磷酸，在高温时可以挥发，与沸石作用时，靠其酸性将沸石破坏。另外，V_2O_5 在高温下熔化为液体，可以很方便地流到催化剂表面，堵塞其细孔，中和其酸性中心，并可能将催化剂微球黏合起来，对流态化有不利影响。Elvin（1987b）则认为实验室的条件不能完全模拟工业装置情况，工业装置上钒的中毒有两种类型：一种是对沸石的破坏，是永久的和不可逆的；另一种是堵塞了孔隙或酸性中心，是暂时和可逆的。在实验室内将浸渍了不同钒浓度的催化剂在 680℃ 焙烧，发现钒浓度超过 $2500\mu g/g$ 时，酸性开始下降；但在 2500~10000μg/g 之间，如无水蒸气存在，结晶保留度只稍有降低；有水蒸气存在时，结晶保留度明显降低。采用μ-XRF、μ-XANES 和μ-XRD 三种技术相结合，在单个平衡催化剂颗粒上，研究金属毒物对沸石材料的破坏作用。Ni 主要以六配位的 $NiAl_2O_4$ 和/或 NiO 物种存在，而 V 为 V^{4+} 和 V^{5+} 的混合物，主要以八面体 V_2O_4 和四方锥型 V_2O_5 物种存在。新鲜工业催化剂颗粒上，沸石的分布是散乱的，失活之后，沸石的结晶度和分布都发生了显著的变化，催化剂颗粒外围的沸石遭到破坏，形成了沸石晶体和 Si/Al 呈蛋黄分布的结构。μ-XRF 技术揭示了相同工业平衡剂上 V 和 Ni 为蛋壳分布，因此可以直接将金属毒物的破坏作用与沸石遭受的破坏和脱铝联系起来。沸石遭破坏和脱铝的不均匀性可能有两个原因：一个是 Ni 和 V 以及高沸点的烃不能到达催化剂颗粒的中心，因此在外表面形成了更多的积炭。在再生时，催化剂上积炭较多处燃烧会产生局部热点，导致更严重的沸石破坏和脱铝。第二个原因与 V 的蛋壳分布有关，V 会破坏沸石晶体，因此 V 的蛋壳分布对颗粒外围的沸石影响更大。

虽然 V_2O_5 及其钒酸的钠盐熔点低，而低价氧化物 V_2O_3 和 V_2O_4 的熔点却高得多，见表 3-78(Reid，1971)，V^{3+} 还可与催化剂其他组分反应生成无毒害的低价钒酸盐。因此使钒处于低价态就可能抑制它对沸石的破坏。在含氢和水蒸气的高温环境中，催化剂的失活比在含氧和水蒸气的环境中失活明显减轻；此外在钒污染的催化剂保留一定量的焦炭，即便在高温水蒸气的作用下，催化剂失活也较慢。由此可以设想两段再生中第一段的烟气中含有还原性气体 CO，催化剂也含一定量的焦炭，对抑制钒的毒害有好处。还可联想到用干气钝化金属的工艺，本质也属于还原介质对金属的钝化。

表 3-78 各种氧化钒及钒酸钠的熔点

化 合 物	化 学 式	熔点/℃
三氧化二钒	V_2O_3	970
四氧化二钒	V_2O_4	970
五氧化二钒	V_2O_5	675
偏钒酸钠	$Na_2O \cdot V_2O_5$	630
焦钒酸钠	$2Na_2O \cdot V_2O_5$	640
正钒酸钠	$3Na_2O \cdot V_2O_5$	850
β-氧钒基钒酸钠	$Na_2O \cdot V_2O_4 \cdot 5V_2O_5$	625
γ-氧钒基钒酸钠	$5Na_2O \cdot V_2O_4 \cdot 11V_2O_5$	535
钒酸钠	$Na_2O \cdot 3V_2O_5$	668
钒酸钠	$Na_2O \cdot 6V_2O_5$	702
焦钒酸镍	$2NiO \cdot V_2O_5$	899

有关镍在催化剂上的沉积情况，经过模拟工业条件的模拟研究，发现主要以两种形态存在：一种是氧化镍状的颗粒，主要存在于富硅的载体上(氧化硅或脱铝沸石)；另一种是以铝酸镍或硅铝酸镍的形式高度分散于载体中，例如高岭土的比表面积虽小，但镍的分散却很均匀。上述第一种形态的氧化镍在催化裂化的正常反应条件下易被还原为金属镍，而第二种形态则在更高的温度下才被还原。不论氧化镍或铝酸镍均有很明显的脱氢催化作用。在具体的催化剂中，与氧化铝结合的镍比氧化镍或与氧化硅结合的镍具有更大的毒性(Cadet，1991)。在工业装置中，由于反应和再生过程交替进行，催化剂上镍的价态在 0~+2 间变动，部分还原态的镍比较容易聚集，其毒性比均匀分散时要小。此外聚集的还原态镍易与锑形成合金，被钝化的比例较大。因此工业装置上的平衡剂中镍的毒性比实验室浸渍-水蒸气老化法所得的催化剂毒性要低得多。镍的毒性表现为强烈的催化脱氢作用，它使裂化反应选择性变差，增加氢和催化炭的产率。在浓度低于 $3000\mu g/g$ 时，镍对选择性的影响比钒大 4 ~ 5 倍(Masagutov，1970；Habib，1977)，而在高浓度时($15000\sim20000\mu g/g$)，钒对选择性的作用与镍达到同一水平(Jaeras，1982；Ritter，1981a)。

Mitchell 法(Mitchell，1980)是在实验室用重金属的环烷酸盐浸渍催化剂，然后用高温水蒸气对其进行老化，以评估重金属对催化剂活性和选择性的影响。这种方法不能完全模拟工业平衡催化剂，尤其是 Ni 在催化剂上的分布情况，但因这种方法采用已久，发表的数据较多，仍可据此对不同类型的催化剂进行对比，或对同一催化剂的不同金属含量的影响作相互比较。其他方法见后面介绍。

有关钒或镍单独存在时对活性和选择性的影响见图 3-146 至图 3-150，该图中以活性指数、比表面积或结晶保留度表示其活性稳定性，以焦炭产率、氢气产率或 H_2/CH_4(摩尔比)表示其选择性。图 3-151 和图 3-152 则是采用 UOP 活性试验测出的活性金属对产氢和生焦的影响。从图 3-146 至图 3-152 可以看出，钒的减活作用比镍大得多，尤其在水热处理后的减活远比热处理后严重。不同类型的催化剂抗钒中毒的性能差别很大，稀土含量高的 Y 型沸石不如稀土含量低的超稳 Y 型沸石。例如国产 CRC-1 和 ZCM-7 两种催化剂，在同一污染水平时(含钒 2200μg/g)MAT 分别为 30 和 51(均水热处理后)。此外，载体固定钒的能力不同也对催化剂抗毒能力有直接影响。

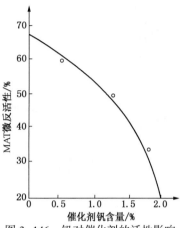

图 3-146 钒对催化剂的活性影响

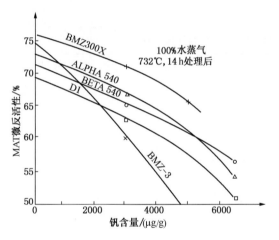

图 3-147 钒对几种工业催化剂的减活

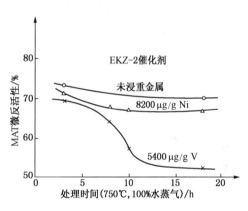

图 3-148 催化剂浸渍前后的水热稳定性

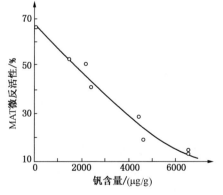

图 3-149 钒对 ZCM-7 催化剂的影响

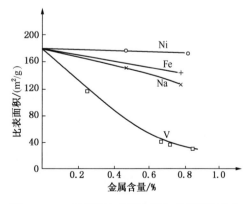

图 3-150 金属污染对催化剂比表面积的影响

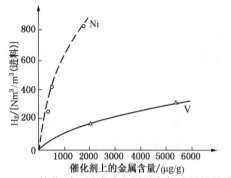

图 3-151　催化剂．浸渍重金属对产氢选择性的影响
（UOP 标准活性试验，金属浸渍在平衡催化剂上）

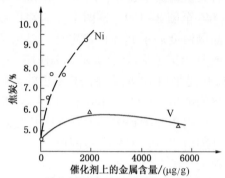

图 3-152　催化剂浸渍重金属对产焦选择性的影响
（UOP 标准活性试验，金属浸渍在平衡催化剂上）

（二）重金属毒害的综合反应

镍、钒对催化剂性能影响是独立的，但综合效果并不是简单加和，如表 3-79（Ritter，1981b）、表 3-80（Speronello，1984）所列。Speronello 等（1984）提出总失活为（1-Ni 失活）×（1-V 失活）。

表 3-79　**Residcat 上镍和钒单独污染与综合污染对比**

金属污染水平	0（基准）	0.33%Ni	0.67%V	1%（Ni+V）
水热老化后结晶度[①]	84	84	38	38
微反活性/%	80	82	61	61
产焦率/%	3.3	5.8	1.9	2.5
产氢率/%	0.014	0.274	0.109	0.244

① 732℃，100%水汽，0.2MPa，8h 老化条件。以 677℃空气，3h 为 100。

表 3-80　**三种催化剂上镍和钒单独污染和综合污染对活性的降低百分率**　　　%

水热老化条件	污染金属	催化剂 A	催化剂 B	催化剂 C
760℃	Ni2000μg/g	-16	-32	
	V4000μg/g	-27		
	Ni+V	-38	-68	-49
788℃	Ni2000μg/g	-18	-18	
	V4000μg/g	-35		-78
	Ni+V	-36	-92	-90

Cimbalo 等（1972）对比了单独用镍或钒污染后催化剂选择性的差别，并折算到单位金属质量的污染产炭量和产氢量，见表 3-81。从表 3-81 可以看出，在实验范围内镍对钒的选择性比值大体为 4（产炭为 3.6，产氢为 4.0），因此提出了钒的镍当量为 1/4，两种金属共存时可用 Ni+V/4 的镍当量代表。类似的实验证明了铜的脱氢活性与镍相当，而铁只有镍或铜的 1/14 ~ 1/16。Nelson（1963）总结了文献上的大量数据后，提出了以下计算公式：

$$Ni \ 当量 = Ni + \frac{V}{4.8} + \frac{Cu}{1.23} + \frac{Fe}{7.1} \quad\quad (3-7)$$

式中，金属均以原料油中含量（μg/g）计算。

表 3-81 镍和钒脱氢选择性比较

项 目	基 准	+Ni(265μg/g)	+V(830μg/g)
微活性指数	77.5	73.5	74.2
产炭率/%	4.05	5.62	5.48
其中污染炭	0	2.26	2.01
产氢率/%	0.20	0.76	0.64
其中污染氢	0	0.56	0.44
单位金属的产炭/(%/100μg/g)	0	0.85	0.24
单位金属的产氢/(%/100μg/g)	0	0.21	0.053

在以往的文献中，还有泽西镍当量指数(J. N. E. I)和壳牌污染指数(S. C. I)，两者定义为：

$$J. N. E. I = 1000(Ni+0.2V+0.1Fe) \quad 金属，μg/g \quad (3-8)$$

$$S. C. I = 1000(14Ni+14Cu+4V+Fe) \quad 金属，\% \quad (3-9)$$

Grace Davison 公司一般采用催化剂当量指数 Ni+Cu+V/4，它假定铜与镍的脱氢活性相当。但在估计相对活性时，使用镍当量或钒当量是不准确的，特别含量高时更是如此，因为金属的污染作用是非线性的。

除了少数原油之外，大多数原油中同时含有钒和镍两种重金属，它们的单独影响都不能忽视。要正确反映两者的综合影响，尤其是对催化剂活性的影响，靠上述的污染指数是不行的。为此，根据国外大多数原油中 V/Ni(质量比)约为 2 的情况，一般采用上述比例的 Ni+V 混合污染来判断其中毒结果。如图 3-153、图 3-154 所示及表 3-82 和表 3-83 所列(Wallendorf, 1979)。

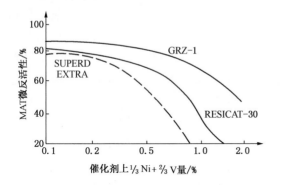

图 3-153 Ni+V 对催化剂活性影响(Davison/Grace 公司) 图 3-154 Ni+V 对催化剂活性影响(V/Ni=5/1)
老化条件：732℃，100%H₂O，0.10MPa(表压) (Katalistiks 公司)

表 3-82 某催化剂不同金属污染程度的热稳定和水热稳定性

催化剂污染水平	温度/℃	热老化	水热老化[1]
Ni+V，6000μg/g *MAT*=69	704	67	67
	760	—	40
	815	67	
	871	42	
	926	23	
Ni+V，3000μg/g *MAT*=76	815	76	12
	926	11	

① 25%H₂O+75%N₂，24h。

表 3-83　几种催化剂不同金属污染程度的水热稳定性

催化剂污染水平	常规 REY	Super-D Extra	RESIDCAT30	GRZ-1
Ni+V/(μg/g)				
1000	74	78	83	86
2000	70	76	77	86
5000	52	54	68	79
10000	10	10	37	68
20000	—	—	10	50

（三）工业装置的重金属中毒

Elvin（1987a）调查了美国 43 套工业催化裂化装置中被重金属污染的平衡催化剂，将催化剂活性与其上的 Ni+V 含量进行关联，得出如图 3-155 所示的曲线，其趋势是活性随重金属含量上升而急速下降。

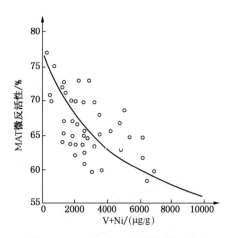

图 3-155　工业装置的平衡剂活性与
Ni+V 含量的关系

如选择出再生温度为 677℃ 和 760℃ 各 9 套装置分别进行关联，可得出图 3-156 所示的两条直线。从图 156 可以看出，再生温度低，催化剂活性下降慢。再进一步把钒含量 500～1000μg/g 范围内的数据单列，观察不同镍含量对活性的影响，则得出图 3-157 所示的关系。图 3-157 的数据点虽较分散，但趋势还是明显的。这种情况与过去认为镍只影响产氢选择性而对活性影响不大的观点有所出入，可以解释为过去平衡剂含镍不高时，催化剂活性下降被掩盖了。随着催化剂上镍含量上升，镍聚集造成催化剂细孔堵塞而减活。锑钝化剂的使用或许能加速这个进程（Elvin，1989）。

工业上金属减活的大致情况是：当催化剂上镍含量低于 100μg/g 或者钒含量低于 600μg/g 时，未发现由于金属而失活。当二者含量约为 1000μg/g 时，其他条件不变，转化率约下降 6%；含钒 2000μg/g 的催化剂活性比不含钒时的低 2 单位，含 4000μg/g 钒时，活性低 6~10 个单位。使用 GX-30 催化剂有 Ni+V 高于 10000μg/g 的经验，这时平衡剂活性（MAT）为 67%，比表面积约 70m²/g；而新鲜剂平均为 250m²/g。当然用比表面积只能比较同类或同系列催化剂，它的变化反映了沸石的变化，一般认为比表面积较小的催化剂对金属失活更为灵敏。

根据其他发表的资料可以看出一些催化剂在工业装置上的抗重金属性能。使用 DA-300 型催化剂的平衡活性曲线（Ritter，1984）见图 3-158，使用多种催化剂在多套工业装置上的平衡活性曲线见图 3-159。

国内使用的 CRC-1 催化剂有一定的抗镍毒害能力。根据某装置的使用经验，平衡剂上的 Ni 含量每增加 1000μg/g 时，平衡活性约降低 2.4 个单位，见图 3-160。而钒含量每增加 500μg/g 时，平衡活性约降低 1.9 个单位，见图 3-161。我国有的 FCC 装置平衡剂上

镍含量高达 7000 甚至 10000μg/g 以上，且未使用钝化剂，此时干气中氢含量一般达到 65v%
~70v%，已处于上限，即不再增大，说明镍含量对选择性的影响并非线性关系。

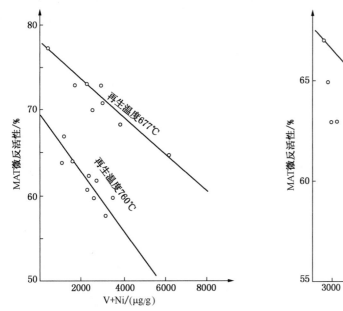
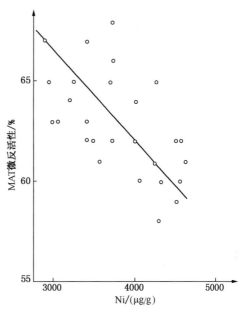

图 3-156　不同再生温度下 V+Ni 含量对活性的影响　　　　图 3-157　Ni 含量对活性的影响

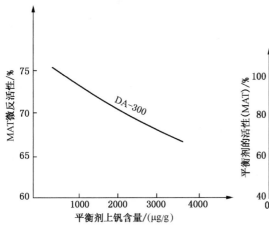
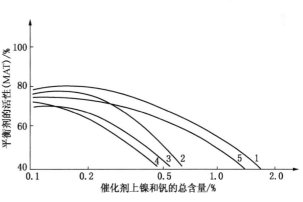

图 3-158　DA-300 型催化剂在工业
装置上的抗钒性能

图 3-159　几种催化剂在工业应用中的抗重金属性能
（编号 1~4 为半合成载体催化剂，沸石含量循序递减；编
号 5 为全合成催化剂，沸石含量同 1）

　　平衡剂抗金属污染的能力强于新鲜剂，这是因为平衡剂在反应-再生系统中不断循环，
引起催化剂沸石骨架脱铝，沸石的晶胞尺寸减小，稳定性更好，同时导致一定比例的重金属
处于毒害小的低价态。因此，平衡催化剂上的重金属对催化剂活性的影响程度远低于实验室

内人工污染到同一重金属含量的情况。ARCO公司通过对催化剂活性和选择性与其上重金属含量及水热钝化条件进行关联，发现大约只有三分之一的镍(新沉积镍)具有脱氢活性。基于这个事实而提出了"有效金属"的概念，进一步把有效金属百分率和新鲜催化剂补充速度的关系绘成图3-162所示的曲线(Cimbalo，1972)，从而有助于对重金属的毒害作用做出合理的估计。

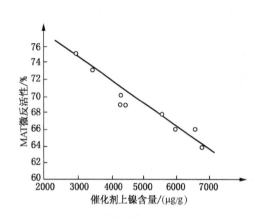

图3-160　平衡剂上镍含量与催化剂活性的关系
(再生器密相温度 660~700℃)

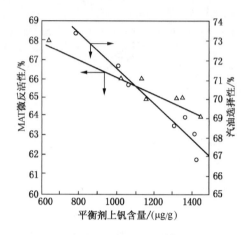

图3-161　平衡剂上钒含量与催化剂活性
及选择性的关系

(再生温度：△—680~710℃；○—670~690℃)

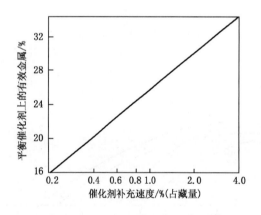

图3-162　催化剂上有效金属百分率
与新鲜剂日补充速度的关系

氧化学吸附技术(Cheng，1993)可用来测定位于催化剂表面的可还原重金属的百分比。基于仅仅是表面可还原的镍和钒能够产生催化剂脱氢反应的假设(不能被还原的镍和钒或在颗粒内部，或已与催化剂或助剂的某些组分化合成稳定的惰性物)，可将含重金属的催化剂用 H_2 在500℃还原2h，然后用 O_2 "滴定"，化学吸附的氧即与表面可还原的镍和钒的含量有关。换句话说，氧的化学吸附量与催化剂上有效重金属量成正比。初步对6套FCC装置的平衡剂进行氧化学吸附测定，得出活性 Ni+V 的百分比为12%~37% (Cheng，1992)，这和前述的有效金属为1/4~1/3是一致的。

　　钒和镍污染所造成的催化剂活性及选择性的变化，还可以从催化剂脱除重金属工艺产生的效果得到证实。例如Chem-Cat公司开发的化学法脱金属技术在实验室内脱除工业平衡剂上的钒，可使其活性上升，见图3-163(Elvin，1987b)。其用在几套工业装置的效果见图3-164和表3-84(Elvin，1989；Elvin，1986)，在实验室内把脱金属剂再次用钒污染，然后再度脱金属并活化，如此多次反复的结果见表 3-85。表 3-85 中数据说明了在脱金属后的每次中毒过程中，金属再次沉积或聚集在相同的活性中心上，而且没有新的活性中心遭受失活，这就表明在这些反复中毒与复活的过程中，镍和钒所引起的失活基本上是可逆的。在测定了脱金属前后的生炭因数(CPF)和产气因数(GPF)后，发现它们只是镍含量的函数，而与钒含量无关。同样，洛阳石油化工工程公司开发的 LDM-Ni 技术在实验室内将含镍的工业平衡催化剂从 10410μg/g 脱至 2478μg/g，催化剂活性指数从 59.9 上升到 68.7。应指出对比工业催化剂脱除重金属前后的活性变化显示了所脱除的那一部分重金属所起的作用，这与人工污染后再脱除重金属的对比效果是不同的。

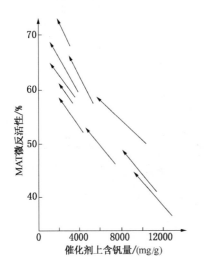

图 3-163　化学脱钒率与催化剂活性的关系　　　　图 3-164　化学脱钒前后的活性变化

表 3-84　脱金属前后的催化剂性质

炼厂代号	A		B		C		D	
脱金属情况	前	后	前	后	前	后	前	后
Ni/%	0.24	0.19	0.03	0.01	0.10	0.06	0.08	0.06
V/%	0.35	0.08	0.10	0.08	0.11	0.06	0.13	0.07
比表面积/(m²/g)	123	134	114	116	159	167	144	138
微活指数	66.2	72.3	67	73	76.8	78.8	73	76.0

表 3-85　催化剂的反复中毒-脱金属复活

循环序号		1	2	3	4	5
脱金属前	钒含量/%	0.65	0.56	0.52	0.46	0.52
	微活指数	67.0	67.0	69.3	69.3	69.0
脱金属后	钒含量/%	0.37	0.32	0.30	0.32	0.30
	微活指数	76.7	78	77.3	76.7	76.3

（四）碱金属和碱土金属对催化剂的毒害

催化剂制造过程残存的碱金属和原料油中携带的碱金属和碱土金属对催化剂都有不同程度的毒害。Letzsch 等（1982）研究表明：在催化剂被污染的程度相同的前提下，催化剂活性的顺序为：

对新鲜催化剂而言：

Na = K>Ca = Mg>Ba　　　（在热环境中）

Mg = Na≈K>Ca>Ba　　　　（在缓和水热环境中）

Mg>>Na≈K>Ca，Ba　　　（在苛刻水热环境中）

对平衡催化剂而言：

Na≈K>Ca≈Mg　　　　　　（在缓和水热环境中）

K>Ca≈Mg>Na　　　　　　（在苛刻水热环境中）

图 3-165 显示其中部分有关曲线。

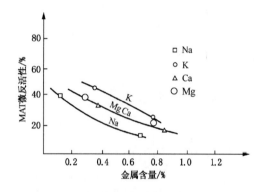

图 3-165　在苛刻水热处理条件下，碱金属和碱土金属对平衡催化剂活性的影响

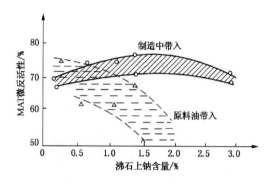

图 3-166　两种来源的钠含量对催化剂活性的影响（试验条件：510℃，剂油比为 3~4，WHSV 为 40~30h^{-1}）

碱金属和碱土金属以离子态存在时，可以吸附在催化剂的酸性中心上起中和作用，从而降低催化剂的活性。它们的中和作用应该说是服从化学计量的概念，比如在相同污染量的情况下，钡的中和作用应该小得多。这些碱金属和碱土金属一旦与沸石发生了离子交换，在苛刻的水热条件下，可以破坏沸石的结构。一般而言，钙和镁以无机物形式进入催化裂化装置，在高温再生过程中，易转化为氧化物，不能再与沸石发生离子交换，所以它们对工业平衡剂的毒害并不是很严重，但已发现当钙的量>1%时，可以破坏沸石。在苛刻的水热条件下，只要是发生了离子交换，镁比钠的污染还要严重得多。当钡达到 1%的水平时，在苛刻的水热条件下，降低了富硅结构沸石的熔点。钾在非常苛刻的水热条件下，与钠、钙、镁相比，更少破坏平衡剂的沸石，这与它的离子尺寸有关。

钠作为氧化铝的熔剂，降低了催化剂结构的熔点，在正常的再生温度下足以使污染部位熔化，把沸石和载体一同破坏。Luis-Ernesto Sandoval-Diaz 等（2012）将 NaCl 和[VO(C$_5$H$_7$O$_2$)$_2$]浸渍到工业 USY 沸石上。在没有水蒸气存在下，热处理会导致沸石骨架被破坏，经研究发现，引起破坏的是钠，而非钒。钒优先中和催化裂化所需的质子酸位，并且，由于其氧化还原性能会导致脱氢反应的增加。此外，没有发现 V-Na 化合物，相对于钒，钠优先与沸石骨架反应。另有研究表明，钠还中和酸性中心而降低催化剂活性。例如，某工业装置平衡剂上 Na$_2$O 含量在 3 个月内逐步由 0.83% 上升到 1.05%，其平衡剂活性（MAT）就从 69% 降到 64%（Upson，1958）。另一例是把含钠工业平衡剂经离子交换脱去一部分钠，大体每减 0.1% 的 Na$_2$O 可增加活性 1 个单位。引起失活的钠主要是从原料油中带入的，而不是制造催化剂过程中带入的，见图 3-166（Ritter，1986）。制造催化剂时残余的钠一般在 0.05% ~ 1.1% 之间。图 3-167 为钠对催化剂活性的影响（Maselli，1984）。图 3-168 和图 3-169 为不同催化剂在工业装置中钠含量对活性的影响。

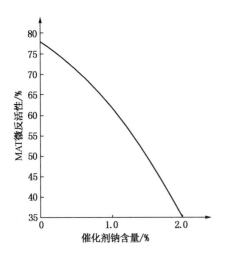 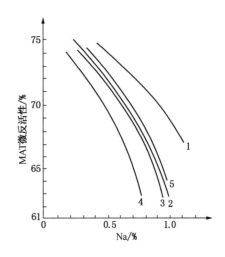

图 3-167　催化剂上钠含量与活性的关系　　　图 3-168　几类催化剂的钠含量与活性的关系
（曲线说明见图 3-159）

重金属的毒害作用由于钠的促进而增大，这已在前面述及。如果以相对活性的比值表达其影响程度，则不同类别的催化剂其影响系数与钠含量均为线性关系，见图 3-170（Ritter，1984）。为了限制原料带入钠对失活的作用，可以增加对系统内催化剂的置换速率，这种情况付出的代价很高。所以原料的脱盐必须十分重视，应控制在 1~2μg/g 范围内，催化剂上钠含量以不超过 1% 为宜，其中电脱盐对金属的脱除效果，以钠的脱除率最高，钾、镁次之，钙的脱除率最低。

钠除了影响催化剂的活性之外还影响汽油质量。Pine 等（1984）提出了这种观点，即钠抑制了裂化反应速率，从而使氢转移反应占有优势。氢转移反应不利于汽油的研究法辛烷值，但是有关的实验却表明了下述规律：原料油带入的钠能降低活性且影响辛烷值，而催化剂制造过程带入的钠降活与降低辛烷值并不显著，见图 3-171 和图 3-172（Upson，1958）。工业装置也有如下经验：当污染钠由 1.2% 降到 0.2% 时，RON 增加了 2 个单位。此外钠的沉积还会降低催化剂的硬度（Yanik，1986）。

（五）铁的毒害

原料油中环烷酸腐蚀设备产生的有机铁化合物可沉积在催化剂表面，对某些装置的催化剂造成毒害，而对另一些装置的却无影响。Yaluris 等（2004）研究发现，渣油中的含铁有机物在反应过程中会不断地沉积到催化剂的表面，形成突起的结节，如图 3-80 所示，当含量进一步增加时，会在催化剂表面形成玻璃相（glassy phase），如图 3-173 所示，影响反应物的扩散，使催化剂失活。

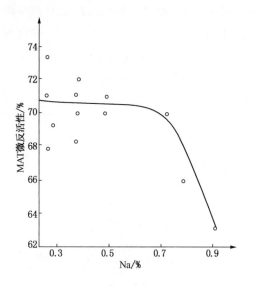

图3-169　工业装置多种催化剂钠
含量对活性的影响

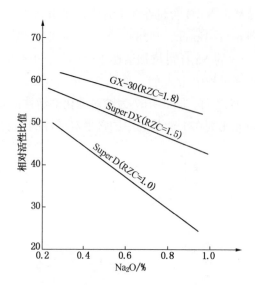

图3-170　钠对重金属毒害的促进作用
100%水蒸气，732℃，0.1MPa（表）处理后，
相对比值为5000μg/g(Ni+V)污染的催化剂
对无污染催化剂的百分比；RZC代表相对沸石含量

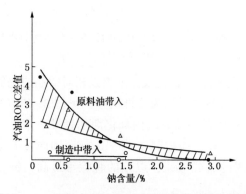

图3-171　两种来源的钠含量对汽油辛烷值的影响

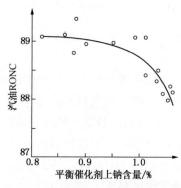

图3-172　钠污染对汽油辛烷值的影响

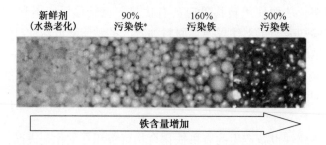

图3-173　不同铁含量的同一催化剂的光学显微镜图
*相对于无外加铁的水热老化剂

有机铁基本沉积在催化剂颗粒外表面，形成 $1\sim3\mu m$ 的壳状堆积层，形态为 Fe_3O_4 或低价氧化物。铁在催化剂表面的富集比高达 $10\sim18$。氧化铁和氧化钠（来自原料油或催化剂）、氧化硅（来自催化剂的黏结剂—硅溶胶）一起，能够生成低熔点（$<500\sim667℃$）的共熔物，封闭催化剂表面孔穴，引起催化剂裂化性能下降。如果使用铝溶胶为黏结剂，则其共熔物熔点在 $1000℃$ 以上，就不会影响催化剂活性。从催化剂的堆积密度和比表面积大小，也可判断铁中毒的影响程度（Yaluris，2001）。

Rainer 等（2004）利用传统的循环老化与较低的水蒸气分压老化条件相组合的 CD-ALFA 方法，考察了 Fe、V、Ni 和 Na 等对催化剂的可接近指数（AAI）的影响，见表 3-86。从表 3-86 可以看出，金属含量增加会大大降低催化剂的 AAI 值，尤其是 Fe 含量的增加，AAI 的降低幅度更大。

表 3-86　新鲜和失活催化剂的性能

催化剂 A 失活类型	循环污染周期	比表面积/ (m^2/g)	微孔比表面积/ (m^2/g)	微孔体积/ (mL/g)	AAI	污染的 Na_2O /%	污染的 Fe /%	污染的 V /%	污染的 Ni /%
新鲜剂	—	272	72	0.093	2.9	—	—	—	—
水热老化 795℃，5h	—	177	44	0.063	5.1	—	—	—	—
水热老化 788℃，20h	—	155	36	0.056	6.0	—	—	—	—
CD-ALFA（无金属）	200	206	55	0.070	4.7	—	—	—	—
CD-ALFA（Fe，V，Na）	200	136	31	0.049	0.0	0.73	0.97	7403	—
CD-ALFA（Fe，V）	200	144	34	0.051	0.2	—	1.13	8654	—
CD-ALFA（Fe，V，Ni，Na）	200	179	42	0.064	0.9	0.33	0.69	4541	972
CD-ALFA（Fe）	200	200	52	0.069	0.3	—	0.96	—	—
CD-ALFA（只有V）	200	179	42	0.064	4.6	—	—	6117	—
Conv. CD（Fe，V）	90	108	22	0.040	2.4	—	0.99	7794	—
Conv. CD（Fe，V，Na）	90	82	18	0.030	2.7	0.38	0.94	6881	—
Conv. CD（V，Ni）	45	150	33	0.054	4.0	—	—	4671	1000

Mathieu 等（2014）采用循环失活方法得到了两个系列的催化剂，一个为 Fe 含量不同，Ca、Ni 和 V 含量分别为 $1100\mu g/g$、$1800\mu g/g$ 和 $1880\mu g/g$ 的平衡催化剂系列，此剂对 VGO 转化率的影响见图 3-174；另一个为 Ca 含量不同，Fe、Ni 和 V 含量分别为 $5600\mu g/g$、$1800\mu g/g$ 和 $1880\mu g/g$ 的平衡催化剂系列，此剂对 VGO 转化率的影响见图 3-175。从图 3-174 可以看出，随着 Fe 含量的增加，尤其是在 $5000\sim20000\mu g/g$ 范围内，反应物的转化率明显降低，与酸性的变化规律相一致。因此可以推出，由铁引起的活性降低源自铁对催化剂活性位的直接毒化作用。此外，Fe 还会引起脱氢反应，增加焦炭选择性。从图 3-175 可以看出，Ca 也会显著降低催化剂的活性，这是由于 Ca 的扩散性很强，能够进入催化剂的内部，中和酸性位；此外，Ca 还会大大降低催化剂的水热稳定性，这可能源于 H^+-Ca^{2+} 的离子交

换作用，该作用对水热稳定性的影响常见于 USY 催化剂中。对催化剂的毒害作用，Fe 和 Ca 单独起作用，没有协同效应。

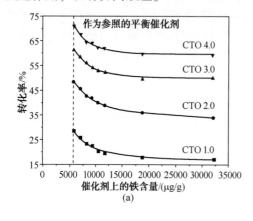 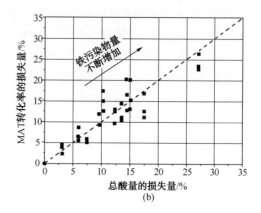

图 3-174　(a)不同剂油比时 MAT 转化率随催化剂上 Fe 含量的变化曲线；
(b)由 Fe 引起的 MAT 活性降低与 FCC 催化剂总酸量减少的关联曲线

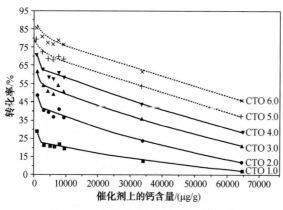

图 3-175　不同剂油比时 MAT 转化率
随催化剂上 Ca 含量的变化曲线

四、工业装置的活性平衡

前面介绍过的催化剂水热稳定性的数据都是在固定床或固定流化床内采用苛刻的条件测定的。它只能作为不同催化剂稳定性的对比，不能据以预测工业装置内催化剂的失活程度和平衡活性，原因如下：

① 工业装置的反应器和再生器均是流态化的反应容器，催化剂颗粒在流化床内停留的时间随床型不同而有很大差别，即存在着不同的颗粒停留时间分布函数。

② 催化剂处在周期性变动的失活环境中。在反应器和汽提段内的温度较低，水蒸气分压较高，有还原性的气体；而在再生器内温度很高，水蒸气分压较低，大多是氧化性气体。在各条输送管内也是条件各异。初步认为再生器是主要的失活场所，因此催化剂在再生器内的停留时间分布就是失活计算的重要基础数据。

③ 因为催化剂不断磨损而流失，加上为了保持平衡活性需要经常卸出部分催化剂，就存在一个用新鲜催化剂对系统藏量的合理置换速率。新鲜催化剂中的细粉在最初几个循环周期中即可能流失，而有些耐磨的粗粒子则可能在系统内长期停留，导致不同直径粒子在失活程度上的差别很大。

④ 金属在反应器内逐步沉积在催化剂上，积累量随各个粒子的循环次数(或"寿命")而异。而沉积金属毒性的下降又与其寿命有关。附设有催化剂脱金属设施的装置还存在脱金属的宏观(对处理过又回用的催化剂)和微观(对整个系统中各类颗粒)的金属含量、有效金属

量和活性平衡及分布问题，这足以说明工业装置失活的复杂性。

⑤ 催化剂的水热失活是一个平均寿命为 30~100 天的缓慢过程。过程中新鲜催化剂的活性、原料油的金属含量和其他性质、装置的操作条件、催化剂的流失率和卸出率等很难恒定不变，所以严格说来失活始终是一个非稳态过程，达不到真正的动态平衡条件。

上述的一系列问题给预测平衡活性带来难度，但是催化剂的平衡活性和其他有关性质是反应动力学和流化工程计算的基础数据，也是生产操作优化的关键参数，因而建立平衡活性的数学模型是非常必要的。

(一) 无定形催化剂的水热失活动力学分析

Anderson 等(1954)曾按照三种类型的失活动力学公式推导出流化床内催化剂平均活性的动态方程式，以后 John 等(1961)对各种操作状态下由于失活造成催化剂有关性质的变化做了数学分析，较好地关联工业装置的活性数据，从而得出失活动力学速度常数，因而具有实用价值。从水热失活动力学数据中，发现早期的失活速度很快，如果将这段时期排除，那么在此后的较长时期可以假定失活是一级反应：

$$-\frac{\mathrm{d}A}{\mathrm{d}\theta} = k_\mathrm{d}A \tag{3-10}$$

积分后得出

$$A_\theta = A_0\exp(-k_\mathrm{d}\theta) \tag{3-11}$$

式中 θ——催化剂在失活环境中的停留时间，d；

A——催化剂的相对活性；

A_0，A_θ——时间为 0 或 θ 时的活性；

k_d——失活速度常数，d^{-1}。

k_d 值可以从模拟再生器条件的实验室失活试验中得出。

如工业装置的新鲜催化剂置换速率为 $S(\mathrm{d}-1)$，那么平均寿命为 $S^{-1}(\mathrm{d})$。按全混床的停留时间分布计算，当时间为 t 时，系统的平均活性 At

$$A_\mathrm{t} = \int_0^t A_\theta S \exp(-S\theta)\mathrm{d}\theta \tag{3-12}$$

把式(3-11)代入得出

$$A_\mathrm{t} = \int_0^t A_0 S \exp[-(k_\mathrm{d}+S)\theta]\mathrm{d}\theta$$
$$= A_0 \cdot \frac{S}{k_\mathrm{d}+S}\{1-\exp[-(k_\mathrm{d}+S)t]\} \tag{3-13}$$

在起始 $t=0$ 时，系统的平均活性为 A'_0(注意：前述 A_0 是补充催化剂的活性)，可以导出下式：

$$A_\mathrm{t} = A'_0\exp[-(k_\mathrm{d}+S)t + A_0\frac{S}{k_\mathrm{d}+S}\{1-\exp[-(k_\mathrm{d}+S)t]\} \tag{3-14}$$

当催化剂活性平衡处于稳态时，$t\to\infty$，此时：

$$A_\infty = \frac{A_0 S}{k_\mathrm{d}+S} \tag{3-15}$$

式中 A_∞——催化剂的平衡相对活性。

利用式(3-14)计算的催化剂活性随时间的变化见图 3-176，用式(3-15)计算的平衡催化剂活性见图 3-177。

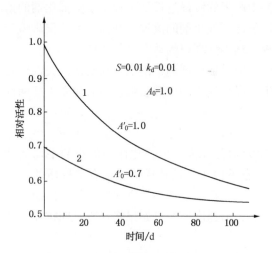

图 3-176　相对活性与运转时间的关系

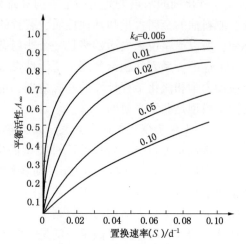

图 3-177　不同失活速度常数和置换
速率时平衡活性的关系

进一步分析系统中具有不同年龄的催化剂数量份额，可得出下式：

$$\exp(-S \cdot t) + \int_0^t S \cdot \exp(-S\theta)\mathrm{d}\theta = 1 \qquad (3-16)$$

不同年龄组对平衡活性的贡献份额则用下式计算：

$$\frac{A'_0}{A_t}\exp[-(k_d + S)t] + \frac{A_0}{A_t}\int_0^t S \cdot \exp[-(k_d + S)\theta]\mathrm{d}\theta = 1 \qquad (3-17)$$

以 $A_0 = 143$、$A'_0 = 70$、$S = 0.0069$、$k_d = 0.037$ 的数据为例，代入上面两式可计算出不同年龄组的数量分布(%)和活性贡献(%，括号内数字)，见表 3-87。

表 3-87　系统中各年龄组的比例和对活性的贡献

运 行 时 间		0d	25d	50d	100d	150d	200d
原始装剂		100(100)	84(61)	71(28)	50(5)	36(0)	25(0)
置换用新鲜剂（各年龄组）	0~25d		16(39)	16(54)	16(65)	16(67)	16(67)
	25~50d			13(18)	13(21)	13(22)	13(22)
	50~100d				21(9)	21(10)	21(10)
	100~150d					14(1)	14(1)
	150~200d						11(0)

从表 3-87 中举例的数据得知，系统中大多数催化剂年龄很长，但对活性贡献则很小。例如经过 100 天的运行，原始装量约有一半仍留存在系统中，但对活性贡献只有 5%，而寿命不到 25 天的催化剂数量只占系统总量的 1/6，其活性贡献却占 2/3。以其他条件为例，结果也大体相似。这就是采用全混床操作，连续补充活性高的新鲜催化剂，并卸出活性低的平衡剂的一个缺点。

前面有关公式的推导是按全混床的停留时间分布函数处理系统催化剂的置换，比较适合从系统中经常卸出催化剂的情况。如果从系统流失的催化剂在置换率中占有较大比例，那么就会发现颗粒直径成为停留时间分布的一个变量，由于不同的粉碎机制（详见下节），不同直径的粒子的停留时间各不相同。如以研磨机制为主，大颗粒必须逐级磨细才能流失，而细粉则迅速流失。因此大颗粒的平均停留时间比细粉长得多。大颗粒的活性和活性贡献也低得多。如果以崩碎机制为主，则中等的和较大直径粒子的平均停留时间大体接近。考虑到催化剂粉碎和流失的两个例子（Wei，1977），分别见表3-88图3-178，从表3-88可以看出，中等直径和大直径粒子的活性大体相同，从图3-178则可以看出，随颗粒直径的增大，停留时间明显延长。

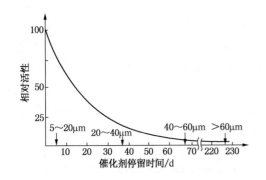

图3-178 某装置不同粒径的催化剂的相对活性

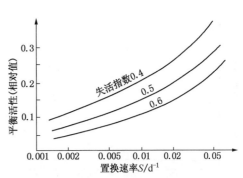

图3-179 无定形催化剂的失活指数与平衡活性的关系

表3-88 开工100d后不同粒径的催化剂性质

颗粒直径/μm	新剂所占比例/%		年龄/d	活性指数（MAT）
	计算	实测	计算	新剂实测
0~5	—	—	—	
5~20	85.0	90.0	31.7	71.5
20~40	66.9	66.5	34.5	70.4
40~60	34.0	32.0	36.8	69.7
>60	50.3	50.0	35.2	70.2

关于无定形催化剂的失活，根据实验室和工业数据可关联成如图3-179的几组曲线，各装置失活指数在0.4~0.6之间，平均值为0.5。

（二）沸石催化剂的水热失活动力学分析

以上介绍的有关公式和图表主要是早期针对无定形催化剂推出的。针对沸石催化剂的失活动力学，主要研究与试验结果如下：

Letzsch等（1976）在实验室加速水热失活的条件下（表压0.1MPa，815℃）测定CBZ-1牌号的沸石催化剂的有关物性变化见表3-89。把实验室老化剂和同一牌号的工业平衡剂对比，大体上水热老化2h相当于工业装置平均停留45d，而6h相当于140d。

表3-89 沸石催化剂水热处理时间与物性变化

处理时间/h	0	2	4	6	8
比表面积/（m²/g）	300	150	110	105	
结晶保留度/%	100	75	64	56	52

Chester 等(1977)研究了沸石催化剂的水热失活动力学，按一级动力学式处理得到的失活速度常数 k_d 与温度的关系见图 3-180。可以看出温度的影响大致分为两个区域：温度较低的区域活化能较低，而在温度较高的区域活化能明显增大。作者为此提出了这样的假设：低温区进行的失活以无定形载体的水热失活为主，其活化能和动力学速度常数式的指前因子分别为 E_M 和 A_M；在高温区以沸石失活为主，相应的参数为 E_Z 和 A_Z，于是失活速度常数可用式(3-18)表达：

$$k_d = A_M \exp[-E_M/(RT)] + A_Z \exp[-E_Z/(RT)] \tag{3-18}$$

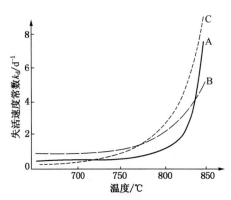

图 3-180　三种催化剂的失活速度常数与温度的关系

图 3-180 中列出三种催化剂的 k_d 对温度的关系曲线，都可用式(3-18)进行拟合。注意催化剂 C 的低温区失活慢而高温区失活快，催化剂 B 在高温区失活速率低于 C，催化剂 A 则在低温和高温两区(不包括 820℃以上)均优于B。基于这种分析可以认为，单纯用高温区的加速失活数据作为催化剂的稳定性指标是不够的。

Leuenberger 等(1988；1989)进行了 US-260(BASF 公司产品牌号)催化剂的实验室加速水热老化试验(788℃，100% 水蒸气，常压)，观察活性及物性随时间的变化，见表 3-90。经和工业装置的失活情况比较，得出实验室加速老化 1h 相当于工业装置 5d 的结果。

表 3-90　加速老化实验数据

加速老化时间/h	催化剂活性(MAT)	按二级动力学计算的相对活性	晶胞常数/nm	比表面积/(m²/g)
0	84	>6	2.472	260
0.5	84	5.3	2.447	181
3	76	3.1	2.434	166
6	71	2.6	2.435	156
7	70	2.5	2.435	153
24	61	1.5	2.431	129

Chen 等(1977)用三种牌号的沸石催化剂在自动微型反应装置中，温度 649~872℃，水蒸气分压 26.53kPa 和不同的处理时间(16~760h)，测出相对结晶度比值 A/A_0 与温度、水蒸气分压和时间的关联曲线，得出下列的失活函数方程式：

$$-\ln\left(\frac{A}{A_0}\right) = C \cdot \exp[-E/(RT)] p_w^a \tau^b \tag{3-19}$$

式中　A，A_0——失活后和失活前的结晶保留度；

　　　E——活化能，kJ/mol；

　　　T——温度，K；

　　　p_w——水蒸气分压，kPa；

τ——时间，h；

R——气体常数；

C，a，b——与催化剂有关的失活函数。

式 3-19 中的数据见表 3-91。

表 3-91　失活动力学实验数据

催化剂	C	E	a	b
REY(2.6%RE)	4.96×10^{15}	9400	1.80	0.5
REY(4.1%RE)	3.21×10^{17}		0.35	0.5

作者还提出结晶保留度和相对活性是线性关系，从而可看出公式(3-10)表述的失活动力学基本方程式为：

$$-\frac{\mathrm{d}A}{\mathrm{d}\theta}=k_{\mathrm{d}}\frac{A}{\ln A}\qquad(3-20)$$

翁惠新等(1987)考察了两种国产催化剂在 700~800℃、0.10~0.28MPa 和 10%水蒸气分压下 4~20h 的水热失活，以后又进一步把水热处理时间延长到 200h，考察了 700℃ 和 750℃、水蒸气分压为 25kPa 时的国产 CRC-1 剂失活情况，得出表 3-92 所列的数据(路守彦，1991)。从根据表 3-97 数据绘制的 A-t 曲线(图 3-181)不难看出失活初期(t<20h)失活速度很快，而失活后期(t>40h)失活速度明显降低并且趋近定值。

表 3-92　CRC-1 催化剂的水热失活

水热处理时间/h		0	8	20	40	70	100	150	200
700℃	MA	84.27	81.81	79.43	78.16	77.96	77.85	76.54	76.21
	A	5.36	4.50	3.86	3.58	3.54	3.50	3.26	3.20
750℃	MA	84.27	77.50	76.39	75.87	74.6	74.31	73.14	72.1
	A	5.36	3.35	3.24	3.14	2.94	2.89	2.72	2.58

如果采用公式(3-11)计算后期的失活速度常数，那么 A_0 的数值不是催化剂的初始活性(或新鲜催化剂的活性)，而是在 lg$A$-t 曲线上失活后期的一段直线延伸到纵轴 t=0 处的 A 值，可称之为虚拟初始活性(A_0^s)。从表 3-113 的数据可以得出 A_0^s=3.73(700℃)或 3.24(750℃)。

任杰(2002)提出水蒸气使催化剂失活过程存在"自抑制"作用，即其失活影响随时间的延长而减弱。可用自抑制因子 $Z(t)$=$(1+k_z t)-1$ 的二级减活方程来表达，从而导出下列模型方程：

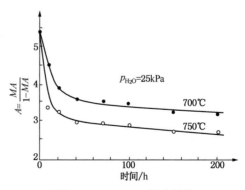

图 3-181　CRC-1 催化剂的水热失活动力学曲线

$$A = \exp\left[-\frac{k_d}{k_z} \times \ln(1 + k_z t) \right] \qquad (3-21)$$

式中 k_d 和 k_z 两个动力学参数各有自己的频率因子和活化能。

利用表 3-92 的实验数据验证了该水热失活模型。但所用相对活性 A 定义为

$$A = \ln(1 - M_A/100)/\ln(1 - M_{A0}/100)。$$

谈俊杰等(2002)将催化剂老化试验数据和工业操作条件与催化剂活性进行关联,得出与前述 Chen 等(1977)提出的式(3-19)类似的积分式。不同之处是以"催化剂的微反净活性" $A-A_\infty$ 代替 Chen 等的结晶保留度,且 A 定义为微反活性,而非前述有关各关联式的相对活性。作者给出的 A_∞ 值、a 值和 b 值随催化剂牌号和金属污染状况变化较大。

前面介绍的一套计算方法均是以一级失活动力学的简化假设为依据,它需要实验室得出的 k_d 和 A_0^s(虚拟)数值。如果用工业数据反推则难以求解,除非人为地设定 A_0^s,但这将引起误差。后来通过对沸石催化剂失活机理的研究,认为催化剂的长期失活是包括了以下四项分开的但又相互联系的机制:

① 沸石脱铝;

② 沸石骨架崩塌;

③ 载体表面损失;

④ 金属污染效应。

沸石脱铝以晶胞常数的收缩为标志,致使酸性中心数目下降,由此降低了单位沸石的固有活性。沸石骨架崩塌以结晶度或微孔表面积的降低为标志,也使活性受到损失。以上两个机制在再生器的水热环境中同时进行并且相互影响。Magnusson(1985)把这两种机制对活性的影响简化为以下公式:

$$\frac{MA}{100 - MA} = F_{UCS} \times SA \qquad (3-22)$$

式中 F_{UCS} 为晶胞常数的函数,代表了脱铝程度引起晶胞尺寸变化对活性的影响。经实验室减活的新鲜催化剂与工业平衡催化剂在晶胞常数为 $2.425 \sim 2.455$ nm 范围内具有彼此相同的 F_{UCS} 值,大致在 $0.014 \sim 0.035$ 之间。式中 SA 值是催化剂比表面积(m^2/g),代表了载体不变时由于沸石骨架崩塌引起的表面积变化对活性的影响因子。

Ashland 公司的 Palmer 等(1987)把沸石脱铝和沸石骨架崩塌分别当作独立的一级失活反应处理。BASF 公司的 McLean 等(1991)则在上述基础上加以改进,把沸石脱铝过程描述为趋近平衡晶胞常数的一级反应;还把沸石骨架崩塌过程也考虑为一级反应,但其崩塌速度常数随沸石的脱铝程度而变化。当脱铝程度越高,晶胞常数越接近平衡值,此时崩塌速度常数也就越低,沸石越稳定。

载体的损失不仅减少了载体的酸性催化中心,也减少了颗粒的孔隙度,从而影响催化剂活性。金属污染造成的活性损失已在本节前面叙述过。

按照前述的机制推导得出的方程式涉及多方面的因素,系数和常数很多,如用于返混流化床条件下的失活计算则更为繁琐。比较简单的处理方式是按虚拟二级失活的经验式进行拟合基本失活方程式,进一步按流化床的停留时间分布计算平衡活性。

McLean 等(1991)使用所介绍的模型比较了两种工业催化剂(A 和 B)的失活曲线(图 3-

182)，并比较了在同样补充速率(1.5%)、达到同样平衡活性[$MA/(100-MA)=2.33$]时的不同年龄组的累积活性(图3-183)、晶胞常数(图3-184)以及按活性加权的晶胞常数分布曲线(图3-185)。注意催化剂 A 的新鲜剂晶胞常数略高于 B，两者脱铝速度常数相同，但 A 的沸石骨架崩塌速度常数比 B 高50%；两种催化剂的平衡活性虽然相同，但从图中不难看出 B 在多方面的性能都优于 A。

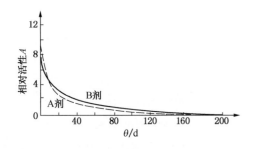

图 3-182　两种催化剂的失活曲线

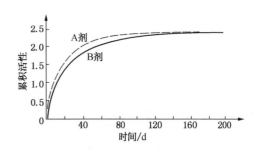

图 3-183　不同年龄组的累积活性对比

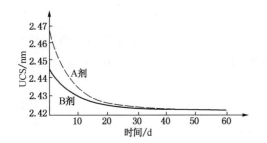

图 3-184　不同年龄组的晶胞常数对比

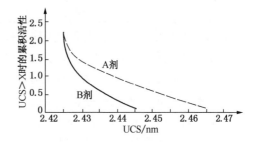

图 3-185　按活性加权的晶胞常数分布

　　Elvin(1987a)根据对含钒 5200μg/g 的人工污染的催化剂在连续中型催化裂化装置上按两种再生温度操作得出的活性变化曲线，提出 2d 后活性即达到平衡值，时间再长平衡活性维持不变，见图3-186。他进一步把美国43套工业装置的平衡活性与系统催化剂的置换速率(新鲜剂每日补充量/系统总藏量)的关系作图3-187，发现其 MAT 平均值为67%，并与置换速率无关(16套装置置换速率为3%~10%，即平均年龄为10~33d；另外27套置换速率为0.33%~1.0%，即平均年龄为100~300d)。但是图中数据过于分散，作者对失活动力学的论点有待商榷。

　　(三) 工业装置的平衡活性

　　尽管 Elvin(1987a)认为工业装置的平衡活性与系统催化剂的置换速率无关，但更多的研究工作表明，工业装置的平衡活性与置换速率、催化剂稳定性及操作条件有关。Letzsch(1975)引用了美国37套装置使用 CBZ-1 催化剂的数据，见表3-93。

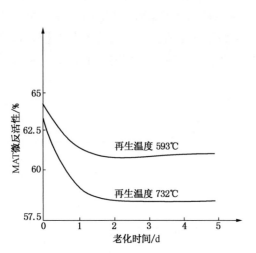

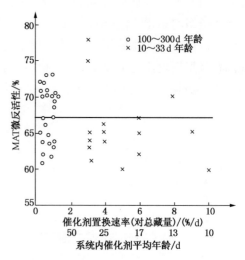

图 3-186　中试装置得出的含 V 催化剂失活速率　　　图 3-187　工业装置的平衡剂活性与置换速率的关系

表 3-93　CBZ-1 的平衡活性与置换速率

置换速率/(%/d)	0.5	0.7	1.0	2.0
平衡活性(MA)	64	66	69	75

因为各工业装置所用催化剂和操作条件千差万别，很难从中得出定量规律，但从宏观上仍可看出一般趋势。1975 年美国的 FCC 装置日平均催化剂置换率是 0.91%（范围 0.3% ~ 3.6%），平均平衡活性是 68.5（范围 56 ~ 74），可算出平均失活速度常数 k_d 约为 0.015，但个别装置与此有一定出入，参见表 3-94。有关资料还介绍了同一催化剂在不同再生温度操作时的平衡活性变化。650℃时，活性指数为 68 ~ 72；705℃时为 67 ~ 70；730℃时比前者少 3 个单位；760℃时再降 2 ~ 4 个单位。可见 705℃以下失活速度常数变化不大，而在 730 ~ 760℃，k_d 值大幅度上升。

表 3-94　20 世纪 70 年代中期美国若干装置的催化剂平衡活性

单位用量/(kg/t 新鲜原料)	置换速度/(%/d)	平衡活性(MA)	备　注
0.6 ~ 0.9	1.5 ~ 2.0	67 ~ 72	3 套装置（McCoy）
0.6 ~ 0.9	1.5 ~ 2.0	70	Shireman
	1.5	80	} Duirs
	1.3	72	
	2.0	70	
0.45		70	Chambers
0.3	~1	56 ~ 71	5 套装置（Moneymaker）
<0.3	1.5	69 ~ 73	Heck
0.3	1.25	73 ~ 74	} Fritz
0.75	1.7	72 ~ 73	

阮济之（1983）比较了几种国产和国外的催化剂在一个工业装置上的失活速率，见表 3-

95，并按所得 k_d 值估算了其他置换速率下的平衡活性。相对活性和微反活性指数已按二级反应动力学式换算，估算的曲线见图 3-188，该装置的再生温度为 640~665℃。另一种表示方法是按恒定的平衡活性计算催化剂置换速率与催化剂保留因数（反映机械强度与磨损情况）的关系，见图 3-189。

表 3-95　几种催化剂在工业装置上的平衡活性

催化剂牌号	置换速率/(%/d)	活性指数(MAT)		平均失活速率常数(k_d)/d^{-1}
		新鲜剂	平衡剂	
长 Y-15	1.76	85.9	75.0	0.0182
MZ-3	1.02	86.5	67.0	0.0219
Y-5	1.18	86.8	67.5	0.0257
13X	1.75	68.0	57.0	0.0200

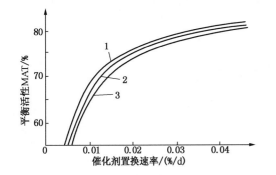

图 3-188　某装置在不同置
换速率下的平衡活性估计
1—长 Y-15；2—MZ-3；3—Y-5

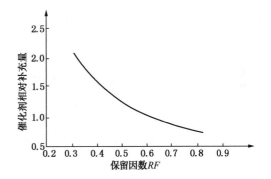

图 3-189　恒定平衡活性时催化剂补充量与
保留因数的关系

Upson（1958）认为如将通常置换速率为 1% 的工业装置的置换速率加倍，平均活性指数将增加 4~6 个单位。如提高置换速率 30%~50%，活性指数将提高 2~3 个单位。

应该指出前述的置换速率的基准是对系统总藏量而言，但是实际的失活关键场所是再生器，所以以再生器藏量为基准才较妥当。但是所用置换速率的定义早已形成惯例，由此得出的失活速率常数只能相互对比。如果同实验室的数值比较，应乘以一个大于 1 的系数，即（总藏量/再生器藏量）的比值。

Albemarle 公司根据 50 套工业装置使用多种催化剂的大量平衡活性数据回归成以下关联式，标准误差只有 2 个活性指数。

$$MAT = 73.2 + 4.6RE + 0.10SA + 1.4S - 0.04t_R \qquad (3-23)$$

式中　RE——催化剂中稀土金属氧化物含量，%；

　　　SA——催化剂比表面积，m^2/g；

　　　S——催化剂置换速率，%/d；

　　　t_R——再生器温度，℃。

金属中毒对平衡活性的影响较为复杂，第一步是建立沉积金属的物料平衡：

$$Fm_fY + W_rm_r = W_dm_e + W_sm_e + W_Lm_L + P \cdot m_p \qquad (3-24)$$

式中　F——新鲜原料油处理量，t/d；

P——含重金属的油浆产品量，t/d；

W_d，W_r——送往脱金属设施或由该处返回的催化剂量，t/d；

W_s，W_L——卸出的和流失的催化剂量，t/d；

m_f，m_p——原料油和油浆的金属含量，μg/g；

m_e，m_L——平衡剂和流失剂上金属含量，μg/g；

m_r——脱金属设施返回的催化剂上金属含量，μg/g；

Y——金属沉积在催化剂上和进入油浆的分率。

m 值可从化学分析得出，m_L 值一般小于 m_e 值，可由第三级旋风分离器回收的催化剂分析值做出估计。Y 值对 Ni、V 等重金属可取为 1，对碱金属或碱土金属则根据具体情况估计，其中在钠平衡时还要计入新催化剂带入的金属。

从上式只能得出催化剂上平均金属含量，但是实际上催化剂具有不同的年龄组，其年龄与循环次数呈正比，在假定每循环一次沉积金属量为定值的条件下，则与沉积金属量呈线性关系。如前所述，年龄组的分布既与流化床的 RTD 有关，又与粉碎机制有关。为了简化起见，单纯考虑按 RTD 计算的金属沉积分布，则下式成立：

$$m_e = S\int_0^{\infty} e^{-S\theta} \cdot m_{ei}\mathrm{d}\theta \tag{3-25}$$

$$m_{ei} = \frac{F \cdot Y_c}{W_T} m_f \cdot \theta \tag{3-26}$$

式中 m_{ei}——各年龄组的催化剂上金属含量，μg/g；

θ——时间；

Y_c——金属沉积在催化剂上的分率；

W_T——系统催化剂总藏量，t。

有些金属对活性的影响可用无金属时活性=1 的相对值 α_i 表示：

$$\alpha_i = e^{(-m_{ei} \cdot f \cdot z)} \tag{3-27}$$

式中 f——有效金属分率，也是 θ 的函数；

z——系数。

不同年龄组的平均活性 α 与 α_i 的关系为：

$$\begin{aligned}\alpha &= S\int_0^{\infty} \alpha_i e^{-S\theta}\mathrm{d}\theta \\ &= S\int_0^{\infty} e^{(-m_{ei} \cdot f \cdot z)} \cdot e^{(-S\theta)}\mathrm{d}\theta \\ &= S\int_0^{\infty} e^{-(V+S)\theta}\mathrm{d}\theta \end{aligned} \tag{3-28}$$

$$V = \frac{F \cdot Y \cdot f \cdot z}{W_T} \tag{3-29}$$

钒对于工业剂平衡活性的影响还可以前面介绍过的式(3-13)为基础，再增加一项与钒含量有关的系数得出：

$$A_{\infty} = \frac{A_0}{1 + k_d/S + bV} \tag{3-30}$$

式中 V——平衡剂钒含量，μg/g；

b——系数，由实验得出。

$$b = \frac{\ln(A_V/A)}{-V_t} \tag{3-31}$$

式中　A_V，A——含钒或不含钒的试验用催化剂的相对活性；

　　　　V_t——试验剂的钒含量，$\mu g/g$。

式(3-29)也是按一级失活动力学式并假定失活速度常数与钒含量成正比得出。

Albemarle 公司报道的几种牌号催化剂的 k_d 值和 $1/b$ 值，见表 3-96。

表 3-96　含钒催化剂的失活常数

催化剂牌号	k_d/d^{-1}	$(1/b)/(\mu g/g)$	A_V/A
KMR-905	0.023	19200	
KMR-905A	0.023		0.63
KMR-905B	0.023	24300	
KMR-925	0.023	15000	0.65
KMC-25	0.023	8100	

试验条件：Ni 0.1%，V 0.5%，788℃，100%水蒸气，5h。

第六节　催化剂的粉碎和粒度平衡

催化剂日常操作管理的一个重要环节就是在选定催化剂牌号的前提下，采取合理的新鲜催化剂的补充速率，换句话说，就是采取恰当的对系统内催化剂总藏量的置换速率，既保持一定的平衡活性以保证反应的进行，又保持一定的平衡粒度分布以满足流态化和固体输送的条件。

关于前者的要求已在第四节中叙述，本节重点讨论实现后者的条件。在反应-再生系统的不同部位，每小时有数以百吨计的催化剂以不同的流速和固气比在流动，由于催化剂本身机械强度的内因，以及温度、流速、流动状态和与催化剂接触的材料的表面性质等外因，催化剂粒子不断地受到冲击力和摩擦力而发生磨损和粉碎，产生的细粉因旋风分离器的回收效率较低而损失。在稳态条件下，系统内的催化剂保持一定的平衡粒度分布，使入方的不同粒径的粒子和经过破碎后产生的粒径较小的粒子在总的数量上保持平衡，这时不同粒径的粒子各自在不同的停留时间内减活，达到各自的平衡活性。如果仅仅补充旋风分离器损失的催化剂不足以维持需要的平衡活性，那么就要经常地从系统内卸出平衡催化剂，同时补加更多的新鲜剂。对于大多数加工馏出油的工业装置，如果安装有高效旋风分离器，催化剂损失按新鲜原料油计算的单耗约在 0.2~0.3kg/t，这种情况下补充的新鲜催化剂中约有一半要作为平衡剂卸出。有些工业装置由于内因或外因使催化剂粉碎较为严重，仅维持其损耗即需0.6kg/t 以上的补充率，导致不必要的过高的平衡活性并增大加工成本。烟气中小于 20μm的细粉虽然通过第三级旋分器可以把 5~10μm 以上的大部分回收，但这种过细的粒子如果返回再生器，将主要在稀相区内停留，加大了旋风分离系统的负荷，对反应并无好处。所以催化剂粉碎程度的判断指标应是产生 0~20μm 细粉的速率，正常值最好在 0.20kg/t(新鲜原料油)以下。

一、强度、磨蚀与粉碎

催化剂粒子的粉碎机制通常有两类：一是粒子崩碎机制，粒子与粒子间及粒子与器壁间碰撞引起粒子中的径向和中间裂纹扩展,大粒子破裂成小碎片,伴有一定细粉产生,小碎片继续碰撞形成更小的碎片,最终形成细粉;二是研磨机制,粒子与粒子间及粒子与器壁间由于相对摩擦引起粒子中的亚表层裂纹扩展,其表层部分(边角、坑洼和凸起等)在摩擦碰撞过程被切削磨去而造成粒子外表层的磨蚀,磨蚀直接产生细粉,不生成中间碎片(Ghadiri, 2000)。

Cleaver(1993)认为在原有裂纹和缺陷上发展的粉碎机制为脆性断裂,新裂纹产生的粉碎机制为半脆性断裂。颗粒破裂后尺寸分布峰向中值区偏移,外表球形度下降而变得粗糙;颗粒经表层磨损后尺寸出现双峰分布,表面变得规则光滑,比表面积减小(Reppenhagen, 2000)。

催化剂粒子的粉碎量主要受粒子的撞击角度、撞击速率和碰撞自身旋转的影响。撞击时垂直作用面的初速率越大,撞击产生非弹性碰撞的程度越大,导致大粒子破裂的可能性变大。催化剂单体粒子受力不平衡,自身旋转速率也会增大,导致小粒子表层磨损越大。多粒子间存在大量的碰撞,磨损过程较复杂,粒子在发生碰撞破裂的同时还发生粒子间的相互磨损,碰撞过程由粒子崩碎和研磨两种机制控制。粒子非球形导致粒子受力的不平衡,产生旋转的力矩使粒子之间存在相对旋转,旋转剪切运动导致催化剂表层磨损。粒子相互碰撞时,粒子间接触压力增加,作用于结构和黏结强度不同的催化剂,导致粒子发生崩碎。

吴俊升等(2010a, 2010b)的测定表明,催化剂单体颗粒和黏结剂强度越高,磨损量越少;催化剂颗粒过大和过小均使磨损加剧(张少明, 1994),催化剂颗粒球形度越大,磨损量越小;催化剂表面越光滑,磨损量越小;形状相似,颗粒比表面积越小,磨损越小;气体介质流速越大,催化剂颗粒的运动速率越大,磨损量越大;单位体积内颗粒含量越高,产生碰撞的几率越大,磨损量增大。

以往的研究主要集中在机械应力引起的磨损上,热应力所致磨损的研究正日益受到重视。热应力包括不同温度颗粒混合产生的热震应力和受热不均膨胀产生的张应力,Whitecombe等(2003, 2004)研究发现,冷的催化裂化新鲜剂加入装置后由于热震应力及吸附空气的突然膨胀导致新鲜剂颗粒崩裂;冷的平衡剂与热的平衡剂混合使得平衡剂粒子富含金属的外表层受热快速膨胀以及平衡剂粒子内含有的水汽受热析出而导致外表层从基体上脱落,产生细粉。陈冬冬(2007)的研究也证实新鲜剂加入工业装置时存在崩碎现象。

在工业流化床内崩碎机制和研磨机制都在进行,各自所占份额随设备结构和操作条件以及催化剂机械性质而异。Werther等(1993)的研究表明,在磨损初始阶段以发生粒子崩碎为主,磨损率提高较快,而达到稳态磨损后以经历表层磨损为主。

沸石催化剂的耐磨性能既与沸石含量有关,又与载体黏合剂(溶胶)的种类和制备工艺有关(赵峰, 2013;李侃, 2014)。典型的耐磨指数变化曲线示于图3-190,不同载体的耐磨性能比较见表3-97(Rajagopalan, 1992)。

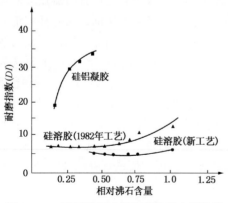

图 3-190　不同沸石含量与载体黏合剂种类
的催化剂耐磨性能

表 3-97 不同载体的耐磨性能

载 体	硅铝溶胶 13% Al₂O₃	硅铝溶胶+白土 25% Al₂O₃	硅溶胶+白土	硅溶胶高载体活性	铝溶胶+白土	以白土为载体的 XP 型	硅溶胶（新工艺）
Davison 耐磨指数	40	35	6	6	5	4	6

评价催化剂颗粒的粉碎性能主要采用实验室测试（Forsythe，1949；Boerefijn，2000；Zhao，2000；Bemrose，1987），国外的主要评价方法有 ASTM 5757 磨损指数 AJI、Grace Davison 公司的 Davison 磨损指数 DI、BASF 公司的磨损指数 EAI；国内通用的方法是 Jesie 磨损指数 AI。国外的催化裂化催化剂指标一般为 Davison 磨损指数 $DI \leqslant 6.0\%$；国内的指标为 Jesie 磨损指数 $AI \leqslant 2.5\%$。

上述方法都是在高速空气流冲击下使部分粒子粉碎，典型的样品量为 7~50g，测定一定时间内的细粉（20μm 以下粒子）产生率（%）作为耐磨损的指标，典型的磨损速率为每小时产生 0.5%~15% 的细粉。严格说来，这种方法并不能模拟工业流化床设备的粉碎环境和条件，因而所得指标只能作为相互对比的依据。

上述测试方法均是在常温即冷态下进行的，Albemarle 公司开展了高温和带压条件下的磨损测试。热态与冷态磨损测试结果有差别，说明冷态磨损测试不能完全用于预测工业装置实际运转情况，冷态磨损测试的机制为粒子崩碎，热态磨损测试的机制为表层研磨。

现结合催化裂化装置具体设备操作情况讨论催化剂磨损产生的主要部位：

① 喷嘴射流区——为了雾化原料，喷嘴的出口线速高达 60~90m/s，对颗粒产生高速冲击，导致颗粒间的碰撞磨损。当提升管直径较小时，颗粒与提升管器壁内表面冲击引起磨损。

② 分布器射流区——为了保持床内气流分布均匀，分布器必须产生一定压降，因而喷口处气流速度较高，颗粒被射流加速，对"分布器影响区"内颗粒产生很大的冲击力造成磨损。

③ 流化床层——气泡的上升和聚并使周围颗粒不断发生低速冲击，到达密相上方界面，由于气泡破裂则发生颗粒间的高速冲击。颗粒与器壁内表面的冲击引起的磨损一般可忽略，但在小规模装置的影响却相对较大。器内构件以及外取热器的管束等对磨损的影响应予重视。

④ 旋风分离器——催化剂磨损产生在入口部位和旋转气流中颗粒对器壁的冲击，磨损量不可忽视。

⑤ 催化剂输送管线——催化剂加料线、提升线的空气入口处、输送线弯头处，催化剂会受到较大磨损。待生催化剂分配器产生的磨损也不容忽视。

关于射流产生的磨损很多学者做了研究。关于射流磨损的机理如图 3-191 所示。非流化区颗粒围绕着气体喷射流的周围，部分被带入气流中加速，并与喷射气流顶部碰撞，进入流化区向上流动，同时下降的颗粒进入非流化区。在碰撞中，颗粒有棱角的部分被磨损。由于颗粒形状逐渐变圆，随时间的延长其磨损速率逐渐降低达到恒定，即从非稳态转变到稳态。参见图 3-192。

Ghadiri 等（1992）测定不同静止床高的磨损速度曲线，将其延伸到射流高度，即可得出二者各自的贡献。Werther（1993）利用 Gwyn（1969）类型的实验仪器，先用多孔分布板测定流化床层磨损，然后增加射流孔板测定总磨损。

各项研究结果表明：①射流方向的影响。水平或侧向大致与垂直向上磨损程度相当，垂直向下时明显加大，可达前者两倍，但因数据不足，故以下只列出向上射流的结果。②磨损速度随射流速度的指数方次 n 而变化，不同学者给出的 n 值分别为 1.0(Seville，1992)、2~4 (Contractor，1989)、2.5 (Zenz，1980)、3.0 (Seville，1992)和 5.1 (Ghadiri，1992)。③射流孔面积与磨损速度呈正比，整个分布器的射流磨损与总开孔面积呈正比。若干实验数据参见图 3-193 和图 3-194。图中 R_{aj} 为磨损速率，u_{or} 为过孔速率，d_{or} 为分布板孔径。

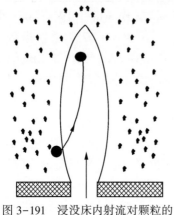

图 3-191　浸没床内射流对颗粒的磨损机理

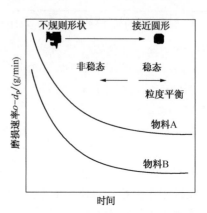

图 3-192　浸没床内射流对颗粒的典型磨损速率曲线

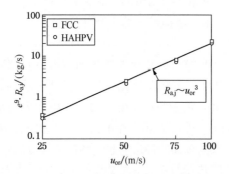

图 3-193　射流速度对催化剂射流粉碎的影响（$d_{or}=2mm$）

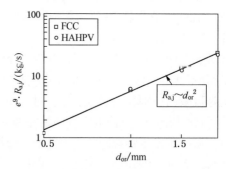

图 3-194　喷射孔径对催化剂射流粉碎的影响（$u_{or}=100m/s$）

综合以上结果可列出射流磨损方程式：

$$R_j = K_j A_o \rho_g u_o^n \tag{3-32}$$

式中　R_j——磨损速度，kg/h；

　　　K_j——磨损系数，为颗粒耐磨性能的函数，也和磨损后的颗粒直径范围有关。例如磨损到 0~23μm 和 0~50μm 时分别为 0~2μm 时的 8 倍和 20 倍；

　　　A_o——射流孔总面积，m^2；

　　　ρ_g——气体密度，kg/m^3；

　　　u_o——射流速度，m/s。

若分布器喷射孔带有套管时，磨损速率比不带套管的低。两者比值为孔口直径和套管直径比值的立方。

气泡上升诱发的床层内颗粒间撞击的程度较弱，不足以产生较大磨损。然而，较高床层内的磨损也不可忽视。影响参数有：①表观气体速度。理论上超过起始流化速度 u_{mf} 的气体速度可提供由于颗粒磨损而增加新的表面所需能量。但对于 u_{mf} 只有 0.002m/s 的催化剂，实验证明需要更大的速度才能产生磨损。②床层高度。各学者的实验结果相差较大，有的认为和床高无关，有的则得出随高度的指数方次成正比(n = 0.78 或 1.0)(Kono, 1981; Ulerich, 1980)的数据。部分实验数据参见图 3-195 和图 3-196。

综合以上结果可列出气泡诱发的磨损方程式：

$$R_b = K_b(u_g - u_{mf})H^n \qquad (3-33)$$

式中　R_b——磨损速度，kg/h；

　　　K_b——磨损系数，为颗粒耐磨性能的函数；

　　　u_g——气体表观速度，m/s；

　　　u_{mf}——起始流化速度，m/s；

　　　H——床层高度，m。

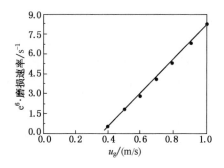

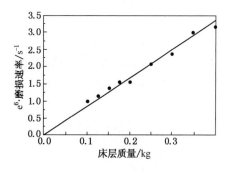

图 3-195　催化剂稳态磨损速率随表观流速变化　　图 3-196　催化剂稳态磨损速率随床高变化

（u_{mf} = 0.002m/s）

Zenz (1971)对旋风分离器导致的颗粒磨损进行了系统研究。Zenz 的试验发现旋风分离器导致催化裂化催化剂的粒度分布明显改变：30 ~70μm 粒级增加，70~100 粒级减少，<30μm 粒级变化不大。Zenz 假设：①磨损主要是由于粗颗粒的破裂，细粉再变细的几率不大；②细粉的定义为小于 44μm 的粒子；③磨损仅发生在第一级旋风分离器内，第二级产生的细粉可以忽略不计。由此根据有限的工业数据，绘制了如图 3-197 所示的带有宽曲线带的关联图，作为探索性或建议性研究的一种方法。在使用该关联图时，先假定床层的平衡细粉含量 x_e(质量分率)，据此计算一级旋风分离器的入口颗粒浓度 C (kg/m³)，再按一级入口气速 u_1 计算两级分离器的综合效率 E_t 和第二级出口颗粒的细粉含量 x_{2e}。如补充的新鲜剂全部用于补偿旋风分离器的损失，且其中细粉含量为 x_F，则图中

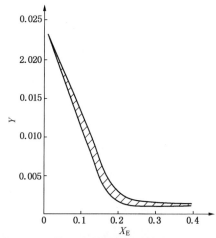

图 3-197　旋风分离器内颗粒粉碎的关联曲线

$$Y = Ku_1C(1-E_t)(x_{2e}-x_F)$$

u_1——级旋风分离器入口颗粒浓度，kg/m³；

E_t, x_{2e}, x_E,

x_F——分率；K—相对耐磨系数(取无定形硅铝剂为 1)

的纵坐标数值 $Ku_1C(1-E_t)(x_{2e}-x_F)$ 即可求出，按所示曲线带查出横坐标的 x_E 值，看是否与原假设相符。如果不符，则重新假设并重复上述计算，这样便可得出不同设备和操作条件下的床层平衡剂的细粉含量和经过旋风分离器的磨损量。如果把为维持催化剂平衡活性而卸剂的情况以及在旋风分离器以外的磨损一并考虑，上述计算方法要相应改变。

另一个估算旋风分离器或提升管上部高速区的磨损率公式（Ewell，1981）如下：

$$E = E_o\left[1 + 0.03(V - 16.5)\right]\frac{L}{144} \tag{3-34}$$

式中　　E，E_o——对总藏量的日磨损率和基准日磨损率；

V——气体流速，m/s；

L——催化剂日周转次数（对总藏量）。（对提升管按催化剂循环量计算；对旋风分离器按各组进口的催化剂总量计算。一般旋分器只按第一级计算，如设有粗旋风分离器应单独计算。）

Reppenhagen 等（2000）采用 0.09mm 内径的分离器对平均直径 105μm 的催化裂化催化剂按批量进行实验，仅将灰斗中物料循环，共进行 10~20 次达到稳态。观察到单程损失率和批次的关系。初次的高损失率的原因是磨损和原料细粉的叠加，以后稳定的数据代表真实的磨损速度。实验中观察了固体负荷即固气质量比 μ 和入口气速 u_e 的影响，得到如下方程式：

$$R_c = K_c u_e \mu^{-0.5} \tag{3-35}$$

式中　　R_c——单位颗粒进料的磨损速度，kg/(kg/h)；

K_c——磨损系数，为颗粒耐磨性能的函数；

u_e——旋风分离器入口气速，m/s；

μ——旋风分离器入口固气比，kg/kg。

尽管以上的关联式还比较粗糙，但可以看出一些关键参数的影响程度。例如，分布器的射流速度不宜过大，最好在分布短管中间采用限流孔板以保证气体分布均匀，而在短管出口处限制射流速度在 40m/s 以下。一级旋风分离器固体负荷很大，且细粉含量不高，构成产生颗粒粉碎的不利条件，为此宜降低稀相流速，增加沉降段高度，限制一级旋风分离器入口流速在 20m/s 以下，并设法保持平衡催化剂中较高的细粉含量。

向再生器密相床喷射蒸汽，速度在 90m/s 时，足以造成催化剂的崩碎；如催化剂强度较低时，射流速度为 60m/s 也会产生同样效果。

研磨一方面发生在粒子之间，但另一方面发生在设备与粒子接触的表面。它不仅造成催化剂颗粒的粉碎，而且使设备受到磨蚀而逐步损坏。为了限制磨蚀的程度，必须对设备表面的粒子流速和粒子在气流中的浓度加以限制。因粒子流速不易测量，通常以相应的质量流速为代表参数，从而建立下述的磨蚀指数 AI：

$$AI = 0.027G_s^2/C \tag{3-36}$$

式中　　AI——磨蚀指数；

G_s——固体质量流速，kg/(m²·s)；

C——气流中表观固体粒子浓度，kg/m³。

气流与设备表面平行时磨蚀指数的上限为 100。如气流与设备有一夹角，例如流经设备的变径段，或者流过分布器的开孔、滑阀的节流通路或取热器管束的管子入口处就会产生涡流，加剧对设备的磨蚀和催化剂自身的粉碎。如果气流通过时间很短，可对设备材料采取抗磨措施，而允许使用较高的 *AI* 值。例如用于床层反应器的分布板和压降为 30kPa 的单动滑阀的 *AI* 值均在 500 以上。

McLean（2000）等报道了催化剂物性与操作参数对旋风分离器磨蚀的关联式：

$$E = e\rho_p^2 d_p^3 u_g^3 s \tag{3-37}$$

式中　E——磨蚀速度；

　　　e——颗粒浓度；

　　　ρ_p——颗粒密度；

　　　d_p——颗粒直径；

　　　u_g——入口气速；

　　　s——颗粒形状因数。

二、平衡粒径分布

平衡剂的粒径分布涉及颗粒的粉碎机制、粉碎动力学(和诸多条件有关)、颗粒带出条件以及旋风分离器的分离效率，计算方法十分复杂，并且还不够成熟。此处仅扼要介绍 Wei 等(1977)的文章，该文提出的机制设想见图 3-198，并把宽筛分的催化剂粒子分为 5 类，如表 3-98 所列。

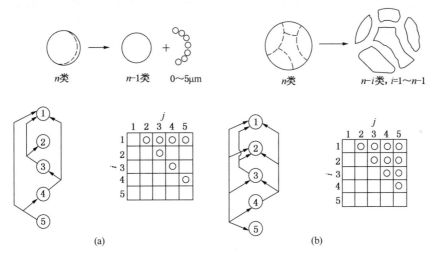

图 3-198　催化剂的两种粉碎机制

(a)研磨机制；(b)崩碎机制

表 3-98　粒 径 分 类

类　　别	粒子直径/μm	平均直径/μm	类　　别	粒子直径/μm	平均直径/μm
1	0~5	—	4	40~60	50
2	5~20	12	5	>60	70
3	20~40	30			

两种机制产生的粒子直径种类如图 3-198(a)、(b)所示，其中在研磨机制下某一类粒子最多变成两类粒子，但崩碎机制可生成类别低的各类粒子。

关于粉碎的动力学一般均采取如下形式：

$$\frac{dW}{dt} = k_a x^n \cdot W \tag{3-38}$$

$$k_{\mathrm{a}} = f(H_{\mathrm{p}} \cdot d_{\mathrm{p}}) \tag{3-39}$$

式中　W——系统某一类粒子的藏量；

　　　x——某类粒子在总藏量中的含量；

　　　k_{a}——粉碎动力学速度常数；

　　　H_{p}——催化剂机械强度；

　　　d_{p}——某类粒子的平均直径；

　　　n——动力学级数，一般采用 $n=1$，但有的作者对崩碎机制采用 $n=1.5$。

由于装置的具体条件很难在实验室内模拟，k 的具体数值只能从工业装置反推得出。不难设想不同装置的 k 值随催化剂种类、设备结构和操作条件的不同而有较大差别，目前缺乏有关这方面的报道。有些作者采用了一些假设和近似的数值，有的作者认为 k 值与粒子的类别（n 值）成指数关系，即：

$$k = an^{\alpha}$$

其中 $\alpha = 1 \sim 3$。举例中对于研磨机制 $a=1$，$\alpha=1$；而对于崩碎机制 $a=0.2$，$\alpha=2$。即从 2 类到 5 类的粒子其相对粉碎速度对第一种机制为 $2:3:4:5$，而对第二种机制为 $0.8:1.8:3.2:5.0$。其基本依据是根据不同粒径的粒子在相同速度下的动能与粒子质量成正比，即与直径的立方成正比，而破碎所需能量则与新增加的粒子表面积成正比，当生成粒子的筛分具有相似的级配时，即与粒子直径的平方成正比，所以拥有的动能与粉碎所需能量的比值大体等于颗粒直径，即颗粒越大，其破碎概率也越大。有的作者则不分粒径大小采用同一速度常数值，而且根据过去催化剂日补充速率为藏量的百分之一的情况，假设磨损一半的时间为 100 天，即再生温度为 649℃ 时，$k=0.00693$（一级）和 0.00828（1.5 级）；当温度为 760℃ 时，k 值大约增加一倍。

关于破碎后的各类粒径的产率，如果按研磨机制，则某类变为下面一类的收率（s）理论上应是两类粒子的体积比率，即：

$$S_{\mathrm{ij}} = \left(\frac{d_{\mathrm{i}}}{d_{\mathrm{j}}}\right)^3 \tag{3-40}$$

式中　S_{ij}——由 j 类粒子变为 i 类粒子的收率、体积或质量分率；

　　　d_{i}，d_{j}——i 或 j 类粒子的平均直径，μm。

例如：$S_{35} = \left(\dfrac{30}{50}\right)^3 = 0.216$，$S_{45} = \left(\dfrac{50}{70}\right)^3 = 0.364$，$S_{23} = \left(\dfrac{12}{30}\right)^3 = 0.064$

如果按崩碎机制，可以按几何相似的假设，即不论大小粒子均按几何相似的方式崩碎，或者用破碎产物分布矩阵表达为：

$$S_{\mathrm{i/n},\, \mathrm{j/n}} = S_{\mathrm{ij}} \tag{3-41}$$

当相邻各类粒子的直径比例不是定值的情况（如 $d_5/d_4/d_3/d_2 = 1.40/1.87/2.50/4.00$），严格来说几何相似的假设并不确切。为了简化处理，可令 $S_{45} = S_{34} = S_{23}$ 和 $S_{35} = S_{24}$。

由于同类粒子破碎成不同类粒子，而同类粒子破碎后的粒子又可以从不同类的粒子产生，综合的破碎动力学速度需用矩阵表达。设定 S 与 B 两个分项矩阵和 A 综合矩阵：

$$\frac{\mathrm{d}W}{\mathrm{d}t} = S \cdot B \cdot W = A \cdot W \tag{3-42}$$

把矩阵和有关向量展开如下式：

$$\frac{d}{dt}\begin{bmatrix} W_1 \\ W_2 \\ W_3 \\ W_4 \\ W_5 \end{bmatrix} = \begin{bmatrix} 0 & S_{12} & S_{13} & S_{14} & S_{15} \\ 0 & -1 & S_{23} & S_{24} & S_{25} \\ 0 & 0 & -1 & S_{34} & S_{35} \\ 0 & 0 & 0 & -1 & S_{45} \\ & & & & -1 \end{bmatrix}\begin{bmatrix} 0 & & & & \\ & b_2 & & & \\ & & b_3 & & \\ & & & b_4 & \\ & & & & b_5 \end{bmatrix}\begin{bmatrix} W_1 \\ W_2 \\ W_3 \\ W_4 \\ W_5 \end{bmatrix} \tag{3-43}$$

$$= S\ 矩阵 \times B\ 矩阵 \times W\ 矩阵$$

$$= \begin{bmatrix} 0 & b_2 & S_{13}b_3 & S_{14}b_4 & S_{15}b_5 \\ 0 & -b_2 & S_{23}b_3 & S_{24}b_4 & S_{25}b_5 \\ 0 & 0 & -b_3 & S_{34}b_4 & S_{35}b_5 \\ 0 & 0 & 0 & -b_4 & S_{45}b_5 \\ 0 & 0 & 0 & 0 & -b_5 \end{bmatrix}\begin{bmatrix} W_1 \\ W_2 \\ W_3 \\ W_4 \\ W_5 \end{bmatrix} \tag{3-44}$$

$$= A\ 矩阵 \times W\ 矩阵$$

取崩碎时 $S_{23} = S_{34} = S_{45} = 0.17$ 和 $S_{24} = S_{35} = 0.40$，把两种机制各自的 S_{ij} 值和 b_n 值代入 A 矩阵的展开式，可得

$$\begin{bmatrix} 0 & 2 & 2.81 & 3.14 & 3.18 \\ 0 & -2 & 0.91 & 0 & 0 \\ 0 & 0 & -3.0 & 0.86 & 0 \\ 0 & 0 & 0 & -4.0 & 1.82 \\ 0 & 0 & 0 & 0 & -5.0 \end{bmatrix} \quad 和 \quad \begin{bmatrix} 0 & 0.80 & 1.49 & 1.36 & 0.68 \\ 0 & -0.80 & 0.31 & 1.28 & 0.46 \\ 0 & 0 & -1.80 & 0.56 & 1.99 \\ 0 & 0 & 0 & -3.20 & 0.87 \\ 0 & 0 & 0 & 0 & -5.00 \end{bmatrix}$$

$$研磨机制 \qquad\qquad\qquad\qquad 崩碎机制$$

注意：b 为相对值，故 A 亦为相对值。

Wei 等（1977）利用上述 A 值对工业平衡剂筛分组成进行核算后认为装置内催化剂粉碎基本属于崩碎机制。

在粗粒子不断粉碎，细粒子不断经旋风分离器流失，为维持活性需要经常卸出部分平衡催化剂，同时补充新鲜剂的情况下，各类粒子的数量分布在稳态条件下达到平衡。计算平衡粒度分布需要有粉碎动力学的数据、各类粒子通过旋风分离器的损失率以及卸出的和补充的催化剂对总藏量的分率数据。总的物料平衡式为：

$$\frac{dW}{dt} = AW - f_r + f_0 - f_s \tag{3-45}$$

引入旋风分离器效率矩阵 C，当总藏量 w 恒定时：

$$\frac{d}{dt}W = \left[A - \frac{f_r}{w}I \right]W + f_0 - C \cdot W \tag{3-46}$$

在动态条件下的积分值为：

$$W(t) = \exp(-H \cdot t)W(0) - H^{-1}[\exp(-Ht) - I]f_0 \tag{3-47}$$

达到稳态时上式简化为：

$$W(\infty) = H^{-1} \cdot f_0 \tag{3-48}$$

上述式中：

f_0 —— 催化剂补充量，t/d；

f_r——催化剂跑损量，t/d；

f_s——催化剂卸出量，t/d；

I——矩阵，$I=w/W$；

H——矩阵，$H=-A+(fr/W)I+C$；

C——旋风分离器不同粒径的效率矩阵；

t——时间，d；

$W(0)$——$t=0$ 时不同粒径的催化剂向量，t；

$W(t)$——$t=t$ 时不同粒径的催化剂向量，t；

$W(\infty)$——$t=\infty$ 时不同粒径的催化剂向量，t；

w——系统总藏量，t。

三、催化剂的粒度和球形度控制

（一）催化剂的粒度分布特征与控制

催化剂的抗磨性能和平衡粒径分布已如前述。生产过程对催化剂的平衡粒径分布能够人为加以控制，目的是为了保持催化剂的流化性能和输送性能。如果催化剂的抗磨性能太好，平衡催化剂细粉含量过低，为保证流化性能和输送性能就要卸出部分平衡剂或使用器内粉碎措施。如果平衡催化剂细粉含量过高，可能是催化剂抗磨性能差，也可能某些操作因素或设备因素导致催化剂的破碎，也要采取相应的手段。

国外流化裂化催化剂公司采用优化流化裂化催化剂制备工艺、提高催化剂固含量、降低催化剂浆液黏度和改善喷雾成型工艺参数等多种技术措施，严格控制和优化流化裂化催化剂的粒径分布，改善了催化剂的流化性能，提高了催化剂的重油转化能力（刘引定，2008）。

表 3-99 是国内外典型流化裂化催化剂粒度分析结果。从表 3-99 可知，国内外催化剂的粒径分布主要集中在 40~80μm。国内催化剂 40~80μm 所占比例达 42%，细颗粒和粗颗粒占 40%；国外催化剂 40~80μm 所占比例达 49%，细颗粒和粗颗粒占 35%。国外催化剂比国内催化剂筛分更集中。

表 3-99　国内外流化裂化催化剂颗粒粒径分布的比较

催化剂	粒度分布/%			
	<40μm	40~80μm	80~105μm	>105μm
国内剂	16	42	18	24
国外剂	14	49	16	21

催化裂化装置中对催化剂运行状态的监测目前仍停留在常规化学分析和物理测试的水平。采用小批量催化剂的平均值，不能直观反映系统内单个催化剂颗粒的真实状态。即使是肉眼观察，也只能看到大体颜色，无法了解不同颗粒的形状、大小、表面状态和碳含量高低的差别。此外，常规采样位置固定，不便于经常对一些特殊部位如提升管、沉降器、再生器、输送管、料腿内以及油浆内的颗粒物（含催化剂和焦粒）进行分析研究。

周复昌等（1999）从 20 世纪 90 年代后期开始，建立了催化裂化催化剂显微观察实验室，采用自行组建的显微观察摄影仪器和独特的样品制备方法，对 FCC 催化剂进行了观察研究，逐步解开催化剂在流化过程中颗粒形态的变化和由于催化剂而产生的故障之谜。基于对催化剂颗粒进行显微观察的操作诊断技术，积累了大量催化剂显微图像资料，并建立了相应的图库（周复昌，2002；Zhou，2006），为各装置分析催化剂故障提供了对比资料。例如，观察新鲜催化剂的显微图像，便可知即使粒度分布符合要求，仍可清晰地观察到颗粒是否圆滑（球形度），是否空心和颗粒之间是否有黏结（也称团聚）等缺陷，从而对催化剂生产工艺提出建议；对提升管下游部位的待生剂显微观察，可发现催化剂积炭的均匀程度，从而对提升管和喷嘴效果进行评价；对再生剂的显微观察，可判断再生烧焦效果；对三级旋风分离器回收细粉的显微观察，不仅可分析它的分离效果，而且还能间接分析第一和第二级旋风分离器的工作状况（如料腿有否堵塞）。总之，这一诊断技术有助于解决装置运行中产生的与催化剂管理有关的故障（如催化剂循环故障或异常损失），找出突破口，及时解决问题。

显微观察实验室已收集了百余套 FCC 装置的催化剂样品，包含 8 千余个不同工艺条件下的新鲜剂、待生剂、再生剂、中毒催化剂、烟机结垢和油浆催化剂粉末等样品，制作成近万幅彩色图像，形象化地清晰地描述了催化剂在不同工艺条件下的颗粒形貌，初步建成了国内大规模的在用 FCC 催化剂样品库和显微图像库。结合工艺条件和存在问题进行分析，提出了改进措施。为催化剂生产厂和炼油化工厂提供丰富的对比图像资料（Zhou，2006；张学军，2006），并且相继帮助几家炼油厂和一家催化剂厂建立了显微观察实验点，减少了经济损失和环境污染（周复昌，2012）。预计显微观察图像技术将成为我国首创的另一种常规的催化剂诊断手段。

（二）催化剂球形度控制

催化剂的球形度作为形状因子，直接影响了其流化性能和耐磨损性能。在催化裂化工业装置中，催化剂流化时颗粒之间相互磨损。催化剂球形度越高，表面越光滑，颗粒越不容易磨损；球形度越低，会导致颗粒受力不平衡，产生的旋转力矩使颗粒之间存在相对旋转，旋转剪切运动导致催化剂剥层磨损，而且磨损产生的细粉会增加剂耗，污染环境，还会对后续设备造成不利影响。因此有必要对催化裂化催化剂的球形度进行分析和控制。

目前国内外催化裂化催化剂生产的质量指标中还没有球形度，关于球形度分析方法的报道也很少。RIPP 建立的适合催化裂化催化剂的球形度分析方法，能定量分析球形度数值。根据分析数据，国外剂的球形度一般为 0.90~0.94，而国内剂的球形度主要集中在 0.91~0.93，国内剂的球形度还有改进的空间。尹喆（2011）认为，工业生产中在不改变胶体黏度的情况下，提高催化剂喷雾胶体固含量，能改善催化剂的球形度；通过优化喷嘴、旋转体的材质和垫片规格，也可以改善催化剂产品颗粒球形度。

第七节 裂化催化剂助剂

催化裂化过程除采用裂化催化剂（主催化剂）外，还先后发展了多种起辅助作用的助催化剂（简称助剂）。这些助剂以不同的方式，加到裂化催化剂或原料油（指液体助剂）中，在催化裂化过程中起到特定的辅助作用，如促进 CO 转化为 CO_2，提高汽油的辛烷值，增加低碳烯烃收率，钝化原料中重金属杂质对催化剂活性的毒害作用以及降低再生烟气中 SO_x、NO_x 的含量等等。随着这些助剂的开发成功与应用，催化裂化过程的操作比以往更具灵活性和多样性，能够更有效地应对来自原料、市场及环保等方面的变化和技术挑战。

助剂从形态分不外固体、液体和气体 3 种类型，但绝大多数为固体，少数是液体，个别为气体。固体助剂与裂化催化剂有类似的物理性能，使用时定期地加到裂化催化剂中即可。

液体助剂采用注入的方法加到装置中，加入时可用分散剂帮助分散，也可不用分散剂。本节中除特别注明外，所述助剂均指固体助剂。

助剂从功能和用途上分主要包括：CO 助燃剂、助辛剂(辛烷值助剂)、金属钝化剂、重金属捕集剂、增产低碳烯烃助剂、SO$_x$ 转移剂、降 NO$_x$ 助剂等等，本节将依次介绍。

一、助剂与主剂的关系

主催化剂能够解决 FCC 过程的一些主要问题，但并不能解决所有问题。特别是在面对不断变化的原料性质和产品方案、装置的稳定运转与操作优化以及日益严格的环保法规等诸多要求时，有必要采用助剂对主剂的功能进行补充和完善。使用助剂的优点主要包括：①用量少；②见效快；③操作灵活简便；④无需装置改造和设备投资。以下将进一步阐述助剂与主剂之间的区别和联系。

助剂作为辅助组分，相对主催化剂来说使用量较少。以常见的固体助剂为例，在装置催化剂藏量中所占比例通常不高于16%，一般低于1%，例如对于贵金属 CO 助燃剂，只需添加几 μg/g 的助燃金属，即可起助燃作用。而一些被称为共催化剂(Co-catalyst)的产品(如BASF 公司的 Converter、HDUltra 等)，在装置中的加入量较高，可达到约 20% ~ 30% (McGuirk，2010)。助剂的突出优势之一就在于可以在较少的使用量下显著地改善 FCC 操作及增加目标产品选择性。但通常而言，助剂在装置中的加入量也不可太多，否则，将因大量的加入而稀释主催化剂的功能。此外，助剂的价格一般比主催化剂高得多，例如，含贵金属的 CO 助燃剂其价格比裂化催化剂贵15 ~50 倍，辛烷值助剂和脱 SO$_x$ 助剂贵约 3 ~10 倍。只有用量较少时，经济上才有利可图。因而应综合考虑技术经济指标、装置操作特性等因素，控制适宜的助剂加入量。

助剂的使用相对主剂更为灵活。添加助剂即能引发或强化某一反应而起作用；当停止添加助剂后，逐渐终止或弱化某一反应而停止作用。操作相当简便，无需为了实现某一操作而全部更换装置中的催化剂。同时这些助剂添加到装置的催化剂中后，能较快地起作用，见效快。如使用 CO 助燃剂，加入后几分钟就见到效果；添加脱 SO$_x$ 助剂或辛烷值助剂后，也只需几小时或几天就能见到效果；添加金属钝化剂，加入几周后也能反映出效果。

助剂向装置中加注时，可以采用单独的储罐和加料管线(液体助剂通常在原料油喷嘴前的集合管线处加注)，也可以与主剂混合后加入。但由于助剂的用量较小，为准确控制其加入量，同时提高操作的灵活性，往往多采用单独的小型加料系统。如国内大多数 FCC 装置都配备了容积约几十升的小型加料罐，用于加注 CO 助燃剂等固体助剂。Intercat 公司提供一种与其助剂配合使用的加料系统，容积较大且自动化程度较高。本章第九节对助剂的加剂设施有进一步说明。

助剂的组成与生产和主剂存在一定差别。FCC 主催化剂以沸石为主要活性组分，遵循酸性中心上的正碳离子反应机理；而助剂中除重油转化助剂及 ZSM-5 型助剂外，较少采用沸石活性组分。因而很多助剂所用催化材料及催化作用的机理完全不同于 FCC 催化剂，例如 CO 助燃剂多以贵金属为活性中心，进行 CO 的催化氧化反应；烟气硫转移剂(降低 SO$_x$ 排放助剂)则以氧化镁、稀土和多种过渡金属元素形成的组合物进行烟气中 SO$_x$ 的氧化和捕集。由于所用原料及化学组成与主剂不同，助剂的制备工艺往往也与 FCC 催化剂有显著差异，生产过程中存在很多与裂化催化剂生产不同的工程问题(如金属活性组分的负载方法等)。此外，由于助剂的催化原理及用途等与主剂有较大区别，因而研制开发过程中进行性能评价时所采用的方法也不尽相同，如降低再生烟气 SO_x、NO_x 排放助剂均需采用专门的评价方法。

　　助剂是对主剂催化性能的有益补充，两者共同帮助 FCC 装置应对技术挑战或提高经济效益。以工业生产中应用较为普遍的 ZSM-5 型增产低碳烯烃助剂为例，其对主催化剂的辅助作用在于将主催化剂裂化所得汽油中的烯烃再裂化，从而增加低碳烯烃的产率。因此，其低碳烯烃产率增加的幅度就有赖于主催化剂能提供多少汽油馏分的烯烃。主催化剂一般是以 Y 型沸石为基础，而 Y 型沸石的晶胞常数与反应选择性关系很大。当沸石的硅铝比高，氢转移活性低，低碳烯烃的产率较高，汽油馏分中烯烃含量高，因而可多提供烯烃给 ZSM-5 助剂再裂化，从而增产低碳烯烃。表 3-100 为 ZSM-5 助剂在 REY 和 USY 两种类型主催化剂上 $C_3^= + C_4^=$ 产率之差别(Smith，1998)，从中可见在反应温度和转化率相同时，在 USY 催化剂上低碳烯烃的产率较高，添加助剂后增幅较大。由于 USY 的活性较低，在运转中脱铝也较快，所以在工业实际应用中一般采用 RE 稳定的 USY，控制平衡剂的晶胞常数在 2.425~2.430nm 之间。

表 3-100　ZSM-5 助剂在 REY 和 USY 催化剂上的 $C_3^= + C_4^=$ 产率

(同样反应温度和转化率)　　　　　　　　　　　　　　　　%

催化剂	REY	REY+助剂	Δ	USY	USY+助剂	Δ
$C_3^= + C_4^=$	7.8	9.3	+1.5	9.5	11.9	+2.4

　　表 3-101 列出了 RE-USY 和 USY 在同样反应温度和转化率下的活性和产率分布(Buchanan，1996)。表中 RE-USY 含 Re_2O_3 2.7%，老化后晶胞常数为 2.428nm，USY 则含有 0.2% 的 Re_2O_3，老化后晶胞常数为 2.423nm。从表中可见，由于 USY 催化剂的活性较低，在同样转化率下，需要有较高的剂油比；而由于它的汽油产率较低，虽然它能够多产低碳烯烃，但由于提供给助剂裂化的烯烃少，所以添加助剂后，总低碳烯烃产率提高幅度与 RE-USY 基本相等。

表 3-101　ZSM-5 助剂在 RE-USY 和 USY 上的产率分布比较

(反应温度 538℃，转化率 67%)

主催化剂	RE-USY	RE-USY	USY	USY
助剂/%	0	25	0	25
剂油比	6.5	8.6	8.6	11.1
产率/%				
$\leqslant C_2$	3.0	3.43	3.89	4.30
C_3	0.81	1.37	1.39	1.90
$C_3^=$	3.49	9.26	3.92	9.30
$i\text{-}C_4$	1.60	2.64	2.40	2.70
$n\text{-}C_4$	0.41	0.65	0.73	0.80
$i\text{-}C_4^=$	1.70	3.34	1.63	3.10
$C_4^=$	5.18	8.28	4.89	7.80
汽油	47.85	36.23	44.49	34.90
LCO	19.26	18.99	19.83	19.00
重油	13.20	12.20	13.04	11.71
焦炭	3.50	3.61	3.79	4.10
RON	91.3	93.4	91.8	94.0

　　可见，助剂与主剂之间既有显著区别又有着密切联系，两者在 FCC 过程中是相互影响、相辅相成的。助剂的物理性质与活性的保留也有很大的关系，其中以磨损强度、筛分和堆积密度的关系较大。磨损强度差，助剂的跑损快，在装置中的停留时间短，需提高新鲜剂的补

充率。助剂的细颗粒多，也会增加跑损。堆积密度大会减少跑损，特别是磨损指数小、堆积密度大更不易跑损。

二、一氧化碳助燃剂

催化裂化过程中，生焦失活的待生催化剂被送到再生器中烧炭再生，烧炭时放出 CO_2 和 CO。CO 在再生器稀相床层中发生"后燃"（又称"尾燃"）现象时，可能造成局部超温致使催化剂结构和装置硬件受到破坏（杜伟，2002）。此外，CO 排入大气不仅造成能源损失（部分装置采用 CO 锅炉回收部分能量，但造价较高），也会污染环境。解决上述问题的主要手段就是采用再生烟气 CO 燃烧助剂（简称 CO 助燃剂）。目前，多数催化裂化装置使用 CO 助燃剂以促进 CO 在密相床层内燃烧生成 CO_2，避免 CO"后燃"放热，从而防止超温对再生器与催化剂结构、性能的破坏；同时可回收烧焦时产生的大量热量，使再生温度有所增加，提高催化剂的再生效率，降低再生剂炭含量，提高了催化剂的活性，并在一定程度上改善了选择性，从而起到降低催化剂循环量、减少催化剂消耗和提高轻质油收率等效果（相关数据参见本书第八章中介绍）。

20 世纪 70 年代中期，Mobil 公司首先研究成功了 CO 助燃剂，并转让给 Grace Davison、ALBEMARLE 等公司生产。1975 年美国首先在催化裂化装置中使用了 Pt 基 CO 助燃剂技术。自 1975 年首次工业试验以来，美国已有 60% 以上的 FCC 装置采用了 CO 助燃剂。20 世纪 70 年代末，我国也研制成功 CO 助燃剂，并投入工业使用。

CO 助燃剂按金属活性组分种类不同可分为贵金属和非贵金属两种类型。贵金属（Pt、Pd）型助燃剂的应用相对较为普遍，但随着非贵金属助燃技术的不断发展和完善，特别是由于其较低的价格和较少的 NO_x 排放，非贵金属型助燃剂受到越来越多的关注。

（一）Pt(Pd) 型贵金属 CO 助燃剂

助燃剂的活性组分是铂、钯等贵金属，载体是 Al_2O_3 或 $SiO_2-Al_2O_3$。贵金属活性组分的含量通常在 $300\sim800\mu g/g$。一般催化剂藏量中铂当量达到 $1\sim2\mu g/g$ 时，就可以使再生烟气中的 CO 含量降至 $1000\mu g/g$ 以下。对于 CO 氧化反应的机理存在两种不同观点：一是 Pt 先吸附氧再与气态的 CO 发生反应生成 CO_2；二是氧和 CO 同时吸附在固体表面，然后再彼此发生反应生成 CO_2。助燃剂的有效性不仅取决于 Pt 的负载量，而且还取决于 Pt 的分散度、所用载体材料的类型以及耐磨性和密度等特性（杜伟，2002）。

使用助燃剂可选用 CO 完全燃烧操作方案，烟气中的 CO 在助燃剂作用下全部转化为 CO_2，产生的热量最多，催化剂的再生也充分；也可选用 CO 部分燃烧方案，即催化剂再生过程中生成的 CO 部分转化为 CO_2，产生的热量有限，潜在的热量未能充分发挥。通常热量过剩的装置，或装置材质受限制不宜采用高的再生温度时，多用助燃剂实现 CO 部分燃烧操作。CO 部分燃烧操作是通过控制氧含量的办法而实现。采用部分再生还可以实现掺渣油的裂化。掺入渣油裂化时虽生成热量较多，但因采用 CO 部分燃烧，有部分潜在热量被 CO 带走，因而还能保持装置的热平衡。

采用助燃剂实现 CO 完全燃烧可使 CO 在再生器密相床层基本烧净，因而能够防止 CO 的二次燃烧（后燃），还可减少 CO 和 SO_x 的排放，减轻它们对环境的污染。助燃剂的加入量通常为每吨藏量催化剂中含助燃剂 $2\sim5kg$。助燃剂主要有以下几种（储慧莉，1997）：①将助燃活性组分负载于 FCC 催化剂上，例如将贵金属作为裂化催化剂的组分之一；②液体助燃剂，通常是将贵金属的油溶性盐加入到催化裂化原料油中，或将贵金属的水溶性盐注入到催化裂化过程所使用的水蒸气中；③固体助燃剂，是将活性组分负载于载体上制备成独立的助燃剂颗粒，与 FCC 催化剂混合使用。国外早期多使用助燃催化剂，即在裂化催化剂中加入 Pt 等 CO 氧化助燃组分而制成，其优点是使用简便。但由于助燃组分已添加到催化剂上，故引发或终止 CO 氧化的时间都较长，故而以后又发展了单独添加的固体助燃剂和液体助燃剂。由于固体助燃剂无腐蚀，且效果迅速，因此炼油厂多采用固体助燃剂。国外 CO 助燃剂的主要牌号参见表 3-102。

表 3-102　国外 CO 助燃剂一览表

生产公司	牌　号	说　明
Albemarle(原 Akzo Nobel)	KOC-15	Pt/SiO$_2$-Al2O$_3$，粉状
	KOC-18	Pt/SiO$_2$-Al2O$_3$
	KOC-10	Pt/Al$_2$O$_3$，粉状
	KOC-50	Pt/Al$_2$O$_3$
	KNOx	非 Pt CO 助燃剂
	ELIMINOx	非 Pt CO 助燃剂，脱 NOx
	INSITUPRO	Pt/FCC 催化剂，转化 CO 效果更好
Ambur Chemical	CCA-1，-5，-6，-7，-8	Pt-Pd/Al$_2$O$_3$(高纯度)，双金属
	CCA-350	Pt/Al$_2$O$_3$(低纯度)，微球
	CCA-500	Pt/Al$_2$O$_3$(中等纯度)，单金属
	CCA-700，-850，-1000	Pt/Al$_2$O$_3$(高纯度)，单金属
JGC Catalysts and Chemical Industries	SP-10S	
	SP-10	
	SP-20	
	SP-60	
Grace Davison	CP-3，-5	贵金属/SiO$_2$-Al$_2$O$_3$，微球
	COCAT-1，-5，-7	
	CP-A	
	CP P	比 CP-5 用量少，NOx 产量低，
	XNOX	非 Pt，低 NOx 排放
	DENOX-W	非 Pt，降低用钝化剂装置 NOx
BASF	PROCAT Plus-500	贵金属/SiO$_2$-Al$_2$O$_3$，微球
	PROCATPlus-700，-900	Pt CO 助燃剂
	USP	高堆比 Pt 基，密相床转化 CO
	OxyClean	Pt 基，通过吸附 NOx 降 NOx
	LNP	低 NOx 助燃剂，高堆比
	COnquer	非 Pt 助燃剂，降 NOx
Intercat	COP-375，-550，-850	Pt/Al$_2$O$_3$，微球
	COP-NP	Pd，用量少，低 NOx
Instituto Mexicano Del Petroleo	IMP-PC-500	Pt/θ-Al$_2$O$_3$
UOP	UNICATCL-3	Pt/Al$_2$O$_3$，粉末
	Unicat-1	Pt 盐
Chevron	Octamax	Pt/SiO2-Al$_2$O$_3$，微球

　　国内也已有 30 多家催化剂厂生产十几个品种的助燃剂，其活性组分多以 Pt 和 Pd 为主，而载体一般以 $\gamma\text{-}Al_2O_3$ 为主。国内几种典型的 CO 助燃剂的理化性能参看表 3-103 至表 3-105。其中高强度 5 号助燃剂由于载体结构性能的改善和制备工艺的改进，提高了助燃剂的强度和稳定性，延长了寿命，降低了 Pt 的单耗。RC 系列助燃剂其载体为氧化铝复合氧化物，其活性组分分布均匀，形成特殊的结构，明显地改善了 CO 的氧化活性和稳定性。

　　RIPP 开发的用于 CO 助燃剂的 RC 载体，基于结构化学知识，其形成的晶体缺陷尺寸与铂、钯原子大小相当，恰好可用作镶嵌铂、钯原子的能量"陷阱"。和 Al_2O_3 载体相比，Pt 和 Pd 的电子云密度强烈移向 RC 载体，显著增强了与 RC 载体的相互作用。表 3-105 列出了分别以 Al_2O_3 和 RC 载体为载体的助燃剂的性能对比。可以看出，无论是 CO 氧化活性，还是抑制 Pt(Pd) 晶粒尺寸的增大趋势，RC 载体都具有明显的优势。

表 3-103　国产主要 CO 助燃剂的理化性能

系列名称	I		CZ		高强度 5 号		RC	
生产厂家	RIPP		长岭		RIPP		RIPP 和长岭	
物理性质								
比表面积/(m²/g)	>50		>100		>70		110	
孔体积/(mL/g)	0.2~0.3		0.2~0.4		>0.2		0.24	
堆密度/(g/mL)	0.85~1.05		>0.8		0.9~1.1		1.13	
筛分组成/%								
<40μm	30				5~12		25	
40~80μm	40		50		50			
>80μm	30		35					
活性组分	Pt	Pd	Pt	Pt	Pt	Pd		
活性组分含量/%	0.010~0.05	0.05	0.009~0.046		0.005		0.021	0.023
CO 氧化活性①							23.8	11.0
CO 相对转化率②	>80(90)	>85			>90			

　　① 在一定操作条件下，固定流化床催化剂再生时产生的 CO_2 和 CO 烟气之比。

　　② CO 相对转化率 $=100\times[1-(1+R_B)/(1+R)]$

　　式中　R_B——无助燃剂时 CO_2/CO；

　　　　　R——有助燃剂时 CO_2/CO。

表 3-104　RIPP 的 I 系列 CO 助燃剂的理化性能

项　目	I-1助燃剂	I-2助燃剂	I-3助燃剂	I-4助燃剂	I-5助燃剂
活性组分种类	Pt	Pt	Pt	Pd	Pt
活性组分含量	基准	5 倍	10 倍	5 倍	5 倍
载体	$\gamma\text{-}Al_2O_3$	$\gamma\text{-}Al_2O_3$	$\gamma\text{-}Al_2O_3$	$\gamma\text{-}Al_2O_3$	$SiO_2\text{-}Al_2O_3$
化学质量组成/%					
Al_2O_3	>98	>98	>98	>98	>58
Na_2O	<0.5	<0.5	<0.5	<0.5	<0.08
SiO_2	—	—	—	—	>38
物理性质					
比表面积/(m²/g)	30~50	30~50	30~50	30~50	70~100
孔体积/(mL/g)	0.2~0.3	0.2~0.3	0.2~0.3	0.2~0.3	0.18
堆密度/(g/mL)	1~1.2	1~1.2	1~1.2	1~1.2	0.9~1.1
CO 氧化活性	50~60	50~60	80~90	50~60	>90

表 3-105　RIPP 的 RC 助燃剂与 Al_2O_3 载铂或钯的 CO 氧化性能

助燃剂[①]	CO 氧化活性[②]，CO_2/CO		Pt(Pd) 晶粒尺寸(平均)/nm	
	新鲜	760℃，4h 老化	新鲜	760℃，4h 老化
Pt/Al_2O_3	23	10	<20	>2600
Pt/RC 载体	>50	>50	<20	500~600
Pd/RC 载体	11	10	<20	500

① 催化剂载 Pt(或 Pd)量皆为 0.05%。

② RIPP 评价方法。

但贵金属助燃剂(特别是 Pt 基助燃剂)的使用通常造成再生烟气 NO_x 排放大幅增加，这在实验室和工业实践中都已得到验证(Barth，2004；宋海涛，2009)。而使用非 Pt 贵金属如 Pd、Ir 等替代 Pt 可显著降低 NO_x 排放，因而随着环保法规对 NO_x 排放限制的日益严格，非 Pt 助燃剂(也称低 NO_x 型助燃剂)得到了快速的推广和应用，例如美国很多炼油厂与国家环保局(EPA)签署的协议要求使用低 NO_x 型助燃剂(Sexton，2010)。国内外主要催化剂厂商及研究机构推出的非 Pt 助燃剂主要以 Pd 为活性组分，例如 Albemarle 公司的 ELIMINOx 助剂、BASF 公司的 OxyClean 助剂、Grace Davison 的 XNOX 助剂、Intercat 公司的 COP 系列助燃剂、RIPP 早年开发的 4 号助燃剂及非贵金属型(II 型)RDNOx 助剂等(陈祖庇，2007)，此外，国内不少企业也生产 Pd 助燃剂。低 NO_x 型 CO 助燃剂的研制开发与应用情况在本章第七节有进一步介绍。

(二)非贵金属型 CO 助燃剂

采用较廉价的非贵金属氧化物作为活性组分取代目前普遍使用的铂助燃剂，至少需要解决三个方面的问题(杜伟，2002)：新鲜助燃剂应具有较高的 CO 氧化活性；助燃剂在经过还原—氧化循环处理后须保持较高的 CO 氧化活性；助燃剂应能抵抗硫中毒。此外，非贵金属元素在再生器水热气氛下是否会向主剂迁移而对其裂化活性和选择性造成不利影响，也是需要关注的问题。非贵金属助燃剂按其氧化物类型大致可分为：①稀土钙钛矿型氧化物，如 $La_xSr_{1-x}MnO_3$，它活性好、稳定性高，但因其表面积小、耐硫性能差而受到限制；②负载型复合氧化物，如 IB、IVB、VIB、VIIB 族氧化物，或添加少量稀土氧化物，这些催化剂活性高、稳定性好、制备简单易行，有良好的工业应用前景；③尖晶石相氧化物，如 $CuCr_2O_3$ 尖晶石，但其活性尚不够理想。

Triadd FCC Additives 公司已开发出一种名为 PROMAX2000 的新型助燃剂，它不含 Pt 和任何其他贵金属。取代上述 CO 直接燃烧的催化作用，这种物质能促进 CO 对 NO 的还原。根据其机理，结果可用下式表达：

$$2CO + 2NO \longrightarrow N_2 + 2CO_2$$

焦炭中的氮在再生器中燃烧最初生成中间体 NO_x，此后与环境中存在的还原剂(CO、NH_3、焦炭)反应(崔连起，2001)。但是，还原的程度取决于氧过剩量、温度、焦中 N 含量、停留时间等因素。由于没用贵金属，PROMAX2000 是一种成本低、效果好的助燃剂(Smith，1997)。这种新产品已在 3 套不同的工业装置中试验成功。

表 3-106 列出了 1996 年 4 季度在美国一家炼厂 FCC 装置上该剂的标定数据。这套 FCC 装置配备 Exxon 公司灵活裂化反应器，催化剂藏量 180t，再生器 CO 完全燃烧，无 CO 锅炉，因而，从烟气能直接监控排放。从表列数据可见，进料总氮增加许多，由于使用该剂，NO_x 含量还略有降低；对防止再生器出现二次燃烧而言，该剂与 Pt 含量 500μg/g 的 CO 助燃剂等效，即耗量一样。

表 3-106　PROMAX2000 工业试验数据

操作条件	基准	使用 PROMAX	操作条件	基准	使用 PROMAX
进料速率/(t/d)	3945	3945	烟气分析		
进料预热温度/℃	318	312	过剩 O_2/v%	4.3	4.4
反应器温度/℃	510	509	CO/(μg/g)	0	0
空气速率/(Nm³/min)	1360	1360	CO_2/v%	12.5	12.4
汽提蒸汽/(t/h)	3.86	3.27	NO_x/(μg/g)	28	26
温度/℃			SO_2/(μg/g)	347	328
密相床	735	784.4	进料分析		
稀相	754.4	748.3	API 度	25.4	26.1
二次燃烧/%	19.4	13.9	总 N/(μg/g)	521	775
			S/%	0.60	0.58

储慧莉(1997)开发的钙钛矿型稀土复合氧化物 CO 助燃剂已在几套 FCC 装置上进行了工业试验，实验效果较好。崔连起等(2001)开发了钙钛矿结构的金属氧化物 CO 助燃剂。这种助燃剂以 Al_2O_3 和高岭土为载体，活性组分为钙钛矿结构的金属氧化物，负载量为 10%~15%。而且该剂的加入量为 Pt 剂的 1.5~2 倍亦可迅速抑制二次燃烧。

殷慧玲等(1992)开发的非贵金属复合氧化物 CO 助燃剂 SYW 系列，以 Cr、Cu、Co、Mn、Ni、Fe 等过渡金属作为活性组分，它们可以是氧化物、硫化物等其他化合物，载体一般为氧化铝，也可以是小孔沸石或其他硅铝化合物(黄星亮，1996)。评价数据表明，这种助燃剂在助燃性能上可以达到铂助燃剂的水平，而且不会影响催化裂化反应及其催化剂的使用性能。

非贵金属 CO 助燃剂的工业试验已证明助燃效果可达到与 Pt 剂相当的水平，同时 NO_x 排放有所降低。开发非贵金属 CO 助燃剂的重点是进一步提高其助燃活性和水热稳定性，例如对钙钛矿稀土复合氧化物型 CO 助燃剂，要解决助燃速度慢、失活快的问题；对过渡金属负载型助燃剂，要避免在使用过程中对催化裂化产品分布造成不利影响。同时，要提高金属活性组分的分散度和利用率。开发高分散贵金属 CO 助燃剂，使贵金属粒子以纳米级甚至原子尺度均匀分散在载体上，可提高其利用率，在达到同样助燃效果的情况下，节省贵金属用量。

随着环保法规对催化裂化装置 SO_x、NO_x 等排放限制的日益严格，同时控制多种污染物排放是助剂技术发展的重要方向之一，因此，可以开发多功能型 CO 助燃剂，例如可同时控制烟气 CO 和 NO_x 排放的低 NO_x 型助燃剂在近年得到快速推广应用。

三、辛烷值助剂

辛烷值助剂又称辛烷值增进添加剂，它是用来提高催化裂化汽油辛烷值的一类催化剂。

国外从 20 世纪 80 年代起，采用不含稀土离子或含很少量稀土并经超稳化处理的 Y 型沸石（如 USY），以减少氢转移反应，成功地开发出多种提高汽油辛烷值的裂化催化剂。高辛烷值裂化催化剂与常规的沸石裂化催化剂相比，RON 提高约 0.5~3.5 个单位，MON 提高约 0.5~2 个单位。由于 USY 的活性低于稀土 Y 型沸石，因此，催化剂的沸石含量增加。同时，1983 年 Mobil 公司首先将 ZSM-5 沸石作为小球裂化催化剂的复合组分应用于一套移动床催化裂化装置上，取得了增加汽油辛烷值的突出效果，随后将 ZSM-5 作为微球催化剂的复合组分或以高沸石含量的单独助剂形式用于 FCC 工业装置，均取得良好效果（Yanik, 1985; Dwyer, 1987）。Filtrol 公司将 ZSM-5 沸石加入其 DOC 裂化催化剂中，制成 DOC-1Z 型微球剂，使用效果表明，在转化率相同情况下，汽油产率减少 2.3v%，而 C_3、C_4 增加 2.2v%，干气和焦炭基本不变，辛烷值增加 0.6~1.7 个单位。Grace Davison 公司将 ZSM-5 沸石制备成 OHS 助剂，其使用效果见表 3-107。国外各种辛烷值助剂的牌号见表 3-108。

表 3-107 Octacat 加助剂的产品分布

（中型绝热提升管装置）

催化剂	Octacat+O-HS 助剂			
加助剂量/%	0	1	3	6
剂油比	5.0	5.0	5.4	5.4
转化率/%	65.0	65.0	65.0	65.0
产率/%				
H_2	0.050	0.050	0.050	0.050
C_1+C_2	3.05	3.05	3.05	3.05
$C_3^=$	4.0	5.1	6.4	7.7
总 C_3	5.7	6.7	8.3	9.5
$1-C_4^=$	1.0	1.1	1.2	1.3
$i-C_4^=$	1.9	2.3	2.7	3.0
反-2-$C_4^=$	1.3	1.4	1.7	1.7
顺-2-$C_4^=$	0.9	1.0	1.2	1.3
总 $C_4^=$	5.1	5.8	6.8	7.3
$i-C_4$	2.0	2.2	2.4	2.5
$n-C_4$	0.5	0.5	0.5	0.5
总 C_4	7.6	8.5	9.7	10.3
C_5^+汽油	45.7	43.8	41.0	39.2
LCO	18.4	18.4	18.2	18.2
HCO	16.6	16.6	16.8	16.8
焦炭	2.92	2.92	2.92	2.92
RON	94.2	94.6	95.4	95.8
MON	79.4	80.1	80.3	80.7
正烷烃	3.0	3.0	2.7	2.6
异烷烃	21.4	20.0	19.0	18.0
烯烃	40.6	42.5	42.5	42.5
环烷	9.5	8.0	8.4	8.4
芳烃	25.5	25.5	27.4	28.5

表 3-108   几种工业辛烷值助剂

公　司	助剂牌号	载　　体	沸石含量/%
Mobil	ZSM-5		
Albemarle(Albemarle/Ketjen)	K-25	$SiO_2-Al_2O_3$	15~25
Grace Davison	"O"-HS	$SiO_2-Al_2O_3$	15~25
BASF(Engelhard)	Z-1000	$SiO_2-Al_2O_3$	15~25
Johnson Matthey(Intercat)	Z-cat-plus	$SiO_2-Al_2O_3$	15~25
Chevron	Octamax		

　　ZSM-5 沸石具有选择性地裂化汽油馏分中辛烷值很低的正构 $C_7~C_{13}$ 或带一个甲基侧链的烷烃和烯烃，生成辛烷值高的 $C_3~C_5$ 烯烃，尤其是 $C_4~C_6$ 异构物，从而增加了汽油辛烷值，石蜡基原料油增加幅度尤为明显。由于相当部分的轻烯烃进入液化石油气中，所以汽油的产率有所下降，尤其在高苛刻度时(反应温度在 510℃ 以上)下降较多。在多产轻循环油的生产方案中，汽油产率的下降可由轻循环油进一步裂化来补偿，最终表现为轻循环油产率的减少，而汽油产率降低幅度不大。如果把潜在的烷基化油产率计算到汽油中，汽油产率不但不减少，反而增加很多。在高苛刻度操作时，汽油辛烷值的增加主要归功于芳烃浓度的相对增大，即汽油产率降低造成原有芳烃相对地浓缩。

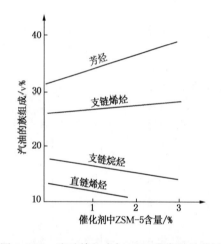

图 3-199   汽油族组成与 ZSM-5 含量的关系

　　通常汽油 RON 每增加 1 个单位，汽油产率约下降 2v%，MON 增值一般为 0.2~0.5 个单位。如果汽油与烷基化油(全部 $C_3^=$ 及 $C_4^=$)合并计算，那么 MON 增值与 RON 增值视情况互有高低(Donnelly，1987)。ZSM-5 可与多种裂化催化剂(REY，REHY 或 REUSY)配合使用而发挥作用。使用前后汽油和液化气组成的变化见图 3-199 和表 3-109 (Dwyer，1987)。Elia 等(1991)在中型 DCR 装置上，采用加入不同比例的 ZSM-5 到 REUSY 催化剂中，在不同反应温度下对其进行试验，得到了汽油组成(PIANO)定量变化值。辛烷值助剂的用量一般为催化剂量的 1%~3%，具体视对辛烷值增长的需求而定。

表 3-109   ZSM-5 对液化气组成的影响

组成/v%	使 用 前	使 用 后	组成/v%	使 用 前	使 用 后
C_3	14	12.6	$i-C_4^=+1-C_4^=$	15.7	16.1
$C_3^=$	35.4	36.9	反-2-$C_4^=$	7.6	7.9
$i-C_4$	17.2	17.3	顺-2-$C_4^=$	5.0	5.4
$n-C_4$	5.0	4.7	丁二烯	0.2	0.2

　　ZSM-5 有很好的抗金属能力，工业应用结果表明，当平衡催化剂上金属含量高达 3000μg/g 的 Ni、2500μg/g 的 V 及 6000μg/g 的 Na 时，ZSM-5 仍在发挥作用(Donnelly，1987)。另外，在实验室内单独将 ZSM-5 助剂人工污染到 2000μg/g Ni 时，再与 REY 剂配合使用(ZSM-5 占 2%)，氢气及焦炭均未增加，而同样污染程度下的 REY 剂，氢气和焦炭增加 4 倍。单独用钒污染到 10000μg/g 时，对其活性未见不利影响，而同样条件的 REY 剂

则丧失一半活性。加入 5000μg/g 的 Na 对助剂活性只有轻微影响，而同量的 Na 将使 REY 剂的 MAT 活性下降 10 个单位(Donnelly，1987)。由此可以看出，ZSM-5 用于含重金属渣油的原料是不成问题的，且在金属钝化剂(如 Sb) 的存在下仍无影响。需要注意的问题是辛烷值助剂的使用会造成气体产率增加较多，气体压缩机和吸收稳定设备负荷率增大，同时也使烷基化装置负荷增大。

Chevron 公司开发出 ZSM-5 沸石的改性技术，增加了异构化功能，适当降低了裂化活性。因而使用改性辛烷值助剂与未改性的助剂相比，增加相等数量的辛烷值，前者可获得更高的汽油产率。图 3-200 和图 3-201、表 3-110 和表 3-111 对比了这种改性的助剂与未改性的助剂。从图 3-200 和图 3-201、表 3-110 和表 3-111 可以看出，改性的助剂在提高汽油辛烷值的同时，液化气的收率相对降低，这对液化气的回收和利用受限制的炼油厂特别适用。

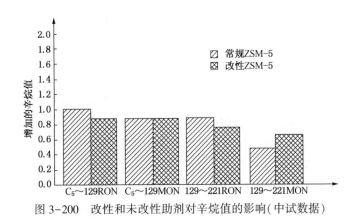

图 3-200　改性和未改性助剂对辛烷值的影响(中试数据)

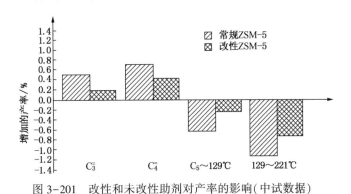

图 3-201　改性和未改性助剂对产率的影响(中试数据)

表 3-110　改性和未改性助剂产率的比较(中试数据)

催 化 剂	常规 ZSM-5	Chevron 改性 ZSM-5	催 化 剂	常规 ZSM-5	Chevron 改性 ZSM-5
$C_5 \sim 129℃$			$129 \sim 221℃$		
C_5	1.05	1.01	C_8	0.95	0.97
C_6	0.98	0.99	C_9	0.96	0.97
C_7	0.93	1.01	$>C_{10}$	0.93	0.95
C_8	0.90	0.93			

表 3-111　改性和未改性助剂的产率比较（中试数据）

催 化 剂	常规 ZSM-5	Chevron 改性 ZSM-5	催 化 剂	常规 ZSM-5	Chevron 改性 ZSM-5
$C_5^=/C_5P$	1.19	1.10	$i\text{-}C_6/n\text{-}C_6$	1.06	1.11
$i\text{-}C_5/n\text{-}C_5$	1.06	1.11	$C_7^=/C_7P$	1.02	1.01
$C_6^=/C_6P$	1.06	1.00	$i\text{-}C_7/n\text{-}C_7$	1.13	1.25

　　Chevron 公司开发出高 SiO_2/Al_2O_3 比值（525~1000）的 ZSM-5 助剂及其工艺，称为 Octamax 技术（Miller, 1994）。Octamax 技术明显地减少 C_3 产率，在提高汽油辛烷值的同时，汽油产率下降较少。工业试验证明在同样气体压缩机负荷下可取得更多的总丁烯和异丁烯产率。

　　Intercat 公司推出了 ISOCAT 和 OCTAMAX 两种辛烷值助剂，ISOCAT 含有 Mobli 公司生产的改进型高硅铝比（约 500）ZSM-5 沸石，并采用惰性基体，改善了助剂的活性和稳定性。OCTAMAX 是在其专有的黏结剂中加入近乎纯硅（硅铝比>800）的 Pentasil（ZSM-5）型沸石。OCTAMAX 助剂提高辛烷值是基于烯烃异构化反应，而不是以裂解烃类的方式进行，因而汽油产率损失很小（Smith, 1998）。

　　Grace Davsion 公司除了 OHS 辛烷值助剂以外，还有 GSO 辛烷值助剂。GSO 也是一种 ZSM-5 择形沸石经过改性的辛烷值助剂。表 3-112 为这两种助剂的性能对比。图 3-202、图 3-203 及图 3-204 分别示出了 OHS、GSO 助辛烷值剂对 RON、MON 和汽油产率的影响。Grace Davsion 公司是通过改进载体的配方来提高 ZSM-5 的稳定性。表 3-113 的数据表明，使用高稳定性的辛烷值助剂，炼厂可加更少的助剂而获得相同的效果。

表 3-112　Grace 公司两种辛烷值助剂的性能对比

催 化 剂	Octacat	3%OHS, 97%Octacat	3.5%GSO, 96.5%Octacat
产率/v%			
$C_3^=$	6.4	10.7	8.8
C_3	2.8	3.1	2.9
总 C_3	9.2	13.8	11.7
$i\text{-}C_4^=$	2.8	4.1	3.6
总 $C_4^=$	7.3	10.0	8.9
$i\text{-}C_4$	2.9	3.6	3.3
$n\text{-}C_4$	0.8	0.8	0.8
总 C_4	11.0	14.4	13.0
C_4/C_3+C_4	0.545	0.511	0.526
异戊烯（占汽油）	7.1	10.2	9.8
汽油（C_5~221℃）	55.0	49.0	51.9
轻循环油（221~338℃）	18.8	18.5	18.5
重油（>338℃）	16.2	16.5	16.5
焦炭/%	2.6	2.6	2.6
RON	94.2	95.4	95.1
MON	79.4	80.3	80.3
（RON+MON）/2	86.8	87.9	87.7

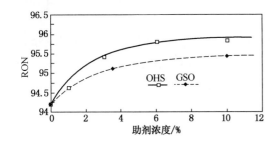

图 3-202　两种辛烷值助剂对 RON 的影响
（提升管中试数据）

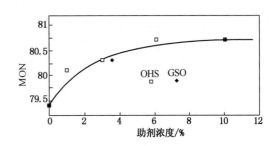

图 3-203　两种辛烷值助剂对 MON 的影响
（提升管中试数据）

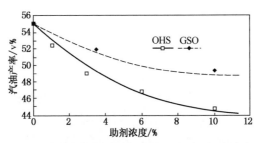

图 3-204　两种辛烷值助剂对汽油产率的影响（提升管中试数据）

表 3-113　辛烷值助剂稳定性对耗量的影响

助　剂	Octacat	Octacat/第一代辛烷助值剂	Octacat/高稳定性助剂 OHS	助　剂	Octacat	Octacat/第一代辛烷值助剂	Octacat/高稳定性助剂 OHS
ZSM-5/%		2.5	1.6	(C_3+C_4)烯/%	10.0	11.6	15.2
转化率/%	60.0	60.0	60.0	RON	91.5	92.2	93.2
C_5^+汽油/%	42.0	40.2	36.3	MON	80.4	81.1	81.6

我国 20 世纪 80 年代初即开始辛烷值助剂的研制工作，从 1986 年起在工业上试用 CHO 型辛烷值助剂。使用的辛烷值助剂牌号为 CHO-1 和 CHO-2。其性质如表 3-114（侯祥麟，1998）。

表 3-114　CHO-1 和 CHO-2 辛烷值助剂的性质

项　　目	CHO-1	CHO-2	项　　目	CHO-1	CHO-2
化学组成/%			堆积密度/(g/cm^3)	0.76	0.54
Na_2O	0.07	0.11	磨损指数	2.70	2.40
SO_4^{2-}	2.10	1.60	筛分组成/%		
Fe_2O_3	0.89	0.88	$0\sim20\mu m$	4.2	1.0
Cl^-	0.20		$20\sim40\mu m$	22.2	16.5
物理性质			$40\sim80\mu m$	67.5	57.4
比表面积[①]/(m^2/g)	234	437	$>80\mu m$	6.1	26.1
孔体积[②]/(mL/g)	0.19	0.54	微反活性[③]/%	71	65

① 甲醇吸附法；②水滴法；③800℃水蒸气老化 4h。

使用助剂后轻质油收率降低 1.5%~2.5%，液化气收率增加约 50%。汽油 MON 提高 1.5~2 个单位，RON 提高 2~3 个单位。助剂的加入有效地提高了产品的辛烷值。该辛烷值助剂一般占系统催化剂总藏量的 10%~20%，具体视对汽油辛烷值的要求而定。有的装置利用此种助剂增产丙烯，故又称之为"助气剂"。

总的来看，在丙烯、异丁烯等低碳烯烃需求量较大时，可以采用以裂化汽油中的直链烃为主要的辛烷值助剂，将部分汽油馏分烃类转化为气体产物，汽油收率通常会有所降低；而在对汽油产率要求较高时，则应采用以异构化为主要机理的辛烷值助剂，通过增加异构烷烃含量来提高辛烷值。

四、金属钝化剂

金属化合物以卟啉和类似卟啉化合物形式存于原油中，这类化合物易于挥发，经催化裂化后，沉积在裂化催化剂上，使催化剂遭受金属污染。镍和钒对催化剂的毒害随使用的催化剂的种类、金属的污染量和再生时的操作条件不同而有所差别。在使用无定形硅铝催化剂时期，再生温度低于 600℃。当时认为钒对催化剂活性和选择性的毒害只是镍的 1/4 或 1/5。随着沸石裂化催化剂的普遍采用，金属污染程度低(<3000μg/g)时，镍对生氢和生焦的影响是钒的 4~5 倍。当金属污染程度高(15000~20000μg/g)时，钒和镍的危害是相似的。在有高温(730℃)和水蒸气的情况下，钒对催化剂的毒害更大。

有关重金属使催化剂中毒而降低活性和选择性的机理以及具体数据已在本章第五节和将在第六章中分别叙述。本节将重点介绍采用某些助剂抑制沉积在催化剂上的重金属毒害的方法。其中助剂中的组分沉积到催化剂上，与沉积的重金属作用使之丧失其毒性的方法，通常称为金属钝化的方法，所采用的助剂称为金属钝化剂。寻找某些金属的有机化合物或其氧化物，制备成能以液体状态注入裂化反应器的金属钝化剂是简单易行的途径，因而金属钝化剂多为液态。研究结果表明，几种金属对减少氢产率的有效程度排序依次为：Sb>Ti>Bi>P>Sn，相对值分别为 1、0.8、0.7、0.6、0.5。Phillips 公司首选了锑剂，并于 1976 年首次在 Borger 炼油厂的重油裂化装置上应用取得成效(Dale，1977)。

金属钝化剂分有机金属钝化剂和无机金属钝化剂。就锑基金属钝化剂而言，有机锑剂如硫醇锑、三羧基锑、三苯基锑、二异丙基二硫代磷酸锑等；无机锑剂，即 Sb_2O_5 的胶体溶液。金属钝化剂又分油溶型和水溶型两种。锑剂本来就有毒，含有 S、P 时，其毒性更大。锑基钝化剂上的锑只有沉积在催化剂上才能显示其钝化效果，因而锑在催化剂上的沉积百分率(挂锑率)是一个重要指标。为了达到高的挂锑率，钝化剂的分解温度应恰当，最好在接触催化剂之前不分解，一接触灼热催化剂即分解，并且锑沉积于催化剂上。表 3-115 是美国某炼厂催化裂化装置使用三羧基锑(ATC)和 Sb_2O_5 胶体溶液(CD)作钝化剂的效果对比。表3-116 是该两种钝化剂的全面性能比较。总之，三羧基锑和 Sb_2O_5 胶体溶液都是良好的锑基钝化剂。前者的缺点是遇水水解形成沉淀，要求精细使用，但挂锑率高，钝化剂耗量相对少。后者的钝化效果不错，缺点是挂锑率低。

表 3-115　某炼厂使用 Sb_2O_5 和三羧基锑的效果对比

产　　品	每天锑量/kg	催化剂上锑含量/(μg/g)	沉积率/%	H_2/CH_4
Sb_2O_5	31.3	500	47	1.0
ATC	26.8	790	86	0.9
ATC	22.2	700	92	1.0

表 3-116　胶状分散剂(CD)与三羧基锑(ATC)的性能分析比较

工艺指标	锑对 FCC 装置操作性能的影响		ATC 和 CD 的相对效果比较	
	ATC	CD	ATC	CD
转化率/v%	无影响	无影响	—	
汽油产率/v%	无影响	可能增加	—	
氢产率/v%	降低	降低	效果稍差	较有效
甲烷产率/%	无影响	无影响		
焦炭产率/%	降低	降低	效果相同	效果相同
H_2/CH_4(摩尔比)	降低	降低	效果稍差	较有效
沉积率	—	—	较有效	效果较差

锑基钝化剂已成功地应用于多种类型的工业催化剂和不同类型的工业装置(Gall，1982；Bohmer，1989)。工业应用标定结果表明，平衡剂重金属(4Ni+V)从 6000μg/g 增至 9000μg/g 以上时，此时采用锑基钝化剂，氢气产率平均降低 35%~45%，在氢气产率降低的同时焦炭产率也有所降低(15%左右)，汽油产率则增加 2%~5%。平衡剂上的 Sb/Ni 比值与氢产率有直接关系，一般要控制在 0.25~0.40(质量比)左右。锑对镍的钝化机理是催化剂上可还原的镍与钝化剂中可还原的锑产生化学反应生成稳定的亚锑酸盐 $NiSb_xO_y$，从而改变了镍的电子性质，而降低其对催化剂活性的影响(Teran，1988；McKay，1979)；或者生成表面富集锑的 Sb-Ni 合金，抑制了镍的活性。能钝化镍的锑加入量取决于锑与镍作用的平衡(Dreiling，1979；Parks，1980)。锑也能抑制钒的脱氢活性，钒与镍共存时对锑的钝化作用并无不利影响。

使用锑钝化剂必须研究工业装置中锑的物料平衡，要采取合理的注入方式和条件，保持合理的补充速度以使沉积在催化剂上的锑的比例(即挂锑率)尽可能高。有关数据见表 3-117。由于催化剂细粉中的锑含量往往高于平衡剂，因此单纯按平衡剂上锑含量计算的挂锑率一般偏低(只有 40%~50%)。

除油浆外，液体产物中的锑可忽略不计，污水中含锑极微，除尘后再生烟气中也未检测出锑，注剂设施只要操作得当，对大气和水环境没有影响。问题是卸出和回收的含锑催化剂将如何处置。

表 3-117　工业装置的锑平衡　　　　　　　　　　　　　　%

装置　　　　项目	装置代号[1]			
	1	2	3	4
卸出的催化剂中	52	10	34	}64
电除尘器细粉中	36	73	21	
油浆细粉中	10	8	8	25
藏量变化中	0	0	13	0
其他[2]	2	9	24	11

① 代号 1~3 为国外装置(Bohmer et al.，1989)，代号 4 为国内装置(使用 LMP-1 钝化剂)。
② 汽油含锑 1μg/g，柴油含锑<2μg/g，油浆含锑 30μg/g。

我国也开发了 MP 系列(RIPP)和 LMP 系列(LPEC)的钝化剂，并分别在几套工业装置中应用(独山子炼油厂，1981；徐熙昌，1982；陈锦祥，1988；梁凤印，1988)。几种钝化剂的性质见表 3-118。经国内某重油催化裂化装置长期使用结果表明，当平衡剂上镍为 6000~7000μg/g，钒为 1100μg/g 的水平时，均可将干气中氢含量控制在 30v%~40v%，H_2/CH_4 比值在 3.3 以下。

锑钝化剂对 CO 助燃剂的影响主要产生在开始应用钝化剂的快速注入阶段，这时 CO 燃烧速度的降低十分明显。在正常应用时两者的矛盾并不突出，只是 CO 助燃剂的用量略有增加。锑钝化剂对硫转移助剂的性能没有影响。

虽然前述的锑基钝化剂对降低催化剂的镍中毒很有成效，但锑易随产品流失或者沉积在设备内，对人体健康有一定影响。锑化合物已被美国环保署列入危险化学品名单中。为了研制一种不属于锑基的助剂，Gulf 公司于 20 世纪 70 年代即开始研究，以后由 Chevron 公司完成（Readal，1976；McKinney，1978），80 年代中期由 Intercat 公司生产了牌号为 CMP-112 的铋剂，在几套工业装置中应用，其中多数用铋剂取代锑剂。运行数据表明，在降低氢产率和焦产率方面两种助剂的钝化效果相差不大（Ramamoorthy，1988），铋剂的用量与锑剂相等或稍多，但钝化成本相对较低（Heite，1990）。

表 3-118　几种金属钝化剂的物化性质

牌　号	Phil-Ad CA	Phil-Ad CA3000	MP-25	MP-85	LMP-1	LMP-2	LMP-4
外观	浅黄色液体	浅黄色液体	浅黄色液体	浅黄色液体	黑色黏稠液体	黑色液体	浅黄色液体
Sb/%	10.5~12.5	21~25	26.0	6.0~6.5	14~15	25	25
S/%	<17.5	28	26.0	3.0	0	0	0
P/%	<7.5	0	1.5	0	0	0	0
密度(20℃)/(g/cm³)	1.80	1.52	1.61	0.93	1.10	1.27	1.45
闪点/℃	71	93	>100	>40	>120		
运动黏度/(mm²/s)	2.3 (99℃)	23~55 (99℃)	35 (40℃)	1.5 (40℃)	207 (50℃)	18.2 (40℃)	2.35 (20℃)
分解温度/℃		188~232	191~220	190~250	>260	>290	>290
臭味		刺激性	刺激性	无	无	无	无

此外，Betz 工艺化学品公司研制了一种名为 DM1152 的非锑基钝化剂，作为锑剂的替代物，DM1152 的价格较廉，并且能消除锑剂对人身健康的危害（Barlow，1989）。

上述钝化剂都是钝镍剂，同时也是钝铁剂，钝化它们的脱氢活性。当 FCC 进料的钒含量较高时，如中东油和新疆油，钒破坏催化剂沸石的晶体结构，造成催化剂永久失活是必然面对的问题。在钒、钠共存时，这个问题更严重。因此，钝钒剂钝化钒的脱氢活性是其次的，主要功能在于保护催化剂沸石的晶体结构，维持平衡催化剂活性，减少单耗。

钝化钒的机理是钝化金属与钒形成一种高熔点化合物，这种化合物在 FCC 再生条件下是稳定的，不会在催化剂沸石上流动；或者钝化金属与钒、催化剂沸石、载体组分相互作用，在催化剂表面形成一层薄膜覆盖在钒上面，阻止钒向沸石孔内迁移，从而减少钒对催化剂沸石的破坏。在抑制催化剂上钒的毒害方面，Chevron 公司和 Nalco 公司于 20 世纪 80 年代研制了锡基的钝化剂（English，1984；Bertus，1982）。锡对镍的钝化作用不明显，其突出作用是钝化钒。锡可以形成薄膜覆盖在催化剂表面，如果使用正确，锡可以把钒破坏沸石活性的作用减少 20%~30%（Denison，1986）。国外从事钝钒剂的研究开发公司还有 Phillips、ExxonMobil、UOP、Betz 等（钱伯章，2005）。国内因原油中镍含量高、钒含量低，对钒对 FCC 催化剂的影响研究相对较少，但随着炼厂加工进口原油的比例不断提高，FCC 原料钒含量也相应增加，国内也快速推出了钝钒剂，如 NS-60 高效抗钒活性剂（王庆明，2003）。NS-60 抗钒活性剂是一种能够与水互溶的 Ce(OH)₄ 胶体，作为抑钒活性剂，使富含稀土氧化物沉积在催化剂表面，可以直接加入到反应体系中，优先与钒生成稳定的化合物。NS-60 抗钒活性剂为液相，加注方便，可根据平衡催化剂上钒含量的变化灵活地调节加入量。工业装置试用结果表明，NS-60 抗钒活性剂具有良好的钝化钒效果，可使系统平衡催化剂的活性提高 3 个百分点，降低新鲜剂单耗约 0.1kg/t；液化气及轻循环油收率分别增加 0.45 个百分点及 2.0 个百分点，汽油收率相应减少 1.8 个百分点。

FCC 装置进料钒含量很低时，当然选用纯锑基钝化剂。当需要钝化钒时，往往也需要钝化镍。因此，出现兼具钝化镍和钒功能的复合钝化剂，钝钒单剂的使用反而不多。RIPP 曾开展了可同时钝化镍和钒的固体钝化剂，将钝镍组分与捕钒组分负载于同一载体上（刘晓东，2001）。洛阳石化工程公司（LPEC）炼制研究所开发的 LMP-6 复合钝化剂是 Sb/RE 复合剂，是一种同时钝化钒和镍的水溶性钝化剂。它除了具有 LMP-4 型水溶性金属钝化剂的诸多优点外，由于将钝化钒和钝化镍的有效组分有机地结合在一起，使一剂同时具备钝化钒和钝化镍的两种功能，并且有效组分可以视镍、钒污染水平进行调整，可以更合理、更有效地抑制镍、钒对 FCC 催化剂的污染。某装置加工的混合原料中镍、钒均达 9μg/g，平衡催化剂的镍含量达 5000μg/g，钒含量达 6400μg/g，催化剂的钒中毒非常严重。使用 LMP-6 多功能钝化剂后，在与加入钝化剂前基本相同的操作条件下，平衡催化剂的活性提高了 4~6 个单位，汽油收率提高约 5 个百分点，油浆减少 3 个百分点，富气中氢气下降了 15%。LMP-6 型多功能钝化剂在多套 FCC 装置上使用前后效果列于表 3-119。应该说明的是该类钝化剂对铁的脱氢活性亦有良好钝化作用。

表 3-119　LMP-6 型钝化剂在 RFCCU 的应用概况

项　目	南　京	茂　名	镇　海
所用催化剂	ULTIMA-447	CHZ-2	ZCM-7
进料<500℃馏出/%	73.5/73.1	13.58/15.00（掺渣率）	72.7/68.4
进料 Ni，V 含量/(μg/g)	5.70，7.50	(9.5，2.8)/(7.50，11.25)	9.3，2.6
平衡剂 Ni，V 含量/(μg/g)	(4800，2000)/(4627，1895)	(11800,6330)/(11320,6450)	60,00/3,000
裂化气中 H₂/v%	33.2/22（干气）	39.6/33.29（富气）	12.3/11.75（富气）
裂化气中 H₂/CH₄(v/v)	1.33/0.66（干气）	3.39/3.14（富气）	1.65/1.27（干气）
轻油收率/%	62.57/63.52	62.99/66.26	66.26/69.05
平衡剂 MAT/%	58.2/66.0	47/52	63.3/64.08

五、钒捕集剂

前文已经述及，钒具有较强的流动性，特别是在催化剂钠含量较高的情况下，可以对催化剂沸石骨架结构产生持续的破坏，显著影响裂化催化剂的活性和选择性。由于液体金属钝化剂在使用过程中易挥发产生有毒物质，因而开发了专门的固体捕钒剂将钒"固定"，以降低其流动性和破坏作用。钒捕集剂（固钒剂）首先由 Chevron 公司在 70 年代后期开发，其作用机理是使沉积在催化剂上的钒在再生器环境中生成的五价钒酸与钒捕集剂中的碱性金属（Me=Ca，Mg，Ba，Sr）氧化物化合成为稳定的钒酸盐（Me₂V₂O₇）而失去在颗粒内和颗粒间的流动性，从而避免对沸石的破坏。

钒捕集剂可以制成单独的助剂，也可以作为催化剂载体中的组分（又称"钒阱"）。前者不影响基础催化剂的选择性，捕钒能力大，但实际的捕钒能力更多依赖于钒在催化剂与助剂颗粒间的流动性。后者已在本章第二节中介绍。

早期的钒捕集材料是 Ca 或 Mg 的化合物，捕集剂上的钒含量大致是催化剂上钒含量的 2~3 倍（捕钒因子为 2~3）。Grace Davison 化学分部在 1984 年开发的 DVT 型钒捕集剂的捕钒因子达到 6 以上。20 世纪 90 年代初该部研制的名为 RV_4^-+ 的钒捕集剂也有良好的性能，当其用量为催化剂补充量的 5%时可达到 20%的捕钒率，因此可节省催化剂用量 20%，而且该助剂不像以 Ca 或 Ba 为主成分的助剂那样在 SO_x 的存在下会生成稳定的硫酸盐而降低捕钒能力（Dougan，1994）。据报道正在研制中的新助剂的捕钒因子比 RV_4^-+ 又提高一倍。

Chevron 公司已成功地开发了第二代钒捕集剂（Kennedy，1990）。中试评价的结果见图 3-205。图 3-206 的数据表明，新一代钒捕集剂对平衡催化活性的保护相当有效。应该指出，即便对催化裂化高硫原料，新一代钒捕集剂亦有效。

Unocal 公司的 Occelli(1988)报道的具有层状硅酸镁结构的海泡石（attapulgite）与高活性裂化催化剂（如 GRZ-1）混合称为 DFCC 的双功能裂化催化剂，是利用固体颗粒作为裂化催化剂的重金属清除剂的又一例子。该剂在反应再生条件下可使 GRZ-1 上沉积的钒通过气相传递到海泡石颗粒上生成热稳定的钒酸盐，导致了钒的钝化。实验室研究证明，含钒 1.5%的 DFCC 剂仍能使微反活性保持在 70%，而 GRZ-1 本身在钒含量>0.5%时活性就急剧下降。在金属污染程度低时，DFCC 的效应不显著，甚至由于海泡石的稀释作用而出现负效应，所以这种双功能催化剂比较适合于加工高钒的原料油。

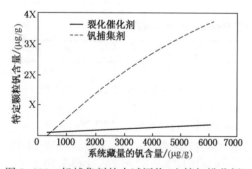 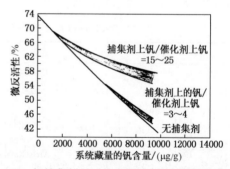

图 3-205　钒捕集剂的中试评价（电镜扫描分析）　图 3-206　钒捕集剂对活性的影响（配方随钒浓度改变）

RIPP 研制了一种名为固钒剂 R 的固体颗粒添加剂，它与裂化催化剂的物理性质相似，新剂的表观堆积密度为 0.73g/mL，比表面积为 143m²/g。把它与超稳沸石裂化催化剂 ZCM-7 按适当比例混合，测定不同钒含量下的 MAT，可以看出 ZCM-7/R 的数值明显高于 ZCM-7。SA 保留率也表现出同样规律。两者的晶胞常数在钒含量为 2400μg/g 时相似，但在 4600μg/g 时前者有所下降，而后者已测不出。特征峰 I/I_0 值在钒含量为 2400μg/g 时，前者为无钒污染的 60%，后者为 46%；当钒含量为 4600μg/g 时，前者仍有 42%，后者已测不出。由此可以说明 R 剂起到了稳定沸石晶体结构的作用，有利于提高裂化催化剂的抗钒能力。微反装置评价进一步证明了上述看法。

稀土元素对抗钒有一定的作用，稀土改性载体及含稀土的 Y 型沸石都可以提高催化剂的抗钒污染失活能力，但增加稀土含量不仅使催化剂制造成本增加，而且可能对焦炭选择性造成影响。近年来，RIPP 又开发了含 Mg 大孔金属捕集助剂（M-Holder），评价数据表明，该助剂具有较高的捕钒能力，可提高裂化转化率，降低干气和焦炭选择性。

通过应用金属钝化剂与钒捕集剂等技术措施可以帮助 FCC 装置应对镍、钒污染，但近年来，随着原料油来源的复杂化和多样化，裂化催化剂受其他金属如铁、钙等污染的问题时有出现（见本章第五节 催化剂的失活和活性平衡）。有必要进一步开发铁、钙等金属的捕集剂或钝化剂，以及具有抗铁、钙等金属污染的催化剂和助剂。例如，Albemarle 的 BCMT 500 专门用于抑制 FCC 催化剂的铁污染，其中孔氧化铝载体也促进原料中大分子的预裂化，提供活性中心可接近性，BCMT 500 达到装置藏量的 15%～20%，可恢复重油转化率（钱伯章，2005）。

六、SO$_x$转移助剂

通常催化裂化原料油中的硫约有 10% 以上进入焦炭沉积在裂化催化剂上，而加氢处理原料油中的硫有更多地进入到焦炭，可达到约 15% 以上。在再生器烧焦过程中，焦炭中的硫氧化为 SO$_2$ 和 SO$_3$，统称为 SO$_x$。硫化物随烟气排入大气，对环境造成污染。SO$_x$转移助剂是催化裂化过程中用于降低再生烟气硫氧化物排放的一类助剂，又称为硫转移催化剂（或硫转移剂）。SO$_x$转移助剂多为固体助剂，也有一些为液体助剂。早在 1949 年，美国 Amoco 公司就开始使用硅镁裂化催化剂使焦炭中的硫转化为 H$_2$S，从而减少了烟气中的 SO$_x$ 排放。但真正开始研究降低 FCC 装置 SO$_x$ 排放的工作在 20 世纪 70 年代后，开发使用的硫转移剂列于表 3-120（齐文义，2000；付燕生，2000；Rheaume，1988；Hirschberg，1988）。

表 3-120　开发使用的硫转移剂

初始年份	公司名称	商品名称
1977	Amoco	Ultra Cat.
1978	Arco/Engelhard	So$_x$Cat.
1981	Unocal	Uni SO$_x$
1981	Chevron	Trans Cat.
1983	Arco	HRD—276
1984	Engelhard	Ultra SO$_x$
1984	Arco	HRD—277
1984	Arco/Katalistiks	De SO$_x$
1985	Grace-Davison	Additive R
1985	Katalistiks	DeSO$_x$KX Series
1988	Katalistiks	DeSO$_x$KD Series
1989	Intercat	LO-SO$_x$ SO$_x$GETTER
1991	Intercat	NO-SO$_x$；LX-SO$_x$plus
1993	Engelhard	SO$_x$ Cat
1995	Intercat	NO-SO$_x$FC；NO-SO$_x$PC；NO-SO$_x$LC
1995	Institute Mexcica NoDel petroleo	Imp-Re SO$_x$-01
1995	Catalyst and Chemicals Industries	Plus-1
1999	洛阳石油化工工程公司炼制研究所	LST-1 液体硫转移剂
2000	RIPP	CE-001（齐鲁石化公司催化剂厂）
		RFS-C（长岭炼化公司催化剂厂）
		LRS-25（兰州炼化公司催化剂厂）
2003	Intercat	Super SOXGETTER
2009	RIPP	RFS-09 （中国石化催化剂有限公司）

继 Amoco 公司之后，Arco 开发了氧化铝载体型的 SO_x 转移剂，以后又开发了 Mg-Al 尖晶石载体型 SO_x 转移剂；1984 年 Arco 与 Katalistiks 共同开发了 DeSOX 工业 SO_x 转移剂；1985 年 Katalistiks 公司购买了 Arco 的 SO_x 转移技术，取得了全球生产和销售 DeSOX 的权利，1985 年推出了 DeSOX-KX 系列的 SO_x 转移剂，1988 年又推出了 DeSOX-KD 系列的 SO_x 转移剂，Katalistiks 不断改进着 DeSOX 剂的性能。据报道，全球 1988 年有 20 套 FCC 装置使用 Katalistiks 的 DeSOX 剂，至 1992 年已达 50 多套。1992 年以后有关 SO_x 转移剂的专利和文献逐渐减少，表明 SO_x 转移剂的技术暂时处于一个相对稳定的阶段。1995 年 UOP 公司已将 Katalistiks 的 DeSOX 生产专利权转让给了 Grace Davison 公司。DeSOX 剂在 SO_x 转移剂的市场分额中占到 90%（罗珍，2000）。

DeSOX™KD-310 于 1986 年推出，其载体是含钒的镁铝尖晶石（$MgAl_2O_4$），含有高于化学计量的 MgO。该剂在藏量中占 0.5% 就相当有效。非尖晶石类型的 SO_x 转移剂，如以 Ce 和 V 为活性组分的三元氧化物 $MgO-La_2O_3-Al_2O_3$ 或 $MgO-(La/Nd)_2O_3-Al_2O_3$，也被证明同样有效。由含 Ce 和 V 的氧化物的水滑石类化合物制备的 SO_x 转移剂亦被证明十分有效。这类硫转移剂在温度超过 450℃ 时，结构发生变化，生成 MgO（方镁石）和符合化学计量的 $MgAl_2O_4$ 尖晶石（Cheng，1998）。Intercat 公司的 SOXGETTER 硫转移剂是镁铝水滑石（$Mg_6Al_2(OH)_{18}4$ $5H_2O$），它有层状结构，SO_x 易接近（Guido，2004）。表 3-121 列出两类 SO_x 转移剂的物化性质。

表 3-121　两类 SO_x 转移剂的物化性质

项目 ＼ 牌号	SOXGETTER		Super SOXGETTER	DeSOX	Super DeSOX
	2001 年	2002 年	2003 年	2001 年	2003 年
堆积密度/（g/cm^3）	0.81	0.85	0.85	0.79	0.76
抗磨性（ASTM D5757）	1.6	1.5	1.3	2.3	2.3
比表面积/（m^2/g）	120	119	119	119	119
化学分析/%					
MgO	34.3	39	56.1	33.9	36.2
Al_2O_3	12.5	13.1	18.6	48.1	48.3
CeO_2	10.6	11.4	15.2	10.1	11.0
V_2O_5	2.6	2.8	4.3	2.5	2.7
杂质	0.6	0.7	1.0	0.4	0.4
水+结构 OH	39.4	33.0	5.0	5.0	1.4

注：堆密度和比表面积数据是在转移剂经 732℃ 热处理后测定。

国内对硫转移剂的研究始于 80 年代中期。RIPP 从 1986 年起开始固体硫转移剂的研究开发，至 2000 年开发出新一代的 RFS 硫转移剂，已分别在长岭、兰炼和齐鲁三家催化剂厂完成了工业试生产。1999 年洛阳石化工程公司炼制研究所开发出 LST-1 液体硫转移剂，该剂兼具金属钝化功能，由钝化剂加注系统进入 FCC 装置，使用方便，操作灵活，该剂已在茂名 II 套 FCC 装置长期使用，在镇海 I 套 FCC 两段再生装置进行了工业应用试验。近年来，新的环保标准对 FCC 再生烟气 SO_x 限制进一步严格，SO_x 转移剂的开发和应用进入到新的快速发展阶段。例如，RIPP 进一步优化和完善了 SO_x 转移剂的配方和制备工艺（蒋文斌，

2003；2004），主要包括：①采用共胶法制备技术，不仅简化了载体制备流程，而且制备出具有双孔结构的改性镁铝尖晶石载体。图3-207为双孔改性镁铝尖晶石载体与常规镁铝尖晶石载体的孔分布曲线对比，可以看出，双孔改性镁铝尖晶石载体孔体积增加，尤其孔分布曲线中出现了中孔峰，这有利于提高活性中心的可接近性，改善助剂在反应器中的还原再生性能。②开发了全新的活性组元连续过量浸渍技术（Ce^{3+}扩散与吸附机理见图3-208），由碱性镁铝尖晶石载体选择性地定量吸附浸渍液中的Ce^{3+}，浸渍液中的Ce^{3+}很容易扩散进入载体孔内，形成准纳米型CeO_2，克服了堵孔和CeO_2分

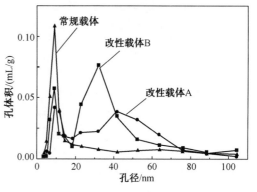

图3-207　镁铝尖晶石载体的孔分布曲线

散不均匀以及生产的连续性等问题，助剂的硫转移性能进一步提高。2009年4月在中国石化催化剂分公司进行了新一代高效FCC再生烟气SO_x转移剂RFS09的工业放大试生产。国内研究单位也进行了SO_x转移剂的研究和开发工作。

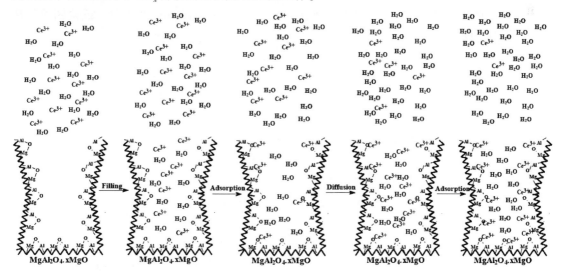

图3-208　连续过量浸渍过程中Ce^{3+}扩散与吸附机理

（一）SO_x转移剂的转硫机理

硫转移剂与FCC主催化剂（基础剂）按一定比例机械混合，同时加入或分别加入到FCC装置再生器中，硫转移剂在FCC装置的反应器和再生器之间循环发挥效用。在再生器中，硫转移剂在氧化气氛下，将SO_2氧化吸附形成稳定的金属硫酸盐。然后与催化剂一起被输送到提升管反应器和汽提器中，所形成的金属硫酸盐在还原气氛下被还原，以H_2S的形式随裂化产物一起从沉降器顶部排出，最后经分馏和气体分离系统被回收处理。再生后的硫转移剂则进行下一次的循环使用，这样既可以回收到有经济价值的单质硫产品，同时减少了烟气中硫化物的排放量，有效降低了再生烟气中硫化物对环境的污染。硫转移剂反应再生部分的主要反应如下：

（1）再生器（金属硫酸盐的生成）

Ⅰ　$S+O_2 \rightarrow SO_2+SO_3$

Ⅱ　$SO_2+1/2O_2 \rightarrow SO_3$

Ⅲ　$MO+SO_3 \rightarrow MSO_4$

（2）反应器（金属硫酸盐的还原）

Ⅳ　$MSO_4+4H_2 \rightarrow MS+4H_2O$

Ⅴ　$MSO_4+4H_2 \rightarrow MO+H_2S+3H_2O$

Ⅵ　$MS+H_2O \rightarrow MO+H_2S$（汽提段）

SO_2 要氧化为 SO_3 才可能与 SO_x 转移剂中的金属氧化物反应，形成硫酸盐。因此，在 SO_x 转移剂中都含有促进 SO_2 氧化的成分。SO_3 与金属氧化物形成硫酸盐，如果太稳定，在提升管反应器内则难以还原为 H_2S。研究表明，MgO 和 La_2O_3 形成的硫酸盐的稳定程度适宜。以往的看法是，在提升管的气氛中，H_2 使金属硫酸盐还原。近来认为，在提升管反应器内，烃类也可以提供氢使硫酸盐还原，其反应式为：

$$MSO_4+HC_S = MO+3H_2O+H_2S+(HC_S-8H)$$

这里 M 代表金属。研究表明钒（V）既促进 SO_2 氧化为 SO_3，又可与 MgO、La_2O_3 之类的金属氧化物复配，使金属硫酸盐和硫化物在提升管内更容易释放出 H_2S（即促进金属硫酸盐的还原和 SO_x 转移剂的再生）。因此，当今的 SO_x 转移剂均含有 1%~2.5% 的 V_2O_5（Cheng，1998）。

（二）SO_x 转移剂的工业应用

美国南加州一个炼厂的 DeSOX 剂的工业应用试验，达到了当时 FCC 装置 SO_x 排放法规的要求，对 FCC 产品分布、颗粒物排放无不利影响。但过多的硫转移剂加入会稀释主催化剂，实验表明硫转移剂加量占藏量15%时，催化剂平衡活性降低3.5个单位，汽油收率会下降3.5个单位。DeSOX 剂含 Mg-Al 尖晶石，具有独特的活性；在达到同一 SO_x 转移效率的情况下，DeSOX 剂用量大大少于氧化铝基硫转移剂。因此，使用 DeSOX 剂对催化剂平衡活性影响小。工业试验表明（Powell，1988）：某 FCC 装置进料量为 $3160m^3/d$，采用 CO 完全再生模式，前 90d 加氧化铝基硫转移剂 A（454kg/d），硫转移剂 A 占藏量10%，SO_x 排放由 400μL/L 降至 200μL/L。90d 后改加 DeSOX 剂（68kg/d），DeSOX 量占藏量 1.5%，SO_x 排放仍维持在 200μL/L 水平。这表明 DeSOX 剂的 SO_x 转移效率要比氧化铝基硫转移剂高出 6~7 倍。表 3-122 是 DeSOX 剂在南加州某炼厂使用的工业数据。

表 3-122　DeSOX 剂加入量与 SO_x 捕集

DeSOX 剂加入量/(kg/d)	烟囱 SO_2 排放		SO_2 体积排放降低率/%	SO_2 吸附量/(kg/kgDeSOX)
	μL/L	kg/100m³ 进料		
20.4	80	21.5	56	30
31.8	70	19.0	63	21
72.6	44	12.0	77	11
113	25	6.3	88	8
148	10	2.5	95	7

注：SO_x 排放下降和捕集计算认为进料硫含量1%，进料速率不变，进料硫的2.8%进入焦炭。SO_x 吸附量定义为每千克 DeSOX 剂每天去除 SO_x 的千克数。

Intercat 公司的硫转移剂 SOXGETTER 和 Super SOXGETTER 的工业应用（Guido 2004）：

炼厂 A 用 SOXGETTER，SO_x 排放由 282μL/L 降到 148μL/L，下降 48%，助剂效率 16.2kg SO_2/kg 助剂；用 Super SOXGETTER，SO_x 排放由 277μL/L 降到 133μL/L，下降 52%，助剂效率 29.3kg SO_2/kg 助剂。炼厂 B 用 SOXGETTER，SO_x 排放由 151μL/L 降到 15.6μL/L，下降 89.7%，助剂效率 6.2kg SO_2/kg 助剂；用 Super SOXGETTER，SO_x 排放由 220μL/L 降到 9.8μL/L，下降 95.3%，助剂效率 9.6kg SO_2/kg 助剂。

国产 SO_x 转移剂 CE-001 和 RFS-C 于 2001 年先后在两套重油催化裂化装置进行了工业应用试验，结果表明国产固体 SO_x 转移剂已达较高的水平（蒋文斌，2003）。新一代高效 SO_x 转移剂 RFS09 自 2009 年完成工业放大试生产以来，已在国内 10 余套催化裂化装置进行了工业应用。以在洛阳石化的工业应用为例，表 3-123 为使用硫转移剂前后的物料平衡和硫平衡数据，使用 RFS09 硫转移剂（约占系统藏量 3%）后，产物分布基本相当，汽油和催化轻循环油等主要产品的性质也基本不变，表明硫转移剂的使用对产物分布的影响不大；此外，烟气硫占原料硫的质量分数明显降低，减少比例将近 85.5%，而液化气硫占原料硫的质量分数明显上升，这表明使用 RFS09 硫转移剂可非常有效地将烟气中的硫转移到气相组分和含硫污水中。图 3-209 为加入硫转移剂后烟气中 SO_2 浓度变化统计情况，随着硫转移剂的加注，烟气中 SO_2 质量浓度明显降低，稳定加注后，烟气 SO_2 脱除率在 75% 以上，实测 SO_2 浓度大多在 50μL/L 以下（期间原料性质波动时除外），满足 FCC 再生烟气 SO_2 排放新标准（低于 200mg/m³）的要求。

表 3-123 RFS09 硫转移剂加入前后的产品分布

物料平衡	空　　白		RFS09	
	产品分布/%	硫分布/%	产品分布/%	硫分布/%
干气	1.22	2.12	1.02	3.07
液化气	12.48	39.15	13.27	47.01
汽油	53.05	3.22	52.98	2.65
催化轻循环油	26.65	30.72	25.99	32.12
油浆	2.07	5.44	2.48	6.10
焦炭/烟气	4.48	13.16	4.21	1.91
含硫污水		3.65		5.62
损失	0.05	0.05	0.06	0.05
总计	100.00	97.51	100.00	98.54
转化率/%	71.29		71.53	
轻质油收率/%	79.70		78.96	
总液收/%	92.18		92.23	

FCC 装置的操作变量对 SO_x 转移剂的使用效率有很大影响。根据 Grace Davison 的技术及资料可归纳为：

① 烟气 SO_x 浓度对 SO_x 转移剂相对 SO_x 捕集活性影响很大，SO_x 浓度 500μL/L 时，相对捕集活性 0.33；SO_x 浓度 1000μL/L 时，相对捕集活性 0.60；SO_x 浓度 1500μL/L 时，相对捕集活性 0.81。

② 烟气过剩氧含量高，SO_3 的平衡浓度高，SO_x 转移剂的相对捕集活性高。过剩氧 0.2% 时，相对捕集活性 0.42；0.5% 过剩氧时，相对捕集活性 0.48；1% 过剩氧时，相对活性 0.57。

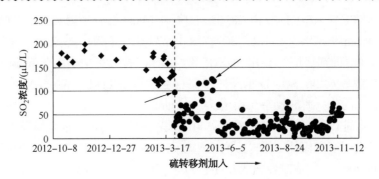

图 3-209　硫转移剂加入对烟气中 SO_2 浓度的影响

③ 再生温度对相对 SO_x 捕集活性影响不太大，660℃时 0.61，700℃时 0.62，730℃时 0.6。

④ SO_x 转移剂最佳使用条件：再生器空气分布器布风均匀；反应器/汽提段温度高，汽提效果好；再生器旋风分离效率高，催化剂保留率高；CO 完全燃烧（个别可用于 CO 不完全燃烧）。

⑤ SO_x 脱除效率，根据具体情况为 30%至 80%不等。

⑥ DeSOX 剂热稳定性：半衰期 5~9d。

⑦ SO_x 捕集能力（Pick Up 指数）一般在 10~25kgSO_2/kg 助剂。

当再生温度从 649℃上升到 760℃时，由于镁铝尖晶石的结构能经受得住热处理，DeSOX 剂的效果变化不大。当与老化时间结合在一块时，再生温度大大影响硫转移剂的性能，随着老化时间增加，硫转移剂捕集 SO_x 的能力下降。当与裂化催化剂同时水热老化时，DeSOX 剂的半衰期要下降 50%左右，这归因于 Si 的毒害。实验研究表明，当再生温度由 629℃升到 732℃时，DeSOX 剂的半衰期下降 70%。工业试验的数据表明，在再生温度为 718℃时，DeSOX 剂的有效寿命大约 14d。

硫转移剂的加入量与所用催化裂化催化剂的焦炭选择性密切相关。一套工业 FCC 装置使用一般的裂化催化剂，试验期进料质量稳定，为了达到烟气 SO_x 的目标排放水平，每天加入 145.15kg DESOX 剂，在藏量中 DeSOX 剂的浓度为 1.7%，再生器的床层温度为 766℃；当裂化催化剂换成 Katalistiks 公司的 Gamma 419$^+$ 催化剂时，再生温度下降 23.3~28.8℃，为了维持相同的 SO_x 排放水平，DeSOX 剂每天的加入量下降到 68kg，在藏量中的浓度下降为 0.7%，这归因于 Gamma 419$^+$ 催化剂优良的焦炭选择性。生焦率下降，在烟气中每小时生成的 SO_x 量下降，要达到同样的 SO_x 排放水平，DeSOX 剂的加入量当然可以更少。

大多数不完全再生工况的 FCC 装置的再生烟气中除含 SO_2 外，还含有 H_2S。H_2S 很难在硫转移剂活性中心上吸附反应，在 CO 锅炉中依旧会转化成 SO_x。因而在含不完全再生工况的 FCC 装置中应用时，硫转移剂的脱硫效率也会受到较大影响，烟气 SO_x 脱除率通常在 70%以下。

（三）液体硫转移剂

如前所述要维持 FCC 装置平衡催化剂恰当的平衡活性，维持 FCC 良好的产品分布，固体硫转移剂在藏量中的比例受到限制。要达到相同的 SO_x 排放，使用 LST-1 液体硫转移助剂，与 DeSOX 剂相比，费用大致为 60%左右。在 LST-1 剂的实验室开发期间，在石英反应器上反复筛选，确定了氧化促进剂和吸附成盐剂的最佳配比，结合在还原气氛中的还原性能，确定出 LST-1 剂的配方。LST-1 剂的配方，充分考虑到挂载到主催化剂上的挂载量，大到 $10000\mu g/g$ 的活性组分，也不会对催化剂的活性产生大的影响。实验表明，LST-1 剂在催化剂上的挂载率在 80%~90%。实验室数据表明，CH2-2 催化剂挂载 LST-1 剂的有效成分 $1000~6000\mu g/g$ 时，配气的 SO_x 脱除率为 45.7v%~89.5v%。LST-1 硫转移剂的性质见表3-124。

表 3-124　LST-1 硫转移剂物化性质

项　　目	数值	检验方法	项　　目	数值	检验方法
密度(20℃)/(kg/m³)	1346.8	GB/T 2540	腐蚀(50℃，铜片)	1a	GB/T 5096
凝点/℃	-28	GB/T 510	有效组分含量/%	15	原子吸收
黏度(40℃)/(mm²/s)	17.17	GB/T 256	溶解性	与水以任意比例互溶	目测

LST-1 硫转移剂在两套装置的工业试验数据列在表 3-125 中。M 装置加工原料为馏分油和大庆减渣的混合原料，再生方式为烧焦罐高效完全再生，所用催化剂为 LV-23 抗钒催化剂。Z 装置采用两段再生技术，一再贫氧，氧气含量为 0.7v%~1.7v%；二再富氧，氧气含量为 7.5 v%~8.8v%，其中二再设有前置烧焦罐，所用催化剂为 ORBIT-3000，加工原料为蜡油与减压渣油的混合原料。

表 3-125　LST-1 硫转移剂工业应用概况

项　　目	M 装置		Z 装置	
	加剂前	加剂后	加剂前	加剂后
原料性质				
密度(20℃)/(kg/m³)	9137~9220	8948~9172	8833~8940	8839~9080
残炭/%	4.84~4.26	3.17~4.48	1.58~2.89	1.82~3.76
硫含量/%	0.45~0.68	0.67~0.84	0.37~0.44	0.42~0.62
平衡催化剂性质				
重金属含量/(μg/g)				
镍	4082~4131	4391~4900	6460~6970	6620~6920
钒	2672~3045	3235~3564	1640~1650	1580~1670
微反活性(MA)	58.8~59.3	57.8~59.6	63.9	63.5~65.3
操作条件				
提升管出口温度/℃	503~505	503~505	504~509	504~509
一再温度/℃	655~660	655~660	651~658	653~662
二再温度/℃	664~670	664~670	702~719	697~716
再生器氧含量/v%	2.0~2.6	1.9~2.4	0.9~1.2(一再)	0.8~1.8
			8.5~8.8(二再)	7.5~8.1
装置概况				
处理量/(t/h)	90~95	100~108	204~215	204~207
两器催化剂藏量/t	120		250	
硫转移率/%		55~60		25~30

由表 3-125 中数据可以看出，在装置操作条件基本相同的情况下，使用 LST-1 液态硫转移剂可以使烟气的 SO_x 排放量降低 25% ~ 60%。对不同的再生操作，即不同的过剩氧含量情况下，硫转移效率有所差别。M 装置由于采用完全再生，硫转移率可以达到 55% ~ 60%，对两段再生 FCC 装置，硫转移率则有所下降，但也可以达到较好的硫转移效果。

在大多数情况下采用硫转移剂控制烟气 SO_x 排放仍是一种经济、有效、清洁的解决方案，将硫转移剂与静电除尘等技术相结合，可以在较长一段时期内帮助炼油厂以更低的成本满足环保法规对 SO_x 和粉尘等污染物的要求。硫转移剂与湿法洗涤技术既有竞争又相辅相成，采用硫转移剂一方面可以预先脱除部分 SO_x，从而降低湿法洗涤装置的负荷，减少碱液用量等操作费用；另一方面，可以降低再生烟气酸露点，延长 FCC 装置甚至烟气湿法洗涤装置自身的运转周期。因而两种技术可以根据成本效益核算结合使用。

七、降低再生烟气 NO_x 助剂

催化裂化反应过程中，原料中的氮约 40% ~ 50% 进入焦炭沉积到待生催化剂上（碱性氮 100% 进入焦炭）。再生过程中，焦炭中的氮化物大部分转化为 N_2，只有约 2% ~ 5%（也有 5% ~ 20% 说法）氧化形成 NO_x，其中大部分（约 95% 以上）是 NO。在再生过程中 NO_x 的形成与转化机理见本书第九章。再生烟气中的 NO_x 含量一般在 50 ~500μL/L 之间，但也有部分炼厂的 NO_x 含量偏高，达到 1200 ~1300μL/L，甚至高达 2806μL/L 和 4267μL/L。影响 FCC 装置再生烟气中 NO_x 浓度的关键因素是 FCC 进料的氮含量，其次是再生器采用 CO 部分燃烧方式还是完全燃烧方式、待生剂分布器的机械设计、主风和待生剂接触的均匀性、铂基 CO 助燃剂的使用、Sb 基金属钝化剂的使用都有显著的影响。

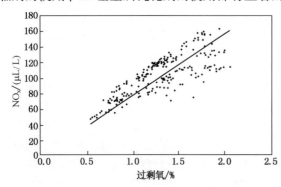

图 3-210　再生烟气中 NO_x 与过剩氧的关联

INTERCAT 公司发现在 CO 完全燃烧的催化裂化装置上，再生烟气中的 NO_x 量与过剩氧含量密切相关，如图 3-210 所示（Guido，2004）。在 CO 部分燃烧的催化裂化装置，大量的 NO_x 来源于 CO 锅炉，情况更为复杂。

在逆流再生器中，待生催化剂和主风逆流进入，待生剂经分布器从顶部均匀进入，空气经分布器从底部进入。待生剂首先与再生气均匀接触，再生器密相床之上的富碳环境促成 NO_x 还原，其反应机理如下：

$$2C + 2NO \longrightarrow 2CO + N_2$$

再生器的结构对焦炭中所含氮转化为 NO_x 的百分比影响非常大。对一定的焦炭氮含量而言，与其他类型的再生器相比，逆流再生器，KBR 公司称之为正流式再生器可以使烟气中的 NO_x 减少 60% ~ 80%（Niccum，2002）。

本节前文已经述及一氧化碳助燃剂，铂基 CO 助燃剂增加 FCC 的 NO_x 排放。现在可以使用非铂 CO 助燃剂，同时减少再生烟气 NO_x 的生成。非铂 CO 助燃剂的工业试验表明，与使用铂基 CO 助燃剂时相比，再生烟气 NO_x 排放减少 25% ~ 85%（Niccum，2002）。

控制再生烟气 NO_x 排放的技术途径主要在第九章论述，其中只有使用降 NO_x 助剂无须设

置专用设备。因此，对一套具体的 FCC 装置，如果只需在主催化剂中加入少量降 NO_x 助剂就可满足烟气 NO_x 达标排放是最简便、最经济的方法。

Grace Davison 公司开发了 DeNOx、XNOX 降低 NO_x 排放助剂；Albemarle 公司开发了 KD-NOX-2001、KNO_xDOWN 降低 NO_x 排放助剂；BASF 公司推出 $CLEANO_x$ 降低 NO_x 排放助剂。所发表的使用结果表明，NO_x 排放的降低幅度大多在 40%~70%。INTERCAT 公司已推出牌号为 NOXGETTER 的 A 型和 B 型降低 NO_x 排放助剂（Vierheilig，2003），A 型在某装置应用，NO_x 排放下降 60%；B 型在另一装置应用，仅占催化剂藏量 0.1%，NO_x 排放下降 40%~50%。某工业催化裂化装置，在烟气过剩氧含量 0.5%~2.0%情况下，未使用 NOXGETTER 助剂时，NO_x 含量在 40~140μL/L；使用该剂后 NO_x 含量在 20~60μL/L，NO_x 脱除 60%~70%（Guido，2004）。NOXGETTER 助剂占系统催化剂藏量 1%~2%就能达到理想的 NO_x 去除率。

由于专有的载体制备技术和向载体浸渍铂的技术，在铂含量相同等级的情况下，IN-TERCAT 公司的铂基 CO 助燃剂 COP-850 助燃功能强得多（Guido，2004）。工业应用结果表明，较之于铂含量 800μg/g 的对比剂，COP-850 助燃剂加入量减少 56%，即向 FCC 装置加入的 Pt 减少 53%，可以维持较低的 NO_x 排放。

Cu/Mn 基钙钛矿和尖晶石（$MgAl_2O_4$）复合的助剂，在 SO_2 和 O_2 的存在下，催化 NO_x 与还原剂的反应，NO_x 还原为 N_2。钙钛矿助剂的有效性取决于与 NO_x 反应的还原气氛。CO 大量存在时，NO_x 还原活性增加。在不用铂基 CO 助燃剂或少用铂基助燃剂，再生器过剩氧较低的情况下，这种钙钛矿助剂更有效。镧和钇的氧化物，或钛酸镧均是 NO_x 降低助剂的有效成分。亦报道过含 Zn 的 NO_x 降低剂。含铈的助剂在提升管内被还原，在再生器内作为还原剂把 NO 还原为 N_2。为了维持铈在三价和四价间的氧化还原反应，这类助剂要起作用亦要求存在足够量的还原剂。用 Cu 和 RE 阳离子改性 ZSM-5 沸石，载体含钛和锆的固体助剂用于 NO_x 降低亦见报道（Cheng，1998）。

国内关于降低 NO_x 助剂研究已取得显著成效。洛阳石化工程公司开发的 LDN-1 降低 NO_x 助剂，LDN 剂的制备是将拟薄水铝石、水、稀土盐、铝溶胶按一定比例打浆，用喷雾干燥装置喷雾成型，550℃焙烧 5h。然后用活性金属溶液进行等体积浸渍，再静置一段时间，焙烧得到产品。工业试验结果表明：LDN-1 剂具有良好的脱烟气 NO_x 的能力，助剂占藏量 3%，并且每天按催化剂单耗 3%补入，可使再生烟气中 NO_x 含量从 1400μL/L 左右降至 600μL/L 以下。当助剂补入量由催化剂单耗的 3%提高到 5%时，再生烟气 NO_x 含量可降低至 330μL/L，脱 NO_x 率达 75%。

稀土助剂 RE-II 已在两套 FCC 装置上使用（齐宏伟，2002），A 装置使用 RE-II 后，稀密相温差下降近 4℃，与 Pt 剂相比，使用稀土剂 90 天后，A 装置烟气中的 CO 含量下降了 67%；B 套装置使用 RE-II 剂 60 天后，烟气中的 CO 含量下降了 97%。这表明稀土剂降 CO 的能力更强，同时 NO 含量大大下降。A 套 FCC 装置使用稀土剂 90 天后，烟气 NO 大约下降 69%；B 套 FCC 装置使用稀土剂 60 天后，烟气 NO 下降了 93%。

RIPP 在 20 世纪 80 年代开发 Pd 助燃剂的基础上，又进行了多年的探索研究，建立了能更客观地评价助剂在 FCC 装置中使用性能的评价方法（宋海涛，2009），开发出新的降低 FCC 再生烟气 NO_x 排放助剂 RDNOx（分为Ⅰ、Ⅱ两种型号）。Ⅰ型为非贵金属助剂，主要是通过催化 CO 对 NO_x 的还原反应以降低 NO_x 排放；Ⅱ型为贵金属助剂，是用于替代传统的 Pt 助燃剂，在等效助燃 CO 的同时减少 NO$_x$ 的生成。两类助剂可以单独使用，也可以结合使用。性能评价数据表明，将 0.4%~0.9% 的 II 型与 2%~4% 的 I 型助剂结合使用，可在不对 FCC 产品分布造成明显影响的情况下，再生烟气 NO$_x$ 排放量可降低 50%~65%。RDNOx 助剂于 2013 年在中国石化催化剂分公司完成了工业试生产。

由于 Pd 的助燃活性略低于 Pt，因而 Pd 助燃剂的用量或贵金属负载量通常要稍高于 Pt 助燃剂。RIPP 开发的 II 型 RDNOx 助剂对传统助剂在贵金属负载工艺方面进行了改进，提高了贵金属的分散度，同时与 Ce 改性氧化铝载体技术相结合，改善了 Pd 的水热稳定性，并且对 CO 氧化反应有促进作用。因而，可以在使用量相近的情况下实现与 Pt 助燃剂相当的 CO 助燃活性，同时 NO$_x$ 排放大幅降低。

如前所述，SO$_x$ 转移剂的控制步骤是 SO$_2$ 氧化为 SO$_3$，需要氧化气氛；NO$_x$ 降低剂需要还原气氛。在 FCC 装置催化剂藏量中，固体助剂的量不能大于 10%，否则产品分布将受到影响。NO$_x$ 剂要发挥作用，要求烟气 CO 含量>1000μL/L 即可。非 Pt 一氧化碳助燃剂、SO$_x$ 转移剂、NO$_x$ 排放降低剂的活性组分有共同之处，开发三功能助剂应该是研究方向之一。非铂 CO 助燃剂在助燃 CO 的同时，NO$_x$ 得以还原为 N$_2$，因此，这两个助剂有可能用一个剂代替。从控制环境污染出发，炼厂应考虑使用非铂 CO 助燃剂，目前非 Pt 助燃剂正在得到越来越普遍的应用。

八、增产低碳烯烃助剂

低碳烯烃是重要的石油化工基础原料，近年来，丙烯和异丁烯的市场需求增长趋势尤为明显。催化裂化液化气中含有较高浓度的 C$_3$、C$_4$ 低碳烯烃，因而增产丙烯、异丁烯等低碳烯烃成为催化裂化技术发展的重点方向之一。

(一) 增产丙烯助剂

增产丙烯助剂基本作用是将汽油馏分中的直链烃转化为低碳烯烃，一般而言，助剂在装置中的添加量为 2%~5% 时，丙烯产率可提高约 0.5~1 个百分点；随着助剂添加量的进一步增加，丙烯产率还能有所提高，但增加幅度有所降低。国外在丙烯助剂的研究开发与工业应用方面起步较早，各主要催化剂和助剂公司的增产丙烯助剂技术情况如下：

Graee Davison 公司最早于 1984 年就开始生产用于 FCC 装置的 ZSM-5 助剂，这类助剂最初主要是用于提高汽油辛烷值，随后则主要用于在增加 C$_3$、C$_4$ 烯烃产率同时提高辛烷值，现有多个牌号的增产丙烯助剂，例如 OlefinsExtra、OlefinsMax 和 Olefinsultra（Lesemann，2004）。OlefinsMax 助剂的 ZSM-5 沸石含量 25%，与相同沸石含量的对比剂比较，具有更高的活性，这是因为经磷改性处理的 ZSM-5 沸石，在水热处理后相对未经稳定化处理的样品保留着显著的骨架铝（AlO$_4$）特征峰，如图 3-211 所示。OlefinsMax 在炼厂得到了广泛的应用，2005 年数据表明占到这类助剂 74% 的市场份额。Olefinsultra 的活性比 OlefinsMax 还要高，其特有的载体不仅确保了最高的活性，而且使助剂有良好的抗磨性，新鲜催化剂的消耗下降了 10% 以上。

BASF 催化剂公司（原 Engelhard 公司）开发的最大化生产丙烯的助剂（MPA），将 DMS 载体技术与 ZSM-5 助剂相结合，沸石晶粒高度分散在载体孔内外表面，使得催化剂具有高反应活性和低焦炭选择性，并在提高 FCC 装置丙烯产量的同时保持助剂体系使用的灵活性（McLean，2005），牌号为 Maxol 助剂能在不增加液态烃总量的前提下增产丙烯和 C$_4$ 烯烃。

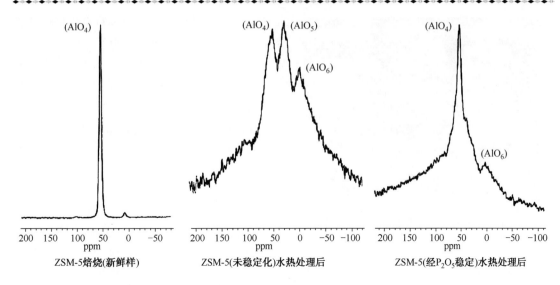

图 3-211　经过和未经稳定化处理的 ZSM-5 沸石[27]Al NMR 谱图

Albemarle 催化剂公司(原 Akzo Nobel 催化剂分部)开发的 AFX 技术，将高活性 ZSM-5 添加剂与先进的催化剂优化集成，K1000、KZ1000 牌号的添加剂使用中等含量的 ZSM-5，可适当提高丙烯产率；Zoom 系列添加剂使用最高含量的 ZSM-5，可得到最大的丙烯产率，且还不会稀释催化剂活性和减少二次反应的发生。Intercat 公司开发的 ZSM-5 系列助剂，牌号有三种：PENTACAT、ISOCAT 和 OCTAMAX(Smith, 1998)，其区别就在于沸石不同的硅铝比。这些助剂优先裂化汽油馏分中的低辛烷值组分提高液态烃产率，还可把 C_6^+ 正构烯烃异构化，使汽油辛烷值不降低的同时烯烃含量不增加。

国内许多研究单位和公司参与丙烯助剂的研究开发，并得到广泛的工业应用(武俊平，2007；张磊，2012；张彦红，2013；Jiang，2010)。RIPP 开发的 MP031、MP051 丙烯浓度助剂由中国石化催化剂分公司生产。为在提高丙烯产率的同时尽可能减少液化气的生成，以避免 FCC 装置因气体压缩机处理量限制而影响操作弹性，RIPP 在已有的改性 ZSM-5 沸石 ZRP 技术基础上，经多年的研究开发了改性 ZSP 沸石，于 2003 年开发出第一代多产丙烯助剂 HPA，工业牌号为 MP031。工业应用结果显示，当这类多产丙烯助剂添加量为催化剂的 4%左右，可使丙烯产率提高 0.6%~0.7%(许明德，2006b)。2005 年，Jiang 等(2010)对活性组分 ZSP 进一步改进，应用了新的磷和金属改性载体材料，具有提高丙烯选择性的作用，从而开发出第二代多产丙烯助剂 P-MAX 或 MP051。MP051 工业应用结果表明，与不使用助剂的空白体系相比，在助剂加入量为 4%的情况下，液化气中丙烯浓度提高 5%~7%，丙烯产率增加 1.35%以上。MP051 助剂在制备工艺上也进一步优化，显著提高了助剂颗粒的球形度(图 3-212)和耐磨损性能。

中国石化洛阳石化工程公司(LPEC)炼制研究所开发的增产丙烯助剂 LPI-1，以改性 ZSM-5 沸石作为主要活性组分，助剂的物理性质与催化裂化催化剂相似。LPI 助剂 2004 年在中国石化某催化裂化装置上进行了工业应用，在助剂占催化剂藏量比例达到 4.8%时，液化气收率上升了 1.9 个百分点，丙烯收率增加了 1.1 个百分点，总液收基本保持不变(魏小波，2004)。中国石油石油化工研究院开发了 LCC 系列增产丙烯助剂，该助剂以改性的 ZSM

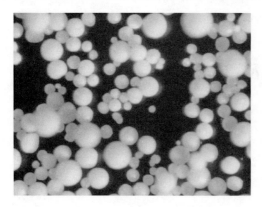

图 3-212　MP051 助剂颗粒形貌（光学显微镜）

-5 沸石为主要活性组元，载体具有更好的孔道结构，可提高活性组分的利用率。此外，通过调整载体与活性组分之间的结合力改善了助剂的抗磨性能。LCC-A 增产丙烯助剂 2004 年在大连石化公司催化裂化装置上进行了工业应用，结果表明，在助剂浓度达到 6% 时，丙烯对原料收率增加了 1.04 个百分点（秦松，2005）。

（二）增产异丁烯助剂

Intercat 公司较早推出了可调节丙烯和异丁烯收率的助剂。例如，独特的 ZMX 助剂相对 PENTACAT 助剂可以在丙烯收率相当的情况下，显著提高异丁烯收率，两者的对比见图 3-213（Smith，1998）。ZMX 助剂的异丁烯选择性相对 PENTACAT 提高了 3 倍以上，且汽油收率损失较少（主要是促进了催化轻循环油的深度转化）。

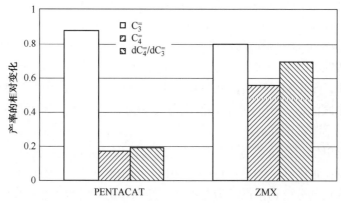

图 3-213　ZMX 与 PENTACAT 助剂的丙烯和异丁烯产率对比

为在增产丙烯的同时提高异丁烯产率，以灵活地满足不同炼厂的需求，RIPP 在丙烯助剂的基础上又开发了增产丙烯异丁烯助剂 FLOS。其关键技术在于采用了：高活性中心利用率的 ZSP-4 沸石，高异丁烯选择性和稳定性的 HSB 沸石，增强正丁烯异构化能力的载体材料。FLOS 可以灵活匹配活性组元，调节丙烯和异丁烯的产率。FLOS 助剂工业应用结果表明，裂化产物中液化气产量、丙烯和异丁烯的浓度均有增加，在助剂占系统藏量 6% 时，液化气增加 2.68 个百分点，丙烯产率同比增加 1.01 个百分点，异丁烯产率增加 0.54 个百分点。与此同时，汽油烯烃含量降低，辛烷值略有增加，催化轻循环油收率有所下降，总液收基本不变。

九、其他助剂

除以上助剂之外，催化裂化过程中还可能用到渣油裂化添加剂（重油裂化助剂）、汽油降硫助剂、汽油降烯烃助剂、惰性添加剂、流化助剂、再生温度控制剂以及帮助反应物提升的气体提升剂等。这些助剂的简要情况见表 3-126。

表 3-126 其他助剂

类　　别	开发年代	形　状	工业应用情况	开发公司
塔底重油裂化助剂	80 年代	固体	多套装置	Albemarle, BASF, Intercat
流化助剂	80 年代	固体	多套装置	BASF, Albemarle
多产催化轻循环油助剂	2000 年	固体	多套装置	RIPP/SINOPEC, BASF
汽油降烯烃助剂	2000 年前后	固体	国内几套装置	LPEC/SINOPEC
汽油降硫助剂	2000 年前后	固/液体	国内外多套装置	Grace, Albemarle, RIPP, LPEC
再生温度控制添加剂	1987	固体	不详	UOP
提升剂	1983	气体	多套装置	UOP
产品方案调整剂		液体	中试	Chevron

下面就其中的几类助剂作进一步介绍：

（一）塔底重油裂化助剂

常规沸石不能有效地转化塔底油，因为塔底油分子的动力学直径远大于沸石孔径，难以进入沸石的筛笼内(王卫，2001)。减少油浆产率的一种方法是使用具有高载体活性的催化剂，可以提高塔底油的转化率，但同时也会增加干气和焦炭产率，而且在原料性质变化时必须更换催化剂，从而使催化剂的应用受到一定限制。为此，开发出了可以提高塔底油转化率的专用助剂，其机理在于利用助剂中较强的酸性中心，使原料中的重质烃发生裂化。塔底油裂化助剂多以高活性氧化铝为载体，能提供额外的活性中心，可让大分子进入孔道并将其裂解为较小的分子。

国外各主要的催化剂制造公司都在开发塔底重油裂化助剂。表 3-127 列出了几种塔底重油裂化助剂的物理化学性质。Chevron 公司开发出一种对>343℃馏分有高裂化能力的 BCA 助剂，针对原料油性质的变化，调整这种塔底重油裂化助剂在催化剂系统中的比例，将给催化裂化装置的操作带来灵活性。图 3-214 示出了在催化剂系统中掺入 Chevron 公司的助剂对催化裂化的产品分布带来的影响。可以看出，这种助剂占催化剂藏量在 10%~30% 之间，焦炭产率基本不变，油浆产率下降，汽油产率增加。图 3-214 表明，向低载体活性的主催化剂中加入 15% 高载体表面的塔底重油裂化助剂，改进了产品的选择性，轻催化轻循环油的产率增加。

INTERCAT 公司生产的 BCA-105 助剂在某工业装置上应用结果表明：当总藏量中含 9% 的 BCA-105 时，重油产品产率减少 8.5v%，汽油和轻循环油产率增加 7v% 以上，液化气产率增加 3v% 以上，焦炭和干气产率基本不变，催化剂上焦炭差约增加 0.1%。BCA-105 用量为基础催化剂的 5.8%，在保持焦炭产率不变的条件下，油浆产率从 9.7v% 降至 7.2v%，轻循环油、液化气和干气产率都减少，而汽油产率增加 4.8v%(Smith，1994)。可见 BCA 助剂的酸性中心较多，对 427℃ 以上的重馏分裂化能力强。

表 3-127 几种塔底重油裂化助剂的物化性质

助　　剂	A	B	C	D	E	F	G
物理性质							
比表面积/(m²/g)	168	130	244	258	325	118	117
孔体积(H₂O)/(mL/g)	—	0.40	0.49	0.42	0.44	0.29	0.29
孔体积(Hg)/(mL/g)	—	0.38	0.49	0.38	0.39	0.31	0.18
沸石类型	—	USY	REY	USY	REY	USY	—
强度/%	—	3.6	10.6	9.9	15.9	5.2	2.5
化学组成							
Al₂O₃/%	—	52.5	48.0	57.2	56.2	56.3	55.6
SiO₂/%	—	39.7	46.2	38.7	36.8	41.3	42.5
RE₂O₃/%	—	0.51	2.59	<0.1	2.11	0.07	0.06

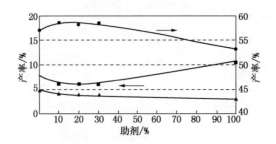

图 3-214　塔底重油裂化助剂加入量对产品分布的影响

●—汽油；■—油浆；▲—焦炭

BASF(Engelhard)公司的 Converter 助剂(称为共催化剂，Co-Catalysts)也在国内外多家炼厂进行了工业应用(姚昱辉，2007；McGuirk，2010)。Converter 是采用 DMS 载体技术开发的一种增加重油转化率、提高装置平衡催化剂活性的助剂。DMS 载体技术能为重油分子扩散提供宽阔的孔道，并且由于在孔道内分布大量的沸石，重油分子可以在孔道内部进行选择性预裂化，避免热裂化，因此可以在显著增加重油分子裂化能力的同时明显降低焦炭和干气产率。Converter 助剂的质量指标见表 3-128。

表 3-128　Converter 重油催化裂化助剂的质量指标

项　　目	最　小　值	目　标　值	最　大　值
化学组成/%			
Al_2O_3	34	37	40
Na_2O	0.18	0.22	0.26
比表面积/(m²/g)	360	380	400
堆密度/(g/mL)		0.70	0.72
粒度分布			
平均粒径(APS)/μm	65	75	85
0~40μm/%		10	16

某 FCC 装置采用 Converter 助剂加入到 BASF 的主催化剂中，代替 20% 的新鲜催化剂补充量。在平衡剂上总的金属(Ni+V)含量约为 7000μg/g 时，使用 Converter 后，LPG 增加 2.1 个百分点，汽油增加 4.5 个百分点，LCO 减少 0.7 个百分点，油浆减少 4.5 个百分点。

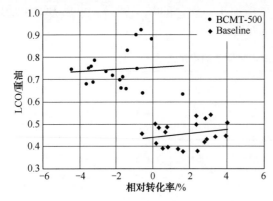

图 3-215　某 FCCU 应用 BMCT-500 后
LCO/重油比变化趋势

Albemarle 公司开发的 BMCT-500、BM-CT-500 LRT(低稀土)重油助剂具有高活性中心可接近性、抗重金属性能和塔底油裂化能力(Kramer，2013；Albemarle，2014a)，同时可以优化汽油收率，对焦炭产率无负面影响。BMCT-500、BMCT-500 LRT 助剂已在多家炼厂进行了工业应用。图 3-215 为某 FCCU 应用 BMCT-500 助剂后 LCO/重油比变化趋势，该装置期望增产催化轻循环油，平衡剂上 Ni 含量 3000~4000μg/g，V 含量 5000~4000μg/g。当 BMCT-500 占系统藏量 20% 时，LCO/重油比增加幅度为 30%，且原料中常压渣油掺炼比例相对基准工况时增加20%，提升管温度降低9℃。

（二）催化剂流动助剂

催化裂化装置运转过程中，可能由于操作扰动、设备损坏等原因造成细粉跑损，催化剂平均粒径（APS）增加，使装置出现流化问题。Albemarle公司生产了一种名为Ketjenflow的助剂，用于缓解这一问题（Vaux，1981）。该助剂表观密度为 0.920g/cm³，平均颗粒直径40μm，其中<20μm占8%，<40μm占50%。该助剂可以100%的纯剂使用，也可以任何比例与常规催化剂调配使用。目前，Albemarle公司提供的流化助剂名称为Smoothflow，具有较小的颗粒直径和密度，能够增加 Umb/Umf 比（Albemarle，2014b）。使用Smoothflow助剂远比将静电除尘器和三旋的细粉循环回装置有效，这是由于Smoothflow的颗粒粒径主要在30~80μm之间，<20μm的细颗粒很少（见图3-216），因而能够在FCCU中停留较长时间，最大限度地帮助流化。Smoothflow助剂配方中含有FCC催化剂活性组分，因而具有一定的裂化活性，可以避免使用过程中对主剂的活性造成稀释。在某套装置上用于解决突然的操作扰动时，该助剂占系统藏量的比例高达20%。

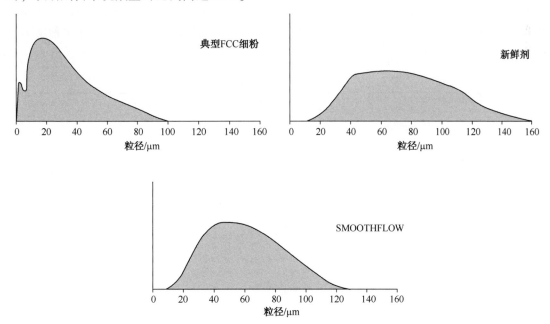

图3-216　Smoothflow流化助剂与新鲜剂及催化剂细粉粒度分布对比

（三）多产轻循环油助剂

多产轻循环油助剂是一种固体的添加剂，把它按一定比例添加到平衡剂中，以辅助系统中催化剂增产催化轻循环油，其添加量视系统中原催化剂的性质而定，一般占系统藏量的5%~10%。多产催化轻循环油助剂应当具有较多的<20nm的中孔，其孔分布最好集中在5~20nm之间，并有丰富的弱L酸中心和少量的B酸中心，以实现辅助主催化剂对重油的裂化，减少主催化剂对中间馏分的再裂化（许明德，2003）。

国内开发的多产轻循环油助剂LDC-971和国外重油裂化助剂的性质列于表3-129。国外重油裂化助剂曾在国外的装置上使用，轻循环油（216~370℃）的增产量都在2%以下（Mandal，1998）。LDC-971在两套RFCC装置上试用，第一套的主催化剂是CC-20D，添加 3.5%助剂后，催化轻循环油产率平均提高约 5 个百分点；第二套 RFCC 主催化剂是 MLC-500，添加 7.6%LDC-971 后，催化轻循环油收率也提高约 5 个百分点（许明德，2003）。

表 3-129　LDC-971 和国外重油裂化助剂的物化性质

助 剂	LDC-971	国外重油裂化助剂	助 剂	LDC-971	国外重油裂化助剂
Al_2O_3/%	65	60	孔分布/%		
Na_2O/%	0.19	0.36	5~20nm	62	48
比表面积/(m^2/g)	160	104	>20nm	8	44
孔体积/(mL/g)	0.27	0.40	MAT	32	33

加注碱性氮化合物将造成催化剂的暂时失活，控制这种失活程度可以明显地改变汽油对轻循环油的比率，达到调整产品方案的目的。采用 Chevron 公司开发的这种助剂（Shaub，1991），大致几个小时后就有了明显的效果。表 3-130 列出了在中试装置上使用这种助剂的评价结果。

表 3-130　产品方案调整剂的催化中试评价结构

进料的液体助剂	—	X	2X	—
操作条件				
提升管出口温度/℃	528	527	527	527
提升管入口温度/℃	650	650	650	650
进料预热温度/℃	270	270	270	270
剂油比	~9.0	~9.0	~9.0	~9.0
转化率/v%	78.5	70.9	68.2	77.9
产品产率/v%				
总 C_3	11.6	9.9	9.2	11.8
总 C_4	18.6	15.1	14.1	18.5
C_5~221℃汽油	59.9	55.4	52.7	59.7
221~343℃轻循环油	13.8	17.9	20.2	14.9
>343℃油浆	7.7	11.2	11.7	7.2
焦炭产率/%	4.2	3.9	4.0	4.2
汽油的辛烷值				
ROC	91.1	91.4	91.8	
MON	79.2	79.4	79.4	
轻循环油的十六烷值	24.4	30.3	31.4	

HDUltra 是 BASF 公司开发的多产 LCO 辅助催化剂，是从 Prox-SMZ（邻近的稳定载体和沸石）技术平台上开发出来的（McGuirk，2010）。Prox-SMZ 技术平台是为生产中间馏分油设计的，具有两个主要特征：载体具有超强的稳定性和焦炭选择性，从一个合成步骤中出来的沸石和载体彼此紧密相邻。图 3-217 表明在催化剂颗粒内沸石和载体之间紧密结合。常规的高载体比表面积(低沸石/载体比)催化剂会产生大量焦炭和干气，因为载体表面的裂化选择性较差。由于从 Prox-SMZ 技术中得到的载体和沸石彼此非常邻近，从载体裂化得到的产品可在沸石上进行可控地裂化，减少了焦炭和干气的生成。高度的催化稳定性使载体和沸石

的高活性都得以保持。这些性能有利于把重质原料选择性地裂化为 LCO。

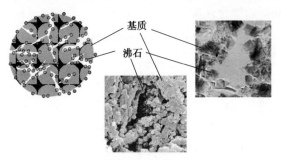

図 3-217　采用 Prox-SMZ 技术的催化剂颗粒内沸石与载体分布

　　与竞争催化剂相比，在相同转化率下，30% 的 HDUltra 加入量可使 LCO 增加约 2%，油浆减少约 2%。与竞争催化剂相比，BASF 主催化剂的塔底油转化已经有一定改进，而 HDUltra 可得到比主剂更低的塔底油产率。HDUltra 与主催化剂相比，可显著改善了 LCO 选择性，见图 3-218。此外，加入 HDUltra 还增加了载体的活性和稳定性。

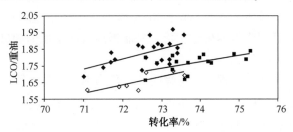

图 3-218　不同催化剂体系 LCO/塔底油随转化率的变化

◆竞争催化剂　■BASF 主催化剂　◇BASF 主催化剂+30%HDUltra

（四）降低 FCC 汽油烯烃助剂

　　使用降烯烃催化剂和助剂无须对 FCC 装置进行改造，也能较大幅度降低 FCC 汽油烯烃含量，是一种简单易行的方法。例如，洛阳石化工程公司炼制研究所成功地开发了 LAP 系列降低 FCC 汽油烯烃的固体助剂，它在催化剂藏量中占 5%~8%，可以使汽油的烯烃含量降低 5%~12%。

　　第一代 FCC 汽油降烯烃助剂 LAP-1 的活性组分是双金属改性的 ZSM-5，改性的结果是芳构化功能大大加强，沸石的水热稳定性大大提高；ZSM-5 沸石本身就可以把汽油中的烯烃择形裂化为 $C_3^=$、$C_4^=$。这种改性 ZSM-5 沸石、白土、铝溶胶、去离子水混合打浆，均质后喷雾干燥，再焙烧即得产品。LAP-1 助剂的开发在提高氢转移活性方面考虑不多。第二代降烯烃助剂的开发是在 LAP-1 助剂的基础上，增强助剂氢转移的能力和增加烯烃异构化的能力。即采用复合沸石和特殊的载体改性技术，让两种沸石在反应过程中，维持芳构化反应活性，增强氢转移和异构化反应活性，使芳构化反应步骤中生成的中间物作为氢转移反应的"供氢分子"，使氢转移反应的产物为芳烃和烷烃，从而减少焦炭前身物的生成，降低焦炭产率，促进芳构化反应与氢转移反应的协调进行。此外，通过对择形沸石的进一步改性，提高助剂的水热稳定性。具体措施是：择形沸石经双金属改性提高芳构化活性，再用非金属氧化物进一步改性提高其水热稳定性；增加第二活性组分——大孔沸石，使两种沸石在反应过程中发挥协同作用，在提高氢转移反应能力的同时增加裂化能力；采用复合载体代替原单一载体，增加载体的裂化能力和异构化能力，同时具有良好的水热稳定性（刘丹禾，2000）。表 3-131 列出了 LAP 助剂的物化性质。

表 3-131　LAP 助剂物化性质实例

分析项目	LAP-1 助剂	LAP-2 助剂	分析项目		LAP-1 助剂	LAP-2 助剂
灼烧减量/%	4.8	4.1	微反活性（MA）		45	73
堆积密度/(kg/m³)	860	780	筛分/%			
磨损指数/%	2.4	1.48	0~40μm		16.8	15.8
比表面积/(m²/g)	155.0	190.4	0~149μm		87.4	90.0
孔体积/(mL/g)	0.142	0.123				

　　LAP-1 助剂工业试验结果表明，当 LAP 助剂添加量占装置催化剂藏量的 2.6%、5.3% 和 7.4% 时，催化汽油的烯烃含量由空白试验的 58.0v% 相应降低为 51.7v%、47.6v% 和 45.2%，分别降低了 6.3、10.4 和 12.8 个百分点，同时轻油收率分别降低 1.37、2.35 和 3.13 个百分点，总液收分别降低 0.21、0.31 和 0.51 个百分点（王龙延，2000）。当 LAP 助剂含量为 5.3% 时，MON 增加 1.2 个单位，RON 增加 2.2 个单位，抗爆指数增加 1.7 个单位，达到了既能有效降低催化汽油烯烃含量，又能提高汽油辛烷值的目的。

　　（五）降低 FCC 汽油硫含量助剂

　　降硫助剂直接在催化裂化过程中，将噻吩硫转化为 H_2S，进入催化干气，达到降低催化汽油硫含量的目的，是一种既简便又经济的降低 FCC 汽油硫含量的方法。

　　在化学上含硫有机物属于 Lewis 碱，而含 Lewis 酸的汽油降硫剂可以将含硫有机物吸附在 Lewis 酸上，在提升管的气氛下发生氢转移反应，进而裂解，硫转化为 H_2S 进入催化干气，达到催化汽油降硫的目的。小部分未裂解的硫化物在再生器内氧化成 SO_x，Lewis 酸活性位被还原，进入提升管又可重新促成含硫化合物的吸附和分解，如图 3-219 所示。

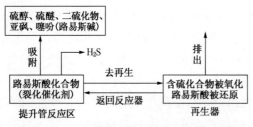

图 3-219　L 酸裂化脱硫助剂脱硫机理示意图

　　基于上述 FCC 汽油降硫机理，Grace Davison 开发了催化汽油固体降硫剂 GSR-1、GSR-2。第一代产品 GSR-1 主要组分是 Zn/Al_2O_3，负载 10% Lewis 酸中心，有效成分为铝酸锌（Cheng，1998）。在 FCC 催化剂中加入 10% 的 GSR-1 可使 FCC 汽油硫含量降低 15% 左右。第二代产品 GSR-2 的载体为锐钛矿型 TiO_2，主要组分为 TiO_2/Al_2O_3（5% 以上 TiO_2），脱丙基和丁基噻吩的能力远远超过 GSR-1（Roberie，2003）。用基础催化剂、基础催化剂掺和 10% GSR-1、基础催化剂掺和 10% GSR-2，在微反装置上进行试验，得到了汽油中的硫分布，列于表 3-132。试验进料的物化性质为 API26.6，K 值 11.59，苯胺点 182℃，硫含量 1.05%，康氏残炭 0.23%。对 GSR-1 而言，全馏分汽油硫含量下降 22.4%；轻汽油硫含量下降 45%；重汽油仅下降 7%。对 GSR-2 而言，汽油脱硫率大大提高，重汽油的脱硫率尤为明显。由表 3-132 的数据明显可见，汽油降硫剂对轻端汽油硫的脱除率很大，馏分越重效果越差，对苯并噻吩的脱除几乎无效。

表 3-132　硫分布：基础催化剂和掺和 10%GSR-1 或 GSR-2 MAT 比较

项　　目	基　础　剂	加 10%GSR-1	加 10%GSR-2
硫分布/(μg/g)			
硫醇	33.8	19.1	22.5
噻吩	36.6	24.3	26.5
甲基噻吩	105.8	62.2	66.0
四氢噻吩	24.2	5.3	6.0
乙基噻吩	118.4	61.8	66.6
丙基噻吩加苯硫吩	76.1	61.9	47.9
丁基噻吩加苯硫吩	82.6	84.9	40.5
苯并噻吩	276.0	265.5	264.6
全馏分汽油	753.5	585.0	540.6
切尾汽油	477.5	319.5	276.0
硫转化率/%			
全馏分汽油		22.4	28.2
切尾汽油		33.1	42.2
轻汽油		45.8	41.1
重汽油		7.5	44.3

注：切尾汽油不包括苯并噻吩；轻汽油是乙基噻吩以下；重汽油是丙基、丁基噻吩与苯硫酚之和。

　　GSR-1 于 1995 年进入工业应用，它的替代产品 D-PriSM™ 于 2001 年进入工业应用，已在全世界 20 多家炼厂工业应用。Grace Davison 公司同时推出降低汽油硫含量的催化剂 SuR-CA™，它完全替代常规 FCC 催化剂。工业应用表明，SuRCA™ 可降低全馏分汽油硫含量达 30%，同时，降低轻循环油硫含量 10%~20%。最好的降汽油硫含量的催化剂牌号是 GSR-6.1，可以降低汽油硫含量 50%，降低轻循环油硫含量 10%~30%（Purnell，2002）。

　　Albemarle 公司最早推出的降低 FCC 汽油硫含量的助剂是 RESOLVE700、RESOLVE750，现在已发展到 RESOLVE800、RESOLVE850。RESOLVE800 是一种双功能助剂，兼具汽油降硫和 SO_x 转移功能。实验室评价表明，即便平衡催化剂含钒 $4500\mu g/g$，汽油硫含量也可降低 24%。即便平衡催化剂金属含量 $13000\mu g/g$，其中钒 $9300\mu g/g$，RESOLVE850 仍使 FCC 汽油硫含量降低 10%。金属污染，特别是钒本身使 FCC 汽油硫含量下降 30%。RESOLVE850 还可以使难脱除的硫化物脱除近 40%；它还脱除 FCC 轻循环油和重循环油中部分硫。RE-SOLVE 系列剂强调在降低汽油硫含量的同时，维持催化剂裂化活性，降低催化剂单耗；该系列剂强调脱除最难脱除的汽油硫化物的功能（Humphries，2003）。

　　RIPP 在实验室研究的基础上，以碱式碳酸锌和拟薄水铝石为原料，采用胶溶法在中型装置上制备了 RE_2O_3 含量为 0.5%，ZnO 含量为 10%，Al_2O_3 含量为 89.5% 的锌铝尖晶石助剂，牌号为 ZAR-1。按 1:9 的比例与工业平衡催化剂掺混后在 800℃ 下老化 8h，在小型固定流化床装置上，在反应温度为 520℃，剂油比为 5，空速为 $20h^{-1}$ 条件下进行评价，原料为 20% 大庆常压渣油和 80% 蜡油的混合原料，其硫含量为 1.4%。评价结果见表 3-133。从表 3-133 可以看出，汽油硫含量降低了 31%，与国外同类剂已处于一个水平。RIPP 开发的 FCC 汽油降硫剂商品牌号为 MS-011。在某催化裂化装置上进行了工业试验，试验结果表明，MS-011 与裂化催化剂物理性质相近并有较好的配伍性，助剂对主催化剂性能、流化性能以及对产品分布没有大的影响；MS-011 可以较大幅度降低汽油、轻循环油硫含量，在助剂藏量约 10.5% 时，汽油、轻循环油硫含量分别下降了 33.38% 和 6.08%（田辉平，2005）。

表 3-133　加入锌铝尖晶石助剂后催化剂的裂化脱硫性能

裂化催化剂	工业催化剂	90%工业催化剂+10%ZAR-1助剂	裂化催化剂	工业催化剂	90%工业催化剂+10%ZAR-1助剂
产品分布/%			硫分布/%		
气体	12.1	11.8	气体	25.4	28.8
汽油	48.5	49.2	汽油	3.5	2.5
轻循环油	22.6	21.9	轻循环油+重油	56.7	54.1
重油	11.1	11.7	焦炭	7.6	7.3
焦炭	5.2	4.9	含硫污水	3.5	4.4
转化率/%	65.8	65.9	总计	96.7	97.1
汽油硫含量/(μg/g)	880	606			

　　固体降硫剂在主体催化剂中的掺和比例太大，将影响 FCC 的产品分布。液体降硫剂可兼具金属钝化功能，从钝化剂加注口进入提升管。在再生器内烧焦，降硫和金属钝化活性组分最终都以氧化物的形态沉积于催化剂的表面。进入提升管反应区，它们就起到降低汽油硫和金属钝化的作用。因此，液体降硫剂的使用更加灵活。洛阳石化工程公司炼制研究所开发了 LDS-L1 汽油液体降硫剂，在某催化裂化装置上进行了工业应用(陈俊武，2005)，应用结果表明该装置所生产的汽油硫含量随助剂加入的变化。

　　图 3-220 和图 3-221 均为汽油硫含量与微反装置(MAT)转化率的关系(Myrstad，2000)。前者所用催化剂为水蒸气老化 FCC 催化剂和掺和 10% Zn/Al$_2$O$_3$ 的 FCC 水蒸气老化剂；后者使用工业平衡剂，其上负载有 V 和 Ni。从图 3-220 可见，掺和 10% 降硫助剂，MAT 汽油硫含量明显降低。从图 3-221 可见，水蒸气老化剂换成工业平衡催化剂后，掺和 10% 降硫助剂的降硫效果不明显，这说明催化剂上负载 V 和 Ni 后干扰了降硫剂的降硫效果。实验研究表明，催化剂上负载有 V 和 Ni 后，MAT 汽油的硫含量就要下降，它们本身就是降硫组分。由于裂化重油，平衡催化剂上有足够的 V 和 Ni 降低汽油的硫含量。剩下的难以去除的硫化物中的硫，加入脱硫剂也不一定能除掉。也就是说平衡剂上的 Ni 和 V、降硫剂的活性组分都在降低汽油中的硫含量，降硫剂的作用就难以显现出来。以上是在 MAT 上的试验结果，在工业 FCC 装置上情况会更复杂。为了防止金属污染加入钝化剂，平衡剂上还含有钝化组分，其影响尚不很清楚。总之，不同工业 FCC 装置平衡剂的状况不一样，对汽油降硫剂的感受性会不一样，降硫剂在实际应用中的降硫效果通常要低于实验室的评价结果。所加工的原料油不一样，硫含量和硫化物的类型不一样，平衡剂的状态不一样，造成了不同的工业 FCC 装置上使用降硫剂的效果往往无可比性。如果汽油的沸程不一样就更无可比性了。降硫剂的优劣，对具体的工业 FCC 装置而言，应在基本一样的工况下，由工业数据来判定。

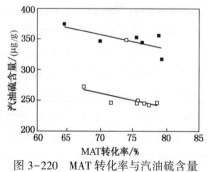

图 3-220　MAT 转化率与汽油硫含量
■—FCC 水蒸气老化催化剂；
□—掺和 10%Zn/Al$_2$O$_3$

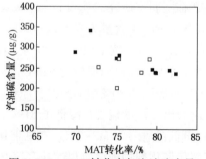

图 3-221　MAT 转化率与汽油硫含量
■—工业平衡催化剂；
□—平衡剂掺和 10%Zn/Al$_2$O$_3$

第八节　催化剂和助剂的使用设施

一个催化裂化工业装置每天要补充数以吨计的新鲜催化剂(有时还包括购进的平衡催化剂)和几十公斤的助剂。根据需要,有的装置还需连续卸出平衡催化剂。为此在装置内要设置有关的储存、运输和装卸设施。本节将对此扼要加以介绍。

一、催化剂的储存和装卸

(一) 催化剂的运输和储存

生产装置使用的催化剂可以是一种或两种以上的牌号,有时购自不同的生产厂(平衡剂则来自炼油厂)。催化剂生产工厂的规模一般均在每年万吨以上,产品包装有桶装(0.16m³)、袋装(25~50kg)、特制大袋(约1t)和散装(汽车或铁路专用槽车)等多种形式。有条件的生产厂和催化裂化装置宜采用散装槽车的包装运输方式,可以消除工厂和装置在装卸过程中对大气环境的污染和物料损耗(有时高达1%以上)。有的炼油厂设专门的催化剂仓库,储存袋装、桶装或散装的催化剂,而有的只在催化裂化装置内散装储存。

装置内的新鲜催化剂和平衡催化剂储存在立式钢制压力或真空容器内,视催化剂的品种可以各设一个或者一个以上。新鲜催化剂储罐的有效容量(扣除上部2.2m净空),视包装、运输和补充量的情况而异;平衡催化剂储罐的有效容量则按反应-再生系统的总藏量(仪表指示的反应器、再生器藏量和催化剂输送管线、外部脱气罐、缓冲罐以及设备内部"死区"的藏量总和)的1.3倍计算。催化剂堆积密度在计算有效容量时应取下限值(如低密度新鲜剂取400kg/m³,低密度平衡剂取660kg/m³),而在结构设计计算时要取上限值(如平衡剂取1000kg/m³)。罐的工作压力视再生器压力而定。真空度则是考虑向罐内装剂的情况(两种储罐都应考虑)。工作温度分别按常温(新鲜剂储罐)和高温——再生温度(平衡剂储罐)设计。储罐均设倾斜30°角的圆锥底,以便于催化剂靠重力向下流动。罐上设有充压空气接管,罐下锥底设松动空气接管(均使用净化压缩空气)。

随着工业装置规模和催化剂系统藏量加大,传统的小包装人工袋装加料方式不能满足需要,一些高自动化、密闭装卸料系统随之得以开发和应用。新鲜催化剂集装箱密闭装料系统由液压升举平台系统及真空装料系统构成,如图3-222所示。催化剂集装箱由卡车拉至厂区,将集装箱及车架定位在液压升举平台上并加以固定,操作人员将升举平台倾斜升高至40°,借以将催化剂卸料至真空装料系统,催化剂由集装箱高压软管进入真空装料系统,再以适当催化剂物料与空气比,气力输送至催化剂罐,催化剂罐顶抽空器将催化剂罐抽真空。

废催化剂密闭卸料系统包括自动卸料控制、夹袋、吹袋、打包、集尘、称重及滚轮装置等构成。废催化剂由废催化剂罐卸料,操作人员将废催化剂卸至袋包自动包装系统,以吨袋包装,如图3-223所示。

(二) 催化剂装入再生器设施

向再生器内装入催化剂有两种情况:一是装置开工,当再生器内达到550~650℃时开始用大型加料线以较快的速度加入(20~50t/h),在料位装填至适当位置,同时再生器内催化剂床层温度不低于370℃(视燃烧油密度,燃烧油越轻,所需起燃温度越高)时,引燃燃烧油维持再生器催化剂床层温度,此为大型加料方式。催化剂加入流程是从催化剂储罐底的立管(直径约为150~200mm),用输送空气将下落的催化剂以稀相输送方式沿着水平和垂直管线

（直径约为 150~200mm）送至再生器的空气分布器下方。二是正常生产期间，为维持催化剂的活性或降低重金属含量而补充装入的催化剂，视装置规模和具体情况，一般在 10t/d 以内，使用小型加料器加入。工业上已有多种类型的加料器在使用。

图 3-222　新鲜剂集装箱密闭装料系统升举平台

图 3-223　废催化剂密闭卸料系统

1. 非自动小型加料器（图 3-224）

非自动小型加料器包括一个立式的密相流化床，调节流化空气的流量来改变催化剂的带出量，再用 8m/s 的输送空气沿管线（直径约为 40~50mm）送入再生器分布器上 0.3m 处，补充量为 0.2~10t/d。

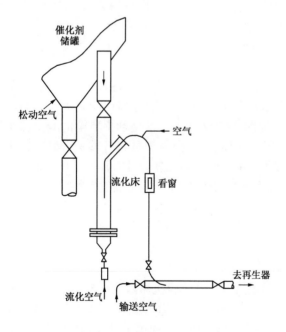

图 3-224　非自动小型加料器

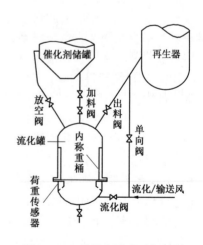

图 3-225　分批定量自动加料器

2. 分批定量自动加料(图3-225)

催化剂储罐内的催化剂依靠重力进入下部安装电子荷重传感器的流化称重罐(容积85L),达到规定质量(50kg)后自动关闭加料阀并打开流化空气阀,经金属微孔丝网膜将器内颗粒流化。当流化罐内压力达到规定值时自动打开出料阀,使流化状态的催化剂沿小量加剂管线进入再生器。这一批量加完,流化罐内压力降低,程序周而复始。周期在5~600min内可调,这种加料器采用就地控制和远程控制并行的控制方式(苏秦豫,2002)。

3. 程控自动加料器

这是在第一种加料器流程上的完善,主要增加了一个由定时器控制的阀门,并设置了从催化剂罐上部到控制阀下游的压力平衡线,见图3-226。在装置的DCS组态中,利用回炼油罐液面计算在连续可调间隔时间内的自动加料时间,按程序逻辑框图实现催化剂加料的自动控制。根据操作实践摸索出回炼油罐液面和加料时间的函数关系,就能做到系统内催化剂平衡活性稳定,反应深度恒定,也降低了催化剂的损耗。

4. 先进控制自动加料器

INTERCAT公司的新鲜催化剂加料系统有$30m^3$、$70m^3$、$125m^3$和$170m^3$共4种规格,通称容量分别为27t、64t、120t和160t。前两种可用专门的汽车罐车自动加料,后两种则用火车罐车自动加料。进料加料罐坐于3个称重器上,可随时显示催化剂总质量,唯一的移动部件是特殊设计的耐用阀门。自动加料系统可按程控方式使用,也可与主控制室的DCS系统连接,按催化剂活性或金属含量指标进行加入量的微调。据称加料速率可控制在1%的精度,在优化加料控制下,与分批加料方式比较,新鲜催化剂补充量一般可减少15%。在某2.5Mt/a装置试用3个月间,加料速率稳定地保持在4.5t/d(原料油质量稳定不变),经测算转化

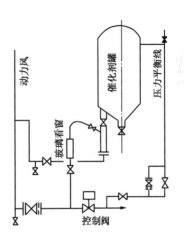

图3-226　催化剂程控自动加料器流程

率的标准偏差为0.37%;未使用该加料器而用人工调节加料的49天内,只有11天转化率偏差在上述指标内,总平均偏差为1.3%。由此计算采用自动加料器每天可减少经济损失约7000美元(Guido,2004)。

(三)催化剂卸出设施

从再生器卸出平衡催化剂有两种情况:①装置停工前从再生器以较快速度卸出,卸剂阀门要求耐磨蚀。进入平衡催化剂罐后,热空气从罐顶经由外部(或内部)的旋风分离器排入大气,而回收的催化剂则从料腿和翼阀返回储罐。②正常的小量卸剂设施可采用类似分批定量自动加料器的设备。卸剂接管(直径约为150mm)伸入到再生器壁150mm并位于分布器上方2.5m处,要选用耐高温的材料。

新鲜催化剂的散密卸出(从槽车)可用密闭系统,而从袋装或桶装卸出则通常为地面带格栅的半开放式漏斗和吸尘系统。在催化剂储罐顶设置抽空器,利用罐内的真空度使催化剂和伴随的空气沿管线进入储罐。

第三级和/或第四级旋风分离器分出的细粉先收集在框架下的储罐内,定期卸入汽车槽车或铁桶内运出装置。

二、助剂的加剂设施

（一）固体助剂的加剂设施

固体助剂（CO 助燃剂、SO_x 转移剂、辛烷值助剂和钒捕集剂等）一般制造成筛分分布与裂化催化剂接近的微球形或粉状颗粒，只是密度和机械强度指标上有所差异。因其耗量只有裂化催化剂的 0.5%~5%，一般采用袋装或桶装方式包装，个别采用专用的装在汽车拖车上的散装立式罐运输。采用袋装时，在装置内设一个容积 0.2~0.5m³ 的储罐，上面有加剂漏斗，使用简易的小型加料器利用裂化催化剂的小型加料线加入再生器。开始应用时一次加剂量较多，达到正常浓度后即按维持速度每天分几次加入。近来已趋向类似催化剂小型加料器的 24h 均衡加料设施。INTERCAT 公司生产的助剂自动加料系统有 1.4m³、6m³、14m³ 和 30m³ 共 4 种规格，通称容量分别为 1t、5t、12t 和 27t。该系统可自动控制，也可与主控制室的 DCS 连接，根据有关指令操作，例如根据烟气的 SO_x 或 CO 浓度给定硫转移助剂或 CO 助燃剂的加入速率。据报道某装置对硫转移助剂的加料方式做了对比：使用常规人工加料，每天加 1~4 次，将 SO_2 从 388~462μg/g 降低到 251~295μg/g 时，硫转移剂的脱硫效率为 35%~41%，单位助剂脱 SO_2 能力为 14~17kg/kg；改用自动加料系统后，每天加料 2 次，将 SO_2 从 580~608μg/g 降低到 267~278μg/g 时，硫转移剂的脱硫效率为 54%，单位助剂脱 SO_2 能力为 43~46kg/kg，由此可见，自动加料好于人工加料（Guido，2004）。

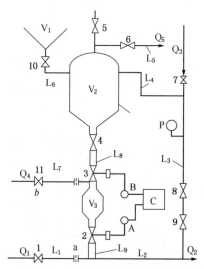

图 3-227　助剂自动加料器流程

1~11—阀门编号；V_1—装料斗；V_2—料罐；V_3—加料斗；Q_1—输送风；Q_2—进入再生器的输送风；Q_3—料罐充压风；Q_4—松动风；Q_5—放空风；L_1—加料前输送管路；L_2—加料点后的催化剂输送管线；L_3—料罐向再生器的泄压管路；L_4—催化剂的充压管路；L_5—放空管路；L_6—料罐装料管路；L_7—松动风管路；L_8—下料管；L_9—加料斗下加料管路；A，B—电磁阀；C—加料控制器；a—输送风限流孔板；b—松动风限流孔板

由于助剂较为昂贵，可以在加料器顶设置旋风分离器，回收 10μm 粒子，效率 95% 以上；再经过纤维滤芯，回收大于 0.5μm 粒子，效率 99.99%。在从汽车装料时，除尘设施排出粉尘小于 100g（按 30m³ 罐，每批装料 2h 计）。

另一种国内开发的助剂自动加料设备专门设计了带有计量斗和多个控制阀的加料设备，在给定的周期内实现自动加料。详见图 3-227（张美玲，1996）。它避免了前述第二种加料器称量必须采用软连接等易损件的麻烦。

（二）液体助剂的加入设施

迄今为止使用的液体助剂主要是金属钝化剂，产品方案调整剂只在有限范围内应用。液体助剂一般用桶装入，日耗量在几十公斤以内。有的黏度较大，在储罐内要用轻循环油稀释并加热到一定温度。注入地点宜在原料油喷嘴前的集合管上，以利于快速均匀地分散并与热的再生催化剂接触。加入流程见图 3-228。

在初次使用钝化剂时，采用快速加入方式，一般 10 天左右达到正常浓度，然后改用维持速度小量加入。注意储罐内温度要低于分解温度；有的钝化剂遇水发生沉淀，要防止水分

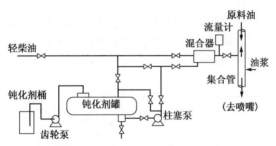

图 3-228　钝化剂加入系统流程示意图

进入；有的钝化剂遇光或空气分解，要采取氮封等措施。

三、系统催化剂的置换

工业装置在正常运行中换用新牌号的催化剂时需要对系统内原有的催化剂进行置换。置换的方法有两种：一是快速置换，即以远大于正常补充量的速度加入新剂，同时也大量卸出旧剂。这种方法要求严格注意操作工况，以免产生过大的波动。二是缓慢置换，即按正常的补充量或略大于正常量的速度补充新剂，可以保持操作条件的平稳过渡，也不致带来大量卸剂的处置问题，但是总的置换时间很长，往往要几个月的时间才能完成。

催化剂置换过程中，新牌号催化剂在系统中含量随时间的变化可用下述方法估计：设原有催化剂 A 的含量为 x_A（质量分率），新催化剂 B 的含量为 x_B（质量分率），日补充量为 B，系统日跑损量为 L，日卸出平衡剂量为 D，系统总藏量为 W，取 $S_T = B/W$，$S_L = L/W$，$S_D = D/W$，则有

$$S_T = S_L + S_D \tag{3-49}$$

$$S_L = S_{LA} x_A + S_{LB} x_B \tag{3-50}$$

式中，S_{LA}、S_{LB} 分别为 100%A 或 100%B 的日跑损率（对系统总藏量的分率），它们与催化剂本身的耐磨强度有关，又与装置规模、旋风分离系统效率以及操作因素有关。

从 A 的物料平衡计算得出：

$$-\frac{dx_A}{dt} = -S_{LA}x_A - S_T x_A + S_{LB} x_A + (S_{LA} - S_{LB})x_A{}^2 \tag{3-51}$$

解微分式，并令 $x_{AO} = 1$，可得：

$$t = \frac{1}{S_T + S_{LA} + S_{LB}} \ln \frac{S_T + S_{LA} - S_{LB} + (S_{LA} - S_{LB})x_{At}}{(S_T + 2S_{LA} - 2S_{LB})x_{At}} \tag{3-52}$$

如两种催化剂耐磨强度及热崩程度相同，即 $S_{LA} = S_{LB}$，上式简化成为：

$$t = \frac{1}{S_T} \ln \frac{1}{x_{At}} \tag{3-53}$$

若日补充率只维持跑损带来的藏量变化，即 $S_T = S_{LA} + S_{LB}$ 时，则不论 S_{LA} 与 S_{LB} 关系如何，A 催化剂浓度降低到 x_{At} 时所需时间为

$$t = \frac{1}{S_{LA}} \ln \frac{1}{x_{At}} \tag{3-54}$$

在推导上述公式中假定系统总藏量始终恒定，并忽略补充剂和原有剂因筛分组成和年龄分布不同而在细粉产生率上的差别，所得结果与实际情况略有出入，可引入装置因数进行校

正。

置换过程中新旧催化剂的含量可用化学分析法测定(A，B 的 Al_2O_3 或 RE_2O_3 含量有较大差异时)或物理方法测定(堆积密度、比表面积等出入较大时)。

Michaelis 等(1985)提供了催化剂置换过程的几组曲线，参见图 3-229 和图 3-230。

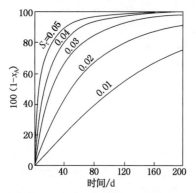
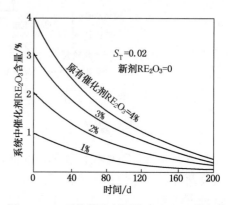

图 3-229 系统中催化剂置换率和时间的关系   图 3-230 系统催化剂置换中 RE_2O_3 的变化

助剂在加入系统中的含量变化与时间的关系也可用前述方法推出。其特点是助剂初始加入速度可以较快，达到要求的浓度时间较短，停用时活性下降也较快。

四、平衡催化剂和废催化剂的处置

向反应-再生系统补充的催化剂和助剂，除了被再生烟气带到烟囱排入大气的少量粉尘外，其余都是沉积较多金属的、失活的废催化剂，分别从系统内卸出，或从三级旋风分离器的烟气中及油浆携带的细粉中回收。如何处置这些每天以吨计的物料就成为炼油厂的一项课题。

当前采用的方法有：①把废催化剂填埋弃置；②对其综合利用；③将油浆中的细粉分离出来返回反应器(但最终仍将从再生器逸出)；④将平衡剂作为商品销售(限于处理 VGO 原料的装置)，在国外售价约为同牌号新鲜剂的 1/3；⑤采用从催化剂上脱除重金属的工艺，减少平衡剂的排出量。下面将对各种方法分别叙述。

(一) 废催化剂的填埋弃置

目前炼油厂卸出的废裂化催化剂一般用干式装袋掩埋或湿式掩埋，费用较大。大部分催化剂含有稀土氧化物，国产的两种牌号的废催化剂的比放射性均超过 $3.7×10^3 Bq/kg$(见表 3-134)，按国际放射防护规定应按放射性废物处理(美国尚未列入)。简单的埋地方法已经不适用，改用半地下水泥池全封闭填埋虽然符合要求，但费用大，不够经济合理。

表 3-134 废催化剂的比放射性(Bq/kg)

牌 号	总 α	总 β	总($\alpha+\beta$)
CRC-1	$7.3×10^3$	$5.1×10^{-1}$	$7.3×10^3$
ZCM-7	$6.6×10^3$	$8.3×10^{-1}$	$6.6×10^3$

(二) 废催化剂的综合利用

Mobil 公司开发了用废催化剂作吸附剂处理炼油厂污水的技术(Sanga，1976)，即将废催化剂经 NaOH 溶液浸渍、分离干燥后的粉末用于吸附污水中的氨和重金属离子，其脱除率分别达到 98%和 80%以上，最终形成黏度超过 1000Pa·s 的块状固体送去耕地处理。

国内曾直接用废催化剂投加到污水生化处理的曝气池中进行工业试验，结果表明处理能力比以前大幅度地提高，出水水质符合排放标准，而且具有较强的抗酸性水冲击能力。

Grace Davison 公司认为废催化剂中的 Al$_2$O$_3$ 可用于制造普通矾土水泥，国内将水泥原料中掺加 20%的 CRC-1 型废催化剂(含 Al$_2$O$_3$27%)，制成的水泥抗压抗折强度均有提高(石油化工科学研究院，1983)。在水泥原料中掺入 10%的 USY 型废催化剂(含 Al$_2$O$_3$47%)和 10%~15%矿渣也有类似效果。其水泥制品的放射性比活度均显著低于我国《建筑材料放射卫生防护标准》(GB 6566—86)的指标。此外，国外还有将废催化剂掺入铺路用沥青的方法。目前，国内有关公司对废 FCC 催化剂进行了研究，发现废 FCC 催化剂含有大量微孔结构和较大的比表面积，与白土结构有相似之处，可用作吸附剂掺入白土中精制润滑油基础油和 FCC 催化轻循环油，还可以取代部分白土用作吸附剂来精制石蜡(苑志伟，2010)。

（三）油浆中催化剂细粉的回收利用

油浆中催化剂含量在 1000~4500μg/g 之间，若不处理则在储罐内沉积进入油泥中。过去在装置内曾设置油浆沉降器，使催化剂在高温(350℃左右)下经约 1h 沉降到底部浓油浆中，经回炼返回反应器。上部作为澄清油商品，含催化剂约 1000μg/g，分离效率约 60%。国外要求用于生产炭黑的油浆原料含催化剂应低于 500μg/g，而生产针状焦则应低于 100μg/g，靠重力沉降法不能满足这一要求。Gulf 公司 70 年代末期开发了油浆静电分离器，商品名 Gulftronic Separater(Fritsche，1975；Crissman，1977)，至 20 世纪 80 年代末已有 20 余套在运转中。当入口催化剂含量 1500~2000μg/g 时，出口可低于 100μg/g。分离器由几组并列的标准单元构成，每个单元的外壳 φ0.3mm×1.8m，立式，内有 φ0.15m 的管状电极，环形空间装直径 3mm 的玻璃小球 160kg，可在高压直流电场(约 24kV)下收集催化剂细粉，一个周期的收集数量约 6kg，然后用回炼油(或 VGO 原料)冲洗下来。循环操作按程序自动进行。操作温度 150~180℃，压力 2MPa。每个单元处理油浆能力为 1.5~3.5t/h，视油浆中催化剂含量及出口含量要求而异。冲洗油用量每两个单元为 1.7m^3/h，用过的冲洗油返回反应器。

（四）平衡剂的磁分离脱重金属处理

平衡剂由于重金属积累和水热失活而必须从反应-再生系统部分地卸出以保持系统内的金属平衡和活性平衡。由于系统内催化剂的停留时间(寿命)不同，重金属污染程度也不等。如果用物理方法把高金属含量的催化剂分离出来，而将低金属含量的催化剂返回系统，也可以减少排弃的废催化剂数量。为此有关公司开发了几种平衡剂磁分离脱重金属的处理方法。

平衡剂中不同颗粒上重金属的积累程度随其在系统中的年龄而有很大差异(见图 3-231)，而主要污染金属镍和钒又是感磁性物质，这就为在强磁场作用下把高金属颗粒和低金属颗粒进行物理分离创造了条件。一般来说，平衡剂中重金属的含量很少(从几千到两万μg/g)，属于弱磁性物质的范畴。如果要实现良好的分离效果，必须要使用强磁场磁选技术。在强磁场的作用下，可以有选择地、大量地从催化剂藏量中剔除老化程度高的、受重金属污染程度深的催化剂颗粒，使总体重金属含量得以下降。这些元素在其不同价态而显示出铁磁性与顺磁性，通过高磁场的作用，使金属含量较低、中毒较轻的催化剂与金属含量较高、中毒较重的催化剂得以分离，并进行回用。

日本石油公司于 20 世纪 80 年代开发了磁分离技术(高濑新次，1989)，利用高梯度磁性分离机，在均匀的高磁场中形成强烈的磁场梯度，使磁性较强(重金属含量高)的颗粒被吸引到微细强磁梯度区，而弱磁性粒子则通过基块，两者的比例可采取改变载体(空气)流线速度的方法加以调整。弱磁性的粒子返回到装置重新使用，强磁性的粒子作为废催化剂排弃。后来美国 Ashland 石油公司与之合作开发了采用永久磁铁的磁分离工艺——MagnaCat 工艺，1996 年在 Canton 炼油厂获得工业应用。此后 Kellogg 公司参与了该技术的开发。由于采用稀土永磁材料，比电磁铁节约电耗，因而被作为前景看好的一种脱金属技术。

催化剂的感磁性能随沉积镍和钒的浓度增加而增高，如图 3-232 所示，感磁性增高，通过磁分离去除的强磁催化剂的百分率上升。第一套建于 Canton 的 Magna Cat 与已有的 FC-CU 配套，开工后大约回收 78% 弱感磁平衡剂，排出其余的强感磁剂，70 天将原藏量全部置换，新鲜剂日补充量从近 4t 减少到 2.5t，活性基本保持不变，但产品选择性明显改善，详见表 3-135(Miller，2000)。初步估计加工每桶原料可获效益 0.3~0.6 美元。

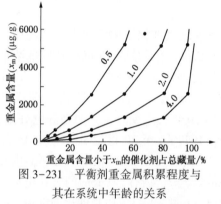

图 3-231　平衡剂重金属积累程度与
其在系统中年龄的关系

曲线上数字为新鲜催化剂补充速率(对总藏量,%/d)

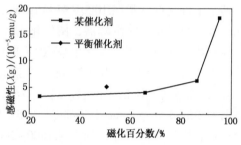

图 3-232　催化剂磁分离效果

Kellogg 公司做了一个与 4.6Mt/a FCCU 配套的 MagnaCat 装置方案设计(袁峻业，2001)，原料油镍、钒含量为 4.1μg/g、2.1μg/g，原系统催化剂藏量 410t。有关数据见表 3-136。

表 3-135　Magna Cat 使平衡催化剂选择性改善

系统藏量置换率/%	0	40	100
催化剂性质			
比表面积/(m²/g)	144	146	146
孔体积/(mL/g)	0.44	0.42	0.42
堆密度/(g/cm³)	0.69	0.67	0.67
颗粒直径/μm	92	88	88
沸石含量(相对)	7.2	8.1	8.0
碳含量/%	0.14	0.14	0.13
镍含量/(μg/g)	1000	1100	1000
钒含量/(μg/g)	2100	1900	1700
铁含量/(μg/g)	7400	7700	7000
转化率/%	71.0	70.7	70.3
汽油产率/v%	59.4	62.1	63.3
氢产率/%	0.22	0.2	0.16
氢/甲烷比(质量比)	0.56	0.5	0.38
焦炭产率/%	3.9	2.7	2.7
焦炭选择性(对二级转化函数)	1.67	1.21	1.19

表 3-136　与大型 FCC 装置配套的 MagnaCat 装置方案设计

项　目	无 MagnaCat	有 MagnaCat 降低新剂补充	有 MagnaCat 增加平衡活性
新催化剂补充量/(t/d)	13.6	10.4	13.6
其中跑损量/(t/d)	2.7	2.1	2.7
系统催化剂藏量/t	410	410	410
MagnaCat 处理量/(t/d)	0	72.6	80
MagnaCat 回收量/(t/d)		64.3	61.1
MagnaCat 排弃量/(t/d)		8.3	10.9
平衡剂镍含量/(μg/g)	3900	3702	2884
平衡剂钒含量/(μg/g)	2000	2106	1630
平衡剂活性/%	67	67	70.2
返回剂镍含量/(μg/g)		3477	2660
返回剂钒含量/(μg/g)		2024	1548
排弃剂镍含量/(μg/g)		5433	4155
排弃剂钒含量/(μg/g)		2735	2092

经测算,降低新鲜催化剂补充量方案每年节约费用约 250 万美元(废催化剂掩埋费每吨 50~400 美元)。保持补充量不变,增加平衡活性(上升 3 单位)的方案使转化率增加 15%;而焦炭和干气产率不变,这时每年产值增加约 610 万美元。

MagnaCat 的工艺流程:从再生器取出一股再生催化剂,用滑阀调节流量,经锅炉用水冷却到 130℃后进入料斗,斗内适度流化,引出催化剂,经水冷却器降到常温,通过振荡式给料器送入磁分离带,分成弱感磁、强感磁和少量粒径大于 100μm 的催化剂与非催化剂碎渣三部分,分别靠重力进入输送皮带,其中弱感磁部分返回再生器,参阅示意图 3-233。整个设备预制成模块式,设备占地 3.7m×3.7m,高 10.5m,楼梯间占地 3.7m×3.0m。一个模块可装两条磁分离带,合计处理能力 40t/d。

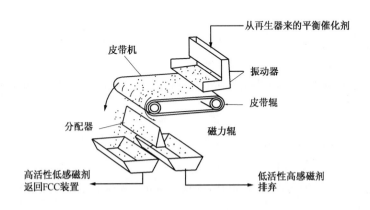

图 3-233　MagnaCat 催化剂磁力分离设备

我国研制的离线式 CLLP-型I高梯度磁分离装置按 24t/d 的处理能力设计,使用电磁,最大激磁功率 35kW。处理的平衡剂镍/钒/铁含量分别为 4440/4280/10810μg/g,活性 MA57.2,磁分离后弱感磁剂的上述金属含量分别为 3660/3980/9180μg/g,活性 MA61.3;

强感磁剂的上述金属含量分别为 5510/4690/13090μg/g，活性 MA53.2。回收的催化剂（收率 60%）与平衡剂在中试装置评定结果：前者转化率提高 2%，轻油产率增加 2.5%，干气和焦炭产率分别减少 0.7% 和 0.5%。氢/甲烷体积比从 3.7% 下降到 2.2%。在工业装置应用可节省新鲜催化剂 23%（郝代军，2001；吴天奇，1999）。另开发的一种稀土永磁辊式磁分离装置，最大磁场强度 12000GS，最大磁场梯度 24000GS/cm，电功率 1.7kW，处理能力 3t/d。分离效果见表 3-137（范雨润，2003；吴天奇，1999）。

表 3-137　磁分离装置工业试验效果

项　目	平衡催化剂	低磁催化剂	高磁催化剂
物料比率	100	60	40
催化剂孔体积/（mL/g）	0.27	0.27	
催化剂比表面积/（m²/g）	286	97	121
微反活性/%	64	72	58
筛分组成/%			
0~20μm	2.2	0.3	10.1
0~40μm	20.2	17.4	50.4
0~80μm	75.0	75.2	91.0
0~105μm	90.0	92.8	97.0
重金属/（μg/g）			
Fe	9200	6800	10600
Na	700	800	1400
Ni	7500	6100	8700
V	2000	1800	2300
Sb	2800	2300	3200

该低磁催化剂在某装置使用，当其数量达系统藏量的 45% 时，转化率增加，汽油、催化轻循环油等收率净增加 1.5 个百分点，干气、油浆和焦炭产率相应减少。新鲜催化剂单耗下降 52%，相当于每吨低磁剂可替代 0.56t 新鲜催化剂（未按在线物料平衡校正）。

参 考 文 献

曹凤霞，郭珺，杨珊珊 . 2013. β 沸石合成中模板剂研究的专利技术进展[J].辽宁化工，42(6):622-624.

储慧莉 . 1997. CO 助燃剂的新发展[J].工业催化，6(4):3-8.

陈蓓艳，田辉平，朱玉霞，等 . 2009. ZSM-5/AlPO₄-5 双结构分子筛和甲醇制汽油的催化剂和方法:中国，ZL200910236091.8[P].

陈冬冬，郝希仁，陈曼桥，等 . 2007. 催化裂化催化剂热崩跑损现象的研究[J].炼油技术与工程，37(3):1-4.

陈俊武 . 2005. 催化裂化工艺与工程[M].2 版 . 北京:中国石化出版社 .

陈锦祥，杨宝康 . 1988. 金属钝化剂的应用及效果考核[J].石油炼制，19(2):5-12.

陈然，沈志虹，李聃，等 . 2008. 两种杂原子复配对 Y 型沸石结晶性能的影响[J].燃料化学学报，36(1):118-121.

陈铁红,袁忠勇,王敬中,等.1999.气固相法合成β沸石[J].石油学报:石油加工,15(5):77-80.

陈祖庇,闵恩泽.1990.裂化催化剂的发展沿革[J].石油炼制,21(1):6-16.

陈祖庇.2007.催化裂化装置空气污染物排放的控制和治理[J].中外能源,12(5):94-99.

崔连起,王开林,张家庆,等.2001.钙钛矿结构的金属氧化物CO助燃剂[J].石油炼制与化工,32(7):29-32.

杜军,王世珍,孙殿卿,等.1995.气相化学法制备高硅铝比Y型沸石性能考察[J].石油炼制与化工,26(3):30-35.

杜伟,黄星亮,郑彦斌.2002.国内外催化裂化CO助燃剂的现状与进展[J].石油化工,31(12):1022-1027.

独山子炼油厂,石油化工科学研究院.1981.催化裂化使用钝化剂工业试验.石油炼制,10(2):5-11.

范雨润,盖金祥,刘焕章.2003.催化裂化催化剂磁分离技术的工业应用.石油炼制与化工,34(8):20-23.

付燕生,任铎.2000.LST-1液体硫转移助剂工业应用[J].炼油设计,30(9):12-16.

傅维,舒兴田,何鸣元,等.1995.具有MFI结构含磷和稀土的分子筛:中国,ZL95116458.9[P].

高濑新次,牛尾贤.1989.FCC触媒の磁气分离技术.Petrotech,12(2):95-99.

龚剑洪,胡跃梁,蒋文斌,等.2004.MIP工艺技术专用催化剂CR022的工业应用[J].石油炼制与化工,35(5):8-10.

关景杰,闵恩泽,虞至庆.1986.一种黏土类层柱分子筛的制备方法:中国,ZL86101990B[P].

郭瑶庆,朱玉霞,宿艳芳,等.2005.激光散射法测定催化裂化催化剂粒度分布的影响因素[J].石油炼制与化工,36(3):56-60.

郝代军,王志杰,卫全华,等.2001.磁分离技术用于回收被重金属污染的FCC催化剂[J].石油炼制与化工,32(3):12-16.

何农跃,施其宏.1991.超稳Y沸石裂化催化剂的制备和应用[J].精细石油化工,8(3):7-11.

侯典国.1999.我国一些原油的钙化合物分布、形态及催化裂化抗钙助剂的研究[D].北京:石油化工科学研究院.

侯祥麟.1998.中国炼油技术新进展[M].北京:中国石化出版社.

胡颖,何奕工,侯军,等.1992.骨架富硅Y沸石放大产品的特性[J].石油炼制,23(7):32-35.

花瑞香.1997.微球硅铝催化剂中氧化铝含量测定方法的改进[J].石油炼制与化工,28(6):58-61.

黄凤林,王立功.2006.非骨架元素对沸石裂化催化剂性能的调变作用[J].炼油技术与工程,36(12):43-46.

黄星亮,冯长辉,靳广洲,等.1996.非贵金属复合氧化物CO助燃剂的催化性能研究[J].石油炼制与化工,27(8):17-21.

黄曜,朱崇业,李全芝,等.1993.不同超稳Y沸石的酸性质及其催化性能[J].分子催化,7(5):347-354.

鞠雅娜,沈志虹,赵俊桥,等.2006a.过渡金属杂原子Y型沸石的合成及表征[J].分子催化,20(3):211-214.

鞠雅娜,沈志虹,朱俊哲,等.2006b.FeY沸石的合成、表征及其加氢裂化活性[J].石油化工,35(7):629-632.

蒋文斌,刘得义,屠式英.1994.海泡石的酸改性和性能研究:Ⅲ.作为FCC催化剂组分催化作用的初步探讨[J].石油学报:石油加工,10(3):60-65.

蒋文斌,冯维成,谭映临,等.2003.RFS-C硫转移剂的试生产及工业应用[J].石油炼制与化工,34(12):21-25.

蒋文斌,张万虹,朱玉霞,等.2004.浸渍过程中Ce^{3+}的扩散与吸附及其对$CeO_2/MgAl_2O_4 \cdot xMgO$性能的影响[J].石油学报:石油加工,20(4):13-19.

李斌,李士杰,李能,等.2005.FCC催化剂中REHY型沸石的结构与酸性[J].催化学报,26(4):301-306.

李侃,王栋,翟佳宁,等.2014.黏结剂对催化裂化催化剂物化性质的影响[J].应用化工,43(3):485-487.

李再婷,蒋福康,闵恩泽,等.1989.催化裂解制取气体烯烃[J].石油炼制,20(7):31-34.

梁凤印.1988.催化裂化再生催化剂金属沉积量的预测[J].石油炼制,19(7):31-34.

廖克俭,姜恒.2000.催化剂分析[M].辽宁沈阳:东北大学出版社.

刘从华,高雄厚,张忠东,等.1999.改性高岭土的性能研究:1.酸性和催化活性[J].石油炼制与化工,30(4):

32-38.

刘从华,邓友全,高雄厚,等.2004. 稀土和磷改性对裂化催化剂反应性能的影响[J].分子催化,18(2):115.

刘丹禾,魏小波,郝代军,等.2000. 降低催化裂化汽油烯烃助剂的实验研究[J].炼油设计,30(6):56-58.

刘冠华,左丽华,舒兴田,等.1994. b 沸石合成方法(一):中国,ZL94102212.9[P].

刘冠华,何鸣元,舒兴田,等.1996. b 沸石合成方法:中国,ZL96100045.7[P].

刘环昌,吴绍金.1999. 多产柴油催化剂 MLC-500 的开发和应用[J].科学研究与技术开发,27(2):79-84.

刘可非.2000. 增产柴油的技术措施与经济效益分析[J].石油炼制与化工,31(4):46-49.

刘璞生,张忠东,高雄厚.2010. 稀土含量对 Y 型沸石催化性能的影响[J].石油学报:石油化工,10(增刊):107
　　-111.

刘秀梅,韩秀文,包信和.1999. 稀土在催化裂化催化剂中的抗钒作用Ⅱ. 稀土的抗钒机理[J].石油学报:石油
　　加工,15(4):39-45.

刘晓东.2001. 钝化组元迁移性和新型固体钝化剂的研究[D].北京:石油化工科学研究院.

刘引定,谭争国,滕秋霞.2008. 粒径分布对流化裂化催化剂性能的影响[J].中国粉体技术,14(6):42-43.

路勇,何鸣元,宋家庆,等.2000. 重油裂化催化剂活性中心可接近性的研究[J].石油炼制与化工,31(5):46-
　　49.

路守彦.1991. CRC-1 催化剂水热失活动力学的研究[D].上海:华东化工学院.

陆友宝,田辉平,范中碧,等.2001. 多产柴油和液化气的裂化催化剂 RGD 的研究开发[J].石油炼制与化工,
　　32(7):37-40.

罗一斌,萨学理.1995. 液相氟硅酸铵法制备高硅 Y 型沸石中杂晶形成的研究[J].石油学报:石油加工,11
　　(3):21-28.

罗一斌,达志坚,欧阳颖,等.2005. 一种改性 b 沸石:中国,ZL200510073093.1[P].

罗珍.2000. 减少催化裂化 SO_x 排放的硫转移助剂[J].炼油设计,30(11):60-62.

马伯文.2001. 清洁燃料生产技术[M].北京:中国石化出版社.

孟宪平,王颖霞,林炳雄,等.1996. β 沸石堆垛层错结构的研究[J].物理化学学报,12(8):727-733.

潘惠芳,沈志虹,张在龙,等.1994. 镧离子对水热处理后的超稳 Y 沸石酸性的影响[J].石油大学学报:自然科
　　学版,18(3):90-94.

庞新梅,孙书红,丁伟.2002. 抗钒化学超稳沸石的研制[J].石化技术与应用,20(4):227-229.

齐宏伟,甄新平,葛小强.2002. 稀土助剂 RE-Ⅱ 的工业应用[J].工业催化,10(5):59-62.

齐文义,王龙延,郭海卿,等.2000. LST-1 液体硫转移助剂的研究[J].炼油设计,30(9):5-8.

齐旭东,丁占民,张勇,等.2001. GOR-C 催化剂在辽河 VGO 催化裂化装置中的应用[J].石油炼制与化工,32
　　(10):1-3.

钱伯章.2005. 催化裂化金属钝化剂的技术开发进展[J].天然气与石油,23(3):43-44.

切斯特 AW,罗贝里 TG,赵惠京,等.2001. 流化床催化裂化过程中的汽油脱硫:中国,ZL99121758.6[P].

秦松,邹旭彪,张忠东.2005. 多产丙烯 FCC 催化剂助剂 LCC-A 性能和工业应用[J].工业催化,13(9):10-
　　13.

邱中红,龙军,陆友保,等.2006. MIP-CGP 工艺专用催化剂 CGP-1 的开发与应用[J].石油炼制与化工,37
　　(5):1-5.

任杰.2002. 催化裂化催化剂水热失活动力学模型[J].石油学报,18(5):40-46.

申建华,毛学文.1996. 焙烧气氛对 REY 沸石结构稳定性的影响[J].石油化工,(25):325-329.

沈志虹,付玉梅.2004. 化学改性对催化裂化催化剂氢转移性能的影响[J].催化学报,25(3):227-230.

沈志虹,赵俊桥,鞠雅娜,等.2006a. 杂原子钛对 TiY 沸石性能的影响[J].燃料化学学报.34(5):616-619.

沈志虹,赵俊桥,鞠雅娜,等.2006b. BY 沸石的合成、表征及其裂化性能考察[J].燃料化学学报,34(1):109-
　　112.

施至诚.1996.CRP-1催化裂解催化剂的研究与开发[J].石油炼制与化工,27(4):1-5.

石油化工科学研究院.1983.Y-7系列分子筛半合成催化裂化催化剂[J].石油炼制,14(10):54.

宋海涛,郑学国,田辉平,等.2009.降低FCC再生烟气NO$_x$排放助剂的实验室评价[J].环境工程学报,3(8):1469-1472.

宋武,周岩,杨凌,等.2007.水热超稳沸石DASY2.0的改性研究[C]//第十一届全国青年催化学术会议论文集.山东:中国石油大学.

隋述会.2005.改性REY型沸石性质及裂化性能研究[D].杭州:浙江大学.

苏秦豫,夏金法,刘丹.2002.LPEC-2型小型催化剂自动加料器的研制[J].炼油设计,32(9):12-14.

孙书红,庞新梅,郑淑琴,等.2001.稀土超稳Y型沸石催化裂化催化剂的研究[J].石油炼制与化工,32(6):25-28.

谈俊杰,张久顺,高永灿.2002.FCC催化剂水热失活模型[J].石油炼制与化工,33(12):39-43.

唐颐,徐金锁,高滋.1990a.金属元素对Y沸石的液固相类质同晶取代[J].高等学校化学学报,11(12):1317-1321.

唐颐,高滋.1990b.(NH4)2SiF6去铝补硅法制备富硅Y沸石[J].石油化工,19(12):808-813.

田辉平,杨建,陆友宝,等.2000.MLC系列催化裂化多产柴油催化剂的研究开发[J].石油炼制与化工,31(8):41-44.

田辉平.2005.催化裂化催化剂及助剂的现状和发展[J].炼油技术与工程,36(11):6-11.

田辉平,周灵萍,朱玉霞,等.2010.一种制备分子筛的方法:中国,ZL201010515257.2[P].

田英炎,叶反修,沈永祥.2010.碳硫分析专论[M].北京:冶金工业出版社.

王克冰,项寿鹤.2001.β沸石的合成[J].内蒙古大学学报:自然科学版,32(6):628-633.

王奎,康小洪,黄南贵,等.2002.沉积金属盐对水热处理HY型沸石晶胞收缩的影响[J].石油学报:石油加工,18(1):42-45.

王龙延,王国良,刘金龙.2000.降低催化裂化汽油烯烃助剂的工业试验[J].炼油设计,30(7):47-49.

王陆军,刘钦甫.2009.高岭土在FCC催化剂中的应用[J].中国非金属矿工业导刊,75(3):19-21.

王庆明,杨发新,吴志伟.2003.NS-60高效抗钒活性剂在重油催化裂化装置上的应用[J].石油炼制与化工,34(10):10-13.

王卫.2001.重油催化裂化助剂开发进展及工业应用[J].现代化工,21(12):17-24.

王中华,吕玉康.1994.氟化铵对高温水热超稳Y型沸石的改性研究[J].石油化工,23(2):84-90.

汪燮卿,舒兴田.2014.重质油裂解制轻烯烃[M].北京:中国石化出版社.

魏小波,刘丹禾,郝代军,等.2004.催化裂化多产丙烯助剂LPI-1的工业应用[J].炼油技术与工程,34(9):38-41.

吴俊升,李晓刚,公铭扬,等.2010a.几种催化裂化催化剂的磨损机制与动力学[J].中国腐蚀与防护学报,30(2):135-140.

吴俊升,李晓刚,公铭扬,等.2010b.催化裂化催化剂机械强度与磨损行为[J].北京科技大学学报,32(1):73-77.

吴天奇,张晓年,方圣行,等.1999.磁分离机磁辊:中国,ZL99120126.4[P].

吴越.1994.固体酸催化剂的分子设计初探[J].工业催化,(4):3-21.

武俊平.2007.催化裂化增产丙烯助剂LTB-1的工业应用[J].石油炼制与化工,38(5):10-13.

翁惠新,朱钟敏,毛信军,等.1987.模拟工业条件的分子筛裂化催化剂水热稳定性的研究[J].石油炼制,(1):52-57.

谢朝钢,潘仁南.1994.重油催化热裂解制取乙烯和丙烯的研究[J].石油炼制与化工,25(6):30-34.

谢朝钢,施文元,蒋福康,等.1995.II型催化裂解制取异丁烯和异戊烯的研究及其工业应用[J].石油炼制与化工,26(5):1-6.

谢朝钢.1997.制取低碳烯烃的催化裂解催化剂及其工业应用[J].石油化工,26(12):825-829.

许明德.1992.催化裂化抗氮剂的探讨[D].北京:石油化工科学研究院.

许明德,范仲碧,陈祖庇,等.2003.多产柴油重油裂化助剂的研究开发[J].石油炼制与化工,34(3):1-4.

许明德,田辉平,毛安国.2006a.第三代催化裂化汽油降烯烃催化剂GOR-Ⅲ的研究[J].石油炼制与化工,37(8):1-6.

许明德,田辉平.2006b.提高液化气中丙烯含量助剂MP031的开发和应用[J].石油炼制与化工,37(9):23-26.

许友好.2013.催化裂化化学与工艺[M].北京:科学出版社.

徐如人,俞国祯,陆玉琴,等.1980.La³⁺-NaY型沸石的水热交换反应[J].高等学校化学学报,1(1):1-8.

徐如人,庞文琴,屠昆岗,等.1987.沸石的结构与合成[M].吉林:吉林大学出版社.

徐如人,庞文琴,屠昆刚.2004.沸石与多孔材料化学.北京:科学出版社.171-173.

徐熙昌.1982.金属钝化剂在提升管催化裂化装置上的应用[J].石油炼制,(1):6-10.

徐志成,许明德,田辉平,等.2002.催化裂化催化剂GOR的氢转移活性与降低汽油烯烃含量性能的研究[J].石油炼制与化工,33(1):22-26.

薛建伟,许芸,吕志平,等.2005.沸石杂多酸复合物的制备及其在催化反应中应用的研究进展[J].石油化工,34(7):688-692.

杨翠定,顾侃英,吴文辉.1990.石油化工分析方法(RIPP试验方法)[M].北京:科学出版社.

杨健,刘环昌.1999.多产中间馏分油的渣油裂化催化剂MLC-500的开发[J].石油炼制与化工,30(2):6-9.

姚昱辉.2007.Converter重油催化裂化助剂的工业应用试验[J].炼油技术与工程,37(9):15-19.

殷慧玲,黄星亮,陈廷蕤,等.1992.非贵金属氧化物—氧化碳助燃剂及制备方法:中国,ZL92111005.7[P].

尹喆.2011.优化工艺条件,提升催化裂化催化剂筛分质量[J].山东化工,40(8):57-60.

于善青,田辉平,代振宇,等.2010.La或Ce增强Y型沸石结构稳定性的机制[J].催化学报,31(10):1263-1270.

于善青,田辉平,代振宇,等.2011a.稀土离子调变Y沸石结构稳定性和酸性的机制[J].物理化学学报,27(11):2528-2534.

于善青,田辉平,龙军.2011b.改性金属离子对Y型沸石水热稳定性的影响[J].燃料化学学报,39(12):936-942.

苑志伟,孟佳,何捍卫.2010.废FCC催化剂再生利用的研究现状及进展[J].当代石油石化,(7):27-30.

阮济之.1983.催化裂化装置中催化剂的活性衰减[J].石油炼制,(11):22-32.

袁峻业,卫全华,郝代军.2001.催化裂化废催化剂磁分离装置及工业应用[J].炼油设计,31(2):30-32.

阎立军.1999.正己烷在沸石上的裂化反应机理研究[D].北京:石油化工科学研究院.

张吉华,曾小军.2007.降低超稳沸石生产污水中氨氮含量工艺研究[J].油田气环境保护.17(1):20-22.

张磊,刘子杰,王晶,等.2012.高效丙烯助剂KHP在催化裂化装置上的工业应用[J].石油炼制与化工,43(2):54-57.

张剑秋,田辉平,达志坚,等.2002.磷改性Y型沸石的氢转移性能考察[J].石油学报(石油加工),18(3):70-75.

张恒,项寿鹤,刘上垣,等.1996.直接法ZSM-5沸石分子筛骨架铝的迁脱规律[J].催化学报,17(4):340-342.

张美玲.1995.助燃剂自动加料装置:中国,ZL95213395.4[P].

张信,张觉悟,甘俊.1996.催化裂化催化剂载体中高岭土系不同黏土的应用[J].石油炼制与化工,27(2):23-37.

张学军,黄奋生,周复昌,等.2006.光学显微镜技术在催化裂化装置上的分析应用[J].石化技术与应用,24(4):310-312.

张彦红. 2013. 增产丙烯助剂 P-PLUS 的工业应用[J].石化技术,20(1):44-46.

张少明. 1994. 在催化过程中不同形状和尺寸的固体颗粒的磨损规律[J].高校化学工程学报,8(2):179-186.

张永明,唐荣荣,郑叔琴. 1997. 高岭土晶体结构与裂化催化剂性能关系研究[J].石油炼制与化工,28(5):51-56.

张永明,唐荣荣,刘宏海,等. 1998. 一种全白土型流化催化裂化催化剂及其制备方法:中国,98101570.0[P].

张执刚,谢朝钢,施至诚,等. 2001. 催化热裂解制取乙烯和丙烯的工艺研究[J].石油炼制与化工,32(5):21-24.

张志民,周岩,刘宪乙,等. 2001. CRP-1 催化剂在 DCC 装置上的工业应用[J].齐鲁石油化工,29(2):125-127.

张忠和,王伟,田辉平. 2003. 氟元素对 HY 型沸石性能的影响[J].石油炼制与化工,34(12):9-11.

周复昌. 1999. 裂化催化剂的显微相与观察——一种新的催化裂化操作诊断技术. 炼油设计,29(11):18.

周复昌,刘存柱,郭毅葳,等. 2002. 建立催化剂显微图库诊断催化裂化操作[J].石油炼制与化工,33(7):10-14.

周复昌,刘家海,朱亚东,等. 2012. FCC 催化剂颗粒的形貌特征初探——显微观察照相技术的工业应用. 炼油技术与工程,42(4):41-45.

周群,庞文琴,裘式纶,等. 1993. 导向剂法合成 BETA 沸石:中国,ZL93117593.3[P].

赵峰,朱世方,陶金. 2013. 影响催化裂化催化剂磨损指数因素的探讨[J].齐鲁石油化工,41(1):15-17.

赵尹,王海彦,魏民,等. 2004. 磷改性 β 沸石催化剂上催化裂化轻汽油的醚化[J].燃料化学学报,32(2):225-228.

甄开吉,王国甲,李荣生,等. 1980. 催化作用基础[M].3 版. 北京:科学出版社.

郑昆鹏,江露英,吴丽芳,等. 2010. 高岭土合成沸石的研究进展[J].化工进展,29(增刊):232-236.

朱华元,何鸣元,宋家庆,等. 2001. 含碱土金属沸石对 FCC 催化剂催化性能的影响[J].石油学报:石油加工,17(6):6-10.

Addison S W. 1988. Role of zeolite non-framework aluminium in catalytic cracking [J].Appl Catal, 45(2):307-323.

Albemarle. 2014a. $BCMT^{TM}-500$ and $BCMT-500-LRT-$ Accessible profitability for FCC[EB/OL]. http://www.albemarle.com

Albemarle. 2014b. $SMOOTHFLOW^{TM}$ FCC additive – The solution for FCC fluidization and circulation problems[EB/OL].http://www.albemarle.com.

Alerasool S,Doolin P K,Hoffman J F. 1998. Fluid cracking catalysts[M],Ed by Occelli M L,ConnorP O. New York:Marcel Dekker,Inc.

Anderson S L, Matthias R H. 1954. Prediction of catalyst activity in fluidized systems employing constant catalyst replacement rate[J].Ind Eng Chem, 46:1296-1298.

Anderson J R, Chang Y F, Western R J. 1989. Retained and desorbed products from reaction of 1-hexene over H-ZSM5 zeolite:Routes to coke precursors[J].J Catal, 118(2):466-482.

Balko J W, Olesen J, Podratz D. 2000. Grace Davison FCC catalytic technologies for managing new fuels regulations [C]//NPRA Annual Meeting, AM-00-14. San Antonio, Texas.

Balko J, Wormsbecher R, Glaser R, et al. 2002. Reduce your Tier 2 gasoline compliance costs with Grace Davison S-brane^{TM} technology[C]//NPRA Annual Meeting, AM-02-21. San Antonio, TX.

Barlow R C. 1989. Commercial success with a cost-effective nickel passivator[C]//NPRA Annual Meeting, AM-89-17. San Francisco, California.

Barrier R M. 1968. Thermodynamics and thermochemistry of cation exchange in zeolite Y[J].J Inorg Nucl Chem, 30(12):3333-3349.

Barrier R M. 1982. Hydrothermal chemistry of zeolite[M].London:Academic Press.

Barry T I,Lay L A. 1965. Cation sites in synthetic zeolites[J].Nature, 208(5017): 1312.

Barth J, Jentys A, Lercher J A. 2004. Development of novel catalytic additives for the in situ reducetion of NOx from fluid catalytic cracking units[G]//Recent advances in the science and technology of zeolites and related materials. Studies in Surface Science and Catalysis,154C: 2441−2448.

Barthomeuf D. 1977. Acidic and catalytic properties of zeolites. molecular sieves—II, Chapter 38. Ed by Katzer J R. ACS. Washington D C:453−472.

Barthomeuf D. 1979. A general hypothesis on zeolites physicochemical properties. Applications to adsorption, acidity, catalysis, and electrochemistry[J].J Phys Chem, 83(2): 249−256.

Beaumont R, Barthomeuf D. 1972. X, Y, aluminum−deficient and ultrastable faujasite−type zeolites: I. Acidic and structural properties[J].JCatal,26(2): 218−225.

Bell R P. 1973. The proton in chemistry[M].2nd ed. Ed by Bell R P. London, England:Chapman and Hall.

Bemrose C R, Bridgwater J. 1987. A review of attrition and attrition test methods[J].Powder Technology, 49(2): 97−126.

Bertus B J, McKay D L. 1982. Cracking process employing catalyst having combination of antimony and tin: US 4321129[P].

Beyer H K,Belenykaja I. 1980. A new method for the dealumination of faujasite−type zeolites[G]//Catalysis by Zeolite. Studies in Surface Science and Catalysis. Elsevier,5:203−210.

Beyer H K, Belenykaja I M, Hange F, et al. 1985. Preparation of high−silica faujasites by treatment with silicon tetrachloride[J].Journal of the Chemical Society:Faraday Transactions 1——Physical Chemistry in Condensed Phases, 81(11):2889−2901.

Beyerlein R A,McVicher G B,et al. 1988. The influence of framework and nonframework aluminum on the acidity of high−silica, proton−exchanged FAU−framework zeolites[J].J Phys Chem, 92(7):1967−1970.

Biswas J,Maxwell I E. 1990. Recent process−and catalyst−related developments in fluid catalytic cracking[J].Appl Catal, 63(2):197−258.

Boerefijn R, Gudde N J, Ghadiri M. 2000. A review of attrition of fluid cracking catalyst particles[J].Advanced Powder Technology,11(2):145−174.

Bohmer R W, McKay D L, Knopp K G. 1989. Metals passivation:Past, present, and future[C]//NPRA Annual Meeting,AM−89−51. San Francisco, California.

Bond G C. 1962. Catalyst by metals[M].London:Academic Press.

Booij E, Kloprogge J T, Rob van Veen J A. 1996. Large pore REE/ Al pillared bentonites preparation structural aspects and catalytic properties[J].Applied Clay Science, 11(2−4): 155−162.

Bouwman A M, Bosma J C, Vonk P, et al. 2004. Which shape factor(s) best describe granules[J].Powder Technology, 146(1−2): 66−72.

Brand H V, Curtiss L A, Iton L E. 1992. Computational studies of acid sites in ZSM−5: Dependence on cluster size [J].J Phys Chem, 96(19):7725−7732.

Breck D W. 1964. Crystalline molecular sieves[J].J Chem Educ, 41(12):678−689.

Breck D W. 1974. Zeolite molecular sieves: structure, chemistry, and use[M].New York:Wiley−Interscience.

Breck D W, et al. 1985. Silicon substituted zeolite compositions and process for preparing same:US,4503023[P].

Buchanan J S. 1991. Reactions of model compounds over steamed ZSM−5 at simulated FCC reaction conditions[J]. Appl Catal,74(1): 83−94.

Buchanan J S,Adewuyi Y G. 1996. Effects of high temperature and high ZSM−5 additive level on FCC olefins yields and gasoline composition[J].Applied Catalysis A: General, 134(2): 247−262.

Cadet V, Raatz F, Lynch J, et al. 1991. Nickel contamination of fluidized cracking catalysts: a model study[J].Appl Catal, 68(1-2): 263-275.

Calvert R B, Valyocsik Ernest William, Wong Stephen Suifai. 1985. Preparation of zeolite beta. EP 0164939[P].

Camblor M A, Corma A, Valencia S. 1996. Spontaneous nucleation and growth of pure silica zeolite-βfreeof connectivity defects[J].Chem Comm. , (20):2365-2366.

Caullet P, Hazm J, Guth J L, et al. 1992. Synthesis of zeolite Beta from nonalkaline fluoride aqueous aluminosilicate gels. Zeolites,12(3):240-250.

Chen L, Singh R K, Webley P. 2007. Synthesis, characterization and hydrogen storage properties of microporous carbons templated by cationexchanged forms of zeolite Y with propylene and butylene as carbon precursors[J].Microporous Mesoporous Mater,102(1/3): 159-170.

Chen N Y, Degnan T F. 1988. Industrial catalytic applications of zeolites[J].Chem Eng Prog, 84(2):33-41.

Chen N Y, Michell T O, Olson D H, et al. 1977. Irreversible deactivation of zeolite fluid cracking catalyst:1. X-ray and catalytic studies of catalyst aged in an automated microcatalytic system for gas oil cracking[J].Ind Eng Chem Prod Res & Dev, 16(3):244-247.

Cheng W C, Juskelis M V, Suarez W, et al. 1993. Reducibility of Metals on Fluid Cracking Catalyst. Applied Catalysis A:General, 103(1):87-103.

Cheng W C, Kim G, Peters A W, et al. 1998. Environmental fluid catalytic cracking technology. catalysis reviews [J].Science and Engineering, 40(1-2): 39-79.

Chester A W, Stover W A. 1977. Steam deactivation kinetics of zeolitic cracking catalysts[J].Ind Eng Chem Prod Res Dev, 16(4):285-290.

Chu Y F. 1987. Process for ZSM-11 production:US,4847055[P].

Ciapetta F G, Henderson D S. 1967. Microactivity Test For Cracking Catalysts[J].Oil & Gas J, 65(42):88-93.

Cimbalo R N, Foster R L, Wachtell S J. 1972. Deposited metals poison FCC catalyst[J].Oil&Gas J, 70(20):112-122.

Cleaver J A S, Ghadiri M, Rolfe N. 1993. Impact attrition of sodium carbonate monohydrate crystals[J].Powder Technology, 76(1): 15-22.

Connor P O. 1986. Process for small-scale testing of FCC catalysts[G].Akzo Catalysts Symp.

Connor P O. 1988. Advances in catalysts for FCC octanes[G].Akzo Catalyst Symp.

Connor P O, Humphries A P. 1993. Accessibility of functional sites in FCC[J].ACS Preprints, 38(3): 598-603.

Connor P O, Olthof F P. 1998. Fluid cracking catalysts[M].Ed by Occelli M. L, Connor P. O. New York:Marcel Dekker, Inc.

Connor P O, Imhof P, Yanik S J. 1999. A catalyst assembly technology in FCC-review of the concept, history and new developments[J].ACS Preprints, 44(4):466-472.

Connor P O, Imhof P, Yanik S J. 2001. Catalyst assembly technology in FCC:Part Ⅰ. A review of the concept, history and developments. Studies in Surface Science and Catalysis. Ed by Occelli M L, Connor P O. Elsevier Science B V: 299-310.

Contractor R M, Bergna H E, Chowdhry U, et al. 1989. Attrition resistant catalysts for fluidized bed systems[C]// Fluidization Ⅵ: 589-596.

Corma A, Herrero E, Martinez A, et al. 1987a. Influence of the method of preparation of ultrastable Y zeolites on extra-framework aluminum and the activity and selectivity during the cracking of gas oil[J].ACS Preprint, Argonne National Laboratory. Argonne, IL, USA,32(3/4): 639-646.

Corma A, Fornes V, Monton J B, et al. 1987b. Catalyticcracking of alkanes on large pore, high SiO2/Al2O3zeolites in the presence of basic nitrogen compounds. Influenceof catalyst structure and composition in the activityand selectivity[J].Ind Eng Chem Res, 26(5): 882-886.

Corma A. 1988. Innovation in zeolite material science[M].Ed by Grobet P J. Elseevier.

Corma A. 1989. Zeolites:facts,figures,future[M].Ed by Jacobs P A,Van Santen R A. Elsevier.

Corma A, Grande M, Fornes, V. 1990. Gas oil cracking at the zeolite-matrix interface[J].Appl Catal, 66(2): 247 -255.

Corma A,Fornes V. 1992. Fluid catalytic cracking Ⅱ:Concepts in catalyst design[C].ACS Symposium Series 452: 13-18. (2002copyright: American Chemical Society, Washington DC: Distributed by Oxford University Press)

Corma A, Martínez C, Sauvanaud L. 2007. New materials as FCC active components for maximizing diesel(light cycle oil, LCO) and minimizing its aromatic content[J].Catalysis Today,127(1-4):3-16.

Creighton J E,Young J E. 1983. ARCO'S updated cat-cracking pilot unit. Paper Presented at 8th National American Catalyst Society. (Humes W H. ARCO's updated cat-cracking pilot unit. Chemical Engineering Progress, 1983,79 (2):51~54)

Crissman J H, Fritsche G R, Hamel F B, et al. 1977. Radial flow electrostatic filter:US,4059498[P].

Dale G H, Mckay D L. 1977. Passivate metals in FCC feeds[J].Hydrocarbon Processing, 56(9): 97-102.

Deady J,Young G W,Wear C C. 1989. Strategies for reducing FCC gasoline sensitivity[C]//NPRA Annual Meeting, AM-89-13. San Francisco, California.

De Jong K P. 1998. Assembly of solid catalysts[J].CATTECH, 2(1):87-95.

De Kroes B,Groenanboom C J,Connor PO. 1986. A review of catalyst deactivation in fluid catalytic cracking[G].Akzo Catalysts Symp.

Dempsey E. 1974. Acid strength and aluminum site reactivity of Y zeolites[J].JCatal, 33(3): 497-499.

Denison F W. 1986. Metal passivation of sodium and vanadium on FCC catalyst[C]//NPRA Annual Meeting,AM-86 -51. Los Angeles, California.

Dight L B, Leskowicz M A, Deeba M. 1991. New matrix improves FCC catalyst selectivity[C]//NPRA Annual Meeting,AM-91-53. San Antonio, Texas.

Donald W, Gary W. 1985. Silicon substituted zeolite compositions and process for prepareing same:US, 4503023 [P].

Donnelly S P, Mizrahi S, Sparrell P T, et al. 1987. How ZSM-5 works in FCC[J].ACS Preprints, Division of petroleum chemistry,32(3-4): 621-626.

Dougan T J, Alkemade U, Lakhanpal B, et al. 1994. New vanadium trap proven in commercial trails[J].Oil & Gas J, 92(39): 81-91.

Dreiling M J, Schaffer A M. 1979. Interaction of antimony with reduced supported nickel catalysts[J].J Catalysis, 56 (1): 130-133.

Du X H,Gao X H,Zhang H T,et al. 2013. Effect of cation location on the hydrothermal stability of rareearth-exchanged Y zeolites[J].Catalysis Communications,35: 17-22.

Dwyer J, Fitch F R,Nkang E E. 1983. Dependence of zeolite properties on composition. Unifying concepts[J].JPhys Chem, 87(26):5402-5404.

Dwyer F G,Schipper P H, Gorra F. 1987. Octane enhancement in FCC via ZSM-5[C]//NPRA Annual Meeting,AM -87-63. San Antonio, Texas.

DwyerF G, Degnan T F. 1993. Shape selectivity in catalytic cracking[G]//Fluid Catalytic Cracking: Science and Technology. Studies in Surface Science and Catalysis,vol76. Elsevier Science Publishers BV:499-530.

Eastwood S C,Plank C J,Weisz P B. 1971. New developments in catalytic cracking[C].Proc 8th World PetrolCong, 4:245-254.

Elia M F, Iglesias E, Martinez A, et al. 1991. Effect of operation conditions on the behavior of ZSM-5 addition to a

RE-USY FCC catalyst[J].Applied Catalysis, 73(2): 195-216.

Elvin F J. 1986. Increased (FCC plant) profits by (on site) equilibrium catalyst demetallization[C]//NPRA Annual Meeting,AM-86-41. Los Angeles, California.

Elvin F J. 1987a. Reactivation and passivation of equilibrium FCCU catalyst[C]//NPRA Annual Meeting,AM-87-44. San Antonio,Texas.

Elvin F J. 1987b. Vanadium poisoning effect on catalyst isolated[J].Oil & Gas J, 85(9):42.

Elvin F J,et al. 1989. Fluid cracking catalyst demetallization: A commercially proven technology for reducing costs [C]//NPRA Annual Meeting,AM-89-53. San Francisco, California.

English A R, Kowalczyk D C. 1984. Tin passivates vanadium on FCC catalyst[J].Oil & Gas J, 82(29):127-128.

Eulenberger G R,Shoemaker G P,Keil J G. 1967. Crystal structures of hydrated and dehydrated synthetic zeolites with faujasite aluminosilicate frameworks:I. The dehydrated sodium, potassium, and silver forms[J].J Phys Chem, 71 (6):1812-1818.

Ewell R B, Turk W J, Gadmer G. 1981. FCC catalyst management. Hydrocarbon Processing, 60(9):103-112.

Falco M, Morgado E, Amadeo N, et al. 2006. Accessibility in alumina matrics of FCC catalysts. Applied Catalysis A: General, 315:29-34.

Forsythe W L, Hertwig W R. 1949. Attrition characteristics of fluid cracking catalysts[J].Industrial & Engineering Chemistry, 41(6): 1200-1206.

Foskett S J,Rautiainen E P H. 2001. Control iron contamination in resid FCC[J].Hydocarbon Processing,80(11): 71-74;76-77.

Fowler R W,Hu R. 2003. New catalysts may provide insights into role of nonframework alumina in catalytic cracking catalysis[J].ACS Preprints, Division of petroleum chemistry, 48(4):348-351.

Freude D, Fröhlich T, Pfeifer H, et al. 1983. NMR studies of aluminium in zeolites[J].Zeolites. 3(2):171-177.

Fritsche G R, Marshall DANN. 1975. Electrical filter for the separation of electrically conducting impurities from suspension in oil of high specific resistance:US,3928158[P].

Gall J W, Nielsen R H, McKay D L, et al. 1982. FCC catalyst metals passivation[C]//NPRA AM-82-50. San Antonio, Texas.

Gao Z, Tian D, Zhou R. 1988. Hydrothermal crystallization of zeolite Y from Na2O-Fe2O3-Al2O3-SiO2-H2O system[J].Zeolite,8(6):453-457.

Gelin P. 1991. Role of the amorphous matrix in the hydrothermal aging of fluid catalytic cracking catalysts[J].Appl Catal, 72(1):179.

Gevers A W. 1987. Concepts for future residuum catalyst development[R]. Akzo Catalysts Symp. Amstedam,the Netherlands.

Gnep N S. 1987. Conversion of light alkanes into aromatic hydrocarbons: 1-dehydrocyclodimerization of propane on PtHZSM-5 catalysts[J].Appl Catal, 35(1): 93-108.

Gerritsen L A,Smit C P,Broekhoven E V. 1988. Catcracking with VISION: Commercial experience[G].Akzo Catalysts Symp.

Gerritsen L A. Wijngaards H NJ. 1991. Cyclic deactivation:a novel technique to simulate the deactivation of FCC catalyst in commercial units[J].catalyst today,11(1):61-72.

Ghadiri M, Cleaver J A S, Tuponogov V G. 1992. Modelling attrition rates in the jetting region of a fluidized bed [G]//Preprints of the Symposium Attrition and Wear, Utrecht:79-88.

Ghadiri M, Ning Z, Kenter S J. 2000. Attrition of granular solids in a shear cell[J].Chemical Engineering Science,55 (22): 5445.

Greenwood A,Kidd D. 1999. Next generation sulfur removal technology[R].17th world Petroleum Congress,B2/F10 paper 02.

Griffinths C. 1986. Catalyst intereaction in an FCCU[C]//NPRA Annual Meeting,AM-86-44. Los Angeles, California.

Guido W Aru. 2004. Conducting EPA consent decree FCC additive demonstration[C]//NPRA Annual Meeting, AM-04-06. San Antonio, Texas.

Gwyn J E. 1969. On the particle size distribution function and the attrition of cracking catalysts[J].AIChE Journal, 15 (1): 35-39.

Haag W O,Lago R M,Wiesz P B. 1982. Transport and reactivity of hydrocarbon molecules in a shape-selective zeolite [J].Faraday Discuss Chem Soc, 72: 317-330.

Habib Jr E T,Owen H,Shyder P W,et al. 1977. Artificially metals-poisoned fluid catalysts. Performance in pilot plant cracking of hydrotreated resid[J].Ind Eng Chem Prod Res & Dev, 16(4):291-296.

Hall W K, Lutinski F E, Gerberich H R. 1964. Hydrogen held by solid and the hydroxyl groups of aluminia and silica -alumina as catalytic sites[J].J Catal, (3):512-527.

Hansford R C,Ward J W. 1971. Catalytic activity of alkaline earth hydrogen Y zeolites[G]//Molecular Sieve Zeolites -II. Adv Chem Ser, 102:354-361.

Haynes Jr H W. 1978. Chemical, physical, and catalytic properties of large pore acidic zeolites[J].Catal Rev-Sci Eng, 17(2):273-336.

Heisch T H,Meyers B L,Hall J B,et al. 1986. Hydrothermal dealumination of faujasites[J].J Catal, 99(1):117-125.

Heite R S, English A R, Smith G A. 1990. MAPCO Petroleum (Inc)(PRIME)s experience with the Chevron Metals Passivation Process[C]//NPRA Annual Meeting, AM-90-52,San Antonio, Texas.

Hickson D A,Csicsery S M. 1968. The thermal behavior of crystalline aluminosilicate catalysts[J].J Catal, 10(1):27 -33.

Higgins J B,Lapierre R B,Sehlanker J L,et al. 1988. The framework topology of zeolite beta[J].Zeolites,8(6):446-452.

Higgins J B,Lapierre R B,Sehlanker J L,et al. 1989. The framework topology of zeolite beta-a correction. Zeolites,9 (4):358.

Hirschberg E H, Bertolacini R J. 1988. Catalytic control of sulfur oxide(SO_x) emissions from fluid catalytic cracking units[G].ACS Symposium Series, 375:114-145.

Humphries A,Wilcox J. 1988. Zeolite/Matrixsynergism in FCC catalysis[C]//NPRA Annual Meeting, AM-88-71. San Antonio, Texas.

Humphries A,Yanik S J, Gerritsen L A,et al. 1991. Catalyst helps reformulation[J].Hydrocarbon Processing, 70 (4): 69-72.

Humphries A,Kuehler C W. 2003. Meeting clean fuels objectives with the FCC[C]//NPRA Annual Meeting, AM-03-57. San Antonio, TX.

Jacobs P,Uytherhoeven J B. 1971. Infrared study of deep-bed calcined NH4Y zeolites[J].J Catal, 22(2):193-203.

Jacobs P A, Beyer H K. 1979. Evidence for the nature of true Lewis sites in faujasite-type zeolites[J].J Phys Chem, 83(9):1174-1177.

Jaeras S G. 1982. Rapid methods of determining the metals resistance of cracking catalysts[J].Appl Catal, 2(4-5): 207-218.

Javier R, Andrew M B, Upakul Deka, et al. 2013. Correlating metal poisoning with zeolite deactivation in an individual catalyst particle by chemical and phase-sensitive x-ray microscopy[J].AngewandteChemie: International Edition,52(23): 5983-5987.

Jeong G H, Lee Y M, Kim Y, et al. 2006. Single crystal structure of fully dehydrated fully Tl$^+$-exchanged zeolite Y, [Tl71][Si121Al71O384]-FAU[J].Microporous Mesoporous Mater, 94(1/3): 313-319.

Jiang W, Chen B, Shen N, et al. 2010. Role and mechanism of functional components in promoters for enhancing FCC propylene yield[J].China Petroleum Processing and Petrochemical Technology, 12(2):13-18.

John G S, Mikovsky R J. 1961. Average values of catalyst properties in fluidized systems[J].Chem Eng Sci, 15:161-171.

Karreman M A, Buurmans I, Geus J W, et al. 2012. Integrated laser and electron microscopy correlates structure off-luid catalytic cracking particles to Brönsted acidity[J].Angewandte Chemie:International Edition, 51(6): 1428-1431.

Kennedy J V. 1990. Bismuth passivation of nickel on FCC catalysts-1:Comparison with antimony[R].AIChE Spring Annual Meeting. Orlando.

Kerr G T. 1968. Chemistry of crystalline aluminosilicates:V. Preparation of aluminum-deficient faujasites[J].J Phys Chem, 72(7):2594-2596.

Kerr G T. 1969a. Chemistry of crystalline aluminosilicates: VII. Thermal decomposition products of ammonium zeolite Y[J].J Catal, 15(2):200-204.

Kerr G T. 1969b. Chemistry of crystalline aluminosilicates:VI. Preparation and properties of ultrastable hydrogen zeolite Y[J].J Phys Chem, 73(8):2780-2782.

Kerr G T, Plank C J, Rosinski E J. 1969c. Method for preparing highly siliceous zeolite-type materials and materials resulting therefrom:US,3442795[P].

Kim K, Ryong R, Jang H D, et al. 2012. Spatial distribution, strength, and dealumination behavior of acid sites in nanocrystalline MFI zeolites and their catalytic consequences[J].Journal of Catalysis, 288:115-123.

Kono H. 1981. Attrition rates of relatively coarse solid particles in various types of fluidized beds[J].AIChE Symp series,205(77):96-106.

Kramer A, Arriaga R. 2013. Additives provide flexibility for FCC units and delayed cokers[J].PTQ,Q3:1-7.

Kubicek N. 1998. Stabilization of zeolite beta for FCC application by embedding in amorphous matrix[J].Appl Catal, 175(1-2):159.

Kuehler C W, Jonker R, Imhof P, et al. 2001. Catalyst assembly technology in FCC. Part II: the influence of fresh and contaminant-affected catalyst structure on FCC performance[G]//Studies in Surface Science and Catalysis, 134(Fluid catalytic cracking V: materials and technological innovations):311-332. Elsevier Science BV.

Kuhl G H. 1977. The coordination of aluminum and silicon in zeolites as studied by x-ray spectrometry[J].JPhysChemSolids, 38(11): 1259-1263.

Larocca M, De Lasa H, Farag H, et al,1990. Cracking catalyst deactivation by nickel and vanadium contaminants. Ind Eng Chem Res. 29(11): 2181-2191.

Larson O A. Beuther H. 1966. Processing aspects of vanadium and nickel in crude oils[J].ACS Preprints, 11(2): B95-B104.

Lesemann M, Nee J R D, Zinger S. 2004. Olefins and Alkylation: The Evolving Role of Fluid Catalytic Cracking in the Petrochemicals Market[C]//NPRA Annual Meeting, AM-04-58. San Antonio, Texas.

Letzsch W S. 1975. FCC(mechanical)[J].Oil & Gas J, 73(13):90.

Letzsch W S. 1976. FCC technology[J].Oil & Gas J, 74(1):6.

Letzsch W S,Wallace D N. 1982. FCC catalysts sensitive to alkali contaminants[J].Oil & Gas J, 80(48):58, 63-68.

Letzsch W,Michaelis D,Pollock J D. 1987. New LZ-210 zeolites produce superior FCC performance[C]//NPRA Annual Meeting,AM-87-69. San Antonio, Texas.

Leuenberger E L. 1988. Effect of feedstock type and catalyst activity on FCC overcracking[C]//NPRA Annual Meeting, AM−88−51. San Antonio, Texas.

Leuenberger E L, Bradway R A, Leskowicz M A, et al. 1989. catalytic means to maximize FCC octane barrels[C]// NPRA Annual Meeting, AM−89−50. San Francisco, California.

Lim J, AnaheimMichael Brady. 1982. Zeolite catalysts and method of producing the sanme: US, 4325845[P].

Lim W T, Seo S M, Wang L, et al. 2010. Single−crystal structures of highly NH_4^+−exchanged, fully deaminated, and fully Tl^+− exchanged zeolite Y(FAU, Si/Al=1.56), all fully dehydrated[J]. Microporous Mesoporous Mater, 129 (1/2): 11−21.

Luis−Ernesto Sandoval−Diaz, Jose−Manuel Martinez−Gil, Carlos Alexander Trujillo. 2012. The combined effect of sodium and vanadium contamination upon the catalytic performance of USY zeolite in the cracking of n−butane: Evidence of path−dependent behavior in Constable − Cremer plots[J]. JCatalysis, 294: 89−98.

Lynch J, Dufresne P, Raatz F. 1987. Characterization of the textural properties of dealuminated HY forms[J]. Zeolite, 7(4): 333−340.

Macedo A, Raatz F, Boulet R, et al. 1988. Innovation in zeolite material science[M]. Ed by Grobet P I, Morter W J, Van Sant E F, et al. Elsevier.

Magnusson J, Gustafson T, Gullstrand P, et al. 1985. Preoperative herniography in clinically manifest groin hernias [J]. Annales Chirurgiae et gynaecologiae, 74(4): 172−175.

Maher P K, McDaniel C V. 1968. Ion exchange of crystalline zeolites: US, 3402996[P].

Mandal S, Dixit J K, Shah S K, et al. 1998. Bottom−cracking additive improves FCC middle distillate yields[J]. Oil & Gas J, 96(2): 54−56; 59−60.

Masagutov R M, Danilova R G, Berg G A., 1970. Dry demetallization of a poisoned silica−alumina catalyst[J]. Int Chem Eng, 10(3): 368−371.

Maselli J M, Peter A W. 1984. Preparation and properties of Fluid cracking catalysts for residual oil conversion[J]. Cat Rev Sci Eng, 26(3&4): 525−554.

Mathieu Y, Corma A, Echard M, et al. 2014. Singleand combined fluidized catalytic cracking (FCC) catalyst deactivation by ironand calcium metal−organic contaminants[J]. Applied Catalysis A: General, 469: 451−465.

Mauleon J L, Letzsch W S. 1984. Advances in fluid catalytic cracking[C]. Katalistiks 5th Fluid Catalytic Cracking Symposium. Vienna, Austria.

Mauleon J L, Courcelle J C. 1985. FCC heat balance critical for heavy fuels[J]. Oil and Gas J, 83(42): 64−70.

McDaniel C V, Maher P K. 1968. Molecular sieves[M]. London: Soc Chem Ind.

McDaniel C V, Maher P K. 1969. Stabilized zeolites: US, 3449070[P].

McDaniel C V, Maher P K. 1976. Zeolite stability and ultrastable zeolites[G]//Zeolite chemistry and catalysis. Ed by Rabo J A. Am Chem Soc Monograph 171: 285−331.

McGuirk T. 2010. Co−catalysts provide refiners with FCC operational flexibility[C]//NPRA Annual Meeting, AM−10−110. Phoenix, AZ.

McKay D L, Bertus B J. 1979. Passivation of metals on FCC catalysts with antimony[C]. ACS Preprints, Joint Meeting of American Chemical Society and Chemical Society of Japan. Honolulu, HI.

McKinney J D, Mitchell B R, Sebulsky R T. 1978. Method for preparing crystalline aluminosilicate cracking catalysts: US, 4083807[P].

McLean J B, Moorehead E L. 1991. Steaming affects FCC catalyst[J]. Hydrocarbon Processing, 70(2): 41−45.

McLean J B. 2000. FCC catalyst property effects on cyclone erosion[C]//NPRA Annual Meeting, AM−00−37. San Antonio, Texas.

McLean J B, Smith G M. 2005. Maximizing propylene production in the FCC Unit: Beyond conventional ZSM−5 additives[C]//NPRA Annual Meeting, AM-05-61. San Francisco, CA.

Michaelis D G, Upson L L. 1985. Four main FCC factors affect octane[C]. Katalistiks 6th Ann FCC Symp. Munich, Germany.

Miller S J, Hsieh C R, Kuehler C W, et al. 1994. OCTAMAX: a new process for improved FCC profitability[C]// NPRA Annual Meeting, AM-94-58. San Antonio, Texas.

Miller R B, Johnson T E. 2000. Comparison between single and two-stage FCC regenerators[R]. Grace Davison′sSingapore 2000, Aug 16-18.

Mitchell B R. 1980. Metal contamination of cracking catalysts: 1. Synthetic metals deposition on fresh catalysts[J]. Ind Eng Chem Prod Res Dev, 19(2): 209-213.

Mikovsky R J, Marshall J F. 1976. Random aluminum-ion siting in the faujasite lattice[J]. J Catal. , 44(1): 170-173.

Moorehead E L. Mclean J B. 1990. New approach for the laboratory evaluation of FCC catalysts[C]//NPRA Annual Meeting, AM-90-41. San Antonio, Texas.

Morsado E, Almeida M, Pimenta R. 2002. Catalyst accessibility: A new factor on the performance Of FCC units[C]. 17th World Petroleum Congress. Brazil: 1-5.

Moscou L, Mone R. 1973. Structure and catalytic properties of thermally and hydrothermally treated zeolites: Acid strength distribution of REX and REY[J]. J Catal, 30(3): 417-422.

Mott R W. 1991. New technologies for FCC resid processing[C]//NPRA Annual Meeting, AM-91-43. San Antonio, Texas.

Mott R W, Roberie T, Zhao X J. 1998. Suppressing FCC gasoline olefinicity while managing light olefins production [C]//NPRA Annual Meeting, AM-98-11. San Francisco, California.

Myrstad T, Seljestokken B, Engan H, et al. 2000. Effect of nickel and vanadium on sulphur reduction of FCC naphtha. Applied Catalysis A: General, 192(2): 299-305.

Naber J E, Barnes P B, Akbar M. 1988. Japan Petrol Inst Petrol Ref Conf.

Nelson W C. 1963. Haze-free polypropylene oil[J]. Oil & Gas J, 61(42): 243.

Niccum P K, Gilbert M F, Tallman M J, et al. 2001. Future refinery: FCC's role in refinery/petrochemical integration[C]//NPRA Annual Meeting, AM-01-61. New Orleans, Louisiana.

Niccum P K, Gbordzoe E, Lang S. 2002. FCC flue gas emission control options[C]//NPRA Annual Meeting, AM-02-27. San Antonio, Texas.

Occelli M L. 1988. Fluid catalytic cracking: role in modern refining[C]. ACS Symposium Series, 375(194th Meeting of the American Chemical Society, New Orleans, Louisiana, 1987). ACS Washington DC.

Olson D H, Demsey E. 1969. The crystal structure of the zeolite hydrogen faujasite[J]. J Catal, 13(2): 221.

Otterstedt V E, Pudas R. 1982. Cracking catalyst[C]. Katalistiks 3rd Ann FCC Symp.

Palmer J L, Cornelius E B. 1987. Separating equilibrium cracking catalyst into activity graded fractions[J]. Appl Catal, 35(2): 217-235.

Parks G D. 1980. Surface segregation in Ni0. 96Sb0. 04[J]. Applications of Surface Science, 5(1): 92-97.

Pellet R J, Long G N, Rabo J A, et al. 1986. Molecular sieve effects in carboniogenic reactions catalyzed by silicoaluminophosphate molecular sieves[J]. Studies in Surface Science and Catalysis, 28(New DevZeolite Sci Technol): 843-849.

Pellet R J, Blackwell C S, Rabo J A. 1988. Characterization of Y and silicon-enriched Y zeolites before and after degradive steam treatments[C]. ACS Preprint, Argonne National Laboratory. Argonne, IL, USA, 33(4): 572-573.

Pine L A, Maher P J, Wachter W A. 1984. Prediction of cracking catalyst behavior by a zeolite unit cell size model [J]. J Catal, 85(2): 466-476.

Pine, L A. 1986. Comatrixed zeolite and phosphorus-alumina. EP0185500[P].

Plank C J, Rosinski E J. 1964. Catalyst Hydrocarbon conversion with a crystalline zeolite compositecatalyst: US, 3140253[P].

Plank C J, Rosinsky E J, Hawthorne W P. 1965. Acidic crystalline aluminosilicates. New superactive, superselective cracking catalysts[J].Ind Eng Chem Prod Res & Dev, 3(3):165-169.

Plank C J. 1983. The invention of zeolite cracking catalysis: A personal viewpoint[G].Am Chem Soc Monograph,222 (Heterogencous Catalysis):253-271.

Pompe R, Jaras S, Vannerberg N S. 1984. On the interaction of vanadium and nickel compounds with cracking catalyst [J].Appl Catal, 13(1):171-179.

Powell J W, Letzsch W S, Benslay R M, et al. 1988. Advanced FCC flue gas desulfurization technology[C]//NPRA Annual Meeting,AM-88-49. San Antonio, Texas.

Presland A E B, Price G L, Trimm D L. 1972. Kinetics of hillock and island formation during annealing of thin silver films[J].Prog in Surface Sci, 3: 63-96.

Purnell S K, Hunt D A, Leach D. 2002. Catalytic reduction of sulfur and olefins in the FCCU: commercial performance of Davison catalysts and additives for clean fuels[C]//NPRA Annual Meeting, AM-02-37. San Antonio, Texas.

Purnell S K. 2003. A Comprehensive approach to catalyst design for resid applications[C]//NPRA Annual Meeting, AM-03-126. San Antonio, Texas.

Rabo J A, Angell C L, Kasai P H, et al. 1967. Studies of cations in zeolites: adsorption of carbon monoxide; formation of unusual and nonclassical valence states[J].Chem Eng Prog Symp Ser, 63(73):31-44.

Rabo J A. 1976. Zeolite chemistry and catalysis[G].Ed by Smith J V. Am Chem Soc Monograph 171.

Rabo J A, Pellet J, Magee J S, et al. 1986. High-stability-zone (HSZ) zeolites in octane catalysts——new products-from union carbide corporation and katalistiks international INC[C]//NPRA Annual Meeting,AM-86-30. Los Angeles, CA.

Rainer D R, Rautiainen E, Nelissen B, et al. 2004. Simulating Iron-induced FCC accessibility losses in Labscal deactivation[G].Studies in surface science and catalysis, Fluid Catalytic Cracking VI——Preparation and Characterization of Catalysts, Proceedings of the 6th International Symposium in Fluid Cracking Catalysts (FCCs). Edited by M Occelli. Elsevier B V,149:165-176.

Rajagopalan K, Peters A W, Edwards G C. 1986. Influence of zeolite particle size on selectivity during fluid catalytic cracking[J].Appl Catal, 23(1):69-80.

Rajagopalan K, Habib Jr E T. 1992. Understand FCC matrix technology[J].Hydrocarbon Processing, 71(9): 43-46.

Ramamoorthy P, Jossens L W, English A R, et al. 1988. Method for suppressing the poisoning effects of contaminant metals on cracking catalysts in fluid catalytic cracking[C].Akzo Catalyst Symposium 88. Kurhaus, the Netherlands.

Rao P R Hari Prasad, Matsukata M. 1996. Dry - gel conversion technique for synthesis of zeolite BEA [J]. Chem. Comm, (12):1441-1442.

Readal T C, McKinney J D, Titmus R A. 1976. Method of negating the effects of metals poisoning on cracking catalysts: US, 3977963[J].

Reid W T. 1971. External corrosion and deposits: boilers and gas turbines[M].New York: Elsevier Publ.

Reppenhagen J, Werther J. 2000. Catalyst attrition in cyclones[J].Powder Technology, 113(1-2): 55-69.

Rheaume L, Ritter R E. 1988. Use of catalysts to reduce SO_x emissions from catalytic cracking units[G].ACS Symposium Series, 375(Fluid Catal. Cracking):146-161.

Richardson J T. 1967. The effect of faujasite cations on acid sites[J].J Catal, 9(2):182-194.

Ritter R E,Reaume L,Welsh W A,et al. 1981a. Recent developments in heavy oil cracking catalysts[C]//NPRA Annual Meeting,AM-81-44. San Antonio, Texas.

Ritter R E,Reaume L,Welsh W L,et al. 1981b. A new look at FCC catalysts for resid[J].Oil and Gas J, 79(27): 103.

Ritter R E. 1984. A cracking catalyst technology update[C]//NPRA Annual Meeting,AM-84-57. San Antonio, Texas.

Ritter R E,Creighton J E,Roberie T G, et al. 1986. Catalytic octane from the FCC[C]//NPRA Annual Meeting,AM-86-45. Los Angeles, California.

Roberie T G, Kumar R. 2003. Gasoline sulfur reductionin fluid catalytic cracking:US,0034275A1[P].

Ron Colwell, David Hunt, Doug Jergenson, et al. 2012. Alternatives to rare earth——Commercialevaluation of RE-pLaCeR™ FCC catalysts at Montana Refining Company[C]//AFPM Annual Meeting, AM-12-29. San Diego, CA.

Ruchkenstein E,Tsai H C. 1981. Optimum pore size for the catalytic conversion of large molecules[J].AIChE J, 27(4):697-699.

Sanga S, Nishimura Y. 1976. Sewer waste water treating agent produced from waste cracking catalyst:US, 3960760 [P].

Schuette W L,Schweizer A E. 2001. Bifunctionality in catalytic cracking catalysis[G].Studies in Surface Science and Catalysis. Ed by OccelliM L,Connor P O. Elsevier Science B V: 263.

Seville J P K, Mullier M A, Hailu L, et al. 1992. Attrition of agglomerates in fluidized bed[C]//Fluidization VII. Proc Eng Found Con Fluid 7th. New York:587-594.

Sexton, J A. 2010. FCC emission reduction technologies through consent decree implementation: FCC NOxemissions and controls[G]//Advances in fluid catalytic cracking. Boca Raton:CRC press:315-350.

Shankland R V,Schmitkons G E. 1947. Determination of activity and selectivity of cracking catalyst[J].Proc Am Petrol Inst, 27(III):57-77.

Shannon R D,Gardner K H,Stanley R H. 1985. The nature of the nonframework aluminum species formed during the dehydroxylation of H-Y[J].J Phys Chem, 89(22):4778-4788.

Shaub H, Brownawell D W, DiBenedetto A. 1991. Method of removing hydroperoxides from lubricating oils: US, 4997546[P].

Sherry H S. 1966. The ion-exchange properties of zeolites:I. Univalent ion-exchange in synthetic faujasite[J].J Phys Chem, 70(4):1158-1168.

Sherry H S. 1968. Ion-exchange properties of zeolites:III. Rare earth ion exchange of synthetic faujasites. Journal of Colloid and Interface Science, 28(2): 288-292.

Sherry H S. 1971. Cation exchange on zeolites[G]//Molecular Sieve Zeolites-I. Adv Chem Ser, 101:350-379.

Shizaka Katoh,Makoto Nakamura,Bob Scocpol. 1999. Reduction of olefins in FCC gasoline[G].ACS Preprints, Division of petroleum chemistry. Institute of Gas Technology. Des Plaines, IL, USA,44(4):483-486.

Sillar K, Burk P. 2004. Computational study of vibrational frequencies of bridging hydroxyl groups in zeolite ZSM-5 [J].ChemPhysLett, 393(4-6):285-289.

Smith J V,Bennett J M,Flanigen E M. 1967. Dehydrated lanthanum-exchanged type Y zeolite[J].Nature, 215 (5098):241-244.

Smith J V. 1971. Faujasite-type structures. Aluminosilicate framework. Positions of cations and molecules. Nomenclature[G]//Molecular Sieve Zeolites-I. Adv Chem Ser, 101:171.

Smith G A, Santos G, Hunkus S F, et al. 1994. Optimizing FCC operations and economics by improving feed conversion and total liquid yield with BCA-105[C]//NPRA Annual Meeting, AM-94-63. San Antonio, Texas.

Smith J, McDaniel J G. 1997. Commercial evaluation of new non-platinum combustion promoter for FCC units[C]// NPRA Annual Meeting, AM-97-66. San Antonio, Texas.

Smith G A, Evans M. 1998. Meeting changing gasoline specifications and variable propylene and butylene demand through the use of additives[C]//NPRA Annual Meeting, AM-98-17. San Francisco, California.

Speronello B K,Reagan W J. 1984. Test measures FCC catalyst deactivation by nickel and vanadium[J].Oil and Gas J, 82(5):139-143.

Spry J C,Sawyer W H. 1975. Configurational diffusion effects in catalytic demetalization of petroleum feedstocks[R]. 68thAnnual AIChE Meeting. Los Angeles.

Sterte J. 1990. Preparation and properties of pillared interstratified illite/ smectite[J] . Clays and Clay Minerals, 38 (6): 609-616.

Takita Y,Sano K,Muraya T,et al. 1998. Oxidative dehydrogenation of isobutane to isobutene:II. Rare earth phosphate catalysts[J].Appl Catal A,170(1):23-31.

Teran C K. 1988. How to get the most out of your nickel passivation program[C]//NPRA Annual Meeting, AM-88-77. San Antonio, Texas.

Turkevich J, Ono Y. 1969. Catalytic research on zeolites[J].Adv Catal, (20):135.

Ulerich N H, Vaux W G, Newby R A, et al. 1980. Experimental/engineering support for EPA's FBC program: Final report. Vol 1. Sulfur Oxide Control. EPA-600/7-80-015a

Upson L L. 1958. What FCC catalyst tests show[J].Hyd Proc, 60(11):253-258.

Upson L L. 1979. Catalytically promoted combustion improves FCC operations[C]//NPRA Annual Meeting,AM-79-39. San Antonio, Texas.

Upson L L,et al. 1982. Metal-resistant catalyst for heavy oil cracking[C]//NPRA Annual Meeting,AM-82-49. San Antonio, Texas.

Upson L L,Jaras S,Dalin I. 1984. NPRA Q & A[J].Oil & Gas J, 82(25):125.

Uytterhoeven J, Christner L G, Hall W K. 1965. Studies of the hydrogen held by solids:VIII. The decationated zeolites[J].J Phys Chem, 69(6): 2117-2126.

Valeri F. 1987. New methods for evaluating your FCC[C].Katalistiks 8th Annual FCC Symp. Budapest Hungary. 1:1-6.

Van de Gender P,Benslay R M,Chuang K C,et al. 1996. Advanced fluid catalytic cracking technology. AIChE Symposium Serier,88:291.

Van Der Vleugel, Dominicus J M; Walterbos Johannes W M. 1986. Zeolite beta preparation. EP0187522[P].

Vaux W G, Fellers A W. 1981. Measurement of attrition tendency in fluidization[J].AIChE Symp Ser, 77(205): 107-115.

Venuto P B, Hamilton L A, Landis P S. 1966. Organic reactions catalyzed by crystalline aluminosilicates: II. Alkylation reactions: Mechanism and aging considerations[J].J Catal, 5(3): 484-493.

Venuto P B. 1979. Fluid catalytic cracking with zeolite catalysts[M].New York:Marcel Dekker.

Verlaan J P,Connor P O,et al. 1997. Advances and trends in catalyst technology for the molecular conversion of heavy feedstocks[R].15th World Petroleum Congress,Forum 9,Paper 4. Beijing, China.

Vierheilig A, Becker R, Evans M. 2003. The role of additives in reducing FCC emissions to meet legislation[C]// NPRA Annual Meeting, AM-03-97. San Antonio, Texas.

Wadlinger R L, Kerr G T. 1967. RosinskiCatalytic composition of a crystalline zeolite:US,3308069[P].

Wallendorf W H. 1979. Resid processing in the FCC with resid cracking catalysts[J].Davison Catalagram, (58):6-14.

Wallensteina D, Farmer D, Knoell J, et al. 2013. Progress in the deactivation of metals contaminated FCC catalysts by anovel catalyst metallation method[J].Applied Catalysis A: General, 462-463:91-99.

Ward J W. 1968. The nature of active sites on zeolites: VI. The influence of calcination temperature on the structural hydroxyl groups and acidity of stabilized hydrogen Y zeolite[P].J Catal, 11(3): 251-258.

Ward J W. 1969a. Hydroxyl groups on hydrogen Y zeolite [J].J Phys Chem, 73(6): 2086-2090.

Ward J W. 1969b. The nature of active sites on zeolites: VIII. Rare earth Y zeolite[J].J Catal, 13(3):321-327.

Ward J W, Hansford R C. 1969c. Nature of active sites on zeolites:IX. Sodium hydrogen zeolite[J].J Catal, 13(4): 364-372.

Ward J W. 1984. Molecular sieve catalysts:applied industrial catalysts, V3[M].Academic Press.

Wear C C,Mott R W. 1988. FCC catalysts can be designed and selected for optimum performance[J].Oil & Gas J, 86 (30):71-79.

Wei J, Lee W,Krambeck F J. 1977. Catalyst attrition and deactivation in fluid catalytic crackingsystem[J].Chemical Engineering Science, 32(10): 1211-1218.

Werther J, Xi W. 1993. Jet attrition of catalyst particles in gas fluidized beds [J].Powder technology, 76(1):39-46.

Whitecombe J M, Agranovski I E, Braddock R D. 2003. Attrition due to mixing of hot and cold FCC catalyst particles [J].Powder Technology, 137(3): 120-130.

Whitecombe J M, Agranovski I E, Braddock R D, et al. 2004. Catalyst fracture due to thermal shock influidized catalytic cracker units[J].Chemical Engineering Communications, 191(11): 1401-1416.

William K T Gleim. 1966. Regenerative hydrorefining of petroleum crude oil:US,3293172[P].

Wojciechowski B W,Corma A. 1986. Catalytic cracking catalysts. New York:Marcel Deckker Inc:34.

Worsmbercher R F, Peters A W, Masell J M. 1986. Vanadium poisoning of cracking catalysts: Mechanism of poisoning and design of vanadium tolerant catalyst system[J].J Catal, 100(1):130-137.

Worsmbercher R F, Chin D S, Gatte R R, et al. 1992. Catalytic effects on the sulfur distribution in FCC fuels[C]// NPRA Annual Meeting,AM-92-15. New Orleans, Louisiana.

Worsmbercher R F, Weatherbee D, Kim G, et al. 1993. Emerging technology for the reduction of sulfur in FCC fuels [C]//NPRA Annual Meeting,AM-93-55. San Antonio, Texas.

Worsmbercher R F, Kim G. 1996. Sulfur reduction in FCC gasoline:US,5525210[P].

Yaluris G,Cheng W C,Peters M,et al. 2001. The effects of iron poisoning on FCC catalysts[C]//NPRA Annual Meeting, AM-01-59. New Orleans, Louisiana.

Yaluris G, Cheng W C, Peters M, et al. 2004. Mechanism of fluid cracking catalysts deactivation by Fe[G]//Fluid catalytic cracking VI. Studies in Surface Science and Catalysis. Elesevier B V:149:139-163.

Yanik S J, Campagna R J, Demmel E J, et al. 1985. A novel approach to octane enhancement via FCC catalysis [C]//NPRA Annual Meeting,AM-85-48. San Antonio, Texas.

Yanik S J. 1986. Catalyst effects on FCC operations are examined[J].Oil & Gas J, 84(11):77.

Yanik S J, Connor P O. 1995. Key elements in optimizing catalyst selections for resid FCC units[C]//NPRA Annual Meeting,AM-95-35. San Francisco, California.

Yen T F. 1975. The Role of Trace Metals in Petroleum[M].Ann Arbor Science Publishers.

Yong K Y,Jonker R J,Meijerink B. 2002. A novel and fast method to quantify FCC catalyst accessibility[J].ACS Preprints, Division of petroleum chemistry, 47(3):270-280.

Young G W,Weatherbee G D. 1988. Simulating commercial FCCU yields with the Davison circulating riser pilot unit [C]//NPRA Annual Meeting,AM-88-52. San Antonio, Texas.

Young G. W, Suarez W, Roberie T G, et al. 1991. Reformulated gasoline: the role of current and future FCC catalysts[C]//NPRA Annual Meeting,AM-91-34. San Antonio, Texas.

Zenz F A. 1971. Find attrition in fluid beds[J].Hydrocarbon Processing, 50(2):103-105.

Zenz F A, Kelleher E G. 1980. Studies of attrition rates in fluid-particle systems via free fall, grid jets, and cyclone impact[J].Powder Bulk Solids Technol, 4(2/3): 13.

Zhao R, Goodwin J G, Jothimurugesan K. 2000. Comparison of attrition test methods: ASTM standard fluidized bed vs. jet cup[J].Industry Engineering Chemistry Research, 39(5):1155-1158

Zhao X Z,Roberie T G. 1999. ZSM-5 Additive in Fluid Catalytic Cracking:1. Effect of Additive Level and Temperature on Light Olefins and Gasoline Olefins[J].Ind Eng Chem Res, 38(10): 3847-3853.

Zhao X J, Cheng W C,Rudesill J A. 2002. FCC bottoms cracking mechanisms and implications for catalyst design for resid applications[C]//NPRA Annual Meeting,AM-02-53. San Antonio, Texas.

Zhou F,Liu C, Liu J,et al. 2006. Use micrographs to diagnose FCC operations[J].Hydrocarbon Processing, 85(3): 91-92;94-96.

第四章 原料和产品

第一节 原料的来源

一、催化裂化过程对原料性质的要求

并非任何油品都可以作为催化裂化原料，国外主要石油公司对催化裂化特别是重油催化裂化的原料提出了一些限制指标。法国 IFP 的 R2R 重油催化裂化要求原料油残炭<8%，氢含量>11.8%，重金属(Ni+V)<50μg/g。Kellogg 公司 20 世纪 70 年代曾对催化裂化原料提出的指标列于表 4-1(张福诒，1990)。UOP 公司在 20 世纪 80 年代初曾提出的指标列于表 4-2。

表 4-1　Kellogg 公司提出的原料指标

残炭/%	金属(Ni+V)/(μg/g)	措　施
<5	<10	使用钝化剂，常规再生
5~10	10~30	使用钝化剂，再生器取热，可完全再生
10~20	30~150	需加氢处理
>20	>150	进焦化装置加工

表 4-2　UOP 公司提出的原料指标

残炭/%	金属(Ni+V)/(μg/g)	密度(20℃)/(g/cm³)	措　施
<4	<10	<0.9340	可改造现有馏分油催化裂化装置，用一段再生
4~10	10~18	1~0.9340	RCC 技术，用二段再生
>10	100~300	>0.9659	要预脱金属

从表 4-1 和表 4-2 可以看出：

① 原料油性质不同，要有不同的预处理措施，如加氢脱硫、脱金属等，且随着催化裂化技术的进步，原料油适用范围逐步拓宽。

② 将密度、残炭、金属含量及氢含量列为主要限制指标。

Khouw 等(1991)以渣油中的残炭和镍、钒含量作为限制指标，估计了全世界可供催化裂化作原料的潜在量，如图 4-1 所示。从图 4-1 可以看出，重油催化裂化工艺处理的原料油仍有较多的份额，再加上加氢处理技术为催化裂化工艺提供更优质的原料，从而具有更加良好的前景。

我国催化裂化技术，经过 50 多年的研究和生产实践，除了已充分掌握馏分油催化裂化技术外，还开发了一整套重油催化裂化技术，拥有一大批处理高残炭和高金属含量原料的重油催化裂化装置，处理的原料包括常压渣油、减压渣油、掺渣油的重质原料和劣质原料以及加氢重油，见表 4-3。关于我国催化裂化装置加工原料的情况可作如下说明：

① 残炭为 4%~5% 的常压渣油和掺渣油的重质原料，有的装置也处理过残炭含量为 7%~

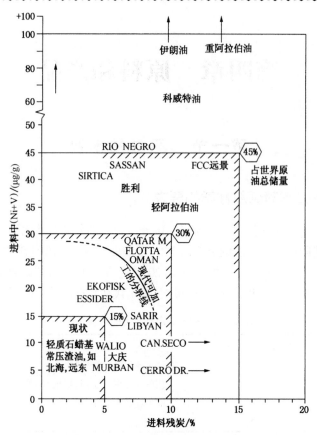

图 4-1　可供催化裂化作原料的潜在量

8%的减压渣油。

② 我国绝大多数原油中含的重金属以镍为主，含钒极少，这是由于我国绝大部分原油系陆相生油的缘故。目前已能成功地处理镍含量小于 $10\mu g/g$ 的重油原料。有的装置还处理过镍含量 $25\mu g/g$ 和钒含量小于 $1\mu g/g$ 的原料，当催化剂上的镍含量达到 $9000\mu g/g$ 时，不加镍钝化剂也可保持氢产率小于 0.5%。

③ 由于我国大多数原油是石蜡基原油，氢含量较高，因而一般重油原料都能保持氢含量大于 12%，相对密度一般要求小于 0.92，但对馏程没有限制。

④ 随着原油对外依存度增加，部分催化原料来自加氢处理重油，加氢重油一般氢含量在 12% 左右，相对密度大于 0.92，芳烃含量较高，可裂化性能变差。

⑤ 焦化馏分油虽然不属于重油，但氮含量若高于 $0.3\%\sim0.4\%$，也成为限制指标。

表 4-3　我国催化裂化装置已达到的渣油掺炼水平

炼油厂简称	前郭	石家庄	洛阳	九江	武汉	济南	燕山	茂名
原　油	吉林	大庆、华北	中原	管输	管输	临商管输	大庆	中东
常渣掺炼比/%		100	100					
减渣掺炼比/%	100			32.4	40.9	36.3	85	100(VRDS)
原料残炭/%	8.95	7.24	6.5	6.24	5.87	6.12	8.0	6.11
(Ni+V)/(μg/g)	7.0	25.0	5.4	14.0	13.0	10.1	7.0	25.6

值得说明的是，目前对催化裂化所用重油原料有两种定义。其一是指常压渣油，减压渣油、减压馏分油加不同比例的常压渣油及减压馏分油加不同比例的减压渣油；其二是指沸点高于538℃的组分大于5%的原料。第二种定义是将原料中只掺极少量渣油的原料排除在外，而将加工重质脱沥青油及减压深拔馏分油原料包括在内。

二、原料的来源

(一) 直馏馏分油和渣油

使用蒸馏的方法可以从原油中分离出各种石油馏分：如重整原料、汽油组分、喷气燃料、柴油、裂化原料、润滑油料及渣油等。其中有的可直接做成品，有的是二次加工装置的原料。我国几种原油常减压蒸馏装置各种馏分的典型收率见表4-4，其中裂化原料沸程约350~535℃，相当于国外的减压馏分油（Vacuum Gas Oil，VGO，或称减压蜡油），是使用最广泛、传统的催化裂化典型原料。

国外作催化裂化原料用的减压馏分油终馏点约565℃，国内作催化裂化原料用的馏分油终馏点约510~535℃，其性质列于表4-5。常压塔底油，即常压渣油，也可以不进减压塔，直接用作催化裂化原料，其性质列于表4-6。减压塔底油，即减压渣油，可与馏分油混兑作催化裂化原料，其性质列于表4-7。但由于原油中的金属污染物、高相对分子质量的沥青质和胶质以及硫、氮等杂原子化合物，大部分都集中在渣油中，因此给催化裂化操作带来一系列的问题。国外一些原油的VGO、常压渣油和减压塔底油的性质列于表4-8～表4-10，其中伊朗VGO和阿拉伯VGO含有微量氯，分别在6.7~8.0mg/g和2.5~5.5mg/g之间，碱性氮含量在180~280mg/g之间（陆婉珍，1979）。

表4-4　几种原油常、减压蒸馏的典型收率　　　　　　　　　%

项　　目	大庆	胜利	任丘	项　　目	大庆	胜利	任丘
重整原料（汽油馏分）	4.5	3.0	2.0	裂化原料（VGO）	34.9	25.8	30.3
喷气燃料	9.5	6.0	8.0	渣油	35.4	47.5	41.0
轻柴油组分	11.0	13.0	14.0	损失	0.2	0.2	0.2
重柴油馏分	4.5	4.5	4.5				

表4-5　国内几种原油的减压蒸馏馏分油的性质

项　　目	大庆	胜利	任丘	中原	辽河	孤岛	鲁宁管输	北疆	大港	惠州	塔中
密度(20℃)/(g/cm³)	0.8564	0.8876	0.8690	0.8560	0.9083	0.9353	0.8676	0.9109	0.8780	0.8620	0.9059
馏程/℃	350~500	350~500	350~500	350~500	350~500	370~500	350~520	350~500	350~520	350~500	350~500
凝点/℃	42	39	46	43	34	21	44	19	39	39	22
康氏残炭/%	<0.1	<0.1	<0.1	0.04	0.038	0.18	0.07	0.11	0.02	0.03	0.02
硫含量/%	0.045	0.47	0.27	0.35	0.15	1.23	0.42	0.08	0.13	0.05	0.90
氮含量/%	0.068	<0.1	0.09	0.042	0.20	0.2	0.083	0.09	0.12		0.05
氢含量/%	13.80	13.5	13.9		13.40		13.26				
运动黏度/(mm²/s)											
50℃	—	25.26	17.94	14.18	—			15.71 (80℃)	21.55	6.18 (80℃)	51.45 (40℃)
100℃	4.60	5.94	5.30	4.44	6.88	11.36	4.75	9.04	8.48	4.16	5.29

项　目	大庆	胜利	任丘	中原	辽河	孤岛	鲁宁管输	北疆	大港	惠州	塔中
相对分子质量	398	382	369	400	366		360	376	375	413	357
特性因数	12.5	12.3	12.4	12.5	11.8	11.5		11.79	12.23	12.60	11.86
重金属含量/(μg/g)											
Ni	<0.01	<0.1	0.03	0.2	0.06	1.33	0.3	<0.1	0.02	<0.1	<0.1
V	0.01	<0.1	0.08	0.01	—	0.22	0.02	<0.1	<0.1	<0.1	<0.1
族组成/%											
饱和烃	86.6	71.8	80.9	80.2	71.6		74.5				
芳烃	13.4	23.3	16.5	16.1	24.4		22.9				
胶质	0.0	4.9	2.6	2.7	4.0		2.6				
占原油/%	26~30	27	34.9	23.2	29.7	22.2		25.72	28.73	33.77	20.65

表 4-6　国内几种原油的常压渣油的性质

项　目	大庆	胜利	任丘	中原	辽河	孤岛	鲁宁管输	大港	惠州	塔中
密度(20℃)/(g/cm³)	0.8959	0.9460	0.9162	0.9062	0.9436	0.9876	0.9282	0.9213	0.8795	0.9488
馏程/℃	>350	>350	>350	>350	>350	>350	>350	>350	>350	>350
康氏残炭/%	4.3	9.3	8.9	7.5	8.0	10.0	9.37	8.50	4.41	7.03
元素组成/%										
C	86.32	86.36	—	85.37	87.39	84.99		86.00		86.79
H	13.27	11.77	—	12.02	11.94	11.69		12.56		11.78
S	0.15	1.2	0.40	0.88	0.23	2.38	0.82	0.19		1.08
N	0.2	0.6	0.49	0.31	0.44	0.70		0.32		0.17
运动黏度(100℃)/(mm²/s)	28.9	139.7	43.3	31.28	51.1	471.9		74.11	8.63	10.68
相对分子质量	563	593				651				
重金属含量/(μg/g)										
V	<0.1	1.5	1.1	4.5		2.4	2.0	0.54	0.98	4.10
Ni	4.3	36.0	23.0	6.0	47.0	26.4	21.0	45.9	4.08	0.60
族组成/%										
饱和烃	61.4	40.0	46.7		49.4					
芳烃	22.1	34.3	22.1		30.7					
胶质	16.45	24.9	31.2		19.9					
沥青质(C_7不溶物)	0.05	0.8	<0.1		<0.1					
占原油/%	71.5	68.0	73.6	55.5	68.9	78.2		73.11	50.67	41.85

表 4-7　国内几种原油的减压渣油的性质

项　目	大庆	胜利	任丘	中原	辽河	孤岛	鲁宁管输	北疆	大港	惠州	塔中
密度(20℃)/(g/cm³)	0.9220	0.9698	0.9653	0.9424	0.9717	1.002	0.9685	0.9493	0.9646	0.9381	0.9888
馏程/℃	>500	>500	>500	>500	>500	>500	>500	>500	>500	>500	>500
康氏残炭/%	7.2	13.9	17.5	13.3	14.0	19.4	15.3	9.10	14.5	13.96	16.18
硫含量/%	0.41	1.95	0.76	1.18	0.37	2.96	1.2	0.14			1.24
运动黏度(100℃)/(mm²/s)	104.5	861.7	958.5	256.6	549.9	1120		898.51	519.75	863.60	6607.26
相对分子质量	1120	1080	1140	1100	992	1030	929				
重金属含量/(μg/g)											
V	0.1	2.2	1.2	7.0	1.5	4.4	3.5	2.79	0.84	1.24	8.20
Ni	7.2	46.0	42.0	10.3	83.0	42.2	34.3	26.0	72.5	11.5	1.10
占原油/%	42.9	47.1	38.7	32.3	39.3	51.0		48.75	44.54	16.91	21.20

表 4-8　国外几种原油的 VGO 的性质

项　目	阿拉伯轻质	阿拉伯重质	伊朗轻质	伊拉克巴士拉重质	阿曼	印尼阿朱纳	印尼米纳斯	俄罗斯
密度(20℃)/(g/cm³)	0.9141	0.9170	0.9100	0.9310	0.8902	0.8781	0.8502	0.9051
馏程/℃	370~520	350~500	350~500	360~525	360~500	350~500	350~500	350~560
凝点/℃	34	30			24	43	47	22
康氏残炭/%	0.12	0.15	0.17		0.06	0.11	0.02	0.15
硫含量/%	2.61	2.90	1.55	3.08	1.02	0.14	0.082	0.69
氮含量/%	0.078	0.07	0.13		0.57	0.06		0.12
氢含量/%	11.69		12.52	13.6				
运动黏度/(mm²/s)								
50℃					26.95		51.44	
100℃	6.93	6.87	5.20	8.74		6.82		7.924
相对分子质量	378	383				381		
特性因数	11.85		12.8	11.7	12.15	12.26		
重金属含量/(μg/g)								
Ni		0.52			0.06			0.21
V		0.07			0.04	0.33		0.45
族组成/%								
饱和烃	65.8							81.01
芳烃	31.6				12.34			15.37
胶质	2.6							3.57
占原油/%	24.3	23.3	25.9	21.9	23.37	24.8	32.7	32.1

表 4-9　国外几种原油的常压渣油的性质

项　目	阿拉伯轻	科威特	阿曼	加奇萨兰(伊朗)	阿哈加依(伊朗)	米纳斯(印尼)	俄罗斯
收率(占原油)/%	52.5	56.7	51.8	55.1	53.2	63.9	48.6
密度(15.6℃)/(g/cm³)	0.9521	0.9643	0.8968(20℃)	0.9594	0.9529	0.9171	0.9295
API 度	17.04	15.15		15.9	16.92	22.71	
运动黏度(50℃)/(mm²/s)	160.2	404.6	62.07(100℃)	353.7	225.6	26.8(75℃)	25.29(100℃)
倾点/℃	15	17.5		22.5	25.0	47.5	13
灰分/%	0.01	0.017	0.013	0.03	0.024	0.008	0.03
康氏残炭/%	8.23	10.18	6.89	9.6	8.22	4.57	4.95
馏程/℃							
初馏点	285	277		274	271	292	
5%	359	373		358	353	362	
25%	423	436		419	412	422	
45%	482	498		484	477	463	
50%	500	—		—	493	478	
相对分子质量	463	524	605	503	478	491	
元素组成/%							
C	85.19	84.38	85.99	85.27	85.41	87.10	86.62

续表

项 目	阿拉伯轻	科威特	阿曼	加奇萨兰（伊朗）	阿哈加依（伊朗）	米纳斯（印尼）	俄罗斯
H	11.19	10.99	12.10	11.04	11.06	12.64	12.25
N	0.05	0.11	0.17	0.28	0.33	0.37	0.27
S	2.10	4.04	1.74	2.67	2.51	0.12	0.86
V/(μg/g)	23.1	55.0	13.00	126.0	96.8	1.1	10.62
Ni/(μg/g)	7.6	15.3	11.35	39.6	28.7	14.0	9.10
H/C(原子比)	1.57	1.55	1.69	1.54	1.54	1.73	
饱和烃/%	33.3	32.0	46.3	36.4	39.9	65.4	67.7
芳烃/%	47.2	48.3	40.6	44.4	41.9	20.5	22.9
胶质/%	11.1	12.6	12.6	12.3	13.4	7.4	9.0
沥青质(C_5)/%	5.4	7.1	0.5	6.9	4.8	6.7	
沥青质(C_7)/%	2.9	3.4		3.4	2.2	1.0	0.4

表 4-10　国外几种原油的减压渣油的性质

项 目	阿拉伯轻	科威特	阿曼	加奇萨兰（伊朗）	阿哈加依（伊朗）	米纳斯（印尼）	俄罗斯
收率(占原油)/%	25.8	31.3	30.74	28.9	27.6	30.2	
密度(15.6℃)/(g/cm³)	1.0031	1.0148	0.9614	1.0110	0.9999	0.9539	
API 度	9.48	7.85		8.38	9.93	16.75	
康氏残炭/%	18.16	18.8	10.18	18.5	16.20	9.93	9.96
灰分/%	0.015	0.025	0.005	0.005	0.046	0.015	
相对分子质量	797	910		849	797	879	
元素组成/%							
C	85.10	83.97	86.06	84.80	85.62	87.13	86.74
H	10.30	10.12	10.93	10.24	10.45	12.04	11.93
N	0.22	0.31		0.49	0.49	0.47	0.32
S	3.93	5.05	2.02	3.45	3.22	0.16	1.01
V/(μg/g)	62.2	95.3	17.00	234.2	182.0	1.6	
Ni/(μg/g)	16.4	27.3	22.78	73.7	56.2	31.1	
H/C(原子比)	1.44	1.44		1.44	1.45	1.65	
饱和烃/%	21.0	15.7		19.6	23.3	46.8	
芳烃/%	54.7	55.6		50.5	51.2	28.8	
胶质/%	13.2	14.8		16.6	15.9	12.2	
沥青质(C_5)/%	11.1	13.9		13.3	9.6	12.2	
沥青质(C_7)/%	5.8	6.1		6.9	4.4	1.8	
饱和烃/芳烃	0.38	0.28		0.39	0.45	1.63	

（二）脱沥青油

　　溶剂脱沥青是渣油深度加工的一个预处理手段，也是从减压渣油制取催化裂化原料的重要途径之一。它的产品是脱沥青油（DAO）和沥青，DAO 掺合直馏馏分油可用作催化裂化原料。目前有各种各样的溶剂脱沥青工艺，例如：ROSE 法、DEMEX 法和 SOLVAHL 法等。溶剂一般为丙烷、丁烷和戊烷，丙烷使用最多。可采用超临界回收溶剂代替传统的蒸发回收溶剂。

　　DAO 的质量随其收率的增加而下降，为了从减压渣油中制备更多的催化裂化原料，就需要增加抽提深度，提高 DAO 的收率，但这样做的结果降低了 DAO 质量。目前，炼油厂中生产的脱沥青油 70% 以上都作为催化裂化原料，表 4-11 是国内外几种渣油用溶剂脱沥青生产催化裂化原料的典型数据。

表 4-11　国内外几种代表性渣油用脱沥青制备催化裂化原料的典型数据

项　　目	大庆	胜利	大港	西得克萨斯	加拿大	中东
渣油原料						
收率(占原油)/%	—	—	33.3	29.2(v)	16.0(v)	22.0(v)
密度(20℃)/(g/cm³)	0.9225	0.9630	0.9557	0.9861	1.0028	1.0321
运动黏度(100℃)/(mm²/s)	146.09	614.60	304.88	1050	375.0	3100.0
金属含量/(μg/g)						
Ni	12.1	54.0	37.0	16.0	46.6	29.9
V	0.2	5.2	0.6	27.6	309.0	110.0
Cu	<0.01	—	0.4	14.8	40.7	13.7
Fe	2.4	—	1.4			
脱沥青油(催化裂化原料)						
收率/%(占渣油)	78.5	56.8	60.0	62.9	64.1	42.3
密度(20℃)/(g/cm³)	0.9023	0.9188	0.9187	0.9365	0.9478	0.9580
残炭/%	2.72	2.66	3.28	2.2	5.4	4.5
运动黏度(100℃)/(mm²/s)	60.18	45.70	50.34	23(98.9℃)	54(98.9℃)	102(98.9℃)

（三）回炼油经芳烃抽提后的抽余油

　　催化裂化回炼油(重循环油 HCO)中含有大量重质芳烃。经溶剂抽提后，芳烃可综合利用，而将抽余油作为催化裂化原料，则轻油收率、产品质量和经济效益将有所改善。表 4-12 列出了馏分油的催化裂化回炼油、抽余油和抽出油的性质(王赣父，1990)。

表 4-12　回炼油、抽余油和抽出油的性质

项　　目	回炼油	抽余油		抽出油	
		1	2	1	2
密度(20℃)/(g/cm³)	0.9238	0.8363	0.8711	1.0701	1.1411
折光率(n_D^{20})	1.5361	1.4778	1.4964	1.6522	1.7046
苯胺点/℃	85	107	98	—	—
康氏残炭/%	0.23	0.03	0.14	3.4	6.3
硫含量/(μg/g)	3150	700	1370	6100	8780
氢碳原子比	1.55	1.82	1.81	1.14	0.87
相对分子质量	286	369	348	275	265
族组成/%					
烷烃	36.5	52.1	47.0	15.0	0.4
环烷烃	20.0	32.4	29.8	6.0	
芳烃	40.9	12.0	22.4	75.0	93.4
胶质	1.1	1.4	0.4	3.3	5.6

（四）热加工馏分油

焦化馏分油（CGO）、高温热解重油、减黏裂化重油、页岩油等虽然不能单独作为催化裂化原料，但都可同直馏馏分油掺作为催化裂化进料，其中 CGO 目前仍是催化裂化主要原料之一。CGO 含有相当多的烯烃、芳烃和硫、氮等杂质，有的经加氢处理可成为好的原料。

表 4-13 列出了几种减压渣油延迟焦化馏分油性质。表中数据表明，CGO 是一种重金属含量低，氢含量和苯胺点高、含有一定量链烷烃的油品，和直馏馏分油的烃类组成基本相近，但是氮含量与相应原油的 VGO 相比，要高出好几倍，如未加氢处理，掺炼量仅为 20%～25%。

沥青渣油处理过程（ART）是通过沥青质的热破坏分解使渣油改质，同时使其中含有的馏分油的转化减少到最低限度。可以说它是选择性气化与流化脱金属/脱碳的一种结合。ART 装置的结构与流化催化裂化装置相似，操作方法也十分相近，可与 RCC 组成 ART/RCC 联合装置。使用一种廉价的称为"ARTCAT"的固体热载体（吸附剂），"ARTCAT"的粒度分布、密度以及流化特性等与流化催化裂化催化剂基本相同，只是比表面小且催化活性很低。它能承受高达 3% 的金属，对工艺过程没有不利的影响。

表 4-13　几种原油的减压渣油延迟焦化馏分油性质

项　目	大庆	胜利	鲁宁管输	辽河	阿拉伯轻质
密度(20℃)/(g/cm³)	0.8763	0.9178	0.8878	0.8851	0.9239
馏程/℃					
初馏点	—	323	290	311	303
10%	342	358	337	332	340
50%	384	392	387	362	373
90%	442	455	486	411	422
终馏点	—	494	503	447	465
凝点/℃	35	32	30	27	
苯胺点/℃	—	77.5	—	77.3	
康氏残炭/%	0.31	0.74	0.33	0.21	
元素组成/%					
C	85.51	85.48	86.62	87.07	—
H	12.38	11.46	12.38	11.90	—
S	0.29	1.20	0.60	0.26	3.8
N	0.37	0.69	0.40	0.52	0.21
运动黏度/(mm²/s)					
80℃	5.87	8.13	6.60	—	
100℃	—	5.06		3.56	
相对分子质量	323	—	—	316	315
重金属含量/(μg/g)					
Ni	0.3	0.5	—	0.3	5.6
V	0.17	0.01	—	0.01	0.05
族组成/%					
饱和烃			64.5	60.0	
芳烃			29.8	33.9	
胶质			5.7	6.1	

（五）加氢处理油

先经过加氢处理（HT）再作为催化裂化原料的油有多种。例如直馏馏分油、常压渣油、减压渣油、溶剂脱沥青油、焦化馏分油、煤焦油以及催化裂化回炼油等都可以视情况先进行加氢处理或加氢脱硫（HDS），然后再进催化裂化装置。催化裂化回炼油，特别是使用沸石催化剂的高转化率的催化裂化回炼油，含有相当多的二环以上的芳烃。通过加氢处理使部分芳环饱和，极大地提高其裂化性能。但其加氢深度要苛刻，耗氢量也比较大。

通过加氢处理或 HDS 可脱除原料中部分硫和氮，但脱硫比脱氮容易得多。脱氮的深度很大程度上取决于原料的来源、馏程范围和含氮杂环化合物的类型。还要注意，在缓和的加氢处理条件下，有时碱性氮还会增加，这对催化裂化是不利的。

加氢处理改进原料裂化性能的程度与加氢处理的耗氢量成正比。例如，科威特减二馏分油（以下简称为 KVGO）经深度和浅度加氢精制后产生出两种加氢蜡油，浅度加氢精制的蜡油代号为 QVGO，深度加氢精制的蜡油代号为 SVGO。KVGO、SVGO 和 QVGO 性质列于表 4-14。从表 4-14 可以看出，KVGO 经加氢处理后，随着加氢深度的增加，加氢蜡油的密度、折光率、硫和氮含量均下降，而氢含量上升，从而导致原料裂化性能的改善。加氢处理作为制备催化裂化原料的手段与催化裂化相结合，一般可提高催化裂化的选择性和产品质量。加氢处理油催化裂化的转化率较高，汽油产率较高，焦炭产率较低。产品中的硫含量和氮含量降低。再生烟气中的 SO_x 和 NO_x 降低。加氢处理还可以除去原料油中部分重金属，从而可减轻催化裂化催化剂上的重金属污染。还有采用缓和加氢裂化（MHC）尾油直接作为催化裂化原料油。

表 4-14　KVGO、SVGO 和 QVGO 性质

项　目	KVGO	QVGO	SVGO
密度（20℃）/（g/cm³）	0.9307	0.8952	0.8897
折光率（n_D^{70}）	—	1.4764	1.4725
碳含量/%	84.85	86.92	86.71
氢含量/%	12.04	12.94	13.09
硫含量/%	3.8	0.39	0.16
碱性氮化物/（μg/g）	271	199	90

由于渣油作为燃料油的需求量不断减少，而轻质油品的需求量逐年增加，加上环保法规日趋严格，因而渣油改质及利用问题越来越受到重视，其中渣油固定床加氢处理技术占有重要地位。我国齐鲁石化公司胜利炼油厂从 Chevron 公司引进一套 0.84Mt/a 的减压渣油加氢脱硫装置（VRDS）于 1992 年 5 月建成投产。该技术与催化裂化联合后，使孤岛减压渣油全部转化为轻质油品，经济效益显著。大连西太平洋石油化工有限公司也从 UOP 公司引进一套 2.0Mt/a 常压渣油加氢脱硫装置（ARDS）于 1997 年 8 月投产，加氢生成油全部作为催化裂化原料。我国自行开发的渣油固定床加氢处理技术（S-RHT）于 1999 年 12 月应用到茂名石化公司 2.0Mt/a 常压渣油加氢处理装置上。几套国内外渣油加氢处理装置的原料油和加氢重油性质列于表 4-15。

表 4-15　渣油加氢处理装置的原料油和加氢重油性质

装置名称	国内 WP-ARDS	国内 QL-VRDS	国内 MM-ARDS	国内 HN-ARDS	国外 ARDS	国外 VRDS
原料油性质						
密度(20℃)/(g/cm³)	0.9669	1.000	0.9620	~0.95	0.9620	1.022
运动黏度/(mm²/s)		923	89.46		33	1100
S/%	4.24	3.58	2.29	1.03	3.34	4.2
N/%	0.29	0.28	0.30	0.29	0.207	0.31
Ni/(μg/g)	15	29	23.2	33.88	9	19
V/(μg/g)	75	57	39.2		40	101
康氏残炭/%	12.8	21.0	10.26	10.74	9.5	22.0
沥青质(胶质)/%			1.22	2.7(20.3)		7.0
加氢重油性质						
密度(20℃)/(g/cm³)	0.9144	0.9371	0.9291	0.9383	0.9220	0.9630
运动黏度/(mm²/s)			33.88		22	92.0
S/%	0.35	0.30	0.31	0.33	0.19	0.40
N/%	0.19	0.16	0.13	0.25	0.12	0.195
Ni/(μg/g)	3	5.3	9.96	17.21	<2.0	<4.0
V/(μg/g)	13	4.9	10.7		<2.0	<4.0
康氏残炭/%	5.5	5.5	5.10	8.13	3.8	8.0
沥青质(胶质)/%			0.30	2.1(13.9)		0.8
脱硫率/%	92	91.6				
脱氮率/%	34.5	42.9				
脱残炭率/%	61	73.8				

　　从表4-15可以看出,渣油原料经加氢处理后,加氢重油不仅硫、氮含量明显地降低,而且可以降低其中的重金属和残炭,符合催化裂化工艺对原料性质的要求。在本章第四节将详细论述加氢处理过程对催化裂化过程的影响。

　　(六) 非常规原料

　　从石油以外的一次能源出发,存在多种多样的替代方案,将天然气、煤、生物质等碳基能源转化为碳基液体燃料是首选方案,实际上,部分天然气、煤、生物质等碳基原料已作为石油替代原料进行加工。本小节简要介绍页岩油、动植物油和F-T合成油等适合作为催化裂化替代原料的性质。

　　1. 页岩油

　　早期页岩油是油页岩干馏时有机质受热分解生成的产物,含有较多的不饱和烃类及氮、硫、氧等非烃有机化合物。页岩油的性质及其组成除了与油页岩种类有关外,还与干馏的加工条件有关。例如:中国抚顺、茂名页岩油中含有较多的含氮化合物,其氮含量分别为1.27%和1.10%;美国科罗拉多页岩油氮含量高达1.93%;俄罗斯波罗的海页岩油则含有较多的含氧化合物,其氧含量为5%~6%(侯祥麟,1984;陈俊武,2009)。

　　水力压裂技术已应用到致密页岩油田的开发,来自致密页岩油田的VGO和VR具有氢含量高,残炭量低的特点,并含有极少量的V和Ni等金属,是优质的催化裂化原料(Huovie,2013)。美国炼油厂已利用致密页岩油低价优势开始加工这些原料,主要来自Bakken和Eagle Ford。Utica页岩油性质与Bakken和Eagle Ford油田的原料性质相似,这些油田的页岩油性质列于表4-16。随着致密页岩油田的开发和开采技术的进步,美国炼油厂页岩油的加工比例会持续增加。

国内第一口页岩油井"泌页 HF1"馏分油(350~540℃)和常压渣油性质也列于表 4-16。"泌页 HF1"馏分油收率高达 36.01%，高于相同馏分段的大庆馏分油，两者性质和组成基本相当；常压渣油除金属含量较高外，其他性质与大庆常压渣油性质相当(章群丹，2014)

表 4-16 美国和中国页岩油性质

项　目	Bakken	Eagle Ford	Utica 全馏分	小于 343.3℃ Utica 馏分油	大于 343.3℃ Utica 馏分油	泌页馏分油	泌页常压渣油
密度(20℃)/(g/cm^3)	0.8097	0.7903	0.8045	0.7702	0.8715	0.8623	0.900
残炭/%	0.8	0.0	0.4	<0.1	0.5	0.08	5.49
元素组成/%							
C						86.43	
H	13.8	14.3	14.66	14.39	14.02		12.96
S/(μg/g)	1000	1000	290	129	470	700	0.15%
N/(μg/g)	500	41	42	1.2	94	1200	0.38%
金属含量/(μg/g)							
Fe	2	1	1				34.0
V	0	0	0				1.8
Ni	1	0	0				12.0
馏程/℃							
5%			85.0	67.2	354.4		
50%			306.1	196.6	475.0	438	
95%			630.6	330.0	709.4	502	
特性因数			12.43	12.21	12.70	12.6	

2. F-T 合成油

F-T 合成油是指合成气(H_2+CO)在催化剂作用下合成的液体烃类化合物，其中合成气的原料可以是煤、天然气、炼厂气、生物质等一切具有碳氢资源且可以气化的物质。工业 F-T 合成通常采用低温 F-T 合成和高温 F-T 合成两种工艺过程。低温 F-T 工艺一般采用多级固定床反应器和钴催化剂，反应温度低于 250℃，以避免蜡在高温下裂化，用于最大量生产蜡产品；而高温 F-T 工艺采用流化床反应器和铁催化剂，反应温度通常大于 350℃，用于生产链烯烃和汽油产品。目前，Sasol 的固定流化床(SAS)和浆态床(SSPD)反应器在世界上居于领先地位。Sasol 公司的 4 类 F-T 合成反应器分别为列管式固定床(TFB)、循环流化床(CFB)、固定流化床(FFB)和浆态床(SSPD)。TFB 和 SSPD 属于低温工艺，而 CFB 及 FFB 是高温工艺。TFB、CFB 及 SSPD 工艺产物的碳选择性列于表 4-17。从表 4-17 可以看出，低温工艺(SSPD 和 TFB)与高温工艺(CFB)的产物分布情况显著不同，低温工艺生产的产物较重，而高温工艺的产物较轻(陈俊武，2009；吴春来，2003)。

表 4-17 Sasol 公司 3 种 F-T 合成工艺产物的碳选择性

工艺	产物的碳选择性/%						
	C_1	$C_2^= \sim C_4^=$	$C_2^0 \sim C_4^0$	石脑油	中间馏分油	重油及蜡	有机氧化物
SSPD	4	4	4	18	19	48	3
CFB	7	24	6	36	12	9	6
TFB	4	4	4	18	19	48	3

在低温合成的情况下，几乎一半的烃类为重质油和蜡，重质油在烃类组成上与常规石油相比有较大的区别，它主要由直链的烷烃和烯烃构成，硫、氮含量极低，同时含有一定的含氧化合物。重质油和蜡可采用加氢裂化/异构化工艺将其长链烃切断成低温性能良好的短链正构或异构烃，作为高质量的喷气燃料和柴油调合组分；或采用加氢异构脱蜡技术生产润滑油基础油，或生产高质量的特种蜡。当然，也可以作为催化裂化装置的原料。

不同馏分段的 F-T 合成油性质列于表 4-18，同时列出了大庆常压渣油性质以供对比。从表 4-18 可以看出，F-T 轻馏分油、F-T 重馏分油和 F-T 蜡的密度依次增加，馏程也是依次变重，氧含量依次降低，硫和氮含量均较少，氢含量均高于大庆常压渣油（杨超，2011）。

表 4-18　F-T 合成油和大庆常压渣油的性质比较

项　　目	F-T 轻馏分油	F-T 重馏分油	F-T 蜡	大庆常压渣油
密度（20℃）/（g/cm³）	0.7420	0.7950	0.806	0.895
凝点/℃	-38	32	76	44
元素组成/%				
C	83.12	84.40	85.18	86.92
H	14.62	14.65	14.47	13.08
O	2.26	0.95	0.35	—
S/（μg/g）	<0.5	8.5	1.6	1500
N/（μg/g）	5.5	1.0	5	1900
馏程/℃				
初馏点	23	93	268	317
10%	67	252	391	393
30%	118	301	465	456
50%	164	331	521	533
70%	205	365	584	—
90%	256	412	652	—

3. 其他类型的非常规原料油

（1）动植物油

动植物油的主要化学成分是高级脂肪酸所形成的甘油三酸酯，主要含有碳、氢、氧元素，是一种绿色环保、可再生的能源。动植物油转化为烃的研究最早见于第二次世界大战期间，当时由于对燃料的大量需求，许多国家用植物油作为原料进行热裂解来生产燃料。随着战争的结束，这方面的研究大为减少。再次掀起动植物油转化为烃的研究热潮是在 1972 年世界石油危机之后，主要集中在植物油资源丰富的国家，尤其加拿大。加拿大主要采用一种植物 Canola 油（主要含有饱和脂肪酸和不饱和脂肪酸）作原料；巴西主要以棕榈油为原料。表 4-19 给出了几种常见植物油的脂肪酸组成，其中大豆油性质列于表 4-20，同时列出 VGO 性质（Huovie，2013），以便于比较。

表 4-19　几种常见植物油的脂肪酸组成　　　　　　　　%

植物油	棕榈酸 （十六碳酸）	硬脂酸 （十八碳酸）	油酸 （顺式十八碳 -9-烯酸）	亚油酸 （9，12-十八碳 二烯酸）	亚麻酸 （9，12，15-十八碳 三烯酸）	蓖麻酸 （12-羟基-十八碳 -9-烯酸）
大豆油	14	4	24	52	6	—
棕榈油	35	6	44	15	—	—
Canola 油	4	2	64	20	10	—
蓖麻油	2	3	5	2	—	88
向日葵油	9.5	5.6	31.3	53.6	—	—

表 4-20　大豆油、废塑料油与 VGO 性质比较

项　目	大豆油	VGO	废塑料油
密度(20℃)/(g/cm^3)	0.9204	0.9019	0.8335
S/%	0.0	0.35	
O/%	10.5	0	2.75
Cl/(mg/g)			469
馏程/℃			
初馏点	372	275	115
5%	571	344	153
10%	576	366	153
30%	588	412	221
50%	594	453	299
70%	599	498	376
90%	639	563	430
终馏点	705	682	492

（2）废塑料油

2011 年我国塑料制品年产量超过 25.0Mt，按统计年均废旧塑料排放量占生产量的 46%进行计算，约有 12Mt 的废旧塑料产生。废塑料中绝大部分是热塑性树脂，其中聚乙烯占塑料总量的 48%，聚丙烯为 17.1%，聚氯乙烯为 16.2%，再次为聚苯乙烯，其余为烷基苯磺酸盐树脂、聚苯二甲酸乙二脂等热固性树脂。废塑料的循环利用和资源化是大势所趋，废塑料可以通过热裂解或催化裂解油化技术转化为化学品或油品进行回收。油品主要为粗汽油和更重的油品，重质油品性质列于表 4-20，可作为催化裂化装置原料（何嗣，2011）。

第二节　原料的特性

原料特性的测定最早用的是一些简单分析方法，测定诸如馏程、密度、苯胺点和残炭等。目前还可以用复杂的现代化分析手段，诸如色谱、光谱、质谱、核磁共振以及微库仑仪等。测定原料的烃族组成、结构参数、元素分析以及微量金属(Ni、V)等。下面对原料油主要性质作简单论述。

一、馏程、密度和特性因数

馏程是指油品的初馏点到终馏点之间的温度范围，原料的沸点范围对其裂化性能有重要影响。一般说来，沸点高的原料由于其相对分子质量大，容易被催化剂表面吸附，因而裂化反应速度较快。但沸点高到一定程度后，就会因扩散慢、或催化剂表面积炭快、或汽化不好等原因而出现相反的情况。但是单纯靠馏程来预测原料裂化性能是不够的，因为在同一段沸点范围内，不同原料的化学组成可以相差很大。

实验室中测定馏程数据为初馏点（IBP）、5%、10%、20%、30%、40%、50%、60%、70%、80%、90%馏出体积和终馏点（FBP）时的蒸气温度。测定沸点的方法为 GB/T 6536、GB/T 9168 方法。测定蜡油沸点馏程最合适的方法是 GB/T 9168。采用 GB/T 9168 方法测定样品的馏程是在真空（1mmHg）下进行的。测定的结果应用标准关联式换算成常压下的数据。GB/T 9168 方法仅限于测量常压下 FBP 小于 538℃ 的样品。

蒸馏曲线的 10%~90% 之间的斜率 SL（℃/%）来表示油品沸程的宽窄，即当馏分的沸程越宽时，其蒸馏曲线的斜率越大。斜率 SL（℃/%）的表达式为

$$斜率\ SL = (90\%馏出温度 - 10\%馏出温度)/(90-10)$$

常用油品的平均沸点来表征其气化性能，油品的平均沸点的定义分别为体积平均沸点（T_v）、质量平均沸点（T_w）、实分子平均沸点（T_m）、立方平均沸点（T_{cu}）和中平均沸点（T_{Me}）。在这五种平均沸点中，仅有体积平均沸点可由油品的馏程测定数据直接计算得出，其他几种平均沸点可借助体积平均沸点与蒸馏曲线斜率 SL 关联得出。五种平均沸点关联式如下：

$$T_v = (T_{10} + T_{30} + T_{50} + T_{70} + T_{90})/5$$

$$T_w = T_v + \Delta_w \qquad \ln\Delta_w = -3.64991 - 0.027060T_v^{0.6667} + 5.16388SL^{0.25} \tag{4-1}$$

$$T_m = T_v - \Delta_m \qquad \ln\Delta_m = -1.15158 - 0.011810T_v^{0.6667} + 3.70684SL^{0.3333} \tag{4-2}$$

$$T_{cu} = T_v - \Delta_{cu} \qquad \ln\Delta_{cu} = -0.82368 - 0.089970T_v^{0.45} + 2.45679SL^{0.45} \tag{4-3}$$

$$T_{Me} = T_v - \Delta_{Me} \qquad \ln\Delta_{Me} = -1.53181 - 0.012800T_v^{0.6667} + 3.64678SL^{0.3333} \tag{4-4}$$

密度是石油馏分最基本的性质之一。在同一沸点范围内，密度越大反映了其组成中烷烃越少，在裂化性能上越趋向于环烷烃或芳烃的性质。

由于油品的体积随温度的升高而膨胀，而密度则随之变小，因此，密度应标明是在什么温度下测定的。我国油品密度是 20℃ 下测定的，而欧美各国油品密度是在 15.6℃（60℉）下测定的。如已知 20℃ 下的油品密度，可以按下式换算到 T℃ 下的油品密度

$$\rho_T = \rho_{20} - \gamma(T-20) \tag{4-5}$$

其中，$\gamma = 0.002876 - 0.003984\rho_{20} + 0.001632\rho_{20}^2$

相对密度通常以 4℃ 水为基准，将温度 T℃ 的油品密度对 4℃ 的水的密度之比，常用 d_4^t 来表示。由于水在 4℃ 时密度等于 1.000g/cm³，因而油品的密度和相对密度的值是相等的。$d_{15.6}^{15.6}$ 与 d_4^{20} 之间可按下式进行换算：

$$d_{15.6}^{15.6} = d_4^{20} + \Delta d \tag{4-6}$$

式中 Δd 校正值的范围为 0.0037~0.0051。两者相对密度换算见式（4-7）：

$$\Delta d = 9.181\times10^{-3} - 5.83\times10^{-3}d_4^{20} \tag{4-7}$$

在欧美各国，对油品常用比重指数来表示，称为 API 度。API 度的定义为：

$$API = \frac{141.5}{d_{15.6}^{15.6}} - 131.5 \qquad (4-8)$$

特性因数 K 常用于划分石油和石油馏分的化学组成，在评价催化裂化原料的质量上被普遍使用。它是由密度和平均沸点计算得到。特性因数 K 有两种表达方法，分别称为 Watson K 值(简称 K_W)或 UOP K 值(简称 K_{UOP})，对预测进料的裂化性能非常有用，尤其对蜡油原料。其两种表达式为如下：

$$K_{UOP} = \frac{\sqrt[3]{1.8\, T_{CU}}}{d_{15.6}^{15.6}} \qquad (4-9)$$

式中　T_{CU}——立方平均沸点，K。

$$K_W = \frac{\sqrt[3]{1.8\, T_{Me}}}{d_{15.6}^{15.6}} \qquad (4-10)$$

$$T_{Me} = (T_M + T_{CU})/2$$

式中　T_M——实分子平均沸点，K；

　　　T_{CU}——立方平均沸点，K；

　　　T_{Me}——中平均沸点，K。

两种 K 值的计算结果，相差甚微。特性因数是一种说明催化裂化原料石蜡烃含量的指标。K 值高，原料的石蜡烃含量高；K 值低，原料的石蜡烃含量低。但它在芳香烃和环烷烃之间则不能区分开。K 值的平均值，烷烃约为 13，环烷烃约为 11.5，芳烃约为 10.5。大多数催化裂化原料的 K 值约在 11.5~12.5，我国催化裂化原料 K 值大多在 12.0 以上。原料特性因素 K 值的高低，最能说明该原料的生焦倾向和裂化性能。原料的 K 值越高，它就越易于进行裂化反应，而且生焦倾向也越小；反之，原料的 K 值越低，它就越难于进行裂化反应，而且生焦倾向也越大。

立方平均沸点也可用经验公式计算：

$$T_{CU} = 79.23\, M^{0.3709} d_{20}^{0.1326} \qquad (4-11)$$

式中　M——相对分子质量；

　　　d_{20}——20℃时的相对密度。

除了特性因数外，还有一些参数可以表征催化裂化原料的质量，现分述如下：

(1) 相关指数 $BMCI$

$$BMCI = \frac{48640}{T_c} + 473.7\, d_{15.6}^{15.6} - 456.8 \qquad (4-12)$$

一般烷烃的 $BMCI$ 值为 0~12，环烷烃为 24~52，单环芳烃为 55~100。

(2) 黏重常数 ν_{GC}

$$\nu_{GC} = \frac{d_{15.6}^{15.6} - 0.24 - 0.038 \lg \nu_{100}}{0.755 - 0.011 \lg \nu_{100}} \qquad (4-13)$$

对于石蜡基油 $\nu_{GC} < 0.82$，对于中间基油 ν_{GC} 为 0.82~0.85，对于环烷基油 $\nu_{GC} > 0.85$。对于链烷烃 ν_{GC} 为 0.73~0.75，对于环烷烃 ν_{GC} 为 0.85~0.98，对于芳香烃 ν_{GC} 为 0.95~1.13。式中 ν_{100} 为 100℃时的运动黏度(mm^2/s)。

(3) 交折点 RI

$$RI = n - \frac{d_{20}}{2} \qquad (4\text{-}14)$$

式中　n——20℃时的折光率。

一般链烷烃的 RI 为 1.044~1.055，环烷烃为 1.028~1.046，芳香烃为 1.050~1.107。

（4）黄氏因子

$$I = \frac{n^2 - 1}{n^2 + 2} \qquad (4\text{-}15)$$

一般链烷烃的 I 为 0.219~0.265，环烷烃为 0.246~0.273，芳香烃为 0.285~0.295。

（5）WN

$$WN = M(n - 1.4750) \qquad (4\text{-}16)$$

链烷烃的 WN 为 -8.79，环烷烃为 -5.41~4.43，芳香烃为 2.62~43.6。

（6）WF

$$WF = M(\rho - 0.8510) \qquad (4\text{-}17)$$

式中　ρ——密度（20℃），g/cm^3。

链烷烃的 WF 为 -17.8，环烷烃为 -8.39~-7.36，芳香烃为 1。

（7）CH

$$CH = C_W / H_W \qquad (4\text{-}18)$$

式中　C_W——碳，%；

　　　H_W——氢，%。

链烷烃的 CH 为 5.1~5.8，环烷烃为 6~7，芳香烃为 7~12。

（8）K_H

石铁磐等（1997）将我国渣油的氢碳原子比、相对分子质量及密度组合为一个称为 K_H 的重质油特性化参数，其关系式为：

$$K_H = 10 \frac{n_H / n_C}{M^{0.1236} d_{20}} \qquad (4\text{-}19)$$

从此式可以看出，由于重质油的相对分子质量和密度变化幅度一般较小，其中决定性的因素仍为碳氢比。他们还将 $K_H > 7.5$ 的重质油划分为二次加工性能好的第一类，将 $6.5 < K_H < 7.5$ 的划分为二次加工性能中等的第二类，而 $K_H < 6.5$ 的则为二次加工性能差的第三类。

K_H 的提出为渣油的特征研究开辟了一条新的途径，研究结果表明上述 K_H 对国外减压渣油的化学组成偏差较大。因此董洪斌等（2002）提出了下列修正式：

$$K_R = 20 \frac{n_H / n_C}{M^{0.1236} \eta^{0.1305}} \qquad (4\text{-}20)$$

在此关联式中以 70℃时绝对黏度 η（MPa·s）代替了密度，更好地反映了渣油化学组成的差异。

饱和分的质量分数 $= -0.21 K_R^3 + 4.51 K_R^2 - 19.89 K_R + 29.38$

胶质的质量分数 $= 0.50 K_R^2 - 11.88 K_R + 78.68$

残炭的质量分数 $= 0.26 K_R^2 - 6.00 K_R + 34.77$

上述关联式可以比较准确地关联国内外 11 种渣油馏分的性质。

二、族组成

(一)馏分油

族组成是决定催化裂化原料性质的一项最本质最基础的数据，以往都进行 PONA(烷烃、烯烃、环烷烃和芳香烃)分析。20 世纪 70 年代以来，以质谱法测定石油高沸点馏分的烃类族组成取得了很大的进展，逐步被美国材料试验协会(ASTM)修订为标准方法：ASTM D2786 —81(饱和烃部分)、ASTM D3239—81(芳香烃部分)。国内标准方法为 SH/T 0659。馏分油先经硅胶冲洗吸附分离为饱和烃和芳香烃两部分，然后分别进行质谱分析。饱和烃部分含七个类型的饱和烃以及少量单环芳香烃，芳香烃部分含十八个类型芳烃及三个芳烃噻吩。分析结果综合起来可以得出：链烷烃及单环、双环、三环、四环、五环和六环环烷烃，以及单环芳烃、烷基苯、环烷苯、二环烷苯、萘类、苊类/二苯并呋喃、芴类、菲类、环烷菲、芘类、䓛类、苝类、二苯并蒽、苯并噻吩、二苯并噻吩、萘苯并噻吩和未鉴定的芳烃等含量。表 4-21 列出了使用质谱法对我国几种重要原油的 VGO 及 CGO 进行分析所得到的结果(陈水海，1982；侯祥麟，1991)。

表 4-21　各种 VGO 和 CGO 原料的烃族组成　　　　　　　　　%

馏　　分	VGO									CGO	
原料名称	大庆	任丘	中原	辽河	胜利油	羊三木	鲁宁管输	轻阿拉伯	伊朗	辽河	鲁宁管输
链烷烃	52.0	43.3	50.5	23.9	30.5	1.2	35.9	28.0	31.0	30.2	38.8
环烷烃	34.6	37.6	29.7	40.1	41.3	51.0	33.8	20.0	26.0	29.8	25.7
一环	14.8	7.6	10.9	8.3	9.7	2.8	9.8	9.0	16.0	11.5	12.5
二环	9.6	5.0	5.4	8.0	7.1	10.5	7.2			6.6	5.7
三环	5.5	7.2	3.9	8.8	8.6	17.2	6.8	} 11.0	} 13	4.5	3.7
四环	4.1	15.9	9.4	9.2	14.2	16.8	10.0			4.7	3.7
五环	0.6	1.5	0.1	5.3	1.5	3.6				2.5	
六环	0.0	0.4	0.0	0.0	0.2	0.1					
总饱和烃	86.6	80.9	80.2	64.0	71.8	52.2	69.7	48.0	57.0	60.0	64.5
一环芳烃	7.6	6.5	9.3	13.7	10.9	13.8	12.3	20	11	13.4	12.0
烷基苯	4.1	2.6	5.9	4.1	4.8	4.2	5.5			5.1	5.2
环烷苯	2.0	1.8	1.8	4.9	3.0	4.2	3.7			4.4	3.6
二环烷苯	1.5	2.1	1.6	4.7	3.1	5.4	3.4			3.6	3.2
二环芳烃	3.4	5.2	4.2	10.5	6.7	13.7	8.0			11.5	10.0
萘类	1.2	1.8	1.4	3.4	2.0	3.4	2.9			2.5	2.5
苊类/二苯并呋喃	1.0	1.8	1.5	3.6	2.4	4.7	2.7	} 13	} 15	4.2	3.9
芴类	1.2	1.6	1.3	3.5	2.4	5.6	2.4			4.7	3.6
三环芳烃	1.3	2.7	1.8	4.0	2.8	6.4	3.0			5.3	3.6
菲类	0.9	1.0	1.1	2.5	1.4	3.4	1.9			3.5	2.5
环烷菲	0.4	1.7	0.7	1.4	1.4	3.0	1.1			3.5	2.5
四环芳烃	0.6	1.1	0.8	1.4	1.2	3.9	1.3			1.8	1.1
芘类	0.4	0.9	0.6	1.0	1.0	2.6	0.9			1.9	1.5
䓛类	0.2	0.2	0.2	0.2	0.2	1.3	0.4			1.5	1.3

馏　　分	VGO									CGO	
原料名称	大庆	任丘	中原	辽河	胜利油	羊三木	鲁宁管输	轻阿拉伯	伊朗	辽河	鲁宁管输
五环芳烃	0.1	0.1	0.1	0.3	0.1	0.9	0.1			0.4	0.3
苉类	0.1	0.1	0.1	—	0.1	0.6				0.2	—
二苯并蒽	0.0	0.0	0.0		0.0	0.3					
苯并噻吩	0.1	0.2	0.2	—	0.5	0.8					
二苯并噻吩	0.1	0.0	0.2		0.2	0.0					
萘苯并噻吩	0.0	0.1	0.0	—	0.0	0.2					
总噻吩类	0.2	0.3	0.4	0.2	0.7	1.0	0.9	19[②]	17[②]	0.7	2.4
未鉴定芳烃	0.2	0.6	0.5	2.9	3.6	1.3				0.8	0.2
胶质[①]	0.0	2.6	2.7	3.1	4.9	4.5	3.1		6.1	5.7	

① 冲洗吸附分离结果。

② 含硫化合物。

大庆、任丘及中原原油是石蜡基，胜利原油是中间基，而大港羊三木原油则是环烷基。从表中可见，大庆油、任丘油及中原油的总饱和烃含量均在 80% 以上，而芳烃含量仅 15% 左右，因此是催化裂化的良好原料。胜利油的链烷烃含量较低，为 30.5%，芳烃含量在 23% 以上，而且含胶质和噻吩类较多，约为 5.6%，因此其裂化性能要比上述石蜡基油差。羊三木油基本上不含链烷烃，芳烃含量很高，达 40% 左右，而胶质及噻吩类含量约与胜利油相当，因此该油不是理想的催化裂化原料。

350~520℃ 的馏分油族组成也可用前面述及的关联因子进行计算：

$$P\% = -699.0474 - 382.7212\nu_{GC} + 1000.0830RI - 0.712WN$$
$$N\% = 1971.3654 + 226.4639\nu_{GC} - 2017.4791RI + 0.3479WN$$
$$A\% = -1365.2453 + 176.4097\nu_{GC} + 1185.0262RI + 0.0525WN$$
$$MA\% = -157.4473 + 28.9899\nu_{GC} + 136.4874RI + 0.1092WN \qquad (4-21)$$
$$DA\% = -603.6340 + 94.6680\nu_{GC} + 508.4936RI - 0.1389WN$$
$$PA\% = -604.1640 + 52.7518\nu_{GC} + 540.0425RI - 0.0822WN$$
$$R\% = 192.9247 - 20.1524\nu_{GC} - 167.6301RI + 0.3116WN$$

式中，P—链烷烃；N—环烷烃；A—芳烃；MA—单环芳烃；DA—双环芳烃；PA—三环以上芳烃；R—胶质。

关联范围：P 为 1%~61%；N 为 22%~70%；A 为 12%~45%。

(二) 渣油

对于渣油的族组成研究，目前最广泛采用的是四组分分离法，由于所得的饱和分(S)、芳香分(A)、胶质(R)和沥青质(A_T)的第一个字母为 S、A、R 及 A，故称 SARA 法。此法的第一步是采用正庚烷(或正戊烷)为溶剂分离沥青质，然后再以氧化铝为吸附剂将正庚(戊)烷可溶质分为饱和分、芳香分及胶质。

渣油的族组成也可用下列公式计算。>350℃ 馏分的烃族组成关联式：

$$Sa\% = 132.8622 - 6.6384CH - 0.4108WF - 27.1205\nu_{GC} + 0.01151CH \cdot WF \cdot \nu_{GC}$$
$$Ar\% = -61.2275 - 0.6408/CH + 0.1511WF + 111.5705\nu_{GC} - 0.01145CH \cdot WF \cdot \nu_{GC}$$

$$(R+A_\text{T})\% = 18.4119+7.4098CH+0.3702WF-77.3671\nu_\text{GC}-0.02409CH \cdot WF \cdot \nu_\text{GC}$$
$$(4-22)$$

式中，Sa—饱和烃；Ar—芳烃；A_T—沥青质。

关联范围：Sa 为 32%~63%；Ar 为 19%~31%；$(R+A_\text{T})$ 为 12%~45%。

>500℃馏分的烃族组关联式：

$$Sa\% = 40.9808-18.1185CH+171.7014\nu_\text{GC}$$

$$Ar\% = 159.1765+20.0911/CH-203.8005\nu_\text{GC}-1.5048WF+2.0186WF \cdot \nu_\text{GC}+1.6737WF/CH$$

$$R\% = 171.5153-23.7267/CH-157.6732\nu_\text{GC}+1.6952WF-0.6113WF \cdot \nu_\text{GC}-10.6292WF/CH$$

$$(R+A_\text{T})\% = 182.1022-23.3247/CH-171.7036\nu_\text{GC}+1.6527WF-0.5255WF \cdot \nu_\text{GC}-10.8036WF/CH$$

$$A_\text{T} = (R+A_\text{T})\%-R\%$$
$$(4-23)$$

关联范围：Sa 为 12%~48%；Ar 为 26%~40%；R 为 26%~57%；$(R+A_\text{T})$ 为 26%~57%。

表 4-22 是几种减压渣油中饱和分、芳烃、胶质及沥青质的分析结果，即四组分测定（梁文杰，1991a；1991b）。

表 4-22　减压渣油的四组分组成及蜡含量

渣油名称	饱和分/%	芳香分/%	胶质/%	庚烷沥青质/%	戊烷沥青质/%	蜡含量/%		
						饱和分蜡	芳香分蜡	合计
大庆	40.8	32.2	26.9	<0.1	0.4	21.5	9.2	30.7
胜利	19.5	32.4	47.9	0.2	13.7			
孤岛	15.7	33.0	48.5	2.8	11.3	4.2	4.1	8.3
单家寺	17.1	27.0	53.5	2.4	17.0	0.9	2.1	3.0
临盘	21.2	31.7	44.0	3.1	13.8			
高升	22.6	26.4	50.8	0.2	11.0	2.4	4.4	6.8
欢喜岭	28.7	35.0	33.6	2.7	12.6	2.6	2.8	5.4
任丘	19.5	29.2	51.1	0.2	10.1			
大港	30.6	31.6	37.5	0.3				
中原	23.6	31.6	44.6	0.2	15.5			
鲁宁管输	21.1	35.1	29.8	0.8	16.0			
新疆白克	47.3	25.2	27.5	<0.1	3.0	10.3	2.3	12.6
新疆九区	28.2	26.9	44.8	<0.1	8.5	4.4	2.7	7.1
印尼阿朱纳	34.5	43.7	15.6	2.2				
印尼苏门答腊	47.1	27.4	23.3	2.2				
科威特	25.1	48.1	19.3	7.5				
中东瓦夫拉	18.1	46.3	16.8	18.8				
轻阿拉伯	21.1	58.0	14.0	6.9				
委内瑞拉	21.5	40.2	22.9	15.4				

从表 4-22 可见我国减压渣油的四组分组成中的饱和分含量差别较大，从 15.7% 到 47.3%，相差三倍之多。芳香分含量则相当接近，一般在 30% 左右。庚烷沥青质的含量普遍较低，大多小于 3%。我国减压渣油四组分组成的另一特点是胶质含量一般较高，多数在 40%~50% 左右，而国外原油的普遍特点是庚烷沥青质普遍较高，胶质含量偏低。因为我国

减压渣油中的庚烷沥青质含量普遍较低，所以不便作为表征化学组成的一个指标。而戊烷沥青质则有一定含量，并有相当差别，故以戊烷沥青质为表征。

针对我国减压渣油的特点，梁文杰等提出了"六组分测定"，即将减压渣油的戊烷可溶质，用含水50%的氧化铝分为五个组分，其数据列于表4-23（梁文杰，1991a；1991b）。

表4-23　减压渣油的六组分组成

渣油名称	饱和分/%	芳香分/%	轻胶质/%	中胶质/%	重胶质/%	沥青质/%
大庆	63.8	9.8	11.1	6.1	8.8	0.4
胜利	40.4	12.1	14.2	7.7	11.9	13.7
孤岛	37.8	13.0	16.0	8.2	13.7	11.3
单家寺	29.8	13.9	16.9	9.5	12.4	17.0
临盘	40.7	12.9	15.8	7.7	8.1	13.8
高升	38.7	11.2	13.3	9.2	16.6	11.0
欢喜岭	56.1	10.1	12.1	6.5	6.3	8.9
任丘	37.5	11.7	14.1	8.9	17.7	10.1
大港	40.0	10.0	12.1	7.2	15.0	15.5
新疆九区	45.7	9.8	14.9	7.1	13.8	8.5
井楼	35.4	13.6	17.5	10.0	18.1	5.4

用含水1%的氧化铝吸附色谱，可从六组分分离所得的饱和分和芳香分中分出饱和分及大体相当于单环、双环、多环芳烃的轻、中、重芳香组分可得"八组分组成"。表4-24列出了我国7种原油的减压渣油的八组分组成（梁文杰，1991a；1991b）。由该表可知，与大庆原油的减压渣油相比，任丘原油减压渣油中的饱和分含量少一倍，轻芳烃含量约低65%，重胶质含量多一倍，而戊烷沥青质的量则高出20多倍。这说明，虽然按照我国目前采用的原油关键馏分特性因数分类法，大庆和任丘原油都是属于石蜡基，但是它们的减压渣油的组成却有相当大的差别。

表4-24　减压渣油的八组分组成

渣油名称	饱和分/%	轻芳烃/%	中芳烃/%	重芳烃/%	轻胶质/%	中胶质/%	重胶质[①]/%	戊烷沥青质/%
大庆	40.8	8.9	6.5	17.4	11.1	6.1	8.8	0.4
胜利	19.5	7.8	6.9	18.3	14.2	7.7	11.9	13.7
孤岛	15.7	6.2	6.1	22.8	16.0	8.2	13.7	11.3
单家寺	17.1	6.3	4.9	15.9	16.9	9.5	12.4	17.0
临盘	21.2	6.5	5.3	20.4	15.8	7.7	9.3	13.8
任丘	19.5	5.4	5.3	18.9	14.1	8.9	17.7	10.1
中原	23.6	6.1	6.0	14.3	12.1	7.4	15.0	15.5

① 此处指戊烷可溶质中的重胶质。

王仁安等（1997）采用超临界流体萃取分离技术（SCEF）可用于渣油的分离，根据不同的渣油性质及分离精度要求，选用$C_3 \sim C_5$烷烃为溶剂，分离温度低于200℃，采用线性升压逐渐提高溶剂对油品的溶解度，从而达到逐步分离的目的。利用此技术，结合各种现代分析方法，可以对渣油进行详细的分析评价，表征其化学组成特征。

图4-2、图4-3分别给出了三种减渣的C_3-SCEF窄馏分的相对分子质量、H/C（原子比）和Ni含量的变化规律，图4-4给出胜利减渣C_5-SCEF窄馏分的SARA组分的变化规律。

由图 4-2 至图 4-4 可见，如把减渣切割成多个窄馏分，则各窄馏分的化学组成有很大的差异，随着窄馏分平均相对分子质量的增大，其氢碳比减小，镍含量增加，饱和分含量下降，胶质含量增大，而沥青质则集中在抽提残渣中。进一步的分析表明，随着相对分子质量的增大，窄馏分的胶质和芳香分的芳环增加，芳碳缩合度（H_{AU}/C_A）也增大。图 4-5 给出胜利减渣 C_5-SCEF 窄馏分中芳香分和胶质的 R_A 和 H_{AU}/C_A 的变化规律。由此可见，当抽出率达到 66% ~ 70% 时，芳香分和胶质中的 R_A 值已超过 5，且芳碳缩合度增大的趋势明显加剧。H_{AU}/C_A 是核磁共振数据，数值下降说明芳碳缩合度增大。

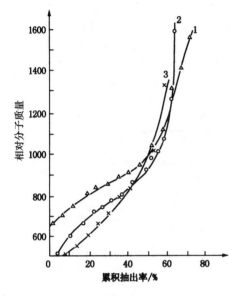

图 4-2　减渣 SCEF 窄馏分的相对分子质量

1—大庆减渣；2—胜利减渣；3—孤岛减渣

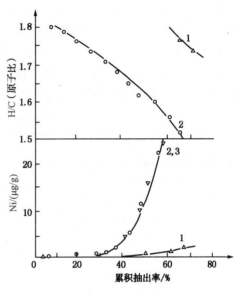

图 4-3　减渣 SCEF 窄馏分的 H/C(原子比)和 Ni 含量

1—大庆减渣；2—胜利减渣；3—孤岛减渣

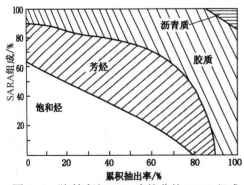

图 4-4　胜利减渣 SCEF 窄馏分的 SARA 组成

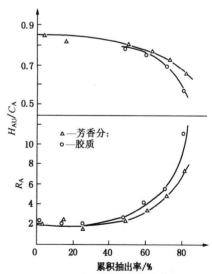

图 4-5　胜利减渣 SCEF 窄馏分中芳香分和

胶质的 R_A 值和 H_{AU}/C_A 值

由此可得出这样的概念，减渣是一种化学组成变化范围很宽的复杂混合物，其小相对分子质量部分含有较多饱和分，芳香分、胶质中芳环数较少，镍含量很低，可用作催化裂化原料；其大相对分子质量部分主要是重胶质及少量的芳香分，芳环数较多，且芳碳缩合度高，金属含量也高，完全不适合于作催化裂化原料。

三、结构参数

油品的化学组成是极其复杂的，有的油品例如渣油，由于其所含胶质和沥青质的相对分子质量过大，目前还不能分析得出较详细的烃族组成。考虑到同一种组分，虽也存在差异，但在结构上是有共性的，因而可借助一系列结构参数来加以表征，对于馏分油的结构参数，通常采用 n-d-M 法。

用 n-d-M 法计算时，密度 d 和折光率 n 可以采用 20℃ 的测定数值，也可以采用 70℃ 的测定数值，按表 4-25 的步骤进行计算。

表 4-25　n-d-M 法计算表

在 20℃ 测定		在 70℃ 测定	
计算 $v = 2.51(n-1.4750)-(d-0.8510)$		计算 $x = 2.42(n-1.4600)-(d-0.8280)$	
$w = (d-0.8510)-1.11(n-1.4750)$		$y = (d-0.8280)-1.11(n-1.4600)$	
$C_A\%$	如果 v 是正值 　$C_A\% = 430v = 3660/M$ 如果 v 是负值 　$C_A\% = 670w+3660/M$	$C_A\%$	如果 x 是正值 　$C_A\% = 410x+3660/M$ 如果 x 是负值 　$C_A\% = 720x+3660/M$
$C_R\%$	如果 w 是正值 　$C_R\% = 820w-3S+1000/M$ 如果 w 是负值 　$C_R\% = 1440w-3S+10600/M$	$C_R\%$	如果 y 是正值 　$C_R\% = 775y-3S+11500/M$ 如果 y 是负值 　$C_R\% = 1400y-3S+12100/M$
R_A	如果 v 是正值 　$R_A = 0.44+0.055Mv$ 如果 v 是负值 　$R_A = 0.44+0.080Mv$	R_A	如果 x 是正值 　$R_A = 0.41+0.055Mx$ 如果 x 是负值 　$R_A = 0.41+0.080Mx$
R_T	如果 w 是正值 　$R_T = 1.33+0.146M(w-0.005S)$ 如果 w 是负值 　$R_T = 1.33+0.180M(w-0.005S)$	R_T	如果 y 是正值 　$R_T = 1.55+0.146M(y-0.005S)$ 如果 y 是负值 　$R_T = 1.55+0.180M(y-0.005S)$

表 4-25 中的 M 为烃类分子的平均相对分子质量，$C_A\%$ 为芳香环上的碳原子占总碳原子的百分率，$C_R\%$ 为包括芳香环和环烷环在内的环上碳原子占总碳原子的百分率，环烷环上的碳原子所占的百分率 $C_N\%$ 为：

$$C_N\% = C_R\% - C_A\% \tag{4-24}$$

烷烃碳原子占总碳原子的百分率 $C_P\%$ 为：

$$C_P\% = 100 - C_R\% \tag{4-25}$$

表 4-25 中的 R_A 为每一个分子平均的芳香环数，R_T 为每一个分子平均的总环数，由 R_A

和 R_T 可算出平均分子环烷的环数。

$$R_N = R_T - R_A \tag{4-26}$$

$C_A\%$ 和 $C_N\%$ 等也可由黏度和密度等数据算出，但实际计算表明，$n-d-M$ 法一般在 $C_A / C_N < 1.5$，硫含量不超过 2%，氮含量不超过 0.5% 时，所得的结果和实际数据是比较符合的。

当折光率不是在 20℃ 或 70℃ 下测得时，可用下式将折光率校正到 20℃ 或 70℃。

$$n_2 = n_1 + (5.04375 - 6 \times 10^{-3} \times M + 5.625 \times 10^{-6} \times M^2) \times (T_2 - T_1) \times 10^{-4} \tag{4-27}$$

式中 n_2, n_1——分别是温度为 T_2 和 T_1 时的折光率；

M——相对分子质量。

20℃ 时的折光率 n_{20} 也可以用下式计算：

$$n_{20} = 1 + 0.8447 \times \rho_{15.6}^{1.2056} \times T_C^{-0.0537} \times M^{-0.0044} \tag{4-28}$$

几种减压馏分油用 $n-d-M$ 法计算出来的结构参数见表 4-26。

表 4-26 VGO 的结构参数

减压馏分油	结构族组成/%			C_N/C_P	特性因数(K)
	C_P	C_N	C_A		
大 庆	74.7	16.5	8.8	0.22	12.5
中 原	74.5	15.9	9.6	0.21	12.5
胜 利	61.9	23.9	14.2	0.38	12.1
大 港	64.5	17.6	17.9	0.27	11.9
辽 河	62.5	23.5	14.0	0.38	12.2
任 丘	66.5	22.3	11.2	0.34	12.4
南 阳	71.5	17.4	11.1	0.24	12.6
江 汉	70.6	17.7	11.7	0.25	12.6
江 苏	81.6	9.40	9.0	0.12	12.8
青 海	69.8	23.7	6.5	0.34	12.6
延 长	66.3	22.6	11.1	0.34	12.3
二 连	61.6	26.9	11.5	0.44	12.3
轻阿拉伯	51.2	25.7	32.1		
新 疆	64.0	29.4	6.60	0.46	12.3

除 $n-d-M$ 法外，还有几种方法也可用于计算馏分油的 C_A。下面各式中，CCR——康氏残炭，%；ν_{100}——100℃ 运动黏度，mm^2/s。

（1）适用于 $200 < M < 600$ 的关联式

$$C_P = a + b \times RI + c \times \nu_{GC}$$
$$C_A = d + e \times RI + f \times \nu_{GC} \tag{4-29}$$
$$C_N = g + h \times RI + i \times \nu_{GC}$$

式中：

a	b	c	d	e	f	g	h	i
+257.37	+101.33	−357.3	+246.4	−367.01	+196.312	−403.77	+265.68	160.988

（2）适用于 $321 < M < 573$ 的关联式

$$C_A = -814.1 + 635.2n_{20} - 129.3d_{15.6}^{15.6} + 0.013M - 0.34S - 6.87\ln(\nu_{100}) \tag{4-30}$$

式中　　S——硫含量，%。

（3）350~520℃馏分的结构族组成关联式

$$C_A\% = -230.4405 + 144.9947RI + 13.7567CH$$
$$C_P\% = 480.0755 - 243.1508RI - 23.5578CH \tag{4-31}$$
$$C_N\% = -149.6350 + 98.1561RI + 9.8011CH$$

关联范围：C_A 为 5%~22%；C_P 为 51%~81%；C_N 为 13%~27%。

（4）>350℃馏分的结构族组成关联式

$$C_A\% = -87.6922 + 2.7317CCR + 15.1207CH - 0.3708CCR \cdot CH$$
$$C_P\% = 286.8586 - 6.4124CCR - 32.8020CH + 1.0815CCR \cdot CH \tag{4-32}$$
$$C_N\% = -99.1664 + 3.6807CCR + 17.6813CH - 0.6477CCR \cdot CH$$

关联范围：C_A 为 5%~29%；C_P 为 49%~87%；C_N 为 8%~26%。

（5）>500℃馏分的结构族组成关联式

$$C_A\% = -86.704 + 1.7170CCR + 14.6081CH - 0.2142CCR \cdot CH$$
$$C_P\% = 208.8422 - 4.2137CCR - 18.6272CH + 0.4468CCR \cdot CH \tag{4-33}$$
$$C_N\% = -21.9718 + 2.4967CCR + 4.0191CH - 0.2326CCR \cdot CH$$

关联范围：C_A 为 12%~34%；C_P 为 40%~75%；C_N 为 12%~26%。

对于渣油等重质油，一般是以核磁共振氢谱及碳谱为基础来研究其平均结构的。20 世纪 80 年代以来，我国也在这方面开展了工作。若干国内外渣油核磁共振氢谱取得的结构参数见表 4-27 至表 4-32。表中各个符号代表的意义是：

n——平均分子中结构单元数；

USW——结构单元重，M/n；

f_A——芳香碳分率；

f_N——环烷碳分率；

f_P——烷基碳分率；

R_T——总环数；

R_A——芳香环数；

R_N——环烷环数；

H_{AU}/C_A——芳香环部分假定未被取代的氢碳原子比；

σ——芳香环系周边碳的取代率；

L——表示侧链平均长度的参数；

M——相对分子质量。

上述各符号含义均指平均分子，如有 * 号则是对结构单元而言。

由表 4-27 可见，所列的 8 种我国原油的减压渣油中，大庆的芳碳率 f_A 最小（0.16），烷基碳率 f_P 最大（0.73）；孤岛和欢喜岭的芳碳率 f_A 最大（约 0.3），烷基碳率 f_P 最小（约 0.5）；其余几种减压渣油的芳碳率 f_A 在 0.23 左右，烷基碳率 f_P 约为 0.6。上述碳的分布情况反映了这些减压渣油的化学属性。至于平均链长参数 L，也是以大庆的为最长（6.6），以孤岛和欢喜岭的为最短（3.7）。此外，它们的环系结构中的 R_A/R_N 比值一般略大于 1，芳香环系周边碳的取代率大约在 0.5 左右(梁文杰，1991a，1991b)。

所列的 5 种国外原油的减压渣油中，印尼苏门答腊的芳碳率 f_A 最小(0.15)，而委内瑞拉的芳碳率 f_A 最大(~0.35)，其余几种减压渣油的芳碳率 f_A 在 0.24~0.33 之间。至于平均链长参数 L，以委内瑞拉的为最长(7.6)，其余几种减压渣油在 6.0 左右。

表 4-27　若干原油的减压渣油的元素组成及结构参数

渣油名称	大庆	胜利	孤岛	临盘	欢喜岭	任丘	中原	鲁宁管输	印尼苏门答腊	科威特	阿曼	轻阿拉伯	委内瑞拉
C/%	87.0	84.4	86.5	87.2	86.3	86.2	85.6	85.62	87.22	83.64	86.2	85.1	85.63
H/%	12.7	11.6	10.8	11.8	10.7	11.6	11.6	11.17	12.24	10.10	11.6	10.5	10.37
S/%	0.41	1.95	2.96	0.60	0.57	0.76	1.18	1.2	0.38	4.56	1.68	3.99	3.12
N/%	0.53	0.92	1.18	0.80	0.88	1.08	0.60	0.77	0.23	0.39	0.45	0.45	0.59
氢碳原子比	1.74	1.63	1.49	1.61	1.48	1.60	1.61	1.55	1.68	1.45	1.60	1.47	1.45
M	1120	1080	1030	1000	1030	1140	1100	929	1060	920	980	810	930
f_A	0.16	0.22	0.29	0.23	0.30	0.23	0.23	0.25	0.15	0.33	0.24	0.31	0.35
f_N	0.11	0.17	0.23	0.18	0.22	0.18	0.16				0.16	0.23	
f_P	0.73	0.61	0.48	0.59	0.48	0.59	0.61				0.60	0.46	
R_A	3.0	3.2	4.9	3.5	5.1	4.2	4.0		2.0	5.0	3.7	4.0	5.0
R_N	2.3	3.1	4.3	3.2	4.1	3.6	3.1		5.0	3.0	2.8	3.3	2.5
H_{AU}/C_A	0.69	0.74	0.57	0.70	0.67	0.57	0.62		0.81	0.50	0.72	0.74	0.51
σ	0.52	0.50	0.35	0.55	0.45	0.29	0.44						
L	6.6	4.7	3.7	4.3	3.7	5.1			6.0	5.9			7.6

从表 4-28 中的数据可以看出，饱和分的平均相对分子质量为 600~900，是减压渣油各组分中最小的，其相当的碳数约为 40~60。饱和分的组成虽都属链烷烃和环烷烃，但其平均结构仍有明显差别。从大庆、胜利、孤岛到欢喜岭，减压渣油饱和分的氢碳原子比依次减小(自 2.0 至 1.9)，环烷碳率 f_N 和支化指数则依次增大。大庆减压渣油饱和分的每个平均分子中约有一个环烷环，而在孤岛及欢喜岭中则约有三个环(梁文杰，1991a；1991b)。

表 4-28　减压渣油中饱和分的元素组成及结构参数

渣油名称	大庆	胜利	孤岛	欢喜岭
C/%	85.5	85.7	85.6	85.5
H/%	14.4	14.2	13.9	13.6
氢碳原子比	2.01	1.98	1.94	1.90
M	880	650	710	580
f_N	0.08	0.18	0.25	0.35
f_P	0.92	0.82	0.75	0.65
R_N	0.8	1.6	2.7	3.1
支化指数(H_γ/H_β)	0.31	0.32	0.39	0.41
平均分子式	$C_{63}H_{126}$	$C_{46}H_{92}$	$C_{51}H_{98}$	$C_{41}H_{79}$

表 4-29 中所列的元素组成数据表明，各减压渣油的芳香分并不完全是烃类，都含有一定量的硫、氮等杂原子，每个芳香分平均分子中约有 0.2~0.4 个氮原子。各减压渣油芳香分的氢碳原子比为 1.5~1.7，相对分子质量高于饱和分，约为 600~1100。它们的平均结构参数一般范围是：

芳碳率f_A为0.2~0.3；总环数在6左右，芳香环数为2~4，环烷环数为2~3，R_A/R_N大多在1左右；平均链长参数L为4~7，其中以大庆的最长，欢喜岭的最短(梁文杰，1991a；1991b)。

表4-29　减压渣油中芳香分的元素组成及结构参数

渣油名称	大庆	胜利	孤岛	欢喜岭	任丘	大港
C/%	87.3	85.5	84.7	87.4	85.5	87.2
H/%	12.1	11.6	11.1	11.0	11.5	11.4
S/%	0.31	1.83	3.66			
N/%	0.20	0.56	0.44	0.93	0.41	0.55
氢碳原子比	1.67	1.63	1.56	1.50	1.61	1.56
M	1080	850	760	640	830	670
f_A	0.21	0.23	0.26	0.32	0.23	0.27
f_N	0.14	0.21	0.23	0.21	0.14	0.21
f_P	0.65	0.56	0.51	0.47	0.63	0.52
R_A	3.7	2.4	2.8	2.8	3.6	2.6
R_N	2.8	3.2	3.1	2.5	2.1	2.5
H_{AU}/C_A	0.67	0.80	0.75	0.76	0.62	0.77
σ	0.50	0.57	0.59	0.44	0.50	0.49
L	7.1	5.3	4.6	3.5	5.2	4.3
平均分子式	$C_{79}H_{130}N_{0.15}$	$C_{61}H_{98}N_{0.34}$	$C_{54}H_{84}N_{0.24}$	$C_{46}H_{70}N_{0.43}$	$C_{59}H_{95}N_{0.24}$	$C_{49}H_{76}N_{0.26}$

　　在我国的减压渣油中胶质约占一半，是最主要的组分。从表4-30可以看出，胶质中的杂原子含量较高，每个平均分子中大约有1.5~2个氮原子，基本属于非烃类。减压渣油中所含的氮约有60%~80%集中在胶质中(梁文杰，1991a；1991b)。

表4-30　减压渣油中胶质的元素组成及结构参数

渣油名称	大庆	胜利	任丘	大港	中原
C/%	86.7	84.3	86.3	86.3	85.4
H/%	10.6	10.2	10.4	10.4	10.0
S/%	0.31	1.61			
N/%	0.99	1.44	1.42	1.47	1.07
氢碳原子比	1.47	1.45	1.44	1.44	1.39
M	1780	1730	2260	1470	2780
n	2.1	2.1	1.9	1.7	3.0
USW	848	824	1190	865	927
f_A	0.31	0.32	0.32	0.32	0.35
f_N	0.15	0.15	0.13	0.16	0.13
f_P	0.54	0.53	0.55	0.52	0.52
R_A	5.1	4.9	6.5	5.3	6.3
R_N	3.0	3.0	3.1	3.2	2.8
H_{AU}/C_A	0.56	0.59	0.53	0.57	0.53
σ	0.54	0.53	0.53	0.55	
L	5.2	4.6	3.8	4.1	
平均分子式	$C_{128}H_{181}N_{1.3}$	$C_{121}H_{175}N_{1.8}$	$C_{162}H_{233}N_{2.3}$	$C_{106}H_{152}N_{1.5}$	$C_{198}H_{270}N_{2.1}$

　　胶质的氢碳原子比约为1.4~1.5之间，它们的平均相对分子质量一般是2000左右，每

个平均分子中的结构单元数 n 约为 2，其结构单元重 USW 大多接近 1000。按结构单元计算的胶质平均结构参数为：芳碳率在 $0.3 \sim 0.4$ 之间，烷基碳率为 0.5 左右；总环数为 $7 \sim 10$，芳香环数为 $5 \sim 7$，环烷环数约为 3，R_A / R_N 比值在 2 左右；其平均链长参数为 $3 \sim 5$，比相应芳香分的稍短。

沥青质是石油中相对分子质量最大，极性最强的那一部分组成。表 4-31 和表 4-32 中的数据表明，与胶质相比，沥青质的杂原子含量更高，H/C（原子比）更低，芳碳率更大。用 VPO 法测得的平均相对分子质量为数千，甚至接近一万，但其结构单元重仍为 1000 左右（梁文杰，1991a；1991b）。

表 4-31　减压渣油中戊烷沥青质的元素组成及结构参数

渣油名称	胜利	孤岛	单家寺	临盘	任丘	中原
C/%	85.1	85.6	86.5	88.6	87.8	86.4
H/%	9.9	8.8	9.3	9.4	9.8	9.8
N/%	1.70	1.62	1.98	1.65	1.24	1.09
氢碳原子比	1.39	1.23	1.28	1.27	1.34	1.34
M	3720	3960	4000	2950	3610	4770
n	3.9	4.1	3.5	3.1	3.1	5.1
USW	954	966	1143	952	1165	935
f_A	0.34	0.44	0.42	0.42	0.38	0.39
f_N	0.14	0.16	0.13	0.14	0.11	0.12
f_P	0.52	0.40	0.45	0.44	0.51	0.49
R_A	7.4	8.8	9.7	8.8	9.5	7.3
R_N	3.4	3.6	3.3	3.3	3.1	2.7
H_{AU}/C_A	0.44	0.46	0.44	0.46	0.38	0.49

表 4-32　减压渣油中庚烷沥青质的元素组成及结构参数

渣油名称	胜利	孤岛	单家寺	欢喜岭
C/%	84.1	81.0	85.1	87.4
H/%	9.0	7.8	9.0	8.2
S/%	2.27	7.37	1.53	
N/%	1.73	1.36	1.86	1.90
氢碳原子比	1.23	1.16	1.27	1.11
M	3410	5620	9730	6660
n	3.9	5.8	10.5	5.3
USW	874	969	927	1257
f_A	0.41	0.47	0.42	0.50
f_N	0.17	0.18	0.16	0.12
f_P	0.42	0.35	0.42	0.38
R_A	7.1	9.5	7.9	14.0
R_N	3.4	4.0	3.4	4.5
H_{AU}/C_A	0.51	0.46	0.48	0.37
σ	0.54	0.57	0.46	0.45
L	4.3	3.4	2.9	4.0
平均分子式	$C_{239}H_{304}S_{2.4}N_{4.2}$	$C_{379}H_{435}S_{12.9}N_{5.5}$	$C_{689}H_{869}S_{4.7}N_{12.9}$	$C_{485}H_{542}S_xN_{9.0}$

当缺乏核磁共振等先进分析工具时，渣油的 f_A 也可以采用简化公式计算。

密度法（$E\text{-}d\text{-}M$ 法）（柳永行，1984）：

$$d_4^{20} = 1.4673 - 0.0431 \times H_W \tag{4-34}$$

式中　H_W——氢的质量分数。

$$\frac{M_c}{d} = \frac{1201}{d_4^{20} \times C_W} \tag{4-35}$$

式中　C_W——碳的质量分数。

$$\left(\frac{M_C}{d}\right)_c = \frac{M_c}{d} - 6 \times \left(\frac{100 - C_W - H_W}{C_W}\right) \tag{4-36}$$

$$f_A = 0.09 \times \left(\frac{M_C}{d}\right)_c - 1.15 \times \left(\frac{H}{C}\right) + 0.77 \tag{4-37}$$

式中　H/C——氢碳原子比。

石油大学梁文杰等方法（刘晨光，1987）：

$$f_A = 1.132 - 0.56(H/C) \tag{4-38}$$

陈俊武等（1993a/b）提出的方法是：

$$f_A = \frac{2C_T - H_T}{C_T F} \tag{4-39}$$

式中　F——对减压渣油及胶质取 2，对渣油芳烃取 1.7；

C_T，H_T——每分子中的碳、氢原子数。

当计算出 f_A 之后，每分子中的芳碳原子数（C_A）便可计算出来，其他一些主要参数都可以此为基础，用简化公式计算得到。

$$R_A = (C_A - 2)/4（渺位） \tag{4-40}$$

$$R_A = (C_A - 4)/3（迫位） \tag{4-41}$$

其他参数可用下式求取：

$$C_1 = 2 - H/C - f_A \tag{4-42}$$

$$R_T = C_T \cdot C_1/2 + 1 \tag{4-43}$$

或

$$R_T = C_T - H_T/2 - C_A/2 + 1 \tag{4-44}$$

$$R_N = R_T - R_A \tag{4-45}$$

$$C_N = 4R_N（渺位） \tag{4-46}$$

$$C_N = 3R_N（迫位） \tag{4-47}$$

$$C_N = 2.5R_N \tag{4-48}$$

仅从简单的结构参数 C_P、C_N、C_A 等去解释炼油过程中众多的化学反应以及产生的多种具有不同化学结构的产品，进而探索其中的定量规律是十分困难的。为此，陈俊武等（1993a；1993b；1994a；1994b；1994c）提出把油品划分为芳烃、环烷烃、烷烃、烯烃和非烃元素基团，其中还把芳环、环烷烃进一步划分为若干亚族，所有基团都不含侧链。利用基团从催化裂化原料的化学结构预测产品化学结构获得了较好结果。基团划分也可用于热加工、加氢等工艺过程。

四、残炭

康氏残炭或兰氏残炭是实验室破坏蒸馏(油样在不充足的空气中燃烧)后剩留的残炭，是用来衡量催化裂化原料的非催化焦生成倾向的一种特性指标，得到非常普遍的使用。两种残炭的换算关系见图4-6。

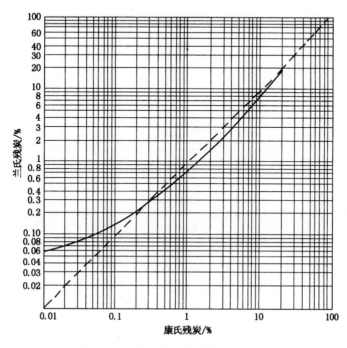

图4-6　康氏残炭和兰氏残炭的换算图

(一)原油及其馏分的残炭

表4-33中所列为两种原油中各馏分的康氏残炭(Conradson Carbon Residue, CCR)。由该表可见，各馏分的残炭随其沸点范围的增高而增大。尤其是当馏分的沸点高于500℃时，由于其分子中稠合芳环结构的份额较大，其残炭值也就显著增大为百分之几至百分之几十。从表4-33中最下部所列的>369℃渣油的实验值和计算值数据可以看出，残炭虽不像有些物理性质那样具有严格的可加性，但仍可近似地看作是可加的。

表4-33　两种原油的馏分及渣油的康氏残炭(*CCR*)

沸点范围/℃	弗提斯原油		阿拉伯轻质原油	
	收率/%	残炭/%	收率/%	残炭/%
370~400	13.0	<0.01	15.9	<0.01
400~435	13.0	0.01	11.5	0.05
435~470	16.2	0.07	10.1	0.34
470~510	14.5	0.82	8.6	1.3
510~550	8.9	2.7	12.9	4.0
550~600	9.8	5.4	7.5	6.4
600~650	7.5	7.6	9.2	11.2

沸点范围/℃	弗提斯原油		阿拉伯轻质原油	
	收率/%	残炭/%	收率/%	残炭/%
650~700	4.5	12.1	4.0	16.6
>700 渣油	12.6	30.8	20.3	35.3
>369 渣油(实验值)	100	5.4	100	10.6
>369 渣油(计算值)	100	5.9	100	10.0

常压渣油的残炭一般在3%~10%之间，减压渣油的残炭一般在7%~20%之间，如表4-34所列。从表4-34可以看出，环烷基原油减压渣油的残炭值较大，石蜡基原油减压渣油的则低得多，这表明残炭的大小与油品的化学组成和结构有着密切的内在联系。

表4-34　渣油的残炭

油样名称	>350℃ 常压渣油 残炭/%	>500℃ 减压渣油 残炭/%	原油基属	油样名称	>350℃ 常压渣油 残炭/%	>500℃ 减压渣油 残炭/%	原油基属
大庆	4.6	8.1	石蜡基	吐哈	2.4	6.8	石蜡基
胜利	6.5	10.6	中间基	米纳斯	4.6	9.9	—
孤岛	10.0	16.2	环烷-中间基	阿曼	—	13.8	—
大港	7.6	13.7	中间基	科威特	10.2	18.8	—
中原	4.6	10.3	石蜡基	阿拉伯轻质	8.2	19.9	—
沈阳	3.2	7.2	石蜡基	阿拉伯中质	—	21.4	—
欢喜岭	8.8	16.9	环烷基	伊朗轻质	8.9	20.0	—
高升	13.2	19.1	环烷基	伊朗重质	—	21.3	—
新疆九区	6.5	10.0	中间-环烷基				

(二)减压渣油各组分的残炭

任丘、中原、胜利及孤岛4种减压渣油六组分的残炭如图4-7所示。从图4-7可以看出，减压渣油六组分中，从组分1至戊烷沥青质，其残炭逐渐增大。以饱和分和少环芳烃为主要成分的组分1的残炭很低，只有1%~2%；而以多环芳烃为主的组分2的残炭就成10倍地猛增，达12%~16%；胶质(组分3、4、5)的残炭又高出一倍，在20%~40%之间；而戊烷沥青质的残炭则一般都大于40%。如前所述，减压渣油的残炭虽是一个条件性的指标，但近似地可将它看成是可加的，据此可算得如表4-35所列的各组分对残炭的贡献。由该表可见，减压渣油的残炭中约有90%是由其中的胶质-沥青质形成的。

表4-35　减压渣油中残炭的分布

减压渣油名称	组分中残炭占总残炭的质量分数/%					
	组分1	组分2	组分3	组分4	组分5	戊烷沥青质
胜 利	2.5	10.0	20.0	12.8	25.0	29.7
孤 岛	4.9	11.5	19.2	12.1	22.1	30.1
任 丘	3.3	7.8	15.6	14.4	37.0	21.8
中 原	2.2	7.9	16.8	12.4	26.3	34.4

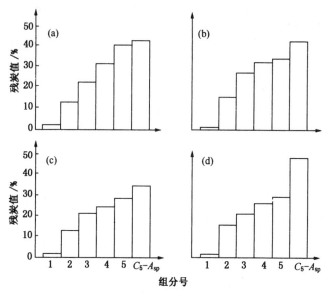

图 4-7 减压渣油各组分残炭

(a)任丘；(b)中原；(c)胜利；(d)孤岛

(三)重质油残炭与氢碳比及氢含量的关系

如以我国各减压渣油及其组分的兰氏残炭(RCR)与其氢碳比作图，可得图 4-8。由图可见，两者在相当大的范围内具有很好的线性关系，这种线性关系可近似地用下式表示：

$$w_{残炭} = 172.3 - 98.9(N_H/N_C), \%$$ (4-49)

此式的相对偏差一般在 10%以内。

Roberts 根据 15 种原油的 114 对实验数据得到了下列康氏残炭值(CCR)与氢碳比的关联式：

$$N_H/N_C = 1.71 - 0.0115(w_{残炭} \times 10^2) \quad (4-50)$$

如前所述，残炭主要是与油样的芳香性有关，而氢碳比能很好地反映油样分子中芳香结构的多少以及芳香环系稠合程度的高低，所以两者之间存在着一定的对应关系是完全可以理解的。也就是说，氢碳比较小表明其中所含芳香结构的份额较多，以及芳香环系的稠合程度较高，这样，其生焦的倾向自然也就较大。

杨光华等(陈俊武，2005)还将 8 种减压渣油超临界流体萃取分馏馏分的残炭值(CCR)与他们提出的渣油特性化参数 K_H 值进行关联得到如下关联式：

$$w_{残炭} = 2.451K_H{}^2 - 44.10K_H + 200, \% \quad (4-51)$$

式中的渣油特性化参数 K_H 值是由氢碳比、密

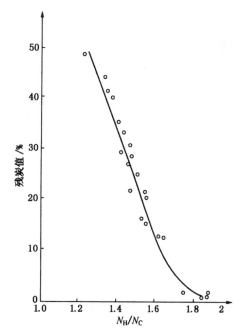

图 4-8 减压渣油及其组分的残炭
(RCR)-N_H/N_C 曲线

度及相对分子质量三种物性构成，其中前二者均与化学结构有关，而起主要作用的是氢碳比。因此，残炭与 K_H 之间也存在着良好的对应关系。

Wiehe 提出一种所谓"核—悬挂物"（Pendant-Core）模型，就是设想重质油都是由芳香核与一些非芳香性的悬挂物所构成，而其残炭是这两部分的残炭值之和。根据试验结果，他归纳出重质油芳香核的氢含量为 $(3.8\pm0.3)\%$，其悬挂物的氢含量为 $(11.6\pm0.4)\%$，而残炭值是与油样的氢含量呈线性关系。也就是说，重质油的康氏残炭值（CCR）与重质油中氢的质量分数基本符合下列关系式：

$$w_{残炭} = 148.7 - 12.8(w_H \times 10^2)，\% \tag{4-52}$$

康氏残炭也可用下列简化公式计算

$$CCR = 172.3 - 98.9(H/C) \tag{4-53}$$

式中　H/C——氢碳原子比。

五、非烃化合物

在不同油品的组成中，除含有各种烃类化合物之外，还含有少量非烃化合物，如含有硫、氮、氧及微量的多种金属（如铁、钠、镍、钒、铜等）的化合物。不同产地原油的元素构成不同，但多数原油的碳氢含量变化幅度并不大。一般原油的元素组成范围大体如下：碳83%～87%；氢11%～14%；硫0.1%～5.5%；氮0.01%～2.2%；氧0.05%～1.4%；金属<0.5%。下面讨论原料中对反应过程有不良影响，且已作为原料特性指标的一些非烃元素。

（一）硫

油品中的硫，除单质硫和硫化氢外，其余均以有机硫化物存在。目前已确认的有机硫化物主要有以下几类：硫醇类（RSH）、硫醚类（RSR'）、环状硫醚类、二硫化物（RSSR'）、噻吩以及其同系物、苯并噻吩和二苯并噻吩类等。

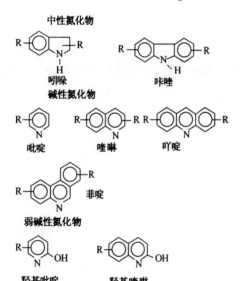

图4-9　油品中的氮化物

（二）氮

油品中的氮化物有两种，即碱性氮化物和非碱性氮化物。碱性氮化物的基本化合物是吡啶和喹啉等，当相对分子质量增加时，则成为苯并吡啶（苯并喹啉）、二苯并吡啶（10-氮杂蒽）等多环氮化物；非碱性氮化物的基本单元是吡咯，当相对分子质量增加时，则成为苯并吡咯（吲哚）、二苯并吡咯（咔唑）等。氮化物种类如图4-9所示，油品中的氮化物含量列于表4-36。

某原油中典型氮分布情况是：氮的20%～25%在225～540℃馏分，氮的70%～80%在>540℃减渣中。在225～540℃馏分中，中性氮约50%，碱性氮约33%，弱碱性氮约17%。在>540℃减渣中，约20%的氮在沥青质中，约33%

是中性氮，约20%是碱性氮，约27%是弱碱性氮（Scherzer，1986）。

表4-36 催化裂化过程中已鉴定出的氮化物

项 目	氮化物类型	含量/%
催化裂化原料	烷基喹啉类、烷基苯并喹啉类、烷基杂茚类、烷基苯并吖啶类、四氢二苯并喹啉及烷基四氢二苯并喹啉等；非碱性含氮化合物主要为咔唑、烷基咔唑类、烷基苯并咔唑和二苯并咔唑类	100
气体产物	NH₃	2~5
液体产物		~50
FCC汽油	碱性氮化物主要是苯胺类、吡啶类	1~2
轻循环油	碱性氮化物主要是苯胺类和喹啉类。非碱性氮化物主要是吲哚类和咔唑类	5~15
重油		20~40
汽提冷凝水	NH₃	~5
焦炭	酰胺类、咔唑类、苯并吖啶、二苯并吖啶	~40

（三）氧

催化裂化原料中的氧来自高酸原料、F-T合成油，植物油和塑料处理生成油。塑料处理生成油中的氧化物组成较为复杂。高酸原料中的氧化物主要为环烷基酸，而F-T合成油为醇类。

（四）氯

随着原油的重质化和劣质化，原油中氯含量呈现增加趋势，导致催化裂化原料中氯含量增加。原油中氯化物可分为两类：无机氯和有机氯（樊秀菊，2009）。无机氯主要以NaCl、CaCl₂、MgCl₂的形式存在于原油中，有机氯来自原油本身的胶质、沥青质，主要来自原油开采和加工过程中添加的化学助剂，如堵水剂、脱盐剂、破乳剂等。原油电脱盐装置能够脱除绝大部分溶解在水中的无机氯，但对有机氯的脱除率非常低，甚至无法脱除。未脱除的氯化物不可避免地进入常减压装置，进而导致催化裂化原料中含有氯化物。有机氯化物主要成分为氯代烷烃或氯代芳烃，具有高温热分解的反应特性。在苛刻的反应条件下，原料中的氯脱除率可达到40%~60%，生成的溶于水的氯化物具有强烈腐蚀作用。剩下的氯化物存在于催化裂化液体产物中，主要以氯代甲苯形式存在，其结构式如图4-10所示。通常以一氯甲基苯胺同分异构体为主，约占总氯量的70%，其次是二氯甲基苯胺同分异构体，约占总氯量的20%，再次是二氯或三氯甲苯，约占总氯量的10%。

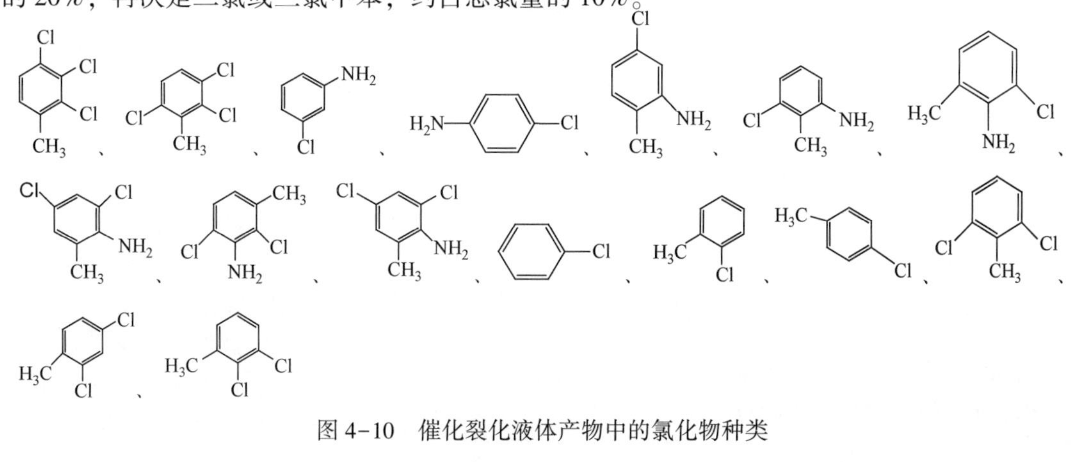

图4-10 催化裂化液体产物中的氯化物种类

（五）镍和钒

镍和钒通常以卟啉化合物的形态存在，图4-11示出了四种类型金属卟啉的结构式。DPEP型卟啉作为其他类型卟啉的母体，即可以认为其他类型的卟啉是由它演变而成，这种演变的化学反应实质是氢转移反应。每一类型的金属卟啉的碳原子数一般在25~39，有时可达60。表-是塔河重质原油钒卟啉的特征参数。表4-38是杜84特稠原油镍卟啉的特征参数。

DPEP 型　　　　　ETIO 型　　　　　RHODO-ETIO 型　　　　　Di-DPEP 型

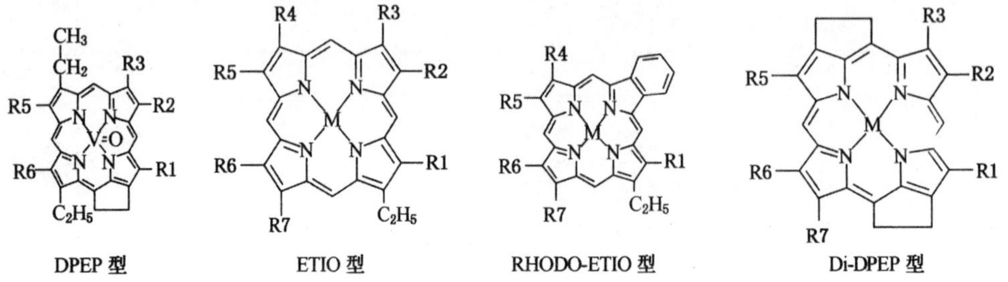

图 4-11　金属卟啉的四种类型

表 4-37　塔河重质原油钒卟啉的特征参数

卟啉型式	碳原子数	最大	平均相对分子质量	相对含量
ETIO	$C_{26} \sim C_{40}$	C_{30}	523.7	76.3
DPEP	$C_{29} \sim C_{40}$	C_{31}	550.4	13.7
RHODO-ETIO	$C_{30} \sim C_{40}$	C_{36}	589.4	10.0

表 4-38　杜84特稠原油镍卟啉的特征参数

卟啉型式	碳原子数	最大	平均相对分子质量	相对含量
ETIO	$C_{25} \sim C_{35}$	C_{30}	~502	~44
DPEP	$C_{28} \sim C_{38}$	C_{31}	~521	~45
Di-DPEP	$C_{25} \sim C_{38}$	—	~515	~9
RHODO-ETIO	$C_{29} \sim C_{36}$	—	~522	~2

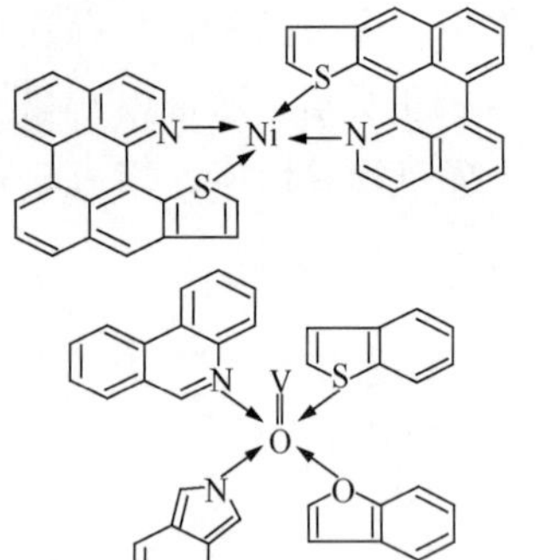

图 4-12　金属与 S、N、O 等杂原子形成的混合四配位基络合物

金属卟啉在石油中的含量一般在 $1 \sim 100 \mu g/g$，沸点在 $565 \sim 650℃$ 之间，相对分子质量约为 $500 \sim 800$，是一种结晶状固体，极易溶解于烃类中。它主要富集在渣油中，尤其是沥青中含量最多。

原油中的金属卟啉化合物，热安定性好，蒸馏时被携带，少量进入馏分油中。如果采用这类油品作催化裂化原料油，其中的金属卟啉就会在加工过程中发生分解，并因游离出金属钒和镍而使催化剂发生中毒。当采用常压或减压渣油作催化裂化原料时，就更容易造成催化剂中毒。镍钒非卟啉化合物多为含硫、氮、氧原子的四配位络合物，其典型结构如图4-12所示，金属卟啉化合物主要集中在多环芳烃、胶质和沥青质之中，而金属非卟啉化合物则主要集中在重胶质和沥青质之中，且在沥青质中的非卟啉化合物可能与沥青质的片层交联在一起。因此，金属非卟啉化合物更难以脱除。

原料油中的镍和钒对催化剂的污染机理是不同的，对催化剂活性和选择性的影响也存在较大的差异。当含钒的卟啉在反应过程中分解时，钒极容易沉积在催化剂上，再生时钒转移到沸石位置上，与沸石中硅铝氧化物发生反应，生成熔点为632℃的低共熔点化合物，致使沸石晶体被破坏，造成催化剂永久性失活，而632℃是再生器极容易达到的温度，当再生条件比较苛刻和催化剂上有钠存在时，钒的影响更甚。镍沉积在催化剂上并转移到沸石位置上，主要沉积在催化剂外表面，镍不破坏沸石，镍仅部分地中和催化剂的酸性中心，对催化剂活性影响不大，但镍的存在有利于氢气的生成。对催化剂的结构及反应性能的影响详见第三章。

（六）钠、铁、钙等金属

原料中的钠主要由于存在水中而带入，这部分钠以无机物和有机物两种形式存在。无机物有氯化钠、碳酸钠、硫酸钠等，而有机物有环烷酸钠及卟啉类钠盐。无机钠盐经过电脱盐后大部分被除掉，有机钠盐以乳化液状态存在于脱后原料中，经过常减压蒸馏后，大部分钠盐留在常压塔底重油中。大部分电脱盐装置脱后原油盐含量能控制在 $3\mu g/g$ 以下，如果常压拔出率按50%计算，则常压渣油钠含量约为 $6\mu g/g$。当常压渣油作为催化裂化原料时，这部分钠就会对催化剂造成一定程度的毒害。钠在催化剂中以氧化钠的形式存在，氧化钠在催化剂再生条件下，与催化剂中的氧化铝形成低熔点共溶物，这部分共溶物一方面附在催化剂表面，破坏沸石的结晶度，造成催化剂失活；另一方面，由于沸石中氧化铝的脱除，在脱铝不能补硅的情况下，使沸石的结构遭到破坏，催化剂的热稳定性和水热稳定性变差。温度越高，钠对催化剂的污染越严重。钠与钒对催化剂的污染具有加和性，钠的存在加剧了钒对平衡剂的污染，促使沸石中稀土离子和五氧化二钒的亲和。此外，钠的氧化物能与五氧化二钒形成低熔点共溶物。这些共溶物的熔点接近催化剂的再生温度（660～730℃），在催化剂再生条件下呈液态，可流过沸石的表面进入微孔，造成催化剂失活。原料中的钠不仅能使催化剂中毒，当与钒、硫共存时还对设备造成腐蚀，钠对裂化催化剂的危害有时更甚于钒和镍。在炼油过程中的各个阶段都可能有钠混入，例如，催化剂在制造过程中也会有钠带入，它以氧化钠的形式存在于催化剂上，只能靠催化剂生产工艺来降低氧化钠含量（王绍勤，1997）。

铁在石油中的分布与钒、镍等金属元素相似，即随着沸点的升高，铁含量逐渐增高，而且大部分富集在重质油特别是渣油中。大于500℃馏分渣油中的铁含量，一般为原油铁含量的几倍到几十倍。原油中铁含量一般为 $1～120\mu g/g$，其中孤岛等少数原油铁含量超过 $20\mu g/g$，大于500℃的渣油中的铁含量超过 $50\mu g/g$。铁在石油及其馏分中既以悬浮无机物形式存在，又能以油溶性盐（如环烷酸铁）和络合物（如铁卟啉）的形式存在（吕艳芬，2002）。因此，催化裂化原料油中的铁通常分为无机铁和有机铁，无机铁是由管道、储罐或设备腐蚀所产生的，而有机铁是来自原油本身中，或者是原油中的环烷酸及其他腐蚀性组分对管道腐蚀生成的有机铁。存在于原油中的铁称为原有铁，而与油接触的管道、储罐和加工设备的腐蚀而导入的铁称为过程铁，一般过程铁的含量要大于原有铁。对于加工渣油的催化裂化装置，铁对催化剂产生危害较为明显。铁以亚铁状态存在于催化剂表面上，低熔点相的形成使黏结剂中的氧化硅易于流动，从而堵塞和封闭催化剂的孔道，使催化剂表面形成一层壳，呈现玻璃状。即使不熔化，由于熔点降低引起的烧结也会产生相似的效果，降低催化剂的可接近性，从而降低了渣油裂化能力。铁污染严重时造成的转化率损失可达10%。

　　钙以无机钙和有机钙两大类存在于原料油中，既有生物成油过程中产生的，这部分钙主要是有机钙化合物，又有采油过程中生成的 $CaCl_2$、CaF_2 类无机钙以及一些有机钙化合物或注入某些含钙的油田化学剂到原油中。无机钙以氯化钙、碳酸钙等形式存在，有机钙以油溶性的环烷酸钙、脂肪酸钙、酚钙等形式存在。原油中的环烷酸钙和酚钙之间存在着电离平衡，如图 4-13 所示（侯典国，2000；张学佳，2008）。

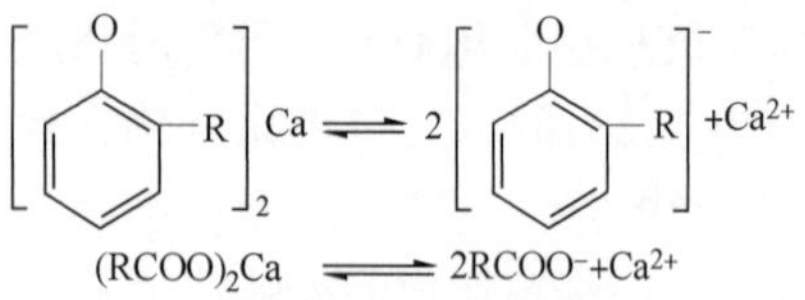

图 4-13　原油中的环烷酸钙和酚钙之间的电离平衡

　　Peter Jones(1988)统计了世界上 100 多种原油中钙等微量元素的数量范围，这些原油平均钙含量为 $1 \sim 2.6\mu g/g$，最低含量为 $0.001\mu g/g$，最高钙含量为 $10.0\mu g/g$。国内绝大多数原油中钙含量与其酸值存在着一定的对应关系，酸值增加，钙含量也增加。按钙含量与酸值的对应关系可将我国原油分为三类：低硫石蜡基原油为低酸值低钙原油，主要以大庆、吉林油田的原油为代表；含硫中间基原油具有中等酸值中等钙含量，主要以胜利油田孤岛原油为代表；低硫环烷基原油为高酸值高钙原油，如辽河原油、南阳稠油、冀东重质原油、内蒙二连吉尔格朗图原油等，钙含量为 $25 \sim 340\mu g/g$。不同原油中的钙在石油馏分中的分布状况相似，约 90% 以上的钙分布在减压渣油。由于原油中的钙绝大多数聚集在常减压渣油中，随着催化裂化掺炼渣油的比例越来越高，钙对催化裂化催化剂的危害日益明显，造成催化剂表面有烧结现象，堵塞了催化剂微孔，影响了转化率，中毒催化剂上以硫酸钙形式存在的钙占总钙的 54% ~ 74%，其余的钙可能是与催化剂上的磷作用形成磷酸钙，其中硫酸钙的作用就是一种烧结剂，再生温度越高，催化剂的表面烧结越严重，钙也会中和催化剂的活性中心，降低了催化剂活性而影响轻油收率（朱玉霞，1998）。

第三节　烃　类　结　构

　　随着分析仪器和计算机技术的进步，特别是大型的质谱、核磁共振谱、红外光谱、紫外光谱技术与高效的分离方法如气相色谱、液相色谱、分子蒸馏、超临界萃取的结合，仪器分析结果与化学计量学、分子模拟等计算机技术的结合，为认识复杂的石油分子组成和炼油过程中各种分子结构的变化提供了可能。GC-MS 是分析石油馏分中单体化合物组成的主要手段之一。GC-EIMS 可以测定 VGO 馏分油烃类组成沸点分布。采用固相萃取技术从减压蜡油中分离出饱和烃和芳香馏分，然后用双柱分馏的模式同时在质谱和 FID 检测器上得到了样品的色谱图和总离子流色谱图，同时，将 GC 沸点分离、FI 软电离技术和 TOF 精确质量测定组合，建立 GC-FI/TOF/MS 方法，可以测定 VGO 馏分油烃类和含硫与含氮化合物组成碳数分布（李诚炜，2008）。史得军(2013)以四种国内具有代表性的减压蜡油为研究对象，通过气相色谱技术与三种质谱技术的综合运用，对重馏分油中多环芳烃化合物进行分离、富集，排除了基质对定性结果的干扰，同时借助于高分辨质谱技术将多环芳烃和含硫多环芳烃分离开来，然后分析了减压蜡油的烃类类型、碳数分布规律和单体烃含量，对 VGO 中的 191 种单体烃化合物进行了分子识别，可鉴定的化合物占 VGO 化合物总量的 5% ~ 20%。采用 GC-MS 技术分析了胜利减压蜡油裂化产物，可鉴定的单体烃含量占到 VGO 裂化后液体产物的 10% ~ 16%。对于更重的原料油组成表征，尤其是沸点高于 550℃ 的重馏分，只能借助核磁共振波谱、红外光谱、相对分子质量、元素分析等表征手段和分子模拟方法，对多环芳烃、胶质和沥青质的平均分子尺寸及平均性质进行估计。基于分子模拟计算技术（Zhao，2002），对减压蜡油和渣油中各类碳氢化合物的碳分布及其平均碳数进行计算，计算结果如图 4-14 所示。

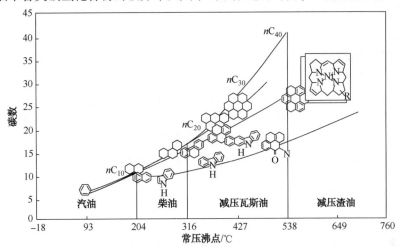

图 4-14　减压蜡油和渣油中各类碳氢化合物的碳分布及其平均碳数

从图 4-14 可以看出，沸点在 371~482℃ 范围内的 VGO 的烷烃分子的平均碳数为 25~30；芳烃和杂环原子化合物分子的平均碳数在 12~25。大于 538℃ 的渣油分子的碳数要超过30。采用分子模拟的方法对其中代表性的烷烃和芳烃分子有效直径进行估算，估算结果见图 4-15。从图 4-15 可以看出，直链烷烃的动力学分子直径约为 1.2~2.0nm，芳烃的动力学分子的直径约为 1.2~1.5nm。此外催化裂化油浆的动力学分子尺寸一般是在 1.0~2.0nm，含有多达 60 个碳原子数的芳烃的动力学分子平均尺寸也小于 3.0nm，含有 V 和 Ni 的卟啉的动力学分子大小也在 1.0~2.5nm。C_{12}~C_{35} 烷烃或烯烃分子大小为 0.43nm×（1.0~3.5）nm，取代基碳数不高于 3 的三环芳烃分子大小为 0.6nm×0.95nm，取代基碳数不高于 4 的四环芳烃大小为 0.85nm×0.85nm。

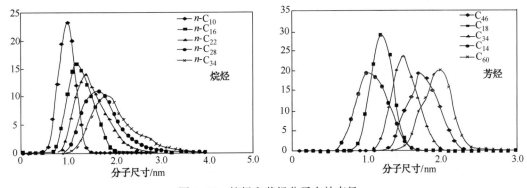

图 4-15　烷烃和芳烃分子有效直径

渣油不同组成的分子直径大小存在巨大的差异，正构烷烃（如分子式 $C_{46}H_{94}$，相对分子质量 646）并不是想象的线型分子，而是蠕虫状不规则线型分子，其直径约 0.3nm；异构烷烃（如分子式 $C_{46}H_{94}$，相对分子质量 646）基本上属于梳型分子，其支链并不共面，使得其尺寸较大，长度为3nm，宽度为2nm，其链状的直径也约0.3nm；环烷烃(如分子式$C_{46}H_{88}$，相对分子质量640)的支链也不共面，使得其尺寸也较大，长度为2.4nm，宽度为1.8nm；芳香烃(如分子式$C_{52}H_{90}$，相对分子质量714)的支链也不共面，使得其尺寸也较大，长度为2.6nm，宽度为1.8nm，其平均直径一般小于3nm；由不同大小的稠环所组成的胶质和沥青质，由于通过不同长短的烷烃链使稠环组合到一起，则近似呈球形分子，胶质(如分子式$C_{117}H_{127}NS_2$，相对分子质量为1609)的尺寸约为3nm；沥青质(如分子式$C_{155}H_{148}N_2O_3S_3$，相对分子质量2180)的尺寸约为5nm。与胶质相比较而言，沥青质中由于组成稠环的六元环个数更多，使得沥青质更接近于扁平状分子，而扁平状的分子易被催化剂外表面吸附。带有较长烷基链的硫醚是线型分子，直径约0.6~0.7nm。部分饱和的二苯并噻吩体积相对较小，约0.210nm^3，近似呈球型分子。带有较庞大烷基链的复杂二苯并噻吩则是一种扁平状的分子，长约2.0nm，宽约1.3nm。因此，体积庞大的复杂二苯并噻吩则不能进入Y型沸石的孔道。

一、蜡油烃类组成分布

(一)直馏蜡油烃类组成分布

对VGO的认识可以分为结构族组成、烃族组成和单体烃组成等三个层次。前面已论述了VGO的结构族组成、烃族组成。随着质谱技术的不断进步以及与蜡油预分离技术的配合，可以得到VGO不同类型化合物的碳数分布，同时可鉴定部分单体烃组成(史得军，2013)。选择国内四种具有代表性的直馏减压蜡油，分别是大庆减压蜡油(DQVGO，属于低硫石蜡基原油)、胜利减压蜡油(SLVGO，属于含硫中间基原油)、辽河减压蜡油(LHVGO，属于低硫环烷基原油)、塔河减压蜡油(THVGO，属于含硫中间基原油但加工性质较差)。四种不同属基的VGO链烷烃碳数分布见图4-16。从图4-16可以看出，大庆VGO链烷烃碳数较高且含量分布

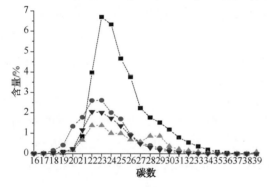

图4-16　VGO中的链烷烃碳数分布
■大庆VGO；●胜利VGO；▲辽河VGO；▼塔河VGO

较为集中，以C_{23}、C_{24}烷烃含量最高；胜利VGO、塔河VGO链烷烃含量分布基本相似，以C_{22}、C_{23}烷烃含量最高；辽河VGO链烷烃含量呈现双峰分布的特点，在C_{22}、C_{23}以及C_{28}、C_{29}含量较高。

四种不同属基的VGO一环、二环环烷烃含量分布趋势基本相同，一环环烷烃碳数集中在22~26之间，二环环烷烃碳数集中在24~28之间，这说明二环环烷烃相对分子质量更大、而侧链碳数更低，三环环烷烃碳数分布规律较为复杂，其中大庆VGO、胜利VGO、辽河VGO碳数呈双峰分布的特点，而塔河VGO三环环烷烃碳数分布呈单峰分布、四环环烷烃碳数分布呈现双峰分布、五环环烷烃呈现单峰分布的特点。

四种不同属基的VGO烷基苯、萘类、菲类、菲类芳烃的碳数分布分别见图4-17、图4-18、图4-19和图4-20。从图4-17~图4-20可以看出，大庆VGO芳烃含量最低，辽河VGO、塔河VGO芳烃含量随着芳烃不饱和度的升高而增多，其中塔河VGO二环、三环多环芳烃含量最高；四种不同属基的VGO中，烷基苯类芳烃分布趋势基本相同，均在C_{30}-Ph烷

基苯两侧呈正态分布规律；每种 VGO 二环、三环多环芳烃碳数分布规律均相同，表明二环多环芳烃、三环多环芳烃由共同的前驱体形成；同一环数芳烃，大庆 VGO 芳烃最高碳数较胜利 VGO、辽河 VGO 大，表明后两者多环芳烃侧链碳数较少；胜利 VGO、辽河 VGO 一环~三环芳烃碳数分布趋势基本一致。

塔河 VGO 四环、五环多环芳烃含量最高，大庆 VGO 四环、五环多环芳烃含量最低；大庆 VGO 四环、五环多环芳烃最高峰碳数为 32、33、34，胜利 VGO、辽河 VGO、塔河 VGO 四环、五环多环芳烃最高峰碳数为 29、30、31，表明大庆 VGO 四环、五环多环芳烃与其他三种 VGO 四环、五环多环芳烃来源不同；胜利 VGO、辽河 VGO 四环、五环多环芳烃碳数分布趋势基本一致。芘类与蒀类、苝类与二苯并蒽类碳数分布规律基本相同，表明迫位缩合与渺位缩合芳烃可能来源相同，但渺位缩合的蒀类、二苯并蒽类多环芳烃的含量均低于迫位缩合的芘类、苝类化合物含量，即迫位缩合芳烃要稍高于渺位缩合芳烃化合物含量。由此可以看出，四种不同属基的 VGO 中的不同环数多环芳烃碳数分布基本相似，只是含量与碳数峰值稍有不同。此外，芳烃碳数峰值要比饱和烃碳数峰值高，表明在高沸点馏分段芳烃含量较高而在低沸点馏分段内饱和烃含量较高。

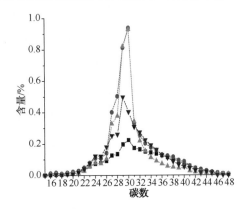

图 4-17　VGO 中的烷基苯碳数分布
■大庆 VGO；●胜利 VGO；▲辽河 VGO；▼塔河 VGO

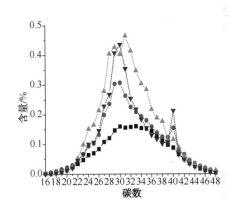

图 4-18　VGO 中的萘类碳数分布
■大庆 VGO；●胜利 VGO；▲辽河 VGO；▼塔河 VGO

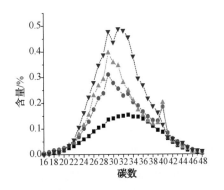

图 4-19　VGO 中的苊类碳数分布
■大庆 VGO；●胜利 VGO；▲辽河 VGO；▼塔河 VGO

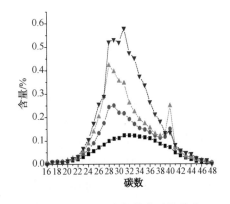

图 4-20　VGO 中的菲类碳数分布
■大庆 VGO；●胜利 VGO；▲辽河 VGO；▼塔河 VGO

　　四种不同基属的 VGO 饱和烃、芳烃平均分子碳数列于表 4-39。从表 4-39 可以看出，不同基属 VGO 链烷烃及环烷烃平均侧链碳数相差较大，其中石蜡基大庆 VGO 链烷烃及环烷烃平均侧链碳数最大，而中间基胜利 VGO、塔河 VGO 链烷烃及环烷烃平均侧链碳数最小；相同环数的芳烃平均侧链碳数相差较小，中间基塔河 VGO、胜利 VGO 芳烃平均侧链碳数最大，而石蜡基的大庆 VGO 最小；相同环数的环烷烃与芳烃相比，环烷烃平均侧链碳数明显高于同环数芳烃平均侧链碳数；环烷烃、芳烃环数越多，其分子平均侧链碳数越低。从平均侧链碳数可以推导，大庆 VGO 裂化性能最好，胜利 VGO 次之，辽河 VGO 裂化性能最差，塔河 VGO 介于胜利 VGO 与辽河 VGO 之间。三环及三环以上多环芳烃侧链平均碳数均小于 4，在酸性催化剂上，这些多环芳烃发生侧链断裂反应可能慢于其芳核缩合生焦反应。

表 4-39　四种不同基属 VGO 平均分子结构

烃　类	大庆 VGO		胜利 VGO		辽河 VGO		塔河 VGO	
	平均碳数	侧链碳数	平均碳数	侧链碳数	平均碳数	侧链碳数	平均碳数	侧链碳数
链烷烃	25.10	25.10	23.31	23.31	25.36	25.36	23.75	23.75
一环环烷烃	26.03	20.03	23.72	17.72	25.01	19.01	24.66	18.66
二环环烷烃	27.75	17.75	24.51	14.51	26.11	16.11	25.99	15.99
三环环烷烃	26.76	12.76	24.08	10.08	25.89	11.89	24.97	10.97
四环环烷烃	28.61	10.61	27.06	9.06	27.72	9.72	25.25	7.25
五环环烷烃	30.37	8.37	29.14	7.14	28.92	6.92	26.10	4.10
六环环烷烃	27.05	1.05	28.03	2.03	29.72	3.72	26.37	0.37
烷基苯	25.05	19.05	24.33	18.33	24.91	18.91	24.48	18.48
环烷基苯	24.84	14.84	24.21	14.21	24.53	14.53	24.82	14.82
二环烷基苯	24.86	10.86	24.65	10.65	24.91	10.91	25.04	11.04
萘类	24.04	14.04	24.43	14.43	24.8	14.8	24.66	14.66
苊类	22.46	10.46	22.47	10.47	22.83	10.83	22.98	10.98
芴类	21.64	10.64	22.52	11.52	22.32	11.32	22.64	11.64
菲类	19.93	5.93	21.36	7.36	21.83	7.83	22.05	8.05
环烷菲类	21.12	3.12	23.84	5.84	22.72	4.72	23.51	5.51
芘类	20.82	4.82	23.18	7.18	22.37	6.37	23.81	7.81
䓛类	21.42	3.42	23.62	5.62	23.54	5.54	24.51	6.51
苝类	19.97	0.00	21.82	1.82	21.91	1.91	22.02	2.02
二苯并蒽	20.50	0.00	22.27	0.27	22.19	0.19	22.76	0.76

（二）加氢精制蜡油烃类组成分布

　　原料（KVGO）、加氢产物 1（QVGO）和加氢产物 2（SVGO）性质列于表 4-14。前面已论述，KVGO 经加氢处理后，其性质发生了明显的变化，实际上，随着加氢深度增加，加氢蜡油组成也发生了变化。下面详细讨论 KVGO，SVGO 和 QVGO 烃类组成分布（李诚炜，2008）。

　　加氢蜡油 SVGO 和 QVGO 中的异构烷烃含量随碳数分布基本与原料蜡油 KVGO 相当，只是加氢蜡油的峰值向前移动，深度加氢的蜡油出现两个峰值，如图 4-21 所示，其中相对丰度定义是以质谱中基峰(最强峰)的高度为100%，其余峰按与基峰的比值加以表示的峰强度。加氢蜡油 SVGO 和 QVGO 中的正构烷烃含量随碳数分布基本与原料蜡油 KVGO 相当，也是加氢蜡油的峰值略向前移动，深度加氢的蜡油峰值向前移动更多，如图 4-22 所示。无论是异构烷烃，还是正构烷烃，加氢前后的碳数分布都在 20~40 之间，但加氢后的蜡油低碳数含量有所增加。正构烷烃碳数分布比异构烷烃变化小，这是因为正构烷烃发生裂化反应难于异构烷烃所致。

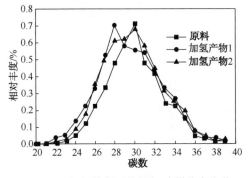 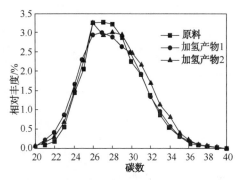

图 4-21　加氢精制异构烷烃碳数分布变化　　　　图 4-22　加氢精制正构烷烃碳数分布变化

相对于原料蜡油，加氢蜡油中的不同环数环烷烃含量随着加氢程度增大而有所增加，而环烷烃的碳数分布趋势向低碳数方向移动，原料蜡油的碳数分布为 21~38 之间，而加氢蜡油的碳数分布为 19~38 之间，同时，随着加氢深度增大，碳数分布变宽。一环~五环环烷烃含量的峰值经加氢处理后明显地增加，一环~四环环烷烃含量的峰值随着加氢深度增大，峰值增加幅度也越大，其碳数分布基本相同，参见四环环烷烃碳数分布(图 4-23)；而五环环烷烃含量的峰值随着加氢深度增大，基本上保持不变，并且低碳数五环环烷烃含量随着加氢深度增大而增加，如图 4-24 所示；六环环烷烃含量的峰值随着加氢深度增大反而降低，并且是负增长，如图 4-25 所示。峰值向低碳数方向移动，并且高碳数的六环环烷烃含量降低幅度更大，这表明即使在加氢处理过程中，像六环环烷烃这类大分子烃类也存在着少量的裂化反应。

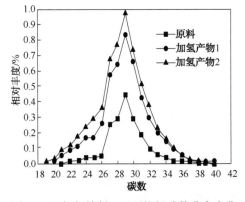 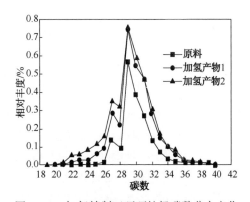

图 4-23　加氢精制四环环烷烃碳数分布变化　　　　图 4-24　加氢精制五环环烷烃碳数分布变化

相对于原料蜡油，加氢蜡油中的单环芳烃和双环芳烃随碳数分布变化的趋势比较类似，低碳数的含量显著增加，而高碳数的含量变化趋势较缓，参见加氢前后萘类碳数分布(图 4-

26）。由于加氢精制过程中极少出现烷基侧链断裂的情况，而加氢饱和与开环都不会对分子中的碳数产生影响，因此低碳数的单环和双环芳烃只能是由相应的硫化物和氮化物脱除掉杂原子生成的，而相同分子质量的硫化物和氮化物的碳数通常会比相应的芳烃小 2 个碳数，这可能是单环和双环芳烃含量在低沸点和低碳部分增加的部分原因，同时存在着多环芳烃部分芳环加氢饱和生成低环芳烃所致，同时，在高沸点和高碳数部分，单环和双环芳烃含量变化趋势较缓，这表明只通过常规的加氢处理，难以将单环和双环芳烃进行饱和。含有单环芳烃的蜡油是可以作为生产汽油的催化裂化原料，而含有双环芳烃的蜡油不适合作为生产汽油的催化裂化原料，这就是加氢蜡油作为催化裂化原料的不足之一。加氢蜡油中的三环及三环以上的芳烃含量显著减少，说明芳烃环数越多，越容易发生加氢饱和反应，如图 4-27 和图 4-28 所示。

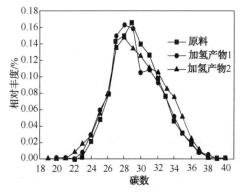

图 4-25　加氢精制六环环烷烃碳数分布变化

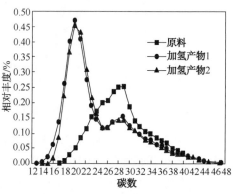

图 4-26　加氢精制萘类碳数分布变化

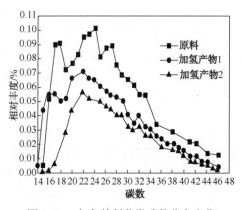

图 4-27　加氢精制菲类碳数分布变化

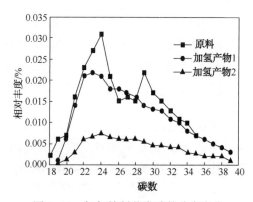

图 4-28　加氢精制苝类碳数分布变化

（三）加氢蜡油硫氮化物组成的碳数分布

加氢精制过程对硫化物的脱除非常有效，加氢产物 1(QVGO) 只检测出 5 种硫化物，而加氢产物 2(SVGO) 只检测出二苯并噻吩 1 种硫化物，并且这些硫化物含量明显地减少。加氢精制前后二苯并噻吩随碳数分布变化趋势如图 4-29 所示。

蜡油加氢过程中的碱性氮化物类型的变化如图 4-30 所示。从图 4-30 可以看出，随着加氢深度的增加，硫氮(NS)、双氮(N_2)、硫氧氮(NOS)和二硫氮(NS_2)等化合物减少，加氢到一定深度后，NS、N_2、NOS 和 NS_2 等化合物在产物中几乎消失，这表明在加氢处理过程中，NS、N_2、NOS 和 NS_2 等化合物首先加氢饱和，最容易脱出的是硫，其次是氧，最后为 N。单氮(N_1)化合物较为稳定，不易加氢饱和。由于其他碱性化合物的减少，导致了 N_1 化合物含量增加。蜡油加氢过程中 N_1 碱性氮化合物的变化如图 4-31 所示。从图 4-31 可以看出，随着加氢深度的增加，N_1 碱性氮化物分布变窄，峰值变高，缺氢数高的 N_1 碱性氮化物减少幅度增加。原料中的 N_1 碱性氮化物 Z 值(缺氢数)分布范围为 $-7 \sim -33$，加氢产物 1 的 Z 值分布范围为 $-3 \sim -29$，加氢产物 2 的 Z 值分布范围为 $-5 \sim -27$。这表明在脱氮的同时发生了芳环的部分饱和反应。

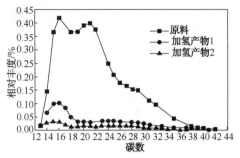

图 4-29　二苯并噻吩-16S 碳数分布变化

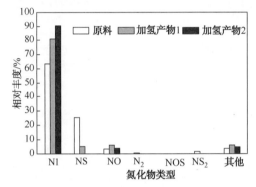

图 4-30　加氢过程中碱性氮化物类型及含量的变化

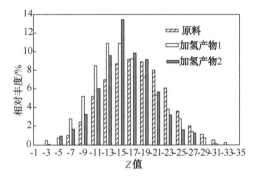

图 4-31　加氢过程中 N_1 碱性氮化物的变化

(四) 直馏蜡油氮化物碳数分布

石蜡基、中间基和环烷基直馏蜡油代表样品分别为中原 VGO、胜利 VGO 和奎都 VGO。三种不同基属 VGO 中含量最多的碱性化合物是 N_1 化合物，其次还有 NS 和 NO 等化合物。尽管每种 VGO 中 N_1 碱性化合物的含量不同，但其含量基本上都占到所有的碱性化合物含量的 80% 以上。不同基属 VGO 中 N_1 碱性化合物中的类型分布比较如图 4-32 所示。从图 4-32 可以看出，中原 VGO 中缺氢数低的 N_1 碱性化合物含量高，最大值在 $Z=-11$ 处；而奎都 VGO 中缺氢数高的 N_1 碱性化合物含量高，最大值在 $Z=-17$ 处；胜利 VGO 介于两种之间，最大值在 $Z=-13$ 处。这表明氮化物的类型分布和石油馏分中的烃类组成有很大的关系，烃类的缩合度越大，则氮化物的缩合度也越大。

二、渣油分子结构

从分子水平上来表征重质原料油组成仍然是难以确定的，尤其是沸点高于 550℃ 的重馏分，因此，借助核磁共振波谱、红外光谱、相对分子质量、元素分析等表征手段和分子模拟方法，可以对多环芳烃、胶质和沥青质的平均分子尺寸及平均性质进行估计。大庆、胜利、辽河和塔河四种减压渣油饱和分中的链烷烃碳数分布见图 4-33，一环环烷烃碳数分布见图 4-34(a)，二环环烷烃碳数分布见图 4-34(b)，三环环烷烃碳数分布见图 4-34(c)，四环环烷烃碳数分布见图 4-34(d)，五环环烷烃碳数分布见图 4-34(e)，六环环烷烃碳数分布见图 4-34(f)。

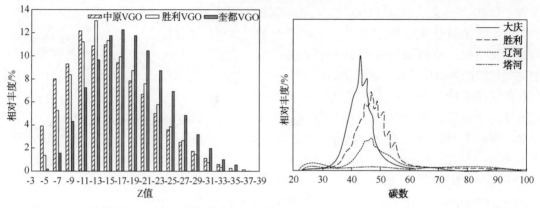

图 4-32　不同基属 VGO 中 N_1 碱性化合物
的类型分布

图 4-33　四种减压渣油饱和分中的链烷烃碳数分布

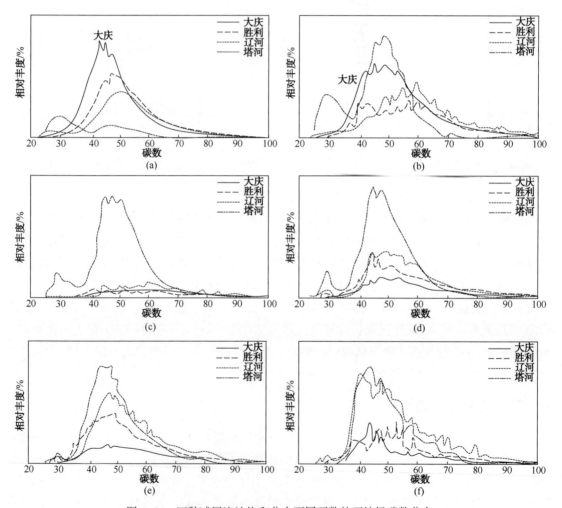

图 4-34　四种减压渣油饱和分中不同环数的环烷烃碳数分布

　　从图 4-33 可以看出，四种减压渣油饱和分中的链烷烃碳数分布为 $C_{22} \sim C_{100}$，其中大庆减压渣油饱和分中的链烷烃碳数分布最为集中，峰值的碳数为 44，其次为胜利减压渣油，峰值的碳数为 48，辽河减压渣油存在着两个峰值，而塔河减压渣油几乎不存在峰值；从图 4-34(a)可以看出，四种减压渣油饱和分中的一环环烷烃碳数分布为 $C_{22} \sim C_{100}$，其中大庆减压渣油饱和分中的一环环烷烃碳数分布最为集中，峰值的碳数为 48，其次为胜利减压渣油，峰值的碳数为 52，辽河减压渣油峰值的碳数为 54，而塔河减压渣油存在两个峰值，分别为 28 和 47；从图 4-34(b)可以看出，四种减压渣油饱和分中的二环环烷烃碳数分布为 $C_{24} \sim C_{100}$，其中塔河减压渣油饱和分中的二环环烷烃碳数分布存在两个峰值，分别为 29 和 49，碳数 49 处峰值最大，其次为大庆减压渣油、峰值的碳数为 53，辽河减压渣油峰值的碳数为 60，最后为胜利减压渣油，存在两个峰值，在 $C_{40} \sim C_{63}$ 之间存在着一分布平台；从图 4-34(c)可以看出，四种减压渣油饱和分中的三环环烷烃碳数分布为 $C_{25} \sim C_{100}$，其中只有塔河减压渣油饱和分中的三环环烷烃碳数分布存在着峰值，碳数为 53 处，大庆减压渣油、辽河减压渣油和胜利减压渣油几乎不存在峰值；从图 4-34(d)和图 4-34(e)可以看出，四种减压渣油饱和分中的四和五环环烷烃碳数分布为 $C_{25} \sim C_{100}$，其中塔河减压渣油饱和分中的四和五环环烷烃碳数分布峰值最大，其次为辽河减压渣油，胜利减压渣油，最后为大庆减压渣油；从图 4-34(f)可以看出，四种减压渣油饱和分中的六环环烷烃碳数分布为 $C_{25} \sim C_{100}$，其中塔河减压渣油和辽河减压渣油饱和分中的六环环烷烃碳数分布峰值最大，且基本相当，其次为胜利减压渣油，最后为大庆减压渣油。基于四种减压渣油饱和分中的链烷烃和环烷烃碳数分布，可以计算出其分子结构式，计算结果列于表 4-40，同时列出芳香分分子结构式。

表 4-40　四种典型减压渣油的烷烃、环烷烃和芳香分平均分子结构式

渣油名称	大庆	胜利	辽河	塔河
链烷烃	$C_{44}H_{90}$	$C_{48}H_{98}$	$C_{48}H_{98}$	$C_{56}H_{114}$
一环环烷烃	C_{42}	C_{46}	C_{48}	C_{48}
二环环烷烃	C_{43}	C_{48}	C_{50}	C_{44}
三环环烷烃	C_{47}	C_{47}	C_{46}	C_{39}
四环环烷烃	C_{40}	C_{38}	C_{38}	C_{35}
五环环烷烃	C_{35}	C_{31}	C_{31}	C_{33}
六环环烷烃	C_{28}	C_{27}	C_{27}	C_{29}
芳香分	$C_{46}H_{93}$	$C_{39}H_{79}$	$C_{38}H_{77}$	$C_{38}H_{77}$

　　从表 4-40 可以看出，大庆减压渣油中芳香分平均碳数为 64，缺氢碳数 Z 为 -26；胜利减压渣油中芳香分平均碳数为 59，缺氢碳数 Z 为 -28；辽河减压渣油中芳香分平均碳数为 60，缺氢碳数 Z 为 -30；塔河减压渣油中芳香分平均碳数为 58，缺氢碳数 Z 为 -28。大庆减压渣油中芳香分的碳数分布最宽，为 20~105；塔河减压渣油中芳香分的碳数分布最窄，为 20~80。

　　前面已论述，减压渣油中饱和分的组成基本为烷烃和环烷烃，其平均相对分子质量为 600~900，相应的碳数为 40~60，H/C（原子比）在 1.9~2.0 之间；芳香分结构中除了至少含有一个芳香环，还有相当多的烷基侧链，烷基侧链的碳数一般均大于芳香碳数，同时还连有环烷环，使其周边的部分氢被取代。芳香环系中芳香环之间的相连有联苯型、渺位缩合（cata-condensed）和迫位缩合（peri-condensed）（梁文杰等，1991a；1991b；2009）。减压渣油中芳香分的平均相对分子质量为 600~1100，H/C（原子比）在 1.5~1.7 之间，芳香分的平均链长 L 约为 4~7；胶质的 f_A 在 0.3~0.4 之间，f_P 为 0.5 左右，而沥青质的 f_A 一般在 0.4~0.5 之间，f_P 为 0.4 左右。这说明沥青质与胶质相比，不仅其平均相对分子质量较高，而且其芳香化程度更高。对每个单元结构中的环数而言，沥青质单元结构中的 R_A 约为 7.1~14.0，而胶质单元结构中的 R_A 为 4.8~7.4，沥青质单元结构环数明显地大于胶质。沥青质结构中的芳香环之间主要是迫位缩合，而胶质结构中的芳香环之间则是迫位缩合和渺位缩合兼而有之。胶质（Resin）和沥青质（Asphaltene）属于石油的重质组分中大分子非烃类化合物。在国内减压渣油中，庚烷沥青质的含量较低，一般小于 1%，而胶质的含量则高达 50%；而在国外减压渣油中，庚烷沥青质的含量则一般较高，高达 10%，有的甚至更高，但胶质的含量一般只有 30%。胶质和沥青质对重质油的使用及加工过程有着举足轻重的影响。

　　胶质、沥青质分子的基本结构是以多个芳香环组成的稠合芳香环系为核心，周围连接有若干个环烷环，芳香环和环烷环上都还带有若干个长度不一的正构的或异构的侧链，分子的环系和支链中往往杂有硫、氮或氧，同时还可能杂有镍、钒、铁等金属，这种分子结构模式如图 4-35 所示。

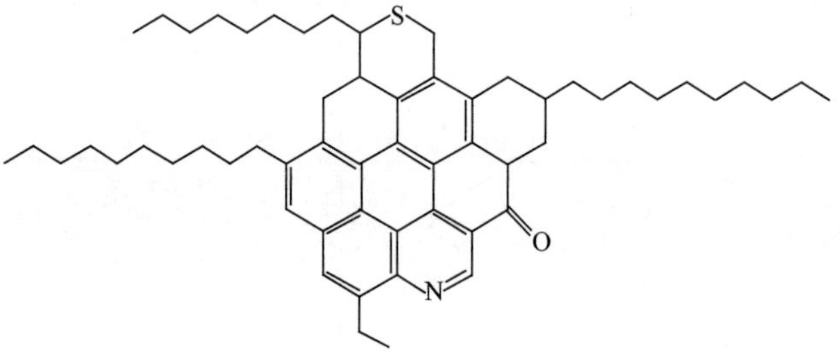

图 4-35　胶状、沥青状物质的基本分子结构模式示意图

　　这种以一个稠合芳香环系为核心的结构是组成胶质或沥青质分子的基本单元，也称为单元结构，由于其缩合芳香环系部分是由芳香碳组成的平面结构，所以也称为单元薄片。一个胶质或沥青质分子由若干个这类单元结构所组成，单元结构之间由长度不一的亚甲基桥相连，这些桥中间或还杂有氧或硫。胶质中的单元结构数 n 约为 2，平均链长 L 约为 4~5nm；庚烷沥青质中的单元结构数约为 5，平均链长 L 比胶质要小。胶质、沥青质分子的单元结构相对质量差别不大，一般在 1000 左右。胶质、沥青质分子中的碳氢结构部分，可以借助核磁共振波谱得到的芳香碳率 f_A、环烷碳率 f_N 及烷基碳率 f_P 等平均结构参数来加以表征。

Yen 等(1961)将 X 光衍射用于表征沥青质的结构，发现沥青质中有类似石墨的有序结构，提出了沥青质似晶缔合体结构，如图 4-36 所示，其中 d_M 为两个稠环芳烃环间的距离；d_r 为两个饱和烃间的距离；L_a 和 L_d 为稠环芳烃截面的厚度；M_e 表示存在于沥青质一个胶束中的金属原子数。

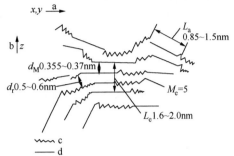

图 4-36　沥青质缔合结构示意图

a—片(sheet)；b—群(cluster)；

c—饱和烃或环烷烃的链；d—稠环芳烃片的横截面

从图 4-36 可以看出，沥青质是含杂原子的凝缩的多环分子群，由带有饱和烃侧链的稠环芳烃片组成。Yen 等对各种原油中的沥青质进行了 X 光衍射表征，得到以下结果：

① 不同原油的沥青质中的 f_a、L_a 和 L_d 颇不相同；

② d_M 值相当一致；

③ d_r 值也相当一致；

④ L_a 的值在 0.85~1.5nm 范围内，L_a 的值反映了在沥青质中芳环的总数，上述范围表示了沥青质中芳环数在 10~20 之间。

沥青质缔合体在渣油中并不是单独存在的，缔合体之间以及缔合体与胶质等组分之间还会相互缔合而成为胶束，胶束与胶束还会聚集为超胶束，而胶束和超胶束则构成渣油胶体分散体系中的分散相。因此，沥青质分散相是一类超分子结构(王丽新，2009；Yen，1994)。如图 4-37 所示，其中，直线表示芳香环系，锯齿形线表示饱和结构；A—晶粒，B—侧链束，C—微粒，D—胶束，E—弱键，F—空穴，G—分子内堆簇，H—分子间堆簇，I—胶质，J—单片，K—石油卟啉，L(M)—金属。

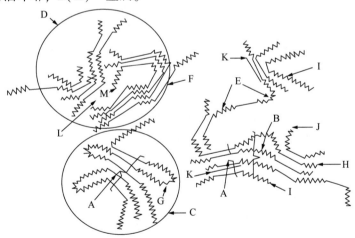

图 4-37　沥青质胶束和超胶束的结构模型

综上所述，沥青质是由二环或三环芳烃化合物相连结而构成芳香族片，这些芳香族片随原料油的种类不同而组成有所差异。通过这些芳香族片上的硫氮极性化合物，各片之间相互连结成沥青质大片层(主要是通过硫醚将各层黏结起来，但结合力很弱)。片层与片层之间充满着渣油，这种沥青质通常含有 7~9 个芳香族大片层，沥青质大片层又通过钒等金属相互连结而形成沥青质群体。也就是说，沥青质的结构具有层次性。在一定条件下，沥青质各层次结构之间处于平衡状态，并会随环境的变化而相互转化。图 4-38 为渣油中的沥青质各层次结构示意图及其尺寸。

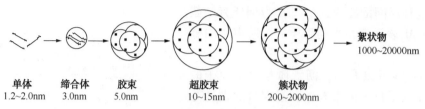

单体　　　缔合体　　胶束　　　超胶束　　　簇状物
1.2~2.0nm　3.0nm　　5.0nm　　10~15nm　　200~2000nm

图 4-38　渣油中的沥青质各层次结构示意图及其尺寸

Hirsh 等（Kretchmer，1977）提出了用平均分子结构模型来研究渣油的组成。平均分子结构模型法是以相对密度、相对分子质量、元素组成及 HNMR 数据为基础，计算出多种渣油

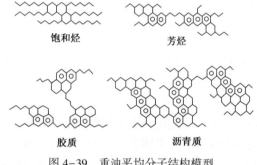

饱和烃　　　　　　　　芳烃

胶质　　　　　　　　沥青质

图 4-39　重油平均分子结构模型

中各组分的结构参数。对各种化合物的结构进行平均，用平均结构来表示各组分的化学结构。由于结构模型比较直观，广泛用于重油组分的研究（Nelson，1982）。例如，Zubair 沥青质及各组分结构参数组成的平均结构模型见图 4-39。各组分的相对分子质量、芳香性、单位平均结构、平均缩合度都按饱和分、芳香分、胶质及沥青质的顺序而增大。

聂红等（2012）对典型沥青质结构的分析表征和计算机分子模拟，得到了沥青质结构模型和关键结构的键能数据，如图 4-40 所示。

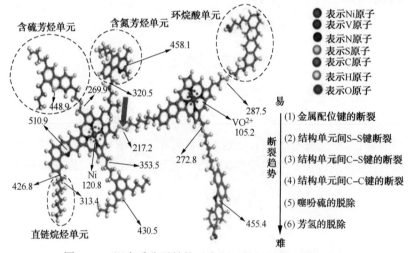

图 4-40　沥青质分子结构示意图及其相应化学键的键能

从图 4-40 可以看出，钒配位键的键能为 105.2kJ/mol，镍配位键的键能为 120.8kJ/mol；S—S 化学键的键能为 217.2kJ/mol，C—S 化学键的键能为 269.9~287.5kJ/mol；C—C 化学键的键能为 313.4kJ/mol，位于芳环上的为 426.8kJ/mol；噻吩硫化学键的键能为 430.5~448.9kJ/mol，芳氮化学键的键能为 455.4~458.1kJ/mol。因此，沥青质上不同类型化学键断裂难易程度由易到难顺序为：

金属配位键>S—S 键>C—S 键>C—C 键>噻吩硫化学键>芳氮化学键

因此，要实现对渣油大分子深度脱硫，不可避免地导致某些 C—C 键断裂，生成小分子烷烃，造成氢气消耗的增加，同时导致渣油大分子的链长缩短，造成加氢后的原料油催化裂化反应能力减弱。

第四节　原料性质对催化裂化的影响

原料的物理和化学性质包括密度、沸程、特性因数、相对分子质量、烃族组成及氢和硫、氮含量等，这些参数对催化裂化的转化率、产品产率和产品性质均产生影响，并且这些参数又是互相联系的，可以从某些参数预测另一些参数。例如采用加氢处理的方法处理原料，除了改变其氢含量外，其他理化性质都有相应的变化。下面讨论某一性质的变化对催化裂化的影响，严格来说，也是各种性质变化的综合影响。

一、特性因数

原料特性因数的高低能说明该原料的裂化性能和生焦倾向。一般来说，K 值每上升 0.1，转化率上升 1%~1.5%（Bennet，1988）。

表 4-41、表 4-42 分别列出了不同 K 值的直馏原料油和回炼油的裂化性能（Nelson，1961）。由表可知，对于任何原料，K 值降低时，焦炭产率增加。对于直馏馏分油，K 值减少时，汽油产率增加；而回炼油则相反，K 值减少时，汽油产率下降。对于固定焦炭产率的情况见表 4-43，此时无论是直馏原料或回炼油，K 值增加时转化率和汽油产率均增加（Nelson，1961）。

<table>
<tr><td colspan="3">表 4-41　不同 K 值直馏原料油的裂化性能</td><td colspan="3">表 4-42　不同 K 值回炼油的裂化性能</td></tr>
<tr><td>K 值</td><td>汽油产率/%</td><td>焦炭产率/%</td><td>K 值</td><td>汽油产率/%</td><td>焦炭产率/%</td></tr>
<tr><td>11.4</td><td>47.0</td><td>9.1</td><td>11.4</td><td>39</td><td>9.0</td></tr>
<tr><td>11.6</td><td>45.0</td><td>7.1</td><td>11.6</td><td>40</td><td>7.2</td></tr>
<tr><td>11.8</td><td>43.0</td><td>5.3</td><td>11.8</td><td>41</td><td>6.0</td></tr>
<tr><td>12.0</td><td>41.5</td><td>4.0</td><td>12.0</td><td>41.5</td><td>5.3</td></tr>
<tr><td>12.2</td><td>40.0</td><td>3.0</td><td></td><td></td><td></td></tr>
</table>

在转化率相同时，K 值每增加 0.1，汽油产率可相对增加 0.6%~0.7%。但 K 值反映原料油的裂化能力并不全面，由于组成的差别（特别是极性化合物），即使两种 K 值基本相同的原料油，其裂化能力也会有较大的差别。

表 4-43　固定焦炭产率时不同 K 值的原料的裂化性能（固定焦炭产率为 5.3%）

K 值	直馏原料		回炼油	
	转化率/v%	汽油产率/v%	转化率/v%	汽油产率/v%
11.0			30.0	20.0
11.2	50.0	39.0	39.0	26.5
11.4	52.0	40.0	45.0	31.5
11.6	56.0	41.5	51.0	35.5
11.8	60.0	43.5	57.0	39.0
12.0	70.0	52.0	60.0	41.0
12.2	66.0		—	—

二、相对分子质量、平均沸点和馏程

原料的相对分子质量、平均沸点和馏程是决定裂化产率和产品质量的重要指标。一般来说，对于直馏原料，相对分子质量（平均沸点）增加，可裂化性增加，焦炭和汽油产率上升，见图 4-41（Reif，1961）。但是相对分子质量和平均沸点的影响并不总是和图 4-41 所示的那样一致。在某些情况下，由于烃类组成变化导致相对分子质量的增加，从而使裂化性能改变，将往往超过相对分子质量单独的影响（参见图 4-42）（White，1968）。图 4-42 表明，随着中平均沸点增加，富含烷烃进料的汽油产率增加；富含多环芳烃的进料（回炼油抽出物）则反之。这说明只用平均沸点（或平均相对分子质量）而不考虑烃族组成预测原料的裂化性能是很不严格的。

油品的相对分子质量可用下式计算：

$$M = 0.07812 \times \rho_{15}^{-0.0976} \times AP^{0.1238} \times t_C^{1.6971} \tag{4-54}$$

式中　　AP——苯胺点，℃；

　　　　t_C——体积平均沸点，℃。

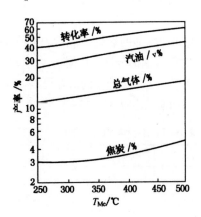

图 4-41　原料平均沸点与产品分布的关系
（一次通过，反应温度 482℃）

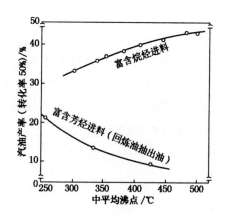

图 4-42　中平均沸点对汽油产率的影响

关于进料馏程的影响参见表 4-44（Shankland，1954）。由该表可知，当转化率相近时，相对分子质量大的原料具有较高的汽油和焦炭产率，较低的气体产率。若以单位焦炭的汽油产率衡量，则中等馏程的原料最好。

表 4-44　原料馏程对产品分布和产品质量的影响（硅铝催化剂）

项　　目	原料沸程		
	低	中	高
得克萨斯原油的馏分油	轻馏分油	重馏分油	减压馏分油
密度（15.6℃）/（g/cm³）	0.8581	0.9076	0.9304
实沸点/℃			
20%	256	365	378
50%	280	416	482
80%	314	491	649

续表

项　目	原料沸程		
	低	中	高
康氏残炭/%	0.06	0.28	2.6
操作条件			
反应温度/℃	524	524	527
转化率/v%	60.5	63.2	60.0
产品分布			
≤C_3/%	13.4	10.3	8.8
C_4^0/v%	9.3	4.6	2.6
$C_4^=$/v%	7.5	11.3	8.2
汽油/v%	37.2	47.2	49.2
柴油/v%	37.5	18.0	17.5
重循环油/v%	2.0	18.8	22.5
焦炭/%	3.5	3.9	5.2
汽油辛烷值			
RON	99.8	97.8	94.6
MON	85.8	84.0	80.7

三、芳碳

芳碳(C_A)的定义如前所述，芳烃中的侧链在裂化反应中比较容易断裂，但芳环本身却很难开环裂化，而容易缩合生焦。因此，C_A 数值的大小在一定程度上标志着原料裂化的难易程度以及生焦的倾向。图 4-43 表示 C_A 对转化率的影响。图 4-44(Bennet，1988)显示了转化率与 C_P/C_N 的关系。

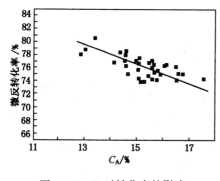

图 4-43　C_A 对转化率的影响

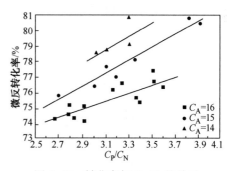

图 4-44　转化率与 C_P/C_N 的关系

四、族组成

White(1968)分别用富含多环环烷烃、富含单环环烷烃、富含单环芳烃、富含异构烷烃、正构烷烃、富含多环芳烃的进料，进行台架规模的裂化试验，各种进料的相对分子质量基本相同，使用经水热失活处理的无定形硅铝催化剂，图 4-45 示出了他的实验结果。裂化苛刻度定义为比表面积(m^2/g)与 100 乘重时空速(h^{-1})之比值。图 4-45 中的产率并非恒转化率下的产率(李再婷，1985)。

烃类组成对汽油产率、焦炭产率、C_4 产率和 C_3 以下产物的产率的影响分别见图 2-55、图 2-56、图 4-45 和图 4-46。从图 2-55 可以看出，在同一裂化强度下，环烷烃和单环芳烃汽油产率最高，双环芳烃的汽油收率却很低，三环以上芳烃的汽油收率可以忽略不计；从图 2-56 可以看出，多环芳烃的焦炭产率明显随环数的增加而增加。非多环芳烃的生焦倾向大致只有双环芳烃的 3%，而后者在多环芳烃中是最低的。由于五环以上芳烃的氢含量为 4%～5%，这与催化焦的氢含量不相上下，因此有时将五环以上芳烃称为"液体焦"。从图 4-45 可以看出，环烷烃和异构烷烃最容易转化为 C_4，单环芳烃和多环芳烃却难得多。从图 4-46 可以看出，各种烃类料之间，C_3 以下产物收率的差距不大，但其中多环芳烃的 C_3 以下产物的产率明显要低。因此，在估算不同类型的烃类对催化裂化产物分布的影响时，不能将整个烷烃、环烷烃和芳烃视为裂解性能相同，如单环芳烃和多环芳烃形成了鲜明的对比，单环芳烃裂化时，得到高的汽油产率和低的焦炭产率，多环芳烃则相反；多环环烷烃可得到较高的汽油产率，而单环环烷烃可得到较高的 C_4 产率。

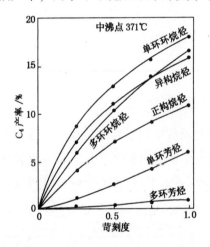　　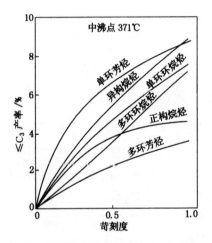

图 4-45　不同类型的烃类对 C_4 产率的影响　　　图 4-46　不同类型的烃类对 ≤C_3 产率的影响

表 4-45 列出了富含多环芳烃和富含单环芳烃进料的产品分布。在相同的转化率下，C_4 以下产物的产率差距不大，虽然两种进料的总芳烃量差了 10% 左右，但富含单环芳烃的进料却有高得多的汽油和低得多的焦炭。多环芳烃不仅难于裂化，而且本身是碱性物质，对于催化剂表面的活性中心有很强的亲和力，妨碍了其他烃类在活性中心上的吸附。

表 4-45　芳烃类型对产品分布的影响

项　目	富含多环芳烃	富含单环芳烃
原料组成/v%		
正构烷烃	7.9	2.7
异构烷烃	3.6	0.3
单环环烷	8.2	9.0
多环环烷	6.9	5.0
单环芳烃	0.4	42.4
双环芳烃	22.4	17.4
三环芳烃	17.6	15.4

续表

项　目	富含多环芳烃	富含单环芳烃
苯并蒽和五环芳烃	19.4	1.2
其他四环芳烃	13.6	6.6
总芳烃	73.4	83.0
产品分布，转化率55v%		
$\leq C_3$/%	5.9	5.6
C_4/v%	6.7	8.0
$C_5 \sim 221℃$/v%	21.2	34.3
焦炭/%	28.0	13.6

　　催化裂化进料的质量可以用"转化率前身物"的量、轻柴油前身物的量、焦炭和澄清油前身物的量来评价。转化率前身物包括了饱和烃和单环芳烃，它们最终可以裂化为汽油、裂化气和少量焦炭。催化轻柴油含有相当量的双环芳烃，它们是原料中的双环芳烃脱烷基的产物，双环芳烃视为轻柴油前身物。三环以上的芳烃，包括噻吩类物质、极性物、正庚烷不溶物在内，在催化裂化中脱烷基形成澄清油或缩合为焦炭，视为焦炭和澄清油前身物。在相同的裂化强度下，转化率前身物高的转化率高。这种利用质谱数据评价原料油的方法是对原料油的裂化性能和生焦倾向的相对比较。表4-46列出了三种原料油的烃族组成和各前身物的量(Fisher,1986)。从表4-46可以看出，减渣难以转化，汽油产率不可能高，将生成大量的焦炭和澄清油；常压馏分油的质量优于减压馏分油，更易转化。原料油的烃族组成如果较为理想，它的氢含量应该高，C_A值应该低，残炭值应该低，密度应该小，特性因数K应该大，这些指标只不过从不同的侧面描述原料油质量。对于石蜡基原料一般$C_A<12\%$。

表4-46　进料的烃族组成和性质

项　目	常压馏分油	减压馏分油	减压渣油
烃类型/%			
烷烃	33.2	23.0	5.9
单环环烷烃	15.4	12.5	10.5
多环环烷烃	21.5	25.2	23.2
单环芳烃	11.5	14.4	12.3
双环芳烃	8.9	10.6	8.9
三环芳烃	3.0	4.4	6.4
四环以上芳烃	1.2	2.2	23.5
芳烃硫化物	1.8	1.4	3.5
极性化合物	3.4	6.3	—
庚烷不溶物	—	—	5.9
前身物/%			
转化率	81.6	75.1	51.9
轻循环油	8.9	10.6	8.9
焦炭和澄清油	9.4	14.3	39.3

续表

项 目	常压馏分油	减压馏分油	减压渣油
物性			
密度(20℃)/(g/cm³)	0.88	0.91	0.98
馏程/℃			
10%	311	367	>535
50%	373	462	—
90%	494	555	—
S/%	0.3	0.5	0.9
N/%	0.04	0.09	0.5
康氏残炭/%	0.3	0.8	17.3
Ni/V/(μg/g)	0.3/0.4	<0.1/<0.1	15.0/20.0

五、硫含量

1. 对环境的影响

催化裂化原料中硫对环境的影响是多方面的。在再生器，随焦炭携带到再生器内的硫被氧化生成 SO_2 和 SO_3，排放出来污染大气。在反应器，随裂化反应一起发生的脱硫反应，产生大量硫化氢，其余的硫则分配到各种产品中，H_2S 占总硫相当大一部分，因此对催化裂化装置的气体分离系统有很大影响。再生烟气中 SO_2 和 SO_3 排放对大气的影响及其脱除技术详见第九章。

2. 对催化裂化装置产品产率的影响

原料硫含量增加，不仅使产生的 H_2S 数量增加，而且使原料硫进入 H_2S 中的百分比也增加，如图 4-47 所示。从该图中可见，当原料硫含量从 1% 增加到 2%，进入 H_2S 中的硫也从 25% 增加到 33%。图 4-46 是在不同转化率下，原料硫含量与 H_2S 中硫的关系。从该图中可见，原料硫转化到 H_2S 中去的数量，不仅随原料硫含量增加而增加，而且随转化率增加而增加。

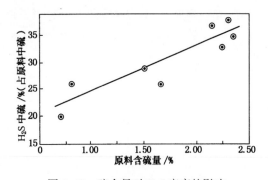

图 4-47　硫含量对 H_2S 产率的影响

操作条件：转化率 69%~73%；剂油比 7.1~7.7；温度 495~498℃

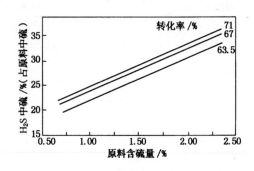

图 4-48　硫含量与转化率对 H_2S 产率的影响

硫对产品选择性有不利的影响，图 4-49 表示干气产量作为原料硫含量的函数，由于原料硫的很大一部分转化成 H_2S，因此，总的干气产量将会随 H_2S 增加而增加。然而，从图 4

-49 中可见，干气产量增加，大于因 H$_2$S 单独增加所得到的结果，从总的干气产量中扣除 H$_2$S 产量后的结果表明：去掉 H$_2$S 后的干气产量也随原料硫含量增加而增加，原料硫含量增加 1.0%（例如：从 0.6% 到 1.6%），干气产量（扣除 H$_2$S）从 28Nm^3/t 原料增加到 30Nm^3/t 原料。

随着气体产量的增加，汽油产率下降。从图 4-50 中可见，原料硫含量增加 1.0 个百分点（从 0.61% 到 1.61%），结果汽油产率下降约 1.5%。

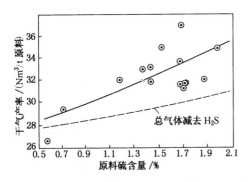
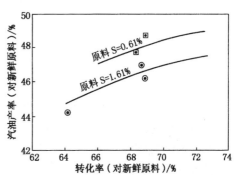

图 4-49　硫含量对干气产量的影响
＊干气产量已调整到一定的转化率

图 4-50　硫含量对汽油产率的影响

3. 对催化裂化产品质量的影响

硫含量是催化裂化原料的一个重要特性指标，也是催化裂化产品的一个重要质量规格指标，最终出厂的产品中的硫含量必须符合产品规格标准。原料中的硫大约 5%~10% 传递到汽油产品中，100% 以上传递到 LCO 产品中。随着汽油和柴油产品规格标准日趋严格，催化裂化汽油和 LCO 必须进行脱硫处理后，方可作为产品调合组分。催化裂化汽油中的硫含量越高，其经脱硫处理后达到小于某一数值，即要求脱硫率增加，从而造成辛烷值损失增加。

20 世纪 90 年代前，世界许多地方使用铅作为辛烷值改进剂时，当原料硫含量从 0.5% 增加到 2.0%，将会引起汽油产品 2.0 个单位加铅研究法辛烷值的损失（陈俊武，2005）。此外，原料中的硫还会硫化在裂化催化剂中的重金属上，从而使金属活化，结果增大金属的毒害作用。

六、氮含量

1. 对环境的影响

原料中的氮化物沉积在催化剂上经再生过程可以转化为 NO、N$_2$、NO$_2$、N$_2$O、HCN 和 NH$_3$ 等。HCN 和 NH$_3$ 是形成 NO$_x$ 的中间产物，而 NO$_2$ 等主要是 NO 排放到大气之后形成的。催化剂上的焦炭在燃烧过程中产生 NO$_x$ 的反应机理以及再生烟气中 NO$_x$ 排放对大气的影响及其脱除技术详见第九章。

2. 对催化裂化装置产品产率的影响

原料中的氮化物不仅使裂化催化剂活性降低，而且使产品分布变差，如表 4-47 所示。在相同转化率时，随原料中氮含量的增加，汽油及澄清油收率下降，轻循环油、焦炭、干气及氢气产率增加，而且原料氮含量变化越大，观察到的选择性变化越明显。普遍的规律是，随氮含量增加，汽油收率下降，焦炭产率增大，并且汽油辛烷值有一定的降低。

表 4-47 原料氮含量对产品收率的影响(转化率固定为 64v%)

变化量	催化剂 D	催化剂 N
原料氮含量/%	+0.26	+0.44
汽油收率/v%	-0.4	-5.2
轻循环油收率/v%	+1.4	+1.8
澄清油收率/v%	-1.4	-1.8
焦炭产率/%	+0.6	+2.5
$C_1 \sim C_2$/%	+0.73	+1.32
丙烯/%	-0.38	-0.51
丁烯/%	-0.47	-0.51

关于氮对催化裂化的影响，Pichel 等(1991)通过改变原料中四种不同氮化物(吡啶、吖啶、2,6-二叔基吡啶和 2,6-二甲基喹啉)的含量进行过研究，如图 4-51 所示。对于单环化合物，例如吡啶、2,6-二叔丁基吡啶，其生焦率是一常数，与浓度无关；对于多环化合物(如吖啶、2,6-二甲基噻啉)，其浓度增加时，焦炭产率明显上升。氮化物对转化率的影响见图 4-52，由该图可知，氮含量每增加 $150\mu g/g$，转化率下降 1%。因此，转化率随进料氮含量的增加而下降。Scherzer 等(1986)选用四种不同氮含量水平的进料和六种工业催化剂，在微活试验装置上进行催化裂化试验，研究了氮含量对催化裂化的影响。表 4-48 示出了四种进料性质，F-1 是减压馏分油(200~540℃)，F-4 是页岩油，F-2 和 F-3 是它们的掺合物。六种工业催化剂由不同的厂家制造，组成差异较大。图 4-53 至图 4-57 是他们根据试验数据绘出的图线。试验产品的切割点，对汽油而言，终沸点为 232℃，232~355℃为轻柴油，>355℃液体馏分为澄清油(油浆 DO)。碱性氮化物吸附在催化剂的酸性中心上，造成暂时失活，降低了催化剂的活性和选择性。而且，大部分氮化物残留在催化裂化的液体产物中，严重影响产品的稳定性，其中中性氮的影响更为严重，如 2,5-二甲基吡咯，它存在于汽油的下半段、柴油的上半段。吸附在酸性中心上的碱性氮在再生器中烧掉，催化剂活性随之恢复。

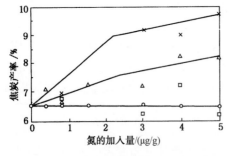

图 4-51 不同氮化物对焦炭产率的影响
○—吡啶；×—吖啶；□—2,6-二叔丁基吡啶；
△—2,6-二甲基喹啉

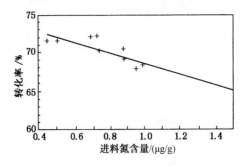

图 4-52 原料氮含量与转化率的关系

表 4-48　四种原料的性质

进料代号	F-1	F-2	F-3	F-4
密度(20℃)/(g/cm³)	0.9258	0.9210	0.9116	0.8906
硫/%	1.19	1.06	0.93	0.47
氮/%	0.30	0.48	0.74	1.56
碱性氮/%	0.094	0.16	0.37	1.23
康氏残炭/%	0.12	0.1	0.07	0.01
苯胺点/℃	19	18	17	11
溴价/[gBr/(100g)]	12.3	16.6	18.1	28.7
折光指数(67℃)	1.4950	1.4911	1.4840	1.4700
金属/(μg/g)				
Fe	4	3	2	2
Ni	0.6	<0.5	<0.5	<0.5
V	<0.2	<0.5	<0.5	<0.5
Cu	<0.1	—	—	—
模拟蒸馏/℃				
10%	259	253	248	238
50%	393	381	367	328
95%	513	508	496	440
最高	538	538	538	538
特性因数(K_{UOP})	11.5	11.5	11.5	11.5

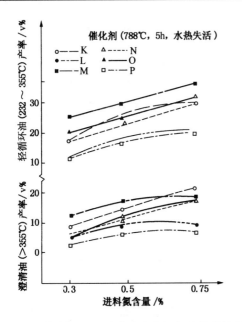

图 4-53　轻循环油和澄清油产率与氮含量的关系

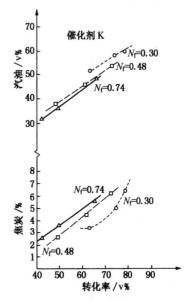

图 4-54　汽油和焦炭选择性

N_f—进料氮含量,%

由此可知，随着进料氮含量的增加，轻循环油和澄清油(油浆)产率增加。在恒定转化率下，进料氮含量的增加，造成轻循环油增加，但是澄清油下降。当裂化有更高氮含量的进料，而又要保持转化率不变时，势必增加裂化苛刻度。因此，澄清油产率下降是可以理解的。另外，在同一转化率下，氮含量增加，汽油产率减少，焦炭产率增加。$C_3^=$、$C_4^=$ 受转化率和进料氮含量的影响很大。在同一转化率下，进料氮含量增加，$C_3^=$、$C_4^=$ 下降。汽油和焦炭的选择性随进料氮含量的变化趋势，几乎不受催化剂类型的影响。无论催化剂的组成和性质有多大差异，在给定的氮含量下，汽油的产率与转化率存在着直线关系。

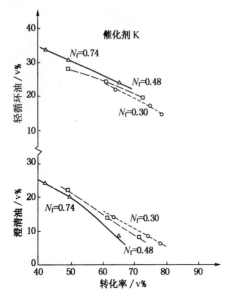

图 4-55　轻循环油和澄清油的选择性

N_f—进料氮含量,%

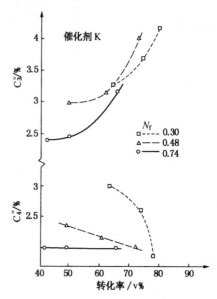

图 4-56　$C_3^=$、$C_4^=$ 选择性

N_f—进料氮含量,%

对于催化裂化过程中影响氮化物转化的因素，于道永（2004a；2004b）将吡啶氮杂环模型化合物、吡咯氮杂环模型化合物及其他含氮模型化合物分别溶于不同的溶剂中，在催化裂化微活试验装置上进行催化裂化试验。所用的溶剂包括甲苯、十六烷、四氢萘。采用在平衡催化剂中混入新鲜催化剂的方法得到不同酸量的催化剂用于催化裂化微活试验。定义催化裂化过程中转化为氨的氮含量占进料总氮的百分比为催化裂化的氨氮产率，定义催化裂化过程中焦炭所含氮占进料总氮的百分比为待生催化剂的氮率。试验结果表明：

① 催化剂酸量影响含氮化合物的转化，酸量增加，氨氮产率增加；但当催化剂酸量太大时，由于烃类的迅速生焦，导致含氮化合物的氨氮产率反而降低。在工业装置平衡剂的酸量范围内，酸量增加有利于氨氮的生成，氨氮产率与催化剂酸量之间有较好的线性关系。

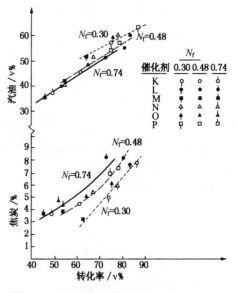

图 4-57　试验催化剂的汽油和焦炭选择性

（催化剂 788℃，5h，水热失活）

N_f—进料氮含量,%

②反应条件对含氮化合物的转化有较大影响。随着反应温度升高，失活催化剂氮含量降低，氨氮产率增加；随着反应空速增加，氨氮产率降低，液体产物氮含量趋于增加；随着反应剂油比增加，失活催化剂氮含量增加，氨氮产率增加，液体产物氮含量降低。

③溶剂的生焦能力、供氢能力都影响含氮化合物的转化，溶剂供氢能力的影响更显著。溶剂生焦能力强时，失活催化剂上的氮含量趋于降低；溶剂供氢能力增强，氨氮产率提高，失活催化剂上的氮含量降低，转化到催化剂上的氮的比例降低。

④含氮化合物的环数及含氮化合物氮杂环的类型、分子结构等都影响含氮化合物的转化。随着含氮化合物相对分子质量增大（环数增加），失活催化剂氮含量增加，氨氮产率降低。结构相似的吡咯氮杂环和吡啶氮杂环，前者易于裂化转化为氨，也易于缩合生焦；后者对催化剂酸性中心的中毒能力较强，降低了催化剂的裂化活性。含氮化合物自身的分子结构对其转化也有显著影响，氮在边环、立体阻碍小时，含氮化合物对酸性中心的中毒能力较强，氨氮产率也较高。

七、氢含量

石油加工过程的原料和产品在烃类组成上都有一定的要求，以满足加工的操作条件和产品的使用性能，而油品的氢含量正是反映其轻重程度和烃族组成，也是衡量油品性质的一个重要指标。一般来说，轻质油品的氢含量高于重质油品。在同一种油品中，石蜡基油品的氢含量高于中间基或环烷基油品。通常催化裂化原料的氢含量在 11.0% ~ 14.0% 之间（最好大于 11.8%），其中饱和分的氢含量为 13.6% ~ 14.4%；芳香分为 11.0% ~ 12.1%；胶质为 9.7% ~ 10.6%；沥青质为 7.0% ~ 7.7%（陈俊武，1982；1990）。催化裂化产品的氢含量所包括的范围却很广，从氢气的 100% 到油浆和焦炭中稠环芳烃的 6% 或更低。裂化气中各组分的氢含量可直接由分子式计算，原料油、液体产品和焦炭的氢含量可在实验室直接测定，焦炭的氢含量用烟气分析（O_2、CO、CO_2）计算，通常为 6.0% ~ 8.0%，取决于汽提效率及高含氢产品夹带到再生器的量。催化汽油、轻循环油和更重的油品的氢含量也可以采用经验关联式计算（陈俊武，1990；1992），其经验关联式如下：

$$H_W = 1.86 K_{UOP} - 0.0012 T_{Me} - 8.33 \quad （汽油） \tag{4-55a}$$

$$H_W = 2.52 K_{UOP} - 0.005 T_{Me} - 15.3 \quad （轻循环油） \tag{4-55b}$$

$$H_W = 52.825 - 14.260 n_{20} - 21.329 d_{15} - 0.0024 M - 0.052 S_W - 0.0575 \ln \nu_{100} （重油品）$$
$$\tag{4-55c}$$

式中，K_{UOP} 为特性因数；T_{Me} 为中平均沸点，℃；n_{20} 为 20℃ 折光率；d_{15} 为相对密度（15℃）；M 为相对分子质量；S_W 为硫含量，%；ν_{100} 为 100℃ 运动黏度，mm^2/s。

催化裂化各产品的氢含量粗略地估算可参见表 4-49。

表 4-49　催化裂化产品氢含量

产　　品	氢含量/%	产　　品	氢含量/%
C_2 以下气体	>19	重柴油或循环油	10.3 ~ 12.0
C_3、C_4 组分	>15	澄清油	9.2 ~ 10.5
汽油	12.9 ~ 13.5	焦炭	6.1 ~ 9.0
轻循环油	10.2 ~ 11.9		

氢含量可用来作为鉴别原料油裂化性能的一个重要参数，以区别不同原料的相对裂化性能。当提升管温度及催化剂活性不变时，氢含量对转化率的影响见图 4-58（Valveri，1987）。由图 4-58 可以看出，当炼厂 C 的原料油氢含量为 12.2%～13.2% 时，氢含量每增加 1 个百分点，则转化率增加 6.8%；而炼厂 D 的原料油氢含量为 12.0%～13.0% 时，其转化率增加的相应值为 6.2%；但对高石蜡基原料（含氢 13.0%～13.5%），转化率增加的相应值可达 8.6%。图 4-59（Valveri，1987）则表明：在炼厂 E 中，氢含量被用作原料油质量的"标志"。对每一种原料质量"标志"，就有其最佳操作条件和最大经济效益（炼厂 E 的目标是最大辛烷值桶）。原料氢含量增加 1 个百分点，转化率增加可达 12%，比操作条件的影响要大得多。

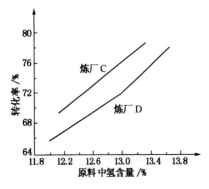

图 4-58　原料氢含量对转化率的影响　　　图 4-59　原料氢含量对最佳操作条件时转化率的影响

催化裂化原料进行加氢处理，可除去大部分硫氮和金属，还使一部分多环芳烃饱和，增加了原料的氢含量，从而大大改善催化裂化的产品分布。Ritter 等（1974）详细地研究了减压馏分油、催化裂化回炼油加氢处理对催化裂化产率的影响。表 4-50 示出了加氢处理前后催化裂化原料的性质变化，表 4-51 和表 4-52 分别示出了馏分油和重循环油（回炼油）加氢对催化裂化产品分布的影响。图 4-60 为依据试验数据绘制的催化裂化产品产率和产品性质曲线，清楚地显示了加氢处理对催化裂化产品带来的影响。图 4-61 示出了加氢对催化裂化产品硫含量的影响。

表 4-50　加氢精制前后的原料油性质（中型结果）

进　料	减压馏分油	加氢精制馏分油	加氢馏分油	重循环油	加氢精制重循环油	加氢重循环油
		Ni-Mo 催化剂			Ni-Mo 催化剂	
氢分压/MPa		4.8	12.4		4.8	12.4
密度(20℃)/(g/cm³)	0.9199	0.9109	0.8948	0.9696	0.9509	0.9442
苯胺点/℃	68	73	78	72	68	70
N/(μg/g)	2500	1560	334	798	522	358
S/%	1.29	0.13	0.06	0.39	0.22	0.22
估计的多环芳烃饱和/%		34	66		6.5	31.0
ASTM D1160 /℃						
初馏点	209	181	170	299	238	228
10%	291	277	277	345	339	328

续表

进　料	减压馏分油	加氢精制馏分油	加氢馏分油	重循环油	加氢精制重循环油	加氢重循环油
		Ni-Mo 催化剂			Ni-Mo 催化剂	
30%	345	333	331	371	371	369
50%	387	371	372	391	391	391
70%	419	415	408	415	414	415
90%	460	470	459	457	457	456
终馏点	512	519	504	516	512	508
K_{UOP}	11.6	11.7	11.8	11.0	11.2	11.3

表 4-51　加氢对馏分油催化裂化产品的影响

进　料	减压馏分油	加氢馏分油（4.8MPa 氢分压）	加氢馏分油（12.4MPa 氢分压）
平衡催化剂: XZ—25[①]; 中型装置条件: 空速 20h^{-1}, 剂油比 4.0, 493℃			
转化率/v%	48.5	61.0	70.5
H_2/%	0.04	0.04	0.04
C_1+C_2/%	1.8	1.5	1.6
$\sum C_3$/v%	6.9	8.3	9.5
$C_3^=$/v%	5.2	6.6	7.5
$\sum C_4$/v%	8.6	9.7	11.3
$C_4^=$/v%	3.2	3.9	4.4
i-C_4/v%	4.2	5.2	6.0
C_5~110℃汽油/v%	13.0	18.0	21.5
辛烷值			
RON	91.8	92.4	92.4
RON（加 3mL 乙基液）	98.4	99.9	101.9
MON	78.0	78.4	77.2
MON（加 3mL 乙基液）		86.8	86.4
密度(20℃)/(g/cm^3)	0.7658	0.7638	0.7609
苯胺点/℃	44	46	48
溴价/[gBr/(100g)]	125	113	93
硫/%	0.11	0.04	0.03
110~220℃汽油/v%	24.5	33.0	38.0
辛烷值			
RON	93.4	91.8	91.2
RON（加 3mL 乙基液）	97.2	98.2	98.2
MON	79.4	77.4	78.4
MON（加 3mL 乙基液）	83.5	85.4	84.6
密度(20℃)/(g/cm^3)	0.8329	0.8310	0.8296
苯胺点/℃	7	11	11
溴价/[gBr/(100g)]	73	42	31
硫/%	0.47	0.06	0.04
轻循环油/v%	26.0	18.0	19.0
密度(20℃)/(g/cm^3)	0.8185	0.8378	0.8428

进　　料	减压馏分油	加氢馏分油 （4.8MPa 氢分压）	加氢馏分油 （12.4MPa 氢分压）
平衡催化剂：XZ—25[①]；中型装置条件：空速20h⁻¹，剂油比4.0，493℃			

进　　料	减压馏分油	加氢馏分油 （4.8MPa 氢分压）	加氢馏分油 （12.4MPa 氢分压）
苯胺点/℃	42	38	37
硫/%	1.14	0.08	0.06
>338℃渣油			
密度(20℃)/(g/cm³)	0.9699	0.9722	0.9789
苯胺点/℃	66	60	60
硫/%	1.14	0.14	0.05
焦炭/%	5.5	4.3	3.5

① 中等活性催化剂。

表 4-52　加氢对重循环油催化裂化产品的影响

平衡催化剂：AGZ-50；中型装置条件：重时空速40⁻¹，剂油比4.0，反应温度493℃

进　　料	重循环油	加氢重循环油 （4.82MPa 氢压）	加氢重循环油 （12.4MPa 氢压）
转化率/v%	52.0	57.0	64.0
H_2/%	0.035	0.035	0.004
C_1+C_2/%	2.0	1.8	1.7
$\sum C_3$/v%	6.8	7.3	8.0
$C_3^=$/v%	5.0	5.4	5.9
$\sum C_4$/v%	8.1	9.5	11.5
$C_4^=$/v%	3.2	3.6	4.3
$i\text{-}C_4$/v%	4.0	4.8	4.3
C_5^+汽油/v%	34.0	39.5	44.5
C_5^+汽油/转化率	0.65	0.69	0.70
辛烷值			
RON	88.0	88.4	89.1
RON（加 3mL 乙基液）	97.0	97.5	98.0
MON	77.0	79.0	78.2
MON（加 3mL 乙基液）	86.2	88.1	87.2
密度(20℃)/(g/cm³)	0.7662	0.7638	0.7653
苯胺点/℃	29	29	28
溴价/[gBr/(100g)]	44	49	38
烷烃/v%	50.2	50.6	56.4
烯烃/v%	11.9	14.8	12.3
芳烃/v%	37.9	34.6	31.3
硫/%	0.10	0.04	0.03
轻循环油/v%	12.5	13.2	14.0
密度(20℃)/(g/cm³)	0.9755	0.9822	0.9891
苯胺点/℃	20	12	3
硫/%	0.68	0.23	0.23
>338℃渣油			
密度(20℃)/(g/cm³)	1.0434	1.0434	1.0473
苯胺点/℃	48	47	46
硫/%	1.12	0.45	0.45
焦炭/%	11.2	11.0	11.0

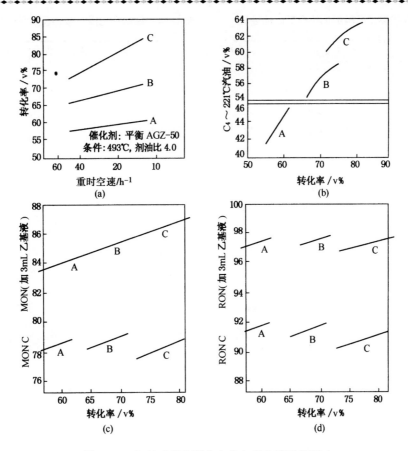

图 4-60　加氢对催化裂化产品产率和质量的影响

A—减压馏分油；B—A 油 4.8MPa 氢分压加氢；C—A 油 12.4MPa 氢分压加氢

表 4-52 表明，对重循环油而言，经加氢处理后，转化率和产品产率的变化规律类同馏分油，随着加氢深度增加，液化气和汽油产率明显地增加。总之，原料加氢处理可提高目的产品产率和质量，因而被广泛采用。

Ginzel 等（1985）在工业装置上也考查了 VGO 加氢处理对催化裂化产品产率和质量的影响（参见表 4-53，表 4-54）。VGO 经加氢处理后，干气和焦炭产率分别下降 1.3 个百分点和 0.3 个百分点，汽油和转化率分别上升 8.3 个百分点和 5.2 个百分点，但汽油辛烷值有所下降，轻/重循环油和澄清油的硫含量大幅度降低，同时，轻/重循环油和澄清油的密度、K 值、溴价和苯胺点均有所改善（见表 4-55）。

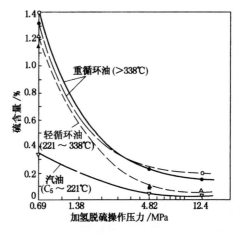

图 4-61　加氢降低催化裂化产品硫含量

白点—重时空速 40h^{-1}；黑点—重时空速 20h^{-1}

表4-53　催化裂化原料加氢处理前后的性质

项　　目	未加氢 VGO	已加氢 VGO
密度(20℃)/(g/cm^3)	0.934	0.905
S/%	3.02	0.17
碱氮/(μg/g)	220	150
V/(μg/g)	1.2	0.17
Ni/(μg/g)	0.2	0.03
C/H 质量比	7.02	6.67
残炭	0.87	0.17
K_{UOP}	11.60	11.95
恩氏蒸馏/℃		
5%	351	368
10%	385	393
95%	551	550
99%	580	583
族组成/%		
芳烃	52.8	43.6
非芳烃	44.4	55.9
胶质	2.8	0.5
结构参数/%		
C_A	18.8	12.2
C_P	52.6	59.6
C_N	28.6	28.1

表4-54　催化裂化操作条件及产品收率和汽油性质

项　　目	未加氢 VGO	已加氢 VGO
反应温度/℃	518	518
回炼比	0.05	0.07
剂油比	5.6	5.9
产品产率/%		
干气	5.2	3.9
C_3^0	1.4	1.4
$C_3^=$	4.3	4.8
$i-C_4^0$	2.2	1.9
$n-C_4^0$	0.6	0.4
$C_4^=$	3.8	2.3
汽油	49.0	57.3
轻循环油	20.3	18.4
澄清油	7.7	4.4
焦炭	5.5	5.2
转化率/%	72.0	77.2
汽油性质		
RON	91.6	90.6
MON	79.9	79.4
烷烃/%	6.1	7.1
烯烃/%	25.0	27.7
环烷烃/%	44	43.2
芳烃/%	24.9	22.0

表4-55　催化裂化的轻循环油、重循环油和澄清油性质

项　　目	未加氢 VGO			已加氢 VGO		
	轻循环油	重循环油	澄清油	轻循环油	重循环油	澄清油
密度(20℃)/(g/cm^3)	0.964	1.073	1.116	0.946	1.028	1.092
S/%	3.94	5.17	5.36	0.37	0.68	0.69
残炭/%	0.12	1.09	9.8	0.01	0.35	8.2
K	10.35	9.92	9.73	10.60	10.36	9.92
倾点/℃	-18			-18		
苯胺点/℃	1.8	20.3		11.9	34.6	
终馏点/℃	397	464		393	461	
溴价/[gBr/(100g)]	12	18	12	6	9	13
十六烷值	23.6			26.8		
族组成/%						
烷烃	30.0	27.8	23.0	36.4	38.0	27.6
环烷烃	15.0	2.0	2.0	14.3	2.0	2.0
芳烃	55.0	70.2	75.0	49.3	60.0	70.4

对鲁宁管输油 VGO 掺炼加氢处理和未加氢处理的 CGO 进行试验，试验结果列于表4-

56，表4-57、表4-58列出工业催化裂化装置标定时的原料性质、物料平衡和产品性质。从表4-56可以看出，CGO加氢处理后，密度和黏度下降，残炭、硫、氮和碱氮含量都下降，小于350℃馏分含量增加，物化性质明显改善，从而改善了催化裂化总进料性质。

表4-56　CGO加氢预处理前后性质对比

项　目	鲁宁管输油（标定1）		鲁宁管输：南海=3:1	
	加氢前	加氢后	加氢前	加氢后
密度(20℃)/(g/cm³)	0.8906	0.8640	0.8867	0.8651
黏度(50℃)/(mm²/s)	9.64	7.94	10.51	7.51
凝点/℃	26	26	31	28
残炭/%	0.05	0.01	0.14	0.02
碱性氮/(μg/g)	1660	358	1318	857
元素含量				
C/%			85.65	85.55
H/%			12.49	12.98
S/(μg/g)	8233	193	6866	5716
N/(μg/g)			3689	1991
馏程/℃				
初馏点			267	209
10%	354	329	359	302
50%	384	379		
70%	401	395		
95%	436	432		
<350℃含量/%	11.7	19.5	6.5	32

从表4-57可以看出，在VGO性质相近，加工量相当的条件下，CGO加氢作催化裂化原料比不加氢直接进催化裂化的产品分布要好。例如标定1中，尽管加氢后催化裂化剂油比下降0.23个单位，但转化率仍提高1.16个百分点，干气、轻循环油、油浆和焦炭产率分别下降0.67、0.38、0.78和0.22个百分点，汽油产率增加2.03个百分点，液化气+汽油+轻循环油产率提高1.7个百分点。从表4-58可以看出CGO加氢后在一定程度上改善了汽油和轻循环油性质，但汽油辛烷值有所下降。

表4-57　标定操作条件及物料平衡的对比

项　目	鲁宁管输油		鲁宁管输：南海=3:1	
	加氢前	加氢后	加氢前	加氢后
加工量/(t/d)	3266	3210	3239	3332
CGO比例/%	24.4	25.1	21.6	22.7
加氢CGO比例/%	0	16.6	0	18.1
催化剂微反活性/%	71.0	71.7	67.8	70.4
操作条件				
管反温度/℃	508	508	514	514
筒反温度/℃	493	489	504	503
再生温度/℃	685	694	696	692

项　目	鲁宁管输油		鲁宁管输：南海＝3：1	
	加氢前	加氢后	加氢前	加氢后
预热温度/℃	345	338	331	323
剂油比	3.89	3.66	4.0	4.18
回炼比			0.21	0.20
转化率/%	66.87	68.03	68.35	71.62
物料平衡/%				
干气	5.98	5.31	4.76	4.13
液化气	8.07	8.12	9.16	10.40
汽油	48.09	50.12	49.92	52.61
轻循环油	28.01	27.63	26.64	25.75
油浆	5.12	4.34	4.82	2.32
焦炭	4.33	4.11	4.51	4.48
损失	0.40	0.38	0.18	0.31
总计	100.00	100.00	100.00	100.00
汽油+轻循环油/%	76.10	77.75	76.56	78.36
C_3~轻循环油/%	84.17	85.87	85.72	88.76

表 4-58　标定产品性质的对比

项　目	鲁宁管输油		鲁宁管输：南海＝3：1	
	加氢前	加氢后	加氢前	加氢后
稳定汽油				
密度(20℃)/(g/cm^3)	0.7293	0.7271	0.7283	0.7724
终馏点/℃	201	200	200	188
碱性氮/($\mu g/g$)	94	65	79	46
硫醇/($\mu g/g$)			319	406
实际胶质/[$mg/(100mL)$]	2.8	0.8	8.0	4.4
辛烷值　MON	78.1	77.8	78.4	78.3
RON	90.3	89.5	91.1	90.8
诱导期/min			1025	570
总硫/($\mu g/g$)			1119	990
碘值/[$gI/(100mL)$]	86.1	65.0	58.8	58.5
轻循环油				
密度(20℃)/(g/cm^3)	0.8974	0.9010	0.8968	0.8965
碱性氮/($\mu g/g$)	165	140	155	
胶质/[$mg/(100mL)$]	164.4	95.2	190.4	156.4
十六烷值	34	34	35	33
碘值/[$gI/(100mL)$]	24.2	13.4	30.4	10.4
C/%			88.20	87.88
H/%			11.52	11.03
液化气				
H_2S/(mg/m^3)			2949	1459

　　将美国西部直馏 VGO 与 CGO 按 1∶1 混合，进行不同深度的加氢处理后再进行催化裂化，其性质变化及其催化裂化反应所得到的产物分布列于表 4-59。与未加氢处理相比，汽油产率大幅度提高；但加氢深度过高，催化裂化产气多，轻循环油少，轻油收率下降。

表 4-59　催化裂化原料油加氢处理效果

项　　目	未加氢处理	浅度加氢处理	中度加氢处理	深度加氢处理
原料性质				
密度(20℃)/(g/cm³)	0.934	0.908	0.893	0.870
元素组成/%				
H	11.77	12.47	12.97	13.38
S	2.7	0.39	0.025	54μg/g
N	0.39	0.31	0.038	23μg/g
加氢化学氢耗/(Nm³/m³)	0	62	118	220
催化裂化产率/%				
H₂S~C₂	4.9	3.1	2.3	2.5
C₃~C₄	8.7	13.5	19.6	26.9
汽油	39.0	49.3	55.9	56.1
轻循环油	27.5	21.5	15.2	9.6
油浆	13.8	6.5	2.8	1.2
焦炭	6.1	6.1	4.2	3.7

　　前已指出，HT-FCC 联合操作与没有 HT 的催化裂化相比，汽油的产率增加了；而 MHC-FCC 联合操作，可增加中间馏分，改变 MHC 的苛刻度，可改变 MHC-FCC 产品的产率，因而给炼厂提供了适应产品需求变化的灵活性。表 4-60 为 VGO、HT-FCC、MHC-FCC 的综合收率比较。

　　随着加氢精制催化剂的改进，加氢处理已不仅是提高馏分油催化裂化原料油质量的手段，还是提高渣油催化裂化原料油质量的重要手段，但加氢的条件相当荷刻，如 HDS 工艺。

表 4-60　催化裂化原料 HT 或 MHC 的综合效果

项　　目	VGO	HT-VGO	MHC-VGO
原料性质			
密度(20℃)/(g/cm³)	0.9052	0.8795	0.8621
S/%	1.713	0.16	0.03
N/(μg/g)	1944	1109	242
残炭/%	1.05	0.25	0.21
综合产品产率/%			
干气	2.17	3.06	3.45
液化气	10.78	12.04	9.60
汽油	46.95	47.30	43.49
轻循环油/中间馏分(216~345℃)	17.20	20.63	27.83
重油(>345℃)	18.19	14.61	13.98
焦炭	4.71	2.36	1.65

　　对含硫或高硫原料而言，加氢处理又称为重油加氢脱硫。随着原料轻重不同又可分为减

压馏分油加氢脱硫(VGO-HDS)、常压渣油加氢脱硫(ARDS)、减压渣油加氢脱硫(VRDS)。表 4-61 列出了中东原油 VGO 和 CGO 混合油及其三个等级的加氢脱硫(HDS)后性质。从表 4-61 可以看出，VGO 和 CGO 混合油的密度由 930.9kg/m³ 降低到 898.0kg/m³；硫含量由 2.6%降到 0.02%。

表 4-61　硫对催化裂化原料性质的影响

项　　目	未加氢处理(VGO: CGO = 89.1 : 10.9)	原料脱硫率/%		
		90	98	99
操作压力/MPa		6.2	6.9	6.9
原料性质				
密度(20℃)/(g/cm³)	0.9304	0.9230	0.9053	0.8980
硫含量/(μg/g)	2.6	0.25	0.06	0.02
氮含量/(μg/g)	880	500	450	400
残炭/%	0.4	0.25	0.1	0.1
(Ni+V)含量/(μg/g)	0.36	<1	<1	<1
耗氢量/%	0	0.51	0.74	0.94

加氢处理对产品产率结构和硫含量的影响列于表 4-62。经加氢处理所得的烷烃和部分饱和芳烃裂化为汽油，所以汽油的辛烷值变化不大。轻循环油芳烃含量仍然很高，十六烷值改变较小，增加转化主要是降低了轻循环油产率。结果显示要将催化裂化汽油中的硫降到 135μg/g，需脱除 95%的硫。因此，原料加氢处理对催化裂化产物分布影响表现为增加了向汽油和轻质产品的转化程度；提高了汽油产率；降低了轻循环油和油浆的产率；减少了焦炭产率。

表 4-62　加氢处理对催化裂化装置原料特性的影响

项　　目	未加氢处理	原料脱硫率/%		
		90	98	99
产品产率/%				
H_2S	1.1	0.1	0.0	0.0
C_2^-	3.3	3.5	3.2	2.8
C_3+C_4	16.3	17.6	18.7	19.9
汽油	48.3	51.5	52.5	53.6
轻循环油	16.7	15.7	15.0	14.0
油浆	9.0	6.6	5.9	5.2
焦炭	5.4	5.0	4.7	4.4
总计	100.1	100.0	100.0	100.0
转化率/v%	74.3	77.7	79.1	80.8
关键产品特性				
汽油 RON	93.2	93.0	92.9	92.7
汽油 MON	80.5	80.8	81.1	81.0
轻循环油十六烷值	25.7	25.7	26.4	26.5

续表

项　目	未加氢处理	原料脱硫率/%		
		90	98	99
产品硫含量/(μg/g)				
汽油	3600	225	55	18
轻循环油	29700	3400	900	300
油浆	57800	11000	3000	1100
焦炭	30300	5700	1554	516
SO_x(mg/m³)	2030	410	120	42

　　Kellogg 公司的重油催化裂化原料——常压渣油进行 HDS 后，硫可脱掉 90%，残炭和重金属含量分别减少 50% 和 80%，催化裂化的产品分布得到很大的改善，汽油产率增加 12.4 个体积百分点，总液体收率也增加 9.7 个体积百分点，焦炭产率下降了 4.4 个百分点，如表 4-63 所列。

表 4-63　HDS 对催化裂化产品分布和质量的影响

项　目	没有 HDS 的常压渣油	HDS 的常压渣油
原料		
密度(20℃)/(g/cm³)	0.9587	0.9141
残炭/%	8.6	4.2
苯胺点/℃	72	94
硫/%	3.5	0.3
重金属含量/(μg/g)		
V	51	9
Ni	16	6
FCC 产品产率和质量(固定转化率77%)		
汽油(C_5~221℃)/v%	52.6	65.0
C_4/v%	15.5	16.0
C_3/v%	11.2	8.0
轻循环油/v%	23.0	23.0
总液体收率/v%	102.3	112.0
焦炭/%	12.4	8.0
干气/%	4.2	1.4
汽油辛烷值		
RON	92.7	89.3
MON	78.4	79.0

　　Chevron 公司将 Marlim 原油的 VR 和 VRDS 生成油在 RFCC 中试装置进行对比试验。其原料性质见表 4-64，焦炭产率与转化率的关系见图 4-62，汽油产率与转化率的关系见图 4-63。

表 4-64　RFCC 中试装置的原料性质

项　　目	MarlimVRDS >350℃生成油	Marlim VR	项　　目	MarlimVRDS >350℃生成油	Marlim VR
相对密度($d_{15.6}^{15.6}$)	0.9715	1.02	碱氮/(μg/g)	2178	3717
残炭/%	11	20.7	芳香烃/%	17.8	33.7
硫/%	0.083	0.79	饱和烃/%	82.2	66.3

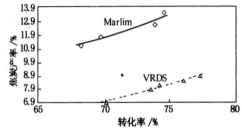

图 4-62　焦炭产率与转化率的关系

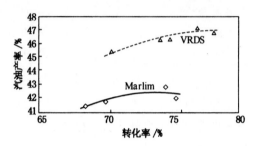

图 4-63　汽油产率与转化率的关系

　　由图 4-62、图 4-63 可知，Marlim VRDS 催化裂化与 Marlim 原油的 VR 催化裂化相比，产品分布显著改善。当转化率一定时，焦炭产率约下降 4%，汽油产率提高约 3%。有人对孤岛减渣加氢处理生成渣油(HVR)的性质、化学组成和催化裂化性能进行了研究，表 4-65 列出了孤岛 VGO 和加氢减渣掺兑试验研究的结果。表 4-65 数据表明，孤岛 VGO 掺兑 20%孤岛加氢减渣时的催化裂化产品分布与纯 VGO 的催化裂化产品分布相近，轻油收率只降低了 1.1%，焦炭产率只增加了 0.2%，说明孤岛加氢减渣的裂化性能与孤岛 VGO 的裂化性能差不多。

表 4-65　孤岛加氢渣油催化裂化工艺研究数据

项　　目	孤岛 VGO	孤岛 HVR	孤岛减渣
密度(20℃)/(g/cm³)	0.9094	0.9150	0.9998
硫/%	1.13	0.22	2.52
氮/(μg/g)	0.17	0.26	0.80
镍/(μg/g)	0.2	7.5	48
钒/(μg/g)	0.08	1.0	2.2
残炭/%	0.09	5.2	15.6
运动黏度(100℃)/(mm²/s)	8.6	92.5	1710
饱和烃/%	77.1	45.8	14.5
轻芳烃/%	8.29	16.1	5.0
中芳烃/%	1.82	8.0	5.1
重芳烃/%	8.03	12.2	24.5
轻胶质/%	4.76	4.6	15.6
中胶质/%		1.3	7.9
重胶质/%		9.2	23.9
C_7沥青质/%		2.8	3.5
平均相对分子质量	395	670	1160
C_A/%	19.7	14.6	24.2
C_N/%	21.5	19.0	22.7
催化原料油	孤岛 VGO	孤岛 HVR	80%VGO+20%HVR
裂化产品分布			

续表

项　　目	孤岛 VGO	孤岛 HVR	孤岛减渣
干气/%	2.1	2.9	2.3
液化气/%	11.3	27.4	12.1
汽油/%	40.2	39.5	41.2
轻循环油/%	22.3	9.8	20.2
重油/%	19.0	6.5	18.9
焦炭/%	5.1	13.9	5.3
轻油收率/%	62.5	49.3	61.4

渣油加氢处理工艺过程的化学本质是在临氢状态下使原料中的硫、氮化合物，金属络合物和稠环芳烃（生焦前身物）与氢发生化学反应，达到脱硫、脱氮、脱金属和芳烃饱和等目的。因此加氢生成油的化学组成和烃类分布要明显地优于相应的渣油原料，表4-65列出了渣油加氢处理前后烃族组成的变化情况，表4-66列出了沙轻渣油及其加氢生成油的氢碳原子比、烃族组成和芳碳转化率的变化情况。表4-66数据显示，加氢生成油的氢碳原子比增大，饱和烃含量提高，而胶质和沥青质含量减少。芳环环数大的芳环碳的转化率明显高于环数小的芳环碳的转化率，说明在渣油加氢处理过程中，大环芳烃比小环芳烃更容易发生加氢饱和反应。在典型的渣油加氢处理条件下，加氢生成油的硫含量满足催化原料的要求时（硫含量≤0.5%），渣油原料中的三、四环芳碳的转化率达77%以上，双环芳碳的转化率也达56%以上，这就是渣油加氢处理可明显改善催化裂化原料性质的根本原因。

表4-66　渣油加氢脱硫过程的芳碳转化

项　　目	沙轻渣油	沙轻渣油加氢脱硫生成油	项　　目	沙轻渣油	沙轻渣油加氢脱硫生成油
硫含量/%	3.86	1.32	胶质	28.5	20.6
H/C（原子比）	1.595	1.647	沥青质	4.3	2.8
烃族组成/%			合计	100.0	100.0
饱和烃	20.0	24.3	芳碳转化率/%		
单环芳烃	15.7	24.0	单环芳碳	基准	0
双环芳烃	13.5	16.1	双环芳碳	基准	38
三、四环芳烃	18.0	12.2	三、四环芳碳	基准	54

八、原料性质变化的灵敏度

Elf 公司利用 Profimatics 公司的 FCC 模型，计算了原料性质变化对催化裂化产品产率的灵敏度（表4-67）（陈俊武，2005）。尽管由于实际操作有波动，可能产生一些误差，但预测值与实测值符合尚好。

表4-67　原料性质变化的灵敏度

项　　目	基础值	参数变化值				
		相对密度	馏程	折光指数	S	残炭
密度(20℃)/(g/cm³)	0.9210	−0.0078				
馏程/℃						
10%	404		−5.6			

续表

项　　目	基础值	参数变化值				
		相对密度	馏程	折光指数	S	残炭
50%	461		-5.6			
90%	540		-5.6			
折光指数(n_D^{20})				-0.006		
S/%	2.5				-0.14	
残炭/%	0.4					-0.138
K_{UOP}		-0.04	-0.03			
C_A/%	17.3	-0.3	+0.6	-0.4	-0.1	
C_N/%	24.5	+3.1	+0.3	+0.9	+0.3	
C_P/%	58.2	-2.8	-0.9	-0.5	-0.2	
进料量/(t/h)	124.6	+0.566				
反应温度/℃	509.5					
转化率/%		+0.23	-1.00	+0.37	+0.57	+0.54
产品产率/%						
H$_2$S					-0.06	
C$_1$～C$_4$		+0.07	-0.14	+0.12	+0.17	+0.16
汽油		+0.13	-0.76	+0.22	+0.45	+0.34
轻循环油		+0.04	-0.11	+0.04	+0.09	+0.12
重循环油+油浆		-0.26	+1.03	-0.39	-0.61	-0.63
焦炭		+0.001	+0.02	+0.01		+0.01
再生温度/℃		-0.33	-1.50	-0.83	-2.06	+0.38
再生催化剂碳含量/%		+0.001	+0.001	+0.001	+0.002	+0.38
烟气组成						
O$_2$/v%		-0.17	+0.09	-0.05	-0.03	-0.04
SO$_x$/(μg/g)		+6	-19	+7	-16.6	+11

　　前已指出，焦化馏分油含有较多生焦倾向大的组分（如多环芳烃），并有较多的碱性氮。在小型固定流化床装置上用辽河馏分油掺炼不同量焦化馏分油进行试验，其结果如图 4-64 和图 4-65。由图可知，随着焦化馏分油掺入量的增加，转化率和汽油产率下降，焦炭选择性上升（陈祖庇，1991）。

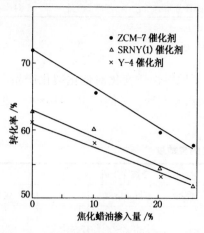

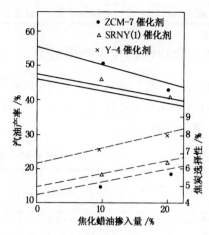

图 4-64　焦化馏分油掺入量对转化率的影响　　　图 4-65　焦化馏分油掺入量对汽油和焦炭的影响

在工业装置上，掺炼鲁宁管输焦化馏分油也得到类似的结果。当掺炼量为12.6%时，汽油产率下降1.59%，轻柴油、液化气和焦炭分别上升2.2%、0.06%和0.03%。

馏分油掺入渣油作为催化裂化原料，其性质也随掺炼量不同而变化，因而使催化裂化产品产率也发生变化，以鲁宁管输VGO为例，采用CRC-1催化剂进行催化裂化，则随着掺炼量的增加，焦炭产率明显上升，汽油和轻循环油产率下降（表4-68）。若将掺炼32.4%的减压渣油与纯VGO催化裂化相比，估算出所掺炼减压渣油的汽油、轻循环油和焦炭的产率分别是38%、22.4%和21.9%。大庆全馏分常压渣油与馏分油催化裂化相比，也得类似的结果（表4-69）。

表4-68 鲁宁管输VGO掺炼不同比例减压渣油时产品产率的变化

项 目	1	2	3	4	5	6	7
掺炼减渣量/%	0	9.5	24.1	26.4	30.7	32.4	35.9
残炭/%	0.1	2.2	4.3	4.8	5.5	6.2	6.6
回炼方式	全回炼	全回炼	全回炼	部分回炼	不回炼	全回炼	不回炼
平衡催化剂活性/%		64	71	71	71	70	72
Ni+V/(μg/g)	<1000	~5000				6066	
是否加锑钝化剂	不	加	加	加	加	不	加
反应温度/℃	470	499	476	491	484	489	486
剂油比			3.9	6.67	5.21	3.94	5.35
回炼比		0.78	0.42	0.12	0	0.42	0
产品产率/%							
干气	12.1	5.2	4.9	5.7	4.4	12.2	4.3
液化气		5.3	6.3	5.4	6.8		5.6
汽油	52.9	47.6	48.1	50.6	50.0	48.2	47.9
轻循环油	30.1	32.5	30.0	27.3	28.8	27.6	25.9
油浆	0	0.5	0	0	6.0	0	5.4
焦炭	4.6	7.9	9.3	9.8	8.7	10.2	9.4
损失	0.3	1.0	1.4	1.2	1.3	1.8	1.5
轻质油收率/%	83.0	80.1	78.1	77.9	78.8	75.8	73.8

表4-69 大庆馏分油与常压渣油催化裂化的比较（Y-15催化剂）

项 目	馏分油	常压渣油	项 目	馏分油	常压渣油
操作条件			产品产率/%		
反应温度/℃	490	480	重循环油	4.5	—
再生催化剂碳含量/%	0.25	0.38	焦炭	4.1	9.9
剂油比	3.3	5.8	损失	0	0.5
回炼比	0.4	0.34	转化率	70.2	73.8
产品产率/%			产品性质		
气体	13.5	13.8	汽油辛烷值(MON)	78.1	79.0
汽油	52.6	50.1	诱导期/min	655	979
轻循环油	25.3	26.2	轻循环油十六烷值	42	34

Navarro等（2015）认为催化裂化原料组成及其碳氢类型和分布在催化裂化产物分布中起重要作用，原料的氢含量是重要性质，其次为原料密度、馏程（ASTM D1160）、折光指数、氮含量、硫含量和康氏残炭，同时还定义了关联指数和可裂化因子来表征原料油性质。催化

裂化装置的干气、液化气、汽油、LCO、油浆和焦炭产率及汽油 RON 均与这些原料性质具有高度相关性。干气、液化气、汽油、LCO、油浆和焦炭产率关联如下：

$$Y_{DG} = -1.445 + 0.044 \times CI + 2.716 \times N_B + 0.038 \times CCR + 0.062 \times S + 0.020 \times Sa \quad (4-56a)$$

$$Y_{LPG} = -54.456 + 0.838 \times API + 0.099 \times Ar + 0.311 \times CF + 0.317 \times CI + $$
$$7.190 \times N + 0.455 \times S + 0.1765 \times Sa \quad (4-56b)$$

其中：

$$Y_{C4=} = -26.778 + 0.175 \times API + 0.0401 \times Ar + 0.073 \times CF + 12.255 \times RI + 6.770 \times N_B + 0.343 \times S + 0.0591 \times Sa$$

$$Y_{iC4} = 14.044 + 0.317 \times API + 0.095 \times CF + 0.453 \times H + 0.170 \times CI - 24.943 \times RI$$

$$Y_{max.Gaso} = 89.6285 + 0.3403 \times Ar + 0.7511 \times CF - 0.3476 \times CI - 61.2848 \times RI \quad (4-56c)$$

或
$$Y_{max.Gaso} = 46.457 + 0.6382 \times CI - 0.011 \times CI^2$$

$$Y_{LCO} = 114.604 + 0.314 \times API - 0.618 \times CF + 0.182 \times CI - 42.695 \times RI + 6.023 \times N \quad (4-56d)$$

$$Y_{Slurry} = 44.647 - 0.662 \times API - 0.20 \times Ar - 0.466 \times CF + 1.541 \times H - 9.162 \times N_B - 0.405 \times S$$
$$(4-56e)$$

$$Y_{Coke} = -181.786 + 0.384 \times API + 0.106 \times CI + 113.35 \times RI + 0.518 \times CCR \quad (4-56f)$$

式中　Y_{DG}——干气产率，%；

　　Y_{LPG}——液化气产率，%；

　$Y_{max.Gaso}$——最大量汽油产率（馏程为 $C_5 \sim 221℃$），%；

　　Y_{LCO}——LCO 产率（馏程为 $221 \sim 371℃$），%；

　　Y_{Slurry}——油浆产率（沸点大于 371℃ 的馏分），%；

　　Y_{Coke}——焦炭产率，%。

其中，相关指数（CI）可用下式计算：
$$CI = 473.7 \times d + 48640/(T_{cu} + 273) - 456.8$$

可裂化因子（CF）可用下式计算：
$$CF = 450.7 - 1.296 \times API + 1.53901 \times H - 0.562 \times CI - 224.28 \times RI + 10.51 \times N$$

或
$$CF = 85.87257/(1 + 399.7161 \times e^{-0.6393 \times H})$$

饱和分含量可用下式计算：
$$Sa\% = 1/(0.15498 - 0.05378 \times \ln H)$$

芳香分含量可用下式计算：
$$Ar\% = -95.1947 + 33.86928 \times H - 1.82886 \times H^2$$

上面各式中，T_{cu} 为立方平均沸点，℃；d 是相对密度，g/cm³；API 为 API 度；H 为原料氢含量（可用公式 $H\% = 15.72432 - 0.06798 \times CI$ 计算），%；RI 为折光指数；N 为原料总氮，%；N_B 为碱性氮含量，%；S 为原料的硫含量，%；CCR 为康氏残炭，%。

此外，还有用于评估装置热平衡的碳差关联式和评估汽油性质的辛烷值关联式。

$$\Delta_{coke}(\%) = -26.77 + 0.0294 \times CCR + 0.037 \times API + 0.0664 \times H + 16.821 \times RI + 0.446 \times N$$
$$(4-57a)$$

$$RON = 177.864 - 0.192 \times CCR - 0.234 \times API + 0.0328 \times Ar - 54.942 \times RI + 7.90 \times N_B + 0.229 \times S$$
$$(4-57b)$$

上述关联式可以用来指导和优化催化裂化装置。

第五节 气体产品及其加工利用

一、气体组成

催化裂化装置副产大量的液化气(Liquefied Petroleum Gas，简称 LPG)和少量的干气(Dry Gas)。干气和液化气的产率分别占新鲜原料的 2% ~ 12% 和 8% ~ 40%。因此催化裂化装置不仅是生产汽、柴油的重要二次加工装置，而且也是生产大量可供石油化工综合利用的气体产物。

干气中除富含乙烷、乙烯、甲烷及氢外，还含有在生产过程中带入的氮气和二氧化碳等非烃类。由于吸收稳定系统操作条件的限制，干气中还有一定量的丙烷、丙烯和少量较重的烃类。以馏分油作催化裂化装置的原料时，干气中氢含量一般小于 0.1%(对原料)；以渣油作原料时，氢含量成倍增长，但一般也不超过 0.5%(对原料)。由于渣油的重金属含量多，在催化裂化时使得催化剂表面被污染，导致气体组成发生变化，氢气产率升高和 H_2/CH_4 (摩尔比)增加。以大庆馏分油为原料时，该比值为 0.3；若以大庆常压渣油为原料时，该比值达 2.16；任丘直馏馏分油掺 80% 常压渣油为原料时，该比值高达 5.44。参见表 4-70。干气中所含 CH_4 量一般都小于 C_2，C_2H_4 含量一般均稍大于 C_2H_6。液化气的主要组分是 C_3 和 C_4，还含有少量的 C_5。其中 C_3 约占 30% ~ 40%，C_4 约占 55% ~ 65%。在 C_3 中，丙烯约占 60% ~ 80%。在 C_4 中，总丁烯约占 50% ~ 65%，异丁烷约占 30% ~ 40%，液化气中烯烃与烷烃之比与氢转移反应有关(Ritter, 1986)。表 4-70 列出了大庆馏分油催化裂化气体组成和产率的代表性数据，同时还列出了大庆常压渣油以及任丘馏分油掺渣油催化裂化气体组成和产率的代表性数据。

表 4-70 气体组成及产率(%，对原料)

项 目	大庆馏分油				大庆常压渣油			任丘馏分油+80%常压渣油		
	干气	不凝气	液化气	合计	干气	液化气	合计	干气	液化气	合计
H_2	0.02			0.02	0.20		0.20	0.47		0.47
C_1	0.53			0.53	0.74		0.74	0.69		0.69
C_2^0	0.13			0.13	0.73		0.73	0.41		0.41
$C_2^=$	0.34	0.65		0.99	0.76		0.76	0.65		0.65
C_3^0	0.01	0.86	0.52	1.39	0.09	0.95	1.04	0.02	1.4	1.42
$C_3^=$	0.02	1.04	1.52	2.58	0.26	2.61	2.87	0.03	4.01	4.04
$i\text{-}C_0^4$	0.02	0.95	1.34	2.31	0.23	2.11	2.34	0.03	1.86	1.89
$n\text{-}C_0^4$	0.01	0.18	0.36	0.55	0.04	0.65	0.69		0.66	0.66
$1\text{-}C_4^=$、$i\text{-}C_4^=$	0.04	0.02	0.47	0.53	0.15	1.60	1.75	0.01	1.93	1.94
反-$2C_4^=$	0.01	0.28	0.57	0.86	0.05	1.14	1.19		0.82	0.82
顺-$2C_4^=$	0.01	0.21	0.37	0.59	0.03	0.84	0.87		0.45	0.45
$i\text{-}C_4^{=}$[①]		0.37	0.64	1.01						
$i\text{-}C_5^0$		0.02	0.12	0.14	0.07	0.1	0.17			
$C_5^=$			0.05	0.05	0.01		0.01			

项　目	大庆馏分油				大庆常压渣油			任丘馏分油+80%常压渣油		
	干气	不凝气	液化气	合计	干气	液化气	合计	干气	液化气	合计
H_2S					0.01		0.01			
$C_3^=/\sum C_3$				0.65			0.74			0.74
$C_4^=/\sum C_4$				0.51			0.56			0.56
i-$C_4^0/\sum C_4$				0.40			0.34			0.33
$H_2/CH_4(v)$				0.30			2.16			5.44

① 除大庆馏分油外，其他均与 1-$C_4^=$ 一起计量。

随着催化裂化工艺技术发展，我国相继开发多种催化裂化工艺，例如多产低碳烯烃的催化裂解工艺（DCC）和多产异构烷烃的催化裂化工艺（MIP），这些工艺典型气体组成与常规催化裂化气体组成存在着明显的差别。表 4-71 和表 4-72 分别列出了常规流化催化裂化（FCC）、催化裂解（DCC）和多产异构烷烃的催化裂化工艺（MIP）等三种工艺的干气和液化气组成及含量，其中 FCC 和 MIP 工艺气体组成数据为某催化裂化装置改造前后标定数据，DCC 工艺气体组成数据为某 0.40Mt/a DCC 装置标定数据。

表 4-71　干 气 组 成

工艺类型	FCC	MIP	DCC
原料油	鲁宁管输 VGO+30%VR+15%CGO		管输 VGO
密度（20℃）/（g/cm³）	0.9188	0.9130	0.8934
干气质量组成/%			
硫化氢	11.10	9.81	1.56
氢气	3.65	4.63	2.73
甲烷	33.71	33.02	30.55
乙烷	24.48	26.64	23.02
乙烯	22.05	20.61	40.60
丙烯	0.94	0.67	1.01
丙烷	3.28	2.87	0.53
正异丁烷	0.41	1.32	—
正异丁烯	0.40	0.43	—
总计	100.00	100.00	100.00
干气产率/%	4.39	2.94	8.44

表 4-72　液化气组成

工艺类型	FCC	MIP	DCC
原料油	鲁宁管输 VGO+30%VR+15%CGO		管输 VGO
密度（20℃）/（g/cm³）	0.9188	0.9130	0.8934
液化气质量组成/%			
丙烷	9.02	12.33	7.11
丙烯	32.68	31.66	45.19
正丁烷	4.66	6.20	2.04
异丁烷	18.42	23.73	5.65

续表

工艺类型	FCC	MIP	DCC
正异丁烯	19.02	14.34	21.24
顺-2-丁烯	6.75	4.63	6.38
反-2-丁烯	9.45	7.11	8.59
丁二烯	—	—	0.67
碳五	—	—	3.13
总计	100.00	100.00	100.00
液化气产率/%	12.47	15.44	38.35
异丁烷/正异丁烯	0.97	1.65	0.27

从表4-71可以看出，DCC干气中的乙烯含量远大于FCC和MIP工艺，同时，DCC干气的质量产率约为MIP工艺的3~4倍，因此，要考虑充分利用DCC工艺干气中的乙烯和乙烷，较为合理的技术途径是催化裂解工艺和蒸汽裂解工艺耦合。

从表4-72可以看出，MIP工艺生成的液化气中的异丁烷含量明显地高于FCC工艺和DCC工艺；MIP工艺的异丁烷与正异丁烯质量比也最高，异丁烷与正异丁烯质量比为1.65，而FCC工艺的异丁烷与正异丁烯质量比为0.97，这说明了MIP工艺中烃类的氢转移反应能力明显高于原FCC工艺。从表4-72还可以看出，MIP工艺液化气中的丙烯含量并没有明显下降。值得注意的是，DCC工艺的异丁烷与正异丁烯质量比仅为0.27，这说明DCC工艺充分地抑制了氢转移反应，丙烯和乙烯的含量均远大于FCC工艺和MIP工艺。

总之，DCC与FCC气体组成的差别主要表现在：DCC干气和裂化气的质量产率远大于催化裂化；DCC气体中乙烯和丙烯含量明显地高于FCC气体；总的气体烯烃含量在DCC气体中所占比例远高于FCC气体；异丁烷和正异丁烯含量比，特别是异丁烷含量明显不同。

二、气体中的杂质

催化裂化原料油是由C、H、O、N、S和微量金属等元素组成的，微量金属全部集中到催化剂上和液体产品中，因此干气和液化气中的杂质无非是少量非烃组分。催化裂化装置生产的干气和液化气中都或多或少地含有一些痕量烃和非烃杂质。FCC和MIP等催化裂化工艺主要生产轻质油，反应条件相对缓和，产生的干气和液化气中的杂质很少；而催化裂解（DCC）工艺主要生产低碳烯烃，苛刻的裂化反应条件所需反应温度较高，通常高于常规催化裂化温度 30~80℃，但远低于蒸汽裂解反应温度，因此DCC工艺虽产生一定的痕量烃，但产生的炔烃和双烯等较蒸汽裂解低得多。干气中的痕量烃很少，非烃杂质主要是硫化氢和再生催化剂携带到反应器中的烟气组分（主要是 N_2 和 CO_2）；液化气中含有硫化氢和少量碱氮等非烃杂质，还含有乙炔和环丙烷等痕量烃。

典型的DCC工艺干气和液化气中的痕量烃和非烃杂质如表4-73所示。从表4-73可以看出，DCC干气中杂质主要是 CO_2 和 H_2S，而液化气中杂质主要是一定量的乙炔和环丙烷等痕量烃，以及碱氮和 H_2S 等非烃杂质。当利用干气中氢气或乙烯等高纯度组分时，通常需要将干气组分进行分离和精制以除去杂质，以免对气体加工工艺的催化剂、产品纯度与原料消耗以及后续处理系统等造成损失或损坏。同样地，利用液化气中的 C_3 或 C_4 组分时，各工艺对原料的杂质含量都有严格的规定和要求，需要分离或精制单元。

表 4-73　DCC 装置的干气和液化气中的痕量烃及杂质

干气	含量	液化气	含量
痕量烃/(μg/g)		痕量烃/(μg/g)	
丙二烯	<1	丙二烯	22
乙炔	50	乙炔	128
丙炔	<1	丙炔	28
环丙烷	<1	环丙烷	117
非烃杂质/(μg/g)		非烃杂质/(μg/g)	
总氮	5.0	总氮	32
碱性氮	<0.5	碱性氮	26
氰及氮化物	<0.5	氰及氮化物	6
总硫	1861	总硫	674
H_2S	1860	H_2S	664
有机硫	0.8	有机硫	10
硫醇硫	<0.5	硫醇硫	8.6
COS	<0.5	COS	0.6
硫醚	<0.5	硫醚	0.8
CO_2/v%	2.25		

　　此外，FCC 工艺气体含有痕量的丙酮和丁酮，DCC 工艺气体不仅含有少量的炔类，而且含有痕量的丙酮、甲醇和乙醛，这些痕量烃的存在，为后续的气体加工带来了难度。甲醇是对内烯产品质量有着重要影响的组分。

　　由于烷基化、醚化、聚丙烯等工艺对原料中的硫含量和硫化物分布要求极其严格。因此，对精制液化气经气体分馏后，其中的硫化物分布引起了关注(李网章，2013a)。几种精制液化气中的典型硫形态和总硫含量列于表 4-74。液化气在分馏过程中，不同形态的硫分布在气体分馏装置的各产品中，并且产生一定的富集效应。通常精丙烯产品中的硫化物主要是羰基硫，丙烷馏分中的主要是甲硫醇，乙烷气中的主要是羰基硫，$C_4 \sim C_5$ 馏分中的主要是甲硫醇、乙硫醇、二硫化物和甲硫醚。乙硫醇、二硫化物和甲硫醚含量占液化气中相应的硫化物总量的 100%。

表 4-74　几种精制液化气中的典型硫形态和总硫含量

项　目	1	2	3
铜片腐蚀/级	≤1	≤1	≤1
总硫/(μg/g)	≤50	≤20	≤5
硫醇/(μg/g)			≤1
甲硫醇	≤2	≤2	
乙硫醇	≤3	≤3	
二硫化物/(μg/g)			
二甲基二硫	≤24	≤5	
甲乙基二硫	≤14	≤13	
羰基硫/(μg/g)	≤5	≤5	≤1
甲硫醚/(μg/g)	≤2	≤2	

三、气体分离与精制

催化裂化装置是炼厂轻烃来源之一,催化裂化装置生产气体量约为20%,甚至更多,其组成包括氢气、$C_1 \sim C_4$烷烃、$C_2 \sim C_4$烯烃和少量C_5烃以及H_2S、CO_2等杂质。这些气体烃是生产石油化工产品的宝贵原料,用它可以生产出种类繁多的石油化工产品,用途极其广泛。要实现这些气体轻烃资源的合理利用,首先要对这些气体轻烃进行分离与精制,然后才能作为生产石油化工产品的原料。气体分离与精制技术已相当成熟并且种类繁多(侯芙生,2011),例如干气脱硫、液化气脱硫、丙烯精制、干气提浓、液化气分离和碳四烯烃分离等等,在此只论述干气提浓、液化气分离和碳四烯烃分离的技术效果。

1. 干气提浓回收乙烯

干气提浓回收乙烯装置利用变压吸附技术,提取催化干气中的C_2及C_2以上组分,得到富含乙烯气体产品,然后送往乙烯装置作为原料。干气提浓回收乙烯技术对催化裂化干气中的乙烯回收率可以达到85%以上,产品中乙烯含量43%~45%,乙烷含量27%~30%,丙烯含量15%~18%。经分离精制后得到乙烯、丙烯产品,乙烷循环到裂解炉再裂解并得到乙烯产品。干气提浓回收乙烯技术为乙烯装置提供了优质资源,极大地提高了FCC干气利用价值。典型的干气提浓回收乙烯装置产物分布列于表4-75。

表4-75 干气提浓回收乙烯装置的产物分布

项 目	原料气	吸附废气	产品气
温度/℃	40	40	40
压力/MPa	0.7	0.5	2.4
体积组成分布/%			
H_2	22.22	32.13	0.62
O_2	0.24	0.34	
N_2	11.73	16.9	0.5
CH_4	28.43	38.96	5.87
CO	2.65	3.52	0.8
CO_2	2.09	0.52	
C_2H_4	13.88	2.83	40.34
C_2H_6	13.89	4.3	37.02
C_3H_6	3.18	0.37	9.87
C_3H_8	0.53	0.08	1.59
C_4H_8	0.44	0.02	1.4
C_4H_{10}	0.21	0.02	0.69
C_5H_{12}	0.41	0.01	1.3
H_2S	0.1		
合计	100	100	100

2. 液化气分离

液化气原料先进入脱丙烷塔,从塔顶分出C_2、C_3馏分,经冷凝冷却后,部分作塔顶回流,其余进入脱乙烷塔。乙烷从塔顶分出,塔底物料进入脱丙烯塔。丙烯从塔顶分出,塔底为丙烷馏分。脱丙烷塔底物料进入脱轻 C_4 塔，从该塔顶分出轻 C_4 馏分(主要为异丁烷、异丁烯、1-丁烯组分)，塔底物料进入脱戊烷塔，从该塔底分出戊烷，塔顶则为重 C_4 馏分(主要为 2-丁烯和正丁烷)。气体分馏原料及产品典型组成列于表 4-76。丙烷脱氢生产丙烯，丙烯经精制可以生产聚合级丙烯；轻 C_4 馏分中的异丁烯可先作为甲基叔丁基醚装置的原料，其他 C_4 馏分一起作为烷基化或者芳构化等装置的原料。

表 4-76　气体分馏原料及产品典型组成

体积组成/%	原料	C_2 馏分	丙烯馏分	丙烷馏分	轻 C_4 馏分	重 C_4 馏分	戊烷馏分
$C_2^=$	0.35	11.56					
C_2^0	0.50	16.15	0.01				
$C_3^=$	36.41	66.22	99.54	5.81	0.12		
C_3^0	11.17	6.07	0.45	93.26	0.23		
$i\text{-}C_4^0$	13.73			0.69	50.71	0.06	
$i\text{-}C_4^=$	8.32			0.12	25.98	6.00	0.02
$1\text{-}C_4^=$	7.70			0.09	21.16	8.89	0.04
$n\text{-}C_4^0$	4.55			0.01	0.42	19.15	0.82
反 $\text{-}2\text{-}C_4^=$	8.70			0.01	1.11	36.32	1.37
顺 $\text{-}2\text{-}C_4^=$	6.80			0.01	0.27	29.00	1.84
C_5	1.76					0.04	95.91

3. C_4 烯烃的分离

C_4 烯烃为正丁烯、异丁烯、1-丁烯和 2-丁烯，而 1-丁烯与异丁烯的沸点仅差 0.6℃，难以采用常规精馏法分离。C_4 烯烃的分离方法有 H_2SO_4 法、水合法、醚化法、加氢异构化法、吸附法、选择性叠合法和苯酚烃化等方法。各种方法比较列于表 4-77。在这些方法中，H_2SO_4 法腐蚀严重，吸附法设备复杂，处理能力低，加氢异构化法所得到的异丁烯和 2-丁烯纯度偏低，水合法和醚化法较为成熟(Miranda，1987)。

表 4-77　C_4 烯烃的分离方法比较

方法名称	H_2SO_4 法	水合法	醚化法	加氢异构化法	吸附法		选择性叠合法	苯酚烃化
公司	UOP	Huls	SNAM	IFP/UOP	UOP	UCC	IFP	AR
原理	稀硫酸抽提异丁烯	异丁烯水合生成叔丁醇	甲醇与异丁烯反应生成 MTBE	1-丁烯加氢异构化为 2-丁烯	吸附剂吸附 1-丁烯	吸附剂吸附正丁烯	催化叠合异丁烯	苯酚与异丁烯反应生成叔丁酚
异丁烯纯度/%	99.5	99.9	99.9	94.5/95.2	70.1	97.9	—	99.5
1-丁烯纯度/%	—	—	99.5	81.7/90.2 (2-丁烯)	99.0	>99.0	99.5	—
抽余 C_4 中异丁烯含量/%	<1	0.5	0.5	—	—	—	<0.5	0.1

四、气体加工

催化裂化装置干气含有大量氢气、乙烯和轻烃，极具利用价值。如果干气被送入瓦斯管网作燃料气用，有些甚至放入火炬烧掉，造成资源浪费。催化裂化干气的利用途径包括分离利用与直接加工利用两大类，分离利用包括从干气中提取氢气、乙烯等，直接加工包括干气直接制乙苯等。我国催化裂化装置的加工能力很大，其干气的质量产率约为 1%~6%，催化裂化干气中氢气的含量一般在体积分数 40% 左右，数量可观，例如，1.0Mt/a 渣油催化裂化装置所具有的氢气潜力约相当于 0.30Mt/a 重整装置的产氢量。从催化裂化干气中回收氢气的方法采用膜分离法或变压吸附法。同时将催化裂化干气进行浓缩，从中得到乙烯和轻烃，不经裂解直接进入乙烯装置的分离系统。产品中的乙烯、乙烷和丙烯组分经分离精制得到乙烯、丙烯产品，乙烷循环到裂解炉作为乙烯原料的补充。例如某 30000 Nm³/h 干气提浓乙烯装置利用变压吸附技术，提取催化裂化干气中的 C_2 及 C_2 以上组分，得到提浓乙烯气体产品，送往乙烯装置作为原料，乙烯回收率可以达到 85% 以上。但从催化裂化干气中回收乙烯和轻烃，即使是 10Mt/a 以上的大型炼油企业，所产的催化裂化干气总量每年只有几十万吨，从中直接得到的乙烯仅有几万吨，单独建设这样的乙烯分离装置，并不经济（林泰明，2004），但对于有乙烯生产装置的石油化工联合企业，将干气中的乙烯和轻烃送入乙烯厂一起分离利用，将非常经济和便利。

催化裂化的液化气中含有大量高价值的 C_3 和 C_4 组分，也可以通过分离精制或直接加工利用获得多种石油化工产品，液化气中的碳三和碳四烃主要利用途径（侯芙生，2011）如下：

① 生产高辛烷值汽油组分。这是炼厂气加工最重要的一个方面。比较普遍的是用液化气中的异丁烷和丁烯生产烷基化油；利用其中的丙烯、丁烯经选择性或非选择性叠合生产叠合汽油；利用其中的异丁烯与甲醇醚化生产甲基叔丁基醚，以及丙烯二聚、三聚生产异己烯、异壬烯等。在各国的汽油组成特别是优质汽油的组成中，这些高辛烷值汽油组分占有相当大的比例。由于丁烷的辛烷值较高，在汽油蒸气压规格允许和符合环保要求的情况下，常将丁烷直接调入汽油中。

② 生产油品添加剂。如用异丁烯聚合所得的聚异丁烯生产硫代磷酸盐和无灰添加剂；苯酚与叠合烯烃烷基化制取烷基酚盐添加剂；乙烯与丙烯共聚或异丁烯聚合生产黏度添加剂等。

③ 生产溶剂。如用丙烯与苯烷化生成异丙苯，再将异丙苯氧化制取苯酚、丙酮，用丁烯生产甲乙酮，用丙烯生产异丙醇，丁烯与乙酸反应生产乙酸仲丁酯等。

④ 生产合成材料和有机化工原料。如用催化裂化干气中的乙烯与苯烷化生产乙苯；用丙烯生产聚丙烯、丙烯腈、环氧丙烷，用丁烯氧化脱氢制丁二烯生产顺丁橡胶等。

⑤ 生产烯烃或制氢的原料。如气体中的 C_2~C_4 烷烃可作为蒸汽裂解的原料制取乙烯和丙烯，丁烯可作为生产丙烯和乙烯的原料，甲烷可作为制造氢气的原料等。

下面概要性地论述 C_3 和 C_4 组分作为石油化工产品原料所开发的烷基化、醚化、烯烃催化叠合、轻烃芳构化、乙烯与苯烷化制乙苯和烷烃脱氢等典型技术应用情况及其对原料组成的要求。这些技术的工艺流程、操作参数和催化剂性质等详细内容可参考侯芙生（2011）主编的《中国炼油技术（第三版）》，在此不作论述。

1. 烷基化

烷基化是异丁烷在强酸性催化剂存在下与 C_3~C_5 烯烃发生反应生成烷基化油，是一种在汽油馏程内的异构烷烃混合物。烷基化油具有辛烷值高（RON 94~96，MON 91~93）且敏感性小、挥发性低、不含烯烃和芳烃、硫含量低等特点，将其调入汽油中可以稀释汽油中烯烃、芳烃、硫等组分的含量，同时提高汽油的辛烷值和抗爆性能，是航空汽油和车用汽油的理想调合组分。与烯烃叠合工艺相比，烷基化工艺具有更充分利用炼油厂气体资源的优点，因此烷基化工艺是炼油厂中应用最广、最受重视的一种气体加工过程。工业上广泛采用的烷基化催化剂有硫酸和氢氟酸，与之相应的工艺称为硫酸法烷基化和氢氟酸法烷基化，这两种烷基化都已有很长的发展历史(卜岩，2012)。

随着环境保护对车用汽油规格要求日益严格，对优质车用汽油的需求量日益增加，作为生产高品质车用汽油调合组分的烷基化技术，不仅烷基化汽油质量优于MTBE和重整汽油，并且烷基化装置所产汽油产量高，若同样用烯烃含量为40%的醚后碳四做原料，芳构化装置的汽油产率为35%左右，而烷基化装置汽油产率可达到70%以上，烷基化技术仍然优于芳构化技术。正是如此，国内烷基化装置产能增加较快，主要是民营石化公司，2104年烷基化装置产能超过3.0Mt/a，预计2018年可达到8.00Mt/a。CDAlky硫酸法烷基化工艺已授权转让给3家国内民营石化公司。国内烷基化装置生产的烷基化油性质列于表4-78。烷基化油辛烷值和原料中烯烃有关，原料烯烃对烷基化油辛烷值的影响列于表4-79。

表4-78　烷基化油性质

项　目	硫酸法烷基化油	氢氟酸法烷基化油	项　目	硫酸法烷基化油	氢氟酸法烷基化油
密度(20℃)/(g/cm^3)	0.6876~0.6950	0.6892~0.6945	终馏点	190~201	190~195
馏程/℃			蒸气压/kPa	54~61	40~41
初馏点	39~48	45~52	胶质/[mg/(100mL)]	0.8~1.3	~1.8
10%	76~80	82~88	RON	93.5~95	92.9~94.4
50%	104~108	103~107	MON	92~93	91.5~93
90%	148~178	119~127			

表4-79　原料烯烃对烷基化油辛烷值的影响

原料	丙烯	丁烯	戊烯
RON	89~92	94~97	92~93
MON	88~90	92~94	90~92

由表4-79可以看出，以丁烯为原料时，烷基化油的辛烷值最高，因此应首先选择丁烯作原料。同是丁烯，也因分子结构不同，其烷基化油的辛烷值有所差异，用正丁烯为原料比异丁烯为原料所得烷基化油的辛烷值要高。因此在烷基化装置的上游，采用甲基叔丁基醚(MTBE)装置除去原料中的异丁烯，可以提高烷基化油的质量。在异丁烷量不足的工厂中，MTBE装置与烷基化装置联合建设，更显得有利。

2. 甲基叔丁基醚

异丁烯和甲醇在强酸性阳离子交换树脂作用下生成的甲基叔丁基醚(MTBE)是一种良好的高辛烷值汽油组分，其马达法辛烷值为101，研究法辛烷值为117，在汽油组分中有良好的调合效应，稳定性好，而且可与烃燃料以任何比例互溶(冯湘生，1988)。随着环保要求不断提高，车用汽油质量标准也在不断升级，对汽油硫含量的限制越来越严格，国Ⅳ车用汽油的硫含量要求小于50μg/g，国Ⅴ车用汽油硫含量小于10μg/g。MTBE以其高辛烷值和良好的调合性能，成为提高辛烷值和添加含氧化合物的主要调合组分，调合比例通常为8%~15%。当以混合碳四为原料时，所生产的MTBE产品的硫含量通常为80~200μg/g，有的高达 2000~3000μg/g。在调合国Ⅳ车用汽油时加入 MTBE，其硫含量的影响并不突出，但生产国Ⅴ车用汽油时，即使催化裂化汽油硫含量降低到 10μg/g 以下，也需降低 MTBE 中的硫含量，才能满足国Ⅴ车用汽油的硫含量指标。随着国Ⅴ车用汽油标准实施的临近，对低硫 MTBE 生产技术的需求越来越迫切(李网章，2013b)。

催化裂化液化气中主要含有 H_2S、甲硫醇、乙硫醇和少量 COS、CS_2、甲硫醚等含硫化合物，吸收稳定系统操作不稳时，液态烃中也会夹带微量丙硫醇、丁硫醇和噻吩，其中活性硫化物 H_2S 和硫醇约占89%，半活性硫化物 COS、CS_2约占10%，硫醚类非活性硫一般仅含1~2μg/g。经精制脱硫后，硫含量控制在 20μg/g 以上，此外液化气经胺脱 H_2S 和碱洗脱硫醇后，少量硫醇转化形成的二硫化物又回到液化气中，造成脱硫后液化气中重硫较多。

在气体分馏装置内，原料液化气中的硫化物会富集在碳四物流中，其浓缩倍数与原料液化气中小于碳三组分的百分比以及硫形态分布有关。通常催化裂化液化气中的碳三及其更轻组分占38%左右，若进料中的硫化物全是重硫，将全部富集于碳四物流中，则最大浓缩倍数在1.61。实际生产中，气分装置进料中的硫化物有一部分是轻硫，会随碳三馏分带出，所以实际浓缩倍数为1.2~1.5之间。碳四物流进入 MTBE 装置后，由于 MTBE 对硫化物的溶解性比碳四烃类高，所以碳四原料中的硫化物大多数被富集到 MTBE 产品中(吴明清，2015)。通常碳四原料中异丁烯质量分数为18%~28%，若转化率98%，则浓缩倍数为2.32~3.61。因此，若精制脱硫后的催化裂化液化气硫含量为20μg/g，而在碳四原料生产 MTBE 过程中硫含量浓缩倍数一般在3~6倍之间，则 MTBE 产品中的硫含量则高达60~120μg/g。当催化液化气中的硫含量降到5μg/g 以下时，经气分装置后的液化气总硫可控制到 10μg/g 以下，此时 MTBE 硫含量可控制在30~60μg/g 之间。MTBE 降硫至 10μg/g 是最苛刻的降硫目标，此时加入量只受汽油氧含量限制，不受硫含量限制。但 MTBE 的硫含量超过 10μg/g 时，则加入量受汽油氧含量和硫含量双重限制。

经化学抽提精制的液化气经气分脱丙烷塔后，碳四中还有硫醇、硫醚、二硫化物等硫化物，硫化物中主要是硫醚和二硫化物等中性硫。由于中性硫与烯烃和 MTBE 极性相差小，采用液液萃取抽提及固体吸附脱硫难度较大，而采用加氢脱硫的选择性较差。由于主要硫化物与碳四或 MTBE 沸点差较大，采用 MTBE 原料或 MTBE 产品蒸馏(或萃取蒸馏)的方法实现 MTBE 进一步降硫，两种蒸馏方法如图 4-66 所示。

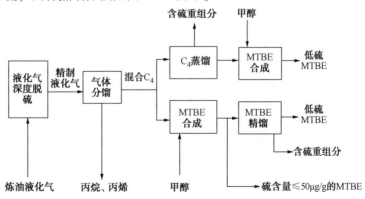

图 4-66　MTBE 原料和 MTBE 产品蒸馏方法示意图

MTBE 沸点55.3℃，在 MTBE 催化蒸馏过程中，残余的甲硫醇(沸点5.9℃)、乙硫醇

（沸点35℃）全部或绝大部分会被分离到醚后碳四中或转化成更重的硫醚，如甲基叔丁硫醚；而更重的硫醚和二硫化物在后续的 MTBE 产品蒸馏过程中很容易被除去，只有少量沸点与 MTBE 接近的丙丁硫醇留在 MTBE 产品中。混合碳四中顺丁烯沸点为3.72℃，正戊烷沸点为36.06℃，沸点相差较大。乙硫醇、二硫化碳与正戊烷沸点相近或更重，可通过切除部分顺丁烯和碳五等重碳四来脱除重硫，从而实现控制 MTBE 进料中的硫含量。MTBE 原料蒸馏脱硫要求比较严格。根据浓缩倍数，MTBE 进料硫含量应控制在 $1.67 \sim 3.33 \mu g/g$，才能使 MTBE 中的硫含量为 $10 \mu g/g$。而 MTBE 产品萃取再蒸馏，只要直接控制 MTBE 中的硫含量小于 $10 \mu g/g$。碳四原料质量流率是 MTBE 产品质量流率的 $2.32 \sim 3.6$ 倍。两种流程均可达到 MTBE 硫含量 $10 \mu g/g$，MTBE 产品蒸馏优于碳四原料蒸馏。

3. 烯烃催化叠合

烯烃催化叠合工艺分为非选择性叠合和选择性叠合两类。非选择性叠合是以未经分离的混合 $C_3 \sim C_4$ 液化气为原料，目的产品主要是高辛烷值汽油的调合组分；而选择性叠合是以组成比较单一的丙烯或丁烯馏分为原料，选择适宜的操作条件进行特定的叠合反应，生产某种特定的产品或高辛烷值汽油组分，如丙烯选择性叠合生产四聚丙烯作洗涤剂或增塑剂原料，异丁烯选择性叠合生产异辛烯作为精细化工原料或作为高辛烷值汽油组分等。

非选择性叠合过程生产的叠合汽油具有较高的辛烷值，马达法辛烷值可达到 $82 \sim 85$，研究法辛烷值为 $93 \sim 96$，而且具有很好的调合性能。叠合汽油与其他组分调合时，其辛烷值增加较为明显。例如 54% 催化裂化汽油（RON 92.6）、36% 催化重整汽油（RON 92.9）与 10% $C_3 \sim C_4$ 叠合汽油（RON 96）相调合时，所得调合汽油的 RON 为 94，相当于叠合汽油的调合辛烷值 RON 为 103。选择性叠合工艺可使 C_4 馏分中的异丁烯几乎全部转化为二聚物或三聚物，而正丁烯的转化率较少，但对原料中杂质含量要求严格，特别是对硫含量的要求，比一般非选择性叠合要高，总硫 $\not> 5 \mu g/g$，此外，乙腈和胺化合物 $\not> 1 \mu g/g$；氨或碱氮和碱 $\not> 0.5 \mu g/g$；氧化物 $\not> 30 \mu g/g$；水 $\not> 10 \mu g/g$；丁二烯 $\not> 0.2\%$。反应产物的干点高达 280℃，一般要经过再蒸馏才能使汽油的终馏点合格。叠合汽油的净研究法辛烷值为 97，净马达法辛烷值为 82。

由于叠合汽油中大部分为不饱和烃（烯烃的二聚或三聚物），在储存时不安定，因此一般只作为高辛烷值汽油组分，与其他组分调合使用，单独储存或使用时应加入防胶剂。叠合工艺所使用的催化剂活性稳定性受原料中的碱性氮化物、金属离子和双烯烃（1，3-丁二烯）含量影响。

4. 叠合-醚化工艺

叠合-醚化工艺是将异丁烯与控制量的甲醇在同时具有叠合和醚化活性催化剂的作用下，发生异丁烯的醚化和选择性叠合反应，生产 MTBE 和异辛烯。叠合-醚化工艺分为纯醚化方案和叠合-醚化联产方案，醚化方案和叠合-醚化方案的反应温度和压力相近，只需要逐渐改变进料的醇烯比，并将后部分离系统作适当调整，就可以实现两种操作方案间的转换。按醚化方案操作时，醇烯物质的量比控制为 $1 \sim 1.1$，异丁烯转化率为 93% ~ 95%。按叠合-醚化方案操作时，醇烯物质的量比控制为 $0.2 \sim 0.6$，异丁烯转化率 80% ~ 90%（刘晓欣，2006）。叠合-醚化工艺所得到的叠合产物中主要是 C_8 烯烃产物，C_{12} 烯烃较少，C_{16} 烯烃含量仅为 0.1%，C_8 烯烃中主要是三甲基戊烯异构体。叠合产物的辛烷值 RON 为 101.6，MON 为 85.6。其初馏点为 101.5℃，干点为 198℃，馏程完全符合车用汽油规格要求。

5. 干气中乙烯与苯烷化制乙苯

干气制乙苯工艺主要是利用干气中的乙烯和苯进行反应，而干气除了含有质量分数约20%的乙烯外，还有氢气、氮气、甲烷、乙烷等组分，同时含有少量的碳三以上的组分(李淑红，2008)。干气制乙苯工艺对干气中的丙烯含量、水和 H_2S 含量均有要求。丙烯由于其化学性质非常活泼，容易与苯烷基化生成丙苯，丙苯在烷基化反应过程中会产生一定量的甲苯，而甲苯是产生二甲苯的前身物，且二甲苯的沸点与乙苯非常接近，二者难以分离。若干气中丙烯含量高，不仅会增加苯耗，还会使产品乙苯的纯度降低。因此，一般限制干气中丙烯含量小于 0.7%。干气中的饱和水对催化剂的各种性能几乎没有影响，但必须脱除游离水。为防止干气中过高的 H_2S 含量会导致设备的腐蚀问题，一般应限制 H_2S 含量小于 $3000mg/m^3$。干气制乙苯技术所得到的乙苯产品质量可达到：乙苯纯度≥99.6%；异丙苯含量≤0.01%；二乙苯(含丙苯)含量≤0.001%；二甲苯含量≤0.09%；硫含量≤0.0003%。

6. 丁烯骨架异构化

碳四烃类经 MTBE 装置处理后，未反应物中富含大量的正丁烯。丁烯骨架异构化技术是将碳四中的正丁烯通过骨架异构化反应制成异丁烯，增加异丁烯产量，为 MTBE 醚化装置提供更多的原料。丁烯骨架异构化技术分为单程流程和循环流程两种。单程流程是指碳四原料经过简单的原料预处理后，进入异构化反应器，在其中部分正构丁烯发生骨架异构化反应转化为异丁烯；反后产物经过换热、加压，进入产物稳定塔，从塔底脱除具有高辛烷值的 C_5^+ 汽油组分，塔顶是富含异丁烯的碳四组分，这部分碳四组分作为 MTBE 原料进入 MTBE 单元，在 MTBE 单元中异丁烯和甲醇反应生成 MTBE，单程异构化碳四原料质量组成及异构化后产物组成列于表4-80。循环流程是指将异构化反应和 MTBE 反应相结合，并采用丁烷-丁烯萃取分离技术，将每次异构化反应中未转化的正构丁烯再循环回异构化单元，最大限度地提高原料中烯烃利用率。循环流程对原料中正构烯烃利用率较高，总丁烯的80%以上可以转化为异丁烯，催化剂选择性好，C_5^+ 以上汽油组分生成量少，同时催化剂抗杂质能力强，对原料脱硫、脱氧及脱除二烯烃的要求低，原料精制部分投资较省。

表4-80 MTBE 装置未反应物中的碳四组成及异构化后产物组成

项　　目	原料质量组成/%	产物质量组成/%
$C_1 \sim C_3$	0.14	0.58
丁烷	59.64	59.47
正丁烷	10.79	
异丁烷	48.85	
丁烯	40.05	33.12
反-2-丁烯	15.64	
1-丁烯	13.53	18.50
顺-2-丁烯	10.41	
异丁烯	0.47	14.62
1,3-丁二烯	0.14	
C_5^+	0.03	6.83
合计		100

7. 轻烃芳构化技术

轻烃芳构化是在改性 H-ZSM-5 催化剂的作用下，将碳二至碳五的轻烃组分转化为以

BTX 为主的芳烃或富含芳烃的高辛烷值汽油调合组分的石油加工技术，它具有原料适应性广、产品价值高、工艺流程简单、建设费用低等优点(林洁，2001)。轻烃芳构化技术是将相对过剩的轻烃资源转化为紧缺的芳烃或富含芳烃的高辛烷值汽油调合组分，典型的技术有UOP 公司的 Cyclar 工艺(Doolan，1989)、Mobil 公司的 M2-Forming 工艺(赵永华，2006)、日本 Sanyo 公司的 Alpha 工艺(Nagamori，1998)、日本三菱石油(Mitsubishi)和千代田公司(Chiyoda)联合开发的 Z-Forming 工艺(朱建芳，1993)、法国 IFP 公司和澳大利亚 Salutec 公司联合开发 Aroforming 工艺等(廖宝星，2009)。国内开发的轻烃芳构化技术采用固定床反应器或移动床反应器两种工艺路线。固定床芳构化工艺主要用于生产高辛烷值汽油调合组分，适用原料主要是含烯烃的催化干气、液化气及轻石脑油，汽油收率根据原料的不同有所变化。当原料为催化裂化干气时，汽油收率一般为 12%~18%，汽油辛烷值 RON 为 92~94；当原料为醚后碳四时，汽油收率一般为 30%~40%，汽油辛烷值 RON 为 92~94；当原料为轻石脑油时，汽油收率一般为 60%~70%，汽油辛烷值 RON 为 83~87。移动床轻烃芳构化技术的加工原料主要为液化气及轻石脑油，产品可以是混合芳烃或可以作为乙烯裂解原料的饱和液化气。当主要目的产品为芳烃时，芳烃收率可以达到 50%~60%，饱和液化气收率在20%~30%，此液化气可以作为乙烯裂解原料；当主要目的产品为乙烯裂解原料时，饱和液化气收率为 65%~75%，芳烃收率为 20%~30%。按照目的产品的不同，移动床轻烃芳构化技术分为芳烃方案、乙烯裂解料方案和汽油方案三种。例如碳四芳构化三种方案的工艺条件、产物分布和产品性质及组成列于表 4-81。

表 4-81　轻烃芳构化技术工艺条件、产物分布和产品性质及组成

生产方案	芳烃方案	汽油方案	裂解料方案
工艺条件			
反应温度/℃	500~550	350~380	380~420
压力/MPa	0.1~0.2	0.2~0.5	0.1~0.2
空速/h^{-1}	0.5~1.0	0.3~1.0	0.5~1.0
原料组成/%			
碳三	0.5		
异丁烷	45.3		
正丁烷	14.0		
丁烯	39.8		
碳五	0.4		
产物分布/%	芳烃方案	汽油方案	裂解料方案
氢气	3.2	0.1	0.4
干气	15.8	1.2	3.0
液化气	25.8	62.6	71.1
液相产物	53.6		
汽油		34.5	25.5
柴油		1.6	
液体组成/%		汽油性质	汽油性质
C_5	0.2	RON 93	RON 95
C_6	0.1	MON 84	MON 85
B	21.7	密度(20℃) 0.73g/cm^3	密度(20℃) 0.74g/cm^3
C_7	0.0	芳烃含量 25 v%	芳烃含量 35v%

续表

生产方案	芳烃方案	汽油方案	裂解料方案
T	44.8	烯烃含量 15 v%	烯烃含量 5 v%
EB	2.1	苯含量 0.8 v%	苯含量 1.0 v%
X	21.1	硫含量 ~10μg/g	硫含量 ~10μg/g
A_9^+	10.0		
液化气组成/%			
丙烷	86.9	10.5	55.8
异丁烷	4.9	66.2	25.4
正丁烷	8.0	21.7	18.5
丁烯	0.2	1.6	0.3
$C_1 \sim C_2$组成/%			
甲烷	38.8		
乙烯	6.1		
乙烷	55.1		

8. 异丁烷脱氢制取异丁烯技术

　　以异丁烯为资源的精细化工工业发展迅速，需求增长很快，异丁烷催化脱氢制异丁烯成为解决异丁烯短缺的主要方法之一。异丁烷脱氢制取异丁烯技术主要有 UOP Oleflex 工艺，ABB Lummus 的 Catofin 工艺、Philips STAR 工艺、Snamprogetti-Yarsintez FBD-4 工艺和 Linde 与 Engelhard 两公司共同开发的 Linde 工艺（Pujado，1990；Graig，1990；Dunn，1992；宋艳敏，2006）。Oleflex 工艺采用 $PtSn/Al_2O_3$ 催化剂，其催化剂载体是比表面积为 $25 \sim 500m^2/g$ 的球形 γ-Al_2O_3。Catofin 工艺采用 Cr_2O_3/γ-Al_2O_3 催化剂，其中 Cr_2O_3 的质量分数为 15% ~ 25%。STAR 工艺采用的催化剂是以铝酸锌尖晶石为载体的催化剂，它具有很高的选择性，很少有异构化活性，能抗原料中的烯烃、含氧化合物和一定量的硫。铝酸锌质量分数为 80% ~ 98%，铂质量分数为 0.05% ~ 5%，此外，还含有 0.1% ~ 0.5% 的锡。Snamprogetti-Yarsintez FBD-4 工艺采用 Cr_2O_3/Al_2O_3 催化剂，其组成 SiO_2 为 0.5% ~ 3%、K_2O 为 0.5% ~ 3%、Cr_2O_3 为 10% ~ 25%，其余为 Al_2O_3，催化剂呈微球形，颗粒尺寸（直径）小于 0.1mm，密度小于 $2000kg/m^3$，具有良好的流化特性，还能抗烯烃和含氧化合物，但不抗重金属。Linde 工艺采用 Cr_2O_3/Al_2O_3 催化剂，其助催化剂为碱和/或碱金属。各种异丁烷脱氢制取异丁烯工艺的反应性能列于表 4-82。

表 4-82　各种异丁烷脱氢制取异丁烯工艺的反应性能

工艺名称	Catofin	Oleflex	STAR	FBD-4	Linde
反应器类型	固定床	移动床	燃烧管形	流化床	燃烧管形
催化剂	Cr_2O_3/Al_2O_3	$PtSn/Al_2O_3$	Pt/载体	Cr_2O_3/Al_2O_3	Cr_2O_3/Al_2O_3
反应温度/℃	535~605	650	565~620	550~600	500~600
反应压力/MPa	0.7	1.7	3.0~6.0	1.8~2.2	常压以上
使用时间	15~30min	2~7d	8h(1h 再生)	连续	9h(3h 再生)
副产物	无	氢气	蒸汽	无	无
异丁烷转化率/%	60~61	45~55	45~55	50	40~45
异丁烯的选择性/%	91~93	91~93	91~94	91	91~95

第六节　汽油产品及其处理技术

一、汽油产品性质与组成

我国车用汽油的主要组分是催化裂化汽油（Gasoline 或 Naphtha，简称 FCC 汽油），约占车用汽油池中的 70%。车用汽油最重要的质量指标是辛烷值，一般用研究法辛烷值（RON）、马达法辛烷值（MON）或抗爆指数[（RON+MON）/2]来表示。国 V 车用汽油按 RON 分为 89 号、92 号、95 号和 98 号 4 个牌号，之前国Ⅳ车用汽油分为 90 号、93 号和 97 号 3 个牌号。

（一）汽油的辛烷值

1. 单组分的辛烷值

各种碳数烷烃 RON 值见图 4-67，各种碳数芳烃 RON 值见图 4-68，各种碳氢化合物的 RON 和 MON 列于表 4-83。由图 4-67、图 4-68 和表 4-83 可知，烃类的 RON 一般按下列顺序增加，即：正构饱和烃<异构饱和烃<烯烃<芳烃。芳烃的 MON 最高，其次是支链烯烃和支链烷烃，支链度越多，其辛烷值越高。直链烷烃只有 ≤C_4 的烃才有较高的 MON，从 C_5 开始当碳的数目增加时 MON 急剧降低。

表 4-83　烃类的辛烷值

烃　类	MON	RON	烃　类	MON	RON
正构烷烃			异丁烯	88.1	101.5
丁烷	90.1	93.6	1-戊烯	77.1	90.9
戊烷	61.9	61.7	2-甲基-1-丁烯	108	118
己烷	26.0	24.8	2-甲基-2-丁烯	84.7	97.3
庚烷	0	0	1-己烯	68.4	76.4
辛烷	-17	-19	2,3-二甲基-1-戊烯	93	>100
异构烷烃			2,3-二甲基-2-戊烯	81	97
异丁烷	97.6	101.1	2,3,3-三甲基-1-丁烯	130	142
异戊烷	90.3	92.3	环烷烃		
新戊烷	80.2	85.5	环戊烷	85	100
异己烷	73.5	73.4	甲基环戊烷	80	91.3
新己烷	93.4	91.8	乙基环戊烷	61.2	67.2
异庚烷	46.4	42.4	环己烷	77.2	83.0
2,2,3-三甲基丁烷	—	116	甲基环己烷	71.1	74.8
2-甲基庚烷（异辛烷）	23.6	21.7	芳烃		
2,2,4-三甲基戊烷（异辛烷）	100	100	苯	91	99
烯烃			甲苯	142	124
1-丁烯	81.7	97.4	二甲苯	127	146
反-2-丁烯	86.5	99.6			

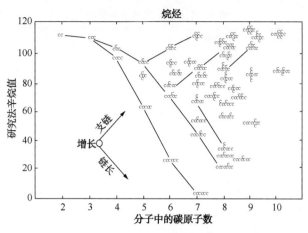

图 4-67 烷烃 RON 值与碳数及支链度的关系

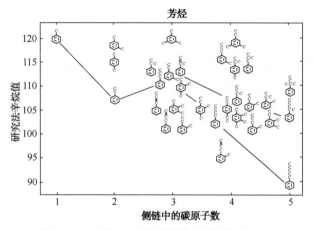

图 4-68 芳烃 RON 值与碳数及支链度的关系

汽油组分调合试验结果表明，任何一个汽油组分对汽油辛烷值的贡献，与作为单一组分时的实测辛烷值是有区别的，和基础油对辛烷值的敏感度有关(Keyworth，1990)。图 4-69 和图 4-70 给出了一些烷烃、烯烃的调合辛烷值。由图可见，正构烷烃和烯烃的调合辛烷值随碳数增加而急剧下降，支链有助于提高辛烷值，支链烯烃和芳烃有高的调合辛烷值，即使在高碳数时也如此，如表 4-84 所列(Keyworth，1987)。

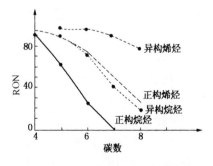

图 4-69 汽油组分的 RON 调合值

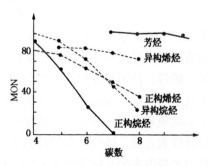

图 4-70 汽油组分的 MON 调合值

表 4-84　烃类的调合辛烷值①

碳数	烃类	MON	RON
C_5	2-甲基丁烷	100	101
C_6	1-己烯	96	94
	己烷	19	22
	2-甲基戊烷	82	78
	2-甲基-1-戊烯	112	112
	3,3-二甲基-1-丁烯	146	132
	2,2-二甲基丁烷	89	98
C_7	2,3,3-三甲基-1-丁烯	144	130
	2,3-二甲基-2-戊烯	122	92
	3,4-二甲基-2-戊烯	127	106
	2,3-二甲基-1-戊烯	122	106
	2,4-二甲基-2-戊烯	124	109
	2,4-二甲基戊烷	76	78
	3-甲基己烷	40	42
C_8	正辛烷	-18	-16
	2,4-二甲基己烷	64	76
	2,2,3,3-四甲基丁烷	122	113
芳烃	苯	98	90
	甲苯	124	112
	1,3-二甲基苯	146	126
	1,2,4-三甲基苯	148	124
	1,2,3,4-四甲基苯	146	123

① 调合辛烷值因汽油的组成而异。

　　随着汽油中烯烃含量的增加，RON 提高很快，而 MON 略有增加，但在高烯烃含量时，RON 的提高速率下降，MON 的增加更少。图 4-69 和图 4-70 及表 4-84 表明，烯烃度不是提高辛烷值的唯一途径，尤其对 MON 而言，异构化和芳构化更为重要。

　　2. 辛烷值的敏感性

　　对汽油辛烷值的要求，有时要求 RON 和 MON 达到一定值，同时对 RON 与 MON 的差值也有要求。(RON-MON)定义为辛烷值的敏感性，催化裂化汽油敏感性范围是 8.4～17.1，平均为 11.7(Deady, 1989)，其值受到许多因素影响，其中原料质量变化是造成辛烷值变化和辛烷值敏感度变化的主要原因。烷烃具有低的辛烷值敏感性，且大部分烷烃的绝对辛烷值相当低；烯烃，特别是芳烃具有高的 RON，是高辛烷值汽油的重要组分。就烷烃来说，相对分子质量增加使辛烷值下降，而支链增加使辛烷值增加；烯烃也有类似的趋势，但幅度较小。从辛烷值观点看，多支链、低相对分子质量烷烃和烯烃都是理想的催化裂化汽油组分，但从敏感性观点看，烯烃具有较高的辛烷值敏感性。因此，要改进催化裂化汽油的敏感性又保持高的辛烷值水平，就要求除去低辛烷值组分和烯烃，有选择地增加一些异构烷烃和高度取代的芳烃。

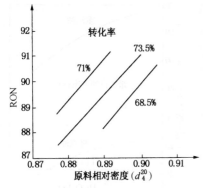

图 4-71　原料相对密度对辛烷值的影响

3. 原料性质对汽油辛烷值的影响

原料性质与汽油辛烷值之间的关系如图 4-71 所示。从图 4-71(李再婷，1985)可看到，随原料密度的增加，汽油 RON 增加，而不同转化率时直线的斜率基本相同。

原料密度及 K 值仅是对原料含蜡性质的宏观及粗略判断，但可根据 $n\text{-}d\text{-}M$ 法计算各种烃类的碳原子百分率，从原料烃类碳原子组成来关联汽油的辛烷值。以下为关联式之一。

$$RON = 92.34 - 2.36 \times 10^{-2} C_P + 9.34 \times 10^{-2} C_N + 6.75 \times 10^{-2} C_A - 0.55 Naph$$

式中　RON——研究法辛烷值；

　　　C_P——烷烃碳原子占总碳原子数的百分率，%；

　　　C_N——环烷烃碳原子占总碳原子数的百分率，%；

　　　C_A——芳烃碳原子占总碳原子数的百分率，%；

　　　$Naph$——原料含有汽油，%。

上式含 C_P 的一项为负值，而含 C_N 及 C_A 的两项为正值，这表示原料中的 C_P 使汽油辛烷值减低，而 C_N 和 C_A 使辛烷值增大。当然，原料中含有粗汽油也会使产品辛烷值下降。原料中环烷碳与烷碳之比与汽油的 RON 有较好的关联，其理由是原料中的芳烃所得到的裂化产品，在很大程度上不会落入汽油沸程范围以内。

图 4-72 为国外催化裂化原料的 C_N/C_P 值与汽油 RON 的关系。从图中直线斜率可得出，当汽油沸程为 $C_5 \sim 160℃$ 时，C_N/C_P 值每增加 0.1，RON 可增加 0.7；而当汽油沸程在 $165 \sim 215℃$ 时，C_N/C_P 值每增加 0.1，RON 可增加 1.3。图 4-73 为国内催化裂化原料的 C_N/C_P 值与 RON 的关系(程桂珍，1990)。由图 4-73 可知，当 C_N/C_P 值增加 0.1 时，RON 增加 1 左右，这与图 4-72 也大致相符。

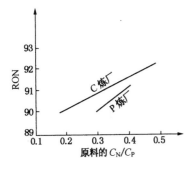

图 4-72　国外催化裂化原料的 C_N/C_P 值对 RON 的影响

C 炼厂汽油沸程为 $C_5 \sim 160℃$；P 炼厂为 $165 \sim 215℃$

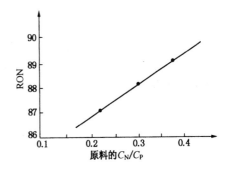

图 4-73　国内催化裂化原料的 C_N/C_P 值对 RON 的影响

表 4-26 中已列出了几种催化裂化原料油的特性因数及结构族组成，其中除胜利和大港油属中间基(K 为 11.5~12.1)原油外，其余如大庆油都属于石蜡基($K>12.1$)原油。催化裂化原料油的 K 值大小与原料中芳烃含量有关，如 K 小于 10，表示原料中含芳烃多，K 大于 12.5，则表示原料中含石蜡烃多。K 值与汽油中 RON 的关系是：K 值下降，RON 上升；对 MON 来

说，K 值下降 0.2，MON 上升 0.1。但催化裂化原料的 K 值一般为 11.5~12.8，变化范围较小。由表 4-28 可以看到有的 K 值虽然相差极微，但 C_N/C_P 相差很大，如新疆和中原油 K 值仅差 0.2，但 C_N/C_P 相差接近一倍，因此 C_N/C_P 对 RON 比较敏感。

原料中的单环芳烃含量，对产品汽油的辛烷值有重要影响(Connor，1988)。图 4-74 说明单环芳烃分布在整个反应产物中，不管原料中的氢含量多少，回炼油和油浆中的单环芳烃含量很少，几乎接近常量，而且在轻汽油中含量较大，但含量最大的还是重汽油。图 4-75 和图 4-76 表明了单环芳烃对汽油中 MON 的重要性。根据原料中氢含量和切割点不同，对轻汽油来说，MON 可增加 3.5 个单位，对于重汽油来说，MON 可提高 12 个单位。

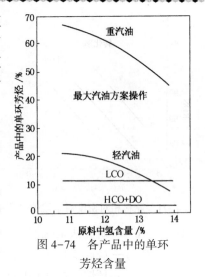

图 4-74　各产品中的单环芳烃含量

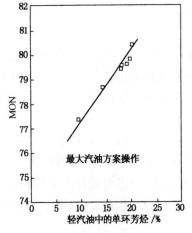

图 4-75　轻汽油中的 MON 与单环芳烃含量的关系

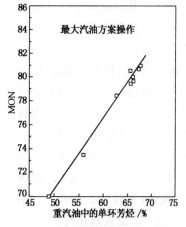

图 4-76　重汽油中的 MON 与单环芳烃含量的关系

4. 转化率对汽油辛烷值的影响

转化率对辛烷值也有影响，如图 4-77 至图 4-79 所示(Deady，1989)。由于转化率影响汽油的 PONA 组成，因而影响汽油的 RON 和 MON。

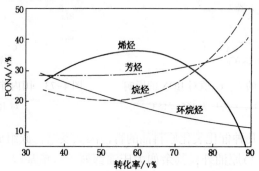

图 4-77　转化率与汽油 PONA 的关系
(中型数据，固定反应温度和剂油比)

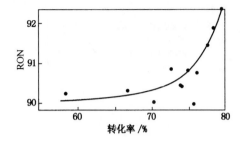

图 4-78　转化率与汽油 RON 的关系
（中型数据，固定反应温度和剂油比）

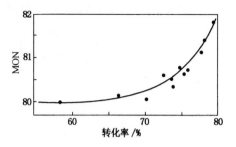

图 4-79　转化率与汽油
MON 的关系（MAT 数据）

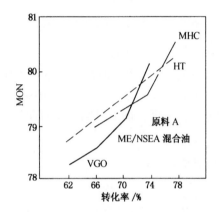

图 4-80　原料加氢处理对 MON 的影响

前已指出，加氢处理（HT）可以提高流化催化裂化的转化率，因而提高了汽油的支化程度以及 RON 和 MON（Connor，1988）。MON 作为转化率的函数示于图 4-80。从图 4-80 可以看出，加氢处理的原料可明显地改善 MON，特别是用缓和加氢裂化（MHC）来预处理原料。对所研究的各种原料，轻芳烃作为转化率的函数示于图 4-81，图 4-81 表明当转化率超过一定值后，汽油芳烃含量急剧上升，与图 4-79 中 MON 随转化率的关系曲线具有相似转折点。当然，汽油中芳烃含量和 MON 之间不是单一的关系，正如图 4-82 所示，只有考虑到汽油支化度（$i\text{-}C_6/n\text{-}C_6$）才

能解释所看到的 MON 高这一现象，如图 4-83 所示。因此汽油支化度是决定汽油 MON 的主要参数，如图 4-84 所示。

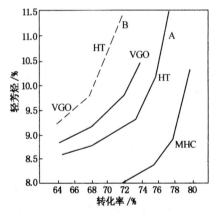

图 4-81　轻芳烃与转化率的关系

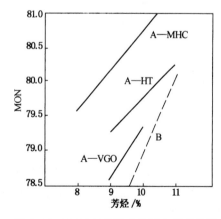

图 4-82　MON 与汽油中芳烃含量的关系

5. 汽油馏分范围与辛烷值的关系

图 4-85 为一典型的美国催化汽油的实沸点切割温度与辛烷值的关系（李再婷，1985）。开始 RON 随沸点的增加而下降，主要由于烯烃含量下降之故；在 140~175℃由于该段馏分

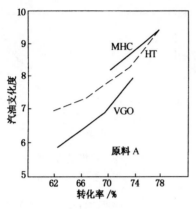

图 4-83　加氢处理与汽油支化度的关系

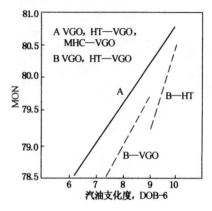

图 4-84　MON 与汽油支化度的关系

芳烃含量增加而 RON 升高；最后高沸点范围，由于分子增大而 RON 有所下降。由于这样的组成使得美国催化汽油馏程 110~157℃ 的所谓"中心沸点馏分"的辛烷值最低，这与我国大庆催化裂化汽油随馏分馏程增大辛烷值降低明显不同，如表 4-85 所列(王幼慧，1986)。这可能是由于大庆原油属高含蜡原油，催化裂化汽油中芳烃含量低，加上早期的国内催化裂化都是在低转化率下操作等原因所造成的。

表 4-85　大庆催化裂化汽油的辛烷值与组成

馏分/v%	沸程/℃	辛烷值		组成/%		
		MON	RON	饱和烃	烯烃	芳烃
0~10	23~30					
10~20	30~36	83.7	96.8			
20~30	36~64	81.5	94.1	35.0	62.6	2.4
30~40	64~75	79.7	88.3	34.5	64.2	1.3
40~50	75~93	76.7	84.8	38.5	55.5	6.0
50~60	93~109	74.7	79.8	40.7	42.5	16.8
60~70	109~127	73.6	77.0	41.1	40.0	18.9
70~80	127~147	73.2	76.6	28.3	27.7	44.0
80~90	147~168	71.0	74.1	32.1	16.4	51.5
90~100	168~204	67.1	71.8	36.9	12.1	51.0
全馏分	23~204	78.2	88.0	42.3	39.4	18.3

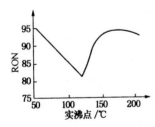

图 4-85　汽油实沸点与
RON 的关系

汽油中丁烷含量直接影响汽油的蒸气压。汽油的 MON 及 RON 均随着蒸气压的升高而增加，其中 RON 增加的幅度更为显著。丁烷不仅本身具有高的 RON 及 MON，而且有高的调合辛烷值。图 4-86(李再婷，1985)为催化裂化汽油在不同蒸气压时的辛烷值，图 4-87(李再婷，1985)为汽油中丁烷含量对辛烷值的影响。世界各国汽油的实际分析表明，商品汽油的蒸气压都接近规格指标的最高值，这样既能提高辛烷值又能增加汽油产率。

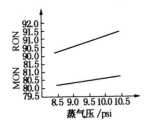

图 4-86 催化裂化汽油在
不同蒸气压时的辛烷值
（1psi＝6.895kPa）

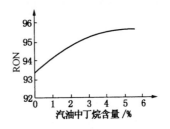

图 4-87 汽油中丁烷含量
对辛烷值的影响

（二）汽油组成

FCC 汽油组成随着催化裂化工艺发展处于不断变化之中。早期采用无定形硅铝催化剂，即使加工直馏蜡油，其汽油烯烃含量约为 50%～70%，而芳烃含量约为 10%；采用沸石催化剂后，汽油烯烃含量大幅度降低，异构烷烃含量明显地增加，RON 下降约 3～4 个单位，烯烃含量约在 30% 以下；采用沸石催化剂加提升管反应器后，汽油烯烃含量又有所增加，烯烃含量约在 30% 以上，再加上反应温度的增加，汽油中的芳烃含量有所增加，此时国内典型的 FCC 汽油组成分布如表 4-86 所列。

表 4-86 大庆直馏馏分油 FCC 汽油组成的碳数分布

碳　数	烷　烃	环烷烃	烯　烃	环烯烃	双烯烃	芳香烃	合　计
4	1.77		5.71				7.48
5	11.43	1.25	5.98	1.38			20.04
6	6.13	1.37	5.70	2.09	0.19	0.45	15.93
7	7.96	1.68	5.04	0.03		2.20	16.91
8	6.13	2.78	3.07	0.67		4.76	17.41
9	6.27	1.48	1.13	0.05		4.27	13.20
10	2.99	0.62	0.55	0.06		0.39	4.61
未鉴定碳数							2.5
合计	42.68	9.18	27.18	4.28	0.19	12.07	98.08

随着催化裂化原料的劣质化和车用汽油无铅化，FCC 汽油烯烃含量又明显地增加，对于石蜡基常压渣油原料，汽油烯烃体积含量最高可达到 70%，质量含量在 50% 以上，如表 4-87 中所列出的渣油原料汽油质量组成。表 4-87 列出催化裂化装置以多产汽油为生产方案时，我国加工若干国内外直馏蜡油和常压渣油原料的 FCC 汽油组成（PONA）分布。从表 4-87 可以看出，汽油中的烷烃与烯烃主要分布在 C_5～C_8，以 C_5 居多；芳烃则分布在 C_7～C_{11}，以 C_8、C_9 居多；正构烷烃含量约在 4%～5%；异构烷烃含量约在 25%～30%，烯烃含量约在 30%～50%，芳烃含量约在 10%～25%，环烷烃含量约在 5.5%～10%。随着车用汽油对烯烃含量的限制，国内又开发出降低汽油烯烃的催化裂化工艺（如 MIP、FDFCC 等工艺），FCC 汽油组成分布又发生了变化，详细变化在本节第二部分再作详细论述。

表 4-87　我国加工若干国内外原料的汽油不同碳原子数的 PONA 分布

原料油	大庆 VGO/%	伊朗 VGO/%	大庆 VR/VGO/%	吉林 AR/%	中原/塔里木 AR/%
P					
C_4	1.77	1.42	0.46	0.46	0.33
C_5	11.43	7.30	1.12	0.95	1.21
C_6	6.13	5.36	0.87	0.94	0.91
C_7	7.96	2.85	0.98	0.82	1.00
C_8	6.13	2.92	0.76	0.97	0.72
C_9	6.27	2.90	0.43	0.39	0.52
C_{10}	2.99	1.16	0.29	0.43	0.45
C_{11}		0.78	0.08	0.33	0.22
C_{12}		0.21	0.01	0.14	0.02
合计	42.68	24.90	5.00	5.43	5.38
iP	已包括在 P 中	已包括在 P 中			
C_4			0.22	0.53	0.29
C_5			6.12	5.36	6.83
C_6			5.89	5.64	6.99
C_7			4.48	3.98	4.64
C_8			3.94	4.35	3.89
C_9			3.08	4.63	2.92
C_{10}			2.13	2.05	1.80
C_{11}			0.73	1.92	0.68
C_{12}			0.12	1.47	0.10
合计			26.71	29.93	28.14
O					
C_4	5.71	6.38	3.13	3.08	2.02
C_5	7.36	14.28	13.03	10.63	12.43
C_6	7.98	11.67	11.29	7.52	10.47
C_7	5.07	7.91	8.01	7.15	6.40
C_8	3.74	4.05	5.52	3.27	4.17
C_9	1.18	0.85	3.58	1.76	2.53
C_{10}	0.61		1.76	0.38	0.90
C_{11}			0.34		0.36
合计	31.65	45.14	47.28	33.79	39.28
N					
C_5	1.25	0.14	0.12	0	0.11
C_6	1.37	1.48	1.28	1.28	1.39
C_7	1.68	1.90	2.59	1.74	2.68
C_8	2.78	1.77	1.51	3.02	1.73
C_9	1.48	1.28	1.11	1.28	1.14
C_{10}	0.62	0.36	0.20	1.30	0.10

续表

原料油	大庆 VGO/%	伊朗 VGO/%	大庆 VR/VGO/%	吉林 AR/%	中原/塔里木 AR/%
C_{11}					0.02
合计	9.18	6.93	5.60	8.62	7.17
A					
C_6	0.45	0.34	0.46	1.40	0.67
C_7	2.20	2.56	2.38	1.77	3.08
C_8	4.76	6.16	4.87	4.68	6.69
C_9	4.27	6.43	5.05	6.37	7.03
C_{10}	0.39	5.63	1.90	6.04	2.32
C_{11}	2.35	1.42	0.13	1.79	0.19
C_{12}				0.18	
合计	14.32	22.54	14.79	22.23	19.98

　　为了详细了解 FCC 汽油组成分布，对大庆 FCC 汽油按每 10v% 窄馏分进行了 PONA 值分析。图 4-88 列出了这些窄馏分的 PONA 值分布（程桂珍，1990）。由图 4-88 可见，烷烃主

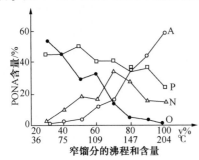

图 4-88　大庆催化裂化汽油
窄馏分 PONA 分布

要在低沸点馏分中（90℃左右的馏分中），大约 50v% 时含量最大，在 100℃ 以后的馏分中浓度逐渐降低。环烷烃是在 127℃ 左右的馏分中含量最高（70v%），达 34%。烯烃大部分是在 110℃ 以前的馏分中，在这之后是随着沸点升高，浓度急剧下降。芳烃浓度随沸点的增加而增加，在 170～204℃ 馏分中（90v%～100v%）含量最大，达 59%。

　　FCC 汽油的族组成主要取决于催化裂化工艺类型、原料油性质、催化剂性能、反应条件、转化率以及汽油的干点。对于相同的生产方案，石蜡基原料生产的汽油芳烃少，烯烃和烷烃多，辛烷值较低；环烷基原料则相反。对于多产丙烯的生产方案（如 DCC 或 CPP），由于反应苛刻度高，转化率处于很高的水平，无论石蜡基原料还是中间基或环烷基原料，其汽油中芳烃含量可达到 70%，RON 可达到 100 以上。加入劣质原料（如渣油、CGO）会使汽油中的芳烃和烯烃增加，烷烃减少，辛烷值增加。因此，催化裂化工艺类型是影响 FCC 汽油组成的主要因素，其次才是原料性质。

　　1. 催化裂化工艺类型

　　针对市场的需求，国内催化裂化工艺开发出密相床 FCC、沸石催化剂加提升管 FCC、渣油 FCC、多产低碳烯烃的 DCC 和 CPP 及多产低烯烃汽油的 MIP 和 FDFCC 等。前面已论述汽油组成随工艺技术发展而变化，在此详细列出典型渣油 FCC、MIP、DCC 和 CPP 汽油的单体烃分布，如表 4-88 所示。FCC 汽油是由 400 多种以上的单体烃构成的复杂混合物，采用色谱分析方法就可以得到汽油详尽的组成分布，表 4-88 只列出 200 多种单体烃。从表 4-88 可以看出，不同的催化裂化工艺，其汽油组成相差较大，FCC 汽油为高烯烃，MIP 汽油为低烯烃、而 DCC 汽油为高烯烃和高芳烃，CPP 汽油为高芳烃。

表 4-88　不同类型催化裂化工艺 FCC 汽油的单体烃分布

烃　类	FCC	MIP	CPP	DCC	烃　类	FCC	MIP	CPP	DCC
总正构烷烃/%	5.88	4.14	1.43	3.06	3-甲基辛烷	0.48	0.32	0.02	0.07
正丁烷	1.70	0.05	0.05	0.10	4-乙基辛烷	0.18	0.13		
戊烷	1.29	1.35	0.14	0.14	5-甲基壬烷	0.10	0.07		
己烷	0.69	0.85	0.07	0.26	4-甲基壬烷	0.28	0.17		0.07
正庚烷	0.86	0.66	0.48	0.85	2-甲基壬烷	0.26	0.18		0.10
正辛烷	0.50	0.33	0.13	0.29	3-甲基壬烷	0.37	0.18		0.03
正壬烷	0.30	0.29	0.09	0.32	2,5-二甲基壬烷	0.10	0.06		0.05
正十烷	0.31	0.37	0.08	0.29	2,6-二甲基壬烷	0.14	0.12		0.02
正十一烷	0.18	0.19	0.37	0.53	5-甲基癸烷	0.37	0.22	0.04	0.96
正十二烷	0.05	0.05	0.02	0.28	4-甲基癸烷	0.16	0.09		0.22
总异构烷烃/%	20.36	29.51	3.39	7.40	2-甲基癸烷	0.26	0.10	0.12	0.68
异丁烷	0.97	0.01	0.07	0.13	4-甲基十一烷	0.12	0.04		0.12
异戊烷	4.52	11.47	0.30	0.41	2-甲基十一烷	0.08	0.09		0.05
2,2-二甲基丁烷	0.02	0.04			3-甲基十一烷	0.07	0.08	0.39	0.07
2,3-二甲基丁烷	0.62	1.39	0.02	0.10	2,2-二甲基辛烷	0.21	0.15		0.02
2-甲基戊烷	2.43	4.91	0.04	0.20	3,5-二甲基辛烷	0.13	0.15		0.04
3-甲基戊烷	1.28	2.76	0.04	0.14	2,6-二甲基辛烷	0.19	0.16		0.11
2,4-二甲基戊烷	0.39	0.64	0.04	0.06	碳十链烷	0.08	0.08		0.09
3,3-二甲基戊烷	0.06	0.01			碳十一链烷	0.45	0.33	0.75	0.45
2,3-二甲基戊烷	0.28	0.39	0.02	0.04	碳十二链烷	0.68	0.48	0.62	0.40
3-甲基己烷	0.95	0.96	0.23	0.48	总芳烃	24.43	26.41	83.25	65.00
2,5-二甲基己烷	0.37	0.54	0.06	0.12	苯	0.57	0.83	15.70	2.10
2,4-二甲基己烷	0.37	0.38	0.05	0.20	甲苯	2.87	3.49	26.72	12.55
3,3-二甲基己烷	0.04	0.02		0.17	乙苯	1.13	1.14	3.79	2.58
3,4-二甲基己烷	0.06	0.07	0.01	0.06	邻二甲苯	2.73	3.62	4.46	4.48
2-甲基庚烷	0.67	0.51	0.36	0.69	间二甲苯	0.84	1.08	9.01	9.61
4-甲基庚烷	0.23	0.17			对二甲苯	1.38	1.65	5.01	4.01
3-甲基庚烷	0.66	0.63	0.05	0.18	异丙苯	0.14	0.11	0.13	0.13
3-乙基己烷	0.14	0.07	0.03	0.02	正丙苯	0.48	0.37	0.44	0.50
2,3,5-三甲基己烷	0.05	0.02	0.04	0.22	邻甲乙苯	0.54	0.56	0.80	1.02
2,4-二甲基庚烷	0.17	0.13	0.02	0.19	间甲乙苯	1.43	1.69	2.78	2.87
2,6-二甲基庚烷	0.24	0.26		0.12	对甲乙苯	0.65	0.62	1.64	1.69
2,5-二甲基庚烷	0.24	0.36		0.09	1,3,5-三甲基苯	0.69	0.82	0.92	1.99
4-乙基庚烷	0.10	0.04			1,2,4-三甲基苯	2.26	2.73	3.84	6.49
4-甲基辛烷		0.18			1,2,3-三甲基苯	0.76	0.85	0.87	1.52
2-甲基辛烷	0.79	0.35	0.04	0.23	茚满	0.64	0.60	1.49	0.93

烃　类	FCC	MIP	CPP	DCC	烃　类	FCC	MIP	CPP	DCC
1,3-二乙苯	0.30	0.25		0.33	3-甲基-1-丁烯	0.36	0.47	0.04	0.07
对二乙苯	0.16	0.09			2-甲基-2-丁烯	3.24	6.32	0.70	1.75
1-甲基-3-丙基苯	0.45	0.48	0.81	0.54	1-戊烯	0.99	0.84	0.12	0.17
1-甲基-4-丙基苯	0.37	0.22	0.43	0.42	顺-2-戊烯	1.25	1.37	0.19	0.34
1-乙基-2,3-二甲基苯	0.63	0.61		1.00	反-2-戊烯	2.22	2.46	0.32	0.60
2-乙基-1,4-二甲基苯	0.39	0.39	0.27	0.63	2-乙基-1-丁烯	0.22	0.25	0.38	0.67
甲基茚满	1.04	0.94	1.08	1.09	2-甲基-1-戊烯	0.70	0.97	0.03	0.33
萘	0.22	0.20	0.72	1.25	3-甲基-1-戊烯	0.21	0.22		0.05
1,2,4,5-四甲基苯	0.29	0.30	0.34	0.67	4-甲基-1-戊烯	0.17	0.16		0.04
1,2,3,5-四甲基苯	0.30	0.39		0.93	2-甲基-2-戊烯	1.05	1.24	0.04	0.47
1,2,3,4-四甲基苯	0.16	0.13	0.09	0.46	反-3-甲基-2-戊烯	1.01	1.21	0.09	0.64
二甲基茚满	0.35	0.29	0.15	1.19	顺-4-甲基-2-戊烯	0.14	0.15	0.10	0.34
碳十芳烃	1.47	1.30	0.85	1.97	1-己烯	0.50			
碳十一芳烃	1.19	0.66	0.91	2.05	反-3-己烯	0.51	0.33	0.03	0.12
总环烯烃/%	5.45	3.57	3.03	5.81	顺-3-己烯	0.20	0.12		0.05
环戊烯	0.47	0.34	0.17	0.26	反-2-己烯	1.05	0.68		0.26
1-甲基环戊烯	1.31	0.85	0.58	1.65	顺-2-己烯	0.59	0.38	0.02	0.30
3-甲基环戊烯	0.95	0.98	0.09	0.30	2,3,3-三甲基-1-丁烯	0.08	0.03		0.03
1,3-环戊二烯	0.10	0.03	0.35	0.04	3,4-二甲基-1-戊烯	0.04	0.01		
2-甲基-1,3-环戊二烯	0.05	0.02			4,4-二甲基-1-戊烯	0.16	0.10	0.27	0.15
1,3-环己二烯	0.06	0.02	0.33	0.16	反-4,4-二甲基-2-戊烯	0.02	0.01		0.03
环己烯	0.20	0.10	0.31		3-甲基-1-己烯	0.04	0.01	0.09	0.18
碳六环烯	0.02	0.01		0.03	2,4-二甲基-1-戊烯	0.09	0.04		0.07
2-甲基环己烯	0.04	0.02	0.06	0.06	3-乙基-1-戊烯	0.13	0.08		
3-乙基环戊烯	0.10	0.04	0.09	0.11	5-甲基-1-己烯	0.07	0.04		
1,2-二甲基环戊烯	0.69	0.46		1.21	反-2-甲基-3-己烯	0.16	0.04		
1-乙基环戊烯	0.22	0.10	0.11	0.31	4-甲基-1-己烯	0.16	0.07	0.04	0.08
3-甲基环己烯	0.12		0.31		(顺,反)-4-甲基-2-戊烯	0.30	0.10		
4-甲基环己烯	0.04	0.02	0.15	0.59	反-5-甲基-2-己烯	1.17	1.07		
1-甲基环己烯	0.21	0.13		0.05	1-庚烯	0.15	0.05		
碳七/八环烯	0.87	0.45	0.48	1.04	反-3-庚烯	0.47	0.05		
总链烯烃/%	35.71	27.34	4.38	13.11	顺-3-庚烯	0.74	0.21	0.04	0.71
丁烯	1.51	0.04	0.49	0.76	反-2-庚烯	0.42	0.06	0.02	0.05
反-2-丁烯	1.21	0.14	0.21	0.39	2,5-降冰片烯	0.35	0.26		0.05
顺-2-丁烯	1.12	0.21	0.18	0.35	顺-3-甲基-3-己烯	0.19	0.06	0.02	0.06
2-甲基-1-丁烯	1.76	3.05			反-3-甲基-3-己烯	0.27	0.08	0.02	0.29

续表

烃　类	FCC	MIP	CPP	DCC	烃　类	FCC	MIP	CPP	DCC
3-乙基-2-戊烯	0.18	0.07	0.06	0.10	反-1,3-二甲基环戊烷	0.65	0.74	0.02	0.09
反-3-甲基-2-己烯	0.35	0.10	0.04	0.09	反-1,2-二甲基环戊烷	0.54	0.41	0.03	0.06
2,4,4-三甲基-1-戊烯	0.31	0.23			顺-1,2-二甲基环戊烷	0.25	0.43	0.04	0.08
顺-2-庚烯	0.37	0.11			甲基环己烷	0.50	0.88	0.11	0.17
2,4,4-三甲基-2-戊烯	0.04	0.03	0.10	0.57	1,1,3-三甲基环戊烷	0.08	0.13	0.02	0.03
3,4-二甲基-1-己烯	0.13	0.05		0.04	1,反-2,4-三甲基环戊烷	0.15	0.28	0.12	0.15
顺-4-甲基-2-庚烯	0.21	0.07	0.07	0.03	顺-1,3-二甲基环己烷	0.29	0.43		
2-甲基-3-庚烯	0.01				反-1,4-二甲基环己烷	0.12	0.15		
2-甲基-1-庚烯	0.22	0.06		0.04	1,1-二甲基环己烷	0.01			0.02
碳八烯	1.20	0.52	0.06	0.22	1-乙基-3-甲基环戊烷	0.22	0.23	0.07	0.06
辛烯	0.31	0.30		0.03	反-1-甲基-2-乙基环戊烷	0.21	0.13	0.04	0.08
反-3-辛烯	0.54	0.15		0.16	1-乙基-1-甲基环戊烷	0.41	0.15	0.05	0.33
顺-3-辛烯	0.20	0.04	0.02	0.14	顺-1-甲基-2-乙基环戊烷	0.17	0.15	0.02	0.15
反-2-辛烯	0.38	0.31			顺-1,2-二甲基环戊烷	0.10	0.13	0.03	0.06
顺-2-辛烯	0.25	0.13			乙基环己烷	0.14	0.16		
碳九烯	1.82	0.76	0.03	0.85	1,1,3-三甲基环己烷	0.10			
2-甲基-1-辛烯	0.16	0.03			1,1,4-三甲基环己烷	0.14			0.10
3-乙基庚烯	0.20	0.11			碳八环烷	0.07	0.04	0.05	0.11
1-壬烯	0.25	0.19	0.02	0.41	碳九环烷	0.73	0.68	1.13	0.70
反-4-壬烯	0.34	0.13			碳十环烷	0.37	0.20	0.02	0.10
反-3-壬烯	0.25				碳十一环烷	0.24	0.03		0.12
顺-3-壬烯	0.19	0.02			总二烯烃/%	0.52	0.17	1.50	0.69
反-2-壬烯	0.19	0.03			1,3戊二烯	0.10	0.02	0.33	0.03
顺-2-壬烯	0.12	0.05			己二烯烃	0.01		0.20	0.10
碳十烯	1.97	0.68	0.44	0.65	1或2-甲基-1,3-戊二烯	0.04	0.02	0.52	0.38
碳十一烯	0.50	0.19	0.10	0.38	2,3-二甲基-1,4-戊二烯	0.11	0.03		
总环烷烃/%	7.32	8.33	2.12	3.32	庚二烯	0.12	0.04	0.35	
环戊烷	0.14	0.13	0.06	0.15	碳八二烯	0.02		0.10	0.10
甲基环戊烷	1.17	1.94	0.18	0.46	碳九二烯	0.11	0.05		0.08
环己烷	0.11	0.17	0.04	0.04	2-戊炔	0.01	0.01		
1,1-二甲基环戊烷	0.02	0.03	0.02	0.02	未知/%	0.33	0.53	0.90	1.61
顺-1,3-二甲基环戊烷	0.39	0.71	0.07	0.24	合计/%	100.00	100.00	100.00	100.0

2. 原料油性质对汽油的物化性质和族组成的影响

四种不同基属 VGO 催化裂化汽油组成见图 4-89。从图 4-89 可以看出，对于每种 VGO 原料，其汽油中烯烃含量最高，其次是芳烃，而正构烷烃含量最低。大庆 VGO 汽油中异构烷烃含量明显高于其他三种 VGO，而芳烃含量则明显地低于其他三种 VGO，烯烃含量略低于其他三种 VGO，这是由于在相同的操作条件下，大庆 VGO 在催化剂上沉积的焦炭量低，催化剂的氢转移反应能力强，造成汽油中的烯烃转化为异构烷烃所致。因此大庆 VGO 催化汽油中的异构烷烃加烯烃之和则明显地高于其他三种 VGO，这表明石蜡基原料经裂化反应易于生成烯烃和烷烃。

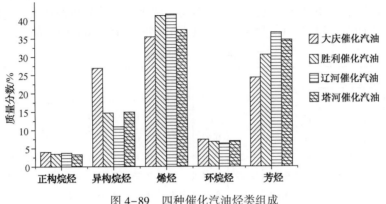

图 4-89　四种催化汽油烃类组成

对于渣油催化裂化，一般随着渣油掺入量的增加，汽油密度增加，汽油辛烷值相应增加。鲁宁管输原油馏分油裂化时，汽油密度为 0.7237g/cm³，辛烷值为 77；掺 10% 减压渣油时，汽油密度为 0.7262g/cm³，辛烷值为 78.5；掺 30% 渣油后，汽油密度上升到 0.729g/cm³，辛烷值 78.9，其他理化指标均无较大变化，详见表 4-89。从表 4-89 可见，原料油发生了变化，汽油族组成的变化很明显。

表 4-89　催化裂化不同原料油的汽油性质

项　　目	大庆油		任丘常压渣油	鲁宁管输油			
	减压馏分油	常压渣油		减压馏分油	+10%减压渣油	+25%减压渣油	+30%减压渣油
密度(20℃)/(g/cm³)	0.7260	0.7282	0.7104	0.7237	0.7262	0.720	0.729
溴价/[gBr/(100g)]		61.42	66.75				
实际胶质/(mg/mL)		0.4	0.4	0.6	1.0	0.8	1.2
硫/%		0.012	0.011				0.078
诱导期/min	615	979	1425	1256	1370	1360	
馏程/℃							
初馏点	45	33	31	37	44	29	36
10%	68	52	53	54	60	52	
50%	120	96	97	106	114	104	118
70%	134						
90%	186	161	156	180	184	176	184
终馏点	199	185	186	200	197	198	208
辛烷值(MON)	78.5	79.0		77.0	78.5	78.0	78.9
族组成/v%							
芳烃	13.10				22.65		21.74
烯烃	54.60				37.80		47.46
饱和烃	32.30				39.55		30.80

当催化裂化装置加工不同基属重质原料来多产汽油,且汽油烯烃控制在35%左右时,催化汽油组成相对含量比较接近,如表4-90所列(梁咏梅,2011;栗雪云,2014)。从表4-90可以看出,烷烃约占催化裂化汽油的41%~45%,烯烃约占35%,其中小于C_6的烯烃约占烯烃总量的58%~69%,芳烃约占20%左右。此外,碳数主要分布在C_5~C_{10}之间,C_5含量最高,随碳数增多,相对含量逐渐降低。不同类型化合物的分布差异很大,烯烃主要集中在C_5~C_7之间,而芳烃以C_7~C_{10}为主。小于C_6的组分约占汽油的50%左右。

表4-90　FCC汽油组成分布　　　　　　　　　　　%

项目	偏石蜡基					中间基					环烷基				
	环烷烃	链烷烃	环烯烃	烯烃	芳烃	环烷烃	链烷烃	环烯烃	烯烃	芳烃	环烷烃	链烷烃	环烯烃	烯烃	芳烃
C_3		0.0		0.45			0		0.31			0		0.0	
C_4		2.0		4.41			0.81		3.12			0.13		1.91	
C_5	0.18	10.27	0.7	10.43		0.27	13.24	0.36	10.04		0.14	12.41	0.29	9.17	
C_6	2.11	7.98	1.16	7.92	0.66	2.27	9.81	1.35	7.83	0.36	1.6	9.92	1.0	7.05	0.48
C_7	2.93	5.55	1.09	4.94	3.14	3.43	5.68	1.55	4.42	4.03	2.27	6.51	1.26	4.78	2.73
C_8	1.43	2.73	0.16	2.22	6.22	1.66	2.73	0.51	2.13	7.19	1.22	3.02	0.43	2.67	3.87
C_9	1.14	2.10	0	1.38	5.60	1.34	2.54	0	1.26	5.70	1.12	2.54	0.12	1.99	5.70
C_{10}	0.46	1.58	0	1.15	4.16	0.47	1.39	0	0.82	2.55	0.54	1.80	0	1.76	4.81
C_{11}	0	0.79	0	0.72		0	0.25	0	0.23		0.58	0.94	0	0.84	
合计	8.25	33.0	3.11	33.62	19.78	9.44	35.94	3.77	30.16	19.83	7.97	37.27	3.10	30.17	19.59
C_6以下烯烃占总烯烃	68.25					67.82					58.37				

3. 催化剂类型对汽油组成和辛烷值的影响

催化剂性质对汽油组成也有一定的影响。Yong(1991)在循环提升管装置上研究了不同类型的催化剂对汽油组成的影响。试验时固定反应温度为527℃,转化率70%,采用馏分油为原料。试验所得到的产品产率及汽油辛烷值列于表4-91,不同类型的催化剂对汽油组成的影响如图4-90所示。从表4-91和图4-90可以看出,氢转移反应强的REY催化剂具有较低的辛烷值、较低的烯烃含量、较高的烷烃含量,而氢转移反应弱的LREUSY催化剂恰好相反。

表4-91　产品产率及汽油辛烷值

催化剂类型	REY	REY/REG	REG	REUSY	LREUSY
剂油比	8.5	8.0	7.4	8.8	10.2
干气/%	2.54	2.54	2.24	2.46	2.56
ΣC_3/v%	9.5	9.0	8.3	9.0	8.9
ΣC_4/v%	13.4	12.5	11.5	12.0	12.2
汽油/v%	56.3	57.7	60.4	59.0	59.0
轻循环油/v%	16.8	17.8	19.2	19.4	19.2
澄清油/v%	13.2	12.2	10.8	10.6	10.8
焦炭/%	6.0	5.5	4.1	4.7	4.1
汽油辛烷值　　RON	93.7	94.1	94.3	95.2	96.5
MON	81.8	81.5	81.5	81.2	77

4. 转化率对汽油烯烃的影响

在较低的转化率下,汽油烯烃含量随转化率增加而增加,当转化率超过某数值后,汽油

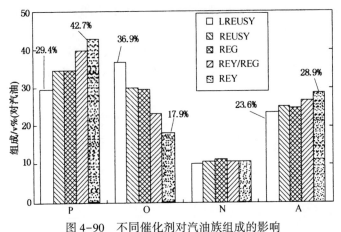

图 4-90　不同催化剂对汽油族组成的影响

（REG 为 Grace 公司的专有 USY，LREUSY 为低稀土含量的 USY）

烯烃含量随转化率增加快速下降，如图 4-91 所示（张瑞驰，2001）。从图 4-91 可以看出，当转化率超过一定值后，汽油的烯烃含量随转化率的提高而下降；在相同转化率下，由大庆原料油所得的催化汽油的烯烃含量更高。

汽油中的烯烃分子可以通过氢转移反应获得氢，饱和为烷烃，使汽油烯烃含量降低。异丁烷是氢转移反应的产物。定义异丁烷/丁烯（Y_1）和异丁烷/异丁烯（Y_2）为氢转移指数，用以关联催化汽油的烯烃含量，发现它们之间基本上是线性关系，其关联式如下：

$$汽油烯烃含量 = 61.1 - 44.5Y_1, \% \tag{4-58}$$

$$汽油烯烃含量 = 55.8 - 11.9Y_2, \% \tag{4-59}$$

图 4-92 和图 4-93 清楚地表明了这种线性关系，原料油和操作条件的不一样都不影响这种关联。

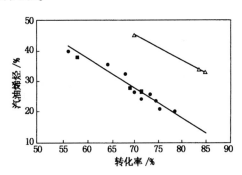

图 4-91　汽油烯烃含量与转化率的关系

●—胜利 VGO+10%VR；■—辽河 VGO；
△—大庆 VGO+30%VR

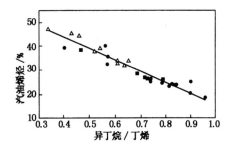

图 4-92　汽油烯烃含量与异丁烷/丁烯的关系

●—胜利 VGO+10%VR；■—辽河 VGO；
△—大庆 VGO+30%VR

5. 汽油的烯烃度和支化度

汽油的烯烃度增加会导致 RON 提高，而 MON 则没有明显的改进，如图 4-94 所示（Connor，1988）。这是值得注意的，烯烃度的提高与烷烃和烯烃的支化度的降低是伴随发生的，其中支化度可用异构与正构 C_6 烷烃之比表示。

$$DOB\text{-}6 = i\text{-}C_6 / n\text{-}C_6 \tag{4-60}$$

图 4-95 表明 DOB-6 对汽油中的烷烃和烯烃的支化度都是一个很好的量度。烯烃的支化度比烷烃的支化度约低 5。

由此可知, 汽油辛烷值可以与汽油的"支化度"因数和"烯烃度"因数关联起来, 如图 4-96 所示。"烯烃度"高有助于 RON, 而无助于 MON, 而支化度对 MON 却是至关重要的。

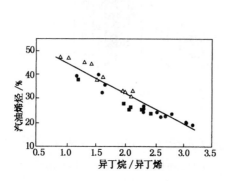

图 4-93 汽油烯烃含量与异丁烷/异丁烯的关系
●—胜利 VGO+10%VR; ■—辽河 VGO;
△—大庆 VGO+30%VR

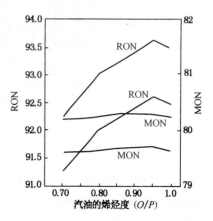

图 4-94 汽油辛烷值和烯烃度的关系

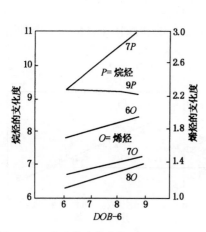

图 4-95 汽油的支化度与 DOB-6 的关系

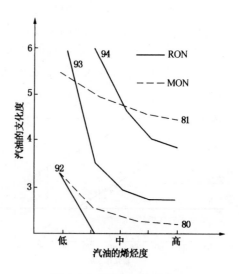

图 4-96 汽油 RON 和 MON
与支化度、烯烃度之间的关系

6. 汽油组成与辛烷值的关系

国内外典型的 FCC 汽油的族组成和辛烷值列于表 4-92(程桂珍, 1990; Yong, 1991)。由表 4-92 可知, 若以 MON=60 为界, 则辛烷值低于 60 的组分有正构烷烃($C_6 \sim C_{12}$), 含量为 5%左右; 直链烯烃含量小于 2%; 单取代基烷烃(>C_6)含量为 6%~13%。高辛烷值组分有支链烯烃, 含量为 30%左右, 大部分的辛烷值大于 80。芳烃含量为 15%~25%, 辛烷值大于 90。环烷烃为 10%左右, 支链烷烃为 18%~25%, 其辛烷值均大于 70。

表4-92 国内典型催化裂化汽油族组成及辛烷值

项 目		大庆/%	胜利/%	辽河/%	A厂/%	B厂/%
MON<60	直链烷烃($C_6 \sim C_{12}$)	3.69	5.30	2.47	2.63	3.39
	单取代基烷烃($>C_6$)	12.97	8.34	6.21	8.49	10.24
	直链烯烃($C_6 \sim C_{12}$)	1.10	1.01	0.94	1.49	0.99
	总计	17.76	14.65	9.62	12.61	15.12
MON>70	环烷烃	11.01	9.16	9.95	10.16	9.84
	支链烷烃	18.90	20.38	12.39	19.09	17.94
	总计	29.91	29.54	22.34	29.25	27.78
MON>80	支链烯烃	28.86	31.94	36.5	32.96	29.94
	芳烃	14.53	15.14	20.5	16.58	18.96
	$i\text{-}C_4^0 + n\text{-}C_4^0 + i\text{-}C_5^0$	8.94	8.73	11.04	8.20	8.20
	总计	52.33	55.81	58.04	58.14	57.10
MON		78.20	78.80	79.5	78.9	79.3
RON		88.0	89.0	90.2	89.1	89.6

（三）汽油的硫含量

催化裂化过程硫分布见本书第七章，大约原料硫的2%~5%进入汽油。FCC汽油的硫含量及硫化物形态首先和原料油有关，如表4-93所列。

表4-93 原料硫含量对FCC汽油中硫化物含量的影响
（转化率69%，USY/MATRIX 催化剂）[1]

原料类型	A	B	原料类型	A	B
原料油性质			噻吩	28	52
密度(20℃)/(g/cm^3)	0.8883	0.8950	一甲基噻吩	66	131
硫含量/%	0.47	1.05	四氢噻吩	10	16
残炭/%	0.16	0.23	二甲基噻吩	77	183
K_{UOP}	11.68	11.59	三甲基噻吩	57	126
汽油产率/%	42.6	43.0	四甲基噻吩	57	139
汽油中硫含量/($\mu g/g$)			苯并噻吩	130	309
硫醇	2	6	总计	427	962

[1] 为一种高活性基质的 USY 催化剂。

FCC汽油硫化物有硫醇、硫醚和噻吩三类。低硫原料生成汽油的硫醇含量在$25\mu g/g \sim 100\mu g/g$之间，掺渣油原料汽油硫醇含量较高。经过脱硫醇设施处理后一般可达到80%~90%的脱除率，使其含量少于$10\mu g/g$，但高分子硫醇脱除率低。汽油不同馏分的硫醇含量和脱除率列于表4-94。

表4-94 硫醇分布与脱除率的关系

馏分	硫醇含量/($\mu g/g$)	脱除率/%	馏分	硫醇含量/($\mu g/g$)	脱除率/%
<50℃	21.6	80	70~90℃	194.8	65
50~70℃	88.7	78	>90℃	173.1	50

FCC汽油经脱硫醇工艺处理后仍保留硫醚和噻吩等硫化物，降低FCC汽油中这些硫化

物最好采用汽油后处理工艺(如加氢或吸附)，其脱硫效率可达90%以上。典型的FCC汽油含硫化物详细分布列于表4-95。从表4-95可以看出，FCC汽油中主要的硫化物种类有：硫醇、硫醚、噻吩、烷基噻吩、苯并噻吩、甲基苯并噻吩等，其中噻吩类化合物的硫含量占总量的70%以上。加氢或吸附脱硫工艺主要是将汽油中的噻吩类化合物脱除。

表4-95　FCC汽油中的硫化物分布

组分名称	含量/(μg/mL)	组分名称	含量/(μg/mL)
硫化氢	0.76	四氢噻吩	9.28
羰基硫	0.34	碳五硫醚	—
甲硫醇	1.02	2-甲基四氢噻吩	4.16
乙硫醇	3.84	乙基噻吩	17.22
二甲硫醚	7.05	2,5-二甲基噻吩	11.48
二硫化碳	169.59	碳六硫醇	10.68
异丙硫醇	2.94	2,4-二甲基噻吩	26.39
叔丁硫醇	—	2,3-二甲基噻吩	30.56
正丙硫醇	2.81	3,4-二甲基噻吩	11.89
甲乙硫醚	0.77	碳六硫醚	2.03
异丁硫醇	—	2,4-二甲基四氢噻吩	0.99
噻吩	39.29	碳三噻吩	77.29
乙硫醚	0.17	碳七硫醇	0.80
正丁硫醇	1.02	碳四噻吩	44.71
碳四硫醚	—	碳八硫醇	4.48
二甲二硫	—	苯并噻吩	10.07
异戊硫醇	—	甲基苯并噻吩	—
2-甲基噻吩	44.77	合计	585.95
3-甲基噻吩	49.55		

FCC汽油馏程与硫化物含量之间的关系列于表4-96和表4-97(梁咏梅，2011；姚丽群，2012)。从表4-96可以看出，在占汽油55%~60%轻组分中硫含量占总硫份额都不足20%，在占汽油40%~45%重组分中含硫占总硫份额超过80%。从表4-97可以看出，小于70℃ FCC汽油馏分中的硫化物主要是小分子硫醚和硫醇，70~110℃ FCC汽油馏分中的硫化物既有硫醇又有噻吩，且随沸点上升，硫醇不断减少，噻吩不断增加；大于110℃ FCC汽油馏分中的硫化物只有噻吩。FCC汽油中的硫化物类型在不同馏分段中分布列于表4-98。从表4-98可以看出，硫醇分布在小于65℃馏分段，噻吩、C_1和C_2噻吩分布在65~150℃馏分段，C_3噻吩、C_4噻吩和硫酚分布在150~190℃馏分段，苯并噻吩和C_2硫酚分布在190℃以上馏分段。

表4-96　FCC汽油窄馏分收率及硫含量

馏程/℃	LZ汽油		DG汽油		LH汽油	
	馏分/%	硫含量/(μg/mL)	馏分/%	硫含量/(μg/mL)	馏分/%	硫含量/(μg/mL)
初馏点~60	32.1	14	36.1	33	29.3	17
60~70	6.3	33	7.9	104	6.5	49
70~80	6.7	43	5.9	156	6.7	74

续表

馏程/℃	LZ 汽油		DG 汽油		LH 汽油	
	馏分/%	硫含量/(μg/mL)	馏分/%	硫含量/(μg/mL)	馏分/%	硫含量/(μg/mL)
80~90	5.1	63	5.1	192	6.5	110
90~100	5.6	97	5.1	248	4.7	126
累计初馏点~100	55.8	总硫 32.4(17.4%)	60.1	总硫 86.5(20.8%)	53.7	总硫 48.8(18.8%)
100~110	7.6	128	5.7	333	7.2	172
110~120	4.7	163	3.5	386	4.0	196
120~130	5.0	160	5.2	433	3.9	207
130~140	4.1	174	5.9	442	6.2	224
140~150	5.4	174	5.8	458	4.6	218
>150	15.9	279	12.8	703	18.8	324
累计>100	42.7	总硫 201.9(82.6%)	38.9	总硫 508.0(79.2%)	44.7	总硫 253.0(81.2%)
全馏分	98.5	107	99.0	249	98.7	139

表 4-97 FCC 汽油与窄馏分硫的形态分布 μg/g

项 目	催化汽油	馏程/℃							
		≤70	70~80	80~85	85~90	90~95	95~100	100~110	>110
二硫化碳	0.5	2.9							
甲硫醚	0.3	2.8							
环乙硫醚	3.8	7.5							
甲乙硫醚	2.4	7.1		3.8					
甲硫醇	7.7	7.8							
乙硫醇	40.1	84.1							
异丙硫醇	3.5	14.2							
正丙硫醇	10.4	39.8	9.4						
叔丁硫醇	1.1	3.4							
异丁硫醇	3.0		13.4	12.2	8.2				
正丁硫醇	3.4		8.9	14.6	11.4	10.8	8.2		
正戊硫醇	1.2							5.0	
噻吩	36.6		2.0	135.1	58.8	18.1	5.2		
2-甲基噻吩	33.6		5.4	14.3	12.3	52.0	108.0	251.6	27.7
3-甲基噻吩	42.2		4.8	11.5	7.2	36.9	87.9	295.9	44.4
四氢噻吩	22.3				7.6	22.5	103.1	23.9	
C_2噻吩	159.8						15.4	250.6	
C_3噻吩	294.0							437.1	
C_4噻吩	165.8							275.5	
苯并噻吩	91.2							105.4	
C_1苯并噻吩	146.4							224.5	

表 4-98 FCC 汽油馏程及相应的硫化物组成

硫化物	沸点范围/℃	含量/(μg/g)
硫醇	<65.5	2.7
噻吩	65.5~93	27.5
C_1噻吩	93~121	67.1
四氢噻吩	93~121	10.3

续表

硫化物	沸点范围/℃	含量/(μg/g)
C_2噻吩	121~149	87.8
C_3噻吩，硫酚	149~190	60.5
C_4噻吩，C_1硫酚	>177	63.3
苯并噻吩，C_2硫酚	>190	127.2

综上所述，FCC汽油特点在于烯烃主要集中在轻馏分中，而芳烃和硫主要集中在重馏分中，如图4-97所示。因此降低FCC汽油烯烃和脱除FCC汽油中的硫可以考虑采用按馏程切割分离后再进行分段处理，FCC汽油选择性脱硫技术开发就是基于此。国外发达国家的车用汽油硫含量已低于10μg/g，国内车用汽油硫含量即将降低到10μg/g，脱除汽油中的硫含量技术在后面章节中再作详细论述。

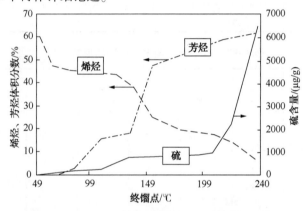

图4-97　FCC汽油烯烃、芳烃和硫含量随馏程分布

（四）汽油中酚类和氮化物

FCC汽油中存在一些不安定组分，在汽油精制过程中基本脱除。梁咏梅（2002）等利用碱萃取和酸萃取技术将酚类和氮化物浓缩，然后用色谱质谱联用法进行检测，结果表明酚类化合物主要是C_0~C_3苯酚，氮化物主要是C_0~C_2苯胺（90%以上），少量吡咯类因在萃取中聚合未能测出。两套RFCC装置的汽油碱萃取物和酸萃取物中有关化合物的相对含量分析值列于表4-99。

表4-99　FCC汽油碱萃取物和酸萃取物分析结果

化合物	装置1	装置2	化合物	装置1	装置2
碱萃取物/%	100	100	C_3吡啶	0.3	0.8
苯酚	1.4	8.4	C_4吡啶	0	0.6
C_1苯酚	41.8	57.6	C_5吡啶	0.1	1.4
C_2苯酚	52.1	32.2	喹啉	0.2	0.3
C_3苯酚	4.6	1.7	苯酚	1.1	5.3
C_4苯酚	0.1	0.1	C_1苯酚	7.0	16.2
酸萃取物/%	100	100	C_2苯酚	1.3	6.9
苯胺	17.2	13.1	C_3苯酚	0	2.5
C_1苯胺	56.6	40.1	C_3苯	0	2.6
C_2苯胺	12.6	6.0	苯乙烯	0.1	0.5
			未知物	3.5	3.7

不同的催化裂化工艺汽油中的氧化物组成分布列于表4-100。从表4-100可以看出，汽油馏分的小分子含氧化合物以酮类化合物为主，包括直链酮和异构酮，同时含有少量的醛、醇、醚组分；FCC和MIP工艺汽油中氧化合物的分布较为接近，小于C_6的小分子氧化合物的总量在200μg/g左右，与CPP和DCC工艺有明显不同；CPP工艺汽油中的氧化合物含量最高，分布也最为复杂，小于C_6的小分子含氧化合物的总量可达3398μg/g，此外还存在一些未知组分。

表4-100　不同类型的催化裂化工艺汽油中的小分子氧化物组成　　　　　　μg/g

氧化合物	FDFCC汽油	MIP汽油	中型CPP汽油	FCC稳定汽油	DCC轻汽油
乙醛	—	—	17.9	—	—
MTBE	—	3.5	—	—	—
丙醛	—	—	10.7	—	6.8
TAME	—	—	—	—	—
异丁醛	—	—	15.5	3.1	10.2
正丁醛	—	—	7.1	—	5.2
甲醇	—	—	—	—	—
丙酮	85.5	86.3	426.3	84.5	228.6
异戊醛	—	—	2.6	—	—
正戊醛	—	—	2.2	—	1.4
乙醇	—	—	—	—	7.7
丁酮	58.8	67.3	880.0	42.8	182.3
3-甲基-2-丁酮	10.9	15.4	1193.6	13.3	44.7
2-戊酮	10.6	12.0	342.6	8.0	19.2
正/异丙醇	2.0	2.8	2.8	2.6	—
2-甲基-3-戊酮	1.3	2.5	92.1	1.9	1.8
异丁醇/3-甲基-2-戊酮	2.2	6.1	163.5	—	12.4
仲/叔丁醇	7.4	9.0	31.2	3.5	—
甲基异丁基酮	5.3	7.8	121.3	9.3	—
正丁醇	—	—	—	4.2	—
2-己酮	5.3	7.8	84.9	—	3.8
叔戊醇	—	2.6	3.6	4.9	3.7
总量	189.3	223.6	3397.7	178.0	482.9

二、MIP汽油性质及其特点

多产异构烷烃的催化裂化工艺(MIP)已大面积地推广应用，中国石化催化汽油约有70%来自MIP装置，中国石油催化汽油约有38%来自MIP装置，其他石油公司和地方炼油厂催化汽油约有60%来自MIP装置。MIP和汽油脱硫技术组合是目前生产国V车用汽油最经济的工艺途径，中国石化所有的大型炼油企业车用汽油生产均采用这条工艺途径。因此，有必要论述一下MIP汽油性质及其特点(许友好，2007；2008；2009)。相对于FCC装置的汽油辛烷值，MIP装置的汽油在烯烃含量大幅度降低的情况下，研究法辛烷值有所增加(除少数装置外)，马达法辛烷值明显地增加，尤其当MIP采用多产丙烯和汽油生产方案时，MIP汽油的RON和MON均增加近2个单位，即抗爆指数增加近2个单位。

1. MIP 与 FCC 汽油组成的差异

MIP 汽油编号分别为 MIP-1、MIP-2 和 MIP-3，FCC 汽油编号分别为 FCC-1 和 FCC-2，其组成分别列于表 4-101，其中 MIP-1 和 FCC-1 是来自相同的催化裂化装置采用 MIP 技术改造前后的标定数据。

表 4-101　MIP 与其他技术的汽油组成

工艺类型	MIP			FCC	
原料油编号	MIP-1	MIP-2	MIP-3	FCC-1	FCC-2
汽油质量组成/%					
正构烷烃	3.66	4.93	5.0	5.03	4.74
异构烷烃	30.93	31.18	24.60	28.89	23.91
烯烃	30.45	25.07	35.03	36.87	40.78
环烷烃	8.26	7.31	8.09	6.51	7.31
芳烃	26.71	29.61	26.54	22.71	22.24
其中苯	0.47	0.88	0.75	0.55	0.78
RON	93.6	92.9	95.2	92.4	93.0
MON	82.4	82.0	83.0	81.7	81.5
异构/正构烷烃	8.45	6.32	4.92	5.74	5.04
苯芳比(R_{BA})[①]/%	1.76	2.97	2.83	2.42	3.51

① R_{BA} 定义为汽油中的苯含量与芳烃含量之比，用于评估苯和烯烃烷基化生成烷基苯反应趋势。

从表 4-101 可以看出，相对 FCC 汽油，MIP 汽油辛烷值高于 FCC 汽油，MIP 汽油组成为异构烷烃含量高，烯烃含量低，芳烃含量高，苯含量低，苯芳比低，正构烷烃和环烷烃与 FCC 汽油相当，异构烷烃与正构烷烃比明显地高于 FCC 汽油。MIP 汽油烯烃降低的幅度与异构烷烃和芳烃增加幅度之和基本相当。此外，在异构烷烃分布中，MIP 汽油的异戊烷和异己烷含量明显地高于 FCC 汽油，异庚烷及其以上单支链烷烃含量低于 FCC 汽油，多甲基异构烷烃含量也低于 FCC 汽油。

MIP 汽油和 FCC 汽油烯烃分布列于表 4-102。MIP-2、MIP-3 和 MIP-4 分别来自不同的 MIP 装置；而 FCC-3 和 FCC-4 分别来自不同的 FCC 装置。

表 4-102　MIP 与 FCC 的汽油烯烃组成分布

工艺类型	MIP			FCC	
原料油编号	MIP-2	MIP-3	MIP-4	FCC-3	FCC-4
汽油烯烃质量组成/%					
直链 1-烯烃	1.16	1.24	1.41	1.67	1.93
直链 2-烯烃	6.10	8.98	6.83	7.64	8.68
直链 3⁺-烯烃	1.04	1.31	1.11	2.30	2.94
单支链-烯烃	6.05	8.32	8.24	9.32	10.30
双支链-烯烃	7.30	9.93	10.18	8.95	9.70
多支链-烯烃	0.09	0.10	0.08	0.58	0.30
环状烯烃	2.85	4.44	4.38	5.41	5.89
二烯/三烯/炔	0.47	0.69	0.71	0.66	1.03
总量	25.07	35.03	32.96	36.54	40.78
支链/直链	1.62	1.59	1.98	1.62	1.48
双支链/单支链	1.20	1.19	1.24	0.96	0.94

从表 4-102 可以看出，MIP 汽油直链烯烃含量明显地低于 FCC 汽油，尤其是直链 1-烯烃。相对于其他类型烯烃，直链 1-烯烃辛烷值低且易于加氢饱和，饱和后为正构烷烃，其辛烷值更低。MIP 汽油单支链烯烃含量低于 FCC 汽油，而双支链烯烃含量接近或高于 FCC 汽油。由此可以算出，MIP 汽油支链烯烃与直链烯烃比高于 FCC 汽油，而双支链烯烃与单支链烯烃比明显地高于 FCC 汽油。因此，在相同的烯烃含量情况下，MIP 汽油辛烷值要高于 FCC 汽油。

2. MIP 汽油与 FCC 汽油加氢前后辛烷值及组成变化

MIP 装置改造前后的汽油性质列于表 4-103，其编号为 MIP-1 和 FCC-1。MIP-1 和 FCC-1 分别经加氢脱硫 RSDS-Ⅱ技术处理，所得到的加氢汽油性质也列于表 4-103。

从表 4-103 可以看出，相对于 FCC 汽油，MIP 汽油烯烃含量明显地低于 FCC 汽油烯烃含量，在高辛烷值组分烯烃降低的情况下，MIP 汽油辛烷值 RON 增加 1.2 个单位，MON 增加 0.7 个单位。从表 4-103 还可以看出，相对于加氢 FCC 汽油，在相近的汽油脱硫率的情况下，加氢 MIP 汽油烯烃饱和率只有 7.66%，这是由于 MIP 汽油异构烯烃较多，难以加氢饱和，辛烷值 RON 只减少 0.9，MON 只减少 0.2，抗爆指数只降低了 0.5，而加氢 FCC 汽油烯烃饱和率高达 20.87%，辛烷值 RON 减少 1.8，MON 减少 1.2，抗爆指数降低高达 1.5。

表 4-103　MIP 和 FCC 汽油性质及加氢脱硫后性质

汽油编号	MIP-1		FCC-1	
类型	原料汽油	产品	原料汽油	产品
密度(20℃)/(g/cm³)	0.7321	0.7308	0.7238	0.7216
硫含量/(μg/g)	772	44	942	43
终馏点/℃	205	203	201	200
脱硫率/%	94.3		95.4	
RON	93.6	92.7	92.4	90.6
MON	82.4	82.2	81.7	80.5
ΔRON/ΔMON	-0.9/-0.2		-1.8/-1.2	
烯烃体积含量/%	28.7	26.5	38.8	30.7
芳烃体积含量/%	22.8	20.9	18.0	17.8
烯烃饱和率/%	7.66		20.87	

由此可以看出，MIP 汽油不仅自身的辛烷值高，而且经加氢脱硫后其辛烷值损失小。MIP 和 FCC 汽油辛烷值及加氢的 MIP 和 FCC 汽油辛烷值的差异与 MIP 和 FCC 汽油组成不同存在密切相关。MIP 汽油和 FCC 汽油加氢前后组成分布列于表 4-104。

表 4-104　MIP 汽油与 FCC 汽油加氢前后组成分布

原料油编号	MIP-1				FCC-1			
脱硫率/%	94.3				95.4			
色谱组成/%	原料	产品	组成变化	辛烷值	原料	产品	组成变化	辛烷值
正构烷烃	3.66	4.21	0.55	24.8	5.03	6.41	1.38	24.8
异构烷烃	30.93	32.56	1.63	75.2	28.89	32.18	3.29	72.1

续表

原料油编号	MIP-1				FCC-1			
脱硫率/%	94.3				95.4			
色谱组成/%	原料	产品	组成变化	辛烷值	原料	产品	组成变化	辛烷值
正构烯烃	8.80	7.64	-1.16	90.5	12.73	11.26	-1.47	90.5
异构烯烃	17.41	15.66	-1.75	97.5	19.35	16.72	-2.63	97.5
环状烯烃	4.21	3.67	-0.54	93.6	4.70	3.87	-0.83	93.6
二烯烃	0.03	0.00	-0.03	71.1	0.08	0.0	-0.08	71.1
环烷烃	8.26	9.44	1.18	89.3	6.51	7.38	0.87	89.3
芳烃	26.71	26.81	0.1	124	22.71	22.18	-0.53	124
烯烃饱和率/%	11.4				13.6			
RON	93.6	92.7	-0.78[①]		92.4	90.6	-1.68[①]	

① 计算出的 RON 损失值。

　　从表4-104可以看出，在相同的脱硫率下，MIP汽油正构烯烃只减少1.16个百分点，异构烯烃只减少1.75个百分点，环状烯烃只减少0.54个百分点；而FCC汽油正构烯烃减少1.47个百分点，异构烯烃减少2.63个百分点，环状烯烃减少0.83个百分点，因此，MIP汽油烯烃降低幅度明显地低于FCC汽油烯烃降低幅度，前者比后者少降低约为1.48个百分点。

　　当汽油馏程基本相当时，汽油组成的差异影响着汽油的辛烷值，汽油含有几百个化合物，即使按碳数分成烷烃、烯烃和芳烃，汽油仍有56个虚拟化合物，而56个虚拟化合物的辛烷值数据难以确定。为简化起见，引用碳六烃作为辛烷值模型化合物来探讨MIP和FCC汽油辛烷值的差异及两者加氢后辛烷值损失的差异。不同类型的碳六烷烃、烯烃和环烷烃化合物的辛烷值如图4-98所示。

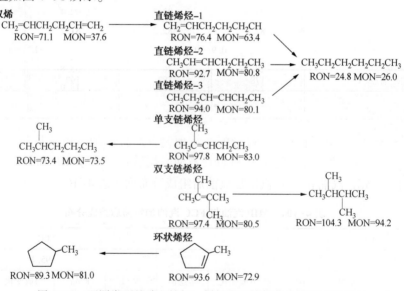

图4-98　不同类型的碳六烷烃、烯烃和环烷烃化合物的辛烷值

从图 4-98 可以看出，碳六烷烃、烯烃和环烷烃化合物辛烷值大小顺序为 2-甲基丁烷、1-甲基戊烯、2-甲基丁烯、3-己烯、1-甲基环戊烯、2-己烯、1-甲基环戊烷、1-己烯、1-甲基戊烷、己二烯、正己烷；其中，1-甲基戊烯、2-甲基丁烯、3-己烯、1-甲基环戊烯、2-己烯辛烷值在 92~98 之间，1-己烯、1-甲基戊烷、己二烯辛烷值在 71~77 之间，正己烷辛烷值只有 24.8。如果 3-己烯、2-己烯和 1-己烯饱和为正己烷，那么辛烷值将大幅度降低；如果 1-甲基戊烯和 1-甲基环戊烯饱和为烷烃，那么辛烷值也将降低，只是降低幅度明显地小于直链烯烃；只有 2-甲基丁烯饱和为烷烃，辛烷值将增加。因此，如果汽油中含有较多的支链 2-烯烃，不仅自身辛烷值，而且饱和后辛烷值仍然增加。

基于碳六烃辛烷值模型和芳烃辛烷值模型，分别对 MIP-1 汽油和 FCC-1 汽油辛烷值进行加和计算，得到 MIP-1 汽油辛烷值预测值为 93.9，而实测值为 93.6，两者相差只有 0.4，FCC-1 汽油辛烷值预测值为 91.6，而实测值为 92.4，两者相差只有 0.7。在相同的脱硫率下，MIP 汽油和 FCC 汽油加氢前后组成分布列于表 4-104。基于碳六烃辛烷值模型和芳烃辛烷值模型，对不同组成变化值对辛烷值损失的贡献进行计算并进行加和，预测结果列于表 4-104。从表 4-104 可以看出，MIP-1 汽油加氢后辛烷值损失预测值为 -0.78，而实测值为 -0.9，两者相差只有 0.12，FCC-1 汽油加氢后辛烷值损失预测值为 -1.68，而实测值为 -1.8，两者相差也是 0.12。

3. MIP 汽油与 FCC 汽油苯含量对比

MIP 汽油和 FCC 日常生产汽油苯含量统计数据列于表 4-105。从表 4-105 可以看出，在汽油的终馏点小于 185℃ 时，MIP 汽油的苯含量为 0.395%，而 FCC 汽油的苯含量为 0.518%，降低了 23.75%；在汽油的终馏点大于 195℃ 时，MIP 汽油的苯含量为 0.307%，而 FCC 汽油的苯含量为 0.437%，降低了 29.75%。从表 4-105 还可以看出，汽油的终馏点对汽油苯含量存在着一定的影响，当汽油终馏点从大于 195℃ 降低到小于 185℃ 时，MIP 汽油的苯增加了 0.088 个百分点，FCC 汽油的苯增加了 0.081 个百分点，由此可以看出，当汽油终馏点从大于 195℃ 降低到小于 185℃ 时，汽油苯含量增加约为 0.08 个百分点。

表 4-105　MIP 汽油和 FCC 汽油组成生产统计平均数据

工　艺	MIP	FCC	MIP	FCC
汽油终馏点/℃	178	182	197	198
汽油组成/%				
正构烷烃	4.78	4.72	4.97	4.79
异构烷烃	35.35	32.71	37.35	31.53
烯烃	33.06	37.97	30.62	36.18
环烷烃	7.28	6.81	6.46	6.99
芳烃	17.11	16.34	18.42	18.08
苯	0.395	0.518	0.307	0.437
R_{BA}/%	2.3	3.2	1.67	2.42

多产丙烯的 MIP 与其他多产丙烯技术的产物分布和汽油组成列于表 4-106。从表 4-106 可以看出，MIP 汽油苯含量小于 1.0%，而其他多产丙烯技术的汽油苯含量都大于 1.0%，尤其是 DCC-Ⅰ 的汽油苯含量大于 2.0%。比较 DCC-Ⅰ 和 DCC-Ⅱ 的产物分布和汽油组成可以看出，随着液化气产率的增加，汽油产率相应地减少，造成汽油中的苯因汽油中的烯烃裂

化而增浓，DCC-Ⅰ汽油苯含量高于DCC-Ⅱ约0.55个百分点，其中0.26个百分点是汽油产率减少而造成的，但DCC-Ⅰ汽油芳烃含量高于DCC-Ⅱ汽油约4.29个百分点是由汽油产率减少而造成的。因此，在比较多产丙烯技术的汽油苯含量时，最好在相同的液化气产率下进行比较。在液化气产率基本相当的情况下，MIP汽油苯含量明显地低于FDFCC-Ⅲ和ARGG汽油苯含量。MIP的汽油苯芳比R_{BA}为3.4%，而其他多产丙烯技术的汽油苯芳比R_{BA}在4.5%以上，尤其ARGG工艺汽油苯芳比高达8.05，这表明这些工艺技术由于多产丙烯，设计了较高的反应温度，从而强化了烷基苯发生裂化反应生成苯和小分子烯烃。

表4-106　多产丙烯催化裂化工艺的产物分布和汽油组成

工 艺 类 型	MIP-CGP	FDFCC-Ⅲ	ARGG	DCC-Ⅱ	DCC-Ⅰ
原料油性质					
密度(20℃)/(g/cm^3)	0.9070	0.9227	0.8687	0.8974	0.8930
残炭/%	5.48	2.23	5.0	0.12	0.28
氢/%	12.61	12.10	12.92	12.75	12.56
反应温度/℃	492	520/550	533	544	550
产率分布/%					
干气	3.16	5.01	4..20	7.71	7.91
液化气	27.01	26.07	27.39	34.60	38.97
汽油	36.93	29.29	48.75	29.90	25.62
柴油	18.62	24.22	10.91	19.42	20.50
丙烯/%	9.46	9.74	8.74	15.37	17.41
汽油干点/℃	199	172	198	192	199
汽油组成/%					
烯烃	27.4	—	37.78	41.43	40.89
芳烃	19.1	~29	20.38	33.85	38.14
苯	0.65	1.36	1.64	1.56	2.11
R_{BA}/%	3.40	4.69	8.05	4.60	5.53

4. MIP汽油和FCC汽油硫含量对比

为准确评估MIP系列技术对降低汽油硫含量的效果，引用了硫的传递系数这一概念，硫的传递系数(以下简称STC)定义为汽油的硫含量除以原料油的硫含量再乘以100%。硫的传递系数大小与汽油产率无关，从而可以更加客观地评估不同类型的催化裂化技术对降低汽油硫含量的效果。改造前后FCC汽油和MIP汽油烯烃、终馏点和硫传递系数列于表4-107。

表4-107　FCC汽油和MIP汽油烯烃、终馏点和硫传递系数

装置代号	改造前FCC汽油			改造后MIP汽油		
	汽油终馏点/℃	烯烃/%	STC/%	汽油终馏点/℃	烯烃/%	STC/%
1	194	35.0	10.6	202	17.6	5.07
1				199	29.0	5.60
1				183	32.8	3.93
2	203	41.1	9.5	202	15.0	7.30
3	185	45.6	11.4	181	32.2	5.08
4	166	46.8	11.7	184	31.9	6.67

从表 4-107 所列的装置 1 改造前后数据可以看出，当采用汽油生产方案时（汽油终馏点大于 190℃），汽油烯烃含量从 29.0%降到 17.6%，随着汽油烯烃含量的降低，硫传递系数也降低，硫传递系数由 5.60%降到 5.07%，降低了 9.46%；而在汽油烯烃含量基本相当的情况下，当汽油终馏点从 199℃降低到 183℃时，硫传递系数降低了 29.82%，因此，汽油干点对汽油硫含量有较大的影响，比较不同技术的硫传递系数大小的前提是汽油的终馏点要相同。从表 4-107 还可以看出，当汽油的终馏点大于 190℃，MIP 系列技术硫传递系数都在 5.07%~7.30%之间，而常规 FCC 工艺硫传递系数在 10%左右；当汽油的终馏点小于 185℃，MIP 系列技术硫传递系数仅在 3.93%~6.67%之间，而常规 FCC 工艺的硫传递系数约为 10%左右。由此可以算出，在汽油终馏点相同的情况下，MIP 系列技术相对于常规 FCC 工艺的汽油硫传递系数均降低了 30%~50%。因而，MIP 系列技术与常规 FCC 工艺相比，不仅可以降低汽油烯烃含量，而且对汽油硫含量还具有一定的降低作用。MIP 系列技术可以大幅度地降低汽油硫含量，一是 MIP 工艺第二反应区存在较强的氢转移反应和含有较多的烷烃分子，从而促进了汽油硫化物转化为无机硫而被脱除；二是 MIP 汽油含有较低的烯烃，减少了无机硫与汽油烯烃结合的几率，减少了汽油硫化合物的生成量。

综上所述，MIP 汽油组成特点为异构烷烃含量高，烯烃含量低，芳烃含量高，苯含量低；而异构烷烃含有较多的碳五和碳六烷烃，异构烯烃含有较多的多支链烯烃，从而 MIP 汽油辛烷值明显地高于 FCC 汽油的辛烷值，且 MIP 汽油经加氢后辛烷值损失明显地低于 FCC 汽油。此外，MIP 系列技术的汽油苯含量均低于 1.0%，满足车用汽油质量指标要求；在汽油干点相同或近似的情况下，MIP 系列技术相对于常规 FCC 技术硫传递系数降低了 30%~50%。

三、催化裂化汽油产品精制技术

FCC 汽油一般用作车用汽油调合组分。在 20 世纪 90 年代以前，由于对车用汽油中硫含量限制并不严格，FCC 汽油一般不需要经过脱硫处理。20 世纪 90 年代以来，随着环保要求日益严格，对车用汽油中硫含量的限制也越来越严格。对于加工常规中、高硫原油的炼油厂，即使配置了催化原料加氢预处理装置对催化原料进行精制，FCC 汽油的硫含量也难以达到 100μg/g 以下；对于加工低硫原油的炼油厂，FCC 汽油的硫含量难以达到 50μg/g 以下。采用经济高效的 FCC 汽油脱硫技术已成为炼油厂生产合格车用汽油的必由之路。FCC 汽油脱硫分为吸附脱硫和选择性加氢两大类脱硫技术，第一章已论述。本小节只选 Prime-G+、RSDS 作为国内外选择性加氢脱硫技术代表，S Zorb 作为汽油脱硫技术代表，对这些技术特点及其工业应用进行详细论述，同时论述轻汽油醚化技术特点及其应用。

（一）选择性加氢脱硫技术

1. Prime-G+加氢脱硫

各类不同的汽油加氢脱硫技术的相同部分是依据汽油轻重馏分中烯烃与硫含量的差别，将汽油分割成轻重组分，分别精制处理，而有的流程是将全馏分汽油先分割，轻组分直接经无碱脱臭后作汽油调合组分或醚化原料，重组分进行深度加氢脱硫。Prime-G+技术的典型流程是催化裂化汽油全馏分首先进入第一反应器（催化剂，HR845）进行选择性加氢脱硫反应（SHU），在缓和的工艺条件下，二烯烃选择性加氢为单烯烃，硫醇和较轻的硫化物转化为较重的硫化物，同时还发生单烯烃双键位移的异构化反应。第一个反应器流出物随后在分馏塔被分为轻汽油和重汽油，轻汽油可以作为汽油调合组分或醚化原料，重汽油被送入第二反应器，在双催化剂（HR806S 与 HR841S）作用下实现深度加氢脱硫反应（HDS），HR841S 催化剂的主要作用是补充脱硫并避免重新产生硫醇。反应产物经稳定后与分馏塔分出的轻汽油调合。Prime-G$^+$固定床选择性加氢催化汽油脱硫技术原则流程如图 4-99 所示。加氢脱硫工艺应用固定床反应器，催化剂寿命一般是 6 年，每隔 3 年可再生一次，设备与工艺操作都比较简单。国内某 1.80Mt/a Prime-G$^+$装置将汽油总硫从 195μg/g 降至 38.5μg/g 时，RON 减少 1.0，抗爆指数损失 0.6，综合能耗 22.14kgEO/t（陈小龙，2011）。

Prime-G$^+$加氢脱硫与 S Zorb 吸附脱硫两类技术在我国均有多套生产装置处于运行中，二者均可以提供低硫汽油作为国Ⅳ或国Ⅴ车用汽油组分，两种技术的典型生产装置运行技术指标列于表 4-108。从表 4-108 可以看出，当生产硫含量低于 50μg/g 汽油组分时，Prime-G$^+$装置脱硫率为 80.2%，而 S Zorb 装置脱硫率 96.8%，高出前者 16.6 个百分点，辛烷值损失稍低，装置能耗 6.75kgEO/t，只有 Prime-G$^+$工艺的 1/3。如果达到相同的脱硫率，Prime-G$^+$辛烷值损失还可能增加。表 4-108 还列出 S Zorb 装置生产硫含量低于 10μg/g 的汽油时生产运行数据，此时脱硫率高达 99%，MON 损失 0.4，RON 损失 1.6（刘利，2008；刘传勤，2012）。

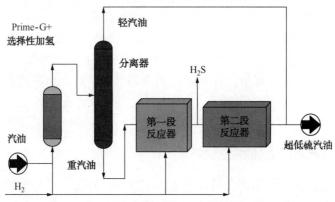

图 4-99　Prime-G$^+$选择性加氢脱硫工艺原则流程

表 4-108　Prime-G$^+$与 S Zorb 的典型生产装置运行技术指标

工艺类型	Prime-G$^+$			S Zorb					
装置规模	1.8Mt/a			0.90Mt/a					
硫含量控制	<50μg/g			<50μg/g			<10μg/g		
项目	FCC汽油	精制汽油	变化	FCC汽油	精制汽油	变化	FCC汽油	精制汽油	变化
硫含量/(μg/g)	195	38.5	-80.2%	410	13	-96.8%	320	3	-99%
RON	90.8	89.8	-1.0	91.6	90.7	-0.9	91.0	89.4	-1.6
MON	80.0	79.8	-0.2	80.1	79.7	-0.4	79.9	79.5	-0.4
抗爆指数	85.4	84.8	-0.6	85.9	85.2	-0.7	85.5	84.5	1.0
烯烃体积分数/%	33.4	27.6	-5.8	29.2	22.8	-6.4	26.6	20.4	-6.2
汽油收率/%	100	99.92	-0.08						
脱硫反应温度/℃	235.6			416.7			411.5		
脱硫反应压力/MPa	1.81			2.44			2.38		
化学氢耗/%	0.39						0.22		
能耗/(kgEO/t)	22.14			6.76			6.76		

2. RSDS 加氢脱硫

FCC 汽油选择性加氢脱硫（RSDS）技术出发点是如何在加氢脱硫同时尽可能少地饱和烯烃。基于 FCC 汽油烯烃主要集中分布在轻馏分中，而硫主要集中分布在重馏分中的特点，如图 4-97 所示，采用适当的分馏点对全馏分 FCC 汽油进行切割，对 FCC 汽油重馏分进行加氢精制，以达到尽可能地减少烯烃饱和，更重要的是从选择性加氢脱硫催化剂的开发入手，开发出重馏分汽油选择性加氢脱硫催化剂及相应的工艺，以减少烯烃饱和。RSDS 装置主要包括全馏分 FCC 汽油（FCCN）分馏单元、重馏分汽油（HCN）加氢脱硫单元、轻馏分汽油（LCN）碱抽提脱硫醇及 HCN 加氢产品氧化脱硫醇单元三个部分。首先将 FCC 汽油馏分切割为轻、重两部分汽油，再将重馏分进行加氢脱硫，轻馏分汽油至碱液抽提脱硫醇，加氢后汽油重馏分与抽提后轻馏分再混合至固定床脱硫醇部分，其流程见图 4-100。

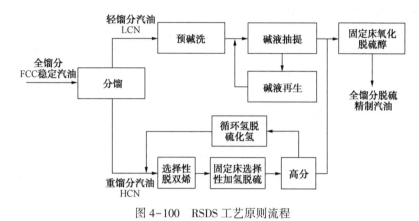

图 4-100　RSDS 工艺原则流程

RSDS 工艺采用专用催化剂 RSDS-1，在低氢分压(1.6MPa)、高空速(3.0~5.0h^{-1})下对 FCC 汽油重馏分进行选择性加氢脱硫，具有氢耗低、气体产率少、液收高的特点，可生产硫含量低、抗爆指数损失小的汽油产品。RSDS 工业装置运转结果表明，汽油硫含量从 1070μg/g 降低到 260μg/g 时，RON 损失约为 0.8，氢气质量消耗小于 0.2%，C_5^+ 质量收率 100%。

随着国内对清洁低硫汽油产品需求不断提高，对 FCC 汽油选择性加氢脱硫技术脱硫率的要求从原来的 80%~90% 提高到 95%~98%，产品目标硫含量要求小于 50μg/g，并且 RON 损失需进一步降低，在此背景下，开发出第二代催化裂化汽油选择性加氢脱硫（RSDS-Ⅱ）技术。RSDS-Ⅱ 具有烯烃、芳烃饱和率低，脱硫活性同普通加氢精制接近，氢耗低，辛烷值损失较少的特点，适用于脱硫率要求 95% 左右，硫含量小于 50μg/g 的汽油的生产，部分情况下可以生产硫含量小于 10μg/g 的汽油。与 RSDS-Ⅰ 技术流程相比，RSDS-Ⅱ 技术增加了选择性脱双烯单元和循环氢脱硫化氢单元，同时对分馏单元分馏点的选择和原料物流精密切割提出了更为严格的要求。增加低温选择性加氢脱双烯单元可以保证装置单程运转周期延长；增加循环氢脱硫化氢单元可以降低硫化氢对烯烃加氢饱和反应的促进作用和对噻吩类硫化物加氢脱硫反应的阻碍作用，提高加氢脱硫选择性和汽油辛烷值的保持能力。除此之外，开发出新一代催化裂化汽油重馏分高选择性加氢脱硫催化剂（RSDS-Ⅱ），与第一代催化剂 RSDS-Ⅰ 相比，第二代催化剂在相同脱硫率下，烯烃饱和率可以降低 40% 左右，从而保证在更深脱硫深度情况下，仍能较好保留汽油辛烷值，如图 4-101 所示。

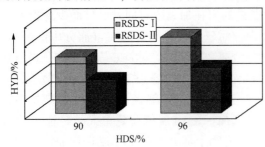

图 4-101　RSDS-Ⅱ 与 RSDS-Ⅰ 催化剂
加氢脱硫性能比较

RSDS-Ⅱ 技术在中型固定床加氢试验装置上进行试验研究，采用原料油包括普通 FCC 汽油、MIP 汽油和 FDFCC 汽油，试验结果列于表 4-109。从表 4-109 可以看出，针对高烯烃含量的普通 FCC 汽油，产品硫含量达到 $50\mu g/g$ 水平，RON 损失小于 2 个单位；针对低烯烃、较高异构烃含量的 MIP 汽油，汽油的 RON 损失可以控制在小于 1 个单位的水平。RSDS-Ⅱ 技术还可以生产硫含量小于 $10\ \mu g/g$ 的汽油产品(李明丰，2003)。

表 4-109　RSDS-Ⅱ 中型试验结果

原料油编号	FCCN-1	FCCN-2	MIP 汽油-1	MIP 汽油-2	MIP 汽油-3
原料					
硫含量/$(\mu g/g)$	942	766	627	532	364
烯烃体积分数/%	38.8	25.5	28.8	32.7	14.1
产品					
硫含量/$(\mu g/g)$	43	36	32	44	6.2
烯烃体积分数/%	30.7	22.3	24.9	28.3	12.8
RON 损失	1.8	1.0	0.8	0.6	0.2
抗爆指数损失	1.5	0.3	0.2	0.3	0.1

RSDS-Ⅱ 技术于 2008 年 7 月开始进行工业应用试验。工业应用标定结果表明：以普通 FCC 汽油为原料，生产硫含量小于 $150\ \mu g/g$ 汽油，RON 损失 0.6 个单位。以低烯烃汽油为原料，生产硫含量小于 $50\ \mu g/g$ 汽油，RON 损失 0.4 个单位；生产硫含量不大于 $10\ \mu g/g$ 的满足欧 Ⅴ 排放的超低硫汽油时，RON 损失 0.6 个单位。汽油质量收率大于 99%，装置氢气质量消耗较低(0.16% ~ 0.22%)。已有十余家企业采用 RSDS-Ⅱ 技术生产满足国Ⅲ和国Ⅳ标准的汽油产品(陈勇，2011；习远兵，2013)。中国石化各企业所采用的催化裂化汽油选择性加氢脱硫技术为 RSDS 和 OCT-M，几套催化汽油选择性加氢脱硫装置运行结果列于表 4-110(孙丽丽，2012；刘继华，2007)。

表 4-110　FCC 汽油加氢脱硫工业应用情况汇总

企业代号	规模/(万 t/a)	硫含量/$(\mu g/g)$		脱硫率/%	RON		RON 损失	烯烃含量/%		烯烃损失/%
		原料	产品		原料	产品		原料	产品	
JJ	90	729	120	83.54	92.3	91.7	0.6	36	34.2	1.8
WH	90	697	148	78.77	93.5	90.5	3.0	39.6	25.4	14.2
JL	90	636	73	88.54	94.0	92.7	1.3	33.5	29.5	4.0
JM	70	715	140	80.42	93.5	92.7	0.5	26.4	24.0	2.4
QD	60	608	130	78.62	94.4	94.2	0.2	27.5	21.6	5.9
SH	60	255	33	86.80	92.5	92.2	0.3	38.7	35.7	3.0

从表 4-110 可以看出，选择性汽油加氢装置的脱硫率在 78% ~ 89%，研究法辛烷值损失 0.2 ~ 3.0 个单位，烯烃含量的降低除了其中一个达到 14.2 个百分点外，其余大都在 1.8 ~

6.0 个百分点之内，汽油脱硫后的硫含量可以降低到 150μg/g 以下。

随着我国汽油质量从国Ⅲ、国Ⅳ到国Ⅴ标准，在 RSDS-Ⅱ技术基础上，开发出 RSDS-Ⅲ技术，以生产国Ⅴ车用汽油组分。RSDS-Ⅲ技术原则流程与图 4-100 相同，由于要求全馏分汽油产品总硫含量不大于 10μg/g，产品中硫醇硫含量必然满足不大于 10μg/g 这一汽油指标要求，因此，RSDS-Ⅲ技术可以省去全馏分汽油产品氧化脱臭单元，其原则流程简化为图 4-102。

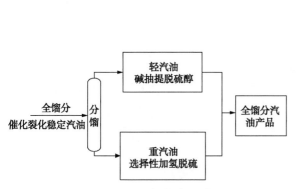

图 4-102　RSDS-Ⅲ技术原则流程

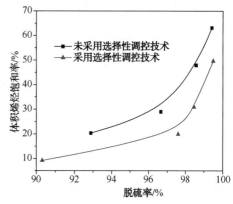

图 4-103　采用选择性调控技术处理前后选择性对比

在 RSDS-Ⅲ技术开发中，开发出催化剂选择性调控(RSAT)技术。催化剂通过 RSAT 技术处理后可以大幅度提高脱硫选择性，催化剂采用 RSAT 技术前后脱硫选择性的比较如图 4-103 所示。从图 4-103 可以看出，采用 RSAT 技术后，催化剂在相同脱硫率时的烯烃饱和率大大降低，即脱硫选择性大幅提高；在相同烯烃饱和率下，RSDS-Ⅲ催化剂的活性更高，反应温度比 RSDS-Ⅱ催化剂低 15~20℃。RSDS-Ⅲ技术在中型固定床加氢试验装置上试验研究结果列于表 4-111。从表 4-111 可以看出，对于硫含量较高的 MIP 汽油-1、MIP 和 FCC 混合汽油，采用 RSDS-Ⅲ技术将硫含量分别从 600μg/g、631μg/g 降到 7μg/g、9μg/g 时，产品 RON 损失分别为 0.9 和 1.0，抗爆指数损失分别为 0.4 和 0.6。对于硫含量较低的 MIP 汽油-2，采用 RSDS-Ⅲ技术，将硫含量从 357μg/g 降低到 10μg/g 时，即使采用全馏分汽油选择性加氢脱硫工艺路线，RON 损失仅 0.6。

表 4-111　RSDS-Ⅲ在中型固定床加氢试验装置上试验研究结果

工艺流程	切割轻重汽油				全馏分汽油	
原　料	MIP 汽油-1		MIP+FCC 混合汽油		MIP 汽油-2	
	原料	产品	原料	产品	原料	产品
硫含量/(μg/g)	600	7	631	9	357	10
体积烯烃含量/%	26.9	22.5	28.8	23.7	22.6	19.2
辛烷值						
RON	94.2	93.3	90.8	89.8	91.6	91.0
MON	82.2	82.2	80.7	80.6	80.8	80.9
抗爆指数	88.2	87.8	85.8	85.2	86.2	86.0
RON 损失		0.9		1.0		0.6
抗爆指数损失		0.4		0.6		0.2

（二）催化裂化汽油轻馏分醚化工艺

催化裂化汽油轻馏分中的异丁烯、叔戊烯、叔己烯和叔庚烯在酸性树脂催化剂的作用下与甲醇进行醚化反应生成相应的甲基叔丁基醚（MTBE）、甲基叔戊基醚（TAME）、甲基叔己基醚（THxME）、甲基叔庚基醚（THeME），从而得到辛烷值高且蒸气压低的醚化汽油，反应是在液相状态下进行的，反应条件温和，反应过程绿色环保。FCC 汽油轻馏分中的 $C_4 \sim C_7$ 活性烯烃与醇类发生反应生成相应的醚，从而降低了 FCC 汽油中的烯烃含量，同时还可以将辛烷值 RON 提高 1~2 个单位，蒸气压降低 10 kPa 左右，并将约 4% 低价值的甲醇转化为高价值汽油。对辛烷值 RON 提高幅度影响最大的是叔戊烯醚化，而叔己烯和叔庚烯醚化影响较小。异丁烯、叔戊烯、叔己烯与甲醇反应过程如下：

汽油中 $C_4 \sim C_6$ 叔碳烯烃与甲醇的反应是在液相状态下，在强酸离子树脂催化剂的作用下，$C_4 \sim C_6$ 烯烃叔碳原子上的双键位与甲醇进行醚化反应，生成相应醚化产物，生产甲基叔丁基醚（MTBE）、甲基叔戊基醚（TAME）和甲基叔己基醚（THxME）。其醚化反应过程如下。

C_4 叔碳烯烃的醚化反应：

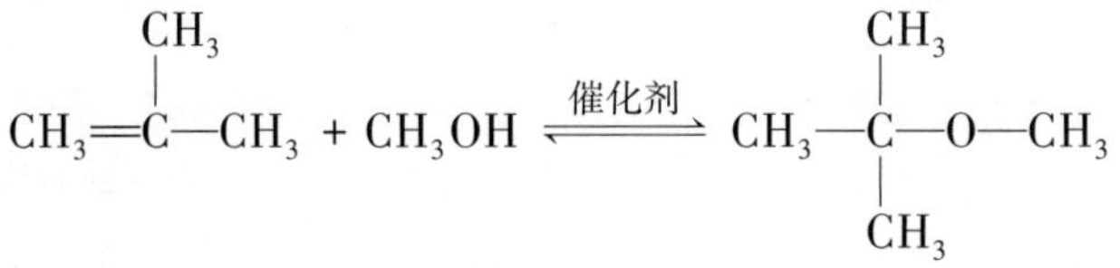

C_5 叔碳烯烃的醚化反应：

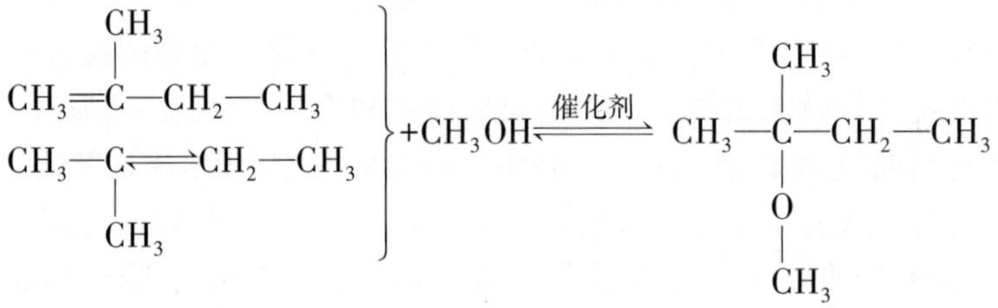

C_6 叔碳烯烃的醚化反应：

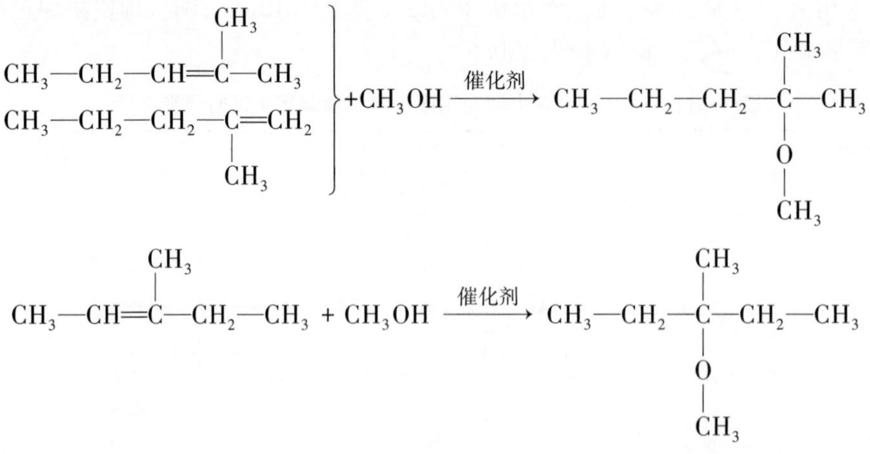

醚化反应过程为放热反应，其平衡转化率受温度的影响较为显著。以合成 TAME 为例，其反应过程如下：

$$i\text{-}C_5^= +CH_3OH \underset{k_2}{\overset{k_1}{\rightleftharpoons}} TAME+Q$$

当反应温度上升时，速率常数 k 上升，转化率变大，醚化反应受动力学控制；当反应温度达到一定值时，醚化反应受化学热力学平衡控制，即提高反应温度，转化率下降。

国内轻汽油醚化工艺特点为两段醚化+分馏工艺，其原则流程如图 4-104 所示，含有醚化反应、醚化产物分馏和甲醇回收三个部分，流程简单易行，操作费用低。醚化反应部分为催化汽油轻馏分与新鲜甲醇和从甲醇回收系统来的循环甲醇混合后进入第一醚化反应器进行醚化反应。反应产物从顶部流出并经冷却后进入第二醚化反应器再进行醚化反应，从而在一定程度上打破了热力学平衡的限制，提高了活性烯烃醚化反应深度。醚化反应器均为膨胀床，其基本结构为反应器各段床层均设有支撑，床层顶部具有一定的膨胀空间，反应原料从反应器底部进入，经分配器分布均匀后自下而上通过催化剂床层，使催化剂床层处于膨胀状态，催化剂颗粒有不规则的自转和轻微扰动，整个床层的压降小且恒定，床层径向温度分布均匀，不存在局部热点，有利于控制反应器超温及抑制副反应的发生。从第二醚化反应器出口流出的醚化反应产物经加热后进入醚化分馏塔。醚化分馏塔采用高效浮阀塔盘和常规控制方案，目的是将醚化产物和剩余碳五分离。塔顶气相为剩余碳五及与之共沸的甲醇，经冷却后进入醚化分馏塔顶回流罐。从回流罐流出的剩余碳五和甲醇混合液一部分作为塔顶回流液，一部分进入甲醇回收系统。塔底分馏得到的醚类和部分碳六组分作为产品送出装置。醚化分馏塔顶抽出的碳五、甲醇混合物从底部进入甲醇萃取塔，与从甲醇回收塔底来的萃取水逆流接触，将甲醇从汽油中萃取至水相。从甲醇萃取塔顶部流出的剩余碳五经过滤、脱水后出装置。从甲醇萃取塔底部流出的水/甲醇混合物经加热后进入甲醇回收塔，将水和甲醇分离。萃取水自甲醇回收塔底流出，经冷却后循环进入甲醇萃取塔上部，萃取水在甲醇萃取塔和甲醇回收塔之间的密闭循环系统中循环利用。甲醇回收塔塔顶气体经冷却后进入甲醇回收塔顶回流罐，回流罐底流出物一部分作为塔顶回流，另一部分循环至甲醇进料罐。

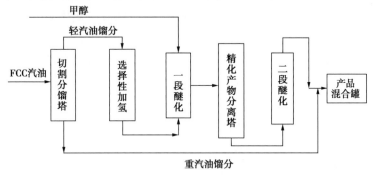

图 4-104 轻汽油馏分醚化工艺原则流程

某醚化工业装置催化剂为 D005-ⅡS 型树脂，树脂催化剂内有亲水基团磺酸基，使用前需要用甲醇进行预处理。利用甲醇与水可以互溶的特点，甲醇能与水形成一定浓度的甲醇-水溶液，从而将树脂催化剂中的水带出反应器。强酸性阳离子交换树脂催化剂的活性中心是磺酸基团上的 H 离子，若磺酸基从苯环上脱落会造成催化剂交换容量降低，催化活性下降。随着温度的提高，催化剂的交换容量依次降低，磺酸基脱落速率逐渐增加。80℃时的磺酸基脱落速率是 70℃时的 4.75 倍，而 70℃时的磺酸基脱落速率仅是 60℃时的 2 倍，因此，轻汽油醚化反应温度应限定在低于 80℃ 下进行。但反应温度降低，叔碳烯烃转化率明显地下降。平衡动力学与热力学因素，最佳的反应温度为 70℃，在此温度下，叔碳烯烃总转化率达到 55.32%（理论值）。其他工艺条件为空速 $1.0h^{-1}$、n（醇）/n（烯）摩尔比为 1.05，反应压力为 0.8MPa（刘成军，2013）。

轻汽油族组分链烷烃含量平均值约为 50.2%，烯烃含量平均值约为 45.5%，环烷烃含量平均值约为 4.0%，芳烃含量平均值约为 0.3%，其中碳五叔碳烯烃和碳六叔碳烯烃组分含量列于表 4-112。醚化后产品其中碳五叔碳烯烃和碳六叔碳烯烃组分含量也列于表 4-112。

表 4-112　C_5、C_6 叔碳烯烃醚化前后中各烯烃含量及转化率　　　　　　　%

项目	1-丁烯+异丁烯	2-甲基-1-丁烯	2-甲基-2-丁烯	C_5叔碳烯烃累计	2-甲基-1-戊烯	2-甲基-2-戊烯	反-3-甲基-2-戊烯	顺-3-甲基-2-戊烯	C_6叔碳烯烃累计
原料	1.98	3.40	12.04	15.44	0.80	1.25	0.63	0.76	3.44
产品	0.83	0.28	3.12	3.40	0.06	0.43	0.23	0.45	1.17
变化量	1.15	3.12	8.92	12.04	0.74	0.82	0.40	0.31	2.27
转化率	58.08	91.76	74.08	77.98	92.50	65.60	63.49	40.79	65.99

从表 4-112 可以看出，C_5 叔碳烯烃在原料中比例为 15.44%，C_6 叔碳烯烃在原料中比例为 3.44%。醚化后，C_5 叔碳烯烃减少了 12.04 个百分点，C_6 叔碳烯烃减少了 2.27 个百分点，C_5 叔碳烯烃减少量要远远大于 C_6 叔碳烯烃的减少量。生成的醚类化合物主要有甲基叔丁基醚（MTBE）和甲基叔戊基醚（TAME）以及少量的甲基叔己基醚（THxME）。采用轻汽油醚化技术，汽油烯烃含量降低 9.0~12.5 个百分点，RON 提高 1.0~1.5 个单位，调合汽油的收率为 103.0%~104.4%。

（三）S Zorb 吸附脱硫工艺

催化裂化汽油吸附脱硫技术（简称 S Zorb）是在临氢、适宜的压力和温度的条件下采用独特的专有吸附剂选择性地吸附含硫化合物中的硫原子，使之保留在吸附剂上，而硫化物的烃结构部分则被释放回工艺物流中，从而达到脱硫目的；采用全馏分汽油单段脱硫工艺，不产生 H_2S 气体，从而可以避免 H_2S 与烯烃反应再生成硫醇，可用来生产低硫及超低硫汽油，原料汽油中的硫从再生烟气以 SO_2 方式排出；连续吸附、再生、还原工艺路线流化床工艺来生产硫含量很低的汽油组分，脱硫率可达 90%~99%，具有烯烃饱和率低、辛烷值损失少、氢耗低和能耗低的特点。专有吸附剂的主要组成为氧化锌、氧化镍以及一些硅铝组分，在吸附脱硫过程中，汽油中的硫醇、噻吩以及苯并噻吩在镍组分的催化作用下，所含的硫组分被吸附剂中的氧化锌吸收转化成硫化锌，其他部分保持不变返回气相，其吸附过程中发生的主要反应如下：

$$RSH + ZnO + H_2 \xrightarrow{\text{Ni}} RH + ZnS + H_2O$$

$$\text{(噻吩)} + ZnO + 3H_2 \xrightarrow{\text{Ni}} ZnS + C_4H_8 + H_2O$$

$$\text{(苯并噻吩)} + ZnO + 3H_2 \xrightarrow{\text{Ni}} ZnS + H_2O + \text{(乙苯)} C_2H_5$$

在专有吸附剂的作用下，碳硫键（C—S）断裂，硫原子从含硫化合物中除去并留在吸附剂上，而烃分子则返回到烃气流中，其过程不产生 H_2S，不同于加氢脱硫工艺过程反应，其反应原理是硫化物与氢气反应生成 H_2S 得以脱除。从吸附剂的组成上看，在吸附脱硫过程中吸附剂中的镍（主要以金属镍的形式存在）主要起到催化活化含硫化合物的作用，而氧化锌主要起到硫存储转移的功能。专有吸附剂在 S Zorb 过程中的作用原理如图 4-105 所示，由于在反应过程中没有游离状态的硫化氢存在，避免了烯烃与硫化氢生成硫醇的二次反应，可以将产品中的硫降到超低值。

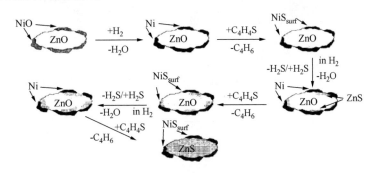

图 4-105　S Zorb 吸附剂吸附脱硫过程机理

S Zorb 工艺由于采用流化床反应器，床层温度分布均匀，且吸附剂是连续再生，在运转周期中可以减少焦炭积累，同时吸附剂对于催化裂化汽油中的杂质有较强的承受能力，通过补充新鲜剂或部分更新吸附剂可以在整个运转周期内吸附剂都保持较好活性。S Zorb 工艺原则流程是将汽油原料与氢气物流混合后在进料加热炉中气化，随后进入流化床反应器底部，随着气化原料物流通过床层，吸附剂脱除烃类蒸气中的硫化物，硫化物分子中不含硫的烃类部分留在物流中，硫原子以金属硫化物形态留在吸附剂中，吸附了硫原子的吸附剂随后输送到再生器中进行再生，以恢复吸附剂的活性。再生器中，吸附剂被氧化，产生含二氧化硫的烟气，再生烟气可直接用碱液处理或送往硫黄回收装置处理利用原料汽油中所含硫，从而连续稳定的生产硫含量很低的汽油产品。S Zorb 工艺条件为反应温度 350~450℃、反应压力 2.0~3.5MPa、重时空速 $4~10h^{-1}$、氢气纯度 70%~99%。

S Zorb 工艺于 2001 年首次实现工业化，迄今已有三代 S Zorb 工艺。第一代 S Zorb 技术的反应压力低，再生方式为类似重整工艺的循环再生。吸附剂循环输送的特点是分别设置待生吸附剂闭锁料斗和再生吸附剂闭锁料斗，其中待生吸附剂闭锁料斗用于待生吸附剂向再生系统输送，在再生系统烧去吸附剂上的部分硫和碳，再生的吸附剂经再生吸附剂闭锁料斗流向反应系统来吸附汽油中的硫，其工艺流程如图 4-106 所示。

第二代 S Zorb 工艺技术从反应方面的改善就是提高反应压力、提高反应温度和降低氢烃比，从而减少反应器的体积；从再生方面的改善就是将含氧 2% 气体循环再生改为空气一次通过式再生，减少再生系统设备以及设备投资费用；从反再循环传输方式改进就是采用单个闭锁料斗，从而简化了吸附剂输送流程，可降低装置的设备投资及操作费用，但随之闭锁料斗控制系统的复杂性和操作苛刻度相应提高，即待生吸附剂和再生吸附剂在循环输送中都需经过单个闭锁料斗，造成此闭锁料斗在氢或氧环境、高压或低压环境下不断地隔离与切换。此外，改进原料过滤器；加热炉增设对流室，提高热效率。其原则流程如图 4-107 所示。

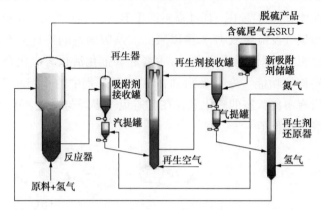

图 4-106　第一代 S Zorb 技术反再和吸附剂输送原则流程

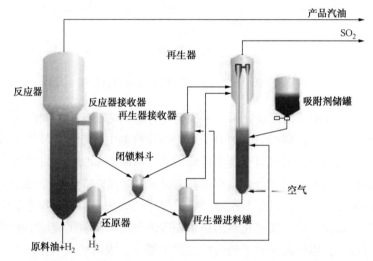

图 4-107　第二代 S Zorb 技术反再和吸附剂输送原则流程

针对第二代 S Zorb 技术建成的装置普遍出现连续运行时间短(最长不超过 6 个月)的现象，主要问题集中在反应器过滤器反吹频繁导致失效、吸附剂输送困难、闭锁料斗附近吸附剂阀门失效快等方面的问题，中国石化对 S Zorb 技术进行了系统的技术创新与改进，开发出第三代 S Zorb 技术，主要改进在以下几个方面(朱云霞，2009)。

(1) 反应器过滤器及降尘器的开发与应用

S Zorb 反应器为气固两相密相流化床，顶部设置精密自动反吹过滤器将油气夹带的吸附剂滤除，过滤器正常启动反吹的压降为 35kPa，由于过滤器附近吸附剂颗粒浓度高，过滤器反吹频繁(约 5min1 次)，致使普遍出现高压反吹阀门寿命短、过滤器内预热管系松动等问题，从而成为影响装置长周期运转的关键问题之一。通过优化过滤器设计参数并使用组合降尘器，减少过滤器附近的吸附剂粉尘浓度，大幅延长了反应器过滤器的反吹周期，开工初期过滤器反吹间隔时间超过 120min，从而保证了 S Zorb 装置长周期运转。

(2) 开发降低吸附剂失活的再生技术

由于待生吸附剂在再生器内被氧化生成 SO_2，而 SO_2 和水的存在，易导致吸附剂中的 ZnO 生成硫酸锌而结块失活，这样不仅增加吸附剂消耗，同时脱落的吸附剂块状物将堵塞再生滑阀、从而影响再生吸附剂的输送。在研究吸附剂失活规律的基础上，设置再生空气干燥器，降低进入再生器中的空气带水量，并将干燥器出口空气的露点（不高于-65℃）作为装置的控制参数，从而有效地抑制吸附剂在再生器内的结块现象。

（3）设置两组原料与反应产物换热器

换热器改为两列并行，每列设计负荷为60%的原料处理量，并且设置隔离和吹扫设施，可以将一列单独切出清洗，另一列维持装置低负荷操作，从而避免了装置停工。同时设置原料过滤器，有效清除原料中的杂质。

（4）改进闭锁料斗及吸附剂输送系统技术

对闭锁料斗控制系统进行了多项改进，消除了反应部分氢气窜入高温氧环境再生器的可能，并且改进闭锁料斗步序控制时间步长，促进吸附剂输送通畅。此外，采用同轴布置，缩短了闭锁料斗与再生吸附剂的输送时间。

此外，设置闭锁料斗氢气和氮气过滤器吸附剂回收设施与流程，回收吸附剂；调整分馏塔压力，优化分馏部分的部分流程，降低能耗；再生器旋风分离器、反吹氢与反应产物换热器和部分精密过滤器的国产化；优化反应与再生系统的流程，设置再生器临时处理措施。S Zorb技术经过国产化改进与完善，形成剂耗小、能耗低、辛烷值损失小、运行周期长、更加成熟的第三代S Zorb技术。某1.20Mt/a装置自2010年11月首次开工以来已连续运行33个月，充分证明了第三代S Zorb技术的可靠性和先进性。

在中国石化买断S Zorb工艺技术前，美国COP公司分别与Engelhard公司和南方化学公司合作，一共开发出5代S Zorb吸附剂。中国石化在原有的吸附剂基础上开发出FCAS系列的S Zorb专用吸附剂，其产品指标列于表4-113。

表4-113　FCAS吸附剂的主要质量指标

项目	指标	项目	指标	项目	指标
化学性质		物化性质		粒度分布/%	
Al_2O_3/%	≥10	ABD/(g/cm³)	≤1.20	0~20μm	≤4
SiO_2/%	≥12	休止角/(°)	≤40	0~40μm	≤18
NiO/%	≥19	平板角/(°)	≤50	0~149μm	≥94
ZnO/%	≥48	固含量/%	≥98	APS/μm	65~80

S Zorb技术已经成为中国石化汽油质量升级的主要技术手段，具有良好的市场竞争力和发展前景。自2001年S Zorb工艺首次工业化后，美国建成4套S Zorb工业化装置。2007年，中国石化从美国COP公司买断了S Zorb技术，国内首套S Zorb装置于2007年6月建成，到2013年，国内在建及投用的装置共有25套。部分工业S Zorb装置标定数据列于表4-114（李辉，2013；李鹏，2014）。从表4-114可以看出，部分工业S Zorb装置的脱硫率约为84%~97%，RON损失约0.6~1.2个单位，烯烃含量降低4~6个百分点，呈现出优良的脱硫选择性。

表4-114　部分工业S Zorb装置标定数据

项目	YS	GZ	GQ	ZH	JN	QL	CZ
处理量/(Mt/a)	1.2	1.5	1.2	1.28~1.41	0.9	0.9	0.9
原料硫含量/(μg/g)	275	250	390	320	726	410	642
产品硫含量/(μg/g)	8.0	2.3	11.6	5.0	39.0	13.0	48.9

续表

项　目	YS	GZ	GQ	ZH	JN	QL	CZ
原料烯烃/%	25	30	35	35	32	29	31
ΔRON 损失	1.1	0.9	0.6	0.8	1.2	0.9	1.0
ΔMON 损失	0.0	0.0	0.1	-0.1	0.0	0.4	
抗爆指数损失	0.55	0.45	0.35	0.35	0.60	0.65	
能耗/(MJ/t)	338.6	288.4	363.7	317.7	384.6	283.2	409.6
化学氢耗/%	0.15	0.16	0.17	0.18	0.20	0.22	0.19
实际液收/%	99.50	99.30	99.09	99.00	99.11	99.45	99.02
剂耗/(kg/t)	0.04	0.03	0.03	0.03	0.05	0.05	0.06

　　某 S Zorb 工业装置标定时汽油原料及产品性质、组成和硫化物类型比例列于表 4-115。从表 4-115 可以看出，汽油原料 RON 高于产品 0.4 个单位，而 MON 低于产品 0.3 个单位，抗爆指数只降低了 0.1 个单位。汽油原料及产品组成发生了变化，汽油产品中的正构烷烃及异构烷烃的数量增加，烯烃数量降低，环烷烃及芳烃数量略有增加。汽油原料中存在有硫醇、硫醚、噻吩、烷基噻吩、苯并噻吩、甲基苯并噻吩及其他类型硫化物等，经 S Zorb 工艺处理后，原料中的硫醇、硫醚及苯并噻吩类硫化物被全部脱除，脱除率达到 100%；产品中含有少量的噻吩及烷基噻吩类硫化物，且烷基噻吩中取代基碳数越多在产品中所占比例越高。可见在 S Zorb 反应过程中，硫醇硫醚等硫化物脱除较容易；噻吩类化合物尤其是烷基噻吩脱除较难，烷基噻吩中取代基碳数越高，其脱除率越低。

表 4-115　标定时汽油原料及产品性质、组成和硫化物类型比例

项　目	原料	产品	项　目	原料	产品
硫含量/(μg/g)	139	9.0	PIONA 质量分数/%		
密度(20℃)/(g/cm³)	0.7433	0.7384	正构烷烃	4.15	5.06
常压馏程/℃			异构烷烃	28.61	29.24
初馏点	36.0	35.5	烯烃	26.33	23.22
10%	55.3	53.1	环烷烃	7.33	7.83
50%	103.1	99.6	芳烃	32.93	33.87
90%	172.4	171.8	不同类型硫化物比例/%		
终馏点	196.2	200.0	硫醚	3.66	0.00
蒸气压/kPa	47.0	51.7	硫醇	16.38	0.00
溴价/[gBr/(100g)]	52.8	50.8	噻吩	9.49	7.48
实际胶质含量/[mg/(100mL)]	1	1	C₁ 噻吩	14.88	12.93
铜片腐蚀/级	1a	1a	C₂ 噻吩	15.17	33.33
RON	91.3	90.9	C₃ 噻吩	12.43	37.87
MON	80.7	81.0	C₄ 噻吩	6.81	8.39
抗爆指数	86.0	85.9	苯并噻吩	12.53	0.00
			C₁ 苯并噻吩	1.52	0.00
			其他	7.13	0.00

前面已论述，FCC 汽油中主要的硫化物有硫醇、硫醚、噻吩、烷基噻吩、苯并噻吩、甲基苯并噻吩等。不同类型的硫化物在吸附剂上反应机理不同，反应速率也不相同，表 4-116 中列出了某 S Zorb 装置汽油原料及产品中各种类型硫化物的含量情况。从表 4-116 可以看出，汽油原料中的硫醇、硫醚及甲基苯并噻吩类硫化物几乎可以完全脱除，产品中的硫化物类型主要为少量噻吩、烷基噻吩及苯并噻吩类，且烷基噻吩类硫化物中取代基碳数越多在产品中所占比例越高，由此可以看出，噻吩类化合物尤其是高碳数烷基噻吩脱除较难。

表 4-116　S Zorb 原料及产品中不同硫化物类型　　　　　　　　　　mg/L

硫化物类型	I		II	
	原料	产品	原料	产品
噻吩	20.6	0.2	20.8	0.4
C_1 噻吩	44.6	0.4	48.3	1.0
C_2 噻吩	48.5	1.3	49.8	1.6
C_3^+ 噻吩	56.0	3.4	50.6	2.7
苯并噻吩	25.7	—	21.7	0.4
甲基苯并噻吩	11.9	—	13.2	—
硫化物和硫醇	29.2	—	27.1	—
其他类型硫化物	18.7	—	19.3	—
合计	255.2	5.3	250.8	6.2

注：C_n 中的 n 指在母环上取代基的碳数，如 C_1 噻吩指甲基噻吩，包括 2-甲基噻吩及 3-甲基噻吩；C_2 噻吩指母环上有两个碳原子取代的噻吩，包括二甲基噻吩及乙基噻吩。

S Zorb 加工过程中辛烷值的损失大多由烯烃的降低引起，表 4-117 中列出了 S Zorb 原料及产品汽油中各种类型烯烃的变化情况。

表 4-117　S Zorb 原料及产品汽油中烯烃种类变化　　　　　　　　　　%

烯烃组成分布	I		II	
	原料	产品	原料	产品
异构烯烃	13.11	11.85	13.13	11.87
正构烯烃	8.62	7.18	8.67	6.95
环烯烃	2.93	2.60	2.77	2.42
二烯烃	0.17	0.07	0.18	0.10
烯烃合计	24.83	21.70	24.75	21.34

第七节　轻循环油及其加工与利用

一、轻循环油性质与组成

随着原油重质化和市场对轻质油品需求的快速增长，作为我国重油轻质化主要手段的催化裂化技术得到了广泛的应用，截至 2011 年，我国催化裂化加工能力约占原油一次加工能力的 40％左右，其中中国石化约为 25％，而世界约为 18％，导致我国商品柴油池中催化裂化轻循环油（Light Cycle Oil，LCO，简称为轻循环油）的比例较大，达 30％以上（黄新露，2012）。我国过去曾称催化裂化轻循环油为催化裂化柴油，本书不再使用。轻循环油在我国一直作为商品轻柴油的混兑组分，一般与直馏柴油混合使用。轻循环油是商品轻柴油中质量最差的组分，其芳烃含量达到 50％以上，甚至高达 80％；十六烷值很低，甚至低于 20；硫和氮含量随原料而异，但均偏高。表 4-118 列出国内 21 世纪前后 FCC 装置的 LCO 性质，其中 RFCC 装置 LCO 质量明显较差。表 4-119 列出部分美国 FCC 装置的 LCO 性质（Unzelman，1983）。表 4-119 数据表明：在 1967 年至 1982 年间，美国 FCC 装置的 LCO 性质变化趋势为密度增加，十六烷值下降。主要原因是由于 FCC 装置为多产汽油而提高操作苛刻度和采用高活性的沸石催化剂所致。表 4-120 中所列数据表明：随减压渣油掺炼率的增加，原料性质变差，LCO 质量更加劣质化。

表 4-118　国内典型的轻循环油性质

项　　目	1	2	3	4	5	6	7	8	9	10
原料油	含硫VGO	含硫VGO	大庆VGO	大庆VR/VGO	低硫VGO/VR	塔里木/中原/吐哈AR	中原/阿曼/卡宾达AR	中东HDS-AR/VGO	苏北石蜡基AR	偏石蜡基VR
密度(20℃)/(g/cm³)	0.8639	0.9094	0.8649	0.8768	0.8813	0.8811	0.8938	0.9123	0.8808	0.9166
凝点/℃	−10	−8	−3	−1	2	−2	3	−10		
黏度(20℃)/(mm²/s)	4.2	2.8			4.1	5.0	5.1	2.0		
酸度/[mgKOH/(100mL)]		2.1				0.97	6.6	0.6		
实际胶质/[mg/(100mL)]	134	219	28	560	592	106	291	91		
碘值/[gI/(100g)]					19.8	13.8	46.7	7.2		
色度/号						2.5	3.0			
残炭/%						0.16				
十六烷值	34	27	41	34.5	33	38	36.5	27	33.0	34.9
馏程/℃										
初馏点		175	194	158	180	193	179	167		
50%	240	286	274	275	270	284	282	255		
终馏点	90%293	95%362	90%335	395	92%350	367	385	95%364		
元素组成/%										
C		87.74			88.7	88.08				
H		11.06			11.1	11.30				
S	0.88	0.79	0.10	0.16	0.12	0.56	0.79	0.25	0.11	
N	0.04	0.06	0.03	0.13	0.05	0.07	0.05		0.05	
烃族组成/%										
P+N		33.9				20.4		29.8	31.0+10.8	29.1+10.8

项 目	1	2	3	4	5	6	7	8	9	10
原料油	含硫 VGO	含硫 VGO	大庆 VGO	大庆 VR/VGO	低硫 VGO/VR	塔里木/中原/吐哈 AR	中原/阿曼/卡宾达 AR	中东 HD S-AR/VGO	苏北石蜡基 AR	偏石蜡基 VR
O		5.9				3.2		胶 0.7		
A	55.4	60.2				76.4		69.5	58.2	60.1
单环									20.8	12.1
双/三环									30.8/6.6	38.3/9.7

表 4-119 美国炼油厂典型轻循环油性质

项 目	1967 年						1982 年					
密度(20℃)/(g/cm³)	0.9001	0.8911	0.8778	0.8822	0.8665	0.9297	0.9254	0.9567	0.9408	0.9541	0.9652	0.9346
馏程/℃												
初馏点	160	201	218	209	244	142	216	231	241	209	202	188
10%	243	229	253	242	261	241	261	252	254	238	247	227
20%	256	242	258	254	265	254	267	254	264	248	254	236
30%	265	253	263	260	268	263	271	260	271	252	256	241
50%	282	271	269	273	274	276	280	267	282	265	264	251
70%	302	294	278	289	281	293	292	278	298	284	277	267
90%	334	323	293	309	296	325	309	300	325	307	305	300
终馏点	351	353	309	325	314	347	325	329	344	332	331	324
苯胺点/℃	43.0	40.0	52.0	49.4	61.7	23.0	36.0	24.4	27.8	8.3	-2.2	-6.1
烃族组成/v%												
芳烃	46.5	53.0	35.5	37.5	30.5	61.5	60.0	80.0	69.0	78.0	83.5	85.0
烯烃	7.5	2.5	8.0	8.0	10.5	6.0	1.0	1.5	2.0	5.0	3.0	1.0
饱和烃							39.0	18.5	29.0	17.0	13.5	14.0
链烷烃	21.4	26.5	29.7	29.2	35.4	22.5						
环烷烃	24.6	18.0	26.8	25.3	23.6	10.0						
十六烷值	34.5	32.8	41.5	37.2	45.0	25.5	27.0	18.1	24.0	18.8	17.1	19.3
C/H 质量比	7.38	7.46	7.19	7.25	8.91	8.09	7.96	8.75	8.20	8.60	8.92	8.56

表 4-120 鲁宁管输油掺炼减压渣油时 LCO 性质的变化

原 料	减压馏分油	+10%减渣	+25%减渣	+30%减渣
密度(20℃)/(g/cm³)	0.8659	0.8667	0.8751	0.8870
凝点/℃	-2	-3	-1	0
实际胶质/[mg/(100mL)]	7.8	25.2	30.4	107.2
硫/%		0.20	0.54	0.62
氮/(μg/g)	520	500	780	1200
馏程/℃				
初馏点	197	212	185	190
10%	228	224	224	231

续表

原　　料	减压馏分油	+10%减渣	+25%减渣	+30%减渣
50%	274	269	268	281
90%	324	322	328	332
终馏点	339	337	344	347
十六烷指数	38.5	38.0	32.5	30.0

　　不同基属 VGO 原料油对轻循环油性质和组成影响列于表 4-121（史得军，2013）。从表 4-121 可以看出，在轻循环油组成分布中，芳烃含量最高，其中双环芳烃占芳烃总量的 50% 以上，其次是单环芳烃，占芳烃总量的 25%~49%；大庆轻循环油饱和烃含量高于单环芳烃含量，而胜利轻循环油、辽河轻循环油、塔河轻循环油饱和烃含量却明显低于单环芳烃含量，这可能与四种不同基属 VGO 中饱和烃含量高低有关；四种轻循环油环烷烃含量随着环数的增加而不断降低，而芳烃含量随环数增加呈现先增加后降低的现象。

表 4-121　四种轻循环油性质及组成

项　　目	大庆	胜利	辽河	塔河
性质				
密度（20℃）/(g/cm³)	0.9217	0.9208	0.9210	0.9366
元素组成				
C/%	89.57	89.3	89.24	89.73
H/%	10.43	10.7	10.76	10.27
S/%	0.2	0.91	0.26	1.6
N/(μg/g)	432	798	1450	556
烃类组成/%				
链烷烃	22.5	15.3	11.5	10.3
一环烷烃	4.5	6.8	6.8	5.0
二环烷烃	1.5	3.6	4.7	2.9
三环烷烃	0.5	1.3	1.9	1.0
总环烷烃	6.5	11.7	13.4	8.9
饱和烃	29.0	27.0	24.9	19.2
烷基苯	7.1	13.0	12.0	17.7
茚满或四氢萘	7.9	14.9	17.4	14.8
茚类	3.2	5.5	7.4	5.5
总单环芳烃	18.2	33.4	36.8	38.0
萘	1.2	2.0	2.0	2.0
萘类	28.4	17.9	15.2	20.7
苊类	9.7	9.9	10.0	10.1
苊烯类	7.4	6.7	7.6	7.3
总双环芳烃	46.7	36.5	34.8	40.1
三环芳烃	6.1	3.1	3.5	2.7
总芳烃	71.0	73.0	75.1	80.8
胶质	0.0	0.0	0.0	0.0
总质量	100.0	100.0	100.0	100.0

此外，四种轻循环油饱和烃碳数范围为 $C_{10} \sim C_{24}$，主要集中在 $C_{11} \sim C_{15}$ 范围内，最高碳数为 13 或 14；单环芳烃(烷基苯、四氢萘、茚满类化合物和茚类化合物)碳数分布规律基本一样，主要集中在 $C_{10} \sim C_{14}$；双环、三环芳烃碳数分布规律基本相同，其中萘类碳数集中在 $C_{10} \sim C_{13}$，而苊类、苊烯类、菲类芳烃碳数均集中在 $C_{14} \sim C_{18}$。也就是说，单环芳烃、萘类化合物主要集中在柴油馏分的前半段($C_{10} \sim C_{14}$)，而苊类、苊烯类、菲类芳烃均集中在柴油馏分油的后半段($C_{14} \sim C_{18}$)，这也与柴油馏分的窄馏分切割得到的芳烃分布规律相一致。萘类碳数最高值为 11，即为甲基萘，四氢萘类碳数最高值为 12，即为二甲基四氢萘含量最高。

四种轻循环油正构烷烃分布和烯烃分布列于表 4-122。从表 4-122 可以看出，大庆轻循环油中的正构烷烃含量最多，胜利和辽河轻循环油基本相当，塔河轻循环油最少，主要集中在 $C_{18} \sim C_{22}$；大庆轻循环油中的烯烃含量最少，辽河轻循环油中的烯烃含量最多，胜利和塔河轻循环油介于两者之间，烯烃以单烯烃含量最多，其中大庆轻循环油中的单烯体占总烯烃质量含量约为 92.2%(白雪，2011；牛鲁娜，2014)。

表 4-122 四种轻循环油正构烷烃分布和烯烃分布

烃类分布		大庆	胜利	辽河	塔河
正构烷烃/%		8.25	3.87	3.83	1.53
其中	C_{12}	0.05	0.09	0.09	0.08
	C_{13}	0.36	0.18	0.12	0.10
	C_{14}	0.70	0.19	0.12	0.14
	C_{15}	0.62	0.14	0.12	0.11
	C_{16}	0.60	0.16	0.15	0.11
	C_{17}	0.58	0.24	0.15	0.15
	C_{18}	1.10	0.44	0.17	0.22
	C_{19}	1.10	0.98	0.21	0.19
	C_{20}	1.28	0.88	0.31	0.17
	C_{21}	1.45	0.47	0.92	0.19
	C_{22}	0.39	0.10	1.02	0.07
	C_{23}	0.02	0	0.32	0
	C_{24}	0	0	0.13	0
总烯烃/%(溴价法)		—	11.4	15.4	7.5
脂肪烯/%(GC-FID 内标法)		1.5	8.0	10.7	6.8
其中	正构 α 单烯烃/%	3.0	2.8	2.5	3.5
	单烯烃/%	92.2	71.2	56.0	62.0
	环烯烃/%	4.8	9.5	12.0	12.0
	双烯烃/%	0	15.0	22.0	21.0
	三烯或环二烯/%	0	1.5	7.5	1.5

随着裂化反应苛刻度增大，无论石蜡基、中间基或环烷基的催化裂化原料，轻循环油质量均趋于劣质化，例如催化裂化装置采用多产丙烯的 MIP 工艺技术后，其裂化反应苛刻度大幅度增加，造成柴油中的饱和烃进一步裂化，从而柴油产率明显减少，同时质量明显地变差。表 4-123 列出两套 MIP 装置的轻循环油性质。从表 4-123 可以看出，轻循环油密度大于 0.93g/cm^3，芳烃含量接近 80%，十六烷值低于 20，同时具有较高的硫

含量和氮含量。

表 4-123　渣油 MIP 装置的轻循环油性质

项　　目	偏石蜡基	中间基	加氢蜡油	偏石蜡基
密度(20℃)/(g/cm³)	0.9375	0.9566	0.9630	0.9537
硫含量/(μg/g)	4000	9500	4300	4400
氮含量/(μg/g)	865	662	368	1069
十六烷值	<20.0	15.7	15.2	<20.0
烃类组成/%				
链烷烃	13.1	8.0	8.4	12.8
总环烷烃(其中一环/二环/三环)	7.9(2.3/3.4/2.2)	5.1	3.6	8.0(4.0/2.4/1.6)
总芳烃	79.0	86.9	88.0	79.2
单环芳烃	21.3	28.7	19.0	11.9
双环芳烃	48.0	49.8	58.9	56.2
三环芳烃	9.7	8.4	10.1	11.1
双环以上芳烃含量/%	57.7	58.2	69.0	67.3

要改善劣质 LCO 油质量，必须通过深度加氢处理，不仅仅脱除 LCO 中的硫和氮，更重要的是降低 LCO 中的芳烃含量以利于降低其密度和增加十六烷值。单纯地通过深度加氢处理，虽然大幅度改善轻循环油性质，但要花费更多的经济代价。为了高效地处理劣质轻循环油，有必要对轻循环油各馏分段收率和性质及组成进行详细分析，从轻循环油组成入手进行处理或针对性地利用。典型轻循环油各馏分段收率分布见图 4-108，各馏分段中的一环芳烃、二环芳烃和三环芳烃的分布见图 4-109，各馏分段中的氮分布见图 4-110。

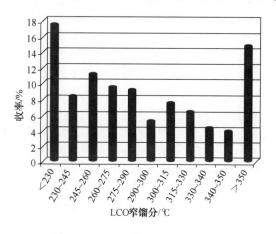

图 4-108　LCO 各馏分段收率分布

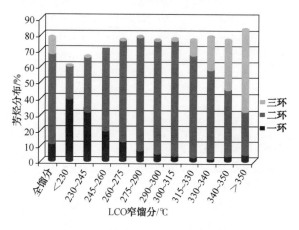

图 4-109　LCO 各馏分段芳烃分布

从图 4-108 可以看出，除两端馏分段收率较高外，其他馏分段 LCO 收率大部分在 4%~10%之间。从图 4-109 可以看出，LCO 中富含芳烃，占总馏分的 80%左右，其芳烃分布在 245℃以下的馏分段单环芳烃含量占优；到 290℃以上，单环芳烃含量低于 5%；双环芳烃含量在各馏分段中均较高；在 315℃以上馏分段，才有一定量的三环芳烃存在，并随着馏程变重，其含量越多。因此，在处理 LCO 时，可以考虑将 LCO 中的二环、三环芳烃转化为单环芳烃，而短侧链单环芳烃可以作为高辛烷值汽油调合组分，从而使其利用率得到提高，同时降低氢气消耗。从图4-110可以看出，LCO中氮含量主要集中于330℃以上的馏分中，而图4-109表明330℃以上的馏分主要为二环及三环芳烃，因此在处理劣质轻循环油时可考虑将大于330℃以上的馏分段单独处理。由于加氢脱氮反应步骤为先芳环开环，然后再脱除氮原子，因此，采用加氢精制技术处理大于330℃以上的馏分段时可选择更加苛刻的工艺参数。

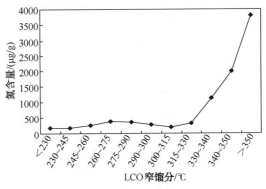

图4-110　LCO中氮含量的变化趋势

典型轻循环油中氮化物分布列于表4-124。从表4-124可以看出，轻循环油中的氮化物主要为吲哚类和咔唑类，分别约占36.9%和47.6%。

表4-124　典型轻循环油中氮化物组分分布

组　分	含量/(μg/g)	组　分	含量/(μg/g)
苯胺	1.4	乙基吲哚	14.2
甲基苯胺	10.1	三甲基吲哚	94.7
二甲基吡啶	0.9	四甲基吲哚	50.0
二甲基苯胺	17.1	苯并喹啉	2.2
乙基苯胺	<0.6	苯并喹啉	6.9
喹啉	3.0	咔唑	19.7
异喹啉	0.6	五甲基吲哚	3.5
乙基苯甲胺	<0.6	9-甲基咔唑	23.6
三甲基苯胺	18.9	甲基咔唑	48.5
吲哚	14.0	二甲基咔唑	167
甲基喹啉	<0.6	乙基咔唑	6.2
甲基异喹啉	2.3	四甲基咔唑	61.1
甲基吲哚	55.7	五甲基咔唑	0.9
二甲基喹啉	29.4	9-苯基咔唑	2.7
二甲基吲哚	39.3	五甲基咔唑	2.7

轻循环油中的硫含量主要集中在中间馏分段。轻循环油中硫化物分布列于表4-125。从表4-125可以看出，轻循环油中的硫化物主要为苯并噻吩类和二苯并噻吩类，约占98%，其中烷基苯并噻吩含量最高。不同基属的VGO原料对轻循环油中硫化物分布的影响列于表4-126。

表 4-125　典型轻循环油中硫化物组分分布

组　分	含量/(μg/mL)	组　分	含量/(μg/mL)
硫化氢	4.10	碳一二苯并噻吩	116.66
甲基噻吩	—	碳一二苯并噻吩或碳七噻吩	7.38
碳二噻吩	2.97	4-乙基二苯并噻吩	9.78
碳三噻吩	5.39	4,6-二甲基二苯并噻吩	22.64
碳四噻吩	6.59	2,4-二甲基二苯并噻吩	27.62
苯并噻吩	25.41	2,6-二甲基二苯并噻吩	59.16
甲基苯并噻吩	145.05	1或3-乙基二苯并噻吩	40.05
碳二苯并噻吩	260.53	3,6-二甲基二苯并噻吩	28.55
碳三苯并噻吩	186.63	2-乙基二苯并噻吩	11.19
碳四苯并噻吩	161.57	碳二二苯并噻吩	62.23
碳五,碳六苯并噻吩	60.95	碳三二苯并噻吩	170.87
二苯并噻吩	48.03	碳四二苯并噻吩	75.14
碳六苯并噻吩	35.23	碳五或碳六二苯并噻吩	10.7
4-甲基二苯并噻吩	54.80	合计	1639.23

表 4-126　不同基属的 VGO 原料对轻循环油中硫化物分布的影响

项　目	大庆	胜利	辽河	塔河
硫化物分布/%	0.2	0.91	0.26	1.6
噻吩/%		1.10	0.14	0.03
烷基苯并噻吩/%	45.87	76.32	79.75	75.37
烷基二苯并噻吩/%	54.13	20.97	20.11	22.77
苯并噻吩/%		0.78		0.62
噻吨/%		0.83		1.21

　　轻循环油的十六烷值随着芳烃含量的上升而下降,如图 4-111 所示(Unzelman,1983),也随着 C/H(质量比)的上升而下降,如图 4-112 所示。

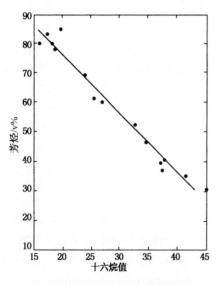

图 4-111　轻循环油十六烷值与芳烃含量的关系

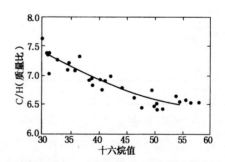

图 4-112　轻循环油十六烷值与 C/H(质量比)的关系

轻循环油中含有 0.1%~0.5% 的酚类物质，其中以苯酚同系物含量最高，萘酚类次之，还含有少量的二氢化茚酚类物质（史权，2000a）。酚类对轻循环油的安定性有明显的影响，脱除柴油中的酚类，即使不脱除硫、氮，也能明显提高柴油的安定性。采用复合化学剂能有效地脱除柴油中的酚类化合物，具有良好的精制作用。

二、轻循环油加工和利用

从前面 LCO 性质和组成分析可以看出，轻循环油具有硫、氮等杂质含量高的特点，会影响到柴油安定性、色度，燃烧时发动机排气高，并且含有 SO_x、NO_x 和颗粒物。轻循环油芳烃等不饱和烃含量高，同样会影响柴油安定性和十六烷值，燃烧时发动机冷启动性差，汽缸爆震，容易产生颗粒物。LCO 的实际胶质含量也比较高，影响柴油安定性，燃烧时发动机容易发生汽缸结垢。LCO 主要通过加氢精制或加氢改质技术进行加工，生产低硫柴油调合组分或普通柴油（黄新露，2012）。加氢精制技术可以有效地脱除 LCO 中的硫、氮等杂质，但其十六烷值提高和密度降低幅度有限。加氢改质技术可以有效脱除 LCO 中的硫、氮并大幅度降低密度和提高十六烷值，但副产的石脑油馏分辛烷值较低，且由于芳烃大量饱和使得加氢过程氢耗较高。在柴油质量升级过程中，应用范围最广、效果最为显著的是加氢处理以及加氢裂化技术（Patel，2003；Lars，2009；Salvatore，2010；Ackerson，2004）。

汽车保有量大幅度增加刺激了对成品油的需求，2005 年至 2010 年国内汽油表观消费量增长了 48%，达到 71.58Mt/a，高于同期原油加工量的增长速度。预计未来一段时间，我国汽油表观消费量年增长速度在 8.0% 以上，远高于原油加工量年增长速度，汽油需求与供应相差较大，从经济效益来看，多生产汽油是炼油企业不得不面临的选择。同时，2010 年柴汽比为 2.0 左右，预计 2018 年柴汽比降低到 1.2 左右，柴油需求量在降低。因此，将 LCO 转化为高辛烷值汽油既可以降低柴汽比，又可以满足市场对汽油的需求。国内已开发出 LCO 轻馏分催化裂化技术、LCO 重馏分加氢与 FCC 组合技术生产高辛烷值汽油和 LCO 加氢裂化技术生产高辛烷值汽油等技术。

1. 调合船舶用燃料油

现代船舶是为交通运输、渔业生产、科研勘测等服务的，随着工业的发展，船舶作业面的扩大，船舶也日趋专业化。目前，船舶主机主要有蒸汽机、汽轮机、柴油机、燃气轮机和核动力装置等。船用燃料油分为两类产品，一是馏分型船用燃料，二是残渣型船用燃料。LCO 循环油一般可以作为稀释组分与重质残渣油进行调合而获得船舶用燃料油。馏分型燃料油包括 DMX（相当 -10 号轻柴油）、DMA（相当 0 号轻柴油）、DMB（相当 5 号轻柴油）、DMC（相当 10 号重柴油或 20 号重柴油），主要在高速柴油机及中速柴油机中使用，主要是为短距离航行的中小型船舶提供动力，例如在长江、运河航行的运沙土船、渔船、干散货船等，或用于船舶的辅机发电使用等。馏分型船用燃料油一般是常减压装置直馏柴油或加氢装置柴油，与 LCO 进行调合生产，DMA 品质上与 0 号柴油接近，在船舶使用上与 0 号柴油基本没有区别。DMB 相比 DMA 的十六烷值低 5 个单位，密度稍大，可适当增加轻循环油的调合量。DMC 因品质稍低，可掺入 10% 左右的渣油组分。馏分型燃料油 MGO 和 MDO 均是柴油馏分，只是黏度不同。MGO（Marine Gas Oil）是轻柴油，适用于高速柴油机使用，而 MDO（Marine Diesel Oil）是重柴油，适用于中速柴油机。

船用燃料油根据 50℃ 时运动黏度的差异，通常分为 $180mm^2/s$、$380mm^2/s$、$500mm^2/s$

等，主要用在较大的船型上，发动机马力大的要求黏度高，最高可达到 700mm²/s。目前 180mm²/s 和 380CST 是市场上的主流品种。近海航行的船舶燃料主要为 180 号渣油型燃料油和馏分型燃料油 DMA 或 DMB。远洋船舶（一般 5 万 t/艘或 10 万 t/艘）是对燃料油需求增长最快的船舶，船舶燃料主要为 380 号、180 号渣油型燃料油和馏分型燃料油 MGO。表 4-127 给出了我国 2011 年船用燃料油品种的消费情况（乔发，2013；黄金珠，2013）。

表 4-127　我国 2011 年船用燃料油品种消费情况

品　　种	适用船型	需求量/Mt	
		内贸	保税
轻质燃料油(密度 0.86~0.92g/cm³)或相当组分 DMA/DMB/DMC 等	使用中速柴油机的船舶，转速在 300r/min 以上	4.0	1.25
180# 燃料油	使用低速柴油机的船舶，转速在 300r/min 以下	4.1	2.57
380# 燃料油		1.2	6.32
其他重油(120#/250#/500# 以上等)	120# 适用于中小型油船 500# 以上主要用于新下水的大型船舶	0.7	0.85 (500# 以上)

2. 生产高辛烷值汽油的催化裂化技术

LCO 富含芳烃，芳烃主要为单环芳烃和双环芳烃。通过对不同馏程 LCO 组成分析发现，随着馏程的增加，LCO 中的单环芳烃质量分数降低，双环芳烃质量分数增加，粗略的分割点为 250℃ 左右。例如将某 LCO 全馏分切割为轻馏分和重馏分，然后对其进行组成分析，得到不同馏分段的 LCO 质谱组成，列于表 4-128。

表 4-128　不同馏分段的 LCO 质谱组成

炼厂编号	QG			ZH		
LCO 馏分	全馏分	轻馏分	重馏分	全馏分	轻馏分	重馏分
密度(20℃)/(g/cm³)	0.8984	0.8708	0.9127	0.9509	0.9080	0.9752
质谱质量组成/%						
链烷烃	28.3	23.2	26.9	11.1	13.1	10.3
一环烷烃	5.3	5.9	4.9	2.6	3.4	2.5
二环烷烃	2.1	1.7	2.3	1.1	1.0	1.6
三环烷烃	0.4	0.3	1.0	0.3	0.2	0.7
总环烷烃	7.8	7.9	8.2	4.0	4.6	4.8
总饱和烃	36.1	31.1	35.1	15.1	17.7	15.1
烷基苯	11.7	20.7	7.2	11.1	22.5	5.2
茚满或四氢萘	9.6	17.4	6.5	9.5	16.7	5.7
茚类	1.6	2.2	1.1	2.3	3.4	1.3
总单环芳烃	22.9	40.3	14.8	22.9	42.6	12.2
萘	1.3	2.2	0.6	1.4	2.1	0.4
萘类	21.4	22.9	22.7	33.4	32.9	33.5

炼厂编号	QG			ZH		
LCO 馏分	全馏分	轻馏分	重馏分	全馏分	轻馏分	重馏分
茚类	7.1	2.2	10.0	10.7	3.1	14.5
茚烯类	5.1	0.6	7.1	8.4	0.8	11.5
总双环芳烃	34.9	27.9	40.4	53.9	38.9	59.9
三环芳烃	6.1	0.7	9.0	8.1	0.8	11.8
总芳烃	63.9	68.9	64.2	84.9	82.3	83.9
胶质	0.0	0.0	0.7	0.0	0.0	1.0
总质量	100.0	100.0	100.0	100.0	100.0	100.0

从表 4-128 可以看出，编号为 QG 的 LCO 全馏分切割为轻馏分后，轻馏分中的总单环芳烃含量增加到 40.3%。编号为 ZH 的 LCO 全馏分切割为轻馏分后，轻馏分中的总单环芳烃增加到 42.6%。轻馏分中富含的单环芳烃和链烷烃，可作为多产高辛烷值汽油的原料（崔守业，2009）。以编号为 QG 的轻馏分、全馏分和重馏分为原料分别在中型催化裂化装置上进行试验研究，试验结果列于表 4-129。

表 4-129　不同 LCO 馏分段中型试验结果

试验编号	RU-3-5-2	RU-3-6-4	RU-3-6-2
原料油	轻馏分	全馏分	重馏分
产品分布/%			
干气	1.66	3.01	3.17
液化气	13.76	17.10	18.00
汽油	47.39	30.07	22.78
轻循环油	30.65	34.13	35.65
重油	2.63	9.09	12.90
焦炭	3.91	6.60	7.50
总计	100.0	100.0	100.0
干气选择性	0.02	0.05	0.06
焦炭选择性	0.06	0.12	0.15
汽油选择性	0.71	0.53	0.44

从表 4-129 可以看出，在相同反应条件下，轻馏分汽油产率最高，高达 47.39%，汽油选择性明显好于其他两种馏分段，并且干气和焦炭选择性最低。

LCO 重馏分富含双环芳烃，不适合催化裂化工艺直接处理，但可以将重馏分中的双环芳烃的一个芳环或两个芳环经加氢饱和成环烷烃，而环烷烃是催化裂化生产高辛烷值汽油的理想组分。某 LCO 重馏分经加氢处理后得到两种不同加氢深度的馏分油，其性质和组成列于表 4-130，同时列出重馏分油性质和组成。对两种不同加氢深度的馏分油在中型催化裂化装置上试验研究，试验结果列于表4-131（姜楠，2014）。

表4-130　LCO重馏分及其两种加氢深度的馏分油性质

原料名称	重馏分	浅度加氢馏分油	深度加氢馏分油
密度(20℃)/(g/cm³)	0.9770	0.9037	0.8546
折射率(20℃)	1.58	1.5023	1.4683
碳质量分数/%	91.03	88.18	86.70
氢质量分数/%	8.96	11.78	13.27
烃类质量分数/%			
饱和烃	9.9	42.4	84.9
单环芳烃	10.5	48.1	13.8
双环芳烃	73.2	8.8	1.2
三环芳烃	6.4	0.7	0.1
总芳烃	90.1	57.6	15.1

表4-131　两种加氢深度的馏分油催化裂化产物分布

原料油	浅度加氢馏分油	深度加氢馏分油
产物分布/%		
干气	2.55	2.21
液化气	18.77	25.41
汽油	45.92	58.88
轻循环油	27.51	11.51
重油	2.00	0.00
焦炭	3.25	1.99
合计	100.00	100.00
总液体收率/%	92.20	95.80

从表4-131可以看到，在相同的试验条件下，加氢深度大的馏分油所对应的反应结果为转化率增加，干气产率降低，液化气、汽油产率增加，柴油和焦炭产率降低，总液体收率增加。

LCO转化为汽油和液化气可以采用先加氢后催化裂化工艺路线，也可以直接采用加氢技术路线（下小节详细论述），从技术角度来看都是可行的，经济上是否有效益，主要取决于LCO与汽油价格差、氢气的成本和不同工艺技术的生产成本。

3. 加氢裂化技术生产高辛烷值汽油

Mobil公司、AKZO公司和M. W. Kellogg公司共同开发了MAK LCO技术（David，1995），采用中压，单段加氢过程，原料油为LCO，转化率在30%~70%之间，主要产品为高辛烷值汽油，低硫柴油调合组分，采用加氢处理催化剂和含有沸石的加氢裂化催化剂。MAK LCO工艺中型试验所用的原料油性质列于表4-132，产物分布及产品性质列于表4-133。

表 4-132 MAK LCO 工艺中型试验所用的原料油性质

原料油性质	数值	原料油性质	数值
密度(15℃)/(g/cm³)	0.963	馏程/℃	
硫含量/%	3.0	初馏点	219
氮含量/(μg/g)	220	50%	271
十六烷指数	22.1	终馏点	330
芳烃(质谱)/%	82.3		

表 4-133 MAK LCO 工艺中型试验产物分布及产品性质

生成200℃馏分转化率/%	60	40
产品分布/%		
H_2	-3.49	-2.95
H_2S+NH_3	3.19	3.15
$C_1 \sim C_3$	2.9	1.9
C_4	4.9	2.9
$C_5 \sim 200℃$馏分	52.5	35
>200℃柴油	40	60
汽油性质		
API 度	49	44
硫/(μg/g)	<50	<50
RON	>92	>95
MON	>82	>85
柴油性质		
API 度	32	29
硫/(μg/g)	<400	<400
十六烷指数	40	34

ExxonMobil 公司在 MAK LCO 工艺技术基础上开发出 EMRE LCO 改质技术,采用专用的催化剂,对工艺流程进行了优化,并且采用星形涡流反应器,特有的旁路内构件。EMRE LCO 改质技术典型产品收率和质量列于表 4-134。

表 4-134 EMRE LCO 改质典型产品收率和质量

项 目	数值	项 目	数值
转化率/%	25~70	MON	80⁺
气体($C_1 \sim C_4$)收率/%	3~6	柴油(≥216℃)收率/%	38~72
汽油($C_5 \sim 216℃$)收率/%	26~57	硫含量/(μg/g)	可达 ULSD
RON	90⁺	ΔCI(产品-原料)	10~15⁺

UOP 公司开发了 LCO Unicracking 工艺(Vasant,2005),将劣质的轻循环油改质成超低硫汽油和超低硫柴油调合组分,轻循环油原料在同一反应器内先进行加氢预处理,后进行加氢裂化,再进行产品分离,单程一次通过流程,不必进行液体循环。LCO Unicracking 工艺对压力要求大于高苛刻度加氢处理工艺,但明显低于常规部分转化或全转化加氢裂化工艺。LCO Unicracking 工艺中型试验所用的原料性质列于表4-135,试验结果列于表4-136。

表 4-135   LCO Unicracking 工艺中型试验原料性质

原料性质	数值	原料性质	数值
API 度	15.1~19.0	单环	12~21
密度(15.6℃)/(g/cm³)	937~963	双环	40~55
硫含量/(μg/g)	2290~7350	三环及以上	8~14
氮含量/(μg/g)	255~605	馏程(ASTM D86)/℃	
十六烷值(ASTM D4737)	22~25	95%	349~377
芳烃含量(IP391)/%		终馏点	385~421

表 4-136   LCO Unicracking 工艺中型试验产物分布及产品性质
(操作模式：部分转化)

产　品	数值	产　品	数值
轻石脑油收率/%	10.5~13.5	柴油	
重石脑油		收率/%	46~51
收率/%	35~37	十六烷指数增加值	6~8
辛烷值(RON)	90~95	硫含量/(μg/g)	<10
硫含量/(μg/g)	<10		

为了实现轻循环油价值最大化和满足生产二甲苯原料不断增长的需求，UOP 公司开发了轻循环油加氢转化-选择性烷基转移生产二甲苯和苯的工艺(简称 LCO-X)。LCO-X 工艺首先采用加氢处理除去轻循环油中的杂质，然后进行加氢转化反应，最后进行选择性烷基转移反应，从而实现芳烃产率最大化。LCO-X 工艺除了生产二甲苯和苯外，还得到一部分液化气、轻石脑油和超低硫柴油组分。混合二甲苯适用于吸附分离生产对二甲苯，优于 ASTM D5211 的质量指标，约含 1%乙苯；苯纯度在 90%~99.9%之间，决定于生产装置的设备；轻石脑油含 80%~90%C$_5$~C$_7$烷烃、10%~20%环烷烃，研究法辛烷值在 82~76 之间，异构组分含量高；液化气烯烃质量分数低于 0.5%，含 60%C$_4$和 30%C$_3$；柴油是剩余的少量未转化的原料，硫含量小于 10μg/g，十六烷值净提高 10~15 个单位，可用作超低硫柴油调合组分。

石油化工科学研究院开发了 LCO 加氢裂化生产高辛烷值汽油组分技术(简称 RLG)。RLG 技术充分利用 LCO 芳烃含量高的特点，通过控制芳烃加氢饱和以及裂化反应，将其转化为小分子的芳烃，降低加工成本。RLG 技术在精制段内借助专用的精制催化剂能够促进柴油中双环以上芳烃加氢饱和并脱氮，同时降低单环芳烃进一步饱和；在裂化段内借助专用的裂化催化剂能够促进精制后柴油中的烷基侧链断裂、环烷基侧链开环和断链。RLG 技术中型试验所用的原料及其试验结果分别列于表 4-137 和表 4-138。

表 4-137   RLG 技术中型试验所用的原料性质

轻循环油来源	QD MIP	YS FCC	SJZ MIP	MM MIP
密度(20℃)/(g/cm³)	0.9632	0.9166	0.9562	0.9583
硫含量/(μg/g)	7200	6300	9800	2500
氮含量/(μg/g)	523	773	662	—

续表

轻循环油来源	QD MIP	YS FCC	SJZ MIP	MM MIP
实测十六烷值	15.2	34.9	15.7	14.5
总芳烃含量/%	88.0	60.1	86.9	~85.0
馏程(ASTM D86)/℃				
IBP~FBP	199~347	216~349	206~365	193~354

表4-138 RLG技术中型试验产物分布及产品性质

轻循环油来源	QD-MIP	YS-FCC	SJZ-MIP	MM-MIP
<60℃轻汽油收率/%	7.97	5.62	8.81	15.61
RON	86	86	~86	~86
MON	84	84	~84	~84
60~200℃重汽油收率/%	46.62	18.69	33.22	48.46
RON	95.8	95.4	98.8	>98
MON	83.4	82.6	86.1	>86
>200℃柴油收率/%	39.52	72.8	55.37	31.55
十六烷值	28.2	45.9	24.2	34.0
十六烷值提高值	13.0	11.0	8.5	19.5

4. 进行加氢精制/加氢改质

加氢精制技术是改善轻循环油质量有效的手段之一。LCO深度加氢精制的脱氮率可达90%以上，脱硫率达95%以上，颜色和储存安定性均有很大改进；双环芳烃转化率可达70%以上，三环芳烃转化率可达80%以上；密度下降25kg/m³以上；终馏点几乎维持原料油的水平；十六烷值提高5~10个单位以上。例如，LCO在中型试验装置上进行加氢精制，加氢精制前后性质列于表4-139(王福江，2013)，混合柴油(直馏柴油与轻循环油)在中型试验装置上进行加氢精制，加氢精制前后性质列于表4-140。

表4-139 LCO在中型试验装置上加氢精制前后性质及组成的变化

项 目	原料1	产品1	原料2	产品2
操作条件				
氢分压/MPa		6.4		6.4
反应温度/℃		—		350
体积空速/h⁻¹		1.2		1.5
氢油体积比		800		400
密度(20℃)/(g/cm³)	0.9160	0.8704	0.9140	0.8742
氢含量/%		12.73		
硫含量/(μg/g)	4800		9000	63
氮含量/(μg/g)	1100		1500	6
十六烷值	34.6	44.1		
馏程/℃				
初馏点	229	192		
50%	318	295		
终馏点	351	352		
烃类质量组成/%				

项　　目	原料 1	产品 1	原料 2	产品 2
链烷烃	26.1	33.8		
环烷烃	11.2	24.6		
芳烃	62.7	41.6		
单环芳烃	13.5	32.0		
双环芳烃	40.0	9.6		
三环芳烃	9.2			
双环以上芳烃脱除率/%	80.5		脱硫率/%	99.3
十六烷值提高幅度	9.5		脱氮率/%	99.6

表 4-140　混合柴油在中型试验装置上加氢精制前后性质的变化

操作条件	原料油	加氢深度 1	加氢深度 2	加氢深度 3
氢分压/MPa		4.8	4.8	4.8
平均反应温度/℃		330	345	355
体积空速/h^{-1}		2.0	3.0	2.0
氢油体积比		300	300	300
产品性质				
密度(20℃)/(g/cm³)	0.8471	0.8336	0.8347	0.8313
硫含量/(μg/g)	8300	343	322	25
氮含量/(μg/g)	202	10	28	2.6
十六烷指数(D4737)	49.7	55.2	54.7	55.2
多环芳烃/%	16.4	5.5	5.0	5.5
脱硫率/%		95.9	96.1	99.7
脱氮率/%		95.0	86.1	98.7

　　采用常规的加氢精制法以及高活性的加氢精制催化剂，在中等或略高于中等压力下可有效地脱除 LCO 中的硫、氮等杂质，使其颜色得到改善，但其密度降低和十六烷值提高幅度有限。因此，Criterion 催化剂公司和 ABB Lummus 公司联合开发出 SynShift 工艺，目的就是降低 LCO 密度、提高十六烷值，主要反应途径为三环芳烃饱和成环烷烃以及环烷烃开环裂化，即重馏分发生裂化反应。SynShift 工艺液体收率损失小于 1%，小于 176℃石脑油产率为 6%~8%，柴油馏分十六烷指数大幅度提高，密度下降，芳烃含量大幅度降低。典型 Synshift 工艺原料和产品性质列于表 4-141(Suchanek，1995)。

表 4-141　典型 Synshift 工艺原料和产品性质

性　　质	原料	产品
密度(15.6℃)/(g/cm³)	0.934	0.8774
硫含量/%	1.509	0.0015
氮含量/(μg/g)	934	<1
D2887 初馏点/℃	133	96
D2887 终馏点/℃	426	425
氢耗/(Nm³/m³)	—	233.4
十六烷指数(D4737)	26.4	38.2
液体收率/v%	—	104.8

中压加氢改质(MHUG)技术是20世纪90年代初国内开发的清洁柴油生产技术，在中等压力下，以轻循环油、直馏柴油、焦化柴油、减压轻馏分油及其混合油为原料生产低硫柴油或低硫、低芳烃柴油，在适宜的条件下还可生产喷气燃料(李大东，2004)。MHUG工艺流程与单段、两剂串联加氢裂化装置相似，主要设备由反应系统、新氢系统、循环氢系统和分馏系统组成。在MHUG的基础上，开发出不同反应区处理不同性质柴油原料的分区进料的灵活加氢改质工艺，以兼顾直馏柴油加氢精制和轻循环油加氢改质的需要，同时最大限度提高清洁柴油生产过程的选择性和经济性。灵活加氢改质工艺具有较低的总氢油比和氢耗，化学氢耗可降低10%以上，柴油收率可提高8个百分点以上，同时十六烷值提高幅度更大。以轻循环油和直馏柴油混合为原料，其性质列于表4-142，在中型加氢装置上进行灵活加氢改质工艺和常规改质工艺试验，试验结果列于表4-143(蒋东红，2012)。

表4-142　轻循环油、直馏柴油及其混合油原料性质

项　目	轻循环油	直馏柴油	混合柴油
密度(20℃)/(g/cm³)	0.9110	0.8397	0.8735
硫含量/(μg/g)	4100	4600	4400
氮含量/(μg/g)	446	87	270
十六烷值	23.8	53.3	38.3
族组成/%			
链烷烃	21.1	43.0	34.5
总环烷烃	6.2	34.4	18.5
总芳烃	72.7	22.6	47.0

表4-143　灵活加氢改质工艺和常规改质工艺的中型试验结果

项　目	灵活加氢改质	常规改质工艺
进料方式	分区进料	一次进料
大于165℃柴油收率/%	92.16	83.75
小于165℃石脑油馏分性质		
密度(20℃)/(g/cm³)	0.7594	0.7509
硫含量/(μg/g)	<1.0	<1.0
氮含量/(μg/g)	<0.5	<0.5
芳烃潜含量/%	67.1	63.2
大于165℃柴油馏分性质		
密度(20℃)/(g/cm³)	828.4	821.2
硫含量/(μg/g)	<10	<10
氮含量/(μg/g)	<0.5	<0.5
芳烃潜含量/%	53.1	50.4

MHUG技术可以大幅度提高柴油十六烷值，但副产一定的石脑油。为了提高加氢改质柴油的收率，抚顺石油化工研究院开发的MCI技术和石油化工科学研究院开发的RICH技术即属于该类技术(侯芙生，2011)。RICH技术工业试验结果表明，当加工轻循环油时，在柴油收率大于95%的前提下，较大幅度降低柴油密度，至少约为35kg/m³，十六烷值提高在10个单位以上，详细结果见第一章第三节。胡志海等(2001)在中型加氢装置上分别以轻循环油-1、轻循

环油-2 和轻循环油-3 为原料进行 RICH 技术试验研究，原料性质和试验结果分别列于表4-144
和表 4-145。从表 4-144 和表 4-145 可以看出，采用 RICH 工艺，产品柴油馏分的收率为 96.
68%~98. 34%，产品柴油性质得到大大改善，密度降低值为 0. 039~0. 042g/cm^3，十六烷值增
加 9. 9~12. 5 个单位，硫含量降低至 21~77μg/g，氮含量低于 10μg/g。但对于性质较差的
LCO，即使采用 RICH 技术处理，处理后的柴油性质与商品柴油质量规格标准仍有较大的差距。

表 4-144   轻循环油性质

原料油	轻循环油-1	轻循环油-2	轻循环油-3
密度(20℃)/(g/cm^3)	0.8987	0.9262	0.9130
凝点/℃	-9	-6	-1
折射率(n_D^{20})	1.5156	1.5332	1.5274
硫含量/(μg/g)	5341	2764	5509
氮含量/(μg/g)	911	1389	632
溴价/[gBr/(100g)]	15.6	11.4	8.5
实际胶质/[mg/(100mL)]	377	551	250
馏程/℃	205~348	215~359	215~372
实测十六烷值	29.3	23.1	29.2

表 4-145   轻循环油采用 RICH 技术中型试验结果

产品柴油馏分	轻循环油-1	轻循环油-2	轻循环油-3
收率/%	96.68	98.34	97.40
密度(20℃)/(g/cm^3)	0.8570	0.8869	0.8703
黏度(20℃)/(mm^2/s)	3.881	5.601	5.42
凝点/℃	-10	-10	-6
折射率(n_D^{20})	1.4775	1.4943	1.4897
硫含量/(μg/g)	66.5	21.4	77.0
氮含量/(μg/g)	0.5	9.5	3.7
溴价/[gBr/(100g)]	0.3	0.4	0.3
色度(D1500)/号	<1.5	2.0	<2.0
闭口闪点/℃	79	89	90
馏程/℃	195~349	205~360	206~370
实测十六烷值	41.5	35.6	39.1
十六烷值增加值	12.2	12.5	9.9
密度降低值/(g/cm^3)	0.042	0.039	0.043

最大限度提高十六烷值的轻循环油加氢改质工艺(简称 MCI)使加氢裂化反应控制在开环而不
断链的程度，从而使 MCI 工艺既具有柴油收率高、氢耗低的优点，又具有柴油十六烷值提高幅度
大的优势(韩崇仁，1999)。MCI 工艺中型试验所用的原料及结果见表 4-146(赵玉琢，2008)。

表 4-146   MCI 工艺中型试验所用的原料及结果

项　　目	大庆轻循环油		大港轻循环油		管输轻循环油		辽河轻循环油	
	原料	产品	原料	产品	原料	产品	原料	产品
密度(20℃)/(g/cm^3)	0.8680	0.8464	0.8882	0.8535	0.9123	0.8683	0.8949	0.8719
馏程(ASTM D86)/℃								

续表

项　目	大庆轻循环油		大港轻循环油		管输轻循环油		辽河轻循环油	
	原料	产品	原料	产品	原料	产品	原料	产品
50%	266	258	256	239	284	262	291	282
90%	325	318	323	310	344	341	344	343
95%	337	330	332	326	357	360	352	352
凝点/℃	−11	−16	−8	−14	0	−4	−4	−4
运动黏度(20℃)/(mm²/s)	3.86	3.80	3.43	3.00		3.80	6.40	5.80
硫含量/(μg/g)	1200	<100	1600	35	3210	<50	1400	<50
氮含量/(μg/g)	862		850		800		1921	
实测十六烷值	36.7	46.2	24.2	36.6	25.0	37.5	25.1	38.1
十六烷值增值	9.5		12.4		12.5		13.0	

第八节　重循环油(回炼油)性质及其利用

1. 重循环油性质

重循环油或回炼油(Heavy Cycle Oil，HCO)一般是指产品中343~500℃的馏分油，既可返回反应器作回炼油，也可以作为一种重柴油产品的混合组分使用，HCO回炼可以增加LCO产率。当采用LCO生产方案时，单程转化率较低，有相当一部分HCO生成。当采用汽油生产方案时，单程转化率很高，HCO数量很少。国内若干工业FCC装置的HCO性质列于表4-147。从表4-147可以看出，HCO中的芳烃含量比原料油高，是难以裂化组分浓缩的结果。如果将其中重芳烃抽提脱除，抽余油作为回炼油，则回炼比可下降，装置处理能力增加，包括重芳烃在内的液体产品产率增多。

表4-147　国内若干工业FCC装置的HCO性质

项目	1	2	3	4	5	6	7
原料油	含硫VGO	含硫VGO	大庆VR/VGO	低硫VGO/VR	中原/阿曼/卡宾达AR	中东AR/VGO HDS-AR	加氢VGO/AR
回炼比	0.067	0.24	0.23	0.106	0.13	0.18	0
密度/(g/cm³)	0.9287	0.9720	0.9924	0.8919	0.9547	1.056	1.0242
凝点/℃				30.4		7	27
运动黏度(80℃)/(mm²/s)	45(100℃)	95	37(100℃)		14.2	11.4(100℃)	11.31
残炭/%	0.07	0.1	0.86	0.76			—
馏程/℃							
初馏点	214	215	175	183		318	278
50%	387	391	399	393		40%495	412
终馏点	90%428	90%439	470			93%611	95%437
元素组成/%							
C		87.94		87.7			90.26
H		10.33		11.7			9.03
S	0.98	1.31		0.19			0.66

项目	1	2	3	4	5	6	7
原料油	含硫 VGO	含硫 VGO	大庆 VR/VGO	低硫 VGO/VR	中原/阿曼/卡宾达 AR	中东 AR/VGO HDS-AR	加氢 VGO/AR
N	0.07	0.13		0.20		0.14	0.15
烃族组成/%							
饱和烃		37.75				32.90	26.3
芳烃		59.48				57.12	72.5
胶质		2.77				9.19	1.2
沥青质						0.79	—

2. HCO 中的固体物

HCO 和油浆中的固体物主要为催化剂粉末，其来源于催化剂在装置运行过程中因磨损、破裂等原因产生的细粉，含量与装置运行状况、催化剂强度、旋风分离器的分离能力等因素有关。由于重循环油和油浆含有短侧链多环芳烃，具有广泛的应用价值，而固体物的存在阻碍着短侧链多环芳烃有效利用，通常需要将重循环油和油浆中的固体物除去。回炼油中的固体物含量一般小于 0.002g/L，远低于油浆中的固体物含量。HCO 中的固体物为土黄色或锈红色，其成分中应有不同含量的氧化铁成分，而油浆中的固体物为催化裂化催化剂的灰白色，两者固体物组成差别列于表 4-148。从表 4-148 可以看出，在 HCO 固体物中，除催化剂成分外，还有含量很高的 Fe_2O_3 和 Sb_2O_5。Fe_2O_3 应主要来源于催化裂化装置内部及其管线的腐蚀，Sb^{+5} 则是催化裂化工艺过程中加入的金属钝化剂的主要成分；其他金属氧化物或盐类含量不高，应主要来自原料油本身，而油浆中来自催化剂的固体物（Al_2O_3，SiO_2，La_2O_3，CeO_2）占 90% 以上（蔺玉贵，2012）。

表 4-148　X 射线荧光光谱分析固体物组成　　　　　　　　　　%

组分	油浆 1	油浆 2	HCO-1	HCO-2	HCO-3
Al_2O_3	49.5	46.3	24.5	29.5	33.6
SiO_2	44.1	41.0	17.9	20.3	27.5
La_2O_3	1.37	1.55	0.67	0.49	1.21
CeO_2	0.89	1.47	1.18	0.75	1.17
SO_3	0.32	0.23	0.79	2.58	0.66
P_2O_5	0.68	1.57	0.65	0.28	1.97
Fe_2O_3	1.05	1.34	22.5	40.1	10.5
NiO	0.19	1.94	0.72	0.34	1.30
V_2O_5	0.37	0.59	0.48	0.34	0.41
K_2O	0.22	0.17	0.31	0.24	0.23
Na_2O	0.46	0.15	0.24	0.27	2.00
CaO	0.32	2.72	1.66	2.31	2.44
MgO	0.08	0.07	0.26	0.60	0.08
Sb_2O_5	—	0.31	24.2	0.55	15.6

HCO 中的固体物粒度分布较宽，分布不均匀，呈双峰分布，粒度范围在 0.5～250.0μm 之间，在大于 100μm 的颗粒存在一个峰值，而油浆中固体物的粒度分布较为集中，颗粒较小，其粒度范围主要集中在 0.5～40μm，如图 4-113 所示。回炼油中的固体物粒度呈如此分布可能与其中的固体物含量低有关，取样过程不规范就有可能产生误差。

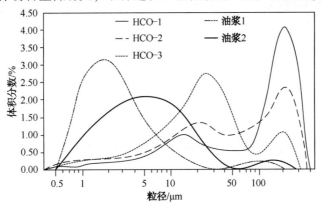

图 4-113 回炼油和油浆中的固体物粒度分布

3. HCO 作为渣油加氢脱硫装置的稀释油

在通常的 VRDS-RFCC 技术中，渣油经 VRDS 装置处理后的加氢重油作为 RFCC 原料，而 RFCC 的重循环油（HCO，又称回炼油）则直接返回到 RFCC 装置中加工，其流程如图 4-114 所示。HCO 含有较多的三环芳烃，直接返回提升管反应器势必增加焦炭产率，而 VRDS 以减压渣油为原料时一般要掺入 20% 左右馏分油来稀释减压渣油以降低进料的黏度，若以 HCO 代替馏分油与减压渣油混合，进入渣油加氢装置，反应后的加氢重油再进入提升管反应器，其流程如图 4-115 所示（称为 RICP 技术）。渣油加氢反应是扩散控制的反应，黏度是影响渣油加氢反应速率主要因素之一，降低黏度可以改善渣油在加氢反应器中的流动状态，同时促进渣油加氢脱杂质反应速率的提高。依据相似相溶原理，对渣油加氢而言，低黏度的 HCO 有利于降低混合进料黏度，较高的芳烃含量有利于提高渣油中胶质沥青质一类稠环芳烃的溶解度。同时，HCO 中芳烃分子大都是带有短侧链或无侧链的多环芳烃，这些分子在加氢单元可发生加氢饱和反应，加氢后 HCO 再返回到催化裂化装置较未加氢重循环油更容易发生裂化，从而增加轻质油收率。RICP 技术在 1.5Mt/a 加氢脱硫装置与 0.8Mt/a 催化裂化装置应用取得了显著效果（牛传峰，2011）。

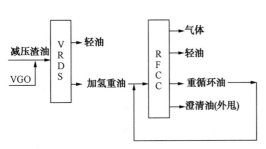

图 4-114 常规 VRDS-RFCC 原则流程

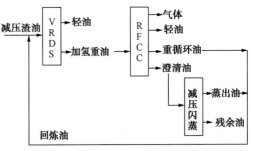

图 4-115 RICP 组合技术原则流程

第九节　油浆性质及其净化与利用

一、油浆性质和组成

　　从催化裂化分馏塔底抽出的带有催化剂粉末的重油称为油浆(Slurry)，油浆在油浆沉降器中沉降分离，从沉降器上部排出的清净的产品称作澄清油(Decant Oil，DO)，澄清油只带有少量催化剂粉末，含有较多稠环芳烃，油浆沉降器底部放出的油浆含有催化剂细粉。油浆回炼就可以回收这部分催化剂细粉。在催化裂化装置操作过程中，油浆回炼成为调节装置热平衡操作的一种重要手段，当装置烧焦能力和取热负荷有余量时，可以将油浆进行部分回炼或全回炼，反之，当装置烧焦能力和取热负荷无余量时，可以将油浆作为副产品排出装置，称为外甩油浆。此外，部分油浆作为循环油浆经冷却后送回分馏塔底部换热段来冷却自反应器来的物流。目前催化裂化工业生产过程中一般控制油浆密度约为 1100kg/m³，而固含量不大于 6g/L。油浆的密度可以通过油浆外甩温度和外甩量来调整。影响油浆固含量的因素主要有旋风分离器效率、催化剂抗磨损性能以及操作因素如旋风分离器线速波动大、喷嘴进料线速高、油气线速高等。

　　油浆收率主要与原料油性质、反应深度和分馏塔底的操作有关。一般规律是掺渣油原料的油浆比馏分油的油浆收率大，且其油浆密度也大，芳烃和胶质含量高，残炭值也高；反应深度越高或分馏塔底油浆抽出温度越高，油浆收率越低，但油浆密度却越大，芳烃和胶质含量越高，残炭值也越高；在相同反应深度下，环烷基、中间基原油的油浆比石蜡基原油的芳香分要高。国内若干 FCC 工业装置的油浆性质列于表 4-149。

表 4-149　催化裂化油浆性质

项　　目	1	2	3	4	5	6	7	8
原料油	含硫VGO	含硫VGO	大庆VGO	大庆AR	低硫VGO/VR	塔里木中原/吐哈AR	中原/阿曼/卡宾达AR	中东AR/VGOHDS-AR
密度/(g/cm³)	0.9552	1.0459	0.9426	1.0164	0.9590	1.015	0.9895	1.043
凝点/℃				28		25		26
运动黏度(80℃)/(mm²/s)	7.9(100)	39.5	30.3(100)		47.8			50.7(100)
残炭/%	2.3	5.8	3.8	5.5	7.5	7.1		14.4
馏程/℃								
初馏点	243	221				123	251	280
50%	422	30%398				546	437	10%495
终馏点	90%478					75%619		90%537
元素组成/%								
C		88.88			88.5	89.16		88.31
H		8.95			10.7	9.23		9.02
S	1.62	1.80	0.25	0.31	0.23	1.36	1.54	0.69
N	0.13	0.18	0.06	0.18	0.29	0.25		0.17
烃族组成/%								

续表

项 目	1	2	3	4	5	6	7	8
原料油	含硫 VGO	含硫 VGO	大庆 VGO	大庆 AR	低硫 VGO/VR	塔里木中原/ 吐哈 AR	中原/阿曼/ 卡宾达 AR	中东 AR/ VGOHDS-AR
饱和烃		20.32	50.3	31.1		31.0		24.43
芳烃		74.98	47.7	64.8		54.5		44.29
胶质		4.70	2.0	4.1		13.6		27.51
沥青质						0.8		3.77

许志明等(2001)将三种不同基属原油的油浆,其性质列于表4-150,经过减压蒸馏分离得到7~9个窄馏分,然后再将剩下残油经过超临界流体萃取分馏(SFEF)又得到2~3个窄馏分,使总拔出率达到79%~94%。通过质谱分析可得出各窄馏分的组成分布,如图4-116所示。现以芳香分为考察对象:三种澄清油中的一环和噻吩类芳烃的含量均在12%以下;二环和三环芳烃含量随着馏出率的提高而迅速下降,如图4-116(a)所示;四环、五环和未鉴定芳烃含量则随着馏出率的提高而迅速上升,当馏出率达到35%后,四环、五环芳烃含量随着馏出率的提高反而快速下降,在SFEF馏分中变化不大。如图4-116(b),(c)。此外,利用^{13}C谱和^{1}H谱计算的平均分子结构参数表明:三种澄清油减压蒸馏窄馏分的环烷环在1~2环之间,芳香环在2~3环之间,平均侧链长约2个碳原子;SFEF窄馏分的环烷环在2~3环之间,芳香环在1~6环之间,平均侧链长2~3个碳原子。由此可以看出,澄清油芳香分的结构特征是带短侧链的环烷缩合稠环芳烃。

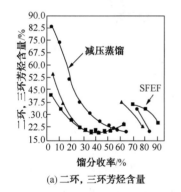
(a) 二环,三环芳烃含量

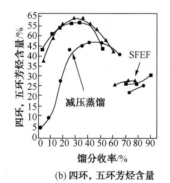
(b) 四环,五环芳烃含量

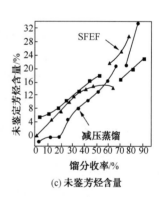
(c) 未鉴芳烃含量

图4-116 芳香分中各类芳烃含量与馏分收率的关系
■—大庆油浆;▲—沙特油浆;●—大港油浆

表4-150 三种不同基属原油的油浆性质

油浆原料来源	大庆原油	大港原油	轻质阿拉伯原油
密度(20℃)/(g/cm³)	0.9690	1.0436	1.0162
相对分子质量	365	386	316
残炭/%	4.95	14.02	7.27
元素组成/%			
C	87.92	86.76	88.11
H	10.72	9.21	9.41
S	0.33	0.45	1.66

油浆原料来源	大庆原油	大港原油	轻质阿拉伯原油
N	0.3	0.3	0.48
重金属含量/(μg/g)			
Ni	1.8		8.4
V	0.1	6.5	2.6
烃族组成/%			
饱和烃	53.3	33.3	26.7
芳烃	41.9	60.0	67.0
胶质	4.1	4.0	4.9
沥青质	0.7	1.7	1.4

重循环油和油浆中环烷烃和芳烃做 ^1H 和 ^{13}C NMR 谱图计算其结构参数，得到其平均分子结构模型如图 4-117 所示。

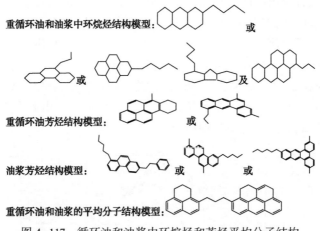

图 4-117　循环油和油浆中环烷烃和芳烃平均分子结构

原料油性质和反应深度对油浆性质和组成产生较大的影响，而反应深度对油浆性质和组成影响更大。工业 FCC 装置的油浆中的饱和烃含量较低，尤其渣油 FCC 装置，一般低于30%，而芳烃与胶质之和一般大于70%以上。采用 MIP 工艺后，油浆中的饱和烃含量一般低于15%，而芳烃与胶质之和一般大于85%以上。三套工业 FCC/MIP 装置的油浆性质列于表 4-151。从表 4-151 可以看出，即使油浆密度达到 $1.0783g/cm^3$，氢含量只有 8.3%，其组成仍然含有20.4%的饱和烃，这部分饱和烃属于较优质的催化裂化原料。也就是说，从组成来看，油浆产率仍可以降低约 20%。

表 4-151　工业 FCC/MIP 装置的原料油和油浆的族组成及性质

工艺类型	FCC		FCC	MIP
原料类型	常压渣油	油浆	油浆	油浆
密度(20℃)/(g/cm³)			1.0412	1.0783
运动黏度(80℃)/(mm²/s)			32.40	52.25
凝点/℃			26.0	10
族组成/%				

续表

工艺类型	FCC		FCC	MIP
原料类型	常压渣油	油浆	油浆	油浆
饱和烃	53.9	31.1	28.3	20.4
芳香烃	27.7	64.8	53.9	63.2
胶质	17.3	4.1	16.1	12.6
沥青质	1.1		1.7	3.8
碳含量/%			88.64	89.86
氢含量/%			9.20	8.30

二、催化裂化油浆净化技术

油浆是 FCC 工艺过程中所产生的一种性质极为特殊的副产品，因其密度大、相对分子质量大、黏度高并含有较多的细颗粒状催化剂，使其利用受到限制(曹炳铖，2012)。油浆大多被作为低价值的燃料油调合组分出厂，只有少量的油浆作为炭黑和针状焦原料。2008 年世界各地区催化裂化油浆消费量列于表 4-152。

表 4-152　世界各地区催化裂化油浆消费量　Mt

地　区	炭黑原料	针状焦原料	燃料油	总消费量	出口量
美国	2.37	0.70	7.17	10.24	7.46
美洲其他	1.11	—	8.18	9.29	-1.89
欧洲	1.40	0.15	9.27	10.82	-1.22
亚洲	2.72	0.20	10.46	13.38	-3.78
非洲+中东	0.63	—	2.14	2.77	-0.57
合计	8.23	1.05	37.22	46.50	

催化裂化分馏系统排出的油浆中固体物(焦粉和催化剂)含量一般为 2~6g/L。含有催化剂颗粒的油浆作为燃料油组分时会造成炉管结焦、火嘴磨损、炉管表面严重积灰，导致热效率下降，影响加热炉的安全平稳运行。分离油浆固体颗粒技术仍不够成熟，难以高效利用油浆中的芳烃组分，油浆的出路问题一直困扰着炼油企业。随着原油品质逐年变差，催化裂化装置原料也日益重质化和劣质化，油浆的产量随之增大，而燃料油市场消费趋于平衡，供需矛盾将更加突出，需要在其他领域中更加高效地利用油浆。油浆中含有大量的带短侧链稠环(3~5 环)芳烃(史权，2000b)，既可以在炼油装置(如延迟焦化、常减压、丙烷脱沥青装置)作为原料掺炼，也可以作为生产炭黑、针状焦、碳纤维、橡胶软化剂及填充油、塑料增塑剂、重交通道路沥青及导热油等化工产品的优质原料，但对其固体含量有严格要求，不同石油化工产品对油浆固体含量要求列于表 4-153。

表 4-153　不同石油化工产品对油浆固体含量要求

产　品	固体含量/(μg/g)	产　品	固体含量/(μg/g)
炭黑或橡胶填充剂	<500	加氢处理(裂化)原料	<20
针状焦	<100	燃料油调合组分	<200
碳纤维	<20		

从表 4-153 可以看出，FCC 油浆生产产品价值越高，对其中的固体含量要求相应地提高。因此，FCC 油浆开发利用的前提是必须分离脱除掉其中的催化剂细粉，有效地降低灰分含量，以满足不同用途产品的质量要求。国内外对 FCC 油浆净化技术已进行了大量的研究，部分研究成果已实现了商业化。

前面已论述，FCC 油浆密度较大、氢碳原子比较低和芳香分含量高。随着催化裂化装置采用 MIP 技术改造后，反应苛刻度提高，FCC 油浆密度更大，一般大于 $1.1g/cm^3$，氢碳原子比更低，芳烃、胶质和沥青质含量更高，三者之和超过 80%，甚至超过 90%，更是优质的化工产品原料。MIP 系列技术的油浆性质和组成列于表 4-154，其中装置 D 的油浆中固体粉末的粒度分布如图 4-118 所示。从图 4-118 可以看出，油浆中固体粉末最可几粒度分布约在 $2.0 \sim 20.0 \mu m$。

表 4-154　MIP 系列技术的油浆性质和组成

装置代号	A	B	C	D	E	F	G
密度(20℃)/(g/cm³)	1.1028	1.0765	1.0935	1.1024	1.1432	1.0831	1.1000
运动黏度/(mm²/s)							
80℃	21.68	24.17	163.0	137.7	335.1	44.69	16.11
100℃	9.277	10.43	45.32	40.81	75.28	18.15	9.659
闪点/℃	202	206	229	239	235	191	205
残炭/%	4.51	7.22	14.8	12.5	17.3	9.68	3.91
灰分/%	0.12	0.26	0.27	0.53	0.70	0.24	0.122
元素组成/%							
C	91.24	90.75	91.96	90.12	91.28	90.96	92.56
H	7.19	7.94	8.07	8.38	6.90	7.64	7.06
S	1.60	0.70	0.48	1.0	0.91	1.0	0.75
N	0.09	0.28	0.33	0.41	0.34	0.22	0.07
烃类组成/%							
链烷烃	1.1	4.9	2.3	1.5	0.6	1.8	0.7
环烷烃	2.5	7.1	12.1	12.4	4.5	9.3	2.5
芳烃	89.2	77.8	73.7	74.7	78.9	76.8	90.3
胶质	7.2	10.2	11.9	11.4	16.0	12.1	6.5
四组分组成/%							
饱和烃	5.5	14.9	17.8	15.9	6.0	14.6	2.8
芳烃	86.6	71.4	63.9	62.6	60.5	65.6	87.3
胶质	7.2	10.7	9.4	14.2	18.9	15.7	9.4
$n\text{-}C_7$ 沥青质	0.7	3.0	8.9	7.3	14.6	4.1	2.8

油浆中的芳烃含量较高，是优质的石油化工原料，而其中的固体粉末限制其利用价值，因此必须脱除油浆中的固体粉末。油浆脱固技术有沉降分离法、静电分离法、蒸馏和溶剂抽提、离心分离法和过滤分离法等技术(唐课文，2007)。沉降分离法可以将油浆的固体杂质脱除，但效率最高 80%左右，并且沉降时间较长；静电分离法有较高的分离效率，处理能力大，但油浆性质和操作条件对分离效果影响很大，且投资大，耗电高等不足；蒸馏法可以

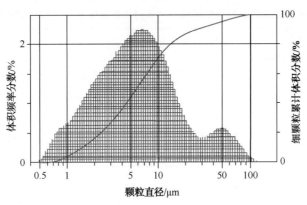

图 4-118　FCC 油浆中固体粉末的粒度分布

▦体积频率分数　——细颗粒累计体积分数

完全地脱除杂质，但是澄清液的收率较低，而且蒸馏温度过高会加速油浆结焦影响装置运转周期，同时残渣利用途径仍待开发；过滤分离法可将油浆中的固体杂质 95% 以上脱除，且收率达 82% 以上，但投资较高，操作复杂。根据开发产品对油浆中的固体粉末、组成和馏程的要求选择合适的油浆脱固技术及其组合。

1. 沉降分离法

沉降分离法包括自然沉降和化学沉降两种方法。FCC 油浆中催化剂细粉的粒径范围约 1~80μm，其中 20μm 以下微粒占相当的比例。早期的 FCC 油浆净化主要采用自然沉降分离法。沉降过程通常在沉降罐内进行，催化剂细粉在沉降器内的沉降速度与细粉的尺寸大小及密度、油浆的黏度及密度等因素有关。一定温度条件下，细粉尺寸越大，其沉降速度越快，一般经一定停留时间后可得到固体含量 <500μg/g 的澄清液体。Phillips 石油公司对沉降法作了一些改进，在罐的上部有蒸汽间接加热的热交换器，下部有水间接冷却的热交换器，在罐的上、下部产生一定的温差，为避免温差的变化，罐外部有保温层。利用温差提高沉降速率的原理：主要在于罐上部为温度高的液体，下部为温度低的液体，罐内液体不易发生对流，利于液体内固体粒子的重力沉降，此方法可除去液体中固体颗粒的粒径为微米和亚微米的粒子。但由于在油浆-细粉分散体系中，一方面催化剂细粉十分微小，另一方面油浆含有的胶质、沥青质具有阻碍催化剂细粉沉降的分散作用，所以靠重力沉降的净化分离效果较差，一般需要在较高温度(250℃)和较长时间(20000h)下澄清，分离效率才能达到 85%，而且对直径小于 20μm 的微粒靠重力沉降很难脱除。化学沉降法是通过添加沉降剂可显著提高催化剂细粉的沉降速度和脱除程度，可得到收率大于 90%、固体含量 50μg/g 的澄清油(Lauer, 2001; 丁洛, 2001; 李金云, 2009)。更为经济的沉降分离方法就是采用轻循环油来稀释油浆，降低其密度和黏度，如表 4-155 所列。从表 4-155 可以看出，随着 LCO 含量的增加，稀释油浆的密度和黏度下降，尤其是黏度降低更为明显，在稀释比约为 1(轻循环油和油浆各一半)时，稀释效果处于较好的状态。此时，在 80℃ 时，沉降 8h 后沉降罐 2m 以上的稀释油浆灰分约为 0.3%，随着沉降时间增加，稀释油浆灰分将低于 0.2%，如图 4-119 所示；在 120℃ 时，沉降 8h 后沉降罐 2m 以上的稀释油浆灰分约为 0.2%，随着沉降时间增加，稀释油浆灰分将低于 0.2%，如图 4-120 所示。

表 4-155　轻循环油和油浆稀释比及其对稀释油浆的密度和黏度的影响

样品	油浆/LCO 质量比	运动黏度/（mm²/s）					密度（20℃）/（g/cm³）
		20℃	40℃	50℃	80℃	100℃	
1					137.7	40.68	1.1027
2	2	132.9	36.55	22.03	7.504	4.563	1.0162
3	1	26.44	11.17	7.920	3.674	2.507	0.9740
4	2/3	13.31	6.662	5.028	2.653	1.881	0.9490
5	1/2	10.97	5.728	4.400	2.401	1.732	0.9400

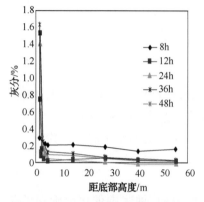 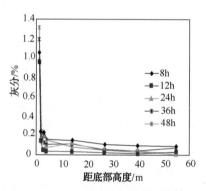

图 4-119　80℃下稀释油浆沉降效果　　　图 4-120　120℃下稀释油浆沉降效果

沉降分离法优点：具有设备简单、运行成本低、操作容易等特点，但同时也具有分离时间长、净化效果有限等不利因素。采用沉降助剂法可以缩短分离时间和提高净化效果，添加剂费用较低，设备投资少，易于实施，净化改质效果能够满足大多数油浆利用途径的要求，是一种经济有效的方法。

2. 静电分离法

针对 FCC 油浆细粉的分离，Gulf Science & Technology Company 于 1968 年开发了 GULFTRONIC®静电分离法，并于 1979 年在美国得克萨斯州阿塞港海湾石油公司炼油厂实现了工业化，处理能力为 381m³/d（2400 桶/d），用来分离油浆中催化剂，分离后的油浆用作炭黑原料。第二、第三套工业装置在 Phillips 石油公司的博格炼油厂，分别用来处理渣油催化裂化和蜡油催化裂化的油浆，处理后的油浆用作炭黑原料。自 1979 年第一套 Gulftronic 分离器工业化以来，已有几十套油浆分离器在运转，大部分用来生产炭黑原料，油浆中的催化剂含量低于 500μg/g；少部分用来生产针状焦原料，油浆中的催化剂含量低于 100μg/g。静电分离器系统的工艺流程如图 4-121 所示。

GULFTRONIC®静电分离器分离原理是含催化剂细粉的油浆流经电场作用下的填料床层时，细粉在高压电场中极化并吸附在填料上，从而使细粉得以分离。分离效率受物料停留时间、电场电压、油浆的理化性质的影响。一般情况下，随电场电压增高，分离效率增大，但当电压增加到一定程度时，分离效率的增加趋于平缓：油浆黏度越大，介电常数、电导率偏差越大，分离效率越低。GULFTRONIC®静电分离器主要用于从油浆中除去催化剂细粉，以生产低灰分量的炭黑原料、电极沥青料、针状焦或燃料油。油浆的主要性质及粒子分布列于表 4-156。FCC 油浆不同粒子大小的数量列于表 4-157。从表 4-157 看出，5～10μm 的粒子

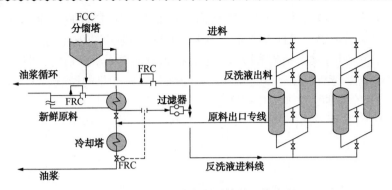

图 4-121 静电分离器系统的工艺流程

是油浆中的主要的粒子。

表 4-156 油浆的主要性质及粒径分布

项 目	性质	
密度(20℃)/(g/cm³)	1.06~1.15	
运动黏度(98.9℃)/(mm²/s)	4.2~13.0	
水含量/(μg/g)	200~1000	
催化剂含量/%	0.1~0.4	
灰分量/%	0.13	0.22
粒径分布/%		
0~5μm	63	51
5~15μm	34	36
15~25μm	2	11
>25μm	1	2

表 4-157 不同粒径的数量

粒径大小/μm	每 100mL 样品中的粒子数(个)	
	澄清油	循环油浆
5~10	140500000	142760000
10~25	55100000	57780000
25~50	1440000	1390000
50~100	25200	18400
>100	0	0

GULFTRONIC®静电分离器适宜的操作条件：电压 15~20kV，停留时间 10~15min，操作温度 180℃(朱宝明，1993)，能够高效率清除催化剂颗粒粒径小于 5 μm 的微粉末，使 FCC 油浆中的催化剂粉末浓度达到 10μg/g，而其他微粒分离/过滤方法对小于 5μm 的微粉完全无效。静电分离法的优点：阻力小，处理量大；冲洗比较容易；分离效率比较高，因为越细的催化剂颗粒，越容易被吸附分离。从国外工业装置的运行状况看，该技术的主要优点是分离效率高、处理量大、压降小、易冲洗再生，缺点是存在太多影响分离效果的因素，且这些因素不易掌握，如油浆性质、操作条件等；操作设备投资大和运行费用高，为保证分离效果要配置一套高压电气系统和一套安全可靠的自控系统，每小时要有 2~3 次断电、送电

过程，以进行冲洗、分离过程。1988 年国内 NJ 炼油厂在重油 FCC 装置上引进了一套 GULFTRONIC®静电分离器，设计处理能力为 10.5t/h，油浆中的催化剂细粉含量可从 l g/L 降至 0.01g/L 以下。几年运行结果表明，静电分离器分离效率不够稳定，催化剂细粉含量在 6g/L 以上时分离效果变差。由于静电分离效果受油浆性质变化的影响较大，而且对其使用和运行经验没有完全掌握，工业应用难度较大。因此，目前静电分离法的研究与开发在国内基本上处于停滞状态(方云进，1999；赵光辉，2006；Fritsche，1980)。

3. 离心分离法

离心分离法是利用催化剂细粉在离心机中获得的离心力远远大于其重力而加速沉降到器壁的分离技术。将油浆经换热器换热至 150~300℃，进入高温离心分离机进行离心分离，离心时间约 2~10 min，离心机转速为 3000~5000 r/min，脱除率为 92%~98%。此法为经典的固液分离方法，简单易行、效果好，但油浆的量太大、操作费用高，故难以工业化(白志山，2008)。旋液分离法是从经典离心分离法衍生出来的，采用的关键设备为旋流器。旋液分离法的原理是液-固非均相混合物在旋流器内以较高流速作螺旋运动，催化剂细粉在离心力的作用下与液相分离。由于旋流器具有结构简单以及占地面积小等特点，在实践中有时被用作预处理设备，以减轻下游分离单元(如过滤器)操作的负荷。

4. 蒸馏和溶剂抽提分离法

蒸馏分离方法可按沸程对油浆进行分离，蒸馏分离的馏分油的黏度大幅降低，灰分接近为零，几乎全部的固体杂质留存在残渣中，馏分油的密度减少幅度不大。例如某油浆按不同的切割点进行蒸馏，蒸馏后的馏分油和残渣油性质及收率列于表 4-158。从表 4-158 可以看出，<500℃的馏分油密度和黏度也有所降低，灰分为 0.003%，同时其收率只有 62.5%，但蒸馏后剩余残渣油性质较差，其用途只能作为炉用重质燃料、生产沥青或沥青辅料。

表 4-158　蒸馏后的馏分油和残渣油性质及收率

名　　称	密度(20℃)/(g/cm³)	运动黏度/(mm²/s)	灰分/%	质量收率/%
FCC 油浆	1.114	36.2(100℃)	0.54	100
<430℃馏分油	1.059	50.8(50℃)	<0.002	25.2
>430℃残渣油	1.135	134.2(100℃)	0.62	74.8
<450℃馏分油	1.067	79.0(50℃)	<0.002	44.7
>450℃残渣油	1.159	979.6(100℃)	0.82	55.3
<500℃馏分油	1.089	135.6(50℃)	0.003	62.5
>500℃残渣油	>1.200	>3000(100℃)	1.29	47.5

蒸馏分离法存在问题一是剩余的残渣有效利用难度较大；二是馏分油的收率不高，若想提高蒸馏的拔出率，势必提高蒸馏温度，容易引起油浆的结焦。

溶剂抽提工艺可以将油浆分离为馏分油和抽出油，馏分油是催化裂化的优质原料，而抽出油含有大量的芳烃(90%左右)，是生产针状焦、导热油、碳纤维等化工产品的优质原料(王赣父，1995)。FCC 油浆含有大量的催化剂粉末及胶质、沥青质，其中胶质、沥青质几乎不溶于溶剂中，而且其密度介于糠醛溶剂(糠醛的密度为 l.16g/cm³)和油浆(密度一般为 1.0~1.1g/cm³)之间。由于两者的密度差较小，在抽提塔内容易集聚在界面处，从而增加了油与溶剂通过界面时的阻力，造成两者的分离难度增大。同时，由于 FCC 油浆中存在催化剂固体颗粒，单纯采用溶剂精制工艺，产品的后续处理十分麻烦。采用减压蒸馏-糠醛抽提组合工艺，避免了 FCC 油浆溶剂精制或减压蒸馏技术的局限性，是分离 FCC 油浆较优的技术途径，其工艺原则流程见图 4-122。以 FCC 油浆为原料，经减压蒸馏处理后，得到去除了催化剂颗粒的拔头油，拔头油作为糠醛精制原料，以糠醛为溶剂利用液液萃取的方法进行芳烃抽提，抽提塔顶抽出的抽余液，经抽余液蒸馏塔后，塔底出饱和烃含量高的蜡油产品，可作为催化裂化装置原料；抽提塔底的抽出液经蒸发、蒸馏后得到高纯度的重质芳烃(芳烃纯度可达 95%)；切尾油可以作为沥青调合料。FCC 油浆中重芳烃抽提装置由减压蒸馏、糠醛抽提及溶剂回收 3 部分组成，抽余液和抽出液性质列于表 4-159(许志明，2001；巩春伟，1999)。

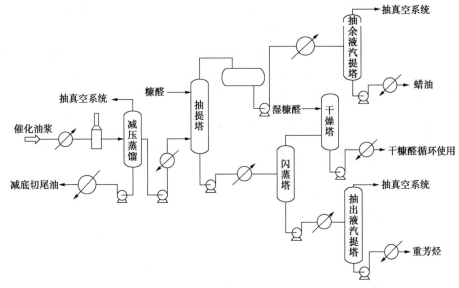

图 4-122　FCC 油浆中重芳烃抽提工艺原则流程

表 4-159　抽余液和抽出液性质

项　　目	抽余液	抽出液
温度/℃	70	70
剂油比	1	1
饱和烃含量/%	61.76	15.52
重芳烃含量/%	38.24	84.48
残炭/%	1.31	
氢碳原子比	1.51	1.07

5. 死端过滤分离法

死端过滤或全量过滤是溶剂和小于膜孔的溶质在压力的驱动下透过膜，大于膜孔的颗粒被截留，通常堆积在膜面上，只需要压力克服膜阻力。但随着时间的增加，膜面上堆积的颗粒也在增加，过滤阻力增大，膜渗透速率下降。因此，死端过滤是间歇式的，必须周期性地停下来清洗膜表面的污染层，或者更换膜。死端过滤操作简单，适于固含量低于 0.1% 的物料，且处理量较低(Degen，1985)。

死端过滤分离油浆是采用微孔材料将其中的催化剂细粉除去，改变微孔孔径可以达到不同的过滤要求。精密的死端过滤分离能保证过滤后的 FCC 油浆质量满足其深加工的要求，

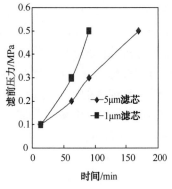

图 4-123　油浆过滤压力
随运转时间的关系

过滤分离的关键是选择适宜的过滤材料和有效的反冲洗方式。FCC 油浆过滤器的滤芯材质通常为不锈钢粉末或丝网烧结的多孔金属,过滤孔径为 $0.2 \sim 20~\mu m$。这种滤芯具有较高的强度,能在高温下操作并可承受较高的压差。油浆过滤压力随运转时间的关系如图 4-123。从图 4-123 可以看出,油浆过滤压力从 0.1MPa 增加到 0.5MPa,均可以实现正常运转。从图 4-123 还可以看出,滤芯直径大,其压力随过滤时间增加速度慢。死端过滤器由精细的多孔金属原件组成,脱除固体物效率高、反洗出的高浓度油浆循环回反应器再用,其工艺原则流程如图 4-124 所示。

两种 FCC 油浆经死端过滤分离后,其滤后产品收率和固体粉末含量列于表 4-160。两种 FCC 油浆滤后产品收率在 82%~85% 之间,固体粉末含量均小于 0.01%。油浆过滤前后性质及固含量的变化列于表 4-161。

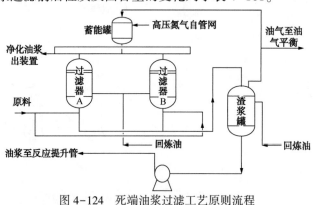

图 4-124　死端油浆过滤工艺原则流程

表 4-160　两种 FCC 油浆死端过滤试验结果

原　料	油浆-A	油浆-B
原料固含量/%	0.4	0.72
滤后液固含量/%	<0.01	<0.01
初始滤通量/[kg/(m²·s)]	0.22	0.21
终止滤通量/[kg/(m²·s)]	0.20	0.17
操作温度/℃	180	250
滤后产品收率/%	84.48	82.58

表 4-161　过滤前后油浆性质

组分名称	过 滤 系 统	
	滤前	滤后
密度(20℃)/(g/cm³)	1.0600	1.0364
黏度/(mm²/s)　100℃	14.04	6.198
80℃	30.77	10.97
组成/%		
饱和烃	13.9	21.2

续表

组分名称	过滤系统	
	滤前	滤后
芳烃	46.3	65.3
胶质	37.8	12.8
沥青质	2.0	0.7
固体物	0.20	0.01

从技术可靠性和工业应用等方面来看，过滤技术应用得较多，国内许多炼油厂都有引进的死端过滤装置，但过滤效果不理想（过滤后的油浆中催化剂细粉的含量在$100\mu g/g$以上），系统操作复杂，过滤器切换频繁（1~2h就需要切换进行反冲洗），并且还存在滤芯易堵塞、清洗再生困难（需经常更换滤芯，维护费用高）、不能够稳定运行等问题。国内炼油厂的FCC油浆过滤装置有的因效果不好而废弃，有的建成后因为种种原因而未投入使用（刘存柱，2001；李宁，2005）。

6. 高温陶瓷膜错流过滤法

错流过滤是在压力驱动下，原料液在膜管内侧膜层表面以高速流动，小分子物质（液体）沿与流动垂直方向透过膜，大分子物质（或催化剂细粉）被膜截留，使液固流体达到分离的过程。由于原料液流动方向与过滤介质界面平行的过滤方式，因此称为错流过滤。错流过滤是由循环泵产生的切线力使未滤液在膜表面形成强烈的湍流效果，使滤液透过膜，从而达到过滤目的。混浊颗粒物质被截流并冲走，防止膜表面的堆积，避免形成滤饼阻塞膜孔，保证了通量不会大幅度下降。在进行错流过滤时，液体从一端进入膜通道内从另外一端流出，因为膜通道内流体的流速很高，在过滤的同时将部分附着在膜表面的浓缩液清除，并随原料液一同流出，膜通道内表面附着的截留物较少，因此错流过滤反冲洗频率较低。但是由于错流过滤液体从一端进入膜通道内从另外一端流出，流体在膜通道内基本上是水平方向的推动力，垂直作用于膜表面的推动力（压力）很小，因此，原料液向膜外渗透力较弱，单位时间获得的过滤液量较少，单程回收率较低（30%~40%）。错流过滤反冲洗频率较低，操作较简单，特别适合需长期运行的大型过滤设备（赵男，2010）。膜组件是错流过滤的工作单位，是由不锈钢壳内包1000多条膜孔为$0.2\mu m$、内径为1.5mm的毛细管膜组成。通过循环泵，未过滤产品顺向通过膜组件中的毛细管膜，过滤液由膜孔通过，少量含杂质的浓缩液通过毛细管返回未过滤液罐中。这种作用可由图4-125（b）所示的错流膜过滤过程加以说明（张建伟，2006）。

相对于死端过滤，错流过滤系统可以处理较高固形物含量的液体。这是由于沿着膜表面所产生的大约$2.5~3.5m/s$的流体不断带走膜表面的固形物而防止了快速阻塞。错流过滤是以无滤饼为基础的过滤方法，其目的是阻止生成滤饼，并控制浓差极化现象，使膜组件有较高的渗透通量和分离效能。高温陶瓷膜错流过滤与多孔金属死端过滤差别如图4-125所示。从图4-125可以看出，错流过滤固体粉末层厚度和膜渗透流率随运转时间变化是初始变化大，随后趋于平稳；而死端过滤固体粉末层厚度随运转时间增长而变厚，膜渗透流率随运转时间增长而降低。

错流过滤初期，每间隔10min左右进行3~5s的在线反冲洗会大幅恢复滤通量。随着原料不断浓缩，滤通量呈下降趋势。反冲洗仅能延缓该下降速度。当浓缩液固体含量达到2%

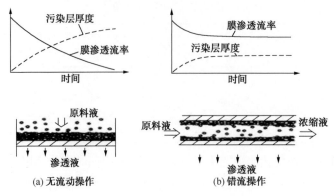

图 4-125　错流过滤与死端过滤比较

以上时，反冲洗效果十分有限；当浓缩比接近最大设计值时，反冲洗没有效果。滤后液中固体含量均小于 $100\mu g/g$，固体颗粒的脱除率在 95% 以上。滤后产品收率在 82% 以上。高温陶瓷膜错流过滤实验结果表明，FCC 油浆中催化剂细粉含量为 4.6g/L，经高温陶瓷膜错流过滤处理后催化剂细粉含量很低，处理后的油浆可作为高价值化工产品的原料。几种油浆经错流过滤后，滤后产品收率及其固体粉末含量列于表 4-162，其组成变化列于表 4-163。从表 4-162 可以看出，几种油浆经错流过滤后，滤后产品收率为 82%~85%，与死端过滤基本相当，其固体粉末含量小于 0.01%。从表 4-163 可以看出，油浆过滤前后组成基本相当。

表 4-162　高温陶瓷膜错流过滤试验结果

原　　料	TJ 油浆	JL 油浆	ZH 油浆
原料固含量/%	0.4	0.72	0.2
滤后液固含量/%	<0.01	<0.01	<0.01
初始滤通量/[kg/(m²·s)]	0.39	0.31	0.28
终止滤通量/[kg/(m²·s)]	0.20	0.17	0.14
操作压力/kPa	220	320	320
操作温度/℃	150	180	180
滤后产品收率/%	85.17	84.97	82.52

表 4-163　FCC 油浆过滤前后四组分变化情况

烃类/%	原料	滤后液	浓缩液
饱和烃	2.8	3.1	3.4
芳香烃	87.3	88.0	85.7
胶质	9.4	8.5	10.5
沥青质	0.5	0.4	0.4

　　高温陶瓷膜错流过滤采用耐高温的陶瓷膜作为过滤材料，该方法除具有过滤精度高的特点外，还由于其工艺的特殊性，克服了传统的金属丝网过滤器需频繁切换、滤芯易堵塞且清洗再生困难等不足。通常情况下，金属丝网过滤法 1~2 h 就需要进行过滤器切换和进行反冲洗，反冲洗瞬时压差大；而高温陶瓷膜错流过滤运行几十小时后才需要进行反冲洗，而且反冲洗平缓，不需要进行过滤器切换就能达到再生的效果(刘凯中，2011)。高强陶瓷膜错流过滤工艺的控制系统比较简单，对平稳操作的条件要求不高，易于工业化，但错流过滤技

术循环倍率较大，对于处理较多的 FCC 油浆，需要较大设备能力以及较高的能耗。

FCC 油浆经固体脱除技术处理后，虽然油浆中的固体粉末含量达到要求，但仍然对其硫和氮含量有要求，这就需要对滤后产品进行加氢处理。加氢处理只降低油浆硫氮含量，不能改变其芳烃组成，目前加氢处理技术可以做到这一点。油浆经固体脱除后加氢处理前后性质列于表 4-164。

表 4-164 油浆经固体脱除后加氢处理前后性质

项 目	油浆	轻馏分油	轻馏分加氢
质量收率/%	100.00	85.69	84.40
密度/(g/cm³)	1.0831	1.0591	1.0298
运动黏度/(mm²/s)			
50℃	—	18.32	14.44
80℃	44.69	9.147	7.468
100℃	18.15	—	—
闪点/℃	191	169	179
残炭/%	9.68	2.36	0.50
灰分/%	0.24	0.009	<0.002
元素组成/%			
C	90.96	90.64	90.44
H	7.64	8.33	9.15
S	1.0	0.84	0.24
N	0.22	0.19	0.17
烃组成/%			
链烷烃	1.8	2.8	3.2
环烷烃	9.3	12.0	13.0
芳烃	76.8	81.0	80.9
胶质	12.1	4.2	2.9
四组分组成/%			
饱和烃	14.6	18.6	23.2
芳烃	65.6	70.4	67.1
胶质	15.7	11.0	9.7
沥青质	4.1	<0.1	<0.1
^{13}C 谱/%			
C_A	68.76	66.45	57.51
C_N	9.49	9.40	11.51
C_P	21.75	24.15	30.98
^1H 谱/%			
H_A	28.87	28.00	19.91
$H\alpha$	31.67	31.92	30.96
$H\beta$	28.61	30.72	36.18
$H\gamma$	10.85	9.35	12.94
金属含量/(μg/g)			

续表

项　目	油浆	轻馏分油	轻馏分加氢
Al	350	6.0	5.2
Ca	17.6	1.3	1.1
Cu	0.1	<0.1	<0.1
Fe	14.9	5.8	1.2
Na	3.6	0.9	0.8
Ni	15.5	1.1	0.5
V	2.0	<0.1	0.2
馏程/℃			
初馏点	231	224	219
5%	322	290	284
10%	396	358	336
30%	439	427	410
50%	463	439	427
70%	497	450	443
90%	531	475	481

三、催化裂化油浆综合利用技术

FCC 油浆作为重油催化裂化过程的副产物，具有较高的利用价值。随着市场竞争加剧，炼油企业应根据自己所炼原油的特点和装置配置情况，并结合所处的地理位置、市场需求、产品质量等因素综合考虑，选择适宜的油浆利用路线。在焦炭价格与燃料油（或沥青）价格各为 800 元/t、3000 元/t 的情况下，FCC 油浆作延迟焦化原料和作燃料油（或沥青）的经济效益是相当的。当焦炭价格高于 800 元/t 或燃料油、沥青价格低于 3000 元/t，油浆适宜作延迟焦化原料；反之则适合作燃料油（或沥青）。由于油浆中的芳烃含量可达 80% 以上，且主要是稠环芳烃，经深度加工可生产附加值较高的石油化工产品（郑艳华，2001）。油浆利用技术主要集中在两方面，一方面是将油浆与炼油工艺结合，达到既改善加工工艺及产品性质，又有效利用油浆的目的；另一方面主要集中在利用油浆生产不同的石油化工产品，油浆分离后的组分，特别是芳烃组分可作为沥青树脂、聚氯乙烯增塑剂、导热油、橡胶软化剂和填充油、针状焦、炭黑、碳素纤维、铸造用光亮剂和建筑用特种卷材溶剂等的原料。这些产品用途广泛，市场前景广阔（张立，1999）。

（一）燃料油调合组分

国内 FCC 油浆 2012 年生产量约为 5.5Mt/a，主要作为燃料油调合组分，未来油浆利用主要出路仍然作为燃料油调合组分，例如，某油浆经过滤脱固体粉末后得到滤后油浆，其性质列于表 4-165；或者该油浆经减压蒸馏脱固体粉末后得到蒸馏馏分油和蒸馏残渣油，其性质也列于表 4-165。同时表 4-165 列出减压渣油、轻循环油和减黏渣油性质。滤后油浆或蒸馏馏分油与减压渣油、轻循环油和减黏渣油按船用燃料油规格要求进行调合，形成 6 种调合方案，如表 4-166 所列。从表 4-166 可以看出，加入适当的滤后油浆或蒸馏馏分油作为船用燃料油调合组分，其性质满足船用燃料油规格要求，且经济性具有优势。

表 4-165　船用燃料油调合组分性质

调合组分	密度(20℃)/ (kg/m³)	运动黏度/ (mm²/s)	黏度对应 温度/℃	倾点/ ℃	灰分/ %	残炭/ %	铝+硅/ (μg/g)	钒/ (μg/g)	参考价格/ (元/t)
减压渣油	981.3	413.8	100	30	0.06	16.0	3.8	35.1	2646
轻循环油	943.0	4.8	20	<-15	<0.01	<0.1	<0.1	<0.1	4324
油浆	1114.2	138.7	80	20	0.54	12	3895	175	2133
滤后油浆	1114.2	138.7	80	20	0.046	12	400	175	2176
蒸馏馏分油	990.7	135.6	50	10	0.003	3.1	60	13	2931
蒸馏残渣油	1200~1300	>3000	100	—	1.43	28.1	9951	462.9	1000
减黏渣油	980	103.5	100	20	0.07	21	4.5	62	2711

表 4-166　船用燃料油调合方案及经济性

方案	调合组分	比例/ %	密度 (20℃)/ (kg/m³)	运动黏度 (50℃)/ (mm²/s)	倾点/ ℃	硫/ %	灰分/ %	残炭/ %	铝+硅/ (μg/g)	钒/ (μg/g)	参考价格/ (元/t)
1	减压渣油	75	971.5	372.8	11	1.9	0.033	12.0	2.9	26.1	3066
	轻循环油	25									
2	减压渣油	65	988.2	361.4	15	1.8	0.034	11.8	50.5	43.8	2970
	轻循环油	23									
	滤后油浆	12									
3	减压渣油	26	988.2	369.3	15	0.94	0.014	6.45	45.4	13.0	2857
	蒸馏馏分油	74									
4	减压渣油	44	981.7	364.6	16	1.3	0.021	8.47	29.3	21.6	2945
	蒸馏馏分油	46									
	轻循环油	10									
5	减黏渣油	76	988.2	365.2	15	1.78	0.058	16.9	43.07	68.0	2855
	滤后油浆	10									
	轻循环油	14									
6	减黏渣油	42	986.2	372.5	12	1.12	0.031	10.6	36.7	33.6	2838
	蒸馏馏分油	58									
ISO 标准			≤991.0	≤380	≤30	≤4.5	≤0.15	≤18	≤80	≤300	3685

(二) 在炼油工艺上的应用

1. 热加工中的调合组分

热加工是一种重要的非催化、非加氢的重油加工工艺。减黏裂化和延迟焦化同属于热加工技术。其中减黏裂化的转化率最低，轻质油收率较低；延迟焦化的转化率最高，轻质油收率最高，但同时副产大量焦炭。减黏裂化过程的原料一般为单一减压渣油或减压渣油掺部分丙烷脱油沥青，但由于脱油沥青的黏度很高，减黏裂化油的黏度波动大。采用溶剂脱沥青、油浆拔头和减黏裂化组合工艺，对重油加工装置的原料进行优化，将部分脱油沥青与拔头的重质油浆调合生产道路沥青，其余的脱油沥青与轻质的油浆混合后进行减黏裂化反应，生产出符合 SH/T 0356—1996 标准的 7 号燃料油(王治卿，2007)。当澄清油(DO)掺入减压渣油中作减黏原料，靠澄清油对生焦母体的增溶作用，可减轻减黏裂化反应过程的生焦，从而可提高减黏裂化反应深度。例如，在大庆或鲁宁管输原油中掺入 2%~6% 澄清油后，减黏裂化温度即可提高 10℃ 以上。

随着延迟焦化工艺加工的原料日趋重质化，减压渣油中胶质、沥青质较多，使延迟焦化装置的焦炭品质下降。当减压渣油掺炼 FCC 油浆，在一定条件下，可以得到品质较好的焦炭(崔龙，1993)。这是因为 FCC 油浆作为焦化装置的原料，高度缩合的极性稠环芳烃在焦化塔中进一步缩合为品质更好的焦炭，同时油浆中低分子芳烃和饱和烃则作为焦化蜡油的组分，经精制后可作为 FCC 装置原料。此工艺不仅可增加 FCC 原料，而且可加工质量更差的原料或掺炼更多的渣油，提高轻油收率并副产针状焦。在延迟焦化装置上进行 FCC 油浆不同掺炼比试验，掺炼比范围在 0~42% 之间，试验结果表明：当掺炼比较小时，对焦化装置影响不大；当油浆掺炼超过一定比例时，会造成汽柴油收率及总液体收率降低、焦炭产率增加、产品质量变差、设备磨损加剧等问题(王文智，2007；杜学贵，2006)。作为延迟焦化调合组分可改善焦炭质量，但不宜超过 10%。在延迟焦化装置处理沥青质含量较高的原料时，易导致生成弹丸焦。由于 FCC 油浆富含芳烃组分，在减压渣油中掺入适量的油浆，可抑制弹丸焦的生成(瞿国华，2008)。由于油浆中含有少量的催化剂粉末，在进入延迟焦化装置加工前应进行沉降和过滤处理，以降低固体颗粒含量，且掺炼比不宜过大，操作中要控制好循环比、加热炉出口温度等操作参数，加强对重点部位的监控，保证装置的长周期运行。

　　2. 强化蒸馏的活化剂

一般认为石油是一种胶体体系，以沥青质为胶核，其周围吸附了胶质和极性组分形成的胶束，分散在油分中形成稳定的胶体体系。人为改变胶体体系性质，进而改变体系的相平衡条件，可望达到提高拔出率的目的。采用 FCC 油浆作活化剂强化蒸馏，提高轻质油收率和馏分总拔出率，改善减压渣油性质。程健等(1999a)考察了常压渣油掺兑油浆对常压渣油蒸馏的影响，试验结果表明：在常压渣油中掺兑一定比例的油浆可以提高减压蒸馏拔出率，掺兑 5% 的油浆后进行蒸馏，可以多获得 3%~4%(以常压渣油为准)的馏分油，并使减压渣油的延伸度有一定程度改善。某石化公司将油浆送入常压分馏塔，与常渣混合后经常压塔底泵送入减压炉，加热到 380℃ 后进入减压分馏塔生产蜡油，蜡油再以热蜡的形式输送给催化裂化装置作原料，使资源尽可能多地转化为轻油。掺炼油浆后，装置蜡油收率明显上升，蜡油残炭值控制在指标范围内，装置操作没有较明显的波动，产品质量合格，后续催化裂化装置、延迟焦化装置均运行平稳(夏志宇，2002)。由于油浆中催化剂粉末的存在，掺炼过程中催化剂粉末会沉积在塔或换热设备内，影响传热效果，导致堵塞，因此，在掺炼前应经过滤处理以降低催化剂粉末含量。

　　3. 溶剂脱沥青的强化剂

溶剂脱沥青过程是利用一些低分子烃类及其混合物(如丙烷或/和丁烷)对各种烃类溶解度不同，脱除重油中非理想组分的过程。丙烷脱沥青装置是以减压渣油为原料生产脱沥青油(去催化裂化装置或润滑油溶剂精制装置)和脱油沥青(去氧化沥青装置)。FCC 油浆和减压渣油相比密度大、黏度小、闪点低。在溶剂脱减压渣油沥青工艺中掺炼 FCC 油浆后使萃取塔的进料密度变大，黏度变小。进料密度变大，则进料与溶剂的密度差加大；进料黏度减小，使萃取阻力降低，有利于萃取过程的进行，提高脱沥青油的收率。留在脱油沥青中的油浆中的重芳烃和胶质还可对渣油胶体体系进行改性，使其组成和相溶性发生改变，胶溶能力降低，稳定性下降，有利于分离，而油浆中饱和组分回到脱沥青油中（李金云，2010；程健，1999b）。溶剂脱沥青-催化裂化组合工艺将两种加工技术的优势结合，在原油深度加工中发挥一定的作用。彭显峰等（1995）将油浆与减压渣油混合进入溶剂脱沥青装置，使脱沥青油的收率提高4%~10%，并且在不引入其他调合组分条件下，能生产合格的60号道路沥青。脱沥青油能使FCC进料增加约10.0%，汽油、轻循环油产率增加约8.0%，脱油沥青还可作为沥青的调合组分。油浆和减压渣油本身的性质对脱油沥青性质有很大影响，在掺兑一定比例的油浆后，可使脱油沥青的针入度提高，延度明显改善，达到改善脱油沥青性质的目的；在适宜的操作条件下，可以获得优质道路沥青，同时还可以使道路沥青的蜡含量降低，生产合格的重交道路沥青（王延飞，2000）。某石化厂为了扩大丙烷脱沥青装置原料来源，应用了催化裂化-溶剂脱沥青组合工艺，实施后可使丙烷脱沥青装置轻脱油和重脱油收率分别提高7%和5%，同时轻脱油100℃运动黏度由$23 mm^2/s$下降到$11.3 mm^2/s$，作为高黏度润滑油原料的优势丧失。因此，当生产高黏度润滑油原料时，溶剂脱沥青装置不适宜掺炼油浆（刘永红，2003）。油浆与溶剂脱沥青所得的脱沥青油收率及其性质列于表4-167。

表4-167 油浆、减压渣油（VR）性质及脱沥青油收率和性质

项　　目	VR	DO	VR DAO	DO DAO	VR/DO（7:3）DAO
脱沥青油收率/%	100	100	69.7	69.9	75.8
VR、DO、DAO性质					
密度（20℃）/（g/cm³）	0.9715	0.9941	0.9289	0.9305	0.9419
黏度（100℃）/（mm²/s）	599	5.5	62.8	17.3	23.7
残炭/%	14.1	2.5	4.7	1.9	3.0
重金属含量/（μg/g）	52.6		10		
沥青软化点/℃			152.5		118

4. 沥青改性剂

当沥青的沥青质含量、硬度和延度较高时，加入适量的芳烃和胶质，可改善沥青的延度和耐久性。FCC油浆中含有大量的短侧链芳烃，其中重芳烃组分可以作为优良的道路沥青调合组分以改善沥青品质（韩德奇，2000）。油浆的初馏点一般较低，不能直接用作改善沥青质量的组分。油浆若要作沥青改性剂，需要进行适当的减压蒸馏，以切除轻组分，防止沥青闪点的降低。当油浆掺入到脱油沥青中，随着油浆掺入量不同，沥青性质也存在差异，试验结果列于表4-168。

表4-168 脱油沥青与油浆不同调合比的沥青性质

脱油沥青/油浆	90/10	85/15	80/20	75/25	70/30
针入度（25℃，100g，5s）/0.01mm	41	56	76	99	165
软化点/℃	57.6	55.4	52.8	51.2	49.4
延度（5cm/min，15℃）/cm	4.2	6.7	9.8	12.4	15.0

从表4-168可以看出，随着油浆掺量的不断增加，调合沥青的延度不断增加。但由于

小于 400℃油浆馏分含有饱和分和四环以下的芳烃，作为沥青调合组分会导致沥青蜡含量上升，延度、闪点及 TOFT 后质量变化不合格。采用拔头油浆（>420℃）与脱油沥青调合，其性质列于表 4-169。从表 4-169 可以看出，脱油沥青与拔头油浆调合沥青的老化性能较差，质量损失较大，约为 0.4102%。与此同时，该沥青样品经过 RTFOT+PAV 后，不能满足 GB/T 15180—94 标准中规定的相应牌号的指标要求，为不合格产品。而脱油沥青与伊朗减渣调合的沥青性能分级为 PG64-16。加入交联剂可以改善脱油沥青与油浆调合沥青性质，试验结果列于表 4-170。

表 4-169　拔头油浆（>420℃）与脱油沥青调合沥青性质

性　　质	脱油沥青/拔头油浆（82.5/17.5）	脱油沥青/伊朗减渣（76/24）
针入度（25℃，100g，5s）/0.01mm	75	77
软化点/℃	52.3	51.5
延度（5cm/min，15℃）/cm	13.7	25.7

表 4-170　交联剂量对调合沥青的性质影响

脱油沥青/油浆	80/20	80/20	80/20
交联剂	S	S	S
交联剂加入量/%	0.5	1.0	1.5
针入度（25℃，100g，5s）/0.01mm	79	75	72
软化点/℃	52.9	53.6	54.7
延度（5cm/min，15℃）/cm	13.6	14.8	16.4

从表 4-170 可以看出，随着交联剂量的不断增加，调合沥青的针入度不断下降，软化点增高，调合沥青的延度有所增加。油浆对沥青性能既有正面的影响，又存在负面作用。调合沥青的延度性能得到改善，但调合沥青耐热老化性能变差，表现为质量变化大，针入度比小，延度损失大，同时，调合沥青混合料易松散，沥青颜色泛黄，即黏结性能变差。

我国稠油开发十分活跃，如新疆、胜利、辽河等油田相继开发出稠油资源，这些稠油属于中间基或环烷基原油，蜡含量低，胶质、沥青质含量高，选取适宜的稠油作生产沥青的原料，采用油浆作改性剂，借助减压深拔、丙烷脱沥青、加剂调合等成熟工艺可以生产高等级道路沥青（原建安，1997；冯敏贺，1996；郑亭路，2008）。某石化公司将油浆进行减压蒸馏，除去小于 400℃的馏分，得到富芳、能改善沥青质量的有效组分，与辽河减渣调合，生产出质量符合 GB/T 15180—94 的高等级道路沥青，全年可处理油浆 40kt，得到有效组分 25.6kt，可调合高等级道路沥青 132kt；而另一个石化公司利用 100kt/a 油浆减压拔出装置，对油浆进行适当切割，将拔头油与脱油沥青按 1∶1 比例进行调合，改善了沥青延伸性能，能够生产出低蜡含量的高质量重交通道路沥青（汪学峪，2009）。

（三）生产针状焦、炭黑

1. 生产针状焦

石油焦类型分为海绵焦：又称普通焦，经煅烧后主要用于炼铝工业及碳素行业；弹丸焦：又称球形焦，表面坚硬少孔，只能用于发电、水泥等工业燃料；针状焦：又称优质焦，其外观具有明显的针状或纤维状纹理结构，是制造高级石墨电极的主要原料，如图 4-126 所示。

针状焦是一种性能优良的石油焦，具有结晶度高、烧蚀量低、热膨胀系数小、颗粒密度

(a) 海绵焦　　　　　(b) 弹丸焦　　　　　(c) 针状焦

图 4-126　石油焦类型

大、孔隙率小、易于石墨化和高导电率等优点，主要用于生产电炉炼钢用的高功率和超高功率石墨电极及特种碳素制品。根据针状焦的成焦机理，生产针状焦的原料要求具有较高的三环、四环芳烃含量，较低的胶质沥青质含量以及较低的杂质含量（硫、氮、灰分等），即 BMCI 芳烃指数不小于 120，硫含量不大于 0.5%，总氮不大于 0.05%，苯不溶物不大于 1.0%（瞿国华，2008），并在热转化过程中具有较高的中间相转化温度和较宽的中间相温度范围，能生成较大的中间相小球体。而 FCC 油浆中几乎都是带短侧链的芳烃，是生产针状焦的最好的材料（Dong，2005）。美国针状焦生产能力居世界第一，主要以 FCC 油浆为原料。到 2010 年，全球针状焦消费量增至 920kt，国内针状焦年需求量超过 400kt，但国内产能严重不足，尤其是超高功率（UHP），石墨电极所用的针状焦长期依赖进口，国内针状焦价格为 1.5~1.6 万元/t。国内能够连续生产石油系针状焦的只有中国石油 JZ 石化公司一家，装置于 1995 年 11 月建成，加工能力 140kt/a，年产针状焦产品 50kt 左右，针状焦灰分降低到 0.5% 以下，真密度稳定在 2.13g/cm^3 以上（王秋灵，2005）。

　　采用 FCC 油浆和减压渣油为原料，适当改变焦化工艺流程生产针状焦，不但不会影响汽、柴油的产量和质量，还可以提高炼厂经济效益。但是，FCC 油浆中含有一定量的催化剂粉末，会影响针状焦的质量。因此，要求作为针状焦原料的油浆中催化剂粉末含量不大于 100μg/g，硫含量尽可能低。针状焦原料对油浆性质要求列于表 4-171。

表 4-171　优质针状焦对原料性质的要求

性　　　质	指标	性　　　质	指标
密度(20℃)/(g/cm^3)	≥1.0	芳香分/%	≥50
硫含量/%	≤0.3	灰分/(μg/g)	<100
n-C$_7$沥青质/%	<1.0		

　　从表 4-154 可以看出，国内 FCC 油浆原料特点为硫含量普遍偏高，大部分都在 1.0% 左右，其中一种油浆的硫含量高达 1.6%。沥青质含量也普遍偏高，含量大于 1.0%，其中一种油浆甚至高于 10.0%。所有油浆灰分也都远远超过了 100μg/g，两种油浆灰分分别高达 5300μg/g 和 7000μg/g。这种油浆不仅需要采用固体脱除技术，而且需要采用加氢处理技术。例如油浆 F，其性质列于表 4-154，采用减压蒸馏脱除固体粉末，切割温度为 500℃，得到塔顶馏分油和塔底残渣油，其收率分别为 85.69% 和 14.31%，塔顶馏分油性质列于表 4-172。从表 4-172 可以看出，塔顶馏分油中的硫含量高于针状焦原料要求，需采用加氢精制处理。加氢精制条件为压力 6.0MPa，温度 375℃，空速 1.2h^{-1}，加氢精制处理后的馏分油性质列于表 4-172。从表 4-172 可以看出，精制馏分油性质满足针状焦原料要求。

表 4-172　油浆 F 及其馏分油和加氢精制馏分油的性质

分析项目	油浆 F	塔顶馏分油	精制塔顶馏分油	针状焦原料要求指标
密度(20℃)/(g/cm³)	1.0831	1.0572	1.0298	≥1.0
残炭/%	9.68	2.36	0.50	—
灰分/%	0.24	0.009	0.002	<0.01
硫含量/%	1.0	0.84	0.24	≤0.3
四组分/%				
饱和烃	14.6	18.6	23.2	—
芳烃	65.6	70.4	67.1	≥50
胶质	15.7	11.0	9.7	—
$n\text{-}C_7$沥青质	4.1	<0.1	<0.1	<1.0

　　FCC 油浆生产针状焦工艺路线除油浆预处理单元外，还包括针状焦生成(生焦)和煅烧(熟焦)两大单元。以表 4-172 所列的精制塔顶馏分油为原料，在中型焦化装置上制取针状焦，试验结果列于表 4-173。从表 4-173 可以看出，其生焦产率为 45.20%，煅烧后的熟焦真密度为 2.06g/cm³，热膨胀系数为 2.22，与国外石油系针状焦主要性能指标基本相当。此外，汽油和柴油组成以直链烃为主，与减压渣油焦化产品无明显差别。

表 4-173　精制塔顶馏分油在中型焦化装置上制取针状焦时操作参数和产品分布

焦化原料	精制塔顶馏分油	焦炭性质	生焦	熟焦
工艺条件		CTE(熟焦)/(10^{-6}/℃)		2.54
反应温度/℃	440/480/510	CTE(石墨化)[①]/(10^{-7}/℃)		1.51
焦炭塔顶压力(表)/MPa	0.8	S/%	0.41	0.26
产品分布/%		真密度(20℃)/(g/cm³)	1.385	2.06
焦化气体	15.80	灰分/%	0.08	0.10
焦化石脑油(IBP~180℃)	12.07	挥发分/%	8.9	0.8
焦化柴油(180~350℃)	24.62			
焦化蜡油(>350℃)	2.31			
焦炭	45.20			
合计	100.00			

　　① 煅烧条件：1300℃，5h。

　　针状焦形成是基于炭质中间相机理，重质油在热转化生焦过程中首先生成炭质中间相小球体的物种，是一种由液态向固体炭转化的过渡态，既有各向异性的固体物性，又有能流动、悬浮时呈球状的液体物性。生成中间相随着温度的升高或反应时间的延长而逐渐增大，由最初的百分之几微米到几十至上百微米，当球体直径大到其表面张力无法维持时，则形成中间相体，中间相体之间相互交联形成排列更加规则化的广域中间相，最终固化成为石墨化结构的炭，如图 4-127 所示(瞿国华，2008)。

　　2. 生产炭黑

　　FCC 油浆中重质芳烃含量高而杂质少，是生产炭黑的优质原料，世界上超过 50% 的炭黑生产原料是脱除催化剂粉末的油浆。国外多采用催化裂化轻循环油、澄清油作为制备炭黑的原料，采用这些原料生产炭黑具有收率高、产品颗粒细、强度好等特点，适宜

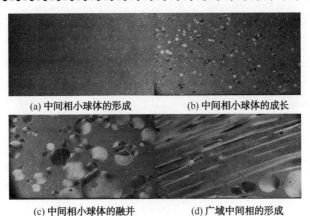

(a) 中间相小球体的形成　　　　　　(b) 中间相小球体的成长

(c) 中间相小球体的融并　　　　　　(d) 广域中间相的形成

图 4-127　针状焦形成机理

作高级橡胶制品的填料，在冶金工业中作为高级电炉的电极，可耐强烈的热冲击和较大的电流密度，可使每桶油浆增值 2~3 美元（张永新，2003）。生产炭黑对原料性质要求列于表 4-174。

表 4-174　生产炭黑原料性质

项目	相对密度	运动黏度(100℃)/ (mm²/s)	硫含量/ %	残炭/ %	灰分/ %	沥青/ %	水分/ %	芳烃指数 (BMCI)
指标	≥1.060	<10	1.8~2.0	≤10.0	<0.05	≤6.0	≤0.2	>120

（四）作为橡胶软化剂和填充油

软化剂是在橡胶加工过程中用于改善胶料加工性能的操作配合剂。生胶中加入软化剂后，不仅能改善胶料的塑性，降低胶料的黏度和混炼时的温度，缩短混炼时间，节省混炼时的动力消耗，且能改善炭黑与其他配合剂的分散与混合，对压延和挤出起润滑作用，同时可降低硫化胶的硬度，提高硫化胶的抗张强度、伸长率、耐寒性等性能。橡胶软化剂有芳烃类软化剂、环烷烃类软化剂和链烷烃类软化剂等 3 类，其中芳烃软化剂具有密度大、黏度高、亲和性好、加工性能优的特点，是橡胶工业良好的软化剂。FCC 油浆因芳烃含量高，与橡胶相容性好，是一种良好的橡胶软化剂，适合在丁苯、顺丁、氯丁、丁腈等合成橡胶及天然橡胶加工中使用，也适合于载重轮胎、深色橡胶制品的制造工艺中应用。

王丽涛等（2009）将 FCC 油浆抽提分离得到抽余油和抽提油；抽余油返回催化裂化装置，抽提油（主要成分为芳烃、胶质、沥青质）再通过减压蒸馏的方法进行切割，分离为轻（80~290℃）、中（291~330℃）、重（大于 331℃）三个馏分；轻馏分与中馏分以 1:1 的比例混合后的产品质量符合橡胶填充油行业标准 KA3012 质量指标，中馏分质量符合橡胶软化剂质量行业标准芳烃油子午胎专用 Ⅱ 质量指标。杨基和等（2005）采用复合萃取剂及合适的萃取工艺对催化油浆进行萃取，将油浆分为饱和烃和芳烃两部分。芳烃经减压切割后分成 3 个馏分：小于 350℃的芳烃馏分作为橡胶软化剂；350~490℃的馏分作为橡胶填充剂，但须经降凝处理；大于 490℃的馏分可作为沥青改性剂。

JZ 石化公司利用芳烃含量大于 40%的油浆，经沉降分离后直接作为天然橡胶和各种合成橡胶的软化剂；WH 石化公司将油浆经脱沥青、精制、脱色等制取二元族烃型橡胶软化剂；QL 和 JN 石化公司采用油浆中重芳烃制取橡胶软化剂；LZ 石化公司利用油浆生产橡胶填充油。

（五）其他

FCC 油浆由于其独有的特性，在石油化工领域的应用除了前面提到的作为炭黑、针状焦、橡胶软化剂和填充油的最佳原料，还可作为沥青树脂、聚氯乙烯增塑剂、导热油、碳素纤维、铸造用光亮剂和建筑用特种卷材溶剂等的优质原料。石油芳烃增塑剂与 PVC 树脂的相溶性好，易于塑化，电性能和机械性能较好，价格便宜，可降低 PVC 制品的价格，以芳烃为辅助增塑剂的聚氯乙烯制品因性能好，不仅可作硬质、半硬质，还可作软质制品，用于乳液聚合或悬浮聚合的聚氯乙烯制品。采用油浆与煤共处理技术，得到共处理沥青改性剂，可生产高等级道路沥青（薛永兵，2003；2006）。随着研究不断深入，油浆必将在炼化行业及其他领域展现更广泛的应用前景（潘卫，2011；田拥军，2003；涂永善，2007）。

第十节　焦　炭

一、焦炭组成及类型

沉积在催化剂上而使催化剂失活的高相对分子质量贫氢的聚合物和待生催化剂夹带未被汽提掉的油气之和称为焦炭（Coke）。焦炭是催化裂化装置十分重要的副产物。围绕降低焦炭产率、高效地和最大幅度地烧去待生催化剂上的焦炭以及焦炭燃烧所释放的热量合理地利用和处理焦炭燃烧所产生的 CO_2、SO_x、NO_x 等温室气体或有毒气体，不断地开发新的待生催化剂汽提技术和再生技术及其专用设备，促进了催化裂化工艺技术的发展，这部分内容在本书第七章、第八章和第九章有详细论述。

焦炭组成主要是碳和氢，除碳氢外，还含有硫、氮、氧等杂原子及镍、钒等重金属，其含量主要取决于原料中杂原子化合物和金属的含量。焦炭中的碳与氢在 $CH_{0.4} \sim CH_{0.9}$ 之间变化，焦炭中的氢含量随反应温度的提高和反应时间的增加而减少。因表面吸附或颗粒间夹带而未能汽提掉的重质分子数量相对较小，其碳与氢在 $CH_{1.0} \sim CH_{1.5}$ 之间变化。焦炭中的碳氢比变化较大，例如，在比较温和的裂化条件下，使用低铝催化剂时，氢含量可达 13% ~ 14%，而在高苛刻的裂化条件下，使用高活性沸石催化剂时，氢含量可降低到 5% ~ 6%。

工业 FCC 装置中的待生催化剂上的焦炭可划分为四类，催化焦（C_{CAT}）、附加焦（C_{ADD}）、污染焦（C_{CT}）和可汽提焦或剂油比焦（C_{ST}）（Cimbalo，1972；Habib，1977）。

① 催化焦是指烃类在酸性中心上发生催化裂化反应而生成的副产品，是一种高沸点缩合物，其氢含量约在 3% ~ 5%（Mauleon，1984）。催化焦随转化率的增加呈指数关系增长，在提升管内与反应时间的幂函数呈线性关系；当采用沸石催化剂时，催化焦减少（Masologites，1973）；在其他条件相同时，催化焦的产率（以原料百分比表示），通常与剂油比大小成正比（Habib，1977）。

② 附加焦是指原料中高沸点、高碱性化合物在催化剂表面经吸附、缩合反应所生成的稠环芳烃的缩合物。由于稠环芳烃具有强碱性（常含有氮化合物等碱性物质），因而会优先吸附在催化剂表面的酸性中心上缩合生焦。附加焦的产率主要和原料的残炭值有关，并和碱性氮、平均相对分子质量等也有关系（Demmel，1974），因此也称为原料焦。通常，在全回

炼的情况下，附加焦大体上与康氏残炭值相当。

③ 污染焦是指由沉积在催化剂表面上的镍、钒等重金属所造成催化剂中毒而使脱氢和缩合反应加剧所产生的次生焦炭；或者是由于催化剂的活性中心被堵塞和中和，所导致的过度热裂化反应所引起的。污染焦的产率随催化剂上重金属(特别是镍)含量的增加而增高，其产率常与氢产率有联系。

④ 剂油比焦(也称为可汽提焦)是指因汽提段汽提不完全而残留在催化剂上的重质烃类，是一种富氢焦炭，氢含量约 10%～15%。剂油比焦产率和剂油比、催化剂的表面积、微孔的孔径分布、孔体积以及汽提效率有关。通常低比表面积、大孔径催化剂可减少剂油比焦。由于剂油比焦与催化剂性质、工艺参数和汽提段结构有关，汽提段结构型式更为重要。因此，汽提段结构型式对剂油比焦影响以及汽提段中催化剂上焦炭组成变化参见第七章第七节。

上述各种焦炭在总焦炭中所占的比例取决于许多因素，据 Mauleon 等(1984)介绍，减压馏分油在流化床上裂化时，催化剂上各类焦炭之间的平均比例如表 4-175 所列。当重质原料油催化裂化时，各类焦炭的比例将有较大的改变，表 4-176 说明在裂化掺渣油进料时的变化情况，其附加焦明显地增加，污染焦也有所增加。因此，渣油 FCC 工艺要研究催化焦、附加焦和污染焦形成的原因更为重要。

表 4-175　馏分油 FCC 装置中的待生催化剂上的四种类型焦炭分布

催化剂	沸　石	沸　石	无定形硅铝
反应器类型	提升管	密相流化床	密相流化床
焦炭分布/%			
催化焦	65	50	45
污染焦	15	25	30
附加焦	5	5	5
可汽提焦	15	20	20

表 4-176　馏分油与渣油裂化四种类型焦炭分布比较

工艺类型	馏分油(剂油比=7.0)			掺渣油(剂油比=5.5)		
	催化剂上炭差/%	占总焦炭/%	占原料油/%	催化剂上炭差/%	占总焦炭/%	占原料油/%
催化焦	0.52	65	3.64	0.4	33	2.2
污染焦	0.12	15	0.84	0.25	20	1.38
附加焦	0.04	5	0.28	0.45	37	2.50
可汽提焦	0.12	15	0.84	0.12	10	0.60
合计	0.8	100	5.6	1.22	100	6.68

二、焦炭组成分析方法

FCC 上的焦炭是高度缩合的反应产物，主要元素组成为碳和氢。因此，在研究反应后催化剂上焦炭的化学组成时，主要考虑催化剂上焦炭的 H/C(质量比)。在测定催化剂上的 H/C(质量比)时，通常存在很大的误差。这主要有两方面的原因：一是催化裂化催化剂具有大量微孔的颗粒，具有大的孔容(0.3 ～0.6mL/g)和大的比表面积(50 ～300m^2/g)，因此具有很强的吸水能力；二是催化裂化催化剂的沸石中含有一定比例的—OH 基团和一定数量的结晶水(钮根林，2003)。Guisnet 等(1989)提出了一种可以解决上述问题的分析焦炭化学组成的方法，将结焦的催化剂先用有机溶剂处理，洗去催化剂表面所吸附的物质。再用 HF 处理结焦催化剂，HF 可以溶解催化剂的沸石骨架，而不能溶解催化剂上的焦炭，因此可以将催化剂上的焦炭释放出来，再用 CH_2Cl_2 对释放出的焦炭进行溶解，可溶的称为可溶焦，不溶的称为不可溶焦。同时采用 GC、HPLC、HNMR 和 MS 技术测定可溶焦的 H/C，对于不可溶焦，则采用相关的化学方法和物理方法来测定其 H/C，主要技术路线如图 2-128 所示。对沉积在 USHY、HERI、HMOR 和 HZSM-5 四种催化材料上的焦炭进行了分析。分析结果表明，小孔或中孔沸石上焦炭的芳香度要高于大孔沸石上焦炭的芳香度，并且不同沸石上可溶焦的含量存在很大的差异；随着焦炭含量的增加，可溶焦的含量呈现先增大后减小的趋势，表明可溶焦为一次反应产物；不可溶焦呈黑色颗粒状，且在 USHY、HERI、和 HZSM-5 上焦炭的 H/C 的原子比约为 0.4 ~0.5，在 HMOR 上 H/C 大约为 0.6。

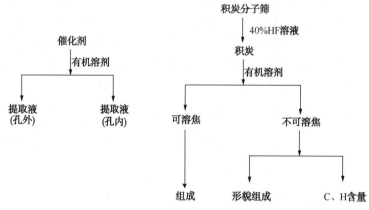

图 4-128　FCC 结焦催化剂上焦炭的分析技术路线

钮根林等(2003)采用了酸溶-元素分析法来测定催化剂上焦炭的 H/C(质量比)，改进方面主要是在使用 HF 溶解沸石组分和载体中的 Al_2O_3、SiO_2 和一些金属阳离子等组分的同时，用 HCl 溶解沸石中的 RE^{3+} 离子，使结焦物从催化剂骨架上脱离，结焦物烘干称重后进行元素分析，其测定的结焦催化剂上焦炭的 H/C(质量比)在 0.05 ~ 0.10 之间。另外，对从催化剂上脱离出来的结焦物在多功能表面吸附仪上进行比表面积和孔容测定。测定结果表明，对结焦物进行元素分析的过程中吸附水的影响可以完全忽略，采用酸洗和元素分析法可以完全避免由吸附水导致的氢含量偏高的问题。考虑到可溶焦的沸点高、结构组成复杂的特点，用 GC 无法对可溶焦各部分进行有效的分离，且可溶焦为稳定的多环芳烃和杂环化合物，在质谱分析中一般只产生分子离子峰，为结构提供信息的碎片离子峰很少。宋海涛等(2004)先用柱色谱法对可萃取焦进行分离，然后用 CH_2Cl_2 和苯-乙醇进行冲洗，得到 CH_2Cl_2 洗脱相、苯-乙醇洗脱相和残留于硅胶柱类的强极性物质，然后对这三个组分用 GC/MS 技术进行定性分析和 FDMS 技术进行定量分析。对 USY 和 REY 两种沸石上焦炭的可萃取焦的研究结果表明，多环芳烃的环数在 3 ~ 8 之间，烷基侧链碳数不大于 8。随着反应温度的升高，芳烃的缩合程度明显增大。当反应条件相近时，REY 可萃取焦的芳烃缩合度要低于 USY，载体上焦炭的缩合度要高于沸石组分，焦炭的缩合度对反应温度非常敏感。张雪静等(2006)采用超声萃取的方法提取吸附在待生剂上沸石孔道外表面的有机吸附物种，其改进方面主要是对萃取条件进行了优化，取得了理想的效果。结果表明，催化剂外表面主要是二环和三环芳烃，而在沸石孔道内主要是从双环到七环的多环芳烃。

参 考 文 献

白雪,刘泽龙.2011.催化裂化柴油和焦化柴油中烯烃类型及分布表征[J].石油炼制与化工,42(11):76-80.

白志山,钱卓群,毛丹,等.2008.催化外甩油浆的微旋流分离实验研究[J].石油学报:石油加工,24(1):101-105.

曹炳铖.2012.催化油浆净化技术及其化工利用的研究进展[J].石油化工,41(3):364-369.

陈俊武.1982.石油炼制过程碳氢组成的变化及其合理利用[J].石油学报,3(2):90-102.

陈俊武,曹汉昌.1990.石油在加工中的组成变化与过程氢平衡[J].炼油设计,20(6):1-10.

陈俊武.1992.加氢过程中的结构组成变化和化学氢耗[J].炼油设计,22(3):1-9.

陈俊武,曹汉昌.1993a.炼油过程中重质油结构转化宏观规律的探讨:Ⅰ.原料和产品的化学结构及其氢含量[J].石油学报:石油加工,9(4):1-11.

陈俊武,曹汉昌.1993b.炼油过程中重质油结构转化宏观规律的探讨:Ⅱ.重质油结构的转化[J].石油学报:石油加工,9(4):12-20.

陈俊武,曹汉昌.1994a.重质油在加工过程中的化学结构变化及其轻质化[J].炼油设计,24(6):1-9.

陈俊武,曹汉昌.1994b.催化裂化过程中物料化学结构组成变化规律的探讨(上)[J].石油炼制与化工,25(9):1-7.

陈俊武,曹汉昌.1994c.催化裂化过程中物料化学结构组成变化规律的探讨(下)[J].石油炼制与化工,25(10):34-40.

陈俊武.2005.催化裂化工艺与工程[M].2版.北京:中国石化出版社.

陈俊武.2009.石油替代综论[M].北京:中国石化出版社.

陈水海,高红,苏焕华.1982.石油重馏分油烃类组成的质谱分析[J].石油炼制,(1):34-44.

陈小龙,董海明.2011.Prime-G+技术在180万t/a催化汽油加氢脱硫装置中的应用[J].甘肃科技,27(23):35-38.

陈勇,习远兵,周立新,等.2011.第二代催化裂化汽油选择性加氢脱硫(RSDS-Ⅱ)技术的中试研究及工业应用[J].石油炼制与化工,42(10):5-8.

陈祖庇.1991.催化剂和原料油与催化裂化反应选择性的关系[J].炼油设计,21(1):20-27.

程桂珍.1990.气相色谱法研究催化裂化汽油的组成与辛烷值的关系[J].石油炼制,21(7):49-56.

程健,于桂珍,刘以红,等.1999a.常压渣油掺炼催化裂化油浆提高蒸馏拨出率的研究[J].石油炼制与化工,30(8):34-38.

程健,罗运华,刘以红,等.1999b.脱油沥青生产道路沥青方案探讨[J].抚顺石油学院学报,19(4):7-12.

崔龙,经小平.1993.减压渣油掺和油浆生产优质焦的工业试验[J].炼油设计,23(5):19-21.

崔守业,许友好.2009.柴油轻馏分选择性催化转化反应实验研究[J].石油炼制与化工,40(12):1-7.

丁洛,杨焜远.2001.催化裂化油浆催化剂粉末的脱除技术[J].石油炼制与化工,32(5):60-61.

董洪斌,赵锁奇,许志明,等.2002.渣油的特性化参数[J].石油学报(石油加工),18(3):54-59.

杜学贵.2006.掺炼催化油浆对延迟焦化装置生产的影响[J].化学工业与工程技术,27(2):41-43.

方云进,肖文德,王光润.1999.液固体系的静电分离研究Ⅲ.热模试验[J].石油化工,28(5):312-316.

樊秀菊,朱建华.2009.原油中氯化物的来源分布及脱除技术研究进展[J].炼油与化工,20(1):8-11.

冯敏贺,张永连.1996.新疆混合原油重交通道路沥青的研制与应用[J].石油炼制与化工,27(10):18-26.

冯湘生,杨怡生,王锡础.1988.含甲基叔丁基醚无铅汽油的应用[J].石油炼制,19(5):6-13.

韩崇仁,方向晨,赵玉琢,等.1999.催化裂化柴油一段加氢改质的新技术——MCI[J].石油炼制与化工,30(9):1-5.

韩德奇,杜兰英,徐会林,等.2000.催化裂化油浆利用的新途径[J].节能,(11):44-46.

何飚,吴倩,李佟茗.2011.废塑料油轻质化的研究进展[J].安徽化工,37(1):24-26.

侯典国,汪燮卿.2000.我国一些原油中钙化合物分布及形态的研究[J].石油学报:石油加工,16(1):54-59.

侯芙生.2011.中国炼油技术[M].3版.北京:中国石化出版社.

侯祥麟.1984.中国页岩油工业[M].北京:石油工业出版社.

侯祥麟.1991.中国炼油技术[M].北京:中国石化出版社.

巩春伟,刘国祥,胡平,等.1999.用糠醛对催化裂化油浆进行相平衡分离[J].炼油设计,29(7):17-29.

黄金珠.2013.中国燃料油市场现状与展望[J].中外能源,18(9):73-78.

黄新露,曾榕辉.2012.催化裂化柴油加工方案的探讨[J].中外能源,17(7):75-80.

胡志海,蒋东红,石玉林,等.2001.RICH 工艺研究与开发[C]//李大东,汪燮卿,等.中国石油学会第四届石油炼制学术年会论文集.北京:石油工业出版社:241-243.

蒋东红,任亮,辛靖,等.2012.高选择性灵活加氢改质 MHUG-Ⅱ 技术的开发[J].石油炼制与化工,43(6):25-30.

姜楠,许友好,崔守业.2014.多产汽油的 MIP-LTG 工艺条件研究[J].石油炼制与化工,45(3):35-39.

李大东.2004.加氢处理工艺与工程[M].北京:中国石化出版社,11;120;162.

李诚炜.2008.质谱技术在 VGO 馏分组成表征中的应用研究[D].北京:石油化工科学研究院.

李辉.2013.SZorb 装置开工过程介绍[J].炼油技术与工程,43(1):10-14.

李金云.2009.催化裂化油浆净化的工艺研究[J].科技创新导报,(32):91-92.

李金云,张雨.2010.催化裂化油浆利用技术的研究[J].安徽化工,35(1):18-20.

李宁.2005.HyPulseLSI 油浆连续过滤系统在 RFCCU 的应用[J].天然气与石油,23(2):46-49.

李明丰,夏国富,褚阳,等.2003.催化裂化汽油选择性加氢脱硫催化剂 RSDS-1 的开发[J].石油炼制与化工,34(7):1-4.

李鹏,田健辉.2014.汽油吸附脱硫 S Zorb 技术进展综述[J].炼油技术与工程,44(1):1-6.

李淑红,张仲利.2008.稀乙烯制乙苯技术浅议[J].炼油技术与工程,38(3):24-26.

李网章.2013a.炼油厂气体分馏装置硫化合物分布初探[J].炼油技术与工程,43(1):1-4.

李网章.2013b.MTBE 降硫与国 Ⅴ 汽油生产[J].炼油技术与工程,43(2):19-23.

李再婷.1985.金属钝化在催化裂化中的应用与发展[J].石油炼制,16(3):15-21.

梁文杰.2009.石油化学[M].山东:石油大学出版社.

梁文杰,阙国和,陈月珠.1991a.我国原油减压渣油的化学组成与结构:Ⅰ.减压渣油的化学组成[J].石油学报:石油加工,7(3):1-7.

梁文杰,阙国和,陈月珠.1991b.我国原油减压渣油的化学组成与结构:Ⅱ.减压渣油及其各组分的平均结构[J].石油学报:石油加工,7(4):1-11.

梁咏梅,刘文惠,史权,等.2002.重油催化裂化汽油中酚类化合物的分离分析[J].分析测试学报,21(6):75-77.

梁咏梅,史权,刘旭霞,等.2011.催化裂化汽油选择性加氢脱硫中轻重馏分切割温度的研究[J].石油炼制与化工,42(5):40-44.

廖宝星.2009.轻烃芳构化生产芳烃技术进展[J].化学世界,(6):373-376.

栗雪云.2014.提高车用汽油质量方法的分析探讨[J].炼油技术与工程,44(1):12-16.

林洁,张国朝,于中伟,等.2001.炼厂气芳构化的研究[J].石油炼制与化工.32(1):24-28.

林泰明,谷育生,李吉春,等.2004.催化裂化干气的综合利用[J].石化技术与应用,22(5):315-319.

蔺玉贵,田松柏.2012.催化裂化油浆及回炼油中固体物类型的分析[J].石油炼制与化工,43(12):83-86.

刘成军,温世昌,尹恩杰,等.2013.500kt/a 催化轻汽油醚化装置的设计与开工[J].石化技术,20(2):34-38.

刘存柱,李胜昌,孙玉虎,等.2001.重油催化裂化油浆连续过滤技术的应用[J].炼油设计,31(1):32-34.

刘晨光,阙国和,陈月珠,等.1987.减压渣油芳碳率 fA 的两个经验计算方法[J].石油炼制,18(12):53-56.

刘传勤.2012.SZorb 清洁汽油生产新技术[J].齐鲁石油化工,40(1):14-17.

刘继华,赵乐平,方向晨,等.2007.FCC 汽油选择性加氢脱硫技术开发及工业应用[J].炼油技术与工程,37(7):1-3.

刘凯中,谢志成,黄德友,等.2011.一种固液浆料的过滤方法:中国,201110329376.3[P].

刘利.2008.催化裂化汽油脱硫技术方案对比与应用分析[J].炼油技术与工程,38(11):11-15.

刘晓欣.2006.叠合-醚化联产技术的应用[J].炼油技术与工程,36(7):10-13.

刘永红,王万真,杨军朝,等.2003.掺炼催化油浆对丙烷脱沥青过程的影响[J].润滑油,18(5):13-15.

柳永行,范耀华,张昌祥.1984.石油沥青[M].北京:石油工业出版社.

陆婉珍,张寿增.1979.我国原油组成的特点[J].石油炼制,(7):1-9.

吕艳芬.2002.铁对催化裂化催化剂的危害及其对策[J].炼油设计,32(3):42-46.

聂红,杨清河,戴立顺,等.2012.重油高效转化关键技术的开发及应用[J].石油炼制与化工,43(1):1-6.

钮根林,杨朝合,山红红,等.2003.结焦催化剂上焦炭氢碳比的测定方法[J].分析化学,31(3):318-321.

牛传峰,张瑞弛,戴立顺,等.2002.渣油加氢-催化裂化双向组合技术RICP[J].石油炼制与化工,33(1):27-29.

牛鲁娜.2014.柴油馏分分子组成的质谱分析方法研究[D].北京:石油化工科学研究院.

潘卫,王海燕,李丙庚,等.2011.含渣催化油浆在民爆行业的直接应用[J].石油商技,29(1):60-61.

彭显峰,侯特超,罗勇宝.1995.掺催化裂化油浆的减压渣油溶剂脱沥青工业试验及其在我厂组合工艺上的应用[J].广石化科技信息,(1):38-45.

卜岩,郭蓉,侯娜.2012.烷基化技术进展[J].当代化工,41(1):69-72.

乔发.2013.中国燃料油市场分析与展望[J].精细石油化工,30(3):76-84.

瞿国华.2008.延迟焦化工艺与工程[M].北京:中国石化出版社.

史得军.2013.多环芳烃分子表征技术及其在催化裂化原料和产品分析中的应用[D].北京:石油化工科学研究院.

史权.2000a.重油催化裂化柴油中酚类化合物的分离与鉴定[J].石油大学学报:自然科学版,24(6):18-20.

史权,许志明,梁咏梅,等.2000b.催化裂化油浆及其窄馏分芳烃组成分析[J].石油学报:石油加工,16(2):90-94.

石铁磐,胡云翔,许志明,等.1997.减压渣油特性化参数的研究[J].石油学报:石油加工,13(2):1-7.

宋海涛,刘泽龙,陈蓓艳,等.2004.FCC催化剂组元上轻柴油裂化反应焦炭的结构组成[J].石油学报:石油加工,20(5):71-77.

宋艳敏,孙守亮,孙振乾.2006.异丁烷催化脱氢制异丁烯技术研究[J].精细与专用化学品,14(17):10-12.

孙丽丽.2012.清洁汽柴油生产方案的优化选择[J].炼油技术与工程,42(2):1-7.

唐课文,刘磊,古映莹,等.2007.催化裂化油浆的过滤分离研究及利用[J].现代化工,27(增刊):340-343.

田拥军,陈科,刘玉元.2003.用催化油浆试生产20号电池封口剂[J].石油沥青,17(1):38-40.

涂永善,李忠燕,杨朝合.2007.Al-MCM-41介孔分子筛的合成及其加氢特性:Ⅱ.加氢反应特性[J].石化技术与应用,25(4):285-289.

王福江,张毓莹,龙湘云,等.2013.催化裂化柴油馏分加氢精制提高十六烷值研究[J].石油炼制与化工,44(10):27-31.

王赣父,张忠.1990.催化裂化-芳烃抽提联合工艺[J].炼油设计,20(2):21-25.

王赣父,程国柱.1995.催化裂化-芳烃抽提联合工艺的研究与工业试验[J].石油炼制与化工,26(6):1-8.

王丽涛,杨基和.2009.催化裂化油浆抽提油作橡胶添加剂的研究[J].炼油技术与工程,39(1):17-20.

王丽新.2009.重油胶体结构的介观模拟研究[D].北京:石油化工科学研究院.

王秋灵,冀风泰.2005.催化裂化油浆的加工和应用[J].石化技术与应用,23(5):384-387.

王仁安,胡云翔,许志明,等.1997.超临界流体萃取分馏法分离石油重质油[J].石油学报:石油加工,13(1):53-59.

王绍勤,卜凡宏.1997.钠对裂化催化剂的污染及防治措施[J].催化裂化,16(5):49-52.

王文智,张立海.2007.延迟焦化装置掺炼催化裂化油浆的技术经济分析[J].中外能源,12(5):82-85.

王延飞,程健.2000.催化油浆掺兑减压渣油丙烷脱沥青研究[J].中南工学院学报,14(2):41-46.

王幼慧.1986.我国汽油调合组分的特性[J].石油炼制,17(12):1-8.

王治卿,任满年,郭爱军,等.2007.丁烷脱油沥青掺兑催化裂化油浆的减黏裂化研究[J].炼油技术与工程,37(1):6-9.

汪学峻.2009.九江石化新建10万t/a催化油浆减压拔出装置[J].化工装备技术,30(3):68.

吴春来.2003.南非SASOL的煤炭间接液化技术[J].煤化工,(2):3-6.

吴明清,常春艳,李涛等.2015.MTBE 中硫化物组成的研究[J].石油炼制与化工,46(1):6~9.

夏志宇.2002.常渣掺炼催化油浆的工业化试验[J].河南化工,21(6):17-18.

习远兵,屈建新,张雷,等.2013.长周期稳定运转的催化裂化汽油选择性加氢脱硫技术[J].石油炼制与化工,44(8):29-32.

许友好,刘宪龙,龚剑洪,等.2007.MIP 系列技术降低汽油硫含量的先进性及理论分析[J].石油炼制与化工,38(11):15-19.

许友好,龚剑洪,程从礼,等.2008.MIP 系列技术降低汽油苯含量的先进性及理论分析[J].石油炼制与化工,39(1):39-43.

许友好,屈锦华,杨永坛,等.2009.MIP 系列技术汽油的组成特点及辛烷值分析[J].石油炼制与化工,40(1):10-14.

许志明,张立,赵锁奇,等.2001.催化裂化油浆的分离与化工利用[J].石油炼制与化工,32(9):17-21.

薛永兵,王志宇,杨建丽,等.2003.煤与催化裂化油浆共处理反应沥青性质分析[J].分析科学学报,19(5):427-428.

薛永兵,杨建丽,刘振宇,等.2006.煤与 FCC 油浆共处理重质产物对道路沥青改性作用的评价[J].石油学报:石油加工,22(1):95-99.

姚丽群,曾佑富,王文波.2012.催化裂化汽油选择性加氢脱硫前后的硫形态分布及反应温度对硫形态分布的影响[J].石油炼制与化工,43(3):52-55.

杨基和,袁淑华,杨玉龙,等.2005.FCC 油浆下游产品开发研究[J].炼油技术与工程,35(11):21-24.

杨超.2011.F-T 合成油催化裂化反应性能探索研究[D].北京:石油化工科学研究院.

于道永,徐海,阙国和,等.2004a.非碱氮化合物吲哚催化裂化转化规律的研究[J].石油学报:石油加工,20(1):22-28.

于道永,徐海,阙国和,等.2004b.碱氮化合物喹啉催化裂化转化规律的研究[J].燃料化学学报,32(1):43-47.

原建安.1997.几种改性沥青试验研究及结果讨论[J].石油沥青,11(4):13-18.

赵光辉,马克存,孟锐.2006.炼厂催化裂化外用油浆的分离技术及综合利用[J].现代化工,26(1):20-23.

赵男.2010.陶瓷膜死端过滤研究新进展[J].山西建筑,36(35):149-150.

赵永华,曹春艳,范丽华.2006.降低催化裂化汽油烯烃含量的后加工技术[J].精细石油化工进展,7(5):51-54.

赵玉琢,方向晨.2008.提高柴油十六烷值的 MCI 技术[J].炼油技术与工程,38(10):1-4.

张福诒.1990.我国重油催化裂化若干技术问题探讨[J].炼油设计,(1):11-20.

张立,许志明,胡云翔.1999.催化油浆在石油化工方面的利用[J].石油化工,28(5):337-339.

张建伟,金光远,聂鑫,等.2006.微孔过滤介质错流过滤过程中的堵塞实验研究[J].沈阳化工学院学报,20(1):24-27.

张瑞驰.2001.催化裂化操作参数对降低汽油烯烃含量的影响[J].石油炼制与化工,32(6):11-16.

张雪静,卢立军,徐广通.2006.催化裂化待生剂上有机吸附物种的鉴别分析[J].分析化学:研究简报,34(特刊):199-202.

张学佳,纪巍,康志军,等.2008.原油中钙的危害及脱钙技术[J].石油与天然气化工,37(4):307-311.

张永新.2003.FCC 油浆的分离与综合利用[J].石化技术与应用,21(2):92-95.

章群丹,包湘海,田松柏等.2014.河南页岩油与常规原油和油母页岩油性质比较.石油炼制与化工,45(6):1~8.

郑亭路.2008.利用 180 号燃料油与催化油浆生产道路沥青[J].石油沥青,22(5):40-42.

郑艳华,李长佰.2001.催化裂化油浆深加工产品及应用[J].化工科技市场,(8):18-20.

朱宝明.1993.油浆静电分离装置的研究与应用[J].催化裂化,(4):37-42.

朱建芳,钱伯章.1993.炼油、石油化工的轻烃回收和综合利用技术进展(下)[J].石油化工,22(8):540-549.

朱玉霞,汪燮卿.1998.我国原油中的钙含量及其分布的初步研究[J].石油学报:石油加工,14(3):57-61.

朱云霞,徐惠.2009.S Zorb 技术的完善及发展[J].炼油技术与工程,39(8):7-12.

Ackerson M D, Byars M S, Roddey J B. 2004. Revamping diesel hydrotreaters for ultra-low sulfur using IsoTherming technology[C]//NPRA Annual Meeting, AM-04-40. San Antonio, TX.

Bennet D D,Stanger C W.1988. Management of feedstock-catalyst interaction in the FCCU[C]//AKZO Catal Symp.

Cimbalo R N, Foster R L, Wachtel S J. 1972. Deposited metals poison FCC catalyst[J]. Oil & Gas J, 70(20): 112 -117.

Connor P O. 1988. Advances in catalysis for FCC octanes[C]//Ketjen catalysts symposium. Scheveninen, the Netherlands. Paper F-1:1-9.

David A P, Chang-Kuei Lee,Kenneth W G, et al. 1995.MAK LCO: MAK light cycle oil upgrading to premium products[C]//NPRA Annual Meeting, AM-95-39. San Francisco, California.

Deady J,Young G W,Wear C W.1989. Strategies for reducing FCC gasoline sensitivity[C]//NPRA Annual Meeting, AM-89-13.San Francisco, CA.

Degen P J, Gsell T C. 1985. Process for cleaning metal filters:US,4493756[P].

Demmel E J, Owen H. 1974. Selective catalytic cracking with crystalline zeollitbs:US,3791962[P].

Dong P, Wang C, Zhao S. 2005.Preparation of high performance electrorheological fluids with coke-like particles from FCC slurry conversion[J]. Fuel, 84(6): 685-689.

Doolan P C, Pujado P R. 1989. Make aromatics from LPG[J]. Hydrocarbon Processing, 68(9): 72-76.

Dunn R O. 1992. The Phillips steam active reforming(STAR) process C_3、C_4 and C_5 paraffin for the dehydrogenation [G]. Petrochemical Review.

Fisher I P. 1986. Residuum catalytic cracking: influence of diluents on the yield of coke[J]. Fuel, 65(4): 473 -479.

Fritsche G R, Stegelman A F. 1980. Gulftronic electrostatic catalyst separator upgrades FCC (Fluid Catalytic Cracking) bottoms electrostatic catalyst separator upgrades FCC bottom[J]. Oil & Gas J, 78(40):55-59.

Ginzel W. 1985. How feed quality effects FCC performance[C]. Katalistiks 6th Annual FCC Symp. Munich, Germany.

Graig R G,Delaney T J,Duffalo J M.1990. Catalytic dehydrogenation performance of catofin process[G]. Petrochemical Review.

Guisnet M, Magnoux P. 1989. Coking and deactivation of zeolites:Influence of the pore structure[J]. Applied catalysis, 54(1): 1-27.

Habib Jr E T, Owen H, Snyder P W, et al. 1977. Artificially metals-poisoned fluid catalysts. Performance in pilot plant cracking of hydrotreated resid[J]. Industrial & Engineering Chemistry Product Research and Development, 16(4): 291-296.

Huovie C,Rossi R,Sioui D,et al. 2013. Solutions for FCC refiners in the shale oil era[C].AFPM Annual Meeting, AM-13-06. San Antonio, Texas.

Keyworth D A, Nieman J, Connor P O, et al.1987.Octane without conversion loss[C]//NPRA Annual Meeting, AM -87-52. Washington DC.

Keyworth D A, Asim M Y, Reid T,et al.1990. Combining fluid cat cracking with hydrotreating and extractive distillation to optimize the quality[C]//NPRA Annual Meeting, AM-90-13. San Antonio, Texas.

Khouw F H H,Tonks G V,Szetoh K W, et al. 1991. The Shell residue fluid catalytic cracking process[C]. AKZO Catal Symp. Scheveningen, the Netherlands.

Kretchmer R A, Gilkes A G, Mcclain W T. 1977. Method for upgrading black oils:US,4021335[P].

Lars S,Cooper B,Zeuthen P,et al. 2009. Next generation BRIM^{TM} catalyst technology[C]//NPRA Annual Meeting, AM -09-15.San Antonio, TX.

Lauer R S, Kremer L N, Stark J L, et al. 2001. Method for separating solids from hydrocarbon slurries:US,6316685 [P].

Masologites G P, Beckberger L H. 1973. Low-sufur Syn Crude via FCC[J]. Oil & Gas J, 71(47): 49-53.

Mauleon J L, Letzsch W S. 1984. The influence of catalyst on the resid FCCU heat balance[C]. Katalistiks 5th Ann

FCC Symp. Vienna, Austria.

Miranda M. 1987. Pure isobutylene from C4 mix[J]. Hydrocarbon Processing, 66(8):51-52.

Nagamori Y, Kawase M. 1998. Converting light hydrocarbons containing olefins to aromatics (Alpha Process)[J]. Microporous and mesoporous materials, 21(4): 439-445.

Navarro U,Ni M,Orlicki D.2015.FCC 101:how to estimate product yields cost-effectively and improve operations[J]. Hydrocarbon Processing,94(2):41-42;44;46-49;52.

Nelson W L.1961. Paraffinic crudes are superior for Cat Cracking[J]. Oil & Gas J, 60(24):161.

Nelson W L. 1982. Refiners push FCCs with new catalysts, techniques,NPRA Q & A-1:100.

Patel R H, Low G G, Knudsen K G. 2003. How are refiners meeting the ultra low sulfur diesel challenge[C]// NPRA Annual Meeting, AM-03-21. San Antonio, Texas.

Peter Jones.1988.The Presence of trace elements in crude oils and allied substance[J].Petroleum Review, 6:39-42.

Pichel A H,Pouwels C.1991. FCC feed pretreatment: an attractive option. AKZO Catalyst Symp. Scheveningen, the Netherlands.

Pujado P R,Vora B V. 1990. Make C_3-C_4 olefins selectively[J]. Hydrocarbon Processing, 69(3):65-70.

Reif H E, Kress R F, Smith J S. 1961. How feeds effect catalytic cracking yields[J]. Petroleum Refiner, 40(5): 237-244.

Ritter R E, Creighton J E, Chin D S, et al. 1986. Catalytic octane from the FCC[C]//NPRA Annual Meeting, AM-86-45. WashingtonDC.

Ritter R E, Blazek J J, Wallace D N. 1974. Hydrotreating FCC feed could be profitable[J]. Oil & Gas J, 72(41): 99-101.

Salvatore P Torrisi.2010. Unlocking the potential of the ULSD Unit:CENTERA is the key[C]//NPRA Annual Meeting,AM-10-169.Phoenix, AZ.

Scherzer J, McArthur D P. 1986. Nitrogen Resistance of FCC Catalysts[C]. Katalistiks 7th Annual Fluid Cat Cracking Symposium 10.

Shankland R V. 1954. Industrial catalytic cracking[J]. Advances in catalysis, 6: 272-466.

Suchanek A J, Granniss E Lee. 1995, Customized hydroprocessing with synsat[C]//NPRA Annual Meeting, AM-95-40.San Francisco, California.

Unzelman G H.1983.Potential Impact on cracking on diesel fuel quality[C]. Katalistiks 4th Fluid Catalytic Cracking Symposium.Amsterdam, the Netherlands.

Valeri F. 1987. New methods for evaluating your FCC[C]. Katalistiks 8th Annual FCC Symp. Budapest Hungary.

Vasant P. T, Suheil F. A, Visnja A. G, et al. 2005. LCO upgrading: A novel approach for greater added value and improved returns[C]//NPRA Annual Meeting, AM-05-53.San Francisco, California.

White P J. 1968. Effect of feed composition on catalytic cracking yields[J]. Oil & Gas J,66(21):112-116.

Yen T F, Erdman J G, Pollack S S. 1961. Investigation of the structure of petroleum asphaltenes by x-ray diffraction [J]. Analytical Chemistry, 33(11): 1587-1594.

Yen T F. 1994. Multiple structural orders of asphaltenes[G]//Asphaltenes and Asphalts I. Ed by Yen T F, Chilingarian G V.Amsterdam:Elsevier Science, Chapter 5:111-113.

Yong G W, Suarez W, Roberie T G, et al.1991. Reformulated gasoline: the role of current and future FCC catalysts [C]//NPRA Annual Meeting, AM-91-34. San Antonio, TX.

Zhao X, Cheng W C, Rudesill J A. 2002. FCC bottoms cracking mechanisms and implications for catalyst design for resid applications[C]//NPRA Annual Meeting, AM-02-53. San Antonio, TX.